エレクトロニクス用語辞典

手島昇次・SESSAME・電波新聞社 編

電波新聞社

はしがき

　本辞典の発端は40数年前，月刊誌『ラジオの製作』に10数年続けた2頁の連載「用語辞典」である。初版発刊は1979年で工業高校・高専・大学の生徒・学生をはじめ，電子・電気業界の新人に重宝され，すでに版を重ねること10数回に及んでいる。

　この間，時代の技術の進歩に応じて1994年，1999年と必要な改訂を施してきた。今回は3回目の増補改訂となるのを期に，従来の広範なエレクトロニクス全般にわたる基礎的用語，すなわち基本概念や基礎知識としての"必須技術用語"に加えて，近年注目されている"組込み技術"分野の用語をはじめ，その他の"先端用語"を追加して約7,800語を収録した。また1,400点に及ぶ図版・表を収め，利用者の便宜を図った。

　この間の電子・電気・情報・通信・映像などエレクトロニクス分野の進展はすさまじく，衰える兆しもない。われわれの日常生活に深く浸透し，高度な新技術に伴う技術用語（述語）もますます多岐多様となり，その重要度も高まった。

　本辞典の用語採択にあたってはJIS・文部省（現在の文部科学省）学術用語集・科学技術用語辞典・関連学会の各種ハンドブックなどで関連資料も参考にした。"用語解説"は簡潔明解とし，当用漢字・教育漢字の使用を心がけた。この方針は初版以来より不変である。本辞典が幅広い方々に利用され利便となれば幸いである。利用者からのご意見ご指摘は次の機会にも生かしたい。

最後に，本辞典の発刊にあたって，企画の段階から多大なお世話とお力添えをいただいた(株)電波新聞社・ユーザーパブリケーションの編集諸氏，また永きにわたり本辞典を愛用されご指導・ご鞭撻をいただいた諸賢に謝意を表し筆をおく。
2006年3月

手島昇次

凡　例

1．見出し語の選定

　見出し語はエレクトロニクスに関する技術用語，電気理論の基礎，電子材料，回路部品，半導体デバイス，半導体集積回路，電気回路，電子回路，電子計測，電子機器，電子装置，電線，空中線，電波伝搬，放送，通信，自動制御，伝送線路，電気音響，情報処理，物理，化学，電波法，コンピュータ，組込み技術，JIS規格などの幅広い分野から選出し，十分な吟味の末，約7,800語を収録した．

2．見出し語の読み・対訳

(1)見出し語は和文見出し語，欧文見出し語（数字・ギリシャ文字なども含む）に大別し，和文見出し語は約6,700語，欧文見出し語は約1,100語を収録した．
(2)和文見出し語の漢字には，読みがなをふり対訳英語を付した．和文見出し語の漢字にひらがな・カタカナ・英数字などが混じるときは読みがなは──とし，同じ発音に相当することを示した．
　〈例〉　アナログ信号（――しんごう）analog signal

3．見出し語の配列

日本語，数字，英字，ギリシャ文字の順で，文字符号順に配列してある．
(1)日本語の配列
　①50音順に配し，拗音・促音は，平常音として扱った．
　　〈例〉「出力計」は「しゆつりよくけい」，「対流圏」は「たいりゆうけん」
　②濁音，半濁音は清音と同様に扱った．
　　〈例〉「じょうほう」は「しようほう」，「ぎじゅつ」は「きしゆつ」
　③カタカナ表記の長音（音引）は無視した．
　　〈例〉「データ」は「テタ」，「インターネット」は「インタネツト」
(2)数字の配列
　数字は0から順に9まで数値扱いせず，符号として配列した．また「-」，「,」，「.」，「/」などは無視した．
　　〈例〉「10進法」，「2-5進法」，「3C2V」，「5.1chサラウンド」の順
(3)英字の配列
　英字は大文字，小文字の区別なくアルファベット順に配列した．「-」，「,」，「.」，「/」などは無視し，インデックス・サフィックスも並字として扱った．
　　〈例〉「E-mail」は「EMAIL」，「Emblix」は「EMBLIX」，
　　　　　「XML/EDI」は「XMLEDI」，「V_{BE}」は「VBE」

(4)ギリシャ文字は大文字,小文字の区別なく字母順とした.

4．見出し語の複数意

見出し語に複数の意味がある場合には,「1.」「2.」と分けて解説した.

5．本文上の約束

(1)本文は常用漢字・現代かなづかいを用いることを原則とし,誤読・難読のものにはふりがなを付した.
(2)見出し語の後に解説文がなく➡で別項目を指しているものは,同義語またはその見出し語の説明を包括している項目を示す.
(3)解説文の最後の☞に続く項目名は,関連用語が載っている項目である.
(4)本文中に出てくるアルファベットは,原則として,物理量はイタリック体,記号符号はローマン体とした.
(5)本文中の単位の表示は,SI(国際単位系)・JIS(日本工業規格)に従った.また,なるべく〔 〕を付けて〔m〕〔V〕のようにした.ただし,数字と共に示す場合は〔 〕を省略した (例:10cm).難解なものにはカタカナを併記した.

6．略号,記号

(1)本文中に出てくる単位記号,主な略号を以下に記した.
mm:ミリメートル, cm:センチメートル, m:メートル, mμ:ミリミクロン, μ:ミクロン, Å:オングストローム, mg:ミリグラム, g:グラム, kg:キログラム, s:秒, A:アンペア, V:ボルト, W:ワット, Ω:オーム, ℃:摂氏温度, K:絶対温度, eV:エレクトロンボルト, cal:カロリー, ℓ:リットル, Hz:ヘルツ,, MHz:メガヘルツ, GHz:ギガヘルツ, t:時間, T:周期, f:周波数, E:エネルギー・電界, Wb:磁気量ウェーバ, dB:デシベル, Q:熱量・電気量, I:電流, R:電気抵抗, C:電気容量, X:リアクタンス, L:インダクタンス, Z:インピーダンス, C:クーロン, λ:波長, h:プランク定数, θ:温度, 角度, e:電子, J:ジュール, Cd:光度, lx:ルクス.

(2)各単位に次のような接頭語を付けて表すことがある。

記号	読み方	量	記号	読み方	量
E	エクサ	10^{18}	d	デシ	10^{-1}
P	ペタ	10^{15}	c	センチ	10^{-2}
T	テラ	10^{12}	m	ミリ	10^{-3}
G	ギガ	10^{9}	μ	マイクロ	10^{-6}
M	メガ	10^{6}	n	ナノ	10^{-9}
k	キロ	10^{3}	p	ピコ	10^{-12}
h	ヘクト	10^{2}	f	フェムト	10^{-15}
da	デカ	10^{1}	a	アト	10^{-18}

アイコン icon

ギリシャ正教の聖像の意から転じてパソコンの命令・実行内容を示す絵文字として，マッキントッシュがMac OSに使い始めて普及した．パソコン画面上の小形絵文字にはソフト，ファイル，命令等が割り当てられている．これらの一つを選びマウスでカーソルを絵文字の上に動かしてクリックし，画面上にファイルを呼び出したり，命令を実行させたりする．DOSのようにコマンドを覚えなくても視覚的に操作でき初心者も操作が容易となった．
☞ DOS

アイソトープ isotope

同位元素ともいう．同じ元素(原子番号が同じ)でありながら，質量数(重さ)，または原子量(酸素原子1個の重さを16として他の原子1個の重さを比べたもの)が異なる元素のこと．全く同じであるため，化学的には区別できない．自然界では，両原子が常に一定の割合で混じっている．同位元素の原子は，原子核の電気量は等しく，電子の数や配置も同じである．水素の場合，水の中に含まれるもののうち，1/5,000が同位元素でこれを重水素といい，^{2}HまたはDと表す．
☞原子番号

アイソレーション isolation

絶縁・分離のこと．IC（集積回路）の中に組み込まれた回路素子（抵抗R，ダイオードD，トランジスタなど）は，互いに非常に接近している．そこで，互いに影響し合わないように，電気的に絶縁し分離する必要がある．この絶縁・分離のことをアイソレーションという．たとえば，P型シリコン基板にP形・N形半導体を拡散させ，PN接合を作る．P形基板には負，N形の拡散領域には正の電圧（逆バイアス）をかけ，電流を流さないようにして絶縁する．引出線a～b間には抵抗R，c～d間にはダイオードDを組み込み，その外側をN形で包むようにする．このような絶縁法を，PN接合分離といい，バイポーラICに多用される．このほか空隙分離，絶縁層分離，マルチチップ式などが試みられている．

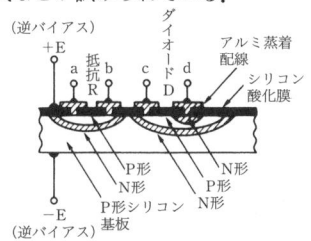

アイソレータ isolator

VHF・UHF帯で，伝送線路（同軸ケーブルや導波管など）を伝わる高周波成分や電磁波を，ある方向へは減衰なく伝え，逆方向へは大きく減衰（吸収）して伝えない働きをする．インピーダンス整合や反射波による伝送ひずみを除く．増幅器や発振器の固体化とともに，混変調防止，発振周波数安定化になくてはならないものになった．共鳴形・電界変位形・ファラデー回転形・エッジモード形などがある．
☞VHF・UHF帯

相手番号自動再送 (あいてばんごうじどうさいそう) redial
→リダイヤル

アイドル・カレント idle current
→アイドル電流

あいと

アイドル・タイム　idle time
コンピュータが動作できる状態にありながら，待機中のため働かず遊びになっている時間のこと．アイドル時間，遊休時間，遊び時間などともいう．たとえば，ディスクやテープなどの準備のため，CPU（中央処理装置）が働かず，待機状態のときの待ち時間のこと．
☞CPU

アイドル電流（――でんりゅう）idle current
増幅回路で大きな出力（電力）を得るため，トランジスタをB級プッシュプルで働かす．トランジスタの入力特性（$V_{BE}-I_B$特性）は，V_{BE}が小さいところではI_Bはほとんど流れない．このため入力信号の小さい範囲でI_Bが流れず，このためコレクタ電流も流れない．したがって，入力信号は正弦波でも，出力波形はひずんでしまう（図(a)・図(b)）．このようなひずみをクロスオーバひずみといい，これを除くため，無信号時にもコレクタ電流I_Cが流れるように，ベース電流を10～100mA位流す．この電流をアイドル電流という．B級動作ではアイドル電流は0で，アイドル電流を流してトランジスタを働かす場合は，AB級動作という．
☞AB級動作

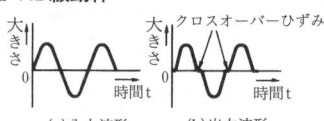

(a) 入力波形　　(b) 出力波形

アイパターン　eye pattern
ディジタル信号を伝送あるいはメディアから再生したときに0，1からなる波形をオシロスコープ上において重ね合わせた波形を呼ぶ．信号の中央に目のような部分が観察できることから付けられた名称．符号間干渉，ジッターなどがあるとアイが小さくなりデータエラーが発生するため，アイパターンを観察することにより信号の評価を行うことができる．下の写真はアイパターン例．
☞ジッター

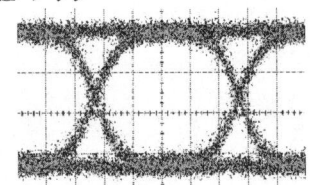

アウト・トランス　output transformer
→アウトプット・トランス

アウトプット　output
電気回路（増幅器など）の出力または出力側のこと．回路図などではOUTと略されて使われることもある．また，増幅器などの場合では，増幅されて出てくる電圧，電流，電力などのエネルギを意味することもある．
☞増幅器

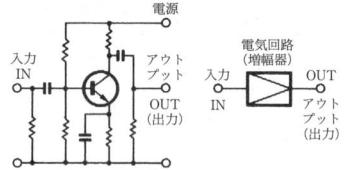

アウトプット・インピーダンス　output impedance
電気回路（たとえば増幅器）のアウトプット（出力）のインピーダンスのことで，出力端子から回路を見たときのインピーダンスである．単位はオーム〔Ω〕を使う．
☞インピーダンス

アウトプット側（――がわ）output side
出力側のことで，アウトプットと同じ

である．電気回路の出力側の意味．
☞電気回路

アウトプット・シグナル output signal →アウトプット信号

アウトプット信号（——しんごう）
output signal
出力信号のことで，電気回路の出力側に生じる信号電圧や信号電流または信号電力のこと．アウトプットと略して使うこともある．→出力信号

アウトプット・ターミナル output terminal →アウトプット端子

アウトプット端子（——たんし）
output terminal
電気回路の出力側の電圧，電流，電力を取り出したり，負荷や他の回路をつないだり，検査や測定用のチェックポイントにしたりする．用途に応じて多くの形，大きさのものが売られている．アウトプットターミナルまたは出力端子ともいう．
→出力端子

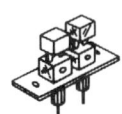

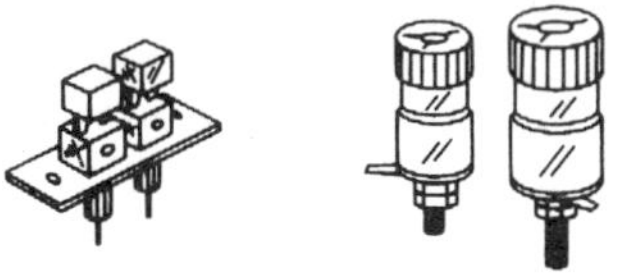

アウトプット抵抗（——ていこう）
output resistance
回路のアウトプット（出力）側の抵抗のことで，アウトプット端子から，回路のほうを見こんだときの抵抗である．単位はオーム[Ω]．

アウトプット電圧（——でんあつ）
output voltage
回路のアウトプット（出力）の電圧のことである．アウトプットボルテージともいい，出力端子の両端に生じる電圧で，単位はボルト[V]．
☞出力端子

アウトプット電流（——でんりゅう）
output current
回路のアウトプット（出力）側から，負荷に向かって流れる電流のことで，単位はアンペア[A]．
☞負荷

アウトプット電力（——でんりょく）
output power
電気回路のアウトプット(出力側)の電力で，一般には負荷に供給されている．または出力側で消費される電力である．アウトプットパワーともいい，アウトプットの電圧Vo，電流Io，負荷インピーダンスZo（負荷抵抗Ro）から計算で求まる．単位はワット[W]．

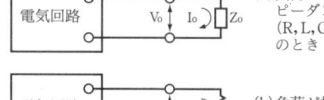

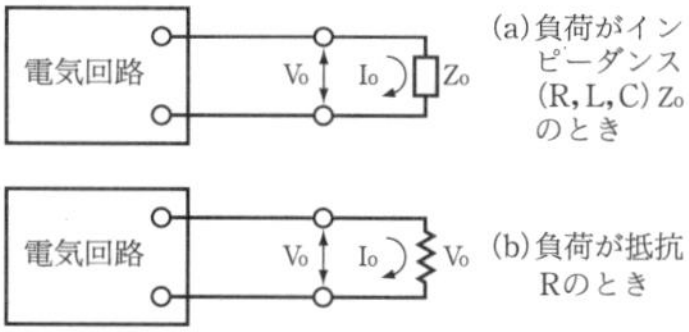

アウトプット・トランス
output transformer
増幅回路のアウトプットにつなぐトランス（変成器）で，一次側は増幅回路の出力に，二次側は負荷につなぐ．増幅回路と負荷のインピーダンス(抵抗)が異なるとき，インピーダンスを合わすめに使い，鉄心入り低周波トランスである．接続する負荷の名をとって，スピーカトランス，ラインアウトプットトランス，出力変圧器，出力変成器ともいう．シングル用，プッシュプル用があり回路によって使い分け，プッシュプル用は一次側にセンタタップがある．また，二次側に何個かタップを出し，各種のインピーダンスに合うようにしたものもある．真空管回路用とトランジスタ回路用があり，前者は大形で重く，後者は小形で軽い．出力レ

あうと

ベルが大きく高い磁束密度で働くため，磁気遮へい用の鉄ケースに入れ外部への誘導妨害を防ぐ．低レベルの小形用はケースを使わず，開放形とする．☞インピーダンス

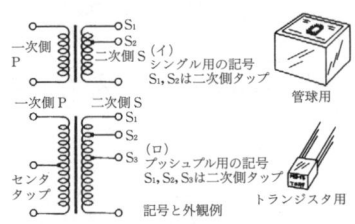

記号と外観例

アウトプット変圧器（——へんあつき）
output transformer
→アウトプット・トランス

アウトプット変成器（——へんせいき）
output transformer
→アウトプット・トランス

アーカイバル・ファイル
archival file

コンピュータで扱う動画の大容量ファイルや複数のファイルを，圧縮して作ったファイルのこと．取り扱う（転送）時間を短くでき，ファイルのメモリ容量も少なくできる．☞圧縮

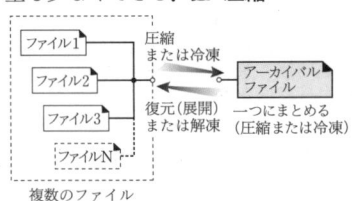

複数のファイル

アーカイブ archive

コンピュータのもつ複数のファイルを，一つにまとめ（圧縮し）て管理するファイルのこと．冷凍（フリーズ）といい，アーカイバル・ファイルともいう．使用する（復元する）ときは，解凍して元にもどす．動画の大量のデータの通信（転送）時間を短かくし，保存ディスクの容量を小さくできる．

アカウント account

コンピュータネットワーク入会時に発行されるユーザID（IDentification 識別符号）とパスワードの二つ（アカウント名）のこと．この二つはネットワーク接続時に表示し，登録したネットワークを使う権利を示す．

アカウント番号（——ばんごう）
account number
ユーザIDのこと．→ユーザID

明るさの単位（あか——たんい）

光源の明るさを表す単位で，光源がすべての方向に放出する光の量を全光束という．単位はlm（ルーメン）．光源から出る光については，この量を主に測定する．一般的にこの全光束の数値が大きいほど，その光源は明るい．

また，物や光源などの輝きの程度を表すのに，輝度cd（カンデラ）という量が用いられる．同じ全光束でも蛍光ランプより電球のほうがまぶしく見えるのは輝度が高いからである．また，光源によって照らされている面の明るさを表すには照度が用いられる．照度の単位はlx（ルクス）で，直射日光下では約10万lx，満月の夜では約2,000lx位の照度がある．☞カンデラ

アーキテクチャ architecture

建築学，建築様式の意から転じてコンピュータのハードの基本設計を示す語となり，現在はソフトも含むシステム全体の基本的設計の考え方を示す語となった．

○ハードウェア：語長・記憶装置，CPU（中央演算処理装置）・キーボード等の構成について．

○ソフトウェア：オペレーティングシステムの機能や構成・使用言語について．

これらからシステムの使い勝手や処理速度などコンピュータの性能が決まる．☞CPU

アーク arc
1. アーク放電のこと．2. アーク放電が生じたとき，二つの放電電極の間に生じる，弧の形をした炎のこと．
☞アーク放電

アクセサリ accessory
補助品とか付属品という意味に使う．たとえば測定器類の測定用コードとかコネクタ類などを指している．また，ステレオアンプなどの入力端子の中にアクセサリと呼ばれるものがあり，AUXと略して書かれている．これはauxiliaryの略で，外部からの各種入力信号を特に指定せずに受け入れるための，補助の入力端子という意味であり，一般には，入力レベル（入力信号の大きさ）や，インピーダンスの違いに応じて用意される．

アクセス access
1. コンピュータの周辺機器（入出力装置）やメモリ（記憶装置）にデータの出入れ（書込み，読出し）をすること．2. コンピュータネットワークに接続すること．☞ネットワーク

アクセス・アーム access arm
磁気ディスク記憶装置（ディスクドライブ）の一部分で，ディスクの読取りや書込み用のヘッドを，ディスクの所定の位置（トラック）に移動するためのメカニズムの一部分．

アクセス・カウンタ access counter
インターネットでの各種のサービス（たとえばホームページに何人が何回アクセスしたか）の数を知るためのカウンタのこと．

アクセス権（——けん）access right, right of access
1. 回線やデータを利用（ファイルの書込み・読出し・プログラムの実行）するディレクトリ権・ファイル権のこと．
2. コンピュータネットワークにつなぐ（ネットワークやサーバにアクセスする）ログインアクセス権のこと．

アクセス・コード access code
コンピュータをインターネットに接なぐ（アクセスする）ときに使う，文字と数字の組合せ列（パスワードやユーザID）のこと．プロバイダは，これによって，契約者一人ひとりを区別して認識する．個人識別用コードのこと．

アクセス時間（——じかん）access time
→アクセスタイム

アクセスタイム access time
1. ネットワーク上のコンピュータにつながるまでにかかる（所要）時間のこと．
2. 中央処理装置（CPU）が周辺機器に対し，データを書き込み，読み出すのにかかる時間のこと．
3. 通信の場合，コンピュータが通信網につながっている時間のこと．
4. ハードの場合，各機の平均アクセスタイムで定める．
5. ⓐシーク時間：磁気ヘッドを所定のトラックまで移動させる時間．ⓑセトリング時間：ヘッドが定常状態になり，読み書きできるようになるまでの時間．アクセスタイム$C = ⓐ + ⓑ$

アクセス・ナンバ access number
アクセス番号ともいう．コンピュータをインターネットにつなぐときのプロバイダのアクセス・ポイントの電話番号のこと．☞プロバイダ

アクセス・ポイント access point
インターネットやパソコン通信の接続中継点．パソコン通信業者やプロバイダ（サービス側）が遠隔地の利用者のために各地に設ける．アクセスポイントの数・場所はサービス側によって異なり，利用者は近くのアクセスポイントを選んでつなぎ通信費を安くできる．通信費はアクセスポイントまでは利用者が負担し，アクセスポイントから先はサービス側が負担する．

アクセプタ acceptor
純粋なゲルマニウムGeやシリコンSi

あくせ

の4価の結晶にガリウムGa，インジウムIn，アルミニウムAlなど3価の不純物を微少量混ぜたP形半導体のこと．純粋な半導体に比べ電子の数が不足している．☞P形半導体

アクセラレータ　accelerator
CPUやゲームソフトの処理速度向上用付加装置．
1．CPUアクセラレータ．クロック周波数をあげる．チップ型・ボード型があるが，交換容易なチップ型が主流である．
2．グラフィックアクセラレータ．高速描画の専用機能があり普及している．
☞クロック周波数

アクティブ　active
パソコン本体や画面上で，現在動作中または使用中のハードやソフトのこと．

アクティブ・ウインドウ　active window
パソコンのディスプレイに，複数のウインドウを開いているときの，一番前面にあり現在見えている，または作業中のウインドウのこと．タイトルバーが青色になっている．☞ウインドウ

アクティブ・セル　active cell
パソコンの表計算画面で，入力を待っているセルのこと．☞セル

アーク電圧　（──でんあつ）arc voltage
アーク放電が生じているときの，二つの放電電極（陽極・陰極）の間の電圧のこと．陽極の電圧降下（陽極降下）と，陽光柱の電圧降下（陽光柱降下）と，陰極の電圧降下（陰極降下）を，すべて加え合わせた値となる．放電中に流れる電流の大きさには無関係で，およそ8～30V前後である．☞アーク放電

アーク放電　（──ほうでん）arc discharge
気体（ガス）または蒸気の中で生じる放電の一種である．この放電は電流密度が高いので，大きな電流が流れる．このため陰極は加熱され熱電子が放出され放電が持続される．また，二つの放電電極間に高い電圧をかけ，この電界によって放出される電子を利用して，放電を持続させる場合もある．電流が放電電極間の気体の中を流れるとき，高い熱や強い光を発生するのでこれを利用する．

①光の利用．水銀灯・蛍光灯
②熱の利用．アーク溶接・アーク炉
放電中，電極間の抵抗が負特性（電圧が増加すると電流が減少する）のため，直列に抵抗器を接続して，電流を安定化する．この抵抗器を安定器という．
☞アーク，アーク電圧

亜酸化銅整流器　（あさんかどうせいりゅうき）copper oxide rectifier
基板（銅）の表面に亜酸化銅を作り，表面に導電面として銀やカーボンを付け(a)のようにすると，導電面から亜酸化銅を通し銅基板に向かい電流が流れやすく，その反対方向は電流が流れにくい．電流の向きにより，電流が流れやすかったり流れにくかったりする現象を整流現象といい，(a)を亜酸化銅整流器という．逆耐電圧や電流容量，許容温度など特性がシリコン整流器に劣るため大形品は作らず，立ち上がり電圧0.3Vと優れた特性(b)を利用し，直径1～3mm位の小形品が計器用に使われる．☞整流

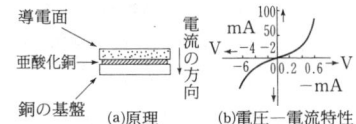

足踏スイッチ　（あしぶみ──）foot switch
機械の始動・停止を踏んで操作する足もとのスイッチ．電源スイッチが多い．

アース　earth
1．大地の中に銅または炭素の棒や板を数十cm以上の深さに埋め込み，こ

れに電気機器や器具のケース・外箱をつなぐ。感電を防ぐ安全装置の一つであり接地ともいう。
2. 電子回路では，いくつかの回路をつなぎ合わすとき，共通となる回路・ライン・端子をアースという。ケースやシャシにつながれている端子は，ground（グラウンド）ということもある。

アース・アンテナ　earth antenna
中波以上の波長の長い（周波数の低い）アンテナを，1/2波長に調整（共振）するのでは寸法が長くなり不便である。このため，アンテナの片方をアースして1/4波長に共振させて使う。1/4波長アンテナでは，アンテナが大地面と接する基点で，電圧最小である。図(b)は1/4波長アンテナが共振したときの電圧・電流分布である。

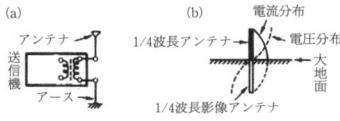

アスキー　American Standard Code for Information Interchange
コンピュータに使う語で，数字や英字や＋－の記号に，1ビットのパリティを付け8ビットの2進数で示すコードの一種である。情報交換用全米標準コードともいう。→ASCII

アース抵抗（——ていこう）earthing resistance
大地に埋めたアース棒・アース板と大地間の抵抗のこと。接地抵抗とかグラウンド抵抗ともいう。この抵抗が大きいと，アースの働きが不完全となり，感電防止などの安全性が保たれなくなる。また，アース・アンテナの場合には，アース抵抗の増加で，放出する電波の強さが弱まり，放射効率が低下する。

アスペクト比（——ひ）aspect ratio
1. テレビや映画の画面の縦と横の大きさ（寸法）の比のこと。縦横比またはアスペクトレシオともいう。日本と米国（NTSC方式）や世界（PAL方式・SECAM方式）の標準方式は，縦が3横が4の割合で，アスペクト比は3対4。
2. ディジタル・ハイビジョン方式は9対16。 3. 中空ペレットの半径と膜厚の比のこと。☞ペレット

アセンブラ言語（——げんご）assembler language
コンピュータに仕事をさせるには，仕事の手順を教える必要がある。この仕事の手順を順序良く書き並べたものを，プログラムといい，プログラムを作るときに使う言葉を，プログラム言語という。プログラム言語は，一般に表のように分類している。
アセンブラ言語は，機械語の難点を除いて，プログラムを作りやすいように改善したもので，機械語の命令を記号化している。このため記号言語ともシンボリック言語ともいう。次に一例を示す。アセンブラ言語は計算機向き言語の一つで，機械語と一対一の対応があるが，一つでいくつかの機械語に変えられるものもあり，このような命令をマクロ命令という。アセンブラ言語は，コンピュータの各メーカの機種により異なるという難点がある。このため日常の言語に近い，高レベル言語が考えられ，コンパイラ言語と呼ぶ。コンパイラ言語はプログラム作成をさらに容易にしただけでなく，異なる機種の間で，プログラムの関連性（互換性）がある。☞コンパイラ

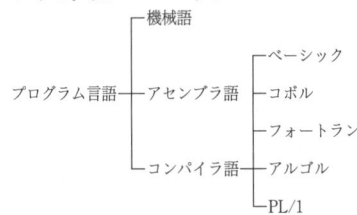

アセンブラ言語の例	
命令の意味	使 う 言 語
読み取れ	R(read の頭文字)
印字せよ	W(write の頭文字)
クリアせよ	C(clear の頭文字)

アダー adder
→加算器

アダプタ adapter
補助器や応用部品のこと．たとえば数個の電池で働くノートパソコンの電池の代わりに，電灯線100Vの交流で電源を供給するための補助器のこと．補助器によって，交直両用のパソコンとなる．☞ノートパソコン

圧縮 (あっしゅく)
①**compression** 振幅の大きい信号を扱うとき，増幅器の増幅度を小振幅のときは直線的にし，大振幅では，増幅度を下げることがある．これを圧縮とかコンプレッション，コンプレスという．このような増幅器を圧縮器（コンプレッサ）という．オーディオの磁気テープの録音の際に実施して，雑音(ヒスノイズ)やダイナミックレンジの改善を行っている．

②**packing, compressing** 原データをそこなわずにデータ量を減らして保存し再生時に伸長する．カラー画像はデータの共通部分を小データに置き換え，音声はファイルサイズを小さくし通信時間を短縮する．圧縮して録音した信号は，再生の際に伸長(エキスパンド)してもとの信号にもどして取り出す．
1．ハードウェアコーデック．専用ボードやLSIを使用する方法．
2．ソフトウェアコーデック．ソフトで処理する方法．

圧縮器 (あっしゅくき) compressor
→圧縮

圧伸器 (あっしんき) compander
圧縮器（コンプレッサ）と伸長器（エキスパンダ）を組み合わせた回路（装置）のこと．コンパンダともいう．
☞圧縮，伸長

圧着端子 (あっちゃくたんし)
solderless terminal
電線の先端に端子を取り付ける場合に，ハンダ付けをせず圧着ペンチを使い端子を圧着することがあり，そのとき使われる端子のことで数種類のサイズがある．端子の取付けが確実に行われ，作業の信頼性が高まり，熱に弱いビニル線の端子取付けが容易になり，ハンダごて用の電源のないところでも端子の取付けができ，量産化やコストの低下にもつながる．
☞圧着ペンチ

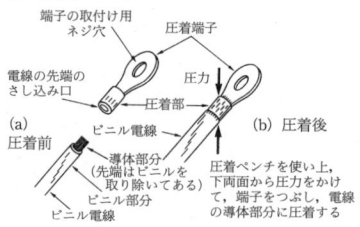

圧着ペンチ (あっちゃく——)
solderless terminal pincers
圧着端子を電線の先端に取り付ける作業をするときの専用の工具で，ペンチの圧着部に，電線の先端を差し込んだ圧着端子の圧着部を差し込み，ハンドルに一気に力を加えて，端子をつぶし圧着する．圧着ペンチに線むき（ワイヤストリッパ）の付いたものもある．
☞圧着端子

アッテネータ attenuator
減衰器（げんすいき）ともいう．抵抗器の組合せと，リアクタンス（コンデンサC）の組合せの二種がある．回路の減衰量を増減するときに使う．周波数の低いときは抵抗減衰器を用い高周波ではリアクタンス減衰器を多用する．減衰量が一定の固定形と必要なだけ増減する可変形がある．回路はT型，

π型，ブリッジT型などがあり，標準信号発生器（SG）の出力調整器やオシレータの出力調整器，アンプの出力調整やバルボルのレンジ切換にも用いる．ラジオの音量調整用可変抵抗器バリアブルレジスタ（VR）もアッテネータの一種．☞減衰器

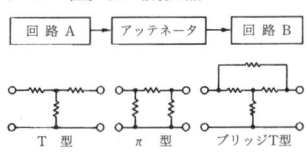

圧電気 （あつでんき） piezo-electricity

電気石，水晶，ロシェル塩，チタン酸バリウム，りん酸カリウムなどの誘電体結晶に，圧力や引っ張り（張力）などの機械的なエネルギを加えると，エネルギの大きさに比例した静電荷（チャージ）が結晶の表面に現れる．圧力や張力によって生じる電気が圧電気である．この現象を圧電気直接効果といい逆に静電界の中にこれらの結晶を置くと，機械的なひずみ（伸び縮み）を生じこれを圧電気逆効果と呼ぶ．これらの物質は，水晶発振器や水晶時計（クオーツ）・ピックアップやマイクロホン・スピーカ・フィルタ，超音波の発生・圧力の測定に利用する．

☞圧電現象

圧電共振子 （あつでんきょうしんし） piezo-resonator

水晶またはセラミックスなどの圧電物質を，棒状や板状，リング状にして，この圧電物質と向き合う電極との間に生じる圧電現象を利用し，共振（発振）させる．Q値や温度係数，経年変化は水晶のほうが優れている．発振回路やフィルタに使用されて，水晶共振子，セラミック共振子という．

圧電現象 （あつでんげんしょう） piezo-electric phenomena

電気石，水晶，ロシェル塩，りん酸カリウム，チタン酸バリウムなどの結晶は圧縮・引っ張り・すべりなどの機械的なエネルギ（力）が加わると，結晶の表面に静電気（チャージ）が生じて，プラス側，マイナス側というように，電気的に分かれる．図(a)(分極，帯電)．この機械的なひずみで分極，帯電する現象を，圧電気直接効果といい，反対に電圧を加えると変形する現象は，圧電気逆効果といって区別する．図(b)は加える電圧の極性の反転で結晶に働く力も反対となることを示す．分極の方向と力の方向が同じ場合(a)を，圧電気縦効果といい，分極方向と力の方向が直角の関係(c)を圧電気横効果という．圧電現象で生じる電荷（静電気）を圧電気とか，ピエゾ電気という．

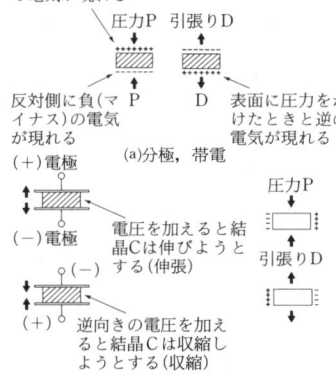

圧電効果 （あつでんこうか） piezo-electric effect
→圧電現象

圧電材料 （あつでんざいりょう） piezo-electric material
→圧電物質

圧電スピーカ （あつでん——） piezo-electric loudspeaker

圧電物質の圧電現象を利用し，電気(音

あつて

声)信号を音(電気)に変える(スピーカ).クリスタルスピーカといい,ロシェル塩などを使う.チタン酸バリウムなどセラミック製は,セラミックスピーカという.クリスタル形は小形軽量で高感度だが,温度や湿度の影響が大きい.セラミック形は温度,湿度に強く安定だが感度は低い.いずれも周波数帯域幅が狭く音質が悪い.

圧電素子 (あつでんそし)
piezo-electric element

チタン酸バリウムやロシェル塩の結晶は圧力を電気に変え電気を振動に変える圧電現象がある.これらの圧電物質を適当な大きさと形にして,スピーカ,イヤホンにして,低周波の交流を音に変えたりそのままマイクロホンやピックアップにして,音を低周波の交流に変える.これら音響製品は周波数帯域幅が狭く,周波数特性の中央の平坦領域も狭いが,安価で高感度で変換効率もよく出力が大きいなどの理由から,簡易形に利用した.ロシェル塩は出力は大きいが機械的にもろく,衝撃や湿度に弱い.☞圧電現象

圧電ピックアップ (あつでん——)
piezo-electric pickup

圧電物質による圧電現象を利用したピックアップ圧力-電気の変換器のこと.ピックアップは物理現象(振動・圧力・温度など)を電気信号に変える働きをもつもののこと.
☞ピックアップ

圧電物質 (あつでんぶっしつ)
piezo-electric material

圧電現象を生じる物質で,次の種類がある.①電気石,②水晶,③ロシェル塩,④チタン酸バリウム,⑤りん酸カリウム,⑥ジルコン酸鉛,⑦チタン酸鉛.
電気石は天然に産出するが,産出量が少なく高価.水晶は物理的・化学的に安定で,電気の発生量(圧電率)も大きく,発振子として発振器や時計の需要も増え人工水晶を使う.ロシェル塩は酒石酸カリソーダで,無色の結晶で水に溶け,もろく落とすと割れる.圧電出力は水晶より大きく値段も安い.簡易形のピックアップやスピーカ,イヤホンやマイクロホンに,クリスタル形として使った.チタン酸バリウム($BaTiO_3$)は,酸化チタン(TiO)と炭酸バリウム($BaCO_3$)を混ぜ圧力をかけて形にし,1,300℃以上の炉で長時間をかけ焼き上げる.このため,セラミックとも呼ばれて,簡易形のピックアップに使い圧電率は高い.ジルコン酸鉛とチタン酸鉛はジルコンやチタンと鉛を混ぜ焼き上げる.チタン酸バリウムと同類のセラミックタイプである.
☞圧電現象

圧電変換器 (あつでんへんかんき)
piezo electric transducer

圧電効果で発生した圧電気,または圧電逆効果により,音声信号を電気信号に変える.電気音響変換装置の一般名.

圧電変換素子 (あつでんへんかんそし)
piezo electric element

感圧素子(strain transducer)とか,応力素子,半導体応力変換素子ともいう.応力を加えると,電気抵抗が変わる半導体素子.
応力を加えて生じた電荷を利用するのは,圧電素子とか,ピエゾ電気素子という.用途はマイクロホンやピックアップ,トルク計や血圧計などがある.

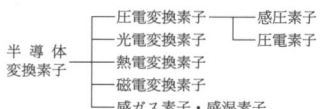

圧電マイクロホン (あつでん——)
piezo electric microphone

圧電現象を利用したマイクロホンのことで,クリスタル・マイクロホンともいう.☞クリスタル・マイクロホン

アップコンバータ **up-converter**
入力に対して出力の周波数が高い(ア

ップ)周波数変換器(コンバータ)のこと.→周波数変換器

アップデート　update
ソフトウェア(ファイル)を最新の内容に更新すること.更新項目に更新日時を記入することが多い.

アップリンク　uplink
地上にある地球局から宇宙にある通信衛星に送られる宇宙通信の回線のこと.フィーダリンクともいう.ダウンリンクと対比して使う.

☞衛星リンク

アップリンク・パワー　uplink power
アップリンクに使う電波の強さ.実効ふく(輻)射電力(eirp)で示される.

アップロード　upload
ホスト(上位の)コンピュータにデータをまとめて大量に送ること.ユーザがディスクにまとめたファイルをネットワークのサーバに転送すること.

圧粉磁心　(あっぷんじしん)　dust core
圧粉鉄心とかダストコアともいう.コイルのインダクタンスLを増やすとき,巻数を増やすとコイルの形が大きくなり,分布容量が増える.そこでコイルの中心に強磁性体を入れると洩れ磁束が減り,Lを増やせる.高周波になるとこの鉄心のうず電流(エディカレント)損や,ヒステリシス損が大きくなりQ値が低下する.Lも増え,Q値も下げないよう強力な磁性材料(パーマロイやセンダスト)を微粉にして,表面に絶縁処理をし結合剤を混ぜ圧力を加え,適当な形に成型して熱処理して高周波コイル(IFTや同調コイル)の鉄心にする.この鉄心のこと.

☞IFT

厚膜IC　(あつまく――)　thick film integrated circuit　→厚膜集積回路

厚膜サーメット　(あつまく――)　thick film cermet
メタルグレーズともいい,金属とガラスの粉を混ぜ合わせて練り上げ,ペーストのようにする.これをセラミックなどの耐熱性の絶縁基板の上にプリントして,トンネル炉の中で700～1,100°C位の温度で焼き上げる.金属の粉に混ぜたガラス粉はよく溶け合い,金属粉も酸化して安定する.導電体用のペーストには銀を使い,抵抗体用のペーストには銀やパラジウムなどを使う.抵抗値は金属の種類を変えたり,プリントするパターンの幅や長さを変えて決めるが,バラツキが大きいので,焼き上げたあとでカッティングして調整する.膜厚は約5μm以上になる.

厚膜集積回路　(あつまくしゅうせきかいろ)　thick film integrated circuit
厚膜ICとか混成厚膜ICと呼ぶ.基板上にサーメットをプリントし熱処理した膜が5～30μm($1\mu m$=千分の1mm)位になるので厚膜という.厚膜と薄膜の区別はあまり明白でないが,膜の厚さ1μm位を境に分ける.

①基板　絶縁と熱処理の温度と値段からアルミナまたはエポキシ樹脂を塗ったものを使う.サイズは各種のものがあり,厚みは0.5～1mm位が多く,形も六角形や円のものがある.

②印刷導体　銀(Ag)-酸化パラジウム(PdO)とガラスの粉末を混ぜ,ペースト状のものを使う.これをAg-PdOペーストという.トランジスタのリードワイヤをボンドする際は,シリコンとの溶着が良い金ペーストを使う.このリードワイヤの太さは,20μm位である.

③印刷抵抗　Ag-PdOやAg-RhO(酸化ロジウム)やAu(金)-Pt(白金)ペーストがある.20%のバラツキをなくし精度を上げるには,トリミングする.

トリミングの方法

(1)サンドブラスト法　細いノズル(管)からカーボランダム(研磨粉)を吹き出して削る(図a).

(2)レーザ法　レーザを使い切り込む(図b).(1)より細く切れる.どちらも

抵抗値を測りながら自動的に作業する．レーザ法は1秒位で完了し，早いため量産に向いている．
④特徴　使用周波数や抵抗の精度で，薄膜に劣るが，製造設備も安価で開発期間も短かく，値段が安い．また使用者側の組立作業は簡単・容易で高圧・大電力用が作れる．
⑤外観　パッケージは大形の金属製で，大電力用の放熱が考えられている．

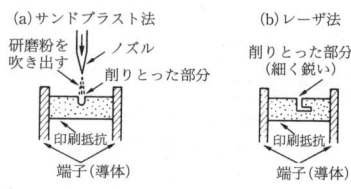

抵抗のトリミング例
(抵抗値はあらかじめ低めに作っておく)

厚み振動 (あつ——しんどう)
thickness vibration
水晶振動子の振動型の一種．振動型は五つあるが，厚み振動は，厚みすべり振動と厚み縦振動の二つがある．厚みすべり振動には奇数次高調波振動(オーバトーン)があり，高い周波数まで使用する．☞水晶振動子

圧力センサ (あつりょく——)
pressure sensor
圧力を電気信号に変える素子・部品で次のタイプがある．

```
半導体 ─┬─ 半導体圧力センサ
        ├─ 感圧ダイオード
        └─ 感圧トランジスタ
圧電体 ─── チタン酸バリウム
抵抗線 ─── ストレインゲージ
```

アト　atto
SI(国際単位系)において10の整数乗倍を示す名称(接頭語)で，10^{-18}を示し記号は[a]である．☞国際単位系

アドインソフト　add-in software
もとのアプリケーションソフトの機能を増やすために加えるソフトウェア(ユーティリティソフト)．たとえば，表計算ソフトにワープロ機能を加えるなどである．

アドオンソフト　add-on software
コンピュータのシステム・ハードウェアの機能(性能・使い勝手)を良くするために増やすメモリ・回路のこと．アドインソフトと混用することもある．

アドコック・アンテナ
Adocock antenna
イギリスのアドコック氏が考えたアンテナ．ループアンテナで電波のくる方向を測るとき，中波では夜間に電離層での反射波がくる．このような電波は水平偏波分(電界の水平分)を含むため，ループアンテナの水平辺に電圧が誘導される．このため電波の方向測定は不正確となり，誤差を生じたり不安定となる．この欠点を除くため，電界の水平分に感じないようなアンテナが考えられた．図(a)は中波と短波用，(b)は短波と超短波用で，可変コンデンサVC_1，VC_2はバランス用である．電波の方向測定だけでなく，送信用や受信用にも使うときがある．
☞ループアンテナ，電離層，反射波

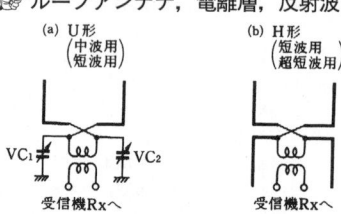

後ぶち (あと——)　after-edge
同期信号(パルス)の後側のふちAB部分のこと．この後ぶちの部分で，他の電子回路の始動(スタート)のタイミング(きっかけ)をとることがある．たとえば，テレビの場合は同期パルスのこの部分(後ぶち)で，水平発振回路や垂直発振回路の発振のスタートのタイミングをとっている．

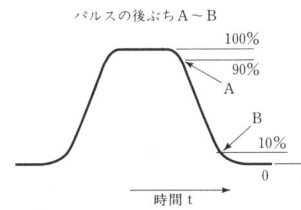

パルスの後ぶちA～B

後ぶち同期 (あと——どうき) after-edge synchronization

同期信号(パルス)の後ぶちで同期をとること．たとえば，テレビの同期信号の後ぶちで，水平・垂直走査線のスタートのタイミング(同期)をとること．

アドホック通信網 (——つうしんもう) ad hoc networks

アドホックは「特別の」とか「臨時の」という意味．通信では事前に準備しておくのではなく，実際に通信する時だけ構築するネットワークの形態を指す．無線LANアクセスポイントを経由せずに，無線LANカード整備のパソコン同士で行うポイント・トゥ・ポイント通信はアドホック通信といえる．端末，センサ，車などを持ち寄ったその場で，通信事業者の無線通信インフラなしに無線通信網を構築したり，災害地やイベント会場での一時的なネットワーク構築が容易なのがアドホック通信網の特徴．

アドミタンス admittance

交流回路で，電流Iの流れを妨げるのは，インピーダンスZで，アドミタンスYはZの逆数＝1/Zのことである．単位はジーメンス〔S〕で，電流の流れ易さを示す．

$$Y = \frac{1}{Z} = \frac{I}{V} = G + jB \quad 〔S〕$$

Yを複素数で示すときは，実数分Gをコンダクタンス，虚数分Bをサセプタンスという．単位は両方ともシーメンス〔S〕．I＝VYで表せるので，並列の交流回路の計算に便利である．

アドレス address

コンピュータで，情報を扱う際の出どころや行き先を示す．たとえば記憶装置(メモリ)の中で1語が占める特定の場所を指定するのに使う．データの処理を行うとき，与えるデータや処理した結果はメモリに記憶する．メモリは1語ごとに番号をつけて区別する．この番号をアドレスとか番地という．

アドレス部 (——ぶ) address part

コンピュータを働かす際に与える一つひとつの命令は，動作を表す部分(操作部または機能部)と，目的を表す部分(アドレス部またはオペランド)から成り立つ．アドレス部は，記憶装置の中のAやBの記憶場所(アドレス)を示す部分で，0・1の数字で示される．

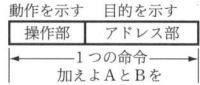

アドレス変更 (——へんこう) address modification

コンピュータにおいて，ステートメントや命令のアドレス(部)を変えること．バッファメモリのあるコンピュータで，指標(インデックス)レジスタを使う方法や，命令に演算を施す方法がある．

☞アドレス部，バッファメモリ，指標レジスタ

アドレス・レジスタ address resister

コンピュータのCPUの中のレジスタの一種で，命令の実行に必要な情報が記憶されている場所を，主記憶装置に知らせるために使われている．

☞中央処理装置，レジスタ，主記憶装置

穴あけ記録方式 (あな——きろくほうしき) ablative optical recording

レーザビームを記録層に照射することにより，記録層が変形し，記録ビットが形成される．穴あけの原理はいろい

あなろ

ろあるが，記録層を構成する記録材料がレーザビームの照射により高温に熱せられ，昇華あるいは分解，気化等により，部分的に消滅あるいは変形するものである．穴あけ記録に用いる材料は，低融点金属，有機系色素などがあり，最近では記録できるCDとして記録層に色素材料を用いた追記型光ディスクがよく知られている．

アナログ　analog

アナロジー（analogy　相似・類推）が語源．電圧や電流，時間変化に対し連続的変化で示す方式．従来の電気通信・放送はアナログ式のため，特にアナログ式といわなかった．アナログ式は信号の伝わる途中で雑音障害が生じ易く，この障害を除くためディジタル式が使われ，これとの対比でアナログという語が多用される．

アナログの例：針式時計による時刻表示

ディジタルの例：数字による時刻表示

アナログIC　analog IC

リニアICともいい，アナログ信号を扱うICのこと．表はICの用途による分類例．

☞IC

(a) 用途による分類

IC ─┬─ アナログIC
　　└─ ディジタルIC

(b) アナログICの例

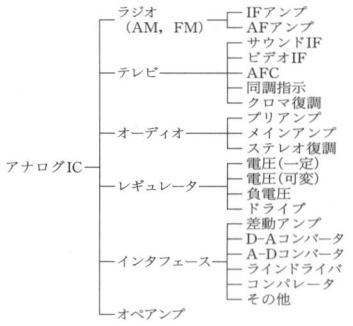

アナログ計算機（——けいさんき）
analog computer
→アナログ・コンピュータ

アナログ・コンピュータ
analog computer

①時間や温度など連続的に変わる量や，ディジタル量をアナログ量に変えて問題を解き，結果を連続グラフで示す計算機．②社会現象や自然現象の問題解決に微分方程式を多用し，これを簡単な操作で，すばやく解き表示する．③計算を行う演算部，演算部内の演算器の連結を行う演算器接続部，結果を示す解記録部（ブラウン管オシログラフ・ペン書きオシログラフ・X－Yレコーダなど），電源部から成る．

☞アナログ，コンピュータ

アナログ信号（——しんごう）
analog signal

楽器の音や人の声のように，大きさが連続して変わる信号．

☞アナログ，信号

アナログ-ディジタル変換（——へんかん）　**analog-digital converter**
→A-Dコンバータ

アナログ変調（——へんちょう）
analog modulation

搬送波の振幅をアナログ信号に従い変えること．次の種類がある．

1．CW変調（正弦波搬送波変調）

(1)振幅変調　搬送波の振幅を，アナログ信号に応じて変える方式．

　ⅰ）両側波帯変調　　DSB
　ⅱ）単側波帯変調　　SSB
　ⅲ）残留側波帯変調　VSB

(2)角度変調　搬送波の周波数や位相を，アナログ信号に応じて変える方式．

　ⅰ）周波数変調　FM
　ⅱ）位相変調　　PM

2．パルスアナログ変調　パルスを信号に応じて変える方式．

　ⅰ）パルス振幅変調　PAM
　ⅱ）パルス位置変調　PPM

iii）パルス幅変調　PWM
iv）パルス周波数変調　PFM
PWMをパルス時変調PTMともいう．
☞PWM

アナログ量 (——りょう) analog value
電圧，電流のように連続して変わる量．長さや時間もアナログ量．
☞アナログ

アノード　anode
ダイオードの陽極や，＋(プラス)の電極(正極)のこと．ダイオードのアノードがプラスのとき，アノードからカソード（マイナスの電極）に向かい電流が流れやすい．☞ダイオード

```
         ダイオード
  アノード        カソード
     A              K
     ○──▷|──○
    (+)          (-)
        電流の順方向
```

アーパネット
→ARPA net

アバランシ効果 (——こうか)
avalanche effect
P形とN形の半導体を組み合わせたPN接合の，P側にマイナス(−)，N側にプラス(+)の電圧を加え少しずつ増やすと，ある電圧で急に大きな電流が流れる．①結晶中の多数の価電子は，加えた電圧により，核との結合が切れ，自由電子となる．同時に多数の正孔(ホール)を生じる．この現象をツェナ現象，ツェナー降伏，ツェナーブレークダウンという．②ツェナー現象によって生じたキャリア（電子や正孔）が，加えた電圧で加速され他の価電子に衝突しエネルギを与え，電子をはじき出しキャリアを作る．はじき出されたキャリアは近くの別の価電子にぶつかり，新しいキャリアを生じ，次々にこれが繰り返されていく．この現象を電子なだれ現象，電子なだれ降伏，アバランシ降伏，アバランシ・ブレークダウン，アバランシ効果という．
①と②の現象は約7V位を境に発生し，7V以上で電子なだれ現象が強く，7V以下ではツェナー現象が主となる．

アバランシ降伏 (——こうふく)
avalanche breakdown
→アバランシ効果

アバランシ・ダイオード
avalanche diode
インパットダイオードとか電子なだれダイオードという．電子なだれ現象を利用して作られたダイオードである．高い抵抗のゲルマニウムGeのペレットの片面は，金アンチモン線を付けてN形半導体にし，反対側にインジウムをつけてP形半導体にする．N形にはプラス電圧，P形にはマイナス電圧を加え，電圧を増やすと，ある電圧で急に大きな電流が流れる．逆方向電圧でありながら，導通（オン）状態となりスイッチが入った状態である．このスイッチング時間は3ns（ナノセコンドと読み，1nsは10億分の1秒）と短く，マイクロウェーブ回路に使われる．

☞電子なだれ現象

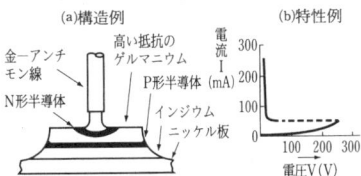

アバランシ・トランジスタ
avalanche transistor
コレクタCの耐圧を高くするとともに導通したときの電圧を小さくするために，電流増幅率h_fをできるだけ増やしてある合金形トランジスタの場合，ベースBとエミッタEを抵抗Rで結び，CとEの間の電圧を変えて電流Iの変化を調べると，ある電圧Vcで，アバランシ・ブレークダウンを生じ電流が急増する．B～E間のRによる電圧降下

はBを逆バイアスにし，h_fも1に近づくためBにはほとんど電流は流れなくなる．トランジスタは導通（オン）状態となり，負性抵抗を示す．このようなトランジスタは，電子なだれトランジスタともいう．このときh_fは

$$h_f = \frac{I_C}{I_B} > 1$$

となる．

☞**負性抵抗**

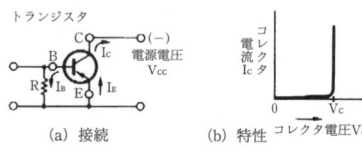

(a) 接続　　(b) 特性

アバランシ・ブレークダウン
avalanche breakdown
→アバランシ効果

アバランシ・ホトダイオード
avalanche photodiode APD

半導体の中を走るキャリヤに高い電界を加え高エネルギ状態にして格子電子に衝突させ，新しい電子正孔対を発生させる（衝突電離）．この衝突電離を高電界の中で繰り返させキャリヤ数を増やす（電子なだれ増倍）．このような電流増幅作用をもつホト・ダイオードをアバランシ（なだれ）ホト・ダイオード（APD）といい，光通信用に多用する．

☞**ホト・ダイオード**

アプライアンス・サーバ
appliance server

メールサーバ，キャッシュサーバやファイルサーバなど用途を特化したサーバのこと．単一の機能を効率良く提供するため，最適な専用OSを搭載している．扱いが容易でシステム管理者を置けない企業などには特に好評である．

☞**メールサーバ**

アプリケーション・ソフト
application soft

アプリケーションソフトウェア，アプリケーションソフトプログラム，応用プログラム，適用プログラムなどという．

☞**アプリケーション・プログラム**

アプリケーション・プログラム
application program

アプリケーションとは応用・特定用の意で応用プログラムのこと．表計算ソフトはこの例である．コンピュータの応用は，非常に広範囲にわたるので，ユーザ（使用者）に適するプログラムが，基礎ソフトウェア（OS）を利用して作られている．それらの各用途に適したプログラムのこと．

☞**OS**

アプリケーション・プロセッサ
application processor

多機能携帯電話に組み込まれている高性能プロセッサ（マイコン）．携帯電話の通話や通信処理はベースバンドプロセッサが行っており，新機能導入時はこのプロセッサに音楽やメール，Web表示などを受けもたせていた．しかし，最近のように機能が増えてくるとベースバンドプロセッサに負担がかかり処理が遅くなるという問題が生じる．これを解決するために導入されたのがアプリケーションプロセッサで，音楽再生，写真撮影，ビデオ録画・再生，Web表示などの処理を受け持たせ，ベースバンドプロセッサの負担を減らしている．

☞**ベースバンド**

あふれ overflow
→オーバフロー

アポジ・モータ apogee motor

静止衛星は地球を焦点の一つとする楕円軌道（トランスファ軌道）に乗せ，地球から最も遠い遠地点（アポジ）に来たとき，ロケット（ロケットモータ）を点火し秒速約3kmに加速して静止軌道に乗せる．このロケットモータをアポジモータという．高性能の液体ロ

ケットが使われる．衛星は軌道修正ロケットで正確な静止軌道に移し，静止させる．

アマチュア衛星（——えいせい）
amateur communications satellite

アマチュア無線用の人工衛星のこと．1972年にAMSAT（Radio Amateur Satellite Corporation・ワシントンに本部・国際的団体）がオスカー6号を打ち上げ，その後7・8・10・13号と打ち上げた．日本は1986年JAS-1を打ち上げFO-12ふじと名付けた．このときJAMSAT（日本アマチュア衛星通信協会・AMSATの日本支部）はトランスポンダ（中継器）などの製作を担当した．ふじは高度約1,500kmの円軌道でカバーエリアは半径約4,000km．後継機はJAS-1bで1990年2月打ち上げた．

☞AMSAT

アマチュア局（——きょく）
amateur station

金銭上の利益ではなく，個人的な無線技術の興味により自己訓練，通信および技術的研究の業務を行う無線局（電波法施行規則第4条24）のこと．

アマチュア・バンド　**amateur band**

アマチュア無線局に使用が許されている周波数の範囲のことで，周波数帯ともいう．一定の広がりまたは幅があることから，バンド（帯）という．この中で多くのアマチュアが，互いに無線技術や趣味について語りあうが，同好の人が多くなったために，バンド内は常ににぎわっている．

☞アマチュア無線

アマチュア無線（——むせん）
amateur radio

アマチュアつまり職業ではなく，興味をもつ人たちが許可を受け電波法に従い電波を送り受け楽しむこと．技術を身につけ非常通信に活躍する無線に興味のある人たちの間で交換する通信．郵政大臣（現総務大臣）の国家試験に合格後アマチュア無線技士の資格を受け，無線局の申請をし認められ許可される．アマチュア無線技士の資格は第1級〜4級があり，国籍や男女，年齢，学歴の制限なく国家試験に合格すればだれでも与えられる．通信機の小形軽量化が進み携帯用の実用性が高まり，マイカーの増加で移動運用に適す超短波・極超短波の無線電話が盛んである．テレビやファックス，衛星通信など通信方法も多彩．

☞アマチュアバンド

アマチュア無線技士（——むせんぎし）
amateur radio engineer

アマチュア無線局の無線設備（送受信機）を操作する者は，アマチュア無線技士の資格が必要である．
①第1級〜第4級アマチュア無線技士は国家試験に合格し，合格した日より3か月以内に総務大臣に免許を申請する．②第1級〜第4級アマチュア無線技士は日本アマチュア無線連盟（JARL）などが行う講習会や養成課程を修了後，試験に合格した日または講習会修了後，3か月以内に総務大臣に免許を申請する．

☞JARL

アマチュア無線技師の種類と操作範囲

第1級アマチュア無線技師	アマチュア無線局の無線設備の操作
第2級アマチュア無線技師	アマチュア無線局の空中線電力100W以下の無線設備の操作
第3級アマチュア無線技師	アマチュア無線局の空中線電力25W以下の無線設備で18MHz以上，または8MHz以下の周波数の電波を使用するものの操作
第4級アマチュア無線技師	アマチュア無線局の空中線電力10W以下の無線設備で21MHz以上，8MHz以下の周波数の電波を使用するものの操作

あまは

アーマ・パッキング　armor packing
ダイオードや抵抗やコンデンサのような，2本のリード線が反対方向に一直線に出ている部品の両端をテープで止めて，すだれのようにしたものを，リールに巻き取る包装のしかたがあり，これを，テープリールパッキングという（図(a)）．この包装には，リールが必要であり，メーカでリールに巻き取るときも，使用者がリールからほどいて使うときも，リールの回転台や回転ハンドルが必要になる．そこで，図(b)のように，リールを使わず，30～40cm位のボール箱に，一層ずつ折り曲げて，順々におさめておき，使うときもそのまま引き上げて使うようにすれば，取扱いが簡単で包装の費用も安くなる．このような包装法をアーマ・パッキングという．

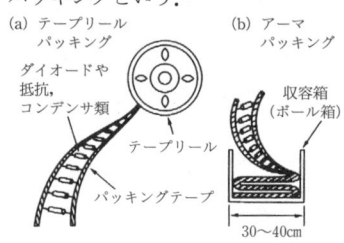

(a) テープリールパッキング
(b) アーマパッキング
ダイオードや抵抗，コンデンサ類
テープリール
パッキングテープ
収容箱（ボール箱）
30～40cm

アーム　arm
1．アクセス・アームのこと．
2．トーンアームのこと．
3．ブリッジ回路の四つの辺のうちの一つのこと．
4．電柱の上方に，電柱と直角に取り付け，これにがいし（碍子）を付けて電線を支える腕木（木製），腕金（金属）のこと．

☞アクセス・アーム

アメリカ航空宇宙局
（――こうくううちゅうきょく）
National Aeronautics and Space Administration. NASA.
ナサと読み英語の頭文字．アメリカの宇宙開発計画を推進する政府機関．本部はワシントンでヒューストンに有人飛行センタがあり，ケネディ宇宙センタや研究所をもつ．

アメリカ国際電話電信会社
（――こくさいでんわでんしんがいしゃ）
International Telephone & Telegraph, Corp. ITT
アメリカの電気通信機器メーカで本社はニューヨークの多国籍企業．

アメリカ電話電信会社（――でんわでんしんがいしゃ）**American Telephone & Telegraph Co., AT & T**
米国内電話の大半を扱う世界最大企業．ベル研究所はここに属す．従業員約100万人．

→AT & T

アモルファス　amorphous
原子の配列が小範囲では規則的（周期性）であり，広範囲では規則的でない場合の形容詞で，非晶質ともいう．無定形は電子配列の規則性が全くないものをさし，アモルファスとは異なる．固体の無秩序（アモルファス）状態の例にガラスがあり，アモルファスをガラスともいう．

☞原子

アモルファス磁性体（――じせいたい）
amorphous magnetic material (substance)
液体状に溶けた金属を急冷した希土類金属系合金とメタロイド系合金のこと．高透磁率で低損失，優れた高周波特性の長所をもち，パーマロイやシリコン鋼板に代わり幅広く使う．

☞アモルファス物質

アモルファス・シリコン
amorphous silicon
シリコンの非晶質（アモルファス）半導体のこと．シリコン原子の配列が小部分で規則的で広い部分で不規則（無秩序）の原子構造．微少の不純物による価電子制御はできない．シランSiH_4をグロー放電で分解する方式（プラズ

マ分解法）では価電子制御が可能となり，水素化アルモファスシリコンという．低価格の薄膜太陽電池材料や感光ドラムなどに使う．

☞価電子

アモルファス・シリコン太陽電池（——たいようでんち）
amorphous silicon solar cell

アモルファスシリコンを用いた太陽電池．ガラス，金属，高分子フィルムなどの基板上に，約600℃位に熱したシランガスSiH_4を蒸着させp-i-n構造を作る．単結晶シリコン形や単結晶ガリウムひ素形の光電変換効率（約15〜20％）に比べ，アモルファスシリコン形は約10％位で劣るが，加工性・量産性に優れている．太陽光エネルギのピーク(5,000 Å)近くの領域の吸収係数は単結晶形に比べて1桁高いため，素子の厚みが1mmでよく，薄膜化による材料の節減ができる．大面積化と低価格化が期待でき，電卓用に小容量形され家庭用電力源・温水器などに使う．

☞光電変換効率

アモルファス太陽電池（——たいようでんち）**amorphous solar cell**

→アモルファス・シリコン太陽電池

アモルファス半導体（——はんどうたい）**amorphous semiconductor**

物質の原子の配列が小範囲では規則的に配列され，広い範囲で不規則な配列の原子構造の半導体．四配位系とカルコゲナイド系に大別される．四配位系の代表はアルモファス・シリコンで太陽電池用材料に使う．カルコゲナイド系は主成分に，イオウ，セレン，テルルなどのカルコゲン元素を含み多数の組合せ物質ができ，光センサや感光体に使う．

☞アモルファス・シリコン，アモルファス物質

アモルファス物質（——ぶっしつ）
amorphous substance

固体内の原子や分子の並び(配列)が小範囲では規則的・周期的で，広範囲では不規則で無秩序状態の物質で，非晶質物質ともいう．物質の特性は原子や分子の配列によって定まり，アモルファス物質は原子配列を変えて，従来にない新しい特性の材料を作る可能性をもつ．

①一般的特性：低弾性，強じん性，高電気抵抗，耐放射線性，低音波減衰率
②特殊的特性：高耐食性，低保磁力，高透磁率，高周波特性（磁気）良好，低鉄損，高磁歪（こうじわい），ヒステリシス損・うず電流損小，超伝導性（低臨界電流，磁束流抵抗の出現，放射線効果・ひずみ効果小），低温度係数（電気抵抗，熱膨張率，弾性率），高表面活性（ガス吸着吸収能，触媒能，化学的選択能）
③機械的特性：強さ・硬さ・耐疲労性大，難加工性
④応用：磁気ヘッド，磁気シールド，カートリッジ，昇圧トランス（高透磁率），パルストランス・モータの鉄心(高磁束密度)，各種センサ（磁界・霜・テープ張力・ひずみなど）

☞アモルファス半導体

アラゴの円板（——えんばん）
Arago's disk

薄い金属円板の中心を回転軸で支えU字形磁石ではさみ，磁石を円板のへりに沿って，すばやく移動すると円板が磁石の磁束を切り円板にうず電流が生じ，うず電流と磁石の間に電磁力が生じる．この電磁力は磁石の移動する方向に生じるため，磁石の移動方向に円板が回転する．反対に磁石を固定し円板を回すと，円板に生じるうず電流との電磁力が円板の回転を妨げ制動力（ブレーキ）となる．積算電力計の回転円板の制動に使う．この円板をアラゴの円板という．

☞うず電流

あらむ

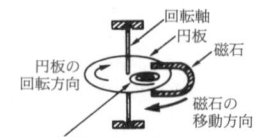
回転軸／円板／磁石／円板の回転方向／磁石の移動方向／金属円板に生じるうず電流

アラーム　alarm
警報とか警告のこと．ランプの点滅やブザー・チャイムなどで知らせる．注意信号や警戒の合図．

アリゲータ　alligator
アマチュア衛星を使い通信する際，受信機の性能が低いと自分のダウンリンク信号が受信しにくい．このためアップリンクパワーを必要以上に強くする．すると，衛星受信機のAGCが働き感度を下げる．このとき衛星を使用中の他の通信に影響する．その非難を込めていう言葉．口（アップリンクパワー）の大きいワニ（もとの意味はワニ）．
☞AGC

アーリーバード　Early Bird
国際電気通信衛星機構（インテルサット）が，1965年4月大西洋上に打ち上げた世界最初の商用通信衛星，インテルサット1号のこと．ヨーロッパ～アメリカ間の国際衛星通信が始まり，国際衛星通信時代を迎えた．

アルカリ乾電池（——かんでんち）
alkaline dry battery
アルカリ・マンガン電池の通称．
→アルカリ・マンガン電池

アルカリ蓄電池（——ちくでんち）
alkaline battery
陽極（プラス極）は水酸化第二ニッケル$Ni(OH)_3$，陰極（マイナス極）に，鉄の粉末かカドミウムの粉末を使うかで二種類になる．
①鉄粉末陰極：エジソン電池．
②カドミウム粉末陰極：ユングナ電池．
電解液は20％位の水酸化カリウムKOH溶液を使う．起電力は常温で1.3V位で，鉛蓄電池より低いが機械的に強く大電流放電や過放電に耐え，硫酸鉛化も起きない．寿命が長く軽量で低温特性もよい．列車や船の電源に使う．

アルカリ・マンガン電池（——でんち）
alkaline manganese oxide cell (battery)
通称アルカリ乾電池といい，JISや国際規格（IEC）により標準化された．陽極（＋）は二酸化マンガンで黒鉛添加，陰極は亜鉛で電解液は苛性カリ（ゲル状のアルカリ電解液）．大容量で大電流が流せる．内部抵抗は低く放電中の電圧も安定．マンガン電池と同サイズ（単1～単5）で電圧も1.5Vなので互換性がある．充電タイプに比べ価格（イニシャルコスト）は安い．補充電不要で直ちに使え，完全密閉のため電解液を補う必要はない．

アルゴル　algorithmic language
コンピュータで数値計算や論理計算を行うためのプログラム言語の一つで，ALGOLとも書きJISに規定されている．どのコンピュータにも使えるよう共通の言語を考えているため，そのきまり（文法）は厳密で簡潔である．ヨーロッパの数学者が中心となり考えた科学技術の計算用で，研究用に使われ以下の特徴がある．①フォートランより英語に近いプログラムを作ることができ，②プログラムの拡張が容易で，③コンパイラの間で，プログラムの交換ができる（交換性）．日本ではJISでプログラミング言語と定めたが，厳密な仕様のため普及していない．

アルゴン　argon
英国の化学者ウイリアム・ラムゼが発見した気体．原子番号18，記号はAr，無色，無臭，どんな状態でも何物とも化合しない化学的に安定したガスで，不活性ガスの一種．蛍光灯，ネオン管，高圧水銀灯に封入し放電の始動を助ける．

☞放電

アルニコ　alnico
ニッケルNi，コバルトCo，鉄Fe，銅Cu，アルミニウムAlの合金で，磁界の中で冷却したものは，優れた永久磁石の材料となる．

アルニコ磁石（――じしゃく）Al-Ni-Co metal magnet
アルミニウムAl 7〜12％，ニッケルNi 14〜28％，コバルトCo 12〜36％，残りが鉄Feからなる永久磁石で，銅CuやチタンTiを含む場合もある．金属永久磁石，鋳造磁石，硬質金属磁性材料ともいう．性能面で希土類磁石，価格面でフェライト磁石に大きく影響を受けている．

アルファ　α, alpha
ギリシャ文字の一種で英語のaに相当しトランジスタのベース接地回路の電流増幅率で，h_{fb}，h_{FB}とも表す．添字が小文字（fb）のときは変化分のある交流回路用で，大文字（FB）のときは変化分のない直流回路用である．図でエミッタ電流I_Eの一部は，ベースに流れてベース電流I_Bとなるが，大部分（92〜99％）は，コレクタに達してコレクタ電流I_Cとなる．I_Eの，わずかな変化ΔI_Eに対するI_Cの変化ΔI_Cの比，$\Delta I_C/\Delta I_E$をベース接地回路の電流増幅率αと定める．

$$\alpha = h_{fb} = \frac{\Delta I_C}{\Delta I_E} = 0.95〜0.99$$

$$\Delta I_E = \Delta I_B + \Delta I_C$$

一般には近似的に$\alpha = \dfrac{I_C}{I_E}$で示す．

→ α

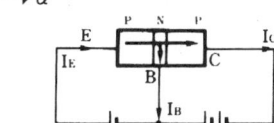

アルファ遮断周波数（――しゃだんしゅうはすう）alpha cut-off frequency
トランジスタのベース接地回路の電流増幅率αのこと．周波数の低いほうで一定であるが，高周波になるとαが下がる．増幅作用が小さくなり，使えない．αの値が一定である低周波での値から$1/\sqrt{2} \fallingdotseq 0.707$（－3dB）になる周波数$f\alpha$を$\alpha$遮断周波数という．

☞アルファ，電流増幅率

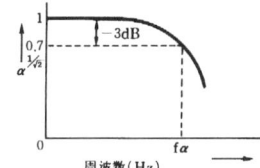

アルファ線（――せん）alpha ray
放射性同位元素（ウランUやラジウムRa）の化合物を黒い紙で完全に包み，写真の乾板の上に置くと感光する．黒い紙を通り抜け，乾板に働く放射線が出ているためである．このような放射性のアイソトープから放出される放射線の一種．磁界や電界によって，アルファ線の方向は電子の場合と逆方向に曲げられ，正電荷をもつことを示す．

☞アイソトープ

アルミ線（――せん）aluminium wire
材料にアルミニウムを使った電線．アルミニウム電線のことで，銅線より軽く送電線に使う．

アルミナ　alumina
アルミナAl_2O_3はアルミニウムの酸化物．また，その量が80〜100％の磁器で，電気的・機械的・熱的に優れ，最もよく使う磁器．99％以上の純度の基板も作られ厚膜IC，薄膜IC，LSIの基板に使う．

☞基板

アルミニウム　aluminium
原子番号13の元素で，記号はAl．比重は2.69の軽金属で，導電率は銅に劣るが，軽くて値段が安いので合金にして電話線にしたり，より合わせて送電

あるめ

線に使う．可変コンデンサ（バリコン）の極板や，シャシなどに使ったり，酸化被膜を電解コンデンサの誘電体（絶縁物）に使う．やわらかい金属であるために，加工が容易．
☞可変コンデンサ

アルメル　alumel
ニッケルNi 94%，アルミニウムAl 3%，マンガンMn 2%，シリコンSi 1%の合金で，クロメルと組み合わせて，クロメル-アルメル熱電対となり，約1,000°C以下の温度測定に使う．

アレー・アンテナ　array antenna
同一形のアンテナを一定方向に一定間隔で配列したアンテナ系．単独のアンテナでは得られない特性（鋭い指向性）のアンテナになる．配列される一つひとつのアンテナを素子（エレメント）とか，素子アンテナという．
図のように素子を直線状に配列（アレー）した場合は，リニアアレーという．
各素子の長さ，間隔，励振電流の位相を調整し，特定方向に発射する電波（または受信する電波）の位相が同相で加わり合うようにする．一般には各素子の長さは半波長（ダイポール）とする．図は5素子のリニアアレーの例である．
☞アンテナの指向性

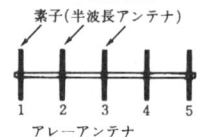
アレーアンテナ
（5素子リニアアレー）

アレスタ　arrester
避雷器ともいう．落雷によって発生する雷サージ（過電圧）を，電気設備や電気機器の絶縁レベル以下に制御して，施設や機器の絶縁破壊を防止する機器．雷サージのような異常な過電圧に対してのみ動作し，雷サージの処理後は，もとの正常な状態に自動的に復帰する機能を持ち，通常の回路には何ら影響を与えない．アレスタは，使用電圧より少し高い位置に動作開始電圧（V1mA）があり，この動作開始電圧を超えた部分の雷サージを吸収する働きをする．
☞サージ

アロイ形ダイオード（――がた――）　alloy diode
→合金接合形ダイオード

アロイ形トランジスタ（――がた――）　alloy transistor
→合金接合形トランジスタ

アロケーション　allocation
コンピュータのオペレーティング・システムの一つ．インプットされたデータやプログラムの記憶場所を割り当てること．☞オペレーティング・システム

暗号化（あんごうか）　code, cryptograph
公開のネットワークで第三者が見ても解らないよう，データを暗号にして保護すること．モデムに暗号システムを組み込んだり，ソフトでデータを暗号にする．もとのデータにもどすのは復号化という．
☞復号化

安全規格（あんぜんきかく）　safety standards
一般電気器具・機器の安全規格（火災，感電などの防止）．電線，コード，ヒューズなどの部品の基準，部品や器具の温度上昇の基準が，電気用品取締法で定められている．輸出入の電気製品や部品については，互いに相手国の基準が適用される．

安全通信（あんぜんつうしん）　safety traffic
航空機や船舶の安全航行を保ち重大な危険を防止するため，TTTの発信の後に行う無線通信．遭難通信，緊急通信,非常通信と共に重要な通信である．混信を与えないよう他の通信を中止して協力する．

☞遭難通信

安全電流 (あんぜんでんりゅう)
carrying capacity
電線，コード，抵抗器，接点，回路，装置などに流せる最大電流で，電流容量，許容電流ともいう．電流を流すと自身の抵抗で生じる熱量，温度上昇の上限（許容温度）で決まる．また，絶縁物の材質，連続か断続使用か，使用場所，線の太さなどの条件に関係する．
→許容電流

安全規格トランス (あんぜん——)
power transformer approved by safety standard
電気用品取締法をはじめ，UL（米国），CSA（カナダ），さらには欧州などの海外安全規格の規制に適合する電源トランスを総称して安全規格トランスという．各国の安全規格名称を冠し，UL規格トランスなどと呼ぶことも多い．

アンダシュート **under shoot**
電子回路に①の方形波を加えると出力に②の波形が出るときがある．定常値0より行き過ぎ，下がる部分をアンダシュートという．
☞方形波

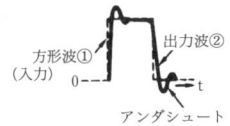

アンチウイルス・プログラム
anti-virus program
ワクチンともいい，コンピュータのシステムやメモリ，アプリケーション・プログラムなどの中に侵入するコンピュータ・ウイルスを発見して取り除き，復元を助けるユーティリティ・プログラムのこと．これによりコンピュータの正常動作の妨害や誤動作を防ぐ．
☞コンピュータ・ウイルス

安定化電源 (あんていかでんげん)
stabilized power
電子回路に供給する電圧・電流を常に一定にし安定化する電源．
①安定化直流電源．交流電源（電灯線）の変化や，負荷の変動や周囲温度の変化などに関係なく，常に一定の出力電圧や電流を保てるように作られた直流電源．
②安定化交流電源（電灯線）．電灯線の交流電圧が変化しても，負荷や周囲温度が変化しても，常に一定の交流電圧を供給できる電源．
☞交流電圧

安定器 (あんていき) **stabilizer**
アーク放電やグロー放電の電流－電圧特性は，負抵抗性で，安定した放電を続けさせるため回路に直列に直流の場合は抵抗器R，交流の場合はチョークコイルCHをつなぐ．これらを安定抵抗R，安定リアクタンスCHという．交流でもRを使うが，その分だけ電力損失が増える．CHは抵抗分が少ないので電力損失は小さいが，力率は低下する．
☞アーク放電，安定抵抗器

安定抵抗器 (あんていていこうき)
ballast, ballast resistance, steadying resistance
1．グロー放電やアーク放電の生じる回路は負抵抗性で放電持続の電圧は小さくてよいが，電圧が小さくなると電流は増加し，放電管は破損する．これを防ぐため放電管に直列に抵抗器Rをつなぎ，電流が増えればRにおける電圧降下が増え放電管に加わる電圧は小さくなり電流は増加しない．Rの値を適当に決めれば放電電流を一定に保ち安定した放電を持続できる．これを安定抵抗器という．

2．エミッタ接地増幅回路のエミッタ抵抗R_Eは，バイアスを安定化する働きがあり安定抵抗という．
☞グロー放電，アーク放電

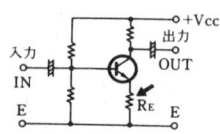

安定度 (あんていど) stability

電子回路が，電源を入れて一定時間後にどれだけ安定に働くか，また各部品は長い年月の間にどのくらいの変化をするか，などを考えるときに使われる重要な特性である．

①電子機器や回路の動作の安定さ
機器や回路を最良状態に調整した後，その最良状態がどのくらい続くかを示す語．発振回路の周波数変動や，増幅器の出力変化，電源回路の電圧変動などがどのくらい影響するかを表す．

②部品の特性や性能の経年変化
部品が長い年月の変化で，温度や湿度や振動などの影響を受けて，どのくらい変化するかの程度を示す．

③自動制御系での安定さ
系（システム）の乱調（みだれ）の起きにくさを表す．

☞**自動制御**

アンテナ antenna

空中線ともいう．電波を発射したり，受信したりするために使う装置．外形からT型，L型，逆L型，ループ型，かさ型，垂直型などがある．また，フィーダによってアンテナとセット（受信機や送信機）の間をつなぐが，この部分からは電波の発射や受信などがないようにする．しかし，中波より長い波長（低い周波数）の場合はアンテナの部分が長く，フィーダとアンテナとの区別があまりはっきりしない．しかし，テレビジョンやFM放送などのように波長が短い場合には，アンテナとフィーダの区別がはっきりしている．AMラジオなどの中波では波長が長くフィーダも含めてアンテナと呼ぶこともある．

☞**フィーダ**

各種のアンテナ

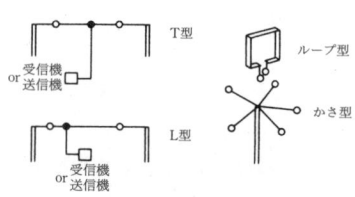

アンテナ・カップラ antenna coupler

アンテナカップラは，インピーダンスのマッチングのために，アンテナ〜フィーダ〜送信機の接続点に入れる装置部品．アンテナとフィーダのつなぎ目や，フィーダと送信機の出力端子との接続点で両方のインピーダンスを合わせる必要があり，もし合っていないとエネルギがうまく伝わらず効率が下がる．アンテナは周囲の建物や樹木・地面の影響を受け理論どおりのインピーダンスにならないことがあり，送信機の出力には，高調波も混じることもある．ミスマッチングや高調波は，BCI

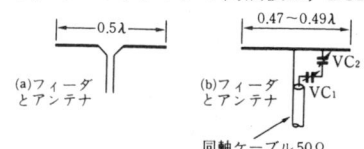

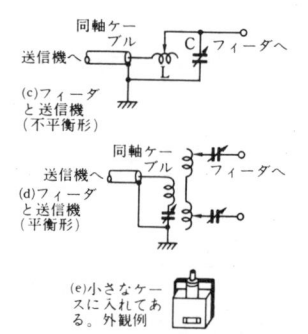

やTVIの原因となり他の通信に妨害を与え，自分の電波の発射効率も下げる．図(a)〜(d)はその一例．
☞BCI, TVI

アンテナ・ゲイン　antenna gain

アンテナ利得とも空中線利得ともいう．アンテナから最も強く電波が発射される方向で，適当な距離だけ離れた点の，電波の強さ（電界強度）E_Aと，標準となるアンテナ（標準アンテナ）の最大の発射方向で，同じ距離だけ離れた点の電界強度E_sを測り計算する．

アンテナゲイン$G = E_A^2/E_s^2$

これをアンテナの電力利得ともいう．デシベル〔dB〕で示すことが多く次の式から計算する．logは常用対数$\log_{10}$のこと．

$$G_{dB} = 10 \log \left(\frac{E_A}{E_s}\right)^2$$
$$= 20 \log \frac{E_A}{E_s} \quad \text{〔dB〕}$$

標準アンテナに，1/2波長アンテナ（ダブレットアンテナ）を使うときは，相対利得といい，完全な無指向性のアンテナを使うときは，絶対利得という．相対利得と絶対利得の使い分けは，何も規定がないが，極超短波（UHF）以上では絶対利得を，超短波（VHF）以下では相対利得を使うことが多い．
☞ダブレット・アンテナ

アンテナ・コイル　antenna coil

ラジオのアンテナ回路に使われるコイルで，圧粉磁心（ダストコア）に巻かれる．圧粉磁心の断面は円または長方形で，全体は細長い棒状でアンテナとしての効果があり，コイルと磁心を一組にして，バーアンテナという．コアの長さと断面が大きいほど，アンテナとしての効果は大きい．これで不十分な場合は，アンテナをつなぎ可変コンデンサ（バリコン）と組み合わせ，受信周波数を選ぶと同時にアンテナと受信機入力回路のインピーダンスマッチングもとる．コイルはインダクタンスが変化できるものがあり，巻き方はソレノイド密着巻やハネカム巻が多い．
☞圧粉磁心

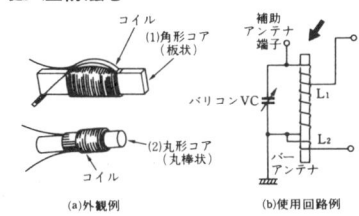

(a)外観例　(b)使用回路例

アンテナ・コンデンサ
antenna capacitor

接地アンテナはアンテナの長さLの4倍（波長$\lambda = 4L$）に共振する．これを接地アンテナの固有波長という．アンテナにコンデンサCを直列につなげば，固有波長は4Lより短くなる．このCをアンテナコンデンサ，短縮コンデンサ，空中線コンデンサなどという．

アンテナ指向性図（——しこうせいず）
antenna directivity diagram
→アンテナパターン，指向性

アンテナ整合器（——せいごうき）
antenna matching transformer
→アンテナカップラ

アンテナ素子（——そし）
antenna element →アンテナ

アンテナ電流（——でんりゅう）
antenna current

空中線電流またはアンテナ・カレントのこと．
→空中線電流

アンテナの指向性（——しこうせい）
antenna directivity diagram
→指向性，アンテナ・パターン

アンテナ・パターン　antenna pattern

アンテナから放出される電波が，どの方向に，どのくらいの強さがあるかを，グラフ的に示したもので，これを見ておのおののアンテナのエネルギの放出

あんて

状態がわかる．受信アンテナとして用いたときも同じことがいえる．このような性質を可逆性という．

図(a)は半波長アンテナの場合である．その形が数字の8に似ているところから8字特性ともいう．図(b)は1波長λ（ラムダ）のアンテナにしたときのパターンである．図(c)は$\lambda/2$の間隔で何本かのアンテナを一直線上に並べたときのパターンで2λ並べたときの例である．もちろん各アンテナには同じ大きさで同じ位相の高周波電流を流す．すると数本のアンテナを並べた（配列）方向と直角方向に大きな指向性を生じる．このようなアンテナを横型配列方式ともいう．図(d)は縦型配列方式ともいい，たとえば$\lambda/4$の間隔で数本のアンテナを一直線上に配列し，おのおののアンテナには$\lambda/4$だけ位相をずらして大きさの同じ高周波電流を流す．図では$\lambda/4$の間隔で6λ並べた場合のパターン例にしたが，配列方向の一方向に鋭い指向性をもつ．これらの図形をアンテナパターンという．

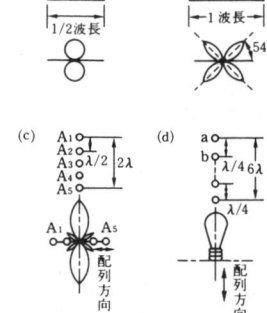

アンテナ利得 （――りとく）
antenna gain →アンテナ・ゲイン

暗電流 （あんでんりゅう） **dark current**
暗流ともいい，次の場合に使われる．
①光電管において，光を完全になくしたときに，ごくわずか流れる電流（$0.1\mu A$以下）のこと．
②ホトトランジスタで，入射する光をなくしたときに流れる電流や，PN接合（ダイオード）の逆方向電流や，トランジスタのコレクタ遮断電流I_{CBO}（数μA以下）を指す．図(a)の0～ロまでの部分の電流．半導体製品の暗電流は，温度の影響を受ける．
③大気中で図(b)のように2枚の平行板電極A，Kに電圧Vを加え少しずつ増やしていくと，図(c)のように0～ロまでは，ごくわずかの電流（$10^{-9}\mu A$）が流れる．これを暗電流という．

☞ホト・トランジスタ，PN接合

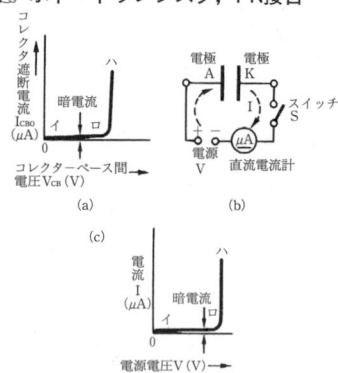

アンド **AND circuit**
→アンド回路

アンド回路 （――かいろ） **AND circuit**
論理（ロジック）回路の一つで，論理積回路とか，アンドゲートとかいう．
図(a)で二つのダイオードD_1，D_2には抵抗Rを通して（+）の電源がつないである．端子AまたはBのどちらにも，正（プラス）のパルス入力がないときは，D_1，D_2は順バイアスのため電流I_Dが流れ導通状態である．このときの導通電流I_Dのために，Rでは電源電圧Vに等しいくらいの電圧降下$E=I_D R$が生じる．そのため，端子Cの出力には

出力電圧が現れない．しかし，AとBの両方に正パルスが加われば，D_1とD_2は逆バイアスとなり，I_Dは流れず，Rでの電圧降下もなくなり，Cに電圧が現れる．(−)電源の場合は図(b)のようにつなぐ．図(c)にはアンド回路の図記号を示す．なお，図(a)でAかBのどちらか片方だけに正パルスが加わった場合も，残りの片方のダイオードは導通状態で，出力をショートする形となり，出力はない．

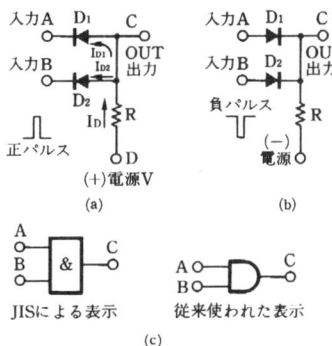

(a) (b) (c)
JISによる表示　従来使われた表示

アンドゲート and gate →アンド回路
アンプ amp, AMP, amplifier
→アンプリファイア，増幅器

アンプリダイン amplidyne
交さ界磁形増幅発電機の一種で，小さな電源（電力）変化を大きな電流（電力）変化に変えられる．

アンプリファイア amplifier
増幅器または増幅装置のこと．アンプと略称する．信号の電流・電圧・電力の波形振幅（大きさ）を正確に大きくする回路である．雑音，ひずみのないことが望ましい．用途に応じて次のような種類がある．
①使う部品による分類
　a．トランジスタ増幅器
　b．真空管増幅器
　c．IC増幅器
②接続法（接地方式）による分類
　a．エミッタ接地増幅器
　b．ベース接地増幅器
　c．コレクタ接地増幅器
　d．その他
③増幅する信号の周波数による分類
　a．直流増幅器
　b．低周波増幅器
　c．中間周波増幅器
　d．高周波増幅器
　e．映像周波増幅器
④結合回路による分類
　a．CR結合増幅器
　b．トランス結合増幅器
　c．チョーク結合増幅器
⑤増幅する信号の大きさによる分類
　a．プリアンプ（前置増幅器）
　b．メインアンプ（主増幅器）
⑥取り扱う電力の大きさによる分類
　a．電圧(流)増幅器
　　（ヤンガーステージ）
　b．電力増幅器
　　（ファイナルステージ）
☞増幅器

アンペア ampere
1．電流の単位で，記号は〔A〕．1ボルトの起電力（電圧）に，1オームの抵抗をつないだとき流れる電流の大きさを1アンペアという．
2．起磁力，磁位，磁位差の単位で記号〔A〕．
3．フランスの織物商人の子で，基礎の電気学に大きな功績を残したパリ理工科大学教授の名前（1775〜1836）．
☞起電力

アンペア・アワー ampere-hour
アンペア時ともいい，電流×時間〔Ah〕を示す電池の容量の単位．
☞アンペア時容量

アンペア回数 (——かいすう)
ampere turn →アンペア・ターン

アンペア時容量 (——じようりょう)
ampere-hour capacity

あんへ

電池（バッテリ）を完全に充電しておき、この電池から一定の電流を何時間流したら放電停止電圧になるかをはかり、そのときの電流Iと時間hをかけたものをその電池の電気容量と考え、アンペア時容量という．

　アンペア時容量＝Ih　〔Ah〕
　ただし　h：電池の放電時間〔h〕
　　　　　I：電池の放電電流〔A〕
　　　　　　（放電中一定）

たとえば1Aで30時間放電すると
　アンペア時容量＝1×30
　　　　　　　　＝30　〔アンペア時〕〔Ah〕

この電池を使って3Aの電流を流せば10時間しか使えない．なお、放電停止電圧は電池によっても異なるが、だいたい定格電圧の10％前後低下したときの電圧で大電流を流すとアンペア時容量は減る．

☞バッテリ

アンペア・ターン　ampere turn

コイルの巻数（ターン）と電流（アンペア）をかけ合わせた値で、起磁力の大きさの単位として使った．〔AT〕と書き、アンペア回数といい現在のSI（国際単位系）では起磁力の単位は、アンペア〔A〕である．

☞起磁力

アンペアの周回路の法則
（――しゅうかいろ――ほうそく）

Ampere's circuital law

導体Cに電流I〔A〕を流すと、Cの周囲に磁界H〔A/m〕を生じる．Cから半径rの円周上の長さを、直線とみなせる短い長さ Δl_1, Δl_2, Δl_3 …に区切る．Δl_1, Δl_2, Δl_3 …におけるHを、H_1, H_2, H_3 …とすれば、IとHとΔl の間に次の関係が成立する．

　$\Delta l_1 H_1 + \Delta l_2 H_2 + \Delta l_3 H_3 + \cdots = I$

Cから半径rの同心円上では、
　$H_1 = H_2 = H_3 = \cdots = H$,
　$\Delta l_1 = \Delta l_2 = \cdots = \Delta l$
　$\therefore \Delta l_1 H + \Delta l_2 H + \Delta l_3 H + \cdots = I$
　　　　$= (\Delta l_1 + \Delta l_2 + \Delta l_3 + \cdots) H$
　$\Delta l_1 + \Delta l_2 + \Delta l_3 + \cdots = 2\pi r$
　$\therefore 2\pi r H = I$　or　$H = I/(2\pi r)$
　$\Sigma H \Delta l = 2\pi r H = I$

これをアンペアの周回路の法則という．

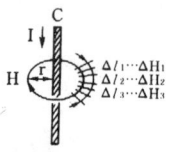

アンペアの法則（――ほうそく）

Ampere's rule

アンペアの右ネジの法則ともいわれる．導体に電流Iを流すとIによって磁力線Hが生じると考え、このときの電流Iと磁力線Hとの間の関係が、ネジを回したとき、ネジが進む方向と回す方向との間の関係に似ているところから名付けられた．

いま直線の形をした導体に右から左に向かって電流を流すと、その導体を中心にして右回り（時計の針の回る方向）に磁力線が生じるというもので、ネジが進む方向に電流を流したときの磁力線の生じる向きはネジを進ませるために回す方向（右回り）である．

この法則は逆も成立する．つまり電流の方向をネジを回す方向に流したとき生じる磁力線の向きは、ネジの進む方向になる．コイルの電流と磁束の向きの関係を知るのに便利である．

☞磁力線

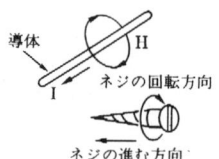

アンペアの右ネジの法則
（――みぎ――ほうそく）

Ampere's right-handed screw rule
→アンペアの法則

アンペア毎メートル（——まい——）
ampere per meter
　磁界の大きさを表す単位で，アンペアパーメータともいい，[A/m]と書く．1ウェーバ[Wb]の正磁極に，1ニュートン[N]の力が働くような磁界の大きさである．これは，直径1mの1回巻のコイルに，1アンペア[A]の電流を流したとき，このコイルの中心にできる磁界の大きさである．また磁化力の単位も[A/m]である．

アンペア・メータ ampere meter
→電流計

アンペア容量（——ようりょう）
ampere capacity
　各種の電気機器に流すことができる最大の電流値（最大許容電流）．一般に導体に電流Iをt時間流し続けると，導体抵抗Rによって導体が発熱する．発熱量$H=I^2Rt$，電流Iが増すとHはI^2に比例するため，導体の絶縁物を焼損したり導体を溶かしてしまうことがある．このため電流の大きさを機器ごとに定め，機器のアンペア容量という．

アンメータ ampere meter
→電流計

暗流（あんりゅう）　**dark current**
→暗電流

イオン　ion

物質のいちばん源．最小単位は分子や原子で原子は中心に核（原子核）があり，その周囲を電子が回転しながら周回している．核は陽子と中性子からできている．電子はマイナス，陽子はプラスの電気をもっており，平常では互いに打ち消し合って電気の性質を示さない．つまり中性である．何かの原因で原子から電子が飛び出すと原子はプラスの電気を帯びる．反対に今まで中性であった原子に他から電子が飛んできて着くと，その原子はマイナスの電気を帯びる．このように電子が不足したり，電子を受け取り，多すぎたりする原子をイオンという．

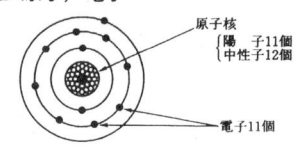

☞原子，電子

ナトリウム原子(Na)
（原子核 陽子11個／中性子12個，電子11個）

イオン化　(——か)　ionization

中性の原子や分子が電子を失ったり他から電子を受け取って多すぎる場合は電気を帯びる．これを帯電という．電子を失ったときは陽イオン，受け取ったときは陰イオンと呼ぶ．このように中性の原子や分子がイオンになることをイオン化という．電子が原子から離されることを電離というが，その場合にも使う．普通，電子は核と結合しているので，自由になれない．

☞イオン

イオン電流　(——でんりゅう)　ionic current

原子の中心にある原子核とその周りを回る電子は電気的に結合しているが，外部からこの結合を破る十分なエネルギ（光，熱，衝撃）を与えると，外側の軌道を回っていた電子は，核との結合が解けて原子から飛び出し自由になる．電子が飛び出したあとの原子はプラスとなり，これを陽イオンという．また，自由になった電子が，電気的には中性（プラスでもマイナスでもない）の原子につくと，陰イオンとなる．電子はマイナス（陰）の電気をもち原子核はプラス（陽）の電気をもち平常状態では両方の電気は互いに打ち消し合って中性である．陰イオンはプラス電極，陽イオンはマイナス電極に向かって移動し，イオン電流となる．

イコライザ　equalizer

等価器のこと．信号が伝達される過程で変化してしまった音質を，元の音質に戻すというのが，本来のイコライザの意味．現在では積極的に音作りをする道具という意味もある．前者はレコードやテープレコーダのイコライザ．後者はミキサ内蔵のイコライザや，グラフィックイコライザなど．

イジェクト　eject

1．CDやFDをコンピュータのドライブ装置から取り出すこと．
2．ビデオやサウンドのテープのカセットをプレーヤのデッキから取り出すこと．そのための表示．

異常E層　(いじょう——そう)　abnormal E-layer

スポラディックE層とも呼ぶ．電離層の下方の正常なE層付近に，何かの原因で突然発生する電離層．電子密度がE層より高いため超短波は屈折し異常

に遠方まで伝わる．比較的狭い地域に限られ，数秒間から数時間続く．なぜこの電離層が発生するか原因ははっきりしない．極地に発生するオーロラや流星による電離作用が考えられる．日本では夏に強く現れるが，日時や場所により変化が激しい．また太陽の活動状態との関係も研究されている．アマチュア無線家はこれをEスポと呼び，小出力（ローパワー）の送信機で遠方まで伝わる異常伝搬を楽しむ．
☞スポラディックE層

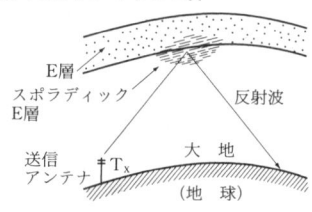

異常グロー放電（いじょう——ほうでん）anomalous glow discharge
→アーク放電

異常電圧（いじょうでんあつ）anomalous voltage
正常の，または規定の電圧よりも異常に高いか低い電圧のこと．回路や部品の永久破壊につながり，焼損や火災になるときもある．

異常伝搬（いじょうでんぱん）anomalous propagation, non-standard propagation
1．通常状態で使う電波の伝搬路以外の経路を伝わること．たとえば，電離層の異常で電波の伝搬路が曲がる場合やスポラディックE層の異常伝搬のこと．
2．気象状態の変化で大気の屈折率が変わり，ラジオダクトの出現で電波の径路が変わり，遠距離伝搬する．短波帯やマイクロ波帯で生じやすい．
☞ラジオダクト

位相（いそう）phase
フェイズともいう．交流の電流・電圧の大きさは，時間とともに変化する．基準点0からある時間t過ぎた瞬間にどんな大きさと方向（極性）か考えたり周波数を測り，ほかの交流と比較したりする．交流の1回の繰返しを，360°として角度で表す．このため位相のことを，位相角ともいう．

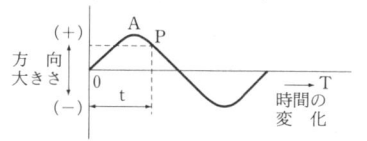

基準0からt過ぎたときの交流Aの大きさと方向はPで示される．

移相（いそう）phase shift
交流の電圧や電流の位相を進めたり，遅らせたり変えること．抵抗Rとコンデンサcを直列にして，これに交流電流を加えると図のようになる．端子A〜C間の電圧（電源）の位相に対して，端子B〜C間の位相をR，Cの値を調整して変えられる．☞位相

移相回路の例

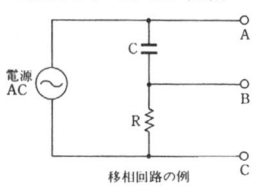

位相角（いそうかく）phase angle
→位相

移相器（いそうき）phase shifter
交流信号Sに抵抗RやインダクタンスL，静電容量Cをつなぎ各々の定数を変え，電圧や電流の位相を変える回路．

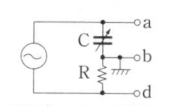

Cを変えて，ab間に対する位相と，bd間の位相を変える．

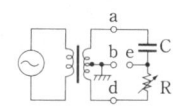

Rを変えてbe間の位相をad間の位相に対して変える．

位相検波（いそうけんぱ）phase detection

いそう

1．位相変調波の復調のこと．基準信号の位相と入力信号の位相との差に応じて，振幅と極性の変わる出力信号を得ること．位相復調ともいう．
2．位相弁別器によって二つの信号の相対的な位相を取り出すこと．
☞位相変調波，復調

位相検波器（いそうけんぱき）
phase detector
位相検波を行う回路で位相弁別器はこの例である．
☞位相弁別器，位相検波

位相差（いそうさ）phase difference
同じ周波数の交流A，Bの位相の違いを位相差といい，普通 θ（シータ）で表す．二つの交流A，Bの間の位相の差を，角度によって表す場合は相差角という．図のA，B二つの交流は1回の繰返しの1/4，つまり360/4＝90°（度）ずれている．Bは90°遅れているが，Bを基準に考えればAは90°進んでいる．
☞位相

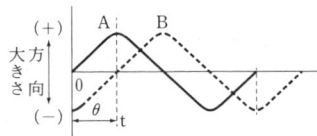

交流Aと交流Bの二つは1回の繰返しの，ちょうど1/4だけすれている．

位相制御（いそうせいぎょ）
phase control
交流信号の位相によって電圧・電流・電力の大きさを変えること．シリコン制御整流器SCRはこの例である．
☞シリコン制御整流器，SCR

位相速度（いそうそくど）
phase velocity
電波が電離層や導波管の中を伝わるとき，周波数によって速さに差を生じる．たとえばAMの被変調波は，搬送波と側波帯（上側波帯，下側波帯）では周波数に差があるため，搬送波の伝わる速さ（位相速度）Vpと，信号波の伝わる速さ（群速度）Vg，真空中を伝わる電波の速さVの間に差を生じる．
$$VpVg = V^2 \quad Vp \geqq Vg V \fallingdotseq 3 \times 10^8 (m)$$
真空中では，Vp＝Vg＝Vである．このことから電波が電離層や導波管内を伝わるときは，位相速度Vpは 3×10^8（m）より大きくなる．
☞AM

位相定数（いそうていすう）
phase constant
波長定数，伝搬定数，伝達定数ともいう．平行2線・同軸ケーブル・導波管内で，電源（送端）側から，負荷（終端）に向かって進む電圧や電流は進行波という．進行波は終端に進むにつれ小さくなり（減衰し），同時に位相も遅れる．この位相の遅れ具合（程度）を示す定数のこと．これから波長もわかる．
☞負荷

位相特性（いそうとくせい）
phase characteristics
増幅器やフィルタなど電子回路の入力と出力との間の位相変化（推移），または周波数に対する位相の関係などのこと．
☞フィルタ

位相特性曲線（いそうとくせいきょくせん） phase characteristic curve
位相特性を示す曲線のこと．

移相発振器（いそうはっしんき）
phase shift oscillator
正しくはCR位相推移発振器といい自励（CR）発振回路の一種である．エミッタ接地形トランジスタ増幅回路では，入力（ベース）信号の位相と，出力（コレクタ）信号の位相は180°異なる．（逆相）増幅器の出力の一部を，CRの帰還（フィードバック）回路を通して，増幅器の入力側にもどす．CR回路で，180°（π）だけ位相がずれる周波数成分は，初めに増幅器の入力

に加わった信号と同じ位相（同相）となり，繰り返される．トランジスタで位相が180°変化し，CR回路で180°変化する周波数成分だけは，弱まらず繰り返し増幅され発振する．それ以外の周波数成分は増幅器とCR回路を伝わる間に弱まり消滅する．CR回路が高域通過型なら低周波発振器で，低域通過型なら高周波発振器である．
☞ 高周波発振器

発振回路の原理図

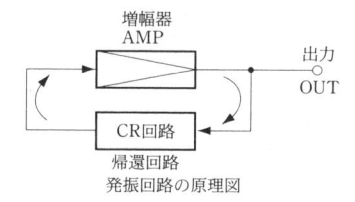

位相反転 (いそうはんてん)
phase inversion
位相を180°ずらす，反対側にひっくり返すこと．プッシュプル増幅器の入力信号用に位相反転回路を使うことがある．☞ プッシュプル増幅器

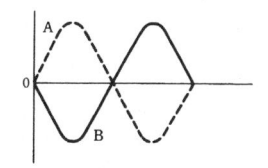

位相が反転しているA，B2つの交流

位相反転回路 (いそうはんてんかいろ)
phase inverter circuit
同じ周波数の交流A，Bの位相を180°ずらすと，互いに逆相の交流となる．普通，交流Aを二つに分け片方の位相を180°反転する．反転にはトランジスタやトランスを用いる．エミッタ接地のトランジスタでは，入力電圧と出力電圧が逆相となる．エミッタの電圧は入力電圧と同相である．二次側にセンタタップを付けたトランスでも位相反転ができる（図(b)）．
☞ 逆相

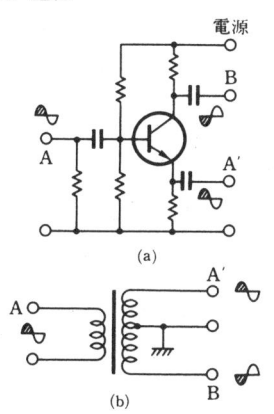

位相反転形キャビネット (いそうはんてんがた——) **phase inverting cabinet**
スピーカボックスの一種で，バスレフ形ともいう．キャビネット前面の下方に長方形の開口部を作り，スピーカの背面（後方）から出る音を，位相を180°変え（反転し）て，開口部から前面に送り出す．スピーカの正面から出る音と開口部から出る音を合わせ，低音部を強め低音の再生帯域を広くする．正面の下方の開口部はポートと呼ばれ，スピーカの後方から出た音は，ここで共振し位相が反転する．
☞ スピーカ・キャビネット

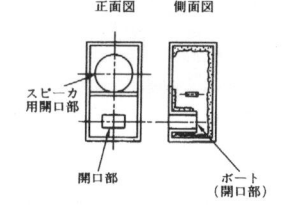

位相ひずみ (いそう——)
phase distortion
一般に電気回路，たとえば増幅器の中

いそう

を信号が通ると入力側に加えたもとの波形と異なる波形が出力側に現れる．これをひずみという．
① 振幅ひずみ（非直線ひずみ）
② 周波数ひずみ（減衰ひずみ）
③ 位相ひずみ（遅延ひずみ）

増幅回路に周波数の幅をもった信号（たとえば100～10,000Hz）を加えたとき，出力波形の位相のずれ（変化）は周波数によって異なる．周波数によって異なる位相のずれを，位相ひずみという．このため周波数帯域（幅）の広い増幅をする映像信号（テレビやレーダ）では影響を受ける．
☞ ひずみ

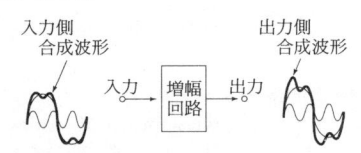

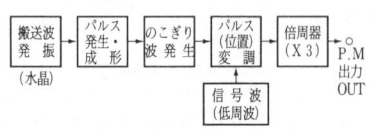

セラソイド変調回路ブロック図

位相変調（いそうへんちょう）
phase modulation
信号波（低周波）の波形変化に応じて，搬送波（高周波）の位相を変化させる変調方式で，搬送波の振幅は一定で変化しない．位相変調をPMともいい，次の式で表している．

信号波 $Vs = Vs\sin 2\pi f_s t$ }
搬送波 $Vc = Vc\sin 2\pi f_c t$ とすれば，

位相変調波 $V = V\sin(2\pi f_c t + \Delta P \sin 2\pi f_s t)$．$\Delta P$ は，最大位相偏移．搬送波の位相が信号波の振幅に比例して平均値から変動する最大量を示す．位相変調波の帯域幅は，信号波の周波数が高くなるほど広くなる．

位相変調器（いそうへんちょうき）
phase modulator
変調信号の振幅に応じて搬送波の位相を変える変調器のこと．セラソイド変調回路，ベクトル合成回路，移相回路などがある．いずれも水晶発振器が使えAFCは不要．☞ 位相変調

位相弁別器（いそうべんべつき）
phase discriminator
1．位相変調器では振幅変化を位相変化にしたが，この位相変化をもとの振幅変化にもどす回路を位相弁別器とか位相検波器という．
2．二つの交流の，位相差を調べて取り出すこと，または位相差に応じた出力を取り出すこと．二つの交流には，パルスが使われることもある．
☞ 位相変調器

位相補償（いそうほしょう）
phase compensation
サーボ装置に用い，サーボ装置が発振することなく安定に動作するように用いる補償回路で，位相進み補償と，位相遅れ補償がある．通常は両方を組み合わせ，進み遅れ補償（Lag-Lead 補償）が行われる．

位相余裕（いそうよゆう）**phase margin**
サーボ装置において利得が0の周波数における位相がマイナス180度に対してどれだけ余裕があるかの指標．たとえばマイナス150度なら，位相余裕は30度という具合に使用する．通常30度以上に設計しており，その閉ループの応答はゲイン交点において利得が3dB上昇する．☞ ゲイン

板ヒューズ（いた——）**fuse**
ヒューズの一種で，板のような形をしている．ヒューズは，自身のもつ抵抗Rに電流Iが流れたときに生じる熱により溶けて切れる．これによって大きな電流（過大電流）が長い間電気回路に流れ，回路を焼損したり，火災の発生を防ぐ．全保護部品である．ヒューズが溶けて切れるときの熱は，ジュー

ル熱と呼ばれ，次の式で計算する．

$$\text{ジュール熱 P} = \text{電圧V} \times \text{電流I} \times t$$
$$= \text{抵抗R} \times (\text{電流I})^2 \times t$$
$$= \frac{(\text{電圧V})^2}{\text{抵抗R}} \times t \quad [W]$$

式のtは時間である．

板ヒューズ　　つめ付きヒューズ

一安定マルチバイブレータ (いちあんてい──) monostable multivibrator

単安定マルチバイブレータ・ワンショットマルチバイブレータ・ゲート・また略して単発マルチ・モノマルチともいう．2段結合増幅回路で片方は直接結合，他方がCR結合の増幅器で，2段目の出力を，1段目の入力に正帰還する．トリガパルスがくると，安定状態から準安定状態に一瞬のうちに移るが，回路の抵抗RやコンデンサCの時定数$T=CR$で定まる一定時間後に，またもとの安定状態にもどる．安定状態が一つなので一安定という．

図で定常状態ではTr$_1$が遮断（カットオフ）で$I_{C1}=0$Tr$_2$は導通（オン）状態とする．入力にトリガパルス（負のパルス）が来ると，C_1を通りダイオードD（順方向電圧）を抜け，C_2を通りTr$_2$のベースに加わる．逆バイアスになりTr$_2$はオフとなる．コレクタ2の電圧は上り，R_5を通してベース1を順バイアスにしTr$_1$はオンとなる．この準安定状態がしばらく続く．C_2の電荷が放電するにつれTr$_2$のベース電圧は(+)になり，ある電圧で急にTr$_2$はオンとなりコレクタ2の電圧は下り，ベース1の電圧も下りTr$_1$はオフとなる．

トリガパルスがあるたびTr$_1$とTr$_2$のオン，オフ状態が入れ代わり，出力に正パルスを発生して，またもとにもどり安定する．分周器，遅延回路，波形整形回路に使う．出力パルスの幅Wを変えるには，C_2の値を加減する．

☞トリガパルス

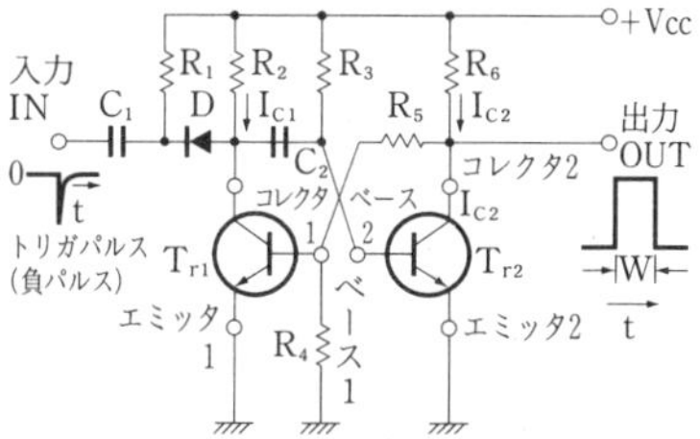

C：コンデンサ　R：抵抗　D：ダイオード
Tr$_1$：トランジスタ1　Tr$_2$：トランジスタ2

一次回路 (いちじかいろ) primary circuit

入力回路ともいう．L_1とL_2の二つのコイルが相互インダクタンスMで電磁結合しているとき，入力側のL_1のほうを一次回路，プライマリPといいL_2のほうを二次回路セコンダリSと呼ぶ．

☞一次側

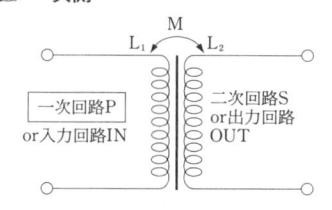

一次側 (いちじがわ) primary

二つの回路P，Sを結びつける回路を結合回路といい，この入力側を一次回路・一次側といい，出力側を二次回路・二次側という．

☞一次回路

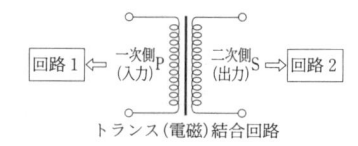

トランス(電磁)結合回路

いちし

一次コイル (いちじ——) primary coil
A，B二つの回路を，トランスで結ぶとき，入力側・一次に巻くコイルを一次コイル・一次巻線といい，出力側・二次側に巻くコイルを二次コイル・二次巻線という．☞一次巻線

一次端子 (いちじたんし) primary terminal
トランスの一次巻線をつなぐ端子で，小形トランスでは巻線の端末や配線をハンダ付けする．大形変圧器では，ネジ式の場合が多い．☞トランス

一次定数 (いちじていすう) primary constant
平行2線・同軸ケーブル・電話ケーブルでは，抵抗R・インダクタンスL・容量Cの電気定数が，エネルギの伝送方向に沿い一様に分布している．R，L，C，コンダクタンスGの単位長ごとの四つの量を，線路の分布定数とか一次定数という．

一次電圧 (いちじでんあつ) primary voltage
トランスの一次側に加わる電圧のこと．入力電圧ともいう．☞一次側

一次電子 (いちじでんし) primary electron
プライマリエレクトロンともいう．金属板の表面の点に高速で電子I_1を投射すると，その点から新しい電子I_2が飛び出す．金属板Mの表面から新しく飛び出した電子を二次電子といい，I_1を一次電子という．I_1よりI_2の数が多く，入射角θと反射角φは同一である．
☞二次電子

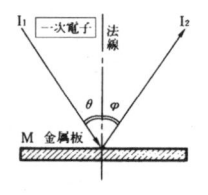

一次電池 (いちじでんち) primary cell
電池は乾電池と蓄電池があり乾電池は放電後に充電しても効果が少ない．蓄電池は放電後充電して再び使う．乾電池を一次電池，蓄電池を二次電池と呼ぶ．マンガン電池，水銀電池，ニッケルカドミウム電池などの区別があり，外形・容量の違いから単1(UM-1)型，単2(UM-2)型，単3(UM-3)型などの種類がある．カドミウムやアルカリ電池は，充電して使うタイプであり，充電器付で売り出されている．電圧は1.5Vで円筒形だが，006Pは9Vで角形の積層タイプであり，4AA型は，単3型を4個同一ケース内で直列にし6Vである．水銀電池は放電中，電圧が一定で優れた特性をもつが，環境汚染を防ぐため水銀の使用が減らされ，アルカリ電池・空気電池・リチウム電池・ニッケルカドミウム電池などに代っている．

一次電流 (いちじでんりゅう) primary current
トランスの一次側・入力側・一次巻線を流れる電流のこと．
☞一次巻線

一次標準器 (いちじひょうじゅんき) primary standard
原器（げんき）ともいう．標準抵抗器と，標準電池が一次標準器である．日本では標準の維持や研究を電子技術総合研究所で行い，校正の実務は日本電気計器検定所で行う．標準抵抗器は水銀柱の抵抗が決められたが取扱いが不便なため，マンガニン線をコイルに巻き，副標準抵抗器として使うことが多

い．標準電池はウエストン電池を使う．標準インダクタンスや標準コンデンサは一次標準器を使って定める二次標準器である．
☞標準抵抗器，標準電池

一次巻線 （いちじまきせん）
primary winding
トランスの入力側・一次側に巻いたコイル・巻線．
☞一次コイル

一括処理 （いっかつしょり）
batch processing
バッチ処理ともいう．コンピュータでデータ処理をするとき，必要なデータをため，まとめて処理をすること．たとえば伝票処理の場合，各現場で生じる伝票を毎日・1週間・1月毎にまとめ，一度に集中的にコンピュータで処理し，コンピュータの遊び時間をなくして，計画的，効率的に使用すること．オフラインによる一括処理やオンラインリアルタイム処理と合わせて行うバッチ処理がある．

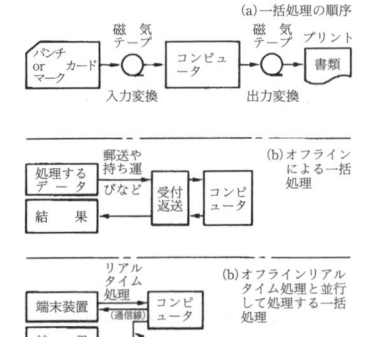

(a)一括処理の順序
パンチ or カード or マーク → 磁気テープ（入力変換）→ コンピュータ → 磁気テープ（出力変換）→ プリント 書類

(b)オフラインによる一括処理
処理するデータ →郵送や持ち運びなど→ 受付返送 → コンピュータ
結果

(b)オフラインリアルタイム処理と並行して処理する一括処理
端末装置 ⇄（通信線）コンピュータ
結果 ←郵送や持ち運びなど← バッチ処理（バックグラウンド処理）

一致回路 （いっちかいろ）
coincidence circuit →アンド回路

移動衛星業務 （いどうえいせいぎょうむ）
mobile-satellite service, MSS.
自動車・列車・船舶・飛行機などの移動（無線）局と衛星との移動通信を対象にした業務のこと．次の三つに大別される．
1．陸上移動衛星業務
2．海上移動衛星業務
3．航空移動衛星業務
なお，基地局と衛星との無線通信回線は固定衛星業務になる．
☞固定衛星業務

移動業務 （いどうぎょうむ）
mobile service
車・列車（陸上移動局）・船舶(局)・航空機(局)・トランシーバ（携帯局）などの移動局相互または移動局と陸上局との通信（業務）のこと．
☞トランシーバ

移動局 （いどうきょく） mobile station
モービルステーションともいい，移動する無線局．船舶・航空機・列車・自動車・バイクなどが移動中または不特定な地点に停止中運用する無線局．アマチュア無線に使われる携帯用の小形無線通信機（トランシーバ）も，この種類．
☞無線局

移動通信 （いどうつうしん）
mobile communication
車・列車・船舶・航空機など移動局相互および移動局と一般加入電話との間の通信のこと．音声・データ・映像などが含まれ，電波法では移動業務といい，海上移動業務（船舶局）・陸上移動業務（自動車局）・航空移動業務（航空機局）に大別される．
☞電波法

移動度 （いどうど） mobility
半導体の電子やホール（キャリア）の動き易さを示す量．電界Eを加えたときの電子の速度V_e，ホールの速度V_hとすれば

$V_e = \mu_e E$ ①　∴ $\mu_e = V_e/E$ ③
$V_h = \mu_h E$ ②　∴ $\mu_h = V_h/E$ ④

①式から③式，②式から④式が導かれ，

比例定数μ_eを電子の移動度，μ_hをホールの移動度という．

糸ヒューズ（いと——）wire-fuse

糸のように細いヒューズ線のこと．直径5cm位のドラムに巻いたり両端に取付け端子（ツメ）のついたものがあり，小電流回路に使う．ガラス管入りもある．

☞ヒューズ

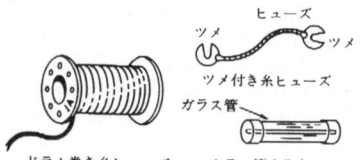

ドラム巻き糸ヒューズ　ガラス管入り糸ヒューズ

茨城衛星通信所（いばらきえいせいつうしんじょ）satellite communication station in Ibaraki

茨城県高萩市にあるKDD（現KDDI）のインテルサット・太平洋衛星と通信する地球局で，東南アジア，アメリカなどと衛星通信を行う．茨城海岸地球局とか茨城地球局ともいう．

イメージ image
→影像

イメージ・オルシコン image orthicon

テレビ用撮像管の一種で，1946年アメリカのローズらによって発明された．オルシコンを改良して感度を高めた．コントラストも良く白黒テレビ時代の放送用によく使われた．最近ではX線テレビに使う．

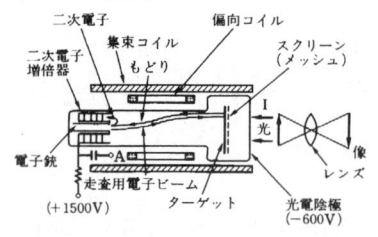

☞オルシコン

イメージ混信（——こんしん）
image interference
→イメージ妨害

イメージ周波数（——しゅうはすう）
image frequency

影像周波数ともいう．スーパヘテロダイン受信機では，受信周波数f_1を590kHzのとき局部発振周波数f_0は455kHz高い1,045kHzとなる．ところがf_0より455kHz高い周波数$f_2=1,500$kHzも$f_2-f_0=455$kHzとなり，中間周波数が発生して周波数変換器の出力に，f_0-f_1とf_2-f_0の二つの中間周波分が生じ，この2成分は分離できず混じり合い混信する．これをイメージ周波数混信という．f_0に対してf_2はちょうどf_1の影像（鏡に映る像）の関係にありf_2を影像周波数という．

☞影像周波数，イメージ信号

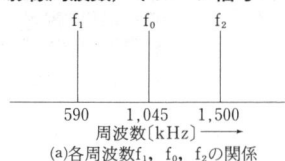

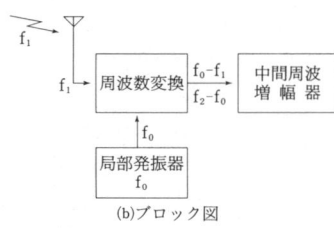

(a)各周波数f_1, f_0, f_2の関係

(b)ブロック図

イメージ信号（——しんごう）
image signal

受信機では受信周波数f_2に対し，局部発振周波数f_1を中間周波数分455kHzだけ高く選ぶが，f_1より455kHzだけさらに高い周波数成分f_3があると，f_1とf_3の差周波数はf_1とf_2の差周波数と同じ455kHzとなり，この両成分は混じ

り合い混信となる．

局部発振周波数f_1を中心にf_2とf_3が対称的な，鏡に映る影像（イメージ）の関係と似ている．f_2から中間周波数の2倍の910kHzだけ離れた，周波数成分f_3をf_2のイメージ(影像)信号という．

☞イメージ周波数

分$f_L - f_R (f_L > f_R)$に$f_1 - f_L$の周波数分が混じり，混信して妨害となる．この妨害をイメージ妨害とか，イメージ混信という．

イヤホン　earphone

耳に差し込むことができる受話器のことで，マグネチック形とクリスタル形がある．外観はどちらも似ていて小形で軽く，耳栓（じせん）は取りはずせるものと，はずせないものがある．クリスタル形（圧電形）は構造が簡単で価格も安く，感度も高いが，圧電素子にロシェル塩が使われ機械的にもろく，強い衝撃や高い温度，湿度に弱い．インピーダンスは1kHzで数百kΩ位となり，周波数に逆比例する．直流分はコンデンサを直列に入れてカットする．マグネチック形は電磁石のコイル電流で働く．感度，音質はクリスタル形よりも良く振動や温度，湿度に強いが，やや高価になる．周波数特性は1kHz位まではほぼ平坦で，それより高くなると急激に上昇する．インピーダンスは1kHzで1kΩ前後のものが多く，ほぼ周波数に比例する．

☞圧電素子

マグネチック形　　クリスタル形
（電磁形）　　　　（圧電形）

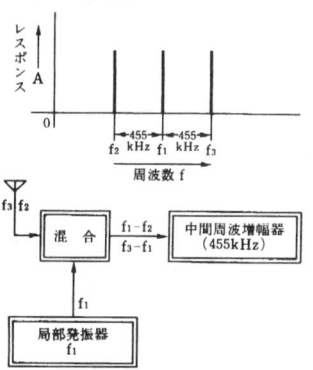

イメージ・スキャナ　image scanner

コンピュータの入力装置の一種で，画像読込み装置．画像の読取り部には，光源・光の反射鏡・レンズ・受光用の光電素子（CCD）などがある．CCDの出力をディジタル化して，コンピュータ用入力にする．入力用文書サイズ・片面か両面かの選択や，原稿台可動型（自動スキャン・タイプ）・手持型（ハンドスキャン・タイプ）・表裏同時入力型などの違い，倍率変化・画像の任意の一部分の出力・データの圧縮など機能や性能も多様である．

イメージセンサ　image sensor
→撮像素子

イメージ妨害（——ぼうがい）
image interference

イメージ周波数妨害とか影像周波数妨害，略して影像妨害ともいう．受信機の受信周波数f_Rと局部発振周波数f_Lとの間に$2f_L - f_R = f_1$の周波数の電波が存在するとき，f_Rとf_Lとの差の周波数成

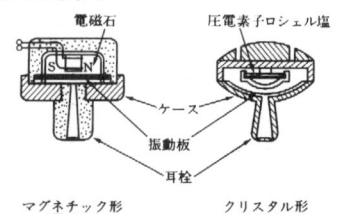

イリジウム計画（——けいかく）
IRID IUM project. Iridium Project

米・モトローラ社提唱の移動通信サービス構想で，77個の衛星で世界をカバーするというもの．ちなみにイリジウムI_rが原子番号77番の元素であることから名付けられた．その後①地球を南北に回る6本の極軌道に11個ずつで合

いれふ

計66個の衛星を高度780kmの低軌道に打ち上げる計画に修正された．②地球上のどこでも常に二つ以上の衛星電波が届くが，数分で上空を通過するため次々に切り換えて通話する．携帯電話の電波が届かない地域でも通話可能である．③契約が伸びず，'99年8月イリジウム社は倒産し，衛星ネットワークは2000年11月に米軍専用として転用されることになった．

イレブンナイン eleven-nine
9（ナイン）が11（イレブン）あることで，99.999999999％のこと．非常に純粋な（純度が高い）ことを示す．テン・ナインと同様な意味である．

色温度（いろおんど）color temperature
光源（光の発生点）の光の色を，これと同じ光の色を出す黒体（吸収率1の理想物体で実在しない）の温度で表す．たとえば蛍光灯の光が6,500Kといえば，黒体が6,500Kのときに出す光と同色と考える．表は各種光源の色温度．

光　　源	色温度〔K〕
天頂上の太陽	
（地表にて測定）	5250
満　　　　月	4125
青　　　　空	12000
曇　　　　天	7000
昼光色蛍光ランプ	6500
白色蛍光ランプ	4500
100W単コイル電球	2835
60W二重コイル電球	2830
40W二重コイル電球	2775
照明用ガス炎	2160
ろうそくの炎	1930

色温度計（いろおんどけい）
color pyrometer
高温の物体は，温度によって異なる色の光を出すので，この色を測りそれと同じ色を出す黒体の温度（色温度）と比べ温度を定める．
☞色温度

色収差（いろしゅうさ）
chromatic aberation

レンズを通して像（物体）を映したとき，光の波長（色）の違いによって，レンズの屈折率が異なるため，像のふちに色がついて像がぼける．このぼけの現象のこと．これを防ぐため，屈折率の異なるレンズを数枚組み合わせる．

色純度（いろじゅんど）color purity
カラー用受像管の蛍光面の全面にわたり，色むらのない正しい色が再現できるか，の度合を示す語．

色消去回路（いろしょうきょかいろ）
color killer →カラー・キラー

色信号（いろしんごう）
chrominance signal(component)
色度信号ともいう．カラーテレビの色を示す信号で，色の情報である輝度，色相，彩度の三つのうち，色相と彩度を同時に表す信号である．I信号とQ信号が色信号で，これに明るさを表すY（輝度）信号の三つを同時に送って，カラー画像を写している．
☞輝度

色信号復調回路（いろしんごうふくちょうかいろ）chrominance signal demodulator circuit →色復調回路

色同期（いろどうき）color synchronization
色信号は，平衡変調器によって作られ，副搬送波は低く押さえられる．復調のとき周波数と位相がぴったりと合った副搬送波を受像機内で作る必要があり，これを色同期という．受像機での色同期は，水平同期信号のバックポーチ（後縁）に加えられた，約8Hzの信号（カラー・バースト）を使って行う．
☞色信号

色同期信号（いろどうきしんごう）
color synchronizing signal
☞カラー・バースト

色の三要素（いろ——さんようそ）
psychological attributes of color sensation
色の三属性ともいう．色を判定するとき次の三つを考える．①明度（輝度），

色の明るさ．②色相，色の種類．③彩度（飽和度），色の鮮かさ（純度）．これらを合わせて色の三要素という．

色復調回路 (いろふくちょうかいろ)
chrominance signal demodulator circuit

カラーテレビの搬送色信号を復調する回路を色信号復調回路，略して色復調回路という．映像信号を帯域フィルタに加えて搬送色信号を分離し，二つの色復調器（R−Y色復調器，B−Y色復調器）に加える．両方の色復調器には，送信（変調）側で抑圧（削除）した色副搬送波に同期させた局部副搬送波信号を，十分な大きさで与える．このとき，R−Y色復調器には90°移相器で位相を90°進めて与え，二つの色差信号R−Y・B−Yを互いに干渉し合うことなく独立して取り出す．R−Y・B−Yを合成回路に加え，残りの色差信号G−Yを作る．

☞帯域フィルタ

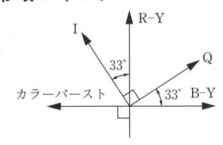

(a) 搬送信号に含まれる変調波の各位相

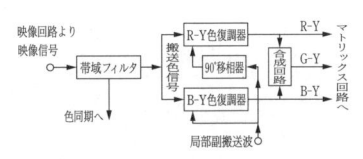

(b) 色復調回路の成り立ち

色副搬送波 (いろふくはんそうは)
chrominance (color) subcarrier

NTSC方式によるカラーテレビでは，色信号によって変調された搬送波のほうを色副搬送波といい，映像搬送波と区別する．色副搬送波の周波数は，水平走査周波数の半分の奇数倍（455倍）に選び輝度信号のすきまに入れて，6MHzのバンド内におさめている．

☞カラーテレビジョン

色飽和度 (いろほうわど) color saturation.
→彩度

陰イオン (いん——)
negative ion, anion

中性の分子や中性の原子に電子が付くとマイナスの電気を帯びる．電子がマイナスの電気をもつからである．電子が外部からくっつき，電気的に中性だった原子や分子を，負（陰）にしたときこの原子や分子を陰イオンと呼ぶ．

☞イオン

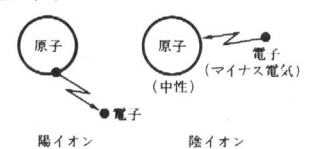

陽イオン　　　陰イオン

印加電圧 (いんかでんあつ)
applied voltage

回路や機器，装置に外部から加えた電圧のこと．電源電圧と同じで，供給電圧ともいう．

☞電源電圧

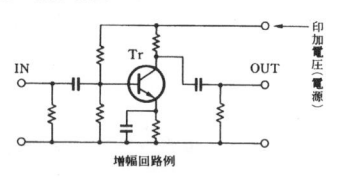

増幅回路例

陰極 (いんきょく) cathode

カソードともいい，負（マイナス）の電極のこと．電池のマイナス極やダイオードのカソードのこと．

☞陽極

陰極線 (いんきょくせん)
cathode-rays

ガラス管の中の気体（空気）を真空ポンプでどんどん吸い取っていくと，管内の気圧は低下し真空に近くなる．陽

極と陰極の二つの電極に加える直流電圧を徐々に高めていくとある電圧で急に管内にぼんやりとした光が発生する．これを真空放電（グロー放電）という．このとき陰極のほうから陽極の方向に電子の流れができ電流が流れる．普通このように高真空中を急速度で移動する電子の流れを一点に集めて密度の高い電子の流れにしたものを電子ビームとか陰極線と呼ぶ．陰極線はガラスの壁に当たると光（蛍光）を発する．
☞真空放電

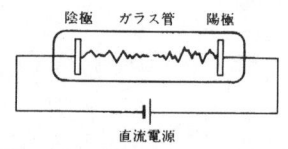

陰極　ガラス管　陽極

直流電源

陰極線オシログラフ （いんきょくせん——） cathode-ray tube oscillograph

陰極（カソード）を加熱して熱電子を放出させ，これを一点に集めて真空中を走らせれば陰極線（ビーム）となる．この陰極線を一定の速さで左右に振り，測定したい電圧で上下に振らせながら高速で蛍光膜にぶつける．蛍光膜は高速電子が当たると発光するので，蛍光膜上に測定したい電気波形が現れる．電気波形を直接目で見ることができる測定器で,高周波でも使える．電圧の測定，電流の測定，周波数の測定，波形の観測ができ，用途に応じて多くの種類やタイプがある．図はその一例でブラウン管オシログラフ，オシロスコープともいう．
☞オシロスコープ

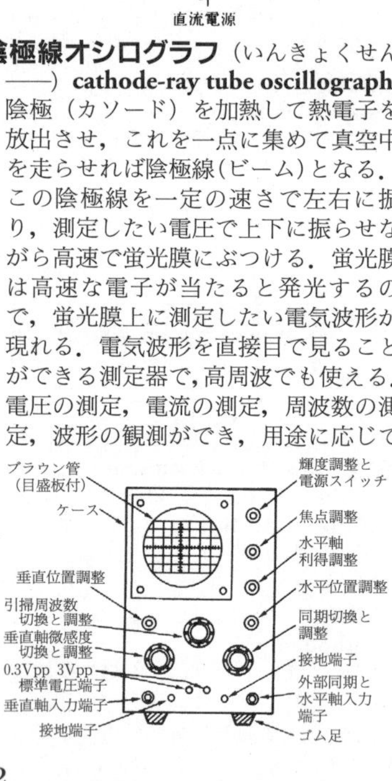

陰極線オシロスコープ （いんきょくせん——） cathode-ray oscilloscope
→陰極線オシログラフ

陰極線管 （いんきょくせんかん） cathode-ray tube

陰極線オシログラフ用，つまり波形観測用のブラウン管のこと．蛍光面の口径50mm（2インチ）位から150mm（6インチ）位まで各種ある．蛍光の色は緑，青，クリーム，それらの中間の色のものがあり，蛍光材料の配合により変えられる．ガラス管の中に電子銃や偏向板二組（水平偏向用,垂直偏向用）が組み込まれている．偏向板によって電子銃から蛍光面へと走る電子ビームを上下，左右に振る．蛍光面に電子ビームが当たるとその点が光る．電子銃は，蛍光面に飛んでいく電子ビームを加速したり，電子の数(量)を制御して蛍光面の像の明るさを加減したり，焦点の合った鋭い像を結ぶ．
☞ブラウン管

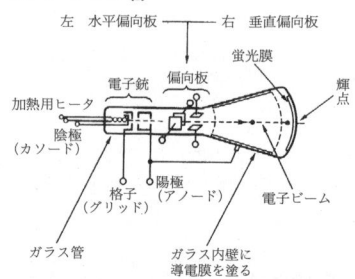

陰極線ルミネセンス （いんきょくせん——） cathode-ray luminescence

高温による温度放射以外の発光現象をルミネセンスといい,陰極線（電子流，電子ビーム）が蛍光体に勢いよく当たったときに生じる光を陰極線ルミネセ

ンスという．ブラウン管の発光はこの例である．
☞ルミネセンス

陰極点 （いんきょくてん）
cathode spot
アーク放電が生じたとき放電電流は陰極の一端に集中し高温となり，光を発し電子が放出されアークが持続される．この陰極に電流の集中する部分のことで，陰極光点ともいう．
☞アーク放電

インクジェット記録 （――きろく）
ink jet recording
電子記録装置の一種で，インクにポンプで圧力を加え，超音波を加えた細い管（ノズル）からインクを吹き出す．途中に筒形の加速電極をおき，偏向板の間を通す．偏向板は上下左右にそれぞれ一組ずつあり，横方向と縦方向にインクを偏向する．記録速度は数kHzで特徴は記録紙を選ばない．現像や定着が不要ですぐ字が現れる．多色化が容易．ノズルの先がつまることがある．インクの乾燥が必要である．なお，インクは水性と油性がある．
☞偏向板

インクジェットプリンタ
inkjet printer
インクを粒状にして帯電させ，ノズルから用紙に吹き付けて印刷するプリンタ．普通紙が使える．印刷時間はレーザプリンタに劣る．
☞帯電

インゴット ingot
金属を溶かして固まりの状態にしたもの．鋳塊（ちゅうかい）ともいう．

印刷解像度 （いんさつかいぞうど）
print resolution
印字解像度ともいい，印刷した文字の品質（印字品質）を示すもので，1インチ当たりのドット数〔dpi〕(dots per inch)で表す．この数が大きいほど印字品質は高い．ドット数のほか線数で示すことも多く，アナログ印刷では多用する．
☞dpi

印刷受信機 （いんさつじゅしんき）
printer
電信信号により自動的に働くプリンタ（タイプライタ）で，テープ式とページ式がある．
☞印刷電信

印刷抵抗体 （いんさつていこうたい）
printed resistor
メタルグレーズインクあるいは炭素－樹脂混合抵抗インクをスクリーン印刷方式によって，セラミック基板やプリント基板に形成．これを熱硬化や焼成し，電極を付けた固定皮膜抵抗器をいう．

印刷電信 （いんさつでんしん）
printing telegraphy
テレタイプともいう．送信側でタイプライタを操作し文字を自動的に印刷電信符号に変えて送り，受信側で符号に従って自動的にプリンタを働かせ文字に変える．これに使われる機器を，印刷電信機という．一般に，けん盤さん孔機と自動送信機，またはけん盤送信機と印刷受信機から成り立つ．印刷電信で文字や数字を表すために使われる符号を印刷電信符号という．
☞印刷電信方式

印刷電信機 （いんさつでんしんき）
teleprinter →印刷電信

印刷電信方式 （いんさつでんしんほうしき） **printing telegraph system, type printing telegraph system**
多量の情報を正確に送るため電信信号を文字・数字に変え，紙に印字したテープにせん孔（穴あけ）して，情報を記録・蓄積する電信方式．信号を送る側は，けん盤（キーボード）送信機のキーを押し電信信号を線路に送る．線路を伝わる信号を受信し紙に印字するのはページ式で紙テープに印字するの

いんさ

はテープ式という．けん盤せん孔機でテープにせん孔し自動送信機にかけ信号を線路に送り，受信せん孔機は受信信号を紙テープにせん孔し情報を蓄積する．

☞印刷電信

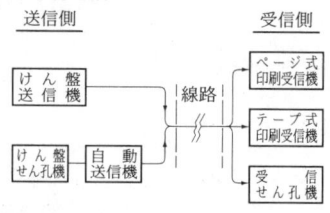

送信側　　　　　　　受信側

```
けん盤              ページ式
送信機 ─┐          印刷受信機
        ├─ 線路 ─┬─ テープ式
けん盤  │自動│   │   印刷受信機
せん孔機├送信機┘  └─ 受信
                      せん孔機
```

印刷配線 （いんさつはいせん）
printed circuit

プリント配線とかプリント回路という．比較的小電流の回路の配線を1枚の絶縁板の上に印刷する．同じ回路を大量に誤りなく短時間に作るので，コストも低い．配線だけでなく，抵抗Rやコンデンサ C やコイルの働きもさせる．IC や LSI にも使われ，1mm×1mm よりも小さい面積に間違いなく正確な配線ができる．図(a)は，基板と呼ばれる絶縁板の片側に付けられたプリントパターンの例で，裏側より，抵抗 R やコンデンサ C のリードを0.6mm位の小穴に差し込み，半田付けする．

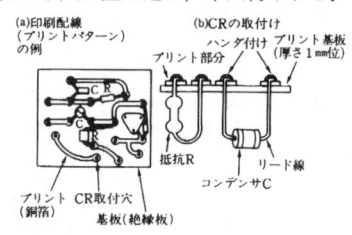

(a)印刷配線（プリントパターン）の例
(b)CRの取付け
ハンダ付け　プリント基板（厚さ1mm位）
プリント部分
抵抗R　　リード線
プリント CR取付穴　コンデンサC
（銅箔）　基板（絶縁板）

印刷部品 （いんさつぶひん）
printed component

プリント基板の上に作られる印刷抵抗などで，小形で大量生産が可能でコンピュータなどに使われる．抵抗率の高いペイントを使って印刷し，パターン（図形）の幅と長さを調整し抵抗値を変え1/8〜1/32W位にする．コイルは抵抗率の低いペイントをうず巻形に印刷し，巻数によってインダクタンスを変える．コンデンサは基板の裏表に電極を印刷し，面積を変えて容量を変える．小形軽量，省資源化，高周波特性向上，誤配線が減るが基板の影響を受けコストが高く電力の制約を受ける．

インジウム　indium

原子番号49，アルミニウムAlやガリウムGaなどと同じ第Ⅲ族の物質．この3価の原子の最外殻電子（価電子）は3個で記号はIn．純粋なゲルマニウムGeかシリコンSiなど4価の物質にごくわずか混ぜるとインジウムは1個の電子が不足し，電子のないぬけ孔に相当するところができ，この孔に相当する部分をホール（正孔）という．ホールには周囲の電子が容易に移動できる．インジウムInはアクセプタ（P形）半導体を作る不純物の役目をする．

☞ホール

インジウム原子　ゲルマニウム原子

最外殻電子の数

印字機 （いんじき） printer

コンピュータの入出力文字を紙に記録する装置のこと．プリンタやラインプリンタがある．プリンタとか，印字装置ともいう．

→プリンタ

インジケータ　indicator

表示器，計数表示，表示計器のこと．ランプやメータなどを用いた表示装置．

インシュレータ　insulator
→絶縁物

インストラクション・カウンタ
instruction counter →命令カウンタ

インストラクション・コード
instruction code
→オペレーション・コード

インストラクション・レジスタ
instruction register
→命令レジスタ

インストール install
アプリケーションソフトの導入時に，コンピュータシステムに合わせてハードやソフトが使えるようにする設定作業のこと．たとえばアプリケーションソフトに付いている保存用ディスクファイル(プログラムファイル)を，ハードディスクに転送する転送作業のことで，セットアップともいう．この作業の簡略化のためインストラソフト(インストールプログラム)を使い，画面に示されるメッセージ(対話形式で質問に答える)に従って操作し完了する．

インストールプログラム
install program →インストール

インターオペラビリティ
interopera-bility
相互運用性と訳される．異なるメーカのコンピュータ，周辺機器，ソフトウェアで相互に互換性があること．ハードウェアの相互利用やソフトウェアの相互運用，システム全体の相互活用ができるオープンな環境をいう．

インタキャリア受信方式
(——じゅしんほうしき)
intercarrier receiving system
→インタキャリア方式

インタキャリア方式 (——ほうしき)
intercarrier system
テレビの受像機の回路方式の一種で，映像と音声の両信号を，中間周波増幅→映像検波→映像増幅回路と通したのち，ブラウン管に加える直前で両方を分ける．こうすれば，局部発振回路が不安定で局部発振周波数が変動しても，両信号の差の周波数4.5MHzは常に一定に保たれているから，音がとぎれるようなことは防げる．しかし両信号が互いに影響(干渉)しないように，音声信号を映像信号の大きさの1/10以下におさえたり，音声トラップを入れて，映像信号から音声信号を分離する．現在の日本やアメリカは，この方式である．

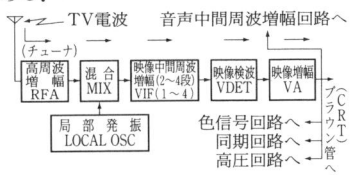

映像信号）映像増幅までいっしょに増幅．
音声信号）ブラウン管の前で分離する．

インダクション・モータ
induction motor
誘導電動機ともいい交流モータの一種．単相式と三相式があり単相式は起動のトルク(回転力)の発生法により次の種類がある．安価で丈夫な交流モータである．

①分相起動形，②コンデンサ分相形，
③反発起動形，④くまとりコイル形
図はくまとりコイル形の単相誘導電動機の例である．

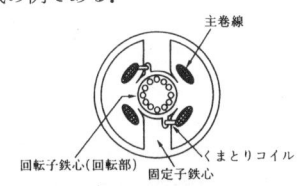

インダクタ inductor →コイル

インダクタンス inductance
インダクタンスは二種類ある．
①自己(セルフ)インダクタンスL
②相互(そうご)インダクタンスM
電線に電流を流すと，アンペアの法則に従いその電線の周囲に磁石の性質をもつ線が現れる．これを磁力線と呼ぶ．線をグルグル巻いた部分をコイルといい，これに電流を流すと巻数に応じて

いんた

多くの磁力線が生じ磁気作用が生じる．この電流と磁気作用の強さの関係はコイルの大きさや巻数や形によって異なる．これをインダクタンスという．インダクタンスの単位はヘンリーで〔H〕と表す．コイルが一つある場合のインダクタンスは，自己(セルフ)インダクタンスという．二つのコイルが互いに接近しているときにコイルAに電流を流すと磁力線はコイルAに束になって通り（磁束，マグネチックフラックス）その一部はコイルBの中を横切って通る．いま，電流I_1が交流ならそれによってできるフラックスも刻々変化するから，コイルBを横切るフラックスは変化する．そのためコイルBには電圧が誘導され誘導電圧という．この電圧の大きさはコイルA，B両コイルの大きさ，形，コイル間の距離や角度などが複雑に関係し，この相互関係を表すのは相互インダクタンスという．単位は自己インダクタンスと同じヘンリー〔H〕である．コイルが三つ以上あるときも各コイルの間の相互インダクタンスを考える．

☞リアクタンス

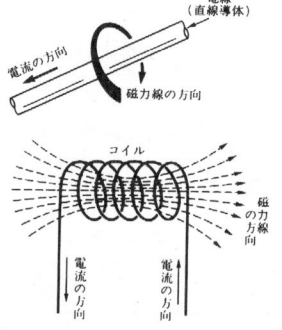

インダクタンスの測定 （――そくてい） measurement of inductance

①ブリッジによる方法．非常に精密に測ることができる．図(a)はマクスウェルブリッジで，各辺の抵抗P，Q，SやインダクタンスLを調整して，ブリッジのバランスをとり（イヤホンDの音が最小になるとき）次の式が成り立つ．

$$P(r+j\omega L_x) = Q(S+j\omega L_s)$$

$$\therefore \frac{L_s}{L_x} = \frac{S}{r} = \frac{P}{Q} \quad \begin{cases} L_x = QL_s/P \text{〔H〕} \\ r = QS/P \text{〔Ω〕} \end{cases}$$

ここでP，Qは標準抵抗，L_sは標準インダクタンス，SはL_sの抵抗分，L_xは測ろうとするインダクタンス，rはL_xの抵抗分，Dはイヤホン，eは測定用交流電源(1kHz)である．jはリアクタンス分を示し，ωは$2\pi f$でfは測定用交流電源の周波数，πは円周率で3.14．

②ディップメータMと標準コンデンサC_sを用いる方法．図(b)で測ろうとするコイルL_xに近づけたディップメータの指針が急激に下がってディップ（エネルギ吸収）した点の周波数f（共振周波数）を求めて，次式で計算する．

$$2\pi f L_x = \frac{1}{(2\pi f C_s)}$$

$$\therefore L_x = \frac{1}{(2\pi f)^2 C_s} \text{〔H〕}$$

(a)マクスウェルブリッジによる法　(b)ディップメータによる法

インダクタンスの直列接続
（――ちょくれつせつぞく）

series connection of inductance

ドーナツ形（環状）鉄心にコイルL_1，L_2を直列に接続したときの合成インダクタンスLは

$$L = \frac{N_1(\phi_1+\phi_2)}{I} + \frac{N_2(\phi_2+\phi_1)}{I}$$

$$\left. \begin{array}{l} L_1 = N_1\phi_1/I, \quad L_2 = N_2\phi_2/I \\ M = N_2\phi_1/I = N_1\phi_2/I \end{array} \right\} \text{を代入して}$$

∴ $L=L_1+L_2+2M$ (和動接続) 図(a)
L_1, L_2の巻方向を逆にしてつなぐと,
$$L=\frac{N_1(\phi_1-\phi_2)}{I}+\frac{N_2(\phi_2-\phi_1)}{I} \text{ となり}$$
∴ $L=L_1+L_2-2M$ (差動接続) 図(b)
 またL_1, L_2が独立し,互いに影響しない状態でつなぐと,
$$\dot{V}=\dot{V}_1+\dot{V}_2=j\omega L_1\dot{I}+j\omega L_2\dot{I}$$
$$=j\omega(L_1+L_2)\dot{I}$$
合成リアクタンスXは,$\dot{V}/\dot{I}$より
$\dot{V}/\dot{I}=j\omega(L_1+L_2)$となり,
∴ $L=L_1+L_2$ (独立の直列接続) 図(c)
インダクタンスLの単位はヘンリー[H],
Mは相互インダクタンスで単位は[H].

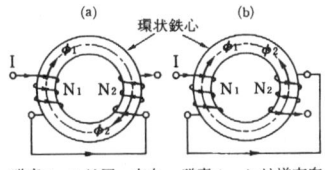

(a) 環状鉄心 (b)
磁束ϕ_1, ϕ_2は同一方向   磁束ϕ_1, ϕ_2は逆方向

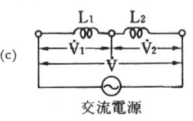

(c) 交流電源

インダクタンス・ブリッジ inductance bridge

インダクタンスの精密測定回路(ブリッジ)のこと.自己インダクタンスLや相互インダクタンスMの測定回路はいろいろ考案され使われているが,図は交流ブリッジによるLの測定例である.ブリッジのバランス条件は,

$$(r+j\omega L_x)S=(R+j\omega L_s)P$$

- O 測定用発振器(1kHz)
- Ls 標準可変インダクタンス
- P 標準抵抗
- S 標準可変抵抗
- R Lsの抵抗分
- Lx 測定するインダクタンス
- r Lxの抵抗分

マクスウェルブリッジ D バランス検出器(イヤホン)

これより $rS=RP$
$j\omega L_xS=j\omega L_sP$ となり

$$\frac{P}{S}=\frac{r}{R}=\frac{L_x}{L_s} \therefore \begin{cases} L_x=\dfrac{P}{S}L_s \ [H] \\ r=\dfrac{P}{S}R \ [\Omega] \end{cases}$$

インターネット Internet

世界中のコンピュータをネットワークで結ぶ,世界最大のコンピュータネットワークのこと.1969年米国防総省高等研究所がアルパネットARPANETを開発したのが起源.各地の大学・研究所のコンピュータネットワークを次々と結び,1990年代に利用者が爆発的に増えた.日本は1984年大学間ボランティア活動JUNETが東大と複数大学UUCPをつなぎ,後にWIDEインターネットが全国の大学を組織化した.米国インターネットにつなぐ会社(プロバイダ)もでき,1992年商用サービスが始まり1995年頃は利用者が激増した.代表的サービスは①電子メールe-mail②ワールドワイドウェブwww(ホームページ)③ネットニュースNet News(電子掲示板)④ネットワークゲーム(オンラインゲーム)⑤インターネット電話.

インターネットVPN Internet Virtual Private Network

公衆網であるインターネットを企業通信ネットワークの仮想専用網(VPN)として利用すること.中継区間に専用線より廉価なインターネットを利用することで通信コストの削減を図ることができる.VPNトンネルとも呼ばれる.データを暗号化することによりセキュリティの高い仮想的な専用線を構築することができる.インターネットに接続する回線の両端に,VPN専用装置やVPN機能をもつサーバ製品を設置して,インターネットVPNを構築する.

☞ VPN

いんた

インターネット・アドレス
internet address
IPアドレスのこと．
→IPアドレス

インターネットエクスプローラ
Internet Explorer
インターネットで電子メールを利用する際に使う電子メールソフトの一種（ブラウザ）．マイクロソフトのインターネットエクスプローラに付属するアウトルックエクスプレスや，ネットスケープのネットスケープコミュニケーションに付属するネットスケープメッセンジャがある．

インターネットサービスプロバイダ
Internet service provider
→プロバイダ

インターネットテレビ
Internet television
インターネットを使った放送．インターネット放送にはラジオ・テレビがあり，インターネットテレビをネットTVともいう．テレビ受像機に専用端末をつなぎ，電話回線でインターネットと結んで利用する．たとえば，テレビ受像機にwebブラウザ機能を組み込んでインターネットと結んだり，専用ソフト内蔵の受像機とモデムでインターネットに結ぶ．

インターネット電化品
（――でんかひん）
携帯電話・PHS・カーナビ・ゲーム・テレビ受像機などで，インターネットにつなげる機能をもつ（情報端末に利用できる）電化製品のこと．インターネット放送（ネットテレビ・ラジオ）・インターネット電話などがある．
☞インターネット

インターネット電話（――でんわ）
Internet telephone, IP telephone, web phone
インターネットを使い声で会話する方法であり，次の三種に分けられる．

1．双方がパソコン・マイク・スピーカで話す（ソフト例：Internet phone）
2．双方が電話機を使いインターネットで話す（ソフト例：リムネット）
3．パソコン（送信）と電話機（受信）で話す（ソフト例：Net 2 phone）
プロバイダのアクセスポイントまでの回線使用料・接続料ですみ，長距離・国際電話などに比べ安価である．
☞アクセスポイント

インターネット・ニュース
internet news
ネット・ニースと略称する．
→ネット・ニュース

インターネット・プロバイダ
internet provider
インターネット・サービスプロバイダのことで，プロバイダと略称する．
→プロバイダ

インターネットホームページ
Internet home page (homepage)
ホームページともいう．インターネットのwwwサービスで情報提供者が，ブラウザで示す最初のページ，または起動時に示されるWebページのこと．その他は全てWebページと区別する．今ではブラウザで示す全ページをホームページという場合が多い．各ホームページにリンクボタンがあり，マウスでクリックしてリンク先のホームページにジャンプできる．ホームページの内容はコンテンツといい，HTML言語で作る．企業・学校・個人が写真・アニメ・イラスト・マイコン・ボタン・音声を表示できる．ブラウザはWebページを見るためのアプリケーション．☞ブラウザ

インターネットラジオ　Internet radio
インターネットで音響の送信・受信ソフトを使ったラジオ放送のこと．ISDNならFMに近い音質である．インターネットの放送は費用・放送法や電気通信事業法の法規制・番組作製な

どの面でも容易なために新しい局が増えている.
☞ISDN

インタフェース interface
1. 二つ以上の構成要素（たとえばコンピュータとプリンタ）の境界や境界で共用する部分のこと．二つの装置や回路をつなぐハードウエアは，二つ以上のプログラムによって共用されるメモリの一部やレジスタがある．
2. コンピュータに入出力装置をつなぐ小回線デバイスドライバだったが，①ソフトの作りやすさ ②情報交換の効率 ③システム全体の信頼性を考えるようになり，人間（マン）とシステム（マシン）の間のインタフェース（マンマシンインタフェース，ユーザインタフェース）の高水準化が求められる．コンピュータ利用者（ユーザ）が増えるほど，高水準ユーザインタフェースへの要求は高まる．パソコンソフトは高度なユーザインタフェースを実現するためのプログラムが，全体の3/4を超えることもある．

インタプリタ interpreter
コンピュータ用語で，通訳プログラムともいう．原始言語の命令を一つごとに翻訳（機械語に変換）し実行するプログラムで，ベーシックプログラムはこの例である．☞機械語

インタプリティブ言語 (——げんご) interpretive language
インタプリタで変換される，言語のことで解釈言語ともいう．たとえば，パスカル（PASCAL）やベーシック（BASIC）はこの例でコンピュータと情報を交換しながら，プログラムを作ったり実行させたりする会話形言語のこと．☞インタプリタ

インタホン interphone
室内電話のこと．広い工場や会社，催しものの会場で離れた場所を電線で結んで連絡をとる時に使う．家庭でも玄関の外と内との通話に使う．ボタンを押してブザーやチャイムを鳴らし相手に合図して呼出し，押しボタンを押し交互に話し合う形式と，電話のように同時に話す形式がある．また電線を使わず無線（ワイヤレス）で両方を結ぶ場合もある．

インタラプション interruption
→割込み

インタラプト interrupt
→割込み

インタレース interlace
→飛越し走査

インタロック interlock
メカニズム（機械構造）の部分Aと部分Bを組み合わせる，連結する，という意味に使うが，転じて電子式インタロックにも使う．機械式インタロックの例は押しボタンスイッチである．いずれも現在の動作状態が次の操作や入力があるまで続き，勝手に他の状態に移らぬようにすること．

インテグリティ integrity
コンピュータが社会に広く普及し，そのシステムも巨大化・複雑化した．このためシステムの信頼性や保守性が重要である．この重要なシステムの情報を故意または偶然に壊し・変え・紛失せぬよう防護すること．
☞システム

インテグレーテッド・サーキット integrated circuit →IC

インデックス index
コンピュータに使う指標のこと．ファイルまたは文章に関する見出しが，順序よく記入されている表で，その内容やあり場所が示されている．
☞指標

インデックス・ファイル index file
コンピュータではファイルの中に多数のデータを入れておき，特定のデータを取り出して利用するときのために，項

いんて

目名とファイルの何番目のデータか（データ番号）を示すファイルを別に作る．このファイルをインデックス・ファイルという．

インデックス・レジスタ index register
→指標レジスタ

インテリジェント intelligent
→インテリジェントターミナル

インテリジェント・ターミナル intelligent terminal

インテリジェント端末ともいい，コンピュータの端末装置（入出力用の周辺機器）はデータの入出力だけ扱うのが普通だが，マイクロコンピュータを組み込んだプログラム可能な端末装置があり，これをインテリジェント・ターミナルという．メーカ側だけがプログラム可能のものと，使用者側にもプログラミングができるようにしたものとある．インテリジェント・ターミナルの特徴は，①目的に合わせてプログラムができ，機能変更や拡張が容易．②端末側で前処理を行い，必要データだけをホストコンピュータに送るから，データ伝送のコストを下げ，ホストコンピュータの負担を軽くできる．③データのチェックを端末側で行えるので，速く正確なエラーの回復ができ，ホストコンピュータにクリーンデータだけ送るので，ホストコンピュータの負担が軽くなる．④ホストコンピュータや通信回線に障害があっても，端末の一部が自立して動作を続けられ，完全なシステムダウンを防げる．

インテリジェント端末（——たんまつ）intelligent terminal
インテリジェント・ターミナルとか知能端末ともいう．
☞インテリジェント・ターミナル

インテルサット INTELSAT, International Telecommunications Satellite Consortium
1964年8月ワシントンで11か国により暫定発足した国際共同事業組織で国際商業衛星通信機構という．1973年国際電気通信衛星機構（——Organization）として恒久制度に移行．1965年4月にインテルサットⅠ号（アーリーバード）という静止衛星を打ち上げた．これは世界初の商用通信衛星で以後Ⅱ～Ⅴ号を太平洋，大西洋，インド洋上に打ち上げ信頼性のきわめて高い国際衛星通信サービスを行っている．
☞衛星通信

インテルサット衛星（——えいせい）satellite of INTEL SAT
インテルサット（国際電気通信衛星機構）が打ち上げた商業通信用の静止衛星．全世界をカバーするためと需要増大で，太平洋，インド洋，大西洋の各上空に合計10個以上の衛星を打ち上げた．これにより国際間の電話，テレックス，ファクシミリ，テレビジョンなどの伝送サービスを行う．日本の地球局はKDD（現KDDI）が，太平洋衛星用に茨城衛星通信所，インド洋衛星用に山口衛星通信所を開設した．
☞世界商業通信衛星組織

陰電荷（いんでんか）negative charge
物体が負の電気を帯びることを，負に帯電するといい，負に帯電した物体のもつ電気を陰電荷とか負電荷という．
☞負電荷

陰電気（いんでんき）negative electricity
負，陰，マイナス，（－）の電気．電子のもつ電気のこと．

イントラネット Intranet
インターネットと同じ構造を，学校や

企業内の情報共有化のために導入すること．1995年頃から企業に普及し，インターネットとの接続性・導入容易なwww中心のものと，既存のLANが使えるものとある．いずれもホームページをもち情報の共有化を図り，社員に企業情報を伝える．

☞インターネット

インパクト・ドット・マトリックス・プリンタ impact dot matrix printer

パソコンの出力を印刷するときに使うプリンタの一種．プリントヘッド内の各ワイヤピンをプリンタ内部でコントロールしインクリボンをプリント用紙に押しつけて印字する．図ではプリントヘッド内のピン1と3がインクリボンをプリント用紙に押しつけているところを示している．キャリッジはプリントヘッドをプラテン（プリント用紙）に沿って左右に移動する．インクリボンはカートリッジ内のリールで巻き取る方式が多い．

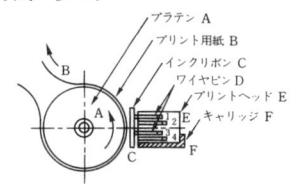

インパクト・ドットマトリックス・プリンタの原理

インバータ inverter

1．直流を交流に変える装置．蓄電池による直流モータかガソリンエンジンで交流発電機を回し交流を発生する．図はトランジスタ発振器による交流の発生例で移動用電源に使う．

2．入力信号の位相を反転する（180°変える）回路のこと．たとえば，エミッタ接地トランジスタ1段の増幅回路に相当する．ディジタル回路やパルス回路では，この回路を論理否定回路・ノット（NOT）回路・ノットゲートといい，実際の装置や機器に組み込む．

☞トランジスタ発振器

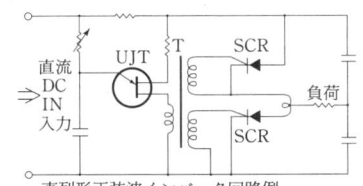

直列形正弦波インバータ回路例
（UJT ユニジャンクショントランジスタ
SCR シリコン制御整流器
T トランス）

インパット・ダイオード impact ionization avalanche and transit time diode, IMPATT diode
→アバランシ・ダイオード

インバール invar
鉄Fe 64％，ニッケルNi 36％の合金で膨張係数が非常に小さい．音叉（おんさ）やバイメタルに使う．

☞音叉

インパルス impulse
パルスのこと．医学用語で脈はくのこと．非常に短い時間だけ流れる電流や電圧のこと．波形は正弦波と大きく異なる形をし多くの高調波（ハーモニクス）を含む．図(a)～(d)．

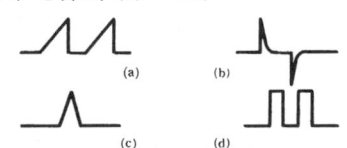

インパルス性雑音（——せいざつおん）
impulsive noise →衝撃性雑音

インピーダンス impedance
交流回路における電圧と電流の比で，単位としてはオーム（Ω）が用いられる．抵抗によるインピーダンスを抵抗成分，インダクタンスによるものをリアクタンス成分と呼ぶ．抵抗Rやインダクタンスや容量Cの回路に交流を加えると，R，L，Cのために電流の流れが妨げられる．直流回路の抵抗と

同じような働きであるが，LやCの電流を妨げる割合は周波数によって異なる．これをリアクタンスXという．LによるリアクタンスXLとCによるリアクタンスXCは次の式で計算する．

$$X_L = 2\pi fL \quad \begin{pmatrix} \pi は円周率3.14\cdots \\ f は周波数 \end{pmatrix}$$
$$X_C = 1/(2\pi fC)$$

インピーダンスZはRとXより

$$Z = \sqrt{R^2 + \left(2\pi fL - \frac{1}{2\pi fC}\right)^2} \quad [\Omega]$$

$$X = X_L - X_C \cdots\cdots (X_L > X_C)$$

Zは，電圧Vと電流Iの比で求められ，単位はオーム〔Ω〕を使う．

$$Z = V/I \quad [\Omega]$$

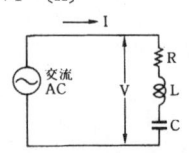

インピーダンス結合増幅器 (——けつごうぞうふくき) impedance coupled amplifier →LC結合増幅器

インピーダンス三角形 (——さんかくけい) impedance triangle

抵抗R，インダクタンスL，静電容量Cがつながる交流回路で，各部の電圧V_R，V_L，V_Cや電流Iの関係は直角三角形になる．抵抗R，リアクタンスX，インピーダンスZの間の関係をベクトルで示すと，
(直列接続の例)

$\dot{V}_R = \dot{I}R$ 　　　　 $\dot{I}$と同相
$\dot{V}_L = \dot{I}X_L = \dot{I}\omega L$ 　$\dot{I}$より90°進み
$\dot{V}_C = \dot{I}X_C = \dot{I}/(\omega C)$ 　$\dot{I}$より90°遅れ
$\omega = 2\pi f$ 　　f：交流電源の周波数
X_L(Lのリアクタンス)$= 2\pi fL$
X_C(Cのリアクタンス)$= 1/(2\pi fC)$
X(合成リアクタンス)$= X_L - X_C$
　　　　　ただし$|X_L| > |X_C|$

インピーダンス整合 (——せいごう) impedance matching →インピーダンス・マッチング

インピーダンス・パラメータ impedance parameter

図(a)のように四つの端子（入力2出力2）をもつ回路がある．これに電源と負荷をつなぐ．入力側の電圧Vi，電流Ii，出力側の電圧Vo，電流Ioの関係は，四つの端子の回路（四端子網）の性質で決まる．四端子網がどれほど複雑でも，四つの定数で示すことができ，この定数をパラメータという．インピーダンスパラメータはその中の一つである．入力端子a, bと出力端子c, dを開放にして，次の四つのインピーダンスを求める．

出力開放入力インピーダンス
　　　　$Z_{ab} = V_i/I_i$ 〔Ω〕
出力開放伝達インピーダンス
　　　　$Z_{ac} = V_o/I_i$ 〔Ω〕
入力開放出力インピーダンス
　　　　$Z_{cd} = V_o/I_o$ 〔Ω〕
入力開放伝達インピーダンス
　　　　$Z_{ac} = V_i/I_o$ 〔Ω〕

この4つのパラメータから入出力の電圧，電流の関係は，

$$\left. \begin{array}{l} V_i = Z_{ab}I_i + Z_{ca}I_o \\ V_o = Z_{ac}I_i + Z_{cd}I_o \end{array} \right\} ①$$

四端子網がトランジスタなどを含まぬ受動回路(抵抗やコンデンサやコイル)なら，$Z_{ac} = Z_{ca}$となり，(a)は(b)のように考えられる．またトランジスタなどを含む能動回路なら(c)のようになる．これは①式を変形した式より得られる．

☞パラメータ

(a)
$\begin{cases} V_i = Z_{ab}I_i + Z_{ca}I_o \\ V_o = Z_{ac}I_i + Z_{cd}I_o \end{cases}$
を変形して
$\begin{cases} V_i = (Z_{ab}-Z_{ca})I_i \\ \quad + Z_{ca}(I_i+I_o) \\ V_o = (Z_{cd}-Z_{ca})I_o \\ \quad + Z_{ca}(I_i+I_o) \end{cases}$
となる

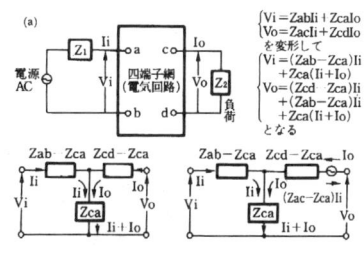

(b)受動回路(R, L, C)のとき
(c)能動回路(トランジスタや真空管)のとき

インピーダンス不平衡（——ふへいこう） impedance unbalance
平行2線，平行3線，ケーブルなどの伝送回路で，各線間・各線とアース間のインピーダンスが等しくないこと．

インピーダンス・ブリッジ impedance bridge
インピーダンスを測るブリッジ（測定回路）の一種である．図(a)は有名なホイートストンブリッジで抵抗R_xの精密測定に使う．この電源を交流にし検出器G（ガルバノメータ）の代わりにイヤホンTやオシロスコープなどを用いる．図(b)がインピーダンスブリッジで，電源の周波数は一定（1kHz）にしたものが多く，容量CやインダクタンスLや抵抗Rを測ることができる．1台でR, L, Cや損失角などを測れる交流ブリッジを，万能ブリッジという．☞ブリッジ

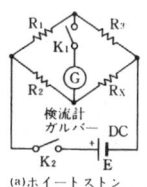

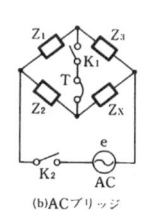

(a)ホイートストンブリッジ抵抗測定用
(b)ACブリッジ

インピーダンス・マッチング impedance matching
二つの回路A，Bをつなぐ場合，Aの出力側のインピーダンスZ_Aと，Bの入力側のインピーダンスZ_Bの関係は，$Z_A>Z_B$，$Z_A<Z_B$，$Z_A=Z_B$の3通りが考えられる．$Z_A>Z_B$，$Z_A<Z_B$の場合は，いずれも接続点でエネルギーの反射があり，AからBにエネルギーはなめらかに流れずに，損失を生じる．$Z_A=Z_B$のときは反射がなく，エネルギーはすべてAからBへ伝わるから損失はない．そこで，$Z_A>Z_B$，$Z_A<Z_B$の場合は損失をなくすため，接続点にインピーダンスを合わせるための回路をつなぐ．このインピーダンスを合わせることを，インピーダンスマッチング（整合）という．変成器やエミッタホロワ（トランジスタ回路）やアンテナカップラなどが，そのために使われる．
☞インピーダンス

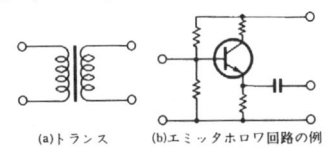

(a)トランス
(b)エミッタホロワ回路の例

インフォメーション information
→情報

インフォメーション・インタチェンジ information interchange
→情報交換

インフォメーション・プロセシング information processing
→情報処理

インプット input
入力のことで，入力信号とか入力端子にも使う．入力は増幅器とか，何か他の装置への入口であり，普通，INまたはINPUTと表す．

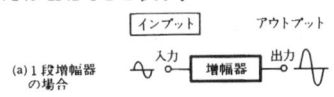

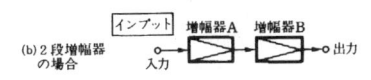

(a)1段増幅器の場合
(b)2段増幅器の場合

インプット・インピーダンス
input impedance

電気回路のインプット(入力)側から見た回路のインピーダンスで、入力インピーダンスともいう。入力側に加えた電圧Viと、それによって流れた電流Iiとの比から

入力インピーダンスZ_i

$$= \frac{入力電圧 V_i}{入力電流 I_i} \quad [\Omega]$$

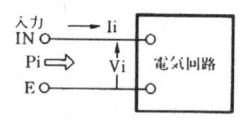

インプット側 (――がわ) input
→インプット

インプット・コンデンサ
input condenser

電気・電子回路のインプット(入力)側につないだコンデンサのこと。入力容量ともいうが、入力端子から回路をみたときの全容量分も、入力容量(インプットキャパシティ)というので区別する必要がある。

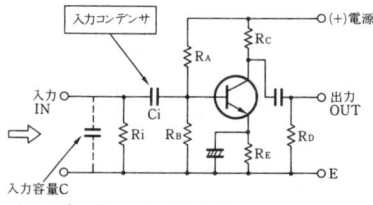

インプット・シグナル input signal

入力信号のこと。電気・電子回路のインプット(入力側)に加える電気信号のこと。インプット信号ともいう。またインプットシグナルの供給源を、インプットシグナルソースという。このインプットシグナルを加えて、増幅したり、制御に利用したりする。

インプット信号 (――しんごう)
input signal →インプット・シグナル

インプット・ターミナル
input terminal

インプットは入力、ターミナルは端子。つまり入力端子のこと。用途に応じ各種のものを使う。

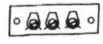

陣式ターミナル
ネジ付ターミナル
ピンジャックターミナル
プッシュ式ターミナル

インプット端子 (――たんし) input
terminal →インプットターミナル

インプット抵抗 (――ていこう)
input resistance

電気回路のインプット(入力)側からその回路を見たときの抵抗R_iであり、インプット電圧E_iとインプット電流I_iの比E_i/I_iである。いくつかの抵抗Rが並列のときは、それらの抵抗の合成値である。

インプット抵抗 $R_i = \dfrac{E_i}{I_i} \quad [\Omega]$

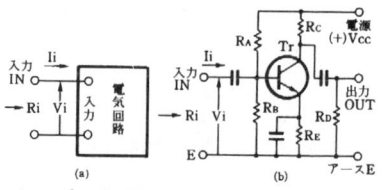

インプット電圧 (――でんあつ)
input voltage

電気・電子回路の入力側に加わる電圧で入力電圧ともいう。入力電圧V_iは入力電流(インプット電流)I_iと入力抵抗(インピーダンス)R_iがわかるとき、次の式から計算で求められる。

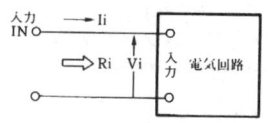

入力電圧 Vi=Ii Ri 〔V〕

インプット電流（——でんりゅう）
input current

電気・電子回路のインプット（入力）側に流れる電流のことで，入力電流ともいう．回路の入力側の電流は，(b)の場合には i_1, i_2, i_3 とあるがこれらを全部足したものである．入力電流 Ii の単位はアンペア〔A〕．

$$Ii = i_1 + i_2 + i_3 + \cdots \text{〔A〕}$$

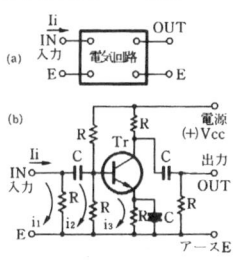

インプット電力（——でんりょく）
input power

電気・電子回路のインプット（入力）側に加える電力 Pi のこと．インプット電圧 Vi と，インプット電流 Ii の積より単位はワット〔W〕．

インプット電力 $Pi = Vi Ii$ 〔W〕
インプット抵抗 Ri がわかるなら，
$Pi = Vi^2 / Ri = Ii^2 Ri$ 〔W〕

インプット電力を，入力電力またはインプットパワーともいう．

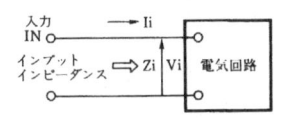

インプット・トランス
input transformer

電子回路のインプット側につないだトランスで，入力トランスとか入力変圧器・入力変成器という．インピーダンスマッチング（ミスマッチング防止）が目的である．たとえば，マイクロホン用トランスなどはこの例である．

☞トランス

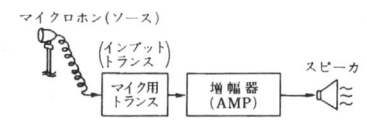

インプット変圧器（——へんあつき）
input transformer
→インプットトランス

インプット変成器（——へんせいき）
input transformer
→インプットトランス

インプリメント　Implement

コンピュータやソフトウェアに新しい機器や特定の機能をもったソフトを組み込むことや，組み込む作業のことをいい表す言葉．装備，実装というような意味合いをもつ．インプリメンテーションということもある．コンピュータのプログラミングでは，関数を作るためにプログラムコードを挿入する時に「関数をインプリメントする」というように使う．ある程度出来上がっているものに対し，専用の装置やソフトなどのデータを加えることを指す．

インマルサット
INMARSAT, International Maritime Satellite Organization

国際海事衛星機構（現・国際移動通信衛星機構）のこと．1977年日本は国際海事衛星機構に関する条約に加わりKDDが運用協定に署名した．1982年アメリカのマリサットシステムを引き継いだ．

インライン・アンテナ
inline antenna

テレビ用アンテナは，半波長アンテナ（ダイポール）に反射器と導波器をつけた八木アンテナが多く使われる．アンテナ利得が高く，指向性が鋭いこと，帯域幅が広く，使用帯域内インピーダンスが一定であることが要求される．

いんら

このために用いられるアンテナの一種で、ハイチャネル用Aとローチャネル用B、ローチャネル用反射器Cからなり、Bはハイチャネル用の反射器もかねる。AとBは折返し形で利得を上げるには、素子数を増やすか、スタックにする。このアンテナは広帯域特性をもつが、ハイチャネルの利得は小さくなる。

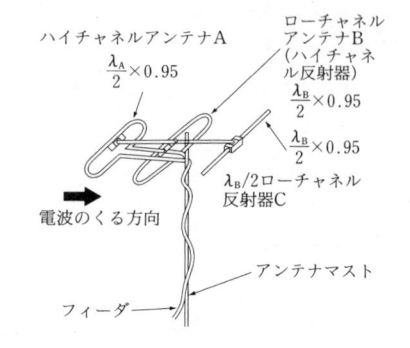

☞スタック

ハイチャネルアンテナA
$\frac{\lambda_A}{2} \times 0.95$

ローチャネルアンテナB（ハイチャネル反射器）
$\frac{\lambda_B}{2} \times 0.95$

$\frac{\lambda_B}{2} \times 0.95$

$\lambda_B/2$ ローチャネル反射器C

← 電波のくる方向

フィーダ

アンテナマスト

う

ウイザード　wizard
マイクロソフト社製ソフトExcel（エクセル）のヘルプ機能にグラフウイザードを付けてから普及した．ハード（周辺機器）の接続やソフト（アプリケーション）をインストールするとき，ウィンドウの指示で操作する機能．

ウイルス　virus
コンピュータウイルスともいう．コンピュータのシステム・メモリ・アプリケーションプログラム内に潜入し，システムを誤動作させたり，ハードディスクの正常動作を妨害する．ネットワークやフロッピーから感染し，ワクチンプログラムで除くが，常に警戒が必要である．最新のウイルスのボットは感染させたパソコンに命令を出すと一斉に特定のサイトなどへ攻撃し機能不全にする．

ウインドウ　Window　→ウインドウズ

ウインドウズ　Windows
米・マイクロソフト社のOSのシリーズ名のこと．異なる機種のソフトの互換性をもたせ，キーボードとマウスの併用操作で，画面中に複数の作業画面を呼び出して重ね必要に応じて一つを取り出し作業できるので時間短縮・作業効率を高めた．バージョン1.0は1986年に発売され，1992年に発売されたWindows 3.1がPC/AT互換機用の標準OSとして爆発的に普及した．その後継として1995年に発売されたWindows 95からは独立したOSとして機能するようになった．その後，Windows 98，Meが発売され，パソコン用の標準OSとしての地位を確固たるものにした．現在は，NT系列のWindows XPが主流となっている．2006年ビスタが発売される．
☞OS

ウインドウズXPメディアセンターエディション
Windows XP Media Center Edition
XP MCEと略される．マイクロソフトが2001年11月発売したパソコン用OS「Windows XP」を家庭向けのエンターテインメント用に機能拡張したOS．このOSを搭載したパソコンが「メディアセンターPC」で，マウスやキーボードだけでなく，DVDなどのディジタルメディアをリモコンで操作できる．メディアセンターPCはテレビチューナ，テレビ出力，ディジタル音声出力，ハードウェアエンコーダの機能も装備している．このためユーザは，電子テレビガイドを利用してテレビ番組やディジタル録画を見たり，音楽やDVDソフトを観賞できる．2005年版は放送中のテレビ番組を同時に3本まで録画でき，ウインドウズとして初めてHDTVに対応．
☞OS

ウィーン・ブリッジ　Wien bridge
交流ブリッジの一種で未知の静電容量C_xの測定に使う．またRはC_xの絶縁抵抗分を並列の形で入れたもので，コンデンサの損失分である．ここでR_sは標準の可変抵抗器でC_sは標準の可変容量である．PQの抵抗も値のわかっている標準抵抗器で比例抵抗と呼んでいる．Tはイヤホンまたは交流の検流計かオシログラフで，eは交流電源(発振器)である．電源eの周波数は，1kHzが多く使われ，C_s，R_sを調整してTに流れる電流が最も小さい点をさがす．このときイヤホンなら音(電源の周波

数をもつ交流分)は最小(または0)となる．これからC_xを求める．バランスの条件式に電源周波数が関係するので周波数の安定な電源が必要である．

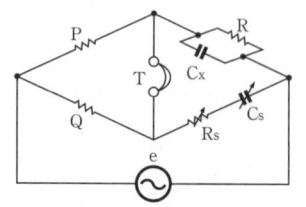

ウィーン・ブリッジ形発振器
(――がたはっしんき)

Wien bridge type oscillator
容量Cと抵抗Rの直列や並列回路が特定の周波数で共振する，周波数の選択性があることを利用し発振器に使う．RC（またはCR）発振器の一種でウィーンブリッジ形発振器といい，発振波形が良く，ひずみも少なく，発振周波数も安定．☞並列回路

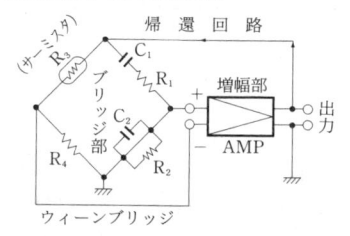

ウエアラブル・コンピュータ
Wearable Computer
「身に付ける」コンピュータ（コンピューティング）のこと．時計型の情報端末，PDA（個人情報端末）内蔵のスーツ，ゴーグル型ディスプレイなどを指す．眼鏡などに超小型の液晶モニタを仕込み，そこに映る映像を鏡やプリズムを使って目に送る．眼鏡のように耳や鼻にかけるタイプを「フェイスマウント・ディスプレイ」，頭に装着するタイプは「ヘッドマウント・ディスプレイ」と呼ばれている．またウェアラブルの進化版としては人体の医学的異変を装着したハードウェアが感知してかかりつけのドクターに通報するというタイプがある．

上側ヘテロダイン方式(うえがわ――ほうしき)
→上側(じょうそく)ヘテロダイン方式

ウエストン電池(――でんち)
Weston cell →標準電池

ウエストン標準電池(――ひょうじゅんでんち) Weston standard cell
→標準電池

ウェーハ wafer
薄板の意味．1．ロータリスイッチのクリップを取り付けた薄い絶縁板のこと．クリップの数(接点数)に合わせ，各種のものがある．図はその一例．
2．ゲルマニウムやシリコンの半導体の薄板で，直径50〜100mm，厚さ0.1mm位の円板．

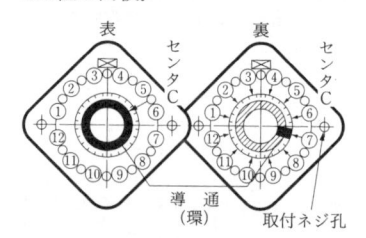

ウェーバ Weber
1．磁束や磁極の強さ，磁気量などの単位．記号は〔Wb〕と表す．1回巻(ワンターン)のコイルに直角に交わって(鎖交して)いる磁束の変化によって，毎秒1ボルト〔V〕の起電力を誘導する磁束の強さを，1〔Wb〕と定める．また，1〔AT/m〕の磁界の強さの中に置かれた点磁極の受ける力が1ニュートン〔N〕(力の単位)なら，その磁極の強さを1〔Wb〕という．真空中に1mの距離を隔てて置いた，2個の等しい強さ

の点磁極m_1, m_2の間に働く力が，6.33×10^4〔N〕であるときの点磁極m_1, m_2の強さを，1〔Wb〕と定める．

2．1804年ウイテンベルクに生まれ地磁気の研究をした人の名で，電気の諸量が，時間，長さ，質量で表せることを証明した．磁束などの単位名は彼の名による．

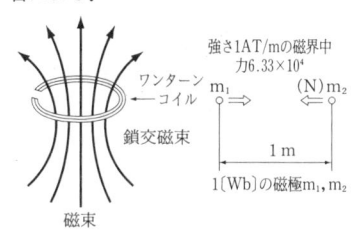

ウェブ　Web

ワールドワイドウェブWWWの略称で，Webページ（ホームページ）やその置かれる場所Webサイトの意味に使うこともある．☞WWW

ウェーブ　wave

波，電波，電磁波のこと．

ウェーブ・アンテナ　wave antenna

発明者の名をとってビバレージ・アンテナとも呼び，ロングアンテナとか進行波空中線ともいう．長波のアンテナとして使われる．地上数mの高さに1～2波長にわたる水平空中線を電波の進行方向に張る．その水平アンテナの一端にアンテナの波動抵抗（波動インピーダンス）に等しい値の抵抗Rをつなぐ．電波が矢印の方向に進むにつれて空中線の電波は強くなり受信機に達する．反対方向からきた電波はRに吸収されて受信機へは加わらず，長波の単一指向性のアンテナになる．

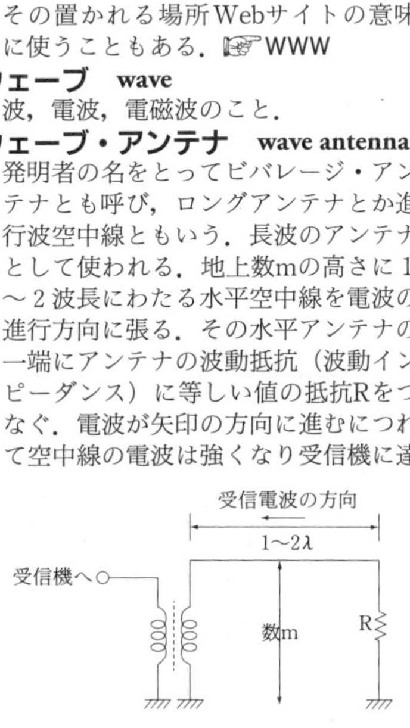

ウェーブ・トラップ　wave trap

1．フィーダのインピーダンスを調整するためにアンテナ回路につなぎスタブの働きをさせる（図(a)）．

2．アンテナ回路と電磁的に結合したLC共振回路でCやLを変化して，ある周波数成分だけを取り除いて混信を防ぐのに用いる（図(b)）．

3．テレビの回路などで，隣接チャネルの音声信号が混信するおそれのある場合，映像中間周波増幅器VIFAの負荷（IFT）にLC共振回路を電磁結合させ，Lを変化して混信周波数に同調させ，混信成分を吸収して混信を防ぐ．
☞スタブ

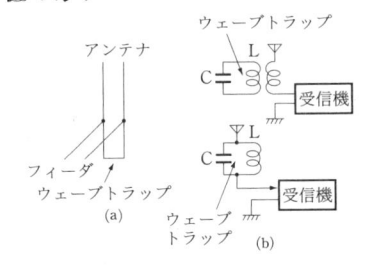

ウォーム・アップ・タイム warm up time

ウォームアップとは，冷えているものを暖める，という意味があり，ウォーミングアップともいう．電気機器や電子管に電源を加え，冷えた状態から温度が上昇して，一定の安定した動作状態になるまでの時間(タイム)のこと．このことから準備時間ともいう．

うず電流（——でんりゅう）eddy current

エディカレントともいう．変化する磁界の中に導体を置くとその導体に起電力が誘導され，その起電力によってうず巻状に電流が流れる．この電流Iによって導体の抵抗Rとの間にジュール

熱 I^2Rt (t は時間)を発生し発熱する．このロス（損失）をうず電流損（エディカレントロス）という．

☞ジュール熱

うず電流損 （——でんりゅうそん）
eddy current loss
うず電流をIの流れる回路の，抵抗Rとの間に $P=I^2R$ の熱が生じ，電力が消費される．この熱はジュール熱で損失となる．Iによる消費電力Pをうず電流損という．

☞うず電流

うず電流ブレーキ （——でんりゅう——）
eddy current break
うず電流を利用したブレーキのこと．アルミニウムの回転円板の円周をはさむように磁石を置き，円板を回すと導体（円板）が磁束を切り，電圧を発生し円板にうず状の電流が流れる．このうず電流と，円周に置いた磁石の磁束との間に電磁力が働いて，回転円板にブレーキがかかる．この現象を利用して積算電力計や指針形可動計器（針で目盛を示すメータ）の，電磁制動や動力計などに利用する．

☞うず電流

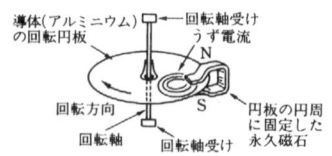

うず巻アンテナ （——まき——）
spiral antenna
うず巻の形をしたアンテナで，周波数帯域の広い補対アンテナである．補対とは導体板などを切りぬいた場合，それを組み合わせるともとのようになるということ．UHF以上の高い周波数用である．☞UHF

うず巻コイル （——まき——）
spiral coil
スパイラルコイルともいい，うず巻き形に巻いたコイルのこと．プリント配線に使われる．

渦巻導波管 （うずまきどうはかん）
coiled waveguide, helical wave guide, helix wareguide
ら旋（せん）導波管ともいう．0.2mm位の細い絶縁銅線Aを，ら旋形に密巻のソレノイドコイルのように直径50mm位に巻き，外側を誘電体Bで包む．さらに外側を鋼管Cで巻いて保護する．ミリ波用の円形導波管．これを20%位の割合で一定間隔ごとにつなぎ他の部分で発生した不要成分(モード)を吸収し減衰させる．

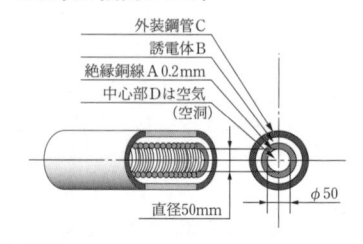

宇宙局 （うちゅうきょく） space station
地球の大気圏の外にある物体（宇宙物体）に開設する無線局(電波法第4条)．

宇宙雑音 （うちゅうざつおん）
cosmic noise
宇宙に存在する雑音で，太陽以外の天体から発生する電(磁)波の一種．太陽からも電波が発射され，太陽雑音と呼んで宇宙雑音と区別する．宇宙雑音は

人工衛星を利用した宇宙通信や，月面などからの微弱電波を利用する通信に妨害となる．

宇宙線 (うちゅうせん)
cosmic rays

宇宙にあるエネルギの高い放射線で，陽子が多い．これが空気分子と当たり陽子・中性子・中間子・電子・ガンマ線となる．地球大気に入ってからできるのは二次宇宙線で，大気圏外にある一次宇宙線と区別する．

宇宙中継方式 (うちゅうちゅうけいほうしき)　**space repeater system**

宇宙空間にある人工衛星，ロケット，月などが考えられるが，主に通信衛星を使って中継する通信方式である．テレビや無線電話などの中継に利用する．

宇宙通信 (うちゅうつうしん)
space communication

宇宙にある月，ロケット，人工衛星，地球の相互間で行われる通信で，地球局と宇宙局，宇宙局相互間で行う．地球局相互が，衛星を中継して行う通信は衛星通信．

☞衛星通信

宇宙無線 (うちゅうむせん)
space radio communication

宇宙通信ともいい，宇宙無線通信の略称である．

☞宇宙無線通信

宇宙無線通信 (うちゅうむせんつうしん)　**space radio communication**

宇宙にある宇宙ステーション・人工衛星・ロケットなどと地球局との相互の無線通信を，宇宙無線通信という．
1．宇宙局と地球局の間での通信．
2．宇宙局が中継した地球局間通信．
3．宇宙局相互間の通信．
衛星を中継して行う地球局間の通信は，衛星通信という．

☞衛星通信

宇宙輸送システム (うちゅうゆそう――)　**space transportation system**

人工衛星は1957年（当時ソ連・スプートニク1号）以来，世界中で毎年100以上打上げ，使用済ロケットは地上に落すか宇宙に捨てる．多くの乗員・資材を地球〜宇宙に輸送するため，経済性・機能性・効率性の良いシステムを目指しスペースシャトルを作った．乗員と荷物（実験装置・資材）を運び，宇宙で操作し実験して，データと共に無事に帰還する宇宙輸送システムは，スペースシャトル・シャトルに乗せたスペースラブ(荷物収容用)・長期暴露装置から成り，通信・追跡用地上送受信局に代って衛星軌道上の三つの衛星システムで支援(サポート)する．ちなみにスペースは宇宙，シャトルは往復輸送するバスのことで宇宙連絡船ともいう．

☞人工衛星

宇宙連絡船 (うちゅうれんらくせん)
space shuttle vehicle, SSV

SSVは英字の略称で，米国の再使用型宇宙連絡船スペースシャトルのこと．

→スペースシャトル

うなり　**beat**

ビートともいう．周波数f_1とf_2の二つの交流を混ぜると，多くの周波数成分をもつ新しい交流が生じ，これをうなり現象とかビートという．うなりの主な周波数f_0は，f_1とf_2の和（f_1+f_2）と差（f_1-f_2）の成分である．いま，$f_1=100$〔kHz〕，$f_2=99$〔kHz〕とすれば，差の周波数は，$f_0=f_1-f_2=1$〔kHz〕となり，f_1やf_2は高周波で人間の耳に聞こえなくても，その差は1kHzの単一周波数の低周波となり，人間の耳に聞

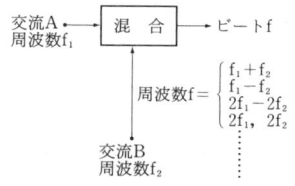

```
交流A ─→┌──────┐
周波数f₁  │ 混  合 │──→ ビートf
         └──────┘
                    ┌ f₁+f₂
           周波数f = │ f₁−f₂
                    │ 2f₁−2f₂
                    │ 2f₁, 2f₂
                    ⋮
交流B ─────────↑
周波数f₂
```

こえるようになる．この1kHzがこの場合の，うなり周波数である．$f_1=f_2$のときは，$f_0=0$で何の音も聞こえない．これをゼロビートという．このうなり現象を利用したのがうなり発振器である．

うなり周波数（——しゅうはすう）
beat frequency
→うなり

うなり周波数発振器
（——しゅうはすうはっしんき）
beat frequency oscillator
うなり周波発振器または，うなり発振器のこと．

うなり周波発振器（——しゅうははっしんき）**beat frequency oscillator**
うなり発振器のこと．うなりを利用し低周波用の可変周波(数)発振器のこと．→うなり発振器

うなり発振器（——はっしんき）
beat frequency oscillator
異なる周波数f_1, f_2の二つの交流を加え合わせ，その差の成分f_1-f_2を利用した発振器のこと．うなり周波発振器とも呼び，略してBFOともいう．低周波用発振器として使うことがあり，A1電波受信機の局部発振器のことをさす場合もある．中間周波数と，これより1kHz位異なる周波数をヘテロダイン検波して，その差1kHzのうなり周波数を取り出して利用する．

☞ヘテロダイン検波

ウーファ　woofer
大口径のスピーカのこと．マルチウェイスピーカシステムで，音声信号の低域周波数の再生用．

☞マルチウェイ・スピーカ・システム

ウラン　uranium
原子番号92の原子．記号をUで表す放射性元素である．

☞原子

ウルトラオージョン回路
（——かいろ）**ultra-audion circuit**
コルピッツ回路の欠点を補い長所を引き継いだ変形回路で，テレビのチューナ（局部発振回路）に使う．

☞コルピッツ回路

ウルトラ・ハイ・フリケンシ
ultra high frequency
周波数300MHz〜3,000MHzまでの電波で，デシメートル波とも呼ぶ．また略してUHFとも呼ばれ，極超短波のことである．通信用や中継用，UHFテレビの放送などに使う．

☞UHF

上書き（うわが——）　overwrite
コンピュータや携帯電話・デジカメなどの画面に書いた文字・文章の上に新しく書き直すこと．これにより今までの文字・文章は消える．

上書き保存（うわが——ほぞん）
overwrite, save
→上書き

上書きモード（うわが——）
overwrite mode
→上書き

雲母（うんも）　mica
うんぼとかマイカともいい，天然産と人造品とがある．
1．天然雲母（耐熱絶縁材料）①白雲母．無色透明で絶縁性が最も高く，最高使用温度は500℃で，コンデンサや電子管に使う．誘電率は5〜9位（1MHz）である．②金雲母．最高使用温度1,000℃で絶縁性は白雲母より低く，電熱器に使う．
2．人造雲母（耐熱絶縁材料）雲母の化学成分にあたる物質を混ぜ合わせて加熱し，溶かして作る．

雲母コンデンサ（うんも——）
mica condenser
雲母（マイカ）の高い絶縁性，特に高周波で損失の小さいことから高周波用コンデンサにマイカ・コンデンサを使う．固定コンデンサは5pF〜5,000pF位が多く，アルミまたはすずの薄箔の

間にマイカをはさみ誘電体にしている．両端からリード線を出し合成樹脂で埋め込み（モールド）したものが多い．半固定コンデンサはトリマやパディングコンデンサに使う．

☞マイカ・コンデンサ

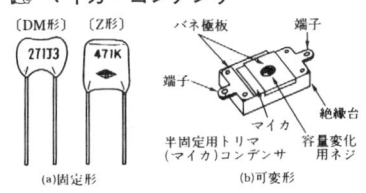

〔DM形〕〔Z形〕　バネ極板　端子
端子
マイカ
絶縁台
半固定用トリマ　容量変化用ネジ
（マイカ）コンデンサ
(a)固定形　(b)可変形

運用義務時間 （うんようぎむじかん） compulsory operating hours

電波法に定められた無線局（船舶局・海岸局・航空機局・航空局）が運用しなければならない時間のこと．無線局の区別に応じて，常時または1日16時間・8時間・4時間などと定められている．☞無線局

運用許容時間 （うんようきょようじかん） permitted operating hours

無線局の予備免許および免許のときの指定事項で，無線局の運用できる時間のこと．無線局免許状に記される．

え

エア・チェック　air check
放送局が自局の電波を受信しチェックすること．転じて，FM放送の音楽をテープ録音し再生して楽しむこと．アメリカで商業放送を録音し，契約のCMが正しく放送されたかをスポンサーや広告代理店がチェックしたのが始まり．☞放送局

エアトン・ペリー巻（——まき）Ayrton-Perry winding
高周波に使われる無誘導抵抗器の一種．巻線抵抗器であるが，自己インダクタンス分を打ち消すように抵抗線を巻く．

☞無誘導抵抗器

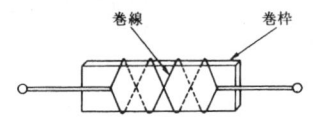

エア・バリコン　air variable condenser
可変（容量）コンデンサ，つまりバリアブルコンデンサ（略してバリコン）の一種で，ネジや回転軸を使い静電容量を連続的に変える電子部品．電極間の誘電体として空気を利用するものをエアバリコンという．種類は単一形，2連形，3連形，半固定（トリマ）形があり，容量の変え方により直線容量形，直線周波数形，直線波長形などがある．コイルと組み合わせて，同調用や発振用に使う．

☞バリコン

永久磁石（えいきゅうじしゃく）permanent magnet
鉄棒に絶縁電線をぐるぐる巻いて電流Iを流すと鉄棒はIの大きさとコイルの巻数Nに比例した強さの磁石となる．永久磁石を作るには鉄棒として残留磁気や保磁力の大きい新KS鋼，MK鋼などの合金を使う．Iを0にすると残留磁気がほとんど0になり磁石の性質を失うものを電磁石という．

☞電磁石

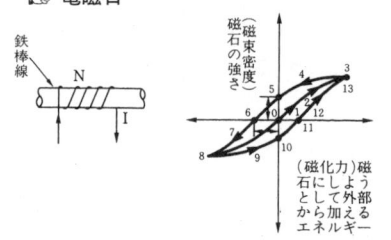

衛星（えいせい）satellite
1．人工衛星の略称．
2．惑星の周囲を回る天体（月は地球の衛星）．

☞人工衛星

衛星管制センタ（えいせいかんせい——）satellite control center
特定の地域で連続して通信衛星や放送衛星からの電波を受信するためには，衛星の位置や姿勢を制御する必要がある．静止衛星でも太陽・地球・月の影響を受け移動する．このため，通信・放送衛星機構は千葉県に君津衛星管制センタを置き，衛星の姿勢や位置，衛星搭載機器などを遠隔制御する送信装置，衛星からの電波を受ける受信装置，送受信用アンテナ装置，これらの各装置を総括制御する管制卓などを装備し，衛星を制御している．

☞通信衛星

衛星航行システム（えいせいこうこう——）navy navigation satellite system, NNSS

人工衛星から送られる軌道情報と，その送信電波の周波数のドップラー偏移量の解析から船舶の位置決定を行うシステム．(JIS・造船用語・電気編)

衛星航法（えいせいこうほう）
satellite navigation
サテライト・ナビゲーションともいう．航行衛星(1960年・米海軍・トランジット1号β)の利用技術の一部が69年に民間に開放された．高度約1,000km円形極軌道・周期(地球1周時間)約1時間47分・2分毎の時刻信号と400M・150MHz帯の2信号を送信し電離層通過時の屈折による測位誤差の補正を行う．衛星の移動にドップラー効果を受けた受信周波数と受信側の規準周波数の差（ビート）から，自船(受信)の位置(経度・緯度)を算出する．その後のハードやソフトの改善で固定点の測定精度は向上し，2周波受信で60m（95%の確率）である．

☞ドップラー効果

衛星通信（えいせいつうしん）
satellite communications
宇宙空間に通信衛星を打ち上げ，これに地上の送信局から電波を送り，増幅後，地上に送り返し受信局がこれをキャッチする通信方式で，通信衛星は中継局の役目をする．商業用としてはアメリカ電話電信会社（AT&T）が，1962年7月に最初の実験用能動通信衛星を打ち上げ，大西洋横断テレビ中継に成功した．直径87cm，重さ78kg，球形72面体で，テルスターと呼んだ．1964年米国航空宇宙局（NASA）がシンコムIII号を静止軌道にのせた．衛星通信には，静止衛星通信のほかに周回軌道による非静止衛星通信がある．

☞AT&T

衛星電話（えいせいでんわ）
satellite telephone
通信衛星CSを使う電話システムのこと．地上波の届きにくい所・山間部・離島・国際電話で使う．しかし，CSは高度35,780kmの遠くにある静止衛星のため，地球局の送・受信装置は大形・高価となる．そこで，低軌道衛星を使う電話システム「イリジウム計画」が開発されたが事業としては成立せず，軍用として転用されている．

☞イリジウム計画

衛星の食（えいせい——しょく）**eclipse**
地球E・人工衛星A・太陽Sが図の様に直線上に並ぶとき，AはEの陰になる．この状態を衛星の食という．春分・秋分の日は70分，この前後は少しずつ減り約40日間続く．Aに積んだ太陽電池は働かず，Aに乗せた蓄電池でカバーする．日本の放送衛星の静止位置は東経110°のボルネオ上空で，食の時刻を深夜に設定している．

☞人工衛星

太陽S　地球E　人工衛星A

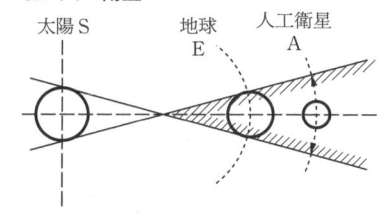

衛星放送（えいせいほうそう）
satellite broadcasting
放送衛星BSを使ったアナログとディジタル方式のテレビ・ラジオ・データの放送のこと．試験放送は1984年，BS放送は1989年に開始．日本に割り当てられたのは1～15の八つの奇数チャネル（1・3・5・7・9・11・13・15）で，1999年にさらに4つのチャネルが追加された．データ放送は独立のデータ放送・番組関連データ放送・電子番組ガイドがある．番組ガイドは1週先までの番組・受信予約・録画予約ができる．ディジタル放送は高画質・高音質でハイビジョンが中心．

☞BSディジタル放送

衛星リンク（えいせい——）
satellite link
地上にある地球局と上空の衛星との電波の送受は，周波数を変えて行う．地球局から衛星に送る通信回線をアップリンクとか，フィーダリンクといい，衛星から受信用地球局へ送られる通信回線をダウンリンクという．たとえば，アップリンクに14GHz（ギガヘルツ），ダウンリンクに12GHzを使う．この両方の通信回線を合わせて，衛星リンクという．

☞地球局

影像（えいぞう） image
ある点またはある面を境にして，その境界と対称の位置に，同じようなものが存在すると考えると都合がよい場合，この仮想体を影像またはイメージという．これは境界に鏡を置いたとき，鏡に映る像の関係と似ている．このような考え方は，影像アンテナなどに応用されている．

☞影像アンテナ

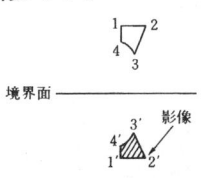

映像（えいぞう） video
ビデオともいい音声（サウンド）に対して使われる．テレビカメラや磁気テープ，ディスクやフィルムにとった人物や風景の姿かたち，色や明暗も含め蛍光面や液晶面，スクリーンに画面として映したもの．

☞ビデオ

影像アンテナ（えいぞう——）
image antenna
アンテナが大地の近くにあるときは，大地の影響を受ける．図(a)でアンテナAからは，電波Cのほかに D点での反射波Eがあるため，矢印方向の放射電波はCとEの合成となる．Eの電波は，地表FGを対称軸として，Aと対称点の地下のアンテナBから発射したと同じように考えられることから，仮想のアンテナBを，影像アンテナという．また，図(b)のように水平アンテナでは，アンテナAとBでは電流分布状態は反対なため，地上からの高さ（地上高）Hによって，指向性が変化する．垂直アンテナの場合，(a)では電流分布は同じである．

☞水平アンテナ

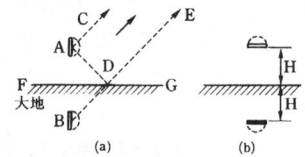

影像インピーダンス（えいぞう——）
image impedance
入力端子a，bと出力端子c，dの四端子がある回路（四端子回路網）で，a，bから信号源側を見たときのインピーダンスZ_Tと，回路の入力インピーダンスZ_iが等しく，c，dから負荷をみたときのインピーダンス（負荷インピーダンス）Z_Rと，回路の出力インピーダンスZ_Oが等しいとき，Z_iとZ_Oを四端子回路網の影像インピーダンスという．

☞インピーダンス

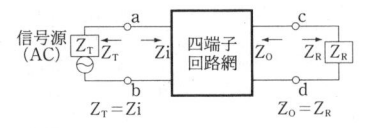

$Z_T = Z_i$ $Z_O = Z_R$

映像回路（えいぞうかいろ）
video circuit
映像信号を扱う電子回路のこと．テレビジョンの送信機・受像機，ビデオカメラやビデオテープレコーダ（VTR），ビデオディスク（レーザディスク）の記録・再生回路，レーダの送信機・受

信機などの回路に含まれ，ビデオ回路ともいう．
☞映像信号

影像空中線 (えいぞうくうちゅうせん)
image antenna
→影像アンテナ

映像検波器 (えいぞうけんぱき)
video detector
テレビの映像信号を検波する回路でダイオードDが使われる．前段の映像IF（中間周波）増幅器の出力を映像中間周波変成器Tに加え，Dで信号波形の片方を取り出し，LCフィルタでIF分を除く．R_2は負荷で4kΩ前後である．出力には正極性信号が出ているが，検波後の映像増幅の段数やブラウン管のカソードかグリッドのどちらに映像信号を加えるかによって負極性信号を取り出すこともある．その場合は，ダイオードDの接続を逆にする．

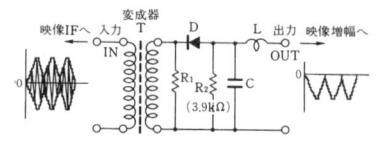

映像周波数 (えいぞうしゅうはすう)
video frequency
ビデオ周波数ともいい，テレビ信号の中に含まれている映像を伝える信号（映像信号）の周波数．質のよい映像を送るために直流（DC）から数メガヘルツ（MHz）にわたる広い周波数の幅が必要である．一般にテレビの送信機や受信機，中継器や中継回路，ビデオディスクやビデオテープレコーダ，レーダの送信機や受信機などの回路を流れる，映像信号の周波数のこと．
→ビデオ周波数

影像周波数 (えいぞうしゅうはすう)
image frequency
イメージ周波数ともいう．スーパヘテロダイン方式で受信周波数f_Rから中間周波数f_{IF}の2倍に相当する分だけ離れた周波数f_iのことで，混信の原因となる．この混信成分は中間周波回路では分離できないから，その前にある選択（同調）回路で十分取り除いておく必要がある．
☞イメージ周波数

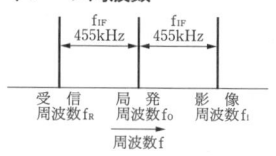

影像周波数混信
(えいぞうしゅうはすうこんしん)
image frequency interference
スーパヘテロダイン方式の受信機ではアンテナからの入力信号周波数f_1と，局部発振回路の発振周波数f_2を混合器で混ぜ，差の周波数を中間周波数f_3として取り出す．いまf_2がf_1より高いとすれば，

$f_2 - f_1 = f_3$ または $f_2 = f_1 + f_3$ ①

の関係となる．ここでもし，f_2よりさらにf_3だけ高い周波数f_4がアンテナから入ってくると，次のような関係となる．

$f_4 = f_2 + f_3$ または $f_4 - f_2 = f_3$ ②

①，②の式より，

$$\left. \begin{array}{l} f_2 - f_1 = f_3 \\ f_4 - f_2 = f_3 \end{array} \right\} \quad ③$$

となり，図(b)からもわかるように，③のf_3は混じり合い，これを分けることができない．これを影像周波数混信という．また，f_4が影像周波数である．
☞影像周波数，影像妨害

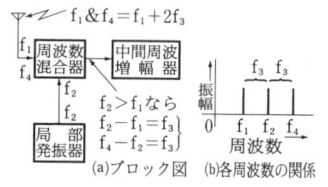

えいそ

影像周波数妨害
(えいぞうしゅうはすうぼうがい)
image frequency interference
→影像周波数混信

映像出力回路 (えいぞうしゅつりょくかいろ) **video output circuit**
映像増幅回路の最終段にあり,テレビなら出力側につながれる受像管(ブラウン管)を駆動するに十分な映像信号出力(電圧)を供給する回路.映像信号は直流分から高周波まで幅広い周波数を含むので,広帯域電圧増幅回路となる.

映像信号 (えいぞうしんごう)
video signal, picture signal
ビデオ信号とか,ビデオシグナルともいう.テレビジョンやレーダなどで扱う映像に関する信号の一部で,テレビでは次のように分ける.
①輝度信号.画面の明るさを示す信号Y.青Bが11%,赤Rが30%,緑Gが59%の組合せでできている.
②色信号.画面の色を表す信号で,赤の色差信号(R−Y)と,青の色差信号(B−Y)である.緑の色差信号は送らず受信側でR−Yの51%とB−Yの19%の信号を,それぞれ逆位相にして加え合わせ,G−Y(緑の色差信号)を作る.
日本では周波数帯域幅4.5 MHz,変調の形式は振幅変調AM,非対称側波帯特性,画面の輝度が上がると,発射電力が下がる(負変調)方式である.
→ビデオ信号

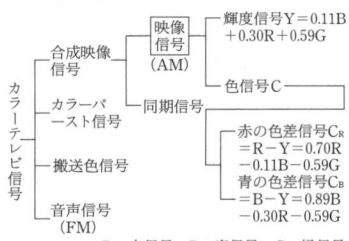

```
                                  輝度信号Y=0.11B
                          映像       +0.30R+0.59G
                          信号
              合成映像    (AM)
              信号                  色信号C
カ             ─ 同期信号
ラ  カラーバー
ー  スト信号                   赤の色差信号C_R
テ                                 =R−Y=0.70R
レ  搬送色信号                      −0.11B−0.59G
ビ                                 青の色差信号C_B
信  音声信号                        =B−Y=0.89B
号  (FM)                           −0.30R−0.59G
```
R:赤信号　B:青信号　G:緑信号

映像信号搬送波
(えいぞうしんごうはんそうは)
picture carrier, video carrier
テレビの映像信号の搬送波のこと.各チャネルの幅のいちばん低い周波数から1.25MHz高く,音声搬送波から4.5MHz低い.この搬送波を映像信号で振幅変調(AM)する.ピクチャキャリアともいう.
☞AM

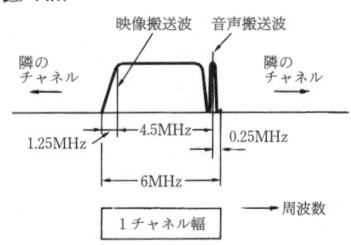

```
              映像搬送波  音声搬送波
   隣の                         隣の
   チャネル                     チャネル
         ├1.25MHz┤─4.5MHz─┤0.25MHz├
                 ├─── 6MHz ───┤
                                      →周波数
              │ 1チャネル幅 │
```

映像送信機 (えいぞうそうしんき)
video transmitter
画面に映す光景をテレビカメラで電気信号に変え,同期信号といっしょに増幅して,アンテナに送りこむ,テレビの映像信号の送信機.使用周波数はVHF以上である.増幅する信号は映像信号で直流から6MHz位の広い帯域幅が必要で,映像の変調はAM方式で音声はFM方式である.
☞同期信号

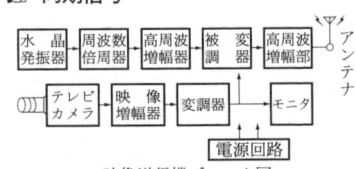

```
┌水晶  ┐┌周波数┐┌高周波┐┌被 ┐┌変┐┌高周波┐ ア
│発振器├┤倍算器├┤増幅器├┤   ├┤  ├┤増幅部├ ン
└───┘└───┘└───┘│変 ││器││   │ テ
                          └調 ┘└─┘└───┘ ナ
┌テレビ┐┌映 像 ┐        ┌───┐
│カメラ├┤増幅器├─変調器─┤モニタ│
└───┘└───┘        └───┘
                          ┌───┐
                          │電源回路│
                          └───┘
```
映像送信機ブロック図

映像増幅器 (えいぞうぞうふくき)
video amplifier
ビデオアンプともいう.テレビの場合,送信機側ではテレビカメラの出力を増幅するとき,受像機側では映像検波の出力を増幅するときに使う.受像機で

はカラー方式は3段位使われる．直流分から4MHzぐらいまでの広い周波数成分を，一様にひずみなく増幅するためピーキングなどの補償回路をつける．カラー方式では輝度信号と搬送色信号が加わるため，その干渉によるビート妨害を防いだり，受像管のアパーチャ特性による解像度低下や，輝度信号と色信号の通る回路の違いから生じる色信号の遅れなどを補償する回路が必要で複雑となる．

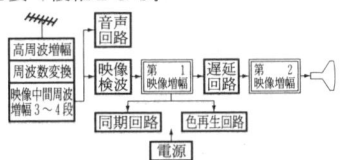

カラー受像機のブロック図(部分)

映像中間周波数（えいぞうちゅうかんしゅうはすう）video intermediate frequency →映像中間周波増幅器

映像中間周波増幅器（えいぞうちゅうかんしゅうはぞうふくき）video intermediate frequency amplifier

テレビ受像機で，ヘテロダイン検波（周波数変換）したのちの，映像中間周波数58.75MHz，音声中間周波数54.25MHzを同時に増幅する（VHF専用機では26.75MHzと22.25MHz）．増幅段数は3～4段で，各段の同調周波を少しずつずらして，広い帯域幅をとるスタガ同調方式を多用する．

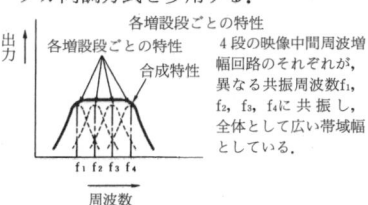

各増幅段ごとの特性

4段の映像中間周波幅回路のそれぞれが，異なる共振周波数f_1，f_2，f_3，f_4に共振し，全体として広い帯域幅としている．

映像搬送波（えいぞうはんそうは）video carrier, picture carrier →映像信号搬送波

影像妨害（えいぞうぼうがい）image frequency interference, second channel interference

スーパヘテロダイン受信機では，受信周波数f_Rと中間周波数f_iと局部発振周波数f_0との間には，次の関係がある．$f_0 = f_R \pm f_i$　もし，$f = f_R \pm 2f_i$の強い電波が存在すると，$f - f_0 = (f_R + 2f_i) - (f_R + f_i) = f_i$　または，$f_0 - f = (f_R - f_i) - (f_R - 2f_i) = f_i$となり，正規の$f_i$と混じり混信する．このとき$f$を影像周波数とかイメージ周波数といい，この$f$による妨害を影像周波数妨害とか影像妨害，影像混信，影像周波数混信などという．この防止対策は高周波増幅回路を設け，その回路の選択度を上げて鋭くしたり，高周波増幅段を増やす．特定の周波数の電波が影像妨害となる場合は，ウェーブトラップを使い妨害となる周波数を除く．影像妨害の程度は受信機の性能（高周波増幅回路の選択度）や影像周波数の電波の強度，受信電波の強度にも関係する．
☞ウェーブ・トラップ

f_Rとf_0とf_iの関係

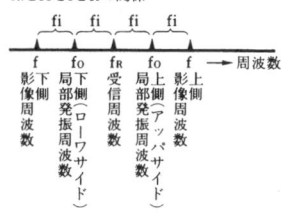

| f 影下側周波数 | f_0 局下側発振周波数（ローワサイド） | f_R 受信周波数 | f_0 局上側発振周波数（アッパサイド） | f 影上側周波数 | → 周波数 |

映像モニタ（えいぞう——）video monitor, picture monitor

テレビの送信（放送）側で，信号波形や映像の質を監視する装置．マスタモニタとプログラムモニタに区別され，マスタモニタはカメラの調整や出力監視用，副調整装置や主調整装置の出力監視用などに使われる．またオシロスコープによって，映像信号の波形や同期信号の監視も行う．プログラムモニ

えきし

タは，副調整卓の前に並べて，各カメラ出力を選択したり，スタジオ内に置いて監督や出演者がこれをみて演出・演技するために使う．

液晶（えきしょう） **liquid crystal**
1888年オーストリアのライニッツアが発見した．分子構造が細長い棒状または板状の有機化合物で，分子配列は結晶のように規則性があり，液体のような流動性もある物質．分子配列の違いでネマチック・スメクチック・コレステリックに分ける．電界・磁界・熱などで分子配列を変え，液晶を通る光の量や性質を変える．この性質を利用して受光形のディスプレイ（表示素子）に応用する．特にネマチックの電気光学効果を利用して，テレビ・PCディスプレイ・時計や電卓のディジタル表示に多用する．
☞液晶素子

液晶素子（えきしょうそし）
liquid crystal device
液晶表示素子・液晶表示器・液晶表示パネル・液晶セル・LCDともいう．液晶素子としては，液晶表示素子・液晶オプトエレクトロニクス素子・液晶センシング素子などがあるが，液晶表示素子が代表的である．電卓・電子時計のディジタル表示用に多用され，計測・計装機器や音響機器・家電製品・車載表示・電話・ワープロやパソコンの表示器・テレビ画像に利用する．低消費電力で長時間の電池動作に耐え，省エネルギー形で，低電圧動作のため，直接IC駆動ができ駆動回路の小形化・簡易化が可能．外形は薄形で小形から大形の表示ができ，明るい場所でも鮮明に表示し，動画やカラー化も進化した．
☞LCD

液晶ディスプレイ（えきしょう――）
liquid crystal display
液晶をディスプレイに応用した装置で，小形で軽く，低消費電力でポケット形．車載用やコンピュータに多用する．

液晶テレビ（えきしょう――）
liquid crystal TV
ブラウン管の代わりに液晶パネルを用いたテレビ受像機で，薄形，軽量，低電力消費で，車載用やポケット形から60型以上の超大画面も開発・市販された．高精細化画面で応答速度・視野角・動画ぼけ・暗部再現性・黒浮き（バックライトの光漏れ）などの問題点も改善が進み，実用上は十分な性能となり価格も安くなった．

エクサ **exa**
国際単位系SIにおいて，10の整数乗倍を示す名称（接頭語）で，10^{18}を示し記号は〔E〕である．
☞SI

エクストラネット **Extranet**
企業・顧客・関連企業間のイントラネット双方をインターネットとつないだネットワークのこと．
☞イントラネット

エクスプローラ
Explorer 1957年ソビエトが世界最初に打ち上げた人工衛星スプートニクに対抗し，アメリカが1958年に打ち上げた人工衛星．直径約15cm，重さ約5kg，高さ1m弱の小形のものであったが，地球を取り巻く放射線（バンアレン帯）を発見した．

explorer 1．ウィンドウズ98でインターネットエクスプローラに統一され，ブラウザの機能を持つ．2．ウィンドウズOSにあるファイル管理ソフトのこと．ファイルのコピー・削除・移動ができる．
☞インターネットエクスプローラ

エクセル **Exel**
マイクロソフト社の表計算ソフトのこと．ウィンドウズ版・マッキントッシュ版があり互換性もある．
☞表計算ソフト

エクリプス　eclipse

オープンソースの統合ソフトウェア開発環境．エクリプスは機能を拡充できるプログラムを自由に追加できるプラグイン形式により，増えている．Java開発者を中心に共通開発・実行のエクリプスプラットフォームとしてプログラムは数百種類に及んでいる．ActiveXのコンポーネントも開発対象にできる．

☞Java言語

エコー　echo

1．レーダのアンテナから，ある方向にパルス（$0.1\mu s$幅，毎秒約1,000回）を発射し，何か標的（ターゲット）があるとパルス電波は反射してもどってくる．この反射波のことをいう．

2．二つ以上の異なる路を通ってきた電波に時間差があり，同じ信号が連続して受信される．このため，受信音が反響して聞こえ，これをエコーとか反響という．

エコーバック　echoback, echo back

パソコン通信の際，ホストコンピュータは端末側コンピュータで入力した文字を，端末側に送り返し画面に示して，キーボード入力の文字を確認させる．

エコー・マシン　echo machine

ラジオやテレビなどの音響機器に残響効果を加えるための装置．テープレコーダや機械振動を利用する．ギターなどの演奏のときも使われ，楽器用とボーカル用がある．

エサキ・ダイオード　Esaki diode

江崎玲於奈氏が1957年に発表したダイオードでトンネルダイオードともいう．半導体に不純物を多く入れて，金属に近いくらいに比抵抗を低くしたダイオードの電圧と電流の特性は，順方向に負性抵抗の部分が現れる．逆方向の耐圧は，ほとんど0である．この順方向の負性抵抗を利用し，発振・増幅・混合・スイッチング用に使う．シリコンやゲルマニウムに混ぜる不純物は，ガリウムひ素GaAsなどである．2端子であるため，出力側から入力側への正帰還（フィードバック）がある．多数キャリアを利用するため，高周波特性がよく，雑音も少なく，構造が簡単で，消費電力が少ない．このためコンピュータの演算回路や記憶回路に使う．

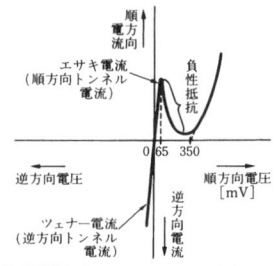

エサキ電流（——でんりゅう）Esaki current

エサキ・ダイオードで，ごくわずかの順方向電圧のとき，大きな電流が流れる．普通のダイオードではこのようなことはない．この電流を順方向トンネル電流またはエサキ電流という．これはトンネル効果で，電子や正孔の両方（キャリア）が移動するためである．

☞エサキ・ダイオード

エージェント　agent

利用者の代理・代行をするロボット，マンマシンインタフェースの一種である．たとえば，指定した日時に自動的に在庫管理をしたり，指定した日時の会議の出席者と開催日・時間・場所などを自動的に調整したり，インターネットの情報を自動的に集めデータベースにするサーチロボットもこの一種である．

☞マンマシンインタフェース

エジソン　Edison

1847年2月アメリカのオハイオ州の貧しい家に生まれた彼は，12歳で汽車の車内販売員をして働きながら独学し，

えしそ

1877年に蓄音機の発明をした．1879年には電灯を発明し，1883年には電灯の研究中に，高温の物体から電子が放出されることを発見した．これをエジソン効果という．これがもとになって，真空管の発明につながるが，彼の死後のことである．1893年活動写真を発明した．そのほか彼の発明や特許は数えきれないくらい多い．1931年84歳で，「仕事はついに終った」といい残して永遠の眠りについた．

エジソン効果（——こうか）
Edison effect

白熱電球の中に金属板を入れプラスの電圧を加え，マイナス側をフィラメントにつなぎ電球をともすと，金属板からフィラメントに電流が流れ，プラスとマイナスを逆にしたときは，電流が流れないことを，電球を研究中のエジソンが1883年に発見した．この現象のこと．

☞エジソン

エジソン電池（——でんち）
Edison battery

アルカリ蓄電池の一種で，陽極（プラス極）には水酸化第2ニッケル$Ni(OH)_3$，陰極は鉄Feの粉を使い，電解液には水酸化カリウムKOHに，水酸化リチウム$LiOH$ 5％を加えた水溶液を使う．電圧は，1.2～1.4[V]位である．鉛蓄電池にくらべて故障が少なく，過放電や過充電にも耐え，丈夫であるが値段がやや高く，内部抵抗が大きく，電圧変動率が大きい．電圧もやや低めである．このため列車や船や炭坑などで使われた．

☞アルカリ蓄電池

エシュロン　echelon

米国，英国，カナダ，オーストラリア，ニュージーランドの英語を母国語とする5カ国の諜報機関が共同で運営している地球規模の盗聴システム，もしくはその機関．当初，欧州連合（EU）がその存在を指摘したが，米国は否定してきた．しかし2000年2月，米国防総省が公開した文書には，高度な技術を身に付けた情報機関と説明されている．エシュロンは衛星通信の電波を傍受するレーダ施設と，電話やFAX，インターネットなどの通信を傍受するための施設を世界中の140カ所に配備しているといわれる．冷戦中に共産圏の情報収集目的のため開発されたシステムだが，冷戦終了後は民間企業の情報も収集して国家の戦略策定などに利用しているといわれ，欧州連合は長らくエシュロンをプライバシーの侵害として非難してきた．こうした米国らの動きに対し，欧州連合もエシュロンによる盗聴を回避する新しい暗号技術「SECOQC」の開発に取り組んでいる．

エージング　aging

枯化ともいう．機器の特性や部品・材料の性質は，製作直後は不安定で変化も大きい．水晶振動子の周波数変動，トランジスタの電流増幅率h_{fe}やコレクタ遮断電流I_{cbo}の変動，抵抗器の定格値がこれに相当する．そこで，トランジスタやダイオードに電圧や電流を加え発熱状態におく．（電力エージング）．また，接合点の温度を許される最大値まで上げる．（熱エージング）．こうすれば，使用者にわたったあとは，特性が安定するので，初期の不良発生が少なくてすむ．特に高い信頼性が求められるコンピュータや計測器や制御機器では，使用部品の点数も多く，エージングは絶対に欠かせない．

絵素（えそ）picture element

画素（がそ）ともいう．テレビのブラウン管やファクシミリの画面を作りあげている，ごく小さな面積の一つひとつの点．この点の面積はみな同じで，この数が多いほうが画面の内容もはっきりしてくる．

☞画素

エッジ edge
1. パルスの立上りから頂部まで，頂部から立下るまでの部分を，パルスのエッジという．2. 電波の伝わる途中に，鋭く立ち上がった山などがある場合，この断面がナイフの刃に似ていることから，ナイフエッジという．3. スピーカのコーンとフレームのつなぎ目のまるい溝の部分，縁のこと．

エッチング etching
蝕刻と訳し，半導体表面の酸処理によってできた薄い酸化シリコンの膜だけを，溶液で溶かして取り除く作業や工程のこと．ウェット式の溶液（エッチング液）は，ふっ素酸ふっ化アンモニウム水溶液を使う．ドライ式は微細パターン用に適す．

エディ・カレント eddy current
→うず電流

エディ・カレント・ロス
eddy current loss →うず電流損

エディション edition
書籍の版のことで，転じてコンピュータのソフトにも，ウインドウズエディション（ウインドウズ版）というように使う．

エディタ editor
編集者の意から転じて編集プログラムのこと．テキスト編集用ソフトで，コンピュータのソースプログラム作成に使う．文章用テキストエディタと画像用グラフィックエディタがあり，今はテキストエディタを指すことが多い．

エナメル線 （——せん）
enameled wire
銅線の表面にエナメルを一面に塗り，焼きつけをした線．エナメルは線の上に薄く膜状につき絶縁用の被覆になる．薄膜であるので，容積の小さなところにも多く巻き込むことができ，値段も安い．

エネルギ energy
仕事をする能力のことで，運動エネルギや位置エネルギなどの機械的なエネルギのほかに，光や熱，電気，化学，原子核エネルギなどがある．運動エネルギが熱エネルギに変化したり，エネルギとエネルギの間で変わることができる．

エネルギ・ギャップ energy gap
→エネルギ・バンド

エネルギ準位 （——じゅんい）
energy level →エネルギ・レベル

エネルギ帯 （——たい） energy band
→エネルギ・バンド

エネルギ・バンド energy band
結晶は同じ原子が規則正しく並んでいて，電子のエネルギレベルは互いに近づき，他の原子の影響を受けて細い線から幅のある帯のように変化する．このエネルギの帯をエネルギバンドという．バンドセオリ（帯理論）で使う．

エネルギ・レベル energy level
エネルギ準位ともいう．電子は原子核の周りを回っているが，その軌道の半径は一定の間隔をおいて決まっている．核と電子は距離の2乗に反比例した力で引き合う．外側の軌道の電子は引く力が弱く，核から離れやすい．内側の軌道の電子に比べ外側の軌道の電子はエネルギが大きく軌道の半径も大きい．軌道の半径が一定間隔であるから，電子のもつエネルギの大きさ（レベル）も軌道ごとにとびとびの値となる．このエネルギの値をいう．

エピタキシャル形 （——がた）
epitaxial type
トランジスタの製法は，合金形・拡散形に大別でき，拡散形にエピタキシャル形・メサ形・プレーナ形がある．単結晶（サブストレート）のシリコン基板に不純物気体をあて析出させコレクタにする．この層をエピタキシャル層といい，基板の単結晶の結晶軸と一致した結晶が析出する．サブストレート部分は低抵抗で，エピタキシャル層は

高抵抗である．この高抵抗部分に，エミッタとベースを組み込むため，高耐圧でコレクタ飽和電圧の小さい，高周波大電力用やスイッチング用トランジスタを作ることができる．

☞エピタキシャル成長

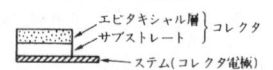

エピタキシャル成長（——せいちょう）
epitaxial growth

単結晶の上に高温の半導体ガスをあてると，単結晶の結晶軸と同じ軸方向に半導体結晶が析出し成長する現象のこと．エピタキシャルに使う不純物はガスと液体があるが，主にガス（ハイドライド）が使われる．P形用にはジボラン（B_2H_6），N形用にホスフィン（PH_3）を使う．気相成長ともいう．

☞単結晶

エピタキシャル接合（——せつごう）
epitaxial junction

エピタキシャル・ジャンクションともいう．エピタキシャル成長の技術を用いて作ったPN接合のこと．P形単結晶の上にN形を，またはN形単結晶の上にP形を成長させる．

→PN接合

エピタキシャル・トランジスタ
epitaxial transistor

エピタキシャル成長の技術を利用して作ったトランジスタ．抵抗の小さいコレクタ用ペレットの上に，抵抗の高いN形のエピタキシャル層をのせ，その上に作ったトランジスタ．このため，耐圧は高くなる．ペレットの大部分は抵抗が低いので，コレクタ飽和電圧は非常に低く動作領域が広くとれる．エピタキシャル法で作ったペレットを使ってメサ形を作ると，エピタキシャルメサ形となり，プレーナ形を作ると，エピタキシャルプレーナ形となる．高周波大電力用やスイッチング用に使う．

☞エピタキシャル形

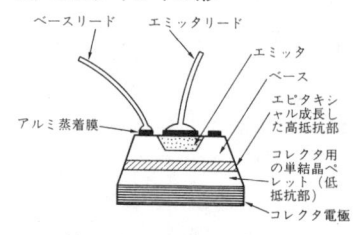

(a)エピタキシャルメサ形トランジスタ

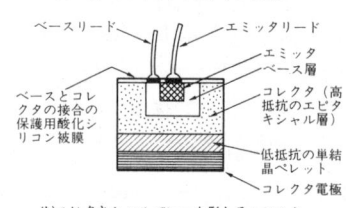

(b)エピタキシャルプレーナ形トランジスタ

エピタキシャル法（——ほう）
epitaxial method

→エピタキシャル形

エミッション　emission

1．発射とか放射の意味．たとえば電波の発射．

2．放出の意味．たとえば電子放出．

3．発光の意味．たとえば発光スペクトル（emission spectrum）

エミッタ　emitter

トランジスタの三つの電極の一つ．キャリア（電子やホール）を放出（エミット）する電極という意味から名付けられた．PNP形トランジスタでは電子が，ベース領域にキャリアとして送り込まれる．エミッタからベースに能率良くキャリアを送るには，エミッタの

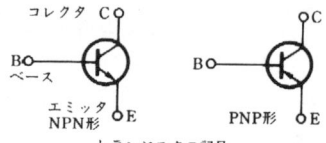

トランジスタの記号

不純物濃度は，ベースより高くなければならない．つまりベースに比べ比抵抗が低い．PNP形とNPN形では，図記号のエミッタの矢印の向きを逆に書く．

エミッタ帰還（——きかん）
emitter feedback

トランジスタを増幅回路で働かすためには，適当な直流電源（バイアス）が必要になる．エミッタ接地回路では，一つの電源V_{CC}でコレクタに供給し，ベースには抵抗R_Bで分割して与える．しかし，V_{CC}の変動の影響を受けやすく，エミッタに抵抗R_Eを入れて変動の影響を少なくする．このような回路をエミッタ帰還形という．

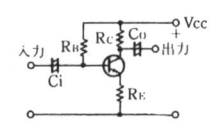

☞バイアス

エミッタ共通回路（——きょうつうかいろ）common emitter circuit
→エミッタ接地回路

エミッタ遮断電流（——しゃだんでんりゅう）emitter cut-off current

I_{EBO}と書く．コレクタオープン（開放）状態での，エミッタとベースの間の逆方向電流のこと．小信号動作では，ベース～エミッタ間は順バイアスがかかっているので問題ないが，B級増幅では，エミッタ～ベース間が逆バイアスされコレクタ電流が流れないときがあるので問題となる．周囲温度が10℃上がるごとに約2倍となり，I_{CBO}と同様，温度の影響を受ける．

☞逆バイアス

エミッタ・ジャンクション
emitter junction →エミッタ接合

エミッタ接合（——せつごう）
emitter junction

PNP形またはNPN形のどちらのトランジスタも，図のようにエミッタEとベースBはPNまたはNP接合で，この接合をエミッタ接合という．

☞PNP，NPN形トランジスタ

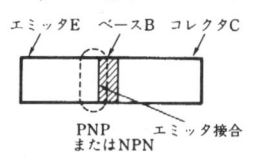

エミッタ接地（——せっち）
emitter earth →エミッタ接地回路

エミッタ接地回路（——せっちかいろ）
grounded emitter circuit

トランジスタのベースB，コレクタC，エミッタEの三つの電極の，どの電極を接地したかによりベース接地回路，エミッタ接地回路，コレクタ接地回路と呼ぶ．表は各回路の特性の簡単な比較で，図はエミッタ接地回路の一例．

☞ベース接地回路

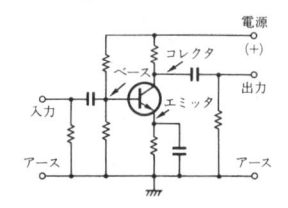

各回路の比較

	エミッタ接地	ベース接地	コレクタ接地
入力インピーダンス	数百Ω	数十Ω	数百kΩ
出力インピーダンス	数十kΩ	数百kΩ	数十Ω
電圧利得	数百～千倍	数百倍	1より小
電流利得	数十倍	1より小	数十倍
電力利得	数千倍	数百倍	数十倍
周波数特性	やや不良	良	良
ひずみ率	〃	〃	〃
位相	電圧は反転する	変わらない	電流は反転する

エミッタ抵抗（——ていこう）
emitter resistance

正しくはエミッタ接合抵抗またはエミッタ・ジャンクション・レジスタンス

という。Tパラメータの一つで、トランジスタをT形等価回路で示すときのエミッタ端子と接合点の間の抵抗Reのことで、順方向バイアスのときのエミッタ〜ベース間接合の抵抗である。

エミッタ電流 (——でんりゅう)
emitter current

トランジスタのエミッタに流れる電流I_Eのことで、PNP形、NPN形のどちらのトランジスタも、エミッタ電流I_Eはベース電流I_Bとコレクタ電流I_Cの和となる。I_BはI_Cに比べごくわずかなので、I_EはほぼI_Cと同じである。

$I_E = I_B + I_C ≒ I_C$ ($I_C \gg I_B$)

☞コレクタ電流

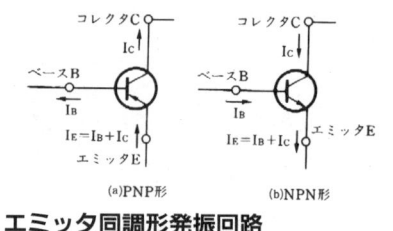

(a)PNP形　(b)NPN形

エミッタ同調形発振回路
(——どうちょうがたはっしんかいろ)
emitter tuned oscillator

トランジスタのエミッタにつながれたLC共振回路の、インダクタンスLと容量Cで発振周波数fが決まる。

$f = 1/(2\pi\sqrt{LC})$

トランジスタの抵抗、コイルの抵抗などが原因で、わずかなfの変化はあるが、実用上無視できる。共振回路のL、Cを変化すれば、fを変えられる。コレクタコイルL_Cと、相互インダクタンスMで結合され、出力の一部を正帰還して発振する。AMラジオ受信機の局部発振回路に使う。

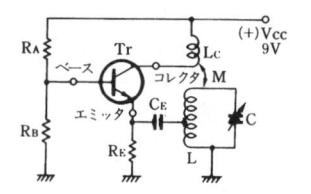

☞AM受信機

エミッタ変調回路 (——へんちょうかいろ)
emitter modulation circuit

トランジスタのエミッタに信号波を加え、ベースから搬送波を加えるとコレクタに振幅変調波(AM)が得られる。ベース〜エミッタ間の電圧−電流の非直線性を利用している。エミッタ電圧は信号入力に応じて変わり、これはバイアスの変化となりコレクタ電流を変える。ベースバイアスは高周波の搬送波入力で変化しつつ、エミッタに加わる低周波の信号入力の変化を受ける。

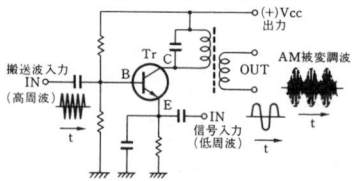

エミッタ・ホロワ　**emitter follower**
→エミッタ・ホロワ回路

エミッタ・ホロワ回路 (——かいろ)
emitter follower circuit

コレクタ接地形トランジスタ回路のこと。コレクタは交流的にアース電位にし、エミッタにつないだ負荷R_Lから、出力信号を取り出す。入力インピーダンスは高く、出力インピーダンスは低くなるが、電圧利得は1以下で電流利得は数十倍位である。周波数特性、ひずみ特性は良好で、インピーダンス変

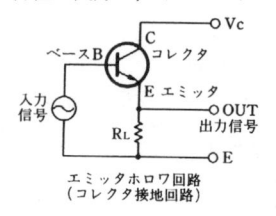

エミッタホロワ回路
(コレクタ接地回路)

換用，インピーダンス・マッチング用などに使われる．トランスよりも周波数特性の良いインピーダンス変換器である．

☞インピーダンス・マッチング

エミッタ・ホロワ増幅回路
(――ぞうふくかいろ)
emitter follower amplifier circuit
→エミッタ・ホロワ回路

エミュレーション emulation
コンピュータシステムAが，他の機種・他のOSで働くコンピュータシステムBの一部または全部を，まねる（模倣する）こと．①ハードをまねる→エミュレーション．②ソフトをまねる→シミュレーション．今は他のシステムをまねる動作はすべてエミュレーションという．エミュレーションを行うソフト（プログラム）やハード（装置）を，エミュレータという．

☞OS

エミュレータ emulator
→エミュレーション

エラー error
正常に動作できない状態で，エラー・メッセージを示すことが多い．
①プログラムの実行上の間違い．
②コンピュータの各装置の故障．
③①と②による実行結果の間違い．
④人間の操作ミスが原因のもの．
もう一度，立ち上げ直すか，装置の故障を直すか，操作を正しくやり直せば回復することが多いが，実行停止してしまうこともある．

エラー・メッセージ
error message
コンピュータでデータ処理を行う途中やプログラムの作成途中でエラーが発生すると，プリンタやディスプレイに，エラーの発生・性格・状況などを知らせるメッセージが表示される．このメッセージのこと．

☞データ処理

エラーリスト error list
コンピュータのプログラムのチェックの際に発見されたエラーを，ディスプレイに表示したり，プリンタで印刷したりしたときのリスト（一覧表）のこと．

☞プログラム

エリア area
1．地域，地帯，区域．2．各地方を管轄する電気通信監理局の管轄区域のこと．1～0までの番号で区域分けしている．アマチュア無線局のコールサインの第3番目の数字はこの区域番号で，次のように区域分けする．
(1)東京，神奈川，埼玉，千葉，栃木，茨城，群馬，山梨 (2)静岡，愛知，岐阜，三重 (3)大阪，京都，奈良，和歌山，兵庫，滋賀 (4)広島，岡山，山口，島根，鳥取 (5)香川，徳島，愛媛，高知（四国）(6)九州地域，沖縄地域 (7)青森，秋田，岩手，山形，宮城，福島 (8)北海道地域 (9)福井，石川，富山 (0)長野，新潟

☞アマチュア無線

エリミネータ電源 (――でんげん)
eliminator powers
交流電源（電灯線）を，整流器や平滑回路を通して直流に直し，電子管やトランジスタを働かすのに適した電源にする．トランジスタやICは数V（ボルト）～数十Vの低電圧で働くので電灯線の交流100Vを，トランスで電圧を下げて整流する．このような電源のことをいう．

☞平滑回路

エルステッド Hans Christian Oersted
1．1777～1851年（デンマーク）薬剤師の子として生まれ，29歳でコペンハーゲン大学物理学教授，1820年電流の磁気作用（電流の流れ路に，磁気が発生すること）を発見した．
2．磁界の強さを示すCGS単位のこと．
 1エルステッド$=10^3/(4\pi)$
単位は〔A/m〕（アンペア毎メートル）

☞CGS単位系

エレクトロニクス　electronics
→電子工学

エレクトロ・ルミネセンス
electro luminescence →EL素子

エレクトロン　electron →電子

遠隔指示装置（えんかくしじそうち）
telemeter, remote indicator, supervision

遠隔（遠距離）の場所での各種の現象（測定対象：電流・電圧・振動・温度・水位・周波数など）を，連続的または一定時間間隔ごとに計測したり観測し，その値（結果）を無線や有線の伝送路で一定の場所に送り，適切な方法で指示させる装置のこと．テレメータ，スーパビジョン，遠隔測定装置ともいう．大量の計測結果を短時間に処理（送り受け）するために，各データは各種の変調方式を用いて送信機から伝送路に送り多重化（周波数分割・時分割）し，伝送路を有効利用する．受信側はこれを復調し，各伝送路（チャネル）ごとに分離し，測定した各データ（結果）を適切な方法（メータ，ブラウン管，ランプ，表示管など）で表現する．

☞伝送路，復調

遠隔測定装置（えんかくそくていそうち）
remote measuring equipment, telemeter
→遠隔指示装置

遠距離フェージング（えんきょり――）　long distance fading

電波を受信する場合，電波の伝わる路が異なると，受信点に到着したときの位相が一致せず，互いに影響し合い，信号の強さが刻々と変化する．これを干渉性フェージングという．比較的遠距離で生じるので遠距離フェージングともいう．短波では，送信アンテナから400km以上遠くで，中波では200km以上遠くに起きる．

☞干渉性フェージング

円形導波管（えんけいどうはかん）
circular waveguide

断面が円形の導波管．この金属管表面は，極超短波の電流が流れやすい（表示効果）ように銀または金メッキする．遮断周波数より低い周波数成分は通さない．伝わる波長やモードによって寸法（直径）が決まる．

☞遮断周波数・表皮効果

エンコーダ　encoder →符号器

エンコーディング　encoding
→エンコード

エンコード　encode

①符号化のこと．②アナログ信号をディジタル信号に変えること．③インターネットで文字を電子メールするとき，データをテキスト（文字）ファイルに変えること．このときに使うアプリケーションの電子メールソフト（アウトルックエキスプレス）は〔ファイルの添付〕で自動的に変える．変えたデータは受信側の電子メールソフトで自動的に元のデータに復元（デコード）される．

☞符号，化復元

演算器（えんざんき）　operator

アナログコンピュータの関数の演算を受けもつ部分．加算，倍率算，積分算などを組み合わせて動作させる．オペレータともいう．

→オペレータ

演算装置（えんざんそうち）
arithmetic unit

コンピュータの入力装置，記憶装置，出力装置，制御装置とともに構成される5大機能の一つ．演算装置は四則演算，論理演算などを行う装置．コンピュータの中で行うすべてのデータ処理を，数学的な操作で処理する中央演算処理装置（CPU）内に，記憶装置や制御装置とともにまとめられている．

☞CPU

演算増幅器（えんざんぞうふくき）
operational amplifier

オペレーションアンプリファイヤ（オ

ペアンプ）ともいう．増幅度Aが10^4位以上の高利得増幅器で，入力インピーダンスZiは高く，出力インピーダンスZ₀は低い．オペアンプと略称する．回路の増幅度Aは外付けの抵抗R_1，R_2で決まる．

$$A = 1 + (R_2/R_1)$$

回路は差動増幅回路が使われ，電源電圧の変動や雑音に対し安定している．入力端子＋は同相用，－は逆相用である．

☞差動増幅器

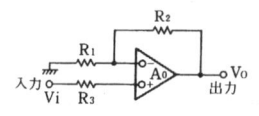

エンジン発電機（——はつでんき） engine generator

内燃機関（ガソリンエンジン）で回転する発電機のこと．三相または単相の交流電力を発生する同期機で，一般に交流発電機という．エンジンの発明機．

☞交流発電機

円すい形電磁ラッパ
（えん——がたでんじ——）
conical electro-magnetic horn

マイクロ波用アンテナの一種で，外形が円すい形であることから名付けられた．円形導波管と組み合わせて使う．

☞円形導波管

延長コイル（えんちょう——） lengthening coil

アンテナの長さを，発射または受信する電波の波長に応じて，長く（延長）するためアンテナにつなぐコイルのこと．たとえば，接地アンテナで固有波長より長い波長の電波に共振させるとき，アンテナのアース点につなぐコイルのこと．

エンドファイアらせん空中線（——くうちゅうせん） endfire helical antenna

らせん状に線を巻き，水平にして端末部分に反射用円板を付けたアンテナ（空中線）．フィーダには同軸ケーブルを使い内部導体をらせん状電線につなぎ，外部の編組導体は反射用円板につなぐ．主にUHF用に使われ，円偏波を発射する．

☞フィーダ

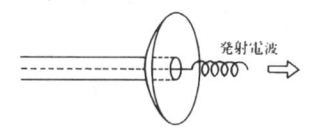

エンド文（——ぶん） end statement

コンピュータのプログラム言語で，プログラムの終了を表す文．ENDと書き，END行ともいう．一つのプログラムの最後に必ず書く．プログラムの途中にあれば，それ以下はコンパイルされない．

☞コンパイル

エンドレス endless

エンドは最終，終わりの意味で，レスはその打ち消しの言葉である．つまり終わりのないことで，たとえばエンドレス・テープというのは初めと終わりの部分がつながっていて切れめのないテープのことである．同じ内容のアナウンスや音楽などを繰り返し流す必要があるときなどに利用する．

エンドレス・テープ endless tape
→エンドレス

エンパイヤ・チューブ empire tube

絶縁チューブ（パイプ）の一種で配線に用いるすずメッキ線などにかぶせて使う．色，直径の違いで各種のものがある．

エンハンスメント形（——がた） enhancement type
→FET, エンハンスメント形FET

エンハンスメント形FET（——がた——） enhancement type FET

MOS形FETでゲート電圧V_{GS}が0のとき，ドレーン電流I_Dはほとんど流れ

ず、V_{GS}を正方向に増していくとI_Dが増える特性のタイプをエンハンスメント形という．特性から出力電流（I_D）を入力電圧（V_{GS}）で制御できる．このような電圧駆動（動作）素子は熱処理（熱の発散）や電力消費の点で優れ，接合形FETに比べMOS形FETの長所で構造簡単で設計・製作上，より精密な制御が可能で，高周波用が作りやすい．大規模集積回路（LSI）に多用する．

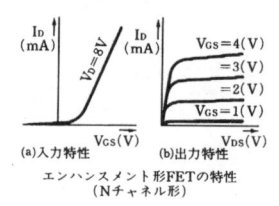

（a）入力特性　（b）出力特性
エンハンスメント形FETの特性
（Nチャネル形）

円盤録音（えんばんろくおん）disk recording

1．レコード盤による録音．テープ方式の録音（テープレコーダ）に比べ録音時間が短かく録音装置も複雑で高価となる．ラッカ板に人造サファイヤの加熱針を使い，音声信号により振動させて音溝を作る録音方式．

2．コンパクトディスク（CD）円板（ディスク）にディジタル信号を，レーザ光線によって録音する．

3．MDによるディジタル信号の録音．CDと同様な特性が得られ，小型である．

☞MD

エンファシス　emphasis

FMでは変調信号の高い周波数分に対しては，変調指数が大きくなるように変調をかける．雑音やひずみに対し高音部が妨害を受けやすいために強調しておく．このため受信側では高音部の強調を補正する必要がある．送信側での強調操作をプリエンファシス，受信側での補正をデエンファシス，両方合わせてエンファシスという．

☞変調指数

エンベロープ　envelope

包絡線（ほうらくせん）ともいう．図(a)のような高周波（交流）を図(b)のような低周波（交流）でAM（振幅変調）をかけると図(c)のようになる．この(c)のせん（尖）頭値をつなぎ合わせてできる線（点線の波形）のこと．実在しない仮想線である．

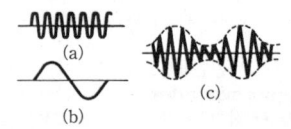

円偏波（えんへんぱ）circularly polarized wave

電波が伝わる方向と直角方向の電界のベクトル（電界の大きさと方向を同時に示す）の先端部の動き（軌跡）が，円を描くような電波．このときのベクトル軌跡が時計式に回転すれば，右回り偏波という．一般に偏波面（位相）の異なる二つの直線偏波（平面偏波）を合成すると，だ円偏波となり，同一振幅で$90°(\pi/2)$異なるときは円偏波となる．円偏波の送・受信用アンテナはヘリカル（らせん）アンテナを使う．レーダの場合には航空機のような複雑な物体の反射波が円偏波になる．

☞偏波

オア回路 (——かいろ) OR circuit

論理和回路，オアゲート，OR回路などともいう．入力A，Bのどちらかまたは両方に入力(1)があると，出力(1)がある．図(a)は回路例，(b)は真理値表，(c)は記号である．(1)は信号あり，(0)は信号なしの意．

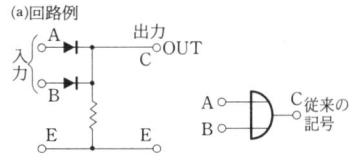

(a)回路例

(b)真理値表

入 力		出 力
A	B	C
0	0	0
1	0	1
0	1	1
1	1	1

(c)図記号

扇形アンテナ (おうぎがた——) fan antenna

扇のように先が開いたアンテナで，VHFテレビの受信用に使う八木アンテナの投射器に使われる．給電点インピーダンスや広帯域性は，折返しアンテナと似ている．☞折返しアンテナ

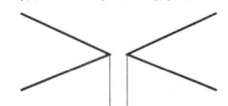

扇形空中線 (おうぎがたくうちゅうせん) fan antenna →扇形アンテナ

応答 (おうとう) response

ある量と，その量に対応する他の量との関係をいい，レスポンスともいう．1．増幅器の入力電圧を一定に保ち周波数を変え，1kHzを基準にした周波数と出力電圧の関係を周波数レスポンスという．2．有線通信（電話）で，呼出しに対し通話回路の接続動作などのこと（呼出しに応じ交換手が応えること，または呼出音で加入者が受話器をはずし答えること）．3．自動制御のフィードバック制御系において，入力信号の変化（目標値の変更や外乱）に対し，出力信号が時間的にどのように変わるかを示す特性のこと．

オーエス operating system, OS

OSは英語の頭文字で，オペレーション・システムのこと．→OS

オクターブ octave

二つの周波数 f_1, f_2 があり，一方が他方の2倍の周波数関係であるときに使う．たとえば100Hzと200Hzは1オクターブの関係にある．

送りレジスタ (おく——) shift register
→シフトレジスタ

遅れ時間 (おく——じかん) delay time
→遅延時間

遅れ電流 (おく——でんりゅう) lagging current

インダクタンスLに交流電圧Vを加えると，電流IはVより90°（$\pi/2$ ラジアン）だけ位相が遅れる．このときのIを遅れ電流という．☞位相

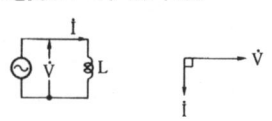

オーサリング authoring

文字や画像，音声などのいろいろな素材を組み合わせてソフトウェアを作成すること，またはそのための支援ツール．オーサリングシステム (authoring system) ともいう．☞VHS, DVD

おしほ

押しボタン（お——） push-button
→押しボタンスイッチ

押しボタン式自動電話機
（お——しきじどうでんわき）
push-button type telephone
押しボタンを押し電話番号を送る電話．7種類の周波数を，二つずつ組み合わせて送り，交換機側では帯域フィルタを通し周波数の組合せを判別し，送られてきた番号を識別する．たとえば，1は697(Hz)と1209(Hz)を同時に送る．これは電話機内にトランジスタの発振回路を置き，発振用同調コイルのインダクタンスを切り換えて，ふたつの発振周波数を同時に出している．ダイヤル時間の短縮，機能ボタン（＊・＃）による短縮番号や各種情報サービスができる．☞帯域フィルタ

高群 低群	1209(Hz)	1336(Hz)	1477(Hz)
697(Hz)	1	2	3
770(Hz)	4	5	6
852(Hz)	7	8	9
941(Hz)	＊	0	＃

押しボタン・スイッチ（お——）
push-button switch
ボタンを押して接点を開閉するスイッチの一種．回路数・接点数に応じたタイプがある．またロックできるものと，できないものがある．接点部分はスライドスイッチと同じ．☞スライドスイッチ

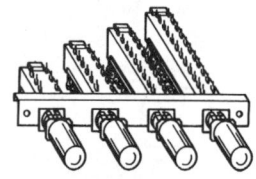

オシレータ oscillator
発振器またはジェネレータのこと．増幅器の入力に交流を加えると増幅される．この増幅された出力の一部を，入力側に加えた交流と同じ位相にして，入力側にもどすと再び増幅されて出力側に現れる．これを正帰還といい，初め入力側に加えた交流を除いても，増幅器への入力はなくならないで一定の周波数・振幅・位相の交流が出力に生じる．これを発振といい，多くの回路が考えられている．発振器では発振周波数は変動せず，出力が安定しており，周波数は一定または変えられること，異常発振がなく，発振周波数が正確であることが求められる．☞発振器

オシログラフ oscillograph
→オシロスコープ

オシロスコープ oscilloscope
多くの調整用ツマミ・スイッチ類を備え，増幅器を内蔵し，ブラウン管によって，波形・時間差，位相差・電圧・電流・周波数などを定量的に観測・測定できる計測器．二つの信号（現象）を同時に計測できる2現象用もある．このためエレクトロニクス関係以外の分野でも広く使用する．必要に応じ波形を写真にとることもでき，ペン書きオシログラフよりはるかに高い周波数（高周波）まで測定ができる．
☞陰極線オシログラフ

オーディオ audio
低周波・音声周波・可聴周波のこと．ラジオ（無線周波または高周波）と対語．低周波増幅器をオーディオ・アンプなどと呼ぶ．☞低周波増幅器

オーディオ・アンプ audio amplifier
オーディオとは可聴周波数，音声周波数のこと．つまり音声周波増幅器のこと．→音声周波増幅器

オーディオ・アンプリファイヤ
audio amplifier
音声周波増幅器とか可聴周波増幅器，低周波増幅器ともいう．オーディオアンプは略称．

オーディオ・オシレータ
audio oscillator
低周波発振器・オーディオジェネレータ・可聴周波発振器のこと．

おとろ

オーディオ回路（——かいろ）
audio circuit
音声周波，または可聴周波の回路のこと，音声回路ともいう．

オーディオ・カセット audio cassette
カセットテープの特性の向上・取扱いの容易さから，オーディオ用として広く普及した．オランダのフィリップス社の開発で，テープ幅3.8mm，ステレオ・モノラルどちらにも使え，録音・再生時間は120分位までが多い．
☞カセットテープ，テープレコーダ

オーディオ周波（——しゅうは）
audio frequency
オーディオ周波数，可聴周波（数），音声周波（数），低周波（数）ともいう．

オーディオ周波数（——しゅうはすう）
audio frequency
音声周波数または可聴周波数ともいう．人間の耳に聞こえる周波数20～20,000Hz位の範囲を指す．

オーディオ周波増幅器
（——しゅうはぞうふくき）
audio frequency amplifier
音声周波増幅器とか可聴周波増幅器，オーディオ・アンプリファイヤのこと．

オーディオ・ビジュアル
audio-visual, AV
音響（オーディオ）と映像（ビジュアル）を合わせもつ機器に使う用語．

オーディオ・メータ audiometer
聴力を検査する装置．約100～10,000Hz位の正弦波発振器・アッテネータ・受話器から成る．耳の感度，つまり最小の可聴音を，周波数を変え単一周波数として切り換えて測定する．聴力計ともいう．

オートダイン autodyne
A1電波を受信するとき，受信周波数より1kHz位異なる周波数を受信側で発振し，両者を混合して差の周波数1kHzを検波し，可聴信号にして受信する方式．

オートチューニング auto-tuning
自動同調のことで，テレビ受像機のチャネルの同調を自動的にしたり，カーラジオの同調などはこの例である．

音の大きさのレベル（おと——おお——）
loudness level
音の大きさを定めるため，1kHzの純音と比較して表す．これを音の大きさのレベルといい，ホン〔phon〕の単位で表す．

音の三要素（おと——さんようそ）
three elements of sound
音の強さ，調子，音色の三つのこと．

オートマチック automatic
自動的(式)という意味で手動的(式)と対語．オートマチック・ボリュームコントロール（自動音量調整），オートマチック・ゲインコントロール（自動利得調整）がある．

オートマチック・コントロール
automatic control
自動制御，自動調節のこと．

オートメーション
automation, automatic operation
機械や装置の運転や動作を自動的に行うこと．これによって，いつでもどこでもだれにでも，早く正確に均一な製品を大量生産でき，長時間連続して適切な状態を保つことができる．最近はコンピュータも利用し，さらに複雑な制御も自動的に行う．

オート・リバース automatic reverse
テープレコーダ（デッキ）の自動反転の機構（メカニズム）のこと．リールの停止または光による検出法で，テープの走行方向を反転する．

オート・ローディング
automatic loading
1．レコードやテープを装置に入れ自動的に必要な操作を行う機構（自動装てん(填)装置）．
2．コンピュータで電源を入れると，制御プログラム（常駐監視プログラム）

おはく

が自動的にメモリに読み込まれること．
3．自動式のカメラで，フィルムを自動的に装てんすること．

オーバクロック　overclock
パソコンの頭脳の役目を果たすプロセッサ（CPUとも呼ばれる）の演算処理ステップの周期を規定値より早めることをいう．☞プロセッサ

オーバシュート　overshoot
回路の入力側にパルスを加えたとき，出力波形の立上り部が振動して行き過ぎること．パルスの高さHとの比h/Hを％で示す．立下り部分の場合は，アンダシュートという．自動制御では，行き過ぎ量という．

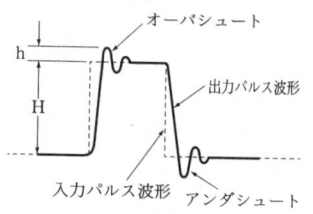

オーバトーン発振器（——はっしんき）　overtone oscillator
水晶振動子の基本波の3倍，5倍の周波数，20〜130MHz位を発振させる水晶発振器のこと．厚みすべり振動のタイプで，ATカットが使われる．発振周波数の安定度は無調整回路に比べて劣り簡易無線機用．

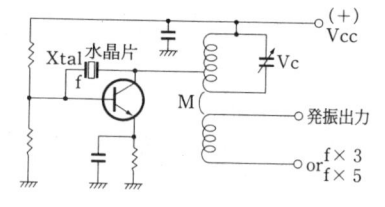

オーバ・バイアス　over bias
1．トランジスタを働かすとき，一定の直流電流や電圧（バイアス）を与える．このバイアスを最適値より多くし，ひずみを減らすこと．
2．テープ録音用のヘッドには交流のバイアスを加えるが，最適値より多めにすること．ひずみを軽減するためである．☞ひずみ

オーバ・ハング　over hang
レコード演奏の場合，レコードの中心（スピンドル）に向かってトーンアームが移動するが，外周から中心に向うにつれ，R・Lチャネルの音溝と針先にズレが生じる．このズレを補正するためスピンドルの位置で針先が8〜15mm位中心より大きな弧を描くようにすること．

オーバフロー　overflow
あふれともいい，コンピュータでデータを取り扱う際に使われる．扱い得る量の範囲を超える処理結果を生じた状態をいう．①プログラムの大きさが記憶容量を超えた状態．②レジスタの扱い得る数の範囲を超えた計算結果が生じた状態．

オーバレイ・トランジスタ　overlay transistor
大電力トランジスタのコレクタに大電流を流すと，エミッタ周辺だけに電流が集中する．高周波になるとこの傾向はさらに強まる．このため超高周波用の高出力トランジスタでは，エミッタの周辺の長さが十分長くなるように，エミッタを数百個位に分け内部で並列につなぐ．米・RCAが，1964年に工業化した高周波高出力トランジスタの一種．

オーバロード　overload
定格以上の負荷をかけることで過負荷ともいう．
1．増幅器の入力側に過大な入力が加わること．
2．増幅回路の出力側に定格以下の負荷抵抗をつなぎ，過大な電流を流すこと．

オービタ　orbiter
スペースシャトルのオービタのこと．

全長37m・重さ約75t，胴体・三角翼・垂直尾翼から成り，主にアルミ合金製．胴体の前部は三層で乗員用．上層のフライトデッキは操縦用，中央層のミッドデッキは居住（睡眠・食事）用，下層のロワーデッキは生命維持のシステム機器用．胴体中央部は荷物室（カーゴベイ）で上層は左右開き扉，内部は放熱板．重要なサブシステムや電源が入る．電源は燃料（H&O）電池3基，電圧27.5〜32.5V，最大12kw．胴体後部はメインエンジン・軌道操縦装置・姿勢制御装置などが入る．メインエンジンは3基で打上げから8分30秒間噴射でき，スロットルで推力を65〜109%加減し，加速度が3Gを超えぬよう制御する．軌道操縦装置は2基で，衛星軌道への進入・軌道離脱・軌道変更などに使う．姿勢制御装置は姿勢制御用（プライマリ・スラスタ）38基，微小速度制御用（バーニア・スラスタ）6基である．帰還の際の大気圏再突入時の空力加熱温度／その部分／対策は以下の通り．
1260℃以上／翼の前縁部と頭部／強力カーボン
650℃以上／機体下面／再使用型高温表面断熱材（シリカタイル）
370℃以上／翼上面や胴側面／再使用型低温表面断熱材（タイル）
370℃以下／その他の部分／再使用型表面断熱材（フェルト状材）．
☞スペースシャトル

オフ off
回路のスイッチを切り，遮断状態にしたときのこと．オンと対応する語．

オフィス・オートメーション office automation, OA
事務所（オフィス）のビジネスの生産性の向上・情報処理の合理化をめざし，昭和52年頃からいわれ始めた新しいオフィス活動（生産性向上運動）．事務の流れを，文書作成・複写印刷・情報伝達・保管と検索の四つに分けシステムとしてとらえ，各種機器の活用により，情報価値の増大と生産性の向上を図ること．

オフ回路 （――かいろ） off circuit
→OFF回路

オブジェクト・プログラム object program
目的プログラムとか，ターゲットプログラムとかいう．コンピュータのプログラムのことで，次の順序で作る．①問題を解くための手順を考える．②流れ図を書く．③コーディング用紙に書く．これを原始プログラムまたはソースプログラムという．④ソースプログラムをカードまたは紙テープにパンチするか，マークカードにマークする．⑤ソースプログラムを機械（カードリーダ）に読ませて，機械語のプログラムに訳す．これはコンピュータが処理し，コンパイルという．⑥コンパイルすると，ソースプログラムがプリント

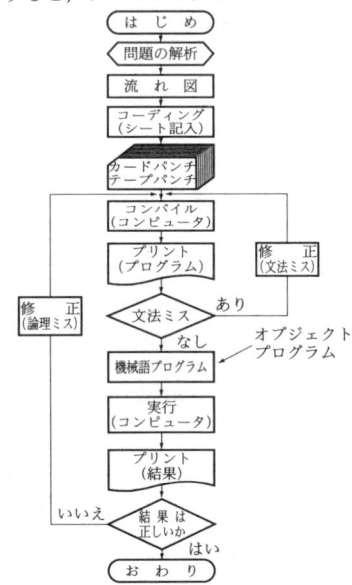

おふし

されて出てくる．文法ミスがあれば，コンピュータがミスの個所を教えてくれるから，そこを直して再びコンピュータにかける．これをデバッグという．文法ミスがなくなるまで何回もデバッグして完成したプログラムを，オブジェクト・プログラムといい，機械語のプログラムになっている．このあと，コンピュータに処理を実行させ，結果をプリントし結果が正しいかどうかをチェックしてその処理を終えると，コンピュータの一連の処理が完了する．

☞コンパイル

オプションチャンネル
optional channel

ケーブルテレビ局が提供するケーブルテレビサービスにおいて，基本利用料では利用できない別料金のチャンネルのこと．チャンネルごとに別途契約が必要となる．

オフセット offset

直流増幅器・自動制御系・送電線などで使う．

1．直流増幅器で，入力が0のときの出力のこと．電源電圧・周囲温度・部品の経時変化で出力はゆるやかに変動する．

2．自動制御系で残留偏差という．制御量の目標値と，定常状態の値との差．

3．送電線の接触を避けるため，中央の電線を同一垂直面に置かず，左右にずらすが，この水平間隔をいう．

オフセット・キャリア方式（——ほうしき） offset carrier system

同一チャンネルのテレビ放送電波二つが，同時に受信されると，両方の映像搬送波の差周波数で，画面にしま模様ができる．これを避けるため，水平走査周波数の2/3にあたる10kHzだけ，どちらか片方の映像搬送波の周波数をずらす方式のこと．

オフセット周波数（——しゅうはすう）
offset frequency

同一チャネルにあるテレビ局の映像搬送波の周波数の差のこと．

オフセット電圧（——でんあつ）
offset voltage

演算増幅器（オペレーショナルアンプリファイヤ：オペアンプ）は入力電圧が0のとき，出力電圧は0にならない．オペアンプ内部の差動回路のバランス（平衡）が不完全なためである．出力電圧を0にすると，入力にわずかな直流電圧が残る．これを入力オフセット電圧といい，数mV位である．これを除くためゼロ調整端子に可変抵抗器をつなぎ，出力電圧をゼロにする．これをオフセット調整という．

温度で数μV/℃位変動する．

オプティカル・ファイバ optical fiber

光ファイバともいい，光を伝えるガラスの細い繊維のことで，光学繊維ともいう．これを使って光通信や人体内部の診察などに利用する．

オプト・エレクトロニクス optoelectronics

古くから光を照明に使ってきたが，情報の検出，伝送，蓄積，記録などにも使われる．光と電気の両方にわたる分野を，オプトエレクトロニクスという．オプティカル（光）とエレクトロニクス（電子）を合わせた，オプティカル・エレクトロニクスを縮めた言葉．

オプトロニクス optronics

オプティカル・エレクトロニクスのこと．

→オプト・エレクトロニクス

オフライン off-line

コンピュータで使われる言葉で，非直結ともいう．オンラインと対語になる．①データの転送をする途中で，人手を必要とする状態のこと．②中央演算処理装置と直結していない状態のこと．オンラインでない方式であり，ラインから切り離されていること．

オペアンプ operational amplifier

演算増幅器の略称で，OPとも書く．

おみつ

オペーク投写機（——とうしゃき）
opaque projector

オペークとは不透明なという英語で、印画写真・絵・タイトルなど不透明なカードに書いた像を、レンズで集光してテレビカメラでとり、テレビ放送に利用する。アメリカのグレイ社からテロップの商品名で出されたため、テロップともいう。

オペランド　operand

演算数のことで演算の対象となるもの。たとえば、A＋Bという演算で、Aを第1オペランド、Bを第2オペランドという。また、コンピュータの命令語では命令コード（オペレーションコード、インストラクションコード）と、オペランド（命令の対象）で、成り立っている。オペランドの内容は、データのアドレス、データ自体、レジスタ名、次の命令のアドレス、アドレス変更（モディファイ）データ、オペレーションコードの補足コードである。

☞命令語

オペランドのアドレス方式（——ほうしき）　operand addressing mode

オペランドのアドレスを指定するのが、オペランドのアドレス方式で、次のようなものがある。レジスタアドレス、直接アドレス、イメディエイトアドレス、間接アドレス、間接モディファイアドレス、ポインタアドレス、インデックスドモディファイアドレス、相対アドレス。

☞アドレス

オペレーショナル・アンプリファイヤ　operational amplifier

演算増幅器のこと。

→演算増幅器

オペレーション　operation

コンピュータの命令語は、オペレーションとオペランドから成り立つ。オペレーションは操作部ともいい、何を実行させるか（たとえば、加算せよ）を示す。次のオペランドは番地部ともいい、記憶装置内部の番地（特定な位置＝アドレス）を示す。そこには実行する内容（加える数）が記憶されている。

☞番地部

オペレーション・コード
operation code

コンピュータの命令語の中の、オペレーションの種類を示す符号のこと。たとえば「加算せよ」をA、「読み取れ」をRで示す場合は、AやRがオペレーションコードとなる。命令コードともインストラクションコードともいう。

オペレータ　operator

機器や装置（たとえばコンピュータ）などを扱い、運転したり、操作する取扱者のこと。

オペレータ・コミュニケーション・プログラム
operator communication program

コンピュータのオペレータが仕事の順序を機械に与えたり、コンピュータがオペレータに次の作業を求めたりする情報交換用のプログラムである。一般にオペレーティング・システム（OS）といわれる中の一つである。

オーミック接続（——せつぞく）
ohmic contact

オーム接触ともいう。一般の金属と金属の接触点の電流と電圧降下の関係は直線的で、オームの法則が成り立つ。半導体と金属または半導体と半導体の場合は、電流と電圧の関係が非直線的で、整流特性となることもある。トランジスタやダイオードの外部引出線は金属で、半導体との接続点はオームの法則が成り立つ、オーミック接続でないといけない。したがってN形半導体と金属をつなぐハンダは、N形となる材料を含む合金を使い、P形と金属の半田付けにはP形となる材料を含む合金を使う。

☞オームの法則

オーム Ohm

1. 電気抵抗または抵抗の単位で，記号は〔Ω〕と書く．ドイツのオームの功績をたたえ，1881年より抵抗の単位として使う．

2. 1789年ドイツのババリアの錠前屋に生まれ，7人の弟妹の長男であった．10歳で母を失い貧しいうちに学び，1827年オームの法則を発表した．初めは認められなかったが，1841年ロンドン王立学会に認められた．

オームの法則 （――ほうそく） Ohm's law

「電気の回路に流れる電流Iは，電圧Eに比例し，抵抗Rに逆比例する」．

$$I=\frac{E}{R}, \quad R=\frac{E}{I}, \quad E=IR$$

となり，電気回路の電圧，電流，抵抗の関係を示す．このことからE，I，Rの中のどれか二つがわかればほかの一つがわかる．たとえば，E＝100〔V〕，I＝1〔A〕なら，上の式からR＝E/I＝100〔Ω〕となり，実際にその回路の抵抗を測らなくても計算で求められる．

オメガ omega →オメガシステム

オメガシステム omega system

長波(VLF)帯の電波を利用して，船舶・航空機の位置を知る方式．オメガ航法（オメガナビゲーション）ともいう．世界中に放送局を8局設置し，そのうちの2局以上の電波を受信して，位相差を測定し自分の位置を求める．

重み （おも――） weight

数を表すとき，日常使っている10進法の10は，2進法（2進化10進，4ビット）では1010である．四つの各数には，2^3，2^2，2^1，2^0の桁（けた）に対応させてある．この2^3，2^2，2^1，2^0をそれぞれの数（ビット）につけた重みという．

折返しアンテナ （おりかえ――） folded antenna

半波長のダイポール・アンテナを折り返して，その先端でつなぎ合わせたようなアンテナのこと．入力インピーダンスが約300Ω位なので，特性インピーダンスの比較的大きなフィーダ（給電線）をつなぐことができる．また非同調形なので周波数帯域も広い．

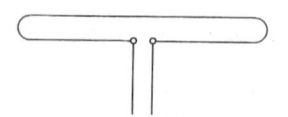

折返しダイポール （おりかえ――） folded dipole antenna
→折返しアンテナ

折返しダイポール・アンテナ （おりかえ――） folded dipole antenna
→折返しアンテナ

折曲げアンテナ （おりま――） bent antenna

半波長アンテナを水平に置き，先端を折り曲げたアンテナのこと．場所が狭く1/2波長の長さに張ることができないときに使う．先端近くは電流分布も小さく，有効な電波の発射には影響が少ない．

☞1/4波長

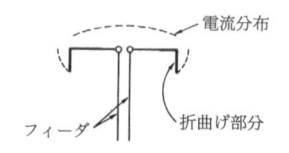

オールウェーブ受信機 （――じゅしんき） all wave receiver (set)

オールウェーブとはすべての電波のことで，全電波を受信できる受信機のこと．中波の標準放送（525kHz～1,605kHz）と短波や超短波などが受信できるものを指す．放送の周波数帯は使用バンドが国際条約で決められている．

Aバンド＝530kHz～1,700kHz程度
Bバンド＝3MHz～8MHz程度
Cバンド＝6MHz～20MHz程度
Dバンド＝20MHz～60MHz程度

しかし，このバンド区分は一定したものでなく，メーカ製受信機でもまちまちである．

オール・チャネル受像機 (——じゅぞうき) all channel television receiver
VHFの1〜12チャネルと，UHFの13〜62チャネル(一部)の両方を受信できるテレビ受像機のこと．両周波数帯のチューナが組み込まれているものが多い．

オレンジブック　orange book
①1985年米国防総省NSAが定めたセキュリティレベルの規格のこと．②ソニーとフィリップス社が開発した12cm円盤ディスク CD-R (書込み可能 CD-ROM) の規格仕様書のこと．表紙がオレンジなのでこう呼ばれる．

☞NSA

オン　on
回路のスイッチを入れ，導通状態にしたときのこと．オフ(断)の反対になる語．

音圧 (おんあつ)　sound pressure
音が空気(媒質)中を伝わるときに生じる圧力の変化．

音圧レベル (おんあつ——)
sound pressure level
音圧の大きさを対数で示したもの．音圧をP，基準の音圧をP_Sとしたとき音圧レベルL_{SP}は次の式で示す．

$L_{SP} = 20 \log_{10}(P/P_S)$ 〔dB〕

単位はデシベル〔dB〕である．サウンドプレッシャレベルともいう．

オンオフ制御 (——せいぎょ)
on-off control
回路をオン(接)，オフ(断)して自動調節すること．たとえば一定温度に自動調節するとき，バイメタルを温度の検出・回路の接ー断(電流の開閉)に使い，設定した温度より上昇したとき回路を切り(オフにして)熱源(ヒータ)への電流を止め，設定した温度より低下したとき回路を閉じ(オンにして)ヒータへ電流を流して加熱し，温度を制御する．

☞バイメタル

オンオフ動作 (——どうさ)
on-off control action
→ON-OFF動作

オン回路 (——かいろ)　on circuit
→ON回路

音響インピーダンス (おんきょう——)
acoustic impedance
音圧Pと体積速度Vの比で表す．体積速度とは，音圧の加わる面積Sが，移動する速さVの積である．

音響インピーダンス$Z = P/V$
$= P/(SV)$

単位は音響オームで，1音響オームは，$10^5 [N \cdot S/m^2]$ で示される．

音響学 (おんきょうがく)　acoustics
音に関する科学 (JIS・音響用語一般)．

音響カプラ (おんきょう——)
acoustic coupler
コンピュータからのデータ信号を音響カプラと受話器で，音から電気信号に変えたり，反対に電気信号から音に変えて送話器を通してデータ信号をコンピュータに送る変換器のこと．

☞変換器

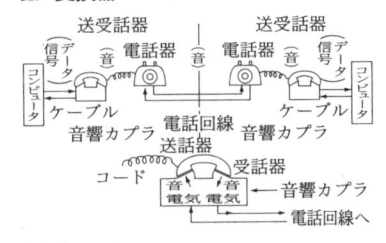

音響効果 (おんきょうこうか)
sound effect
残響，反響，擬音，騒音など音を効果的に使って，芝居や劇の味わいを高めること．ラジオやテレビのドラマにも応用されている．

音響光学効果 (おんきょうこうがくこうか)　acousto-optic effect
物体に音波や超音波を加えると，周期

おんき

的な光の屈折率分布の変化が空間的に生じる現象のこと.

音響出力（おんきょうしゅつりょく）
sound output
音源（スピーカ）から単位時間（1秒間）に放出する音の全エネルギのことで，単位はワット[W]．
☞エネルギ

音響製品（おんきょうせいひん）
audio products
ステレオアンプ（増幅器）・テープレコーダ・CD（コンパクトディスク）・MD・レコードプレーヤなどの音に関する製品の一般的ないい方．これら製品の一部分であるスピーカやトーンアームにも用いる．

音響測深機（おんきょうそくしんき）
echo sounder
音波の反射を利用して，水深を測定する装置．
1．送波器．電気振動を超音波に変換し，水中に放射する装置のこと．
2．受波器．海底からの反射超音波を受信し，電気信号に変換する装置．
3．送受波器．送波器と受波器の両方の機能をもつ装置．（JIS・造船用語電気編・航海計器）
☞超音波センサ

音響抵抗（おんきょうていこう）
acoustic resistance
音響インピーダンスの実数部のこと．（JIS・音響用語・一般）
☞音響インピーダンス

音響フィルタ（おんきょう——）
acoustic filter
音響系で用いるフィルタのこと．（JIS・音響用語・機器）
☞フィルタ

音響リアクタンス（おんきょう——）
acoustic reactance
音響インピーダンスの虚数部のこと．（JIS・音響用語・一般）
☞音響インピーダンス

オングストローム　Ångström
光の波長に使う長さの単位で，記号は[Å]である．1Åは0.1nm（ナノメートル：10^{-9}m）で，10^{-10}m（百億分の1メートル）．

音源（おんげん）sound source
音の源（みなもと），音を発生しているもの，たとえば音を出しているスピーカ・ヘッドホン，または，音を発生しているものの付近の媒体のこと．

音叉（おんさ）tuning fork
→音叉振動子

音叉振動子（おんさしんどうし）
tuning fork vibrator
図のような形をしたものが多く，その寸法によって異なる固有の振動数で振動する．その振動数は正確で安定しているので，低周波（音声）の標準として使われる．たとえばコーラスや楽器の音合わせなどに用いる．支持法も図のように支持台に固定したりスプリングで支えたりする．また高い固有周波数のものを使ってメカニカルフィルタを作ることもある．材料は鉄，ニッケル，エリンバなどの合金・チタン酸バリウム磁器などが使われる．

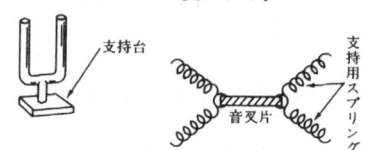

音叉発振子（おんさはっしんし）
tuning fork vibrator →音叉振動子

音質（おんしつ）tone quality
イヤホンやスピーカから出る音を耳で聞いて感じる音の良さ．雑音やひずみが少なければ，良い音質である．
☞雑音，ひずみ

音質調整（おんしつちょうせい）
tone control →音質調節

音質調整回路（おんしつちょうせいかいろ）**tone control circuit**

トーンコントロールともいう．低周波回路の周波数特性を変化して，スピーカの再生音を適当に調整する．これによって自分の好みの音色に調整したり，スピーカ，室内，カートリッジなどの，音響特性を補正したり，雑音（ハム）などを減らしたりできる．特にHi-Fi（ハイファイ）再生装置などでは大切な部分である．二つの部分に分ける．
①高音部（高域）調整（トレブル）
②低音部（低域）調整（バス）
また回路的にはCR形，NF（負帰還）形が多い．
☞ハイファイ

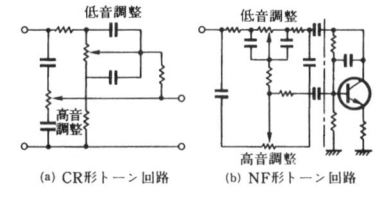

(a) CR形トーン回路
(b) NF形トーン回路

音質調節（おんしつちょうせつ）
tone control
音質をほどよく整えること．トーン・コントロールともいう．スピーカから出る音は，大きいときに比べて小さいときは，低い音（低音または低域）が不足する．これは耳の感度が，音量が小さいとき低音に対して低下するためである．したがって，音量に応じてスピーカの周波数特性を調節する必要がある．
☞トーン・コントロール

音質調節器（おんしつちょうせつき）
tone controller →音質調整回路

音場（おんじょう） sound field
音波の存在する空間のこと．（JIS・音響用語・一般）

音声（おんせい） voice
人の声のこと．母音，子音の別がある．周波数帯は，男子で100～700Hz位で，女子や子供はそれより高めである．

音声応答（おんせいおうとう）
audio response
コンピュータが人間の声を理解し人間の声を発音できれば，音声で対話できる．これを音声応答といい，音声認識と音声合成が必要となる．音声合成は，必要に応じて特定の言葉をいくつか発音するICを使う．音声認識は話す人を限定した音声認識用LSIがあり，処理時間は0.3秒位である．
☞音声合成，音声認識

音声応答システム（おんせいおうとう——） audio response system
人間がコンピュータに音声で命令し，コンピュータが音声で応答し動作するシステムのこと．銀行の音声応答サービスはこの例である．

音声回路（おんせいかいろ）
sound circuit
音声信号の回路．たとえばテレビ受像機で映像検波後に，映像と音声を分離するが，その後の音声中間周波増幅回路，音声検波回路，音声増幅回路（低周波電圧増幅回路，低周波電力増幅回路）などを，音声回路・音声信号回路という．
☞映像検波器

音声検波回路（おんせいけんぱかいろ）
sound detection circuit
テレビの音声（FM）の検波回路のこと．ラジオの検波回路はAM検波回路であり，これも音声検波回路であるが，ラジオの場合には音声を省略する．
☞周波数弁別器・AM検波

音声合成（おんせいごうせい）
speech synthesis
人工的に音声（案内・説明・警報）を発すること．音声データの記録・データから音声の合成・両者の制御を一つのICで行う．音声データは発音したい言葉を記録分析して得る方法が行われているが，言語法則に基づいて作る方法も研究されている．音声の合成に

おんせ

は，音道モデル合成形（PARCORアルゴリズム：NTT）が広く使われているが，波形合成形も研究されている．音声合成の実例には，音声で時を知らせる時計・金額を確認するレジスタ（金銭登録機）・押しボタン式電話機・コンピュータの情報サービスがある．

音声周波数（おんせいしゅうはすう）
voice frequency
→オーディオ周波数

音声周波増幅器（おんせいしゅうはぞうふくき）voice frequency amplifier
音声周波（数）の信号電圧・電流の増幅器のこと．可聴（オーディオ）周波増幅器とか，オーディオアンプリファイヤ，オーディオアンプと略称する．
☞可聴周波増幅器

音声周波電圧（おんせいしゅうはでんあつ）voice frequency voltage
音声（オーディオ）周波数の電圧のこと．可聴周波電圧とかオーディオ周波電圧ともいう．

音声信号（おんせいしんごう）
sound signal
テレビの映像(絵)信号に対する音(音)信号のことで，音声の電気信号である．テレビの音声信号はFMで，最大周波数偏移は±25kHz，75μSの時定数のエンファシスを行う．
☞映像信号

音声信号回路（おんせいしんごうかいろ）
sound signal circuit →音声回路

音声信号増幅器（おんせいしんごうぞうふくき）voice signal amplifier
音声信号の増幅器のこと．低周波増幅器，音声増幅器，オーディオ周波増幅器ともいう．
→オーディオ周波増幅器

音声増幅器（おんせいぞうふくき）
audio amplifier, voice amplifier
→音声信号増幅器

音声多重方式（おんせいたじゅうほうしき）sound multiplex system

一つの搬送波に多くの音声チャネルをのせて，送ったり受けたりする方式のこと．たとえばテレビで外国語と日本語を同時に放送し，どちらか片方または両方を受ける方式で，FM放送のステレオもこの方式である．
☞FMステレオ放送

音声多重放送（おんせいたじゅうほうそう）voice multiplxed broadcasting
1．超短波音声多重放送．超短波(FM)放送の電波に重ねて，音声その他の音響を送る放送（電波法）．FMステレオ放送はこの例である．38kHzの副搬送波を，差信号（L−R）で平衡変調して，和信号（L+R）を加えたのち，4.2MHzの主搬送波をFMして送信する．

2．テレビジョン音声多重放送．テレビ放送の電波に重ねて音声その他の音響を送る放送（電波法）．ステレオ放送や2か国語（バイリンガル）放送がこの例である．31.468kHzの副搬送波を音声（副チャネル）信号でFMし，主チャネル信号と合わせて，4.2MHz搬送波をFMして送信する．
☞地上波ディジタル・テレビジョン放送

音声中間周波数
（おんせいちゅうかんしゅうはすう）
sound intermediate frequency
テレビの音声信号に対する中間周波数のこと．第1中間周波数は，22.25MHzまたは54.25MHzであるが，多くは映像搬送波と音声搬送波の差4.5MHz（第2中間周波数）を使う．
☞映像搬送波

音声中間周波増幅器（おんせいちゅうかんしゅうはぞうふくき）sound intermediate frequency amplifier
FM受信機やテレビではテレビ受像機の音声中間周波数の増幅回路．映像中間周波増幅器の最終段（映像検波の直前）より4.5MHzの音声中間周波数を取り出して増幅するFM増幅器で．帯域幅は余裕をみて±100kHz位である．

☞ **FM受信機**

音声トラップ（おんせい——）
sound trap

インタキャリア方式のテレビ受像機では，音声搬送波と色副搬送波の差920 kHzのビートを除くため，映像中間周波増幅回路で，音声搬送波を50dB位低くおさえる．このように音声信号を取り除いたり，低くおさえるために回路につなぐ共振回路を音声トラップという．☞ **インタキャリア方式**

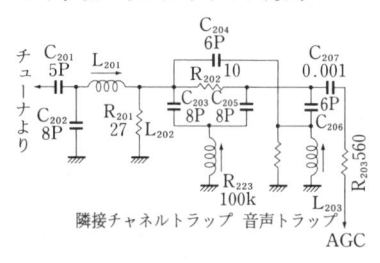

隣接チャネルトラップ　音声トラップ

音声認識（おんせいにんしき）
speech recognition

コンピュータに人間の音声を認識させる技術．500語以上を認識する音声認識用LSIがあり電源スイッチの接・断操作や音声調節，テレビチャネルの切換えなどができる．認識処理時間は約0.3秒位で，特定登録者の音声を認識する．

☞ **LSI**

音声搬送波（おんせいはんそうは）
sound carrier

テレビの音声信号用の搬送波で映像搬送波より4.5MHz高い．たとえば，第1チャネル（VHF）の周波数帯は90〜96MHzで，映像搬送波は91.25MHz，音声搬送波は95.75MHzである．

☞ **映像搬送波**

音声搬送波信号（おんせいはんそうはしんごう）
sound carrier signal

音声信号で変調された搬送波（被変調波）のこと．音声搬送波ともいう．

☞ **被変調波**

オンデマンド　on demand
→ オンデマンドサービス

オンデマンドサービス
on demand service

オンデマンドと略していう．利用者（ユーザ）の求め（リクエスト）に応じて実行するサービスのこと．たとえばインターネットやCATVでは，映画のリクエスト番組VOD（ビデオオンデマンド）がある．視聴者の自由選択・即時性・双方向性を備えた次世代情報サービスである．このほかニュースオンデマンドNOD・ミュージックオンデマンド・マルチメディアオンデマンドMOD・オーディオオンデマンドAODがある．☞ **VOD**

温度計（おんどけい）　thermometer

温度の測定は，それぞれの温度範囲にふさわしい温度計によって測られる．図は各種の温度計とその使用温度範囲の目安である．

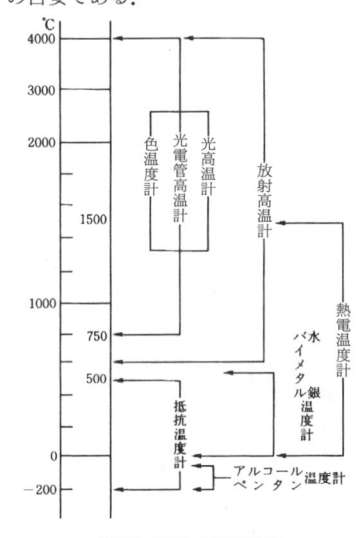

温度計の種類および測温範囲

おんと

温度係数 (おんどけいすう)
temperature coefficient
温度の変化により抵抗器の抵抗値や誘電体の誘電率がどのくらい変わるかの割合を示す．温度が上昇するとき，抵抗や誘電率が増えれば正の温度係数，減るならば負の温度係数という．

温度センサ (おんど——)
temperature sensor
温度の変化を検知する電子部品．さまざまな素子の種類がある．代表的な素子がNTCサーミスタである．温度が上昇すると抵抗値が連続的に減少するものである．NTCサーミスタは通常0～300℃（一部では最高500℃対応の製品もある）の温度範囲で抵抗値が変化することから，マイコンと組み合わせて使うことで温度センサや温度補償用として用途が広がっている．

☞NTCサーミスタ

温度ヒューズ (おんど——)
thermal fuse
周囲の温度が規定値を超すと，溶けて切れる．材料には低融点金属（鉛Pb, ビスマスBi, すずSn, カドミウムCd, インジウムIn）の合金が使われ，170℃（紺），150℃（黄），130℃（緑），120℃（赤），110℃（青）用がある．

音波 (おんぱ)
sound wave, acoustic wave
固体・液体・気体の中に発生した振動が伝わる疎密波のこと．伝わる速さは，大気中で約340(m/S)，水中で約1,500(m/S)である．この音波が耳に感じたとき音となる．

☞疎密波

音片振動子 (おんぺんしんどうし)
tuning bar vibrator
長方形をした板状の振動片で，音叉と同じように，その寸法で決まる単一の低周波の正弦波を発生する．

オンライン **on-line**
コンピュータ用語で，直結ともいう．日常生活の中でも銀行業務や列車・劇場の座席予約，宿泊施設の予約などで実施されている．
1. データを送り込む途中（転送過程）で，人の手をわずらわすことがない（介入を必要としない）状態．
2. CPUをいつでも操作できる（直接制御下にある）状態．以上の状態に保つには，端末機器と中央演算処理装置を，通信回線で直結しておく必要がある．このことを実時間処理方式，即時処理方式またはオンライン・リアルタイム方式，オンライン・システム，またはオンライン・リアルタイム・システムという．大形のコンピュータほど，同時に多数の端末機器の入・出力を処理できる．

☞CPU

オンラインゲーム **online game**
インターネットを介して，複数の人が同時に参加して行われるコンピュータゲーム．ネットゲームともいわれる．サーバ上に数百人から数千人というプレーヤが参加する大規模なロールプレイングゲーム（MMORGP＝Massively Multiplayer Online Role Playing Game）は，恒常的に仮想世界を維持する必要があるため，一つのネットワークサービスともいえる．

☞インターネット

オンライン広告 (——こうこく)
on advertising
インターネット広告とも呼ばれる．インターネット広告は1994年10月のホットワイヤード創刊時に，10社以上のバナー広告が掲載されたのが始まりとされている．従来の印刷や放送による広告とは違った考えのため，インターネット広告の概念や広告取引の標準化が必要．このため1996年にマイクロソフトやインフォシークが立ち上げたIAB (Interactive Advertising Bureau)が規格づくりに努めている．

オンラインサインアップ
online sign up

パソコン通信やインターネット回線接続のサービス会社に入会するとき，パソコンやワープロ・モデム・電話回線を使いネットワークに直接アクセスして契約手続きをすること．書類の郵送時間や費用が節約でき手続きも簡単である．（インターネット接続ウィザードでプロバイダへの入会・インターネット設定を同時に行えるがクレジットカードが必要である）☞プロバイダ

オンライン・システム　on-line system
→オンライン

オンラインショッピング
online shopping

自宅にいながらパソコン通信やインターネットWebページで世界中の商品の注文や購入を行うこと．カード決済が多い．☞オンライン

オンライン処理（――しょり）
on-line processing

実時間処理・リアルタイム処理方式ともいい，オンラインと略称する．
→実時間処理

オンラインソフト　online software

パソコン通信やインターネットでダウンロード（ファイルコピー）して手に入れるソフトウェアのこと．①無料で使えるソフト→フリーウェア．②料金が必要なソフト→シェアウェアがある．ダウンロードしたファイルは送受信時間短縮のため圧縮してあり，解凍ソフト（アプリケーション）で元にもどす．解凍ソフトもインターネットから入手できる．☞ダウンロード

オンライン・データ処理（――しょり）
on-line data processing

実時間処理・リアルタイム処理・オンライン処理ともいい，オンラインと略称する．☞オンライン

オンライン・リアルタイム
on-line real time →オンライン

オンライン・リアルタイム・システム
on-line realtime system
→オンライン

音量（おんりょう）　volume
各種の音響機器やテレビ，ラジオなどの音の大きさ，量のこと．ボリュームという英語が日本語化している．

音量計（おんりょうけい）
volume unit indicator →VU計

音量調整回路（おんりょうちょうせいかいろ）　volume control circuit
音量，つまりスピーカから出る音の大きさを調整する回路で，二つに大別する．①高周波回路で行う方法　②低周波回路で行う方法．
人間がつまみなどを回して行う手動式と，回路で自動的に行わせる自動式がある．これによって受信電波の強弱を加減したりフェージング・ひずみ・雑音などを減らすことができる．
☞フェージング

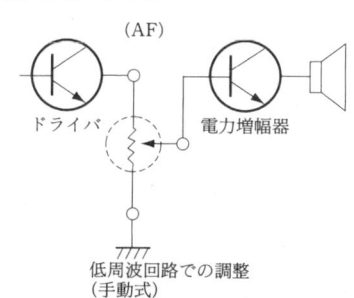

音量調整回路例

音量調節（おんりょうちょうせつ）
volume control

ラジオ，テレビ，ステレオなどの音量，つまりスピーカから出る音の大きさを加減すること．

音量調節回路（おんりょうちょうせつかいろ）　volume control circuit
→音量調整回路

海外放送（かいがいほうそう）
overseas broadcasting
国際放送ともいい，外国での受信が目的で行う放送のこと．各国が行っており，日本ではNHKが1935年に開始した．第二次大戦で中断したが，戦後復活し，現在は20数か国に向け，7〜22MHzの短波を使い，1日24回，ニュースなどを各国語・英語で放送する．

海岸局（かいがんきょく） **coast station**
海岸にある無線局で，主に船の無線局（船舶局）と通信を行う陸上局のこと．

海岸線効果（かいがんせんこうか）
coast line effect
電波が陸の上を伝わるときと，海の上を伝わるときでは，伝わる速さが異なり，海上を伝わるほうが速く，減衰も少ない．電波が海から陸へ，または陸から海へ伝わるとき，境界の海岸線で屈折する．この現象を海岸線効果という．このため海岸線誤差を生じる．
☞海岸線誤差

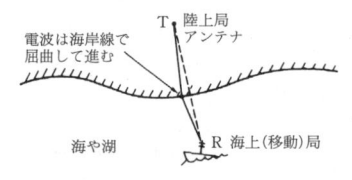

電波は海岸線で屈曲して進む　T 陸上局アンテナ
海や湖　R 海上（移動）局

海岸線誤差（かいがんせんごさ）
coast line error
電波を用いて方向を測るとき，海岸線効果のために生じる誤差のこと．数度〜十数度にもなる．☞海岸線効果

海岸地球局（かいがんちきゅうきょく）
coast earth station
電気通信を行うために陸上に開設した無線局で，人工衛星局の中継により，船舶地球局と無線通信を行うもの．（電波法第63条）
☞無線局

開口アンテナ（かいこう——）
aperture antenna
開口面アンテナともいう．電磁ラッパ・パラボラアンテナ・レンズアンテナなどのように，大気中に口を開いた形の面から電波を放射し，送信したり受信したりするアンテナのこと．

開口面アンテナ（かいこうめん——）
aperture antenna
→開口アンテナ

界磁（かいじ） **field**
界磁鉄心と界磁巻線を合わせたものをさし，モータ・発電機の電機子（回転子）に磁束を与える部分である．
☞界磁鉄心

がいし（碍子） **insulator**
アンテナ線を支柱と結ぶとき，高圧伝送線を鉄塔で支えるときなどに用いる絶縁物．材質はやきもの（陶磁器）やテレックス（ガラス）またはエボナイトなどが多い．形は目的別に長幹形・耐霧形などがある．

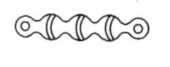

波形　　卵形

海事衛星（かいじえいせい）
maritime satellite
航行中の船舶相互間・船舶と海岸局の通信のため，太平洋・大西洋・インド洋上に打ち上げたインマルサット静止衛星のこと．1982年から全世界の海（南北両極を除く）をサービスエリアにして運用している．
☞インマルサット

海事衛星通信システム（かいじえいせいつうしん——）maritime satellite communication system

海事衛星インマルサットを使い，1982年から運用（1976年からのマリサット衛星より引継ぎ）．インマルサット（国際海事衛星機構＝現国際移動通信衛星機構）は太平洋・インド洋・大西洋上に衛星を打ち上げ，全世界の海の船舶相互間・船舶と海岸局間の通信サービスを行っている．日本もインマルサットに加わり，KDD（現KDDI）が茨城衛星通信所（太平洋上）と山口衛星通信所（インド洋上）に，海岸地球局を設置し運営している．なお，船舶通信は従来の短波通信も使用する．

界磁鉄心（かいじてっしん）field core

フィールドコアともいう．モータや発電機で，磁束を発生するため鉄心にコイルを巻く，直流機では磁束が変動しないから，成層鉄心にする必要がないが，製作の便利さから薄い鋼板を打ち抜き，何枚か重ねて，交流と同様に作る．

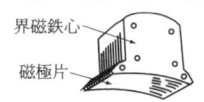

界磁電流（かいじでんりゅう）field current

フィールド電流ともいう．界磁巻線に流す電流のこと．これによって界磁の磁束を作る．界磁抵抗器を加減して，界磁電流を調整し磁束を変化する．
☞界磁巻線

界磁巻線（かいじまきせん）field winding

フィールドコイルとか，界磁コイルとかいう．モータや発電機で磁界を作るためのコイルで，界磁鉄心に巻く．

海上電波航法（かいじょうでんぱこうほう）maritime radio navigation

船舶の海上での位置を正確に知るため，電波による航行援助システムを使う．電波は気象の影響も小さく短波帯より周波数の低い（波長の長い）電波は見通し距離を越えて広く伝わり広範囲に利用できる．航行援助システムは利用海域により異なり，国際的には遠距離・沿岸・港湾に3大別している（下表参照）．

回折限界（かいせつげんかい）diffraction limited

光学系の解像力はレンズの収差，光の

項目＼海域	利用システム	利用周波数	測位精度
遠距離	オメガ	10kHz〜14kHz帯	約1海里
	衛星航法（1）	150MHz・400MHz帯	約50m
沿岸	中波無線標識	285kHz〜325kHz	——
	デッカ（2）	70kHz〜130kHz	約50m
	ロランA	1750・1850・1900・1950kHz	約0.5海里
	ロランC	100kHz	1/4海里
	トーキングビーコン	9310MHz	——
	レーダビーコン	9340〜9470MHz	——
港湾	港湾レーダ	5・14・32GHz帯	20m
	コースビーコン	9310MHz	——

K(キロ) 10^3
M(メガ) 10^6
G(ギガ) 10^9
Hz(ヘルツ) 周波数の単位

(1) NNSS／GPS
(2) 無線標識

1海里：1852m(緯度1分の長さ)

かいせ

回折により制限される．そして光が波の性質をもっていることによって生じる回折（かいせつ；diffraction）と呼ばれる現象のため，収差のない光学系を用いても解像度には限界がある．収差が光の波長に比べて十分小さいとき，解像力は波長とレンズの開口数により決まる．この時の解像力を回折限界と呼ぶ．

回折波（かいせつは） **diffracted wave**
送信アンテナTから発射される電波は地表を伝わっていく地表波と，上空に向かう空間波に大別できる．地表波の一部は地表で反射され，その他はそのまま直進する．Tの可視距離（見通し距離）より遠くにある受信アンテナRにも電波の一部が到達するが，これは直進する地表波の一部が地表に従って曲げられて進行するためと考えられ，これを回折波と呼ぶ．伝わる道すじの途中に山や山脈があると，電界強度が強まることがあり山岳回折と呼ばれる．音の場合にもこのような現象がある．

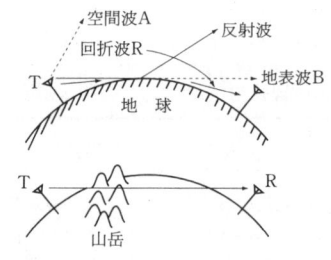

☞山岳回折

回線（かいせん） **circuit, line**
相手に電気信号を送ったり，相手側から電気信号を受け入れたりするための，往復の電送線路のこと．有線通信では，単線式，2線式，4線式，同軸ケーブルなどがある．無線通信では，一定の周波数帯（バンド）が定められている．

回線交換方式（かいせんこうかんほうしき） **line switching system**
NTTが1979年頃から始めたデータネットワークサービスで，ディジタル伝送路を使い，時分割多重方式で行う，高速・高品質のデータ通信．通信のたびに回線を設定し，利用効率も高く経済的である．

☞時分割多重方式

回線網（かいせんもう） **network**
回線の集まりのことで，次の三つが代表的なものである．①星状回線網．集中点で交換・中継を行う．②網状回線網．直通回線で結び合う．③星状・網状の両回線を複合した複合回線網．

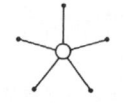

星状回線網　　　網状回線網

階層構造（かいそうこうぞう）
hierarchic structure, layerd structure
ツリー構造とか樹木構造ともいい，樹木を逆さにしたような構造で，多くの対象を階段的階層的に分類する構造のこと．情報処理では，多類のファイルの整理・管理・検索に便利である．

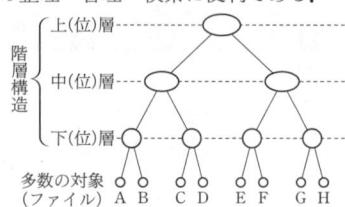

階層ディレクトリ（かいそう――）
layerd directry
階層とは何段にも積み重ねることで，ディレクトリは住所名簿のことであるが，情報処理ではフロッピディスクFDやハードディスクHDに納めたファイルの管理情報を記憶したもの．これ

により多数のファイルの体系的な整理・管理・検索が便利になる.
☞階層構造

解像度 (かいぞうど) resolution

テレビ受像機の画面が, どのくらい細かい部分まで再現しているかを示す尺度. 一般にテストパターン(チャート)を使い, 垂直方向の解像度は, 横線（くさび）の数で示す. 水平方向の解像度は, 縦線の数で示す. 画面の周辺部は, 四隅にある円内のくさびで判定する. 水平方向で中心部が500本以上, 周辺部350本以上が送信側（カメラ）で; 受信側では, 水平解像度330本位である（標準方式の場合）.

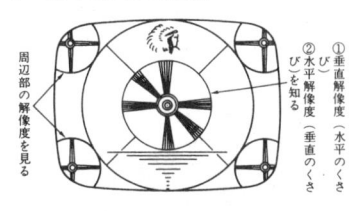

階段波 (かいだんは) step form wave

階段を側面から見た形と似た波形のこと. 1階段波, 多階段波, 繰返し階段波がある. 半導体など素子の特性試験や直視装置, テレビ受信管の明るさなどの試験や時分割通信, パルス分周など多くの方面で利用している.
☞パルス

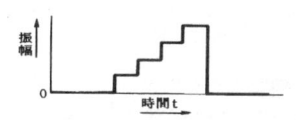

階調 (かいちょう)
tone gradation, tone reproduction

テレビや写真の画面で, 明るい部分と暗い部分の比較や成り立ちのこと. ブラウン管の画面の明るい部分から, 順々に暗い部分に移り変わるときの調子の変化のことである. ブラウン管に階段波を加えると, 階段の数に応じて, 縦方向に黒から白に順に変わる帯ができる. このときの明るさの変化を求めれば, 階調が調べられる.
☞階段波

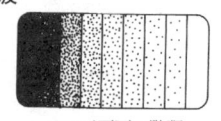

テレビ画面の階調

海底ケーブル (かいてい——) marine cable

海底に敷いた通信用や電力用のケーブルのこと. 線径や本数により, 浅海用, 中海用, 深海用に分かれる. 深海用は水深400m以上で使われる. 図は海底ケーブルの一例.

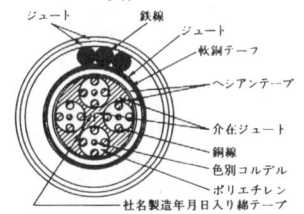

回転計 (かいてんけい)
tachometer, speed meter

回転の速さ, または毎分の回転数rpmを測る計器. アナログ式とディジタル式がある. アナログ式は, 小形発電機の回転軸を, 測定する回転体で回し, その出力電圧を回転数として読み取る. ディジタル式は, 回転数に比例したパルスを発生させ, このパルスを数えて回転数を知る方式である. また, ストロボスコープによる方式もある. この方式は直接回転体に触れず, 広い範囲の回転数を精密に測定できる.
☞ストロボスコープ

回転子 (かいてんし) rotor

モータや発電機の回転する部分のこと. ロータともいう. 図は, インダクション・モータのかご形回転子である.

☞ インダクション・モータ

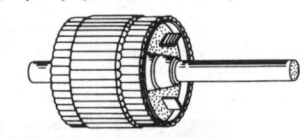

回転磁界 (かいてんじかい) revolving magnetic field

回転する磁界のことで，二つの方法がある．

①三相交流による方法：A, B, C 3個のコイルを，120°ずつ位置をずらして配置し，三相交流を流す．

②二相交流による方法：A, B 2個のコイルを，90°位置をずらして，二相交流を流す．

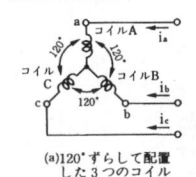

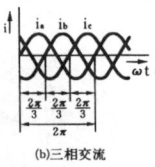

(a)120°ずらして配置した3つのコイル
(b)三相交流

回転子鉄心 (かいてんしてっしん) rotor core

モータ・発電機の回転子の鉄心のこと．厚さ0.35～0.5mm位のシリコン鋼板を，図のような形に打ち抜き，適当な厚さに積み重ね，中央に回転軸，周囲の小穴には巻線用のコイルを巻く．

☞ 回転子

回転子巻線 (かいてんしまきせん) rotor winding

モータ，発電機の回転子鉄心に巻くコイルのこと．

☞ 回転子鉄心

回転スイッチ (かいてん——) rotary switch → ロータリ・スイッチ

回転トルク (かいてん——) torque

エンジンやモータなどの回転軸に生ずる回転力のこと．

解凍 (かいとう) depression

情報処理用語で，展開とか復元ともいう．多量のデータを圧縮したものや複数のファイルを圧縮した，アーカイバル・ファイルを分解して元のデータやファイルに戻すこと．ファイル名を入力して自動的にファイルを取り出せる自己解凍ファイルや，ファイルをクリックするだけでデータを元に戻す自己解凍ソフトもあるが，一般には各圧縮形式に対応する解凍ソフトが必要である．解凍するとサイズも数倍になり保存スペースを用意する必要がある．

☞ アーカイバル・ファイル

解読器 (かいどくき) decoder
→ デコーダ

外部記憶装置 (がいぶきおくそうち) external memory

外部メモリとか，外部ストレージともいう．中央演算処理装置が，入出力チャネルを通してデータを書き込んだり，読み出しできる記憶装置で，次のものがある．磁気テープ，磁気ディスク，磁気ドラムなど．またパソコンでは，カセットテープ，フロッピーディスクや，入出力機器を通しての紙カード，紙テープ，磁気カードなどがある．

☞ CD-R, DVD, MO

外部光電効果 (がいぶこうでんこうか) external photoelectric effect
→ 光電効果

外部雑音 (がいぶざつおん) external noise → 外来雑音

外部同期 (がいぶどうき) external synchronization, external triggering

オシロスコープで同期用信号を外部から与えるための切換え，または同期信号用端子，または外部から加える同期用の信号のこと．外部同期信号入力または外部トリガ入力 (external trigger

input)で同期をとること．
☞同期，トリガ

外部補助記憶装置（がいぶほじょきおくそうち）
external auxiliary storage
コンピュータの主記憶装置を補助するための外部接続用記憶装置のこと．動作の高速性よりも，記憶容量の大きいものが外部に用意される．
☞外部記憶装置

外部メモリ（がいぶ——）
external memory
→外部記憶装置

開閉器（かいへいき）**switch**
→スイッチ

外来雑音（がいらいざつおん）
external noise
受信機（セット）の出力において発生する雑音は次の二つになる．
①内部雑音（セット自体で発生する）
②外来雑音（外部から入ってくる）
内部雑音はセット自身が発生したもので抵抗，静電容量，ダイオード，トランジスタ，抵抗器，蓄電器，付近からの誘導などが原因だが，外来雑音は外部から信号に混じって，回路に入ってきたもので，蛍光灯雑音や自動車のエンジン点火プラグの火花が原因だったり，電気バリカンや電気カミソリなど小形モータが原因の場合がある．近くにネオンサインのあるときや高圧送電線のあるときにも，発生する場合がある．その他電車のパンタグラフの火花や，雷も原因となる．また高周波の医療器が原因となることもある．
☞サージ

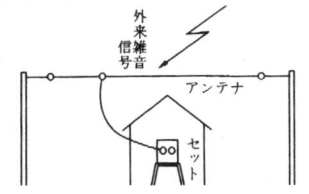

外乱（がいらん）**disturbance**
自動制御系の状態を乱すような外部的な原因（外的作用）のこと．電源電圧の変動，負荷の変動，周囲温度の変化などが主因である．
☞負荷

回路（かいろ）**circuit**
電気回路またはエレクトリックサーキットまたは略して単にサーキットともいう．電気の流れる路すじ，とおり路のこと．
→サーキット

回路計（かいろけい）**circuit tester**
→テスタ

回路試験器（かいろしけんき）
circuit tester
→テスタ

回路図（かいろず）**circuit diagram**
電子・電気回路，回路素子の接続を示す図．JIS規格による図記号(シンボル)で書かれ，回路の構成・接続がわかる．結線図とか，配線図・接続図ともいう．
☞回路素子

回路素子（かいろそし）**circuit element**
単にエレメントとか，素子ともいう．部品とかパーツとも呼ばれる．抵抗・コンデンサ・コイル・トランジスタ・ダイオードなどのこと．

回路定数（かいろていすう）
circit constant
回路につながれた素子の数値のこと．集中定数回路では，抵抗値・容量値，インダクタンスのこと．アンテナ・同軸ケーブル・レッヘル線などの分布定数回路では1mごとの抵抗・インダクタンス，容量・コンダクタンスなどのこと．回路の電気的特性を定める．
☞素子

回路のよさ（かいろ——）
quality of circuit
共振回路のよさ，またはQ，回路のQともいう．fを周波数Lをコイル，Cを容量，Rを抵抗とし，

$$Q = 2\pi f \frac{その回路に蓄えられる\ エネルギの最大値}{その回路で消費される\ 1秒当たりのエネルギ}$$

L, C, Rの共振回路では, 次式になる.

$$Q = \frac{2\pi f_0 L}{R} = \frac{1}{2\pi f_0 CR} = \frac{1}{R}\sqrt{\frac{L}{C}}$$

また, 共振曲線から, 次式で計算する.

$$Q = \frac{f_0}{f_2 - f_1} \quad (f_2 > f_1)$$

ここで f_0 は共振周波数, $f_2 \cdot f_1$ は, f_0のときの回路電流 I_0 の0.7倍に回路電流が下がったときの周波数である. Qが大きいほど, 曲線は鋭くとがってくる.

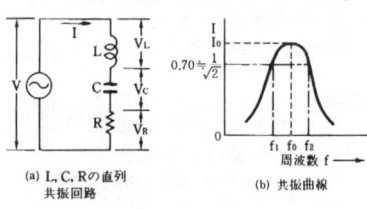

(a) L, C, Rの直列共振回路
(b) 共振曲線

回路網 (かいろもう) network
抵抗R, 静電容量C, インダクタンスLなどが組み合わされた電気回路. 電源を含む場合を能動回路網, 電源を含まないときは受動回路網と区別することがある.
☞静電容量

会話形言語 (かいわがたげんご) conversational language
コンピュータの端末機器から, 利用者がコンピュータと情報を交換したり命令を出したり, 対話をしながら処理を進めていく方式のプログラミング言語で, ベーシック (BASIC) やAPLなどがこの例である. ☞BASIC

ガウス Gause
1. 独の物理・数学・天文学者で磁気学に貢献した.
2. 磁束密度の単位[G]であったが, 現在はテスラ[T]になった.
☞磁束密度

カウンタ counter
1. カウントする機器, つまり計数器のこと. アナログ信号を, ディジタル信号 (パルス) に変え, その数を数えて, 周波数計や電圧計にしたり, 時計に応用したりする. またコンピュータでは, レジスタの一種である. 入力信号を受けるたびに内容が1ずつ増えるか, 減るように作られている.
☞パルス

カウンタポイズ counterpoise
土地が乾燥している地域や, 固い岩石などの場合, 良好なアースを得るのは困難である. そこで地上2～3mの高さに数本の電線を大地と平行に張り, これらの線と大地との間の容量を通して高周波的に接地する. 電線の代わりに金属網を地面に敷き, 長中波アンテナのアースに使うこともある.

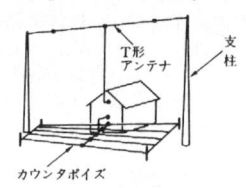

カー・エレクトロニクス
car electronics
自動車に関する電子工学 (技術) のこと. ①安全性の向上. 急ブレーキをかけたときの車輪のロックを防ぎ制動距離を縮めるアンチロック装置・エアバック・音声警告装置. ②省エネ・排ガス対策. 電子制御燃料噴射装置. ③乗り心地の向上. サスペンションの自動制御. ④電子チューナの自動同調・ステレオアンプ・MD・CD・テープ・エアコンディショナーやエアクリーナの利用. ⑤誘導・案内サービス. 電子ナビゲーション(自動車慣性性航法装置:道路や交通状況の案内)や駐車場・ホテル・デパートの案内などがある.
☞電子工学

顔マーク (かお――) face mark

スマイリーフェース・顔文字ともいう．パソコン通信では相手の顔が見えないので，文章にそのときの表情を添えるために使う．笑顔（^_^），苦笑（^_^;），うれしい（^o^），大笑い（^O^）．

顔文字 (かおもじ) face mark
→顔マーク

書込み (かきこ――) write

コンピュータ用語で，記憶媒体（メモリ）にデータを入れること（JIS）．この動作は，コンピュータの制御部からの書込み信号により実行される．

☞データの読出し

核 (かく) nucleus
→原子核

拡散 (かくさん) diffusion

ゲルマニウムまたはシリコンなどの結晶内の中心点近くに，何個かの電子を外部から注入すると，たとえ電圧を加えなくても，電子は徐々に不規則な運動をしながら四方八方に広がり散っていく．このように電子，ホール，金属などが結晶の中に散らばっていく現象を拡散という．

☞電子

拡散形ダイオード (かくさんがた――) diffusion-type diode

N形シリコン基板にP形ガスを拡散させて作ったダイオードのこと．小電流（10mA位）のスイッチング用・可変容量用・定電圧用から，大電流（1kAクラス）の整流用まで実用されている．合金形に比べ特性面（制御しやすさ）や量産性（ウェーハ単位の処理）に優れている．

①メサ形．N形シリコン基板の全表面にP形気体を当て拡散させてPN接合を作り，不要部分はエッチングによって削り取る．

②プレーナ形．N形基板の表面を酸化膜で覆い，必要部分のみP形蒸気を拡散させPN接合を作る．

☞エッチング

拡散形トランジスタ (かくさんがた――) diffusion-type transistor

拡散の技術を用いてベース層を作り，非常に薄くすることにより遮断周波数，つまり使用可能な上限周波数を高くしたトランジスタである．拡散形といっても，単独で用いられるのではなく，他の製法と併用されることが普通で，成長拡散形や合金拡散形などがこれにあたる．表にゲルマニウムとシリコンの各トランジスタの製法の分類を示す．☞トランジスタ

各種トランジスタの製法

製法＼タイプ	ゲルマニウムトランジスタ	シリコントランジスタ
合　金　形	PNP形が主流	PNP形
ドリフト形	PNP形	――
合金拡散形	PNP形	――
成　長　形	NPN形	――
成長拡散形	PNP形	NPN形
メサ形，エピタキシャルメサ形，三重拡散メサ形	PNPが主流	NPNが主流
プレーナ形，エピタキシャルプレーナ形，三重拡散プレーナ形	――	NPN形が主流
拡散接合形	――	NPN形

拡散接合形トランジスタ (かくさんせつごうがた――) diffused junction transistor

P形シリコン基板（ベース）の両面からN形不純物の蒸気を長時間当てて拡散させ，PNP形を作る（メサ形・プレーナ形）トランジスタを，拡散接合形または，両面拡散形ともいう．ベースの厚みは，蒸気の温度と拡散時間を調整して決める．特性は合金形に近く，遮断周波数は約2MHz位である．

☞遮断周波数

拡散電流 (かくさんでんりゅう) diffusion current

かくし

PN接合の順方向電流のこと．一般に半導体中のキャリアの濃度（密度）が異なるとき，平均するようにキャリアが移動する．この場合，電界（電圧）がなくても電流が流れる．このようなキャリアの拡散による電流を拡散電流という．☞電界

核磁気共鳴（かくじききょうめい）
nuclear magnetic resonance, NMR

1973年，核磁気共鳴を利用して断層像を撮影するNMRイメージングの原理が発表された．NMRイメージングはMRIともいい，生体の水素原子のちらばり具合（分布）を断層像として撮影し医療に活用する．撮影は2段階にわかれ，1．選択照射法による断面の選択．2．フーリェイメージング法による断層面の映像化である．選択照射法は静(止)磁界中に置いた原子核に，マイクロ波の特定周波数の高周波磁界を照射すると，共鳴してスライス面を選択する．フーリェイメージング法は計測された信号が，再生像の2次元フーリェ変換で示される．NMRイメージング法は機械的走査をせずに任意の方向の断層像が撮影でき，X線CTのような放射線の被爆(曝)も受けない．
☞NMRイメージング

学習機能（がくしゅうきのう）
learning function

ワープロやパソコンなどで使用した機能，字句などを，過去の使用順序や回数（頻度）などによって自動的に選んで決める機能（働き）のこと．
☞IME

角周波数（かくしゅうはすう）
angular frequency

交流の正弦波をベクトルで表す場合，ベクトルが1秒間に回転する角度を角速度といいω（オメガ）で表す．ωと正弦波の周波数fとは，次の関係がある．radはラジアン．

$$\omega = 2\pi f \quad [\text{rad/s}]$$

このωを，角周波数という．

拡声装置（かくせいそうち）
public address system

野外や広い建物内（劇場・ホール）で，大勢の人たちを対象に，音声や音楽を聞かせるとき，マイクロホンや増幅器，スピーカを使って拡大して伝える必要がある．このマイク（入力）・スピーカ（出力）・増幅器（アンプ）一式の装置を拡声装置という．大出力で，明瞭度も高くし，指向性にも配慮する．特に建物内では，壁・天井からの反響，スピーカの配置・個数，人の有無・人数などに応じて出力・音質などを調整できるようにしている．
☞スピーカ・システム

角速度（かくそくど） angular velocity
→角周波数

拡張カード（かくちょう——）
extended card →拡張ボード

拡張子（かくちょうし） extension

コンピュータのファイル名に続く（.）で区切って付ける部分で，ファイル名の一部分．種類・属性を区別するための英数字で，システムに予約されている場合以外は，利用者が決められる．

拡張スロット（かくちょう——）
extended slot

拡張ボードを差し込むためのスロット，差し込み口，差し込み受口のこと．

拡張ボード（かくちょう——）
extended board

現用コンピュータ(パソコン)の機能や性能を増加・拡大するために，予め用意されている拡張（増設）用スロットに，差し込んで使う差込み用ボードのこと．ボードはプリント基板で，その外形がボード（板）状・カード状のため，拡張カードとか増設ボードともいう．

拡張メモリ（かくちょう——）
expansion memory storage

コンピュータの内部メモリの容量を増やす(拡張する)ためのメモリのこと．

次のような方法で行う．
 1．メモリ容量の大きな同型のピン構造のものとソケットで差し替える．
 2．コンピュータ本体の内部にあるメモリ増設用ソケットに，同一規格のメモリを挿し込み，メモリを追加（増設）する．

確定（かくてい）**defined**
 コンピュータやワープロでカナ漢字変換を行う際，日本語に多い同音異義語の選択がある．漢字部分または漢字とカナ部分を決めること．

角度変調（かくどへんちょう）**angular modulation**
 搬送波の位相や周波数を，変調信号の振幅に応じて変化させる変調のこと．周波数変調（FM）と位相変調（PM）が，これに相当する．☞位相

角板形金属皮膜固定抵抗器（かくばんがたきんぞくひまくこていていこうき）**fixed metal film resistor plate type**
 角板状にセラミック基板上に真空蒸着法またはスパッタリング法によって形成した金属薄膜を抵抗体とし，同一方向にリード端子を引き出して保護外装を施した抵抗器．

価結合（かけつごう）**valency bond**
 原子は中心に核があり，その周囲を何個かの電子が一定の軌道上を，ぐるぐると回転している．内側の軌道を回る電子ほど，核との結びつきが強く，いちばん外側の軌道を回る電子は弱い．いま外部から大きなエネルギを与えると，いちばん外側の軌道を回る電子は核との結合を切りはずして自由になる．自由になった電子は，他の電子と結びつくこともあり，物質は異なった性質を表すようになる．このいちばん外側の電子の，核との結びつきを価結合という．☞原子

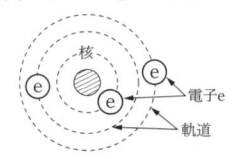

過結合（かけつごう）**overcoupling**
 →密結合

下限周波数（かげんしゅうはすう）**lower frequency**
 増幅器の周波数特性で，中央部の平らな部分の，70％（$1/\sqrt{2}$倍）になる点の周波数f_Lのこと．低域遮断周波数ということもある．

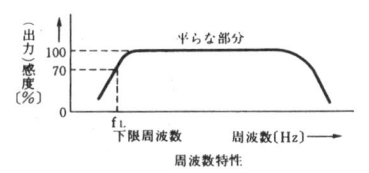

周波数特性

加減抵抗器（かげんていこうき）**rheostat**
 可変抵抗器のこと．レオスタットともいう．→可変抵抗器

カー効果（——こうか）**kerr effect**
 光磁気方式の信号再生方法．磁気記録された部分に再生パワーにしたレーザビームを照射すると，レーザビームは一種の電磁波であるので，磁性膜で反射すると，その偏向面が回転する．この現象がカー効果と呼ばれる．磁化が磁性膜に対して上向きになっていたときに偏向面が反射の際に$+\theta$回転したとすると，磁化が下向きの時には$-\theta$だけ回転する．反射したレーザ光を検光子により，光量の変化に変換する．ドライブでは，この光量変化を光検出器で電気信号に変換する．
 ☞レーザ

化合物半導体（かごうぶつはんどうたい）**compound semiconductor**
 金属の酸化物（亜酸化銅），硫化物（硫化カドミウム），テルル化物（ビスマステルル），セレン化物（ビスマスセ

レン）などの化合物も半導体の性質がある．このほか，元素周期律表の第III属と第V属との化合物，または第II属と第VI属との化合物（ガリウムひ素，インジウムりん，インジウムアンチモン）などがあり，金属間化合物半導体という．製法は単体の半導体（シリコン，ゲルマニウム）に比べてむずかしいが，優れた特徴があり，パラメトリックダイオード，エサキ・ダイオード，レーザダイオード，太陽電池に利用される．☞エサキ・ダイオード

かご形アンテナ（――がた――）
cage type antenna
数十本以上の電線を図のように配列したアンテナ．静電容量を増やし，中波では実効高を大きくし，短波では広帯域にしている．外形が鳥かごに似ていることからかご形と呼ばれる．

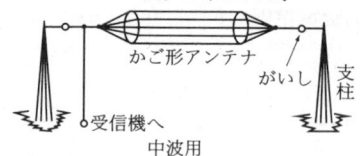

中波用

かさ形アンテナ（――がた――）
umbrella type antenna
垂直のアースアンテナの先端に，数本以上の電線をつなぎ，放射状に下方に傾けて配置したアンテナ．長波の送信用に使われた．外形がかさの骨組みに似ている．

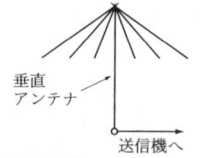

重ね合わせの理（かさ――あ――り）
principle of superposition
回路の中に多くの起電力を含む場合，各点の電圧や電流の大きさは，各起電力が，単独にある場合の，電圧や電流の和に等しい．たとえば図(a)の場合，図(b)，図(c)の各回路の電流を加えたものが，(a)の場合の電流となる．つまり
$I_1=I_a-I_A$, $I_2=-I_b+I_B$, $I_3=I_c+I_C$
となる．

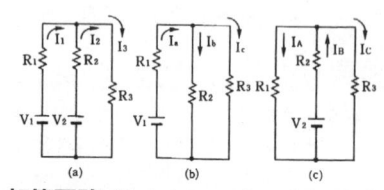

加算回路（かさんかいろ）
summing circuit
コンピュータにおける2進数の四則計算（和・差・積・商）は，論理回路を組み合わせ加算回路を使って行う．加算回路は次の二種に分けられる．①半加算器．2進数の1桁の加算を行う．②全加算器．2桁以上の加算を行い，桁上げもする．半加算器を二つ組み合わせて作る．☞加算器・半加算器

加算器（かさんき）adder
ディジタルコンピュータやアナログコンピュータに使う．ディジタルコンピュータでは演算（+，-，×，÷）装置の要素の一つで，半加算器と全加算器がある．アナログコンピュータではアナログ量の加算を行う．図はその一例である．$R_1=R_2=\cdots\cdots=R_n=R_f$で三角形は増幅器の記号．

☞全加算器

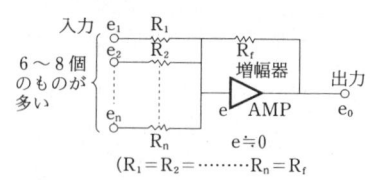

$(R_1=R_2=\cdots\cdots R_n=R_f)$

可視光（かしこう）
visible radiation, visible light
電波のうち，肉眼に光として感じられる波長の範囲のもので，可視光線とも

いう．個人差があるが，3,800～8,000〔Å〕（オングストローム）位である．波長の短いほうが紫，長いほうが赤と，波長により異なる色に見える．

可視光線（かしこうせん）visible rays
→可視光

過充電（かじゅうでん）overcharge
蓄電池の充電を規定以上にしたこと．蓄電池の容量や寿命を減らすことになるが，鉛蓄電池では，サルフェーション（硫化鉛：マイナスの鉛電極に付着する白い海綿状の物質）を除くため，充電完了後に小電流(定格の10％程度)で充電することがある．このような充電をオーバチャージまたは過充電という．

過剰雑音（かじょうざつおん）
excess noise
過剰電流雑音ともいう．トランジスタや接触抵抗，薄膜抵抗などに電流が流れたとき，低周波領域で雑音が多くなる．この雑音は周波数に逆比例し，電流の2乗に比例する．
☞接触抵抗

過剰電子（かじょうでんし）
excess electron
純粋なゲルマニウムGeは4個の価電子をもっているが，これより1個多い価電子をもった物質，たとえば，ひ素Asをごくわずか混ぜると電子は2個が一組になって結合するので，1個の電子があまり，どこからも結合力を受けぬため自由になり，わずかのエネルギ（電圧）で移動し，電流となる．このあまった電子を過剰電子という．
☞価電子

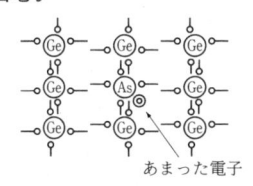

ガス入り電球（——い——でんきゅう）
gas filled lamp
電球の温度放射を有効に行うには，フィラメントの温度を上げればよい．温度を上げれば表面の蒸発が盛んになり細くなって断線する．寿命を延ばすため，球内を真空にして，窒素ガスを入れ蒸発を減らす．しかし，ガスは点火中フィラメントで加熱され対流となり管球や口金を加熱してガス損を生じる．これを減らすため熱伝導率の低いアルゴンを窒素に混ぜることもある．このような電球をガス入り電球という．ガス圧は常温で3/4気圧，点火中は1気圧位である．フィラメントはタングステン線を二重コイルにしてガス損を減らす．
☞アルゴン

カスコード・アンプ
cascode amplifier
縦続増幅器とか，カスコード増幅器，カスケードアンプとかいう．二つのトランジスタ回路，エミッタ接地T_{r1}とベース接地T_{r2}を図のように直列につないだ増幅回路．入力インピーダンスはT_{r1}回路で決まり（低い），出力インピーダンスはT_{r2}回路で決まる（高い）．T_{r1}の電流利得，T_{r2}の電圧利得の積で，全体の電力利得が得られる．高い周波数まで安定した増幅ができ，温度に対する特性（h_{FE}, I_{CBO}）の変化を小さくおさえることもできる．FMチューナなどに使う．
☞インピーダンス

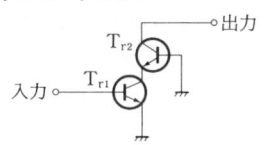

カスコード接続（——せつぞく）
cascode connection
→カスコード・アンプ

かすこ

カスコード増幅器 (——ぞうふくき)
cascode amplifier
→カスコード・アンプ

カスタマ customer
①カスタムICのこと．②カスタマエンジニアのこと．③カスタムLSIのこと．☞LSI

カスタマエンジニア
customer engineer
コンピュータや周辺装置，情報処理装置の保守を行う技術者のこと．

カスタムIC custom IC
大量に購入する客（カスタム）・利用者の仕様に合わせて作った専用の集積回路（IC）のこと．①フルカスタムIC．②セミカスタムICの2種がある．

カスタムLSI custom LSI
→カスタムIC

カー・ステレオ car stereo
車の中でステレオを楽しむためのステレオ装置のこと．前部と後部または側面に数個のスピーカを並べ，カセットテープ・CD・MD等のドライブをつなぐ．☞MD

カストマエンジニア customer engineer →カスタマエンジニア

ガス放電 (——ほうでん)
discharge in a gases
ガス（気体）の中で生ずる放電のこと．アーク放電・グロー放電・コロナ放電などがある．電気がガス分子をイオン化して気体中を通ること．（JIS・電子通信用語）☞放電

カセグレン・アンテナ
cassegrain antenna
図のように，パラボラアンテナA（主反射器）と焦点Fを共有するハイパラボラアンテナB（副反射器）を置く．Bのもう一つの焦点に電磁ラッパCを置く．送信のときは，電波はa－b－c－dと反射しながら前面に送り出される．受信のときは，その反対である．Bのため大形アンテナにしないと指向性がにぶる．KDD（現KDDI）が茨城衛星通信所で衛星通信の送受信に使っているのは直径27.5mの規模である．

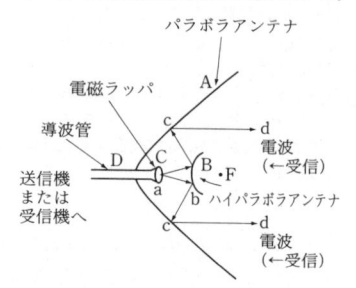

カセット・データ・レコーダ
cassette data recorder
パソコンで使う外部メモリの一種．アクセスタイムはフロッピーディスクより劣るが，メモリ容量が多く，ドライバのコストも低い．
☞メモリ

カセット・テープ cassette tape
テープレコーダ用磁気録音テープとして使うものは主として次の三つである．
①オープンリール型
②コンパクトカセット型
③エンドレスカートリッジ型
②は1950年代にアメリカRCA社で開発した，マガジンマチックテープシステムをもとに，フィリップス社がカセットテープレコーダとして発表し非常な早さで普及した．カセットと呼ばれるプラスチック製のケースに，送り出し用と巻き取り用のリールが入れてあり，テープはあらかじめ収容されていて，めんどうな操作は不要．そのうえ小形で携帯や保存に便利．本体との着脱もきわめて簡単で，瞬間的に行える．特性も良く，Hi-Fiも楽しめるため小形のテレコはオープンリール型に代わって多用される．テープ幅3.8mm，テープスピード4.75cm/sec，テープの厚みは35μmで，120分の録音再生ができ

る．またモノラル・ステレオの兼用になっている．③は8トラック方式が主流で，テープスピードは9.5cm/sec，厚みは35μmでステレオ用．テープの切れめがなくバックグラウンドミュージック（BGM）などにも使われる．

カセット・テープ・レコーダ
cassette tape recorder
カセットテープを使った，テープ・レコーダのこと．
☞カセット・テープ，テープ・レコーダ

画素 (がそ) picture element
テレビの画面や伝送写真（新聞写真）を拡大すると多数の点からなっている．この一つひとつの点を画素とか絵素（えそ）という．画面の最小単位である．JISでは，色または輝度を独立に割り当てることができる表示面の最小要素，と定義している．
☞輝度

画像 (がぞう) image
1．絵すがた，絵像．2．写真撮影や焼付けなどで感光剤・紙・スクリーンなどの上に作られた像．3．テレビの液晶・ブラウン管（受像管）の蛍光膜に映し出された像．

画像圧縮 (がぞうあっしゅく)
image compression
画像，特に動画はデータ量が膨大なため，これを減らす処理のこと．①可逆圧縮：復元時のビット単位が同じ．②非可逆圧縮：目に許される範囲で元の画像と同様に再生できるまで，データを抜き圧縮するが多過ぎると画は粗くなる．
☞JPEG

画像応答システム (がぞうおうとう——) video response system, VRS
NTTが1977年頃ごろから進めている会話形画像情報システムのこと．既存のケーブル（公衆回線）を利用し，4MHzの広帯域伝送路・テレビ受像機，専用キーボード（プッシュホン）の端末と中央情報処理装置・画像と音声ファイルを収めた画像センタなどで構成される．図形・文字・写真の静止画，動画，音声を利用者のニーズに応じてサービスする．内容は教養・趣味・生活・レジャーなどの情報の案内や検索，ゲームなどと幅広い．

画像機器 (がぞうきき) image apparatus
放送用テレビ・ITV（工業用テレビ）・コンピュータ・ビデオ・テレビ電話・レーダ・ソナー・超音波などの関係機器のこと．これらをさらに入力装置，出力装置（端末）などに分けることもできる．
☞超音波

画像処理 (がぞうしょり)
image processing
コンピュータの画像取扱いに伴う各種の処理のこと．圧縮・展開（伸長），色彩変換などがある．専用機グラフィックワークステーションもあるが，高性能化したパソコン処理が普及した．
☞圧縮

画像信号 (がぞうしんごう)
video signal, picture signal
テレビ，ファクシミリ，レーダなどの映像を表す電気信号のこと．映像信号ともいう．

画像入出力装置 (がぞうにゅうしゅつりょくそうち) image input-output unit
画像機器（画像情報の入力・出力用装置）のこと．
1．画像入力装置の例：テレビカメラ（撮像管）・ビデオテープレコーダ（VTR）・ビデオディスク・イメージスキャナ（文書イメージ入力装置）・画像読取り装置（カラー入力・X線写真の入力）
2．画像出力装置の例：VTR・ブラウン管・イメージプリンタ・イメージディスプレイ・液晶ディスプレイなど．

加速電圧 (かそくでんあつ)
accelerating voltage

かそく

ブラウン管などの加速電極に加える電圧．この電圧で電子やイオンのような荷電粒子を加速する．電子の場合は負の電荷をもつため，プラス（＋）の電圧で加速する．

加速電極 （かそくでんきょく）
accelerating electrode

ブラウン管や撮像管（イメージ・オルシコン）などの加速電極．これに電圧を加えて，電子やイオンを一定方向に加速する目的の電極．

☞イメージ・オルシコン，ブラウン管

下側波 （かそくは）
lower side frequency wave
→下側波帯

下側波帯 （かそくはたい）
lower side band

単一正弦波 f_m の低周波で，高周波 f_c を振幅変調すると，その被変調波成分は三つの周波数成分 f_c，f_c-f_m，f_c+f_m を含むようになる．この3成分のうち f_c-f_m 成分を下側波，f_c+f_m を上側波，f_c を搬送波という（図(a)）．変調波に単一正弦波ではなく，音楽や会話のような周波数の幅をもつ音声信号（図(b)）を使うと，上側波と下側波は変調波と同一の周波数成分をもつため帯のような広がりができる．これら二つの成分は搬送波をはさんで，上下に対称に発生し，すべて同一の内容をもっている（図(c)）．そして周波数の低いほうを下側波帯，高いほうを上側波帯と区別する．搬送波をキャリアという．

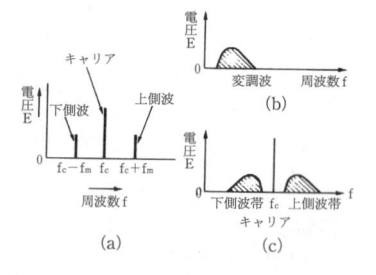

下側ヘテロダイン方式
（かそく――ほうしき）
lower side superheterodyne system

スーパヘテロダイン方式で，搬送波 V_C より中間周波数 f_I だけ低い方の周波数分 V_L を利用する．

☞スーパヘテロダイン方式

画素数 （がそすう）
the number of pixels

ディジタルカメラなどに内蔵された受光素子の数のこと．組み込んでいる受光素子の総数のことを総画素数，実際に機能して記録に使用される素子の数を有効画素数，また出力画像のピクセル数のことを撮影画素数という．ディジタルカメラは内蔵されたCCD（電荷結合素子）やCMOS（相補性金属酸化膜半導体）センサなどの受光素子が光を電気信号に変換して画像を記録する．しかし周辺部の素子にノイズが発生しやすいなどの事情から，すべての素子を使うわけではない．一般的には有効画素数は出力画像の画素数（撮影画素数）にほぼ一致するが，一つの素子が一つの画素出力に対応しないような製品もあるため，単純に適用することはできない．現在のディジタルカメラは500万〜900万画素クラスが多い．

☞ディジタルカメラ

カソード cathode

陰極とか負極とか㊀極とか呼ばれることがある．ダイオードなどで加える電圧が一般に低いほうの電極または電流の流れ出る電極．

☞ダイオード

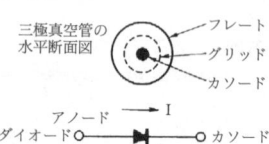

カーソル cursor

1．文字表示装置で，画面上の次に操

110

作される文字位置を表示する印（JIS）．
2．パソコンのディスプレイ上で，入力位置を示す点滅状態の小さな点（マーク）のこと．

カーソル移動キー（——いどう——）
cursor control key
カーソルをディスプレイの画面上で，上下左右に移動させるキー．移動方向の矢印がついているキー．

過大電流（かだいでんりゅう）
over current
あらかじめ決められている，つまり定格値よりも大きな電流のこと．たとえば，回路の一部が短絡したり，抵抗器の定数が間違っているときなどに，回路に流れる異常に大きな電流のこと．オーバカレントともいう．

可聴周波数（かちょうしゅうはすう）
audio frequency
人間の耳で聞くことができる音の周波数のことで，オーディオ周波数とも呼ぶ．個人差があるが十数Hzから十数kHz位の交流を，音として聞き取ることができる．聞き取れない低い周波数成分を超低周波，高い周波数を超音波といい，さらに高い周波数は高周波という．

☞周波数，超音波

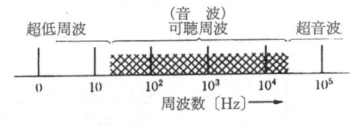

可聴周波増幅器（かちょうしゅうはぞうふくき）audio amplifier
オーディオアンプ，低周波増幅器，音声信号増幅器，音声増幅器などという．

可聴周波発振器（かちょうしゅうははっしんき）audio frequency oscillator
オーディオオシレータ，低周波発振器ともいう．☞オーディオ・オシレータ

カットオフ cut-off
1．三極管のグリッド電圧 V_g とプレート電流 I_p との特性で，I_p が 0 になる点の V_g のこと．カットオフ電圧ともいう．リモートカットオフとシャープカットオフの 2 特性がある．
2．遮断波長のこと（導波管）．
3．カットオフ周波数のこと．

カットオフ周波数（——しゅうはすう）
cut-off frequency
遮断周波数ともいう．1．トランジスタの電流増幅率 h_{fe} が高周波で低周波の値の70％に下がる（$-3dB$）周波数 f_c のこと．2．増幅器の周波数特性の平坦部(中域)の増幅度の70％になる上限と下限の周波数のこと．3．フィルタの減衰域と通過域の境の周波数のこと．4．導波管の遮断波長から，計算した周波数のこと．

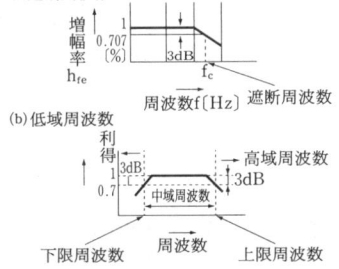

☞遮断波長

カットコア cut-core
電源トランスの鉄心で，シリコン鋼板の薄板を円筒形に巻き，必要な長さで輪切りにして，コイルに差し込む方法で使用するコアのこと．

☞コア

カットシートフィーダ
cut sheet feeder
コンピュータやワープロのプリンタに付ける給紙装置（シートフィーダ）のこと．カットシートとは一定のサイズにカットされた用紙（シート）のこと．つまり，定型用紙の給紙装置または単票自動給紙装置のこと．

カップリング cupling
バリコンなどの回転軸を別のダイヤルシャフトなどの回転軸につなぐ小物部品のこと. ☞バリコン

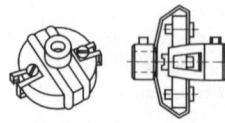

タイトカップリング

カップリング・コンデンサ coupling condenser
結合コンデンサともいい, CR結合増幅器の段間に用いられるコンデンサのこと. 信号(交流分)を伝送し, 直流は阻止(カット)する役をしている. トランジスタの場合は5～50μF位の容量を使う.
☞コンデンサ

カップリングコンデンサ

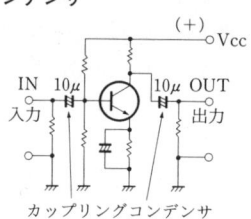

価電子 (かでんし) valence electron
原子のいちばん外側の軌道を回転している電子のこと. 核との結びつきがいちばん弱いために, その原子に外部からエネルギ(光, 熱, 振動, 衝撃)を与えると, 電子は核との結合を切り自由になる. たとえばシリコンの価電子は4個(4価)である. 最外殻電子ともいう. ☞最外殻電子

カード card
コンピュータで使う, 一定の形・寸法のカードで, 一定の規則に従ってデータを記録する. せん孔カード・エッジカード・OCR用・OMR用などの種類がある.
☞OCR, OMR

可とう(撓)ケーブル (か――) flexible cable
たわみケーブルともいう. 比較的たわみ(曲る, しなう)が大きなケーブルのこと.

可動コイル形計器 (かどう――がたけいき) moving-coil type instrument
永久磁石の作る磁界の中に, 回転できるコイルを置く. コイルに測ろうとする電流を流し, 磁界と導体(コイル)と電流の間に働く電磁力で, 回転力を作る. コイルに取り付けたバネと釣り合う位置でコイルを止め, 電流に比例したコイルの回転角より, 電流の大きさを知る.
☞可動コイル形電流計

可動コイル形検流計
(かどう――がたけんりゅうけい)
moving-coil type galvanometer
可動コイル形電流計と同じ動作原理である. 可動部の摩擦を減らすため軸受を使わず, りん青銅の細い線で, 可動コイルを吊り下げ, コイルに鏡をつける. コイルの回転で, 入射光の反射位置がずれ, これより回転角, つまり電流の大きさを知る. 非常に高感度で 10^{-10} [A]位の電流が測れる. これを反照形検流計という. 鏡の代わりに指針を付けた指針形もあり, 感度は 10^{-7} [A]位で指針形検流計という.

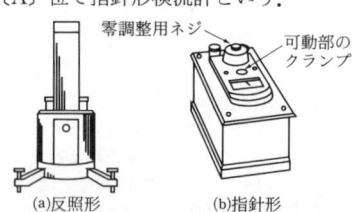

(a)反照形　(b)指針形

可動コイル形スピーカ (かどう――がた――) moving-coil type speaker
→ダイナミック・スピーカ

可動コイル形電流計
(かどう――がたでんりゅうけい)

moving-coil type amperemeter
ムービングコイル形電流計ともいう．永久磁石S，Nの間に，円形の鉄片があり，その鉄片と磁石の間のごく狭いところにコイルを置き，回転できるようにしてある．このコイルにはうず巻型のバネが取り付けてある．このコイルに電流を流すとコイルと磁石との間の相互作用によって，コイルは回転力を生じ回転しようとするが，うず巻バネで逆方向の力を受け，両方の力のバランスのとれたところまでコイルが回転して止まる．
コイルには指針が取り付けてあり，コイルに電流を流す前の静止位置と，コイルに電流を流して回転させ，バランスして止まった状態での指針の位置との差（振れ角A）を測って電流の値を知る．電流の値が大きければAは大きくなり，電流の大きさと指針のふれ角Aは比例する．これに目盛板を組み合わせれば，Aを測らなくても，電流の大きさを知ることができる．丈夫で高感度，温度・径年の誤差も少ない，直流用電流計である．

可動コイル形ピックアップ（かどう――がた――）moving-coil type pickup
→ムービング・コイル形ピックアップ

可動コイル形マイクロホン（かどう―がた――）moving-coil type microphone
→ムービング・コイル形マイクロホン

可動鉄片形計器（かどうてっぺんがたけいき）moving-iron type instrument
可動コイル形計器のコイルの代わりに鉄片を使った計器．構造が簡単で丈夫であり，値段も安く，商用周波数（50,160Hz）の交流計器として多用する．☞商用周波数

可動鉄片形電流計（かどうてっぺんがたでんりゅうけい）movable core type ammeter, moving-iron type ammeter
可動鉄片形計器の一種で，固定コイルに測定しようとする交流電流を流し，電流による交流磁界で可動鉄片を吸引し回転力を生じる．鉄片は回転軸に取り付けられているため，回転力（トルク）によって回転軸は回転する．回転軸は上部にうず巻バネが取り付けてあり，回転力とバネの押しもどす力のバランスしたところで止まる．回転軸には指針があり，回転軸の回転角を目盛上で電流値として読み取ることができる．回転力は固定コイルに流れる電流の2乗に比例し，指示は2乗目盛となる．構造簡単で丈夫だが，低周波（商用周波）用交流電流計で，周波数が増えると誤差も増す．
☞トルク

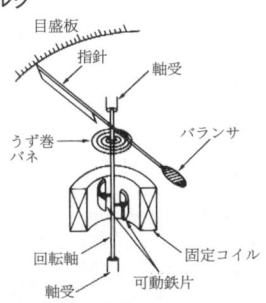

過渡応答（かとおうとう）
transient response
電子装置や電子回路にステップ入力（ステップ信号）を加えたときの応答をステップ応答という．この応答が，入力信号に対応する一定の値に落ち着くまでの特性を過渡特性とか過渡応答という．落ち着いてから後の定常状態

の特性を定常特性または定常応答という．一般にフィードバック制御系（自動制御）の特性として重要である．
☞ステップ信号

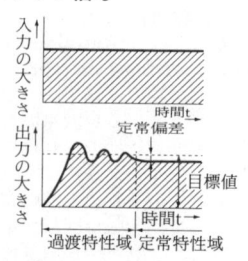

過渡現象（かとげんしょう）
transient phenomena
パルスの立上りや立下り，回路のスイッチを入れた瞬間などのように，定常状態から一時的に変化する状態またはその逆の場合に生じる，過渡的なきわめて短時間の現象のことをいう．

カード式電話機（――しきでんわき）
card telephone
料金を硬貨の代わりに，テレホンカード（プリペイカード）で支払う方式の電話機．カードを電話機に差し込むと，通話度数の残量が示される．
☞キャッシュレス電話機

過渡特性（かととくせい）
transient characteristics →過渡応答

過渡ひずみ（かと――）
transient distortion
パルスのような急激に変化する波形の入力信号を電子回路に加えると，出力が急激には変化せずに，時間の遅れがでたり，入力にはなかった成分，たとえばオーバシュートやアンダシュートのような振動が生じる．この一時的な過渡的なひずみのことをいう．
☞パルス

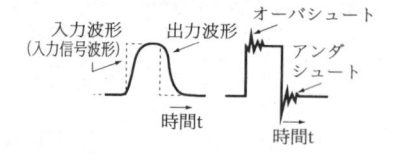

カドミウム cadmium
元素記号Cd，原子番号48，国際原子量112.4，融点321℃，銀白色の柔らかい金属．ニカド蓄電池やウエストン標準電池，原子爆弾の保存容器（中性子の防止用）などに使われる．

カドミウム電池（――でんち）
cadmium battery, cadmium cell
→ニッケル・カドミウム蓄電池，ウエストン標準電池

カード用コネクタ（――よう――）
card connector
PCカードやICカード，小型メモリカードなどの接続に使用するソケット．カードアプリケーションの拡大に伴い需要増が見込まれ，さまざまな種類のカードに対応するコネクタが製品化されている．☞メモリカード

カートリッジ cartridge
英語で弾薬の筒のことで，交換ケースの意味．小形の磁気テープ・フィルム・ピックアップで使う．

カートリッジ・テープ cartridge tape
→カセット・テープ

カーナビ car navi
→カーナビゲーションシステム

カーナビゲーション car navigation
→カーナビゲーションシステム

カーナビゲーションシステム
car navigation system
自宅から目的地までの道路状況や付随する情報を，画面と音声で運転者に伝える車の運転支援システム．装置は本体・ディスプレイ・アンテナ・地図ディスクからなる．
。現在位置の図示
　①GPS衛星電波のDGPSシステム．
　②FM多重放送による補正．
。道路交通情報
　①VICS1・2・3表示

②FM放送ネット24時間・交通情報・ニュース・天気予報.
③地図ディスク・目的地周辺駐車場・24時間営業ガソリンスタンドとコンビニエンスストア・観光遊覧スポットガイド・ルートシミュレーション・2ルート同時探索・高速道ジャンクションガイド・縮尺50m地図など.

加入電信 (かにゅうでんしん) telex
→テレックス

加入電話 (かにゅうでんわ) telephone
→電話

カーネル kernel
OSの機能の基本のソフト(核)となる部分のこと.
1．メインメモリとハードディスクの配分．2．周辺機器の管理・制御・動作監視．3．アプリケーションソフトの起動処理．4．ユーザプログラムの制御.
複数のソフトの実行（タスク）制御を行い，マルチタスクを実行する.

☞マルチタスク

過負荷 (かふか) over load
電源あるいは負荷の，電流や電圧が，定められた値（定格）を超えること.
オーバロードともいう.

☞オーバロード

カプラ coupler
電気－音響変換器や電気－機械変換器の較(校)正・テストを行うために，二つ(電気－音響・電気－機械)の変換器を結合する装置（JIS・音響用語・機器)

壁かけテレビジョン (かべ——)
wall-mounted television
壁にかけて利用する軽く薄いテレビ受像機のこと．NHKの総合技術研究所で1973年に作られたものは，2枚のガラス板の間に発光素子約8,000個を並べ映像を再現し，厚さは約7mmである．画面の明るさが低く明るい部屋での実用性に改善の余地がある．現在は画面の輝度（画面の発光効率），全体の効率，色彩面の改善が進み，大画面液晶テレビとして実現された.

可変インダクタンス (かへん——)
variable inductance
インダクタンスの数値を，変えられるようにしたコイルで，次の方法が使われる．①2個のコイルを直列か並列につなぐ，②コイルから必要な数だけタップを出し，切換えスイッチで切り換える，③コイルの中心部に磁心を置いて，これを出し入れする，④2個のコイルの結合度Mを変える.

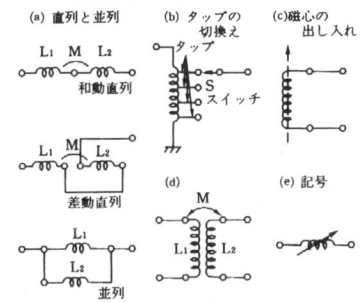

(a) 直列と並列 (b) タップの切換え (c) 磁心の出し入れ
L_1 M L_2 和動直列 タップ S スイッチ
L_1 M L_2 差動直列
(d) M L_1 L_2 (e) 記号
L_1 L_2 並列

可変空気コンデンサ (かへんくうき——) variable air condenser
→バリコン，空気コンデンサ

可変コンデンサ (かへん——)
variable condenser
可変空気コンデンサのこと．バリアブルコンデンサまたは略してバリコンとか可変容量という．容量が変化できるコンデンサのこと.

☞コンデンサ

可変周波(数)発振器
(かへんしゅうは(すう)はっしんき)
variable frequency oscillator, VFO
発振周波数を，ある範囲内で変えられる発振器のこと.
1．割り当てられている周波数帯域が狭いアマチュア無線では，多数の局の混信を避けられるように，発射電波の周波数を変えられるようにする．この

ような発信機のこと．英字の頭文字をとりVFOともいう．

2．計測用の発振器では低周波用・高周波用とも発振周波数が変えられるものが多い．(1)発振周波数を手動で変える可変周波発振器（オシレータ）(2)発振周波数が一定時間毎に一定の割合で自動的に変わる掃引発振器（スイープ・ジェネレータ）の二種類に大別できる．
☞アマチュア無線

可変帯域IFT（かへんたいいき——）
variable band width IFT

中間周波トランスの通過帯域幅Bを変えることができるIFT．HiFi（ハイファイ）放送を楽しむようなときには，広帯域用B_1に切り換え，混信の多いアマチュア無線などの受信には狭帯域用B_2に切り換え，分離をよくし，S/Nを上げる．☞中間周波トランス

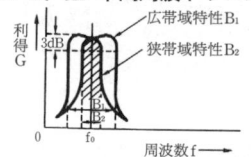

過変調（かへんちょう）over modulation

オーバモジュレーションともいい，振幅変調した際，信号の振幅が搬送波の振幅よりも大きいと，100％以上の変調率となり，被変調波の包絡線はゼロとなるところが生じる．変調波のマイナスの尖頭部が切り取られるため波形は第2，第3の高調波を多く含むよう

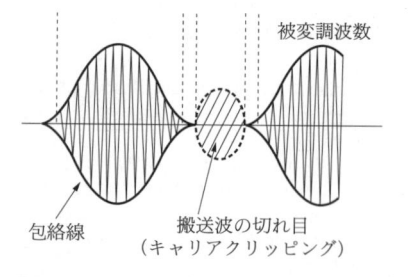

になり，占有帯域幅の拡がり（変調スプラッタ）が大きくなり，TVIやBCIのおそれが出てくる．さらに過変調になると，斜線部のように，もとの信号にはない成分が発生して，波形が著しくひずむ．
☞包絡線，TVI，BCI

可変抵抗器（かへんていこうき）
variable resistor

抵抗値を変化できる抵抗器で，バリアブルレジスタ，レオスタットともいう．回転軸を回して抵抗値を変化する回転式，左右に移動して抵抗を変えるスライド式，半固定式等がある．回転式の場合，回転角と抵抗変化との関係は，直線傾斜の場合が一般的で，これの中間的変化のもあり，用途によって使い分ける．抵抗体としては炭素や金属の皮膜を使う皮膜形と抵抗線を巻いた巻線形がある．抵抗体に流す電流の大きさでワット数が決められ0.03～1,000Wまで46段階に分かれている．外形は丸，角形で1回転形，多回転形などがある．

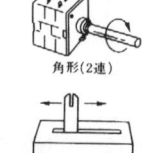

可変容量（かへんようりょう）
variable condenser
→可変コンデンサ

可変容量ダイオード（かへんようりょう——）variable capacitance diode

バラクタとかバリキャップ（商品名）とも呼ばれる．PN接合形ダイオードに逆バイアスを加えると，電子や正孔は互いに逆方向にひかれ，接合部分は電子や正孔のない部分ができ，この部分を空乏層という．誘電体（絶縁体）として働き，静電容量となる．バイア

スの大きさで空乏層の広さ(幅)が変化し,バイアス電圧の変化で容量Cが変化する.このように加えるバイアス電圧に応じ,可変容量として働く性質はどのダイオードにも多少はある.容量は数十〜数百pFの変化範囲があり,ダイオードにより異なる.バリキャップはバリコンと比べて,①Cの変化範囲が狭い,②Cの最低値(ミンバリウ)が大きい,③Qが低い,④同一特性のものが得られにくく連動形にできない,などの特徴がある.しかしこれらのことも最近は改善されて,トランジスタラジオの同調回路や,FM変調器,AFC(自動周波数制御)回路などに応用される.☞バイアス

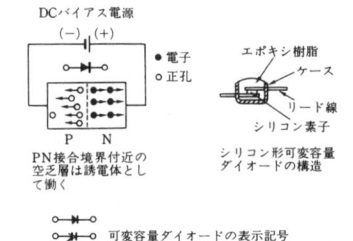

カーボン抵抗器(——ていこうき)
carbon resistor

カーボン(炭素系皮膜)を磁器管や磁器棒の表面に付着させ抵抗体にする.これに端子をつけ,表面に保護用の塗装をする.構造の上から,次の二種類がある.
①炭素皮膜固定抵抗器
②炭素系可変抵抗器
ふつうカーボン抵抗器といえば炭素皮膜固定抵抗器のほうを指す.抵抗値の許容差は,Dが±0.5%,Fは±1%,Gは±2%,Jは±5%,Kは±10%である.定格電力により大きさが異なり,1/8W形〜8W形を多用し丈夫で安価なため用途も広い.

☞可変抵抗器

カーボンナノチューブ
carbon nanotube

ナノテクノロジの代表的な新素材.日本で1991年に電子顕微鏡で構造が明らかになり,特殊な結晶構造の炭素分子できわめて細長い円筒状をしている.カーボンは鉛筆の芯の黒鉛(グラファイト)のことで,カーボンナノチューブはこのグラファイトのシート(グラフェン)を円筒状に丸めた構造(グラファイト層が1枚の単相と筒が何枚も重なった多層ナノチューブ)のものである.円筒の直径は1nmから数十nmである.

☞ナノテクノロジ

カーボン皮膜抵抗器(——ひまくていこうき) **carbon film resistor**
→カーボン抵抗器

紙送り制御(かみおく——せいぎょ)
paper feed control

コンピュータで,アウトプットにラインプリンタを使う場合の紙送りの制御のこと.ソースプログラムのライト文用フォーマット文では,初めに必ず紙送り制御用の文字を書く.この文字は印字されない.たとえば1H␣(改行する),1H0(1行あける),1H1(改頁する),1H+(紙送りなし)などで表す.☞H変換

カメラスタビライザ **camera stabilizer**

ヘリコプタや車両などの移動体からカメラ撮影する際(マラソンや事故現場の報道中継など)に,カメラを振動から守り,高倍率ズームでもブレのない安定した映像を撮影可能とするための映像安定装置.振動によって発生する角振動,外乱を,多軸機構とセンサにより除去するユニットで,内部に搭載されたTVカメラレンズには振動が伝わらない仕組みとなっている.

カラー映像信号(——えいぞうしんごう) **color video signal**

NTSC方式では白黒方式との互換性

のため，輝度(Y)信号を送る．また，すべての色は赤・緑・青の組合せで表せるが，この3色を合わすと白(Y)信号になるので,赤・青の信号だけ送り，受信側で緑の色信号を作り出す．赤・青の色信号からY信号を引き色差信号(I・Q)として，3.58MHzの映像副搬送波を変調する．受信側での色信号の復調のため，カラーバースト(色同期)信号を，水平同期パルスのバックポーチ(後縁)に乗せる．このほかの同期信号は，水平・垂直・等化用で白黒式と同じ．目は小面積の色は判別できないので，Y信号だけでよく，大きい面積(500kHz以下)ではYと色信号を送る必要があり，色信号の帯域幅は500kHzでよい．

☞NTSC方式

色　名	第1色帯 第1数字	第2色帯 第2数字	第3色帯 乗数	第4色帯 抵抗値許容差
黒	0	0	$10^0=1$	
茶　色	1	1	10^1	±1%
赤	2	2	10^2	±2%
だいだい色	3	3	10^3	—
黄　色	4	4	10^4	—
緑	5	5	10^5	±0.5%
青	6	6	10^6	
紫	7	7	10^7	
灰　色	8	8	10^8	
白	9	9	10^9	
金　色			10^{-1}	±5%
銀　色			10^{-2}	±10%
無　色				±20%

カラー・キラー　color killer

色消去回路ともいい，カラーテレビ受像機で白黒テレビ放送を受ける際，色信号回路の働きを自動的に止める回路．これにより画面に色付きの雑音が生じ，画質を悪くするのを防ぐ．白黒テレビ電波には色同期バースト信号がないので，これを検出してカラーキラー回路が働く．

☞色信号

カラー・コード　color code

色分け，色分け信号のこと．小形のモールド固定抵抗器やセラミック，マイカコンデンサの定格値を色によって表す．この色別の規定は次のものがよく使われる．

①JIS. 日本工業規格
②RMA. 米国ラジオ製造業者組合
③JAN. 米国陸海軍合同規格

JIS色表示は，回路配線，IFT，端子などにも使われる．表は，抵抗値の有効数字が2数字の場合のカラーコードを示した．有効数字が3数字の場合も同様に考えてよい．コンデンサの色別もこれに準じている．

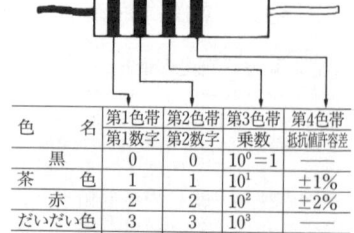

枯らし（か——）aging

エージング，枯化のこと．

→エージング

カラー受像管（——じゅぞうかん）color picture tube

→カラーブラウン管

カラーテレビ受像管（——じゅぞうかん）color picture tube

→カラーブラウン管

カラー・テレビ受像機（——じゅぞうき）color television set

白黒方式との互換性から，白黒テレビ受像機と同じ構成部分もあるが，カラー信号回路部分が増えている．アンテナからの電波は，高周波増幅・周波数変換・映像中間周波増幅を通す．この出力側で音声信号を分離し，音声は音声中間周波増幅・音声検波・音声増幅・スピーカと続く．映像信号は映像検波・映像増幅・カラー受像管と続く．映像増幅では同期信号と色信号を分ける．同期信号はさらに水平・垂直の同期信号に分け，各発振・偏向回路を通しブラウン管の偏向ヨークに導く．水平偏向の際に高圧を発生させ整流して，ブラウン管に与える．映像増幅で分離し

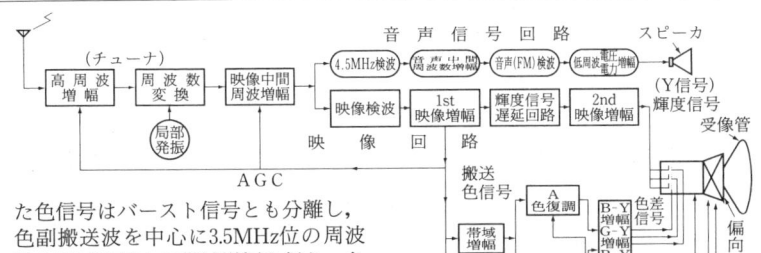

た色信号はバースト信号とも分離し，色副搬送波を中心に3.5MHz位の周波数を選び増幅する帯域増幅を行う．色の伝送は送信側で二つの色差信号（I・Q）にし二重平衡変調を行っているので，復調には同期検波を行う．カラーバースト(水平同期信号の後縁にある)を基準にして色同期回路の色副搬送波発振器（水晶）で送信側と同一周波数・位相の色副搬送波を作る．これをA・B 2組の色復調回路に加え復調信号を取り出す．これをマトリックスに加え3組の色差信号（B-Y・G-Y・R-Y）にし受像管に与える（上図参照）．

☞ **色差信号**

カラー・テレビジョン color television

カラーテレビと略していう．送信側から輝度信号，色信号，同期信号，色同期信号，音声信号を同時に送る．輝度信号，同期信号，音声信号は，白黒式と同じで両立させている．色信号は副搬送波3.58MHzを使い，赤，青，緑の3色を2成分（I, Q）に分け，右図のように輝度信号の中に入れている．色同期信号（カラーバースト）は，水平同期信号のバックポーチに入れる．受信側では，IQ信号を合成して，3色信号にもどしカラーブラウン管で映像を再現する．白黒式の放送のときは，カラーバーストがないので，カラーキラーが働き，色の増幅回路を切り，色雑音を防ぐ．カラー放送を白黒受像機でも受信でき，白黒放送をカラー受像機でも受信できるNTSC方式は日本，アメリカでテレビの標準方式になっている．☞ **NTSC方式**

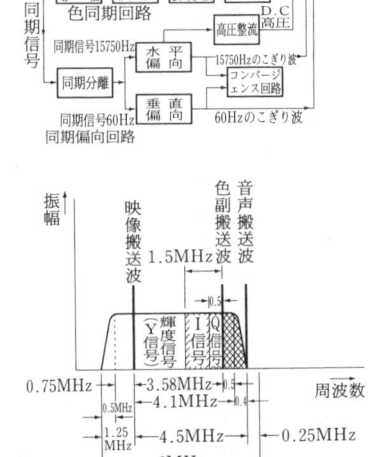

カラーテレビの周波数スペクトル（送信側）

カラー・テレビジョン方式（——ほうしき）color television system

NTSC方式を採用し白黒とカラーの両立性がある．すべての色は赤・緑・青を組み合わせて表せるので，カラーカメラ（撮像管）出力をマトリックス回路（抵抗回路網）に通し，赤・緑・青の各原色信号を30%・59%・11%の割で混ぜ輝度（Y）信号とする．この周波数帯域幅は約4MHzである．赤・緑・

青の3信号を合わすと白（輝度）信号になるので、赤・青の色信号のみ送り、受信側で緑の色信号を作り出す．人間の目は小さい面積の色は判別できないので、色信号の帯域幅は約500kHzでよい．白黒との両立性のため、色信号は輝度成分を含まぬ必要があり、赤・青の原色信号から輝度信号を引いてできる二つの色差信号（R−Y・B−Y）を使う．色差信号を輝度信号に影響せず同時に送るため、3.58MHzの副搬送波を定め、搬送色信号として輝度信号に含めて送る．

1チャネルの帯域幅は6MHzで、映像搬送波は占有帯域幅の下限から1.25MHz高く、振幅変調（AM）方式で、音声搬送波は帯域幅の上限から0.25MHz低く、FM方式．占有帯域幅は白黒と同じ6MHzにして電波の利用率を悪化させないため、下側波帯の一部を削り残留側波帯方式である．振幅変調した映像の被変調波の15％が白レベル、75％が黒レベル、75〜100％に水平・垂直・等化の各同期信号を入れ、負変調方式である．同一チャネル、隣接チャネル間の混信を避けるため各地域へのチャネルの割当ては配慮されているが、混信を避けるため片方の放送局の搬送波を10kHz位ずらす（オフセット）方式もとられる．一般には水平偏波を使うが、混信を除くため垂直偏波を使うこともある．世界的には統一された方式が望ましいが、NTSC方式は日本とアメリカ、ヨーロッパではSECAM方式・PAL方式と3分されている．☞SECAM方式，PAL方式

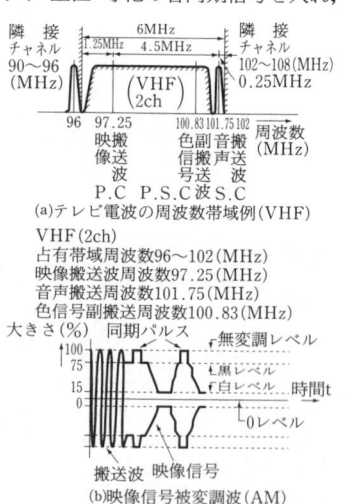

カラー・テレビ用ブラウン管（——よう——かん）color TV picture tube
→カラー・ブラウン管

カラー・バー color bar
カラーテレビの送信側や受像機の調整に使う、垂直の色のバー（棒）のこと．放送の場合は、カラーバーパターンが使われ、放送がないときは、カラーバー発生器を用いて、オフセットカラーバーで色の調整をする．

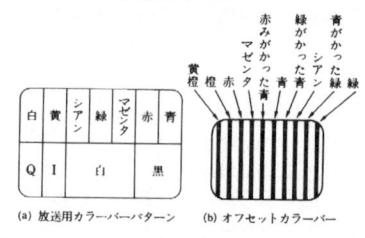

(a) 放送用カラーバーパターン　(b) オフセットカラーバー

カラー・バー信号（——しんごう）color bar signal
カラーテレビの送像側・受像側の回路や機器の調整の基準となる色のしま信号のこと．送像側から定刻放送するとともに、カラーバー（信号）発生器（装置）などが作られている．一般にはテレビ受像管の左側から、白・黄・シアン・緑・マゼンタ・赤・青の順に7色の色じまを映し出して利用する．

カラー・バースト color burst
カラーテレビの色同期信号のこと．水

(a) テレビ電波の周波数帯域例（VHF）
VHF(2ch)
占有周波数96〜102(MHz)
映像搬送波周波数97.25(MHz)
音声搬送波周波数101.75(MHz)
色信号副搬送周波数100.83(MHz)

(b) 映像信号被変調波（AM）

平同期信号（パルス）のバックポーチに8〜12Hzの単一正弦波で入っている. ☞色同期信号

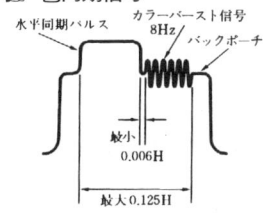

水平同期パルス　カラーバースト信号 8Hz　バックポーチ
最小 0.006H
最大 0.125H
Hは走査線（所要）時間

カラー・バースト信号（——しんごう）
color burst signal → カラー・バースト

カラー・バランス　color balance
1. 色の配色で，大きさ・形・配置などの相互関係からくるバランス感のこと．2. 色を再現する場合，各色の明るさの関係．

カラー・ブラウン管（——かん）
color picture tube
シャドウマスク形・トリニトロン形がある．偏向，集束方式は白黒用と同じ．集中方式は赤R，緑G，青Bの3ビームを，電磁方式で常に集中しておく．特別の補正回路が要らないセルフコンバージェンスを使う．電子銃の配列は直列配列のほうが，三角配列より3ビームの集中が容易なために多用される．シャドウマスクはカラーブラウン管独特で，3色の切換えに必要である．0.1mmの鉄板に小穴をあけ，この小穴を通して赤電子銃から出たビームは，赤蛍光体のみに当たるようにする．緑，青についても同じである．各ビームが

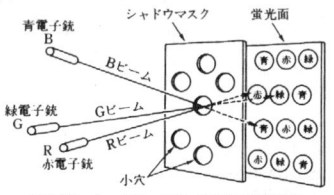

青電子銃 B / 緑電子銃 G / 赤電子銃 R
Bビーム Gビーム Rビーム
シャドウマスク　蛍光面　小穴
3電子銃，シャドウマスク，蛍光体の相互関係

決まった点の蛍光体に当たり，色ずれがないよう各種の調整部品を取り付けて調整する．現在は薄型液晶ディスプレイが主流になった．

カラム　column → 桁（けた）

ガリウムひ素（——そ）gallium arsenide
ガリウムGa（III族）と，ひ素As（V族）の金属間化合物．半導体の性質がありGaAsと書く．金属間化合物半導体という．超高周波用トランジスタ・ダイオードに最適で，ガンダイオード，バラクタダイオード，レーザダイオードなどに利用される．
☞ダイオード

ガリウムひ素半導体（——そはんどうたい）gallium arsenide semiconductor
ガリウムGa（III族）とひ素（V族）の金属による化合物で，半導体の性質があるために金属間化合物半導体という．次のような特徴がある．
①電気を光に変える（発光素子：半導体レーザや発光ダイオードによるディスプレイへの応用）
②高速動作ができる（高周波用トランジスタ・ダイオード・ICへの利用で高速コンピュータへの応用）
③高温特性が良い（集積度の向上）
④負性抵抗の特性をもつ（発振素子への利用：ガン・レーザ等のダイオード）
⑤光から電気へ変換効率大（太陽電池）
⑥耐放射線強度大（宇宙での利用可）
⑦磁気に対する感度大．
⑧材料（インゴット）や製品の歩止りが低く，高価である．
しかし，シリコンSiより優れた特性を多く持ち，発振用ダイオード・トランジスタ，高周波用トランジスタ（FET），IC（低電力消費・少発熱が大規模集積化を容易にする），太陽電池（変換効率20％以上）などに利用されつつある．

ガルバノメータ　galvanometer
→ 検流計

カレントドライブ current drive
コンピュータでフロッピーディスクやCD-ROMなどの入力ドライブが，複数あるシステムで，現在使用中のドライブのこと．ドライブ指定を省略したときは，カレントドライブが仮定される．☞CD-ROM

カロリ calorie
熱量の単位で，記号は[cal]と書く．1,000カロリを1kcalまたは1Calと書く．1Calは，1気圧で1kgの水を14.5°Cから15.5°Cまで上昇させるのに必要な熱量である．電力量とは，次の関係がある．1kWh＝860kcal．1kWhは1kWの電力を1時間(h)使った電力量で，1キロワットアワーと読む．

感圧ダイオード (かんあつ――)
pressure sensitive diode
PN接合の逆方向電流が圧力によって増加する現象を利用する．また，エサキダイオードの過剰電流が圧力で変わることも知られている．しかし，感度が低く経時変化や温度依存性もあり，実用性は低かった．松下電器が開発したMPSダイオードは，不純物に金，銅，ニッケルなどを拡散させ，圧力によって抵抗を1/100位に減らすようにした．用途は感圧スイッチ，重量計，ひずみ計，無接点ボリュームなど広範囲である．PN接合トランジスタでエミッタ部に圧力をかけて使う場合があり，感圧トランジスタという．
☞エサキ・ダイオード

感圧トランジスタ (かんあつ――)
pressure sensitive transistor
→感圧ダイオード

簡易言語 (かんいげんご)
easy programming language
→簡易プログラム言語

簡易信号発生器 (かんいしんごうはっせいき) test oscillator
テストオシレータのことで，試験用発振器ともいう．ラジオなどの動作状態を試験したり，調整したりするときに使う，変調付き高周波発振器．発振周波数の範囲は，用途によって決まるが中間周波増幅器のテスト用455kHz付近と，中波や短波の受信周波数500kHz位が多い．この周波数範囲を切換えスイッチで切り換える．変調周波数は1kHz位で，出力はアッテネータ（減衰器）で加減できる．図はテストオシレータの外観例で小形化・軽量化している．

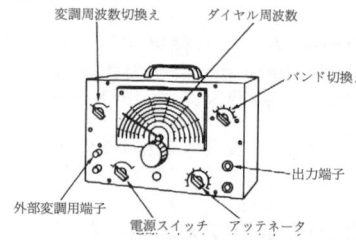

変調周波数切換え　ダイヤル周波数
バンド切換え
出力端子
外部変調用端子　電源スイッチ　アッテネータ

簡易プログラム言語 (かんい――げんご) easy programming language
オフィスコンピュータ（オフコン）やパーソナルコンピュータ（パソコン）向けに，プログラム作成の簡易化，使いやすさの要求から作られた言語の総称．プログラムの作成，保守，習得の容易さから多用される．簡易言語ともいう．利用例としては給与計算・顧客管理・在庫管理などがある．BASIC（ベーシック）やCOBOL（コボル）などのプログラミング言語より簡易な言語である．☞プログラミング言語

簡易無線 (かんいむせん) simple radio
アメリカの市民ラジオにならって，日本でも広く一般に電波を利用する機会が与えられた．周波数27M帯，46M帯，150M帯で，アマチュア無線を除く，簡単な無線（市民バンド＝シチズンバンド・CB）に利用されている．

管形ヒューズ (かんがた――)
miniature cartidge fuse
電子装置や機器の保護用に使う，小容

量の筒形ヒューズの一種.

環境設定（かんきょうせってい） **configuration**
ワープロやコンピュータを思い通りに働かすために，システムの一つひとつを規定通り接続・切換・調節（設定・セッティング）すること．ウィンドウズは環境設定ファイルCONFIG.SYSやAUTOEXEC.BATを自動化している．☞ウインドウズ

間欠発振器（かんけつはっしんき） **blocking oscillator**
→ブロッキング・オシレータ

ガン効果（——こうか） **Gunn effect**
1963年IBMのガンが発見した現象．N形ガリウムひ素GaAsの両端に電圧を加え，3,000V/cmを超えると，急に電流が振動し，マイクロ波を発振する．シリコンやゲルマニウムでは発生せず，GaAsのエネルギ構造が特殊なためである．カドミウムテルルCdTe，インジウムひ素InAs，インジウムりんInPなどもガン効果がある．マイクロ波発振用のガン・ダイオードに応用される．☞ガン・ダイオード

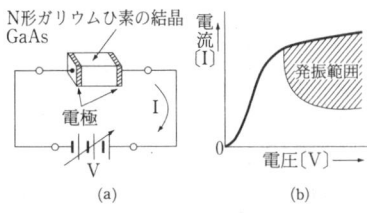

監視（かんし） **monitor, supervision, supervisory** →モニタ

漢字ROM（かんじ——） **kanji ROM**
漢字の形（グラフィックパターン）をROMに記憶させたもので，外部記憶装置から引き出すよりも高速処理が可能なため漢字の印字（プリンタ）用，表示（ディスプレイ）用に多用される．漢字の種類は，JIS第1水準2,965字，第2水準3,384字，非漢字453字など．

漢字コード（かんじ——） **kanji code**
漢字（2バイト文字）を表示するために定められたコードのこと．字数が多いので2バイトで1文字を表す．JISには第1水準，第2水準がある．

漢字プリンタ（かんじ——） **kanji printer**
漢字をプリント（印字）するためのプリンタ（印字機）．ドットインパクト（シリアル）形，熱転写形，インクジェット形，電子写真形（LEDやレーザビームが光源）などがある．価格の点では熱転写形やドットインパクト形が安価である．印字速度は毎秒100字以下でカラー印字できる．用紙は連続紙・カット紙・OHP用フィルムに印字できるものもある．

干渉（かんしょう） **interference**
電波・音波・光などの波が，互いに影響し合って生じる現象．二つ以上の波の位相（時間的変化）が同じときは，重なり合って強まり，位相が逆のときは，打ち消し合って弱められる．

緩衝記憶装置（かんしょうきおくそうち） **buffer storage, buffer store, buffer**
1．コンピュータのCPU（中央演算処理装置）がプログラムを実行（データ処理）するときは，入力データや出力（計算結果）などが必要で，メモリ（記憶装置）の一部（記憶場所）に入力装置や出力装置のデータを蓄えておき，プログラムの求めに応じてこれらのデータをCPUに与える．入力装置・出力装置は待ち時間が減り効率良く働き，CPUが高速動作できる．このような働きをする記憶場所や記憶装置を緩衝記憶装置とかバッファ記憶装置，バッファ・メモリとかバッファ・ストレージといい，バッファと略称する．また，このような方法をバッファリングという．2．データ処理システムを構成している要素（装置）間のデータの流れの速度の違い，または構成要素

間の事象の発生時間を補正するために用いる記憶装置（JIS・情報処理用語・記憶装置）．☞CPU

干渉性フェージング（かんしょうせい——）interference fading

アンテナに達する電波が，二つ以上の異なる通路を通るために，互いに干渉し合って強さ（電界強度）が変化する現象のこと．次の三つに分けられる．

(1)遠距離フェージング．電離層での反射回数が接近している二つの電波の干渉で，送信アンテナから，中波なら200km以上，短波で400km以上の遠距離の際生じるフェージング．

(2)近距離フェージング．地表波と電離層波が，互いに干渉し合成の電界強度が時間とともに変化するため，変化する電離層で反射する電離層波も変化する．送信アンテナから，中波で100km前後の近距離で発生する．

(3)近接距離フェージング．VHFやUHFのテレビ電波が，飛行機での反射波と干渉して，画面を乱す．近接距離でのごく短時間の現象である．
☞フェージング

緩衝増幅器（かんしょうぞうふくき）buffer amplifier

緩衝器またはバッファアンプリファイアともいう．水晶発振器の次につなぐ増幅器は，増幅・逓倍を目的とせず，接続段との影響を防ぎ発振を安定させるためにつなぐ．回路は逓倍段や増幅段と同じで増幅度は低くしている．

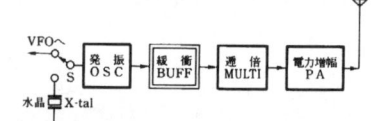

間接FM方式（かんせつ——ほうしき）indirect frequency modulation system →間接周波数変調

間接周波数変調
（かんせつしゅうはすうへんちょう）
indirect frequency modulation
信号波の振幅が周波数に反比例する回路（積分回路）を通して位相変調すると，周波数変調波が得られる．これを位相変調による等価周波数変調といい，このような間接的な周波数変調を間接周波数変調という．また，このような方式を間接周波数変調（FM）方式という．☞信号波

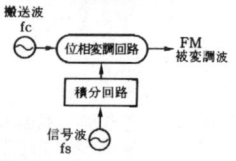

間接測定（かんせつそくてい）
indirect measurement
直接測定して得られた結果から間接的に求める測定法のこと．たとえば標準抵抗 R の両端の電圧 V を電位差計で測り，R に流れる電流 I をオームの法則から I＝V/R と求めること．

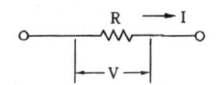

完全コンプリメンタリ回路（かんぜん——かいろ）full complementary circuit

オーディオ回路の出力段などは一般にプッシュプル方式が用いられるが，これに PNP 形，NPN 形のトランジスタを用いた相補（コンプリメンタリ）回路では位相反転回路が不要になる．PNP と NPN では電流の導通方向が逆であるため同一極性の入力信号に対して電流の増減方向が逆となる．トランジスタの出力インピーダンスは低いのでコンプリメンタリ接続によって出力トランスを省いた回路（OTL回路）を作ることが容易である．しかしPNP 形と NPN 形の特性は揃ったものが必要になるが，PNP 形大出力用になると，製作が困難なために特性の

揃った NPN 形 2 石を終段に使うことが多く，この回路を準（じゅん）コンプリメンタリ回路という．また終段に NPN 形と PNP 形を使う図のような回路を完全コンプリメンタリ回路という．☞出力トランス

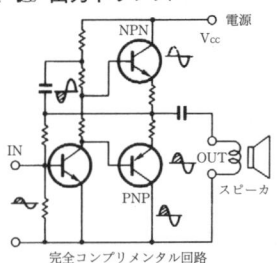

完全コンプリメンタル回路

ガン・ダイオード　Gunn diode

ガン効果を利用したダイオード．高い電界を得るため素子を薄くするが，機械的な強さも考えエピタキシャル成長による $N^{++}-N-N^+$ の3層構造にし，N部分が動作場所である．3,000V/cm の高い電界の中では，電子が両電極間を移動する時間を周期とする周波数の発振が生じる．外部に共振回路をつながなくても発振するが，発振能率を上げ，発振周波数を変化するため，発振回路をつなぐ．周波数変化範囲が広く，雑音が少ない小形マイクロ波発振器ができる．3.5V，37.5GHz，50mWの出力が得られるものがあり，現在80GHz以上のものも開発されている．
☞ガン効果

貫通形コンデンサ（かんつうがた——）
feed through capacitor

VHF，UHF 帯用コンデンサとして優れた特性の磁器コンデンサを，貫通形にしたもので，円板形のリードや電極の残留インダクタンスを減らすことができる．外形から，円筒形，円板形，ネジ式円筒形に分かれ，数pF～1,000pF以上のものもある．定格電圧は50V，500Vがあり，絶縁抵抗は10,000MΩ以上になっている．UHFやVHFのチューナのバイパス用に多く使う．
☞残留インダクタンス

温度補償用　円板形　ネジ式円筒形
円筒形　(50/500V)　(500V)
(50/500V)　(10000MΩ以上)
(10000MΩ以上)

カンデラ　candela

光度の単位（記号はcd）で，プラズマディスプレイパネルや液晶パネルの明るさを表す時などに用いられる．語源は，ラテン語で「獣の油で作ったろうそく」の意．江戸・明治時代に携帯用照明具として使われたカンテラ（オランダ語）と語源は同じである．
☞光度，プラズマディスプレイ

感電（かんでん）
electric shock, electri-fication

通電中の電線・配線・電極やコンセントなどの露出部との接触，帯電体との接触，雷などによって人体に電流が流れ，同時に電気的な衝撃を受けること．状況（電圧の大きさ，接触面積，水分，時間，接触部位）や個人差（体質，健康状態）などによっても異なるが，約100mA（0.1A）位の電流が流れたとき死ぬといわれる．心臓へのショックが原因と考えられる．

乾電池（かんでんち）　dry cell

ドライセルとも呼ぶ．中でもマンガン電池と積層乾電池が多く使われる．マンガン電池はマンガンを主材料に使い，電圧1.5Vで円筒形，角柱形があり，容量により大きさや重量が異なる．積層乾電池は22.5V，45V，67.5V，90Vなどがあり，高い電圧が必要なときに使われる．これは素電池を必要数だけ積み重ね一つのケースに収める．主材料はマンガン乾電池と同じだが小形で寿命も2～4倍になる．これらの乾電池は長時間貯蔵でき輸送にも便利で，最近のトランジスタ化，IC化とともに

かんと

に広く使われる． ☞**一次電池**

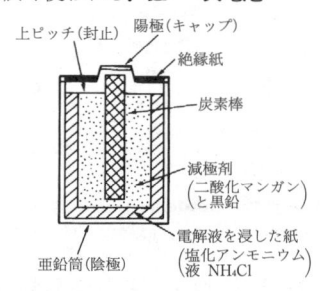

図：上ピッチ（封止）、陽極（キャップ）、絶縁紙、炭素棒、減極剤（二酸化マンガンと黒鉛）、電解液を浸した紙（塩化アンモニウム液 NH_4Cl）、亜鉛筒（陰極）

感度（かんど）sensitivity

受信機が，どのくらいまで弱い電波を受けることができるか，あるいはどのくらい弱い電波を受けたときでも，良好に働くかを表すもので，受信機の良さ〈能力〉を判断する手がかりの一つになる．アンテナへの入力が弱いときは，受信機の増幅度を上げればよいが，同時に雑音も大きくなり，音質が悪くなる．出力での音声信号と雑音との大きさの比は30：1以上なら実用的には十分と考えられている．したがって感度を表すときの雑音を考えるか考えないかで，二つの表し方がある(1)最大感度．受信機を最大増幅度に調整して雑音を考えないときの感度（受信電圧E）(2)実用感度，または雑音制限感度．出力で音声信号と雑音との比が30：1のときの感度（受信電圧E）

普通$1\mu V$を0dBとして，$20\log_{10}E$の式より計算し[dB]で表す．Eは高周波受信電圧．

カントリー country

英語で国という意味であるが，アマチュア無線では，地域別のブロック・区域の意味に使い，政治的な意味はない．独立国に限らず植民地や離島などにも国際条約で承認されたところには，プリフィックスが与えられており，すべてカントリーとして扱われARRL（アメリカアマチュア無線連盟）のカントリー表に載せられる．日本はJA, JR, JE, JF, 8Jのプリフィックスとなっていて，コールサインの前のほうにこれを付ける．

☞**コールサイン**

感熱記録方式（かんねつきろくほうしき）thermal recording

感熱紙またはカーボンテープ（リボン）にサーマルヘッドを接触させ，ヘッドに制御電流を流してドットの形で加熱し文字・図形を記録する．加熱したヘッドをリボンに接触し反対側に紙を置いて転写する熱転写式と，加熱してインクを溶かしプラスチックのフィルムに塗る方式などがある．パソコンやワープロのプリンタに使われている．

感熱紙（かんねつし）thermal paper

熱を加えるとその部分だけが発色するように，無色の染料を塗った用紙．用紙の加熱は，サーマルヘッドや熱ペンが使われる．コンピュータやワープロ用のプリント用紙，記録計（レコーダ），ファクシミリなどに使われる．

☞**ファクシミリ**

ガンマ gamma

写真技術で使われていた語で，ブラウン管の各部の輝度と，それに対応する被写体や原画の輝度の比較に使う．両者の関係を，両対数で書いたときのグラフの傾きをガンマ[γ]で示し1より大きければコントラストが強すぎることを表す．

ガンマ線（——せん）gamma rays

ラジウム，トリウムなどの放射性元素より放射される放射線の一種．波長$0.4\sim 0.0055\text{Å}$（オングストローム）のきわめて短い電磁波．物質の中を透過する作用はX線より強いが，蛍光作用・写真作用は弱い．質量も電気量もなく，ベータ線に伴って発生する．

☞**ベータ線**
→**γ線**

キー key

1. A1, A2電波などの電波は、モールス符号に従い、キーを使って電波を断続することがある。電鍵ともいう。
2. コンピュータで見出しという。データの集まりに含まれる付加される文字列で、その集まりを識別したり制御したりする情報をもつ。
3. コネクタのはめ合わせを誤らないためにつけた突起と、そのためのキー溝。☞A1電波, A2電波

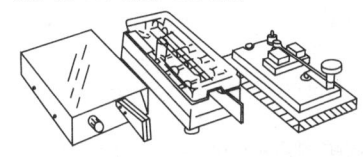

記憶 (きおく) store, storage, memory

コンピュータで、データをあとで取り出せるような方法によって、一時的または永久的に保存すること。ストレージ、ストア、メモリともいう。

記憶セル (きおく——) storage cell

CPUの半導体記憶装置(記憶部・制御部・デコーダ)の記憶部は多数の記憶素子(フリップフロップ)を配列し、アドレス入力(信号)によって上位アドレス部で行、下位アドレス部で列を選び、その交点の記憶素子を決める。これら一つひとつの素子を記憶セルという。特定された記憶セルの情報内容は、制御部からの読取り・書込み信号に応じデータ入力/出力線を経てCPUとの間で送受する。☞CPU

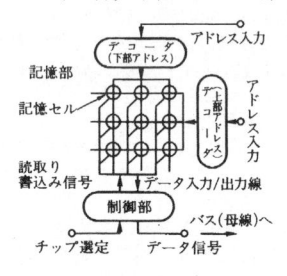

記憶装置 (きおくそうち) memory unit, storage unit, store unit

コンピュータを組み立てている重要な部分で、計算処理に必要なデータを記憶する装置。この性能が、コンピュータの性能を左右する。種類には次のものがある。①主記憶装置。ICメモリ・コアメモリ・磁気薄膜メモリ、②補助記憶装置。ドラム・ディスク、カード・テープ。主記憶装置はCPUの中にあり、制御装置や演算装置などが、直接アドレスを指定して、データの書込みや読出しができる。データの処理時間を短くするためアクセスタイムやサイクルタイムが短いことが必要。補助記憶装置は、主記憶装置の記憶容量を補うため、大きな記憶容量が必要で、そのため動作時間は少し遅くなりがち。
☞ICメモリ・コアメモリ

記憶素子 (きおくそし)
storage element, memory element

大形のコンピュータになるほど数が多く必要になるので、小形・安価・消費電力が少ないこと、高速で動作すること、動作の安定性や信頼性が高いこと、寿命が長いことなどが必要で、コアメモリ、ICメモリなどがよく知られた記憶素子である。

記憶媒体 (きおくばいたい)
storage medium

メモリとか記憶装置のことで、情報を記憶するもの。ハードディスク、フロ

きおく

ッピ・ディスク，光ディスクなどがある． ☞ メモリ

記憶場所（きおくばしょ）
memory location
内部記憶装置の中で，アドレスによって指定された場所（記憶セルの位置）．(JIS) →記憶セル

記憶容量（きおくようりょう）
memory capacity
コンピュータの記憶装置に蓄えておけるデータの量のこと．ビット，キャラクタ・バイト・語（ワード）などで表す．容量が大きいほど機能が高まり便利になる．

ギガ giga
十進倍数の一つで，10^9の数のこと．たとえば1ギガヘルツ〔GHz〕とは1,000〔MHz〕．各単位に付く接頭語．

機械語（きかいご）machine language
コンピュータのプログラム言語の一種で，機械が直接理解し解読して，実行することができる言語．暗号のような意味のない2進数字で，メーカごとに機種ごとに異なり，ユーザにわかりにくい．プログラム作成に時間，労力が多くかかる．図は，200番地300番地の内容を，加え合わせよ，という場合の機械語命令の例である．マシンランゲージともいう．

オペレーション (操作部)	オペランド (番地部)	
00010	200	300

機械語アドレス（きかいご——）
machine address
コンピュータの内部で，プログラムを実行（処理）するとき，直接使われる固有のアドレスのこと．☞ アドレス

機械語プログラム（きかいご——）
machine program
機械語（コンピュータがその意味を直接理解できることば）で書かれたプログラムのこと．
☞ 機械語

機械的フィルタ（きかいてき——）
mechanical filter
→ メカニカル・フィルタ

機械翻訳（きかいほんやく）machine translation, computer translation
コンピュータを使った外国語翻訳のこと．MTとかCTと略称することもある．①インターネット：英文ホームページの自動翻訳ソフトが多数実用化している．②電子メール：日本語（テキストファイル）を送ると，コンピュータが英訳して返送してくれる．③パソコン通信サービス：機械翻訳サービス（有料）実施中（NIFTY SERVE）．

規格（きかく）standard
素子や部品の寸法，成分，性能（電圧，電流，電力，抵抗など）や，作業法，取扱い法などについて基準として規定したもの．JISはその一例である．

規格電力（きかくでんりょく）
rated power
送信機の使用状態で，ファイナル（終段）の出力規格（パワー）の値．電波法によると，実験局のアンテナ電力は，規格電力で示すことが定められている．

ギガ・ヘルツ giga hertz →ギガ

帰還（きかん）feedback
フィードバックともいい，次の二つに分かれる．
①正帰還(ポジティブフィードバック)
②負帰還(ネガティブフィードバック)
増幅器の出力の一部を入力側にもどすことをフィードバックといい，もどす成分の位相が入力信号と同相の場合は，正帰還という．適度に正帰還をかければ非常に大きな増幅度が得られるが，帰還量が多くなると発振し動作不安定となる．一般に発振回路は正帰還によって発振させる．入力側にもどす成分の位相が入力信号と逆相の場合は

負帰還という．これによって増幅度は低下するが，周波数ひずみ・非直線ひずみ・ダイナミックレンジ・安定度・雑音を改善する．これらの特性の改善は増幅器にとって大切なもので，利得を犠牲にしても総合特性は改善するので，最近のトランジスタやICの増幅器では盛んに用いられる．
☞逆相，ひずみ

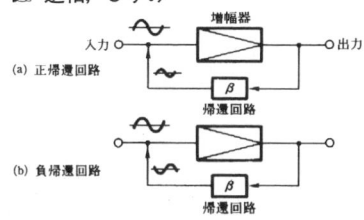

(a) 正帰還回路
(b) 負帰還回路

帰還回路 (きかんかいろ)
feedback circuit
正帰還回路と負帰還回路の二つに分かれる．どちらの場合も，抵抗，コンデンサ，コイルなどを使って，出力の一部を入力にもどす回路のこと．
☞帰還

帰還増幅 (きかんぞうふく)
feedback amplification
帰還による増幅のこと．帰還回路の増幅度 A_f，帰還回路の帰還率 β，帰還をかけぬときの増幅器の増幅度 A，回路への入力電圧 V_i，出力電圧 V_o とすれば，

増幅器への入力 $V_{if} = V_i + V_f$，

$$A_f = \frac{V_o}{V_{if}} = \frac{V_o}{V_i + V_f} = \frac{V_o}{V_i + \beta V_o}$$

$$= \frac{\dfrac{V_o}{V_i}}{\dfrac{V_i}{V_i} + \beta \dfrac{V_o}{V_i}} = \frac{A}{1 + \beta A}$$

$\beta = 0$ なら帰還なし．$A_f = A$
$\beta > 0$ なら負帰還．$A_f < A$
$\beta < 0$ なら正帰還．$A_f > A$
$\beta < 0$ で，$\beta A = -1$ なら分母は0となり，A_f は無限大となり発振する．電流で考えるなら V を I に変えてそのまま成り立つ．
☞負帰還，発振

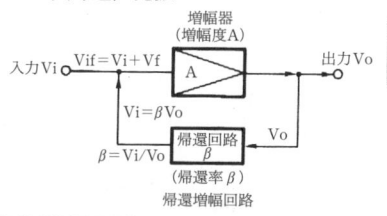

帰還増幅回路

帰還増幅回路 (きかんぞうふくかいろ)
feedback amplification circuit
正帰還増幅回路と負帰還増幅回路があり，帰還増幅器ともいう．正帰還回路は帰還量の調整がむずかしく，わずかな変化で発振を起こすため，実用例は少ないが，小信号（オーディオ用でカートリッジ用イコライザ）回路に使われた．負帰還増幅回路は電圧帰還形・電流帰還形があり，出力側の電圧を使うか，電流を使うかで分けている．また，入力側で電圧を使うなら並列帰還形，電流を使うなら直列帰還形となる．図(a)は電流（出力）直列（入力）負帰還増幅回路，(b)は電圧並列負帰還増幅回路の例である．☞イコライザ

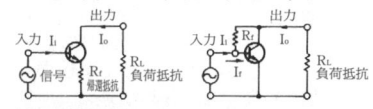

(a) 電圧直列負帰還の例　(b) 電圧並列負帰還の例

帰還発振器 (きかんはっしんき)
feedback oscillator
反結合発振器ともいい，増幅回路の出力の一部を，入力と同一位相になるように入力側にもどす（帰還する）．これによって回路は発振する．発振周波数は，帰還回路に共振回路などの周波数選択回路を入れて調整する．

帰還率 (きかんりつ) feedback ratio
帰還増幅をする場合の，出力を入力に

もどす量(電圧や電流の大きさ)の割合.

帰還率 $\beta = V_f/V_o \begin{pmatrix} V_f & 入力への電圧 \\ V_o & 出力での電圧 \end{pmatrix}$
$= I_f/I_o \begin{pmatrix} I_f & 入力への電流 \\ I_o & 出力での電流 \end{pmatrix}$

一般には $0<\beta<1$ の小数値をとる.
☞帰還増幅

奇偶検査(きぐうけんさ) **parity check**
→パリティ・チェック

記号アドレス(きごう——)
symbolic address
コンピュータのプログラムに便利なように,記号で表されたアドレスのこと.
☞アドレス

記号言語(きごうげんご)
symbolic language →アセンブラ

木構造(きこうぞう)**tree structure**
→ツリー構造

木構造チャート(きこうぞう——)
tree structured chart →ツリー構造

機構部品(きこうぶひん)
mechanical component
機械的な動作をする部品の一般的な呼び方である.たとえば,トグルスイッチなどのスイッチ類や,ダイヤル・コネクタ・リレー・ビス・ナットなどの多くの部品を含む.

キー項目(——こうもく)**key item**
コンピュータのバッチ処理方式でデータを処理するとき,データを分類する必要がある.編成されたファイルの内容を処理しやすいように,一定の順序に並べる.分類の基準となる項目の小さいものから大きいものへと並べる昇順と,逆の降順がある.この分類の基準となる項目のこと.
☞バッチ処理方式

擬似アンテナ(ぎじ——)
dummy antenna
送信機や受信機の性能を調べたり調整したいとき,アンテナをつないで電波を出さずに,電気的にアンテナと同じ抵抗R,インダクタンスL,容量Cをつないで行う.これをファントムアンテナとかダミーアンテナという.図のようなものが国際的にも認められている.中波では1kΩ前後,短波では400Ω位のインピーダンスになり,屋外にかなり長く張ったアンテナと電気的に等しい.☞インピーダンス

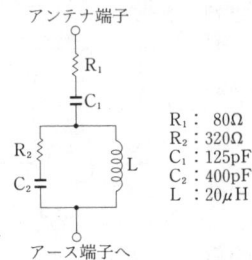

R_1 : 80Ω
R_2 : 320Ω
C_1 : 125pF
C_2 : 400pF
L : 20μH

擬似回路(ぎじかいろ)**artificial circuit**
電気の装置や回路と,電気的に等しい特性やインピーダンスになるように作られたモデル(ダミー)のこと.調整,試験,開発のために用いられ,一般に小形で取扱いに便利になっている.擬似送電線回路などがある.

擬似負荷(ぎじふか)
dummy load →ダミー・ロード

技術開発衛星
(ぎじゅつかいはつえいせい)
engineering development satellite
衛星の打上げ・軌道・姿勢の制御などの技術開発,搭載機器の宇宙での機能や性能の確認,新しいシステムの評価試験などを目的とする人工衛星のこと.1966年,米国打上げの静止衛星ATS-1号(352kg)が先進的技術試験を実施した.日本は1970年,初の人工衛星「おおすみ」,翌年「たんせい」,75年に「きく1号」,77年に「キク2号」,86年「ふじ」と,技術開発衛星を打上げている.

基準化(きじゅんか) **scaling**
コンピュータで,処理する値の範囲を

あらかじめ定めた限界内におさめるため，倍数（定数）をかけて，値を変えること．

基準周波数 （きじゅんしゅうはすう） reference frequency
無線局の割当て周波数に対して，固定し，かつ特定した位置にある周波数をいう．割当て周波数に対する偏位は，特性周波数が発射によって占有する周波数帯の中央の周波数に対してもつ偏位と同一の絶対値および同一の符号をもつものとする（電波法施行規則第2条58）．☞偏位

基準入力 （きじゅんにゅうりょく） reference input
自動制御系を動作させる基準として，直接，その装置や系（閉ループ）に加えられる入力信号のこと．一般に目標値と考えることが多い．

基準レベル （きじゅん——） reference level
電圧，電流，電力の基準となる大きさで，0レベルともいう．電力は1mW，電界強度は$1\mu V/m$と定められており，これらを0デシベルとして，これに対する比をデシベルで表す．

気象衛星 （きしょうえいせい） meteorological satellite, weather satellite
地球上空に人工衛星を打ち上げ，この衛星から広範囲の，雲の状態や赤外線の強さを測り，マイクロ波で地球に写真などを送らせる．地上1,500km位の上空を2時間位で1周するノア（1970年アメリカ）や，地上36,000km位上空の静止気象衛星GMS（1977年日本．ひまわり）などがある．世界気象計画に基づき，赤道上にアメリカが2個，日本，ヨーロッパ宇宙研究機構ESA，ロシア各1個の合計5個の静止衛星を打ち上げ観測する．結果は大形コンピュータで整理し，日本の関係各所や外国へも送られ，天気予報などに役立てている．☞マイクロ波

気象援助業務 （きしょうえんじょぎょうむ） meteorological aids service
水象を含む気象上の観測および調査のための無線通信業務（電波法施行規則第3条19）．

気象援助局 （きしょうえんじょきょく） meteorological aids station
気象援助業務を行う無線局（電波法施行規則第4条27）．

起磁力 （きじりょく） magnetomotive force
コイルの巻数をN，流す電流をIとすると，NIに比例する磁束が発生する．これは電気回路の起電力に相当し，磁気回路に磁束を発生する源であるため，起磁力という．記号はFがよく使われ，単位はアンペアターンで，〔AT〕と書く．☞磁束

奇数高調波 （きすうこうちょうは） odd harmoni
奇数調波とか奇数次高調波ともいう．第3・第5…高調波のこと．
☞奇数調波

奇数調波 （きすうちょうは） odd harmonic
交流のひずみ波を分析すると，最も低い周波数成分（基本波）とその整数倍の周波数成分（高調波）に分けられる．この高調波のうち基本波周波数の奇数倍（3倍・5倍…）の高調波分を奇数調波という．☞高調波

キー・ステーション key station
親局ともいい，テレビやラジオの番組を放送網の他局へ送り受けする中心的な局のこと．ローカル（地方）局の全国放送のときなどに使われる．

寄生振動 （きせいしんどう） parasitic oscillation
発振器や増幅器で，目的とする周波数とは関係なく，振動が生じることがあり，パラスチックオシレーション略してパラスチックともいう．寄生振動の周波数は単一でなく，広い範囲の周波

数を含み，原因がはっきりしないことが多いが，入出力間の迷結合・分布容量・電極間容量・中和不良が原因となる．寄生振動により，周波数帯域幅が増え，混信する．電話の音がひずみ，電信ではキークリックが生じる．いずれも雑音を伴い，無用の電力消費となる．☞分布容量，電極間容量

寄生発射（きせいはっしゃ）
parasitic radiation
無線送信機で調整不良やトランジスタ・抵抗などの回路素子の不良などが原因で，回路内に寄生振動が生じ，規定の周波数成分といっしょにアンテナに加わり，不必要な電波が発射される．このため規定周波数の電波の出力が低下したり抑制されたり，他の電波に妨害（混信・雑音混入）を与えたりする．このため電波法では無線設備規則第7条で，使用周波数帯ごとにきびしく規定している．寄生放射ともいう．
☞寄生振動

寄生発振（きせいはっしん）**parasitic oscillation** →寄生振動

キセノン・ランプ **xenon arc lamp**
管内に点灯時20〜40気圧のキセノンガスを封入したランプである．発光の色は，自然昼光に近く，電流が変化しても色が変化しない．寿命は600時間位で効率は20〜27〔lm/W〕位である．用途は船の信号探照灯・カラーフィルム・映写，標準白色光源・テレビスタジオの照明用などである．

帰線（きせん）
flyback line, retrace line
ブラウン管の蛍光面を左から右へ，輝点（スポット）が一直線上を移動し，再び初めの点にもどる．この動作は，水平偏向板（偏向コイル）に，のこぎり波を与えて行う．図のロ〜ハまでの部分が帰線に相当する．テレビの場合は，水平方向の帰線と垂直方向の帰線がある．フライバックラインともいい，ス ポットがもどるときに描く線のこと．

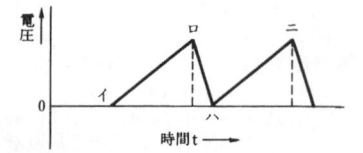

帰線期間（きせんきかん）
flyback interval
帰線時間ともいう．→帰線時間

帰線時間（きせんじかん）**flyback time**
帰線期間ともいう．帰線に必要な時間のこと．なるべく短いほうがよい．

帰線消去（きせんしょうきょ）**blanking**
ブラウン管の蛍光膜に映像・文字・波形などを映す場合，水平や垂直の走査線を走査して表現するが，帰線が蛍光面に出ては目ざわりで，解像度も下る．そこで，帰線期間は不必要なため，ブラウン管の蛍光面から輝点を消す．これを帰線消去とか，ブランキングという．☞走査線

帰線消去期間（きせんしょうきょきかん）**blan king interval**
帰線消去の時間のこと．帰線が消去信号（帰線消去信号）で消されている期間（時間）のこと．

帰線消去信号（きせんしょうきょしんごう）**blanking signal**
帰線消去のための信号で，テレビの場合は合成映像信号の75％（黒レベルまたはペデスタルレベル）の位置に入れるパルス．このため，ブランキングパルスまたは帰線消去パルスともいう．
☞合成映像信号

帰線消去パルス（きせんしょうきょ——）
blanking pulse →帰線消去信号

帰線消去レベル（きせんしょうきょ——）
blanking level
テレビの合成映像信号の75％のレベルである．ここに帰線消去信号（パルス）を入れ帰線期間は走査線を消去する．これは黒レベルと一致し，ブラウン管

はこの帰線期間中は走査線が蛍光面に出ない．☞合成映像信号

気相成長（きそうせいちょう）
vapor growth
半導体の成膜工程では，気化した状態（気相）の材料で基板表面に薄膜を成長させる「気相成長」技術が多く用いられている．その原理により，化学気相成長（CVD）と物理気相成長（PVD）に分けることができる．
CVDでは，形成したい薄膜の構成元素を持った気体をウェーハ上に流し，その表面で化学反応を起こして薄膜を形成する．酸化シリコンや窒化シリコンなどのシリコン膜だけでなく，一部の金属膜や金属とシリコンの化合物の膜などを作るときなど幅広く利用されており，成膜技術の主流といえる．反応を起こすエネルギ源や成膜時の温度・圧力状態により分類できる．
イオンビームを当てるなどして金属塊から直接原子をはじき出すなど物理的手法を用いる場合はPVDと呼ぶ．アルミニウムなどの金属配線層に使う真空中にアルゴンガスを流してグロー放電を起こす「スパッタリング」は，PVDの代表的な手法．
☞エピタキシャル成長

規則性雑音（きそくせいざつおん）
periodic noise
雑音を不規則性と規則性に分け，直流モータの整流子とブラシ間に生じる火花のような，一定周期をもつ雑音を規則性雑音という．☞雑音

喜田ダイオード（きた——）**kita diode**
→シルバーボンド・ダイオード

基地局（きちきょく）**base station**
陸上の移動局と通信するため，陸上にある移動しない無線局のこと（電波法施行規則第4条6）．

キット **kit**
組立てセットの部品を，一式そろえ図面や説明書を添えて商品化したもの．一部がないものをセミキットという．これを利用すると，部品を集める手数と時間が省ける．自分の好みの部品を使ったり，少々異なる設計などをしたいときには不便だが，初心者には具合がよい．価格はやや割高となる．

基底アドレス（きてい——）**base address**
コンピュータのプログラムにおいて，基準となるアドレスであり，ベースアドレスともいう．これに相対アドレスを加えて，絶対アドレスが得られる．
→ベース・アドレス

輝点（きてん）**bright spot**
ブラウン管の蛍光膜に，電子が当たって光る点のこと．スポットともいう．蛍光物質の種類により光の色は異なる．輝点の強さ（明るさ）は，輝度調整で加減できる．☞電子

き電線（——でんせん）**feeder**
フィーダのこと．給電線ともいう．
→フィーダ

起電力（きでんりょく）
electromotive force
発電機や電池の端子間電圧のように，電流を流し電気エネルギの源となるもの．単位はボルトで，記号〔V〕．

輝度（きど）**luminance, brightness**
光源を目で見たときの，明るさ，まぶしさのこと．正確には，発光面の一定方向の光度を，発光面の正射影面積で割ったもの．ルミネンスとかブライトネスともいう．

キードAGC
keyed automatic gain control
AGC（自動利得制御）回路の一種で，回路が短時間の変化（雑音）にも動作して，飛行機や車の影響で，テレビ画面が乱れるのを防いでいる．AGC回路に使われている．☞AGC

起動（きどう）**start up**
コンピュータやワープロの電源を入れ動作させる（立ち上げる）こと．ワープロはプログラムを指定し，本体のメ

モリに読み込み実行する，という手続きが自動作されている．（プログラムはROMが本体に組み込まれている．）

軌道電子（きどうでんし）
orbital electron
原子は中心に原子核をもち，電子が原子核を中心に周囲を一定の軌道に沿って回転している．電子は負(−)の電荷をもち，原子核は正(+)の電荷をもつためたがいに引き合っている．原子核と強く引き合いながら，その周囲を回る電子を軌道電子という．バウンダリ・エレクトロンともいう．☞原子核

輝度信号（きどしんごう）
luminance signal, brightness signal
テレビの画面の明るさ（輝度）を決める信号のことで，Y信号・ルミナンス信号・ブライトネス信号ともいう．一般にテレビではこの信号で画面の明暗を示し，白黒式・カラー式に共通で，両立性をもたせている．

輝度調整（きどちょうせい）
brightness control
ブラウン管の蛍光膜の明るさを調整すること．ブラウン管のグリッド電圧（バイアス）を変化して，電子銃から蛍光膜に向かう電子量を加減し，輝度を調整する．ブライトネスコントロールともいう．☞バイアス

輝度調節（きどちょうせつ）
brightness control, intensity control
→輝度調整

希土類（レアアース）（きどるい）
rare earth
原子番号57番のランタン(La)から71番のルテシウム(Lu)までの15元素のグループ（ランタノイド）に，原子番号21番のスカンジウム(Sc)と39番のイットリウム(Y)を加えた17元素の総称．コンピュータ，情報通信機器などに用いる電子材料や自動車の排気ガス浄化触媒などの素材として重要な役割を果たしている．希土類の一つであるネオジウム(Nd)は携帯電話の振動モータやMRIに使用され，ランタンはカメラレンズやセラミックコンデンサなどに使用されている．希土類は18世紀末にフィンランドの学者が発見し，それまで知られていた一般の土類と同類だが希少なため，希土と名付けられた．その後，多くの仲間が発見され，希土類と総称されるようになった．
☞原子番号

希土類蛍光体（きどるいけいこうたい）
phosphor using rare earth elements
ブラウン管の蛍光体に，希土類元素を活性剤として加え，カラーブラウン管の赤色の彩度をよくし，発光能率も上げている．イットリウム化合物やユーロビウムなどが使われる．
☞ブラウン管

絹巻線（きぬまきせん）
silk-covered wire
断面が丸くて，細い銅線の上に，絶縁用の絹糸を，一重または二重に巻きつけた電線．エナメル線よりは耐圧を高くできる．通信機用の小形コイルに使われる．

機能素子（きのうそし）
functional device
半導体のトランジスタ作用，界面効果，接触効果以外の新しい物理現象を利用して，高い性能を実現する固体部品のこと．電気信号の処理，機械力や磁気と電気の変換の働きをもつ．超LSI，光ICなどがこれに相当する．

揮発性記憶装置（きはつせいきおくそうち）**volatile storage**
コンピュータの主記憶装置に使われる半導体記憶装置（IC記憶装置）の一種で，電源を切ると記憶内容が失われる記憶装置．電源を切っても記憶内容が消えないものは不揮発性記憶装置という．☞不揮発性記憶装置

基板（きばん）　substrate
金属皮膜抵抗器やメタルグレーズ可変

抵抗器・IC・複合素子・エピタキシャルトランジスタなどのベース材料のこと．材質は，アルミナ磁器・耐熱ガラス・ステアタイト・プラスチックなどがあり，値段や用途で使い分ける．

キーボード keyboard

キーボードスイッチともいい，プッシュボタンスイッチを，目的に合わせて組み合わせ配列したもの．図はマイコンのキーボードの一例であるが，大形コンピュータ・データ通信端末機器・電話機・ワープロ・卓上電子計算機にも使われる．ワープロやコンピュータに文字・符号を入力する入力装置はけん盤ともいう．106（IBM日本語）キーボード，IBM英語キーボード，103（東芝）キーボード，富士通親指シフトキーボードなどもあった．

キーボード・インタフェース
keyboard interface

コンピュータとキーボードの間にあって，両者のなかだち（仲介，共用）部分のこと．キーボードから入力される文字・記号・数字などの情報をコンピュータ本体（CPU，メモリ）につなぐ働きをする．プリンタインタフェースやディスプレイインタフェースも同類である．☞CPU

基本単位 （きほんたんい）
fundamental unit

MKS単位系では長さにメートル，重さにキログラム，時間に秒，電荷にクーロンを定め，この四つの単位を組み合わせて他の単位を考える．この四つを基本単位という．☞MKS単位系

基本波 （きほんは） fundamental wave

正弦波以外の交流波をひずみ波といい，図(a)，(b)などはその例である．これらの波形は多くの正弦波交流に分解でき，その中で最も低い周波数はそのひずみ波の周波数を決定する．これを基本波という．これに対し，周波数の高い成分を高調波という．基本波の2倍の周波数を第2高調波，3倍の周波数を第3高調波という．

☞高調波

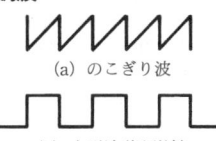

(a) のこぎり波

(b) 方形波(矩形波)

基本ファイル （きほん——） master file

コンピュータで，情報処理の目的で，一単位として取り扱う，関連したレコードの集まりのこと．

気密封止 （きみつふうし） hermetic seal→ハーメチック・シール

逆L形アンテナ （ぎゃく——がた——） inverted L-type antenna

アンテナの水平部分と垂直部分が，英字のLと逆形であることから名付けられた．長波，中波用のアースアンテナのこと．水平方向は無指向性である．

逆起電力 （ぎゃくきでんりょく）
counter electromotive force

導体が磁束を切ったり，導体と交わる磁束の数が変化すると，導体に起電力が発生する．この起電力によって電流が流れ，この電流によって新しく磁束が発生する．この磁束ともとの磁束との変化は逆で，導体と交わる磁束が減るときは，新たに発生した磁束はその減少を補うように増加し，逆に導体と交わる磁束が増えるときは，新しく発生した磁束は，減少する．つまり初めに磁束変化を生じるために回路に加えた起電力の方向と，磁束変化で導体に誘導された起電力とは方向が逆で，逆起電力とか誘導起電力とかいう．

きやく

☞磁束，導体

逆相（ぎゃくそう）
antiphase, opposite phase
二つの交流の電圧や電流の位相が180°異なる場合のこと．一般には同じ周波数の二つの交流についていう場合が多い．☞位相

逆ダイオード（ぎゃく——）**backward diode**→バックワード・ダイオード

逆耐電圧（ぎゃくたいでんあつ）
withstand voltage
1．ダイオードやトランジスタの電流の流れにくい方向に電圧を加えた場合，それらが耐えることができる電圧を逆耐電圧という．
2．絶縁部の絶縁破壊が起きない範囲の，加えられる最大の電圧のこと．
3．逆電圧，耐電圧，耐逆電圧ともいう．

逆電圧（ぎゃくでんあつ）
inverse voltage→逆方向電圧

逆電流（ぎゃくでんりゅう）
reverse current→逆方向電流

逆バイアス（ぎゃく——）**reverse bias**
→逆方向バイアス，逆方向電圧

逆方向耐電圧（ぎゃくほうこうたいでんあつ）**withstand voltage**
→逆耐電圧

逆方向地球回周エコー（ぎゃくほうこうちきゅうかいしゅう——）**backward echo, backward round-the-world echo**
電波の送信点Tと受信点Rをつなぐ大圏コースの，短い方の通路Sを伝わる電波（信号）に対して，長い通路Lを伝わる電波のエコー（反響）のこと．逆回りエコーともいう．

逆方向電圧（ぎゃくほうこうでんあつ）
reverse voltage, inverse voltage
逆電圧ともいう．ダイオードなどに加える，逆方向または負方向の動作電圧のこと．順方向または正方向とは逆で，電流が流れにくい方向を逆方向という．また，逆方向に一定の電圧を加えておくこと（逆方向バイアス）．

逆方向電流（ぎゃくほうこうでんりゅう）
reverse current
逆電流ともいう．ダイオードに逆電圧を加えたときに流れる電流のこと．また，逆方向に一定の電流を流しておくこと（逆方向バイアス）．

逆方向バイアス（ぎゃくほうこう——）
reverse bias→逆方向電圧（電流）

キャッシュ・メモリ cache memory
コンピュータの中央演算処理装置（CPU）内の高速メモリのこと．主記憶装置内のプログラムやデータの一部（使用回数の多い部分）をコピーしておき，必要に応じてここから読み出す．それにより処理動作が速くなる．プライマリ（1次）キャッシュともいう．CPUの外部にあるメモリはセカンダリ（2次）キャッシュという．キャッシュとは秘密の隠し場の意味がある．
☞CPU

キャッシュレス電話機
（——でんわき）**cashless telephone**
硬貨（キャッシュ）の代わりにテレホンカード（プリペイド式の磁気カード）を差し込むと，利用できる度数が表示され番号待ち状態になる．通話中は残りの使用度数が表示されるカード式電話機．

キャパシタンス capacitance
静電容量，電気容量・容量のこと．
☞静電容量

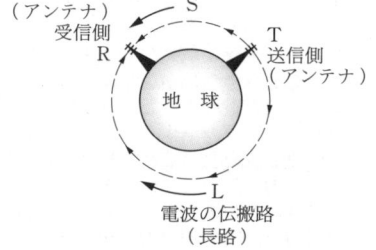

電波の伝搬路（短路）
受信側（アンテナ）
送信側（アンテナ）
地球
電波の伝搬路（長路）

キャパシティ capacity

1. 静電容量の意味で記号 C で表す．単位はファラッドの百万分の1が実用され，マイクロファラッドといい，〔μF〕と書き，さらに百万分の1をピコファラッドといい，〔pF〕で表す．
2. 電力や電流，電圧の容量をいうことがある．「1Aの電流を流すのに，このトランスのキャパシティでは不足だ」などと使う．「電流容量が不足である」という意味である．

キャビティ cavity

空胴のこと．
☞空胴共振器，空胴波長計

キャビティ共振器 (——きょうしんき) cavity resonator → 空胴共振器

キャビテーション cavitation

強力な超音波を液体の中に放射すると，液体中に気泡（あわ）が発生する．この現象のこと．この現象で化学作用や発光が生じる．また，混ざり合わない液体を乳剤化する作用もある．
☞超音波

キャビネット cabinet

スピーカを入れる箱（ボックス）のこと．箱の中は空のため，共鳴現象を生じて特性を悪くすることがある．これを防ぐため，キャビネットの内壁にガラスウールなどの吸音材を一面に張る．外形寸法は，スピーカのサイズや個数に合わせて，各種のものが工夫され，エンクロージャともいう．

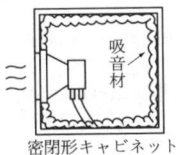

密閉形キャビネット

キャブタイヤ・ケーブル toughrubber sheath cable, cabtyre cable

導体はより線を使い，その上から丈夫なゴムで共通の外装（キャブタイヤゴム）を行って，移動機械器具（電動工具・産業機械）の電源コードに使う．1910年鉱山用移動電線として作られ，耐水性・耐磨耗性・耐衝撃性・耐屈曲性に優れ過酷な扱いに耐えることから，産業用・家庭用に広く使われる．低圧用（AC600V・DC750V）と高圧用（3,300V・6,600V）があり，ゴム・クロロプレン・ビニルのキャブタイヤコードがJISで規定されている．

キャプテン・システム Character And Pattern Telephone Access Information Network System

キャプテンとも略称し，文字図形情報ネットワーク（システム）という．1978年頃から郵政省・NTTが共同開発したビデオ送受信情報システム．国際的にはビデオテックスといわれるもので，家庭の電話機（端末）のキーボタンを押し，公衆電話網を使って情報センタ（コンピュータ）から必要な情報を引き出し，テレビ受像機に文字・図形を表示する方式．ホームショッピング，ホームバンキング，各種チケットの予約などにも使える．

キャラクタ character

1. コンピュータでは，2進数や2進コードでデータを表すが，何ビット使って表現するかは，それぞれ異なる．一般には数字4ビットと英文字や記号6ビットを一つの単位として扱い，この単位をキャラクタとか，字，文字という．
2. 文字．データの構成，制御，表現に用いられる有限個の要素の集まりの各構成単位で，一定の約束に基づいて決められているもの（JIS）．

キャラクタ・ジェネレータ chracter generator

文字や特定のパターンをプリンタに印字したり，ディスプレイに表示するための文字発生器．各文字をドットの集まりにパターン化し，ROM（ICメモリ）にディジタル信号として記憶させ，必要に応じて読み出す．パソコンや文字

多重放送・キャプテンなどの機器に使用する. ☞ROM

キャラクタ・ディスプレイ character display

文字表示装置で, 漢字, 英字, かな文字, 数字, 特殊記号などを表示する装置で, カラー表示もできディスプレイと略称する. 液晶形のものも多く, パソコンなどに使う.

キャリア carrier

1. キャリアとは運ぶ, 運搬するという意味で, 搬送波のこと. 遠いところまで無線で電波を送る場合, 低周波の信号は, そのままでは電波にならず高周波にのせて電波にする. このように高周波は信号を運ぶ役目をする. 2. 不純物半導体の中に存在する, 電子やホールのこと. 荷電粒子, 電流担体のこと. ☞高周波

キャリア拡散形トランジスタ (——かくさんがた——) carrier diffusion type transistor

キャリアがベースの中を拡散によって移動する接合トランジスタ. ベース中のキャリアの走行時間が長くなり, 高周波特性はドリフト形に劣る.

キャリア加速形トランジスタ (——かそくがた——) carrier drift transistor

→キャリア・ドリフト形トランジスタ

キャリア蓄積効果 (——ちくせきこうか) carrier storage effect

トランジスタの動作中, ベース電流が切れても, コレクタ電流は同時に0にはならず時間的な遅れを生じる. これは, ベース領域の少数キャリアの移動に時間がかかるためである. このため入力信号に対して, 出力信号に遅れ(タイムラグ)を生じる. これは高周波特性を低下させ, 高速スイッチング動作に影響する. この改善のためベースの不純物濃度を上げたり, 外部回路にスピードアップコンデンサを加えたりする. ☞コレクタ電流

キャリアテープ carrier tape

電子部品や半導体デバイスを実装機でプリント配線板に装着する場合に用いるための包装形態で使用する. SMD(チップ部品)用とリード付き部品用がある. ☞プリント配線板

キャリア・ドリフト形トランジスタ (——がた——) carrier drift type transistor

キャリア加速形トランジスタともいう. トランジスタの高周波特性を改善するため, ベースの不純物濃度分布を不均一(エミッタ側は濃くコレクタ側は薄く)にして, ベースの中にキャリアを加速する電界を発生させ, ベースの走行時間を短くするようにしたトランジスタのこと. このほか, 成長拡散形・メサ形・プレーナ形などの高周波トランジスタは, このキャリア加速形である. ☞エミッタ

キャリアの注入 (——ちゅうにゅう) carrier injection

半導体のPN接合で, P形に正(+), N形に負(—)の順方向電圧を加えると, PN接合部の電位障壁が下がり, N形からP形へ電子が移動し, P形からN形へ正孔が移動する. これをキャリアの注入という. ☞PN接合

キャリッジ carriage

1. コンピュータのプリンタやタイプライタの水平方向に動く印字部分.
2. ラインプリンタの用紙の行送りをすること, またはそのメカニズム(機構)のこと.

キャリッジ・リターン carriage return, CR

1．可動部が改行し最初の位置にもどること．リターンと略称する．
2．コンピュータで命令の実行のこと．

キャリッジ・リターン・キー carriage return key

コンピュータのプリンタやタイプライタでキャリッジリターン（リターン）させるためのキー（鍵）．リターンキーともいう．

キャリブレーション calibration
→校正

吸音材（きゅうおんざい） absorbing material

音を吸収する（吸音）材料のこと．スピーカのキャビネットや音響関係の室に使われる．ガラスウールやスポンジなどを多く使い，遮音，防音，吸音の働きをする．カーテンや床マットにも，この働きがある．

吸収形周波数計
（きゅうしゅうがたしゅうはすうけい） absorbing type frequency meter

可変容量VCとインダクタンスLの共振回路と，検波器（ダイオード）Dと，高感度の電流計を組み合わせる．コイルLを他の測定しようとする回路に電磁的に結合し，VCを調整してMの振れの最も大きい点に合わせる．このときLとVCの共振回路は被測定回路の周波数と共振したわけで，そのときのVCのダイヤル目盛から周波数fを知ることができる．普通，Lをプラグイン方式にして周波数帯ごとにコイルをさし変えて使う．構造が簡単で小形にでき，取扱いや持ち運びが便利でアマチュア計器としてよく使われる．感度がやや低いのと共振を利用しているためあまり精度は良くない．最近はトランジスタのアンプを組み合わせ電池内蔵の高感度のものも市販されている．

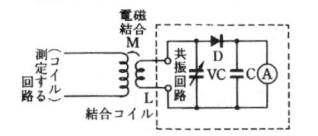

吸収形波長計（きゅうしゅうがたはちょうけい） absorbing type wave meter

吸収形周波数計と同じで，ダイヤルは周波数の代わりに波長で目盛ってある．両者は全く同じ構造でダイヤル目盛だけが違う．ディップメータと兼用になったものも市販されている．この場合は切換えスイッチでディップメータと吸収形波長計（周波数計）を切り換える．吸収形周波数計と同じ意味にも使う．☞吸収形周波数計

吸収性フェージング（きゅうしゅうせい——） absorption fading

短波以上の短い波長で生じる，電波の強さの時間的な変動のこと．短波では，電離層を通過するとき弱められる．その程度は，電離層の状態で変化する．このため周期は，10〜20分位の長いものもあり，深さもあまり大きくない．超短波以上では，激しい雨や雪によって，吸収されたり反射するために生じる．超短波の移動用無線では，移動とともに付近の建物・樹木・地形が変化するため，受信電波の強さが変化する．これも吸収性フェージングというときがある．☞電離層

急速起動（きゅうそくきどう） quick start

火力発電などで，負荷の要請（需要）と起動損失軽減のため，時間を短縮して起動すること．（JIS・火力発電用語・一般）クイック・スタートともいう．

急速充電（きゅうそくじゅうでん） boosting charge, quick charge

放電した蓄電池を急速に充電すること．充電前2Vの蓄電池の端子電圧が約2.4〔V〕になるまでは平常の充電電流の2倍の電流で充電し，以後は平常充電電流に減らし充電を完了する．速充電ともいう．充電時間の短縮が目的だが，急速充電を繰り返すと，バッテ

給電線 (きゅうでんせん) feeder
→フィーダ

球面波 (きゅうめんは) spherical wave
電波や音の波が空間を伝わるとき、同じ位相の点は球の表面（球面）のようになる．これを球面波という．

キュービクル cubicle
閉鎖配電盤ともいう．外周を金属板でかこい，接地（アース）したケースに収めた，交流の電力回路用主回路機器と監視制御装置などから成る配電盤のこと．交流電圧のランク別にJEMにより規定されている．☞JEM

キュリー温度 (——おんど) Curie temperature
強磁性体の温度を上げていくと，ある温度で保磁力を失う．このときの温度のこと．キュリー点ともいう．

キュリー点 (——てん) Curie point
強磁性体の温度を上げると，ある温度で急に保磁力を失い，比透磁率は1に近づく．この温度をキュリー点，キュリー温度，または，磁性体の臨界温度という．ニッケル358〔℃〕，フェライト500〔℃〕，鉄770〔℃〕，コバルト1,115〔℃〕である．

キュリー点温度 (——てんおんど) Curie temperature →キュリー温度

行印字機 (ぎょういんじき) line printer →ライン・プリンタ

行印字装置 (ぎょういんじそうち) line printer
行印字機・ラインプリンタともいう．コンピュータの出力装置の一つで，行単位（1行毎）に印刷するプリンタ．
1行分の文字を単位として印字する装置（JIS情報処理用語・関連装置）

強磁性体 (きょうじせいたい) ferro-magnetic material or substance
略して磁性体ともいう．鉄・ニッケル・コバルト・ガドリニウム・テルビウムなどの合金や化合物のように，強く磁化される（磁石となる）物質のこと．

共振 (きょうしん) resonance
コンデンサCとコイルLとを並列または直列にして，これに交流電源をつなぎ周波数fを変えると，直列回路ではあるfで大電流が流れ，並列回路では最小となる．このときの周波数f_0は次の式で表し，共振周波数という．

$$f_0 = \frac{1}{2\pi\sqrt{LC}} \ \text{[Hz]}$$

このとき流れる電流を共振電流といい，回路の損失をRとすれば直列の共振電流I_0は，次の式で求まる．

$$I_0 = E/R \ \text{[A]}$$

このような現象を共振または同調という．☞共振電流

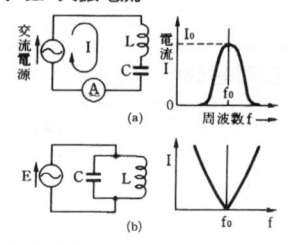

共振アンテナ (きょうしん——) resonance antenna
アンテナの長さを，発射または受信する電波の波長の，1/2（半波長）の整数倍にしたアンテナのこと．短波帯以上で使われる．ダブレット・アンテナはこの例である．
☞ダブレット・アンテナ

共振回路 (きょうしんかいろ) resonance circuit
インダクタンスL，静電容量C，抵抗Rなどで作られた回路のこと．直列共振回路，並列共振回路が代表的である．同調回路ともいう．

共振器 (きょうしんき) resonator
外部から加わる電気的・磁気的・機械的エネルギに反応して共振したり共鳴

共振曲線 (きょうしんきょくせん)
resonance curve

共振回路の周波数と電流との関係を示す曲線のこと．リゾナンスカーブとか，共振カーブ，同調曲線とかいう．直列共振回路の共振曲線を，直列共振曲線といい，共振周波数 f_0 を中心に，左右ほぼ対称形である．並列回路では，並列共振曲線という．☞**共振回路**

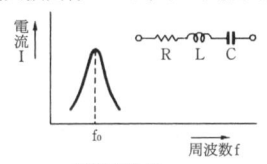

直列共振曲線

共振誤差 (きょうしんごさ)
resonance error

高周波の測定器(電子電圧計・熱電形電流計)の導体(端子)間などの漂遊(分布)容量 C や測定用コード(リード線)のインダクタンス L などによって共振し，共振周波数 $f_R=1/(2\pi\sqrt{LC})$ の付近で指針に正の誤差を生じる．このような誤差を共振による誤差，つまり共振誤差という．

共振子 (きょうしんし) resonator

振動子ともいう．共振器のうち，機械的共振を生じるものを共振子と呼ぶ．たとえば，水晶・音叉・磁気ひずみの各共振子がある．☞**音叉**

共振周波数 (きょうしんしゅうはすう)
resonance frequency

同調周波数ともいう．共振回路の共振周波数のこと．共振回路のインダクタンス L，容量 C とすれば，共振周波数 f は，

$$f=\frac{1}{2\pi\sqrt{LC}} \text{ [Hz]} となる．$$

共振特性 (きょうしんとくせい)
resonance characteristic

共振周波数 f_0 を中心にして，その近くの(上,下)周波数における電流・電圧・電力の周波数との関係(周波数特性)のこと．☞**共振周波数**

共振の鋭さ (きょうしん――するど――)
resonance sharpness

共振は同調ともいうので同調の鋭さともいう．インダクタンス(コイル) L と容量(コンデンサ) C の直列回路で，正弦波発振器 O の周波数 f を変えると，C の両端電圧 V_C は f の変化に対し山曲線となり，ある周波数で V_C は最大値 V_0 となる．この f_0 をこの LC 直列回路の共振周波数，回路を LC 直列共振回路，$f-V_C$ 曲線を共振曲線という．V_C が V_0 の $\sqrt{2}$ 分の1(≒0.7)になるときの周波数を f_H・f_L とすれば，共振の鋭さ Q は次式で示す．

$$Q=\frac{f_0}{f_H-f_L} \quad (f_H>f_L)$$

なお，R はコイルや回路の損失分であり，実効抵抗という．☞**正弦波発振器**

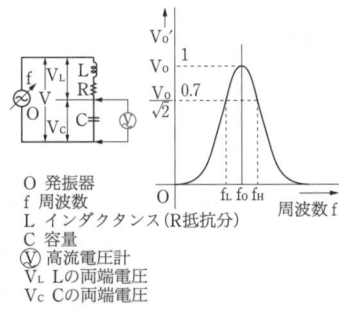

O 発振器
f 周波数
L インダクタンス(R抵抗分)
C 容量
Ⓥ 高流電圧計
V_L L の両端電圧
V_C C の両端電圧

共振ブリッジ (きょうしん――)
resonance bridge

周波数ブリッジの一種で，R_1 R_2 R_3 R_4 LC を調整して，検電器 D で最小点を求めれば，ブリッジのバランスがとれる．このとき，$R_1R_4=R_2R_3$ となり，L と C のリアクタンス X_L，X_C は打ち

消し合い0となる．

$$\therefore X_L = X_c, \quad 2\pi fL = \frac{1}{2\pi fC}$$

$$\therefore f = \frac{1}{2\pi\sqrt{LC}} \quad [Hz]$$

となり，周波数fが求められる．

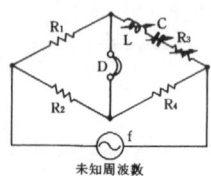

狭帯域（きょうたいいき）**nerrow-band**
伝送路や回路で扱う信号の，周波数の通過帯域（周波数帯域幅）が狭いこと．形容詞として使い，狭帯域増幅器・狭帯域フィルタなどと使う．☞伝送路

狭帯域増幅器（きょうたいいきぞうふくき）**narrow-band amplifier**
狭帯域をナ（ネ）ローバンドといい，電子回路で扱う通過帯域（幅）が狭い増幅器のこと．LC同調回路やRC結合回路，帯域フィルタなどとして使う．
☞帯域フィルタ

狭帯域通信（方式）（きょうたいいきつうしん（ほうしき））
nerrow-band communication system
通信路の1チャネル当たりの占有帯域幅を狭く（狭帯域化）し，限られた周波数を有効利用する技術のこと．特に画（映）像信号は帯域幅が広いので，信号の最高画面周波数を低く抑え，狭帯域の伝送路で送信し，受信側で逆変換して映像を得る方式である．
1．送像側の変換
 a．サンプリング法：信号をサンプリングして送る方法．
 b．速度変換法：メモリに高速で記録し，低速で読み出す方法．
2．受信側の変換
 a．蓄積表示法：直視形蓄積管に信号を表示する方法．
 b．メモリに低速で記録し高速で読み出す方法．

狭帯域フィルタ（きょうたいいき——）
nerrow-band filter
扱う信号（入出力信号）の周波数の通過帯域（周波数帯域幅）が狭いフィルタのこと．帯域通過フィルタやLC同調回路などはこの例である．ナローバンド・フィルタともいう．
☞フィルタ

共通エミッタ回路（きょうつう——かいろ）**common emitter circuit**
トランジスタの電極の一つ，エミッタを入力と出力の共通端子につないだ回路のこと．共通端子は一般にアースにするので，エミッタアースまたはエミッタ接地回路という．

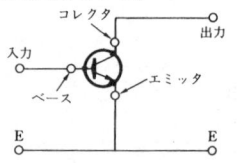

共通ゲート回路（きょうつう——かいろ）**common gate circuit**
→ゲート接地回路

共通コレクタ回路（きょうつう——かいろ）**common collector circuit**
→コレクタ接地回路

共通ソース回路（きょうつう——かいろ）**common source circuit**
→ソース接地

共通ドレーン回路（きょうつう——かいろ）**common drain circuit**
→ドレーン接地

共通ベース回路（きょうつう——かいろ）**common base circuit**
→ベース接地回路

共同聴視方式（きょうどうちょうしほうしき）**community receiving system**
CATVともいう．大きなビルディングで多数のテレビ受像機を使う場合，屋上にアンテナを1本立て，分配器で

きよく

各受像機に分けて受信する方式のこと. ☞CATV

共鳴 (きょうめい) resonance
振動板, 振動片, 弦などが, 寸法や長さによって定まる一定の周波数で, 強く振動する現象のこと. 共振ともいう. ☞共振

共役インピーダンス (きょうやく——) conjugate impedance
インピーダンス $Z_1=R_1+jX_1$, $Z_2=R_2-jX_2$ がある場合, Z_1 と Z_2 は共役の関係にある, または共役インピーダンスであるという. ここで, $R_1=R_2$, $X_1=X_2$ である. 虚部の符号だけが逆となる関係である. ☞符号

共有化 (きょうゆうか) common use
公開の LAN 上で複数のコンピュータが, プリンタ・ディレクトリ・ディスクなどを共有すること. 共有プリンタ・共有ディレクトリ・共有ディスクという. ☞LAN

共有結合 (きょうゆうけつごう) covalent bond
原子の価電子は, 2個ずつ対となり安定する. この電子対の結合のこと. ☞価電子

強誘電体メモリ(FeRAM)(きょうゆうでんたい——) Ferroelectric Random Access Memory
強誘電体を使ったメモリで, 現在使われている SRAM や DRAM と同等の読出し, 書込み速度をもち, 電源を切っても記憶させた情報が消えない不揮発性メモリ. ☞SRAM, DRAM

極性 (きょくせい) polarity
電池や電解コンデンサのプラス(+), マイナス(−)のこと. 電池の場合はプラスの極からマイナスの極に向かって電流が流れる. 電解コンデンサは電位の高いほうを(+), アースを(−)にする.
☞電解コンデンサ

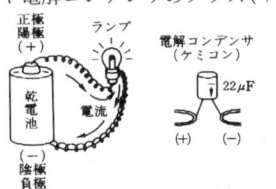

極端紫外 (EUV) 光リソグラフィ (きょくたんつがいこう——)
xtreme Ultra-Violet Lithography
波長13.5nmの光を使った縮小投影露光技術.

局発回路 (きょくはつかいろ) local oscillation circuit
→局部発振器

局部帰還 (きょくぶきかん) local feedback
トランジスタ回路で, 入力, 出力に共通な回路を, 直接にアースせず抵抗Rを通してアースする. このRにより負帰還がかかり, これを局部帰還という. ☞負帰還

局部発振器 (きょくぶはっしんき) local oscillator
ローカルオシレータとも呼ぶ. スーパヘテロダイン方式では, アンテナでキャッチした高周波信号 f_1 と, 別の高周波 f_0(f_0 より f_1 のほうが低いとする. $f_0>f_1$)とを混合してその差(うなり)の成分 $f_0-f_1=f_{IF}$ を取り出し, 増幅し検波する. この高周波 f_0 は, 受信機の中の高周波発振回路で発生させ, この回路を局部発振器という. 局発と略称する.
☞スーパヘテロダイン方式

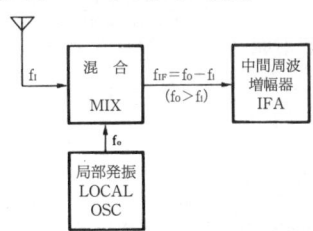

きよく

魚群探知機（ぎょぐんたんちき）
fish finder, fish detector

魚探（ぎょたん）ともいう．船より15〜50kHz位の，超音波のパルスを，毎分数回〜数十回繰り返し発射し，魚に当たって反射してくる成分を，キャッチして増幅しディスプレイに映す．記録に残す場合にはペン書きオシログラフなどを使う．船舶から魚の群までの距離・方向を知ったり，水の深さを知る．超音波が水中を毎秒1,500mの速さで進むことから，パルスを発射してから，反射してもどってくるまでの時間Tを正確に測り，1500T/2＝750T〔m〕で計算できる．水深や海底地形を測るものは測深機（ソーナ）という．☞ソーナ

きょ(鋸)歯状波（——しじょうは）
saw tooth wave → のこぎり波

許容誤差（きょようごさ）
allowable error, permissible error

1．測定器や計器の指示値には誤差がありその誤差の許される範囲の値で，%で表す．種類，用途・階級などで定められている．

2．測定値に含まれる誤差の，許される範囲の値のこと．許容範囲ともいう．

許容帯（きょようたい）
allowed band, allowable band

金属のように原子が密集している場合には，原子同士の影響で原子核を中心に回っている電子のエネルギ分布は，段階的でなく，帯のように広い．この帯の中に電子が存在できる．このエネルギ帯のこと．☞禁止帯

許容電流（きょようでんりゅう）
allowable current

電気の各部品（素子）・電線などに許された電流値で，定格電流または最大電流ともいう．たとえば電線に流せる電流の最大値のこと．

切換えスイッチ（きりか——）change-over switch, circuit changing switch

A，B二つの回路またはそれ以上の回路を切り換えるスイッチのこと．

希硫酸（きりゅうさん）
dilute sulfuric acid

比重（水と比べた重さ）が1.4以下の硫酸水溶液のこと．鉛蓄電池では比重1.15〜1.20位(25°C，2.00〜2.05V)の希硫酸を使い，電解液という．☞電解液

ギルダーの法則（——ほうそく）
Gilder Law

米国の経済学者ジョージ・ギルダー（George Gilder）が2000年に出した著書「テレコズム」の中で「ネットワークの帯域幅の拡大速度は9か月で倍になる」という法則．半導体ではメモリの集積度が18カ月で2倍になるというムーアの法則と比較される．ネットワーク上を流れる情報量は，コンピュータの性能向上以上のペースで増加することを意味する．通信関連の経験則としては，このほかに「ネットワークの価値は接続する端末や利用者の数の2乗に比例して増大する」というメトカーフ（Metcalf）の法則がある．

ギルバート gilbert

1．CGS電磁単位で起磁力の単位に使う．MKS単位とは，1ギルバート＝$10/(4\pi)$　アンペア(A)の関係がある．

2．英国の科学者ウイリアム・ギルバート（1540〜1603）のこと．数学・医学を学びイタリアより帰国しロンドンで医者を開業．大学総長やエリザベス女王1世の侍医を勤めた．1600年『磁石について』(地磁気の発見)を刊行し，今日の電気磁気学の基礎をつくった．☞CGS電磁単位

キルヒホッフの法則（——ほうそく）
Kirchhoff's law

第1と第2法則から成り立っている．第1法則は「回路のどこか1点（X点）に流れ込む電流I_1とその点から流れ出る電流I_2，I_3の和は等しい」．これを式で示すと次のようになる．

$I_1 = I_2 + I_3$　　　　　　　　　(1)

第2法則は「回路の網目を一定方向にたどったときの起電力の総和と,そのときの電圧降下(電流Iと抵抗Rの積=IR)の総和は等しい」というもので,これを式で示すと二つの方程式になる.

網目Aでは,
$I_1R_1 + I_2R_2 = E_1 - E_2$　　　(2)

網目Bでは,
$I_3R_3 + I_3R_4 - I_2R_2 = E_3 - E_2$　(3)

(1)〜(3)の方程式から,I_1, I_2, I_3を計算によって求めることができる.以上の第1,第2法則をまとめてキルヒホッフの法則といい,オームの法則をさらに拡張し,どんな複雑な回路の計算にも使えるようにした法則である.

☞オームの法則

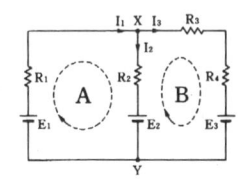

キロ　kilo

SI(国際単位系)において,10の整数乗倍を示す名称(接頭語)で,10^3を示し記号は[k]である.

☞SI

記録 (きろく) record

コンピュータで使われる場合は,レコードともいう.情報処理の目的で,一単位として取り扱われる関連した項目や欄や語の集まり(JIS).

記録計 (きろくけい) recorder

→記録計器

記録計器 (きろくけいき) recording meter, recorder, graphic meter

電圧,電流,電力,周波数など時間とともに変化する量を測定し,自動的に記録する装置のこと.可動コイル形計器の原理で指針を振らせ,先端にペンをつけ,時計機構により移動する記録紙にペン先を接触させてグラフを書くペン書きオシログラフ・X-Yレコーダ・プロッタなどがある.インクは現象の変化が早くなるとにじんだり,ペンをつまらせたり保守が面倒なため,インクのない形も作られている.指針の先に発熱体を付け,感熱紙に記録したり,光を使う電磁オシログラフもある.多素子形は,同時に多くの現象を測定したり,記録するのに適す.ペン書きは数100Hz位以下に使われ,電磁オシロは差し込み形振動子を用い3kHz以上にも使う.

☞電磁オシログラフ

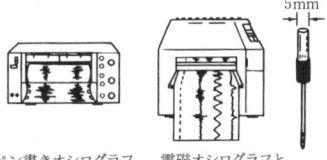

ペン書きオシログラフ　電磁オシログラフと
(2ペン形)　　　　　振動子(ガルバノメータ)

記録メディア (きろく——) recording media

ディジタルカメラには記録媒体としてフラッシュメモリなどを使用したメモリカードが使われる.メモリカード規格にはコンパクトフラッシュ,SDメモリカード,メモリスティック,xDピクチャカードなどがある.

キロサイクル　kilocycle

キロは補助単位に使われる接頭語で,千倍(10^3)を示す.1キロサイクルは,1kcと書き1,000cを表す.サイクル[c]は1秒間に繰り返す交流の波の数で,現在はヘルツ[Hz]を使う.

キロボルト　kilovolt

電圧の単位ボルトの千倍のことで,[kV]と書く.1[kV]は1,000[V]である.

キロボルトアンペア　kilovolt-ampere

ボルトアンペアの千倍の大きさ.1キロボルトアンペアは,1[kVA]と書く.

キロメートル波 (——は)
kilometer wave
電波の波長が1kmつまり1,000m以上のことで、周波数300kHz以下のLF、または長波帯のこと。

キロワット kilowatt
1ワットの千倍、つまり1,000ワットを1キロワットといい1〔kW〕と示す。ワットとは電力の単位で電圧と電流の積で計算する。100Vの電灯線から10Aの電流を流したときの電力は、100×10＝1000となり1kWになる。

キロワット・アワー kilowatt hour
電力量を示す単位である。電力量Wは電力（電圧Vと電流Iの積）と時間tの積で示される。$W = Pt = VIt$
tを1〔時間〕としPを1〔kW〕（キロワット）とすれば、
$$W = 1〔kW〕 \times 1〔h〕 = 1〔kWh〕$$
となる。
〔kWh〕は、キロワットアワーと読み、1〔kW〕の電力を1時間使ったときの電力量である。〔kWh〕を〔kW時〕と書き、キロワット時(じ)ともいう。

キロワット時 (——じ)
kilowatt hour →キロワット・アワー

緊急警報信号 (きんきゅうけいほうしんごう) emergency alarm signal
災害に関する放送の受信の補助のために送る信号で、第1種開始信号・第2種開始信号・終了信号をいう。第1種開始信号とは、待受状態にあるすべての受信機を作動させるために送る信号。第2種開始信号とは、特別の待受状態にある受信機のみを作動させるために送る信号。終了信号とは、第1種または第2種開始信号の受信により動作状態にある受信機を、緊急警報信号を受ける前の状態にもどすために送る信号（電波法施行規則第2条84の2〜5）。☞緊急警報放送システム

緊急警報放送システム
(きんきゅうけいほうほうそう——)
emergency warning system
大地震・津波などの予知や警戒情報を一般の人びとに確実に早く送る方式。放送局から緊急警報信号を送り、受信機のスイッチを自動的に入れて、緊急情報を流す。これを受信するためには、各自で緊急警報信号の受信装置が必要になる。
☞緊急警報信号

緊急信号 (きんきゅうしんごう)
urgency signal
緊急通信の際、通信に先がけて送る信号。無線電信の場合、XXX、無線電話の場合、緊急またはパンパン。この信号を3回送る（電波法）。

緊急通信 (きんきゅうつうしん)
urgency traffic
船や飛行機が、重大で急迫した危険に陥るおそれのあるときや、緊急の事態が発生した場合に、緊急信号XXXを出して行う無線通信(電波法第52条)のこと。免許状に書かれている、目的、通信の相手、通信事項の制限は除かれる(同52条)。運用時間の制限もなく(同55条)、混信防止の配慮もいらない(同56条)。第1、第2の各沈黙時間の制限もない(同64条)。海岸局や船舶局は、遭難通信に次ぐ優先順位で緊急通信を扱うこと、3分間以上継続して緊急通信を受信すること(同67条)が義務づけられている。

近距離フェージング
(きんきょり——) **near fading**
干渉性フェージングの一種。地表波と、電離層で反射してきた電波とが、互いに干渉し合う地域では、電離層が不安定なため、反射してくる電波の強さが、時間とともに変化して、合成の電波の強さが時間とともに変動し、フェージングを生じる。中波では、送信アンテナから50〜200km位で生じる。短波では、電離層からの反射波がもどってくる地域では、地表波は弱まってしまい、この種のフェージングは生じない。長

波では，電離層反射波が安定しているため，中波ほど激しくはない．送信アンテナから比較的近距離で発生するフェージングであることから，近距離フェージングという．
☞フェージング

禁止帯（きんしたい）**forbidden band**
原子の中では，電子は一定の軌道を回り，一定のエネルギをもっている．そのエネルギの大きさは，段階的で図(a)のようである．固体のように原子と原子が密集している場合は，他の原子の影響で，電子のエネルギに広がりができ，帯（バンド）のようになる（図(b)）．帯と帯の間は，電子の存在し得ない場所があり，これを禁止帯，禁制帯，フォービドンバンドなどという．

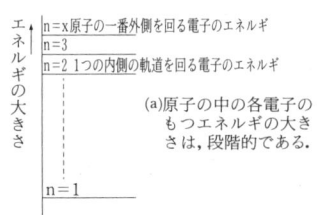

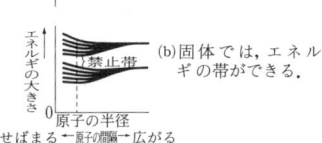

(a)原子の中の各電子のもつエネルギの大きさは，段階的である．

(b)固体では，エネルギの帯ができる．
せばまる←原子の間隔→広がる

禁制帯（きんせいたい）
forbidden band 禁止帯と同じ．
→禁止帯

近接効果（きんせつこうか）
proximity effect
電流の流れている導体が接近していると，電流の分布が断面に不均一となる現象で，表皮効果の一種である．たとえば導体が平行していて，同じ方向に電流を流すと図(a)のように，互いに反対側の外周に電流が集まり，反対方向に流すと(b)のように，向かい合う側の外周に集中する．

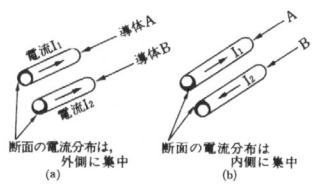

断面の電流分布は，外側に集中
(a)

断面の電流分布は内側に集中
(b)

近接スイッチ（きんせつ――）
proximity switch, contactless switch
物質（金属）が近づくと動作するスイッチのこと．静電容量や自己インダクタンスの変化を利用しており，トグルスイッチなどの機械的な可動部分のあるスイッチより，動作が確実である．流れコンベアの上に乗せた製品の数を数えたり，種類分けなど自動制御用に使われる．☞自己インダクタンス

金属整流器（きんぞくせいりゅうき）
metal rectifier
亜酸化銅整流器，セレン整流器などの，金属と半導体の間の整流作用を利用した整流器のこと．☞整流作用

金属箔抵抗器（きんぞくはくていこうき）
metal foil resistor
アルミナ基板上に金属箔を接着させエッチングを行ったものを抵抗素子とした抵抗器をいう．抵抗温度係数が $0 \pm 5\mathrm{ppm}/°C$ と他の抵抗器に比べて小さく，抵抗値許容差は $\pm 0.005\%$ レベルの高精度を実現する．数ミクロンの金属箔を用いるので，高安定，高信頼性であること，残留インダクタンスが小さく，周波数特性が良好といった特徴がある．金属ベース基板．

金属皮膜抵抗器（きんぞくひまくていこうき）**metalfilm resistor**
固定抵抗器と可変抵抗器の二種類がある．金属皮膜固定抵抗器は，金属の薄膜を抵抗体とし，磁器（ムライト，フォルステライト）の表面に真空蒸着したのち，端子付，うず巻形切込み，保護塗装，モールド，定格表示，エージングなど

を行う．種類は1/20〜2Wまで市販され，許容誤差±0.01〜±5%まである．雑音が低く，安定で信頼度も高いので，宇宙航空・コンピュータ・通信機・ステレオなど広く使われる．金属皮膜可変抵抗器は次の三種類がある．①金属薄膜可変抵抗器，②金属酸化物可変抵抗器，③メタルグレーズ可変抵抗器．カーボン(炭素)可変抵抗器に比べ，耐熱性・雑音・温度係数が優れ，巻線形に比べ小形で高周波特性も良い．耐熱ガラス，ステアタイトなどの上に，金，白金，クロム，チタン，ニッケル，タンタル，モリブデンなどの薄膜を真空蒸着する．航空機・船・車・通信機・測定器・テレビ・音響機器にも使う．金属皮膜抵抗器は電気的には炭素系より優れているが，値段が高い．

均等割付 (きんとうわりつけ)
equal layout

指定した範囲の文字の間隔を均等（等ピッチ）にする機能のこと．

く

クイック・スタート quick start
急速起動のこと．→急速起動

空間周波数特性（くうかんしゅうはすうとくせい）modulation transfer function→MTF

空間ダイバーシティ受信（くうかん——じゅしん）space diversity reception
アンテナの位置によって，フェージングの状態は異なるので，二つ以上のアンテナを数波長の距離を隔てて立て，おのおのに受信機をつなぎ，それらの出力を合成して，フェージングによる出力変動を軽くする受信方式．国際通信に広く採用されている．スペースダイバーシティ受信ともいう．
☞フェージング

空間電荷（くうかんでんか）space charge
電子管内の電極間に分布する熱電子のこと．スペースチャージともいう．
☞熱電子

空間電荷効果（くうかんでんかこうか）space charge effect
空間電荷により影響を受けて，電子の移動（電流）が制限される現象．

空間電荷層（くうかんでんかそう）space charge layer→空乏層

空間電荷領域（くうかんでんかりょういき）space charge region
半導体のPN接合で，外部から電圧を加えないとき，N形の電子（多数キャリア）はその密度の低いP形に拡散し正に帯電する．このためN形は正電位となる．P形の正孔（ホール，多数キャリア）はその密度の低いN形のほうに拡散し負に帯電し，P形は負電位となる．ある電位差になるとこれらの拡散は止まる．接合面付近の正孔・電子の拡散で正・負電位の生じた部分を空間電荷領域という．☞PN接合

空間波（くうかんは）space wave
送信アンテナから直接に受信アンテナに達する直接波と，地表で反射される大地反射波の合わせたもの．空間波の利用できる距離は，見通し距離であり，送信と受信のアンテナの高さで大きく左右される．☞見通し距離

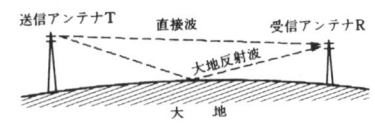

空気乾電池（くうきかんでんち）air cell, air dry cell
プラス極に活性炭素棒，マイナス極に亜鉛を使い，減極剤に空気中の酸素を利用する．空気電池の一種で一次電池である．電解液には塩化アンモニウム水溶液または苛性ソーダ水溶液を，のりのよう（ペースト状）にして紙などに浸み込ませる．ボタン形は補聴器やポケットベルなどに使う，日本では1986年から発売され，流す電流の大きさによるが，寿命は約3か月位が目安である．
☞一次電池

空気コンデンサ（くうき——）air condenser
電極間の誘電体として空気を利用したコンデンサ．エアコンデンサともいい，固定形と可変形がある．固定形は電気的特性が安定していることから，標準コンデンサになり，可変形は高周波回路の同調用や発振用に，古くからバリコンとして広く使われてきた．
☞バリコン

くうき

空気電池（くうきでんち）**air cell**
→空気乾電池

空港監視レーダ（くうこうかんし——）
airport surveillance radar, ASR
エアポート・サーベランス・レーダのことで，ASRは英字の頭文字の略称．空港付近を飛ぶ航空機の刻々と変わる位置・高度・相互間隔などを正確に把握して，各航空機の着陸順・着陸時期・着陸方向などを指定（管制）したり監視するレーダのこと．各航空機の着陸間隔を短縮できるので，離着陸の多い空港には欠かせない．

空心コイル（くうしん——）
air-core (d) coil
高周波回路に使われるコイルで，コイルの中に鉄心を入れず，空にしておくコイルのこと．高周波になると，鉄心内の損失が増えるので，これを避けるため空にする．

偶数高調波（ぐうすうこうちょうは）
even harmonics
偶数調波とか偶数次高調波ともいう．第2・第4…高調波のこと．

偶数調波（ぐうすうちょうは）
even harmonics
基本波の偶数倍の周波数の高調波（第2（高）調波，第4（高）調波……）のこと．☞基本波

偶然誤差（ぐうぜんごさ）
accidental error
何か計測してデータ（測定結果・資料）を得る場合，同じ器具を使い，同じ方法で同じ人が同じ測定を行っても，得られたデータは同じでないことがある．これはデータのバラツキであるが，このような誤差は偶然に生じる．そこでこの誤差を偶然誤差という．

空中線（くうちゅうせん）**antenna**
→アンテナ

空中線結合回路（くうちゅうせんけつごうかいろ）**antenna coupler, antenna tuning circuit**→アンテナ・カップラ

空中線コイル（くうちゅうせん——）
antenna coil→アンテナ・コイル

空中線高（くうちゅうせんこう）
antenna height
送信または受信空中線（アンテナ）の地表からの高さのこと．

空中線効率（くうちゅうせんこうりつ）
antenna efficiency
空中線に与える電力（アンテナの高周波全消費電力）P_1 と空中線から電波として放射される電力 P_o との比 η を空中線効率という．

$$\eta = \frac{P_o}{P_1} = \frac{I_A^2 R_R}{I_A^2 R_A} = \frac{R_R}{R_A} \begin{pmatrix} I_A & 空中線電流 \\ R_A & 空中線抵抗 \\ R_R & 放射抵抗 \end{pmatrix}$$

また，空中線放射効率ともいう．

空中線指向性図（くうちゅうせんしこうせいず）
radiation pattern, antenna directivity
→アンテナ・パターン，指向性

空中線実効高（くうちゅうせんじっこうだか）**antenna effective height**
→実効高

空中線素子（くうちゅうせんそし）
antenna element
一定方向に集中して電波を放射（受信）する鋭い指向特性の空中線（アンテナ）を，ビーム空中線といい，短波帯（VHF帯）以上の高い周波数で使われる．ビーム空中線は1/2波長の空中線を2本以上，縦または横方向に配列し，鋭い指向(特)性をもたせる．このときの

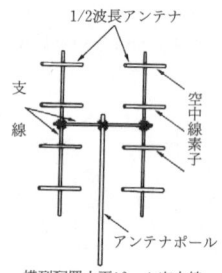

横列配置水平ビーム空中線
（図：1/2波長アンテナ，支線，空中線素子，アンテナポール）

個々の空中線を，空中線素子または単位空中線という．八木（宇田）アンテナもビーム空中線の一種である．

☞八木（宇田）アンテナ

空中線抵抗（くうちゅうせんていこう）
antenna resistance

空中線での消費電力または空中線電力 P_A は，空中線電流 I_A が抵抗 R_A に流れて消費されると考え，このときの R_A を空中線抵抗とか実効抵抗という．

$$R_A = \frac{P_A}{I_A^2} \quad [\Omega]$$

空中線定数（くうちゅうせんていすう）
antenna constant

アンテナ定数のこと．アンテナの自己インダクタンス L，静電容量 C，抵抗 R のことで，静的定数と実効定数に分かれる．静的定数は，アンテナの1m当たりのインダクタンス L と静電容量 C に，長さをかけて得られる値．実効定数は，アンテナの実効インダクタンス L_e と実効容量 C_e から求める値．

☞インダクタンス，実効容量

空中線電流（くうちゅうせんでんりゅう）
antenna current

空中線（アンテナ）の長さを，放射する電波の波長 λ の1/2（半波長）に合わせた空中線を，同調空中線・定在波空中線・共振空中線という．この空中線の電流は正弦状分布で，その最大値（波腹）を空中線電流値とする．

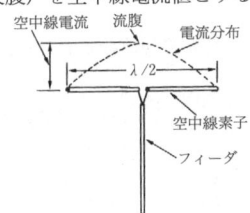

空中線電力（くうちゅうせんでんりょく）
antenna power

アンテナパワーとかアンテナ電力という．無線局の免許状に指定される値．送信機からアンテナに供給される，またはアンテナで消費される電力のこと．このうち大部分は電波として発射されるが，一部は，抵抗損，誘電体損，コロナ損，アース抵抗損などの損失（ロス）となる．

空中線容量（くうちゅうせんようりょう）
antenna capacity

中波以上の長い波長（低い周波数）の空中線は，接地空中線（1/4波長）であるが，静電容量（コンデンサ）を直列につなぎ共振波長を短縮できる．このコンデンサを空中線容量・空中線コンデンサ・アンテナコンデンサ・短縮コンデンサなどという．

☞共振波長

空中線利得（くうちゅうせんりとく）
antenna gain → アンテナ・ゲイン

空中放電（くうちゅうほうでん）
atmospheric discharge

極光（オーロラ）や雷などのような大気中での放電のことを，空中放電または気中放電などという．

空電（くうでん） atmospherics

電気を帯びた雲と雲の間，または雲と大地との間に起きる放電や，大気中の電気的変動で生じる電波の一種で，受信機の雑音となる．次の3種類に分けられる．

(1)クリック．カリッ，という鋭い雑音となる．わが国では冬の夜に多く，熱帯地方では常時夜間に発生する．比較的近距離の空電で，音が連続しないため影響は少ない．

(2)グラインダ．ガラガラ……と連続した雑音を生じ，最も多く生じる空電で，比較的遠距離の激しい雷や雷雨が原因．

(3)ヒッシング．シューとかジャーとか連続した雑音を生じ，砂じん，吹雪，ひょうなどの際に生じる．大気の電気的変動が原因と考えられる．磁気あらし，極光（オーロラ），流星雨のときも生じる，近距離空電の一種である．

くうて

空電雑音（くうでんざつおん）**atmospherics noise, static noise** →空電

空胴共振器（くうどうきょうしんき）**cavity resonator**
キャビティ共振器ともいう．マイクロ波の共振器で，円筒形・直方体・長方形をした，内部が空胴の金属立体である．形や寸法によって共振周波数が定まり，Qが10,000以上の大きな値になる．マイクロ波の共振回路や周波数計に利用される．☞Q

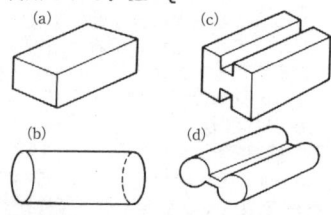

空胴波長計（くうどうはちょうけい）**cavity wave meter**
マイクロ波用波長計または周波数計で，円筒形の切り口付近に目盛をつけた空胴共振器が多く使われる．
☞空胴共振器

空白（くうはく）**null, space**
コンピュータ画面上で，またはプリンタの印刷出力に何もない状態．文字や記号の入らない，あいている，何もないこと．

空白行（くうはくぎょう）**blank line**
ワープロやパソコン画面上で1行すべてが空白であること．空白行を作るには，つまり1行あけるには，あけたい行の先頭にカーソルを置き改行キー（リターンキー）⏎を押す．するとカーソルのあった行はカーソルと共に全部次の行に移り1行分空白ができる．
☞カーソル

空白行削除（くうはくぎょうさくじょ）**deletion of blank line**
ワープロやコンピュータの画面で，空白行を取り除くこと．取り除く空白行の改行マーク⏎にカーソルを合わせ，削除キー DEL，「Delete」を押すと空白行を取り除ける．

空白行入力（くうはくぎょうにゅうりょく）**insertion of blank line**
空白行を入れること．☞空白行

空白欄記述子（くうはくらんきじゅつし）**blank field descriptor** →X変換

空乏層（くうぼうそう）**depletion layer**
空間電荷層とか，デプレッションレイヤともいう．PN接合に逆バイアスをかけると，P形の多数キャリアのホールは，負電圧に引かれ，N形の多数キャリアの電子は正電圧に引かれる．このため接合部からキャリアは欠乏し空となる．この部分のことを空乏層という．☞逆バイアス

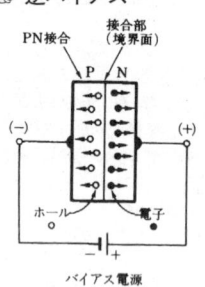

クエンチ quench
電流を流している超電導線や超電導磁石などが，超電導側から常電導側に転移する（状態が変わる）とき，クエンチという．超電導体は常温では抵抗が大きいものが多く，クエンチが起きると超電導線は発熱する．これが起きるとリニア鉄道などは事故のもとになり，これをクエンチ現象という．
☞超電導線

クエンチ現象（――げんしょう）**quench phenomenon** →クエンチ

クエンチング quenching
蛍光・燐（りん）光を弱める作用のこと．ごく少量の不純物が混じることに

よって，現象（発光）が抑えられる作用．液体・気体でもこのような作用を起こすことがある．クエンチング効果ともいう．

クエンチング効果 （——こうか）
quenching effect →クエンチング

屈折 （くっせつ） refraction
光や音の波が，進行する途中で，異なる物質の境界に出会ったときに，進路が曲ること．レンズはこの現象を利用している．

屈折波 （くっせつは） refracted wave
電波が空間を伝わる途中，空気の密度・圧力の変化や電離層・山岳・海など異なる物質（媒質）の境界面で，一部は折れ曲がりながら進入し，一部は反射する．この折れ曲がりながら進む波を屈折波という．光や音も似た状態になる．
☞電離層

駆動回転力 （くどうかいてんりょく）
driving torque
指示計器において，指針を動かすために駆動装置によって与えられるトルク(回転力)のこと．駆動トルクともいう．
☞指示計器

駆動装置 （くどうそうち） driving device
指示電気計器では，測ろうとする量に応じて計器(メータ)の指針を振らせ，その振れ角を目盛板から読み取る．この可動部分に回転力（駆動トルク）を生じさせる部分を駆動装置という．

駆動トルク （くどう——） driving torque
→駆動回転力

組合せアンテナ （くみあわ——）
combination antenna
テレビの受信用アンテナで，UHF帯用とVHF帯用を，フィルタを通して並列につなぎ，オールチャネル受信用にしたアンテナのこと．異なる周波数帯のアンテナを組み合わせているということ．☞フィルタ

組込みOS （くみこ——）
embedded Operating System
携帯電話やディジタルテレビ/セットトップボックス，デジカメなど，パソコン以外の機器で使われる基本ソフトの総称．汎用コンピュータやパソコンなどを動作させるための基本ソフトとは，分けて考えられることが多い．

組立て単位 （くみた——たんい）
derived unit
国際単位系SIでは長さ・質量・時間・電流・熱力学温度・光度・物質の量に，メートル[m]・キログラム[kg]・秒[s]・アンペア[A]・ケルビン[K]・カンデラ[cd]・モル[mol]を定め基本単位とする．これから出発し組み合わせた単位を組立て単位という．体積[m^3]や加速度[m/s^2]などがある．☞SI

くもの巣コイル （——す——）
spider web coil
外観がくもの巣に似ていることから名付けられた．スパイダコイルともいう．

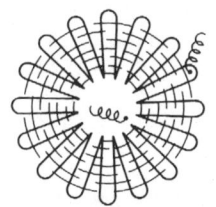

クライアント client
①顧客・利用者（ユーザ）・いろいろのサービスを受ける者．②サービスを受ける装置．インターネットで他のコンピュータから，サービスを受ける側のコンピュータまたはソフトウェアのこと．③サーバと対語になる．

グライド・スロープ glide slope
グライドパスともいう．地上高2hのサイドバンド・アンテナAsが大地反射によるイメージ（影像）アンテナにより，グライド・スロープ角度（大地との角度2.5°）を境に位相反転して，一対のローブ（サイドバンド第1・第2ローブ）を発生する．地上高hのキ

くらい

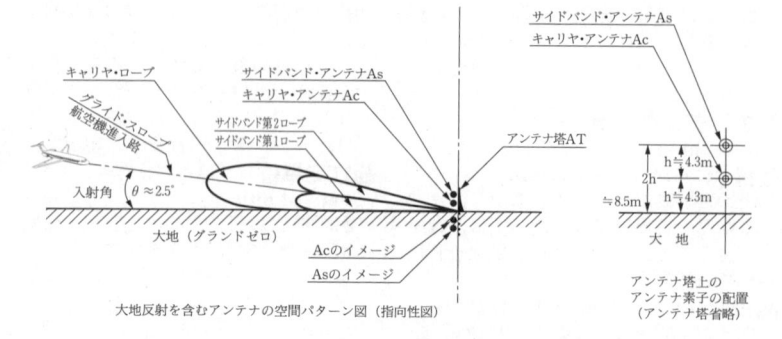

大地反射を含むアンテナの空間パターン図（指向性図）

アンテナ塔上のアンテナ素子の配置（アンテナ塔省略）

ャリヤ・アンテナAcは二つのサイド・バンド（第1・第2ローブ）をカバーするローブ（キャリヤ・ローブ）を生ずる．二つのアンテナAs・Acの発射電波の周波数は329〜335MHzで水平偏波，Asの高さは約8.5m，Acの高さはその半分の約4.3mである．グライド・スロープ用施設は滑走路着陸点より前の側方に設置し，大地間角度θ約2.5°のグライド・スロープを発生させる．航空機はこのグライド・スロープに沿って着陸・誘導される．航空機は着陸時にグライド・スロープの上側でAM変調周波数の90Hzを，下側でAM変調周波数の150Hzをより強く受信することにより，自機の着陸進入角度を知ることができる．航空機の着陸システムの一つである（上図参照）．

グライド・パス glide path
グライド・スロープともいい，航空機の着陸システムのこと．
☞グライド・スロープ

グラインダ grinder
ガラガラ……と連続した雑音を出す空電の一種．最も多く生じ，大きな妨害となる．比較的遠距離の激しい雷や雷雨が原因である．連続した雑音になるのは，電波が電離層で反射するためと考えられている．
☞空電

クラッカ cracker
他のコンピュータに悪意をもって許可なくデータやプログラムを見たり，改ざん・破壊などを行う者のこと．ネットワークを通して外から侵入し，悪さを働く．「ハッカー」と呼ばれることがあるが，ハッカーとはコンピュータ技術に知識をもった人に対する尊称であり区別されている．
☞ハッカー

クラック crack
水晶発振子を回路に入れた際，水晶片には高周波電圧が加わり，高周波電流が流れる．そのため水晶は，電力を消費し，熱せられる．この電力の大きさは周波数や，構造により異なり，数mW〜数十mWが安全な限界で，これを超えると発振周波数が不安定になり，著しいときは発振子にひびが入ったり割れたりする．このひび割れのこと．☞発振子

クラッシュ crash
システムや周辺装置などが突然故障すること．①ハードウェアの故障：ディスクの破壊．②ソフトウェアの故障：プログラムがループに入って抜けられない状態になること．
☞ループ

クラッタ clutter
レーダの受信装置の表示器に生じる，

海面や雪，雨などの反射波のこと．

クラッタ消去（——しょうきょ）
anti-cluter
アンチクラッタともいう．海面，雨雪などによるレーダ波の反射で生ずる不要な映像を消すこと．（JIS・造船用語・レーダ）

クラップ回路（——かいろ）
Clapp circuit
コルピッツ回路の欠点を改めた発振回路の一種．アマチュア無線用送信機のVFOに多く使われた．送信機の主発振器は，水晶発振回路を用いるが，アマチュア無線の場合，バンド内で自由にQSY（周波数の移動）ができないと大変不便なためバンド内の周波数をカバーし，水晶発振器の安定度に近く，安価で手軽に組み立てられる発振回路がいくつか考えられ，その中の一つである．☞コルピッツ回路

グラフィック・コントロール
graphic control
→グラフィック・コントロール表示器

グラフィック・コントロール表示器（——ひょうじき）
graphic control display
ステレオの音質調整をする場合，パネル面に周波数特性をグラフで示して，調整の目安にする．このグラフ表示器のこと．1966年に日本ビクターでプリアンプに組み込んだ．

グラフィック・ディスプレイ
graphic display
コンピュータの出力を，液晶やプラズマ表示装置に，グラフや図形で示したり，ライトペンで記入し，これをコンピュータの入力にすることができる．人間とコンピュータが対話するような形で，計画や計算が進められるため，応用分野が広い端末装置である．
☞キャラクタ・ディスプレイ

グラフィック・ディスプレイ装置
（——そうち）**graphic display**
→グラフィック・ディスプレイ

クランパ clamper →クランプ

クランパ回路（——かいろ）
clamper circuit
→クランプ回路

クランピング clamping
→クランプ回路

クランプ clamp
1．クランプ回路のこと．2．検流計のような高感度計器の可動部を止めること（ストッパ）．

クランプ回路（——かいろ）
clamp circuit, clumper
直流分再生回路とかクランパともいう．入力波形の基準(0)レベルの位置を変える回路．負ピーク値クランプ・正ピーク値クランプ・直流付加クランプ・ダイナミッククランプなどの回路がある．

クランプ・レベル clamp level
クランプするレベルのこと．（JIS・パルス技術）
☞クランプ

クリア clear
コンピュータで，記憶場所をゼロ，または間隔文字の状態にすること．数値を払うこと．

クリアする to clear
一つ以上の記憶場所を，ある決められた状態，通常ゼロ又は間隔文字に相当する状態にすること．（JIS・情報処理用語・編集）

クリア・パルス clear pulse
計数（カウンタ）回路などでは，一定時間ごとの入力信号(パルス)を数え，数え終わると同時に計数値を0にもどす必要がある．この0にもどす（クリアする）働きをするパルスをクリアパルスという．
☞パルス

クリアビジョン clearvision
EDTVの第一世代のTVのこと．
→EDTV

くりあ

クリアランス　path clearance
パス・クリアランスともいう．超短波・極超短波（マイクロ波）の電波が伝わるときの，電波の通り道と障害物とのすき間のこと．
☞マイクロ波

クリアランス・ランプ
clearance lamp
自動車の車幅灯のこと．夜間走行中，前方又は後方に対して車幅を示すための標識用ランプ．（JIS・自動車電装）

繰返し周期（くりかえ――しゅうき）
cycle period
交流やパルスなどの波形の繰返しの時間 T を繰返し周期という．

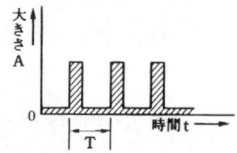

繰返し周波数（くりかえ――しゅうはすう）cycle frequency
交流やパルスなどの波形で1回ごとの繰返し周期 T の逆数，$f=1/T$ を繰返し周波数という．
☞繰返し周期

クリコン　crystal converter
→クリスタル・コンバータ

クリスタル　crystal
結晶のことで，主として水晶・ロシェル塩・ゲルマニウム，シリコンの結晶またはその製品に使われる．たとえば，水晶発振子のことをクリスタルといい，水晶振動子を用いたフィルタを，クリスタルフィルタという．また，ゲルマニウムダイオードを，クリスタルダイオードと呼ぶ．
☞水晶発振子

クリスタル・イヤホン
crystal earphone→イヤホン

クリスタル・カートリッジ
crystal cartridge
ロシェル塩の結晶（クリスタル）の，圧電現象を応用したカートリッジのこと．出力電圧は0.1V以上で感度がよい．負荷インピーダンスが1MΩ以上では，RIAA特性に近づき，イコライザは不要となり，値段も安い．このためマグネチック形より音質は悪いが，簡易形のレコード再生装置に使われた．
☞圧電現象

クリスタル・コンバータ
crystal converter
局部発振器に水晶振動子（クリスタル）を使ったコンバータのこと．略してクリコンともいう．水晶発振器のため，VHF以上でも発振周波数が安定で業務用通信機，アマチュア無線やBCLの受信機に使われる．
☞BCL

クリスタル・スピーカ
crystal speaker
ロシェル塩の圧電効果を利用したスピーカのこと．このため圧電形スピーカともいう．加える電圧によって振動するため，入力電圧が一定なら，周波数に関係なく一定の振幅のため，低域の再生には適さない．数kHz以上で感度がよい．音質はダイナミック形に劣るが，安価である．

クリスタル・ダイオード
crystal diode
シリコンダイオードまたはゲルマニウムダイオードのこと．

クリスタル・ピックアップ
crystal pickup
→クリスタル・カートリッジ

クリスタル・フィルタ　crystal filter
水晶フィルタともいい，水晶振動子を使ったフィルタのこと．水晶振動子のQが10万以上のため，遮断特性は急激で，鋭い周波数特性が得られ，温度や時間の変化にも安定である．小形化も進み，性能も向上した．欠点は広帯域のものが得にくく，副振動（不要な共

振）が多いので中心周波数や特性の自由なものを設計しても不経済となる．このためJISでは，公称周波数に0.455，1.5，7.8，9，10.7，15，16.9，21.4MHzを標準としている．必要なL，C，Rと，同じ金属ケースに気密封入したものが多い．無線通信，搬送通信，計測用に，主として帯域通過フィルタが使われる．☞Q

クリスタル・マイクロホン crystal microphone
ロシェル塩の圧電効果を利用した圧電形マイクロホンの一種．バイモルフの振動を振動板に伝え音を出す．感度が高く構造簡単で，小形軽量となるが，内部インピーダンスが高く，湿度や温度や衝撃に弱い．周波数の高域にピークがある．音質は劣るが安価である．
☞ロシェル塩

クリスタル・ミクサ crystal mixer
周波数混合（ミクサ）用の半導体ダイオード（クリスタル）で，UHF帯で使われる．
☞周波数混合

クリック click
1．クリック・ノイズのこと．
2．マウスのボタンを押す動作のこと．①ダブルクリック：二度続けて押すこと．②ドラッグ：ボタンを押したまま，マウスを動かす（ころがす）こと．

クリック・ノイズ click noise
「カリ，カリ」または「ガリッ」という鋭い音の雑音のことをいう．アンプのスイッチを操作したり，近くで他の電気器具を操作したとき，配線や接続がはずれかかったとき，モータや車のエンジンの火花などで発生する．

グリッド grid
ワープロやコンピュータでグラフィックの画面にしたとき，画面上に格子状の点や方眼目盛が生ずる．これは図形を描くときの目安で便利である．このような方眼マーカのこと．

クリッパ clipper
→クリップ回路

クリッパ回路（――かいろ）clip circuit
→クリップ回路

クリッピング clipping
入力波形の，一定レベル以上，または以下を取り除く，波形の整形をすること．☞クリップ回路

クリッピングひずみ clipping distor-tion
電気回路で，入力の過大，バイアス（動作点）の不適当などが原因で，出力波形の一部（特に頭部）がクリッピング（カット）されることがあり，これによってひずみが生じる．このようなクリッピングが原因のひずみのこと．

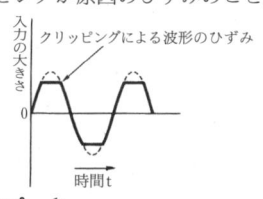

クリップ clip
1．図のような，バネを利用した，ハサミ用の小物部品．リード線の両端に取り付けて，先端の金属部に部品の端子や配線をはさみ，試験用や仮配線用に使う．大きさ，外観，色の異なる各種のものがある．
2．クリップ回路のこと．

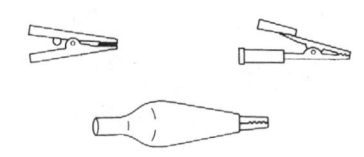

クリップ回路（――かいろ）clip circuit
クリッパともいう．入力波形の一定の大きさ以上，または一定の大きさ以下を切り取って，出力波形とする回路．波形整形回路の一種で，直列形，並列形，センタ形，変形回路などがある．

くりつ

図は直列形の例である．

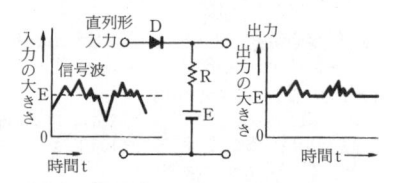

クリップ・ポイント clip point
オーディオ増幅器で，一定周波数（1kHz）の入力信号を増やしていくと出力信号も増加するが，やがて入力を増やしても出力が増えなくなる．入力V_iと出力V_oの比例しなくなる点をクリップポイントという．

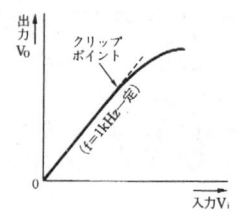

クリルファクタ klirrfactor
→ひずみ率

クーリング・タワー cooling tower
火力発電所の冷却水を，冷却するための装置．豊富な冷却水を得ることが困難な発電所に設置される．乾式と湿式がある．（JIS・火力発電用語・一般）

クリン・ルーム clean room
空気中のちりやほこりを高性能のフィルタで取り除いた空気清浄室のこと．半導体製品，特にICの製造には不可欠の条件である．室内の空気清浄化とともに，温度・湿度・気圧なども一定に保たれ清浄室ともいう．

グルーブ groove
光ディスク上に形成されている溝を意味するが，通常は光ビームの入射する方向から見て，凸の溝をグルーブと呼び，グルーブとグルーブの間をランドという．図はプリグルーブ（グルーブ）をもつ光ディスク例．

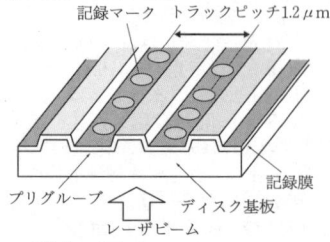

グループウェア groupware
企業に構築されたパソコンLAN上でグループワークやコラボレーション（協業）を支援するソフトウェアの総称．クライアント/サーバ方式が多かったが，Webブラウザ上でグループウェアの機能を使うのが一般的となった．主な機能としては，電子メール，電子掲示板，文書管理，電子会議，スケジュール管理，仕事の流れを自動化するワークフローなどがある．最近では携帯電話やPDAからアクセスできるモバイル機能や，EIP（企業情報ポータル）的な機能で経営情報を取得するなど用途拡大が目覚しい．
☞PDA

グレー・フェース gray face
テレビ用ブラウン管のフェース（前面）に，グレー（灰色）のフィルタガラスを使い，外部から光が当たったときに，テレビ画面のコントラストが下がるのを防ぐ．☞フィルタ

グロー glow
1．グロー放電による発光のこと．
2．グロースイッチ，グロースタータの俗称．

グロー雑音 (──ざつおん) glow noise
グロー放電により発生する不規則雑音．グロー放電雑音のこと．

グロー・スイッチ glow switch, glow starter
グロースタータのこと．点灯管，グローランプともいい，蛍光灯の始動に使

クロスオーバ crossover

クロスオーバ点とか交差点のこと．ブラウン管（計測用）の電子銃（陰極やグリッド）前面にできる，通過ビームの最小断面積となる点の部分．

クロスオーバ周波数（——しゅうはすう）cross-over frequency

フィルタや，マルチウェイシステムのスピーカやアンプで，周波数帯域をいくつかに分けたときの，各帯域の境にあたる周波数のこと．

☞周波数帯

クロスオーバ点（——てん）cross-over point

ブラウン管の陰極から放出された電子流は，グリッドとプレートの間で一点に集められる．この集束点のこと．

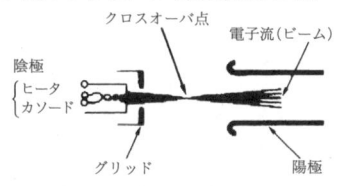

クロスオーバひずみ cross-over dis-tortion

プッシュプル回路で，B級動作のとき，トランジスタのベース～エミッタ間電圧 V_{BE} と，ベース電流 I_B との関係 $V_{BE}-I_B$ 特性は，直線的でないため，ベースに正弦波電圧を加えても，I_B はひずみ波となる．コレクタ電流 I_C は，I_B が h_{FE}（電流増幅率）倍されて流れるので，ごく小さい入力のとき，出力は図のようにひずむ．このひずみのことをいう．このひずみを消すため，無信号のときも，数mA～数十mAのI_Cを流しておく．

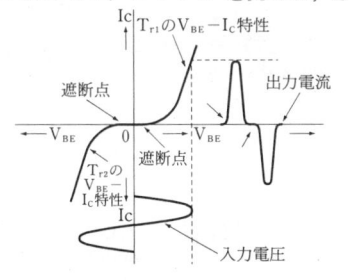

☞ひずみ

クロス・カラー cross color

TV画像のしま模様やたて線や縁に，色のついた短い横線や虹が出る現象．輝度信号Yの高域部が色信号Cに混じり生じる妨害で，Y・C両信号を分離して除去する．

グロー・スタータ glow starter

電源スイッチSを入れると，スタータが放電し，この電流で陰極を加熱する．放電でスタータのバイメタルが加熱されて伸び，固定電極と接する．放電は止み陰極に流れる電流は増え加熱が進む．バイメタルは冷えると縮み固定電極から離れる．この瞬間チョークコイル（安定器）に高電圧が誘起され蛍光ランプは始動する．スタータの始動電圧はランプの始動電圧より低く，ランプの動作中電圧より高い．

☞バイメタル

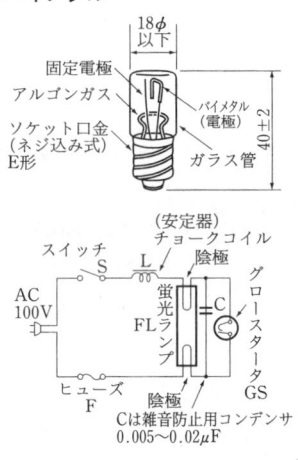

クロストーク crosstalk
1. 有線通信や無線通信で，隣りの，または近くのチャネル（通話回線）間の漏話（ろうわ）のこと．
2. ステレオの再生のとき，左と右のチャネル間の音の洩れ合う割合のこと．

クロック clock
1. 複数の電子回路や電子装置の相互間の時間的動作を一致させる（タイミングまたは同期をとる）ために周期的に発生させる信号（パルス）のこと．この信号をクロック信号・クロックパルス・刻時信号・刻時パルスなどという．
2. 時間の基準を与えるため一定間隔で時点を指示するもの（JIS・パルス技術）

☞クロック・パルス

クロック・ジェネレータ clock generator
クロックパルス発生用のジェネレータ（発振器）のこと．マイコンでは，自走マルチバイブレータ・水晶発振器などが使われる．水晶発振器の安定度を保ちながら周波数を変えたいときは，デバイダで分周する．

☞水晶発振器

クロック周波数（――しゅうはすう）
clock frequency → クロック・パルス

クロック信号（――しんごう）
clock signal
刻時信号とか刻時パルス，クロックパルスともいう．コンピュータの同期用にも使っている．

☞クロック

クロック・パルス clock pulse
コンピュータで使われる刻時パルスのこと．同期式コンピュータで，各部分の動作のテンポ（歩調）を合わすために，一定時間ごとにパルスを流す．この周期的パルスのこと．回路の動作速度はこのパルスの周波数（クロック周波数）で決まる．同期パルスとか同期信号ともいう．

☞刻時パルス

クローバ形アンテナ（――がた――）
clover leaf antenna
同軸ケーブルの周囲にクローバの葉のように三～四つのループを配置し，各ループの一端は内部導体に，他端は外部導体につなぐ．同一水平面内に放射状に組み合わせた導体から水平偏波が放射され，無指向性である．これを数組重ねて利得を上げ，VHF放送用アンテナにする． ☞VHF

クローバ・リーフ・アンテナ clover leaf antenna → クローバ形アンテナ

グローバル・ビーム global beam
国際間の通信に利用するための通信衛星は，多くの国が利用できる様に，電波ビームの幅を広くして，地球の広い部分をカバーする必要がある．これをグローバル・ビームといい，インテルサットⅢ号から使い始めた．

グローブ globe
照明器具の一部で，ガラス球などで電球を包み込む．輝きを減らしてまぶしさを防ぎ，配光を均一にし安らぎを与える．

グロー放電（――ほうでん）
glow discharge
1mHgぐらいの真空に近い管内に，向かい合う電極を置き，加える直流電圧を増やしていくと，ある電圧で急に電流が流れ始め，電極間にぼんやりとした光が発生し，放電が始まる．この真空放電をいう．

☞真空放電

グロー放電管（――ほうでんかん）
glow discharge tube
グロー放電するガス入り管で，グローランプともいう．ネオン管や蛍光灯の点灯に使うグロースタータも，この一種である．

☞グロー・スタータ

グロー放電雑音（――ほうでんざつおん） glow discharge noise

グロー放電によって発生する不規則雑音のことで，グロー雑音ともいう．

クロマトロン管 （――かん）
chromatron tube

発明者の名をとり，ローレンス管ともいう．1mm 当たり約 4 本の割合で，赤 R，青 B，緑 G の帯状の蛍光膜にし，直前に緑グリッドを置き，1 本おきに並列につなぐ．線間の電圧が 0 のときは，ビームは直進し G を光らす．線間電圧の極性により B や R を光らせる．シャドウマスク形に比べ，電子銃やコンバージェンスは簡単となったが，画面の明るさは大差なく，切換えのための電力や色のローリング，色の汚れなどがある．

グロー・ランプ glow lamp
→グロー・スタータ

黒レベル （くろ――）black level
→ペデスタル・レベル

クーロン Coulomb

1．MKS 単位における，電荷（電気量），電束（誘電束）の単位で記号は〔C〕．1 アンペアの電流が 1 秒間に運ぶ電気量が，1 クーロンである．クーロンの業績をたたえて名付けられた．

2．シャルル・オーギュスタン・クーロンは 1736 年 6 月フランスのアングレームに生まれ，クーロンの法則を発見．1806 年 8 月，70 歳の生涯をパリで終えた．

グロン形トランジスタ （――がた――）
grown transistor
→成長接合形トランジスタ

クーロンの法則 （――ほうそく）
Coulomb's law

二つの点電荷の間に働く力と，二つの点磁極の間に働く力を定めた法則で，電気や磁気の単位のもとになっている．

1．二つの点電荷 Q_1，Q_2 の間に働く静電気力 F は，

$$F = \frac{1}{4\pi\varepsilon_0\varepsilon_s} \times \frac{Q_1 Q_2}{r^2}$$

$$= 9 \times 10^9 \times \frac{Q_1 Q_2}{\varepsilon_s r^2} \quad \text{〔N〕}$$

ここで ε_0 は真空の誘電率，ε_s は比誘電率，r は Q_1，Q_2 間の距離である．

2．二つの点磁極 m_1，m_2 と，その間の距離 r，m_1 と m_2 の間に働く力 F，真空の透磁率 μ_0，比透磁率 μ_s なら，F は，

$$F = \frac{1}{4\pi\mu_0} \times \frac{m_1 m_2}{\mu_s r^2}$$

$$= 6.33 \times 10^4 \times \frac{m_1 m_2}{\mu_s r^2} \quad \text{〔N〕}$$

加え合わせ点 （くわ――あ――てん）
summing point

ブロック線図で，二つの信号の和や差を示す点のこと．
☞ブロック線図

群速度 （ぐんそくど）group velocity

導波管の中をエネルギが伝わるときの速さのこと．常に光の速度より遅くなる．

群変調 （ぐんへんちょう）
group modulation

1．時分割パルス多重信号電流で，一定の周波数の搬送電流を変調する場合のこと．

2．2 回線以上の搬送多重電話で，搬送波より高い周波数の搬送波を変調して，高い周波数帯に移すこと．群変換ともいう．

け

計器 (けいき)
meter, measuring instrument
電圧，電流，周波数，電力量などを示すメータ類や，これらを組み込んだ計測器のことをいう．各種の電気現象の表示，記録などを行う．

警急信号 (けいきゅうしんごう)
alarm signal
航行中の航空機・船舶などが遭難した時に発信する信号のこと．次の通信を行う場合に限り使用する．
1．遭難呼出し又は遭難通報．
2．乗客又は乗組員が船外へ転落した場合に他の船舶に救助を求めるための緊急呼出し．
3．無線電話による交互に送信する正弦波・可聴周波数の2音（2200Hzと7300Hz）で各音の長さは250ミリ秒．自動機によるときは30秒〜1分間継続して送信する．（電波法・無線局運用規則73条）

警急(信号)自動受信機 (けいきゅう(しんごう)じどうじゅしんき)
auto-alarm, automatic alarm signal receiver
警急信号で変調された電波を自動的に受信し直ちに警報ベルを作動させる受信機．（JIS・造船用語（電気編））なおオートアラームは慣用語である．

計器用変圧器 (けいきようへんあつき)
potential transformer, instrument transformer
計器用変成器ともいう．交流電圧計の測定範囲を広げるための変圧器．良質の鉄心に巻いたトランスの一次側は負荷と並列につなぎ，二次側は電圧計や電力計の電圧コイルをつなぐ．トランスの巻数比と，電圧計の振れから，負荷電圧を知る．低圧用に乾式，高圧用に油入式計器用変圧器を使う．

計器(用)変圧変流器 (けいき(よう)へんあつへんりゅうき)
instrument voltage current transformer, metering outfit
変電所など交流の高圧・大電流を測る際に，通常使用の電圧計・電流計で測れるように，電圧・電流を変える（変成する）ための計器用変圧器（電圧計用）と計器用変流器（電流計用）で，同一容器に納めたもの．交流電圧計や交流電流計の測定範囲を拡大できる．

計器(用)変成器 (けいき(よう)へんせいき)
instrument transformer
交流の高電圧(高圧)・大電流を測るとき，通常取り扱う計器を使えるようにするための計器用変圧器(電圧計用)や計器用変流器(電流計用)の総称である．1．計器用変成器によって交流電圧計や交流電流計の測定範囲が拡大する．2．測定計器を高圧回路から絶縁できる．3．測定確度が良くなる．4．測定器への接続配線が容易になる．などの利点がある．

計器用変流器 (けいきようへんりゅうき)
current transformer
交流の電流計の測定範囲を広げるもので，略して変流器または英語の頭文字をとり，CTともいう．良質の鉄心に一次，二次コイルを巻き，一次側は，負荷に直列につないで負荷電流を流し，二次側に交流電流計をつなぐ．トランスの巻数比（二次巻数／一次巻数）と，二次側の電流計の読みをかけて，負荷電流を測定する．
☞CT

蛍光 (けいこう) fluorescence
X線・赤外線・紫外線・可視光線・電子流を当てると，当てた部分だけ光を

出し，当てるのをやめると，ごく短時間だけ光っているが，すぐ消えてしまう．この光を，蛍光という．

蛍光体（けいこうたい）
phosphor, fluorescent material
蛍光を発する物体のことで，蛍光物質，蛍光体材料ともいう．硫化亜鉛・硫化カドミウム・けい酸鉛，りん酸亜鉛・タングステン酸カルシウムなどがある．これらを単独または混ぜ合わせて，明るさ・色・残光性・安定度の異なる蛍光膜を作る．

蛍光灯（けいこうとう）**fluorescent lamp**
円筒形の細長いガラス管の内側に蛍光物質を塗る．管内にはアルゴンやクリプトンなどの気体数mmHgと少量の水銀を入れる．管の両端には熱電子を放出するタングステンコイルがあり，陰極とかフィラメントという．熱電子を放出しやすいようにバリウムやストロンチウムの酸化物を塗る．交流100Vを加えると，グロースタータが放電し，その電流でフィラメントが管内のガスをあたため，熱電子もさかんに放出する．グロースタータのバイメタルが加熱され伸びて接触し，放電は止まる．バイメタルは冷えて縮み，固定極と離れる瞬間，安定器コイルに高電圧が発生し，蛍光灯は放電する．放電とともに管に放電電流が流れ，わずかに入れた水銀もガスとなり，紫外線が発生する．この紫外線が管壁の蛍光物質に当たって発光する．
☞蛍光ランプ

蛍光表示管（けいこうひょうじかん）
fluorescent character disply tube
真空の容器内で，陰極を加熱し放出される熱電子を20〜50V位のパルス電圧で加速し，アノード（セグメント状）上の蛍光体に衝突させて発光させ，発光部分の組合せで文字・数字・記号などを示す電子管．蛍光体は酸化亜鉛で緑色発光する．

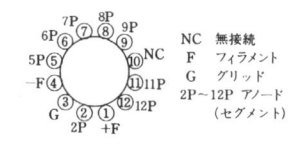

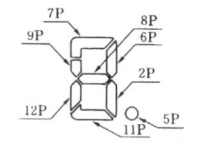

☞アノード

```
      7P 8P
   6P  ●●  9P
  ●    ●●    ●
5P●   ●  ●   ●NC     NC  無接続
-F●(4)      (10)11P    F   フィラメント
  ●   ●  ●   ●        G   グリッド
   ●    ●●    ●12P    2P〜12P アノード
     ●●  ●             （セグメント）
     2P +F
```

```
         7P
              8P
    9P       6P

               2P
  12P
         11P   5P
```

蛍光物質（けいこうぶっしつ）
fluorescent material
→蛍光体

蛍光膜（けいこうまく）**fluorescent screen**
蛍光体の薄膜のこと．ブラウン管のフェース内面や蛍光灯の管内壁に薄く一様に塗られ，電子や紫外線が当たると発光する．
☞ブラウン管

蛍光ランプ（けいこう——）
fluores-cent lamp
ガラス管の両端にタングステン線の二重コイルフィラメントがあり，これに電流を流して加熱し熱電子を放出する．熱電子を放出しやすくするため，フィラメント表面にバリウム（Ba）やストロンチウム（Sr）などの酸化物を塗る．交流によって点灯するため，陽極・陰極が入れ換わる．管内に少量の水銀を入れ，点灯を容易にするためアルゴンを数mmHg封入する．管壁には蛍光物質を薄く均等に塗る．蛍光物質の種類により光色が異なる．外形は直管・サークライン（円）形・ユーライン（U字）形などがある．両端のコイルに電流を流して加熱し，両コイル間に交流100Vを加えると点灯し，管内の温度が上がり封入された水銀が蒸気となる．熱電子が水銀蒸気と衝突すると紫外線が生じ，この紫外線が管壁

の蛍光物質に当たると，蛍光面が発光する．☞蛍光灯

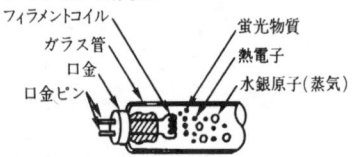

計算機（けいさんき）**computer**
計算をする機械や道具のことで，一般にディジタル（計数）形とアナログ（相似）形の二つのタイプがある．ディジタル形には，ソロバンや電子計算機があり，アナログ形には，計算尺やアナログ電子計算機がある．現在では計算機といえば，ディジタル計算機のことでコンピュータともいう．「動作中に取扱者が介入することなく，多くの計算を行うデータ処理装置．」（JIS・情報処理用語）演算装置・制御装置・記憶装置・入力装置・出力装置の五つの要素で構成される．

計算器（けいさんき）**calculator**
「特に算術計算に適していて，取扱者がひん繁に手をかす必要がある，（小形）データ処理装置のこと．」（JIS・情報処理用語）．

計算機システム（けいさんき——）**computer system**
電子計算組織ともいう．電子計算機は多くの装置を組み合わせているため

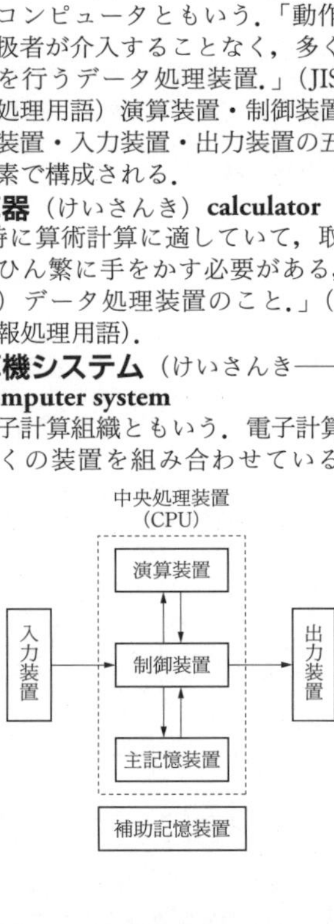

で，中央演算処理装置(CPU)と周辺装置に分けられる．中央演算処理装置には演算装置・制御装置・記憶装置があり，周辺装置には入力装置・出力装置・補助記憶装置がある．☞CPU

計算機制御（けいさんきせいぎょ）**computer control**
鉄鋼・石油精製・化学・ガス・食品などの製造プラントや装置類の制御，無人発電所・新幹線などの運転管理，ダムの流量管理・車の製造や機械工作など計算機（コンピュータ）による制御のこと．

計算機向(き)言語（けいさんきむ——げんご）**computer oriented language**
特定のコンピュータの構造に拘束されるプログラム言語（JIS）．
☞プログラム言語

計算機利用試験（けいさんきりようしけん）**computer-aided testing, CAT**
コンピュータを利用した電子装置などのテスト，試験のこと．CATは英字の頭文字による略称である．→CAT

計算機利用設計（けいさんきりようせっけい）**computer-aided design, CAD**
計算機（コンピュータ）支援設計とか，計算機（コンピュータ）援用設計ともいう．CADは英字の頭文字による略称．→CAD

経時変化（けいじへんか）**aged deterioration**
経年変化と同意に使う．→経年変化

計数回路（けいすうかいろ）**counting circuit**
電子的計数回路には，2進計数回路，リングカウンタ，遅延線回路，デカトロン，静電偏向形計数管，トロコトロンなどがある．カウンタ回路とか，カウンタとかいう．2進計数回路には，フリップフロップが使われ，これから10進計数回路も作る．

計数形計器（けいすうがたけいき）**digital instrument** →ディジタル計器

計数形計算機（けいすうがたけいさんき）**digital computer**
→ディジタル計算機, ディジタル計器

計数形周波数計（けいすうがたしゅうはすうけい）**digital counter**
計数表示盤を用いて，測定値（周波数）を数字（ディジタル）表示する周波数計のこと．測定する交流をパルスに変え整形してゲートに加える．ゲートは水晶発振器の周波数を分周し，一定の周期（時間）だけ入力のパルス（測定交流のパルス）を数えその数を数字で示す．ゲート制御回路はゲートを開く時間を制御する．☞パルス

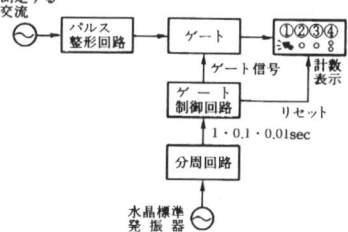

計数管（けいすうかん）**counting tube**
各種の形式の計数管が開発されているが，次の三つが実用化されている．①計数放電管．グロー放電の転移特性を利用した冷陰極放電管の一種．②静電偏向形計数管．ブラウン管の形式の熱陰極真空管．③マグネトロン形計数管．トロコトロンともいわれ永久磁石をもつ熱陰極真空管．
☞冷陰極放出

計数器（けいすうき）**counter**
→カウンタ

計数放電管（けいすうほうでんかん）**counting discharge tube, decatron**
→デカトロン

けい素（――そ）**silicon**
→シリコン

計装（けいそう）**instrumentation**
大形プラントを動かす生産現場では諸設備は大規模・複雑化し，合理化・品質管理などの面から多くの監視・処理が必要になる．そのためデータの検出・測定・伝送・データ処理・調節などのために多くの測定計器・測定装置が必要となり，自動化される．これに必要な計測装置の設計・製作・配置・運用・管理をすること．

携帯(型)情報端末（けいたい(がた)じょうほうたんまつ）**personal digital assistant, PDA, personal information manager, PIM**
携帯型の個人用情報端末で，初期機(器)は，ひらがな・英字の入力用ファンクション・キーや6行位を示すディスプレイ（液晶画面）と電卓・漢字辞書・電話帳の機能だった．個人用のメモや関係者・ユーザ（顧客）などの住所録などの作成に使い，従前の手帳のような役割をしたことから，電子手帳と呼ばれた．専用ソフトの普及で機能も多用化し，社内や外出先でのスケジュール管理・データ通信・無線LANによるインターネット接続・音楽などが楽しめる．さらに静止写真や動画の撮影と再生なども可能になり，小型プリンタを接なぎ内容を印字できる．パソコンの軽量化に伴う携帯性の向上や，携帯(電話機)の多機能化に追われながらも，1．携帯(電話機)より大量の情報（データ）が扱える．2．パソコンより携帯性が良いなどの長所があり，今も使われている．

携帯電話(機)（けいたいでんわ(き)）**portable telephone, pocket telephone**
自動車電話に端を発し，小形化軽量化して携帯できる様にした移動（モバイル）通信（器）の一種．いつでも・どこでも・だれにでも使える気安さから大人気となった．周波数は800MHz帯で始めたが需用増から1.5GHz帯も使う．変調技術と帯域圧縮技術の進歩とディジタル方式により，高品質の音声・

画像・データの送受信ができる．装置の小形軽量化・低コスト化・GPS 機能・カメラ付など機能・性能の向上が，根強い人気を維持している．携帯と略称することが多い．☞GPS

携帯用（けいたいよう）portable
ポータブルともいい，持ち運びや運搬のできる，移動形の，という意味の接頭語である．たとえば，携帯用ラジオは，ポータブルラジオともいう．

継電器（けいでんき）relay
→リレー

経年変化（けいねんへんか）aged deterioration, secular change
電子部品の材料の質（材質）が大気中の酸素・湿度・ちり・ほこりなどの原因で，時間・年月の経過と共に少しずつ変化し，部品の特性が初めの値から変わること．このために電子機器・装置などの性能が変化すること．経時変化ともいう．

軽負荷（けいふか）light-load
電子・電気回路の出力（エネルギ）を受け取る装置，または消費する装置・消費電力などを負荷という．この負荷があらかじめ定められた値（定格）より小さい・少ないとき，負荷が軽いといい，低消費電力であることを示す．

警報装置（けいほうそうち）alarm device
電気の施設，設備，機器類や，これらの運用，運転中に，異常状態が発生したとき，ブザー，ベル，ランプの点灯や点滅で知らせる装置．

ゲイン gain
利得のこと．増幅器の入力と出力との比を対数で表す．三種類ある．

電圧利得 $G_V = 20 \log_{10} \dfrac{出力電圧 E_o}{入力電圧 E_I}$ 〔dB〕

電流利得 $G_I = 20 \log_{10} \dfrac{出力電流 I_o}{入力電流 I_I}$ 〔dB〕

電力利得 $G_P = 10 \log_{10} \dfrac{出力電力 P_o}{入力電力 P_I}$ 〔dB〕

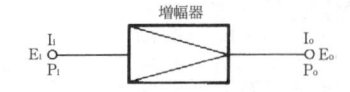

ケース case
外箱，容器，収容箱などのこと．寸法，形，材質，仕上げ，色，用途により各種のものがある．

桁（けた）card column
情報処理のパンチカードで，1文字を記録するために割り当てられた一群のパンチ位置．80桁のパンチカードでは，たてに並ぶ12個のパンチ位置で，コラムとかカラムという．column カラムともいう．コンピュータ画面やプリンタ用紙の文字の位置を示す「けた」のこと．

桁上げ（けたあ——）carry
情報処理関係で，位取り記数法により示されている2個の数の，ある桁でのたし算の結果が，基数と同じか基数を超したとき，1桁上の桁に1を加える操作や，そのための信号のこと（JIS）．

桁送り（けたおく——）shift
情報処理関係で使う語で，シフトまたは桁移動ともいう．ビット・バイト・文字の並びを，右か左に移動させること．

桁ゲージ（けた——）column gauge
コンピュータ画面（一太郎，ワードなどのワープロソフト）の上方（白面の縁）にある列数を示す目盛のこと．左から10列毎に数10，20……と表示する．

桁ゲージカーソル（けた——）cursor of column gauge
コンピュータの一太郎画面の桁ゲージの上にあるカーソルのこと．カーソルが行の上を移動したとき，列の位置を示す．

結合（けつごう）coupling
A・B 二つの部分が電気的に結びつき，エネルギの移動が生じること．①静電結合，②電磁結合，③ ②と①の組合

せ（電磁静電結合），④電子結合（トランジスタやダイオード混合器），⑤直結，などがある．

結合回路（けつごうかいろ）
coupled circuit
回路と回路を結合すること．次の各種の回路がある．①電磁結合回路，②静電結合回路，③電磁静電(両)結合回路．これらの結合回路は高周波回路で多く使われる．低周波回路では次のような回路がある．①CR結合回路，②トランス結合回路，③チョーク結合回路，④直接結合回路（直結回路）．

結合係数（けつごうけいすう）
coupling coefficient
電磁結合回路で，一次側と二次側の結合の度合を表す値．一次側のコイルのインダクタンスをL_1，二次側のコイルのインダクタンスをL_2とし，両コイルの相互インダクタンスをMとすれば，結合係数kは次式で示される．
$k = M/\sqrt{L_1 L_2}$
L_1, L_2が$L_1=L_2$なら，
$\therefore k = M/L_1 = M/L_2$
☞インダクタンス

結合コイル（けつごう——）
coupling coil
A・B二つの電気回路を結合するとき，相互インダクタンスMによる電磁（誘導）結合を行うことがある．このときの$L_A L_B$のこと．
☞電気回路

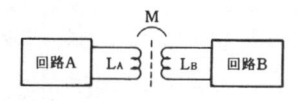

[図：回路A—L_A—M—L_B—回路B]

結合コンデンサ（けつごう——）
coupling condenser
増幅器を何段かつなぐ場合や他の回路に結合するときに使うコンデンサのこと．よく使われるのはCR結合回路の場合で，入力信号源e_1と増幅器Tr_1をつなぐC_Cや，増幅器Tr_1とTr_2をつなぐC_Dや，出力端子に導くC_Eなどを，結合コンデンサという．低周波では$10\mu F$位の容量で，高周波では50pF位である．

結合度（けつごうど）
coupling coeffi-cient
→結合係数

結晶（けっしょう）**crystal**
→クリスタル

結晶格子（けっしょうこうし）
crystal lattice
固体は多数の原子が規則正しく上下左右（格子状）に並んでいる．この格子状を結晶格子という．☞原子

結線図（けっせんず）
connection diagram
配線図，回路図ともいい，電気回路の接続，配線を示す図のこと．

ゲート gate
FETやSCRの電極の名前．1．FETは，接合ゲート形と絶縁ゲート形（MOS形）に大別され，動作原理はほぼ同じである．ゲート電極Gに信号電圧を加えてドレーン電流を制限する．トランジスタのベースに相当する．
2．SCRはゲートGにわずかの電流を流し，アノード～カソード間の電流を制限するが，一度導通状態になるとゲートは制御作用を失う．
☞FET, SCR

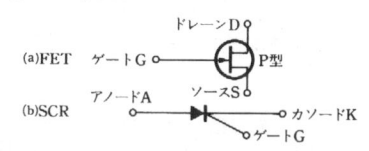

[図：(a)FET ドレーンD, ゲートG, P型, ソースS / (b)SCR アノードA, カソードK, ゲートG]

ゲートウェイ gateway
コンピュータのネットワークAとネットワークBをつなぎ，データを相互にやりとりする（自動的にプロトコル交換をする）ための，ハードウェアやソフトウェアのこと．たとえば企業内LANとインターネットをつないだり，

けとか

インターネットとパソコン通信をつなぐときに使う．
☞LAN

ゲート回路（——かいろ）**gate circuit**
1. 論理回路ともいう．ダイオードDと抵抗を組み合わせたダイオード論理回路が多い．入力1……nのうち少なくとも一つがEボルトなら出力もE．出力があるときは，どれかに入力がある．このような回路を論理和回路という．このほかパルス（2値信号）回路には論理積，否定回路などの多くのゲート回路がある．
2. 単安定（一安定）マルチバイブレータのことをいう．
☞論理和回路

論理和回路

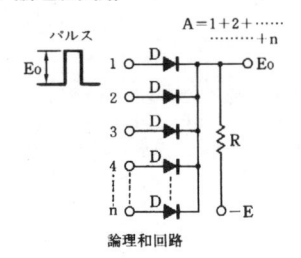

ゲート信号（——しんごう）**gate signal**
1. ゲート（回路）に加える入力パルス（ゲートパルス）のこと．2. FETのゲート電極に加わる入力信号のこと．3. SCR（サイリスタ）のゲート電極に加える始動用パルス（ゲートパルス）のこと．
☞サイリスタ

ゲート接地回路（——せっちかいろ）
common gate circuit, gate earth circuit
FETのゲート電極を，入力と出力の共通端子（アース）にした回路．FETの特徴の高入力インピーダンス特性が失われるので，低周波ではゲート接地は使わない．高周波ではソース接地回路より安定度が良いので，ソース接地と組み合わせ，カスコード回路にする．
☞FET

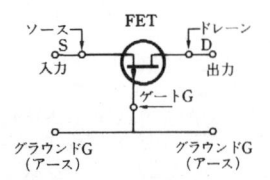

ゲート増幅器（——ぞうふくき）
gate amplifier
ゲート信号の加わっているときだけ増幅して出力を生じる増幅器．
☞増幅器

ゲート電圧（——でんあつ）
gate voltage
1. ゲート回路へのゲート信号電圧のこと．
2. FETのゲート電極に加える電圧（入力信号）のこと．ごくわずかの電圧でドレーン（出力）電流を制御できる．
3. SCRのゲート電極に加える電圧のこと．
☞FET, SC

ゲート電流（——でんりゅう）
gate current
1. SCR（サイリスタ）のゲート電極に流す電流のこと．ごくわずかの電流（電圧）で，アノード〜カソード間を導通させ，交流を直流に（整流）する．
2. FETのゲート電極に流す電流のこと．ドレーン（出力）電流は，ゲートの電圧（入力電流）を加減して制御できる．☞FET, SC

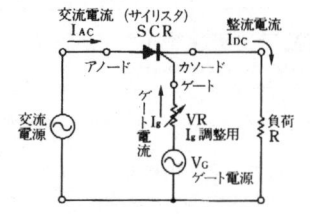

ゲート・トリガ電圧（——でんあつ）
gate trigger voltage
SCR（サイリスタ）のゲート電極に加えるパルス電圧（始動用パルス入力電圧）のこと．☞パルス

ゲート・トリガ電流（——でんりゅう）
gate trigger current
1．SCR（サイリスタ）のゲート電極に加える始動（OFFからONにするため）に必要な，最小ゲート電流（パルス）のこと．2．ゲート回路に加えるゲートの入力パルスのこと．
☞SCR

ゲート・トリガ・パルス
gate trigger pulse
1．ゲート回路を制御する入力パルス．
2．SCRのゲート電極に加える始動用パルスのこと．トリガとは銃の引き金の意．☞ゲート回路

ゲート・パルス gate pulse
→ゲート・トリガ・パルス

ケネリーヘビサイド層（——そう）
Kenelly-Heaviside layer →電離層

ケーブル cable
絶縁した電線を何本かひとまとめにし，その外側を鉛管または金属の網で保護する．絶縁した電線は，2本以上より合わせてペアーにしたものや，太さの異なるものを組み合わせたり，用途によっていろいろある．同軸ケーブルを何本も包み込んだものもある．通信用・電源用などの区別がある．また，屋内・屋外で使えるもの，300V以上で使えるもの，建物などに固定して使えるものがある．
☞同軸ケーブル

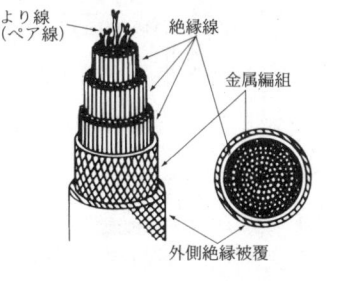

ケーブル・テレビ cable television
有線テレビ，CATVのこと．有料の各契約世帯（加入者）に同軸ケーブルをつなぎテレビ番組や各種の情報を伝えるシステム．初めは難視聴地域の解消対策であったが，地元に中継局もでき，現在は自主放送による多（モア）チャネル化・双方向（受信側も番組に参加する）通信・高層ビルや高速道路，電車や新幹線などによる都市部の受信障害対策になっている．→CATV

ケーブルフォン cable phone
ケーブルテレビのインターネット回線を利用したIP（インターネットプロトコル）電話サービスのこと．ケーブルフォン加入者同士，提携ケーブルテレビ局，プロバイダ間では通話が無料となるなど，ケーブルテレビの提供する新たなサービスとして定着しつつある．端末としてはケーブルモデムにTAが必要．TA内蔵のケーブルモデムも登場している．☞IP電話

ケーブルモデム cable modem
ケーブルテレビの回線を使ってインターネットに接続するための装置．ダイヤルアップ接続の場合でいうと電話回線におけるモデムの役割を果たすため，ケーブルモデムという．無線LAN機能やテレフォニーアダプタを内蔵した付加価値モデルが登場，CATV事業者のニーズに幅広く応えている．シリアル転送方式でコンピュータ本体と周辺機器を接続するシリアルポートを使う通常のモデムとは異なり，パソコンとはイーサネットを通じて接続する．☞無線LAN

ケミカル・コンデンサ chemical condenser
→電解コンデンサ

ケミコン chemical condenser
ケミカル（電解）コンデンサの略称．

→電解コンデンサ

ケルビン　Kelvin

本名ロード・ケルビン（英国・1824〜1907）絶対温度の考えを取り入れ，摂氏温度計を基準にして絶対温度目盛を作った（1848）．低抵抗測定用のダブルブリッジを考案（1862）．船舶用羅針盤考案（1820）．深海測深機発明（1874），海底ケーブル敷設など多くの功績を残した．☞絶対温度

ケルビン・ダブル・ブリッジ
Kelvin double bridge

低い抵抗（1Ω以下）を，精密に測定するためのブリッジの一種．ケルビン氏が考案した．太い裸電線のような低抵抗測定に広く使われる．☞ブリッジ

ケルビン法（——ほう）
Kelvin's method

ケルビン氏の提案で検流計Gの内部抵抗を測定する方法．内部抵抗を測ろうとする検流計をブリッジの一辺に組み，スイッチKを閉じても開いても，Gの振れが同じになる点を求め，内部抵抗R_gを計算で求める．

$$R_g = \frac{R_A}{R_B} \cdot R_C \quad [\Omega]$$

抵抗R_A, R_B, R_Cは，抵抗値がわかっている抵抗器．

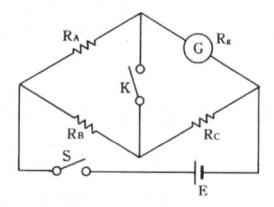

ゲルマニウム　germanium

原子番号32，記号Geの半導体．原子核を中心に，2，8，18，4の合計32個の電子が，周囲の軌道を回る．いちばん外側の軌道は4個の電子が回っている．これを価電子といい，4価の原子という．わずかの不純物を混ぜて，ダイオードやトランジスタを作る．☞価電子

ゲルマニウム整流器（——せいりゅうき）
germanium rectifier, germanium cell

ゲルマニウムGeのPN接合を用いた整流器．順電圧降下はシリコン素子の半分だが，逆電流は10倍以上と悪く，使用電圧も100V（実効値）位で低い．定格負荷のときの，PN接合の温度も約65℃位で，シリコン素子に劣るため，あまり使われない．☞整流器

ゲルマニウム・ダイオード
germanium diode

N形ゲルマニウムの結晶を用いた検波器のこと．点の接触構造で金属針（バネ）との接触面積は非常に小さく動作電流は数mA以下．1pF以下の小容量であるため，周波数特性は良好で，小形で軽く，長寿命で安価である．

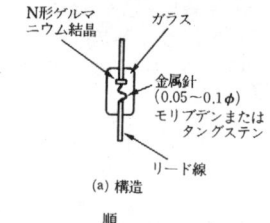

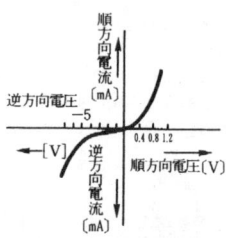

(a) 構造

(b) 電圧－電流特性

ゲルマニウム・トランジスタ
germanium transistor

チップ（基板）材料にゲルマニウムを使ったトランジスタ．種類は合金形，拡散形，成長形などがある．シリコンに

比べ，PN接合の順電圧降下が小さいので，低圧の電流特性は良いが，温度特性，高周波特性が悪く，チップ表面の安定化がむずかしく，特性のバラツキも大きい．
☞シリコン・トランジスタ

ゲルマニウム・ラジオ
germanium radio
ゲルマニウム・ダイオードを用いたポケット用のラジオの俗称．原理的に最も簡単なラジオで，電源を必要とせず小形で軽い．あまり遠方の電波をキャッチするのは適さないが，局の近くなら実用になる．

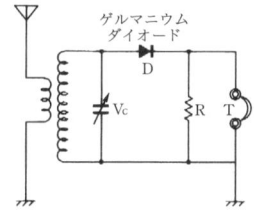

限界波長 (げんかいはちょう)
threshold wavelength
アルカリ金属に光を当てると，その表面から光電子を放出する．この外部光電効果は金属の種類で異なるある波長より短い波長の光を当てたとき光電効果を生じる．この限界の波長のこと．
☞光電効果

原器 (げんき) primary standard
→標準器

減極剤 (げんきょくざい) depolarizer
電池に電流を流すと，電解液で電気分解が生じて水素が発生する．この水素は陽極の表面につき，逆方向の電圧を発生し，電池の起電力を低くする．また水素は，高抵抗である．これらの原因で，電池に電流が流れなくなる．これを減極作用という．これを防ぐ酸化剤が減極剤である．減極剤は電池の種類で異なる．マンガン乾電池→二酸化マンガン，水銀電池→酸化第二水銀，空気電池→空気中の酸素．

減極作用 (げんきょくさよう)
depolarization→減極剤

減結合 (げんけつごう) decoupling
→減結合回路

減結合回路 (げんけつごうかいろ)
decoupling circuit
2段以上の増幅器がつながっている場合，電源回路を通って後段（エネルギの高いほう）から前段のほうに増幅した信号の一部がもどり，動作が不安定となったり発振したりする．これを防ぐため容量C・抵抗器Rをつないで，後段から前段への結合を減らす．このCR回路のこと．

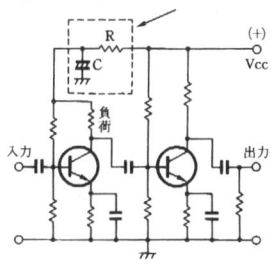

減結合コンデンサ (げんけつごう――)
decoupling condenser
減結合回路のコンデンサCのこと．
→減結合回路

減結合抵抗器 (げんけつごうていこうき)
decoupling resistor
減結合回路の抵抗器Rのこと．
→減結合回路

言語 (げんご) language
コンピュータで使われることばの一つ．情報（インフォメーション）を伝えるために使う表現，約束，規則の集まりのこと．☞情報

検孔 (けんこう) verify
コンピュータのパンチカードの誤りの有無を検査すること．

検孔機 (けんこうき) verifier
コンピュータのパンチカード，パンチ

けんこ

テープの誤りの有無を，手動によって検査する機械や装置のこと．

言語処理プログラム (げんごしょり——)
language processing program
→言語プロセッサ

言語プロセッサ (げんご——)
language processor

コンピュータにデータを処理させる場合，プログラムを作る．このプログラムが，コンピュータの構造など知らない人でも，だれにでも作れるようにと考えられたソフトウェアが言語プロセッサで，人間が作ったソースプログラムを，機械語に翻訳するためのプログラム．アセンブラとコンパイラ，インタプリタがある．☞アセンブラ

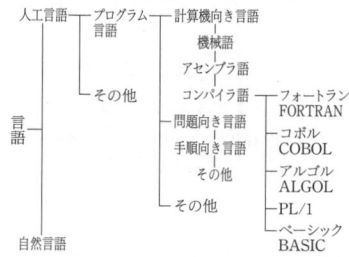

```
人工言語―プログラム―計算機向き言語
        言語      ―機械語
              アセンブラ語
              コンパイラ語―フォートラン
                         FORTRAN
              ―問題向き言語―コボル
              ―手順向き言語  COBOL
              ―その他      ―アルゴル
                            ALGOL
        ―その他           ―PL/1
                          ―ベーシック
自然言語                     BASIC
```

言語変換プログラム (げんごへんかん——)
language conversion program

コンピュータの旧機種の言語を新機種の対応する言語に翻訳するプログラムのこと．また，他種の言語，たとえばフォートランからPL/1へ変換するプログラムのことをいう場合もある．ランゲージ・トランスレータともいう．

検索エンジン (けんさく——)
search engine

サーチエンジンともいう．インターネット上の多数のWebページ（ホームページ）をさがすためのWebページ（インターネットサービス）のこと．

☞サーチエンジン

原子 (げんし) atom

あらゆる物質の源は原子で，組合せによっていろいろの物質ができる．原子の種類は約100で，中心に原子核があり，その周りを電子が，一定の軌道を回っている．核の周りを回る電子が，ゲルマニウムGeでは32個，シリコンSiでは14個である．何個かの電子が一つのグループを作って別々の軌道を回る．いちばん外側の軌道を回っている電子を価電子という．原子はこの価電子の数に相当する結合の手をもっていて，隣りの別の原子と結び合っている．これを原子価という．ゲルマニウムやシリコンでは4価つまり四つの結合をもっている．電子は負(−)の電気の性質をもっており，原子核は正(+)の電気的性質をもっていて，両方の電気の大きさは同じなため，互いに打ち消し合って，平常の場合は電気的性質を外部に表さず，中性である．

☞価電子

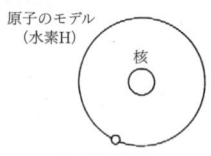

原子のモデル
（水素H）

電子（最外殻電子＝価電子）

減磁 (げんじ) demagnetization

磁性体のもつ磁気（残留磁気）を減らす，または消す（消磁）こと．①磁性体の温度をキュリー点以上にする．②交流（交番）磁界の中に磁性体を置き，磁化力を飽和状態から0まで徐々に減らす．③磁性体を強い磁界から徐々に遠ざける．磁気録音機（テープレコーダ）のテープの消磁はこの応用である．

☞キュリー点

原子核 (げんしかく) atomic nucleus

原子の中心にあって正（プラス，+）の電気を持ち，大きさは$1.60×10^{-19}$クーロン[C]×電子数で，その周りを，電子が回っている．電子はとても軽く，原子の大部分の重さは原子核である．

原子核は正電気をもつ陽子と，電気をもたない中性子，中間子からできている． ☞電子

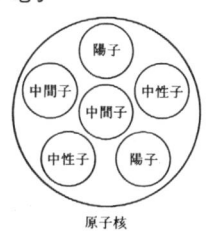

原子核

原子間力顕微鏡（AFM）
（げんしかんりょくけんびきょう）
atomic force microscope
物質表面に働く微弱な「原子間力（引力または斥力）」を測定することにより，物質表面の構造を原子レベルで画像化することができる顕微鏡．カンチレバー（片持ち梁）の先に付いた金属の探針（プローブ）を1nmほどの距離まで試料に近づけると，針先と試料面との間に原子間力が働く．原子間力が一定になるよう，試料と探針の距離を制御しながら走査し，原子間力による針のたわみやひずみを，レーザ光を針に当ててその反射光を測定することで，試料表面の3次元形状を識別し，表面原子の配列を描き出す仕組み．

原始言語 （げんしげんご）
source language
コンピュータの原始（ソース）プログラムを作るときに使う言語で，人間の言葉に近い．

原子電池 （げんしでんち） **atomic cell**
太陽電池に半減期の長い放射性元素をつめこんで，PN接合に放射線をあて，起電力を発生する電池のこと．天候に左右されず，夜間でも動作するが，効率が低く，放射線の防護対策が必要である． ☞PN接合

原子時計 （げんしどけい）
atomic clock
分子や原子の種類によっては，特定の周波数の電波を吸収したり，共振したりする．また，励起すると一定の周波数を発生することもある．アンモニアは22834185011Hzの共振周波数で，日本の標準電波の搬送周波数と時報用信号を作る水晶時計を制御する．これを原子時計といい，偏差は10^{-10}位である． ☞搬送周波数

原子番号 （げんしばんごう）
atomic number
原子のもつ電子または陽子の数に従い，原子に番号が付けられている．この番号のこと．原子番号が小さいほど軽い原子である．

原始プログラム （げんし——）
source program
→ソースプログラム

検出器 （けんしゅつき） **detector**
1．電気回路に，電流が流れたか，電圧が加わっているかを知るために使われるランプ，メータなどのこと．
2．自動制御で，目標値からの変化量（制御量）を知るために，系につながれるメータや記録計などのこと．

減磁率 （げんじりつ）
demagnetizing factor →減磁力

減磁力 （げんじりょく）
demagnetizing force
磁性体を強さHの磁界の中に置くと磁化され磁石となる．磁性体内の磁界hは周囲の磁界Hより小さい．H>h，$h = H - H_D$となり，H_Dを減磁力または自己減磁力といい，もとの磁界Hに比例する．$H_D = AH$となり，比例定数Aを減磁率という． ☞磁界

減衰 （げんすい） **attenuation, damping**
回路を伝わる信号（エネルギ，電圧・電流・電力）は，回路の損失（消費）により，距離や時間とともに減少し，ついには消滅する．これを減衰またはアテネーション，ダンピングなどという． ☞ダンピング

けんす

減衰回路 (げんすいかいろ)
attenuating circuit
電圧,電流などの信号に,周波数に関係なく,一定の大きさの減衰を与える回路.一般には,無誘導抵抗器を組み合わせて作る.
☞無誘導抵抗器

減衰器 (げんすいき) attenuator
アッテネータともいい,高周波や低周波の電圧,電流,電力の強さをひずみなしに弱める装置.低周波では,抵抗による抵抗減衰器が使われるが,周波数が高くなると分布容量の影響が大きくなり,VHF帯以上では,リアクタンス減衰器を使う.これは抵抗の代わりに容量Cやインダクタンス L を用いた減衰器で,いずれにしても減衰量が固定のものと,連続変化のものとがある.減衰量を変化できないものをパッド,変化できるものをアッテネータと区別する.抵抗減衰器には,ブリッジT形,ブリッジH形,ブリッジ平衡H形などがある.
☞ブリッジ

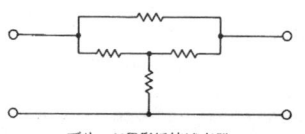

ブリッジT形抵抗減衰器

減衰振動 (げんすいしんどう)
damped oscillation
一定の周波数,周期を保ちながら,振幅がだんだん減って小さくなる振動のこと.☞周波数

減衰性フェージング (げんすいせい——) attenuation fading
電離層の減衰の変化が原因で生じるフェージングで,周期は比較的長く,主に短波帯で生じる.
☞フェージング

減衰帯 (げんすいたい)
attenuation band
フィルタ(四端子回路網)で,ある周波数帯域成分(電圧・電流・電力など)を十分減衰させる周波数帯のこと.減衰域,減衰帯域ともいい,特性インピーダンスは純虚数となる.減衰させずに通過する周波数帯域を通過帯・通過域といい,減衰帯と通過帯の境になる周波数を,遮断周波数 fc という.
☞フィルタ

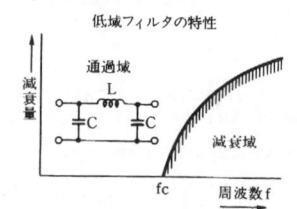

低域フィルタの特性

減衰定数 (げんすいていすう)
attenuation constant
同軸ケーブル,同軸管,フィーダなどの分布定数回路を伝わる電圧や電流は,伝わって行く方向に進むにつれて,振幅が小さくなる.この線路上の1m当たりの減衰量を減衰定数といい,単位にデシベル毎メートル[dB/m]を使う.☞分布定数回路

減衰波 (げんすいは) damped wave
振幅が時間とともに減少する振動や電波のこと.減幅波ともいう.

減衰ひずみ (げんすい——)
attenuation distortion
→周波数ひずみ

元素 (げんそ)
chemical element, element
1種類の原子からできている物質のこと.水素や鉄などは元素である.

検電器 (けんでんき) detector
電気の回路に電流が流れたか,2点間に電圧があるかないか,を知るための器具や装置のこと.検流計,イヤホン,ネオンランプなどが使われる.

検波 (けんぱ) detection
AM,FMなどの被変調波から,変調

信号（低周波）を取り出すこと．ダイオードの電圧—電流特性の非直線性を利用する．図はその動作原理である．
☞AM, FM

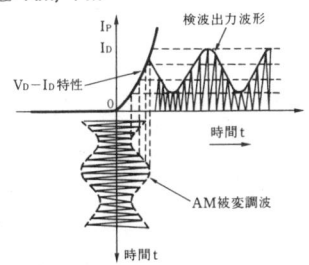

検波器 (けんぱき) detector
検波のために使われる部品で，ゲルマニウムダイオードや，シリコンダイオードが代表的である．
☞シリコン・ダイオード

検波効率 (けんぱこうりつ) detection efficiency
検波器への入力と，検波出力との比で表し，次の式で計算し，検波器の効率を示す．

$$検波効率 \eta = \frac{出力信号電圧の振幅}{入力搬送波電圧の振幅 \times 変調率}$$

検波中継方式 (けんぱちゅうけいほうしき) detection repeating system
無線中継所で，送られてきた電波を受信して増幅したのち，検波して変調信号を取り出し，変調信号を増幅する．この信号で変調をかけ増幅したのち，次の中継所に電波を送信する．一般に，送信と受信の周波数は差をつける．検波中継方式は装置が複雑となるが，分岐や波形の補正ができる．
☞無線中継

けん盤 (——ばん) key-board
→キーボード

けん盤カードせん孔機 (——ばん——こうき) key-board card punch
→けん盤カードせん孔装置

けん盤カードせん孔装置 (——ばん——こうそうち) key-board card punch
タイプライタのように文字を配置したキーボードをたたき，コンピュータのカードをパンチする装置．カードパンチと略していう．

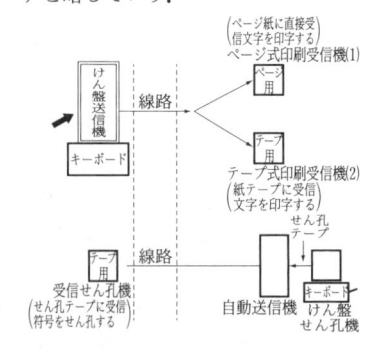

けん盤送信機 (——ばんそうしんき) keyboard transmitter
けん盤（キーボード）のキーを操作して，電信信号を線路に送り出す印刷電信機の送信部．印刷電信は大量の電文を正確に早く伝えられる．
☞印刷電信機

減幅波 (げんぷくは) damped wave
→減衰波

検流計 (けんりゅうけい) galvanometer
きわめて微小な電流や電圧を測定する計器で，直流用と交流用があり，直流用は可動コイル形，可動磁針形，衝撃形，反照形などがあり，交流用は振動形がある．感度は$10^{-4} \sim 10^{-10}$〔A〕位である．

こ

語 (ご) word
ワードとか，単語ともいう．コンピュータ用語で，一単位として取り扱うひとつながりのビット，バイト，文字の列．コンピュータによって，語の長さは決まっている．
☞ビット，バイト

コア core
コイルのインダクタンスLを増やすために入れる鉄心のこと．低周波用は変圧器・モータ・発電機の鉄心があり，厚さ0.3mm位のシリコンスチールを積み重ねて，成層式にする．高周波用はアンテナコイルの鉄心，中間周波トランスの鉄心があり，カーボニール圧粉心，フェライト磁心，ニッケル亜鉛フェライトを使う．いずれも鉄心の中に生じるうず電流損やヒステリシス損を減らすためである．
☞ヒステリシス損

コア・スタック core stack
コンピュータのメモリコアを，平面に規則正しく並べて配線した1枚を，コアプレンといい，これを必要な枚数だけ重ねて，ひとまとめにしたもの．1語が16ビットであれば16枚重ねる．

コア・プレン core plane
コンピュータのメモリコアを，平面に規則正しく並べて配線した1枚．コアマトリックスプレンとか，磁心マトリックスという．

コア・マトリックス・プレン
core matrix plane→コアプレン

コア・メモリ magnetic core memory
コンピュータの記憶装置の一種．磁心記憶装置ともいう．フェライトを，直径0.3〜0.5mm位のドーナツ形に焼き固め，平面にたて横規則正しく並べる．たて横の駆動線，否定線，読出し線をつけ，コアプレンとする．これを必要な枚数だけ積み重ねコアスタックとする．☞コアス・タック

コアレスモータ coreless motor
一般の直流モータが鉄芯（コア）にコイルを巻いたロータ部が回転する構造であるのに対し，巻線によるカップ状のロータと希土類マグネットで構成する，鉄芯を使用しないモータ．無鉄芯モータともいう．鉄芯を使わないためコア付きモータと比較して，機動特性に優れ，高効率で低消費電力化が図れる．電磁振動による音や振動も少なく，起動・停止時の軸受け磨耗が少ないため，長寿命などの特徴をもつ．このためAV機器の駆動用をはじめ，産業機器や医療機器などの分野で幅広く採用されている．☞小型モータ

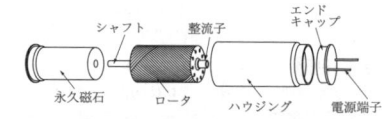

コイル coil
電線を巻枠に巻いたもの．インダクタンスをもち，記号はLで示す．単位はヘンリー[H]．巻枠をボビンといい，低周波では，中に鉄心を入れる．高周波では何も入れぬか，高周波用の圧粉鉄心を入れる．短波帯以上の高い周波数では1mm位の太い線を使い，ボビンを使わずにコイルを自立させることもある．直径，巻数，巻線の太さが異なり，多種多様で，巻き方も線と線の間を離すスペース巻や，すきまなく巻く密着巻，いくつかのブロックに分けて巻く分割巻がある．単純にぐるぐる

巻くソレノイド巻や，蜂の巣のように巻くハネカム巻，くもの巣状に巻くスパイダ巻などがある．

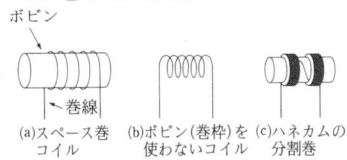

(a)スペース巻コイル　(b)ボビン(巻枠)の使わないコイル　(c)ハネカムの分割巻

コイルのQ　Q of coil
共振回路の共振の鋭さ，選択度のよさ，または電圧増幅度などの目安となり，自己インダクタンスL，周波数f，実効抵抗Rとすれば，

$$Q = \frac{2\pi fL}{R} \qquad Q_2 = \frac{f_0}{f_2 - f_1}$$

ここで Q_2 は共振曲線により求める方法で，f_0 は共振周波数，f_2 と f_1 は電流Iが共振時の0.7となる周波数である．
☞共振曲線

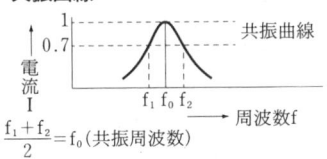

$$\frac{f_1 + f_2}{2} = f_0 (共振周波数)$$

高圧（こうあつ）
high-tension, high voltage
電気設備技術基準では，直流750V，交流600V以上7,000V（実効値）以下の電圧のこと．また，以上の基準に関係なく，相対的に使われることがある．たとえば，5Vと100Vの電圧があるとき，一方を低圧，他方を高圧という．

高圧電源（こうあつでんげん）
high voltage power supply
ブラウン管のアノード用電源のように，数kV〜数十kVの電圧を供給する電源のこと．テレビ用ブラウン管の場合は，水平偏向用のこぎり波の帰線期間に発生する高圧パルスを，フライバック・トランスを使って昇圧後，整流して直流にして与えている．
☞フライバック・トランス

高域遮断周波数（こういきしゃだんしゅうはすう）　higher cut-off frequency
上限周波数ともいう．低周波増幅器では中域周波数の増幅度は平坦であるが，その70%に増幅度が低下する高いほうの周波数のこと．☞低周波増幅器

高域周波数帯（こういきしゅうはすうたい）　high frequency band
低周波または可聴周波数の高音部の周波数のこと．特に何ヘルツ以上という決まりはなく，低周波増幅器で，増幅度が平坦な部分から，低下していく部分の，高い周波数の領域をいう．
☞可聴周波数

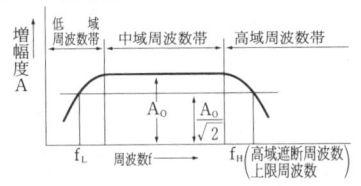

高域フィルタ（こういき——）
high pass filter
遮断周波数 fc を境にして，それよりも高い周波数は通し，低い周波数は通さないような回路のこと．ハイパスフィルタとか，高域ろ波器ともいう．fc のことをカットオフ周波数ともいう．コイルLとコンデンサCまたは抵抗RとCを組み合わせて，図のような特性を作る．☞遮断周波数

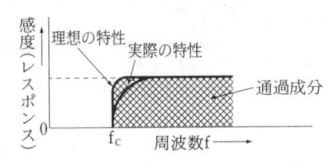

高域補償（こういきほしょう）
high frequency compensation
周波数を幅広く増幅する広帯域増幅器の，高域周波数帯での利得低下を防ぎ，広い周波数範囲にわたり，平坦な利得

こうお

が得られるようにすること．ピーキング回路がよく知られている．☞利得

恒温そう(槽) (こうおん——) **constant temperature oven, thermostatic oven**
内部の温度を一定範囲に保つようにした容器．温度調節にはサーモスタットを使い，恒温そう(槽)内の温度を設定値から±0.01℃位に保つことができる．水晶振動子（発振子）の定温化に使う．☞サーモスタット

高音調整 (こうおんちょうせい) **treble control**
トレブルコントロールともいう．オーディオ周波数の高いほうの音を強調したり，小さくしたり調整すること．抵抗器や容量の値を変えて調整する．高音調整と低音調整をひとまとめにして，トーンコントロールという．

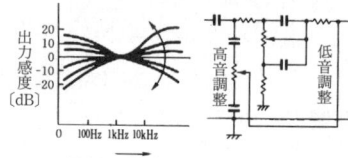

高音調節 (こうおんちょうせつ) **treble control**→高音調整

高音用スピーカ (こうおんよう——) **tweeter**→トゥイータ

公開鍵暗号基盤 (こうかいかぎあんごうきばん) **public key infrastructure**→PKI

公開鍵暗号方式 (こうかいかぎあんごうほうしき) **public key cryptography**
公開鍵と秘密鍵の対になる二つの鍵を使ってデータの暗号化と復号化を行う暗号方式．データを暗号化する際に使う暗号鍵は公開するが，暗号化を元のデータに復元する復号鍵は非公開にすることでデータの秘密を守る．このため非対称鍵暗号（Asymmetric Key Cryptosystem）とも呼ばれる．秘密鍵で暗号化されたデータは対応する公開鍵でしか復号できず，公開鍵で暗号化されたデータは対応する秘密鍵でしか復号化できない．暗号化と復号化を同じ鍵で行う秘密暗号鍵方式に比べ，鍵の管理が楽で安全性が高いとされている．☞暗号化

高解像度テレビジョン (こうかいぞうど——) **extended definition television**→ハイビジョン，EDTV

光学式マーク読取り装置 (こうがくしき——よみと—そうち) **optical mark reader**
コンピュータの入力装置の一種である．英語の頭文字をとり，OMRともいい，マークシートやマークカードに記入されたマークを，光学的に読み取り，直接にコンピュータに入力する装置．マークの位置に光を当て，その透視光や反射光が多いか少ないかを，光電素子で調べる方式の機械．→OMR

光学式文字読取り装置 (こうがくしきもじよみと——そうち) **optical character reader**
コンピュータの入力装置の一種である．英語の頭文字をとりOCRともいう．手書きの文字やプリンタによって，シートやカードに印刷した文字に光を当てて，反射光から文字を読み取り，直接にコンピュータへインプットする装置．→OCR

光学録音 (こうがくろくおん) **optical recording, optical sound recording**
音声信号を光の強弱に変えて，写真フィルムに焼き付け，音声を記録すること．磁気録音が普及して，光学録音は映画用に主として使われる．濃淡式録音のほかに可変面積式録音もある．

光起電効果 (こうきでんこうか) **photovoltaic effect**
光電効果の一種．半導体と金属，または半導体のPN接合部に光が当たると，光の量に応じて，起電力が発生する現象．セレン光電池や太陽電池の原理である．☞セレン光電池

公共放送 (こうきょうほうそう) public broadcasting

放送の目的を公共の福祉と発展とし，聴取者から集めた聴取料で経営する．商業放送（民間放送）と違い，広告，宣伝はしない．日本ではNHK，イギリスはBBCが代表的である．

工業用テレビジョン (こうぎょうよう——) industrial television
→ITV

工業用ロボット (こうぎょうよう——) industrial robot

論理素子を組み合わせた自動機械に，情報の入出力装置を加えて，ロボットという．産業ロボットの一種で，繰返しロボットともいう．動作順序を教え，記憶させておけば，作業命令に従って記憶の内容を，次々と制御装置に送り，マニピュレータ(腕)を教えられた通り動かし，繰り返し作業を行う．人間の指先のような微妙な仕事はできないが，長時間の単純な繰返し作業ができ，わずかな部品の交換で，作業内容も変えられる．

☞産業用ロボット

合金 (ごうきん) alloy

1. 二種類以上の金属を混ぜ合わせて作った金属．融点（融ける温度）は低くなり，機械的に強くなる．また抵抗率が高くなるので，抵抗材料に利用される．また2種以上の金属が混じり合う現象のことをいうこともある．
2. 半導体のPN接合の作り方の一つ．

☞PN接合

合金拡散形トランジスタ (ごうきんかくさんがた——) alloy diffusion type transistor

アロイディフュージョン形ともいい，オランダのフィリップス社で実用化した．P形ゲルマニウム（コレクタ）ペレットの表面に，N形不純物を予備拡散しておく．N形不純物には拡散係数が大きく，P形不純物は拡散係数の小さな材料を選び，N形不純物を含む小球B（ベース）と，P形N形両方の不純物を含む小球E（エミッタ）を並べて合金する．合金後両方の小球からペレットのほうへ，N形不純物が拡散し，ペレット表面と小球Eの周りは拡散層でおおわれる．これを冷やすと小球とペレットの境にN形の再結晶層ができる．小球EはP形に，BはN形となり，PNP接合ができる．非常に薄いベースができ，利得帯域幅積を大きくとれる．VHF用に使うこともあるが，低周波用が主流で，高周波用は高性能・製作容易のシリコントランジスタが主流である．

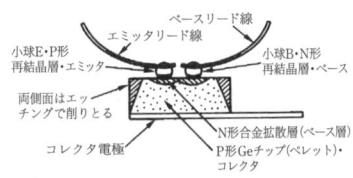

合金接合形ダイオード (ごうきんせつごうがた——) alloy junction diode

アロイジャンクション形ともいう．N形シリコンにアルミニウムを合金して，PN接合を作ったダイオード．点接触形に比べ，順方向，逆方向の特性が改善される．微少電流で使うリミッタ用，バリスタ用から数百アンペアの整流電源用まで，高圧大電流で使えるため用途が広い．☞リミッタ

合金接合形トランジスタ (ごうきんせつごうがた——) alloy junction transistor

アロイジャンクション・トランジスタともいう．N形半導体の厚さ0.1mm位のペレットにインジウムなど3価の元素の小さい球を両側からあて，高温の炉で溶かす．N形半導体と3価の元素の溶け合う部分が合金になる．比較的簡単な設備で安くできる．ベースの厚みをあまり薄くできないので，低周波用である．☞インジウム

こうく

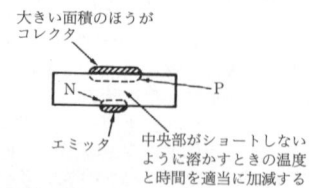

大きい面積のほうがコレクタ
エミッタ
中央部がショートしないように溶かすときの温度と時間を適当に加減する

航空移動業務(こうくういどうぎょうむ)
aeronautical mobile service
航空機局と航空局との間または航空機局相互間の無線通信業務をいう（電波法施行規則第3条7）．

航空機局（こうくうききょく）
aircraft station
航空機の無線局のうち，無線設備がレーダのみのもの以外のものをいう（電波法施行規則第4条11）．
☞無線局

航空局（こうくうきょく）
aeronautical station
航空機局と通信を行うために陸上または船舶に開設する無線局（電波法・政令第1条）．
航空機局と通信を行うため陸上に開設する移動中の運用を目的としない無線局（船舶に開設するものを含む）（電波法施行規則第4条5）．

航空固定業務(こうくうこていぎょうむ)
aeronautical fixed service
航空，航空の準備および航空の安全に関する情報を送信するための固定業務をいう（電波法施行規則第3条2）．

航空固定局（こうくうこていきょく）
aeronautical fixed station
航空固定業務を行う無線局をいう（電波法施行規則第4条2）．

航空電波航法（こうくうでんぱこうほう）
aeronautical radio navigation
航空機が飛行するときの安全で効率的な進路を，電波で示す技術である．そのため位置や進行方向・速度などの情報が必要で，位置が基本となる．高度は備え付け高度計で測れるから2次元の平面的な位置を求めればよい（下表参照）．

1．自立航法システム　自力で位置を知る方式（ドップラーナビゲータ・慣性航法装置）

2．航行援助システム　地上の航行援助施設や人工衛星の電波利用（VOR・GPS）．☞VOR, GPS

航空無線（こうくうむせん）
aeronautical radio
航空，航空の準備および航空の安全に

距離別・航空電波航法システム例

用途別	システム名	機能	使用周波数（例）	精度
短距離用	デッカ	位置	70〜90kHz	±3°
	VOR	方位	112〜118MHz	
長距離用	オメガ	位置	10〜14kHz	
	ロランC	位置	100kHz	
進入・着陸用	ILSマーカ	点	75MHz	
	グライドパス	仰角	328.6〜335.4MHz	0.1°
	ローカライザ	方位	108〜112MHz	0.1°
	MLS	角度	5031〜5090.7MHz	方位・高低0.1°
	電波高度計	高度	4250〜4350MHz	±1%

関する情報を送受する無線通信，航空機局と航空局の間または航空機局相互間の無線通信，航空機のための無線航行に関する無線通信などのこと．

航空無線航行業務
（こうくうむせんこうこうぎょうむ）
aeronautical radio-navigation service
航空機のための無線航行業務（無線航行のための無線測位業務）をいう（電波法施行規則第3条12）．

光源（こうげん）
light source, luminous source
光を発生するもと（源）のこと．ライトソースともいう．電灯は光源の一種である．

航行衛星（こうこうえいせい）
navigation satellite, NAVSAT
ナビゲーション・サテライトともいう．船舶などの航行に利用する目的の衛星で，この衛星から送られる電波の受信周波数が，ドップラー効果で変るのを測り，自分の船の位置を知る．1960年米国海軍が打ち上げたトラジット1号Bが始まりで，1967年にその利用技術が民間に開放され測地や船舶航行に利用した．1978年米国はナビスタ1号を打ち上げ，ナビスタGPSを開発した．送信側（衛星）と受信側（移動体・船舶）が高精度の時計を持ち電波の伝わる時間を測って距離（位置）を知る様にした．☞ドップラー効果

光子（こうし）photon
光電子ともいう．光（電磁波）は粒子の性質と波動の性質を合わせもつ，と考えられ，このような微粒子を光子という．☞電磁波

格子（こうし）lattice
結晶格子のこと．→結晶格子

格子欠陥（こうしけっかん）
lattice defect
結晶内の原子の配列が，外部からの熱や光などのエネルギの影響で乱れていること．半導体を流れる電流に影響を与える．

工事担任者
（こうじたんにんしゃ）
Installation Technician
電気通信事業法に基づき，電気通信回線設備に端末設備等を接続する工事を実施・監督する者．国家資格として，電気通信の「工事担任者」試験が5月（春期）と11月（秋期）の年2回実施される．2005（平成17）年秋期試験から，新カリキュラムが導入されている．

公衆電話（こうしゅうでんわ）
public telephone, pay station
公衆，つまり社会一般の不特定な人びとが，自由に通信できるように駅・街頭・店頭に設けた電話のこと．

公衆電話機（こうしゅうでんわき）
public telephone set
公衆電話のために使われる電話機．ボックス形は公衆電話ボックスや建物の壁に固定し，卓上形は小形で軽く可搬式でテーブルやカウンタの上に置く．通話するたびに料金が必要で，課金方式は距離別時間差法である．投入貨幣は，単位時間の経過ごとに局から送られる収納信号で1枚ずつ収納する．最後の貨幣を収納するとき，約250Hzの催促音を0.7秒間受話器に送り，次の収納信号がくるまでに貨幣を追加すれば継続して通話できる．貨幣の代わりにプリペイドカード（テレホンカード）を使う方式もある．

高周波（こうしゅうは）
high frequency, radio frequency
1．約20kHzくらいを境にして，これよりも高い周波数を高周波というが，あまりはっきりした境はない．電波法では30kHz以上を高周波という．一般には約50～100kHz以上を高周波と考える．無線（ラジオ）周波数ともいう．

高周波ウエルダ（こうしゅうは――）
high frequency welder
誘電加熱の応用で，塩化ビニルのシー

トなどを溶接する装置．周波数は40MHz・80MHz位が使われ，出力は5kW位が多い．☞誘電加熱

高周波回路（こうしゅうはかいろ）
high frequency circuit, radio frequency circuit
高周波の増幅・発振・同調などを行う回路で，配線や部品のリード線などのわずかなインダクタンスや分布容量が大きく影響する．☞分布容量

高周波加熱（こうしゅうはかねつ）
highfrequency heating, radio heating
高周波誘電加熱と高周波誘導加熱がある．10kHzから数千MHzの周波数の交流を利用して，誘電体や導体を加熱加工する工業用に多く使われる．

高周波乾燥（こうしゅうはかんそう）
high frequency seasoning, dielectric heat seasoning
誘電加熱を利用する．木材などの誘電体を電極間にはさんで高周波電圧を加え，内部から加熱し短時間に効率良く乾燥する．繊維の乾燥，プラスチック加工などにも利用される．

高周波コイル（こうしゅうは——）
high frequency coil
無線周波（radio frequency）コイルともいう．低周波コイルのような積層鉄心は使わず，圧粉磁心を使うこともあるが，うず電流損などの損失を減らすため，空心の場合もある．表皮効果による実効抵抗を減らすため，リッツ線を使うこともあり，分割巻やハネカム巻コイルにする．インダクタンスLを変えるには，磁心の位置を変えたり（中間周波変成器），フェライト棒（磁心）の上をすべらせたりする（アンテナコイル）．空心の場合は直径・巻数・巻線間隔（ピッチ）を変えてLを変える．☞表皮効果

高周波交流（こうしゅうはこうりゅう）
high frequency
高周波のこと．無線周波ともいう．
→高周波

高周波磁心（こうしゅうはじしん）
highfrequency core
圧粉鉄心のこと．
→圧粉鉄心

高周波増幅器（こうしゅうはぞうふくき）
high frequency amplifier, radio frequency amplifier
高周波を増幅する回路，増幅器のことで，英語の頭文字をとり，HFA，RFAとも書く．負荷回路はコイルLとコンデンサCによるLC同調回路が多く，単一同調，複同調，スタガ同調方式を使う．結合回路は相互インダクタンスを用いた電磁結合が多い．回路のシールド，高周波用のトランジスタ，抵抗，コンデンサ，コイルの使用，短い配線などが必要になる．
☞スタガ同調方式

高周波チョーク・コイル（こうしゅうは——）**radio-frequency choking coil**
コイルの一種で，高周波で高いリアクタンスをもち高周波の流れを妨げる．高周波コイルのためハネカム巻，バンク巻にして分布容量を少なくしている．英語の頭文字をとってRFCと表す．
☞リアクタンス

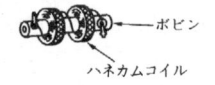

――ボビン
ハネカムコイル

高周波抵抗（こうしゅうはていこう）
high frequency resistance
導体に高周波電流を流すと，表皮効果によって導体の抵抗が，直流や低周波の場合より大きくなる．また，コイルでは磁心にうず電流損やヒステリシス損が生じ，抵抗が増える．この高周波における実効抵抗のこと．
☞実効抵抗

高周波抵抗器（こうしゅうはていこうき）**high frequency resistor**

高周波で抵抗値の変化が小さく,分布容量や,残留インダクタンスの小さい抵抗器のこと.巻線形は残留インダクタンスが多く,炭素皮膜抵抗器や金属皮膜抵抗器が多用され,炭素皮膜形は,100MHz以下なら,特に高周波用でなくても使える.無誘導抵抗器ともいう.

☞残留インダクタンス

高周波電圧計 (こうしゅうはでんあつけい) high frequency volt-meter

P(peak)形電圧計が多用される.測定コードの先端にプローブを付け,波高値(peak)に比例した直流出力を得る検波器を納め,高周波電圧を直流出力に変え,トランジスタの直流増幅回路で増幅し直流電圧計(可動コイル形電流計)で読み取る.1GHz位まで10％以下で測定できる.熱電形・熱線形計器は感度・誤差の点で劣り,ほとんど使われない.

☞熱電形計器

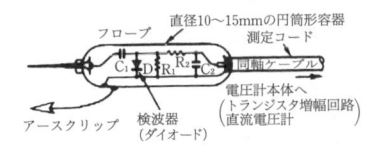

高周波電流計 (こうしゅうはでんりゅうけい) high frequency ammeter (ampere meter)

熱電対と可動コイル形電流計を組み合わせたもので,熱電電流計ともいう.熱線に測定しようとする高周波の電流Iを流すと,熱線の抵抗Rと電流IによってI^2Rの熱が発生する.この熱線に熱電対の接点を接近,または接触させ,他方にメータMをつなげば熱電対には熱電流が流れ,その大きさをMで読む.熱線に熱電対を接触させたほうが感度が高くなるが,周波数特性は低下し,接触させなければ感度は低いが,数MHz位まで使用できる.両者は接触形,後者は絶縁形と区別する.

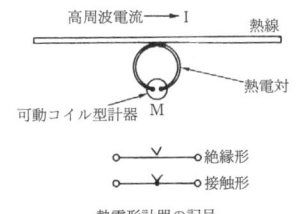

☞熱電対

高周波バイアス (こうしゅうは——) high frequency biasing
→交流バイアス録音

高周波発振器 (こうしゅうははっしんき) high frequency oscillator

高周波の発振器で低周波発振器に対応した語.周波数は50kHz位より高く,固定のものと可変のものがある.回路はLC発振形・水晶発振形が多用される.発振原理は正帰還による反結合回路が主である.LC発振形は,ハートレー回路・コルピッツ回路が代表的で,水晶発振形はピアース回路が代表的である.

☞反結合回路

高周波変成器 (こうしゅうはへんせいき) high frequency transformer

高周波で働かす変成器(トランス)のこと.空心または圧粉磁心を使い,ハネカム巻コイルか分割巻にし,リッツ線やエナメル線を使う.ラジオの中間周波変成器(IFT)はその一例である.

☞高周波コイル

高周波ミシン (こうしゅうは——) high frequency heating machine

高周波誘電加熱を利用して,ビニルなどの接着加工に使う機械,装置のこと.

高周波誘電加熱 (こうしゅうはゆうでんかねつ) high frequency dielectric heating

周波数が数十MHzの交流の電界の中に,誘電体(絶縁物)を置くと,誘電損のため誘電体の温度が上がり,加熱

こうし

される．木材の乾燥・加工，プラスチックの接着・成型などに利用される．内部まで均一に加熱されるので質のよい製品ができる．家庭用の電子レンジもこの例である．
☞誘電損

高周波誘導加熱 (こうしゅうはゆうどうかねつ)
high frequency induction heating
導体に交番磁界を加えるとうず電流が流れ，この電流によって導体の温度が上がる．これを高周波誘導加熱という．交番磁界の周波数は10kHz以上が使われ，金属の表面焼入れ・焼なまし・溶接・半導体の帯域精製法などに利用する．☞交番磁界

公衆無線LAN (こうしゅうむせん——)
public wireless LAN
無線LANを利用できるエリアを設けてサービスするシステム．喫茶店，食堂，ホテルなどのサービス業や，鉄道の駅，飛行場などの交通要所，公共施設や商店街などに設置が進んでいる．主として普及率の高い2.4GHz帯を利用するIEEE802.11b規格の最大11Mビット/秒の通信速度によるサービスが中心である．
☞LAN，IEEE

高純度銅ケーブル (こうじゅんどどう——)
high purity copper cable
純度99.99997%の高純度銅（6N銅）を使って作ったケーブルのこと．不純物を1/100に減らした銅を熱処理して銅の結晶を非常に大きくし，結晶欠陥を10億分の1に減らしてオーディオ機器の接続用（結線用）ケーブルとして使い，音響特性を改善している．
☞光ケーブル

公称インピーダンス (こうしょう——)
nominal impedance
定K形フィルタで，直列インピーダンスZ_1，並列インピーダンスZ_2とすると，$Z_1Z_2=K^2$となり，抵抗の単位$[\Omega]$をもつ実数となる．このKを公称インピーダンスという．☞定K形フィルタ

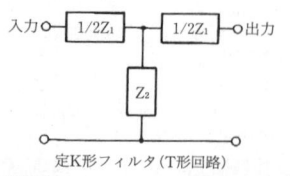

定K形フィルタ（T形回路）

公称抵抗値 (こうしょうていこうち)
nominal resistance value
抵抗器に示されている抵抗値のこと．
☞抵抗値

公称電圧 (こうしょうでんあつ) **nominal voltage**
送電電圧は高いほど電流が小さくてすみ，送電線路の電力損失が少なくなり効率的であるが，変電設備・鉄塔，がいし（碍子）などの絶縁耐力が大きくなり高価となる．経済性・送電系統の連絡・電気機器の規格化などの点から，標準送電電圧を定める必要があり，この電圧を公称電圧という．3.3，6.6，11，22，33，110，500(kV)などがJISで定められている．

更新 (こうしん) **update**
→アップデート

高水準言語 (こうすいじゅんげんご)
high level language
コンピュータのプログラムに関する用語．特定のコンピュータの構造にしばられることが少ないプログラム言語のこと．☞プログラム言語

校正 (こうせい) **calibration**
キャリブレーションともいい，電圧計，電流計，発振器の周波数などの目盛が

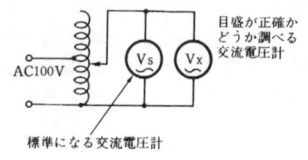

交流電圧計の校正

正確なメータと比較してどのくらい狂っているか調べること．較正と書く．

合成映像信号（ごうせいえいぞうしんごう）composite video signal

テレビの送受信に使う信号のこと．合成像信号，合成ビデオ信号，複合像信号ともいう．映像信号，同期信号，帰線消去信号などを合わせた信号のこと．カラーの場合はカラー映像信号，カラーバーストも加わる．

☞カラー・テレビジョン

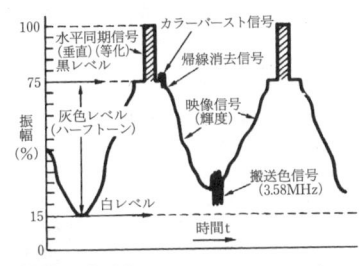

高精細テレビ（こうせいさい——）improved TV

→高精細度テレビジョン

高精細度テレビジョン（こうせいさいど——）high definition television, high resolution television, improved TV, enhanced definition TV, HDTV, EDTV

高精細度テレビともいい，走査線数を増やし解像度を上げ，大画面で臨場感や迫力あるテレビ方式．ハイビジョン（日本）やディジタルテレビ（欧米）はこの方式の例である．

☞ハイビジョン

合成自己インダクタンス（ごうせいじこ——）combined self-inductance

自己インダクタンスを直列または並列につないだときの全自己インダクタンスのこと．

①直列接続：合成自己インダクタンス L_s

$$L_s = L_1 + L_2 + L_3 \quad [H] \quad (a)$$

②並列接続：合成自己インダクタンス L_p

$$L_p = \frac{1}{\frac{1}{L_1} + \frac{1}{L_2} + \frac{1}{L_3}} \quad [H] \quad (b)$$

③直並列接続：合成自己インダクタンス L_o

$$L_o = \frac{1}{\frac{1}{L_1} + \frac{1}{L_2}} + L_3 \quad [H] \quad (c)$$

合成樹脂（ごうせいじゅし）synthetic resin

プラスチックまたはプラスチック成型に使う原料のこと．高分子で，加熱するとやわらかくなるが，冷えると固くなる．再び加熱してもやわらかくならぬものもある．電気では，優れた絶縁材料として使う．

合成静電容量（ごうせいせいでんようりょう）combined capacity

静電容量（コンデンサ）を直列または並列につないだときの全静電容量のこと．

①直列接続：合成容量 C_s

$$C_s = \frac{1}{\frac{1}{C_1} + \frac{1}{C_2} + \frac{1}{C_3}} \quad [F] \quad (a)$$

②並列接続：合成容量 C_p

$$C_p = C_1 + C_2 + C_3 \quad [F] \quad (b)$$

③直並列接続：合成容量 C_o

$$C_o = \frac{1}{\frac{1}{C_1 + C_2} + \frac{1}{C_3}} \quad [F] \quad (c)$$

(a) 合成静電容量 C_s
(b) 合成静電容量 C_P
(c) 合成静電容量 C_o

合成抵抗（ごうせいていこう）composite resistor

抵抗器Rがいくつか並列または直列につながっている場合の合計した抵抗値のこと．R_1, R_2の2本の抵抗が直列のときの合成抵抗R_0は，

$R_0 = R_1 + R_2$ 〔Ω〕

並列のときは，

$R_0 = R_1 \cdot R_2 / (R_1 + R_2)$ 〔Ω〕

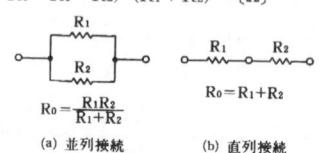

$R_0 = \dfrac{R_1 R_2}{R_1 + R_2}$

(a) 並列接続

$R_0 = R_1 + R_2$

(b) 直列接続

光束 (こうそく)
luminous flux, flux of light

光源から出る放射束を，視覚（目の感度）をもとにして測った量．単位はルーメン〔lm〕．

光速 (こうそく) light velocity

光速度ともいい光の進む速さのことで，毎秒約30万km＝3×10^8〔m/s〕である．

拘束電荷 (こうそくでんか)
bound charge

バウンドチャージともいう．誘電体が電界の中に置かれると，個々の誘電体分子が電気的に不平衡となる．正と負に分かれ誘電分極する．単に分極ともいう．誘電分極によってできた電荷（チャージ）を拘束電荷とか分極電荷という．拘束電荷は移動したり遊離できない電荷で，自由に移動できる真電荷と区別する．

光速度 (こうそくど) light velocity

光が真空の中を伝わる速さ．約3×10^8m/sで，毎秒およそ30万km．

広帯域アンテナ (こうたいき——)
wide-band antenna, broad-band antenna

広い周波数範囲にわたり，指向性，利得，給電点インピーダンスの変化が少ないアンテナ．テレビジョン放送では広い周波数帯をカバーするため，このようなアンテナが必要で，送信用にスーパターンスタイル・アンテナ，受信用にインライン・アンテナなどを使う．

☞インライン・アンテナ，スーパターンスタイル・アンテナ

広帯域増幅器 (こうたいきぞうふくき)
wide-band amplifier, broad-band amplifier

中心周波数f_0と帯域幅Bとの比が大きい場合を広帯域といい，この広帯域の電流や電圧を，周波数にかかわらず一様に増幅する増幅器を，広帯域増幅器という．パルス回路，テレビ回路，レーダ回路，オシロスコープ回路に使われる．分布増幅器，スタガ同調増幅器，映像増幅器などがこの例である．

☞スタガ同調増幅器

広帯域伝送 (こうたいきでんそう)
broad-band transmission

周波数帯域幅の広い（広帯域の），情報伝達のこと．時分割方式や周波数分割方式による超高速度・超多重通信には，周波数範囲の極めて広い伝送路が必要となる．

☞周波数帯域幅

高忠実度 (こうちゅうじつど)
high fidelity

忠実度が高いこと．忠実度とは，入力信号をどのくらい正確に出力側に再現できるかの程度を表すもので，出力での非直線ひずみ，雑音などが関係する．増幅器の入力と出力について考える電気的忠実度と，スピーカを通して，音

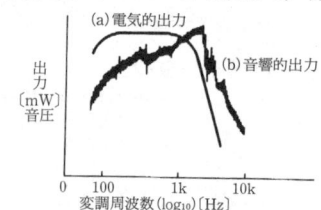

(a) 電気的出力

(b) 音響的出力

出力〔mW〕音圧

0　100　1k　10k
変調周波数($\log_{10}$)〔Hz〕

(a) 電気的忠実度
(b) 音響的忠実度

を比較する音響的忠実度とがある．英語のハイフィデリティを略してハイファイともいう．
☞忠実度

高調波（こうちょうは）**higher harmonic**
交流のひずみ波は，多くの周波数成分を含んでいる．その中の最も低い周波数成分を基本波，それ以外の交流を高調波という．基本波の2倍の周波数をもつ成分を第2高調波，3倍の周波数成分を第3高調波，以下4倍，5倍……成分を第4，第5……高調波という．奇数倍の成分を奇数高調波，偶数倍を偶数高調波と呼ぶ．☞ひずみ波

高調波アンテナ（こうちょうは——）**harmonic antenna**
アンテナの全長 l が，送受信する電波の波長 λ の半分の整数倍 n である，定在波アンテナのこと．
$$l = n\lambda/2$$

高調波共振（こうちょうはきょうしん）**higher harmonic resonance**
抵抗R，インダクタンスL，静電容量Cの直列回路に高調波（周波数 f ）が加わったとき，回路のインピーダンス Z_n の大きさは，
$$Z_n = \sqrt{R^2 + \left(n\omega L - \frac{1}{n\omega C}\right)^2} \quad [\Omega]$$
となり，交流電源に高調波が含まれている場合，電流波形はひずみ，交流ブリッジではブリッジの平衡（バランス）がとりにくい．上式で $n\omega L = 1/(n\omega C)$ のとき，高調波共振という．$\omega = 2\pi f$．
☞インピーダンス

高調波ひずみ（こうちょうは——）**harmonic distortion**
トランジスタ回路で生じるひずみの一種．入力特性が直線的でないため，出力は入力と異なる波形となる．これを振幅ひずみ，非直線ひずみ，高調波ひずみともいう．ひずみは小さいほうがよく，ひずみがあると多くの高調波を含み，忠実度は低下する．☞ひずみ

交直両用受信機（こうちょくりょうようじゅしんき）**AC-DC receiver**
交流（電灯線）および直流（電池）のどちらの電源でも動作する受信機のこと．2ウェイともいう．

光電形撮像管（こうでんがたさつぞうかん）**photo-emitting sensitive surface type image pickup tube**
イメージ形撮像管ともいい，イメージ・オルシコンがこれに相当する．
☞イメージ・オルシコン

光電効果（こうでんこうか）**photoelectric effect**
1．金属に光を当てると，金属の表面から電子が放出される．電子を放出したのちの金属の表面は，（＋）の電気をもつ．金属の種類で，電子を放出する光の波長が異なる．同じ波長の場合は，光の量が多いほど放出する電子の数も増え，光の量に比例する．この現象を光電現象，外部光電効果と呼ぶ．光電現象は光の波長が短くなるほどよく現れ，長くなると電子を放出しない．電子を放出するいちばん長い波長の限界を限界波長といい，相当する周波数を限界周波数という．2．光を照射すると物質の電気抵抗が減る．これを光導電現象という．3．2種の物質の境界面に起電力を発生する．これを光起電効果という．2と3を内部光電効果という．☞内部光電効果

光電子（こうでんし）**photoelectron**
金属，半導体に光が当たると，表面から電子を放出する．この電子を光電子という．☞電子

光電子増倍管（こうでんしぞうばいかん）**photomultiplier tube**
光電効果による光電子を100万倍（10^6）くらいに増幅する電子管．頭部窓（ヘッドオン）形と側部窓（サイドオン）形がある．入射光は光電陰極に当たって光電子（二次電子）を放出し，この二次電子を8～14段のダイノードで増

幅する．光電陰極の大きさは20×5mm位で，出力電流は直流で数十μA，パルスで50mA位．雑音が少なく低照度の感度が良い．光パルスに対する応答性が良く，入射光束—出力電流特性の直線性が良い．放射線計測器やガンマカメラ等の医用電子機器，分光器，各種公害測定機器などに使う．
☞パルス

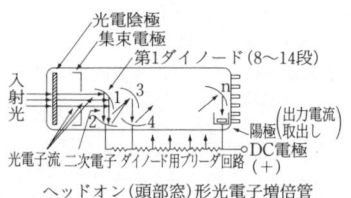

ヘッドオン(頭部窓)形光電子増倍管

光電子放出（こうでんしほうしゅつ）
photoelectric emission
金属に光を当てると，金属内の電子に光エネルギが与えられ，金属表面から外部に電子が放出される．このときの電子を光電子といい，光電子の放出を光電子放出という．

光電素子（こうでんそし）
photoelectric transducer
光を電気に変える素子のこと．ホト・ダイオード，ホト・トランジスタ，太陽電池,撮像管，CdS，発光ダイオード，EL素子などがある．
☞ホト・ダイオード

光電池（こうでんち）
photocell, photoelectric cell
シリコンのPN接合に光が当たると，起電力が発生する．これをシリコン光電池とか太陽電池という．金属と半導体の接触面に光が当たると，起電力が生じる．セレン光電池や亜酸化銅光電池がこれに相当する．
☞セレン光電池

光電物質（こうでんぶっしつ）
photoelectric material
1．光を当てると光電子を放出する物質．アルカリ金属やアルカリ土金属類でアンチモン・セシウムなど．2．光の照射で起電力（光起電現象）を生じる物質．セレン（光電池）やシリコン・ゲルマニウム（PN接合のホトダイオード），ガリウムひ素（太陽電池）．3．光の照射で電気抵抗が減る（光導電現象）物質．金属セレン・硫化カドミウム（CdS）などがある．

光電変換素子（こうでんへんかんそし）
photoelectric transducer
→光電素子

光電流（こうでんりゅう）
photoelectric current
光電物質に光を当てると光電子が放出される．これが回路に流れるとき，この電流を光電流という．

高電力変調（こうでんりょくへんちょう）
high power stage modulation system
送信機で変調をかける場合，電力レベルの高い回路，たとえば最終段の電力増幅器で変調をかける方式のこと．効率はよいが，変調器が大形となるため，小形の送信機に採用される．低電力変調と対語になる．
☞電力増幅器

光度（こうど）**luminous intensity**
光源の強さを示す量．光源からある方向へ，単位立体角内に放出する光束の大きさのことで，カンデラ[Cd]を単位にする．☞カンデラ

硬銅線（こうどうせん）
hard-drawn copper wire
電気銅を溶かし丸棒状にして800[℃]位に加熱し，溝付ローラで線材にする．さらに，硫酸溶液に浸し表面の酸化銅を洗い，常温でダイスを通して所定の太さにする．軟銅線より硬く，強度が大きく弾性に富むので，送電線や電車のトロリー線などに広く使用する．

光導電形撮像管（こうどうでんがたさつぞうかん）**photoconductive pickup tube, photo-conductive camera tube**

光導電効果を利用した撮像管で，光導電面の光電作用と電子ビームの走査によって，光学像を順に電気信号に変換する．光導電面形撮像管，ビジコン形撮像管ともいう．外景は透明ガラスや透明導電膜を通し数μmのターゲット上に結像する．ターゲットは電子ビームの走査により表面電位が陰極と同じになるが，信号電極は正電位であるため透明導電膜を通してターゲットは電界がかかった状態になる．光の入射で光強度が増しターゲット表面の電位は上昇するが，電子ビームの走査で表面電荷が中和され陰極電位にもどり，これに対応した信号(出力)電流が流れる．この形の撮像管の例にビジコン(RCAの商品名)・プランビコン，サチコン・ニュービコン等がある．外形はバルブ直径2〜1/2[インチ]，全長100[mm]位である．可視光用，非可視光(紫外線・赤外線・X線)用，超音波用などがある．

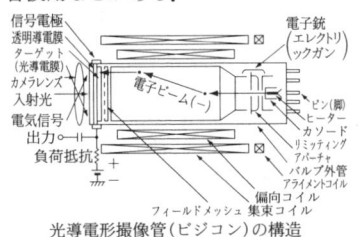

光導電形撮像管(ビジコン)の構造

光導電効果 (こうどうでんこうか)
photoconductive effect
光電効果の一つで，金属や半導体に光を当てると，その物質の電気抵抗が低くなる現象．光のエネルギで自由電子や正孔ができるためで，内部光電効果ともいう．
☞自由電子

光導電性 (こうどうでんせい)
photoconductivity
光の照射によって光導電物質の導電率が変化し電気抵抗が減り，電流が流れやすくなる性質のこと．
☞導電率

光導電セル (こうどうでん——)
photoconductive cell →ホト・セル

光導電体 (こうどうでんたい)
photoconductor
1. 光導電物質のこと．2. 光導電物質を用いた素子のこと．光導電効果が強く現れる物質や素子で硫化カドミウムCdSや硫化鉛PbS，三硫化アンチモンSb$_2$S$_3$などがある．暗い場合には絶縁物のような高抵抗で，光が当たると強さに応じて抵抗が低くなる．光の検出素子，リレーなどとして，制御や計測に利用される．安価で出力が大きい．
☞光導電効果

高度道路交通システム
(こうどどうろこうつう——)
intelligent transport systems →ITS

交番磁界 (こうばんじかい)
alternating field
正と負の交互に変化する磁界，つまり交流によって生じる磁界のことで，方向と大きさが刻々と変化し，これを繰り返す磁界のこと．一般には正弦波交流による磁界のこと．
☞正弦波交流

交番電圧 (こうばんでんあつ)
alternating voltage
交流電圧のこと．→交流電圧

交番電流 (こうばんでんりゅう)
alternating current
交流電流のこと．→交流電流

高品位テレビジョン (こうひんい——)
high definition television
→ハイビジョン

降伏 (こうふく) breakdown
→降伏現象

降伏現象 (こうふくげんしょう)
breakdown
半導体のPN接合に加える逆電圧を増やしていくと，ある電圧で逆方向電流が急増する．この現象をブレークダウ

ンとか降伏といい，次の原因がある．
①高圧によって価電子が引き出され，多くの正孔と電子が生じる．これをツェナー降伏とかツェナー現象という．
②ツェナー降伏によって生じたキャリアが高圧で加速され，価電子に衝突して次々に正孔や電子を作り出す．これをアバランシェブレークダウン（アバラシェ降伏）とか電子なだれ降伏という．
☞ツェナー現象

降伏電圧（こうふくでんあつ）
breakdown voltage
ブレークダウン電圧とか，ツェナー電圧ともいう．PN接合ダイオードに加える逆方向電圧を増やしていくと，ある電圧で急に逆方向電流が増える．これを降伏現象といい，降伏現象の起きる電圧を降伏電圧という．電子なだれ降伏と，ツェナー降伏がある．
☞ツェナー降伏

航法（こうほう）　**navigation**
航空機・船舶・車輌などの移動体が，ある地点Aから目的地点Bへ安全に効率的に移動する進路を知らせる技術である．そのために必要なのは移動体の3次元位置（前後・左右・上下）と進行方向・速度である．航空機の高度は高度計で測るか，空港への進入・着陸時を除き2次元（平面）位置を求めるだけでよく，車輌も同様である．

後方散乱（こうほうさんらん）
back scattertyj, back scattering
電波が伝わる際に入射波とその散乱波の伝わる方向が，反対になる散乱のこと．☞散乱

候補群（こうほぐん）**candidacy group**
ワープロやコンピュータ画面でかな漢字変換の際，同音異義語（読みが同じで意味の異なる語）に多く出会う．たとえば，きしゃと入力し漢字変換すると，貴社・汽車・記者・帰社・喜捨……と出る．これらの一覧表示された漢字群のこと．選択した漢字にカーソルを合わすか，各漢字に付いている番号を打ち込んで選ぶ．

高密度磁気録音テープ
（こうみつどじきろくおん——）
high density recording tape
磁気録音テープは，磁性体を微粉末にして，テープに塗るが，この粒子をさらに細かくして，高い保磁力をもたせた性能の高い磁気録音テープのこと．録音用，録画用に使われる．

項目（こうもく）　**item**
コンピュータに使われる語で，次の意味がある．
①集合の一構成要素のこと．
②情報処理の目的で，一単位として取り扱う一連の文字または語の集まりのこと．

高誘電率磁器コンデンサ
（こうゆうでんりつじき——）
fixed ceramic capacitor (Type II)
チタン酸バリウムを主原料とした磁器（セラミック）が誘電体で，ほかの誘電体に比べて誘電率が高いセラミックコンデンサをいう．温度補償用（種類I），半導体（種類III）とともに固定磁器コンデンサの種類の一つ．

効率（こうりつ）　**efficiency**
電気装置，機器類，素子類の能率のこと．有効に利用されたエネルギ（出力）と全消費エネルギ（入力）との比を百分率で示す．

　効率 η ＝出力／入力×100〔％〕
　　　＝（入力－損失）／入力×100
　　　＝出力／（出力＋損失）×100

交流（こうりゅう）**alternating current**
英字の頭文字をとり，ACともいう．電流や電圧の方向と大きさが規則的に常に変化する．普通は，正弦波状に変化するものを指し，これを正弦波といい，正弦波以外の交流をひずみ波という．交流が1秒間に繰り返す数を周波数fという．1回の波の繰り返しに必

要な時間を周期Tといい，fとTの間に次の関係がある．

$$周波数 f = \frac{1}{周期 T} \ [Hz]$$

(a) 正弦波(交流)　(b) ひずみ波(交流)

交流回路 (こうりゅうかいろ)
alternating current circuit, AC circuit

AC回路ともいう．交流電源や，交流の増幅，発振などの回路のこと．

交流磁化 (こうりゅうじか)
AC magnetizing

強い磁石となる物質を強磁性体または磁性体という．鉄，ニッケル，コバルト，およびその合金などである．交流(交番)磁界により磁化することを，交流磁化という．磁化とは，磁性を帯びさせること，磁石にすることである．磁性体は交流磁化によりヒステリシス現象を生じ，ヒステリシス損を生じる．この損失は熱に変わり，磁性体の温度を上げる．☞磁化

交流消磁 (こうりゅうしょうじ)
AC erase

一度磁化された磁性体の残留磁気を0にすることを消磁という．

1．交流(交番)磁界の中に入れてやり，その磁界の強さを十分強くして，テープに磁気飽和を起こさせ，徐々に磁界を減少して0にする．するとa−b−c−d−e−f−g−0とだんだん小さいループを描きながら最終的には磁束密度Bは0になる．

2．大量のテープを短時間で消磁するときは，リールにテープを巻いたまま，商用周波数(50〜60Hz)による交番磁界の中に入れ，テープを徐々に移動し磁界から遠ざけ磁性を0にする．これをバルクイレーサbulk eraserという．図のHは磁化力．
☞消磁

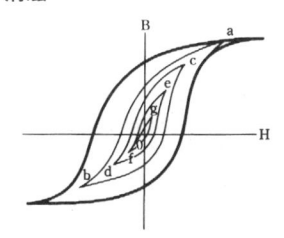

交流ジョセフソン効果 (こうりゅう——こうか) AC Josephson effect
ジョセフソン素子に直流電圧を加え，数十GHzの高周波電流を得ること．ごく小さな出力だが，電磁波の検出や電圧標準に利用することがある．
☞ジョセフソン素子

交流電圧 (こうりゅうでんあつ)
alternating current voltage

AC電圧ともいう．交流の電圧のことで交番電圧ともいう．
☞交流電流

交流電圧計 (こうりゅうでんあつけい)
AC voltmeter

①微小交流電圧計には振動検流計，電子電圧計などを使う．②中位の交流電圧計には可動コイル形電圧計(可動コイル形電流計・倍率器・整流器の組合せ)，電子電圧計などを使う．③高圧の交流電圧計には静電電圧計・計器用変圧器と中位の交流電圧計の組合せ・分圧器(抵抗または容量分圧器)と中位の交流電圧計の組合せ・火花ギャップなどを使う．④高周波用の電圧計は高周波電圧計(P形)を使う．
☞電子電圧計

交流電流 (こうりゅうでんりゅう)
AC current

AC電流ともいう．交流回路に流れる電流のこと．抵抗Rだけの回路では，加えた交流電圧(起電力)と交流電流の

こうり

位相は同相．インダクタンス（誘導性）Lだけの回路では，電流が電圧より90°位相が遅れ，静電容量（容量性）Cだけの回路では，電流は電圧より90°進む．
☞起電力

交流電流計 （こうりゅうでんりゅうけい）
AC ammeter

1. 可動コイル形計器は，感度も精度も高い直流用計器で交流は指示しない．
2. 可動鉄片形計器はコイルの中に二つの鉄片を置き，一方は回転軸に取り付け回転できるようにし，他方は固定する．回転軸にはバネと指針を取り付ける．測定しようとする交流電流をコイルに流すと，コイルの中に置かれた二つの鉄片は同じ方向に磁化され，たがいに反発する．回転軸は，この反発回転力と，回転軸に取り付けたうず巻ばねとバランスするところまで回転し，指針を振らせる．このときの振れ角から交流の大きさがわかる．磁力による反発力は距離の2乗に反比例するので，目盛は平等目盛にならず，ゼロ近くでつまって狭くなる．構造が簡単で電流を流すコイルは静止しているので，太い線で巻くことができ，大電流用交流電流計となる．

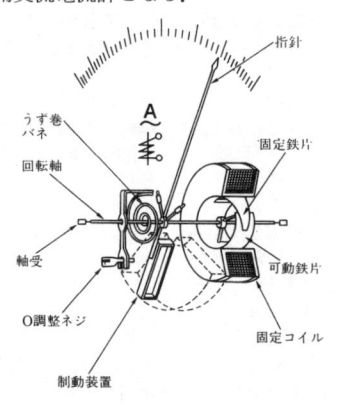

交流電力 （こうりゅうでんりょく）
AC power

交流電圧V，交流電流Iのときの電力Pを交流電力といい，単位はワット．

$P = VI\cos\theta$ 〔W〕

$\cos\theta$は力率，抵抗分だけなら$\theta=0$．V・Iは実効値，θはV・I間の位相差角．
☞力率

交流電力計 （こうりゅうでんりょくけい）
AC wattmeter

電流力計形計器の固定コイルC_1，C_2には負荷電流Iを流す．可動コイルC_3には抵抗Rを直列につなぎ，負荷電圧Vを加えVに比例した電流を流す．C_3にはI，Vに比例した駆動トルクが生じて回転し，C_3に取り付けた指針の振れから負荷電力Pを測る．

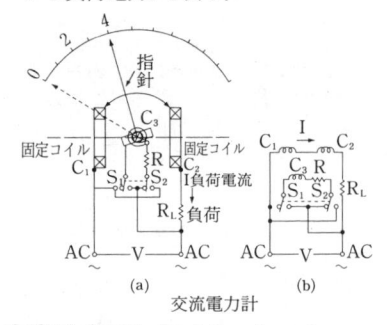

交流電力計

交流バイアス （こうりゅう——）
AC biasing

磁気録音のとき，録音用ヘッドに音声信号とともに100kHz位の高周波を加える．これによって動作範囲を磁化曲線の直線部分に設定でき，再生時の音声のひずみ・雑音が軽減される．この高周波の信号成分を交流バイアスという．☞交流バイアス法

交流バイアス法（こうりゅう——ほう）
AC biasing method

磁気テープに磁気録音を行うとき，録音ヘッドに録音用の音声信号とともに，100kHz前後の高周波交流を重ね

て流す．これによって，録音電流（音声信号）と磁気テープ上の残留磁気の関係を直線的にし，この直線範囲も広くなり，再生時の音声のひずみ・雑音も減り，大きな音声出力が得られ効率が向上する．この高周波のバイアスを加える方式を交流バイアス法という．

☞交流バイアス法

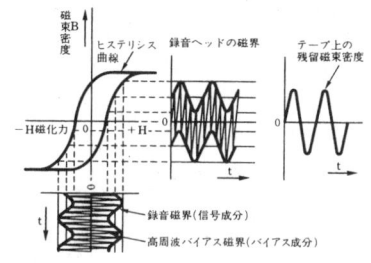

交流バイアス録音 (こうりゅう——ろくおん) AC biased recording

初期磁化曲線ⓐの$0〜1$と，$3〜4$の曲っている部分を除いた直線部分を負側の磁化曲線ⓑの直線部$5〜7$と組み合わせ，磁気録音に用いれば，ひずみの少ない再生音が得られる．このため，直線部の中央点に相当する部分に交流電圧ABを加え，この上にⓒのように録音信号をのせる．このときの交流の周波数は，録音信号の最高周波数の5倍以上が良く，$40k〜100kHz$位にする．この周波数が低いと録音信号の高調波とビート音を生じて妨害になる．この交流を交流バイアスという．交流バイアスを用いた録音方式を交流バイアス録音といい，一般に広く用いられる．☞周波数

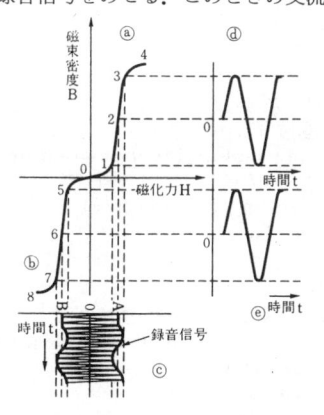

交流発電機 (こうりゅうはつでんき) AC generator

永久磁石NSの間に置いたコイルabcdを原動機（モータ，ガソリンエンジン）で回転すると，フレミングの右手の法則により，コイルに交流起電力が発生する．これをスリップリングを通して，外部に取り出す．普通は永久磁石の代わりに鉄心にコイルを巻き，電磁石にする．これを界磁といい，直列抵抗を変えコイルに流す電流を加減して，磁界の強さを変え，発生電圧を加減する．発生した交流波形が正弦波になるように回転コイルと界磁の鉄心間のすきまを適当に設計する．

☞フレミングの右手の法則

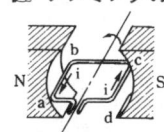

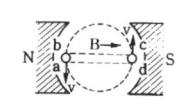

交流負荷線 (こうりゅうふかせん) AC load line

コレクタ電圧V_{CE}－コレクタ電流I_C特性上に，電源電圧（C点）と直流負荷$R_3=8k\Omega=V_{CE}/I_C$(D点)の2点を結ぶ直流負荷線を引く．交流に対してC_3のリアクタンスは十分小さく無視すれば，Q_1の負荷は$R_3・R_5・R_6$とQ_2の入力インピーダンスh_{ie}の並列合成抵抗となる．$h_{ie}=9k\Omega$とすれば，交流の負荷抵抗は$2.9k\Omega$となり，C点から$2.9k\Omega$の直線BCを引く．BCを下方に平行移動し直流負荷線との交点が中央点となる直線AEが交流負荷線であり，この

交点が動作点Qである．

$Q_1 = Q_2$
(入力インピーダンス h_{ie} 8.5kΩ
電流増幅率 h_{fe} 100)

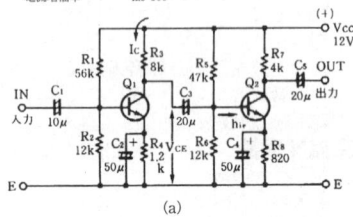

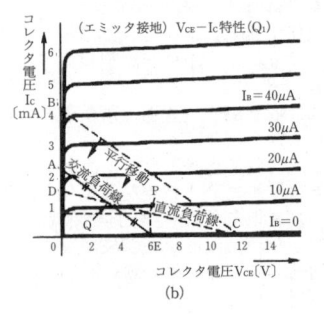

(a)

(b)

交流ブリッジ（こうりゅう——）
AC bridge

交流回路のインピーダンスZを測定するブリッジ回路．ACブリッジともいう．測定用の交流電源に，1000Hz位の正弦波発振器を使う．測定するインピーダンスZ_Xと，あらかじめ値のわかっているインピーダンスZ_A，Z_B，Z_Cの3個をブリッジに組み，電源Oと検電器Tをつなぐ．Z_A，Z_B，Z_Cの値を調整して，Tの出力が最小になるようにすれば，次の式からZ_Xが求まる．

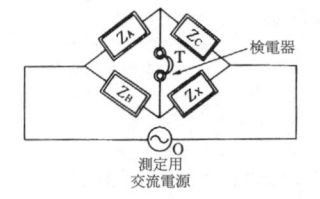

$$Z_X = \frac{Z_B}{Z_A} Z_C \quad [\Omega]$$

小型モータ（こがた——）
small-size motor

導線に電流を流すと磁界が発生する．この磁気作用を利用してコイルを駆動させることにより，電気的エネルギを機械的エネルギに変換する部品．アクチュエータとして本来は電機（気）部品に属するが，近年，超小型モータ（電動機）の場合は，電子機器や自動車電装品として搭載されることが多く，JEITAでは「変換部品」として分類している．直流(DC)モータは，磁石界磁形と巻線界磁形に分かれる．前者にはブラシ付きモータやブラシレス，コア付き，コアレスといった品種がある．一方，交流(AC)モータは品種が大幅に増える．整流子モータでは，シリーズモータ，また，同期モータでは永久磁石，反作用形，インダクタ形と多彩．誘電モータでは，単層（コンデンサ形）と分相（くまどり形）および三相など．高精度・低騒音の動作電圧軸受（オイル，エア，磁気）モータのニーズも高い．☞コアレスモータ

互換機（ごかんき）
compatible machine

A社製のソフトとハード（周辺機器）が共用できるB社製コンピュータのこと．通称コンパチマシンで欧米ではクローンという．

互換性（ごかんせい）
compatibility, interchangeability

コンパチビリティとか両立性という．たとえば白黒テレビでカラーテレビ放送を受け，カラーテレビで白黒テレビ放送を受けること．同類の装置のアクセサリや端末機器が共用できること．

国際アマチュア無線連合（こくさい——むせんれんごう）International Amateur Radio Union

→IARU

国際周波数登録委員会 (こくさいしゅうはすうとうろくいいんかい) International Frequency Registration Board
英語の頭文字をとり，IFRBともいう．世界各国の周波数割当ての承認・登録を目的とする会で，国際電気通信連合の機関の一つ．

国際遭難周波数 (こくさいそうなんしゅうはすう) international distress frequency
遭難通信に限って使われる世界共通の周波数のこと．無線電信は500kHz，無線電話は2,182kHzである．

国際単位 (こくさいたんい) international unit
1908年にロンドン国際会議で決めた国際アンペア，国際オーム，国際ボルト，国際ワットなどの国際単位は，絶対単位との間に誤差があったため，1948年廃止された．

国際単位系 (こくさいたんいけい) Système International d'Unités
1960年国際度量衡総会で決められた単位系．基本単位にメートルm，キログラムkg，秒S，アンペアA，カンデラCd，ケルビン度K（温度）のほか，補助単位と誘導単位，倍数や分数（小数）が定められた．

国際電気通信条約 (こくさいでんきつうしんじょうやく) International Telecommunication Convention Geneva
電波の有効な利用のために設けられた，国際的条約で，世界中の国々が加わっている．

国際電気通信連合 (こくさいでんきつうしんれんごう) International Telecommunication Union
→ITU

国際電気標準会議 (こくさいでんきひょうじゅんかいぎ) International Electrotechnical Commission →IEC

国際電波科学連合 (こくさいでんぱかがくれんごう) International Scientific Radio Union
原語の頭文字をとり，URSIと略して書くこともある．電波科学についての国際学術協力機関である．ベルギーのブリュッセルに本部がある．日本学術会議も加盟しており，2年に1回ぐらい研究討論会が開かれる．

国際番号 (こくさいばんごう) international number
ダイヤル自動電話で外国に電話をかけるときの，国別の番号のこと．日本は東アジア地域に入り，第1数字が8，国番号は81である．

国際放送 (こくさいほうそう) international broadcasting
→海外放送

国際放送機器展 (こくさいほうそうききてん) The International Broadcast Equipment Exhibition
放送分野における最新の技術や機器を展示する，わが国最大の放送展示会．

国際無線通信諮問委員会 (こくさいむせんつうしんしもんいいんかい) Comité Consultatif International des Radiocommunications
国際電気通信連合ITUの常設機関の一つで，原語の頭文字をとりCCIRとも書く．

刻時信号 (こくじしんごう) clock signal
クロック信号，クロック・パルス，刻時パルスのこと．
☞クロック，クロック信号

刻時パルス (こくじ——) clock pulse
→クロック・パルス

極超短波 (ごくちょうたんぱ) ultrashort wave
波長1mから10cmまで，周波数300M～3THz，UHF帯以上に相当する電波のこと．
☞UHF帯

こくち

極超短波テレビジョン（ごくちょうたんぱ——）ultrashort wave television →UHFテレビジョン

国内放送（こくないほうそう）**domestic broadcasting**
国内の受信者を対象にして行う放送のこと．日本の国内放送は，標準放送526.5～1606.5kHzAM方式，超短波放送76～90MHzFM方式がある．
☞放送

誤差（ごさ）**error**
1．測定値Mから真の値Tを引いた値を誤差eという．e＝M−T．eとTの比の百分率を誤差率Eという．
E＝(M−T)／T×100
＝e／T×100 （％）

誤差率（ごさりつ）**relative error**
電圧や電流などを測るとき，測定値Mと真値tは異なるのが一般である．M−tを誤差eといい，(e／t)×100を誤差率という．また，百分率誤差ともいう．
e＝M−t
誤差率 $f = \frac{M-t}{t} \times 100$ （％）

故障率（こしょうりつ）**failure rate**
電子部品の動作中のある時点での不良発生率．

ゴースト **ghost, ghost image**
テレビの画面に映像が二重，三重に映る現象．直接波と反射波が同時に受信され，反射波は時間の遅れた分だけ右側に再現される受像妨害．反射波をなるべく受信しないように，アンテナの位置，高さ，向き，指向性などを変化して防ぐ．
☞直接波，反射波

ゴースト・キャンセラ
ghost cancelling reference →GCR

五層ダイオード（ごそう——）
silicon symmetrical switch →SSS

コーダ **coder**
1．エンコーダ（符号器）の略した言葉．
2．コンピュータのコーディングをする人．
☞エンコーダ

固体回路（こたいかいろ）
solid state circuit, solid circuit
ソリッドステートともいう．トランジスタ，ダイオード，ICなどの固体素子の回路がブロック化したものをさす．小形で軽く，配線部分を減らして信頼度を高め，大量生産して値段を下げやすくしている．

固体電解コンデンサ（こたいでんかい——）**solid electrolytic condenser**
乾式電解コンデンサともいう．金属の酸化皮膜を誘電体とし，陽極を密着させ，電解液は使わない．アルミやタンタル形の固体電解コンデンサがある．

固体メーザ（こたい——）
solid state maser
電波の放射体に固体を使ったメーザで，気体メーザに比べて，増幅帯域幅が広い．ルビーのような常磁性体の固体を使う．低雑音通信，たとえば宇宙通信や電波天文航法の増幅器に使われる．☞メーザ

固体レーザ（こたい——）
solid state laser
極超短波によって分子や原子を励起して，極超短波を誘導放出させ，極超短波の増幅をする増幅器の一種で，固体にルビーの棒状の単結晶を使う装置．ルビーレーザともいう．気体レーザに比べ短時間ではあるが大出力が得られる．☞誘導放出

語長（ごちょう）**word length**
コンピュータ用語で，語の長さのこと．1語の中に含まれるビット数，バイト数，または文字数で表す．

黒化（こっか）**end blackning**
1．蛍光ランプの点灯時間の経過とともに，管の両端近くにフィラメント電極の物質など（バリウム・水銀・タン

グステン・カルシウムおよびこれらの酸化物）が飛び散り管壁を黒くする．このため明るさが減る．

2．白熱電球の内面に，フィラメントから蒸発したタングステンがついて黒ずみ光を通しにくくする．黒化現象という．

固定衛星業務（こていえいせいぎょうむ）fixed-satellite service, FSS

地上の固定局相互の衛星通信を行うときの業務である．車載型地球局や可搬型地球局が固定した状態で通信する場合や国内衛星通信がこの業務である．FSSは英字の頭文字による略称である．☞衛星通信

固定記憶装置（こていきおくそうち）fixed storage, read-only storage, read-only memory, ROM

コンピュータの記憶装置の一種．英語の頭文字をとり，ROSとも書く．自動的に書込みができない記憶装置で，読出し専用に使われる．定数，常用ルーチンなどを入れて使う．必要に応じて，手動的に書込みが可能なものもある．☞ルーチン

固定業務（こていぎょうむ）point-to-point service

一定の固定地点の間の無線通信業務（陸上移動中継局との間のものを除く）をいう（電波法施行規則第3条1）．

固定局（こていきょく）fixed station

固定業務を行う無線局をいう（電波法施行規則第4条1）．
☞無線局

固定コイル（こてい——）fixed coil

コイルのインダクタンスを変化させないで使う固定形コイルのこと．

固定語長（こていごちょう）fixed word length

コンピュータの記憶装置の基本語長が一定である形式のこと．

固定コンデンサ（こてい——）fixed condenser

静電容量が変化できない，可変形でない，固定形コンデンサのこと．紙，MP，マイカ，チタン，電解，プラスチックなど多くの種類のコンデンサがある．外形も円板形，筒形，貫通形，棒形，角形などがある．

固定小数点表示（こていしょうすうてんひょうじ）fixed point representation

コンピュータで小数を扱う場合，小数点が数字の並びの一端を基準にして，決まった位置に固定されているような，基数の書き表し方のこと．

固定小数点法（こていしょうすうてんほう）fixed-point representation

小数点の位置を「左端または右端から数えて1番目の右の桁に置く」方式．コンピュータ独特の演算方式で，小数点の位置を固定した計算法である．この方式で行う演算を固定小数点演算，この数を固定小数点数，表示を固定小数点表示という．コンピュータにとって計算し易く精度も高いので一般化した．桁数の多い計算ではメモリ容量も増え桁数に制約が出る．科学技術計算では桁数と小数点位置を分ける浮動小数点法を使う．

固定抵抗器（こていていこうき）fixed resistor

抵抗値が一定で変化しない抵抗器のこと．巻線形，炭素皮膜形，金属皮膜形，ソリッド形などがある．炭素皮膜形や

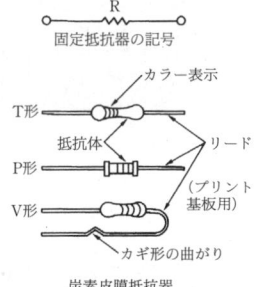

固定抵抗器の記号

炭素皮膜抵抗器

ソリッド形は一般用で，巻線形は精密用や電力用である．

固定ディスク（こてい——）**fixed disk**
ハードディスクともいう．
→ハードディスク

固定バイアス（こてい——）**fixed bias**
真空管またはトランジスタ回路をうまく働かすためにはグリッドまたはベース回路に一定の直流電圧を加える必要がある．この直流電圧をバイアスといい，回路の動作に関係なく，常に一定のバイアスを与えることを，固定バイアスという．

固定バイアス回路（こてい——かいろ）**fixed bias circuit**
トランジスタを増幅用などに使う場合，ひずみをおさえ効率良く働かすためにバイアスを与える．このバイアスの与え方の一つで，ベースバイアスを抵抗R_Bで電源Eから供給する．

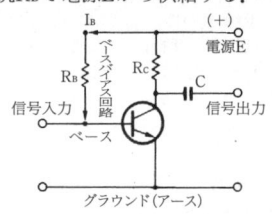

コーティング coating
塗装，蒸着の被膜のこと．たとえば，メタルコーティングとは，金属の微粉末による被膜のこと．

コーディング coding
1．通信の高密度化や高速化のために送信側で情報を特別な符号に変え，受信側でこの符号をもとの情報にもどす．これを符号化またはコーディングという．
2．コンピュータに処理させるため，データを流れ図に従い，プログラム言語を使って処理の手順を書く作業のこと．

コーディング・シート coding sheet
コンピュータで使うコードまたは仮のコードを用いて，プログラムを作るが，これを記入するプログラム記入用紙のこと．プログラムシートともいう．

コーディング用紙（——ようし）**coding sheet**
→コーディングシート

コーデック
CODEC, compression decompression
膨大な量の動画データの圧縮と伸長のためのハードウェア装置やソフトウェアのこと．①ハードコーデック：専用ボードによる．②ソフトコーデック：パソコン上でソフトウェアによる．パソコンの高性能化に伴い②が主流．米インテル社のIndeo，米スーパーマックテクノロジ社のシネパック（Cinepak）が代表的なもの．

コード
1．**code** ①電信（A1，A2）に使われる符号のことで，モールス符号が使われる．②抵抗やコンデンサの定格を色の帯で表し，カラーコードという．
2．**cord** 電灯線や受話器など屋内用で使用電圧は300V以下，固定せずに使われ，自由に曲げられる細めの絶縁電線のこと．

コード化（——か）**encode**
符号化ともいう．コンピュータでコードを使って，もとの形に変えられるような仕方によってデータを変換すること．☞符号化

コードレス cordless
コードのない電気製品のこと．電話機・ひげそり器・マイカーの車内掃除器など，取扱いの便利さや屋外（携帯）用にも使われ普及した．乾電池や蓄電池の性能向上も一因である．

コードレスホン cordless telephone
コードのいらない電話機，コードレス電話機のこと．電話機のコードを無線に変え，建物内の各室へ自由に持ち運んで利用できる．微弱形と小電力形がある．

コーナ・アンテナ corner antenna
→コーナ・レフレクタ・アンテナ

コーナ・レフレクタ corner reflector
コーナ・レフレクタ・アンテナに使われる反射金属板または反射用金属網のこと．

☞コーナ・レフレクタ・アンテナ

コーナ・レフレクタ・アンテナ
corner reflector antenna
VHF帯やUHF帯の半波長アンテナの後方にV字形に金属の反射板や網を置き，前方に向けて単一指向性をもたせたアンテナ．コーナ・アンテナともいう．☞半波長アンテナ

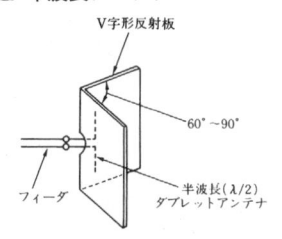

ゴニオメータ goniometer
アドコックアンテナやループアンテナは，8字形の指向性であるから，受信電波が最高感度となるよう，アンテナを回転すれば，電波のくる方向がわかる．実際に，アンテナを回転するのは困難なので，回転したと同じ効果のある装置を使う．この装置をゴニオメータという．二つのループアンテナを直角に固定し，同方向にA，B 2組のコイルを置き，アンテナとつなぐ．中央に回転コイルCを置く．ある方向から電波がくると，アンテナの受信電圧に比例した電流がコイルA,Bに流れる．回転コイルに誘導される電圧はA，Bの合成値となり，8字指向性をもつ．Cを回転して最高感度に合わせれば，電波の方向がわかる．直交するアンテナ部分をベリニトシアンテナともいう．

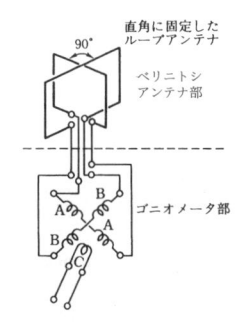

コニカル・アンテナ conical antenna
極超短波の広帯域用アンテナとして使われた．図(a)の円すいアンテナを簡単にした扇形アンテナを，反射器，導波器と組み合わせ，図(b)のテレビ受信用の広帯域アンテナにしたもの．

☞広帯域用アンテナ

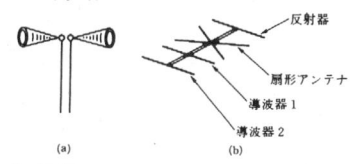

コネクタ connector
プリント配線基板とコード，電線と電線，コードとコード，ケーブルと装置本体を接続するときなどに使う．その用途に応じ，いろいろなものが使われている．金属コネクタ，同軸コネクタなどもある．

コピー copy
1．画像や文字を写すこと，複写・フォトコピーともいう．
2．コンピュータでディジタルデータ

をうつしとること.たとえばファイルの複製をとること.事故に備えてデータを複写することをバックアップという.インターネットではオンラインソフトをダウンロードするときFTPを利用する.インターネットを通してコンピュータ双方でファイルを複写・転送するための仕組みである.
☞FTP

コヒーレンス coherence
点光源からの光を2分し光路差(時間差)を作り,これを合成したときのたがいの関係(相関)を考える.位相が揃っていれば加え合わすとたがいに干渉を起こす.このような状態をコヒーレンスとか,可干渉という.また,干渉性の良いこと,光の位相に相関があることをコヒーレントといい,その程度をコヒーレンスという.時間差のある光の相互の干渉性を,時間的コヒーレンスといい,距離(空間)的に異なる2点の光の相互の干渉性を,空間的コヒーレンスという.レーザ光は一般の光よりコヒーレンスが高く,優れた指向性がある.
☞位相

コヒーレント coherent
→コヒーレンス

コボル
common business oriented language
英語の頭文字をとり,COBOLとも書く.コンピュータのプログラム言語に使われる,コンパイラの一種である.アメリカの計算機メーカとユーザで作られた委員会CODASYLによって開発された.簡単な同一形式の計算を多く繰り返す事務用計算処理に適している.JISに規定されている.
☞コンパイラ

コマンド・メニュー command menu
コマンドは命令,メニューは献立表の意であるが,コンピュータが起動直後に画面に表示するいくつかの初期作業項目のこと.たとえば,フロッピーディスクの初期化,フロッピーディスクのバックアップ,アプリケーションの登録,ディスク内全ファイルのコピー,ディレクトリ情報の表示,メニューの終了などの項目が示される.
☞プルダウンメニュー

コマンド・レベル command level
コンピュータが完全に起動し,すべてのコマンドを受け入れる用意ができている状態のこと.たとえば,MS-DOSではA>,またはA:の表示が画面に表示された状態のときである.なお,ここのAはドライブ(カレントドライブ)A(A:)を示している.

コモンクライテリア
common criteria
国際標準ISO/IEC15408情報技術セキュリティ評価基準.ITセキュリティの観点から情報技術に関連した製品およびシステムが適切に設計されているか,さらにその設計が正しく実装されているかを評価するための国際的なセキュリティ基準.最新版CC2.1の使用,複製,配布,翻訳および改変する権利は,CCプロジェクトスポンサー組織(米国2,カナダ,フランス,ドイツ,オランダ,英国の7機関)が保有し,ISO/IECに対して排他的でないライセンスを許可.
☞ISO15408

固有インピーダンス(こゆう――)
intrinsic impedance
電気の波(電波)と磁気の波(磁波)は常に同時に伝わる.電波の強さ(電界の強さ)Eと磁波の強さ(磁界の強さ)Hの比は常に一定で,$Z=E/H$となる.このZを固有インピーダンスという.空気中では,$Z=377[\Omega]$で,固有抵抗ともいう.
☞インピーダンス

固有周波数(こゆうしゅうはすう)
natural frequency

1. コイルL，コンデンサCのある回路の共振周波数のこと．固有共振周波数ともいう．単位はヘルツ[Hz]．
固有周波数 $f = 1/(2\pi\sqrt{LC})$
2. アンテナの共振周波数のうち，最も低い周波数のこと．基本波周波数ともいう．レッヘル線，同軸ケーブル，同軸管にも同じことがいわれる．
☞基本波周波数

固有波長（こゆうはちょう）
natural wave-length

固有周波数fより求められる波長λのこと．固有波長 $\lambda = c/f$ の関係がある．cは光速（光の速さ）．

コルゲーション corrugation

コーン形スピーカのコーンの部分に付けた，同心円状のひだ，または溝．高音特性を良くするためにつけられる．
☞スピーカ・システム

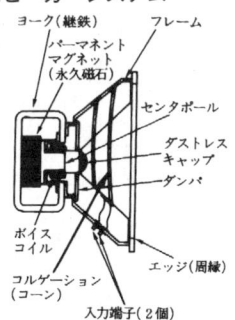

コール・サイン call sign

無線通信で，呼出しまたは応答の際に加える自局の呼出し符号．他局と区別するために付けられた固有名称に相当する．アルファベットや数字からなり，JOAKもその一種．
☞アマチュア無線

ゴールド・ボンド・ダイオード
gold bond diode

金線（ゴールド）を溶着（ボンド）したダイオード．点接触形の不安定さを除き，高信頼性を得るのが目的だったが，現在では，大電流スイッチング動作用．シリコンに比べ低い立上り電圧などが存在理由となっている．高速用リミッタやクランプ回路，中速のコンピュータに使われた．
☞クランプ回路

コルピッツ回路（——かいろ）
Colpitts circuit

高周波発振回路の一つ．米国のベル研究所の学者によって考案された．コイルLと可変コンデンサVC，トランジスタ増幅器を組み合わせ，出力（コレクタ）の一部を入力側（ベース）に正帰還し，発振させる．VCを加減して発振周波数を変える．真空管回路にも使った．
☞正帰還

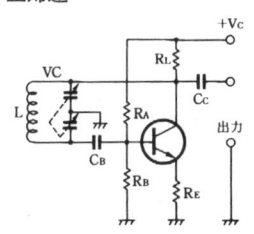

コルピッツ発振器（——はっしんき）
Colpitts oscillator
→コルピッツ回路

コールラウシュ・ブリッジ
Kohlraush bridge

接地抵抗，電解液の抵抗などの測定に使う，携帯用のすべり線ブリッジである．電源に乾電池と断続器を組み合わせて，直流を断続し交流化している．すべり線の上に接触子Sをすべらして

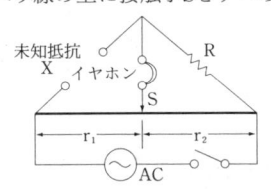

ブリッジのバランスをとり、未知抵抗 $X=r_1R/r_2$ より計算で求める。r_1, r_2 はすべり線抵抗で、長さで抵抗値が定まる。☞すべり線ブリッジ

コレクタ collector

トランジスタは三つの電極、ベース、エミッタ、コレクタがある。コレクタに流れる電流は、ベース電流によって制御され、コレクタ電圧の影響は少ない。コレクタとは、キャリアを集める電極という意味で、PNP形ではホール、NPN形では電子を集める。コレクタ～ベース間は逆バイアスを加え、NPN形の場合は、電源の極性が⊕になる。☞逆バイアス

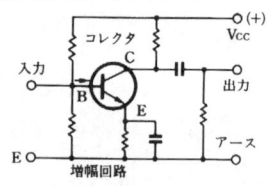

コレクタ共通回路 (――きょうつうかいろ) common collector
→コレクタ接地回路

コレクタ遮断電流 (――しゃだんでんりゅう) collector cut-off current

エミッタを開放状態にしておき、コレクタ～ベース間に一定の逆電圧を加えたときにコレクタに流れる電流。大きさはコレクタ～ベース間電圧 V_{CB} にほぼ無関係でシリコントランジスタで数 μA 位である。この電流を I_{CBO} とか、コレクタ遮断電流とか、コレクタカットオフ電流という。温度の上昇で増加する。そのためコレクタ接合の温度が上がると、I_{CBO} が増加し、動作は不安定となり、ついには熱暴走を起こすので、I_{CBO} はなるべく小さいほうがよい。I_{CBO} が大きいと出力インピーダンスは低くなり、利得が低くなる。トランジスタが劣化すると、I_{CBO} が増える場合が多く、寿命の判定に使われる。

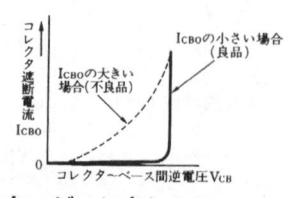

コレクタ・ジャンクション
collector junction →コレクタ接合

コレクタ接合 (――せつごう) collector junction

トランジスタのエミッタ、ベース、コレクタの電極の、コレクタとベースは、PN接合またはNP接合になっていて、このコレクタ～ベース間の接合を、単にコレクタ接合とか、コレクタジャンクションという。
☞NP接合

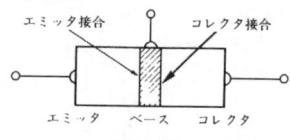

NPN形接合

コレクタ接地回路 (――せっちかいろ) collector earth circuit, grounded collector circuit

トランジスタの三つの電極、ベース、エミッタ、コレクタのうちのコレクタを接地または、入出力を共通にした回路でエミッタホロワともいう。電圧利得はないが、入力インピーダンスが高く出力インピーダンスが低いので、インピーダンスの変換回路として使う。周波数特性、ひずみ特性は良好で、入力・出力電圧は同位相。

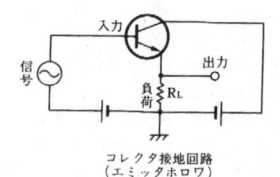

コレクタ接地回路
(エミッタホロワ)

コレクタ接地増幅器 (——せっちぞうふくき) collector earth amplifier, grounded collector amplifier
→コレクタ接地回路

コレクタ損 (——そん) collector dissipation →コレクタ損失

コレクタ損失 (——そんしつ) collector dissipation
トランジスタのコレクタとベースの接合部で生じる損失．コレクタへの直流入力と，コレクタから取り出す信号出力の電力差が，コレクタのロス（損失）となりコレクタ接合部で熱になる．接合部温度T_j，周囲温度T，熱抵抗R_Tとすれば，コレクタ損失$P_c = (T_1 - T) / R_T$となる．$T = 25°C$のときの値と，ケース温度$T_c = 25°C$のときの値の2通りの規定方法があり，パワートランジスタではケース温度を基準にする．

コレクタ電圧 (——でんあつ) collector voltage
トランジスタのコレクタに加わる電圧V_cで，PNP形ではマイナス，NPN形ではプラスで，エミッタ接地回路では，ベースより高い電圧となる．

コレクタ電流 (——でんりゅう) collector current
トランジスタのコレクタに流れる電流I_cのこと．$I_c = I_B + I_E ≒ I_E$の関係があり，I_Bはベース電流，I_Eはエミッタ電流である．エミッタ接地回路ではI_Bを加減してI_cをコントロールする．

コレクタ同調発振器 (——どうちょうはっしんき) tuned collector oscillator
電源スイッチを入れたときのわずかなショックで生じたひずみ波が，ベースに加わり，トランジスタQで増幅され，$C_A L_A$で共振周波数だけが選択されて，相互インダクタンスMでL_Bに伝わり，Qで増幅されて，再びL_A，C_Aを通り……と，繰り返すうち，$L_A C_A$できまる共振周波数で発振する．C_Aに可変容量を使い加減すれば，発振周波数が変化できる．☞共振周波数

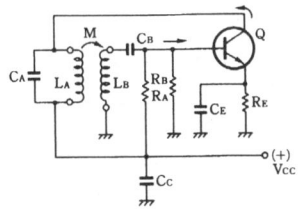

コレクタ特性 (——とくせい) collector characteristic
出力特性，またはコレクタ電圧V_C電流I_C特性，$V_C - I_C$特性などともいう．コレクタ電圧V_Cの変化に対するコレクタ電流I_Cの変化をグラフに示したもので，ベース電流I_Bを変えて，数本をひとまとめにして特性曲線群で示すことが多い．
☞エミッタ接地回路

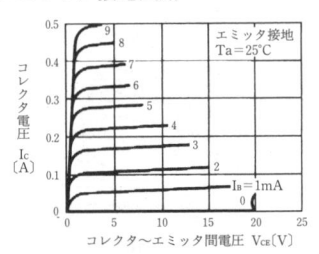

コレクタ・バイアス collector bias
トランジスタのコレクタに加える直流電圧で，NPN形ではプラス，PNP形ではマイナスの電圧である．

コレクタ変調回路 (——へんちょうかいろ) collector modulation circuit
トランジスタの変調回路の一つ．ベース側にT_1を通して搬送波を加え，コレクタ側からT_3を通して，変調信号と直流電源V_{CC}を直列にして加える．コレクタ電圧は，V_{CC}に変調信号が重なる．出力側には搬送波が増幅されてコレクタ電圧の変動に従って現れ，被変調波（振幅変調波AM）が得られる．

☞搬送波

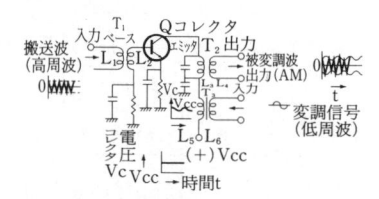

コレクタ飽和電圧 (——ほうわでんあつ) collector saturation voltage

トランジスタの出力特性（Vce－Ic特性）の左肩の電圧（図の斜線部）のこと．このためコレクタニー電圧ともいう．コレクタ電流 Ic が大きいほど，この飽和電圧Vce(sat)も大きくなる．大出力増幅やスイッチングではVce(sat)の小さいものが求められる．

☞スイッチング

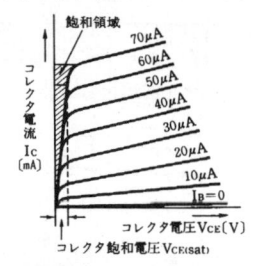

コレクタ容量 (——ようりょう) collector capacitance

トランジスタのコレクタ接合部（コレクタ～ベース間）には，わずかな静電容量Cがある．このCをコレクタ容量といい，コレクタ（出力側）からベース（入力側）へ，出力の一部が帰還され，高周波増幅が妨げられる．ベース～コレクタ側の電圧によって，この容量は変化する．

☞帰還

コロナ雑音 (——ざつおん) corona noise

コロナ放電によって生じる雑音電波のこと．中波の受信機に雑音を与える．高圧送電線に生じるコロナ放電などがこの例である．

☞コロナ放電

コロナ損 (——そん) corona loss

送電線などのように高圧を加えた導体には，電界の分布の不均等により，電圧の大きさ，気圧，温度，湿度の変化によりコロナ放電が発生し電力損失を生じる．この損失をコロナ損という．

☞損失

コロナ放電 (——ほうでん) corona discharge

気体中で向き合う電極間の電圧を増やしていくと，部分的に絶縁が破れ，放電が起きる．放電とともに，ほとんど流れていなかった電流が，急激に流れ出し，ほのかな光を発生し，わずかな音を生じることがある．この光をコロナという．また，この放電をコロナ放電といい，雑音電波を発生する．

☞放電

コロナ放電雑音 (——ほうでんざつおん) corona discharge noise

→コロナ雑音

コーン cone

スピーカの円すい(錐)形の部分のこと．外形的にホーンスピーカとコーンスピーカに分けられる．ホーンスピーカは低音を再生するのに，大きなホーンが必要である．コーンは直円すい形とわん曲しているパラカーブ形が使われる．コーンの根元にボイスコイルが固定され，コイルはマグネットの磁界の中にあり，コイルに電流が流れると，その電流の方向と大きさに従って前後

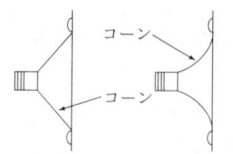

(a)直円すい形　(b)パラカーブ形

に振動し，コーンもともに振動し音を出す．

☞スピーカ・システム

混合器 (こんごうき) mixer

ミキサーともいい二つ以上の出力や周波数成分を一つに混ぜるときに使う．
1. 二つ以上のマイクロホンの出力を，同時に増幅したいとき．
2. マイクとCDやMD，テープなどの出力を混ぜ合わせたいとき．
3. 二つの高周波成分を混合し，別の周波数成分を取り出したいときに使う．高周波用混合器には，
① ダイオードの混合，変換回路，
② トランジスタの混合，変換回路がある．ダイオードによる混合回路は，UHF帯のような高い周波数帯で使われる．

☞マイクロホン

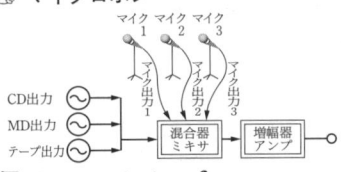

混信 (こんしん) interference

目的外の信号が出力に混じり，通信の妨害となること．

混信妨害 (こんしんぼうがい) interference

電波を受信する際，自分の希望する周波数に接近して，他の周波数の電波があると，完全に同調しても他の電波が混じる．これを混信という．このため，受信電波の明瞭度が落ち，耳ざわりになり妨害を受ける．これを混信妨害という．同調回路のQを大きくするか，トラップを入れ妨害波を除く．

☞Q

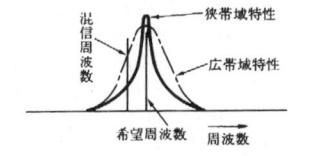

コーン・スピーカ
cone loudspeaker, cone speaker

円すい(コーン)形をした振動部をもつスピーカ．現在使われているほとんどのスピーカがこのタイプである．振動部は紙製が普通で，軽く，自由に振動するよう各メーカが工夫している．

☞コーン

混成IC (こんせい――)
hybrid integrated circuit

ハイブリッドICとも混成集積回路ともいう．超小形軽量の薄膜ICと，大電流高電圧を加えて，大電力が取り出せる半導体ICを組み合わせて，集積化した回路．両方の長所を組み合わせ製品化したもの．

混成集積回路 (こんせいしゅうせきかいろ) hybrid integrated circuit
→混成IC，ハイブリッドIC

コンセント plug socket

プラグソケットともいい，差し込みプラグの受け口となる．屋内配線と電気器具の接続の働きをする．壁，柱に取り付ける埋込み形や，露出させて使う露出形などがある．

(a)埋込みコンセント　(b)露出コンセント

コンソリデーション consolidation

「結合する，合併整理する」という意味のConsolidateの名詞で，コンピュータ関連ではシステムの「統合」「整理」といった意味で使われる．分散配置されたシステムを統合・集約し，管理性と使い勝手を良くしていく概念だ．物理的にサーバやストレージを集約する方法と，ミドルウェアなどのソフトウェアを使い，ハードウェアをまるで1

台のように見せる仮想化技術を使う方法がある．

コンソール console
制御卓とか制御盤とか，コンソールパネル，コントロールデスクという．スイッチ類，表示ランプ，指示計器，制御キーなどを備えた制御装置系や装置全体を監視，運転，調整，制御，試験するために設けられた盤や卓のこと．1か所に集中しているために保守にも便利である．

コンソール・タイプライタ console typewriter
コンソールに取り付けられたタイプライタのこと．コンピュータでは，オペレータがコンピュータに直接に指示を与えたり，コンピュータがオペレータに動作状態をタイプライタで印字して知らせたりするのに使う，入出力用タイプライタのこと．キーボード，印字装置，ランプ，ブザー，押しボタンスイッチなどがいっしょに組み込まれている．

コンダクタンス conductance
インピーダンスZの逆数1/Zを，アドミタンスYといい，実部Gと，虚部Bで示される．このGのこと．単位はジーメンス〔S〕．

$$Y = \frac{1}{Z} = G - jB \quad 〔S〕$$

直流回路では，$Y = 1/R = G$ 〔S〕

コンデンサ condenser
静電容量を得るための部品で，2枚の電極（金属板）を近づけて一定の間隔を保つ．電気を蓄える性質があり，蓄電器ともいう．記号はCで，2枚の電極を向き合わせ，シンボルにする．電極間に絶縁物（誘電体）をはさむと，静電容量は大きくなる．そのときに使う誘電体によってマイカコンデンサとかペーパコンデンサとかいう．ケミカルコンデンサの場合には2枚の電極間に斜線を入れて表し，＋，－の極性を記入することもある．容量を変えられるコンデンサもあり，バリアブルコンデンサという．また半固定形のものもあり，トリマコンデンサという．

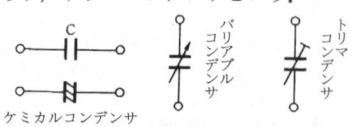

コンデンサ・インプット回路 (――かいろ) condenser input circuit
整流回路の出力側に図のようなフィルタをつなぎ，整流出力の中にある交流分をコンデンサCを通してアースし，出力を直流に近い状態にする．図の回路をコンデンサインプットという．Lはチョークコイル．

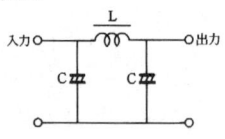

☞フィルタ

コンデンサ・スピーカ condenser speaker (loudspeaker)
振動電極と固定電極を向き合わせてコンデンサのようにし，これに直流電圧を加えておく．接近した両電極は，静電力により吸引または反発する．これに音声信号を重ねて流す．すると両極板の吸引力または反発力は，音声信号により変化し振動板が音声信号に応じて振動し音が発生する．高音での特性が良くトゥイータ（高音専用）に広く使われる．

コンデンサ・ピックアップ condenser pickup
レコード盤の音溝から得られたレコード針の振動を，静電容量の変化にし発振回路に入れ変調検波して取り出す．可動部分や全体の重さを軽くできるので，針圧の小さいピックアップができる．周波数特性もよく，ひずみも少な

いが，アダプタを必要とし，一般的でない．☞アダプタ

コンデンサ・マイクロホン
condenser microphone
金属またはプラスチック薄膜に金属をコーティングした振動板と，これに0.03mm位接近させた固定電極を向き合せておき，コンデンサにする．これに$50\sim100\mathrm{M}\Omega$位の負荷抵抗と$50\sim150\mathrm{V}$位の直流電圧を加える．音によって振動板が振動し，インピーダンスが変化し，その変化に応じた電流が流れ，音声信号となる．周波数特性が優れ，単一指向性のものは，標準マイクロホンとして測定用になり，可変指向性のものは放送用その他に広く使われている．出力は小さいが，専用のプリアンプで増幅する．エレクトレット形は高圧が不要．

☞コーティング

コンテンツ contents
情報の中身，内容を指す言葉．一般的に「ソフト」と呼ばれる商材の中でも，情報を入れる入れ物をメディア（媒体），このメディアに情報を入れて目に見える形にしたものをパッケージソフト，目に見えない情報の中身そのものをコンテンツ，ユーザが後からコンテンツを入れることができるメディアをブランクメディア，と区別する．

コントラスト contrast
階調（かいちょう）とか輝度比という．写真技術やテレビの画面で，最も明るい部分と，最も暗い部分の明るさの比のこと．画質の良否を判定するポイントの一つとなる．

コントラスト調整 （――ちょうせい）
contrast control
テレビ受像機の画面のコントラストを調整する調整ツマミ，または，コントラストを調整すること．映像増幅器の利得を調整して，映像信号の振幅を加減する．☞映像増幅器

コントローラ controller
1. 各種の家電製品やゲーム機などの制御機（器），調節器，調整器と幅広く使う．2. マイクロプロセッサのこと．
☞マイクロプロセッサ

コントロール control
制御，調整，調節ともいう．たとえば，音量調整のことを，ボリューム・コントロールという．
☞ボリューム・コントロール

コントロールメニューボックス
controll menu box
パソコンやワープロの操作を行うボタン．一太郎画面では左上の角にある．

コンパイラ compiler
コンピュータのプログラムに使われる，問題向き言語で書いたプログラムを，計算機向き言語に翻訳するプログラム（JIS）．フォートラン，コボル，アルゴルなどがあり，広く使われている．人にわかりやすく，プログラムが作りやすい，異なるコンピュータにも使える，などの特徴をもつ．

コンパイラ言語 （――げんご）
compiler language →コンパイラ

コンパイル compile
コンピュータのソフト（プログラム）に関すること．コンパイラ型プログラム言語（フォートラン・コボル・ベーシック）で書いたソースプログラムを，コンピュータが実行できる機械語に変えること．
☞機械語

コンパクトPCI compact Peripheral Components Interconnect bus
パソコンの拡張ボードなどに採用されているPCI規格をベースに，産業用の組込みシステム向けに，堅牢で信頼性を高めたボードの標準バス仕様の一つ．

コンパクト・カセット形テープ （――がた――）compact cassette tape
→カセット・テープ

コンパクト・ディスク compact disc
→CD

コンパクト・ビデオ compact video
小形で軽量のビデオカセットレコーダのこと．1982年頃から売り出され，カメラ撮影の機動性や取扱いの手軽さが特徴．

コンパクト・フラッシュ・カード compact flash card
米サンディスク社が開発した小型フラッシュメモリーカードで，ディジタルカメラやPDA（携帯情報端末）向けに広く普及している．外形が他の小型メモリーカードに比較してやや大きく，大容量を得やすい構造となっており，すでに市販商品として8GBタイプが商品化されていて，受注生産では12GBの発売もアナウンスされている．コンパクトフラッシュカードのインタフェースはPC Card ATAというPCカード規格で，多くのOS（DOS，Windowsなど）から標準的に扱うことが可能．このためパソコンとの親和性が高く，同様にPDAとの相性も良い．さらに，多くのPDAがコンパクトフラッシュカードを採用したことで，CFインタフェース規格に適合した各種アプリケーションカード（無線LANカード，PHS通信カードなど）も数多く商品化されている．略してCFカードともいう．

コンバージェンス convergence
コンバーゼンスともいう．シャドウマスク形のカラーブラウン管では，3電子銃からのビームをシャドウマスクの小孔に集中させねばならず，この集中のことをいう．静コンバージェンス，動コンバージェンスの二種類がある．

コンバータ converter
変換装置や変換回路のこと．
1．無線通信では周波数変換器のことで，フリケンシコンバータともいう．混合回路と局部発振回路の両方を含む．
2．機種の異なるコンピュータのプログラムを，自動的に変換し使えるようにするプログラムのこと．
3．電源周波数や相数，交流と直流を変換する装置のこと．
☞周波数変換器

コンパチビリティ compatibility
互換性または両立性のこと．たとえば，テレビの放送番組が白黒テレビでもカラーテレビでも，どちらの受像機でも受像できること．

コンパチブル compatible
→互換性，コンパチビリティ

コンバート convert
変える・変換する，という意味がある．コンバータ・コンバージョンも同義語である．コンバータというソフトプログラムがあり，異なるソフトA・B間のデータ交換に使用する．

コンパレータ comparator
比較器ともいう．A，B二つの入力信号を比べて，その結果を出力に出すハードウェアのこと．
①アナログ信号：入力電圧を基準電圧と比べ，出力は大・出力は小・出力は同じの三種類の出力をする回路
②ディジタル信号：二つのデータ項目を比べ，出力が一致するか異なるかを示す論理回路のこと．
☞論理回路

コンピュータ computer
計算機，データ処理装置ともいう．記憶装置，制御装置，演算装置，入力装置，出力装置，の5要素で成り立つ．処理中は操作員が介入しなくても，大量の演算を短時間に行う．アナログ計算機とディジタル計算機に大別されるが，特にことわりがないときはディジタル計算機のことである．
☞ディジタル計算機

コンピュータ・アニメーション computer animation

コンピュータ・グラフィックスの手法を使い，原画のデータの一部を少しずつ変えて，動画の1コマ1コマをコンピュータによって描かせる方式で省力化に役立っている．

☞コンピュータ・グラフィックス

コンピュータ・ウイルス
computer virus

現用のコンピュータのネットワークやディスク・コピーなど，外部からコンピュータの内部システムに入り込み，ディスクのメモリ内容を破壊（消去・変更）して正常動作に重大な障害を与え，さらに別のコンピュータにも移動し次々と障害を拡大していくプログラムである．この悪魔的プログラムには伝染・潜伏・発病といった，生体に感染するウイルスに似たところから，コンピュータ・ウイルス（プログラム）とか単にウイルスと呼ぶ．被害は個人範囲に止まらず国家組織・公共団体・公共事業など，広範な国民生活に及ぶ犯罪行為である．この予防・絶滅用"ワクチン"プログラムも開発されているが決定的防止策はまだない．コンピュータ・ビールスともいう．

☞コンピュータ・セキュリティ

コンピュータ・グラフィックス
computer graphics, CG

コンピュータに原画のデータを記憶させ，ディスプレイ（ブラウン管）や記録紙上に図形を描くこと．また，そのデータの一部を変えて，変形した図形を自由に描くことができる．衣服や工業製品のデザイン・地図・建築設計・アニメーション・コマーシャルなどで実用化されている．

コンピュータ出力マイクロフィルム
（――しゅつりょく――）
computer output microfilming

コンピュータの出力をマイクロフィルムに記録する方式のこと．（JIS・情報処理用語情報処理一般）

コンピュータセキュリティ
computer security

世界中でわれわれ日常生活に深くかかわる，コンピュータシステムの安全性と信頼性を確保するための方法のこと．
①ハードウェア：コンピュータシステム自体の安全性を保つ手段の確立．
②ソフトウェア：データの改変・盗難・漏れ出し（リーク）に対する防御．パスワードにより使用者を制限したり，データにプロテクトをかけ書込み禁止にしたりして防衛に務めるが，完全な防止策がないのが現状である．

☞プロテクト

コンピュータソフトウェア著作権協会
Association of Copyright for Computer Softwarety, ACCS

社団法人コンピュータソフトウェア著作権協会．1985年に設立された，日本国内の電子著作物の権利保護などの活動を行う団体．

コンピュータ・トモグラフィ
computer tomography, CT

多方角（面）から実測した断面射影の計測値（数値データ）をコンピュータ処理して，新たに断面の映像（断層像）を組み立てる（再構成する）コンピュータ・トモグラフィ装置の理論を，1917年ラドンが発表し，電子顕微鏡や電波天文の分野に応用された．CTはコンピュータ・トモグラフィの英字の頭文字による略称である．1972年ハンスフィールドがCTを医学の診断装置に応用し，X線CTを発明した．しかしX線の被曝をなくした核磁気共鳴を利用して断層像を撮影するNMRイメージングの原理が発表され医療研究・診断・治療に役立っている．

☞NMRイメージング

コンピュータ・ネットワーク
computer network

複数のコンピュータを通信回線で結んでネットワーク（回路網）状にし，デー

タやプログラム，周辺装置などを相互に利用するデータ処理システムのこと．

コンピュータ・フォレンジック
digital forensics, computer forensics
"forensics"は「科学捜査」「鑑識」といった意味，コンピュータやネットワークでの不正アクセスや機密情報漏洩などの原因究明や捜査に必要な情報を収集・分析し，法的な証拠性を明らかにする技術の総称．
☞ネットワーク

コンプライアンス compliance
弾性体の機械的な柔らかさ，しなやかさを表す量．可とう(撓)性ともいう．
1ニュートン〔N〕の力に対するひずみ量をメートル〔m〕で示す．レコード針の根本の保持部分のゴムやスピーカのコーンの保持部を柔らかくして，コンプライアンスを改良している．
☞コーン・スピーカ

コンプリメンタリ
complementary symmetry
特性の揃ったPNP形・NPN形のトランジスタを一組にして，音声信号の正・負の極性に応じて交互に動作させ，スピーカに電力を供給する方式．相補対称式ともいい，入力用・出力用のトランスを省略できる．
☞コンプリメンタリ回路

コンプリメンタリ回路 (——かいろ)
complementary circuit
オーディオで出力段のトランジスタにPNP形とNPN形の，ペアのトランジスタを組み合わせると，位相反転用のドライブトランスを省略でき，高忠実度なアンプができる．正の半サイクルでNPN形が働き，負の半サイクルでPNP形が働き，自動的にプッシュプル動作になる．PNP形の大出力用シリコン・トランジスタも作られるようになり，この方式が普及している．
☞シリコン・トランジスタ

コンプリメンタリ回路

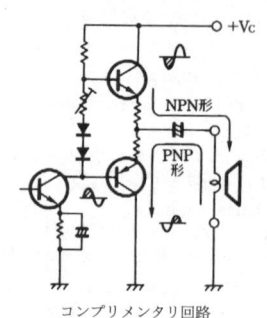

混変調 (こんへんちょう)
cross modulation
1．受信機や増幅器の初段近くで，トランジスタの非直線性が原因で，受信周波数f_1が近接周波数f_2によって変調され，出力側にはf_1とf_2とは別の周波数成分f_0が現れる．この変調を受けると，後段で取り除くのは不可能で，選択度は実質的に低下し，ひずみが増加して忠実度を損なう．
2．スピーカの場合，いろいろの音の信号が同時に加えられると，同一振幅の場合でも振動の周期が異なるため，コーンはいろいろの振動を同時に行うために，互いに影響し合う．そのためスピーカの入力信号には含まれない周波数(振動)分が音として現れ，ひずみの原因となる．
☞コーン

混変調ひずみ (こんへんちょう——)
intermodulation distortion
相互変調ひずみともいう．混変調が原因で生じるひずみの一種である．
☞混変調

コンポジット信号 (——しんごう)
composite(rideo)signal
→合成映像信号

コンポーネント component
構成要素という意味で，何らかの機能をもったプログラムの部品．プログラムだけでなくハードウェアでも，「特

定の機能を果たす部分」を指して用いられる．機械のオプションパーツなどの分野でも使用される．ソフトウェアコンポーネントは，それぞれ特定の機能をもっているが，基本的に単体では使用できない．他のプログラムと組み合わせて，機能を実現，追加するために用いられる．「取り外しや交換の際，システムの自動構成ができるホットプラグ型コンポーネント」などのニュアンスで使用される．オブジェクトの一種として特定の機能をもつが，単独では意味をもたないようなオブジェクトということもできる．Javaなどのオブジェクト指向言語の普及が進んだことにより，コンポーネントの組み合わせで一定の程度のソフトウェア開発が行える状況ができつつある．コンポーネントを集め，ソフトウェアを開発することを「コンポーネントベースプログラミング」ともいう．

☞Java

コンポーネント信号（――しんごう）
component signal

カラー映像（テレビ）信号の伝送は，

1．放送電波：色の信号と同期信号などを合成して1チャネル・6〔MHz〕で伝送する．信号のこと．

2．高画質ケーブル伝送：業務（放送局）用や家庭用DVD機器では明暗を示す照度信号Yと色信号C（色差信号B-Y・R-Y）を分離したY／C分離信号を扱い，YとCの不完全分離による干渉で生ずる色のにじみや色ずれをなくして伝送する．このカラー映像信号のこと．

コンポーネント端子
component terminal

ハイビジョン画質での映像表示が可能な映像信号を伝える端子．色差入力端子とも呼ぶ．信号をRGB(赤緑青)や，Y（輝度信号），Pb・Pr（色差信号の青・赤）として別々に送るため，元の信号に忠実な映像が得られる．これに対するものはコンポジット端子で，別名RCA端子．YとC（色信号）を混合して転送するため，1本のケーブルで済むという利点はあるが，画質面では劣る．またS端子は，信号の内容はコンポジット端子と同じだが，YとCを分離して転送するため，コンポジット端子よりも画質が良いが，コンポーネント端子には劣る．テレビと各種ディジタル機器（DVDレコーダ，ディジタル放送チューナなど）をコンポーネント端子でつなぐ場合，複数の端子を1本のケーブルで接続できるD端子を使うのが一般的．D端子には解像度別に「D1」から「D5」までの5種類がある．

さ

最外殻（さいがいかく）**valence band**
原子核の周りを回る電子軌道で，原子のいちばん外側の，エネルギレベルの最も高い軌道のこと．☞原子核

最外殻電子（さいがいかくでんし）**valency electron**
原子は中心に原子核があり，その周りを電子が回っている．電子が原子核の周りを回る軌道を殻（シェル）といい，いちばん外側の殻にある電子を最外殻電子という．最外殻電子は，原子核からいちばん遠くにあるために，原子の外部から，エネルギ（熱，光，衝撃）が与えられると，核との結びつきを破って，原子の外に飛び出す．この外に飛び出した電子を自由電子という．シリコン，ゲルマニウムの原子の最外殻電子は4個．☞原子核

再書込み（さいかきこ——）
rewrite, refresh
マイコンのメインメモリにIC・RAMを使う．この中のP-MOSとN-MOSのRAMにスタティック形とダイナミック形がある．ダイナミックRAMは，各セルに1～2msec（ミリセコンド）ごとに，内容が消えないよう書込みを繰り返す．これをリフレッシュまたは再書込みという．一般に破壊読出し記憶装置では，データを読み出すと，記憶されているデータも消えるので，読出し後に同じ内容のデータを書き込む．この動作を再書込みという．

サイクリング cycling
自動制御系や装置において，制御量が周期的に変化(振動)する状態のこと．

サイクル cycle
交流の波形が1秒間に何回繰り返すか，その数のこと．正しくはサイクル毎秒といい[C/S]と書く．Cはサイクルの頭文字で，Sはセコンド(秒)の頭文字．もし，1秒間に10回繰り返す交流なら10サイクルという．現用の周波数の単位はヘルツ[Hz].
☞ヘルツ

サイクル・タイム cycle time
記憶サイクルタイムともいう．コンピュータの記憶装置の中の同じ記憶場所に，読出し，書込みが始まってから，再び読出し，書込みが行えるようになるまでの，最小の時間間隔のこと．

サイクル毎秒（——まいびょう）
cycles per second
周波数の単位．略してサイクルともいい記号[C/S]，[C]で示す．これは回転体の繰返し運動などとまぎらわしいことから，現在はヘルツ[Hz]が使われる．交流の波形の1秒間の繰返し数のこと．
☞周波数

サイクロトロン cyclotron
陽子，重陽子，α（アルファ）粒子など電気を帯びた粒子の加速装置の一種．直流電磁石の間に，円板を二等分したようなD形電極を向かい合わせ，高周波電界を加える．中心部に電気を帯びた粒子を放出すると，円軌道を描いて回転し，D電極間の直線部のすきまを通るごとに電界で加速され，最後に外部に取り出す．

再結合（さいけつごう）**recombination**
1．気体中では，電子や陰イオンが陽イオンと結合して，電気的に互いに打ち消し合い，中性の分子や原子になること．
2．半導体では，自由電子がホールと結びつくこと．直接再結合，体積再結

合，表面再結合などがある．

最高画周波数 (さいこうがしゅうはすう) maximum picture frequency

ファクシミリの場合，走査線の幅（線密度）に等しい間隔で書かれた黒と白の線模様（市松模様）を，直角に走査して得られる信号（画信号）の基本波周波数fのこと．送信画面の面積S（mm²），伝送時間T(S)，走査線密度D（本/mm）とすれば，
$f = SD^2/2T$ 〔Hz〕である．

最高使用可能周波数 (さいこうしようかのうしゅうはすう) maximum usable frequency, MUF

周波数が高い電波ほど電離層の高いほうへ進み反射するが，電子密度最大の点で反射されない周波数の電波は電離層を突き抜け，地球にはもどらない．この限界の周波数を臨界周波数という．送信・受信の両点が決まれば上空波（大地と電離層間を反射しながら伝わる波）の伝搬通路が定まり臨界周波数も決まる．この臨界周波数を最高使用可能周波数といい，英字の頭文字をとりMUFという．最高使用周波数のこと．☞臨界周波数

最高使用周波数 (さいこうしようしゅうはすう) maximum usable frequency

英語の頭文字をとり，MUFともいう．電離層反射波を利用する短波の無線局が使える最高周波数のこと．これ以上高い周波数では，電波は電離層を突き抜けてしまい，地上にもどってこない．無線局間の距離，季節，日，時刻などにより変動する．一定時刻の1か月平均で示す．

最高接合部温度 (さいこうせつごうぶおんど) maximum junction temperature

ダイオードやトランジスタの接合部温度の最大定格として，メーカが発表している．ゲルマニウムダイオードやトランジスタで70～100℃程度，シリコンで120～200℃程度．接合部温度Tjは周囲温度Taと，電流によるジュール熱Tiの和である．
$Tj = Ta + Ti$

最高発振周波数 (さいこうはっしんしゅうはすう) maximum frequency of oscillation

f_{max}と書き，エフマックスと読む．トランジスタの高周波特性を示し，電力利得が1，つまり利得がなくなり，発振できなくなる周波数のこと．電流増幅率h_{fe}が1になる周波数f_Tの2～3倍である．
☞電力利得

最高利用周波数 (さいこうりようしゅうはすう) maximum usable frequency, MUF →最高使用周波数

最小可聴音 (さいしょうかちょうおん) threshold of hearing

人が耳で聴くことのできる最小の音のこと．1(kHz)，0.0002(μbar)とし，音圧（SPL）の0(dB)に定めている．耳の感度が最も良い4(kHz)前後ではさらに小さい音も聴き取ることができ，年齢差や個人差がある．

最小可聴値 (さいしょうかちょうち) threshold of audibility

人間の耳で聴きとることのできる最小の音の強さの値．
☞最小可聴音

最小感度 (さいしょうかんど) figure of merit

計器や計測器，測定器で測ることのできる(検出できる)最小の感度のこと．たとえば，可動コイル形張線式の指針検流計の目盛を1(mm)振らせるのに，どれだけの電流（電圧）が必要かで表す．一般に10^{-6}～10^{-7}(A/mm)位である．☞検流計

再生 (さいせい) playback, sound re producing

磁気録音（録画）テープやディスク（録音盤，録画盤）から，録音（録画）された音(または映像)を取り出すこと．

さいせ

再生装置（さいせいそうち）**player**
磁気テープやレコード盤，ディスクに録画，録音した映像，音を再生する装置のこと．
1．テレビの映像を録画したビデオテープの再生用ビデオテープレコーダのこと．2．録音盤（レコード）に録音した音溝の音の再生用レコードプレーヤのこと．3．磁気テープに録音した音を再生するテープレコーダのこと．4．コンパクトディスク（CD）に録音された音を再生するCDプレーヤのこと．

再生ヘッド（さいせい——）**reproducing head**
テープレコーダで，録音したテープを再生する際に使うヘッドのこと．高級テープレコーダは録音ヘッド，再生ヘッド，消去ヘッドと三つ独立したヘッドがある．簡易形は録音用と再生用を一つで共用する．オープンリール形，カートリッジ形，コンパクトカセット形によって，ヘッドの寸法，トラック数，トラック幅が違う．ヘッドの鉄心はパーマロイが多く使われる．なるべく薄いほうがうず電流損が小さいので，普通0.1〜0.2mm位の薄板を何枚も積み重ねる．ギャップとなる面はきわめて精密にみがきあげ，数ミクロンのベリリウム銅，りん青銅（非磁性体）のスペーサをはさんで固定する．再生ヘッドから取り出す信号電圧を大きくするため，コイルの巻数を多くする．外部からの磁界の影響による雑音をおさえるために，左右の巻線のバランスを良くし，厳重なシールドケースに入れる．

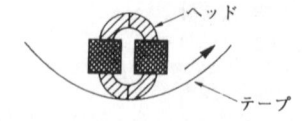

録音ヘッドとテープの関係

最大位相偏移（さいだいいそうへんい）**maximum phase deviation**
位相変調において，信号波の振幅に比例して被変調波の位相が，平均の値からずれる（偏移する）最大値のこと．信号波電圧V_s，搬送波電圧V_cとすれば，位相変調波Vは次のようになる．
（$V_s \cdot V_c \cdot V$は瞬時値，$V_s \cdot V_c$は実効値）
$$V_s = V_s \sin 2\pi f_s t, \quad V_c = V_c \sin 2\pi f_c t$$
$$V = V_c \sin(2\pi f_c t + \Delta\theta \sin 2\pi f_s t)$$
ここで$\Delta\theta$を最大位相偏移という．

最大エミッタ電圧（さいだい——でんあつ）**maximum emitter voltage**
メーカが発表しているトランジスタの最大定格の一つ．コレクタオープン（開放）のときの，エミッタ〜ベース間接合にかかる逆耐電圧で，V_{EBO}で示される．普通周囲温度Ta25℃の場合の値で，数ボルト以下である．

最大エミッタ電流（さいだい——でんりゅう）**maximum emitter current**
メーカが発表するトランジスタの最大定格の一つ．エミッタ電極に流せる直流電流で，I_Eで表しコレクタ電流とほぼ同じ大きさである．
☞コレクタ電流

最大可聴音（さいだいかちょうおん）**threshold of feeling**
強い大きい音を聴くと痛みとして感じる．強いほうの音として限界となる音のこと．
☞最大可聴値

最大可聴値（さいだいかちょうち）**threshold of feeling**
人の耳で音として聴くことのできる限界の音の強さの値．これ以上強くなると，音としてではなく痛みと感じる．

最大許容損失（さいだいきょようそんしつ）**maximum power dissipation**
部品，素子に許される最大電力損失のこと．半導体製品は次の三つの場合に分けられる．①ダイオード．定電圧ダイオード，バリスタで，最大定格の一

つとして規定することがある．検波用，整流用は電力損失で最大定格を決めることはあまりない．②トランジスタ．最大コレクタ損失P_{cmax}がある．③FET．接合形FETは，最大ドレーン損失P_{Dmax}，MOS形FETは，最大チャネル損失P_{chmax}がある．

最大コレクタ損失 (さいだい——そんしつ)　maximum collector loss

メーカが発表するトランジスタの最大定格の一つ．コレクタ直流電圧V_Cとコレクタ直流電流I_Cの積で示す．この電力はコレクタ接合部の温度を上げる．この電力の最大許容値が，最大コレクタ損失P_Cである．コレクタの放熱条件や周囲温度で変わるので，25℃の値を規定する．

最大コレクタ電圧 (さいだい——でんあつ)　maximum collector voltage

トランジスタのコレクタに加えられる直流電圧で，コレクタと二つの接合間に加わる逆耐電圧のこと．トランジスタの最大定格の一つで，接地方式で異なる．エミッタオープン（開放）のときのコレクタ～ベース間電圧V_{CBO}と，ベースオープンのときのコレクタ～エミッタ間電圧V_{CEO}がメーカから発表される．数十ボルトから1,000ボルトを超すものまである．

最大コレクタ電流
(さいだい——でんりゅう)

maximum collector current

メーカが発表するトランジスタのコレクタに流せる直流電流の最大値I_C．電流増幅率h_{fe}の低下，リード線の電流容量，ひずみ，効率を考えて定める，トランジスタの最大定格の一つ．普通h_{fe}が半分近くに下がるときの値にしている．

☞コレクタ

最大周波数偏移 (さいだいしゅうはすうへんい)　maximum frequency deviation

周波数変調（FM）では，搬送波の周波数f_cを信号波の振幅に応じて変化する．信号波の振幅が0のときは，中心周波数f_0とf_cは同じである．信号波の振幅が最大のとき，f_cのf_0からのずれ（偏移）Δfは最大となり，Δfを最大周波数偏移という．FM放送では±75kHz，テレビ音声放送では±25kHz，電話では±15kHzとなっている．

☞搬送波

最大尖頭逆方向電圧 (さいだいせんとうぎゃくほうこうでんあつ)

maximum peak inverse voltage

最大ピーク耐逆電圧ともいい，ダイオード・トランジスタ・放電管（真空管）などにおいて逆方向に加えることができる電圧の最大値のこと．逆耐電圧ともいう．

→最大ピーク耐逆電圧

最大尖頭順方向電流 (さいだいせんとうじゅんほうこうでんりゅう)

maximum peak forward current

→最大ピーク耐順電流

最大値 (さいだいち)　maximum value

電圧，電流，電力，利得などの最大の値または交流の最大値のこと．マキシマムとか，マキシマムバリューともいう．正弦波交流の場合，実効値の$\sqrt{2}$(≒1.4)倍となる．

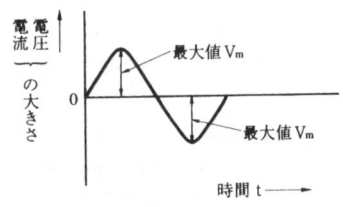

最大定格 (さいだいていかく)
maximum rating

トランジスタや抵抗やコンデンサなどの部品類，それらを組み込んだ受信機や送信機などの装置に与えることができる，または扱える電流，電圧，電力，

さいた

温度などの最大値のこと．この値を超えると，壊れたり性能が悪化するため，使用書やカタログに記入される．トランジスタやダイオードの絶対最大定格は，瞬間でも超えてはならない値である．

最大ピーク耐逆電圧
（さいだい——たいぎゃくでんあつ）
maximum peak inverse voltage
→最大尖頭逆方向電圧

最大ピーク耐順電流
（さいだい——たいじゅんでんりゅう）
maximum peak forward current
最大尖頭順方向電流ともいい，トランジスタやダイオード，放電管などにおいて，順方向に流すことができる電流の最大値のこと．
☞最大尖頭順方向電流

サイダック sidac
→SSS

最低共振周波数
（さいていきょうしんしゅうはすう）
lowest resonance frequency
スピーカの低音共振周波数のこと．
→低音共振周波数

最低使用周波数 （さいていしようしゅうはすう） lowest usable frequency
英語の頭文字をとってLUFともいう．電離層での電波の吸収は，周波数が低いほど大きい．このためA，B2局間の交信周波数を低くしていくと，交信が不可能となる．この交信不能直前の周波数を，A，B2局間の最低使用（可能）周波数という．

最適運用周波数 （さいてきうんようしゅうはすう） optimum transmission frequency →最適使用周波数

最適使用周波数 （さいてきしようしゅうはすう） optimum working frequency, frequency of optimum traffic
A，B2局間の無線通信で，電離層で屈折反射してくる電波を使う場合の，最も適切な周波数のこと．英語の頭文字をとり，OWF，FOTともいう．最高使用周波数MUFの85%の周波数を，電離層反射波のFOTにしている．
☞FOT，OWF

最適負荷インピーダンス （さいてきふか——） optimum load impedance
交流の電源や回路から，負荷に与えられる出力(パワー)が最高となり，ひずみの小さい負荷インピーダンスZ_Lのこと．Z_Lにつなぐ電源や回路の出力インピーダンスをZ_0とすれば，$Z_0=Z_L$のとき最大の交流出力が負荷インピーダンスに与えられる．
☞インピーダンス

最適負荷抵抗 （さいてきふかていこう） optimum load resistance
電源や電気回路から負荷に与えられる出力（電力）が，最大となるときの負荷抵抗の値．電源や回路の出力(内部)抵抗R_0と抵抗Rとが同じ（$R_0=R$）とき，このRを最適負荷抵抗という．

彩度 （さいど）
saturation, chroma saturation
飽和度とか色純度ともいう．色の三要素の一つで，鮮やかさのこと．カラーテレビの画面の色に使う用語．
☞色の三要素

サイドバンド side-band
側波帯のこと．振幅変調AMや周波数変調FMを受けた被変調波f_Mの中に含まれている搬送波f_0以外の成分のこと．この成分は変調のときに用いた信号で，変調波f_mと呼んでいる．図(a)の搬送波を(b)の変調波（正弦波）で振幅変調すると(c)のような被変調波になる．搬送波f_0を中心にその上下に対称的にf_Hとf_Lがありf_0とf_Hやf_Lの周波数間隔は変調波f_mだけ離れている．f_Hを上側波，f_Lを下側波という．変調波が音声信号のときは，広がりのある(e)のような帯状となる．f_Hを上側波帯，f_Lを下側波帯といい，f_H，f_Lをサイドバンドという．

☞ 搬送波

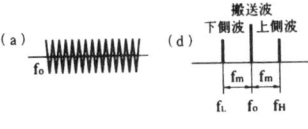

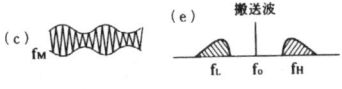

(a) f_0
(b) f_m
(c) f_M
(d) 下側波 上側波 搬送波 f_L f_0 f_H （f_m f_m）
(e) 搬送波 f_L f_0 f_H

サイド・ローブ side lobe
アンテナの指向特性（放射ローブ）のうちの，メインローブを除いた放射ローブのこと．副ローブともいう．

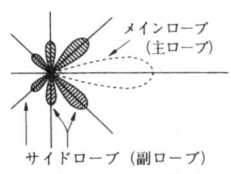

メインローブ（主ローブ）
サイドローブ（副ローブ）
アンテナの放射ローブ（指向特性）

サイバーテロ Cyber Terror
インターネットなどのコンピュータ通信網を破壊したり，悪用して社会の混乱やマヒ，破壊をもたらす行為のこと．1999年の「Melissa」，2001年の「Nimda」，2003年には「Slammer」さらに2004年は「MyDoom」といったウイルスが世界各国のネットワークに害を及ぼし，通信速度の低下やインターネット接続が困難になった．コンピュータシステムの破壊を狙う者はクラッカー，ハッカーと呼ばれる．ハッカーの目的は基幹システムを破壊することで業務妨害を狙ったり，個人情報を盗むことなど．日本では警視庁によるハイテク犯罪対策部の設置や，不正アクセス禁止法が2000年に施行され，米国では2002年に「サイバーセキュリティ研究開発法」が成立している．
☞ ウイルス

再放射 （さいほうしゃ） re-radiation
アンテナで電波をキャッチすると，電圧が発生し，電流が流れる．この電流により，アンテナから再び電波が発射される現象を，受信アンテナの再放射という．

最尤復号 （さいゆうふくごう） maximum likelihood
再生されたデータ列から，符号化ルールに最も近いと思われるビットの流れを選択する方法．
☞ 符号化

サイリスタ thyristor
P形半導体とN形半導体を重ねたPNPNの四層またはそれ以上の多層構造の素子．導通状態と停止状態の二つの場合があるスイッチング素子．アノード，カソード，ゲートの三つの端子のものと，二つの端子のものがある．スイッチング特性が⊕から⊖への一方だけの単方向の場合（SCR）と，両方に働く双方向の場合（SSS，トライアック）とがある．
☞ トライアック

サイレント楽器 （――がっき） silent musical instrument
消音装置を付けた楽器のこと．トランペットの消音は従来からミュートがあった．ラッパ先端に取り付け，音の出口をふさぐため，こもったような音となる．サイレント・ブラスシステムはミュートで音を受け内部で反射させ，径路を長くし外部に出る音を小さくする．ミュート入口近くの小型マイクで音を電気信号に変え電子回路で加工（エコー・ひずみ・和音など加え）増幅して奏者のヘッドホンに加える．弦楽器では弦を支えるコマの中に圧電素子を組込む．☞ 圧電素子

サインウェーブ sine wave
→ 正弦波

サウンド sound
音響・音声関連のこと．

さうん

サウンドボード sound board
コンピュータで音を出すための拡張ボードのこと．ボードにはFM音源・PCM音源のチップが組み込まれている．ノートパソコンにはPCカード（サウンドカード）を使う．

サーキット circuit
電気の回路のこと．抵抗1本とコンデンサ1本の非常に簡単なものから非常に複雑なものまである．

サーキット・テスタ circuit tester
→テスタ

サーキュラライザ circularizer
偏波器の一種で，直線偏波と円偏波の変換装置．

サーキュレータ circulater
VHF，UHF，マイクロ波回路で使われる回路素子．図の端子1からの入力は，2だけに生じ，2の入力は3だけに生じる．三端子形，四端子形があり，導波管サーキュレータ，同軸サーキュレータ，集中定数サーキュレータなどがある．UHFテレビのコンバータ（周波数変換器）に使う．

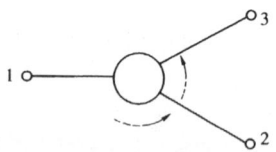

サグ sag
パルス用語で，チルトともいう．パルス（方形波）の平坦部のひずみの度合を示す．パルスの回路や増幅器の低域周波数特性が悪いとひずみが増す．

$$サグ S = \frac{B-A}{B} \times 100 \quad (\%)$$

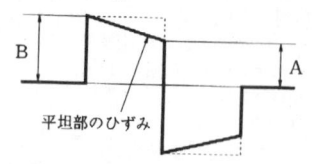

平坦部のひずみ

削除 (さくじょ) deletion
1．ワープロ・パソコンの画面上で，打ち込んだ文章の一部を取り除くこと．DEL（delete）キーやBS（back space）キーで1字ずつ消したり，範囲を指定して何行かを同時に削除する．

2．「ファイル削除」を選択してファイルをディスクから削除すること．

さくら SAKURA
1977年アメリカ（NASA）から打ち上げられた日本最初の実験用静止通信衛星．総合ディジタル衛星通信システムの実験，コンピュータネットワークの基礎実験，準ミリ波の伝搬特性の測定などを行った．
☞静止衛星

さくら2号-a CS・SAKURA II-a
1983年宇宙開発事業団種子島宇宙センタから打ち上げられた日本最初の実用静止通信衛星(communications satellite)．直径約2.2(m)，高さ約3.3(m)，重さ約340(kg)，寿命約4年，4/6(GHz)マイクロ波帯2チャネル，20/30(GHz)準ミリ波帯6チャネルの合計8チャネルのトランスポンダ(中継増幅器)により，電話約4,000回線をもつ．離島通信や災害時緊急通信用に警察・消防・郵政・建設・JRなど公的機関が利用する．
☞通信衛星

サージ電流 (――でんりゅう) surge current
正弦波交流のように同じ波形が繰り返されず，1回だけの瞬間的に流れる大きな電流（瞬間電流，過渡電流）を，サージカレントまたはサージ電流という．コンデンサの初期充電電流などがこれに相当する．
☞正弦波交流

差信号 (さしんごう) difference signal
ステレオ複合信号ともいう．
1．右信号R，左信号Lの差D＝L－Rは，立体感を表す信号で，差信号という．

2. ステレオ放送用信号には，主チャネル信号，副チャネル信号，パイロット信号がある．副チャネル信号は副搬送波をおさえた搬送差信号である．
☞ 副搬送波

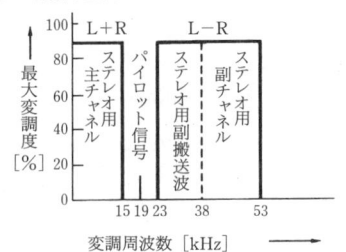

(グラフ: 変調周波数 [kHz] と最大変調度 [%]．15, 19, 23, 38, 53 kHz の位置にパイロット信号，ステレオ用主チャネル L+R，ステレオ用副搬送波，ステレオ用副チャネル L-R を示す)

サセプタンス susceptance
交流回路の電流の流れやすさを示す．インピーダンスZの逆数1/Zをアドミタンスといい，Yで表す．単位はジーメンス[S]で，このYの実数分をコンダクタンスG，虚数分をBで示しサセプタンスという．

$$Y = \frac{1}{Z} = G + jB \quad [S]$$

サーチエンジン search engin
→検索エンジン

サチコン saticon
光導電（面）形とかビジコン形といわれる光導電形撮像管のこと．Se（セレン）混合物の光導電膜を使った阻止形ターゲットである．解像度が高く入射光の波長に無関係で残像特性や暗電流も低い．カラーテレビ用の小形カメラや高解像度カメラに使う．1973年NHK・日立が開発した放送用小形カメラ・チューブである．

雑音 （ざつおん） noise
ノイズともいい，回路で発生するものと，外部からくるものとある．規則的なものと不規則なものとあり，受信機の明瞭度や忠実度を害する．内部的雑音は，抵抗器，端子の接触部分，ダイオード，トランジスタなどで発生する．入力側で発生した雑音は，出力側へは増幅されて出てくるので，入力側は低雑音抵抗やタンタル形のケミコンを使う．外部的雑音には，電気器具からの雑音，車のプラグのスパーク，他のラジオやテレビからの誘導雑音，雷や空電などがある．
☞ 誘導雑音

雑音指数 （ざつおんしすう）
noise figure, noise factor
ノイズファクタ，ノイズフィギュアともいい，回路，増幅器，受信機などの入力側の信号電力Siと雑音電力Niの比，および出力側における信号電力Soと雑音電力Noの比を，対数で示し，デシベル[dB]で表す．入出力間の雑音の度合を示す．

$$雑音指数 F = 10 \log \frac{Si/Ni}{So/No} \quad [dB]$$

雑音消去回路 （ざつおんしょうきょかいろ） noise suppression circuit
雑音抑圧器，雑音制御器，雑音抑制器ともいう．衝撃性パルスのような波形の鋭い，短時間の雑音がきたとき，回路の感度を一時的に下げたり，遮断して雑音を防止し，軽減する回路．

撮像管 （さつぞうかん）
image pickup tube, camera tube
テレビのカメラチューブのこと．人物や風景など，テレビに映す映像を，細かな点に分け，電子ビームを走査して，映像の電気信号に変える電子管．古くからアイコノスコープ，イメージアイコノスコープ，オルシコン，イメージオルシコン，ビジコンがあり，1963年プランビコンの発明後はカラーテレビ放送の主流となったが，1973年サチコンが日本で製品化され，小形（直径2cm，長さ10cm位）で安く，カラーカメラの小形化，軽量化（10kg位）が進んだ．1974年にはニュービコンが発明され，ITVに使われている．また，熱陰極や電子ビームを使わない固体形

の撮影デバイスがある．この固体形の撮影デバイスは1970年頃よりMOS形LSI技術の発展と電荷転送デバイスやCCDの発表で進展した．

☞MOS・LSI・CCD

撮像素子（さつぞうそし）**image sensor**
ディジタルカメラやビデオカメラ，インタネットカメラ，監視カメラなどに使われる画像を取り込む素子．CCDイメージセンサやCMOSイメージセンサなどがある．

☞イメージセンサ

サテライト satellite
1. 衛星のこと．
2. サテライト局のこと．
3. サテライトスタジオのこと．

サテライト局（――きょく）**satellite station**
テレビやラジオの放送に使われる中継局．山岳の多い地方で電波が弱く，受信困難な地域で親局の電波を受信し，親局と異なる周波数の搬送波に変えて自動的に再放送する中継放送局．難視聴地域解消用の中継局で微少電力で放送する小規模なもので小範囲の地域にサービスをする．出力100W位のものが多い．親局と同一の周波数で再放送する中継局は，ブースタ局という．

サテライト・スタジオ satellite studio
街のにぎやかな場所に設けた，内部の見える透明な小形スタジオのこと．公開の生放送を行ったりする．民放ラジオでよく使われる．

差動接続（さどうせつぞく）**differential connection**
同一方向に巻いた二つのコイルL_1，L_2を図のようにつなぎ交流起電力Eを加えると，流れる電流IはL_1とL_2では逆方向に流れ，生じる磁束ϕ_1とϕ_2は打ち消し合う．これが差動接続で電圧EとインピーダンスZは

$$E = (j\omega L_1 + j\omega L_2 - 2j\omega M)I \quad [V]$$
$$Z = E/I = j\omega(L_1 + L_2 - 2M) \quad [\Omega]$$

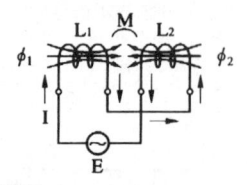

差動増幅器（さどうぞうふくき）**differential amplifier**
同一のトランジスタQ_1，Q_2によって，全く対称的な増幅回路を作り，図のようにつないだ直流増幅回路．全く対称的に作られているため，電源電圧の変動や周囲温度の変化などは，互いに打ち消し合って，出力端子C，Dには現れない．入力端子A，Bに加えた信号の差だけが得られることから，差動増幅器という．入力が不平衡の場合は，A，Bどちらかを，抵抗を通してアースする．入力インピーダンスの高い，ドリフトの少ない直流増幅器が得られ，測定器や高級アンプの入力回路，安定化直流電源などに広く使われる．

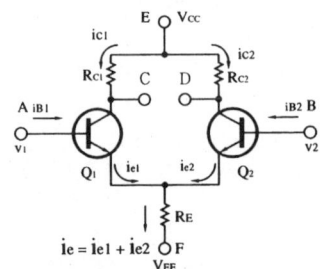

差動変圧器（さどうへんあつき）**differential transformer**
変位（位置の変化）を検出し電気信号に変える変換器（トランスジューサ）のこと．トランスTの二次コイルL_{s1}，L_{s2}の片方の極性を逆にしてつなぎ，鉄心（コア）の変位をV_{s1}とV_{s2}の差の電圧$V_{s1}-V_{s2}$として検出し変位を知る．このトランスを差動変圧器という．

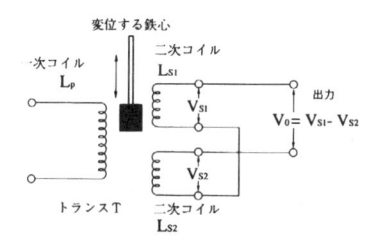

[図: トランスT、一次コイル L_P、二次コイル L_{S1}、L_{S2}、変位する鉄心、出力 $V_0 = V_{S1} - V_{S2}$]

サーバ server
ネットワークにおいて，他のコンピュータ（クライアント）からの求めに応じ，特定のサービスを提供するための，プログラムやコンピュータのこと．次のようなものがある．
①WWWサーバ：ホームページ公開のため．②メールサーバ：電子メールの送受信管理．③プリントサーバ：プリンタに司令を送る．
サーバ機にはワークステーション，ミニコン，パソコンの上位機種が使われる．
☞ネットワーク

サービスエリア service area
ラジオやテレビの放送が実用的に受信できる地域．放送局の送信アンテナの高さや使用周波数，周囲の地形，昼間や夜間などで異なる．受信点での電界強度（電波の強さ）が0.5〔mV/m〕以上の範囲を指す．

サービス区域（――くいき）
service area →サービスエリア

サーフェイスモデル furface model
コンピュータのグラフィックソフトの一つ．コンピュータ・グラフィックスで，三次元の物体を面（サーフェイス）で示す方式のこと．ワイヤフレームモデルに面のデータを付け加えた三次元モデルである．図形に立体感を与えるため，色や影を付け材質感を表現する．しかし，立体モデルのデータは膨大なため，コンピュータの計算処理時間が長くなり，高性能のコンピュータが必要になる．
☞コンピュータ・グラフィックス

サブキャリア sub-carrier
ステレオ放送の場合，右(R)と左(L)の両チャネルが必要で，これを二つの電波で送り，二つの受信機で受けたのでは電波の利用率が悪く，また放送機や受信機が2台必要となる．1台の受信機で聴いている場合は，RかLの片方しか受信できず不自然な音になる．R，L二つの信号を加え合わせ，L＋R（和信号）とL－R（差信号）を作り，この二つの成分を一つの電波にのせて送る．モノラル受信機で聴くには，和信号だけ受信し，ステレオ受信機では和信号・差信号を受信し左右に分けステレオとして聴く．和信号は放送用の周波数（主搬送波）で直接FMを行い，差信号は38kHzでAMを行う．この38kHzの周波数を副搬送波またはサブキャリアという．
☞副搬送波

サブコード sub code
CDにおいてオーディオ情報以外の制御，表示に用いる情報．オーディオ情報はCIRCと呼ばれる誤り検出訂正符号を有するが，サブコードは誤り検出符号だけをもち，98個の連続したフレームにより1ブロックを構成し，主として頭出しのためのアドレス信号として使われる．
☞アドレス

サブコン subcontrol
サブコントロール・ルームの略称．

サブコントロール・ルーム
subcontrol room
放送（ラジオ・テレビ）関係で使う語で，副調整または副調整室のこと．サブコントロールと略すこともある．

サブストレート substrate
→基板

サブプログラム sub-program
→サブルーチン

サブミリ波 (——は) sub-millimeter wave
周波数0.3〜3THz，波長0.1〜1mmのマイクロ波の一部．光に似た特性に近づく．☞マイクロ波

サブメニュー submenu
パソコンソフト（ウインドウズ）の画面に示されるメニュー（プログラムの機能・コマンドの一覧表）の項目が，階層的に次のメニューの見出し（タイトル）になっている項目のこと．その項目の左端に右向きの三角マーク▶が付いている．その項目をドラックしていくと，その項目の右側に次の一覧表が示される．

サブルーチン sub-routine
サブプログラムともいい，コンピュータのプログラムの一部．計算の途中でよく出てくるような値は，そのたびにプログラムを組むのは面倒なため，予め別にプログラム（ルーチン）を組んでおき，必要に応じて呼び出して使う．このような，大きな計算の一部に使うサブプログラムのこと．
☞サブプログラム

サーボモータ servomotor
1．自動制御装置の操作部を動かすのに使われるモータのこと．入力の変化に対し，すばやく反応でき，回転し始めるときの力（始動トルク）が大きいモータが良く，直流用，交流用がある．
2．レコードプレーヤ用モータのこと．規定回転数が狂ったとき，自動的に補正し制御するモータ．交流用のACサーボモータ，直流のDCサーボモータがある．
☞モータ

サーマル・プリンタ thermal printer
加熱すると発色する感熱紙に加熱ヘッドを接触させ，ヘッドの発熱素子を瞬間的に発熱させて印刷する．加熱ヘッドには窒化タンタル薄膜抵抗体を使い，印字速度120字/秒，解像度20本/mm，1億字以上の寿命がある．

サーマル・ランナウェイ thermal run away
→ランナウェイ

サーミスタ thermistor
サーマルセンシティブレジスタの略語で，温度に敏感な半導体の抵抗のこと．マンガン，コバルト，銅などの酸化物を混ぜ，形を作り，1,000℃以上の高温で焼き上げる．外形はディスク形，ビート形などがある．常温で数Ω〜数百kΩまであり，その変化は図に示したように直線的ではないが，温度の変化にとても敏感である．この性質を利用して温度の測定や，回路の温度補償や，電圧，電流の制御などに使う．このように負の温度係数をもつものとは逆に正の温度係数（温度上昇とともに抵抗値が増す）のものがあり，正特性サーミスタ（センシスタ，ポジスタ）という．
☞温度係数

ディスク形　　ビート形

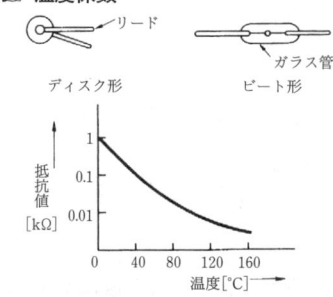

サーメット cermet
セラミック（ガラスや磁器）とメタル（金属）を合わせた語．金属は，金，銀，白金，パラジウムなどの粉で，インジウム，パラジウム，アンチモン，ニッケルなどの酸化物の粉とガラスの粉，溶剤とプラスチックのような結束剤（バインダ）を混ぜて，のり（ペースト）状にし，このペーストを基板上に印刷（プリント）し，700℃以上で焼き固め

たもの．IC回路の配線用導体や厚膜抵抗になる．
☞セラミック

サーモグラフィ thermography
人体の表面の熱（体温・赤外線）を測り，からだ表面の温度分布を知るための赤外線撮影装置のこと．乳ガンは周囲の乳腺組織より温度が2～3℃高いため，この装置が乳ガン診断に利用される．その他悪性腫瘍や末梢血管障害・皮膚科・整形外科などにも利用される．装置は光学系・走査機構（メカニズム）・検出装置（インジウム・アンチモン）・ディスプレイなどから成り，精密さでX線撮像に劣るが放射線の影響は受けない．
☞赤外線

サーモスタット thermostat
温度の変化で大きく伸び縮みする2枚の金属薄板を貼り合わせたバイメタルが，温度の変化で片方にそり曲がるのを利用して，接点を開いたり付けたりし，恒温槽の温度調節するときに使う．接点の位置や間隔を加減して，温度調整できる．水銀スイッチを使うこともあった．

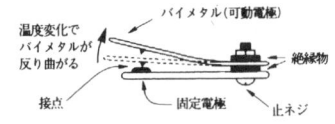

左右分離度（さゆうぶんりど）
L-R separation
→セパレーション

サラウンド surround
1．サラウンドシステムのこと．
2．聴く人を音で包むような音場のこと．

サラウンド・システム surround system
音場再生システムともいい，スピーカを前方左右以外にも設置し，聴く人を音で包み込むような音響再生方式．前方左右信号の違い(差成分)をサラウンドプロセッサで取り出し，時間遅れ分を加えたサラウンド信号を使用する．
☞音響効果

サラウンド・プロセッサ
surround processor
サウンドフィールドプロセッサとか音場再生機ともいう．演奏会場の臨場感（音場感）を得るための間接音（反射音や残響音）と，音の方向情報を自由に作り出す信号遅延システムのこと．これで作られた音の信号は，後方や側面に配置したスピーカ(リヤスピーカ)で再生し，リスニング室に臨場感を出す．☞音響出力

サルフェーション sulfation
硫酸化ともいい，白色硫酸鉛の発生すること．鉛蓄電池の極板に塗る物質を硫酸鉛といい，電解液の温度が上がると電解液に溶け，下がると極板表面に析出する傾向がある．溶けたり析出したり繰り返している間に白色の結晶の硫酸鉛に変わる．これを白色硫酸鉛という．これは不溶性で抵抗もきわめて高く，充電や放電に無関係で電池の内部抵抗を増やし，容量を減らす．極板の曲りやひび割れ，作用物質を極板から落とすなど有害である．

酸化金属皮膜抵抗器
（さんかきんぞくひまくていこうき）
metal oxide film resistor
ガラスや磁器の表面に，金属酸化物の導電性薄膜を付け，端子を付け保護外装をした抵抗器．酸化すず抵抗，酸化すず皮膜抵抗器ともいう．耐熱性がよく,温度係数も金属皮膜抵抗器に近く，高周波特性も良い．精密抵抗器としても使え，コンピュータ，通信機，測定器などに使う．

酸化銀電池（さんかぎんでんち）
silver oxide cell
水銀電池と同様の外形・サイズで起電力は1.5V．平坦な放電特性で低温特性も良く,大電流が流せるが高価である．

クオーツ腕時計，ポケットラジオ，カメラ，露出計などに使う．陽極に酸化銀，陰極に亜鉛，電解液にアルカリ水溶液を使う．
☞水銀電池

山岳回折伝搬 (さんがくかいせつでんぱん) mountain diffraction propagation
電波が山の多い地域を伝わる（山岳伝搬）のとき，超短波以上では減衰が激しい．しかし，山が一つだけの場合は，頂上での回折（山岳回折）のため，山のない地域より電波が強い．このときの電波の伝わり（伝搬）を山岳回折伝搬という．

三角結線 (さんかくけっせん) delta connection
デルタ（△）結線，環状接続ともいう．三相三線式交流で，各起電力（発電機）の位相を120°ずつずらして三角形のようにつなぐこと．

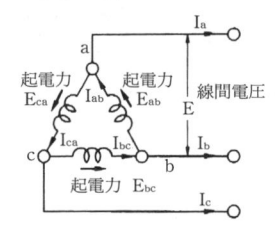

山岳伝搬 (さんがくでんぱん) mountainous propagation
→山岳回折伝搬

三角波 (さんかくは) triangular wave
波形が三角形をしたパルスのこと．または上下対称な三角波で，三角波交流ともいう．
☞パルス

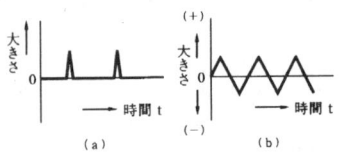

三角波交流 (さんかくはこうりゅう) triangular AC →三角波

酸化チタン磁器 (さんか——じき) titanium oxide porcelain
酸化チタンを主な成分とする磁器のこと．高周波での誘電体損が小さく，誘電率が大きいので，高周波用コンデンサの誘電体に使われる．
☞誘電体

酸化銅整流器 (さんかどうせいりゅうき) cupreous oxide rectifier
→亜酸化銅整流器

酸化皮膜 (さんかひまく) oxide film
金属の薄箔（はく）の表面を，電気分解によって酸化させたもの．アルミニウムとかタンタルが使われ，酸化皮膜は電解コンデンサに使う．半導体の酸化皮膜は，プレーナトランジスタ，ICに利用する．酸化膜ともいう．
☞プレーナ・トランジスタ

酸化物陰極 (さんかぶついんきょく) oxide (coated) cathode
古くから熱陰極電子管の陰極に使われた．酸化バリウムBaO，酸化ストロンチウムSrOなどの酸化物の薄膜で表面をおおった陰極のこと．低い温度で，多くの熱電子を放出するのでブラウン管にも使われている．

酸化物超電導体 (さんかぶつちょうでんどうたい) oxide superconductors
1986年スイスのIBMチューリッヒ研究所のベドノルツとミューラが，La-Ba-Cu-O系の酸化物で13K（絶対温度）で抵抗0になることを発見した．これがきっかけで酸化物超電導体の研究が世界に広がり，1987年アメリカのヒューストン大学のチューによりY-Ba-Cu-O系の酸化物が発見され臨界温度123Kに上昇した．これらによって，液体ヘリウムより安価な液体窒素の利用が可能となっている．今後の研究は室温による超電導体の実用化に向かっている．

☞超電導

酸化物半導体（さんかぶつはんどうたい）oxide semiconductor
金属の酸化物で，半導体の性質を示すもの．亜酸化銅Cu_2Oは古くから整流器で知られている．このほかFeO，NiOなどがP形で，N形にはZnO，CdOなどがある．一般に融点が高く，完全な単結晶を得にくい．

残響（ざんきょう）reverberation
音を止めても，しばらくの間残っている音のこと．音が周囲の物体の表面に当たって反射を繰り返すためである．

残響時間（ざんきょうじかん）reverberation time
音が止まってから，初めの音圧の1,000分の1に下がるまでの時間．

産業テレビジョン（さんぎょう——）industrial television →ITV

産業用水晶振動子（さんぎょうようすいしょうしんどうし）industrial-use quartz crystal
人工水晶をATカットなど，必要に応じた形でカットしたものを素子とし，産業機器分野で使用される水晶振動子をいう．

☞音叉型水晶振動子

産業ロボット（さんぎょう——）industrial robot
働きから次の三つに分ける．①工業用ロボット，②知能ロボット，③操縦ロボット．人間の代わりに危険の多い作業，単純で退屈な作業，人の行けない場所での作業をさせる．

☞ロボット

三原色（さんげんしょく）tri-color, three primary colors
色を二つ以上混ぜ合わせても作れない独立した色のこと．加色混合と減色混合がある．加色混合は光の三原色ともいい，赤，緑，青でテレビに使っている．減色混合は絵具の三原色といい，カラー写真で使い，マゼンタ（赤紫），黄，シアン（青緑）．

☞三色信号

三原色受像管（さんげんしょくじゅぞうかん）tri-color tube
→カラー・ブラウン管

三原色信号（さんげんしょくしんごう）tri-color signal
カラーテレビでは，送像側のカラーカメラで被写体（画像）をとらえ，三原色の赤R，青B，緑Gに分け，おのおのを撮像管で電気信号に変える．赤の撮像管出力E_R，青の撮像管出力E_B，緑の撮像管出力E_Gを30％・11％・59％の割合で混ぜると，輝度信号E_Y（Y信号）ができる．

$$E_Y = 0.30E_R + 0.59E_G + 0.11E_B \quad [V]$$

白黒テレビの明るさを示す信号である．

☞撮像管

残光（ざんこう）persistence, afterglow
蛍光物質は電子ビームを当てると発光する．ビームを当てるのをやめても，しばらくの間発光し続けるものがある．この光を残光といい，この性質を残光性という．硫化カドミウム亜鉛は代表的な残光性蛍光物質である．アフタグローともいう．

☞蛍光物質

残光性ブラウン管（ざんこうせい——かん）storage CRT
レーダ用ブラウン管は一般テレビ用のブラウン管より残光時間が長い蛍光物質（硫化カドミウム亜鉛）を使っている．このようなブラウン管のことを残光性ブラウン管という．

☞レーダ・ディスプレイ

三次元回路素子（さんじげんかいろそし）three dimensional circuit elements
1958年頃にアメリカRCAからマイクロモジュールが出たが，需要が低く高価なためICの量産・安価に追われて姿を消した．これを三次元回路素子という．

☞三次元素子

三次元素子 (さんじげんそし)
three dimensional electron devices
ICの微細加工は二次元的に進められてきたが,集積度は実用的限界にきた.この打開のため三次元的な立体(厚み方向の集積)によって集積度向上が考えられた.1981年,次世代産業基盤技術研究開発制度の発足により10年計画で実現をめざし,研究は活発化した.三次元集積回路の設計,半導体層と絶縁層の積層,層間配線などの開発が進められている.このような素子を三次元素子といい,電子機器・通信機器・コンピュータ等の小形化・高速化・高性能化が期待されている.

☞集積回路

三重拡散形トランジスタ
(さんじゅうかくさんがた——)
triple diffused transistor
動作部分によって三重拡散メサ形と三重拡散プレーナ形に分ける.100ミクロン位のコレクタ用のペレットの反対側からコレクタと同じ伝導形の不純物を深く拡散し,ペレット(コレクタ)の比抵抗の低い,高耐圧のトランジスタを作る.Vce-Icカーブの立上りを改善し,大信号動作範囲を広げ,ひずみを軽減している.

☞Vce-Ic

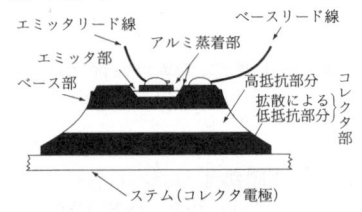

三重スーパヘテロダイン方式
(さんじゅう——ほうしき)
triple super-heterodyne system
周波数変換を3回行い,高い受信周波数を,増幅しやすい低い周波数に下ろし,利得,安定度を上げる.中間周波数も三つある.ダブルスーパにさらに1回多く周波数変換と中間周波増幅を重ねた方式で,選択度も良くなる.業務(プロ)用受信機に多用する.

☞ダブルスーパ方式

算術符号 (さんじゅつふごう)
arithmetic coding
エントロピー符号化の一種.数値線上を情報の発生頻度に従って分割して符号を割り当てる方法.出現確率の大きい記号に短い符号語を割り当てるハフマン符号化に比べて高い性能を示し,データのエントロピーにまで圧縮を行うことのできる高性能な手法.

☞符号化

三色蛍光体 (さんしょくけいこうたい)
tri-color phosphor
カラーブラウン管で赤,青,緑の三原色を発光させるための蛍光体.赤蛍光体には,ZnSe:Cu,(ZnCd)S:Agなどの硫化物,セレン化物などで,青蛍光体にはZnS:Ag,緑蛍光体にはZn$_2$SiO$_4$:Mnなどが使われる.

☞三原色

三色信号 (さんしょくしんごう)
tri-color signal →三原色信号

残像 (ざんぞう) after image
1.目に光を当て,光を除いたとき,10分の1秒間位光の感覚が残る.これを残像現象,残像効果という.目に残る感覚を残像という.
2.撮像管のターゲットに結ばれた光学像(人物や風景)は,光学像を取り除いても,短時間は消えずに残る.この光学像のことをいう.

☞撮像管

三相起電力 (さんそうきでんりょく)
three-phase electromotive force
→三相電圧

三相交流 (さんそうこうりゅう)
three-phase current
電圧と周波数が同じで,位相が120°ず

つずれている三つの交流を一組にして，対称三相交流という．各相に往復2本の線を使えば，六線式となるが，各相の電圧の合成は，どの瞬間も0となり，帰りの線は省略できる．このため三相三線式とする．接続法にY結線（星形結線），△結線（三角結線）がある．
☞三角結線，星形結線

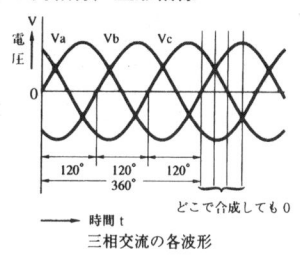

三相交流の各波形

三相三線式（さんそうさんせんしき）
three-phase three-wire system
→三相交流

三相電圧（さんそうでんあつ）
three-phase voltage
三相三線式で，Y結線と△（デルタ）結線（三角結線）では異なる電圧となる．
(a) Y結線．図の相電圧 E_a, E_b, E_c と端子間電圧 E_{ab}, E_{bc}, E_{ca} の間には次の関係がある．$E_{ab}=\sqrt{3}E_a \fallingdotseq 1.7E_a$, $E_a=E_b=E_c$, $E_{ab}=E_{bc}=E_{ca}$. 各相電圧や各線間電圧は，互いに120°位相がずれている．星形結線ともいう．
(b) △結線．相電圧 E_a, E_b, E_c と線間電圧 E_{ab}, E_{bc}, E_{ca} は等しい．$E_{ab}=E_a$, $E_{ab}=E_{bc}=E_{ca}$, $E_a=E_b=E_c$. 線間電圧，相電圧は120°の位相差がある．三角結線ともいう．

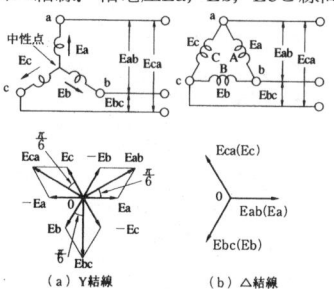

三相電流（さんそうでんりゅう）
three-phase current
(1) Y結線では $\dot{I}_a=\dot{E}_a/\dot{Z}_a$, $\dot{I}_b=\dot{E}_b/\dot{Z}_b$, $\dot{I}_c=\dot{E}_c/\dot{Z}_c$, $\dot{Z}_a=\dot{Z}_b=\dot{Z}_c=\dot{Z}$, $E_a=E_b=E_c$ なら，$\dot{I}_a=E/Z=\dot{I}_b=\dot{I}_c$. $\dot{I}_a$, $\dot{I}_b$, $\dot{I}_c$ 間の位相差は120°．

(1) Y-Y結線（星形-星形回路）

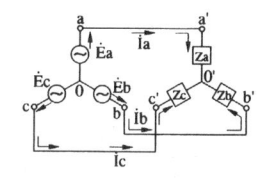

$\dot{E}_a=\dot{E}_b=\dot{E}_c=\dot{E}$　$\dot{Z}_a=\dot{Z}_b=\dot{Z}_c=\dot{Z}$
$\dot{I}_a=\dot{E}_a/\dot{Z}_a=\dot{E}/\dot{Z}$
$\dot{I}_b=\dot{E}_b/\dot{Z}_b=\dot{E}/\dot{Z}$
$\dot{I}_c=\dot{E}_c/\dot{Z}_c=\dot{E}/\dot{Z}$

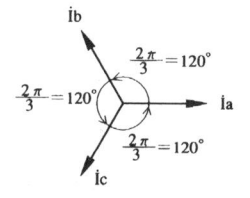

(2) △-△結線（三角-三角回路）

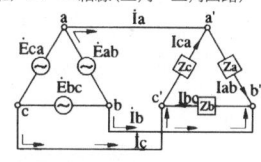

$\dot{E}_{ab}=\dot{E}_{bc}=\dot{E}_{ca}=\dot{E}$　$\dot{Z}_a=\dot{Z}_b=\dot{Z}_c=\dot{Z}$
$\dot{I}_a=\dot{I}_{ab}-\dot{I}_{ca}=\sqrt{3}\dot{I}_{ab}$
$\dot{I}_b=\dot{I}_{bc}-\dot{I}_{ab}=\sqrt{3}\dot{I}_{bc}$
$\dot{I}_c=\dot{I}_{ca}-\dot{I}_{bc}=\sqrt{3}\dot{I}_{ca}$

$\dot{I}_a=\dfrac{\sqrt{3}E}{Z}$　$\dot{I}_b=\dfrac{\sqrt{3}E}{Z}$　$\dot{I}_c=\dfrac{\sqrt{3}E}{Z}$

(2) △結線では $\dot{I}a=\sqrt{3}\dot{I}ab$, $\dot{I}b=\sqrt{3}\dot{I}bc$, $\dot{I}c=\sqrt{3}\dot{I}ca$, また, $Za=Zb=Zc=Z$, $\dot{E}ab=\dot{E}bc=\dot{E}ca=Z$ なら, $\dot{I}a=\sqrt{3}E/Z=\dot{I}b=\dot{I}c$

ここで, $\dot{I}a$, $\dot{I}b$, $\dot{I}c$ は線電流, $\dot{I}ab$, $\dot{I}bc$, $\dot{I}ca$ は相電流, $\dot{Z}$ は負荷インピーダンス, $\dot{E}a$, $\dot{E}b$, $\dot{E}c$, $\dot{E}ab$, $\dot{E}bc$, $\dot{E}ca$ は相電圧である.

三相電力 (さんそうでんりょく) three-phase power

電圧と電流の積で表され, Y結線では, 線間電圧 E_1 と相電圧 E は, $E_1=\sqrt{3}E$ で, 線電流 I_1 と相電流 I は $I_1=I$ である. △結線では, $E_1=E$, $I_1=\sqrt{3}I$ である. 三相の有効電力 $P_3=3EI\cos\theta=\sqrt{3}E_1I_1\cos\theta$ となる. θ は相電圧と相電流との間の位相差. $\cos\theta$ は力率という.

三相電力計 (さんそうでんりょくけい) three-phase wattmeter

二電力計法の原理を使い, 一つの容器の中に, 二つの単相電力計の素子を入れ, 回転軸を二つの素子の回転力(駆動トルク)の合成で回転する. 二つの素子は互いに結合せぬよう, 磁気遮へいする. 負荷の力率が低いときに生じる負電力指示(逆ぶれ)や二電力計の計算も不要で三相電力を直読できる.

三相変圧器 (さんそうへんあつき) three-phase transformer

三相交流の変圧に使うトランスのこと. 一次側・二次側に3組の巻線をもち, 単相の変圧器と同様に内鉄形, 外鉄形がある. 床面積, 重量, 値段, 効率の点で単相トランス3個を使うよりも有利である.
☞トランス

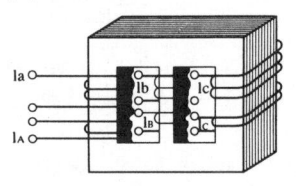

散弾効果 (さんだんこうか) shot effect

熱陰極からの熱電子放出, 半導体の物質の中のキャリアの移動は, 電気の流れ(電流)となるが, 陰極表面からの電子放出は, 不規則であり, 半導体の中のキャリア移動も, 電子やホールの再結合があり不規則である. これらキャリアや電子粒の数のゆらぎが, 散弾の発射に似て不連続である. これを散弾効果といい, 雑音の原因となる.

散弾雑音 (さんだんざつおん) shot noise

意味のない, 不規則な電圧や電流を雑音またはノイズという. 電流は電子の移動であるが, 電子の数は一定でなく, 時間とともに変化する. 電子自体の不規則な数量の変動がノイズとなり, このようなノイズを散弾雑音またはショットノイズという.
☞散弾効果

三電圧計法 (さんでんあつけいほう) three voltmeter method

三つの交流電圧計を使い, 単相の交流電力を測定する方法. 図の接続で次式より計算する.

$$P=\frac{1}{2R}(Vc^2-Vb^2-Va^2) \quad [W]$$

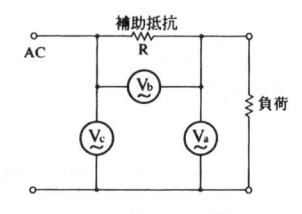

三電子銃カラーブラウン管 (さんでんしじゅう――かん) three electron gun color Braun tube
→カラー・ブラウン管

三電子銃方式 (さんでんしじゅうほうしき) three gun system

カラーブラウン管で, 三原色の赤, 青, 緑3色を分担する三つの独立した電子銃をもつ方式のこと. シャドウマスク

形，クロマトロン形のカラーブラウン管はこの方式で，単電子銃方式に比べコントラスト，解像度，色再現性で優れている．

☞三原色

配列名	配列	電子銃
デルタ形	⋯	3
インライン形	⋯	3
	⋯	1
	⋯	1

三点調整（さんてんちょうせい）
three points tracking
スーパ受信機の単一調整を全受信周波数にわたって，完全にとるのは困難なため，中心（1,000kHz）とその上下（1,400kHz，600kHz）の3点で正確に合わせる．この調整を単一調整，三点調整，トラッキング調整という．この3点以外では誤差（エラー）がある．

三電流計法（さんでんりゅうけいほう）
three ammeter method
三つの交流電流計を図のようにつなぎ，次の式から，単相交流電力を計算で求める．キャンベルの方法ともいう．

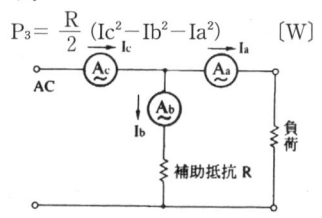

$$P_3 = \frac{R}{2}(I_c^2 - I_b^2 - I_a^2) \quad [W]$$

サンドイッチ巻（——まき）
sandwitch winding
トランスの巻線法の一つで，一次巻線を二つに分割し，その間に二次巻線を巻き，洩れ磁束を減らす．

☞トランス

サン・トランジット　sun transit
太陽干渉のこと．

→太陽干渉

三倍周波増幅器（さんばいしゅうはぞうふくき）frequency tripler, tripler
トリプラともいい，出力周波数を入力周波数の3倍にする増幅器．B，C級動作でわざと入力信号をひずませ，第3高調波を多くし，出力側の負荷に3倍の周波数に同調した共振回路を置いて取り出す．短波帯以上の送信機で，水晶発振器の出力周波数が低いときに使う増幅器．

☞増幅器

三倍モード（さんばい——）
threefold mode
ホームビデオ（家庭用VTR）でVHS方式では標準モードの3倍の録画時間が選べる．このモードのこと．録画時間が長くなりテープの長さを短縮できるが，画質は標準モードに比べて劣る．ベータ（β）方式ではベータⅢモードがベータⅡ（標準）モードに比べ1.5倍録画時間を長くできるが，やはり画質は低下する．

☞VTR

サンプリング　sampling
1．多数のもの全部について調べず，その一部を抜き出して調べ，全体の傾向を知ること．一部抜き出した資料を標本とかサンプルといい，このような方式を標本化，サンプリングという．
2．連続波形を，一定時間ごとに等間隔で抜き出すこと．連続波形の最高周波数の周期Tの半分の時間＝T/2以下の時間間隔で取り出せば，もとの連続波形にもどすことができる．このような技術のこと．

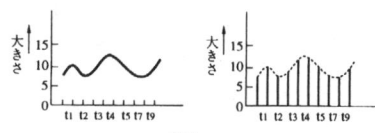

（a）連続波形　（b）サンプリング

サンプリング・オシロスコープ
sampling oscilloscope

数百MHz以上の高周波の繰返し波形を観測するときに使うオシロスコープ．観測波形をゆっくりした相似波形に変える．広い周波数帯域幅をもち，感度も高く10GHz位まで使えるが，入力波形が繰返し現象の必要がある．

サンプリング周波数 (——しゅうはすう) sampling freguency

アナログ信号をディジタル信号に変えるとき，単位時間（1秒間）当たりのデータの取出し回数（サンプリング数）のこと．単位はヘルツ[Hz]で，サンプリングレートとか標本化周波数ともいう．☞標本化周波数

三巻線変圧器 (さんまきせんへんあつき) hybrid coil
→ハイブリッド・コイル

散乱 (さんらん) scattering
電波の伝わる途中の障害物が，電波の波長より小さくなると，電波は不規則に反射する．これは電波の散乱で次の二つがある．
1．対流圏散乱．超短波以上の高周波で，大気屈折率分布の乱から生ずる．
2．電離層散乱．電離層の不均一のために生ずる．

散乱性フェージング
(さんらんせい——) **scatter fading**
→散乱フェージング

散乱波 (さんらんは) scattered wave
光，電波，電子，中性子，陽子，光子などの粒子が運動中に他の粒子や原子核と衝突したとき，反射し進行方向を変える．これを散乱という．大気は一定ではなく常に乱流があり，温度や湿度が乱流でたえず変動し，そのため電波の屈折率や誘電率が，時間，場所によって変わる．このため電波は散乱する．電離層でも同様で，数百kmの遠距離点の電界強度を高める．これら散乱によって生じる波を，散乱波という．散乱波は非常に微弱だが高感度受信機を用いれば利用できる．

散乱波通信方式 (さんらんはつうしんほうしき) scattered wave communication system
散乱波を用いた通信方式．入力が非常に弱いので，高感度受信機を使い，数百kmの遠距離通信ができる．数千MHzの周波数が使われ，主として対流圏での散乱波を対象とするので，対流圏散乱波通信方式ともいう．

散乱フェージング (さんらん——) scatter fading
散乱によって生じる干渉フェージングのこと．散乱性フェージングともいう．

残留インダクタンス (ざんりゅう——) residual inductance
短い導線でも，周波数fが高くなると，インダクタンスLによるリアクタンス$2\pi fL$が増える．リード線のわずかなインダクタンスも，高周波でリアクタンスとして働き，不利となる．このような高周波で不要な影響を生じるインダクタンスのこと．

残留磁化 (ざんりゅうじか) remanent magnetization
磁性体を磁化し，与えた磁化力（磁界）を0に戻したときに，残った磁束密度のこと．☞磁束密度

残留磁気 (ざんりゅうじき) residual magnetism
磁性体を磁化し，磁化力Hを除いても，あとに残る磁気のこと．永久磁石には，

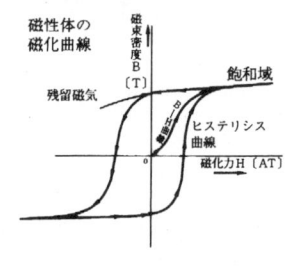

この残留磁気（残留磁束密度）が大きい材料ほど適している．

残留磁束密度（ざんりゅうじそくみつど）**remanent magnetic flux density**
残留磁化に対する磁束密度のこと．
☞磁束密度

残留側波帯（ざんりゅうそくはたい）**vestigial sideband**
振幅変調（AM）の被変調波は，搬送波fcを中心にその上下に，変調に用いた信号の最低周波数だけ離れて側波帯をもつ．上下側波帯に含まれる情報の内容は等しいため，どちらか一方の側波帯に含まれる変調信号の高域成分を大きく減衰させたときの残り部分．

残留側波帯伝送（ざんりゅうそくはたいでんそう）**vestigial sideband transmission**
残留側波帯と他方の完全な側波帯を送り受けること．

☞残留側波帯

残留側波帯方式（ざんりゅうそくはたいほうしき）**vestigial sideband system**
振幅変調（AM）波の側波帯の片方をわずか残し，大部分取り除く方式．側波帯は非対称となるが，占有帯域幅を節約できる．また，受信はSSB方式より容易である．テレビの映像信号はこの方式であり，非対称側波帯方式（VSB）ともいう．
☞SSB通信方式

残留偏差（ざんりゅうへんさ）**offset**
→オフセット

残留容量（ざんりゅうようりょう）**residual capacity**
抵抗器やコイルなどのもつ静電容量が，なるべく少なくなるように作った回路素子に残る，わずかな静電容量のこと．
☞静電容量

ジアリルフタレート（DAP）
diallyl phthalate
熱硬化性樹脂の種類の一つ．DAP樹脂はジアリルオルソフタレートモノマーを重合させた樹脂で，耐熱性，電気絶縁性，寸法安定性，耐久性などで優れた特性を有していることから，ノートPCや携帯電話等の情報端末や電子部品用の成形材料として広く採用されている．

磁位（じい）magnetic potential
磁気的に，どれだけ高い位置にあるかを表す量．+1Wb（ウェーバ）の点磁極を動かすとき，これに加わる力に逆らってなす仕事で表す．単位はアンペア[A]．

ジェネレータ generator
発振器または発電機のこと．発振器は用途によって種類も多く，発生する周波数，波形，周波数範囲などで区別する．このほかAM波・FM波の別や，変調をかける・かけないの区別がある．
①周波数による分類
イ．超低周波発振器．ロ．低周波発振器．ハ．高周波発振器．ニ．映像周波発振器．ホ．超高周波発振器．
②波形による分類
イ．正弦波発振器．ロ．矩形波発振器．ハ．三角波発振器．ニ．のこぎり波発振器
③周波数範囲による分類
イ．単一周波数発振器．ロ．連続的に広範囲の周波数を発振する発振器．
④AMとFMによる分類
イ．AM波発振器．ロ．FM波発振器．

シェーリング・ブリッジ
Schering bridge
ブリッジの一種で，損失のあるコンデンサの静電容量C_xと，その損失を並列等価実効抵抗R_xとし，C_s・R_sを加減しバランスをとり測る．☞損失

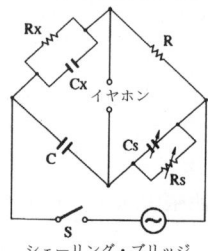

シェーリング・ブリッジ

磁荷（じか）magnetic charge
電気における電荷に相当し，磁気量のことで，磁気を量的に示すもの．単位はウェーバ[Wb]である．☞電荷

磁化（じか）magnetization
磁石に鉄片Aを近づけておくと，鉄片は磁石の性質をもち，小さい鉄片Bを吸いつける．このとき鉄片Aは磁化されたという．磁界の中に物質を置いたとき，その物質が，磁石の性質（磁性）をもつこと．単位はアンペア毎メートル[A/m]．

磁界（じかい）magnetic field
磁極，電流などによって生じる磁気が，力を及ぼし影響を与える周囲の場所，空間のこと．強さと方向をもつ．+1ウェーバ[Wb]の正磁極に力が働きその大きさが1ニュートン[N]のとき，磁界の強さは，1アンペア毎メートル[A/m]という．磁界の方向は，+1[Wb]の正磁極に働く力の方向と同じである．

磁界強度（じかいきょうど）
magnetic field strength
電磁波が空間を伝わるときのエネルギ

は電界と磁界の密度エネルギで，$H = E/\sqrt{\mu_0/\varepsilon_0}$の関係がある．このHを磁界強度という．Eは電界強度．ε_0は空気の誘電率，μ_0は空気の透磁率である．
☞誘電率

市外ケーブル (しがい――) toll cable
区域の異なる（市外）電話局の間をつなぐ電話ケーブルのことで市外線ともいう．距離が長いため，通信回線相互の静電容量や洩れコンダクタンスが増え，電磁誘導も生じ漏話の原因となる．音声電話用には装荷ケーブル，搬送多重電話用には無装荷ケーブルや高周波ケーブル（同軸ケーブル）を使う．
☞同軸ケーブル

紫外線 (しがいせん) ultraviolet rays
波長10〜3,800Å（オングストローム）位の電磁波で，紫色より波長が短く，肉眼では見えない．強い殺菌力や光電効果，光化学反応を示す．（Å = 10^{-10} m）☞電磁波

磁界の強さ (じかい――つよ――)
intensity of magnetic field, magnetic field →磁界

磁界偏向 (じかいへんこう)
magnetic deflection →電磁偏向

磁化曲線 (じかきょくせん)
magneti-zation curve
磁性体に磁化力Hを与え磁化すると，磁束密度Bは変化しBとHの関係は，図のように曲線となる．この曲線をB―H曲線，B―Hカーブともいう．0〜1の部分は立上り部で，1〜2は直線部，3〜4は飽和部で磁気飽和ともいい，Hを増やしてもBは増えない．

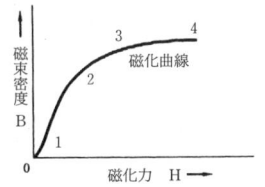

磁化作用 (じかさよう) magnetization
磁界によって物質の磁束密度が増大する現象のこと．磁性体ではこの現象が非常に大きく，非磁性体ではほとんど生じない．☞磁束密度

磁化電流 (じかでんりゅう)
magnetizing current
励磁電流ともいい，電磁石の磁化のために流す電流のこと．

磁化の強さ (じか――つよ――)
intensity of magnetization
磁化された磁性体の1m²当たりの磁気モーメント．磁化された磁性体の切断面に生じる磁荷の密度（磁化密度）のこと．

磁化率 (じかりつ) susceptibility
磁化力Hを加えたとき，磁性体がある場合は，ない場合に比べどのくらい磁束密度Bが増えるか，を示す係数．
$B = \mu H = (\mu_0 + X)H$
ここでμは透磁率，μ_0は真空中の透磁率，Xは磁化率である．上式を変形して
$X = (B/H) - \mu_0 = \mu - \mu_0$ となる．

磁化力 (じかりょく) magnetizing force
磁性体を磁化するときのエネルギに相当する．ソレノイドの内部，トランスの鉄心など磁束の通り路（磁路）の中の磁界の強さHと同じ．コイルの巻数N，コイルに流す電流I，磁路の長さl，磁路の磁界の強さHとすれば，
$NI = Hl$ より，
$H = NI/l$ 〔A/m〕
これを磁化力（磁界の強さ）という．

時間軸 (じかんじく) time base
ブラウン管オシロスコープの蛍光面の水平軸のこと．スポットを左から右へ，一定の速さで繰り返し移動させ，残光により，細い直線にする．垂直方向に，観測する信号を加え，時間的変化(波形)を観測する．時間軸としては，一定の割合で連続的変化するのこぎり波を使う．
☞ブラウン管オシロスコープ

時間ダイバーシティ (じかん——)
time diversity
ダイバーシティ受信方式の一種．時間とともに受信点の電波の強さが変化するので，二つの信号を時間的にずらして送り，一つのアンテナで受けて合成し，フェージング（受信点の電波の強さの変化）を軽くしている．
☞ダイバーシティ受信

磁気 (じき) magnetism
鉄片を吸いつけたり，南北を指したりする，特殊な性質（磁性）の原因のこと．

磁器 (じき) porcelain
使う原料や混ぜ合わせる成分によって，酸化チタン磁器，アルミナ磁器，ステアタイト磁器などがある．非常に細かい粉にした原料を混ぜ合わせ，1,300℃位で焼く．ガラス質の上薬（うわぐすり）を塗ることもある．機械的に強く，絶縁性が良いので，碍子（がいし）や，碍管にする．高周波誘電体損の小さいステアタイトは，高周波部品や高圧大電力コンデンサに使う．誘電率のきわめて大きい酸化チタン，チタン酸バリウム磁器類は高周波用コンデンサに使う．☞誘電率

磁気あらし (じき——)
magnetic storm
太陽の活動が盛んになり，電気を帯びた粒子（イオン）が多数放出され，数日後地球に接近すると，地球の磁気（地磁気）で進路が曲がり，南極，北極付近に集まり円形の電流となる．このため地球の地磁気が乱れ電離層の電子密度はF層では異常に下がり，E層で異常に上がる．そのため電離層反射波を利用する短波HFは減衰し，数日間通信不能になる．☞電離層

磁気インキ (じき——) magnetic ink
1．磁石に吸いつく成分を含むインキ．半導体ペレットを検査して不良の部分につけておき，スクライブののちに磁石で吸い取り，不良品を能率良く処理するときなどに使う．磁性インキともいう．
2．情報処理の自動化に用いる（磁気インキ文字読取り装置で読み取る）インキのこと．

磁気インキ文字 (じき——もじ)
magnetic ink character
磁気インキで書く文字（書体）のこと．JISで定めている．

0 1 2 3 4 5 6 7 8 9 ⑆⑇⑈⑉

磁気インキ文字記録機
(じき——もじきろくき)
magnetic ink character inscriber
けん盤を手動で操作することによって，用紙上に磁気インキ文字を記録する装置（JIS・情報処理用語）．

磁気インキ文字読取り装置 (じき——もじよみと——そうち) magnetic ink character reader, MICR
磁化されやすい性質の特殊なインキで書かれた文字を読み取る装置（JIS・情報処理用語）．

磁気回路 (じきかいろ)
magnetic circuit
磁束の通り路で磁路ともいう．トランスの鉄心のように，磁束が一回りできる磁性体による通り路．電気回路と対語．☞電気回路

磁気カセット・テープ (じき——)
magnetic cassette tape
小形のケース（カセット）に組み込んだ磁気テープで，ビデオ用やオーディオ用，コンピュータの端末装置用がある．☞カセット・テープ

磁気カセット・テープ装置 (じき——そうち) magnetic tape cassette unit, magnetic tape cassette handler
計算機などからの指令によって，磁気カセット・テープ上にデータを記録し，また，磁気カセットテープ上に記録されているデータを読み取る装置（JIS・

情報処理用語).

磁気カード (じき——) magnetic card
プラスチックの薄い小形カードの上に,磁性体の細かい粉を塗り,情報(データ)を磁気的に記録するカード.

磁気カード記憶装置 (じき——きおくそうち) magnetic card storage
薄い可とう(撓)性のあるカードの表面に磁気記録することによってデータを記録する磁気記憶装置(JIS・情報処理用語).

磁気カード式公衆電話
(じき——しきこうしゅうでんわ)
magnetic card type public telephone
→カード式電話機

磁気カード読取り装置 (じき——よみと——そうち) magnetic card reader
磁気カードに記録されているデータを読み取るための磁気ヘッドおよびそれに付随する制御機構を含む装置.
☞磁気ヘッド

磁気記憶装置 (じききおくそうち) magnetic storage, magnetic store, magnetic memory device
1. 磁気を使いコンピュータのプログラムやデータを記憶・読込み・消去などの働きをするメモリのこと.ハード・ディスク,磁気ディスク,磁気フロッピ・ディスク,磁気テープ,磁気ドラムなど多種類の媒体があり,これ等を駆動する装置(ドライバ)の総体である.半導体メモリより高価でスピードも遅いが,電源が切れても記憶内容が残るので,コンピュータでは半導体と磁気の両方のメモリの特長を生かし併用している.
2. 物質の磁気特性を用いた記憶装置(JIS・情報処理用語).

磁器コンデンサ (じき——) ceramic condenser
セラミックコンデンサともいう.酸化チタン磁器やチタン酸バリウム磁器の誘電体に直接,銀などの電極を焼きつけたコンデンサ.高周波用で耐圧が高く,容量は大きく小形である.

磁気材料 (じきざいりょう) magnetic material
磁性材料ともいう.磁石,鉄心,録音テープ,磁気ひずみ振動子などに使う,鉄,ニッケル,コバルト,二酸化クロムCrO_2,ガンマヘマタイト$\gamma\text{-}Fe_2O_3$,酸化鉄,金属酸化物(フェライト)などの磁性体で,用途に応じて使い分ける.

色差信号 (しきさしんごう) color difference signal
カラーテレビで,輝度信号Yと,赤Rや緑G,青B信号の差,R−Y,G−Y,B−Yのこと.NTSC方式では,R−Y,B−Yを混ぜたQ,I信号とY信号でカラー信号を作る.
$$I = 0.74(R-Y) - 0.27(B-Y)$$
$$Q = 0.48(R-Y) + 0.41(B-Y)$$

磁気作用 (じきさよう) magnetic action
磁石が地球の南北を指したり,磁石どうし引き合ったり,反発したりする働きで磁性のこと.☞磁性

磁気遮へい (じきしゃ——) magnetic shield, magnetic screen, magnetic shielding
シールドともいう.他の部分からの磁気の影響をなくすこと.磁性体で周りを囲む.より厳重にするためには二重,三重に行うが,完全な遮へいは困難である.
☞シールド

磁気ジュール効果 (じき——こうか) magnetic Joule effect
鉄や鉄の合金,ニッケル,ニッケル合金,コバルト,コバルト合金などに磁界を加え磁化すると,わずかに寸法が変化する.この現象を磁気ジュール効果といい,伸びる場合を正の磁気ひずみ,縮む場合を負の磁気ひずみという.鉄やニッケルは弱い磁界のとき負で,強い磁界のとき正の磁気ひずみとなる.☞磁気ひずみ

しきし

磁気じょう(擾)乱（じき——らん）
magnetic disturbance
地球の磁界の強さと方向は年々変化しているが，その変化が急激に現れることを磁気じょう(擾)乱という．

磁気制動（じきせいどう）magnetic damping →電磁制動

磁気センサ（じき——）
magnetic sensor
磁力線の検知器で磁気抵抗素子やホール素子が代表的である．磁気抵抗素子は磁気によって抵抗値を変えるもので，インジウムアンチモンInSbによる半導体磁気抵抗素子と，コバルトニッケルCoNiの金属による強磁性体磁気抵抗素子の二種がある．ホール素子はガリウムひ素GaAsやインジウムアンチモンInSbなどの半導体によるホール効果を利用する．☞ホール効果

色相（しきそう）hue
目で感じる色の感覚三つ（彩度, 明るさ, 色相）のうちの一つで，色の種類のこと．色の種類は波長の違いでおきる．紫380〜450，青450〜500，緑500〜570，黄570〜590，橙590〜610，赤610〜780Å（オングストローム）．☞彩度

磁気増幅器（じきぞうふくき）
magnetic amplifier
鉄心入りコイルのリアクタンスが電流の大きさで変化することを利用して，入力電流のわずかの変化で，大きな負荷電流を制御できる．外部帰還形，自己帰還形がある．動く部分がないので寿命が長く，丈夫で入力インピーダンスが低く，増幅度が高い．反応が遅く，重く大形で，交流増幅がむずかしい．使用周波数は数百ヘルツ以下で自動制御に使う．☞帰還

磁気探傷器（じきたんしょうき）
magne-tic inspector
機械材料の欠陥の有無を調べる装置．試験材料をみがき，磁界をかけておく．表面に鉄粉を混ぜた油をかけると，欠陥点に鉄粉がつき，模様ができる．この模様から，傷の形がわかる．

磁気抵抗（じきていこう）
magnetic reluctance
磁気回路の抵抗，つまり磁束の通りにくさのこと．電気抵抗と対語．磁性体の中は，空気中または他の物質の中より磁気抵抗が低く，透磁率μで決まる．μが大きいほど磁気抵抗は低い．磁性体の場合，断面積が大きいほど，磁路が短いほど磁気抵抗が低い．毎ヘンリー$[H^{-1}]$を単位とする．☞磁束

磁気ディスク（じき——）
magnetic disk
1．コンピュータ用の高速の大容量記憶装置．直径25〜80cm位のアルミニウムかマグネシウム合金円板で，レコード盤に似ている．表面に磁性体のご細かい粉を塗るかメッキする．6〜25枚位同時に使い，高速回転させ表面の磁性面のトラックを磁気ヘッドでトレースし，データを書き込んだり読み出したりする．装置に固定のものと，取りはずしができる磁気ディスクパックがある．

2．フロッピーディスクのこと．
☞ハードディスク

磁気ディスク装置（じき——そうち）
magnetic disk unit, magnetic disk handler
コンピュータの命令によって磁気ディスク上にデータを記録したり，読み取る周辺装置．磁気ディスクを回転させるための駆動機構，磁気ヘッドおよびそれに付随する制御機構を含む（JIS・情報処理用語）．6〜25枚位のディスクを回転軸に取り付け，毎分1,200〜3,600回転位の一定速度で回転する．この円板上に同じ中心をもつ円（同心円）を200〜500本とり，トラックという．各トラックには，3,000〜8,000バイトのデータを記録する．データの記録，読出しはアクセスアームの先端に

取り付けた磁気ヘッドを，定められたトラックまで移動して行う．ヘッドは，ディスクの各面に1個配置するが，ほこりや傷の付きやすい最下面，最上面は除く．アクセスタイムは，数十～数百ミリ秒で磁気テープより短い．装置に固定のものと，取りはずせるディスクパックとあり，1ディスクパック当たりの記憶容量は数百万～1億字で，磁気ドラムより大きい．オンラインシステムにも使える高速，大容量の補助記憶装置である．

磁気ディスク・パック（じき――）
magnetic disk pack

磁気ディスク装置から取りはずし可能な複数枚の磁気ディスクで構成される機構(JIS・情報処理用語)．ディスクは直径約500mm前後の円板で，6～25枚位を同じ回転軸に取り付け回転する．6枚の場合，12面のうち最上面と最下面は，ほこりや傷が付きやすいので除き，10面に1個ずつのヘッドを配置しデータを記録する．この一群のディスクを容器に収め磁気ディスク記憶装置から着脱・交換可能にしたもの．

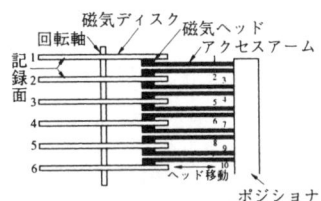

磁気テープ（じき――）magnetic tape

ステレオ用，ビデオ用などアナログ用と，コンピュータ用，計測・制御用などのディジタル用がある．コンピュータ用はテープスピードが毎秒1～4mで，幅は12.7mm（半インチ）か19.5mm（3/4インチ）位．材料はポリエステルなどで表面に磁性体の粉を塗る．円板形のリールに巻き，1巻で360mか720mの長さがある．磁気記録方式により，データを記録できる．

磁気テープ・カセット（じき――）
magnetic tape cassette

磁気テープとそれを収容する容器とが一体となった機能単位であって，磁気テープを取りはずすことなく処理できるようにしたもの（JIS・情報処理用語）．

磁気テープ記憶装置（じき――きおくそうち）**magnetic tape storage**

使用時に長手方向に移動するテープの表面に磁気記録することによってデータを記憶する磁気記憶装置（JIS・情報処理用語）．

磁気テープ装置（じき――そうち）
magnetic tape unit, magnetic tape handler

磁気テープを用いた情報処理（コンピュータ）用記憶装置（周辺装置）のこと．テープ1mm当たり32字位記録でき，1巻(720m)で2,000万字以上のデータが記録できる．テープスピードが毎秒1～4mと速く，急激な始動，停止が繰り返されるため，テープに無理な力が加わらぬよう少したるませておき，そのたるみ部分は真空装置の吸引力を利用して，常に一定の張力を加えておく．磁気ヘッドはテープ幅方向に7～9個並べ，データはキャラクタ，バイト単位でテープ上に記録する．1トラック

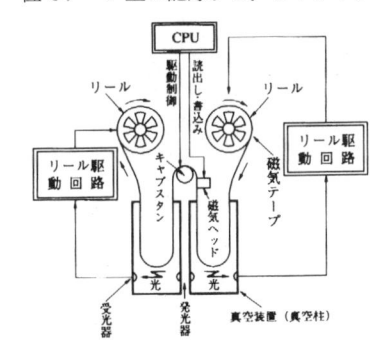

しきと

はパリティチェックに使う．テープはリールごと装置から取りはずしができ，大量のデータが蓄積できる．記録されたデータにたどりつくまでに時間がかかり，アクセスタイムは長く，オンラインには使わない．
☞アクセスタイム

色度（しきど） chromaticity
色の三要素，色相・彩度・明度のうち，色相と彩度をいっしょに考えて決める色の性質．☞彩度

色度信号（しきどしんごう）
chromati-city signal →色信号

磁気ドラム（じき――）magnetic drum
コンピュータの高速補助記憶装置に使われる．直径10～30cm，高さ20～40cm位の円筒（ドラム）形．表面にコバルト，ニッケルなどの磁性体をメッキするか細かい粉を塗る．データを磁気的に大量に記録することができる．
☞磁気ドラム装置

磁気ドラム記憶装置（じき――きおくそうち） magnetic drum storage
使用時に回転する円筒の曲面上に磁気記録することによってデータを記録する磁気記録装置（JIS・情報処理用語）．コンピュータの周辺装置で，磁気ドラム装置ともいう．

磁気ドラム装置（じき――そうち） magnetic drum unit
コンピュータからの命令で，磁気ドラム上にデータを記録，読み取る装置．ドラムは毎分20,000回転（高速），3,600回転（低速）する．ドラムの周りに数百個の磁気ヘッドを取り付け，1個ごとのドラム表面上の幅をトラックという．アクセスタイムは数～数十ミリ秒ぐらいで，磁気ディスクに比べ短く，バラツキも少ない．高速補助記憶装置として使う．☞磁気ディスク

磁気媒体（じきばいたい）
magnetic medium
磁気メディアともいう．コンピュータのデータやプログラムを，磁気の性質を使って記憶・読出し・消去する働きをするもの．ハード・ディスク，磁気フロッピ・ディスク，磁気ディスク，磁気カード，磁気テープ，磁気ドラムなどの種類があり磁気記憶装置（メモリ）に使われる．
☞磁気記憶装置

磁気薄膜記憶装置（じきはくまくきおくそうち） magnetic thin film storage
強磁性金属薄膜を用いて，一定の磁気記憶方式によりデータを記憶する装置（JIS・情報処理用語）．

磁気バブル記憶装置（じき――きおくそうち） magnetic bubble memory
→磁気バブルメモリ

磁気バブル・メモリ（じき――）
magnetic bubble memory
非磁性ガーネットの基板上に磁性ガーネット（$M_3 \cdot Fe_5O_{12}$）を結晶成長させ，この保磁力の大きい磁性薄膜に発生させた直径数μmの円柱状磁区（バブル）と，膜表面に設けたパーマロイ薄膜パターンによるバブル転送路で構成される．外部からの回転磁界でパターン中の磁極位置が移動し磁界分布の変化でバブルが移動する．1967年ベル研究所で不揮発性固体メモリとして発表され，高信頼性を求めるロボット・NC工作機械で使われる．素子の集積化が進み4Mビットが実用化されているが，低速・高価である．☞磁性薄膜

磁気ひずみ（じき――）
magneto-striction
→磁気ひずみ現象

磁気ひずみ現象（じき――げんしょう）
magneto-strictive effect
鉄・ニッケル・コバルト，それらの合金に磁界を加えると磁化され，寸法がわずか変化する．寸法が伸びるとき正の磁気ひずみ，縮むとき負の磁気ひずみといい，合わせて磁気ジュール効果という．また，機械的圧力や張力を加

えると磁化されたり，磁化の程度が変わる．これをビラリ効果という．この両現象を磁気ひずみ現象という．

磁気ひずみ材料（じき——ざいりょう）magneto-strictive material

磁気ひずみ現象の特に大きな材料で，ニッケル系合金やニッケル系フェライトを多用する．

磁気ひずみ振動子（じき——しんどうし）magneto-striction resonator

磁気ひずみ材料の薄板を焼きなまして表面に絶縁塗料を塗り，必要枚数を重ねて接着する．方形またはπ形の脚の部分に絶縁電線を巻き，振動子の形・寸法・材料で定まる共振周波数と同じ周波数の高周波電流と直流バイアス電流を重ねて流し励振して，超音波の発生やフィルタに使用する．

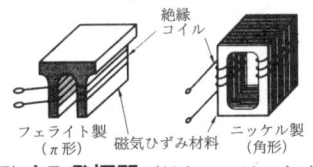

絶縁コイル
フェライト製（π形）　磁気ひずみ材料　ニッケル製（角形）

磁気ひずみ発振器（じき——はっしんき）magneto-striction oscillator

磁わい(歪)発振器ともいう．ハートレー発振回路に磁気ひずみ振動子を結合して発振させ，超音波を発生する．
☞磁気ひずみ振動子

磁気分極（じきぶんきょく）magnetic polarization, intensity of magnetization
→磁化の強さ

磁気分子説（じきぶんしせつ）molecular theory of magnetism, molecular magnet theory

ドイツのウェーバが1852年に物体の磁気的な構造を明らかにするために考えた説．分子磁石説ともいう．のちにコーイングがこの説を発展させた．初歩的な磁化の現象は説明できるが，細かな説明ができず，現在は電子説を使う．

☞ウェーバ

識別子（しきべつし）identifier

情報処理(コンピュータ)で使う用語．データの項目を表示したり，名付けたりするための文字の列．

磁気ヘッド（じき——）magnetic head

磁気記録，磁気再生機器や装置に使われ，用途により次の種類がある．
①磁気録音用（テープレコーダ用）
②磁気録画用（ビデオレコーダ用）
③磁気テープ用（コンピュータ，計測制御用）
④磁気ディスク用（コンピュータ用）
⑤磁気ドラム用（コンピュータ用）
A．アナログ信号用(①，②，③の一部)
B．ディジタル信号用（①～⑤）
①のテープレコーダ用には次の三種類がある．(イ)録音用(録音ヘッド)，(ロ)再生用(再生ヘッド)，(ハ)消去用(消去ヘッド)．(イ)(ロ)は簡易形では1個で兼用．ヘッドに電気信号を加えギャップに生じる信号に応じた洩れ磁束を，磁気テープなどの磁性体に残留磁気の変化として記録し，その残留磁気の変化を電気信号に変え，新たに記録するときは残留磁気を消すなどの働きをする．
☞残留磁気

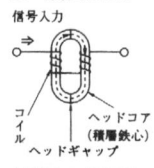

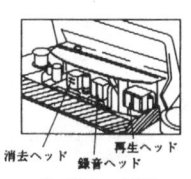

信号入力
コイル　ヘッドコア（積層鉄心）　ヘッドギャップ　消去ヘッド　録音ヘッド　再生ヘッド
(a)磁気ヘッドの原理　　(b)磁気ヘッド外観

磁気飽和（じきほうわ）magnetic saturation
→磁化曲線

磁気飽和曲線（じきほうわきょくせん）magnetic saturation curve
→磁化曲線

磁気飽和現象（じきほうわげんしょう）magnetic saturation effect
→磁化曲線

磁気モーメント(じき——)
magnetic moment
磁化の状態を示すことば．磁気モーメントMは，磁石のN，S極間の長さLと磁極の強さSの積で求まる．
$$M = LS$$
単位はアンペア平方メートル$[A\cdot m^2]$

磁気誘導(じきゆうどう)
magnetic induction
鉄などの磁性体を磁界の中に置くと，磁極ができ磁石となる．この現象を磁気誘導という．

磁極(じきょく) **magnetic pole**
磁石の鉄片を吸いつける働きは，両端に強く現れる．この磁石が他に力をおよぼす両端部分を磁極という．磁石には必ずN，Sの二つの磁極がある（双極性）．

四極管(しきょくかん) **tetrode**
二極管の陰極と陽極の間に制御格子を挿入した真空管を三極管というが，三極管の制御格子の他にもう一つ格子を挿入した構造の電子管．この二つの格子の使用方法により，①遮蔽格子四極管，②空間電荷格子四極管，③ビーム出力管，などに分類される．
☞真空管

磁極の強さ(じきょく——つよ——)
strength of magnetic pole
磁極の強弱を示すことば．

磁極片(じきょくへん)
magnetic pole piece
磁石の磁極（先端）部分に取り付ける磁性材（鉄片）のこと．この形を適当に加工し必要な磁束分布を作る．

磁気量(じきりょう)
quantity of mag-netism →磁荷

磁気力(じきりょく) **magnetic force**
磁石の同種の磁極（N極とN極またはS極とS極）には反発力が働き，異なる磁極（N極とS極）には吸引力が働く．この磁極間に働く力を磁気力という．
☞磁極

磁気録音(じきろくおん)
magnetic sound recording
磁気を用いて音声を記録すること．音声をマイクロホンで電流に変え，増幅し磁気ヘッドに流し，ヘッドギャップに生じる洩れ磁束で，磁気テープを磁化して音を磁気的に記録する．
☞洩れ磁束

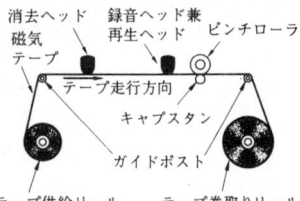

磁気録音(オーディオレコーダ)の機構原理

磁気録画(じきろくが)
magnetic video recording
磁気を用いて映像を記録すること．映

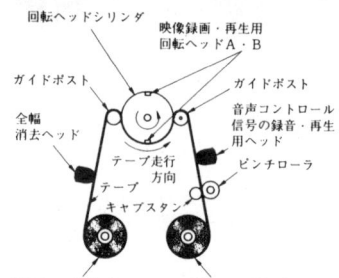

(a) 磁気録画の機構原理

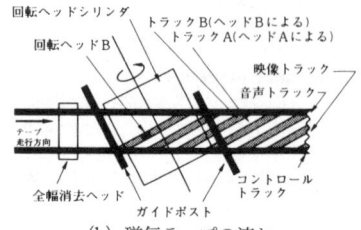

(b) 磁気テープの流れ

像を撮像管で電気信号（映像信号）に変え，増幅して磁気ヘッドに流し磁気テープを磁化して映像を磁気的に記録する．音声に比べ情報量が多いため二つの回転ヘッドによるヘリカルスキャン記録を行う．☞撮像管

磁区（じく）magnetic domain
磁性体を磁化すると，原子の磁化の方向はきちんと揃う．この原子の小さな集まりを磁区という．
☞磁性体

シグ →SIG

ジグザグ・アンテナ zigzag antenna
シレーメニービームアンテナのことで，のこぎり形とかSFRビームアンテナともいう．
→シレーメニー・ビーム・アンテナ

シークタイム seek time
光ディスクドライブに検索命令を与え，目的のセクタに到達するまでの位置決め時間．測定方法としては，ランダムに目標位置を与えるランダムシークタイム，ディスクの1/3ストロークを目標に与える1/3ストロークシークタイムが一般的である．なお，アクセスタイムはシークタイムに回転待ち時間を加える．
☞光ディスク

シグナル signal →信号

シグナル・インジェクタ signal injector
方形波を発生する発振器で，受信機などの回路の故障修理に使う．シグナルトレーサと反対に回路の出力側に近いほうから入力側へ移動して，回路動作の不良を発見する．信号注入器の一種．

シグナル・トレーサ signal tracer
ラジオ受信機や無線用受信機などの故障箇所を，すばやく確実に発見する故障発見器．入力端子にテストオシレータをつなぎ，その周波数に受信機のダイヤルを合わせ，信号が回路のどこで異常となるか順に調べる．増幅器，検波器，スピーカ，電源を組み込み，回路に直接タッチするプローブ1に，検波器を組み込む．プローブから入る高周波信号を検波し，低周波増幅してスピーカを鳴らす．受信機の検波部以下が故障して音が出ないとき，②の点にプローブをタッチすればシグナル・トレーサのスピーカは鳴り，②の点までシグナルは異常なく通過していることがわかり，故障は検波段以下ということがわかる．
☞テスト・オシレータ

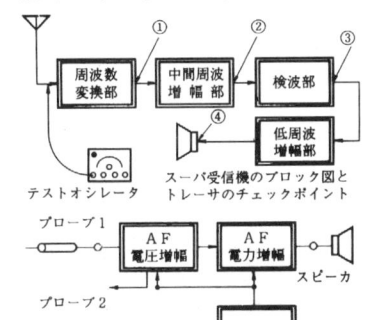

スーパ受信機のブロック図とトレーサのチェックポイント

シーケンシャル・アクセス sequential access
情報処理（コンピュータ）で使う用語．磁気テープの記録，読出しは，テープの初めから順々に最後に向かい，必要な点で停止させて行う．このような動作をいう．ランダム・アクセスと対語．
☞ランダム・アクセス

シーケンス制御（——せいぎょ）sequential control
シーケンシャルコントロールとか，逐次（ちくじ）制御ともいう．前もって決めておいた順に従って自動制御の各ステップ（段階）を実行し，その結果に応じて機械や装置に次の制御を行う．制御命令はオンオフ信号で，運転状態で制御する．☞制御命令

しこい

自己インダクタンス (じこ——)
self-inductance

セルフインダクタンスとか自己誘導係数という．導体に交流のような変化する電流を流すと，導体と交わる（鎖交する）磁束が変化し，導体に起電力が発生し電流が流れ，磁束が生じる．この新しく生じた磁束は，レンツの法則より初めの磁束の変化を妨げる（逆の）方向に生じる．新しく誘導された起電力eは初めに加えた交流起電力とは逆の，電流Iの時間tに対する変化の割合$\Delta I/\Delta t$と比例定数Lに比例する．このLを自己インダクタンスという．単位はヘンリー〔H〕である．

$$e = -L\frac{\Delta I}{\Delta t} \quad 〔V〕$$

コイルはLを得るための回路素子である．☞起電力

指向性 (しこうせい) directivity

マイクロホン，スピーカ，アンテナなどが，方向によって感度の異なることを指向性，変わらないことを無指向性と呼ぶ．図(a)，図(b)のように，前と後の方向に高い感度を示す場合を8字形指向性という．一方向にのみ高い感度を示す図(c)のような場合を，単一指向性，またはカージオイド形指向特性と呼ぶ．これは前の二つの特性を合成した指向性である．また水平方向と垂直方向の両方の指向性が必要な場合もある．アンテナでは電波を発射または受信する場合，必要に合わせて指向性を作り，能率よく働かせている．ステレオの場合，スピーカは音の方向性に関係があり無指向性にする．
☞単一指向性

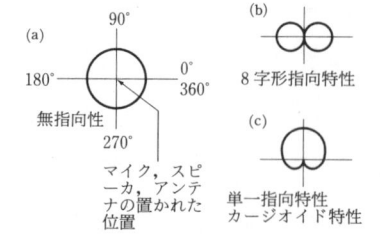

指向性アンテナ (しこうせい——)
directional antenna →指向性

指向性図 (しこうせいず)
directivity diagram

指向性を示す図形のこと．
→指向性

指向性マイクロホン (しこうせい——)
directional microphone
→指向性，無指向性マイクロホン

指向性利得 (しこうせいりとく)
directivity gain, directional gain

アンテナからある方向への単位立体角当たりの放射電力の4π倍と，全放射電力の比を指向性率といい，これをデシベル〔dB〕で表し，指向性利得という．最大放射方向の放射電力P_1を，同一入力の半波ダイポール（ダブレット）アンテナの放射電力P_2で割った値を〔dB〕で示すこともある．

指向特性 (しこうとくせい) directivity
→指向性

自己解凍ファイル (じこかいとう——)
self-extract file

圧縮されたファイルを元に戻す（解凍する）ためのファイルで，目的のファイル名を入力して自動的に元のファイルを取り出せるソフトのこと．
☞解凍

自己加熱 (じこかねつ) self-heating

導体に電流Iが流れたとき，導体の抵抗rによってI^2rの熱が発生する．このジュール熱のこと．指示電気計器では，この熱のため指示値にごくわずかの誤差が生じる．JIS 1102では，15分後に0.5級で0.25%，3時間後に0.5%以内と定めている（据置用・携帯用）．ただし，熱電形・スイッチ付計器・50A以上の電流力形は除く．

自己減磁力 (じこげんじりょく)
self-demagnetizing force →減磁力

(a) 無指向性 90°, 0°/360°, 180°, 270° マイク，スピーカ，アンテナの置かれた位置
(b) 8字形指向特性
(c) 単一指向特性 カージオイド特性

自己組織化マップ (じこそしきかまっぷ) self-organizing maps, SOM
ニューラルネットを用いた可視化・クラスタリング（分類）の手法．膨大な量のデータを人間の目で解析することは不可能で，多変量のデータから有益な情報を引き出すための技術．自己組織化写像とも呼ばれる．

仕事関数 (しごとかんすう) work function
ワークファンクションともいう．熱陰極の電子管などから熱電子を放出させるときに使う語．金属酸化物，金属，半導体などを加熱したり，光を与えて，電子を真空中に放出させるのに必要なエネルギのこと．絶対0度（−273℃）で，電子1個を金属から引き出すのに必要なエネルギを電圧で示したもの．金属では1.5～7V位である．単位はエレクトロンボルト[eV]を使う．

☞熱陰極

自己バイアス (じこ——) self-bias
セルフバイアス，オートバイアスともいう．真空管のカソード，トランジスタのエミッタ（エミッタ接地）につないだ抵抗に流れる電流によって生じる電圧を，バイアス電圧として利用する．バイアス用電源から供給する固定バイアス方式と対語．

☞固定バイアス

自己バイアス回路 (じこ——かいろ) auto-bias circuit, self-bias circuit
抵抗R_1によってコレクタからベースにバイアス用電圧を加える回路の例で，周囲温度が上昇しI_Cが増えるとV_{CE}が減り，I_Bが減ってI_Cが減る．温度が変化してもI_Cの変化は少ない．

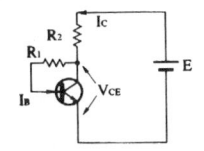

自己放電 (じこほうでん) self-discharge
電池を使用しないのに時間の経過とともに消耗（放電）し，起電力が低下したり容量が減少すること．わずかな洩れ電流や電解液の不純物が陽極板の作用物質と化学変化を起こすのが原因である．

☞起電力

自己誘導 (じこゆうどう) self-induction
コイルに交流のような変化する電流を流すと，この電流によって生じる磁束も変化し，コイルには磁束の変化を妨げる方向の起電力が誘導される．この現象を自己誘導という．

☞自己インダクタンス

自己誘導係数 (じこゆうどうけいすう) coefficient of self-induction
→自己インダクタンス

自己容量 (じこようりょう) self-capaci-tance
単巻変圧器（スライダック）の大きさ（容量）を決める目安となる．

自己容量＝昇圧電圧×直列巻線電流
＝$(V_2-V_1)I_2$ 〔W〕

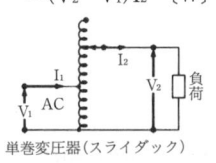

単巻変圧器(スライダック)

指示器 (しじき) indicator
機器や装置，受信機などで，動作状態などを示すもの．

磁軸 (じじく) magnetic axis
磁石のN，S二つの磁極を結ぶ直線を磁軸という．

指示計器 (しじけいき) indicating instrument
指針形指示計器とか直読計器ともいう．測定量に応じた指針の振れと目盛によって，測定値を知るメータ（電気

計器，指示電気計器）のこと．

指示電気計器（しじでんきけいき） **indicating instrument**
駆動装置，制御装置，制動装置から成り立っているメータ．駆動装置は測定量に応じて指針などの可動部を動かす力（駆動トルク）を生じる部分．制御装置は指針の振れに逆らう力（制御トルク）を生じる部分．制動装置は指針がすみやかに最終値を示すためのもの．目盛や指針，軸受，容器（ケース）なども含まれる．
☞駆動トルク

磁石（じしゃく） **magnet**
マグネットともいう．昔，リディア（小アジア）のマグネシア地方で，天然にある磁鉄鉱が，鉄を引きつけることから名付けられたという．外形は，棒形，U字形などがあり，糸で中心を吊すと南北を指す．北を指すほうをN，反対をSとし，NとN，SとSは反発し，SとNは引き合う．

自主放送（じしゅほうそう） **originating programs**
ケーブル・テレビ（CATV）局が自作した番組の放送のこと．有線テレビジョン放送施行規則第2条3項では「同時再送信以外の有線テレビジョン放送をいう」と定めている．
☞ケーブル・テレビ

自乗検波（じじょうけんぱ） **square-law detection**
→二乗検波

磁心（じしん） **magnetic core, core**
磁心の磁気抵抗を小さくするために磁性体で磁路を作ることがある．この磁性体を磁心という．磁心が鉄なら鉄心という．電源トランスの鉄心はこの例である．コンピュータの主記憶装置に磁心記憶装置を使うことがあり，フェライトの直径0.5mm位のドーナツ形の磁心が使われる．
☞コア

磁針（じしん） **magnetic needle**
針状または小さな棒状の永久磁石のこと．
→永久磁石

磁心記憶装置（じしんきおくそうち） **magnetic core memory, magnetic core storage**
コンピュータの主記憶装置の一種である．磁心（コア）を用いた記憶装置のことで，コアメモリともいう．磁心の残留磁束の向きによって，データを蓄える記憶装置．通常，磁心マトリックスが用いられ，選択されたたて横の線の交差点にある磁心データが書き込まれたり，そこから読み出されたりする（JIS・情報処理用語）．
☞残留磁束密度

磁心マトリックス（じしん──） **core matrix**
コアマトリックスプレンとかコアプレンともいう．コンピュータの磁心記憶装置では，平板に縦横64個ずつ（64×64＝4096個）の磁心を並べたものを単位として使う．この磁心の集合を磁心マトリックスという．
☞コア・プレン

指数（しすう） **exponent, characteristic**
浮動小数点表示における指数部の数（JIS・情報処理用語）．
☞浮動小数点

システム **system**
1．ある目的のための組織のこと．
2．コンピュータと周辺機器との組合せ，これらを動かすOS（オペレーションシステム）を含む全体のこと．
3．特定のアプリケーションソフトのこと．
4．いくつかの回路，デバイス，部品などを組み合わせ，必要な機能を実現した集合体で，これを機能面からみたときの呼称．（JIS・集積回路用語・基本用語）
5．他の用語と組み合わせて使う．た

とえば，コンピュータシステム，オートメーションシステムなどをいう．
☞OS

システム・エンジニア system engineer
コンピュータに使われる用語の一つで，システムプログラムの設計，改良を主な仕事とするコンピュータのエンジニア（技術者）のこと．SEと略すこともあり，カストマエンジニア（保守サービス技術者）と対語．
☞カストマエンジニア

システム工学（——こうがく）
system engineering
巨大なシステムを有効に効率よく経済的に設計したり，働かせたりするには，どうしたらよいかを研究する学問のこと．人間工学，シミュレーション，統計学，情報理論など広い分野の研究が応用される．
☞人間工学

システム・ソフトウェア
system soft-ware
コンピュータのハードウェアの制御と，コンピュータと人（オペレータ）とのインタフェースのためのソフトウェア．OSと同義語に使う．
☞OS

システム・ディスク system disk
コンピュータを働かす基本ソフト（システム・プログラム）を収めた磁気ディスクのこと．ハードディスクがクラッシュしたとき，フロッピーディスクの起動用プログラムで起動させCD-ROMからシステムを読み込むOS（オペレータシステム）を起動できるMO（光磁気ディスク）・ハードディスク・CD-ROM・フロッピーディスクは全てシステム・ディスク．

システム・プログラム
system program
コンピュータで使われるプログラムの一種．複雑なハードウェアの知識がない利用者にもコンピュータが使えるような，利用者向きのプログラムで，言語処理プログラムや管理プログラムのこと．

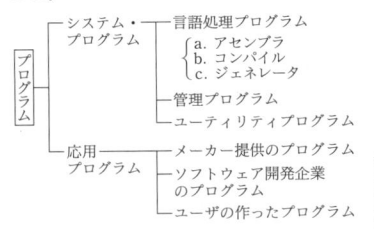

```
          ┌ システム ──┬ 言語処理プログラム
          │ プログラム  │  a. アセンブラ
プ        │           │  b. コンパイラ
ロ        │           │  c. ジェネレータ
グ        │           ├ 管理プログラム
ラ        │           └ ユーティリティプログラム
ム        │
          └ 応用 ─────┬ メーカー提供のプログラム
            プログラム ├ ソフトウェア開発企業
                      │  のプログラム
                      └ ユーザの作ったプログラム
```

システムボード system board
→マザーボード

磁性インク（じせい——）magnetic ink
マグネタイトなどの磁性体をパウダ（微粉末）にして，溶け込ませたインクのこと．磁気インキともいう．

磁性材料（じせいざいりょう）
magnetic material →磁気材料

姿勢制御（しせいせいぎょ）
attitude control
宇宙にある衛星の姿勢をコントロール（制御）して，サービスエリア内に鋭いビームを放射させること．①通信衛星はスピン（回転）させる．②放送衛星はX・Y・Z軸を回るはずみ車で制御する（三軸安定式）．

磁性体（じせいたい）
magnetic sub-stance
磁気誘導によって磁化され磁石になる物質のこと．①強磁性体．ニッケル，コバルト，マンガンとこれらの合金．②弱磁性体（非磁性体）．ほとんど磁化されない物質．強磁性体と同じ向きに磁化される物質を常磁性体といい，反対の向きに磁化される物質を反磁性体という．
☞反磁性体

磁性薄膜（じせいはくまく）
magnetic thin film
真空中で，磁性体を蒸着して作った薄膜．うず電流損が減り，磁気特性が良

いので，コンピュータの高速大容量記憶装置への期待がある．
☞うず電流損

自然雑音（しぜんざつおん）
natural noise
外部雑音，外来雑音の一種で，空電，太陽雑音，銀河雑音など，自然現象によって生じる雑音で，人工雑音と対語．
☞人工雑音

自走マルチバイブレータ（じそう――）**free running multivibrator**
→無安定マルチバイブレータ

磁束（じそく）**magnetic flux**
フラックスともいい，磁石などの現象を説明するのに便利な，磁力線（仮想の線）の束のこと．+m[Wb]の磁極からm本の磁力線が出ると考え，これを磁束という．記号Φ（ファイ）で，単位はウェーバ[Wb]．
☞磁力線

磁束鎖交数（じそくさこうすう）
number of flux interlinkage
電流を流したコイルと生じた磁束とは，互いに直角に，鎖（くさり）のように交わる．これを鎖交といい，コイルの巻数と磁束の積を，磁束鎖交数という．
☞コイル

持続振動（じぞくしんどう）**sustained oscillation, continuous oscillation**
振幅が一定の状態で持続する振動のこと．　☞振幅

持続電波（じぞくでんぱ）
continuous wave
周波数，位相，振幅が一定の電波のこと．持続波ともいい，記号でA0電波とか，略してA0ともいう．英語の頭文字CWと書くこともある．

持続波（じぞくは）**continuons wave**
CWともいう．振幅・周波数が一定の無変調高周波のこと．
☞CW

自続放電（じぞくほうでん）
selfmain-tainning discharge
グロー放電，コロナ放電，火花放電，アーク放電などの放電のこと．外部から放電を持続するのに必要な，電子やイオンを与えなくても，放電が連続的に続く放電のこと．

磁束密度（じそくみつど）
magnetic flux density
磁気回路で，磁束の方向と直角な面の，1m²当たりの磁束数．単位はテスラ[T]または[Wb/m²]で，記号はB．
☞磁束

シーソースイッチ **rocker switch**
電流回路の切替えのツマミ操作が，シーソー動作になっているスイッチ．波動スイッチ，波形スイッチ，ロッカースイッチともいう．メカ的にシンプルなため信頼性が高く，ツマミを操作したときのフィーリングが良い．

四端子網（したんしもう）
four-termi-nal network
→インピーダンス・パラメータ

シチズン・バンド **citizen band**
市民バンドのことで，英語の頭文字をとってCB，CB無線ともいう．郵政省の機器検定試験に合格したセットを使い，A3電波，27MHzの周波数で無資格の市民が通信できる周波数帯をシチズンバンドという．パワーは0.5Wで，このバンドを利用する場合，無線局の場合より申請手続きも簡単である．セットの構成もトランシーバ形式が多く，取扱い操作も，送受切換え用の押しボタンスイッチを押して送信し，受信時は離したままの単信方式，2m以下のホイップアンテナ，水晶発振方式による簡単なもの．近距離通信（連絡）用や趣味に利用する．

し(弛)張振動（――ちょうしんどう）
relaxation oscillation
二つの安定状態をもち，一つの安定状態から他の安定状態へ変化する状態が，繰り返し生じる振動のこと．

し(弛)張発振器
☞し(弛)張発振器

し(弛)張発振器 (――ちょうはっしんき) relaxation oscillator
し(弛)張振動を生じる発振器で,ブロッキング発振器やマルチバイブレータがある.
☞発振器

実験局 (じっけんきょく) experimental station
科学技術の発達のための実験を行うために開設する無線局で,実用に供しないもの(電波法施行規則第4条).免許の有効期間は2年で,暗語を使ってはならない,なるべく擬似アンテナを使うなど電波法の制約がある.

実効アドミタンス (じっこう――) effective admittance
回路に加えた電圧$\dot{V}$によって電流$\dot{I}$が流れたとき,$\dot{I}$と$\dot{V}$の比$\dot{Y}$をこの回路の実効アドミタンスという.
$\dot{Y}=\dot{I}/\dot{V}=G-jB \quad Y=\sqrt{G^2+B^2}$
また,実効インピーダンス$\dot{Z}=R+jX$の逆数
$\dfrac{1}{\dot{Z}}=\dot{Y}=\dfrac{R}{Z}-j\dfrac{X}{Z}$ とも表す.
$Z=\sqrt{R^2+X^2}$ R:実効抵抗
X:実効リアクタンス
また,
$G=R/Z^2$ 実効コンダクタンス
$B=X/Z^2$ 実効サセプタンス
Z, R, Xの単位はオーム$[\Omega]$, Y, G, Bの単位はジーメンス$[S]$である.
☞アドミタンス

実効インダクタンス (じっこう――) effective inductance
交流の低周波ではインダクタンスLだけのコイルも,高周波になるにつれ損失が増え,また巻線間の分布容量なども増える.このときの損失をR,分布容量をCとすれば図(a)となり,電気的に等しい回路(図(b))となる.Lは高周波で増え,このLのことを実効インダクタンスという.

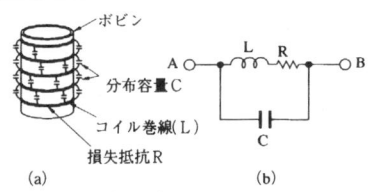

(a) ボビン / 分布容量C / コイル巻線(L) / 損失抵抗R
(b) A―L―R―B, C

実効インピーダンス (じっこう――) effective impedance
高周波になるにつれ,損失や分布容量や残留インダクタンスが増えるため,抵抗R,インダクタンスL,容量Cの交流回路は,低周波でのインピーダンスと異なる.端子間の電圧Eと電流Iの比から実効インピーダンスZ_eは

$$Z_e = E/I = \sqrt{\left(\dfrac{P_R}{I^2}\right)^2+\left(\dfrac{P_X}{I^2}\right)^2} \quad [\Omega]$$

ここで$\left(\dfrac{P_R}{I^2}\right)^2$を実効抵抗,$\left(\dfrac{P_X}{I^2}\right)^2$を実効リアクタンス,$P_R$は有効電力で$P_X$は無効電力である.
☞インピーダンス

実効コンダクタンス (じっこう――) effective conductance
→実効アドミタンス

実効サセプタンス (じっこう――) effective susceptance
→実効アドミタンス

実効高 (じっこうだか) effective height
アースアンテナは,図(a)のような電流分布であるが,その最大値Iと同じ大きさの電流が,全長にわたって流れるようなアースアンテナを仮定して,その高さHをもとのアンテナの実効高という.

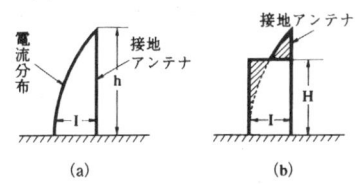

(a) 電流分布 / 接地アンテナ / h / I
(b) 接地アンテナ / H / I

しっこ

実行段階 (じっこうだんかい) execute phase, executing phase, running phase

1. コンピュータによる処理のうち入力言語の翻訳などの処理に対して、実際のプログラムを実行する段階のこと。
2. 走行に関する論理的な一部であって、目的プログラムの実行を含むもの（JIS・情報処理用語）。

実効値 (じっこうち) effective value, root mean square value

交流は時間とともに大きさや方向が変化するが、抵抗に直流と同じ熱エネルギを生じる交流の電流や電圧を考え、これを交流の実効値といい、普通大文字I、Vで表す。明確に表すときは(rms)と書き足す。たとえば6V(rms)。

☞ 交流

実効長 (じっこうちょう) effective length

$\lambda/2$（半波長）アンテナの電流分布は、図(a)のようであるが、最大電流Iが全長にわたって流れるアンテナを仮想し、その長さLを、半波長アンテナの実効長という。

☞ 半波長アンテナ

(a) 半波長 ($\lambda/2$) アンテナの電流分布
(b)
フィーダ

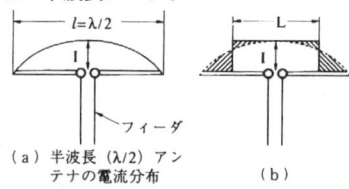

実効抵抗 (じっこうていこう) effective resistance

交流回路で高周波になるにつれ、表皮効果やうず電流による損失、誘電体損、ヒステリシス損などが増える。これらすべての損失を含めた回路の抵抗は回路につないだ抵抗値より多くなる。この全体の抵抗のこと。実効インピーダンスの実数分に相当する。

☞ ヒステリシス損

実行ファイル (じっこう——) execu-table program, executable file

コンピュータに処理を実行させるファイルのこと。MS-DOSでは拡張子が〔.EXE〕、〔.COM〕、〔.BAT〕などが実行可能ファイルである。このファイルを起動させると、コンピュータは何らかの処理（アプリケーション）を実行する。データが入っているファイル（データファイル）とは区別する。

☞ MS-DOS

実効ふく(輻)射電力 (じっこう——しゃでんりょく) effective radiated power

アンテナに供給される電力に、与えられた方向におけるアンテナの相対利得を乗じたものをいう（電波法施行規則第2条）。実効放射電力ともいう。

実行文 (じっこうぶん) executable statement

コンピュータのプログラムにおけるフォートラン用語。プログラム文で、実行動作を指定する文。代入文、制御文、入出力文がある。非実行文と対語。

実効放射電力 (じっこうほうしゃでんりょく) effective radiated power

→ 実効ふく(輻)射電力

実効容量 (じっこうようりょう) effective capacity

実効キャパシタンスともいう。コンデンサCは、高周波での誘電体の損失Rも考えた場合は、図のように示すことができ、a, b端子間のインピーダンスZ_{ab}は、周波数によって変わる。このZ_{ab}の虚数分（容量分）をいう。

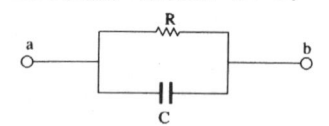

実効リアクタンス (じっこう——) effective reactance

実効インピーダンスのリアクタンス分のこと。交流回路で、周波数が高くな

ると分布容量Cや残留インダクタンスLの影響が大きくなり，全体のリアクタンスは回路につないだリアクタンスより大きくなる．この全体のリアクタンスのことをいう．

☞リアクタンス

実時間処理（じつじかんしょり）
real time processing
リアルタイム処理ともいう．データ処理において，外部事象の発生に応じて要求された時間内にデータを処理する方式（JIS・情報処理用語）．

☞リアルタイム処理方式

実数（じっすう）**real number**
固定基数表記法において，有限または無限の数表示を使って表現される数（JIS・情報処理用語）．

実装（じっそう）**jisso**
一般的には部品全般の基板への搭載・半田付けをすること．電子情報技術産業協会（JEITA）では日本の技術として「Jisso」という言葉を使い始めている．実装は半導体素子，電子部品，半田などと電子回路基板とのインタフェースとなって，人間でたとえると血管，血液にあたる技術だ．今では電子機器，情報機器，ディジタル家電などを生産するためのキーテクノロジになってきた．

実測効率（じっそくこうりつ）
efficiency by input-output test
電気機器，装置の効率を求めるとき，出力電力Poと入力電力Piを実際に測定し，次式より求めた効率のこと．

$$効率 \eta = \frac{Po}{Pi} \times 100 \quad (\%)$$

ジッタ jitter
光ディスクに信号を記録し再生するときに，記録データには時間的揺らぎがなくとも，再生時は時間軸上の揺らぎが生じる．そしてこの時間軸上の揺らぎの成分から，モータの回転時間変動，ディスクの偏心によるものなど機械的要因によるものを取り除いた時間軸上の揺らぎをジッタと呼ぶ．このジッタの原因は，記録マークの前後の干渉によるもの，収差による再生波形のひずみ，ノイズ，クロストークによるもの等がある．

☞クロストーク

ジッタメータ jitter meter
ジッタとはパルスの時間的な「ゆらぎ」のこと．ジッタはDVDなどの光ディスクで，データの読み取り信号を左右する重要な評価項目．光ディスクでジッタの発生原因は，符号間の干渉，波形のひずみ，外乱といった光学的な要因から，モータの回転ムラ，ディスクの偏心などの機械的な要因までさまざまである．CDでは，最も短いピット長に当たる3Tを基準にして測定していたが，DVDでは3Tから14Tの全TをTIA（タイムインターバルアナライザ）で測定するように規定されている．このため，アナログ的に全T測定する全T方式や，TIAと同じ方式で測定するTIA方式が製品化されている．

☞ジッタ

室内アンテナ（しつない——）
indoor antenna
室内で受信機につなぐ屋内アンテナ．テレビの受像やラジオ受信に使われる．天井，壁，卓上などに置き，角度や長さが調整できるのもある．図はラピットイヤアンテナの例．

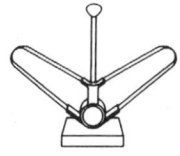

実用化試験局（じつようかしけんきょく）**development test station**
無線通信業務を実用に移す目的で試験的に開設する無線局（電波法施行規則第4条）．免許の有効期間は1年であ

る。☞無線局

実用単位 (じつようたんい) practical units
古くから広く使われたCGS単位系では大きすぎたり、小さすぎて不便なため、実用にふさわしい大きさで、測定に便利なように定めた単位で、アンペア、ボルト、オームなどのこと。現在使われているMKS単位では、これらは絶対単位である。
☞MKS単位

質量 (しつりょう) mass
物質の量。物の重さ、重量は地球上の場所により異なる。質量M、物の重さW、重力の加速度gとすれば、$W=Mg$となる。ゆえに、$M=W/g$となる。gは9.8m/秒である。

指定周波数帯 (していしゅうはすうたい) assigned frequency band
周波数帯の中央の周波数が割当周波数と一致し、周波数帯幅が占有周波数帯幅の許容値と周波数の許容偏差の絶対値の2倍との和に等しい周波数帯をいう(電波法施行規則第2条)。

時定数 (じていすう) time constant
タイムコンスタントともいう。抵抗Rとインダクタンス L または静電容量 Cの直列回路に方形波を加えたとき、増加する電流 i_1 が最終値の63.2%に達する時間 t_1、または減少する電流 i_2 が36.8%まで減る時間 t_2 のこと。

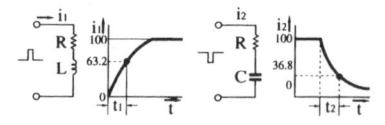

始点 (してん) starting point
ワープロやコンピュータの画面で「罫線」(けいせん)を引くときの、線の引き始めの位置のこと。マウスの左ボタンを押して定める。終点と対語になる。

磁電管 (じでんかん) magnetron
マグネトロンともいう。熱陰極二極管で、陽極に空胴共振器をもつ。強力な磁界を加え、電子に回転運動をさせ、マイクロ波の発振に利用する。効率が良く、大出力が得られるので、レーダの発振用などに使われたが、現在は工業用加熱や乾燥用、家庭の調理用(電子レンジ)に使う。

自動位相制御 (じどういそうせいぎょ) automatic phase control
自動的に回路の位相を制御すること。

自動位相調整 (じどういそうちょうせい) automatic phase control
→自動位相制御

自動音量制御 (じどうおんりょうせいぎょ) automatic volume control
→自動音量調整

自動音量調整 (じどうおんりょうちょうせい) automatic volume control
英語の頭文字をとってAVCともいう。アンテナの指向性、フェージング、地形の変化などで電波の強さが変化しても、受信機の出力が変化しないように、音量を自動的に調整すること。原理的には自動利得制御AGCと同じ。検波出力の直流分を前段増幅器のバイアスに逆極性で重ね、音量を自動的に調整する。
☞自動利得制御

始動器 (しどうき) starter
モータを回転させるとき、スタートのときは大きな電流が流れるため、モータや電源を保護するために、回路に直列に抵抗を入れる。モータの回転が増していくにつれ、この抵抗器の抵抗値を徐々に減らし、正常回転数に近づいたら0にする。この始動のときに使う抵抗器のこと。スタータともいう。

自動輝度調整 (じどうきどちょうせい) automatic brightness control
英語の頭文字をとり、ABCともいう。テレビの画面の明るさを、周囲の明るさに応じて、自動的に調整すること。CdS(硫化カドミウム)などを使い、

ブラウン管のグリッドバイアスを自動的に調整して、輝度を変える.
☞輝度

自動交換 (じどうこうかん) **automatic exchange**
→自動交換方式, 自動交換機

自動交換機 (じどうこうかんき) **automatic switching**
電話機(加入者)相互間の自動交換は, ステップバイステップ式やクロスバ式から電子交換機に移行している. 制御手順をプログラムの形で記憶装置に記憶し, そのプログラムに従って制御する方式で, 蓄積プログラム制御方式ともいう. 記憶装置や制御装置はトランジスタやICなどの半導体素子が使われ, 従来の電磁機械方式の1万倍も速く動作し軽量化, 高速化, 小形化, 長寿命, 高信頼性を実現している.

自動交換方式 (じどうこうかんほうしき) **automatic switching system**
交換手によらず, 電子装置などによって自動的に通話の接続・呼出し・切断などの動作を行うことで自動電話交換方式のこと.

自動コーディング (じどう──) **auto-matic coding**
計算機によって原始プログラムを機械語(計算機言語)のプログラムに変換(翻訳)すること(JIS・情報処理用語).

自動(式)電話機 (じどうしきでんわき) **automatic telephone**
自動電話方式による電話機のこと. 共電式や磁石式では人手を介し相手に接続・呼出し・切断などの操作をしたが, これらを自動的に行う電話機のこと.

自動車電話 (じどうしゃでんわ) **automobile telephone**
走行中や停車中の車から任意の相手(一般加入者や他の自動車電話加入者)と通話できる車載用電話で, 1979年日本の大都市と周辺都市で始められた自動車電話サービスのこと.

自動車電話方式 (じどうしゃでんわほうしき) **automobile telephone system**
自動車内に設置した電話で, 一般電話加入者や他の自動車電話加入者と自由に通話できる電話方式のこと. UHF帯の電波を使い空きチャネルを自動選択し(マルチチャネルアクセス方式), チャネル不足を解消し使用効率を向上させている. 回線の接続や走行中の通話ゾーンの変更も自動的に行われる. 移動機, 無線基地局, 無線回線制御局, 電話交換局などから構成される.
☞マルチチャネル・アクセス

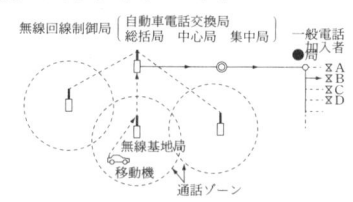

移動機から加入者Bへの経路

自動周波数制御 (じどうしゅうはすうせいぎょ) **automatic frequency control**
英語の頭文字をとり, AFCともいう. 周波数を常に一定に保つように, 自動的に調整すること.
1. テレビの水平発振回路の, 発振周波数の安定化に使われる.
2. ヘテロダイン受信機の局部発振周波数の安定化に使う.
3. 直接周波数変調方式で, FM送信機の中心周波数の安定化に使う.
☞AFC

自動制御 (じどうせいぎょ) **automatic control**
オートマチックコントロールともいう. 装置や機械を人間によって制御する手動制御と対語. フィードバック制御とシーケンス制御に分けられる.
①フィードバック制御は, 出力信号を閉回路を通して入力側にフィードバックし装置などを自動的に制御すること.

しとう

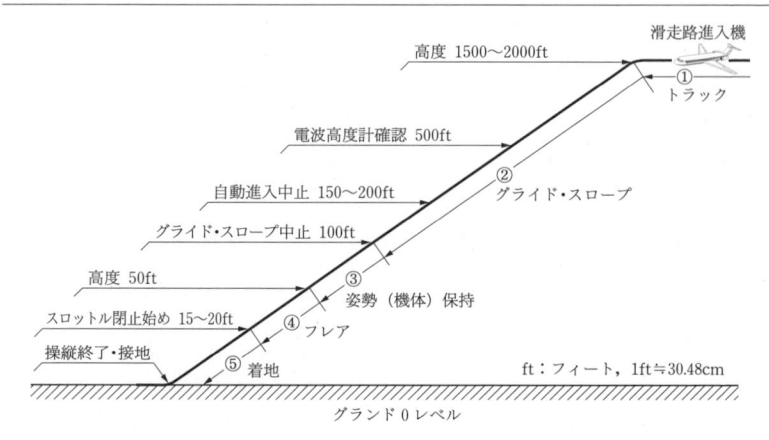

```
                                            滑走路進入機
              高度 1500〜2000ft          ①
                                       トラック
         電波高度計確認 500ft
                              ②
      自動進入中止 150〜200ft     グライド・スロープ
     グライド・スロープ中止 100ft
   高度 50ft              ③
                            姿勢（機体）保持
 スロットル閉止始め 15〜20ft ④ フレア
操縦終了・接地        ⑤ 着地
                                    ft：フィート，1ft≒30.48cm
                         グランド 0 レベル
```

②シーケンス制御は，多数の操作を一定の順に誤りなく行う制御で，制御対象の状態を調べながら制御を進める．

自動送信機（じどうそうしんき）
automatic transmitter, transmitter distributor

印刷電信方式では，けん盤せん孔機のけん盤の操作によって，符号をテープにせん孔（穴あけ＝パンチ）して，自動送信機にかけ，テープのパンチを読み取り符号を自動的に線路に送り出す．この自動送信機のこと．

自動着陸方式（じどうちゃくりくほうしき）
automatic landing system

航空機の空港滑走路への進入から着陸までの操縦を自動（オートパイロット）化して，着陸の安全性を高める方式で大型旅客機に装備される．進入から着陸まで5ステップに分け電波誘導は方位が①〜⑤，高度は②までグライドスロープを使う．これ以後は高度の誘導はない．50ftのフレア④では推力を絞り（スロットル閉止），機体引き起し操作を行う（上図参照）．

自動直流電圧計
（じどうちょくりゅうでんあつけい）
auto ranging DC voltmeter

測定する電圧の大きさに応じて，測定範囲を自動的に切り換える直流電圧計のこと．自動レンジ切換直流電圧計ともいう．ランプでレンジが示される．測定範囲切換えの手間が省ける，極性切換えが不要，過大入力でもこわれないなどの特徴がある．
☞直流電圧計

自動追跡（じどうついせき）
automatic tracking

自動追尾，追従制御ともいう．目標値が時間とともに変化するとき，この変化に合わせて制御する．たとえば人工衛星の追跡のためのパラボラ・アンテナの方位・方向の制御がこれに相当する．
☞パラボラ・アンテナ

自動追尾（じどうついび）
automatic tracking
→自動追跡

自動データ処理（じどう――しょり）
automatic data processing, ADP

主として自動的手段によって行われるデータ処理（JIS・情報処理用語・情報処理一般）
☞データ処理

しとう

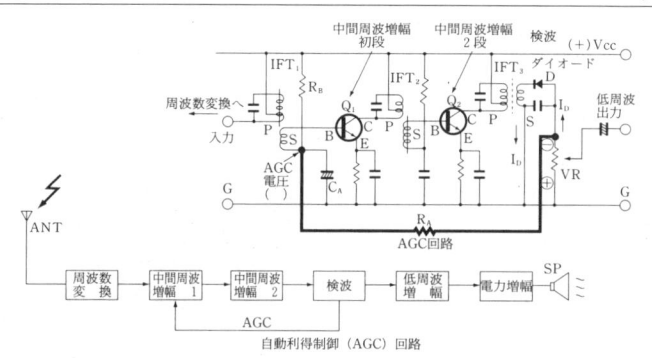

図：自動利得制御（AGC）回路

自動電圧調整器（じどうでんあつちょうせいき）**automatic voltage regulator**
入力電圧が変動しても，常に一定電圧を供給する電源装置のこと．大形発電機用から小形の電灯線用まで，用途と使用場所により多くの種類がある．応答が速く，感度が良く，長時間使っても安定で丈夫なことが必要で，磁気増幅器形，誘導電圧調整器形，鉄共振形などがある．
☞入力電圧

自動電話交換機（じどうでんわこうかんき）**automatic telephone exchange, automatic telephone switchboard**
→自動交換機

自動電話交換方式（じどうでんわこうかんほうしき）**automatic telephone switching system**
→自動交換方式

自動微調整（じどうびちょうせい）**automatic fine tuning**
英語の頭文字をとって，AFTともいう．テレビ受像機の局部発振周波数の変動を検出して，局部発振周波数を常に一定に保つ．特に電源電圧を入れた直後の局部発振周波数の変動を防止し，中間周波数が変動しないようにする．
→AFT

自動プログラミング（じどう——）**automatic programming**
プログラムを人間にわかりやすい形から，計算機が実行できるような形に，計算機自身を用いて直す方法．自動プログラミングを行うには，コンパイラ，インタプリタなどが用いられる（JIS・情報処理用語）．
☞インタプリタ

自動利得制御（じどうりとくせいぎょ）**automatic gain control**
英語の頭文字をとり，AGCともいう．入力信号の大きさが変動しても，一定出力が得られるように，増幅器の利得を自動的に制御すること．テレビ受像機では検波出力の直流分を，前段の中間周波増幅器のバイアスに重ねて，その利得を制御している．ラジオ受信機のAVCと同じ（上図参照）．
☞バイアス

自動利得制御回路
（じどうりとくせいぎょかいろ）
automatic gain control circuit, AGC
受信機への入力電波の強さが変わっても安定した出力を得る回路．検波ダイオードの電流 I_D はVRを流れ，負極性の電圧を低周波フィルタ $R_A C_A$ を通し，中間周波増幅の初段のベースBに加える．ここには R_B を通してベースバイアスが加えてあり，入力電波が強いとき負のAGC電圧も大きく，バイアスを打ち消してバイアスは浅くなり増幅

度を下げる．入力電波が弱ければAGC電圧も小さくなり打ち消すバイアスの量も小さく，増幅度を高め出力を安定化する．
☞フィルタ

自動利得調整（じどうりとくちょうせい）**automatic gain regulation**
→自動利得制御

指標（しひょう）**index**
トランジスタ，ICのリード接続を知るための，位置決めの基準になるもの．
①視覚的指標．一定の電極のリード付近に色点を付ける（例：コレクタリードに赤点を付ける）．
②機械的指標．タブをつける．モールド（パッケージ）外形の一部を切り落とす．
☞タブ

指標レジスタ（しひょう——）**index register, modifier register**
インデックスレジスタとも，モディファイヤレジスタともいう．コンピュータが命令を実行する直前に対象のオペランドのアドレスを変更する機能をもつ場合に，変更に用いる変更子を保持（記憶）しているレジスタのこと．

シフトJISコード shifted JIS code
MS-DOSを日本製パソコンに移すときに作った漢字コード．MS漢字コードともいう．漢字を2バイトで示すコードで，JIS漢字のコード体系をシフトして作った．名前は似ているがJISコードとは異なる．ワークステーションで使うEUCコード・電子メールで使うJISコード・パソコン通信のデータ伝送・パソコンのワープロソフトで使う．
☞JIS漢字

シフト・レジスタ shift register
コンピュータ処理装置に使われることば．レジスタの一種で，送りレジスタともいう．2値素子（フリップフロップ）の組合せからなり，セットされている情報をクロックパルスによって，左または右に1桁ずつ移動（シフト）させるレジスタのこと．
☞レジスタ

時分割（じぶんかつ）**time sharing system** →時分割方式

時分割共同利用システム（じぶんかつきょうどうりよう——）**time-sharing system** →時分割処理システム

時分割処理システム（じぶんかつしょり——）**time-sharing system**
コンピュータや情報処理用語の一つ．英語の頭文字をとり，TSSともいう．タイムシェアリングシステムとか，時分割共同利用システムともいう．多数の利用者が，多くの端末装置を，同時に使って，コンピュータを共同利用するしくみのこと．利用者は，おのおの独立して必要なときに自由に使える利点がある．
☞時分割方式

時分割多重通信（じぶんかつたじゅうつうしん）**time division multiplex communication**
一つのチャネルを多くの通信に使う多重通信で，各通信路の数だけ時間的にずらしてパルスを送る．変調方式はパルス振幅変調PAM，パルス幅変調PWM，パルス数変調PNMなどがある．パルスを使うため周波数帯域幅は広くなるが，回路相互の干渉は少なく，フィルタも簡単になる．

時分割多重通信システム（じぶんかつたじゅうつうしん——）**time division multiplex communication system**
→時分割多重通信方式

時分割多重通信方式（じぶんかつたじゅうつうしんほうしき）**time division multiplex communication system**
無線通信による周波数偏移通信方式が実用されているが，二重または四重の時分割多重電信信号で，主搬送波を周波数偏移させて送り受ける通信方式の

こと．ツインプレックス，シンクロツインマックスなどという方式がある．

時分割方式 (じぶんかつほうしき)
time sharing system
多重化方式の一つ．
1．一つのコンピュータに多数の端末装置をつなぎ，多くの利用者が，時間を細かく分けて同時に使い，処理させる方式．時分割処理システムともいう．
2．音声信号，映像信号を符号化してディジタル信号にして送信し，受信側で再びアナログ信号に変える．符号化変調方式のうちパルス符号変調PCMは，パルス幅と間隔を狭くし，その間に他のチャネルの信号を符号化して送信，受信する．時分割多重化で24チャネルが実用されている．

シミュレーション simulation
システム工学の主な技術の一つ．大規模，複雑，高価な装置，機械，設備，たとえば宇宙船，ロケット，原子炉，航空機，ダム，発電所などの研究，実験，設計，運転訓練などに，実物と同じ特性の電子回路のモデルとコンピュータを使う．時間，経済性，安全性の面で有効である．このようなシステムや装置，研究方式のこと．

シミュレーション言語 (――げんご)
simulation language
コンピュータによるシミュレーション用の専用プログラム，または，専用プログラムの作成を簡便にするために作られた言語のこと．

市民バンド (しみん――) citizen band
→シチズンバンド

市民無線 (しみんむせん) citizen band radio
→シチズンバンド

市民ラジオ (しみん――) citizen band radio
→シチズンバンド

ジーメンス siemens
シーメンスともいう．
1．アドミタンス，コンダクタンス，サセプタンスの単位．単位記号は〔S〕.
2．ドイツの数学者・技術者・事業家(1816～1892)．1850年には会社を組織し1851年英仏海峡に海底ケーブルを敷設，1866年自励発電機を発明，1879年電車を実用化した．

ジーメンス毎メートル (――まい――)
siemens per meter
導電率の単位で，単位記号は〔S/m〕である．☞導電率

シーモス
CMOS, complementary MOS
→CMOS

指紋センサ (しもん――)
fingerprint sensor
バイオメトリックス認証のうちで，指紋による認証システムのこと．PDAやタブレットPC，ノートPCなどを中心に手軽で精度の高いセキュリティ対策として採用が始まっている．難解なパスワードをいくつも暗記しておく必要がなく，一度指紋を登録するだけで面倒なパスワードの入力や管理から開放される．光学式指紋システムの課題は乾いた指紋の取り込みといわれたが，最近は表面突起不規則反射方式などが採用されている．
☞認証

ジャギー jaggy, jaggies
ワープロやコンピュータの画面やプリントアウトした印刷物の，文字や画像のふちに出る階段形のギザギザのこと．画像ではエイリアシングともいう．ワープロではアウトラインフォントoutline fontを使って防いでいる．文字の形をなめらかにするため何個かの点と，この点を結ぶ線で外形を示し，文字を拡大してもジャギーが出ない．

写真食刻 (しゃしんしょっこく)
photo-etching →ホト・エッチング

写真電送 (しゃしんでんそう) photo-telegraphy →ファクシミリ

遮断器 (しゃだんき) circuit breaker
ブレーカともいう．送配電系統や電灯

線回路で，負荷をつないだり，切り離したり，回路がショートしたり，アースしたり，事故が起きたときなどに，回路を切る（遮断）ために使う．電灯線回路には，ノーヒューズブレーカなどを使い，高圧大電流回路では油入り形がある．
→ブレーカ

遮断周波数（しゃだんしゅうはすう）
cut-off frequency
1．カットオフ周波数ともいう．増幅回路やフィルタ，導波管などの伝送回路での限界や境界となる周波数のこと．増幅回路で，中域の周波数f_0における利得を基準とし，これの30％利得が低下したところの周波数f_{c1}，f_{c2}を遮断周波数またはカットオフ周波数という．カットオフ周波数がf_{c1}，f_{c2}と二つある場合は周波数の低いほうを低域遮断周波数，高いほうを高域遮断周波数という．2．低周波でのトランジスタの電流増幅率h_fが，70％に下がる周波数．ベース接地回路でf_{ab}，エミッタ接地回路でf_{ae}と書く．
☞電流増幅率

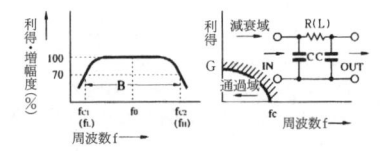

(a) 増幅回路の遮断周波数
(b) 低域フィルタの遮断周波数

遮断電圧（しゃだんでんあつ）
cut-off voltage
→カットオフ

遮断電流（しゃだんでんりゅう）
cut-off current
遮断とは，さえぎり止めるという意味でカットオフともいい，遮断電流とは，さえぎられた電流のこと．①コレクタ遮断電流．トランジスタのコレクタ～ベース間のPN接合に流れる逆方向電流でダイオードの逆方向電流に相当する．このときエミッタ回路は，はずしておく．I_{CBO}ともいう．②エミッタ遮断電流．コレクタを開放して，エミッタ～ベース間に指定の逆方向電圧を加えた場合に，エミッタに流れる電流，I_{EBO}という．
☞エミッタ，コレクタ

遮断波長（しゃだんはちょう）
cut-off wavelength
1．遮断周波数fに相当する波長λのこと．

遮断波長λ_c＝光速C/遮断周波数f

2．導波管でエネルギが伝わらなくなる（群速度0）電波の波長のこと．方形（長方形）導波管の場合の遮断波長λは長辺の長さlの2倍に相当する．
$$\lambda = 2l$$

ジャック jack
プラグの受け口．ステレオ用，モノラル用の別がある．小形，中形，大形とサイズが異なる．

(a) モノラル用　(b) ステレオ用

シャドウ・マスク shadow mask
シャドウマスク形カラーブラウン管の，蛍光面の直前に取り付けられる，厚さ0.15mmの鉄板で，直径0.25mmの丸い穴が，約33万規則正しく正確に配列され，電子ビームの散乱を防ぐためすりばち形をしている．
☞カラー・ブラウン管

シャドウ・マスク形カラーブラウン管（――がた――かん）
shadow mask type color picture tube
シャドウマスクを蛍光面の直前に置いたカラーテレビ用ブラウン管．赤，青，緑3本の電子銃から出たビームを，シャドウマスクの小穴を通して，蛍光面の定められた位置に当て，色を出す．

現在ほとんどがこの方式で，解像度はよいが，ビームの透過率が15%位で画面がやや暗い．

☞解像度

ジャバ言語（――げんご）
→Java言語

遮へい(蔽)（しゃ――）
shielding, screen-ing
外部からの電気的(静電的・電磁的)影響を避ける目的で，二つの意味に使う．
1．シールドのこと．
2．スクリーンのこと．

遮へい(蔽)材（しゃ――ざい）
shielding material
外部からの電磁界の影響を防ぐための遮へい用材料のこと．
①静電遮へい材は電気抵抗の小さい銅板や銅網，軽量で安価なアルミ板などを使う．
②磁気遮へい材は比透磁率が大で，飽和磁束密度が高く電気抵抗の低いものがよく，パーマロイ系を使う．低周波では鉄板，高周波では電解銅箔(はく)，広帯域では銅めっき鋼板などを使う．

遮へい(蔽)室（しゃ――しつ）
shield room
電磁界の遮へいのために，銅板・銅網などで室の周囲を囲み，その1点をアースした室．無線機器や測定器の調整・修理・検査・測定に使われる．シールド・ルームともいう．
→シールド・ルーム

遮へい(蔽)箱（しゃ――ばこ）
shielding box, screening box
→シールド・ケース

ジャミング jamming
通信やレーダ探知を妨げる目的で受信機に雑音や混信を与える妨害電波のこと．また，テレビ画面が雑音によって乱れること．

☞雑音

ジャンクション junction
→接合

集音器（しゅうおんき）sound collector
FMやAM放送の局外中継，テレビや映画に使われる．鋭い指向性のマイクロホンと組み合わせ，遠くからの音をひろう．放物面形，ホーン形などの音の反射器．

☞指向性マイクロホン

周期（しゅうき）period
1．交流が1回の波形変化をするのに必要な時間．1秒間に50回波形変化を繰り返す場合は，1回の波形変化に要する時間は1/50秒である．周期Tは1/fで，fは周波数．単位は〔秒〕またはセコンド〔S〕になる．
2．人工衛星が地球を1周するのにかかる時間のこと．

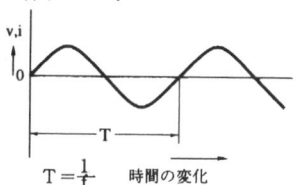

$T = \dfrac{1}{f}$　時間の変化

集積回路（しゅうせきかいろ）
integrated circuit, IC
トランジスタ，コンデンサ，ダイオード，抵抗などの電子部品を数十から数百個まとめて一つのチップ（部品）にしたもので半導体集積回路とも呼ばれる．現在ではさまざまな機器に組み込まれている．
→IC

集積度（しゅうせきど）
integration, elements per chip
IC用語で，チップ当たりの素子（ダイオード，トランジスタ，抵抗など）の数のこと．

☞素子

集積密度（しゅうせきみつど）
packing density, integration density
IC用語で，チップ単位面積当たりの素子（抵抗，ダイオード，トランジスタなど）の数．

しゅう

☞チップ

集束（しゅうそく）**focusing**
ブラウン管，電子顕微鏡などで，走行中の電子群が相互の反発力で発散しようとする．この電子群に電気力や磁力を与え一点に集中させること．
☞集束作用，集束レンズ

集束コイル（しゅうそく——）
focusing coil
電子集束に用いるコイルのこと．電磁集束ブラウン管に使う．
☞電磁集束

集束作用（しゅうそくさよう）**focusing**
フォーカシングともいい，ブラウン管で使う語．散らばって一定方向に移動している電子の群（電子ビーム）を，なるべく小さな点のようにまとめ，目的とする場所へ走らせる．散乱する光の焦点を結ばせるのに似ている．ブラウン管の熱陰極から放出されてバラバラに散らばる電子を，鋭いビームに集束し，蛍光面に当てること．コイルの磁界を利用する電磁集束と電界を利用する静電集束がある．
☞ブラウン管

縦続接続（じゅうぞくせつぞく）**cascade connection** →カスコードアンプ

集束電極（しゅうそくでんきょく）
focusing electrode
→静電レンズ，静電集束

集束レンズ（しゅうそく——）
condenser lens, focusing lens
電子レンズともいう．集束用装置のこと．ブラウン管，電子顕微鏡などで電子ビームを集束するのに使う．光に使うレンズと同じ作用があり，電磁レンズと静電レンズがある．

終端局（しゅうたんきょく）
terminal station
搬送電話回線の終端装置を置く局のこと．

終端装置（しゅうたんそうち）
terminating set
端局装置ともいう．搬送電話回線の送信，受信の両端の設備．

終段電力（しゅうだんでんりょく）
last stage power
送信機・受信機・オーディオアンプなどの最終段回路の入力（直流）電力，または出力（信号）電力のこと．機器の大部分が集中し，効率ηは，
$\eta=$（出力電力/入力電力）$\times 100$（％）
となる．ηを増すためB，C級動作をさせプッシュプル接続にすることが多い．☞プッシュプル

終段電力増幅器（しゅうだんでんりょくぞうふくき）**last stage power amplifier**
送信機・受信機・オーディオアンプなどの終段増幅回路のこと．機器の電力の大部分が集中し，大電力増幅となり効率を左右するためB級・C級動作にし，プッシュプル接続にすることが多く，トランジスタや真空管の定格も大きくなり，大出力用が使われる．
☞プッシュプル

終段変調（しゅうだんへんちょう）
last stage modulation
送信機の終段（最終段増幅回路）のコレクタまたは陽極に音声信号を加えて変調を行う方式のこと．大きな音声(オーディオ)電力が必要で変調回路は大形になるが，特性が良く調整も容易であるためよく行われる．
☞変調

集中定数（しゅうちゅうていすう）
lumped constant, concentrated constant
抵抗器による抵抗，コイルによるインダクタンス，コンデンサによる静電容量は，接続した部分に集中して存在すると考えられ，これらを集中定数という．

☞静電容量

集中定数回路（しゅうちゅうていすうかいろ）**lumped constant circuit**
直流や交流の低周波では，抵抗，インダクタンス，静電容量は抵抗器やコイ

ルやコンデンサで得ることができる．これらの回路素子と導線をつないでできる回路のこと．
☞回路素子

集中データ処理（しゅうちゅう——しょり）**integrated data processing**
種々のデータを1か所に集め，ある目的に従って，それぞれに必要な処理(計算)をし，必要ならば，結果を返送すること，またはそのような方式のこと(JIS・情報処理用語)．

充電（じゅうでん）**charging, charge**
チャージともいう．放電と対語になる．
1．蓄電池に充電器で電流を流し込むこと．定格電圧の10％低下したとき，十時間率の電流で，電解液の比重1.26位まで充電する．
2．コンデンサに電圧を加え，電流を流して，誘電体に電気を蓄えること．
☞放電

充電器（じゅうでんき）**charger**
蓄電池を充電する整流用電源．電圧切換器，電流計，電圧計，出力端子などからなる直流の電源である．

充電曲線（じゅうでんきょくせん）**charging curve** →充放電曲線

自由電子（じゆうでんし）**free charge**
原子は，中心に核があり，その周りを電子が回っている．原子に外部からエネルギ(熱，光，振動，粒子の衝突)を与えると，電子は原子の外部に飛び出し，核の影響を受けず，自由になる．この自由になった電子を自由電子，フリーチャージという．電圧で移動方向の制御可能．
☞電子

充電終止電圧（じゅうでんしゅうしでんあつ）**final charge voltage**
蓄電池の充電の終期を示す電圧で，1ユニット(素電池)当たり約2.7(V)位，このときの電解液の比重は約1.26位である．
☞電解液

充電電圧（じゅうでんでんあつ）**charging voltage**
蓄電池の充電中の供給電圧．

充電電流（じゅうでんでんりゅう）**charging current**
蓄電池の充電中に流れる電流のこと．一般に十時間率の値を超えないように充電電流を調整する．

しゅう(摺)動抵抗器（——どうていこうき）**slide resistor**
→すべり抵抗器

周波数（しゅうはすう）**frequency**
交流が1秒間に，何回同じ波形の変化を繰り返すかを表す．単位はヘルツ〔Hz〕．
周波数の分類例
(1) 超低周波
(2) 低周波 (可聴周波)
(3) 商用周波数 (50，60Hz)
(4) 搬送周波 (超音波)
(5) 高周波 (超高周波，中間周波)
(6) 映像周波

周波数安定度（しゅうはすうあんていど）**frequency stability**
発振器などの発振周波数f と，f の変化分Δf との比$\Delta f/f$ を周波数の安定さの度合とし，周波数安定度という．この数値が小さいほど周波数の変化は少なく，安定である．
☞発振周波数

周波数インタリービング（しゅうはすう——）**frequency interleaving**
→周波数インタレース

周波数インタリーブ（しゅうはすう——）**frequency interleave**
→周波数インタレース

周波数インタレース（しゅうはすう——）**frequency interlace**
周波数インタリーブ，周波数インタリービング，周波数間そう(挿)法ともいう．NTSC方式テレビでは白黒とカラー方式を両立させる．白黒信号の周波数スペクトラムは，水平走査周波数

とその高調波の両側にフレーム周波数の間隔で側波帯があるが，高次になるほど減少し空白になる．画像は横・たて両方短いものは非常に少ない．以上のことから白黒信号のスペクトルのすきまに副搬送波（色信号）を入れること．

☞NTSC方式

周波数応答（しゅうはすうおうとう）frequency response

自動制御用語で周波数レスポンスともいう．回路や装置に正弦波を加え，周波数を変化したとき，出力の振幅や位相の変化を，周波数を横軸に目盛って示したもの．自動制御系で，各要素の周波数に対する応答をチェックするのに使う．

☞レスポンス

周波数監視（しゅうはすうかんし）frequency monitoring

無線局などの発射電波の周波数が，定められた値内に保たれているかを監視すること．

☞無線局

周波数間そう(挿)法（しゅうはすうかん——ほう）frequency interlace method, frequency interleaving method

→周波数インタレース

周波数許容偏差（しゅうはすうきょようへんさ）frequency tolerance

無線局の割当周波数と実際に発射する電波の，許されるずれで，中波放送局は10Hz，テレビ放送局は1kHz，アマチュア局は，百万分の500Hzと電波法で定めている．

☞電波法

周波数計（しゅうはすうけい）frequency meter, frequency indicator

周波数を測る計器．50，60Hzの商用周波数用の振動片形，高周波では吸収形，ヘテロダイン形，ディジタル形などがある．

☞商用周波数

周波数混合（しゅうはすうこんごう）frequency mixing

周波数の異なる二つの信号を混ぜ（混合し）て，両方の和または差の周波数の信号を作り出すこと．

☞混合

周波数混合器（しゅうはすうこんごうき）frequency mixer

→混合器

周波数三倍器（しゅうはすうさんばいき）frequency tripler

→周波数逓倍器

周波数スペクトル（しゅうはすう——）frequency spectrum

被変調波，パルスなど，多くの周波数を含む波形を，各周波数成分に分解し，横軸に周波数をとり，大きさを縦軸にとって各成分の周波数分布を一目でわかるようにした特性．図はFM被変調波のスペクトルの例で，f_sは信号周波数，Δfは最大周波数偏移，m_fは変調指数，f_cは中心周波数で，無変調のとき搬送波周波数と同じになる．

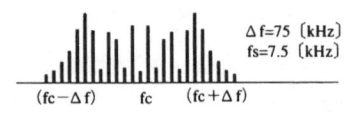

$\Delta f=75$ 〔kHz〕
$f_s=7.5$ 〔kHz〕

$(f_c-\Delta f)$　f_c　$(f_c+\Delta f)$

$mf=10$

周波数帯（しゅうはすうたい）frequency band

周波数帯域，バンド，バンドワイズ，周波数帯域幅ともいう．ある周波数f_1から他の周波数f_2までの周波数上の一定の幅のこと．

周波数帯域幅（しゅうはすうたいいきはば）frequency bandwidth

バンド，バンドワイズ，周波数帯，帯域幅ともいう．増幅器や回路，装置の出力が，最高出力の70％(0.7倍)に下がる周波数f_H，f_Lの差のこと．利得なら-3dBの周波数幅．

周波数帯域幅 $B=f_H-f_L$ 〔Hz〕

また，LC共振回路で，回路のQと中心周波数 f_0 より求まる．

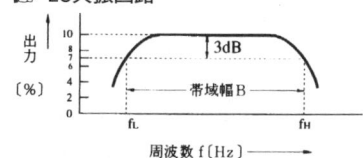

$B = f_0/Q$ 〔Hz〕

-6 dBの周波数幅を指すこともある．

☞LC共振回路

周波数ダイバーシティ（しゅうはすう——）frequency diversity

ダイバーシティ受信の一つ．短波の受信に伴うフェージングは，周波数によって異なるため，二つの異なる周波数を使って送信し2台の受信機で受け，検波後に合成する．フェージングの減らし方の一法．

☞フェージング

周波数帯幅（しゅうはすうたいはば）frequency bandwidth
→周波数帯域幅

周波数逓降器（しゅうはすうていこうき）frequency demultiplier
→周波数分割器

周波数逓倍（しゅうはすうていばい）frequency multiplying

高周波増幅器の出力（負荷）側につないだ共振回路の共振周波数を，前段の発振周波数の2倍，3倍にすること．

☞周波数逓倍器

周波数逓倍器（しゅうはすうていばいき）frequency multiplier

水晶発振子の周波数は，送信機の発射電波の周波数より低い場合が多い．そこで水晶発振器の周波数を何倍かする必要があり，このような回路を周波数逓倍器という．C級動作にして出力波形をひずませ，高調波を多くし出力側の共振周波数を入力の2倍，3倍にして周波数を高める．一度にあまり高い周波数にすると効率が下がるので，段数を重ね必要な周波数にする．2倍にする増幅回路を周波数二倍器，3倍にする増幅回路を周波数三倍器という．

周波数特性（しゅうはすうとくせい）frequency characteristic

装置，機器，回路の周波数に対する出力の変化，周波数対出力の特性．周波数を横軸にとり，出力の電流，電圧，増幅度，利得などを縦軸に目盛る．このとき入力は一定．

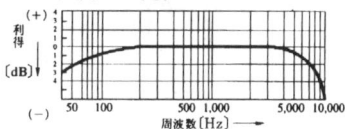

周波数ドリフト（しゅうはすう——）frequency drift

発振回路の発振周波数が抵抗器・コイル・コンデンサなどの温度変化などで少しずつ変動すること．

周波数二倍器（しゅうはすうにばいき）frequency doubler →周波数逓倍器

周波数範囲（しゅうはすうはんい）frequency range →周波数帯

周波数ひずみ（しゅうはすう——）frequency distortion

減衰ひずみともいう．増幅回路の増幅度が，周波数によって異なるために生じる，ひずみの一種．

☞ひずみ

周波数標準（しゅうはすうひょうじゅん）frequency standard

周波数のもと（基準）になり，周波数計の目盛は，この周波数に合わせる．次の三つが使われる．

①標準電波．24時間無休．2.5M，5M，10MHzと無変調の15MHz．

②水晶時計．水晶発振器の出力を周波数分割して低周波にし，時計の機構をドライブする．1日の偏差0.01秒以下．

③原子時計．セシウムやアンチモンの共振周波数で，標準電波や水晶時計を制御する．3×10^{-11} 以下の偏差，変動．

しゅう

周波数ブリッジ (しゅうはすう――) frequency bridge
周波数によってインピーダンスが変化するのを利用して，交流ブリッジのバランス条件から周波数を測定するブリッジ．共振ブリッジ，ウィーンブリッジなどがある．
☞ウィーンブリッジ

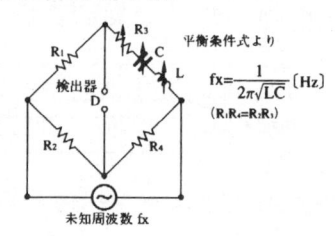

平衡条件式より
$$fx = \frac{1}{2\pi\sqrt{LC}} \text{[Hz]}$$
$(R_1R_4=R_2R_3)$

未知周波数 fx

周波数分割 (しゅうはすうぶんかつ) frequency dividing
分周ともいう．周波数を整数分の1（たとえば1/2, 1/3……）に低くすること．

周波数分割器 (しゅうはすうぶんかつき) frequency divider
分周器，周波数逓降器ともいう．周波数を整数分の1 (1/2や1/3)に下げる装置や回路のこと．マルチバイブレータはこの例である．
☞マルチバイブレータ

周波数分割多重通信方式 (しゅうはすうぶんかつたじゅうつうしんほうしき) frequency division multiplex communication system
多重通信方式の一種で与えられた周波数帯を，適当な周波数間隔で分割し，おのおのを1通話路（チャネル）にして，一つの搬送波にのせて送り受ける通信方式のこと．有線通信の搬送多重電話や電信，日本～アメリカ国際無線電話などに使っている．

周波数分割方式 (しゅうはすうぶんかつほうしき) frequency division system
一つの伝送路に同時に複数の信号を重ね（多重し）て通信路（チャネル）にするとき，各信号の搬送波の周波数を重ならないように分離(帯域幅を分割)し多重化する方式のこと．
☞伝送路

周波数分析 (しゅうはすうぶんせき) frequency analysis
任意の波形をもつ入力信号の基本波・高調波の周波数や各振幅を分離して，周波数スペクトルやエネルギ分布を調べること．波形分析ともいう．
☞波形分析

周波数分析器 (しゅうはすうぶんせきき) frequency analyzer
スペクトルアナライザともいう．異なる周波数が入り混じっている信号の，各周波数と振幅を求める装置．周波数の選択度が良いヘテロダイン方式を使い，波形分析器ともいう．
→スペクトル・アナライザ，波形分析器

周波数分配 (しゅうはすうぶんぱい) frequency allocation, frequency allotment
特定の区域・業務で使う周波数を割り当てること．国際的には国際電気通信条約付属無線通信規則により，10k～275GHzまでを各業務別に割り当てる．①世界共通の周波数帯，②世界を3分し各地域内で周波数帯を割り当てる．国内的には国際的に割り当てられた周波数を郵政省によって分配する．これらを表にし周波数分配表という．

周波数分配表 (しゅうはすうぶんぱいひょう) table of frequency allocations
→周波数分配

周波数分離 (しゅうはすうぶんり) frequency separation
混ぜ合わされたいくつかの信号を，周波数の違いを利用して分けること．テレビ受像機では合成同期信号から，垂直同期信号と水平同期信号を分けるとき，周波数分離回路で分ける．

周波数分離回路 (しゅうはすうぶんりかいろ) frequency separation circuit

テレビ受像機で合成同期信号から，周波数の違いを利用して，垂直と水平の同期信号を分ける回路．垂直同期信号は低域フィルタ(積分回路)で，水平同期信号は高域フィルタ(微分回路)で，別々に分ける．

☞垂直同期信号

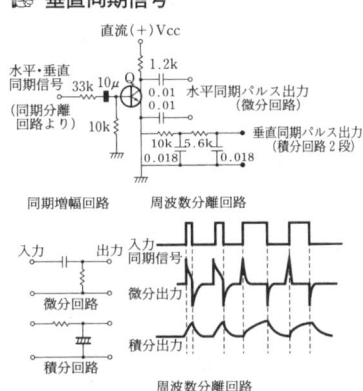

周波数偏移 (しゅうはすうへんい) frequency deviation

周波数変調(FM)で，変調信号が加わると，信号の振幅に応じて被変調波の周波数(中心周波数)が変化する．被変調波は搬送波で，搬送波の中心周波数からのずれを偏移という．偏移は変調信号の振幅に比例し，振幅が大きくなるほどずれる周波数の幅も大きくなる．この偏移を$\varDelta f$，信号をf_sとすれば，この比は変調の程度を示す周波数変調指数となり，次式で表す．

$$周波数変調指数 M = \frac{\varDelta f}{f_s}$$

周波数偏位電信 (しゅうはすうへんいでんしん) frequency-shift telegraphy

周波数変調(FM)による無線電信で，搬送波の周波数を所定の値の間で偏位させるもの(電波法施行規則第2条)．

☞FM

周波数変換 (しゅうはすうへんかん) frequency conversion

二つの異なる周波数f_1, f_2を混合して，うなり現象により新しい周波数成分を作り出すこと．f_1は受信周波数，f_2を発振器により取り出す．この発振器を受信機では局部発振器といい，スーパヘテロダイン方式で使う．

☞周波数変換器

周波数変換回路 (しゅうはすうへんかんかいろ) frequency conversion circuit

トランジスタQのエミッタEに，結合コンデンサC_0を通してつないだ共振回路LCで周波数f_2を発振する．コイルLはコレクタC側のコイルL_0と結合させて正帰還(発振)させている．Qのベースbには受信周波数f_1を加え，増幅しながら発振周波数f_2と混合する．中間周波トランスTで$f_i = f_2 - f_1$に共振させ差周波数を取り出す．f_iはf_1, f_2のどちらよりも低い中間周波数である．

☞中間周波トランス

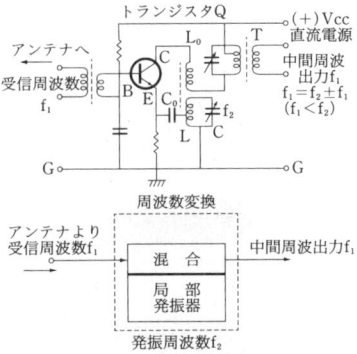

周波数変換器 (しゅうはすうへんかんき) frequency converter

フリケンシコンバータ略してコンバータともいう．ヘテロダイン方式で周波数を変えるときに使う．周波数を変えたい成分の周波数をf_1，発振器の周波

しゆう

数をf_2とし，非直線回路（混合器）で混ぜると，出力は，f_1+f_2とf_1-f_2（$f_1>f_2$）が生じる．$f_1<f_2$なら，f_2-f_1となる．受信機では発振器を局部発振器（ローカルオシレータ）とかローカルと略して呼ぶ．また混合器をミキサともいう．局部発振器と混合器が一組になって周波数を変える．両方を合わせて周波数変換器という．

☞混合器

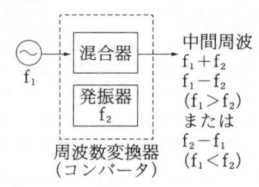

```
         混合器    → 中間周波
  ○ ─→           f_1+f_2
 f_1    発振器     f_1-f_2
         f_2     (f_1>f_2)
                  または
                  f_2-f_1
 周波数変換器     (f_1<f_2)
 (コンバータ)
```

周波数変調（しゅうはすうへんちょう）
frequency modulation

英語の頭文字をとりFMともいう．搬送波の周波数を信号の振幅に応じて変化させる方式．図(a)は変調用低周波で，単一の正弦波とする．(b)はFM用の搬送波．これに周波数変調をかけると，搬送波の周波数は変調をかけないときの周波数（センタ周波数）を中心にして，その上下に変化し，入力信号の振幅が大きいほど周波数の変化が大きくなる（図(c)）．FMの被変調波は振幅を一定にして扱うので，衝撃性雑音のように振幅の大きな短時間だけの雑音は，振幅制限回路（リミッタ）でカットできる．周波数の高いバンド（VHFまたは超短波）を使って放送に利用されたり，通信に利用される．高いバンドのため，周波数帯域幅も広くとれ，雑音も少ないのでハイファイ音楽やステレオ放送に適している．テレビの音声にもFM方式が用いられている．

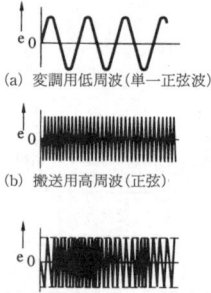

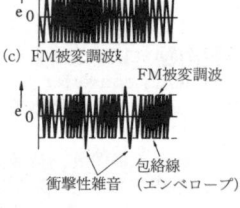

☞ステレオ放送

周波数変調回路
（しゅうはすうへんちょうかいろ）
frequency modulation circuit

直接周波数変調方式と間接周波数変調方式がある．直接FM方式は発振回路の周波数を直接変調する．間接FM方式は位相変調波を等価的に周波数変調波にする．

☞直接FM方式

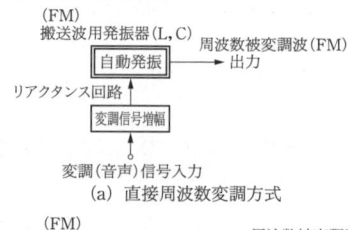

(a) 変調用低周波（単一正弦波）

(b) 搬送用高周波（正弦）

(c) FM被変調波

FM被変調波／包絡線（エンベロープ）／衝撃性雑音

(FM)
搬送波用発振器(L,C) → 周波数被変調波(FM)出力
  自動発振
リアクタンス回路
  変調信号増幅
    ↑
 変調(音声)信号入力
(a) 直接周波数変調方式

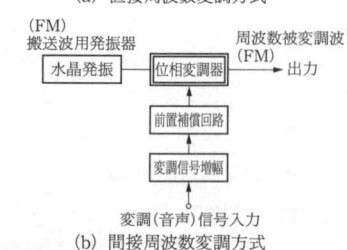

(FM)
搬送波用発振器 → 周波数被変調波(FM)出力
 水晶発振 → 位相変調器
       前置補償回路
       変調信号増幅
         ↑
      変調(音声)信号入力
(b) 間接周波数変調方式

周波数変調波（しゅうはすうへんちょうは） frequency modulation wave
→周波数変調

しゅう

周波数変調方式（しゅうはすうへんちょうほうしき）frequency modulation system →周波数変調

周波数弁別器（しゅうはすうべんべつき） frequency discriminator
周波数変調波や位相変調波の復調（検波）には，周波数に比例して出力が変わるような回路が必要で，これを周波数弁別回路とか，ディスクリミネータという．入力周波数のセンタ周波数からのずれをいったん振幅変調波に変え，AM検波のように包絡線を検波し，復調信号を得る．フォスタシーリー形とレシオディテクタ形が代表的で，リミッタ不要の後者を多用する．
☞リミッタ

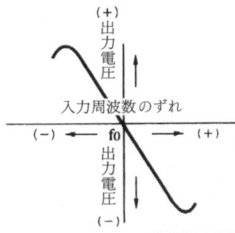

ディスクリミネータの特性(S字特性)

周波数レコード（しゅうはすう――） frequency record
レコード盤の録音や，再生装置（増幅器やピックアップ，各種の調整器やスピーカなど）の調整，試験に使うテスト用レコード．SP用，LP用，モノラル用，ステレオ用がある．周波数対振幅特性，クロストーク，混変調などを調べる．☞混変調

周波数レスポンス（しゅうはすう――） frequency response
1. 1(kHz)を基準（0 dB）にした周波数特性のこと．
2. 周波数応答のこと（自動制御）．
→周波数応答

周波数割当て（しゅうはすうわりあ――） frequency allocation, frequency assignment →周波数分配

周辺機器（しゅうへんきき） peripheral equipment →周辺装置

周辺装置（しゅうへんそうち） peripheral equipment
コンピュータの中央処理装置（主記憶装置，演算装置，制御装置）以外の，補助記憶装置，入出力装置などのこと（JIS・情報処理用語）．

充放電（じゅうほうでん） charge-discharge
充電と放電の両方を指すことば．
☞充電，放電

充放電曲線（じゅうほうでんきょくせん） charge-discharge characteristic curve
蓄電池の充電時端子電圧と放電時端子電圧の変化を，横軸に充放電時間をとって示した曲線で，充電曲線と放電曲線のこと．
☞充放電

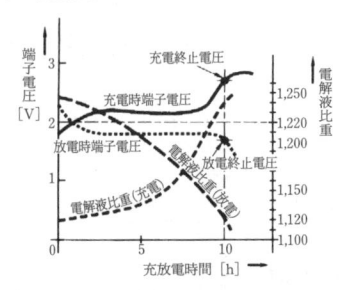

充満帯（じゅうまんたい） filled band, full band →許容帯

従量制（じゅうりょうせい） measured rate
通信サービスの課金方式の一つ．「3分10円」などのように，利用時間に応じて課金される料金体系を指す．一方「月額2,000円」などのように，利用時間の長さにかかわらず常に一定の利用料金が課金される料金体系は定額制という．電話の通話料などは従量制がほとんどである．電話料金では従量制の

通話料のほかに月額固定の基本料金を払う必要があるが，インターネットの接続サービスなどで基本料金が必要ない従量制課金体系は「完全従量制」と呼ぶ．従量制と定額制の中間にあたるのが「定額従量制」．

主記憶装置（しゅきおくそうち）
main memory, main storage
コンピュータのCPUに組み込まれた内部記憶装置で，演算装置，制御装置から直接にアドレスを指定し，データの書込み，読出しができる．処理時間を短くするためアクセスタイムやサイクルタイムの短いコアメモリやICメモリが使われる．補助記憶装置と対語．
☞補助記憶装置

樹脂歯車（じゅしはぐるま）**Resin gear**
通常の金属歯車と異なり，射出成形により作られる樹脂製の歯車．金属歯車と比較した樹脂歯車の特徴としては，①自己潤滑性があり，無潤滑で使用できる②振動吸収性に優れ，低騒音③耐食，耐薬品性に優れる④軽量⑤低コストーなどが挙げられる．CD/DVDプレーヤ/レコーダや，VTR，DVCなどの音響・映像機器など幅広い用途に使用されている．

受信（じゅしん）**reception**
有線，無線の通信を受け取ること．一般にイヤホン，スピーカ，ブラウン管，印刷電信機などで，音や映像を復元したり印字，印画をさせて，文字や映像画面を再現させる技術のこと．

受信アンテナ（じゅしん——）
receiving antenna
電波の受信を主とするアンテナのこと．電波の送信に使うアンテナと対語．送信用アンテナと受信用アンテナはまったく同じもので，同じアンテナでどちらにも使える．バーアンテナや八木アンテナなどが広く使われる．

受信機（じゅしんき）**receiver**
受信装置（ラジオやテレビのセット）のこと．アンテナ，増幅回路，検波回路などからなり，ブラウン管やスピーカで映像や音を再現する．レシーバともいう．

受信空中線（じゅしんくうちゅうせん）
receiving antenna →受信アンテナ

受信さん孔機（じゅしん——こうき）
re-perforator, receiving perforator
印刷電信で，印刷電信信号を受信して，紙テープに印刷電信符号をさん孔（パンチ）する電信機械のことで，紙テープパンチとプリント（印字）を同時にすることが多い．事務の機械化，中継所の機械化に役立っている．

受信周波数（じゅしんしゅうはすう）
received frequency
1．受信機の受信できる周波数範囲のこと．
2．受信機で同調した，受信中の電波の周波数，または同調周波数のこと．
☞同調

受信障害（じゅしんしょうがい）
radio interference
雑音，混信，反射，ビル障害，電離層，気象状態などにより，ラジオやテレビ電波の受信の妨害となること．

受信設備（じゅしんせつび）
receiving equipment
無線設備の中の受信装置やアンテナなどの総称．
1．受信アンテナからふく(輻)射される電波の強さが1.8kmの距離で毎メートル0.3[μV]以下．
2．感度・了解度が十分で，内部雑音が小さく，選択度が適正なこと（無線設備規則第24条〜25条）．
☞内部雑音

受信せん孔機（じゅしん——こうき）
receiving perforator, re-perforator
→受信さん孔機

受信装置（じゅしんそうち）
receiving device, receiver
受信設備からアンテナ系を除いた部分

のこと．受信機のこと．

受信電界強度（じゅしんでんかいきょうど）**receiving field strength**
電波の受信点での強さのこと．

受像管（じゅぞうかん）**picture tube**
テレビの映像を映すブラウン管のこと．ピクチャチューブ，テレビ用受像管，テレビ用映像管，テレビ陰極線管ともいう．

☞陰極線管

受像機（じゅぞうき）**TV-receiver**
テレビの受信機，テレビセットのこと．カラー用，白黒用，ポータブル用，据置用，家庭用，共同視聴用などの区別がある．

主増幅器（しゅぞうふくき）**main amplifier**
→メインアンプリファイヤ

受端（じゅたん）**receiving end**
伝送線（平行2線）の入力（電源）側を送端といい，反対側の出力（負荷）側を受端または受電端という．

受端インピーダンス（じゅたん——）**receiving-end impedance**
伝送線の受端のインピーダンスを受端インピーダンスという．出力インピーダンス，終端インピーダンスということもある．受端での電圧Voと電流Ioの比で求める．
　　受端インピーダンス$Zo = Vo/Io$〔Ω〕

受端抵抗（じゅたんていこう）**receiving-end resistance**
伝送線の受端での電圧Vo，電流Ioが同相の場合の比．
　　受端抵抗$Ro = Vo/Io$　〔Ω〕
となる．出力抵抗，終端抵抗ともいう．

主調整室（しゅちょうせいしつ）**master control room**
放送局内の各副調整室，現場中継，ネットワーク番組，録音，録画，フィルムの切換え，レベル調整などをして，送信所に信号を送り出す働きをする調整室．

出力（しゅつりょく）**output**
装置，機器，回路などの負荷側の有効な電圧，電流，電力などのエネルギ．ラジオのスピーカから出る音，テレビやコンピュータではブラウン管に映る文字や絵，プリンタ（印字機）で印刷された内容などのこと．アウトプットともいい，アウトと略すこともある．入力と対語．☞入力

出力アドミタンス（しゅつりょく——）**output admittance**
出力インピーダンスZoの逆数．回路の出力側の電流Ioと電圧Voの比で求める．計算式は
　　出力アドミタンスYo
$$= \frac{1}{Zo} = \frac{Io}{Vo} = Go + jBo \quad 〔S〕$$
で与えられる．入力側のアドミタンス，入力アドミタンスと対語で，単位はジーメンス〔S〕．Goは出力コンダクタンス，Boは出力サセプタンスという．

☞出力コンダクタンス，出力サセプタンス

出力インピーダンス（しゅつりょく——）**output impedance**
電子回路や装置の出力側のインピーダンスZoのこと．出力電圧Voと出力電流Ioとの比で求め
　　$Zo = Vo/Io$　　　　〔Ω〕
入力インピーダンスと対語で，単位はオーム〔Ω〕．アウトプットインピーダンスともいう．出力端子から回路や装置をみた内部インピーダンスのこと．

☞入力インピーダンス

出力計（しゅつりょくけい）**output meter**
1．低周波回路や増幅器の出力レベルを測る測定器のこと．負荷の両端につなぎ出力電圧を測りデシベル目盛で読む．レベルメータともいう．負荷のインピーダンスや抵抗に応じ，計器の入力インピーダンスや測定レベルのレンジを切り換えて使う．

しゅつ

2．VUメータを出力計ともいう．
3．アンテナ電力計を指す場合もある．

出力コンダクタンス (しゅつりょく——)
output conductance
回路の出力側のコンダクタンスGoのこと．出力インピーダンスZo，出力アドミタンスYoとすれば，

$$Yo = \frac{1}{Zo} = \frac{Io}{Vo} = Go + jBo \quad [S]$$

GoはYoの実数分で単位はジーメンス[S]，Ioは出力電流，Voは出力電圧，Boは出力サセプタンス（虚数分で単位は[S]）．
☞出力サセプタンス

出力サセプタンス (しゅつりょく——)
output susceptance
回路におけるサセプタンスのこと．

$$Yo = \frac{1}{Zo} = Go + jBo \quad [S]$$

出力アドミタンスYoの虚数分が出力サセプタンスBoで，Zoは出力インピーダンス，単位はジーメンス[S]である．☞ジーメンス

出力装置 (しゅつりょくそうち)
output unit, output device
コンピュータの5大要素の一つ．中央処理装置CPUからの情報を，コンピュータの外部に取り出す装置．プリンタに印字したり，カードやテープにパンチしたり，ディスプレイ（ブラウン管）に表示する．パンチカードやパンチテープはあとで入力として使える．入力装置と対語．
☞入力装置

出力端子 (しゅつりょくたんし)
output terminal
アウトプットターミナルとかアウト端子ともいう．装置や機器や回路に負荷をつなぐ端子．(＋)，(－)の極性があり，出力を取り出す端子．

出力抵抗 (しゅつりょくていこう)
output resistance
装置や回路の出力側の抵抗Ro，出力電圧Vo，出力電流Ioが同相のとき，

$$Ro = Vo/Io \quad [\Omega]$$

で求める．出力端子から回路を見たときの抵抗のこと．

出力電圧 (しゅつりょくでんあつ)
output voltage
装置，回路の出力側の電圧．アウトプット電圧で，アウトなどと略してもいう．負荷の両端電圧で，出力端子の両端に生じる電圧のこと．

出力電流 (しゅつりょくでんりゅう)
output current
回路の出力側に流れる電流で，負荷電流ともアウトプット電流ともいい，出力端子から流れ出る電流のこと．
☞アウトプット電流

出力電力 (しゅつりょくでんりょく)
output power
出力電圧Voと出力電流Ioの積$VoIo=Po$を出力電力という．送信機の場合はフィーダ（アンテナ系）に供給する電力で，平均電力や搬送波電力がある．受信機の場合はスピーカに供給する電力．
☞フィーダ

出力トランス (しゅつりょく——)
output transformer
アウトプットトランス，出力変成器，出力変圧器ともいう．アウトトランスと略して呼ぶこともある．回路の出力側，たとえば低周波増幅器の終段とスピーカの接続に用いる．スピーカのインピーダンスは4～16Ω位で，トランジスタの出力インピーダンスは数百Ω以上のため，スピーカをトランジスタのコレクタ側に直接つないでも十分な出力がとれない．そこでこのインピーダンスが大きく異なる接続点にトランスを入れてインピーダンスのマッチングをとり出力を有効にスピーカに与える．
☞インピーダンス

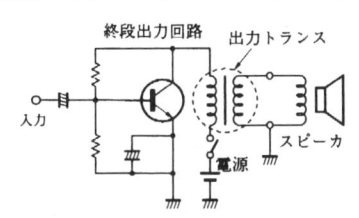

出力変圧器（しゅつりょくへんあつき）
output transformer →出力トランス

出力変成器（しゅつりょくへんせいき）
output transformer →出力トランス

受動衛星（じゅどうえいせい）
passive satellite
地球からの電波を反射するだけの中継用通信衛星のこと．電源や増幅器をもたない．能動衛星と対語．
☞能動衛星

受動回路（じゅどうかいろ）
passive circuit
能動回路（電源，増幅回路）と対語．抵抗，コンデンサ，コイルだけのトランジスタや真空管を使わぬ電気回路．

受動素子（じゅどうそし）
passive element
トランジスタ，真空管などの能動素子と対語．抵抗，コンデンサ，コイルなど増幅，発振作用のない素子（部品）のこと．
☞能動素子

主発振器（しゅはっしんき）
master oscillator
マスタオシレータともいい，英語の頭文字をとってMOとも書く．主として無線送信機で発射電波の基準となる周波数を，安定に発振する発振回路．一般に水晶発振回路を使う．

主搬送波（しゅはんそうは）
main carrier
低い周波数の搬送波f_Lを変調し，この被変調波で高い周波数の搬送波f_Hを変調する方式を，多段変調，多主変調という．このときのf_Hが発射電波の搬送波になり，主搬送波といい，f_Lを副搬送波という．☞副搬送波

主プログラム（しゅ——）**main program, main routine, master routine**
メインルーチン，主ルーチン，メインプログラムなどともいう．コンピュータを働かすプログラムの中心となる部分．普通主プログラムと閉じたサブルーチンとから構成される．
☞サブルーチン

シュミット回路（——かいろ）
Schmidt circuit
→シュミット・トリガ回路

シュミット・トリガ回路（——かいろ）
Schmidt trigger circuit
フリップフロップ回路の変形で，発明者の名をつけてシュミット回路ともいう．トランジスタQ_1，Q_2の二段直結アンプで，エミッタの共通抵抗R_4で帰還する．Q_1が導通（オン）のときQ_2は遮断（オフ）で，入力にパルスがくるたびに，オンとオフが交代する．スイッチ回路や整形回路に使う．
☞フリップフロップ

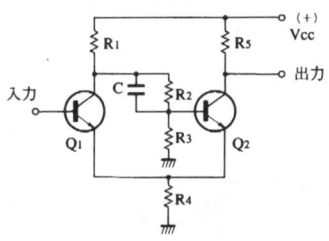

ジュメット線（——せん）**dumet wire**
鉄54％，ニッケル46％の合金線の表面に銅をかぶせ，鉛ガラスと熱膨張係数を等しくして，ブラウン管などの導入線にする．ガラス管の導入線部に，ひび割れを起こさないようにするためである．
☞ブラウン管

樹木構造（じゅもくこうぞう）
tree structure →ツリー構造

ジュール joule
仕事やエネルギの単位で，[J]と書く．1N（ニュートン）の力で，物体を1m動かすときの仕事量が1[J].

ジュール効果 (——こうか) Joule effect
1. 抵抗rに流れる電流Iによって生じる熱I^2r（ジュール熱）のこと．
2. 磁気ジュール効果のこと．

☞磁気ひずみ現象

主ルーチン (しゅ——) master routine, main routine →主プログラム

ジュール熱 (——ねつ) Joule heat
抵抗Rに電流Iが流れると，1秒ごとに発生する熱量Hは次の式で計算され，熱に変わる．単位はジュール[J].
$$H = I^2R \quad [J]$$
この熱のことをいう．

ジュールの法則 (——ほうそく) Joule's law
抵抗Rに電流Iがt秒間流れたとき，Rに発生する熱量Hは次の式で示される．
$$H = I^2Rt \quad [J]ジュール$$
$$H = 0.24I^2Rt \quad [cal]カロリ$$
この関係をジュールの法則という．

主ローブ (しゅ——) main lobe →メインローブ

受話器 (じゅわき) receiver, earphone
1. 電話機の受話器のこと．2. イヤホンのこと．3. ヘッドホンのこと．

循環記憶装置 (じゅんかんきおくそうち) circulating storage
一定の時間遅れを作る回路と，増幅整形を行う回路とを組み合わせ，データを循環させて記憶させる記憶装置（JIS・情報処理用語）．

循環桁上げ (じゅんかんけたあ——) end-around carry
演算の結果，最上位に生じた桁上げを，最下位へ回して加えること（JIS・情報処理用語）．

循環電流 (じゅんかんでんりゅう) circulating current
同一定格の電池を並列接続したとき，負荷に流れず電池相互の間に流れる電流のこと．横流(おうりゅう)cross currentともいう．

☞並列接続

準コンプリメンタリ (じゅん——) sub-complementary
特性のよく揃ったPNP形とNPN形トランジスタを組み合わせ，入力トランスや位相反転回路なしでプッシュプル回路を作る．シリコントランジスタは大電力用のPNP形が少なく，ゲルマニウムトランジスタでは大電力用のNPN形が少ないため，終段のNPN形パワートランジスタの前に特性の良く揃ったPNP形とNPN形のトランジスタ，つまりコンプリメンタリ用トランジスタ（中電力用）を直結（ダーリントン接続）して，NPN形2個によるプッシュプル回路にした．これを準コンプリメンタリ回路という．

☞NPN形

Q2Q3コンプリメンタリ接続
Q2Q4, Q3Q5ダーリントン接続

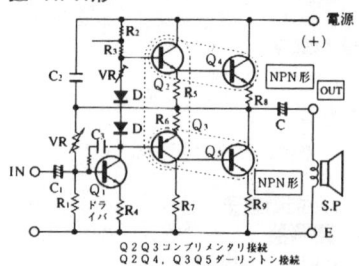

準コンプリメンタリ回路 (じゅん——かいろ) sub-complementary circuit →準コンプリメンタリ

順次アクセス (じゅんじ——) sequential access
データを記憶装置に書き込んだり，記憶装置から読み出したりする際に，前回書込みまたは読出しが行われた記憶場所に引き続く記憶場所で，書込みまたは読出しが行われるような方法（JIS・情報処理用語）．

順次走査 (じゅんじそうさ)
sequential scanning
テレビ画面の走査方式で、画面の上から下に順に走査し、1枚の画面を作ること。日本（NTSC方式）では飛越し走査（インタレース）方式である。
☞インタレース

瞬時値 (しゅんじち) instantaneous value
交流は時間とともに大きさが変化する。この各瞬間瞬間の値をいう。

順序プログラム制御 (じゅんじょ——せいぎょ) sequence program control
自動制御やロボット工学用語で、あらかじめ定められたプログラムに従い、制御の段階を次々に進めていく制御方式のこと。産業用ロボットや自動販売機がこれである。

順電圧 (じゅんでんあつ)
forward voltage →順バイアス

順電流 (じゅんでんりゅう)
forward current →順方向電流

純度 (じゅんど) purity
→彩度

順バイアス (じゅん——) forward bias
順方向バイアス、または順方向電圧のこと。ダイオード、トランジスタのPN接合で、P形半導体に正($+$)、N形半導体に負($-$)の電圧を加えると、ホールはP形からN形に移り、電子はN形からP形に移り、連続して電流が流れる。このような電流が流れる電圧、または電圧の加え方を順バイアスという。
☞順バイアス

順バイアス

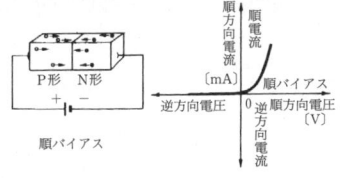

順方向 (じゅんほうこう)
forward direction
ダイオードに電圧を加える場合、電流の流れやすい方向のこと。

順方向電圧 (じゅんほうこうでんあつ)
forward voltage →順バイアス

順方向電流 (じゅんほうこうでんりゅう) forward current
ダイオード、トランジスタの接合部に、順バイアスを加えたときに流れる電流のこと。

順方向バイアス (じゅんほうこう——)
forward direction bias
→順バイアス

準ミリ波帯 (じゅん——はたい)
quasi millimeteric wave band
準ミリ波帯10〜30GHzは、SHF帯3〜30GHzの範囲で、マイクロ波の一部である。伝送路の降雨による減衰が大きく、マイクロ波と区別する。広帯域伝送が可能で、通信衛星に中継器をのせ実用化を始めた。
☞マイクロ波

ジョイステック joy stick
コンピュータゲームを楽しむ周辺機器の一つ。コンピュータ画面を見ながら、ステックの部分をもって画面内を前後左右に動かす。サウンドボードに付いた専用端子付パソコンが多用された。操作が簡単で子供に人気があった。
☞周辺機器

初位相 (しょいそう) initial phase
正弦波交流（電圧e）は次式で示されるが、

$e = E_m \sin(\omega t + \theta)$ 〔V〕

$\omega = 2\pi f$

$t=0$のときの位相θを初位相とか初位相角という。
☞正弦波交流

初位相角 (しょいそうかく)
initial phase angle →初位相

仕様 (しよう) specification
スペックともいう。ハードやソフトのあらまし・設計内容のこと。これを文書にしたのが仕様書である。

ハード：構成部品・処理機能・性能説明
ソフト：必要な使用状況・その機能説明
以下はパソコンの例
 1．CPU……　2．メモリ容量……
 3．ディスク構成……　4．周辺装置
A・プリンタB・ディスプレイ　C・マウス　D・スキャナ　E・拡張スロット……

消去（しょうきょ）erasing
 1．ブラウン管の帰線を除くこと．
 2．磁気ディスクの記憶内容の一部またはすべてを消すこと．
 3．録音された磁気テープの内容（磁気）を消すこと．何回でも新しく録音することができる．内容（磁気）を消すには，次の二つの方法が使われる．
①飽和消去法．飽和磁界以上の強い直流磁界を与え，前の残留磁気を除く．
②交流消去法．消去ヘッドで消去する．

商業放送（しょうぎょうほうそう）
commercial broadcasting
コマーシャル放送，民間放送のこと．広告主から広告料をとって経営するラジオやテレビの放送．

消去ヘッド（しょうきょ——）
erasing head
磁気録音テープの残留磁気を除いて，録音を消す電磁石のこと．構造は録音ヘッドと同じだが，ギャップの幅を10倍位広くする．ヘッドのコイルには高周波（録音バイアス）を流し，ヘッドのギャップ部を通る磁気テープ上の残留磁気（録音成分）を消すため，ギャップ部でヘッドの磁界の極性を何回も反転させる．テープはこの磁界により磁気飽和状態に磁化され，ギャップ部を離れるに従い磁化ループを描きながら減少し消去される．

☞残留磁気

上空波（じょうくうは）sky wave
送信アンテナから上空に向かう電波．短波通信では，電離層と大地の間を反射しながら伝わる電波を利用する．空間波，電離層波ともいう．

☞電離層

衝撃性雑音（しょうげきせいざつおん）
impulsive noise
振幅が大きく，持続時間が非常に短く，次の発生間隔が不規則な雑音のこと．人工雑音や自然雑音のいずれにもある．

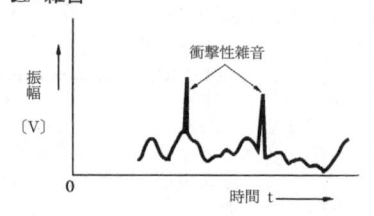

☞雑音

衝撃電圧（しょうげきでんあつ）
impulse voltage
非常に短い時間に最大になり短時間で減衰する電圧のこと．たとえば，雷の放電はこの例である．パルス電圧ともいう．

衝撃波（しょうげきは）impulse wave
→パルス

上限周波数（じょうげんしゅうはすう）
upper limited frequency
→高域遮断周波数

条件文（じょうけんぶん）
conditional statement
それに含まれる論理式または条件の値によって，ある文を実行したり抜かしたりする文法単位（JIS・情報処理用語）．COBOLでは条件命令といい，FORTRANにはなく，ALGOLで使われる．

☞論理式

照合（しょうごう）collating
コンピュータで，一連のデータの特定項目（一組または数組）における，大小関係を順番に判別して処理を行い，それらの項目に関連のあるデータをいっしょに仕分けすること．一般的には

次の二つがある (JIS・情報処理用語).
①突合せ．2組のデータの特定の欄どうしを比べ，両方が同じかどうか調べること．
②選別．指定された条件に従ってデータを選別すること．

照合機 (しょうごうき) collator
せん孔カードなどを照合する装置 (JIS・情報処理用語).

乗算器 (じょうざんき) multiplier
かけ算器とか，マルチプライヤともいう．

1. ディジタル形では，被乗数の加算と部分和の桁送りをすればよい．2進数の $1100_{(2)} \times 1010_{(2)}$ の計算例を式で示す．

$$
\begin{array}{r}
1100_{(2)} \quad \cdots 被乗数 \\
\times \ 1010_{(2)} \quad \cdots 乗数 \\
\hline
0000 \quad \cdots\cdots 乗数 0 \\
1100 \quad\cdots\cdots\cdots 乗数 1 \\
0000 \quad \cdots\cdots\cdots 乗数 0 \\
1100 \quad\cdots\cdots\cdots\cdots 乗数 1 \\
\hline
1111000_{(2)}
\end{array}
$$

2. アナログ形では掛算器ともいう．非線形演算器の一つ．出力は二つの入力の積となる．

消磁 (しょうじ) eraser
1. カラーブラウン管が地磁気の影響を受け，色むらが生じるのを防ぐため，受像管に消磁コイルを取り付け，電源スイッチを入れたり切ったりするとき交流を流して，だんだん小さくし，自動的に磁気を消している．これを消磁という．
2. 録音のため一度磁化した磁気テープの内容(残留磁気)を消去すること．
3. 磁化されたものから磁力を取り除くこと．

☞地磁気

常磁性体 (じょうじせいたい) paramag-netic substance
アルミニウム，白金，すず，インジウム，空気等は磁化すると強磁性体と同じ向きに磁極を生じる物質だが，磁化の強さがきわめて弱く，磁化されないに等しく非磁性体である．このような物質のこと．

☞磁性体

消失現象 (しょうしつげんしょう)
fade out →デリンジャー現象

少数キャリア (しょうすう――) minority carrier
真性半導体では，電子とホールを同じ数だけ含んでいるが，N形半導体では電子が多くホールは少ない．P形ではこの逆で，ホールが多く，電子は少ない．これらの少ないほうのキャリアを，少数キャリアとか，マイノリティキャリアという．

☞キャリア

小数点 (しょうすうてん) radix point, decimal point, binary point
基数表記法によって表された数の整数部と小数部を分離する位置，またはその位置にある文字 (JIS・情報処理用語).

上側波 (じょうそくは) upper sidewave
単一正弦波の信号波 f_s で振幅変調 (AM) を行うと，搬送波 f_c の上下に，信号波周波数だけ離れた周波数 f_c+f_s, f_c-f_s の二つの成分が現れる．この f_c+f_s を上側波という．

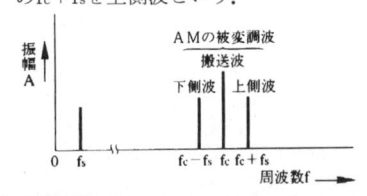

上側波帯 (じょうそくはたい) upper sideband, upper side-wave band
音声信号のように一定の幅のある信号でAMすると，搬送波 f_c の上下に，信号波と同じ幅のある側波帯が生じる．このうち，f_c より高い側波帯を上側波帯またはアッパーサイドバンドという．

しよう

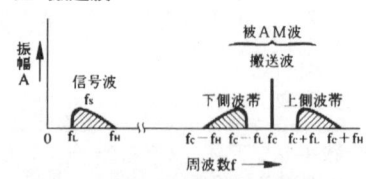

☞搬送波

上側ヘテロダイン方式
(じょうそく——ほうしき)
uppen side heterodyne system
搬送波より中間周波数だけ高い局部発振周波数を使ったヘテロダイン方式で，中波の放送受信機(ラジオ)など一般に多用される方式である．超短波帯より高い周波数では下側(かそく)ヘテロダイン方式が使われ，短波帯以下では上側ヘテロダイン方式を使うのが普通である．

☞下側ヘテロダイン方式

蒸着 (じょうちゃく) evaporation
→真空蒸着

常駐プログラム (じょうちゅう——)
resident program
常に主記憶装置(メインメモリ)に記憶されている(ロードされた)プログラムのこと．
1. OSの基本ソフト(カーネル)
2. 周辺機器管理ソフト(ディバイスドライバ)
3. 補助ソフト(ユーティリティ)
   ①ファイルソートプログラム
   ②ファイル圧縮プログラム
   ③ウィルスチェックプログラム
   ④画像閲覧プログラム
   ⑤その他のアプリケーションプログラム

☞メイン・メモリ

冗長度 (じょうちょうど) redundancy
データに生じる誤りを，検出または訂正するために，情報を表すのに必要な最小の長さに，付け加えられる余分のデータの割合のこと(JIS・情報処理用語)．

焦点 (しょうてん) focus
フォーカスともいい，音，光，電子ビーム，電波などが一点に集まるとき，その集まる点のこと．

☞電波

使用電圧 (しようでんあつ)
working voltage, service voltage
部品や素子が電気回路で使用されるときに加えられる電圧のこと．一般に逆耐電圧はこの2倍以上にとるが，電解コンデンサでは容量と使用電圧(ワーキングボルテージ，WV)が定格として指定される．

☞逆耐電圧

焦点深度 (しょうてんしんど)
depth of focus, focal depth
無収差のビーム・スポットの中心強度が，理想光学系の場合の80%以上あれば問題ないというマレシャルの判定基準がある．この結果，中心強度が80%までは焦点ズレずれを許容しても，ビーム・スポットには劣化は見られないことから，焦点ずれの許容量(焦点深度)は，$\pm\lambda/2(NA)2$と算出される．

☞ビーム・スポット

照度 (しょうど) illumination
単位面積$1m^2$当たりの入射光束が1ルーメン[lm]のとき，1ルクス[lx]の照度という．

☞ルーメン，ルクス

障壁 (しょうへき) barrier
バリア，電位障壁ともいう．不純物半導体のPN接合では，外部に電界がなくても，拡散によってホールはP形からN形へ，電子はN形からP形へ移動する．接合部近くのP形では電子とホールが再結合して，陰イオンのアクセプタが残る．N形でも同じようにして，陽イオンのドナーが残る．このため接合部に電位差を生じ，あとから引き続き拡散しようとするキャリアは移動できない．この電位差のこと．

☞電位差

しょう

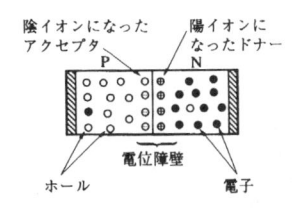

図: P形・N形半導体接合部（陰イオンになったアクセプタ、陽イオンになったドナー、電位障壁、ホール、電子）

障壁容量（しょうへきようりょう）
barrier capacity, barrier capacitance
不純物半導体のPN接合に、逆方向バイアスを加えると、キャリアは加えたバイアスに引かれ接合部にはなくなり、空乏層ができる。空乏層は絶縁物の性質をもち、静電容量となる。この容量を障壁容量といい、逆方向バイアスの大きさで容量が変化する。

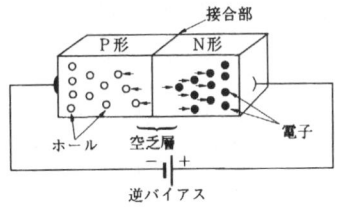

図: P形・N形接合部、空乏層、ホール、電子、逆バイアス

情報（じょうほう）**information**
インフォメーションともいう。人間が見たり聞いたり、触れたりして感じるものや、機械などに反応を与えるようなことも含む。情報処理では「データを表現するために用いた約束に基づいて、人間がデータに割り当てた意味」と定義している。
☞データ

情報家電（じょうほうかでん）
information home electorical device
1．家庭に普及している家電（家庭電化）製品、テレビ・エアコン・ラジオ・照明器具・冷蔵庫などに情報端末（パソコン）を組み込み、家庭外からパソコン・携帯電話などで遠隔操作・相互連携動作が可能になる。たとえば外出中や帰宅途中に自宅の照明を消灯・点灯したり、エアコンの点消・温度湿度の制御、買物先から冷蔵庫内の食品チェックができ、家庭生活の利便性は向上し、関連する業界は活性化する。
2．パソコン・ワープロ・ファクシミリ・携帯電話・電子手帳などは情報を扱い、ビジネス界では広く普及しており家庭にも家電として普及させたいとの願いや期待を込めて使われる。

情報源（じょうほうげん）
information source
情報の発生源、みなもと。多くの情報の集められたところ。

情報検索（じょうほうけんさく）
information retrieval
問い合わせに関する情報を得るため、記憶されたデータを取り出す行動や方法、手順のこと（JIS・情報処理用語）。大量の情報の中から必要な情報だけ取り出すことでコンピュータの利点を利用して行う。

情報交換（じょうほうこうかん）
information interchange
コンピュータなどの情報処理装置で「異なるシステムどうしでも、互いに情報を交換して利用できるように、一つのシステムから他のシステムへ情報を伝えること」と、JISの情報処理では定める。

情報処理（じょうほうしょり）
inforation processing, data processing
データ処理ともいい、「必要な情報を得るために、データに対して行う作業」とJISの情報処理では定める。たとえば、翻訳、数値の計算、データの処理、図形や文字の判別などのこと。

情報スーパハイウェイ構想
（じょうほう――こうそう）→NII

商用周波数（しょうようしゅうはすう）
commercial frequency
電灯、電力に使う交流の周波数のこと。

しょき

富士川（中部電力KK）を境に関東地方より東では50Hz，ここより西では60Hzである．

初期化（しょきか）initialization
イニシャライズ，フォーマットともいう．フレキシブル（フロッピー）ディスクを初めてディスク装置（ドライブ）で使うときに必ず行う前処理のこと．ディスクの種類によってシステム相互間で記録形式（書込み方やその内部構造）が異なる場合があり，おのおのの形式に合わせるのが初期化である．これによってすでに記録した内容はすべて消える．
→フォーマット

初期故障（しょきこしょう）
initial failure →初期不良

初期設定（しょきせってい）
initializing, initial setting
主としてハードウェアで初期値を定めておくこと．コンピュータの使用者が使用するソフト・周辺機器に合わせて装置名・変数の値を最初に定めること．コンピュータメーカが工場出荷の時，一般向けに種々の数値を定めておく．デフォルトともいう．ワープロではプリント出力の使用々紙・用紙の向き・桁数，1行当たりの文字数・上下余白を定めておく．

初期値（しょきち）initial value
コンピュータのソフトで使う変数の，スタートのときの数値．デフォルト値ともいう．初期設定をするときの内容のこと．ハードウェアの初期設定と同じように使う．

初期不良（しょきふりょう）
initial failure, early failure
部品や製品の使い初めは，特性が不安定だったり不良が多く出やすく，この不良を初期不良といい，やがて安定し不良も減る．この初期不良はエージングで除く．
☞エージング

初期プログラム（しょき——）
initial program
一般のプログラム記憶式のコンピュータでは，データの処理の前に，その処理手順を示すプログラムを記憶させる．このために使うプログラムを初期プログラムという．

初期変動（しょきへんどう）
initial drift
発振器の発振周波数が，電源を入れて10分後から，ほぼ一定になる（最大60分間）までの変化のこと．変化率dは
$$d = (\Delta f/f) \times 100 \quad (\%)$$
ここでfは測定開始時の発振周波数，Δfはfからの変化の最大値（最大偏差）．
☞発振周波数

除算器（じょざんき）divider
1．ディジタル式では，被除数と除数の差をとり，正，負を見ながら実行する．
2．アナログ式では，割算器ともいう．非線形演算器の一つで，$A \div B = A \times (1/B)$であるから，本質的には乗算器である．

書式（しょしき）format
データの形およびこの形を指定する文字の列．FORTRANでは入出力のための外部媒体（入出力装置）上のデータに対して用いる（JIS・情報処理用語）．
☞FORTRAN

初充電（しょじゅうでん）
initial charge
蓄電池などで初めて行う充電のこと．初充電を必要としないものもある．鉛蓄電池の極板は，化成後に放電し，極板の表面に硫酸鉛の薄膜を作り，水洗いをして乾かし，極板の活性物質を保護しているので，使用前に入念な充電を行い硫酸鉛の保護膜を海綿状鉛に還元する．
☞充電

ジョセフソン現象 （――げんしょう）
Josephson effect
→ジョセフソン効果

ジョセフソン効果 （――こうか）
Josephson effect
ごく薄い絶縁体Iを二つの超電導体A・Bではさむ．AとI，BとIの超電導トンネル接合を，電子対がトンネル効果により通り抜け電流が流れることを1962年ジョセフソンが予言し，1963年アンダーソンとロウエルの実験で確認された現象のこと．直流ジョセフソン効果と交流ジョセフソン効果がある．

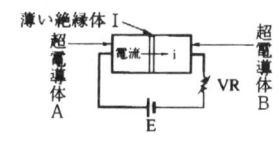

ジョセフソン素子 （――そし）
Josephson device
二つの超電導体の間に数十〔Å〕の薄い絶縁体をはさむと電流が流れ電圧降下0の状態にできる．電流を増やし臨界電流を超えると，突然に抵抗状態に移る．この変化する時間は1〔ps〕以下で1〔THz〕帯の超高周波発振をする．このためICに代わるコンピュータ素子として開発が進められている．ここでT(テラ)は10^{12}．
☞ジョセフソン効果

初速度 （しょそくど） initial velocity
1．熱陰極から放出される熱電子は，わずかな速度で飛び出す．この熱電子の初めにもっている速度のこと．
2．移動体（電子やホール）が，初めにもっていた速度のこと．
☞ホール

初段増幅器 （しょだんぞうふくき）
first amplifier
何段か増幅器をつなぎ合わせたときの，いちばん初め，入力端子に続く増幅器のこと．入力レベルは小さく，後段になるにつれ増幅され，増幅度は増えるので，わずかな雑音でも影響が大きい．回路のシールド，アース，シールド線の使用，部品の選定（低雑音トランジスタ，低雑音抵抗の使用）が重要となる．
☞低雑音抵抗

ショットキー効果 （――こうか）
Schottky effect
電子管の熱陰極の温度を一定に保ち，陽極電圧を増すと，電圧の増加とともに陽極電流も増す．熱陰極表面に強い電界が加わり電子の放出が増えるためで，これをショットキー効果という．
☞熱陰極

ショットキー・ダイオード
Schottky diode
ショットキーバリアダイオードとか，ホットキャリアダイオードともいう．金属と半導体が接触すると，接触点に障壁が生じる．これをショットキーバリアといい，整流特性がある．PN接合ではないダイオードで，多数キャリアによる素子．応答速度がきわめて速く，UHFからマイクロ波まで使えるが，耐圧は20〜30V程度．

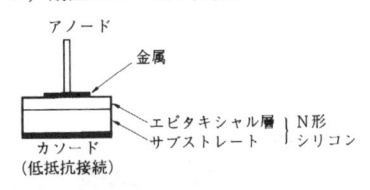

ショット雑音 （――ざつおん）
shot noise →散弾雑音

ショット・ノイズ shot noise
→散弾雑音

ショート short
短絡のことで，負荷を通さず回路の途中で電圧の高いほう（高圧側）が，アース（低圧側）と接触するため，大きな電流が流れ，熱が発生して，ヒューズをとばしたり，コードをこがして火

ショート・ウェーブ short wave
ショートは短い，ウェーブは波，つまり波長の短い電波すなわち短波のこと．普通3MHzから30MHzまでの周波数の電磁波を短波と呼びHF波ともいう．電離層で反射し伝わるため外国通信に利用する．
☞電離層

除波器（じょはき）rejector
→ウェーブトラップ

ジョブ job
コンピュータで行う作業の単位で，連続的に行われるプログラムのこと．プログラムの実行，情報の転送など一つのまとまった仕事のこと．

ジョブ制御プログラム（——せいぎょ——）job control program
コンピュータにたくさんのデータとプログラムを与え，一つの仕事が終わると次の仕事に移るようにすれば，データやプログラムの入れ換え時間や手間がはぶけ，効率が上がる．このような作業と作業の連続性を制御するプログラムのこと．制御プログラムの一種．

署名（しょめい）signature
シグネチャともいう．電子メールやネットニュースに投稿する際のメッセージに添える発信者の名前・電子メールアドレス・連絡先（勤務先）などの個人情報のこと．
☞電子メール

シリアルATA対応コネクタ（——たいおう——）
Serial AT Attachment connector
パソコンとハードディスクなどの記憶装置を接続するIDE（ATA）規格の拡張仕様である「シリアルATA」に準拠した高速伝送用インタフェースコネクタ．シリアルATAは，パソコン，サーバ，ネットワークストレージ市場における現在の物理ストレージ・インタフェースであるパラレルATAの後継となるもの．
☞IDE

シリアルインタフェース serial interface
1本の線で1ビットずつデータを伝送するデータ転送方式で，コンピュータと周辺機器を接続するインタフェース．シリアルポートとしては，モデムなどとの接続に使われるRS-232CやUSB，IEEE1394などがある．
☞USB，IEEE1394

シリアル・ドットプリンタ serial dot printer
ドットインパクト式シリアルプリンタともいう．印字ヘッドをプラテンに沿って右横方向に移動させながら，印字内容に応じてワイヤを突き出し，リボンのインクを紙に印して，ドットマトリックス状の字を書く．
☞シリアル・プリンタ

シリアルドットプリンタの原理

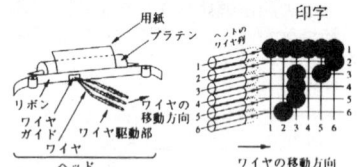

シリアル・プリンタ serial printer
逐次印字装置ともいう．コンピュータのオンラインに直結しタイプライタのように1字ずつ順番（シリアル）に印字するプリンタ（印字機・印字装置）．高速用は120字/秒位のスピードで複写もとれる．構造簡単で安価である．ドット形と活字形があり，いずれもインパクト式で機械的な衝撃力で印字するため騒音が大きい．
☞シリアル・ドットプリンタ

シリコン silicon
ゲルマニウムGeとともに，半導体製品に広く使われる半導体材料で，石や砂の主成分としてどこにでも存在し，

世界中で酸素について多い元素．これを純度の高い材料に精製する高度の技術が必要で，ゲルマニウムより実用化が遅れた．高温で優れた特性を示し，高い耐圧のものができるのと，逆電流が少ない優れた特徴がある．

シリコン・カーバイド・バリスタ
silicon carbide varistor

バリスタの一種で，シリコン・カーバイドの細かい粉と粘土（ねんど）を混ぜ，高温で焼き固めたもの．直径5～20mm，厚さ2mm位の薄い円板形で，両面にリード線を引き出している．
☞バリスタ

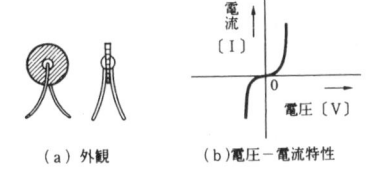

(a) 外観　(b) 電圧－電流特性

シリコーン樹脂 (——じゅし)
silicone resin

けい素樹脂ともいう．シリコン（けい素）と酸素のつながりが主である樹脂を，広くシリコーン樹脂という．原子の数により，樹脂状，ゴム状，油状となり種類が多い．水（耐水性）や熱（耐熱性）に強く，優れた絶縁材料である．

シリコン・シンメトリカル・スイッチ
silicon symmetrical switch
→SSS

シリコン・スチール板 (——ばん)
silicon steel plate

シリコン鋼板とか，けい素鋼板とかいう．鋼に1～5％位のシリコンSiを混ぜた薄板．一般の鋼（軟鋼）に比べ，磁気特性が良いので，広く電気機器（トランスやモータ）の鉄心に使い，電気鉄板ともいう．シリコンの量が多すぎると固くもなくなる．

シリコン制御整流器
(——せいぎょせいりゅうき)

silicon controlled rectifier →SCR

シリコン整流器 (——せいりゅうき)
silicon rectifier

シリコンのPN接合形整流器．ゲルマニウム整流器より熱に強く耐圧が高く，逆方向電流もきわめて小さい．高電圧，大電流の整流器として優れており，量産によって値段も下がっている．このため広い用途に使われる．

シリコン・ダイオード　silicon diode

シリコンのPN接合によるダイオード．順方向の低圧での電圧降下が，ゲルマニウムに比べてやや大きいが，逆方向電流が非常に小さく，耐圧も高く，高温に耐え，特性も安定である．低周波の高圧大電流の整流，高周波の検波やスイッチング，定電圧用，可変容量用など多用される．

シリコン対称スイッチ (——たいしょう——) silicon symmetrical switch
→SSS

シリコン電池 (——でんち)
silicon cell →太陽電池

シリコン・トランジスタ
silicon transistor

シリコンSiを使ったトランジスタで，1954年ドリフト形の理論が発表され，1956年メサ形が開発され，1960年プレーナ形が発表された．ゲルマニウム形に比べ耐熱性が良く，耐圧が高く，遮断電流も小さく，高周波特性も良い．信頼性も高く，大量生産で値段も安い．

シリコンバレー　Silicon Valley

米カリフォルニア州サンノゼを中心に約10都市からなる地域．1960年代以降に，シリコンを主原料にするIC（集積回路）のメーカやICを使う企業が集まったことが，シリコンバレーの呼称の始まりといわれる．サンタクララバレーとも呼ばれるが正式の地名ではない．☞IC

シリコンムービー　silicone movie

テープなどの磁気記録メディアや

DVDなどの光記録メディアではなく，小型メモリカードや内蔵フラッシュメモリなどの半導体に動画像を記録するビデオ・カメラのこと．半導体のベースがシリコンであることから呼ばれるようになった．

☞ビデオ・カメラ

シリサイド silicide
シリコンと遷移金属が反応して生成される安定な化合物をいう．半導体製造の前工程のうち，トランジスタ形成を行うフロントエンドでは900℃以上の高温プロセスを経るため，金属材料としては高融点の遷移金属（タングステン，チタン，ニッケル，コバルトなど）やそのシリサイドを用いる．

自律型ストレージシステム
（じりつがた——）

Autonomy type storage system

ストレージは，コンピュータシステムの中で情報・データを保存する役割をもつもので，データを使用頻度，データが作成されてからの経過時間，属性などに応じて最適な装置に保存するシステム．ハードディスクドライブ（HDD）や磁気テープを記録媒体として利用する．

☞ストレージ

磁力 （じりょく）magnetic force
磁石が，その周りに置いた他の磁石などに及ぼす力のこと．反発力と吸引力がある．磁気力ともいう．

磁力線 （じりょくせん）magnetic line of force, line of magnetic force
磁気現象を説明するのに都合の良い，仮想の線のこと．N極からS極に向かい，のびたゴムひものように縮もうとし，他の線とは反発し，交わらないと考える．

シリンダ cylinder
同一回転軸を有する複数枚の磁気ディスクにおいて回転軸から等距離にあり，アクセスアームを動かさずに書込みまたは読取りができるすべてのトラックの集まり（JIS・情報処理用語）．

☞アクセス・アーム

シールド shield
遮蔽(へい)ともいい部品や回路の周りを金属の板や網で取り囲む．電磁的シールドと静電的シールドがある．
①電磁的シールド．強磁性体で周りを囲む．二重，三重に重ねるとより厳重になり好結果を得る．磁気(界)の遮蔽．
②静電的シールド．導体で周りを囲み，この導体の1点をアースする．電界遮蔽．

シールド・ケース shield case
シールドまたは遮蔽用ケースのこと．

シールド線 （——せん）shielding wire
絶縁電線の外側を銅線の網で包み，その上をさらに絶縁した電線のこと．銅線の網は，配線のときアースにつなぐ．これにより，内部の電線が外部の電界の影響を受けにくくなる．

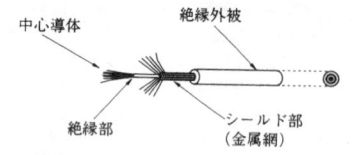

中心導体　絶縁外被
絶縁部　シールド部（金属製）

シールド・ルーム shield room
遮蔽室，シールド室ともいう．室の周囲を銅の網や板で囲みアースする．室内全体がシールドされ，外部からの電界，磁界の影響を避けられる．厳重にする場合は銅板(網)を二重，三重に張る．

☞アース

シルバード・マイカ・コンデンサ
silvered mica condenser

高周波の誘電体として優れているマイカの両面に，銀を吹きつけたりプリントして，400～500℃で焼きつける．小形で高周波特性のバラツキや不安定さが改善された．

☞誘電体

シルバーボンド・ダイオード
silverbond diode

NTT（元電電公社）の喜田博士の発明で，ゲルマニウムに銀ガリウム線をボンド（溶着）したダイオード．発明者の名をとりキタダイオードともいう．ゴールドボンドダイオードに比べ障壁容量が小さく高周波特性が優れている．

自励発振器（じれいはっしんき）
self oscillator

電源スイッチを入れている間，外部から交流入力がなくても，発振を持続する回路のこと．トランジスタ，真空管の発振回路は一般にこの自励発振器で，出力の一部を入力に正帰還し，発振を続ける．

☞正帰還

指令パルス（しれい——）
command pulse

コンピュータが動作するとき，命令の実行に際し，関係各部位の動作を促すために，制御装置から送られるパルスのこと．

☞制御装置

自励ヘテロダイン方式（じれい——ほうしき）
self heterodyne system

一つのトランジスタや真空管で，局部発振と混合を行い，周波数変換するヘテロダイン方式．局部発振用の専用トランジスタや真空管回路のある他励ヘテロダイン方式と対語．

シレーメニー・ビーム・アンテナ
Chireix-Mesny beam antenna

シレーメニー（発明者），SFR（Societé Francaise Radio-electric beam antenna）ビーム，のこぎり波，ジグザグともいうビームアンテナのこと．横列配置の垂直ビームアンテナの一種で，水平成分は打ち消し合い電波を発射しない．各辺の長さは$\lambda/2$である（λは波長）．

☞のこぎり波

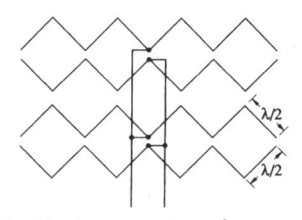

磁路（じろ）magnetic path

磁気の回路，磁束の通り路のこと．主として強磁性体で作られるが，磁束は磁性体の外側を洩れて通ることもある．☞磁気回路

白黒テレビ（しろくろ——）
monochromatic television

テレビの画面が，白（明るい部分）と黒（暗い部分）の明暗だけで成り立っているテレビジョンのこと．モノクロテレビジョン，単色テレビジョンともいう．映像信号は輝度信号だけである．

☞カラー・テレビジョン

白信号（しろしんごう）white signal

テレビやファックスで扱う白を示す信号のこと．

☞合成映像信号

白レベル（しろ——）white level
→合成映像信号

磁わい(歪)発振器（じ——はっしんき）
magneto-strictive oscillator

磁気ひずみ発振器ともいう．棒形の磁性体を長さの方向に磁化すると，磁性体により伸びたり，縮んだりする．この磁気ひずみ現象を利用して持続する機械⇄電気の振動を生じさせる装置のこと．振動子はニッケルなどの薄板を絶縁して積み重ね，数回コイルを巻く．フェライト振動子は変換効率はよいが，焼結材のため金属形よりもろい．周波数は10～100kHz位である．

シンギング singing

高利得の真空管式低周波増幅器で，スピーカの出力が真空管やバリコンの羽根やマイクの振動板を振動させ，それ

しんく

が増幅されてスピーカから出て，また振動することを繰り返し（帰還し），数kHzで発振する自己発振の一種．部品の配置や配線が不適当なときも生じる．☞帰還

真空蒸着（しんくうじょうちゃく）
vacuum evaporation

単に蒸着ともいう．真空の鉄製容器（ベルジャー）の中に，タングステンフィラメントを入れ，外部から電流を流して加熱し，その上に置いた物質を蒸発させ，蒸着したい物質の表面に薄膜（1ミクロン）を作る．真空中の金属は蒸発温度が下がり酸化も防ぐことができる．蒸着金属は金，白金，アルミニウム，タンタル，ニクロムなどで，絶縁物（誘電体）は酸化シリコン，チタン酸バリウムなどである．蒸着不要の場所は，マスクを使う．IC，皮膜抵抗器，MPコンデンサなどの製作に使う．

真空管（しんくうかん）**Vacuum tube**

電子管の一種で，熱電子放出現象を利用した，整流，増幅などの作用をもつ電子回路用の素子．真空にしたガラス（金属・セラミックなども使われる）管に電極が封入されることからその名がある．電子管・熱電子管などの別名もあり，日本では「球」（きゅう，たま）といわれる．

真空放電（しんくうほうでん）
vacuum discharge →グロー放電

シングル・エンデッド・プッシュプル
sigle ended push-pull
→SEPP

シングル・サイドバンド
single side-band

英語の頭文字を取りSSBとも単側波帯ともいう．変調波が音声のように，ある周波数の幅をもつ場合のAMは上側波も下側波も広がりをもち，上側波帯，下側波帯となる（図(a)）．どちらか片方の側波帯（サイドバンド）と搬送波を取り除いても通信の内容は正確に相手に伝わる（図(b)）．片方の側波帯だけで通信する方式を単側波帯方式（シングルサイドバンド）SSBという（図(c)）．この方式は，周波数の占有帯域幅が狭く，一定の周波数帯に，多くの無線局の周波数を割り当てることができる．送信電力も節約でき，受信側では帯域幅が狭いためS/Nが向上するなどの多くの特徴があるが，搬送波や側波帯を取り除く水晶フィルタや，受信側で検波の際の搬送波の注入など，技術的にむずかしいところもある．そのため送・受信機とも複雑となり高価となる．SSB以外のA3局とも交信する場合は，搬送波を完全にゼロにせずに残しておく．残した搬送波をパイロット信号という．

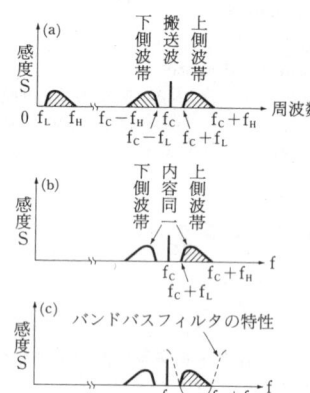

(a) 下側波帯 搬送波 上側波帯
感度S
$0 \quad f_L \quad f_H \quad f_c-f_H \quad f_c \quad f_c+f_H$ 周波数f
$f_c-f_L \quad f_c+f_L$

(b) 下側波帯 内容同一 上側波帯
感度S
$f_c \quad f_c+f_H$
f_c+f_L

(c) バンドパスフィルタの特性
感度S
$f_c \quad f_c+f_H$

シングルサインオン **single sign-on**

複数サーバの認証とユーザのアクセス制御を，1元管理できる機能．これによりユーザは1回のログインで複数のサーバにアクセスでき，許可されているすべての機能を利用できる．

シングル・スーパ **single super**
→スーパヘテロダイン方式

シングル・スーパ方式（——ほうしき）
single super system

→スーパヘテロダイン方式

シンクロスコープ synchroscope
ブラウン管オシロスコープの一種で，岩崎通信機の商品名．方形波の校正電圧があり，時間軸に使うのこぎり波のスタートは，入力信号によって作られたトリガパルスで行う．このため不規則な波形，単発の波形，過渡現象等も，安定した観測ができる．波形の一部拡大，振幅や周波数の正確な測定ができ，2現象を同時に観測し相互の位相関係も知ることができるものが多い．

信号 (しんごう) signal
シグナルともいう．放送電波は搬送波と音声や楽器の音などの低周波を含み，低周波は相手に伝える情報で，これを信号と呼ぶ．テレビのように音声と映像を扱う場合は，映像信号，音声信号と区別する．パルスの場合は，パルス信号とか，同期信号などという．情報処理では，物理現象に関する時間に依存した値でデータを伝達するものと定める（JIS・情報処理用語）．

人工衛星 (じんこうえいせい)
artificial satellite
人工的に宇宙に打ち上げた衛星．地上からの高さにより，周期（1回転に必要な時間）が異なる．地上から約36,000kmの高さの衛星は，地球の自転と同じ周期をもち止まっているように見えるので，静止衛星とか同期衛星という．これより低い軌道を回るものを移動衛星という．また，用途に応じ放送衛星・通信衛星・気象衛星・科学衛星・軍事衛星などがあり，無人衛星と有人衛星の別がある．日本最初の打上げは1970年東大宇宙研の"おおすみ"である．☞通信衛星

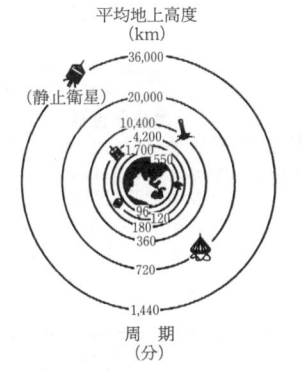

人工衛星中継方式 (じんこうえいせいちゅうけいほうしき)
satellite relay system
通信用人工衛星（通信衛星）により，地球→衛星→地球のように，遠距離通信の中継をさせること．反射させるだけの受動衛星と，地上からの電波を，増幅したのち周波数を変えて地球に送り返す能動衛星による中継がある．
☞通信衛星

信号源 (しんごうげん) signal source
シグナルソースともいう．テレビやラジオの受信機では，各放送局の電波が信号源である．オーディオアンプの場合はチューナの出力やレコードのカートリッジ出力，テープレコーダの出力やマイクロホン出力などが信号源になる．☞チューナ

人工雑音 (じんこうざつおん)
manmade noise
人工的な雑音で，無線通信，ラジオ，テレビの受信障害となる．超高圧送電線のコロナ放電，工場などの電動機のスパーク，電車のパンタグラフのスパーク，高周波加熱装置からの洩れ，蛍光灯など放電灯の雑音，自動車の点火プラグの火花など，さまざまな発生源がある．自然雑音と対語になる．
☞自然雑音

人工磁石 (じんこうじしゃく)
artificial magnet
永久磁石，電磁石の二種がある．人工による磁石のことで，天然磁石と対語になる．

しんこ

信号対雑音比 (しんごうたいざつおんひ) signal-to-noise ratio
→SN比

進行波 (しんこうは) traveling wave
伝送線,フィーダの片端(送端)に電源をつなぎ,もう一方の端(受端)にフィーダの特性インピーダンスZ_0と等しいインピーダンスZ_Lの負荷をつなげば,電源から負荷に向かって電圧や電流は減衰するが反射せずに進んでいく.これを電圧,電流の進行波という.

進行波アンテナ (しんこうは——) traveling wave antenna
大地からの影響を無視できるほど高い水平アンテナを張り,終端にアンテナの特性抵抗に等しい値の抵抗R_0をつないでアースすれば,アンテナの電流は進行波だけになり,電波が発射される.このアンテナを進行波アンテナという.☞終端装置

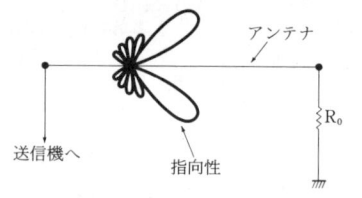

信号発生器 (しんごうはっせいき) signal generator
英語の頭文字をとり,SGともいい,シグナルジェネレータ,ジェネレータともいう.低周波用,高周波用,マイクロ波用など周波数別,AM用,FM用など変調方式別,ラジオ用,テレビ用,パルス用など波形別,周波数可変や固定のものなど多くの種類がある.SSGの簡易形である.
☞SSG

進行波ビーム・アンテナ (しんこうは——) traveling wave beam antenna
進行波アンテナの指向性を利用するビームアンテナの一種.ひし形アンテナやフィッシュボーン(魚骨形)アンテナなどのビームアンテナのこと.

シンコム衛星 (——えいせい) Syncom satellite
1964年8月にアメリカが太平洋上に打ち上げた静止通信衛星で,東京オリンピックの日米間テレビ中継に利用され,のちにアーリーバードが引き継いだ.☞通信衛星

真性半導体 (しんせいはんどうたい) intrinsic semiconductor
I形半導体ともいい,純度が99.99……と9が10個並ぶ(テンナイン),シリコンやゲルマニウムの結晶のこと.半導体の中の電子とホール(正孔)が同数である.これに不純物を混ぜN形やP形の半導体とし,ダイオードやトランジスタに利用する.

シンセサイザ synthesizer
水晶発振器を使い,きわめて正確な周波数の合成装置で,次の二つが代表的である.
①周波数シンセサイザ.一つの水晶発振器の基準となる周波数を逓倍(ていばい),分周(ぶんしゅう)し,多くの周波数を作り,これらを合成して,必要な周波数を取り出すことができる装置のこと.出力周波数がきわめて安定である.
②電圧制御形の音の合成装置.1955年にRCAエレクトロニック・サウンドシンセサイザが発表されてから本格的となった.1965年ムーグによって商品化された.☞水晶発振器

進相コンデンサ (しんそう——) phase advance condenser
遅れ力率となる負荷(誘導電動機など)の容量が大きい場合,全体の力率(総合力率)が下がる.これを防ぐため,力率改善用のコンデンサをつなぐ.このコンデンサのこと.ライン(母線)に一括して入れる場合もある.油入紙形からフィルム形に変わっている.

診断プログラム（しんだん——）
diagnostic program
計算機が正しく働くかどうかを確かめるためのプログラムで、これによって計算機の故障や間違いの状況を知ることができるもの。☞計算機

伸長（しんちょう）expand
振幅を圧縮した信号を、圧縮とは逆の非線形回路に加え、もとの信号にもどすこと。☞非線形回路

伸長器（しんちょうき）expander
圧縮器により振幅を圧縮した信号を、もとにもどすための、逆の非線形回路。

シンチレーション・フェージング
scintillation fading
風や空気の対流で、大気中の電波の屈折率の分布が乱れて、一定以上の速さで動く場合、極超短波は衝突して散乱し、受信点の電波と混じり、電波の強さを変える。この電波の強さの変動をシンチレーション・フェージングといい夏に多い。送信、受信アンテナの利得、両者の距離、波長が大きいほど、変動間隔が十数秒と長くなり、変動の幅も数dB（デシベル）増える。
☞極超短波

シンチレータ scintillator
硫化亜鉛はα（アルファ）線に、タリウムやよう化ナトリウムはγ（ガンマ）線に、よう化リチウムは中性子に当たると光を出す。このように放射線が当たると光を出す蛍光物質をシンチレータという。放射線測定用シンチレーションカウンタに使う。
☞α線

真電荷（しんでんか）
true electric charge, true charge
自由電子によって現れる電荷のこと。
☞自由電子

振動子（しんどうし）vibrator
電子エネルギと機械エネルギの変換をする部品。変換子、トランスジューサともいう。メカニカルフィルタ、マイクロホン、イヤホン、超音波洗浄機、魚探機、探傷機、圧電着火、発振子などに使われる。

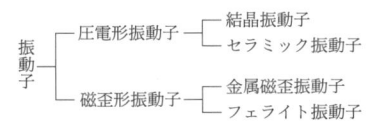

```
            ┌─ 圧電形振動子 ┬─ 結晶振動子
振動子 ─────┤              └─ セラミック振動子
            └─ 磁歪形振動子 ┬─ 金属磁歪振動子
                           └─ フェライト振動子
```

振動板（しんどうばん）diaphragm
イヤホン、受話器、マイクロホンなどに使う薄い振動用金属板で、振動片ともいう。信号に応じて振動し音を出す。

振動片周波計（しんどうへんしゅうはけい）vibrating reed frequency meter
薄く細長い振動片（鋼製）の長さを少しずつ変えて一列に並べる。測ろうとする商用周波数を電磁石のコイルに流し、この交番磁界内に振動片を置くと、振動片の固有振動数と、交番磁界の周波数が同じ場合は共振して大きく振動し、周波数を測ることができる。応答が遅く、商用周波数用。
☞商用周波数

振幅（しんぷく）amplitude
電圧や電流の波形で、0から波形の最大値までのこと。ピークバリューともいう。交流の場合は波形の半分、つまり0から（＋）側半分または（−）側半分で図のBの値。（＋）側の最大値から（−）側の最大値までを指す場合もあり、その場合は図のAの値となる。

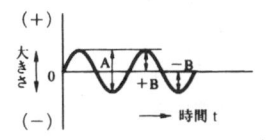

振幅制限器（しんぷくせいげんき）
amplitude limitter
リミッタともいう。信号の振幅を一定に保つ回路。FM受信機の復調（検波）段の前に置き、振幅を一定にしてFM被変調波の中に混じる振幅変化分や衝

撃性雑音を除くときに使う．図はダイオードリミッタの例．
☞復調

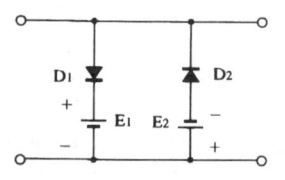

振幅ひずみ（しんぷく——）
amplitude distortion
非直線ひずみともいう．電子回路で生じるひずみの一種．入力信号が大きすぎるとき，トランジスタや真空管の動作点が不適当なときなど動作範囲が非直線部分にかかると，出力信号の波形（振幅）が入力信号と比例せずひずみを生じる．このひずみを振幅ひずみという．☞ひずみ

振幅分離（しんぷくぶんり）
amplitude separation
二つ以上の信号が混じり合っているとき，振幅の違いを利用して，これらの信号を選び分けること．テレビ受像機で合成映像信号から，同期信号と映像信号を分けるときに使う．

振幅分離回路（しんぷくぶんりかいろ）
amplitude separation circuit
テレビの映像と同期と両信号を合わせた合成波の振幅の違いを利用して，両成分を選び出す回路．テレビ受像機で合成映像信号を，映像信号とその上にのる同期信号に分けるときに使う回路．クリップ回路の一種．
☞クリップ回路

振幅変調（しんぷくへんちょう）
amplitude modulation
相手に送る情報（信号）の振幅に応じて，搬送波の振幅を変化させることを振幅変調といい，英語の頭文字をとってAMともいう．525kHz〜1605kHzの標準放送はすべてAMで，技術は簡単なため古くから広く普及した．周波数変調（FM）に比べ雑音（ノイズ）が混入しやすいのが欠点である．
☞標準放送

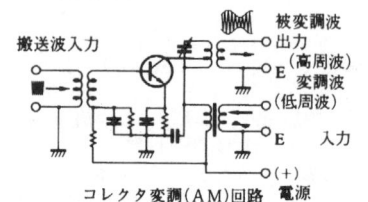

コレクタ変調(AM)回路

振幅変調回路（しんぷくへんちょうかいろ）
amplitude modulation circuit
→振幅変調

振幅変調度（しんぷくへんちょうど）
amplitude modulation degree
→変調度

振幅変調波（しんぷくへんちょうは）
amplitude modulating wave
信号波を変調に使う場合に，信号波のことを変調波とか振幅変調波という．変調を受けた成分は被変調波または振幅被変調波という．

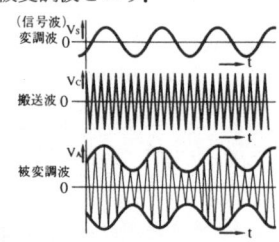

振幅変調方式（しんぷくへんちょうほうしき）
amplitude modulation system
→振幅変調

信頼性（しんらいせい）
confidence
電気機器や部品が一定時間，所定の機能で故障せず働くかを示すことば．設計，製作に十分気を使い，正しく使うことによって高められる．経済的理由も関係が深い．

す

垂下特性 (すいかとくせい)
drooping characteristic
電圧・電流特性の一部が垂下（電圧の増加に電流が減少）する特性のことで，負性抵抗を示す．①エサキ（トンネル）ダイオードの順方向拡散電流の流れ始める電圧より低い電圧の部分で示す特性．②四極真空管のプレート電圧・電流特性で，プレート電圧が低い部分のプレートの二次電子放出による特性．③直流差動複巻発電機の負荷電流・端子電圧特性．④磁気洩れ変圧器の電流・電圧特性などがある．

水銀電池 (すいぎんでんち)
mercury cell
水銀乾電池とか，マーキュリセルともいう．一次電池で，充電はできない．陽極（＋）は鉄またはニッケルで，容器をかねている．陰極（－）は亜鉛で，電解液には苛性カリを用い，減極剤に酸化水銀を使う．起電力は1.3〜1.4Vで，マンガン電池と同一の大きさで約5倍の容量がある．使用中の内部抵抗の増加は非常に少なく，電圧変動は現れない．長い期間の保存も可能で，高い温度の場所でも使える．重さは同一の大きさならマンガン電池の2倍である．1個当たりの価格は高価だが，容量に比例しているので，性能の優れた点と，入れ換えの手間を考えれば有利である．外観はマンガン電池と異なり中央の凸形のほうが（－）で，底の部分が（＋）になる．
☞マンガン電池

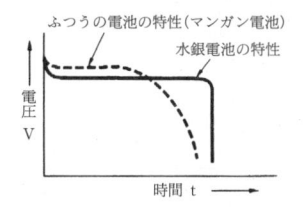

水銀灯 (すいぎんとう)
mercury arclamp
水銀蒸気の中のアーク放電を利用した光源．水銀蒸気の低いほうから，①低圧水銀灯，②高圧水銀灯，③超高圧水銀灯があり，超高圧水銀灯は白色光に近い．水銀灯は，道路の照明，工場照明，映画撮影，映写，探照灯，蛍光灯，殺菌灯など用途が広い．
☞アーク放電

水晶共振子 (すいしょうきょうしんし)
crystal resonator
水晶振動子，水晶発振子（発振用），水晶共振子（フィルタなどの受動回路用），クリスタルなどと呼び用途が広い．☞水晶振動子

水晶振動子 (すいしょうしんどうし)
crystal resonator
水晶片発振子または水晶発振子，略して水晶とかクリスタルともいう．天然産の水晶は減少して人工水晶の生産技術が進歩し，良質の天然水晶にまけないものが生産され利用されている．水晶片は寸法や電極の形，結晶から切り出すときの角度などによって，一定の固有振動数や温度係数をもち，固有振動数を少しでもずれると共振しなくなる．電気的にはインダクタンスL，コンデンサC，抵抗Rの回路と考えられ，Qは10^3〜10^4と非常に高く，帯域幅はきわめて狭い．温度変化に対してはきわめて安定で，発振回路の周波数制御やフィルタなどに利用する．周波数は100kHz〜25MHz位の広い範囲にわた

すいし

り，基本波用，高調波用がある．FT-243型，HC-6/U，HC-13/U，HC-18/U，HC-25/Uなどの種類がある．
☞共振

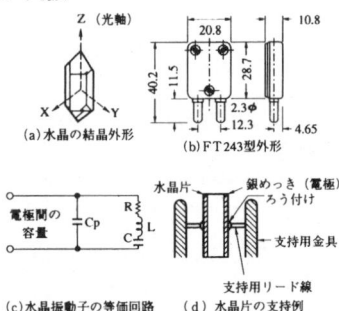

(a) 水晶の結晶外形
(b) FT243型外形
(c) 水晶振動子の等価回路
(d) 水晶片の支持例

水晶制御送信機（すいしょうせいぎょそうしんき）crystal oscillator transmitter → COPA方式送信機

水晶時計（すいしょうとけい）crystal clock

水晶発振器の出力を周波数分割し電力増幅して，時計のメカニズムを回転する．1日当たりの時間誤差は0.01秒以下である．
☞電力増幅器

水晶発振器（すいしょうはっしんき）crystal oscillator

水晶振動子(発振子)を使い発振周波数を制御する発振回路．ピアースBE回路，ピアースBC回路，無調整回路，オーバトーン回路などがある．ピアースBE回路は水晶振動子をトランジスタTrのベース～エミッタ間に接続しハートレー回路と同じ接続．ピアースBC回路は，Trのベース～コレクタ間に水晶発振子をつなぎ，コルビッツ回路と同じ接続．オーバトーン回路は，水晶振動子の基本周波数の5～10倍の周波数を発振させる回路．一般に周波数を高くするには，水晶片の寸法を小さくするが，あまり小さくすると製作が困難になり25MHz位が限度である．これより高い周波数が必要な場合は逓倍回路で一段当たり周波数を2～3倍位ずつ高くしていく．これを節約できるのがオーバトーン回路である．
☞ピアースBC回路，ピアースBE回路

オーバトーン水晶発振回路

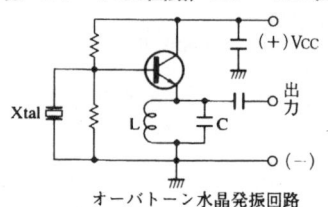

水晶フィルタ（すいしょう――）crystal filter

クリスタルフィルタともいう．水晶の結晶から切り出した共振子を組み合わせて作る．水晶共振子はQが高く非常に鋭い共振特性をもつ．これを利用して，特定の狭い周波数帯域だけを取り出したり取り除いたりするのに使う．中心周波数は数十kHz位から数十MHz位まで幅広く選ぶことができ，帯域幅も百分の数パーセントから数パーセント位の範囲にできる．

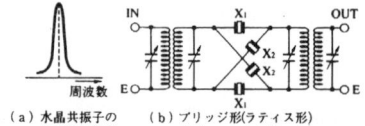

(a) 水晶振動子の共振特性曲線
(b) ブリッジ形(ラティス形)水晶フィルタ回路

水中テレビジョン（すいちゅう――）under water television

小形のポータブルテレビカメラで潜水カメラマンが水中撮影するときに使う．レンズのくもり，耐水性，海水に対する耐食性などに配慮し，電源電池を内蔵する．

垂直アンテナ（すいちょく――）vertical antenna

垂直に立てたアンテナのことで，バーチカルアンテナともいう．接地アンテナは，長さの4倍の波長に共振し，長，

中波用アンテナに使う．送信機出力端子の一方をアンテナに，他方をアースすることから，接地（アース）アンテナという．高い鉄塔の底部を絶縁し塔アンテナにすることもある．
☞アンテナ

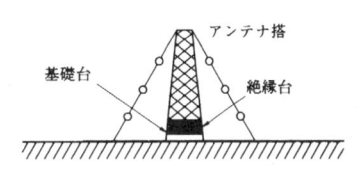

（図：アンテナ塔，基礎台，絶縁台）

垂直解像度（すいちょくかいぞうど）
vertical resolution →解像度

垂直帰線（すいちょくきせん）
vertical retrace line
日本のテレビ方式では1秒間に30枚の画面を送り，1枚の画面ごとに2回の垂直走査を行う．走査のもどりの線を帰線といい，垂直走査のもどりの線を垂直帰線という．この期間はなるべく短いほうがよく，画面の構成には不要なため，画面に現れないよう消去する．これを帰線消去という．垂直の帰線を消去することを垂直帰線消去という．テレビやブラウン管オシロスコープで使われる．
☞走査

垂直帰線消去（すいちょくきせんしょうきょ）**vertical blanking**
→垂直帰線

垂直帰線消去信号
（すいちょくきせんしょうきょしんごう）
vertical, blanking signal
テレビの送受信やブラウン管ディスプレイなどで，垂直帰線消去を行うためのパルス信号のこと．垂直帰線消去パルスともいう．テレビの合成映像信号では黒レベル（75％）より黒の方向（ペデスタルレベル）に入れ，この上に同期パルスが入る．
☞同期パルス

垂直帰線消去パルス
（すいちょくきせんしょうきょ——）
vertical blanking pulse
→垂直帰線消去信号

垂直出力回路（すいちょくしゅつりょくかいろ）**vertical output circuit**
ブラウン管の垂直偏向コイルに，のこぎり波電流を供給する回路でエミッタ接地のA級増幅器．垂直偏向コイルの抵抗分はカラー用が20Ω位で，出力トランジスタの最適負荷に等しく，直接つないでもよいがトランス結合を使う．偏向コイルにインダクタンス分があるので，電流を流すとパルスが発生する．このためコレクタ耐圧の大きいトランジスタを使い，バリスタかダイオードをコレクタに並列に入れて保護する．垂直コンバージェンス回路，ピンクッション補正回路への，のこぎり波もこの回路から与える．
☞偏向コイル

垂直走査（すいちょくそうさ）
vertical scanning
画面の左上端から水平走査を行いながら徐々に下に移動し，1枚の絵（画面）を2回走査して1秒間に30枚の絵を描く．水平走査線を一定時間に一定間隔で上から下に移動することを垂直走査といい，1枚の絵で2回，1秒間に60回垂直走査する．1回の垂直走査をフィールド走査といい，2回のフィールド走査で1フレーム走査という．走査のタイミングは送信側・受信側とも同期信号（パルス）で行う．
☞フィールド走査

垂直増幅回路（すいちょくぞうふくかいろ）**vertical amplifier circuit**
テレビ受像機の垂直偏向回路の一部で，垂直ドライブ回路または垂直ドライブともいう．垂直発振回路と垂直出力回路の間にあり，1～2段の増幅器．発振出力を増幅して十分な大きさにし，垂直出力回路をドライブ（駆動）

する．負帰還をかけ，直線性を補正し，回路の安定度を高めている．

垂直同期（すいちょくどうき）
vertical synchronization
垂直走査の周波数と位相を送信側と受信側で完全に一致させることで，このタイミングは送信側から送られるテレビ電波（合成信号）に含まれる同期信号（垂直同期パルス）で行う．

垂直同期回路（すいちょくどうきかいろ）vertical synchronizing circuit
テレビ受像機の周波数分離回路で，垂直用と水平用の同期信号を，周波数の差を利用して分ける．垂直同期信号は周波数が60Hzと低いので，積分回路で取り出す．

垂直同期周波数
（すいちょくどうきしゅうはすう）
vertical synchronizing frequency
テレビの画面を静止させ正常に映すための，垂直方向の同期周波数のこと．1秒間に30枚の画面を送るが，一つの画面を奇数回・偶数回の合計2回走査するので，$30 \times 2 = 60$（枚）の画面を送っていることになり，これをフレーム数という．このため垂直同期周波数 $f_v = 60$〔Hz〕となる．

垂直同期信号（すいちょくどうきしんごう）vertical synchronizing signal
テレビ画面の垂直走査の同期（垂直同期）をとるための同期信号（同期パルス）のこと．送信・受信の両方とも，同一の信号を使う．
☞同期信号

垂直発振回路（すいちょくはっしんかいろ）
vertical oscillation circuit
撮像管やテレビ受像機の垂直偏向回路の一部で，垂直偏向コイルに必要な60Hzののこぎり波を発生する．出力が大きく回路が簡単な，ブロッキング発振回路が多く使われる．トランスTで出力（コレクタ）の一部を入力（ベース）に帰還して発振しR，Cを充放電する．発振周波数はCRの時定数，ベースバイアスV_{BB}で変える．結合コンデンサC_cを通し垂直同期パルスを加え，発振周波数を同期させる．
☞発振周波数

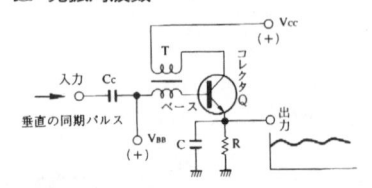

垂直偏向（すいちょくへんこう）
vertical deflection
ブラウン管や撮像管の電子ビームを垂直方向（上から下へ）に走査（偏向）すること．垂直偏向板に偏向電圧または垂直偏向コイルに偏向電流を流して，垂直方向の偏向を行うこと．

垂直偏向回路（すいちょくへんこうかいろ）vertical deflection circuit
ブラウン管の電子ビームを垂直方向に偏向するための回路で，オシロスコープでは偏向板に電圧を，テレビでは偏向コイルに電流を流す．テレビでは，垂直発振回路，垂直増幅回路（ドライバ），垂直出力回路よりなり，オシロスコープは，入力を広帯域増幅器で増幅し偏向板に加える．
☞オシロスコープ

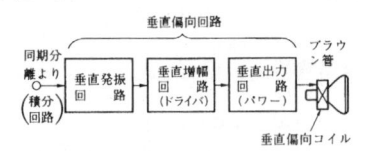

垂直偏向出力回路（すいちょくへんこうしゅつりょくかいろ）
vertical deflection output circuit
垂直発振回路からの60Hzの，のこぎり波を電力増幅し，垂直偏向コイルに電力を加える回路．
☞のこぎり波

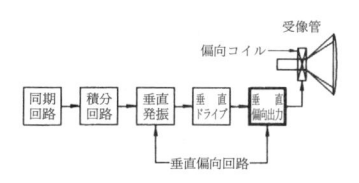

垂直偏向板 (すいちょくへんこうばん)
vertical deflection plate

静電偏向ブラウン管の管内に取り付けた，垂直偏向用の上下2枚の平行板電極のこと．観測用の入力電圧を増幅してこの電極に加え，輝点を垂直方向に偏向させる．

☞静電偏向ブラウン管

垂直偏波 (すいちょくへんぱ)
vertical polarization

電界が垂直で磁界が水平の電磁波のことで，垂直アンテナから放射した電波．送信側と受信側のアンテナは，偏波面を合わせると，効率が良い．

スイッチ switch

開閉器，切換器のこと．左右，上下式，回転式，押しボタン式，スライド式，シーソー式などがあり，開閉できる電流容量，耐圧，切換接点数，切換回路数などの異なる多くの種類がある．

スイッチ回路 (——かいろ)
switching circuit

一つの状態から，別の状態に切り換える回路．ダイオード，トランジスタを組み合わせたものが多用される．種類は，①同期方式，非同期方式，②スタティック，ダイナミック，③電圧スイッチ，電流スイッチ，④正スイッチ，負スイッチなどがある．基本回路に，①ゲート，②増幅回路，③フリップフロップなどがある．

スイッチ動作 (——どうさ)
switching action

1. ダイオードDに交流電圧Eを加えると，アノードAがカソードKに比べプラス(+)のとき電流iが抵抗Rに流れ，端子cd間にV=iRの直流電圧を生じる．このときDはスイッチの働きをし，交流の負の半波ではiは流れずスイッチはOFF（断），正の半波のときON(接)となる．このような働きをスイッチ動作という．

2. トランジスタのON-OFF動作．

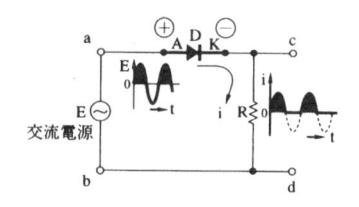

☞アノード

スイッチングアダプタ
switching adapter

半導体のスイッチング技術を生かしたACアダプタ．従来のアダプタはトランス方式であったため，出力容量が大きくなるのに従って，形状が大型化するとともに重量も重くなっていた．スイッチング方式は高周波技術を用い，電力変換効率を高めることで，アダプタに搭載する部品を小型，軽量化できるため，大容量化しても大型化を誘発しなくて済む．

☞アダプタ

スイッチング作用 (——さよう)
switching action →スイッチ動作

スイッチング時間 (——じかん)
switching time

スイッチングタイムともいいパルス技術用語である．

1. トランジスタのベースにパルスを加えたとき，コレクタから出てくるパルスの立ち上がり，立ち下がりの波形のずれ，時間の遅れのこと．図のt_1は遅延時間（ディレイタイム），t_2は上昇時間（ライズタイム），t_3は蓄積時間（ストレージタイム），t_4は下降時間（フォールタイム）と区別する．

すいつ

2. コンピュータに使うコアメモリの磁極反転に必要な時間．フェライトコアで，0.1μs（マイクロセコンド）位，1μsは百万分の1秒．

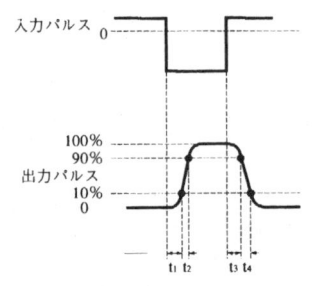

（図：入力パルスと出力パルス，100%, 90%, 10%のレベル，t1 t2 t3 t4）

スイッチング・ダイオード
switching diode

ダイオードの順方向と逆方向の抵抗の変化を，スイッチとして応用する．スイッチング時間を短かくするため，PN接合に金を拡散する．コンピュータや制御機器などのスイッチ回路に使う．☞PN接合

スイッチング電源（——でんげん）
switching power supply

スイッチング方式によって制御された直流安定化電源をいう．商用電源または直流電源を入力として，半導体の高速スイッチングにより数10kHzから数MHzの高周波電力に変換し，制御，整流して所定の直流を得るもの．

スイープ sweep

掃引，走査ともいう．ブラウン管の電子ビーム（スポット）を一定の速さで左から右へ繰り返し水平移動させること．このように時間と一定の関係をもたせた場合を直線的掃引，周期的に掃引を繰り返す場合を周期的掃引，単一現象の観測用には単一掃引，信号が入ったときごとに掃引するトリガ掃引などがある．

スイープ・ジェネレータ
sweep generator

掃引発振器ともいう．発振周波数を，ある範囲内で，一定の速さで連続して変え，繰り返す発振器のこと．たとえば1k～100kHzまで連続して一定の速さで周波数を変え，それを1秒間に50回位繰り返す．これをオシロスコープの時間軸にして，垂直軸に信号用増幅器の出力を加えれば，入力信号の周波数特性を直視することができる．

スイープ発振器（——はっしんき）
sweep generator
→スイープ・ジェネレータ

水平アンテナ（すいへい——）
horizontal antenna

導線を水平に張ったアンテナのこと．T形・L形があり，アースしないときと，するときがある．
☞導線

水平解像度（すいへいかいぞうど）
horizontal resolution →解像度

水平帰線（すいへいきせん）
horizontal retrace line

水平走査の終わりから次の水平走査の始まりまでの，もどりの部分の線を水平帰線という．この部分は画面構成上不要なので消去する．これを水平帰線消去という．

水平帰線消去（すいへいきせんしょうきょ）**horizontal blanking**
→水平帰線

水平帰線消去信号
（すいへいきせんしょうきょしんごう）
horizontal blanking signal

テレビの送受信やブラウン管ディスプレイなどで，水平帰線消去を行うためのパルス信号のこと．水平帰線消去パルスともいう．テレビの合成映像信号では黒レベル（75%）より黒の方向（ペデスタルレベル）に入れ，この上に同期パルスが入る．
☞同期パルス

水平帰線消去パルス
（すいへいきせんしょうきょ——）

horizontal blanking pulse
→水平帰線消去信号

水平空中線（すいへいくうちゅうせん）
horizontal antenna
→水平アンテナ

水平掃引（すいへいそういん）
horizontal sweep
ブラウン管や撮像管で水平方向の直線的な掃引（スイープ）のこと．

水平走査（すいへいそうさ）
horizontal scanning
電子ビームによる輝点（スポット）を，ブラウン管の蛍光膜上の左上隅から右上隅に水平に，一定の速さと時間の間隔ごとに繰り返し移動すること．水平走査は垂直走査も同時に行われ，蛍光膜上に水平走査線により画面を作る．日本のテレビ方式では送信・受信とも1画面につき525本の水平走査線で構成し，一つの画面を飛越し走査によって2回走査している．
☞垂直走査

水平走査周波数
（すいへいそうさしゅうはすう）
horizontal scanning frequency
日本のテレビ方式では送信・受信とも1画面を525本の水平走査線で走査し，1秒間に30枚の画面を送受するので，水平走査周波数 $f_H = 525 \times 30 = 15750 (Hz)$ となる．

水平同期（すいへいどうき）
horizontal synchronization
送信側と受信側の水平走査の周波数と位相を一致させ，タイミングを合わせること．このためには，送信側から同期用の信号（水平同期信号）を送り，受信側で水平走査のタイミングをこの同期信号で合わせている．

水平同期AFC（すいへいどうき――）
horizontal synchronizing AFC
水平同期信号にパルス性雑音が混じると，同期が乱れ画面が不安定となる．そこで何個かの同期信号の平均周期で同期をとり，画面の乱れを防ぐ．これを同期AFCといい，のこぎり波AFCが使われる．AFCとは，自動周波数制御のこと．
☞同期AFC

水平同期回路（すいへいどうきかいろ）
horizontal synchronizing circuit
テレビ受像機の周波数分離回路で，水平と垂直の同期パルスを周波数の差を利用して分ける．水平同期信号は周波数が15,735Hz（カラー）と高いので，微分回路で取り出す．
☞微分回路

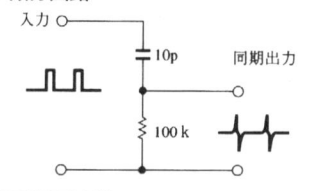

水平同期周波数
（すいへいどうきしゅうはすう）
horizontal synchronizing frequency
テレビの画面を静止させ正常に映すための水平方向の同期周波数のこと．一つの画面を525本で走査し，1秒間に30枚の画面を送るので，毎秒水平走査線数は$525 \times 30 = 15750$（本）となり，この1本ごとに水平同期をとる必要があり，水平同期周波数 $f_H =$，$f_H = 525 \times 30 = 15750 [Hz]$ となる．
☞走査

水平同期信号（すいへいどうきしんごう）
horizontal synchronizing signal
水平走査のタイミング（走査周波数・位相）を，送信側・受信側で一致させるための信号（パルス）のこと．
☞同期パルス

水平発振回路（すいへいはっしんかいろ）
horizontal oscillation circuit
1. テレビ受像機では，ブロッキング発振回路を使う．周波数は15,735Hzで，安定化コイルを使い，AFC回路の直

流電圧で制御する．AFCは同期AFC回路で，水平同期AFCともいう．
2．オシロスコープではマルチバイブレータを多用する．
☞マルチバイブレータ

水平偏向 （すいへいへんこう）
horizontal deflection

ブラウン管のスポット（輝点）を蛍光面の左上隅から右へ一定の速さ（周波数と位相）で移動させ，水平の線にし，垂直偏向と組み合わせ画面を作ること．静電偏向形ブラウン管では水平偏向板にのこぎり波電圧を加え，電磁偏向形ブラウン管では水平偏向コイルにのこぎり波電流を流す．のこぎり波のスタートは水平同期信号でタイミングをとる．送信側も撮像管で同様な動作を行う．
☞のこぎり波

水平偏向回路 （すいへいへんこうかいろ） horizontal deflection circuit

1．テレビの水平発振回路，水平ドライブ（増幅）回路，水平出力回路，高圧発生回路，同期AFC回路の全体をさす．水平偏向コイルに，約15,735Hzののこぎり波電流を流すための回路で，これによって，ブラウン管の電子ビームを左〜右へ走査する．
2．ブラウン管オシログラフでは，時間軸用の内部発振器の出力を増幅し水平偏向板に加える回路．
☞電子ビーム

水平偏向出力回路
（すいへいへんこうしゅつりょくかいろ）
horizontal deflection output circuit

水平偏向回路の最終段にあって，水平偏向コイルに水平偏向用のこぎり波電流を流し，ブラウン管の輝点を蛍光面上の左から右へ走査する．水平走査の帰線期間に水平偏向コイルに発生するパルス電圧を昇圧して，ブラウン管のアノード（電子加速）電極用高圧に利用する．また，ブースト電圧をブラウン管のスクリーングリッド電圧，垂直発振回路の電源電圧に利用したり，ブラウン管のホーカス電圧，キードAGC，バースト増幅器のゲートパルス，水平ブランキングパルスなどに利用する．
☞水平偏向回路

水平偏向板 （すいへいへんこうばん）
horizontal deflection plate

静電偏向ブラウン管の管内に，垂直偏向板よりも蛍光膜側に取り付けた，水平偏向用の左右2枚一組の平行板電極のこと．輝点を水平掃引させる．

水平偏波 （すいへいへんぱ）
horizontally polarized wave

電波は，電気力線による電界と磁力線による磁界の両方が，互いに直角の関係で周期的に変化しながら空間を伝わる．水平偏波とは，電界が大地に対して水平となり磁界は垂直となる電波．
☞電気力線

水冷管 （すいれいかん）
water-cooled tube

水冷形真空管のこと．大電力送信管の陽極は高温となるので，銅の円筒形にして循環水で冷やす．これを水冷形真空管という．
☞陽極

数字表示 （すうじひょうじ）
digital display, digit present, numeric indication

電卓（電子式卓上計算機）やディジタル計器，時計などの数字表示のことで，液晶板や蛍光表示管（数字表示管）が使われる．
☞蛍光表示管

数字表示回路 (すうじひょうじかいろ)
number indicate circuit

図のようにネオン管とCdS（硫化カドミウム）を向き合わせて組み，ネオン管がつくとCdSの抵抗が下がり，その回路の陰極（0～9まで）と陽極Pの間にグロー放電を生じる回路のこと．放電管はデカトロン．

☞デカトロン

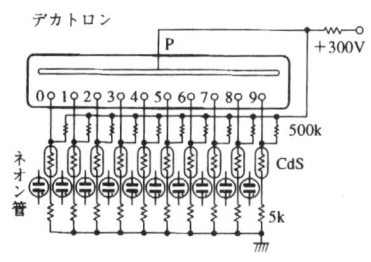

数字表示管 (すうじひょうじかん)
numeric indicator tube

1. 網形の陽極と，透明な数字形陰極を積み重ね，外部回路で陰極を選んで，数字を発光する．ディジタル計測器などで数字の表示に使う．表示放電管ともいう．

2. 蛍光表示管といい，フィラメントFに電流を流して加熱し，熱電子を放出する．陽極PとグリッドGをFより正にすると，電子は陽極に当たり，表面の蛍光体を光らす．

3. デカトロンといい，中心に円板形の陽極，周囲に陰極を0～9まで10個並べ，入力パルスの数だけ陽極～陰極間放電が移動し，入力数を示すガス入り放電管．☞計数放電管

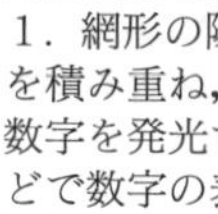

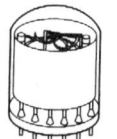

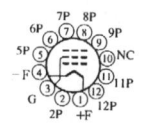

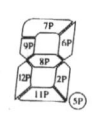

表示放電管 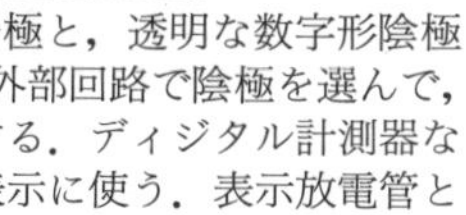　　蛍光表示管

数値制御 (すうちせいぎょ)
numeric control, digital control

工作機械をコンピュータの数値によって精密にコントロールすること．自動制御系とコンピュータの組み合わせで，NCともいう．
→NC

スカート・ダイポール・アンテナ
skirt dipole antenna
→スリーブ・アンテナ

スカラ量 (——りょう) scalar quantity

抵抗，時間，長さ，温度のように方向には関係なく，大きさだけで決まる量．

スキップ距離 (——きょり)
skip distance
→スキップ・ディスタンス

スキップ現象 (——げんしょう)
skip effect

送信アンテナから100km位離れた地域では，地上波は弱まって届かず，電離層反射波も届かないところがある．この電波が飛び越すような現象を，スキップ現象，跳躍現象という．

スキップ・ゾーン skip zone

空間波が地表におりてくる地点から送信アンテナまでの距離を跳躍（スキップ）距離といい，スキップ距離内の電波の感度の低いところを不感地帯，跳躍帯，スキップゾーンという．ここにもわずかな電波が伝わることがあり，その成分を散乱波という．

☞散乱波

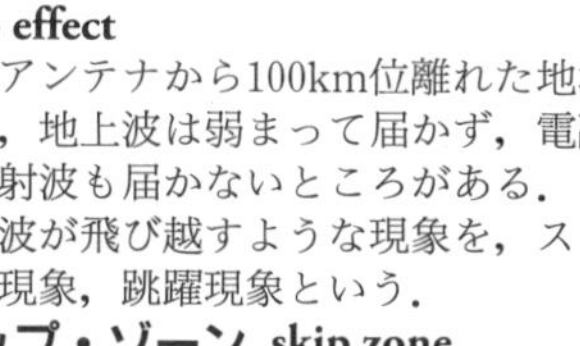

スキップ・ディスタンス
skip distance

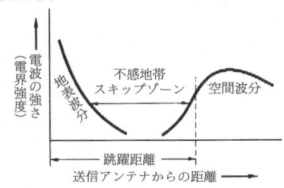

送信アンテナから，電離層反射波がはじめて地上にもどってくる点までの距

すきつ

離のこと．跳躍距離，スキップ距離ともいう．

☞電離層

スキップ・フェージング skip fading
受信点にとんでくる電波が電離層の影響を受けて変化するため，電波の強さがある周期で変動すること．電離層の電子密度が変化する日の出頃や夕方ごろに多発する．

☞電離層

スキャナ scanner
1．走査アンテナともいい，船舶用レーダのアンテナである電磁ラッパと反射器のこと．両者は一体となって回転し，電磁波を発射し，目標物からの反射波を受信する．
2．画像や印刷文字などを電気信号で示す装置のこと．コンピュータへ入力できるディジタル出力がだせる装置のこと．
3．屋内の状況を監視するテレビ装置のこと．

スキャン scan
コンピュータ画面を走査すること．または周辺機器スキャナで画像をディジタル化（ディジタルデータに）すること．走査（そうさ）ともいう．

スキャンコンバータ scan converter
スキャンは走査，コンバータは変換機の意味である．コンピュータ画像を走査し，水平走査周波数をテレビの画面の水平走査周波数に変換し，表示法の異なるディスプレイで同じ画面を見せる装置のこと．ラインダブラ（2倍走査数）とか，倍速スキャンコンバータは，水平走査周波数を2倍にしチラツキをなくしたテレビ画面にするための工夫である．

☞水平走査周波数

スキン・エフェクト skin effect
表皮効果とも呼ぶ．導線に直流を流すと，電流は導線の切り口のどの部分にも，同じように流れる．VHF帯以上では導線の表面を流れ中心部は流れなくなる．このように導線の表皮部分だけ電流が流れること．損失となり実効抵抗が増す．

☞VHF帯

スキン効果 （――こうか） skin effect
→スキン・エフェクト

スクライブ scribe
→ダイシング

スクラッチ・ノイズ scratch noise
レコード盤を再生しているとき，サーという連続した雑音が聞こえる．大変聞き苦しく，この雑音をスクラッチノイズという．レコード盤の音の溝を走る針が，盤面をこするために生じる雑音で，非常に広い範囲の周波数を含む．

スクランブル scramble
テレビ画面を再生するときエンコーダで変調しデコーダで復調しなければ，画面がかき乱されたようになること．こうして契約者以外に視聴できなくする．日本でも一部のテレビ局で行っており，同期信号を加工し受像機の同期をかからなくする方式が多い．

スクランブル放送 （――ほうそう） scramble broadcasting
スクランブルは混ぜ合わすという意味で，放送信号の順番を変え，映像や音声を有料契約者だけに届ける技術である．正常な受信・再生には専用の複号器（デコーダ）がいる．たとえばテレビ放送のWOWOW（BS5）はこの例である．

☞デコーダ

スクリーン screen
コンピュータのディスプレイ画面のこと．

→ディスプレイ

スクリーンセーバ screen saver
コンピュータのディスプレイ画面が，長時間同じ表示をしていると，表面が劣化し発光不良（焼き付き）を起こす．これを防ぐためのソフトである．一定時間パソコンを操作しないと，自動的

にこのソフトが起動し画面を消去し，模様（パタン）の動画面に変えたりする．焼き付き防止・電力節減などと言われている理由よりも，アクセサリ化している．

スクロール scroll
巻き物・渦巻き模様の意味が転じて，ワープロやパソコン画面に映っていない見えない部分を連続的に変えて，見えるようにすること．巻き物を巻いて見える部分を変える状況に似ている．
1．画面を上下に移動：垂直スクロール．
2．画面を左右に移動：水平スクロール．
3．背景のみ移動：ゲームの場面展開表示．

スケーラビリティ scalability
コンピュータシステムのもつ拡張性のこと．ビジネス環境の変化に伴い，システム負荷の増大や利用者数の増減に応じ，既存のハードウェア・ソフトウェア構成などの大幅変更なしにその機能を柔軟に変化させ，性能を向上させること．

スケーリング Scaling
テレビなどで映像信号をパネルの画面サイズに合わせて表示すること．ハイビジョン放送は1080i(1920×1080)，標準画質のSDTVは480i(720×480)と受信する映像信号の画素数が大きく違う．そのため，どちらも同一のパネルを使用するディジタルテレビでは，HDTV，SDTVともにスケーリング技術が画質を大きく左右する．
☞HDTV

スケルチ squelch
→スケルチ回路

スケルチ回路（――かいろ）
squelch circuit
FM受信機で，電波を受信していないときや受信電波が弱いとき，AGCが働き感度が高くなり出力の雑音が大きくなる．この雑音を防ぐため入力がないときは，低周波増幅器の利得を下げて感度を下げるか切り離す．これをスケルチまたはスケルチ回路という．
☞低周波増幅器

スケール・ファクタ scale factor
半導体を微細加工しICの高密度化や性能向上のために，平面寸法や厚みを減らす．この微細化・縮小化の割合のこと．☞半導体

スコーカ
squawker, midrange speaker
ミドレンジスピーカともいい中音再生用スピーカのこと．直径10cmぐらいのコーン形，ソフトドーム形，ホーン形がある．
☞コーン・スピーカ

進み電流（すす――でんりゅう）
leading current
交流回路で加えた電圧に対し流れる電流の位相が進む（進み位相の）とき，この電流を進み電流という．
☞交流回路

スタイル style
1．コンピュータやワープロで印刷（プリント）するときの書式のこと．
2．ワープロの文字書体のこと．文字修飾として太字・斜体・影付き・袋文字の4種あり，組合せにより12種のスタイルを選ぶことができる．このほか，文字サイズや行間の書式も割り当てることができ，書式設定機能という．

スタガ回路（――かいろ）
stagger circuit
→スタガ同調増幅器

スタガ同調（――どうちょう）
stagger tuning
→スタガ同調増幅器

スタガ同調回路（――どうちょうかいろ）stagger tuned circuit
→スタガ同調増幅器

スタガ同調増幅器（――どうちょうぞうふくき）stagger tuned amplifier

図(a)のような何段かの増幅回路の，増幅周波数を少しずらしておくと，各段の周波数利得特性は図(b)のようになり，回路全体では破線のような幅の広い特性が得られる．広帯域で高い利得の特性を必要とする映像増幅回路に利用される．周波数がずらしてあるので，高利得の場合でも発振せず，調整も各段ごとに独立してできる．最近ではオーディオ回路でも，各増幅段のCRの時定数をずらし増幅して低域の発振を防いでいる．

☞CR

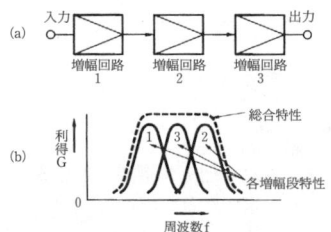

(a) 入力 → 増幅回路1 → 増幅回路2 → 増幅回路3 → 出力

(b) 利得G／周波数f　総合特性，各増幅段特性

スタガ同調方式 (——どうちょうほうしき) stagger tuned system
→スタガ同調増幅器

スタジオ studio
テレビやラジオの番組を作り，撮影するための特別室．外部からの音を断つ遮音や残響なども考えられている．室内には照明用ライト，テレビカメラ，マイクロホンなどが備えられている．隣りに副調整室があり，窓を通してスタジオ内を見ながら機器を調整する．

スタジオ・カメラ studio camera
テレビ放送用のスタジオで使うテレビカメラのこと．光学系レンズ，撮像管，偏向回路，映像増幅回路，ビューファインダ，スタンドなどから成り立っている．

☞撮像管

スタッカ stacker
コンピュータの紙カードなどを扱う装置で，処理されたカードを入れる部分，場所．ホッパと対語．

スタック stack
1．スタックド(積み重ね)アンテナのこと．
2．4個のシリコンダイオードをブリッジ形に組み，単相全波整流器にしたもの．シリコンスモールスタックともいう．
3．コンピュータのレジスタの一種で，データの一時的記憶(サブルーチン，割込みルーチン)用の記憶領域のこと．

☞単相全波整流

スタックド・アンテナ stacked antenna
→積み重ねアンテナ

スタックド・ジョブ処理 (——しょり) stacked job processing system
→ジョブ制御プログラム

スタッド stud
大電力用パワートランジスタやSCRなどの半導体素子のパッケージのネジ切りをした部分の名称．この部分をヒートシンクやシャシにねじ込むか，ナットで取り付け放熱を良くする．

☞SCR

スタテックRAM static RAM, static random access memory, SRAM
メモリ用ICの一種で，二安定マルチバイブレータ(フリップフロップ)で構成される．DRAM(ダイナミックRAM)に比べ集積度は劣るが，高速・安定動作に適している．電源を切らない限り記憶は残り，リフレッシュ(周期的な再書込み)が不要なため周辺制御回路は簡単で，マイコンなどのOA機器に広く使われる．メモリを構成するトランジスタにはバイポーラ，CMOS(コンプリメンタリMOS形FET)，NMOS(NチャネルMOS形FET)があり，バイポーラSRAMは高速性により電子計算機に使われる．

☞フリップフロップ

スタテック・コンバージェンス
static convergence
→静コンバージェンス

スタテック・ラム static RAM, static random access memory
→スタテックRAM

スタテック・ランダム・アクセス・メモリ
static random access memory
→スタテックRAM

スタビライザ stabilizer
装置，機器，器具の動作の安定化に使う．
1．安定化電源．電源の安定化装置のこと．交流用，直流用がある．
2．蛍光灯など放電管の安定器のこと．
3．テレビ受像機の水平発振回路の安定化コイルのこと．

スタブ stub
1．トラップともいう．フィーダなど平行2線の一部に，並列につないだ短い平行2線で，先端を開放またはショートしている．

スタブ整合（——せいごう）
stub matching
スタブの長さでフィーダのインピーダンスが変わるので，スタブをアンテナとフィーダのインピーダンス整合に使う．

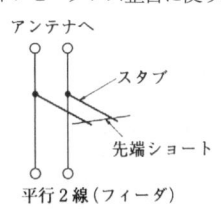

スタンバイ・スイッチ
stand-by switch
無線電話で送信機と受信機を交互に切り換えるためのスイッチで，アンテナや送信用，受信用の電源などを切り換える．

スタンバイ・マシン
stand-by machine
最新式の高級機器でも予知不能なトラブル（故障）の発生があり，その時すぐ切換え現状維持する，トラブル対策の予備機器のこと．

スチフネス stiffness
1．材質の剛性を示す語．弾性変形したときの，変形（変位）に対して，もとにもどろうとする力（復元力）のこと．
2．音響的に使われ，堅さの意味で，コンプライアンス（柔かさ）の対語．

スチロール・コンデンサ
polystyrol condenser
プラスチックフィルム（薄膜）コンデンサの一種．最も古くからあるもので，誘電体（絶縁物）としてスチロールを使ったコンデンサ．スチロールのフィルムを電極の箔（はく）の間にはさんで絶縁し，いっしょに巻き込むか，フィルムに直接電極を真空蒸着して巻き込む．絶縁抵抗が高く，高周波に対する損失も少なく，高周波回路や特性の補償回路などに使う．温度係数は一定で容量精度は±5％位まで得られる．また誘電体吸収（60分間の印加電圧と1分後の残留電圧との比）が0.01％位で小さい．直流増幅器や計算機，時定数回路に使う．有機溶剤（ベンゾール，シンナー類）に溶け熱に弱い．ペーパコンデンサと同じ巻込み形のため，自己インダクタンスがあり，10～40MHz近くで共振する．

スチロール・フィルム・コンデンサ
polystyrol film condenser
→スチロール・コンデンサ

ステアタイト steatite
滑石の粉に酸化物（シリコン酸化物）を混ぜ，1,400℃位で焼き上げる．でき上がりの寸法精度が良く，機械的，熱的，電気的特性，特に高周波での誘電体損が少ない．コイルボビン，大電力磁器コンデンサ，同軸ケーブルの絶縁体，アンテナ碍子（がいし）などに使う．
☞誘電体

ステガノグラフィ　steganography

他人に見られたくない情報などは，暗号化して送られるが，ステガノグラフィは情報自身の存在をわからなくすること．一般的に「電子あぶりだし技術」などといわれるが「情報非可視化技術」「深層暗号化技術」「電子迷彩技術」などもステガノグラフィに入る．秘密情報など他人に見られたくないデータを何か別のデータの中に埋め込み，その秘密データの存在自体もわからなくする技術のことを指す．

☞暗号化

ステッピング・モータ
stepping motor

固定子a，b，cに三相巻線をする．パルスでaを励磁すると，回転子はa極に引かれて図の位置で止まる．次のパルスでbを励磁すると，回転子2，4はb極に引かれて止まる．こうして入力パルス一つごとに，一定角度だけ(1ステップ)回転する．固定子の励磁順を変え逆転もできる．このようにパルス(ディジタル)信号を，回転角(アナログ量)に変えられるモータのこと．

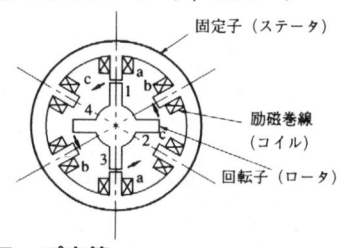

☞コアレス・モータ，DCモータ

ステップ応答（——おうとう）
step response

自動制御系の要素の入出力特性のこと．インディシャル応答ともいう．定常状態の要素に段階状入力（ステップ入力）を加えたときの出力の変化（応答）．

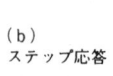

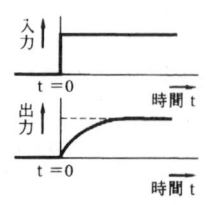

☞応答

ステップ信号（——しんごう）
step signal

時間t=0のときは0で急激に一定値まで変化する信号で，ステップ入力ともいう．

ステップ入力（——にゅうりょく）
step input

自動制御系の入力変化に対する，出力の時間的変化を知るために，入力に加えるステップ状の入力（段階状入力）のこと．要素のステップ応答を調べるときに使う．

ステップ・モータ　step motor
→ステッピング・モータ

ステートメント　statement

情報処理（コンピュータ）で使う用語で，文のこと．原始言語で書かれたプログラムの1単位，またはジョブ制御用言語の1単位．

☞ジョブ

ステム　stem

1．電球，真空管のような管球類の封止部分．外部から内部への導入線や支柱の取付けを行うところ．

2．トランジスタの外容器は，樹脂モールドまたは金属ケースで，金属ケースのリード線の出ている，土台の部分のこと．

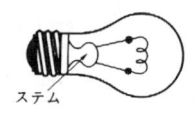

ステレオ・アダプタ　stereo adapter

FMのモノラル（モノホニック）受信

機につないで，ステレオ放送を受信できるようにするアダプタのこと．
☞モノホニック

ステレオ・アンプ stereo amplifier
ステレオ放送，ステレオレコード，ステレオテープなどを再生できるオーディオのハイファイ（Hi-Fi）アンプのこと．左，右チャネル別々のイコライザ，コントロールアンプ，メインアンプ，スピーカ，付属回路，切換えスイッチ類を備えている．
☞ハイファイ

ステレオ受信機 (——じゅしんき) stereophonic receiver
ステレオ放送を受信できる受信機のこと．日本ではFMでステレオ放送を行っており，FMステレオ受信機ともいう．図で太線わくの部分はFMモノホニック受信機との相異点．
☞FMステレオ放送

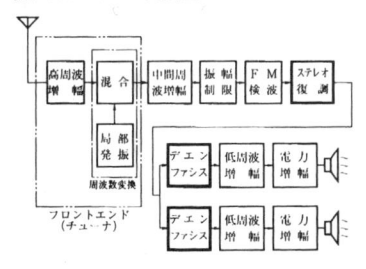

ステレオ信号 (——しんごう) stereophonic signal
音を立体的に再生する信号．一つの電波に左側出力L信号と右側出力R信号の和（L+R）と差（L-R）の信号をのせ，受信側ではステレオ用受信機で再生する．ステレオ用でない受信機(モノラル方式)で聞く場合は，和信号（L+R）を聞く．これをコンパチブル（両立）方式と呼ぶ．一つの電波に和と差の信号をのせるため，電波の帯域幅は広くなりVHF帯を使い，AM方式では雑音が多いので，FM方式を使う．

50Hz〜15kHzまでの範囲がL+Rで，放送に割り当てられたVHF波を直接FMする．これを主チャネルといい，放送に割り当てられたVHF波を主搬送波という．38kHzにもう一つの搬送波をもち，L-RでAMをかける．この帯域幅は23〜53kHzの約30kHzで副チャネルと呼ぶ．38kHzの搬送波を副搬送波（サブキャリア）という．このサブキャリアは取り除いてしまい，その半分の周波数の19kHzのパイロット信号を加え，受信側で局部発振回路の周波数を38kHzにしてサブキャリアを作り，副チャネルの両側帯波と混ぜもとのAM波にもどす．局部発振周波数の同期はパイロット信号でとる．このように和と差の両方の信号を，一つにまとめて，ステレオ（複合）信号という．☞パイロット信号

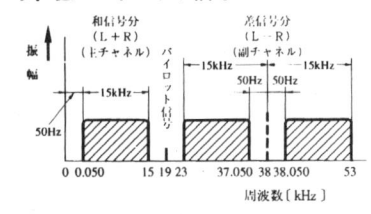

ステレオ・テープ stereophonic magnetic tape
ステレオ録音の磁気録音テープのことで，ステレオ磁気テープともいう．左，右の信号を，磁気テープの片面を2分し合計4トラックで録音，再生したり，左，右，左，右と4トラックを，2トラックずつ往復して使う方式．カセット式，オープンリール式がある．
☞磁気テープ

ステレオ複合信号 (——ふくごうしんごう) stereophonic composite signal
→ステレオ信号

ステレオ放送 (——ほうそう) stereophonic broadcasting
→ステレオホニック放送

すてれ

ステレオホニック放送（——ほうそう） stereophonic broadcasting
1．超短波放送で聴取者に音響の立体感を与えるため，左側と右側の信号を一つの放送局から同時に一つの周波数の電波により伝送するもの．
2．テレビジョン音声多重放送で聴取者に音響の立体感を与えるために行うもの（電波法施行規則第2条26）．

ステレオ・レコード stereo record
ステレオホニックな音を，レコード盤に録音する方法は，1932年にイギリスのブラムレーンによって，二つの信号を一つの音の溝に刻む方式が考えられた．左右に45°傾いた音溝に，右(R)と左(L)の二つの信号を刻むもので，45－45方式と呼ぶ．外側の壁にR信号，内側にL信号が録音されるのが普通で，R, Lどちらか片方の信号だけの場合はそれぞれの矢印の方向にカッタ針は振動する．RとLの両方の信号があれば，それに応じてカッタの針先はR, L両方の矢印の方向に振動して左右の溝壁に録音する．

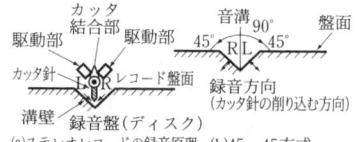

(a)ステレオレコードの録音原理 (b)45－45方式

ステレオ録音（——ろくおん） stereo recording
音を立体的に記録することで，ステレオレコード，ステレオテープなどが代表的．

ストア store
1．マイコンの命令の働き（機能）は，①命令／データの転送と移動，②プログラム進行のコントロール，③数値演算と論理演算があり，命令／データの転送と移動の命令には，ロード，ストア，プッシュ，ポップなどがあり，これらはメモリとCPU内部レジスタ間のデータ転送を行う．
2．情報処理に使う語で，記憶すること．
☞命令

ストップ文（——ぶん） stop statement
コンピュータのプログラムの全体の実行（停止）の制御を行い，STOPで示す．
☞プログラム

ストリーキング streaking
テレビ受像機の映像増幅器の中域から低域の特性が不良のときに生じる現象．画面の像が，垂直の縁を境にして，明るさが大きく異なるとき，また水平方向に長い棒のような部分があるとき，水平方向に白または黒の尾を引く．
☞映像増幅器

ストリーミング streaming
動画像や音声などの大容量ディジタルデータを，ブロードバンドのインターネットを経由して流れるように連続的に順次端末で再生する技術．再生にはMPEG, Windowsメディアプレーヤ，リアルメディア，パケットビデオなどの形式がある．大容量のコンテンツを一つのファイルとして一括ダウンロードすると，再生するにはダウンロード終了まで「待ち時間」が生じる．ストリーミングでは，データを細切れのパケット単位に受信しながら順次再生していく．欲しいときにすぐに配信サービスを受けることにより，待ちストレスがなくなることで「配信サービス」には有効．ストリーミング配信には，あらかじめ配信用ファイルとしてエンコードしたディジタルデータを保管して最新サーバから配信する「オンデマンド配信」と，実況中継のようにエンコードと配信を並行処理してリアルタイムに配信する「ライブ配信」がある．

ストレイ・キャパシティ stray capacity

1. 分布容量，漂遊容量ともいう．真空管やトランジスタの電極間容量．
2. ソケット，抵抗，コンデンサ，配線などとアースとの間に生じる静電容量．高周波での発振や寄生振動の原因になる．

☞電極間容量

ストレージ storage
1. 記憶，蓄積．
2. 蓄積時間（ストレージタイム）のこと．
3. 記憶装置のこと．

ストレージ・タイム storage time
→蓄積時間

ストレートケーブル straight cable
パソコンと周辺機器（モデム）の接続に使うケーブルのこと．

ストロボ stroboscope
1. ストロボスコープのこと．
2. ストロボフラッシュのこと．

ストロボスコープ stroboscope
白と黒のしまを規則正しく並べた円板を回転体に取り付け，一定の周波数で点滅するランプの光を当てると，しま模様が止まって見える．白黒のしまが静止しているように見えるのは，ランプの点滅と回転体とが同期したためで，このとき回転体の回転数S，ランプの電源周波数f，しまの数nとすると，

$$S = \frac{f \times 120}{n}$$

の関係がある．これを利用して，レコードプレーヤのターンテーブルの回転数を正しく調整する．電灯線は富士川より東の地方で50Hz，西の地方で60Hzで，これを電源として蛍光灯，ネオンランプを点灯すれば，ランプはその周波数で点滅する．

スナップ・スイッチ snap switch
レバースイッチともいい，1966年JIS制定のときからトグルスイッチが正式名称となった．指先によって直線的な往復動作が可能な，バット状のレバーをもって操作するスイッチ．

スノー・ノイズ snow noise
テレビの画面全体の白い雪のような小さなチラツキ．入力電波が弱いとき，アンテナやチューナ回路の不良のときなどに生じる．内部雑音が原因．

スーパ super
→スーパヘテロダイン方式

スーパインポーズ superimpose
テレビ画面や映画の画面で，二つの画面を重ね，新しい画面を作る技術．二重写しのこと．

スパーク spark
→火花放電

スーパゲイン・アンテナ supergain antenna
断面が正方形のアンテナ鉄塔の四面に，反射板を付け，その前方0.3λ（波長）のところに，λ/2のダブレットをおき，90°位相差で給電すると，水平面内が無指向性の広帯域アンテナとなる．このアンテナを数段積み重ね利得を高めてテレビ放送用に使う．RCAが発明した．

☞広帯域アンテナ

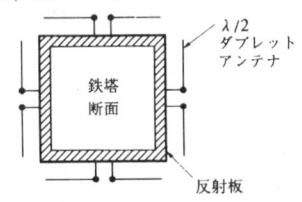

ストロボスコープのしま模様

すはし

スーパ・ショットキー・ダイオード
super Schottky diode
半導体と超電導体を組み合わせたダイオードのことで，SSDともいう．

スーパステーション **superstation**
アメリカのケーブルテレビ向けサービスのこと．通信衛星を使い全米各地に番組を配給するサービス．

スーパターンスタイル・アンテナ
superturnstile antenna
軍扇（ぐんせん）形またはこうもり羽根（バットウィング）形ターンスタイルアンテナともいう．図(a)のような寸法のアンテナを，鉄塔を中心に直角に十段ぐらい重ねる．水平面内は無指向性で，利得も高く，広帯域特性である．VHFのテレビ放送用に使われる．

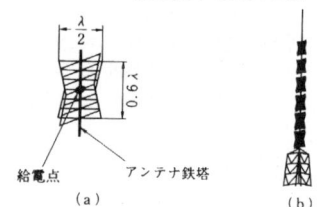

スパッタリング **sputtering, sputter**
タングステン，チタンなど融点の高い金属を，融点の温度まで高めるのはむずかしい．これら金属を陰極とし，相手電極との間に，真空中で数十kVの高圧を加える．金属は相手の電極に細かく飛び散ってつく．蒸着が不可能な金属の薄膜が作れ，ガラス，水晶，IC基板などに応用する．

スーパ・ノイズ **super noise**
スーパヘテロダイン受信機では，周波数変換回路で，受信周波数と局部発振周波数を混合して中間周波を得ているが，一つのトランジスタで，局部発振器と混合器をかねる場合が多く，変換の際雑音が増え，SN比（S/N）が下がる．この雑音を変換雑音，スーパノイズという．

☞スーパヘテロダイン受信機

スーパハイビジョン **super Hi-vision**
BSや地上ディジタル放送の魅力の一つとなっているハイビジョン(HD)映像を圧倒的に上回る超高精細映像として，NHKを中心に開発が進められているのが通称「スーパハイビジョン」である．現在開発中のスーパハイビジョンの規格は，画面縦横比がHDと同じ9：16，有効TV走査線本数は4,320本(HDは1,080本)と，HDに比べて約16倍の情報量をもち，画素ピッチがわからないほどの超高精細な画質が特徴．

☞走査線

スーパヘテロダイン受信機（――じゅしんき）**superheterodyne receiver**
スーパヘテロダイン方式を用いた受信機．広い受信周波数帯全体にわたり，高い感度と選択度をもち，安定した受信ができる．受信周波数と，それより中間周波数だけ高い局部発振周波数を，混合器で混ぜ，差の中間周波数を取り出し，増幅，検波し，低周波増幅して，スピーカで音を出す．中間周波数はAMラジオで455kHz，FMラジオで10.7MHzである．ダブルスーパの場合は局部発振器や混合器を二つもち，2度周波数変換を行い，感度，選択度をさらに高めている．周波数変換の前に高周波増幅器を置けば，影像周波数混信を防ぎ感度が高まる．

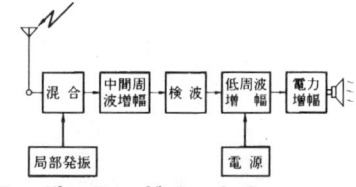

スーパヘテロダイン方式（――ほうしき）**superheterodyne system**
周波数f_1，f_2 二つの交流を，混合回路で混ぜ$f_1 \pm f_2 (f_1 > f_2)$の2成分のうちの差周波数を取り出し増幅して，高感度

で安定した動作を行う方式．2成分の混合で，和や差の成分を生む現象をうなり現象といい，新しい周波数をうなり周波数という．うなり周波数が高周波の場合を，スーパヘテロダインという．☞うなり周波数

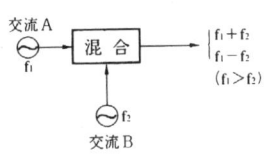

交流A f_1 → 混合 → f_1+f_2, f_1-f_2 ($f_1>f_2$)
交流B f_2

スーパ方式（──ほうしき） super-heterodyne system, super system
→スーパヘテロダイン方式

スーパマロイ supermalloy
ニッケル79％，モリブデン5％，マンガン0.5％，残りは鉄の混合物を真空中で溶かし合わせた磁性材料のこと．透磁率が高く，高周波の小形トランス用コアによく使われる．
☞透磁率

スピーカ speaker
電気信号を音声に変える部品．直接放射形とホーン形があり，直接放射形はコーン形とコンデンサ形がある．コーン形ではダイナミック形とクリスタル形があり，ダイナミック形が主流．携帯用ラジオに使う小口径のものから数十cmの大口径のものがある．口径の形は丸形と楕円形がある．磁石の強い磁界内に置かれたボイスコイルに信号を流すと，直角方向に振動し，これとともに，コーンが振動して信号の音を出す．
☞コーン・スピーカ

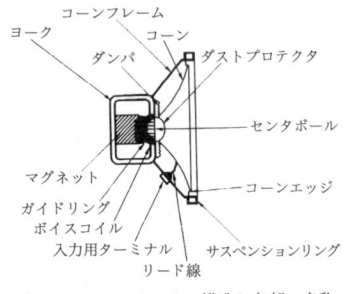

ダイナミックスピーカの構造と各部の名称
（コーンフレーム，ヨーク，コーン，ダンパ，ダストプロテクタ，センタポール，マグネット，コーンエッジ，ガイドリング，ボイスコイル，入力用ターミナル，サスペンションリング，リード線）

スピーカ・キャビネット
speaker cabinet
→キャビネット

スピーカ・システム speaker system
スピーカの形式，数，用途，キャビネット，ネットワーク，アンプも含めた総合的なスピーカの構成．マルチスピーカシステムは，スピーカでの再生周波数帯を2～3に分割し，それぞれ低域用，中域用，高域用の専用スピーカを使う．2分割なら2ウェイ，3分割なら3ウェイという．

スピードアップ・コンデンサ
speed-up condenser
トランジスタのパルス動作でコレクタ電流の立上り時間を短くするためベース電流を大きくする．そのためベース抵抗Rに並列にコンデンサCをつなぐ．このコンデンサCのこと．
☞パルス

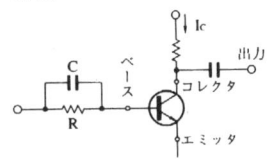

スピルオーバ spill-over
放送衛星による放送電波が，サービスエリアを越え周辺の国に伝わること．このため混信，思想・宗教・道徳などに影響を与える．この軽減にはアンテナの指向性を調整する．
☞放送衛星

スピン・フェージング spin fading
人工衛星を使って通信をする場合，人工衛星のスピン運動により通信回線に生じるフェージングのこと．衛星のアンテナはスピン軸を中心として回転す

すふら

るため，指向性が一様でないと，スピン回転に応じてレベル変動を生じる．
☞人工衛星

スプラッタ splatter
振幅変調の場合，変調率が100％をこえると変調波になかった成分が生じる．これを変調ひずみとかスプラッタと呼ぶ．帯域幅は広くなり10kHzも離れた周波数でシャリシャリと音が出ることがあり，共用で同一周波数帯を使っている他の人々に迷惑になる．音声信号で変調をかけるA3電波の場合は，40～60％以下に変調度を下げたり，負帰還をかけたりして変調率が100％をこえる瞬間をなくし予防する．

スプリアス spurious
→スプリアス放射

スプリアス発射（――はっしゃ）
spurious radiation
→スプリアス放射

スプリアス放射（――ほうしゃ）
spurious radiation
発射しようとする周波数以外の電波，つまり目的外の電波の発射のこと．発射しようとする電波の低調波や高調波，寄生発射の成分．この成分をゼロにするのは困難だが，1/100（－40dB）以下に定め，規定より強いとTVI（テレビ妨害）やBCI（ラジオ妨害）の原因となる．
☞寄生発射

スプリアス・レスポンス
supurious response
無線受信機で希望周波数以外の入力に対する出力（周波数対出力）の関係のこと．☞無線受信機

スプレッドシート spreadsheet
コンピュータの表計算ソフトのこと．作表・集計・計算・グラフ作成などを同時に行う．
☞表計算ソフト

スペクトラム・アナライザ
spectrum analyzer
→スペクトル・アナライザ

スペクトル spectrum
→周波数スペクトル

スペクトル・アナライザ
spectrum analyzer
スペクトラムアナライザとか周波数分析器ともいう．入力信号の周波数分布と振幅（電力の大きさ）の関係を，グラフで示したもの（周波数スペクトル）で，横軸に周波数をとり縦軸に振幅をとる．
①搬送波に連なる周波数成分の測定．
②変調波（FM, 位相変調など）の測定．
③周波数カウンタで測れぬ場合でも測定できる．
(1)入力信号が微弱でも（－140dBm位まで），周波数を測れる．
(2)入力信号のS/Nが悪くても，検出する帯域幅を狭くして周波数を測れる．
(3)周波数の測定確度は高くない．

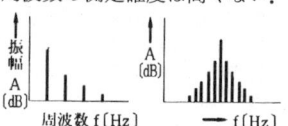

スペクトル拡散通信方式
（――かくさんつうしんほうしき）
spectrum diffusion system
→スペクトル拡散方式

スペクトル拡散方式
（――かくさんほうしき）
spectrum diffusion system
近年アメリカで軍用に開発された方式で，以下の特徴をもつ．①送信電波の帯域幅を，変調器で1000倍位に広げる．送信電力は一定のため，帯域内のどの周波数成分も送信電力密度は1000分の1．②帯域幅を広げるとき，雑音に似た特殊符号（擬似雑音符号）を電波に入れる．③この電波を普通に受信すれば，低出力の雑音しか聞こえない．特殊復調器で電波に含まれる識別符号をつかまえ，その符号のある電波だけ集め，普通の狭い帯域にもどして受信す

る．④識別符号のない雑音や妨害電波は，復調器で逆に1000倍の帯域に広げられてしまうため，妨害電波出力は，1000分の1になり，消えてしまう．⑤電波に入れる符号を変えれば，他の電波は雑音なみに除かれ混信しない．このため電波の割り当てが非常に広げられ，国民全員に割り当てられる．この新しい方式が，1978年6月京都で開かれた国際無線通信諮問委員会CCIR第14回総会に提案され加盟153か国に報告，公認された．この方式はあらゆる波長に使えるが，VHF（30MHz）以上で有効である．

スペース space
パソコン・ワープロで作成する文章行に入れる空白のこと．スペースキーをたたくごとに一つの空白を入れることができ，削除キー DEL (delete) を1回押すごとに一つ分の空白を削除する．バックスペースキー BS も同様に使う．

スペース・エレクトロニクス
space electronics
宇宙の飛行物体，ロケットや衛星に関する電子工学や，関連する地上の電子装置などのこと．☞電子工学

スペース・シャトル space shuttle
スペースは宇宙，シャトルは折返し輸送のバスの意味で，宇宙輸送システム・宇宙連絡船などと訳す．初飛行は1981年(米)で，主体のオービタと外部燃料タンク1基，固体ロケットブースタ2基から成り，オービタは約100回再利用する．搭乗員は機長・パイロット・ミッションスペシャリスト各1，関連科学・技術者の最大7名以下，室内空気成分・圧力は大気と同様に調整する．最大加速度3G以下に抑え訓練を受けぬ科学者の搭乗を容易にする．外部燃料タンクはメインエンジンで液体水素1,450kℓ・液体酸素540kℓ．固体ロケットブースタ2基は発射時の推力となり，2分間燃焼後切り離し海上で回収し，約20回再利用する．

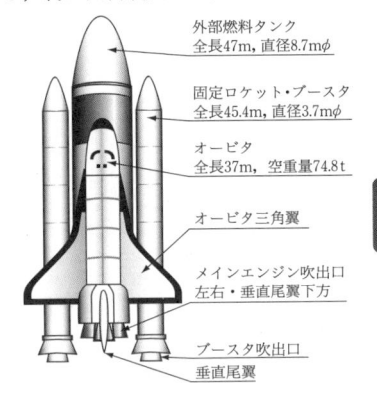

外部燃料タンク
全長47m，直径8.7mφ

固定ロケット・ブースタ
全長45.4m，直径3.7mφ

オービタ
全長37m，空重量74.8t

オービタ三角翼

メインエンジン吹出口
左右・垂直尾翼下方

ブースタ吹出口
垂直尾翼

スペース・ダイバーシティ
space diversity
→空間ダイバーシティ受信

スペース・チャージ space charge
→空間電荷

すべり線ブリッジ（――せん――）
slide wire bridge
ホイートストンブリッジの一種．コールラウシュブリッジの電源を直流（電池）にしたブリッジである．
☞コールラウシュ・ブリッジ

すべり抵抗器（――ていこうき）
slide rheostat, slide resister
摺動（しゅうどう）抵抗器，スライド抵抗器ともいう．陶器製の円筒形絶縁体に，ニクロム線などの抵抗線を巻き，可動片（刷子）を接触させながら移動

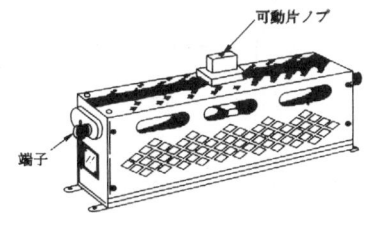

可動片ノブ

端子

させ，抵抗値を変化する．大きな電流容量の可変抵抗器で，低周波の実験，測定，調整などに使う．

スポット spot
→輝点

スポット・ビーム spot beam
衛星からの放送電波がスピルオーバを起こさぬよう，衛星からの送信電波の到達範囲を狭くしぼる．これをスポットビームという．電波の到達範囲を狭くすると，衛星のわずかな揺れが大きく影響するため，アンテナの指向性や衛星の姿勢制御に高度の技術が必要となる．

☞指向性

スポラディックE層（——そう） sporadic E layer
異常E層ともいう．地上約100km位の上空に電波を反射するE層がある．周波数が高くなると，これを突き抜けて地上200～400km位のF層で反射して地上にもどる．VHF帯の電波はE層を通り抜けF層で反射するが，E層の高さで反射することがあり，遠距離通信が可能になる．この現象は突然発生し，日本は夏に多発する．時速300km位で移動するため，交信できる地域が刻々変化し，数分～数時間発生して消える．発生する場所も一定せず，E層の領域に突然発生するこの電離層を，スポラディックE層と呼ぶ．

☞異常E層

F層でも反射しない電波

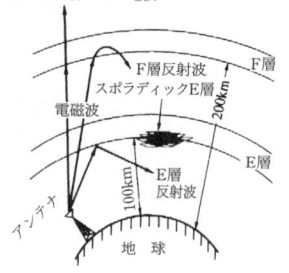

F層反射波　F層
スポラディックE層
電磁波　200km
E層
E層反射波
100km
アンテナ　地球

スマイリー smiley
メーリングリスト・パソコン通信などで使う笑顔のマークのこと．顔文字・顔マークともいう．

☞顔マーク

スマイリーフェース smiley face
→顔マーク

スマートカード smart card
ICカードの一種で，SDメモリカードともいう．ディジタルカメラの画像メモリの拡張に使う．書込み・消去が自由で電源が切れても内容が消えない．フラッシュメモリと外形の大きさ・メモリ・容量は同じ位である．コンピュータ周辺機器(外部記憶素子)である．

スマートフォン smart phone
PDA（携帯情報端末）機能と携帯電話機能を融合した高性能携帯電話．コンピュータを内蔵し，音声以外にさまざまなデータ処理機能をもつ．通常の携帯電話との違いは，パソコンと同様にアプリケーションをインストールして，データの処理・蓄積ができること．電子メール機能やWebブラウザを内蔵し，インターネットにも接続できる．

スミア smear
撮像管への入射光量が少ないとき，動く被写体部分が遅れぼけること．静止像の輪郭がぼやけ画面全体がぼんやりすること．出力やSN比や解像度が低下する．映像中間周波増幅器や映像増幅器の周波数帯域幅が狭い場合や中域周波数帯（100kHz付近）の位相特性の不良が原因となる．

☞SN比

スミス・アドミタンス線図（——せんず） Smith admittance chart
→スミス線図

スミス・インピーダンス線図（——せんず） Smith impedance chart
→スミス線図

スミス線図（——せんず） Smith chart

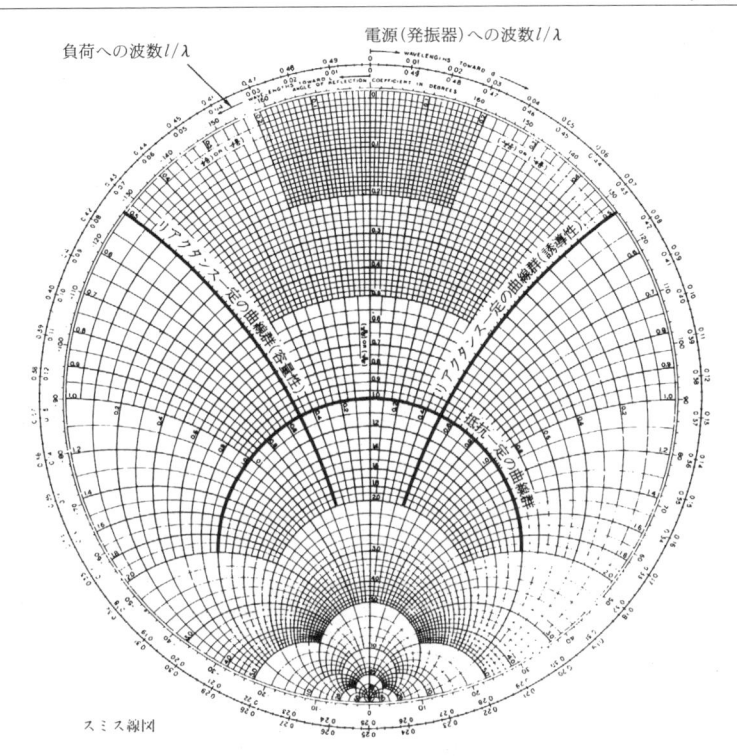

スミス線図（図中ラベル：負荷への波数 l/λ、電源(発振器)への波数 l/λ、リアクタンス一定の曲線群(容量性)、リアクタンス一定の曲線群(誘導性)、抵抗一定の曲線群）

スミス線図

スミス線図，スミスチャート，スミスアドミタンス線図，スミスインピーダンス線図，スミス曲線などともいう．正規化インピーダンスの抵抗分Rとリアクタンス分X，定在波比ρを示す円群と，距離lと波長λの比による波数(l/λ)を外周に目盛った円線図表のこと．伝送線路や導波管などが使われる高周波帯のインピーダンスや反射係数などの読取りに便利である（上図）．
☞反射係数

スミス・チャート Smith chart
→スミス線図

スライサ slicer
スライス回路ともいい，波形の二つのレベルE_1，E_2間の信号だけ取り出す回路で波形整形回路の一種．並列形スライサ，直列形スライサがある．スライス幅が広くなると，リミッタ（振幅制限回路）と同じ動作となる．
☞波形整形回路

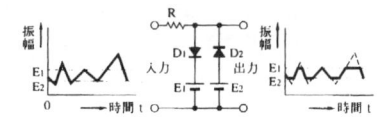

スライス回路 （——かいろ）
slicing circuit →スライサ

スライダック slidac
単巻変圧器の一種．ドーナツ形の鉄心

にコイルを巻き，二次側はすべり接触子で巻数を自由に変え，二次側の交流電圧を細かく変化できる．

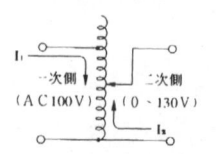

一次側（AC100V）　二次側（0～130V）

スライド・スイッチ slide switch

スライドとは，すべらせるという意味で，接点をすべらせて，電気回路をON，OFFするスイッチのこと．密封式と開放式とある．直接シャシやパネルにネジで取り付ける形，プリント板に半田付けする形がある．接触点の構造によって片面接触形と両面接触形がある．片面接触形は可動片と固定片とが一面だけで接触し，両面接触形は可動片を固定片がはさむように両面で接触する．絶縁部とは，かしめびょうで固定する．
☞スイッチ

A ツマミに固定された金属可動片
移動方向
B 固定片（クリップ）
絶縁部 C
D リードのハンダ付け端子
E かしめびょう

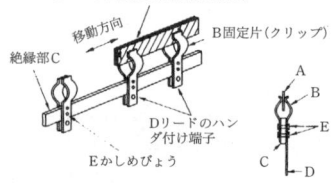

スライド・ルール・アンテナ
slide rule antenna
→室内アンテナ

スリーウェイ受信機 (——じゅしんき)
three-way receiver

電源が交流，直流，乾電池，または交流，乾電池，蓄電池（自動車）で動作する受信機のこと．日本では直流配電がないので，2 ウェイがよく使われる．

スリーウェイ・スピーカ
three-way speaker
→スピーカ・システム

スリット・アンテナ slit antenna
→スロット・アンテナ

スリーブ・アンテナ sleeve antenna

スカートダイポールアンテナともいう．同軸円管式フィーダの外部導体の外側に真ちゅうまたは銅の筒（スリーブ）をかぶせ，上端を外部導体につなぎ，下端は開放する．内部導体は$\lambda/4$引き出し，スリーブと合わせ$\lambda/2$とし，$\lambda/2$非接地アンテナにする．

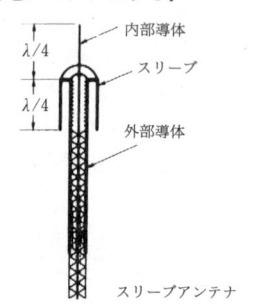

内部導体
スリーブ
外部導体
スリーブアンテナ

スループット throughput

利用者側からみたコンピュータシステムの機能指標で，処理能力がわかる．一定時間当りの仕事量で定める．t秒間にN個の仕事（ジョブ）を処理すれば，スループットS_Pは，$S_P=N/t$となる．コンピュータの処理速度以外にも，バスのデータ転送効率・通信速度にも使う．S_Pが大きいほど，効率が良いことを表す．

スレシホールド threshold level
→CN比

スレッショルド・レベル
threshold level

被変調波から復調（検波）出力を安定して取り出すことのできる，復調（検波）器への最小の入力レベルのこと．たとえばFM受信機の入力レベルが限界近くまで減ると，出力のS/Nが急落する．このときの入力レベルのこと．
☞復調

スレッド thread

意味は糸とか筋.
1. プロセスよりも細かいプログラムの並行処理の実行単位.
2. 電子掲示板やメーリングリストにおける,特定の話題に関する投稿の集まり.

スロット・アンテナ slot antenna

小形で軽く,構造が簡単なμ(マイクロ)波アンテナ.導波管の側面に,管内波長の半分の間隔で,スロット(細いすきま)を刻んだアンテナ.この導波管に極超短波(μ波)を送り終端は電波吸収体を付け反射しないようにする.水平ビーム角は,スロットが多いほど小さくなり,垂直ビーム角は反射器で調整する.

☞マイクロ波

スローモーションVTR
slow-motion video-taperecorder

すばやく動くテレビ画面を,ゆっくりした動作または静止像として見るための,ビデオテープレコーダのこと.標準速度(38cm/秒)で録画したテープを,1/2, 1/5位にスピードダウンして再生する装置.

せ

正確さ (せいかく——) accuracy
測定，制御，自動制御に使う語で，従来確度といった．かたよりの程度の小さいことを示す．測定値（平均値）に対する誤差の比率（±1％）で示す場合と，誤差の絶対値（1μA）で示す場合がある．☞誤差

正規化 (せいきか) normalization
1．入力パターンを変形規則に従って整形すること．文字パターンの線幅や大きさの補正や位置ずれの修正などがこの例で，一般に前処理で行われることが多い．

2．浮動小数点表示で，演算結果の仮数部が決められた範囲内に入るよう指数部を調整すること．これを例で示すと，

浮動小数点表示 0.0321×10^8
（仮数部M）（指数部C）

仮数Mの範囲を$1 > M \geq 0.1$とすれば，正規化すると0.321×10^7となる．

正規化アドミタンス (せいきか——) normalized admittance
正規化インピーダンスの逆数のこと．

正規化インピーダンス (せいきか——) normalized impedance
伝送線路のような分布定数回路の負荷インピーダンスZ_Lと，その回路や線路の特性インピーダンスZ_0との比Z_L/Z_0のこと．スミス線図で反射係数や定在波比を求めるのに便利である．
☞スミス線図

正規化抵抗 (せいきかていこう) normalized resistance
分布定数回路（給電線など）や立体回路（導波管など）での電力消費（損失）を少なくするよう配慮するため，特性インピーダンスは特性抵抗と見なすことができ，負荷も抵抗となるよう（リアクタンスを少なくするよう）配慮する．この場合の正規化インピーダンスは正規化抵抗となる．
☞立体回路

正帰還 (せいきかん) positive feedback
ポジティブフィードバックともいう．回路の出力側の電圧，電流の一部を，入力信号と同位相になるよう入力にもどすこと．
1．再生帰還ともいい，利得や感度は上がるが動作は不安定になる．
2．発振の原因となる．

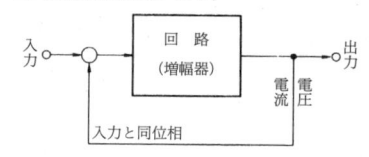

制御 (せいぎょ) control
音，光，色，速さ，温度などを希望する値に保ったり，変えたりするために，必要な操作を行うこと．コントロールともいう．

制御機能 (せいぎょきのう) control
コンピュータの5大機能の一つ．入力，記憶，演算，出力の四つの機能が，順序よく働くよう制御する．この機能は制御装置によって行われる．
☞制御装置

正極 (せいきょく) positive pole, positive electrode
1．電池のプラス（＋）極のこと．
2．磁石のN極，北極を指す極のこと．
3．陽極，アノードなどプラス電圧の加わる電極のこと．
☞アノード

せいく

制御整流器(せいぎょせいりゅうき)
controlled rectifier →SCR

制御装置(せいぎょそうち)
control unit, control equipment, controlling device
1. コンピュータの5大装置の一つ.次々に入ってくる命令に従って,各装置に必要な指令を与えて制御し,計算が自動的に進むようにする(control unit).
2. 自動制御系で,制御量を目標値に合わせて制御対象に与える装置のこと(control equipment).
3. 指示計器で,駆動トルクに釣り合う制御トルクを生じて,指針を測定量に比例した位置(角度)で静止させる装置.ばね制御装置,重力制御装置,電磁制御装置などがある(controlling device). ☞トルク

制御トルク(せいぎょ——)
controlling torque
指示計器の制御装置によって与えられる制御回転力で,制御力ともいう.駆動トルク(駆動回転力)と等しい大きさで逆方向となるよう,りん青銅のうず巻ばねを使う.
☞駆動トルク

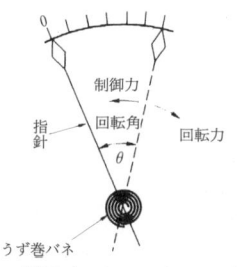

制御プログラム(せいぎょ——)
control program
コンピュータを効率良く使うためのソフトウェアで,オペレーティングシステムの二つのプログラムのうちの一つ.オペレーティングシステムを管理し運営する.大部分は主記憶装置の中にあり,補助記憶装置にある処理プログラムを主記憶装置から取り出し,調子良く処理が進むようにする.

制御文(せいぎょぶん)
control statement
プログラムの実行の進行を制御する文で,GOTO文,IF文,CALL文,RETURN文,CONTINUE文,STOP文,PAUSE文,DO文などがあり,フォートラン用語(JIS・情報処理用語).

制御偏差(せいぎょへんさ)
deviation, error
自動制御装置や自動制御系における目標値と制御量との差のこと.

制御命令(せいぎょめいれい)
control instruction
自動制御装置や自動制御系で制御量を目標値に近づけるために装置や系に与えられる命令(信号)のこと.

制御量(せいぎょりょう)
controlled variable
自動制御装置や自動制御系で制御の対象になる量のこと,または,制御の目的となっている量のこと.出力量ともいう. ☞自動制御

制御力(せいぎょりょく)
controlling force →制御トルク

正クランプ(せい——) **positive clamp**
→正クランプ回路

正クランプ回路(せい——かいろ)
positive clamping circuit
入力波形の基底部を0Vにした出力を出す波形整形回路の一種.コンデンサCにより,直流分が切られ,ダイオードDで正方向のみの波形が保持される.
☞波形整形回路

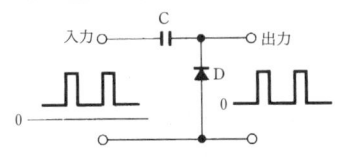

整形回路 (せいけいかいろ)
shaping circuit
波形整形回路とか波形操作回路ともいう．入力信号の波形の一部を一定の形に整える回路のこと．クリップ回路(クリッパ)やクランプ回路(クランパ)はこの例である．
☞クランプ回路

正弦波 (せいげんは) sine wave
サインウェーブともいう．普通交流といえば，正弦波をさす．正弦波や余弦波(コサインウェーブ)以外の波形を，ひずみ波という．
☞ひずみ波

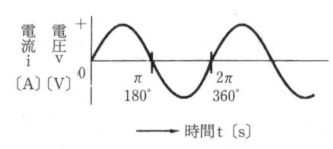

電流 i 〔A〕 電圧 v 〔V〕 0 π 180° 2π 360°
——→ 時間t〔s〕

正弦波交流 (せいげんはこうりゅう)
sine wave
正弦波状の波形をもつ交流のことで，正弦波ともいう．

正弦波信号 (せいげんはしんごう)
sine wave signal
ひずみの少ない交流を正弦波交流，または正弦波といい，電気回路の測定などに使う．このときの入力電圧や電流を正弦波信号という．

正弦波発振器 (せいげんははっしんき)
sine wave oscillator
出力として正弦波(サインウェーブ)を発生する発振器のこと．低周波用としては移相形発振器やブリッジ形発振器が代表例である．

正孔 (せいこう) hole, positive hole
→ホール

整合 (せいごう) matching
電気の回路と回路を接続する場合，両方のインピーダンスを合わせ，これをインピーダンスマッチングまたは単にマッチングとかインピーダンス整合という．マッチングがとれていないと，エネルギの反射が生じ，一部分はむだになる．これをミスマッチングによるロスという．
☞マッチング

整合回路 (せいごうかいろ)
matching circuit
二つ以上の電子回路をつなぐ場合，接続点のインピーダンス(抵抗)が異なるとエネルギの反射が生じ損失となる．これを防ぐため接続点のインピーダンス整合用回路のこと．次の種類があり，抵抗器で簡略化することもある．
①トランス(整合トランス)
②エミッタホロワ(トランジスタ)
③カソードホロワ(真空管)
☞電子回路

整合スタブ (せいごう——)
matching stub →スタブ整合

整合トラップ (せいごう——)
matching trap →スタブ整合

整合トランス (せいごう——)
matching transformer
インピーダンス整合(マッチング)を目的にして使うトランス(変成器)のこと．例として入力トランス，出力トランスなどがある．☞整合

整合変成器 (せいごうへんせいき)
matching box →整合トランス

静コンバージェンス (せい——)
static convergence
カラーテレビ用ブラウン管の3電子銃から出る電子ビームを，シャドウマスクの小穴に集中させ，3色の蛍光体に当てるが，電子銃の組立てに誤差があり，これを外部から補正する装置．画面全体に同様な補正をする．

静磁位 (せいじい)
magnet-static potential
静磁界によってできる磁位のこと．

静止衛星 (せいしえいせい)
stationary satellite →人工衛星

静磁界 (せいじかい)
magnet-static field
静止磁界ともいい, 磁界が増減・移動・回転・振動などの変動がないこと. 永久磁石による磁界はこの例である. 電磁石なら磁化電流を一定にすること.

静止軌道 (せいしきどう)
geostationary satellite orbit
赤道 (緯度0) 上空の高度約35,786kmの円軌道のこと. この軌道に人工衛星を打ち上げれば23時間56分4秒で地球を周回し, 地球の自転周期と一致する. 西から東に回せば地上からは上空の一点に静止しているように見え, 静止衛星となる.

☞静止衛星

正常波 (せいじょうは) ordinary wave
アンテナから発射された電磁波(電波)が電離層を伝わる (伝搬する) とき, 電磁波の放射電界を地球の磁界の方向x軸とこれに直角な二つの方向y軸・z軸に分けて考える. x軸 (地球磁界) と同方向の電界成分E_xを正常波という. 他のy軸・z軸の電界成分E_y・E_zを異常波という. これら各放射電界成分E_x・E_y・E_zにそれぞれ直角の放射磁界成分が付随している.

成層鉄心 (せいそうてっしん)
laminated core
変圧器やモータ, 発電機など電気機器類に使う鉄心で, コアともいう. 交番磁界によって鉄心内に流れるうず電流を少なくするため, 厚さ0.3mmぐらいの, シリコン数%を混ぜたシリコン鋼板を, 同じ形にうち抜き片面または両面に絶縁塗料を塗り必要な厚さに積み重ねる.

→コア

製造物責任 (せいぞうぶつせきにん)
product liability →PL

成長拡散形トランジスタ
(せいちょうかくさんがた——)
grown-diffused transistor
成長法でコレクタを引き上げ, ベース・エミッタ用不純物を, 溶けたゲルマニウムに同時に入れる. エミッタを引き上げている間に, ベース用不純物がコレクタに拡散し, 狭いベースができる. ゲルマニウムにおいては, (ドナーは拡散係数が大きく) PNP形となる.

成長接合形ダイオード
(せいちょうせつごうがた——)
grown junction diode
成長(グロン)法で単結晶を作るとき, III族かV族の不純物を溶けた半導体に入れ, P形 (N形) にする. 次に前より多めに反対の不純物を入れ, N形 (またはP形) にしてPN接合のダイオードにする. これを成長接合形ダイオードという.

☞単結晶

成長接合形トランジスタ
(せいちょうせつごうがた——)
grown junction transistor
成長形, グロントランジスタともいう. ゲルマニウムのNPN形で, 1951年初めて接合形として作られたトランジスタ. 溶かしたゲルマニウムを, ゆっくり引き上げるときにN, P, Nの不純物を混ぜて接合を作るダブルドープ法がある. アルファ遮断周波数は20MHz位である.

☞アルファ遮断周波数

成長法 (せいちょうほう)
grown method
グロン法ともいう. PN接合を作る方法の一種. 溶けた真性半導体 (ゲルマニウムやシリコン) の中に, 種を入れてゆっくり回しながら引き上げる途中で, 3価または5価の不純物を交互に投入し, 一つの結晶内にPN, PNP, NPNなどの接合を作る方法.

☞PN接合

静電位 (せいでんい)
electrostatic potential
静電界によってできる電位のこと.

正電荷 (せいでんか)
positive electric charge
プラスの電気を帯びた電荷のこと．負電荷と対語．
☞負電荷

静電界 (せいでんかい)
electrostatic field
1．電荷（チャージ）によって生じる電界のこと．
2．アンテナにアンテナ電流を流したとき，この電流によってできる電界のうち，アンテナからの距離rの3乗に逆比例する成分のこと．

静電形計器 (せいでんがたけいき)
electrostatic type instrument
測定電圧によって充電された2電極間の相互の静電(引)力を利用する計器．入力インピーダンスが高く，直流・交流とも等しい指示が得られ，周波数の変化に対する誤差は少ないが，低電圧ではトルクが小さく100V以上の高圧計に適している．
☞トルク

静電形マイクロホン (せいでんがた——)
electrostatic microphone
コンデンサマイクロホンともいう．音の歯切れや周波数特性が良く，丈夫で動作も安定である．音楽用になくてはならぬマイクロホンで，測定用の標準マイクロホンとなる．
☞標準マイクロホン

静電気 (せいでんき) static electricity
物と物をこすり合わすと，電気が発生し，小さな紙きれを引きつける．物体が電気を帯びることを帯電（たいでん）といい，帯電した物体のもつ電気を電荷という．ガラス棒を絹の布でこすると，ガラス棒に正電荷，絹布に負電荷が現れる．これらを静電気という．
☞負電荷

正電気 (せいでんき)
positive electricity
プラス(+)，正の電気のこと．電気は二つの種類があり，他方をマイナス(−)，負の電気という．同種の電気は反発し，異種の電気は引き合う．

静電帰還形回路
(せいでんきかんがたかいろ)
electro-static feedback circuit
電子回路で出力の一部を入力側にもどす回路を帰還形回路といい，静電容量（コンデンサ）Cを通じてもどす場合を，静電帰還形回路という．

静電結合 (せいでんけつごう) capacitive coupling, electrostatic coupling
二つの電子回路を結合する際，静電容量（コンデンサ）Cで結合する方式を静電結合という．
☞静電結合回路

静電結合回路 (せいでんけつごうかいろ) electrostatic coupling circuit
二つの回路を静電容量（コンデンサ）Cで結合する方式．コンデンサ結合ともいう．共振回路の結合の場合やトランジスタ増幅回路の段間の結合に使う．☞静電容量

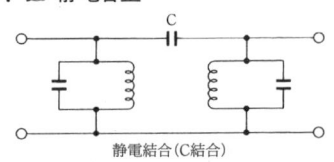

静電結合(C結合)

静電遮へい(蔽) (せいでんしゃ——)
electrostatic shielding
遮へいの一種で，外部，内部の電界による静電作用を防ぐため，金属の板や網で囲みアースする．

静電集束 (せいでんしゅうそく)
electrostatic focusing
電界集束ともいう．ブラウン管内のグリッド近くに，電圧の異なる円筒形電極を置き，電圧を加減して集束する．光のレンズに似た働きで静電レンズ，電子レンズともいう．電子銃の構造はやや複雑となるが，集束電力が不要で，テレビ用，測定用に広く用いる．

☞静電レンズ

静電電圧計 (せいでんでんあつけい)
electrostatic voltmeter

絶縁した電極に電圧を加えると，比例した電荷を生じ，電荷と電荷の間に静電力が生じる．この静電力を利用した電圧計．①交流も直流も等しい振れである．②入力インピーダンスが高く，接続回路からエネルギ（電流）をとらない．③周波数による誤差が少ない．④外部磁界の影響が少ない．

☞入力インピーダンス

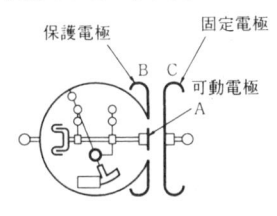

（図：保護電極，固定電極，可動電極，B，C，A）

静電塗装 (せいでんとそう)
electrostatic coating

塗装する金属部分にプラス，絶縁した電極にマイナスの直流の高圧を加える．この高圧電界の中に塗料を吹きつけると電極間にコロナ放電を生じ，負電極表面から電子を放出する．この電子が塗料につき，塗装するプラス電極の表面に均一につく．塗料のむだがなく仕上がりがきれいで，労力も節約でき，流れ作業に適し，自動車，電化製品に用いる．

☞コロナ放電

静電偏向 (せいでんへんこう)
electrostatic deflection

2枚の平行板電極の間を移動する電子の進行方向を，電極の電界によって曲げること．ブラウン管では，管内の水平，垂直2組の偏向板で，電子ビームの進行角度を変え，蛍光面を上下，左右に走査する．電磁偏向に比べ偏向角は小さく，小形ブラウン管用であるが，高周波にも使える．

☞電磁偏向ブラウン管

静電偏向板 (せいでんへんこうばん)
electrostatic deflection plate

静電偏向ブラウン管の管内に封入された，2枚の対向する平行電極で，水平偏向用と垂直偏向用の2組（合計4枚）で成り立つ．この電極に偏向電圧が加えられ，電極間を通る電子ビームの進む方向を曲げる（偏向する）．

☞電子ビーム

静電偏向ブラウン管
(せいでんへんこう——かん)
electrostatic deflection braun tube

ガラス管内に封入した垂直・水平の2組の静電偏向板に加えた偏向電圧によって，蛍光膜に飛んで行く電子の方向を変え，蛍光面上の輝点（スポット）を上下・左右に偏向するブラウン管．電子の集束は管内の電子レンズ（第1・第2プレート）で行う静電集束で，低周波から高周波の広範囲の波形観測に使い，小口径（5インチ程度）のものが多用される．

☞ブラウン管

静電誘導 (せいでんゆうどう)
electrostatic induction

絶縁された導体に帯電体を近づけると，帯電体に近い側に帯電体とは逆極性の電荷が生じ，遠い側に同じ極性の電荷が生じる現象のこと．

静電誘導形トランジスタ
(せいでんゆうどうがた——)
static induction transistor

1975年，非飽和形FET（三極管特性）を解析した西沢潤一氏が，これを静電誘導形トランジスタと名付けた．

静電容量 (せいでんようりょう)
capacity, electrostatic capacity

キャパシティともいう．向き合った一組の電極A，Bに電圧をかけると，A，Bが電荷をもつ．電圧V，蓄える電荷をQとすれば，

$Q = CV$ ∴ $C = Q/V$

ここでCは定数で，導体の静電容量といい，単位はファラッド〔F〕で表す．実用的にはファラッドは大きすぎるので，その百万分の1 ($1/10^6$)のマイクロファラッド〔μF〕，そのまた百万分の1 ($1/10^{12}$)のピコファラッド〔pF〕を使う．

☞ピコファラッド

静電力 (せいでんりょく)
electrostatic force
二つの電荷Q_1，Q_2の間には引き合う力（異極の場合）や反発力（同極の場合）が働く．この力のこと．

☞電荷

静電レンズ (せいでん——)
electrostatic lens
ブラウン管の電子銃は，第1，第2レンズ（主レンズまたは集束レンズ）の二つの電子レンズで成り立ち，第2レンズが電界レンズの場合を，静電集束形電子銃という．これら電界レンズを静電レンズといい電子群を集める．

☞電子レンズ，電界レンズ

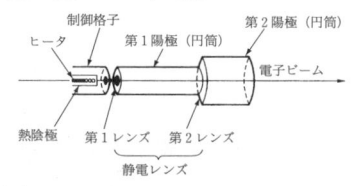

精度 (せいど) precision
測定の精密さや正確さを含めたこと．標準偏差で示すのが普通である．

制動 (せいどう) damping, braking
指示計器（指針形）に電流や電圧を加えると，指針は指示位置を中心に振動し静止するのに時間がかかる．これを防ぎ指針を早く静止させること．制動のための装置をダンパ，制動器などという．

☞制動装置

制動装置 (せいどうそうち)
damping device
指示計器で制動トルク（制動力）を生じるための装置．次の種類がある．
①空気制動　空気抵抗を利用する．
②液体制動　油を使用する．
③うず電流制動　アルミ板に生じるうず電流の電磁力を利用する（電磁制動）．

☞電磁制動

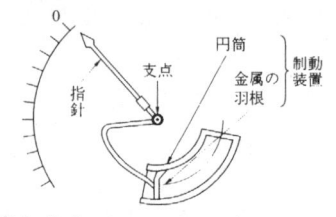

制動トルク (せいどう——)
damping torque, retarding torque
指示計器の制動装置に生じるトルク（制動力）のこと．指示計器の指針が，早く最終値を指示して静止するよう，最終値付近の細かい振動を除く．

制動力 (せいどうりょく)
damping force
指針形器の指針に制動を与える力のこと．

☞制動，制動トルク

静特性 (せいとくせい)
static characteristic
ダイオード，トランジスタ，真空管などの部品，回路，装置の直流電圧変化に対する電流の関係を示す特性のこと．トランジスタのコレクタ電圧V_{CE}とコレクタ電流I_Cの関係を示す出力特性V_{CE}-I_C特性はこの一例．特性は曲線になることが多く，静特性曲線ともいう．

☞出力特性

正特性サーミスタ (せいとくせい——)
positive thermistor
温度が上がると抵抗値が増え，正の温度係数をもつポジスタやセンシスタがこれに属する．チタン酸バリウム系半

導体の材料の選び方で，-50〜+120℃位まで変化でき，上限温度は250℃以上にもなる．

正変調（せいへんちょう）
positive modulation
テレビの映像信号はAMであるが，画面の明るい（白い）とき映像搬送波の振幅が大きくなり，暗い（黒い）とき小さくなる方式．イギリス，フランスで実施している．雑音で同期はくずれにくいが，画面に白く出て目ざわりになる．
☞AM

整流（せいりゅう）rectification
交流を整流用ダイオードに流し，直流または脈流にすること．波形は一般には脈流で，コイルLとコンデンサC，また抵抗RとCで作った平滑回路を通して直流にする．直流分の中には，わずかの交流分が残り，雑音（ハム）になる．☞脈流

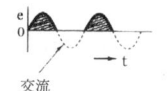

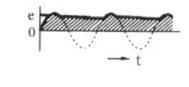

整流回路（せいりゅうかいろ）
rectifier circuit
交流の電源，整流器，平滑回路をまとめて整流回路という．図(a)は半波整流回路で，交流の半波だけ整流する回路．平滑回路を通しても交流分は十分にとれず，ハム雑音が大きい．図(b)は両波整流回路で，交流の半サイクルごとに異なる整流器が交互に動作し平滑回路に加わり，ハム雑音も少なく，電圧の利用率も高い．半波整流回路より大きい容量の整流に適し，整流器が二つ，トランスの二次側巻線にセンタタップがいる．図(c)はブリッジ整流回路で，4個の同じ特性の整流器が必要．トランスの二次側にセンタタップがないときに使う．

☞ハム雑音

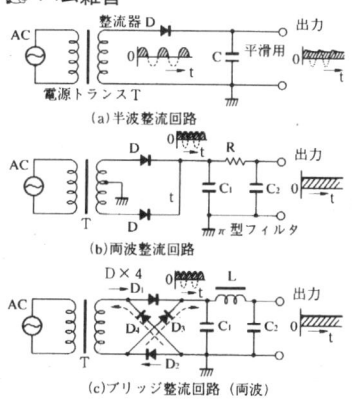

整流形計器（せいりゅうがたけいき）
rectifier-type instrument
セレン・亜酸化銅・ゲルマニウムなどの整流器と可動コイル形計器を組み合わせた交流計器．整流器形計器，整計器ともいう．

整流形電圧計（せいりゅうがたでんあつけい）**rectifier-type voltmeter**
直流用計器として最も優れている直流電圧計と，小形（米粒大）の整流器（ダイオード）を組み合わせた交流電圧測定用の計器．

整流器（せいりゅうき）rectifier
整流に使う部品．ゲルマニウム，シリコン，セレンなどの各整流器がある．シリコン整流器は高温特性が優れ，大電流，高電圧の整流に適す．ダイオードともいう．

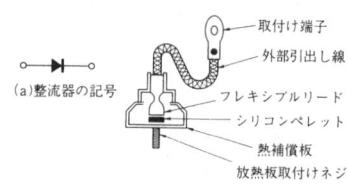

せいり

整流計器 (せいりゅうけいき)
rectifier-type instrument
→整流形計器

整流効率 (せいりゅうこうりつ)
efficiency of rectification
整流回路の性能を示す特性の一つ．入力の交流電力P_Aが，出力の直流電力P_Dに変えられる割合を示す．整流効率をηとすれば，

$$\eta = \frac{P_D}{P_A} \times 100 \quad (\%)$$

で示される．

整流作用 (せいりゅうさよう)
rectifying action
電流の流れやすさ（抵抗）が，方向によって大きく異なる性質，整流性ともいう．電流の流れやすい（低抵抗の）方向を順方向，反対に流れにくい（高抵抗の）方向を逆方向という．二極管，ゲルマニウムやシリコンのダイオードなどにこの性質がある．

整流スタック (せいりゅう——)
rectifier stack
半波整流用または両波整流用に整流素子を組み合わせたもの．サージ電流吸収用コンデンサや冷却フィン（翼）などの付属品も含め一体としたものをいうこともある．

☞サージ電流

整流素子 (せいりゅうそし)
rectifying device, rectifier diode
電圧－電流特性が正・負非対称な導電特性の電力用素子のこと．半導体整流素子では整流ダイオードを指すことが多い．

☞整流ダイオード

整流ダイオード (せいりゅう——)
rectifier diode
整流用ダイオードまたは整流用（2端子）素子のこと．

整流特性 (せいりゅうとくせい)
rectifying characteristic
半導体のPN接合（ダイオード）の電圧－電流特性は順電圧のとき電流が流れやすく，逆電圧のときは流れにくい性質（特性）がある．この特性を整流特性という．

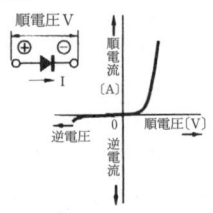

☞逆電圧

正論理 (せいろんり) **positive logic**
電子回路では，2値信号として，アースに対して電圧が高い場合を1，低い場合を0と符号化したときを正論理という．

世界商業通信衛星組織 (せかいしょうぎょうつうしんえいせいそしき)
International Telecommunications Satellite Consortium
→インテルサット

世界知的所有権機関（WIPO）
(せかいちてきしょゆうけんきかん)
world intellectual property organization
1970年に設立されたジュネーブに本部を置く国際連合の機関．全世界的な知的財産権の保護を促進することを目的としている．2000年に「すべての国の発展における知的財産の役割とその貢献を強調するとともに，人間の試み・努力に対する意識および理解の向上を図る」という目的のもとに，「WIPO設立条約」を発効．

☞知的財産権

セカム(方)式 (——(ほう)しき)
séquentiel couleur à mémoire system
SECAM方式ともいう．フランスで考えられ，フランス・ソ連・東ヨーロッパで普及しているカラーテレビ方式．走査線数625本，毎秒像数25枚，画面縦横比3：4，飛越し走査，映像は単側

波帯で負変調方式，水平偏波，副搬送波4.75MHz，音声はFMである．帯域幅8MHz，位相ひずみが少ない，受像が安定，装置がやや複雑で白黒式との両立性がやや劣る．

☞SECAM方式

赤外線（せきがいせん）**infrared rays**
波長0.75～400μ（ミクロン）の光のこと．目には感じない．赤い光より波長が長く，スペクトルが赤の外側にあることから名付けられた．物に吸収され熱となるので，熱線ともいう．加熱，乾燥，医療，写真などに使われる．

赤外線通信（せきがいせんつうしん）
infrared communication
赤外線の周波数帯（約1～400[THz]）を使って行う無線通信のこと．障害物のない直線の見える範囲に限られるが，赤外線ポートとしてノートパソコンからプリンタやデスクトップパソコンに無線でデータ転送できる．小形装置で電力節減にもなる．

☞無線通信

赤外線テレビジョン（せきがいせん――）**infrared-ray television**
赤外線ビジコン（撮像管）を使い，肉眼で見えぬ像を映すテレビ装置．顕微鏡と組み合わせ学術用，医学用に使われる．

☞撮像管

赤外線電球（せきがいせんでんきゅう）
infrared lamp
近赤外線を多量に放射するようフィラメントの温度を2,500K位に低くし，赤外線透過のよい耐熱ガラスを使う．このため赤外線放射効率はニクロム線ヒータに比べ約2.5倍である．用途としてはコタツ，工業用乾燥装置，美容用，医療用など広範囲である．

☞フィラメント

赤外発光ダイオード（せきがいはっこう――）**infrared emitting diode**
発光ダイオードの一種で赤外放射を目的とする素子のこと．外観は可視発光ダイオードと同じものが多い．また，光通信用発光ダイオードの大部分は赤外発光をする．信頼性が高く長寿命で機械的に強く，動作電圧は低く動作速度も速く小形である．

積算電力計（せきさんでんりょくけい）
watt-hour meter
電力量計ともいい，直流用と交流用がある．直流用は，水銀モータ形，整流子モータ形などがある．交流用は誘導形があり，電灯線の引込線に付けられ日常よく見られ，広く使われている．

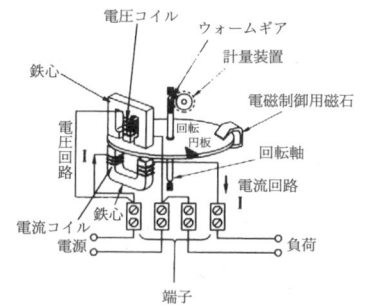

積層乾電池（せきそうかんでんち）
layerbuilt dry cell, stacked dry cell
マンガン乾電池は1.5Vが規定電圧で，これ以上の電圧が必要なときは何個か直列接続し必要な電圧にするが，これでは大形になるので，一つのケースの中に，予め素電池を必要数だけ積み重ねて，出力端子に必要な電圧が出るようにしたのが積層乾電池である．小形で軽く，材料も節約でき，長い期間蓄えておくこともでき，寿命も長いなどの特徴がある．

積層磁器コンデンサ（せきそうじき――）**multi-layer ceramic capacitor**
チタン酸バリウムなどのセラミックを誘電体とし，内部電極を挟んで，多層に重ね合わせて作られた固定コンデンサをいう．積層セラミックコンデンサ，

セラコンなどと呼ぶ．
☞固定コンデンサ

積分回路 (せきぶんかいろ) integrating circuit, integration circuit
出力波形が，入力波形を時間について積分したものとなる回路．抵抗R，コンデンサC，コイルLとして，二つの回路が代表的である．

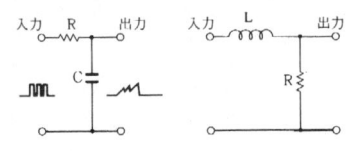

積分器 (せきぶんき) integrator
アナログコンピュータの演算器の一つで，入力を時間に対し積分した値の出力を得る．
☞積分回路

セキュリティ・サービス security service
地震・火災・犯罪に対処する防災や防犯サービスのこと．災害発生情報や避難案内などの一斉放送などはこの例である．

セクタ sector
光ディスクのトラックの位置を示すアドレスにより指定できる最小単位．セクタの容量（セクタサイズ）は，HDDでは512バイト，DVD，CD等においては2,048バイトである．
☞CD, DVD, HDD

セクトラル・ホーン sectoral horn
→扇形(せんけい)ホーン

セコンダリ電池 (——でんち) secondary cell
二次電池ともいい，蓄電池のように，充電して何回でも使える電池のこと．
☞二次電池

絶縁 (ぜつえん) insulating
必要でない部分に電流が流れないように，絶縁物で囲んだり，さえぎったり，絶縁物の上に電極を取り付けたり，絶縁物を塗ったりすること．

絶縁拡散 (ぜつえんかくさん) isolation diffusion
P形シリコンの，サブストレートに，N形のシリコンをエピタキシャル成長させ，これにP形の不純物を，グラフ用紙の目のように拡散すること．N形エピタキシャル層は，底はP形サブストレートで，周囲はP形拡散層で囲む．このPN接合に逆バイアスをかけ，絶縁部にする．多数のN形部分にトランジスタ，ダイオード，抵抗などを作る．こうしてバイポーラICを作る．その方法は非常に巧妙で，テキサスインスツルメンツ社の特許になっている．
☞バイポーラIC

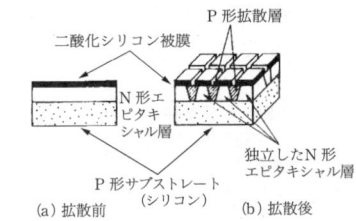

絶縁形金属皮膜固定抵抗器 (ぜつえんがたきんぞくひまくこていていこうき) insulated metal film fixed resistor
真空蒸着による抵抗素子を高安定の樹脂モールドによる完全な絶縁形の金属皮膜固定抵抗器．

絶縁形炭素皮膜固定抵抗器 (ぜつえんがたたんそひまくこていていこうき) insulated fixed carbon film resistor
抵抗体は炭素皮膜で外装を樹脂モールドした，円筒アキシャルリード型の固定抵抗器．

絶縁ゲート形電界効果トランジスタ (ぜつえん——がたでんかいこうか——) insulated gate field effect transistor
→MOSトランジスタ

絶縁材料 (ぜつえんざいりょう) insulating material

電流を流さない，高い抵抗をもつ電気材料．直流，低周波，高周波，低圧大電流，高圧小電流，高圧大電流回路と異なる条件の回路に応じ，種類，形，寸法が異なる．固体，液体，気体，有機物，無機物，合成樹脂と多種多様で，用途により耐熱性，耐水性，耐食性，耐振性，耐圧性などが要求される．

絶縁体（ぜつえんたい）
insulator, insulating material
→絶縁物

絶縁耐力（ぜつえんたいりょく）
dielectric strength
電気機器一般または絶縁物が耐えられる電圧のこと．耐電圧ともいう．

絶縁抵抗（ぜつえんていこう）
insulation resistance
絶縁物は抵抗が高く，きわめてわずかの電流しか流れない．このわずかな電流を洩れ電流Iといい，このとき絶縁物に加わる電圧Vと絶縁抵抗Rは
$R = V/I$ 〔Ω〕 の関係がある．

絶縁抵抗計（ぜつえんていこうけい）
megger →メガー

絶縁電線（ぜつえんでんせん）
insulated wire
絶縁線ともいう．導体の外周を絶縁物（紙・ゴム・綿・ガラス繊維・合成樹脂など）で覆った電線で，被覆線のこと．A種絶縁からB・C・E・F・HY種絶縁に区別される．

絶縁破壊（ぜつえんはかい）
dielectric breakdown
絶縁物に加える電圧を高くしていくと，ある値で急に電流が流れ出し，絶縁が破れる．この現象を絶縁破壊という．多く火花やコロナ放電を生じ，光，火花，音を生じることがある．
☞コロナ放電

絶縁破壊電圧（ぜつえんはかいでんあつ）**breakdown voltage**
電流の流れない物質を絶縁体（絶縁物）というが，これに加える電圧を高くしていくと，ある値で絶縁が破れ電流が流れ始める．このときの電圧の値のこと．
☞絶縁物

絶縁物（ぜつえんぶつ）
insulator, insulating material
絶縁体とか，不導体，不良導体ともいう．電流が流れにくく，高い抵抗を示す物質．気体では，空気，フレオン，六ふっ化いおう，液体では絶縁油（鉱油，シリコーン油など），絶縁ワニス，固体ではゴム，ガラス，磁器，ビニール，雲母，大理石，ベークライト，紙，硫黄，石英，木，ナイロン，ポリエチレン，テフロン，フェノール樹脂，コンパウンドなどがある．
☞不導体

接合（せつごう）**junction**
ジャンクションともいう．ゲルマニウムやシリコンに，3価や5価の不純物を混ぜ，P形やN形の不純物半導体を作るとき，一つの結晶の中に，P形領域とN形領域を隣り合わせに密着して作ること．

接合形FET（せつごうがた——）
junction type FET
→接合形電界効果トランジスタ

接合形電界効果トランジスタ
（せつごうがたでんかいこうか——）
junction type field-effect transistor
電界効果トランジスタ（FET）の一種．次のような特徴がある．
①入力インピーダンスが高い．
②雑音特性が，特に低周波でよい．
③温度に対する安定度がよい．
④入出力特性の非直線性が少なく，混変調特性が良い．
⑤放射線などの影響が小さい．
⑥原点近くの対称性がよく，チョッパ素子として最適．入力インピーダンスは1,000MΩ以上．④の特性により真空管をしのぐものとなった．
☞チョッパ

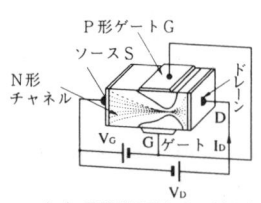

(a) 電界効果形トランジスタの構造

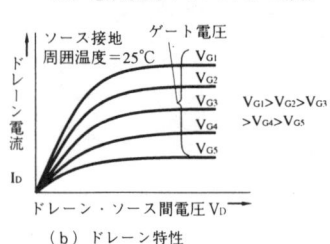

(b) ドレーン特性

接合コンデンサ (せつごう——)
junction capacitor →接合容量

接合ダイオード (せつごう——)
junction diode
PN接合ダイオードともいう．PN形接合を用いたダイオードのこと．
→PN接合ダイオード

接合トランジスタ (せつごう——)
junction transistor
NPN形，PNP形のように，PNの接合があるトランジスタ．このトランジスタが主流で，このほかFETがある．したがって，特に接合形とはいわないことが多い．
☞FET

接合容量 (せつごうようりょう)
junction capacitance
半導体のPN接合に逆電圧を加えると接合付近のキャリア(電子と正孔)は少なくなる．このキャリアの少なくなった部分を空乏層といい，逆電圧の大きさにより空乏層の領域(厚み)が変化する．接合付近には正・負の電荷が存在し，電流の流れぬ誘電体(絶縁物)の状態になる．この部分は容量(キャパシティ)として働き，接合容量という．
☞空乏層

接触抵抗 (せっしょくていこう)
contact resistance
二つの導体の接触する面，たとえばスイッチの接点やソケットなどの接触面で，接触が完全でないために生じる抵抗．接触面の汚れ，さび，ばねの不良による圧着不足などが原因である．端子では締めつけ不十分な場合に生じる．

接触電位差 (せっしょくでんいさ)
contact potential difference, contact potential
2種類の金属を接触すると，片方から他方へ電子が移動し，両金属間に電位差が生じる．この電位差のこと．
①銀に対する鉄の電位　　+0.30V
②鉄に対する亜鉛の電位　+0.75V
③亜鉛に対する銅の電位　+0.89V

接栓 (せっせん) connector
ケーブルなどの末端に取り付けられる接続金具のこと．シャシ，パネルなどにこの受金具を付ける．コネクタともいう．
☞コネクタ

BNC形　　RB形

接続 (せつぞく) connection
回路と回路，回路と部品，配線と配線をつなぎ合わすこと．コネクションともいう．

接続器 (せつぞくき) connector
差込み，接栓．プラグ，コネクタ，カプラなどのこと．差込みプラグやピンプラグがある．

接続図 (せつぞくず)
connection diagram
配線図ともいい，ラジオやテレビ，電気器具や装置の内部の接続や配線を表す図面のこと．

絶対温度 (ぜったいおんど)
absolute temperature
−273.155℃を温度の基点として計った温度のこと．これで計れば氷点（0℃）は273.155K（提案者ケルビンの頭文字）となる．原子，分子のエネルギが絶対0度（−273.155℃）で0となることから考えられた．

絶対単位 (ぜったいたんい)
absolute unit
MKS単位では長さにメートル[m]，重さにキログラム[kg]，時間に秒[S]，電流にアンペア[A]を定め，この四つの基本単位を組み合わせて作られた単位を組立単位，誘導単位といい，この単位系を絶対単位系といい，属する単位を絶対単位という．
☞MKS単位

絶対値 (ぜったいち) absolute value
1．複素数a+jbで，aを実(数)部，bを虚(数)部といい，jは虚部を示す記号である．$D=\sqrt{a^2+b^2}$ で大きさを示しDを絶対値という．
2．−5の絶対値(大きさ)は$|-5|=5$である．

絶対利得 (ぜったいりとく)
absolute gain
アンテナ利得を考えるとき，基準（標準）アンテナとして，完全無指向性アンテナを考え，最大放射方向に等距離の地点で，等しい電界強度となるような場合，基準アンテナの電力P_0，測定しようとするアンテナの電力Pとすれば，絶対利得は次式で表す．

$$絶対利得\ G=10\log_{10}\frac{P_0}{P} \quad [dB]$$

絶対レベル (ぜったい——)
absolute level
回路，装置のある点の信号電力を1mWを基準にしてデシベルで示し，デシベルミリワット[dBm]で表わす．
電力Xワット[W]のとき，
$$10\log_{10}(X\cdot 10^3) \quad [dBm]$$
インピーダンス600Ω，1mWなら0 dBm，このとき電流は約1.29mA，電圧は約0.775Vである．
☞デシベル

接地 (せっち) earth
1．アースのことで，大地に電流を流すため地中に導体を埋めること．銅板を1m位の深さに埋めたり，ステンレス棒を打ち込んだりする．アースは高周波的にはアンテナ回路の一部であり，直流的には感電を防ぐ保安の意味がある．
2．回路や機器で，共通回路のこと．

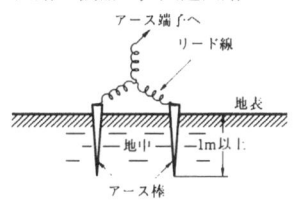

接地アンテナ (せっち——)
earthed antenna, grounded antenna
→アース・アンテナ

接地空中線 (せっちくうちゅうせん)
earthed antenna, grounded antenna
→アース・アンテナ

接地抵抗 (せっちていこう)
earthing resistance →アース抵抗

接地抵抗計 (せっちていこうけい)
earth resistance tester, earthing resistance meter
接地抵抗（アース抵抗）を1回の測定で知る計器．コールラウシュブリッジでは，3回の測定と計算が必要．

接地抵抗測定 (せっちていこうそくてい)
earth resistance measuring
接地抵抗計の測定端子Aを，測定用アースにつなぎ，その抵抗をR_Aとする．B，C端子も補助用アースにつなぐ．各アース間隔は10mぐらいとする．AC発電機を働かせ，可変抵抗器を加減して検電器の出力が0となるように

せつて

する．

$I_1 R_A = I_2 R_L$ の関係から

$R_A = R_L I_2 / I_1$ 〔Ω〕

より求める．☞**アース**

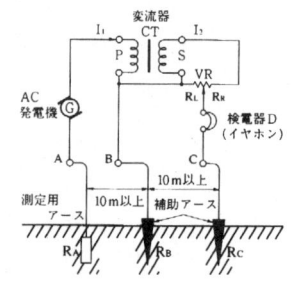

接点 (せってん) contact

リレーやスイッチで，点と点，点と面，面と面の接触するところ．確実な接触が望まれる．

☞リレー，スイッチ

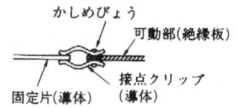

接点材料 (せってんざいりょう) contact material

接触点の消耗や接触抵抗の低いこと，電流が流れたとき温度が上がり接点が溶けてつかぬことなどが求められ金，銀，白金およびこれらの合金，タングステン，パラジウムなどを使う．

セット set

1．コンピュータの装置やレジスタや2値素子を，指定の状態にし待機させること．
2．2値素子を1の状態にすること．
3．電子機器や装置を操作し一定（準備・待機）の状態にすること．

☞2値素子

セットアップ setup

1．コンピュータのハード（本体と周辺機器の接続）やソフト（必要なプログラム）を使える状態にすること．
2．ハードの準備ができているコンピュータシステムに，必要なソフトを加え，使えるようにすること．ウインドウズではセットアッププログラム（インストーラ）が自動的にセットアップするものが多い．

セット・リセット・フリップフロップ set reset flipflop

R-Sフリップフロップともいう．論理回路のフリップフロップ回路は，フリップフロップと制御回路があり，制御回路にORゲートを使ったものをいう．一方のORゲートへの入力をセット入力，他方のORゲートへの入力をリセット入力という．

☞フリップフロップ

ゼナー・ダイオード Zenner diode

定電圧ダイオード，ツェナー・ダイオードともいう．PN接合形シリコンダイオードに逆電圧を加えると，ごくわずかの逆電流が流れ，さらに逆電圧を増やすと，ある電圧で急に逆電流が増加する．図の特性で0-aを飽和電流領域，a-bをゼナー領域という．この特性のため電圧を一定に保つ定電圧回路に利用する．電圧は数Vから数百Vのものまで自由に作れ小形で丈夫，寿命が長い．従来の標準電池に代わり広く使う．ゼナー領域における特性の傾斜ΔVとΔIとの比を，動作抵抗R_Zという．

$R_Z = \Delta V / \Delta I$

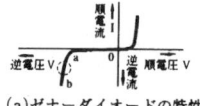

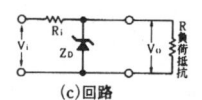

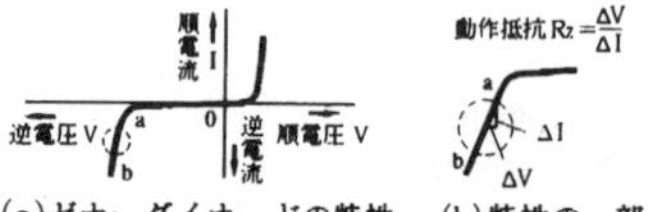

326

ゼネレータ generator
1. コンピュータのプログラムで使う語．生成プログラムともいい，パラメータを受け取って，ある骨組みに従った機械語のプログラムを作り出すプログラムのこと．
2. ジェネレータ（発振器）のこと．
☞パラメータ，ジェネレータ

セパレーション separation
ステレオ演奏やステレオ信号を扱うときの，左右の信号の分かれ具合を示し，分離度ともいう．分離度が良ければクロストークも少ない．
☞ステレオ信号

セパレーション・インジケータ
separation indicator
ステレオアンプに取り付けた補助標示装置．ステレオの音の広がりを耳だけでなく，目で見て確かめられるようにした機械的な標示器．

セーブ save
コンピュータやワープロで作成したデータを外部記憶装置（ハードディスク・MO・フロッピーディスク）に記憶すること．反対に外部記憶装置からメイン・メモリ（主記憶装置）にデータを読み込む（転送する）のはロードという．

ゼーベック効果 （――こうか）
Seebeck effect
熱電効果ともいう．二種の異なる金属をつなぎ合わせ閉回路を作り，二つの接点に温度差を与えると，一定方向に電流が流れる現象のこと．

ゼーマン効果 （――こうか）
Zeeman effect
物質の分子・原子などのエネルギ準位が，磁界によって分離する効果のこと．

セラ・バリコン
ceramic variable condenser
セラミックバリアブルコンデンサの略称で，バリコンを小形にするため，誘電体にセラミックを用いた商品名．

セラミック ceramics
磁器ともいわれ，熱に強く，高周波特性も良く，固さもある．種類としては，アルミナ磁器，ステアタイト磁器，酸化チタン磁器，マグネシア磁器，長石磁器などがある．コイルのボビン，コンデンサの誘電体に使う．

セラミック・コンデンサ
ceramic condenser
磁器蓄電器，磁器コンデンサともいう．誘電体に酸化チタンまたはチタン酸バリウムなどを使用したコンデンサ．円板形で円板の両面に銀膜電極をメッキなどで作り，リード線を取り付ける．高周波損失（ロス）の少ない，温度変化の小さな高耐圧のものができ，ラジオやテレビなど多くの用途に利用される．やや高価だが，年月が経っても変化が少なく，安定している．正確な定数を必要とするフィルタや測定器類にも使う．
☞コンデンサ

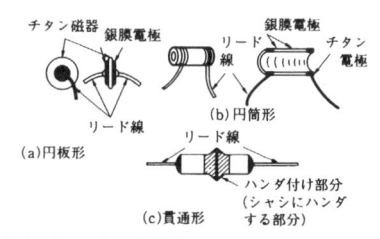

セラミック受話器 （――じゅわき）
ceramic receiver
イヤホンの一種で，バイモルフ素子にセラミックを用いた受話器．
☞バイモルフ素子

セラミック・スピーカ
ceramic sepeaker
クリスタル・スピーカのバイモルフ素子を，クリスタル（ロシェル塩）の代わりにセラミックにしたもの．セラミックの圧電気現象を利用している．
☞クリスタル・スピーカ

セラミック抵抗器 (——ていこうき)
ceramic resistor

抵抗材料の金属酸化物に，けい酸塩類を混ぜて一定の形にし，高温で焼き固めたもの．セラミックソリッド形抵抗器ともいう．

セラミック・バリコン
ceramic variable condenser
→セラバリコン

セラミック・ピックアップ
ceramic pickup

クリスタル(圧電形)ピックアップに，ロシェル塩が使われてきたが，湿度，温度に弱く機械的にもろい．チタン酸バリウムはこの点を改善した圧電形だが，出力感度，周波数特性は大差がない．これをセラミックピック・アップという．

セラミック・フィルタ ceramic filter

メカニカル(機械的)フィルタの一種．チタン酸バリウム磁器（圧電磁器）の共振現象を利用し作られた機械的フィルタである．Qが高く湿度や温度に強い特性をもつ．☞Q

セラミック・マイクロホン
ceramic microphone

クリスタルマイクのロシェル塩の代わりに，湿度，温度に安定で，機械的にも強い，セラミックのバイモルフ素子を用いたマイクロホンのこと．出力，周波数特性は大差がない．

☞バイモルフ素子

セル cell

1．コンピュータの記憶装置の1ビットを記憶する単位のこと．
2．ディスプレイ（液晶）の1単位のこと．
3．表計算ソフトの画面上の表の1コマのこと．一つひとつの記入欄をセルといい，横(行)と縦(列)の番地で位置が示される．セルの大きさ（横・縦幅）は使用者が決めることができ，計算式の記入もできる．これによって，行・列の合計・累計もでき，データを変えたときは再計算できる．

セルフ・インダクタンス
self inductance
→自己インダクタンス

セルフバイアス self-bias
→自己バイアス

セレクタ selector

ハイファイアンプなどで，チューナ出力（FMモノラル，FMステレオ，AMラジオ）の切換えや，ハイレベル入力（100mV以上）と，ローレベル入力（数mV）をイコライザで増幅後の出力の切換え（入力ソースのレベル別の選択器）などのこと．

セレン光電池 (——こうでんち)
selenium photo-electric cell
→光電池

セレン整流器 (——せいりゅうき)
selenium rectifier

金属体とセレンとの間の接触抵抗が，電流の流れる方向によって異なるのを利用した整流器．ニッケルメッキした鉄またはアルミの基板の上にセレンをきわめて薄く蒸着または溶着させて熱処理する．直列または並列にし，必要な耐圧や電流容量を得る．$1cm^2$当たり100mA位で，シリコン形に比べ値段は安いが容積が大きくなる．

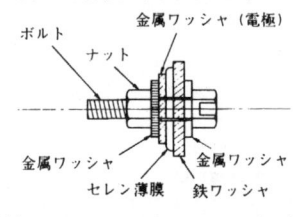

図：ボルト，ナット，金属ワッシャ（電極），金属ワッシャ，セレン薄膜，鉄ワッシャ

零位法 (ぜろいほう) zero method

ホイートストンブリッジや電位差計では，検流計（検出器）が0を指す平衡点を求めて測定し，この測定法を零位法という．一般に指針を振らせて測る偏位法のように測定対象からエネルギ

を吸収することがない（測定対象の状態を乱すことがない）ので，誤差が少なく正確な測定ができる．
☞ホイートストン・ブリッジ

ゼロ・ドリフト zero drift
回路や機器の出力の0点（基準）が移動すること．オフセットが時間・温度とともに変動すること．

ゼロ・ビート zero beat
周波数の異なる二つの交流を混ぜ合わせると，うなり（ビート）が生じる．両者の周波数差$f_A - f_B$が0になると，うなりは消える．この状態をゼロビートという．二つの周波数の正確な比較・測定に使う．☞うなり

全角文字（ぜんかくもじ）
double byte character, 2byte character
ワープロ・パソコンの画面に書く漢字・ひらがなのこと．半角文字（1バイト）の2倍の大きさで，2バイトで示されるため，2バイト文字ともいう．半角文字の対語として使う．カタカナや英字は半角で表現できる．
☞半角文字

全加算器（ぜんかさんき）
full adder, adder
加算器ともいう．次の二つの意味がある．
1．二つの数の和を作る回路のこと．
2．3個の入力端子と，2個の出力端子とをもち，出力信号が入力信号に対し，次の表の関係にある回路のこと．

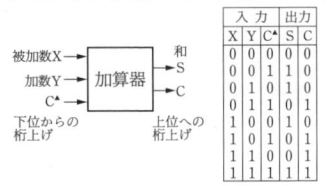

入力			出力	
X	Y	C*	S	C
0	0	0	0	0
0	0	1	1	0
0	1	0	1	0
0	1	1	0	1
1	0	0	1	0
1	0	1	0	1
1	1	0	0	1
1	1	1	1	1

被加数X→加算器→和S
加数Y→　　　　　C
C*→
下位からの桁上げ　上位への桁上げ

線間電圧（せんかんでんあつ）
line voltage
三相交流のY結線の場合の各線と線の間の電圧のこと．電源の相電圧より$\pi/6$(rad)進み，大きさは1相の電圧の$\sqrt{3}(=1.73)$倍となる．
☞三相交流

選局（せんきょく）channel selection
テレビ，ラジオの受信機などで，希望の電波（チャネル）に同調すること．

線形回路（せんけいかいろ）
linear circuit
電圧と電流が直線的（比例する）関係にある回路のこと．数学的な取り扱いが容易である．抵抗R，インダクタンスL，容量Cなどからなる回路で，ダイオード，トランジスタ，真空管などの能動素子を含まない回路のこと．

扇形ホーン（せんけい——）
sectoral horn
長方形の開口面をもち方形導波管で給電（フィード）される，角すいホーンアンテナの一種でマイクロ波用．E面扇形ホーンとH面扇形ホーンがある．

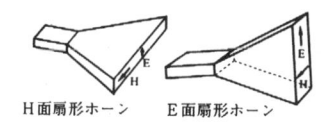

H面扇形ホーン　　E面扇形ホーン

前後比（ぜんごひ）front-to-back ratio
アンテナの指向特性で，前方の放射電界の最大値と，後方の放射電界の最大値の比をデシベル[dB]で示す．

センサ sensor
音・光・温度・圧力・磁気・熱などの物理量を電気信号に変える素子，装置のことで，CPU内蔵のインテリジェント・センサも普及している．また，地球の資源探査や環境調査（オゾン層・鉱物資源）にX線や赤外線などを使い検出している．ガスセンサ，光センサはこの例である．

選択拡散（せんたくかくさん）
selected diffusion
シリコン表面に酸化被膜を作り，その一部に小穴をあけ，この穴から不純物を拡散させる．酸化膜の部分は不純物

せんた

の拡散がさえぎられ，酸化膜はマスクの働きをする．酸化膜が除かれた部分だけ選択的に拡散する作用のこと．

選択効果 (せんたくこうか)
selective effect →選択光電効果

選択光電効果 (せんたくこうでんこうか)
selective photoelectric effect

金属の表面に光を当てると電子を放出する．光の強さを一定にすれば波長が短いほど放出電子は増す．リチウムLi，ナトリウムNa，カリウムK，ルビジウムRb，セシウムCsなどのアルカリ金属類はおのおの異なる波長で放出電子が最大となる．これを選択光電効果とか選択効果という．

選択性フェージング (せんたくせい——) selective fading
狭い周波数帯域内でも，周波数によってフェージングが異なり，無線電話の場合，ひずみを生じる．このフェージングのこと．

☞フェージング

選択度 (せんたくど) selectivity
周波数の接近している多くの電波の中から，希望する電波を選ぶ能力．
①近接周波数選択度．
②影像周波数選択度．（スーパ方式特有でイメージ選択度ともいう）
一般に選択度は共振回路のQや共振回路数で決まり，忠実度(帯域幅)と関連が深い．目的に応じて選択度と忠実度のバランスをとる．スーパ方式では中間周波増幅器の帯域幅で左右される．

センダスト sendust
日本で発明された圧粉鉄心（磁心）または磁気ヘッド用合金．鉄Fe，シリコンSi (10%)，アルミニウムAl (5%)などが成分で，圧延は困難．

センタ・ゼロ・メータ
center zero meter

中央に0目盛のあるメータで，FMチューナの同調指示計や検流計などに使う．☞FMチューナ

センタ・タップ center tap
コイルやトランスの巻線の電気的中心点から引き出した引出線（リード線）や引出端子のこと．

センタ・メータ center meter
FM放送やFM通信の受信のとき，受信機の受信周波数と送信側の送信周波数の一致を調べるメータ．両者の周波数が異なるときは指針は中央から左右どちらかに振れ，一致しているときは中央（センタ）を指す．

センタリング・マグネット
centering magnet

テレビの画面の位置を，上下，左右に調整する，リング形の薄板マグネット2枚のこと．ブラウン管のネックに取り付け，2枚の相対位置を変えてラスタの位置を変える．

センチ centi
SI（国際単位系）において，10の整数乗倍を示す名称（接頭語）で，10^{-2}を示し記号は[c]である．

☞国際単位系

前置増幅器 (ぜんちぞうふくき)
preamplifier
→プリアンプリファイヤ

センチ波 (——は) centimeter wave
センチメートル波ともいう．波長10～1cmの電波で，周波数3～30GHzでSHF（マイクロ波）帯のこと．レーダやマイクロ回線の電話やテレビの中継に使う．

☞SHF

センチメートル波 (——は)
centimetric wave →センチ波

線電流 (せんでんりゅう) line current
三相交流回路のΔ（三角，デルタ）結線またはY（星形，スター）結線の各線（3線）を流れる電流のこと．

尖頭逆電圧 (せんとうぎゃくでんあつ)
peak reverse voltage

ダイオードや整流器の逆方向に加わる電圧（逆電圧）の尖頭値（最大値）の

こと．繰返し性のある正弦波交流の場合と非繰返し性の（過渡的な）場合があり，過渡的な場合は正弦波の場合の1.4倍位になる．
☞ 正弦波

尖頭値（せんとうち）**peak value**
ピークバリュー，最大値，波高値ともいう．波形の一番大きい（高い）点の値のこと．正弦波の交流では，実効値の1.4（$=\sqrt{2}$）倍．

尖頭値形AGC回路（せんとうちがた——かいろ）**peak value type AGC circuit**
テレビ受像機で中間周波増幅回路の出力の尖頭部分は，映像の内容に無関係に一定振幅で，この尖頭値を検出（整流）し直流にしてAGC用電圧に使う回路．☞ 尖頭値

尖頭電力（せんとうでんりょく）**peak envelope power**
無線送信機の通常の動作状態において，変調包絡線（包絡線）の最高尖頭における無線周波数1サイクルの間に送信機から空中線系の給電線に供給される平均の電力のこと（電波法施行規則第2条69）．尖頭包絡線電力ともいう．

尖頭包絡線電力（せんとうほうらくせんでんりょく）**peak envelope power**
→尖頭電力

船舶局（せんぱくきょく）**ship station**
船舶局のうち無線設備が遭難自動通報設備またはレーダのみ以外の局のこと（電波法施行規則第4条9）．

全波受信機（ぜんぱじゅしんき）**all wave receiver**
オールウェーブ受信機，オールウェーブともいう．MF帯，HF帯，VHF帯など広い周波数帯の電波が受信できる受信機のこと．

全波整流回路（ぜんぱせいりゅうかいろ）**full-wave rectifier circuit**
交流の正，負の両波形を整流する回路．センタタップ形，ブリッジ形，倍電圧形がある．

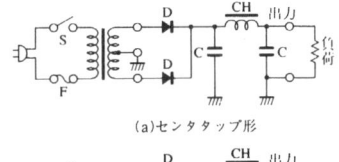

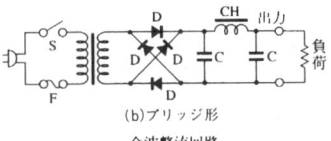

(a)センタタップ形

(b)ブリッジ形

全波整流回路

全方向性アンテナ（ぜんほうこうせい——）**omni-directional antenna**
主に水平面内で，各方向に同じ強さの電波を発射するアンテナのこと．無指向性アンテナ，等方性アンテナ，均一放射体ともいう．
☞ 無指向性アンテナ

前方後方比（ぜんぽうこうほうひ）**front-to-back ratio** →前後比

前方散乱（ぜんぽうさんらん）**forward scattering**
電波が伝わるとき入射波と散乱波の伝わる方向が，同一方向になるような散乱のこと．
☞ 入射波

占有周波数帯域幅（せんゆうしゅうはすうたいいきはば）**occupied frequency band width** →占有帯域幅

占有周波数帯幅（せんゆうしゅうはすうたいはば）**occupied band width**
電波を変調すると，側波帯のため帯域幅が広がる．通信を行っているとき，実際に使われる周波数帯幅で，変調状態での送信電力の99％のエネルギを含む帯域幅のこと（電波法，無線設備規則第6条）．
☞ 変調

占有帯域幅（せんゆうたいいきはば）**occupied frequency band width**

せんよ

搬送波 f_C を信号波（$f_H - f_L$）でAMすると，AM波には f_C を中心にして高い周波数側に上側波帯が生じ，低い周波数側に下側波帯が生じる．このときの f_C を中心にした $2f_H$ 分を占有帯域幅という．

☞搬送波

AM波

信号波　下側波帯　搬送波　上側波帯

f_L　f_H　f_C-f_L　f_C　f_C+f_L　周波数
f_C-f_H　　　　　　　　f_C+f_H

占有帯域幅
$(f_C+f_H)-(f_C-f_H)=2f_H$

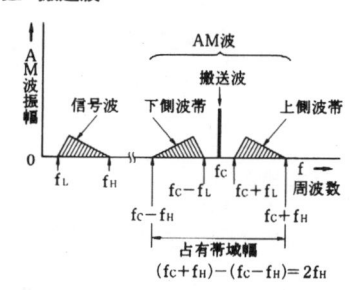

専用回線（せんようかいせん）leased circuit, personal-circuit, leased line

1．NTTやKDDと個人や団体が契約し，交換機（装置）を使わず独占的に使用する専用の私用回線で，専用線ともいう．

2．コンピュータをつなぎ，リアルタイムでデータ通信に使用する特定通信回線のこと．

☞データ通信

専用計算機（せんようけいさんき）special purpose computer

限られた分野の問題だけを処理するように設計されている計算機（JIS・情報処理用語）．

専用線（せんようせん）private line, leased line

専用回線のことで，一般の電話回線（公衆回線）と異なり，本社と支社間のように対象や区間を定め，常時データ交換できるようにした貸切り回線のことである．インターネットに常につないでおくために借りる場合もある．いずれもコンピュータシステムとつなぎ，データ通信を行う．特定通信回線サービスともいう．

専用テレビジョン（せんよう——）closed circuit television
→CCTV

閃絡（せんらく）flashover

フラッシュオーバともいう．絶縁された電極に高圧を加えると火花放電が生じ，絶縁物の表面が火花でおおわれ，アーク放電に移り短絡状態となること．☞アーク放電

線輪（せんりん）coil
→コイル

線路（せんろ）line
→伝送線路

線路定数（せんろていすう）ine constant

伝送線路に直列に分布する抵抗Rとインダクタンスし，並列に分布する静電容量Cと洩れコンダクタンスGの単位長さ当たりの値を一次定数という．線路の単位長さ当たりの電圧や電流の，減衰の程度を示す減衰定数 α や位相変化を示す位相定数 β，特性インピーダンス Z_0 などを二次定数という．α と β を合わせて伝搬定数 γ といい，$\gamma = \alpha + j\beta$ で示す．一次定数，二次定数，伝搬定数を合わせて線路定数という．

☞減衰定数

線路電圧降下（せんろでんあつこうか）line drop

伝送線路（給電線や伝送線など）における電圧降下のこと．このため，負荷の端子（受端）電圧は電源の端子電圧より低くなる．

☞端子電圧

線を消す（せん——け——）

ワープロやパソコン画面上で罫線を削除すること．
→罫線の消去

線を引く（せん——ひ——）

ワープロやパソコン画面上で罫線を引くこと．
→罫線を引く

そ

双安定マルチバイブレータ（そうあんてい——）**bistable multivibrator**
→二安定マルチバイブレータ

掃引（そういん）**sweep**
→スイープ

掃引回路（そういんかいろ）**sweep circuit**
ブラウン管オシロスコープのスポットを左から右へ一定時間で走らすための回路．ブラウン管内の水平偏向板に，のこぎり波を加えるためである．のこぎり波は，水平発振器（スイープジェネレータ）で発生する．外部入力で同期しやすいマルチバイブレータを多く使う．
☞マルチバイブレータ

掃引時間（そういんじかん）**sweep time**
掃引周波数fの逆数1/fで示しスイープタイムともいう．ブラウン管の時間軸（横軸）は，管内の水平偏向板に一定の繰返し周波数で時間とともに直線的に変化するのこぎり波を加え，スポット（輝点）を左から右へ一定の時間で規則的に移動させる．このときスポットが左から右へ1回走るのに必要な時間のことをいう．

掃引周波数（そういんしゅうはすう）**sweep frequency**
1．掃引時間Tの逆数1/Tで，1秒間当たりの掃引回数．
2．掃引発振器（スイープジェネレータ）の毎秒の掃引回数．
3．オシロスコープの横(H)軸または時間軸の繰返し（のこぎり波）周波数．
☞のこぎり波

掃引発振器（そういんはっしんき）**sweep oscillator**
→スイープジェネレータ

双円すいアンテナ（そうえん——）**biconical antenna**
→バイコニカル・アンテナ

双円すい電磁ホーン（そうえん——でんじ——）**biconical horn**
→電磁ホーン

騒音（そうおん）**noise, undesired sound**
機械，土木建設工事，航空機などの，人に不快感を与え妨害となる好ましくない音．雑音の一種でホンを単位とし，騒音の大きさを騒音のレベルといい，JISで定めた指示騒音計，騒音計の振れで測る．およその値を測る場合は簡易騒音計を使う．1kHz，$2\times10^{-5}\mathrm{N/m^2}$の音圧レベルを0ホンとする．SI単位ではパスカル$[\mathrm{P_a}]$．

$$1[\mathrm{P_a}]=1[\mathrm{N/m^2}]$$

騒音計（そうおんけい）**noise meter, sound-level meter**
騒音を測る測定器でレベル（大きさ）は，ホンかデシベル[dB]で示す．圧力形マイクロホン，聴感補正回路，指示計器，減衰器，校正装置で成り立ち，31.5～8,000Hz位の周波数範囲をもち携帯用である．測定値の音圧がP[N/m²]なら，騒音レベルは，

$$L=20\log_{10}\frac{P}{2\times10^{-5}}$$

で計算し，単位は[dB]．
☞騒音

装荷（そうか）**loading**
伝送線路の減衰量を最小にする条件は，LG＝CR（Lはインダクタンス，Gはコンダクタンス，Cは容量，Rは抵抗）．Lは一般に小さく外部より直列につなぐ．これを装荷といい，線路

の減衰ひずみ，位相ひずみを減らす．この直列につなぐコイルを装荷コイルという．
☞装荷コイル

装荷アンテナ（そうか——）
loaded antenna
→ローディング・アンテナ

装荷空中線（そうかくうちゅうせん）
loaded antenna
→ローディング・アンテナ

装荷ケーブル（そうか——）
loaded cable
電信や電話用の伝送線路（ケーブル）に装荷コイルをつなぎ減衰を減らしたケーブルのこと．

装荷コイル（そうか——）**loading coil**
伝送線路の途中に装荷するコイルのこと．☞装荷

装荷線路（そうかせんろ）**loaded line**
→装荷，装荷ケーブル

層間絶縁（そうかんぜつえん）
layer insulation
トランスの巻線やコイルの巻き重ねた各層間の絶縁のこと．

双極子（そうきょくし）**dipole**
ダイポールともいう．磁石は，どこでどのように何個に分割してもN極とS極があり，どちらかの極が単独に存在することはない．このようなものをいう．

双曲線電磁ホーン
（そうきょくせんでんじ——）
hyperbolic electromagnetic horn
→ハイパブリック・ホーン

相互インダクタンス（そうご——）
mutual inductance
相互誘導作用ともいう．二つのコイルP，Sを図のような位置に近づけておく．Pに交流電流I_1を流すと，Pに発生した交番磁束CはSとも直角に交わり，Sに交流電圧E_2が発生し電圧計は振れる．これを相互誘導という．Sの巻数N_2とすれば，
　$N_2C/I_1=M$　　ヘンリー〔H〕

の関係があり，Mを相互インダクタンスという．
☞交番磁束

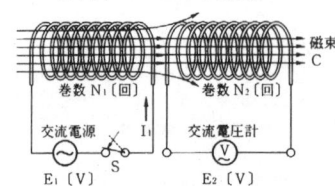

相互インダクタンス結合
（そうご——けつごう）
mutual inductance coupling
→電磁結合回路

走行時間ダイオード（そうこうじかん——）**transit-time diode**
インパットダイオードともいう．アバランシェダイオードとリードダイオードの二種がある．

相互コンダクタンス（そうご——）
mutual conductance
三極真空管で，プレート電圧V_pを一定にしグリッド電圧の変化分V_gに対する，プレート電流の変化分I_pの比のこと．

相互コンダクタンスgm（V_p一定）
$$=\frac{プレート電流変化分I_p}{グリッド電圧変化分V_g}$$
ジーメンス〔S〕

相互変調（そうごへんちょう）
intermodulation →混変調

相互変調ひずみ（そうごへんちょう——）
intermodulation distortion
→混変調ひずみ

相互誘導（そうごゆうどう）
mutual induction
二つのコイルを接近させ，片方のコイルに交流を流すと，交番磁束を発生し，これと鎖交する他方のコイルに起電力が発生する現象．☞起電力

相互誘導係数（そうごゆうどうけいすう）**coefficient of mutual induction**

相互インダクタンスMのこと.

相互リアクタンス (そうご——)
mutual reactance

電磁(誘導)結合回路で相互インダクタンスをM,交流電源A.Cの周波数をfとすれば,相互リアクタンスX_Mは次のようになる.単位はヘンリー.

$X_M = 2\pi fM$　　ヘンリー〔H〕

(πは円周率3.14159)

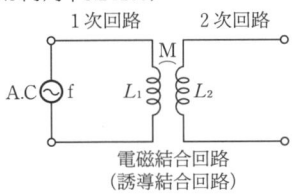

電磁結合回路
(誘導結合回路)

M：相互インダクタンス
L_1：1次回路自己インダクタンス
L_2：2次回路自己インダクタンス
A.C：交流電源
f：交流電源の周波数

走査 (そうさ) scanning, scan

スキャニングとかスキャンともいう.レーダ,ファクシミリ,テレビでは,画面を小さな絵素に分け一定の順序と方法で,次々と電気信号に変えて送信する.受信側ではこの信号を送信側と同じ順序で,電気信号を絵素に変えて並べ,もとの画面を再現する動作のこと.テレビでは左→右,上→下に走査する.☞スキャン

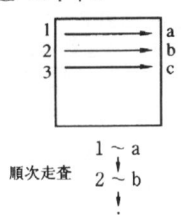

走査アンテナ (そうさ——)
scanning antenna

スキャナともいい人工衛星のような移動体の追跡やレーダなどのアンテナのこと.一定範囲の水平面や垂直面を連続的に走査する.機械的走査形と電子的走査形に大別され,レーダアンテナのようにアンテナ全体を機械的に回転させるものは前者に属し,同じアンテナを数個配列し,各アンテナ(素子アンテナ)への励振位相を変えビームを走査するフェーズドアレーアンテナ(電子走査アンテナ)は後者に属す.

走査期間 (そうさきかん)
scanning period, scanning time

テレビやレーダで画面を実際に走査している期間(時間).

走査空中線 (そうさくうちゅうせん)
scanning antenna
→走査アンテナ

走査周期 (そうさしゅうき)
scanning period

走査線の走査に必要な期間を走査周期(時間)という.テレビ,レーダ,ファクシミリなどで使われる語である.

走査周波数 (そうさしゅうはすう)
scanning frequency

1秒間当たりの走査線数(走査回数)のこと.走査周期の逆数.

走査線 (そうさせん) scanning line

ファクシミリやテレビやレーダで,走査点が絵素を走査するとき,一定の幅,一定の方向,一定のスピードで移動し1本の線となるが,この線のこと.テレビ画面のラスタはこの走査線で作られ,全部で525本である.
☞ラスタ

走査線数 (そうさせんすう)
number of scanning lines

テレビでは一つの画面を上から下へ,左から右へ,走査線で走査するが,この数のこと.日本,アメリカでは525本で,帰線消去期間を除く有効走査線はその約93％の約490本である.フランスは819本,ヨーロッパの他の国は625本で,方式により異なる.

そうさ

走査線密度 (そうさせんみつど)
scanning density, density of scanning line
幅1mm当たりの走査線の数のこと．写真伝送で5本/mm，模写伝送では4本/mm位で，画線密度ともいう．
☞模写電送

走査点 (そうさてん)
scanning spot, scanning point
一定方向，一定速度，一定順序で，画面の上を絵素の大きさで走査する光点のこと．テレビでは撮像管のターゲット，ブラウン管の蛍光膜の上を走査する電子ビームのスポット(点)で，輝点ともいう．
☞絵素

送受信機 (そうじゅしんき)
transmitterreceiver
電波を送る部分（送信部）と受ける部分（受信部）を一つに組んだ装置．アンテナと回路の一部を共用し，送信・受信を切り換える．トランシーバともいう．携帯形，据置形の別がある．

相順 (そうじゅん) **phase sequence**
三相交流の電圧，電流，起電力は，$120° = 2\pi/3$（ラジアン）ずつ位相がずれているが，この位相の順序のこと．一般にはa相を基準にして，b相・c相の順である．
☞三相電圧，三相交流

送信 (そうしん) **transmission, sending**
1．送り手が受け手に向けて情報を送ること．
2．無線通信ではアンテナから空間に電磁波を放射し，信号を送ること．
3．情報処理で中央のコンピュータが端末装置に送るための情報（メッセージ）を回線に送り出すこと．
4．受信と反対になる語． 5．伝送のこと．
☞伝送

送信アンテナ (そうしん――)
transmitting antenna
送信空中線ともいう．無線通信，放送，標準電波，レーダ，無線標識などの電波を発射するためのアンテナ．送信専用の場合と，受信用と両用の場合がある．
☞標準電波

送信管 (そうしんかん)
transmitting tube
無線通信，放送用送信機の終段の大電力増幅用真空管のこと．出力は数百kWに達し，周波数も100MHz以上の場合がある．許容陽極（アノード）損失が大きいほど大形送信管といい，送信管の規模により，循環水による水冷式やファンによる強制空冷など冷却法も異なる．☞アノード

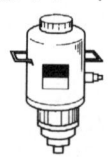

送信機 (そうしんき) **transmitter**
トランスミッタとかTXともいう．有線や無線通信機それらの装置のことで，信号を送り出す側．受信機と対応する語．
☞受信機

送信空中線 (そうしんくうちゅうせん)
transmitting antenna, sending antenna
→送信アンテナ

送信所 (そうしんじょ)
transmitting station
ラジオやテレビの放送電波を発射するところ．送信設備，送信アンテナ，両方を結ぶフィーダなどから成り立つ．

送信設備 (そうしんせつび)
transmitting equipment
送信装置と送信空中線系とからなる電波を送る設備（電波法施行規則第2条35）．

送信装置 (そうしんそうち)
transmitting device
無線通信の送信のための高周波エネル

ギを発生する装置およびこれに付加する装置（電波法施行規則第2条36）．

相対増幅度 (そうたいぞうふくど) relative amplification degree

増幅器の増幅度を示す方法の一つ．中域の増幅度を基準として，低域や高域の増幅度の割合を，デシベルで示したもの．☞増幅度

相対利得 (そうたいりとく) relative gain

アンテナの利得を考えるとき，基準アンテナ，標準アンテナとして半波ダイポール（半波ダブレット）アンテナを使う．

相対利得 $G =$
$10\log_{10} \dfrac{\text{半波ダイポールに加えた電力} P_0}{\text{測定するアンテナに加えた電力} P_T}$
〔dB〕

いずれも最大放射方向の等距離の地点で，電界強度が等しい場合の計算式である．☞標準アンテナ，電界強度

送端 (そうたん) sending

四端子回路網や伝送線の電源側，入力端子のこと．負荷側を受端といい，対語となる．☞受端

送端インピーダンス (そうたん——) sending-end impedance

四端子回路網や伝送線路などの送端側または入力端子のインピーダンスのこと．入力インピーダンスZともいう．入力側の電圧V_1，電流I_1の比で示す．

$Z = V_1/I_1$ 〔Ω〕

☞四端子網

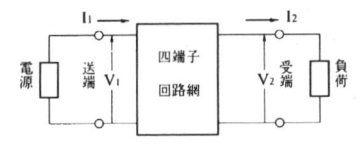

送端抵抗 (そうたんていこう) sending-end resistance

四端子回路網の入力端子での電圧V_1，電流I_1の比で示し，V_1，I_1が同相の場合をいう．

送端抵抗 $R_1 = V_1/I_1$ 〔Ω〕

相電圧 (そうでんあつ) phase voltage

三相三線式交流回路では，スター（Y）形，デルタ（Δ）形の二つの結線があり，相電圧と線間電圧には次の関係がある．

$\dfrac{\text{スター(Y)結線}}{\text{の相電圧}} = \dfrac{\text{線間電圧}}{\sqrt{3}}$

$\dfrac{\text{デルタ(Δ)結線}}{\text{の相電圧}} = \text{線間電圧}$

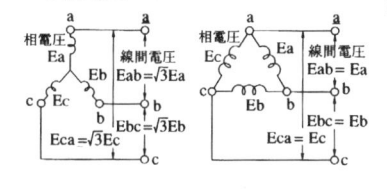

(a) スター(Y)結線　(b) デルタ(Δ)結線

送電線 (そうでんせん) transmission line

送電線路ともいい，発電所と発電所の間，変電所相互間，発電所と変電所の間を連結する電線路のこと．

相電流 (そうでんりゅう) phase current

平衡三相（三線式）交流の三相回路では，スター結線とデルタ結線があり，①スター結線の相電流は線電流に等しい．②デルタ結線の相電流は線電流/$\sqrt{3}$に等しい．

双投スイッチ (そうとう——) double-throw switch

a，b 二つの回路を切り換えるスイッチS．

☞スナップスイッチ

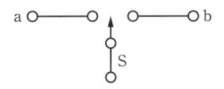

遭難自動通報装置 (そうなんじどうつうほうそうち) emergency position indicating radio beacons

そうな

自動的に繰返し遭難信号を発生する小形の送信設備．非常の際，船上又は救命いかだ，救命艇，端艇などに持ち込んで使うものと，船体水没時に自動的に架台から離脱浮上し，空中線を伸長して遭難信号を発信するブイ式のものとがある（JIS－造船用語（電気編）無線装置）．

☞ 空中線

遭難周波数 （そうなんしゅうはすう） distress frequency

船舶や航空機が遭難通信を行うときの周波数．国際遭難周波数は，無線電信で500kHz，無線電話で2,182kHzと156.8MHzを使う．この他に2,091kHz，8,364kHz，27,524kHz，121.5MHz，243MHzなどが国際的，国内的条件で使われる．

☞ 遭難通信

遭難通信 （そうなんつうしん） distress traffic

船舶や航空機が重大で急迫の危険に陥った場合，遭難信号「SOS」を出して行う無線通信．免許状の記入事項等の制約は受けず，他の通信に優先する（電波法第52～56条等）．遭難通信を受信したときは直ちに応答し最善の行動をとり，妨害のおそれある電波の発射を直ちに止めなければならない（電波法第66条）．

相反の定理 （そうはん――ていり） reciprocity theorem

図(a)の回路で，左半分の回路のRに電圧Eを加えたとき，右半分の回路Lに流れる電流をI_1とする．図(b)の回路でLにEを加えたとき，Rに流れる電流がI_2なら$I_1=I_2$となる．これを相反の定理という．

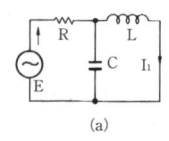

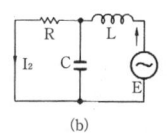

増幅 （ぞうふく） amplification

非常に小さな弱い信号，たとえば遠方からの放送電波の振幅をトランジスタや真空管などで，周波数（位相）を変えず適当な大きさにすること．

増幅形AGC （ぞうふくがた――） amplified automatic gain control

AGCの制御動作をよくするためAGC電圧をトランジスタで直流増幅し，中間周波増幅用トランジスタのベースに加える．このようなAGCを，増幅形AGCという．

☞ AGC

増幅器 （ぞうふくき） amplifier

増幅するための電気回路や装置．トランジスタ，真空管，ICなどを用い電圧，電流，電力を増幅する．次のような分類法がある．
①直流増幅器，交流増幅器．
②低周波増幅器，高周波増幅器，中間周波増幅器，映像周波増幅器．
③電流増幅器，電圧増幅器，電力増幅器．

☞ 電気回路

増幅度 （ぞうふくど） amplification degree

増幅器の入力の大きさと出力の大きさの比で表し，増幅する度合を示す．
電流増幅度$A_i=$出力電流I_0/入力電流I_1
電圧増幅度$A_v=$出力電圧V_0/入力電圧V_1
電力増幅度$A_p=$出力電力P_0/入力電力P_{14}

双方向性トランジスタ （そうほうこうせい――） bi-lateral transistor, bi-directional transistor

トランジスタはPNPまたはNPNの半導体で作り，エミッタとコレクタは同じ極性の半導体であるが，逆につなぐと電流増幅率が減り，使えない（図(a)）．平衡変調やスイッチング用に図(b)の特性のトランジスタが作られ，エミッタとコレクタを逆につないでも同じで，このトランジスタを双方向性トランジスタという．

☞電流増幅率

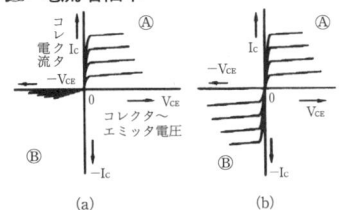

(a) (b)

双方向性ビーム・アンテナ
（そうほうこうせい——）
bi-lateral beam antenna
アンテナの指向性を左右（前後）両方向にもたせたアンテナ．半波ダブレットを同じ平面上に一定の間隔をあけ数本並べ、間隔に応じて各アンテナに流す電流の位相を適当に調整する．

双方向通信 （そうほうこうつうしん）
two-way communication, duplex transmission
1．通信を送る側と受ける側が相互に通信すること．一方向通信one-way communication（たとえば放送の場合）と対応する語．
2．データを両方向が送るデータ伝送方式で、両方向同時通信と両方向交互通信の二種類がある．

双峰特性 （そうほうとくせい）
double humped characteristics
電磁結合回路で結合度を変化すると、一次と二次の周波数特性（横方向に周波数、たて方向に出力電圧）に二つの山が現れる．この特性のこと．

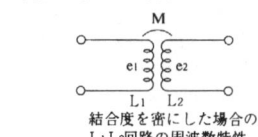

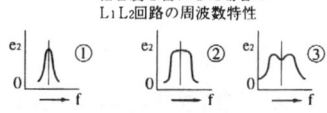

結合度を密にした場合の
$L_1 L_2$回路の周波数特性

結合度は①→②→③と密になる

☞臨界結合，単峰特性

相補形トランジスタ （そうほがた——）
complementary transistor
コンプリメンタリトランジスタともいう．特性が良く揃ったPNP形とNPN形の、一組のトランジスタのこと．コンプリメンタリ回路（相補対称接続）用である．
☞コンプリメンタリ回路

相補対称回路（そうほたいしょうかいろ）
complementary symmetrical circuit
→コンプリメンタリ回路

相補対称接続 （そうほたいしょうせつぞく）
complementary symmetrical connection
NPN，PNPトランジスタの組合せ回路．コンプリメンタリプッシュプル回路ともいい、真空管にはない．極性が反対のため加える電圧も流れる電流も逆で、特性の揃った2個を並列につなげば、位相反転回路なしでプッシュプル回路となる．
☞コンプリメンタリ回路

双ループ・アンテナ （そう——）
double loop antenna, stacked loop antenna
二つの1波長ループを平行線で結び、その中点から給電する．垂直偏波は打ち消されて現れない．
☞垂直偏波

送話器 （そうわき） microphone
トランシーバや有線通信の電話機などに使われ音声を電気信号に変える、マイクロホンの一種．

速度変調 （そくどへんちょう）
velocity modulation
信号に応じて電子の移動する速度が変化するようにすること．
☞クライストロン

側波 （そくは） side frequency wave
単一周波数の正弦波で振幅変調（AM），周波数変調（FM）などを行うと、搬送波の上、下に新しい周波数成分が発生する．上方の周波数成分を上側波、下方の周波数成分を下側波といい、こ

れらを側波という．

束縛電子（そくばくでんし）
bound electron
原子は原子核を中心にして，周囲を電子が回っている．最も外側の軌道を回る電子は外部からのエネルギで，核と離れ自由になれるが，自由になれない電子もあり，この自由になれない電子のこと．
☞電子

側波帯（そくはたい）**side band**
→サイドバンド

側波帯フィルタ（そくはたい——）
side band filter
テレビの映像はAMであり，上下両側波帯の幅は広くなる．周波数帯域幅を節約するため，日本のテレビ方式では残留側波帯にし下側波帯の一部をフィルタで取り除く．このフィルタを側波帯フィルタ（VSBF）という．

そく流コイル（——りゅう——）
retardation coil →チョーク・コイル

そく流線輪（——りゅうせんりん）
choke coil →チョーク・コイル

側路（そくろ）**by-pass**
電子回路で高インピーダンスの素子（抵抗器やチョークコイル）と並列にコンデンサをつなぎ，交流の成分をバイパス（分路）すること．このコンデンサを側路（バイパス）コンデンサという．
☞バイパス・コンデンサ

側路コンデンサ（そくろ——）
by-pass capacitor
バイパスコンデンサともいう．交流と直流が同時に流れる回路で，交流分だけをコンデンサを通してアースに落とすような場合に使う．エミッタ抵抗R_Eと並列のC_Eはこの例． 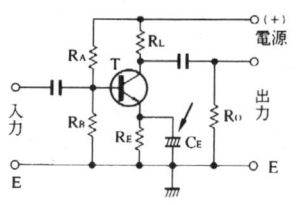
→バイパス・コンデンサ

疎結合（そけつごう）**loose coupling**
回路と回路を電気的につなぐことを結合といい，その結合の度合が弱いこと．

ソケット socket
電気回路と回路で使う部品を機械的に接続する部品で，交換や取りはずしが自由になる．水晶振動子（発振子），延長コード，IC，真空管などに使われ，形，大きさ，構造，材質，色など多種多様である．
☞水晶振動子

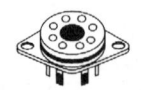

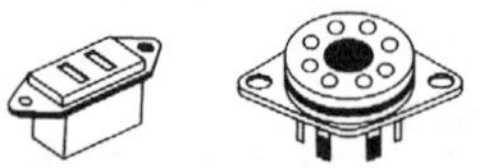

素子（そし）**element**
エレメントともいい，部品と同じ意味に使われる．

阻止コンデンサ（そし——）
blocking condenser
交流，直流が混じっている回路で，交流信号だけを取り出し直流はカットしたいときに使うコンデンサ．

ソース source
1．シグナルソース（信号源）のこと．
2．パワーソース（電源）のこと．
3．電界効果トランジスタの電極の一つ．
☞ソース接地

ソース共通（——きょうつう）
common source →ソース接地

ソース接地（——せっち）
grounded source
ソース共通回路ともいう．電界効果トランジスタの電極の一つ，ソース電極を，入力と出力の共通回路にする，つまり接地（アース）すること．

ソース・プログラム source program
原始プログラムともいう．プログラム

言語で(コーディング用紙に)書いた, 人間の言葉に近い形のプログラム.
☞プログラム言語

ソース・ホロワ source follower
ドレーン接地ともいい, FETのドレーンをアースし, ソースの負荷R_sから出力を取り出す. 入力インピーダンスを高く出力インピーダンスを低くでき, インピーダンス変換回路に使う.
☞FET

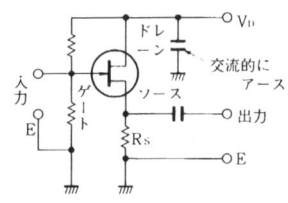

ソース・ランゲージ source language
情報処理, コンピュータ用語で, ソースプログラムを書くときに使う言語のこと.
☞情報処理

ソーティング sorting
→ソート

ソート sort
ソーティングともいい, パソコンでデータ処理する際, 指定した特定の列・欄に並んだデータを, 一定の順序に配列し直す(並べ変える)こと. たとえば数字の大きい順に並べ変えること.

ソーナ sound navigation ranging
音響測深機, 測深機, ソナー, SONARとも書く. 水中に超音波を発射し, 物体にぶつかり反射波がもどってくるまでの時間を正確に測定して, 物体までの距離, 方向を測る装置. 原理は魚群探知機と同じ.
☞魚群探知機

ソナー
sound navigation ranging, SONAR
ソーナともいう.
→ソーナ

ソフト software
→ソフトウェア

ソフトウェア software
情報処理, コンピュータ用語の一つで, ハードウェアと対語. データ処理システムの動作に関するプログラム, 手順, 関連する書類などを含めた, コンピュータの利用技術のこと.
☞ハードウェア

ソフトウェア無線 (――むせん)
software defined radio
SDRとも呼ばれる. 携帯電話, コードレス電話, PHS, 無線LANなど周波数帯域や変調方式の異なるさまざまな無線通信手段を, 1台の無線機のソフトウェアを書き換えることで対応させる技術. 単一のハードウェア(半導体チップ)で複数の無線方式に対応できるという利点がある.

ソフト・エラー soft error
電源の雑音や静電気, 静電誘導などが原因で発生する再現性のない故障によるエラーのこと.

ソフト・コピー soft copy
永続性のない表示画像(JIS). ブラウン管(CRT)の画面に画像を表示させること. ハード・コピーと対語.
☞ハード・コピー

ソフト・ブレークダウン
soft breakdown
PN接合ダイオードの逆方向電圧を増やしていくと, ある電圧で逆方向電流が増えてくる. この現象をブレークダウンという. 電流の増え方がゲルマニウムではゆるやか(ソフト)で, このゆるやかなブレークダウンのこと.

疎密波 (そみつは)
compressional wave
振動が, 気体や液体の中を伝わると, 圧力により気体や液体の一部の密度が変化する. この密度の変化が伝わる状態のこと. 固体の中でも疎密波が生じる.

ソーラカー solar car
太陽の光を太陽電池板で受け電力に変え,モータを回して走る車.モータ出力は最大1.5〔kw〕位である.ボディスタイルは流線形にし車体重量・空気抵抗を減らす.毎年定期的にソーラカーレースで性能を競い合う.
☞太陽電池

ソーラバッテリ sola battery
→太陽電池

ソリッド・ステート solid state
通信機や計測器などの電子回路は,ICで回路全体を一つの半導体部品の中に組み込み,配線や調整の手間をはぶき,信頼度を上げ,小形化,軽量化した.このような半導体回路を一般にソリッドステートと呼ぶ.

ソリッド抵抗器(——ていこうき) solid resistor
固定抵抗器の一種で,固定体抵抗器ともいう.抵抗体が皮膜でなく,棒形カーボンの細かい粉(微粉末)を使い,合成樹脂(プラスチック)やシリカを混ぜ,型に入れて加熱し焼き固める.これにリード線を付け,全体に絶縁用の被覆をかぶせる(モールドにする).大量生産に適し安価.炭素(カーボン)抵抗に比べて特性は良くない.材料,加工条件で特性も影響を受け,雑音レベルは高い.湿気に弱いため外装をモールドし,モールド抵抗ともいう.
☞モールド抵抗器

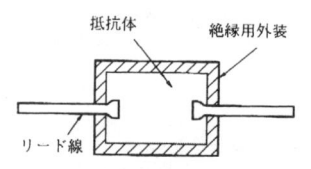

ソリッドモデル solid model
ソリッドとは立体の中身のことで,全体で中身を示す立体モデルの意味である.三次元(3D)コンピュータグラフィックスのソフトを使い,コンピュータ画面に物体の内部が見える展開図・断面図を表現する.この画面に利用者が入力を加えて,図形の変更や添加ができる.機械・建築・医学へ導入され,尊い人命を救うことさえある.グラフィックスには次のモデルもある.
1次元図形:ワイヤフレームモデル.
2次元図形:サーフェイスモデル.

素粒子(そりゅうし) elementary particle
物質を構成する最も究極的な粒子のことで,電子工学では,陽子(プロトン),電子(エレクトロン),中性子(ニュートロン),光子(ホトン)などがある.

ソリューション Solution
業務上の問題点や要求を,ITと付加サービスを通して解決するビジネス技法.専門業者が顧客の要望に応じてシステムコンセプトの立案からハードウェアの提供,ソフトウェア開発,通信回線の敷設,運用代行など,必要なあらゆる要素を組み合わせて提供すること.
☞IT

ソレノイド solenoid
→ソレノイド・コイル

ソレノイド・コイル solenoid coil
絶縁された巻枠(ボビン)に絶縁線(エナメル線やホルマル線),またはすずや銀のメッキ線を巻いたものを,ソレノイドコイルという.線と線の間をあけて巻いた場合をスペース巻,ぎっしりとすき間なく巻く場合を密巻という.

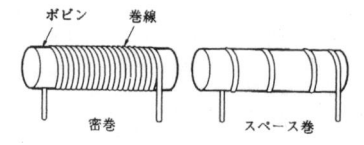

ソーン sone
音の大きさを表す単位.1ソーンは40ホンの大きさ.☞ホン

ゾーン　zone

1. コンピュータのパンチカードやテープでは，数字は0～9までのせん孔（パンチ）位置で示す．文字，記号は上部の三つのせん孔位置(X, Y, 0)と，1～9の数字のせん孔位置の組合せで示す．この上部三つのせん孔位置をゾーンという．
2. 領域のこと．
3. 半導体のP形，N形領域のこと．
4. 電波伝搬のスキップゾーンのこと．
5. ゾーン精製法のこと．
6. 世界の地域別ブロックのこと．ITU制定75地域で日本はゾーン45，アメリカ出版社制定40地域の日本はゾーン25．
7. デッカの基本周波数のレーン．

☞ITU

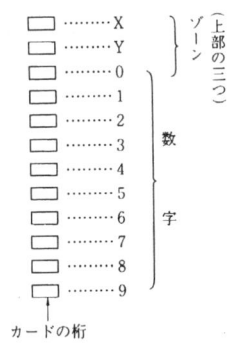

```
□ ……X  ┐
□ ……Y  ├ ゾーン（上部の三つ）
□ ……0  ┘
□ ……1  ┐
□ ……2  │
□ ……3  │
□ ……4  ├ 数字
□ ……5  │
□ ……6  │
□ ……7  │
□ ……8  │
□ ……9  ┘
↑
カードの桁
```

損失　(そんしつ) loss
ロスともいう．電気機器や回路，装置などで，熱，摩擦，振動などに失われる部分で，有効なエネルギ分に対してむだとなる部分．

損失角　(そんしつかく) loss angle
→タンデルタ

ゾーン精製法　(——せいせいほう) zone purification
→帯域精製法

ゾーン・リファイニング　zone refining
→帯域精製法

ゾーン・レベリング　zone leveling
必要とする比抵抗の半導体の単結晶を作ること．帯域精製法で使った装置で行う．図(a)のように左端にゲルマニウム単結晶を種として置き，その隣に高純度のゲルマニウム多結晶を接触させて置く．正確に測定した不純物を必要なだけ（微小量）のせる．これらの境は高周波誘導加熱で溶かし，ゆっくり移動させゲルマニウム単結晶の棒を作る．棒の全長にわたって，一様な比抵抗のゲルマニウム単結晶ができる．

☞ゲルマニウム

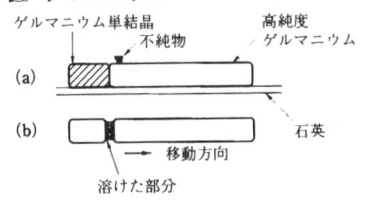

(a) ゲルマニウム単結晶　不純物　高純度ゲルマニウム
(b) →移動方向　溶けた部分　石英

た

ダイ die →ペレット
耐圧（たいあつ）**withstand**
→耐電
ダイアック diac →SSS
帯域純化法（たいいきじゅんかほう）
zone refining →帯域精製法
帯域消去フィルタ
（たいいきしょうきょ——）
band-rejection filter, band-stop filter
英語の頭文字でBSFともいう．ある周波数帯f_1〜f_2までの周波数範囲をとり除く回路．

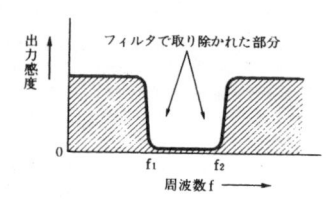

フィルタで取り除かれた部分
出力感度
0　　　f_1　f_2
周波数 f ——→

帯域精製法（たいいきせいせいほう）
zone refining
ダイオードやトランジスタに使う半導体は，99.9999999％以上の純粋さが必要である．天然のゲルマニウムは酸化ゲルマニウムといい，水素を満たした炉（ろ）で酸素を取り除く．この物質は金属ゲルマニウムと呼ばれ99.99％ぐらいの純粋さになる．これを細長い容器（ボート）に入れ外部から引いて移動する．その移動させる途中に加熱部分がありボートに入れられたゲルマニウムは，そこを通るときに一方の端から徐々に加熱されて溶け，冷えて固まるとき金属ゲルマニウムの中にあった不純物は，溶けている部分に集まる．最後にボートの一番左の端に不純物が集まる．これを数回繰り返し，純粋な半導体(真性半導体)にする．左端の部分は最後に切り捨てる．
☞ダイオード

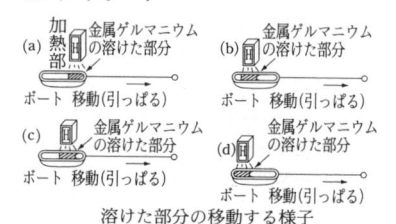

(a) 加熱部 金属ゲルマニウムの溶けた部分
ボート 移動（引っぱる）

(b) 金属ゲルマニウムの溶けた部分
ボート 移動（引っぱる）

(c) 金属ゲルマニウムの溶けた部分
ボート 移動（引っぱる）

(d) 金属ゲルマニウムの溶けた部分
ボート 移動（引っぱる）

溶けた部分の移動する様子

帯域増幅器（たいいきぞうふくき）
band-pass amplifier
カラー受像機で，カラー映像信号から，3.58MHz±600kHzの搬送色信号を分け増幅する回路．カラーTV用回路で，白黒TVにはない．
☞搬送色信号

帯域通過フィルタ（たいいきつうか——）
band-pass filter
バンドパスフィルタとか，英語の頭文字でBPFともいう．ある周波数f_1〜f_2までの周波数範囲だけを減衰なく通す回路．
☞BPF

帯域幅（たいいきはば） **band width**
電子回路を通る信号の周波数帯域幅，バンドワイズともいう．増幅器の入力から大きさ（振幅）が一定の信号を加え，その周波数 f を低いほうから高いほうまで変え，そのときの出力を測る．横軸に周波数をとり，縦軸に出力や利得（ゲイン）をとってグラフを書くと，中央で平らになり，両端でなだらかに下がる．中央の平坦のレベルを100％とし，その70％（$1/\sqrt{2}$），$-3dB$の周波数f_Lとf_Hの差，$f_H - f_L$を周波数帯域

幅という．このほか，−6dB低下した点の周波数の差を指すこともある．前者を3dB帯域幅，後者を6dB帯域幅という．

☞周波数帯域幅

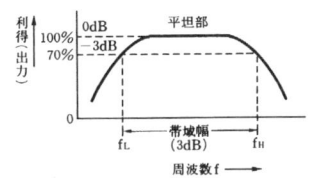

帯域フィルタ（たいいき——）
band-pass filter
→帯域通過フィルタ

帯域溶融法（たいいきようゆうほう）
zone melting method
→帯域精製法

第一検波（だいいちけんぱ）
first detection
ダブルスーパ方式の受信機で最初に周波数変換を行う周波数変換器（コンバータ）のこと．混合器で，受信周波数f_1と受信機内の局部発振周波数f_2との差と和の周波数を発生させ，差の成分(f_1-f_2)を利用する周波数変換のこと．

☞ダブルスーパ方式

第一検波器（だいいちけんぱき）
first detector
第一検波（第一混合）を行う回路のこと．

☞ダブルスーパ方式

第一混合（だいいちこんごう）
first mixing
ダブルスーパ方式の受信機で，アンテナ（高周波増幅）回路からの希望（受信）周波数と第一局部発振器（第一局発）からの周波数を混ぜ合わせること．

☞ダブルスーパ方式

第一混合器（だいいちこんごうき）
first mixer
ダブルスーパ方式の受信機で第一混合を行う回路．

第一周波数変換（だいいちしゅうはすうへんかん）
first frequency conversion
ダブルスーパ方式の受信機の第一混合で周波数を変えること．一般に周波数を低くする．

☞ダブルスーパ方式

第一周波数変換器
（だいいちしゅうはすうへんかんき）
first frequency converter
ダブルスーパ方式の受信機で第一周波数変換を行う回路のこと．

☞スーパヘテロダイン受信機

第一中間周波（数）
（だいいちちゅうかんしゅうは(すう)）
first intermediate frequency
ダブルスーパ方式の受信機の第一混合の受信周波数f_1と第一局部発信周波数（第一局発）f_2の差周波数f_2-f_1である．

第一中間周波増幅器（だいいちちゅうかんしゅうはぞうふくき）
first intermediate frequency amplifier
第一中間周波数を増幅する回路．狭く鋭い帯域特性のメカニカルやクリスタルフィルタを使うことが多い．

☞ダブルスーパ方式

ダイオード diode
アノードとカソードの二つの電極をもち，材質で分類すると，①シリコンダイオード，②ゲルマニウムダイオード，③セレン整流器，④亜酸化銅整流器，⑤二極真空管（整流管）
用途で分類すると，①電力用（整流用）ダイオード，②検波用（高周波）ダイオード，③定電圧（ツェナー）ダイオード，④スイッチング用ダイオード，⑤可変容量ダイオード，⑥変調用ダイオード，⑦リミッタ用ダイオード，⑧混合（ミキサ）用ダイオード
構造で分類すると，①点接触形，②合金形（アロイ形），③ボンド形，④拡散形，⑤メサ形，⑥プレーナ形，⑦エピタキシャル形，⑧合金拡散形，⑨ショットキーバリヤ形

特性で分類すると，①一般用，②高伝導形，③高逆抵抗形，④高逆耐圧形などがある．図(b)はV－I特性である．

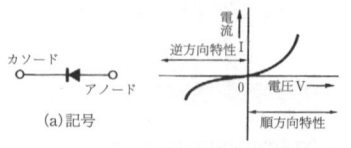

(a)記号
(b)電圧－電流特性

ダイオード・アレー　diode array
多数のダイオードを，一つのペレットに作って，複合ダイオードにしたもの．各ダイオードは独立でなく，カソード側かアノード側が他のダイオードにつながっている．☞ペレット

ダイオード・クランパ
diode clamper
入力波形を，上下方向に自由に動かす回路を，クランパという．直流再生回路，レベル設定回路ともいう．図は波形のピークを0レベルに合わすピーク値クランパ．
☞クランパ

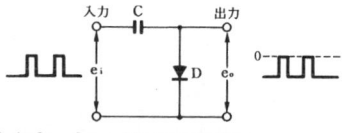

ダイオード・サイリスタ
diode thyristor →SSS

ダイオード・スイッチ　diode switch
PN接合ダイオードでは，順バイアスのときは低い抵抗で，スイッチを入れたとき（オン）と同じになり，逆バイアスでは抵抗は高くスイッチを切ったとき（オフ）と同じになる．ダイオードでスイッチの働きをさせることができ，これをダイオードスイッチという．
☞PN接合ダイオード

ダイオード・チョッパ　diode chopper
チョッパは，直流増幅器の一種で，ドリフトの少ない高利得の増幅回路である．この回路をダイオードで組み，ダイオードチョッパという．直流入力をチョッパでオン，オフしダイオードにスイッチの働きをさせ交流に変え増幅したのち，出力側で整流し直流に直して取り出す．
☞チョッパ

ダイオード・マトリックス
diode matrix
入力ライン，出力ラインを縦と横に並べ，ダイオードでつないだ回路のこと．10進法，2進法コードが使われ，コンピュータへの10進入力を2進に変えたり，コンピュータからの2進出力を10進に変えるコード変換回路に使う．

ダイオード・ミクサ　diode mixer
ダイオードミキサ，混合器ともいう．ダイオードの順方向の電圧－電流特性の非直線性を利用して，周波数混合をする回路．増幅作用がないので変換利得はなく，損失がある．高周波に使えるのが利点で，UHF，マイクロ波用ミキサに使う．
☞周波数混合

ダイオード容量（——ようりょう）
diode capacity
ダイオードのPN接合に逆バイアスをかけると，接合点付近のキャリアは少なくなり空乏層となる．空乏層は逆バイアスとともに変化し誘電体として働き，静電容量を生じる．この容量のこと．☞空乏層

大規模集積回路（だいきぼしゅうせきかいろ）large scale integrated circuit
→LSI

第三高調波（だいさんこうちょうは）
third harmonic →第三調波

第三調波（だいさんちょうは）
third harmonic
周波数の異なる交流が混じりひずみ波となり，その中で周波数の最も低い成分を基本波，その3倍の周波数成分を第三調波，または第三高調波という．

対称形トランジスタ(たいしょうがた——) **bi-directional transistor**
→双方向性トランジスタ

対称三相交流(たいしょうさんそうこうりゅう) **symmetrical three-phase alternating current**
位相が120°異なり電圧が等しい三つの交流を一組にして三相交流という．特別なことがない限り，三相交流は対称になっている．
☞三相交流

対称波(たいしょうは) **symmetrical wave**
0レベルを中心にしてプラス側，マイナス側が対称的な波形のこと．正弦波はこの例である．
☞正弦波

対称バリスタ(たいしょう——) **symmetrical varistor**
電圧—電流特性が非直線的な素子をバリスタといい，原点に対し対称特性なら対称バリスタという．
☞バリスタ

対しょ(蹠)点効果(たい——てんこうか) **antipode effect**
地球上の1点に対し，その反対側の点を対しょ(蹠)点という．対しょ点に送信所，受信所があれば，電波の伝わる路は無数にあり，同じ距離の他の場合より電波は強くなりフェージングが減る．この効果のこと．
☞フェージング

ダイシング dicing
スクライブともいう．半導体ウエーハからペレットにするとき，ダイヤモンドのポイントカッタでウエーハに縦横の傷を付け，バリバリ割る方法．切るとき出る切りくずを節約するため．

ダイス dice →ペレット

大地反射波(だいちはんしゃは) **earth reflected wave**
送信アンテナから発射された電波が，大地の表面で反射する空間波の一種．

帯電(たいでん) **electrification**
物と物をこすり合わすと，両方の物に静電気が生じ，この状態を帯電という．

耐電圧(たいでんあつ) **withstand voltage**
耐圧ともいう．絶縁物や部品，回路などが耐えられる最高の電圧．

帯電体(たいでんたい) **charged body**
電気を帯びた，帯電した物体，物質のこと．

タイトルバー title bar
コンピュータのウィンドウズ画面の最上段の横長表示欄．ここにプログラム名・文書ファイル名が示される．

ダイナトロン dynatron
→ダイナトロン特性

ダイナトロン特性(——とくせい) **dynatron characteristic**
電気の回路や装置，機器類では，電圧を増すと電流も増すのが普通だが，電圧が増えると電流が減る特性で，負抵抗のこと．エサキダイオードにはこの負抵抗特性がある．

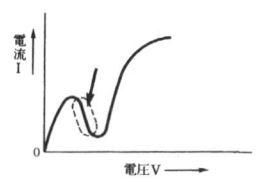

ダイナミックRAM dynamic random access memory
→ダイナミック・ラム

ダイナミック・コンバージェンス dynamic convergence
→動コンバージェンス

ダイナミック・スピーカ dynamic loudspeaker, dynamic speaker
ボイス・コイルは永久磁石の磁界の中に置き，中心線方向に移動できダンパで支える．ボイス・コイルに信号を流すと，信号に従い磁束を発生し，永久磁石との相互作用でコイルは中心線方

向の力を受ける．信号は交流でボイスコイルは静止位置を中心に信号に応じて振動し，振動はコーンに伝わり，音として耳に達する．
☞ボイス・コイル

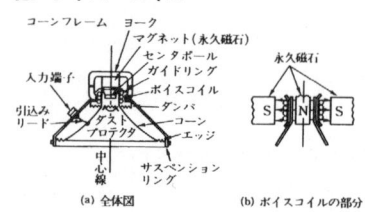

ダイナミック・バランス
dynamic balance
動く部分をもつ装置，機器などを動作させたときのバランスのこと．モータでは，これが悪いと回転むらが生じる．

ダイナミック・プログラミング
dynamic programming
英語の頭文字DPで示し動的計画法などと訳す．与えられた目的にいちばん合った条件を，制約の中から求める数学的手法．

ダイナミック・マイクロホン
dynamic microphone
音によって振動板が振動し，その振動で永久磁石の磁界中にあるコイルが振動する．そのためコイルに音声電圧が発生する．振動板はアルミニウムの薄い箔(はく)で半球形にし，外側の縁(ふち)に沿って可動コイルを取り付ける．コイルはアルミニウムのリボンで作る．空胴部，パイプなどを取り付けて，高音部や低音部を補強し300～8,000Hz位まで，ほぼ一様な周波数特性を得る．インピーダンスはロー（600Ω），ハイ（50kΩ）の二種がある．トランジスタ回路にはローインピーダンス形を直結して使う．無指向性，単一指向性の別があり，構造が簡単で丈夫．雑音は少なく動作も安定．出力電圧は600Ωで1mV位．☞トランジスタ回路

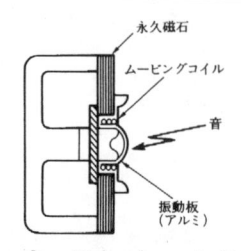

ダイナミック・ラム dynamic RAM, dynamic random access memory
MOS FETに静電容量Cをつなぎ，ゲートに加えたオン・オフパルスでCを充電し，この電荷を情報として一時記憶させる．キャリアの再結合やCのリーク（洩れ）電流のため電荷（記憶）が時間とともに失われるので，周期的（70℃で2ms以内）に再書込みパルス（リフレッシュパルス）を与える．1970年インテル社が1kビットの製品を発表して以来発展してきた，書込み・読出し自由のMOS（シリコンゲートNチャネル）メモリである．回路構成が簡単で消費電力が少なく，高速動作で集積度が高くビット当たりのコストが安いので，大容量記憶システム，コンピュータや電子交換機のメイン・メモリ（主記憶装置），パソコンなどOA機器や家電製品の汎用メモリ，通信機器制御などに多用する．
☞MOS

ダイナミック・ランダム・アクセス・メモリ
dynamic random access memory
→ダイナミック・ラム

ダイナミック・レンジ dynamic range
1．音圧レベルの最大と最小の比をdBで示す．2．増幅器，装置などで，信号をひずみなく処理できる動作範囲．低いレベルでは雑音，高いレベルでは飽和による非直線性で制限される．

第二検波 （だいにけんぱ）
second detection

スーパヘテロダイン受信機の検波器のこと．中間周波数を検波して音声信号を取り出すこと．
☞スーパヘテロダイン受信機

第二検波器（だいにけんぱき）
second detector
スーパヘテロダイン受信機で，第二検波を行う回路のこと．検波器には検波用ダイオード（米粒大）を使う．

第二高調波（だいにこうちょうは）
second harmonic
ひずみ波は周波数の異なるいくつかの正弦波が混じり合ってできている．その中で最も低い周波数成分を基本波，その2倍の周波数成分を第二高調波という．
☞ひずみ波

第二混合（だいにこんごう）
second mixing
ダブルスーパ方式の受信機で，2回目の周波数混合（第一中間周波と第二局部発振周波数の混合）を行うこと．
☞ダブルスーパ方式

第二混合器（だいにこんごうき）
second mixer
ダブルスーパ方式の受信機で第二混合を行う回路．
☞ダブルスーパ方式

第二周波数変換
（だいにしゅうはすうへんかん）
second frequency conversion
ダブルスーパ方式の受信機の第二混合で周波数を変えること．第一周波数変換で得た周波数（第一中間周波）より低い周波数（第二中間周波）にする．
☞ダブルスーパ方式

第二周波数変換器
（だいにしゅうはすうへんかんき）
second frequency converter
ダブルスーパ方式の受信機で第二周波数変換を行う回路のこと．
☞ダブルスーパ方式，スーパヘテロダイン受信機

第二中間周波(数)
（だいにちゅうかんしゅうは(すう)）
second intermediate frequency
ダブルスーパ方式の受信機の第二混合の出力周波数で，第一中間周波数f_1と第二局部発振周波数f_2の差f_2-f_1のこと．
☞ダブルスーパ方式

第二中間周波増幅器（だいにちゅうかんしゅうはぞうふくき）**second intermediate frequency amplifier**
第二中間周波数を増幅する回路．第一中間周波増幅器と同様に，鋭い帯域特性のクリスタルフィルタなどを使う．
☞ダブルスーパ方式

第二調波（だいにちょうは）
second harmonic
→第二高調波

ダイバーシティ受信（——じゅしん）
diversity receiving
フェージングのある電波を受信するときの軽減策．
①周波数ダイバーシティ（受信法）
②スペースダイバーシティ（受信法）
③偏波ダイバーシティ（受信法）
④入射角ダイバーシティ（受信法）
⑤送信ダイバーシティ（受信法）

ダイプレクサ **diplexer**
二つの信号をたがいに干渉することなく，一つの回路に同時に通す装置のこと．
☞干渉

ダイポール **dipole** →双極子

ダイポール・アンテナ
dipole antenna
→ダブレット・アンテナ

ダイ・ボンディング **die bonding**
ペレットマウント，マウントともいう．ICやトランジスタのペレットは四角形でダイ(サイコロ)という．メサ形，プレーナ形ではダイがコレクタで，リード線かステムの上に置き，不活性ガスの中で金か金すず合金を300℃位に

たいま

し，ろう付けする．このろう付け作業のこと．

☞ペレット

タイマ　timer

1. タイムスイッチのことで，一定の時間が経つと回路を開いたり，閉じたりする．動作をする時間は，あらかじめ決められている範囲内で変えることができ，ゼンマイのもどりを利用した機械式と，電子回路でコンデンサを充放電する電子式がある．洗濯機，扇風機などにも使う．

2. コンピュータでは，時間の経過をはかり，記録，警告などの働きをする装置．

タイミング・パルス　timing pulse

1. コンピュータではクロックパルスを基準にタイミングパルスを作り，各種の制御に使う．主制御回路はこれを基準にして，各部からの制御信号を受け，命令取出しサイクル，実行サイクルの切換え，各種演算操作の制御信号を作る．

2. パルス符号変調で信号を中継する際，信号パルスの有無を知るためのパルス．

3. 測定器などで測定信号と時間の関係を知りたい場合，たとえば記録資料で波形の時間的変化を正しく知る必要があるときに，一定時間（秒，分）ごとに入れるパルスのこと．記録計で使用する．

☞パルス

タイム・コンスタント　time constant
→時定数（じていすう）

タイム・シェアリング・システム　time sharing system
→時分割方式，時分割処理システム

タイム・チャート　time chart

タイミングチャートともいう．いくつかの回路や装置の時間的動作や時間的変化を，横軸に時間の経過をとりグラフで示したもの．図はRSフリップフロップのタイムチャートの例である．

☞RSフリップフロップ

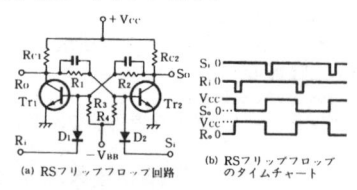

(a) RSフリップフロップ回路
(b) RSフリップフロップのタイムチャート

タイム・ディレイ回路（――かいろ）　time delay circuit　→遅延回路

ダイヤモンド格子（――こうし）　diamond lattice

炭素の純粋結晶は4個の価電子が共有結合し，特有な結晶構造で，ダイヤモンド格子といい，ゲルマニウム，シリコンもこの構造である．

☞価電子

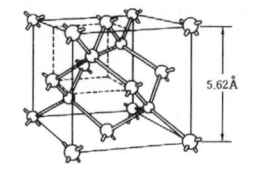

5.62Å

ダイヤル　dial

受信機や送信機，テストオシレータなど測定器類に使う周波数目盛と回転軸などを一組にした機構部品のこと．バリコンに直接ツマミを取り付け，周波数を記入した簡単なものから減速機構のものまで各種ある．

☞バリコン

ダイヤル加減抵抗器（――かげんていこうき）　dial rheostat
→ダイヤル可変抵抗器

ダイヤル可変抵抗器（――かへんていこうき）　dial variable resistor

巻線抵抗体（抵抗線を不燃性絶縁体に巻いたもの）や固定抵抗器と回転形（ロータリ）スイッチと組み合わせ，抵抗値を段階的に変える抵抗器のこと．

☞固定抵抗器

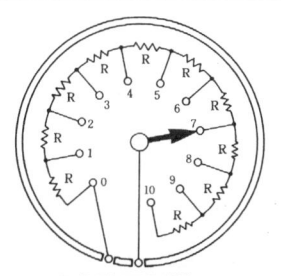

ダイヤル式自動電話機（——しきじどうでんわき）**dial telephone**
→自動式電話機

ダイヤル抵抗器（——ていこうき）**dial resistor**
→ダイヤル可変抵抗器

ダイヤル・パルス **dial pulse**
回転ダイヤルによって作られる，ダイヤル数字に対応した直流の断続電流のこと．☞直流

太陽干渉（たいようかんしょう）**sun transit**
サン・トランジットといい北半球では春分の前と秋分の後の数日間，地球局のアンテナに対し太陽の位置が静止衛星の背後に重なり，宇宙からの通信信号は数分の間雑音が急増したり，無線回線(チャネル)が切れることがあり，この現象を太陽干渉という．事前に予知できるので運用時間を変えて対応する．
☞チャネル

太陽光発電（たいようこうはつでん）**photovoltaics, solar cell**
→太陽電池

太陽雑音（たいようざつおん）**solar noise**
太陽表面から地球にくる電波雑音．デリンジャー現象の予知，電波天文航法に利用する．
☞電波雑音

太陽電池（たいようでんち）**solar battery**
シリコンPN接合に光が当たると，起電力が発生し電源となり，太陽電池という．光起電効果を利用したエネルギ変換素子．直径30mm，厚さ0.5mm位のN形シリコン円板に，ボロンを数ミクロン拡散させP形とする．変換効率10～15%位で開放電圧0.55V，1cm²当たり25mA位．必要な電圧になるまで直列にし，流す電流に応じ並列にする．
☞光起電効果

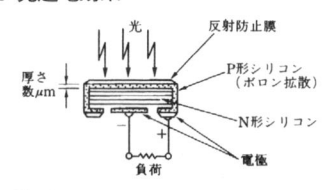

太陽熱発電（たいようねつはつでん）**solar thermal power**
太陽光を集め，効率良く熱を取り出し，タービンを回し発電する．太陽光の集約には，放物面集光式とタワー集光式がある．数m角の多数の鏡が太陽を追尾し，タワー上の液面に集めると350〔℃〕前後になる．サンシャイン計画は香川県仁尾町で実験したが，①経済性が低い②使用材料が多い③耐風設計が必要④コスト低減が困難であった．

対流圏（たいりゅうけん）**troposphere**
地上約10～12km以下の，大気の対流現象があり，気象変化のある範囲．マイクロ波の伝搬では気象現象により異常屈折，反射，散乱，吸収などがあり，見通し外伝搬ができる．
☞見通し外伝搬

対流圏通信方式（たいりゅうけんつうしんほうしき）**tropospheric communication system**
対流圏を伝わる電波を利用する通信方式．MF帯以下の空間波の伝搬，VHF帯以上の直接波の伝搬，対流圏散乱や山岳回折による見通し外通信方式があ

る．☞見通し外通信

帯理論（たいりろん）**band theory**
→バンドセオリ

ダウンサイジング　downsizing
コンピュータシステムの小型化．1990年代に始まる情報化の動向で，大型汎用機による集中型システムを，安価なワークステーション→パソコンと分散型システムに移行する傾向のこと．パソコンの高性能化で処理能力が高まり，ネットワークの普及が分散処理を容易にし，価格も下がったことが原因と考えられる．
☞ネットワーク

ダウンリンク　downlink
宇宙の通信衛星から地球局への通信回線のこと．UHF（6GHz）帯やSHF（14GHz）帯の周波数が使われる．
☞アップリンク

ダウンロード　down load
ネットワークにつながれたコンピュータから公開中のファイルを，通信回線を使い自分のコンピュータにコピーすること．Webブラウザにはダウンロード機能がありWebページの画像・サウンドなどをコピーするときに利用する．インターネットからオンラインソフトを入手するときもダウンロードする．アップロードと対語になる．
☞アップロード

だ円偏波（――えんへんぱ）
elliptically polarized wave
長円偏波ともいう．電離層で屈折し地上にもどる電波は，電界の方向が回転し強さも変わり電界のベクトルは先端がだ円を描き，だ円偏波という．

タグ　tag
荷札が原義．HTMLファイルを構成する指示情報．テキストに荷札を付けるように，文字の拡大，レイアウトなどの指示情報を付ける．実際には＜＞という記号で表す．ボールド（太字体）にする場合，〈B〉文字列〈/B〉とする．

HTMLの他に，SGML，XMLなどの言語にも付けられる．
☞HTML

卓上電子計算機（たくじょうでんしけいさんき）**electronic desk calculator**
電子式卓上計算機，略して電卓ともいう．LSIの発達で小形化，軽量化，高性能化が進み，Yシャツのポケットに入る程度の大きさで，加減乗除，平方根，対数，指数計算ができ，メモリ付きが多い．
☞LSI

ダクト　duct
→ラジオ・ダクト

ダクト・フェージング　duct fading
対流圏にダクトが生じると，ここを通る電波は複雑に曲げられ，フェージングを生じる．ダクトで曲げられた電波と，直接波との干渉で生じる干渉性フェージングと，直接波がダクトで減衰して生じる減衰性フェージングが代表的である．
☞フェージング

ダークファイバ　dark fiber
稼働していない光ファイバ回線．暗いファイバ，光の通っていない状態のファイバを表す．同様に敷設済みで未使用のメタルケーブル（銅回線）を「ドライカッパ」と呼ぶ．光ファイバは数十本から数百本単位で敷設され，実際の運用では必要な分だけを稼働させ，残りはダークファイバとして放置されている．
☞光ファイバ

多結晶（たけっしょう）**poly crystal**
結晶質の物質の結晶軸の乱れ，結晶軸方向の異なりなどにより，多数の単結晶が集まっている場合のこと．
☞結晶

ターゲット　target
目標，目的物，標的の意味から，電子を投射しその働きを利用する場合に使う．撮像管，同調指示管などの例があ

る．またミサイルなど，軍事用飛行体の標的にも使う．
☞撮像管

多元放送（たげんほうそう）
multiorigi-nation broadcasting
キー・ステーション（親局）を中心にして数局のスタジオ，中継現場を結び，一つの番組として構成するラジオ，テレビの放送．
☞キー・ステーション

多重像（たじゅうぞう） **ghost**
→ゴースト

多重チャネル（たじゅう――）
multiplexer channel
マルチプレクサチャネルともいう．複数台の入出力装置を接続し，それらを同時に動作させることのできる入出力チャネル．データ転送は，バイト単位またはブロック単位で行われる（JIS・情報処理用語）．☞チャネル

多重通信（たじゅうつうしん）
multiplex communication
周波数分割多重通信方式と時分割多重通信方式があり，通信チャネル（伝送路）の量的，経済的利用に役立つ．

多重プログラミング（たじゅう――）
multiprogramming
マルチプログラミングともいう．一つの処理装置で複数個のプログラムを割込みなどの手法により，見かけ上同時に実行すること（JIS・情報処理用語）．

多重プロセシング（たじゅう――）
multiprocessing
マルチプロセシングともいう．複数個の処理装置をもつ一つのデータ処理システムにおいて，いくつかの仕事を分担して並列に実行すること（JIS・情報処理用語）．
☞データ処理システム

多重プロセッサ（たじゅう――）
multiprocessor
マルチプロセッサともいう．主記憶装置を共用し，かつ同時に動作可能な複数個の処理装置をもつ計算機またはデータ処理システム（JIS・情報処理用語）．
☞主記憶装置

多重変調（たじゅうへんちょう）
multiplex modulation
多段変調ともいう．周波数の低い搬送波（副搬送波）を変調して，その被変調波でさらに高い周波数の搬送波（主搬送波）を変調すること．FM-AM，FM-FM方式などがある．
☞搬送波

多芯型電線（たしんがたでんせん）
multicore type wire
銅またはアルミの裸導線の周りに，絶縁電線を巻き付けた電線のこと．低圧（300[V]以下）の架空（がくう）電線用で中心の裸導線を接地（アース）する．通信・制御・電力用の多芯ケーブルは2芯以上の電線である．
☞接地

多心ケーブル（たしん――）
multiconductor cable, multicore cable
心線が多く（複数本）入っているケーブルのこと．
☞単心ケーブル

多数キャリア（たすう――）
majority carrier
真性半導体では，ホールと電子はほぼ同数で，P形半導体ではホールの数が電子の数より多く，N形半導体では電子数がホール数より多い．多いほうのキャリアを多数キャリアという．P形ではホール，N形では電子が多数キャリアである．
☞真性半導体

タスクバー **task bar**
パソコンのウィンドウズ画面最下辺に示される横長の表示欄．このバーの左端にスタートボタン，使用中のソフト名，使用中のアプリケーションソフト名やフォルダがボタンになって示される．このボタンをクリックすればアプリケーション

の切換えができる．初期設定では最下辺にあるこのバーは，上下左右に移動でき，大きさも変えられる．
☞初期設定

ダスト・コア dust core
高周波コイルのコアに使う．モリブデンやパーマロイなどの磁性材料を粉にし絶縁物と混ぜ合わせ，圧力を加え圧縮し一定の形にするので圧粉鉄心ともいう．高周波回路では低周波用トランスの成層鉄心は，うず電流損やヒステリシス損が大きくなり使えない（うず電流損は周波数の2乗に比例する）．
☞パーマロイ

	材料名	形	透磁率	周波数	特徴
圧粉鉄心	モリブデンパーマロイ	トロイダル	15～120	～200kHz	温度係数小
	センダスト	トロイダル	10～80	～100MHz	温度係数大 安価
	カーボニル	トロイダル つば 棒	10～20	～500MHz	安定度良好
酸化物鉄心(フェライト)	Mn-Zn系フェライト	つば	600～5,000	～2MHz	高いQ 安定度良好
	Ni-Zn系フェライト	つば トロイダル	10～1,000	～100MHz	低損失

多層コイル（たそう——）multi-layer coil
ハネカム巻，バンク巻などが代表的．何層にも重ねてコイルを巻く．小形で，インダクタンスが大きい．

多相交流（たそうこうりゅう）poly phase alternating current
周波数，電圧が等しく，位相が等しい間隔を保つ交流で，三相交流のこと．
☞三相交流

多相整流回路（たそうせいりゅうかいろ）multiphase rectifier circuit
三相交流以上の多相交流の整流回路．図は三相半波整流回路とその整流波形（斜線部）である．簡単な回路で，単相半波整流回路の整流波形に比べ，出力直流電圧が高く，リップルパーセンテージも改善される．大容量用に使う．

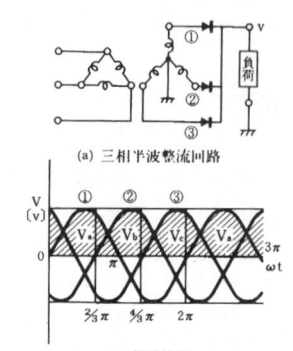

(a) 三相半波整流回路

(b) 整流波形

多層ソレノイド（たそう——）multi-layer solenoid
ソレノイドを2層以上に重ねて巻いたコイル．☞ソレノイド

多段増幅器（ただんぞうふくき）multistage amplifier
増幅器を直列に何段かつないだときの全体の回路．高い利得，大きな出力信号が必要なときに使う．

多段変調（ただんへんちょう）multiple modulation, multistep modulation
→多重変調

立上り時間（たちあが——じかん）rise time
パルスの前縁部分の振幅が，10～90%になるまでの時間のこと．
☞パルス

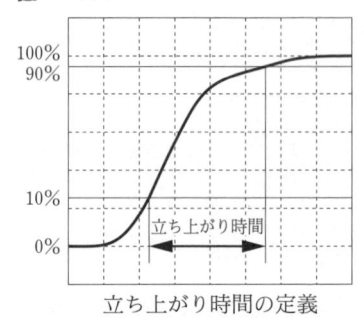

立ち上がり時間の定義

立下り時間 (たちさが——じかん) breaking time
パルスの後ろの部分の振幅が，90〜10％になるまでの時間のこと．

タッチパネル touch panel
タッチスクリーンともいい，パネルの上から指を触れるか，軽く画面上のボタンを押して入力するパネル型入力装置のこと．銀行のATM機がこれである．
☞入力装置

タップ tap
1．コイルの巻き始めと巻き終わりの中間から引き出し線，口出し線を出すこと．また引き出した線のこと．
2．巻線抵抗器の抵抗値を変えられるように，途中から引き出した線や端子のこと．

縦書き (たてが——) vertical writing
ワープロのソフトで行われる．縦書きの文字入力や編集ができること．縦書き機能という．
☞ワープロ

縦型チップ (たてがた——) vertical chip
小型アルミ電解コンデンサにおけるリード線を取り除いて台座を付け表面実装仕様にしたのが縦型チップ．アルミ電解コンデンサのほか，導電性高分子コンデンサが対象である．
☞リード線

縦効果 (たてこうか) longitudinal effect
→圧電現象

縦横比 (たてよこひ) aspect ratio
アスペクトレシオともいう．テレビや映画の画面の，縦方向と横方向の長さの比で，標準では縦横比3対4，ハイビジョンでは9対16である．

打点式記録計 (だてんしききろくけい) multi-points recorder
プロッタともいい記録計，プリンタの一種で，ペンをチャートから離して待機させ，一定時間ごとにチャートに落とし（クランクし）記録する．連続式と対称的で，急激に変化する波形の記録には向かないが，チャートとの摩擦は少なく，これが原因の誤差は避けられる．1台で連続式を兼ねるものもある．パソコンで図形を書かせるときにも使われる．
→プロッタ

ダビング dubbing
1．映画の編集済みのフイルムの画面に，磁気や光学録音をするが，テレビでもこの処理が行われダビングという．
2．1本の磁気テープに，二つ以上の音，たとえば，せりふと音楽を合わせて録音すること．
3．記録した音声や映像の内容を，他の磁気テープやディスクに転写すること．☞転写

タブ tab
機械的指標ともいう．トランジスタ，ICのケースから出ている1mm角ほどの突起のこと．各リード線の位置を決める基準にする．
☞IC

ダブラ doubler, frequency doubler
入力周波数の第二高調波を出力側より取り出し，2倍の周波数に変える周波数逓倍回路．C級動作させて入力波形をひずませ，第二高調波を多く発生させ，出力側のLC共振回路の共振周波数を第二高調波に合わせて取り出す．

ダブル・エンド double end
反対方向リード形ともいう．ダイオード，チューブラコンデンサ，抵抗器などで，リード線が左右両方向に出ているもの．T字形に放射状に出ているトランジスタも含まれる．シングルエンドと対応する語．
☞抵抗器

ダブルクリック double click
→クリック

ダブル・コーン・スピーカ
double cone loudspeaker (speaker)
複合スピーカともいう．音質，効率，ひずみの改善のため再生周波数帯域を上，下に分割し，各音域を別々のコーンで再生する方式のスピーカ．
☞ひずみ

ダブル・スーパ
double super heterodyne system
→ダブルスーパ方式

ダブル・スーパ・ヘテロダイン方式
(——ほうしき)
double super heterodyne system
→ダブルスーパ方式

ダブルスーパ方式 (——ほうしき)
double super heterodyne system
受信周波数を二度変換する方式，正しくはダブルスーパヘテロダイン方式のこと．混合回路，局部発振回路，中間周波増幅回路はおのおの二つあり，前段のほうを第一，後段を第二という．第一混合回路の前とアンテナの間に高周波増幅回路をつなぐのが普通．多くの同調回路を通すことにより，感度や選択度の優れた受信機が得られるが，回路は複雑になり，組立て調整が困難になる．信号対イメージ比の下がる20mバンド以上で多用する．

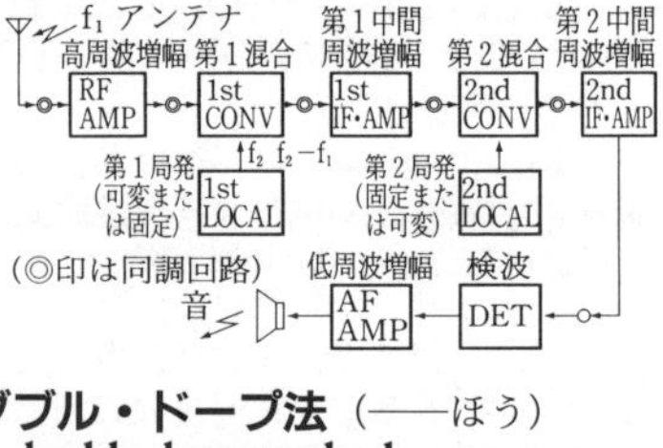

ダブル・ドープ法 (——ほう)
double dope method
グロン形トランジスタの作り方の一種．溶けたN形(コレクタ)を種で引き上げながら，ガリウムなど3価不純物を入れてP形（ベース）にし，10ミクロン位引き上げたのち，アンチモンなど5価不純物を入れてN形(エミッタ)にする製法．使用周波数30MHz位．（ミクロン＝1μm＝10^{-3}mm)

ダブル・ブリッジ double bridge
低い抵抗（1Ω以下）の測定に使う精密測定器．P，Q，p，qの抵抗を調整してバランスをとり，Ⓖの振れが零となれば，

未知抵抗X＝QR/P　　〔Ω〕

を計算で求める．Bは電源電池，Rは標準抵抗，P，Qは可変標準抵抗，Ⓖはバランスを知るための検流計．

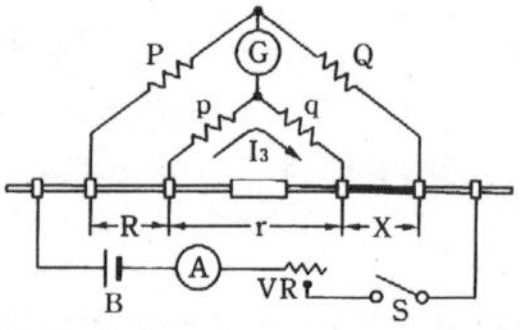

ダブル・ベース・ダイオード
double base diode
単接合トランジスタとか，ユニジャンクショントランジスタともいう．アメリカGE社が開発し，SCRのゲートトリガ用．階段波，のこぎり波用発振回路に使う．ジャンクションが一つ，ベースがダブル（2個）のダイオード．
☞ユニジャンクション・トランジスタ

タブレット tablet
パソコンで，図形データを入力する卓上型ディジタイザ(板状装置)である．ペンタッチで操作でき，①図形データ入力．②CGを描く．などに利用する．座標の読取りには，電磁誘導式・磁気歪式・感圧式などがある．
☞ディジタイザ

ダブレット・アンテナ
doublet antenna
長さ1/4波長の2本の電線を一直線にし中央にフィーダをつなぐ．大地に水平に置き水平ダブレット，垂直なら垂直ダブレットと呼ぶ．アースはせず，共振させた場合，アンテナ上の電圧V，

電流Iの値は図に示すようになる．電圧は両端で最大，中央で0，電流は中央で最大，両端で0になる．水平面内の指向性は8字形で，アンテナ線に垂直な方向で最大となる．
☞1/4波長

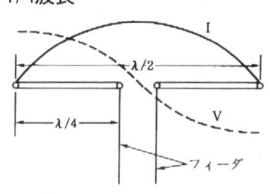

ダミー dummy
1．ダミーアンテナ，擬似（ぎじ）アンテナのこと．
2．ダミーロード（擬似負荷）のこと．
☞擬似負荷

ダミー・アンテナ dummy antenna
→擬似（ぎじ）アンテナ

ターミナル terminal
→端子

ターミナルアダプタ terminal adaptor
従来型のアナログ電話機・モデムを，ディジタル回線ISDNにつなぐための装置．
☞ISDN

ターミネータ terminater
終端器ともいい，コンピュータ周辺機器への信号ケーブルやネットワークケーブルの終端につなぐ抵抗器のこと．インピーダンスのミスマッチングのために生ずる，信号の終端反射をおさえ，転送データのエラーを防止する．次の2種がある．
①アクティブターミネータ
②パッシブターミネータ

ダミー・ロード dummy load
電子回路の出力側で，実際に使われる負荷，たとえば送信機のアンテナ，受信機のスピーカなどをはずし，電気的に近似の電球や抵抗を接続し，回路を調整したりデータをとり不要な電波や音を出さぬようにする．この抵抗や電球をダミーロードとかダミー，または擬似負荷と呼ぶ．
☞擬似負荷

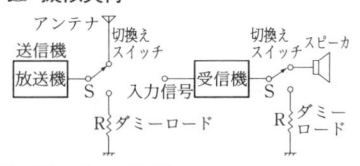

ダーリントン接続 (——せつぞく) Darlington connection
2個のトランジスタを図のようにつなぐ．全体の電流増幅率h_{FE}は2個の各電流増幅率h_{FE1}，h_{FE2}の積となる．

$h_{FE} = h_{FE1} \cdot h_{FE2}$

高利得や高入力インピーダンスが必要なときに使う．遮断電流I_{CBO}の変化もh_{FE}に左右されるのでI_{CBO}の小さいものを使う．
☞遮断電流

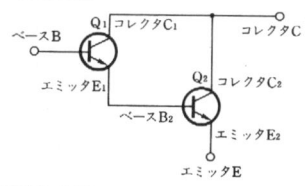

たる形ひずみ (——がた——) barrel distortion
テレビの受像管の，偏向コイルの不良で生じる画面のひずみの一種．長方形のラスタがたる形となる．
☞ひずみ

他励式 (たれいしき) separate excitation
1．スーパ方式の受信機で局部発振用に専用の回路を用いる方式で，セパレートヘテロダイン式ともいう．受信周波数が高いと，局部発振周波数との差が減り，局部発振周波数が受信周波数のほうに引き込まれたり，発振不安定

となる．この欠点を補い，変換利得，雑音，ビート妨害，スプリアス受信などが減る．
2．発電機で他の界磁電源から励磁すること．

☞励磁

タワー tower
アンテナ用の塔のこと．屋根の上に立てるルーフ・タワーや地面に立てる自立形などがある．

☞ルーフ・タワー

タワー・アンテナ tower antenna
タワー（塔）アンテナのこと．
→塔アンテナ

単安定マルチバイブレータ（たんあんてい——）monostable multivibrator
→一安定マルチバイブレータ

単位（たんい）unit
量を測るときに比較の基準となる同種類の一定量のこと．基本単位と組立単位がある．長さ(m)の基本単位から，面積(m²)の組立単位を作る．古くはCGS単位系を使ったが，M(長さm)，K(重さkg)，S(秒)を基本とするMKSA単位系が使われる．国際的には1960年国際度量衡総会でMKSA系を発展させた国際単位系（SI）が採用され現用している．

☞国際単位系

SI基本単位

長 さ	メートル	m	光 度	カンデラ	cd
質 量	キログラム	kg	物質量	モル	mol
時 間	秒	S	熱力学温度	ケルビン	K
電 流	アンペア	A			

SI組立単位例

電 荷	クーロン	C	電 圧	ボルト	V
周波数	ヘルツ	Hz	静電容量	ファラド	F
磁 束	ウェーバ	Wb	電気抵抗	オーム	Ω
電 力	ワット	W	インダクタンス	ヘンリー	H

単一拡散形トランジスタ
（たんいつかくさんがた——）
single diffused transistor

1．ベース層を不純物拡散技術で作るトランジスタ（メサ形，プレーナ形）のこと．
2．シリコンペレットの両面から，不純物を長時間拡散して，中層部に薄いベース層を残すトランジスタのこと．両面拡散形ともいう．遮断周波数2MHz程度．

☞遮断周波数

単一指向性（たんいつしこうせい）unidirection
アンテナ，マイクロホン，スピーカなどの指向性が，一定の方向だけの場合をいう．特定の方向だけに強く，効率よく働く．

☞指向性

単一指向性マイクロホン
（たんいつしこうせい——）
unidirectional microphone
一定方向からの音だけに，高い感度のあるマイクロホンのこと．不必要な方向からの音（雑音）を低くおさえる．録音用，ステージ用に使う．

☞雑音

単一調整（たんいつちょうせい）tracking
→三点調整，トラッキング

単一調整誤差（たんいつちょうせいごさ）tracking error
→トラッキング・エラー

ターンオーバ周波数（——しゅうはすう）turnover frequency
レコード盤に録音する場合，録音時間を長くするには，1本当たりの溝は狭いほうがよい．録音周波数が低くなると，振幅は大きくなる．この相反する条件を満たすため，低い周波数部分の

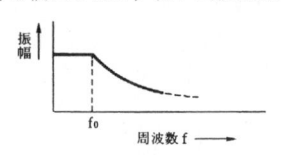

振幅を，ある値でカットすると，録音特性は，図のようになり，f_0をターンオーバ周波数という．

ターンオフ turn-off
1．スイッチング動作をさせているトランジスタを，オン（導通）状態からオフ（遮断）状態に変えること．
2．サイリスタをonの状態からoffの状態にすること．
☞サイリスタ

ターンオフ時間（──じかん）turn-off time
トランジスタにスイッチング動作をさせたときの，オン（導通）からオフ（遮断）になるまでの時間．ベースをオフにしてから，コレクタ電流が最大値（飽和値）の10％に下がるまでの時間．

ターンオン turn-on
1．スイッチング動作中のトランジスタを，オフ（遮断）状態からオン（導通）状態にすること．
2．サイリスタをoffの状態からonの状態にすること．

ターンオン時間（──じかん）turn-on time
トランジスタにスイッチング動作をさせたときの，オフ（遮断）からオン（導通）までの時間．ベース電流をオンにしてから，コレクタ電流が最終値（飽和値）の90％になるまでの時間．

炭化けい素バリスタ（たんか──そ──）silicon carbide varistor
→シリコンカーバイドバリスタ

タンク回路（──かいろ）tank circuit
LC並列同調回路ともいう．インダクタンスLと静電容量Cを並列にした同調回路．同調周波数ではインピーダンスが高く純抵抗として働き，他の周波数ではインピーダンスが低い．π形，T形回路もあり，送信機の終段の負荷に使う．☞同調周波数

タングステン陰極（──いんきょく）tungsten cathode
タングステンの溶融点の高いのを利用し，電子管の熱陰極（大出力用の送信管，X線管）に使う．
☞電子管

タングステン・フィラメント tungsten filament
タングステンWで作られたフィラメント（陰極）のこと．動作温度2500Kぐらいで送信管，電球に使われる．

単結晶（たんけっしょう）monocrystal
物質全体に原子が規則正しく並び，連続した一つの結晶でできた物質のこと．物質を溶かしゆっくり冷やすと，大きな単結晶ができる．トランジスタ用半導体や天然水晶は代表例．

単向管（たんこうかん）isolator
アイソレータともいい，非可逆性素子の一種．順方向に減衰なしで電波を通し，逆方向には吸収して電波を通さない．発振器，検波器と組み，反射波を防ぐ．マイクロ波用はフェライト（磁性体）を使う．
☞フェライト

探索（たんさく）search
項目の集まりについて所要の特性をもつものを探すこと（JIS・情報処理用語）．☞項目

端子（たんし）terminal
ターミナルともいう．電気器具の電流の出入口や，他の電気器具につなぐ箇所に取り付ける部品のこと．入力用，出力用など用途に応じ各種の形，大きさ，色がある．

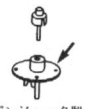

陸式端子　ピンジャック型（入力用）1P　ツメ付き型

端子電圧（たんしでんあつ）terminal voltage
乾電池や蓄電池から負荷に電流を流したとき，電池の(＋)，(－)両端子間に

発生する電圧　$V=E-Ir$
Eは$I=0$のときの端子電圧(起電力)，rは内部抵抗，Iは負荷電流である．

短縮コンデンサ (たんしゅく——)
loading condenser
アンテナの電気的な長さを縮めるために，直列にアンテナにつなぐコンデンサ．延長コイルと対応の語．
☞延長コイル

単純GO TO文 (たんじゅん——ぶん)
unconditional GO TO statement
コンピュータのプログラムの実行は，プログラム文の上から下に行われるが，特定の文に移すときは，GO TO Kとする(Kは文番号)．これによって，次に実行されるのはK番のプログラム文である．これを単純GO TO文という (FORTRAN)．
☞プログラム文

探傷器 (たんしょうき)
flaw detection →超音波探傷器

探触子 (たんしょくし) **probe**
1．プローブ，プルーブ，探針ともいい，テスタやオシロスコープの測定リード．
2．超音波探傷器の超音波送受器のこと．
☞超音波探傷器

探針 (たんしん) **probe**
→探触子

単心ケーブル (たんしん——)
single-core cable
心線（中心線）が1本のケーブルのこと．☞多心ケーブル

単信法 (たんしんほう)
simplex telegraphy →単信方式

単信方式 (たんしんほうしき)
simplex operation
送信と受信を交互に切り換え，互いに通信を行う方式のこと．

ターンスタイル・アンテナ
turnstile antenna
2本の半波長ダブレットを水平面内に直角に置き，90°位相の異なる電流を流すと，水平面は無指向性となる．利得を上げるには，半波長の間隔をもたせ，必要に応じて積み重ねる．
☞半波長ダブレット

単接合トランジスタ
(たんせつごう——)
unijunction transistor
→ダブル・ベース・ダイオード

単線 (たんせん) **solid wire**
電子機器の短距離の簡単な配線に使う電線．たとえばプリント基板内の短距離配線．

単相交流 (たんそうこうりゅう)
singlephase alternating current
一般の電灯線交流のこと．多相交流と対応する語．
☞多相交流

単相三線式 (たんそうさんせんしき)
single-phase three-wire system
変圧器を使い200(V)用負荷が使え，100(V)用負荷とともに利用できる．二線式に比べ電力損失を少なくできる．変圧器二次側Sのセンタタップ回路にはヒューズを入れずアースし低圧側とする．
☞変圧器

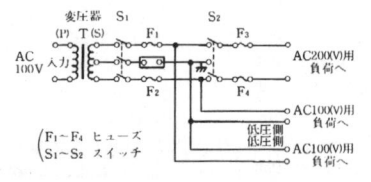

単相三線式交流
(たんそうさんせんしきこうりゅう)
single-phase three-wire system AC
→単相三線式

単相全波整流 (たんそうぜんぱせいりゅう)
single-phase full-wave rectification
単相交流の全期間にわたり（全波）整流すること．
☞単相交流

単相全波整流回路 (たんそうぜんぱせいりゅうかいろ) single-phase full-wave rectification circuit

単相全波整流を行う回路. ブリッジ式とセンタタップ式がある.

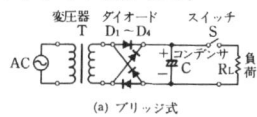

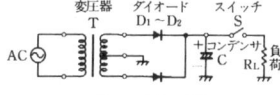

(a) ブリッジ式

(b) センタタップ式

単相二線式 (たんそうにせんしき) single-phase two-wire system

屋内配線や低圧配電線に使い, 2本の電線で交流を送り受ける方式. 工事や保守が容易である. 低圧側の線をアースする. ☞アース

単相二線式交流 (たんそうにせんしきこうりゅう) single-phase two-wire system AC →単相二線式

単相半波整流 (たんそうはんぱせいりゅう) single-phase half-wave rectification

単相交流の半周期間だけ整流すること. ☞単相交流

単相半波整流回路 (たんそうはんぱせいりゅうかいろ) single-phase half-wave rectification circuit

単相半波整流を行う回路のこと.

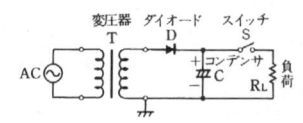

単相両波整流 (たんそうりょうはせいりゅう) single-phase both-wave rectification →単相全波整流

単相両波整流回路 (たんそうりょうはせいりゅうかいろ) single-phase both-wave rectification circuit

→単相全波整流回路

単側波帯 (たんそくはたい) single side band →SSB

単側波帯受信 (たんそくはたいじゅしん) single side-band reception

AMで生じた両側波帯の片方を除き, 残りの片方の側波帯 (単側波帯) を受信すること. または, 両側波帯電波からどちらかの単側波帯だけを選んで受信すること. これによって選択性フェージングは小さくなる.
☞選択性フェージング

単側波帯通信方式 (たんそくはたいつうしんほうしき) single side-band communication system
→SSB通信方式

炭素皮膜抵抗器 (たんそひまくていこうき) carbon film resistor
→カーボン抵抗器

タンタル tantalum

原子番号73, 5価, 記号Taの金属. 導体で酸化物は優れた絶縁体. 薄膜回路や電解コンデンサに使う.

タンタルコンデンサ tantalum capacitor

電極材料としてタンタルを使った電解コンデンサ. タンタル粉末を焼結して固めたときにできる隙間を利用する構造. 電解質には二酸化マンガンを用いた製品が一般的だが, 最近では導電性高分子材料を使用したコンデンサが開発された.
☞コンデンサ

タンタル電解コンデンサ (――でんかい――) tantalum electrolytic condenser

アルミ電解コンデンサに比べ低温特性, 周波数特性, タンデルタ, 洩れ電流などの各特性が良く高価であるが, 通信機, 測定器, コンピュータなどに使う.
☞周波数特性

①使用する電解質による分類

```
タンタル電解    ┬ 液体電解質 ┬ 乾式
コンデンサ      └ 固体電解質 └ 湿式
```

②陽極の形などによる分類

```
アルミニウム陽極 ┬ 箔(はく)
                 ├ 線
                 └ 焼結体
```

タンデルタ tan δ

誘電体の損失角は$\cos\theta$で示すが，$\tan\delta$で示すと便利である．図(a)でRはコンデンサCの損失分である．ここで$\theta>\delta$とする．

$\tan\delta = 1/(2\pi fCR)$
$\therefore \delta \fallingdotseq 1/(2\pi fCR)$

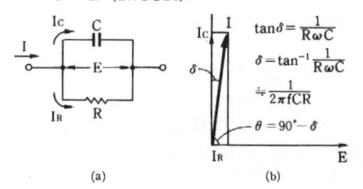

$\tan\delta = \dfrac{1}{R\omega C}$
$\delta = \tan^{-1}\dfrac{1}{R\omega C}$
$\fallingdotseq \dfrac{1}{2\pi fCR}$
$\theta = 90° - \delta$

(a) (b)

単電子銃形カラーブラウン管（たんでんしじゅうがた――かん）

single gun color Braun tube, single gun color picture tube

カラー用ブラウン管の一種．一つの電子銃から出た電子ビームを赤，緑，青の蛍光体に順々に当て，カラー画面を再現する．アップル管，クロマトロン管，トリニトロン管などがある．

単同調増幅器（たんどうちょうぞうふくき） single tuned amplifier

高周波増幅器ではコイルL，コンデンサCによるLC同調回路が，入力側や出力側に使われる．LC同調回路が一つの増幅器のことを単同調増幅器という．帯域幅の狭い単峰特性の増幅器となる．

☞増幅器

短波（たんぱ） short wave

ショートウェーブ（SW）ともいい，周波数3MHzから30MHz，波長100mから10mの電波．周波数区分でHFに相当する．地表波は減衰が大きく遠距離まで伝わらないが，電離層での屈折波を利用すれば，中波，長波に比べ遠距離まで電波が届くので，長距離通信や国外放送などに適す．波長が短く，同調用のコイルやコンデンサ，アンテナなども小形でよい．

☞地表波

ダンパ damper

1．スピーカのコーンのボイスコイルに近い側に，木綿か絹にベークライトワニスをしみこませ，波形に仕上げ取り付ける．コーンの前後運動の際の横方向の動きをおさえ，コーンを中心の位置に保ち，振動方向に適度な振動性をもたせる．

2．電気回路のダンピングのためにつなぐ抵抗器で，ダンピング抵抗ともいう．→ダンピング抵抗

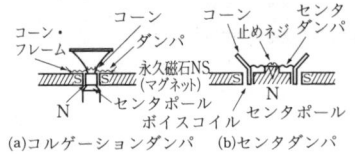

(a)コルゲーションダンパ (b)センタダンパ

短波アンテナ（たんぱ――） short wave antenna

短波は波長が短いためアンテナの寸法は短く，素子を数本並べて指向性の鋭いビームアンテナを作るのも容易である．一般に非接地形である．

☞波長

短波帯（たんぱたい） short wave band

4～26.175MHzの周波数帯（無線局運用規則第2条）．

☞周波数帯

短波通信（たんぱつうしん） short wave communication

周波数3～30(MHz)，波長100～10(m)の電波を使って情報を送り受ける無線通信のこと．電離層（F層）を使うため日変化や季節変化，地域的変化を受

け電界強度が変わるが，使用周波数を適当に選択し軽減する．
☞短波

短波放送 (たんぱほうそう)
short wave broadcasting
短波を使った放送のこと．短波は遠く海外まで伝わり，NHKが海外放送に使う．国内向け短波放送には，民間放送で日本短波放送がある．短波放送には独特のフェージングをともなう．標準放送の周波数は3.9〜26.1MHz．

    占有周波数帯幅   9kHz
    周波数偏差   10Hz

ダンピング damping
制動ともいう．振動やエネルギを減らすこと．ダンプとはしめらす，不活発にするという意味．

1．可動コイル形計器で，指針が最終値の前後で振動するが，この振動を最小限におさえ早く静止させる．これを制動といい，空気との摩擦（空気制動）や電磁制動などがある．

2．LC共振回路でQが高いと，回路は不安定となり，入力が急激に変化すると出力に振動を生じる．また帯域幅も狭くなる．これを防ぐため，共振回路に並列に抵抗を入れ，値を加減してQを調整すること．

3．ダンピング抵抗のこと．

ダンピング係数 (——けいすう)
damping factor, damping coefficient
→ダンピング・ファクタ

ダンピング抵抗 (——ていこう)
damping resistance
ダンプ抵抗とかダンパともいう．

1．LC共振回路のQを抑制して，帯域幅や過渡特性を調整するために，共振回路に並列につなぐ抵抗のこと．

2．インダクタンスLの大きい回路に，急激に変化する電流が流れると，Lの両端に大きな電圧が発生したり，振動が生じる．この不要な振動をおさえたり，吸収するために，Lと並列につなぐ抵抗．
☞インダクタンス

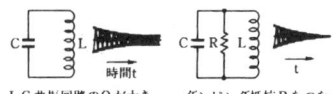

LC共振回路のQが大きいと発生した振動は，減衰しにくい．

ダンピング抵抗Rをつなぐと振動は急速に減衰する．

ダンピング・ファクタ
damping factor
ダンピング係数ともいう．増幅器で音を再生する場合，音のよさは増幅器の過渡特性に大きく影響をうける．これを数量的に扱うのに用いることば．ダンピングファクタが小さいと，ダンピングファクタは悪いといい，音の歯切れが悪くなる．

$$\text{ダンピングファクタ}\, D.F = \frac{Z_L}{Z_0} = \frac{E_L}{E_0 - E_L}$$

Z_L：負荷インピーダンス
Z_0：アンプの出力インピーダンス
E_L：負荷の端子電圧
E_0：無負荷の端子電圧

☞過渡特性

単方向性ビーム・アンテナ
(たんほうこうせい——)
uni-lateral beam antenna
単一指向性ビーム・アンテナともいう．必要とする一方向（所定の方向）だけに高い感度がある，または強く電波を発射，受信するアンテナ．メインロープが一方向にだけあるビーム・アンテナのこと．
☞ビーム・アンテナ

単峰特性 (たんほうとくせい)
single-humped characteristic
図の(a)の回路で，相互インダクタンスMを増し，結合度を強めると，二次電流は(b)の1〜2のような変化をする．臨界結合をすぎると3〜4のように2つの山に分かれるようになる．臨界結合までの，山が一つの特性を単峰特性という．

☞ 相互インダクタンス

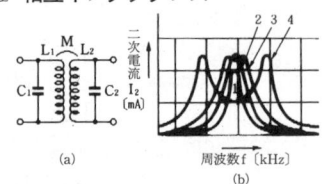

(a)
(b) 周波数f〔kHz〕 二次電流 I_2〔mA〕

単巻変圧器（たんまきへんあつき）
auto-transformer →スライダック

端末機器（たんまつきき）**console unit**
1. コンピュータの入出力装置で、周辺機器、I/O機器ともいう．次のようなものがある．キーボード、テレタイプ、紙テープリーダ、紙テープパンチャ、パンチカードリーダ、マークカードリーダ、カードパンチャ、磁気カードリーダ/ライタ、CRTディスプレイ、プリンタ、X-Yプロッタ、ラインプリンタ、イメージスキャナ．
2. 有線通信で、文字、映像、音声などの通報（メッセージ）を、電気信号に変えたり、それらの電気信号をもとの映像や音声にもどす機器のこと．

端末処理（たんまつしょり）
terminal correction
ケーブルやリード線などの末端を、配線やハンダ付けしたり、絶縁被覆を補修したり、バインドしたり、コネクタにネジ止めしたりする作業のこと．

短絡（たんらく）**short, short-circuit**
→ショート

短絡電流（たんらくでんりゅう）
short-circuit current
短絡（ショート）したときに流れる大きな電流のこと．

ち

チェックボックス check box
パソコンのウィンドウズ画面（ウィンドウ）中に示されるチェック用の図形のこと．選択枠ともいい，機能選択用ボタンである．マウスでクリックし，チェックの有無を切り換える．チェックがついて，☑の状態では，機能がONとなる．☞マウス

遅延（ちえん） delay, time lag
ディレイとかタイムラグともいい，伝送径路や電子回路における信号の遅れ，たとえば増幅器の入力信号に対する出力信号の時間的遅れのこと．

遅延回路（ちえんかいろ） delay circuit
回路の出力信号を入力信号から一定時間遅らせる回路．次のような種類がある．①集中定数回路．定K形フィルタなどがあり，構造簡単で遅延時間も大きくとれるがひずみが大きい．②分布定数回路．同軸線路（ケーブル）などがある．遅延時間は短いが周波数特性はよい．図は遅延線路の外観例．ICの外装に似ている．

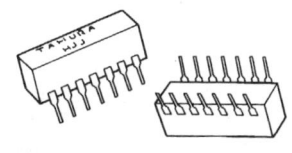

遅延形AGC（ちえんがた――） delayed AGC
AGCをかける回路の入力レベルが，ある大きさ以下のときは，AGCは働かず，一定レベル以上になったときAGCが動作するほうが望ましい．このようなAGCを遅延形AGCという．
☞AGC

遅延記憶装置（ちえんきおくそうち） delay line memory, delay memory
循環記憶装置ともいうコンピュータの装置の一種．一定の遅れ時間をもつ回路と，増幅整形回路を組んで，閉じた回路を作り情報を循環させて記憶する装置．磁気ドラム，超音波記憶装置などがある．

遅延ケーブル（ちえん――） delay cable
遅延線ともいう．同軸ケーブルは特性インピーダンスが低く，遅延時間は小さい．遅延時間0.1〜数μsのものが多く，遅延ケーブルもいくつかタイプの異なるものがあり，図は国産品として使われたうちの一種である．
☞同軸ケーブル

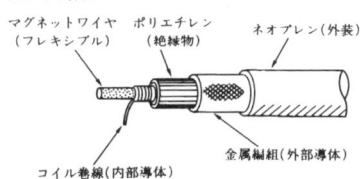

チーエン効果（――こうか） ziehen effect
発振回路の引込み効果のこと．正帰還による発振回路で，発振周波数を決めるLC共振回路に，他の共振回路を密結合すると，発振周波数が密結合した共振回路の周波数に引きずられ，ヒステリシスを描く．他回路との結合を疎にしたり，結合する回路のQを下げて防ぐ．
☞密結合

遅延時間（ちえんじかん） delay time
ディレイタイムとか，遅れ時間ともいう．トランジスタのベースに入力パル

スを加え，コレクタに生じる出力パルスが最終値の10％になるまでの時間のこと．

遅延自動利得制御
（ちえんじどうりとくせいぎょ）
delayed automatic gain control
→遅延形AGC

遅延線（ちえんせん） delay line
→遅延ケーブル

遅延掃引（ちえんそういん）
delayed sweep
テレビやシンクロスコープなどで映像の一部を拡大するためトリガパルスが入ってきてから，ある時間だけ遅らせて掃引（スイープ）すること．
☞スイープ

遅延ひずみ（ちえん——）
delay distortion, time delay distortion
位相ひずみともいう．増幅回路に異なる周波数の入力を加えたとき，出力では周波数によって位相のずれ方が異なるため，出力波形が入力波形と異なる波形となり，ひずみを生じる．このひずみを遅延ひずみという．テレビやレーダの映像に影響を与える．
☞ひずみ

チェーンメール chain mail
ネットワーク上で，次々と他人にメールを転送する電子メールの遊び．ウィルスを撒きちらすこともあり，混乱をもたらす．
☞電子メール

置換法（ちかんほう）
substitution method
測定法の一種で増幅器の増幅度を測る場合，SをAに入れ標準信号発生器SGの出力を加え，出力計の振れが適当な指示となるようSGのアッテネータを加減する．次にSをBに入れ出力計が前と同じ振れになるようSGのアッテネータを加減する．このときのアッテネータの読みの差が増幅度である．
☞アッテネータ

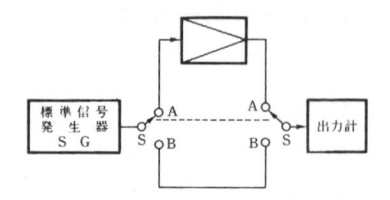

地球局（ちきゅうきょく）earth station
通信衛星に向けてマイクロ波を発射し，外国局から衛星を通して送られてくる電波を受信する，宇宙通信用無線局．日本ではKDD（国際電信電話株式会社）が茨城衛星通信所，山口衛星通信所に開局し東京の中央局と結んでいる．電波法では，宇宙局と通信を行い，または受動衛星その他の宇宙にある物体を利用して通信を行うため，地表または地球の大気圏の主要部分に開設する無線局（施行規則第4条）と定義する．地球局には，海岸地球局・航空地球局・基地地球局・船舶地球局・航空機地球局・陸上移動地球局などがある．☞無線局

逐次アクセス記憶装置（ちくじ——きおくそうち）sequential access memory, sequential access storage
シーケンシャルアクセス記憶装置ともいう．アドレス選択回路がアドレスを端から順に探すためアクセスタイムがアドレスの位置によって異なる．磁気テープ記憶装置はこの代表でアクセス時間が長い．
☞シーケンシャル・アクセス

逐次制御（ちくじせいぎょ）
sequential control
1．コンピュータで，あらかじめ指定された命令の順序に従い，順に自動的に制御すること．
2．シーケンス制御のこと．
→シーケンス制御

逐次制御カウンタ（ちくじせいぎょ——） sequential control counter

コンピュータの処理装置の用語．命令アドレスレジスタともいう．制御装置の一部で，逐次制御を行うために次に読み出す命令のアドレスを保持するレジスタのこと．

☞アドレス・レジスタ

蓄積管（ちくせきかん） **storage tube**
メモリチューブ，電子ビームメモリともいう．電子ビームにより，ターゲット表面に電荷のパターンを書き，これを長時間蓄積，記録して信号として取り出したり，消すことができる．直視形，走査変換形の二種がある．記憶容量が大きく，画像の合成，SN比を改善する利点がある．

☞SN比

蓄積時間（ちくせきじかん）
storage time
ストレージ・タイムともいう．スイッチング用トランジスタのスイッチ速度を示す．オン（導通）状態から急にオフ状態になるときの時間の遅れのこと．入力波形が全振幅の10%低くなったときから出力波形が全振幅の10%小さくなるまでの時間．ベース内に残ったキャリアの消滅時間に相当し，キャリアの量が多い（Icが大きい）ほど時間も長い．

☞トランジスタ
→ストレージ・タイム

蓄電器（ちくでんき） **condenser**
→コンデンサ

蓄電池（ちくでんち）
battery, storage battery
二次電池とかバッテリともいう．使って消耗すれば充電して再び使うことができる．電流容量の多い回路，たとえば移動用送信機の電源などに使う．種類は鉛蓄電池，アルカリ蓄電池，燃料電池などがあり，最も多く使うのは鉛蓄電池で，端子電圧は6V，12V，24Vが多い．

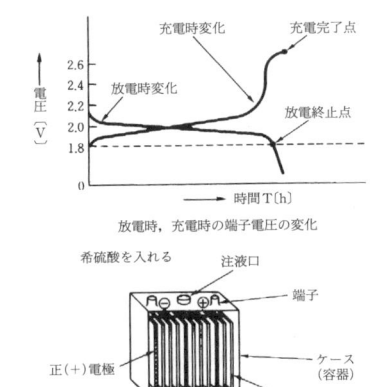

☞鉛蓄電池

放電時，充電時の端子電圧の変化

蓄電池容量（ちくでんちようりょう）
battery capacity
完全充電した蓄電池（バッテリ）を規定電圧に達するまで放電したときの放電（電気）量のこと．流した電流の大きさ（アンペアA）と流し続けた時間（アワーh）の積アンペアアワー〔Ah〕で示す．☞放電

地磁気（ちじき） **earth magnetism**
地球は大きな磁石と考えられ，地球の周辺には磁界が存在する．この磁界の大きさ，方向は各地点で異なる．この地球のもつ磁気を地磁気という．

☞磁界

地上局（ちじょうきょく）
terrestrial station
陸上に開設した移動しない固定（無線）局で，移動局と通信を行う．地上無線通信を行う無線局の総称で，地球局をさすこともある．

☞無線局

地上波（ちじょうは） **ground wave**
地上を伝わる電波で，地表波，直接波，大地反射波，回折波などがある．長波，

中波，超短波，極超短波の通信は，主として地上波で行う．

地上波ディジタル・テレビジョン放送
（ちじょうは――ほうそう）**digital television broadcasting of ground wave**
わが国のテレビ放送は地上波によるアナログ（NTSC）方式だが，放送衛星（BS）・通信衛星（CS）利用のディジタル方式（BSTV・CSTV）には多くの長所がある．
1．高画質（高精細・低雑音・ゴースト消滅・ハイビジョン）
2．高質音声（CDレベル）
3．双方向性（視聴者参加）
4．データ放送（長期番組ガイドと受信・録画の予約）
5．移動体通信対応（携帯電話）など．
欧米のディジタル化や世界的潮流から遅れたわが国は2003年12月からアナログ放送と地上波ディジタル放送を併行し，2011年以後は地上波ディジタル・テレビジョン放送のみとなる．
☞BS，CSディジタル放送

地上波データ放送
（ちじょうは――ほうそう）
data broadcasting by ground wave
地上波のテレビ放送電波のすきまを利用して，文字や画像のデータを送る情報サービスのこと．受信者からデータを送ることができる双方向伝送システムである．Data Wave（テレビ朝日）・Bitcast（東京放送）・Inter Text（テレビ東京）などがある．

チーズ・アンテナ　**cheese antenna**
→チーズ形反射器付空中線

置数器（ちすうき）　**register**
→レジスタ

チーズ形反射器付空中線（――がたはんしゃきつきくうちゅうせん）
cheese reflector antenna
マイクロ波の受信・送信に使うアンテナで，放物曲線をもち広帯域性・高利得アンテナの一種である．

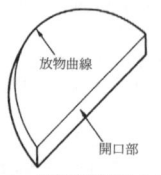

チーズ型反射器付空中線

チタコン　**titanium condenser**
セラミック（磁器）コンデンサの一種で酸化チタンコンデンサの略称．誘電率がチタン酸バリウムより小さく，容量は小さいが電気的特性は安定で温度補償用に使う．

チタン酸バリウムコンデンサ
（――さん――）
barium titanate ceramic condenser
酸化バリウムと酸化チタンを混ぜ1300℃位で焼き上げた磁器で，誘電率が大きい．円板，円筒を誘電体とし両面に電極を付ける．静電容量は形のわりに大きく，耐圧も数kVまである．安定性が良く，正確な定数を必要とするフィルタ，カップリング用などに使われる．
☞静電容量

チタン酸バリウム磁器（――さん――じき）　**barium titanate ceramics**
電界を加えると電歪（わい）効果で，電界方向に伸び（縦効果），電界と直角方向に縮み（横効果）を生じる．このとき縦効果は横効果の2～3倍となる．交流を加え，その周波数で振動させることができ，圧電材料として使ったり磁器コンデンサに使う．
☞磁器コンデンサ

チップ　**chip**
1．物質の小片のこと．
2．ペレットのこと（半導体製品）．
3．プラグの先端部分のこと（部品）．
☞ペレット

チップ・トランジスタ
chip transistor

薄膜や厚膜によるハイブリッドICに使うトランジスタのこと。ハーメチックシールのケースに入れない，チップのままのトランジスタという意味で，電極の接続も線を使わず，ペレットとサーメットのような基板とを直接に面でつなぐ，フェイスボンディングのトランジスタ。

☞ハイブリッドIC

チップネットワーク　chip network

抵抗器などで，複数の素子を一つの表面実装に対応したパッケージに収納した電子部品のこと。チップアレイなどとも表現される。

チップ部品（――ぶひん）
chip components

プリント配線板の表面に接続して必要な回路を形成できる端子構造をもつ電子部品。SMD（サーフェイス・マウント・デバイス＝表面実装部品）のこと。

☞プリント配線板

知的財産権（ちてきざいさんけん）
intellectual property rights

発明や著作物，コンピュータプログラムなどの知的な成果による財産は，そのほとんどが著作権法で保護されている。ソフトウェアに関するアイデアでも特許が取れ，著作権や特許権を総称する言葉となる。

☞世界知的所有権機関（WIPO）

地表波（ちひょうは）　surface wave

アンテナから放射された電波の一部分は，地球の表面に沿って進み，地表波という。地表波は伝わる途中で大地に吸収され，だんだん弱っていく（減衰）。一般に周波数が高いほど減衰が大きく，導電率が大きいほど減衰は小さい。海面，水面などは伝わりやすく，山岳地は伝わりにくい。平地はその中間で，市街地になると減衰が増える。電界強度は，アンテナからの距離に反比例する。☞減衰

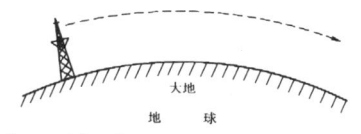

大地
地球

チャージ　charge

1．電荷（でんか）．2．蓄電池（バッテリ）の充電のこと．

チャタリング　chattering

リレーの接点が，閉じられたり開かれたりするとき，接触点（舌片）が弾性振動し完全に接触したり開放するまでに時間がかかり，過渡振動を生じること．リレーの調整不良による場合が多い．

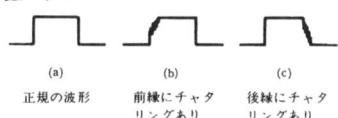

☞リレー

(a) 正規の波形　(b) 前縁にチャタリングあり　(c) 後縁にチャタリングあり

チャット　chat

インターネットにつながれたコンピュータを使って，リアルタイムで「文字による会話」をすること．自分のパソコンのキーボードから入力した文章が，チャットに参加している利用者のパソコン画面に，直ちに示され会話ができる．パソコン通信でも行われる．

☞パソコン通信

チャネル　channel

1．FETのドレーン～ソース間の電流の通路のこと．ここに流れる電流をゲート電圧で制御する．

2．通信の通話路のこと．通話，情報を送る伝送路．通信路ともいう．

3．テレビの各放送局に割り当てられた周波数帯のこと．

4．コンピュータのCPUと周辺装置を並列動作させる装置．周辺装置はCPUに比べ動作が遅いので，CPUと切り離して動作させるための周辺装置専用の制御装置．

5．通信路，信号の一方向の伝送路（JIS・情報処理用語）．

チャネル計画 (——けいかく)
channel plan →チャネル・プラン

チャネル・プラン　channel plan
電波の公平・効率的利用のため，郵政省がTVやラジオの放送電波を中心周波数，周波数間隔，使用地域，使用条件や局の種別，業種別等に応じて割り当てる周波数割当てのこと．チャネル計画ともいい，VHF・UHFチャネルの混在や小規模難視地域解消のミニサテライト開発なども決められた．
→周波数割当て

チャネル・リース　channel lease
CATVの空チャネルを第三者に貸す（借りる）こと．有線テレビジョン放送施設者（総務大臣(元郵政大臣)の許可を受けた者）は，有線放送の業務を行おうとする者から（中略）施設の使用の申込みを受けたときは，総務省令で定める場合を除き，これを承諾しなければならない（有線テレビジョン放送法第9条）．
☞有線テレビジョン放送

チャンネル　channel　→チャネル

中域周波数 (ちゅういきしゅうはすう)
medium frequency
増幅器の周波数特性で，中央部の平坦な周波数帯域のこと．または平坦部の中央の周波数のこと．

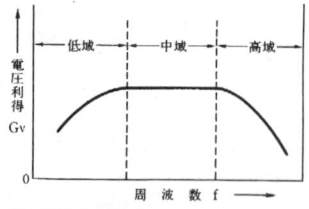

中央演算処理装置
(ちゅうおうえんざんしょりそうち)
central processing unit
英語の頭文字でCPUともいう．コンピュータの中心部で，5大装置のうち，入力装置と出力装置を除く，記憶装置，演算装置，制御装置の3装置を一つのケースに組み込んである．

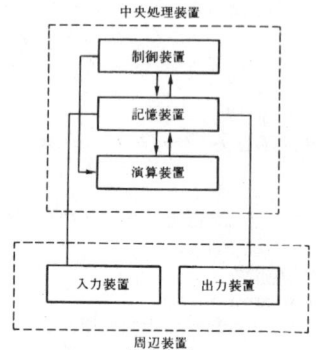

中央集中方式
(ちゅうおうしゅうちゅうほうしき)
centralized communication system
多数の相手に非常に多くの量の通信を扱う無線局は，送信所，受信所，中央局と分け，互いに連絡線で結ぶ．中央局は都心に置き利用の便を図り，送信所と受信所は相互の影響を避けるため10km以上離して建てる方式．
☞無線局

中央制御装置 (ちゅうおうせいぎょそうち)
central control assembly
電話の電子交換機などに使われた装置．加入者に呼び出されると，記憶装置内に組み込まれたプログラムの順に従い，通話路網駆動装置を動かして交換をする．

中央に寄せる (ちゅうおう——よ——)
ワープロやパソコンの画面上で，書式—文字揃え—センタリングを選んで，指定した行の文字を自動的に中央に配置できる．表計算ソフトでもセルの中の文字に対して中央配置や均等配置などができる．
☞表計算ソフト

中間子 (ちゅうかんし) meson

1934年，湯川秀樹博士が理論的に証明し，のちに立証された．原子の核の中にある不安定な正，負または中性の素粒子のこと．平均寿命が$10^{-6}〜10^{-16}$〔S〕と短いため長い間知られなかった．質量は陽子と電子の中間の大きさである．

中間周波数 (ちゅうかんしゅうはすう) intermediate frequency

スーパヘテロダイン受信機では，局部発振回路で常に受信周波数より455kHz高い周波数を発振して，アンテナからの受信周波数といっしょに混合回路に入れ，うなり作用でその差周波数455kHzを出力として取り出す．AMで455kHz，FMで10.7MHzを中間周波数という．受信周波数に関係なく常に一定の周波数に変え，大きな利得が安定して得られる．

☞スーパヘテロダイン受信機

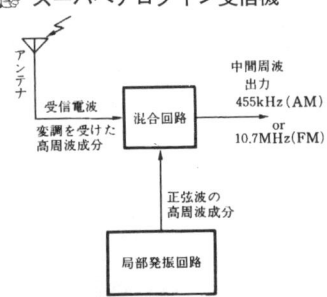

中間周波増幅器
(ちゅうかんしゅうはぞうふくき)
intermediate frequency amplifier

中間周波数IFを増幅する回路で，電磁結合によるLC共振回路が多い．結合は臨界結合近くでコアを調整してIFに同調する．これを中間周波変成器，中間周波トランスとか，その英語の頭文字をとりIFTという．2〜3段の増幅器で構成し，IFTは段間に入れる．
☞IF, IFT

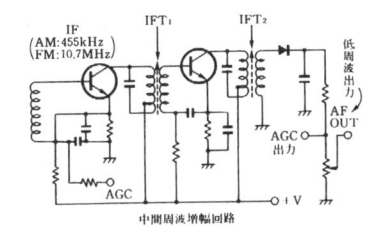

中間周波トランス
(ちゅうかんしゅうは――)
intermediate frequency transformer
→中間周波増幅器

中間周波変成器 (ちゅうかんしゅうはへんせいき) intermediate frequency transformer, IFT
→中間周波増幅器

中間電力増幅器
(ちゅうかんでんりょくぞうふくき)
intermediate power amplifier

無線通信機の終段電力増幅器の前段にあって，ドライバの役をする．大電力の場合に設けられる．
☞ドライバ

昼間波 (ちゅうかんは) operating frequency during day-time

昼間と夜間では最高使用周波数MUFは異なる．このため最適使用周波数FOTも異なる．そこで昼間と夜間の使用周波数を別に割り当てる．昼間に割り当てた周波数の電波を昼間波という．☞FOT, MUF

中規模集積回路
(ちゅうきぼしゅうせきかいろ)
medium scale integrated circuit

英語の頭文字でMSIともいう．一つのICの中に100〜1,000素子程度のトランジスタ，FET，ダイオード，抵抗などを含む集積回路．☞集積回路

中継 (ちゅうけい) relay, repeating

信号が電線や空間を遠くまで伝わる途中で弱まるため，増幅したり必要に応じて波形の補正を行う．これらのこと

を中継といい，有線中継，無線中継の別がある．

中継器（ちゅうけいき）**repeater**
信号の伝送路の途中に置き中継を行う装置，機器のこと．有線中継器，無線中継器の別や2線式，4線式，端中継器の別がある．
☞中継方式

中継車（ちゅうけいしゃ）
relay car, field pick-up van
ラジオ，TVの局外中継に使い，現場から生の声を送ったり，録音録画する．テレビではマイクロ波の中継用無線送信機，パラボラアンテナ，ポータブルカメラ，同期信号発生器，モニタ，電源などを積み，副調整室の働きをさせ放送局の主調整室に送り込む．

中継方式（ちゅうけいほうしき）
relay system
無線中継ではマイクロ波を使い，次の三つに大別される．①直接中継．②検波中継．受信信号を復調し増幅後，再びマイクロ波を変調し送信する．中継ごとに変復調が繰り返され特性の劣化が著しいが，回線の分岐や挿入が容易で短距離，少容量アナログ方式に使う．③ヘテロダイン中継．受信信号を周波数変換して中間周波にし，中間周波増幅後，再びマイクロ波に変え送信する．マイクロ波FM方式に使う．
☞無線中継

忠実度（ちゅうじつど）**fidelity**
1．回路，装置などの入力信号が，どれだけ正確に忠実に出力として取り出せるかを示す．
2．受信機では電気的忠実度と機械的忠実度がある．電気的忠実度は，入力，出力とも電気信号の場合で，機械的忠実度とは入力が電気信号で，出力が音（スピーカ）の場合である．

注釈（ちゅうしゃく）**comment**
プログラマの覚え書などのための記述．プログラムの実行には何の影響も与えない（JIS・情報処理用語）．
☞注釈行

注釈行（ちゅうしゃくぎょう）
comment line
注釈を記入した行で，FORTRANでは第1桁の文字がCまたは＊の行のこと．

中心周波数（ちゅうしんしゅうはすう）
center frequency
アンテナから発射される電波は，側波帯があればある幅をもつ．この電波の中心となる周波数のこと．
☞側波帯

中性（ちゅうせい）**neutral**
電気的にプラスでもマイナスでもないこと．

中性子（ちゅうせいし）**neutron**
ニュートロンともいう．原子核の中の素粒子．電気的に中性で，質量は陽子に近く，所有するエネルギにより高速，中速，遅速，熱の各中性子に区別する．
☞素粒子

中性線（ちゅうせいせん）
neutral conductor, neutral line
単相交流の三線式で電源側と負荷側の中性点を結ぶ線のこと．直流三線式の場合も同様である．中性点はアース（接地）される（中性点接地）．

中性点（ちゅうせいてん）
neutral, neutral point
電圧が0となる点，たとえば三相（三線式）交流のY結線のO点．

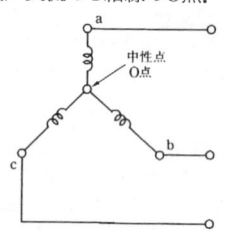

中性点接地（ちゅうせいてんせっち）
neutral earthing, neutral grounding

電位が0になる点を中性点といい，接地（アース）される．この中性点の接地のこと．
☞ 中性線

中短波 (ちゅうたんぱ)
intermediate wave
波長50～200m, 周波数は1,500k (1.5M) Hzから6MHz. 中波と短波の中間である．

中短波帯 (ちゅうたんぱたい)
intermediate wave band
1.6065～4MHzの周波数帯（無線局運用規則第2条）．

注入 (ちゅうにゅう) injection
半導体のPN接合に順方向に電圧を加えると，P形の多数キャリアのホールはN形に流れ，N形の多数キャリアの電子はP形に流れ込む．多数キャリアが接合を越えて流れ込んだ領域は，少数キャリア領域で，これを注入という．ホールはP形では多数キャリアだが流れ込んだN形では少数キャリアである．☞ PN接合

中波 (ちゅうは) medium wave
波長0.1～1km, 周波数0.3～3MHzの高周波または電波のこと．LFとMFの一部にまたがる．
☞ LF, MF

中波帯 (ちゅうはたい)
medium wave band
285～535kHzの周波数帯（無線局運用規則第2条）．

中波放送 (ちゅうはほうそう)
medium wave broadcasting
周波数526.5～1606.5(Hz)の中波の周波数帯の音声の放送のこと．日本の国内標準放送になっている．

　　占有周波数帯幅　15kHz
　　周波数偏差　　　10Hz

中和 (ちゅうわ) neutralization
低周波増幅器の高域周波数や高周波増幅器において，トランジスタや真空管の入力～出力間の電極容量(内部容量)を通じ，出力の一部が入力に正帰還され発振したり動作不安定となったりする．これを防ぐため出力から入力へ抵抗Rやコンデンサ C で逆位相の信号を加える（負帰還）．このR, Cを中和抵抗，中和コンデンサといい，CRなどによる回路を中和回路，このような増幅法を中和増幅，このような方法を中和法という．
☞ 中和法

中和回路 (ちゅうわかいろ)
neutralizing circuit
中和のための回路のこと．
☞ 中和，中和法

中和コンデンサ (ちゅうわ——)
neutralizing condenser
中和に使われるコンデンサのこと．
→ 中和

中和増幅 (ちゅうわぞうふく)
neutrodyne → 中和，中和法

中和抵抗 (ちゅうわていこう)
neutralizing resistor
中和に使う抵抗器のこと．
☞ 中和

中和法 (ちゅうわほう)
neutralization, neutralizing
高周波増幅器で，トランジスタのベースとコレクタ間の内部容量C_{bc}で正帰還を生じ，増幅器が不安定になったり，発振したりするのを防ぐため，外部に静電容量C_nや抵抗R_nをつなぎ逆位相成分を加えて防止する．これを中和法という．

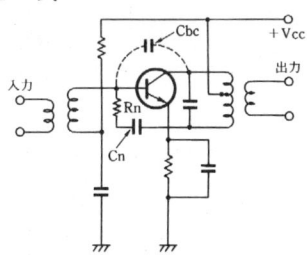

チューナ　tuner
1．テレビ受像機のチャネル同調部．小形の別シャシに高周波増幅，局部発振，周波数混合，選局の各回路を組み込み，調整後に主シャシに取り付ける．
2．FM受信機ではフロントエンドともいい，テレビの場合と同様である．
☞FM受信機

チューブ　tube
管，筒の意味がある．
1．チューブラコンデンサのこと．
2．絶縁チューブのこと．

チューブラ・コンデンサ
tubular condenser
チューブラとも略称し，外形が円筒形のコンデンサのこと．

超LSI（ちょう——）　super-LSI
一つのICチップに10万～100万素子以上のトランジスタ，FET，ダイオード，抵抗などを組み込んだ，LSIよりさらに集積度の高い高性能なIC．

超音波（ちょうおんぱ）
ultrasonic wave
可聴周波数より高い周波数の音波．超可聴周波ともいう．魚群探知機，音響測深機，探傷器なども固体材料の穴あけ，切断，研磨や洗浄などに利用する．
☞可聴周波数

超音波圧着法（ちょうおんぱあっちゃくほう）　ultrasonic bonding
大電力用トランジスタのエミッタにつける太いリード線の取付け法．シリコンペレットの表面をきれいにし，アルミニウム線を置き，きわめて小振幅の超音波をあて，アルミ線をたたく．線は少しつぶれて，シリコンの表面にしっかりと付く．

超音波記憶装置（ちょうおんぱきおくそうち）　ultrasonic memory, ultrasonic storage
コンピュータの遅延記憶装置の一種．ニッケル，水銀，フェライトを使い，超音波の伝わる速さが遅いのを利用して時間遅れを作る．
☞遅延記憶装置

超音波診断（ちょうおんぱしんだん）
ultrasonic diagnosis
人体の表面から周波数が約3MHz前後の超音波パルスを加え，その透過や反射の具合をCRTに表示し，人体内の異状を発見する．X線で発見できない軟部の異常が発見でき，人体に障害を与えない長所があり，脳内疾患や乳腺腫瘍などの診断に利用する．超音波探傷器の原理を応用したもの．
☞CRTディスプレイ装置

超音波センサ（ちょうおんぱ——）
ultrasonic wave sensor
超音波を用いたセンシング技術．超音波センサで超音波伝搬に伴う音圧や媒体の歪を検出したりする．超音波は正常な聴力をもつ人に聴感を生じさせないほどの周波数（振動数）のこと．その境界は明らかでない．一般的に人が耳で聞くことができる音波は20kHzほどといわれる．これよりも高い周波数を超音波という．利用されている超音波は20，30，40，80，200kHzなどが多い．☞超音波

超音波洗浄（ちょうおんぱせんじょう）
ultrasonic cleaning
トリクロロエチレンなどの洗浄液の中で超音波を発生させて，液の中に入れたものを洗う．液の中に生じる気泡が壊れるとき，振動による圧力によって洗浄液の化学反応を高め，よごれを落とす．周波数20～40kHz，出力10～20kW，トランジスタやプリント基板などを洗浄する．

超音波探傷器（ちょうおんぱたんしょうき）　ultrasonic inspector
金属内の傷やひび割れ，鋳物や溶接の内部の状態を，非破壊検査する装置．約5MHz前後の超音波パルスを検体にあて，内部からの反射を調べる直接法と，検体を水に入れて超音波パルスの

反射を調べる水浸法がある．

超音波発振器 （ちょうおんぱはっしんき） ultrasonic oscillator
次のような振動子を使い，パルス用・連続波用がある．

①磁気ひずみ振動子．高純度ニッケルまたはアルフェロ（アルミニウム・鉄合金）を使う．後者は磁界中で伸び前者は縮む．角形または円環形がある．

②電気ひずみ振動子．圧電振動子ともいい，チタン酸バリウム磁器を使う．効率は良いが機械的ショックに弱い．円板（ディスク）形または円環形がある．

・パルス用　パルス幅，繰返し周期により異なる回路を使い魚群探知機・探傷器用．
・連続波用　動力的用途に使われる．

☞振動子

超音波ボンディング （ちょうおんぱ——） ultrasonic bonding
→超音波圧着法

超音波モータ （ちょうおんぱ——） ultrasound motor
一般のモータが磁気作用によりコイルを回転させるのとは異なり，電気力により回転力を得る新構造のモータ．振動周波数に20kHz以上の超音波領域を使用．動作の原理は，圧電セラミックスに高周波電圧をかけて振動させ，弾性体，摩擦板を介して回転力を発生させるもの．電磁モータと異なり磁石や巻線は使用していない．音が静か，低速高トルク，応答性の良さ，保持力の高さなどが特徴で，カメラのオートフォーカスや，非磁性が求められる医療機器などの分野で広く使用されている．

超可聴周波（数）（ちょうかちょうしゅうは(すう)） superaudible frequency, ultrasonic frequency
可聴周波数より高い周波数の音波．約15kHz以上で，人間の耳に聞こえない超音波．

☞超音波

頂冠空中線 （ちょうかんくうちゅうせん） top hat antenna
頂部負荷空中線の一種で垂直接地（塔）空中線の先端に金属環を取り付け，先端部の静電容量を大きくし，空中線の電流分布を変える．アンテナに静電容量やインダクタンスを加え電流分布を調整する空中線は，装荷空中線という．

☞装荷空中線

超高圧 （ちょうこうあつ） extra-high voltage
非常に高い電圧のことで，特に定めはないが，送電では220〔kV〕位を超高圧送電，1,100〔kV〕位を超々高圧（UHV）送電といい，変電では220〔kV〕位を中心に超高圧変電という．

超高圧水銀灯 （ちょうこうあつすいぎんとう） extra high pressure mercury lamp
超高圧水銀ランプともいう．管内に少量の水銀とアルゴンを入れ，アルゴンは始動を容易にし，点灯初期はアルゴンで放電する．水銀が徐々に蒸発し水銀蒸気の放電となる．効率が高く光が強く，寿命が長い．道路，工場，庭園などの照明に使う．

☞アルゴン

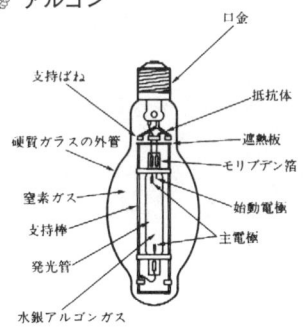

（図：口金，支持ばね，抵抗体，硬質ガラスの外管，遮熱板，モリブデン箔，窒素ガス，支持棒，始動電極，発光管，主電極，水銀アルゴンガス）

調光器 （ちょうこうき） dimmer
テレビスタジオや劇場などで，照明の強さを変えるときに使う．SCR,

ちょう

SSS，単巻変圧器（オートトランス）などが使われる．中でもSCRは負荷を0〜100％変えられ，大電流を小形装置でコントロールできるので広く使われる．
☞SCR

超高周波（ちょうこうしゅうは）
super high frequency
高周波の上限周波数（約20kHz）より高い周波数．

超小形電子回路（ちょうこがたでんしかいろ）**microelectronic circuit**
マイクロエレクトロニクスの分野で扱う超小形，軽量，信頼性，経済性，量産性のある回路．軍事，衛星など特殊用途から始まり，大型コンピュータなどに応用される，LSIなどの回路のこと．☞LSI

超小形電子技術（ちょうこがたでんしぎじゅつ）**microelectronics**
→マイクロ・エレクトロニクス

聴守義務時間（ちょうしゅぎむじかん）**compulsory watch time, hours of watch-keeping duty**
無線局（海岸局・船舶局・航空局・航空機局）が遭難呼出周波数（500kHz，2,091kHz，2,182kHz，156.8MHz）を聴守するよう義務付けられた時間．無線局の種別によって聴守周波数も聴守時間も異なる（電波法第65条）．

超大規模集積回路（ちょうだいきぼしゅうせきかいろ）**very large scale integrated circuit, VLSI**
→超LSI

超短波（ちょうたんぱ）
very high frequency
メートル波，またはVHFともいう．周波数30〜300MHz，波長1〜10mの交流や電波のこと．波長が短く光に似て電波は直進し，裏面への回折もない．電離層は突き抜け，地表での減衰も大きく，電波の伝わる距離は短い．FM放送やテレビ放送，レーダなどに使う．
→VHF

超短波放送（ちょうたんぱほうそう）
ultrashort wave broadcasting
周波数76〜90（MHz）の超短波帯のFM国内放送．76.1（MHz）から100（kHz）ごとに89.9（MHz）まで139チャネル割り当てられ，1チャネル当たりの占有帯域幅は200（kHz）である．モノホニック放送とステレオホニック放送（右側信号と左側信号を同時に送る）がある．中波放送に比べ広い帯域幅が使えステレオ放送に適し，雑音の少ない音質の良い放送ができる．
☞中波放送

超長波（ちょうちょうは）
very low frequency, VLF
周波数3〜30kHz，波長10〜100km，低周波に相当し，水中の通信に使う．
☞魚群探知機，ソーナ

超低周波（ちょうていしゅうは）
ultra low frequency
低周波の下限周波数（約20Hz）よりさらに低い周波数．

超伝導（ちょうでんどう）
superconductivity, superconduction
超低温（絶対0度＝−273℃）付近のアルミニウム，鉛，鉄や他の合金では電気抵抗が0に近くなる．このため一度電流を流し，電源をはずしても電流が流れ続ける．この現象を超伝導という．

超電導（ちょうでんどう）
superconduction →超伝導

超伝導材料（ちょうでんどうざいりょう）**superconducting material**
応用面から次の三つに分けられる．
①高周波用．エネルギ・ギャップや臨界磁界の大きな鉛Pb，ニオブNbを使う．
②超電（伝）導磁石用．ニオブとチタンTiの合金やガリウムバナジウムV_3Gaの化合物を使う．
③超伝導送電用．臨界温度が高く低磁界で臨界電流の大きい鉛やニオブ，ニオブとチタン合金が使われる．

☞エネルギ・ギャップ

超伝導磁石（ちょうでんどうじしゃく）
superconducting magnet

太さ数μm〜数十μmの極細ニオブチタン合金NbTiの超伝導線を数十本から数百万本，高純度銅（安定化材）のマトリックスの中に埋め込んでねじりを付け，0.5mm位の極細多心線（ファインマルチ線）にし，単純なソレノイドコイル（空心）やトロイダルにし，冷却容器（クライオスタット）に納め液体ヘリウムで−268.9℃に冷やす．超伝導状態では導体の抵抗は0に近く，極少の電力消費とジュール熱で，電流110〔A〕，8〔T〕（テスラ）の強磁界の超伝導磁石となる．リニアモータカーへの応用などがある．

超伝導状態（ちょうでんどうじょうたい）
superconductive state

金属や合金，化合物などを低温にすると，電気抵抗が急に0になる状態のこと．常伝導状態から超伝導状態に移る温度を臨界温度という．1911年，オランダのカメリンオンネス（物理学者）により発見された現象．

超伝導線（ちょうでんどうせん）
superconducting wire

直径数μm〜数十μmの細いニオブチタン合金（NbTi）を高純度の銅線の中に埋め込んでねじりを付け，直径約0.5mm位に仕上げた極細多心線（ファインマルチ線）のこと．液体ヘリウムで冷やし超伝導状態にあるとき抵抗が0になるが，この状態を乱す擾（じょう）乱によって磁束跳躍（フラックスジャンプ）が生じるのを防ぐためである．もしフラックスジャンプが生じれば，臨界温度より温度が上がり磁化エネルギは解放され，超伝導線は電流によりジュール熱を発し焼損する．この不安定（常伝導転移クエンチ）を防ぐため，①超伝導線を細くして磁化エネルギを小さくする．②低抵抗の銅線に埋め電流のバイパスを作り焼損を防ぐ．③極細の超伝導線の電流容量を増やすため多数の超伝導線を並列にする．

☞ジュール熱

超導電（ちょうどうでん）
superconduction →超伝導

長波（ちょうは）long wave

波長1〜10km．周波数30〜300kHzで，LF帯に相当する．地表での電波の減衰は少なく安定して長距離まで伝わる．アンテナの寸法やLC共振回路の定数は大きくなり大形となる．長距離固定局の通信に使われる．

☞LC共振回路

調波（ちょうは）harmonic

交流のある周波数（基本波）に対し，この整数倍の周波数の交流を高調波，整数分の1の周波数の交流を低調波といい，この両方を合わせて調波（ハーモニクス）という．

→ハーモニクス

調波分析（ちょうはぶんせき）
harmonic analysis

信号波形を周波数ごとに分け基本波分や高調波分を取り出すこと．これによって各周波数成分比がわかる．

頂部負荷空中線（ちょうぶふかくうちゅうせん）top-loaded antenna
→頂冠空中線

跳躍距離（ちょうやくきょり）
skip distance

送信アンテナTからの距離が遠くなると，地表の電波は減衰し弱まる．Tか

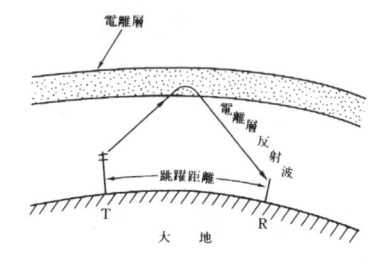

ら上空に向かう電波のうち，一部は電離層で屈折し地上のR点にもどる．RとTまでの距離を跳躍距離という．RからT寄りでは，電波は受信できず，跳躍したかに見えるためである．一般に数百kmである．
☞減衰

跳躍性フェージング
（ちょうやくせい——）skip fading
スキップフェージングともいう．跳躍距離付近または最高使用周波数付近で通信している場合，電離層の高さや密度変化により，受信点の電波の強さが変動する．これを跳躍性フェージングという．変動の時間間隔が長く，変動の幅も大きい．日の出や日没時によく発生する．
→スキップ・フェージング

チョーク choke
1. チョークコイルのこと．
2. 導波管の接続部に使うフランジにつけた溝（すきま）のこと．
☞チョーク・フランジ

チョーク・インプット回路
（——かいろ）choke input circuit
交流を整流すると直流に交流を含む脈流となり，この交流分を除くためコイルLとコンデンサCのフィルタをつなぐ．コイルを入力側に使った回路をチョークインプット回路という．チョーク・インプット・フィルタともいう．

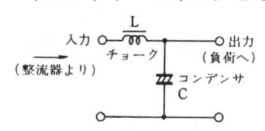

チョーク・インプット・フィルタ
choke input filter
→チョーク・インプット回路

チョーク結合回路（——けつごうかいろ）choke coupling circuit
増幅器Q_1の出力は，低周波チョークコイルLを負荷にしQ_2に加える．周波数特性はCR結合方式に劣り，利得はトランス結合方式に劣る．両結合方式の中間の特性をもつ．

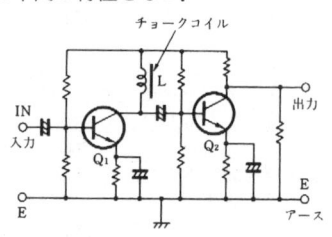

チョーク・コイル choking coil
交流分をおさえたり，流れを妨げたりし，高周波用と低周波用がある．高周波チョークはハネカム巻，鉄心なしの絶縁ボビンに巻く．数百から数十μH位をよく使う．低周波チョークは成層鉄心に絶縁コイルを何層にも巻く．数Hが多く大型で重く，高価で数十Ωの巻線抵抗がある．

直接FM方式（ちょくせつ——ほうしき）direct frequency modulation system
FM波の発生法の一種で，自励発振器の共振回路にリアクタンス，トランジスタ，コンデンサマイクロホン，可変容量ダイオードなどをつなぎ，発振周波数（搬送波）を直接に信号波でFMする．周波数安定度は良くないが，変調を深くできるので逓倍の必要がなく，変調特性も良い．間接FM方式と対語．
☞間接FM方式

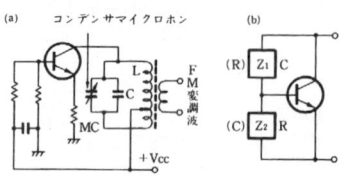

直接衛星放送（ちょくせつえいせいほうそう）**direct satellite broadcasting**
放送衛星を使い家庭の受像機に電波を送る放送サービスのこと．使用周波数は12GHz帯のSHFで，受信には小形パラボラアンテナ（BSアンテナ）とチューナ（BSチューナ）が必要である．周波数が高いので広帯域を利用でき，文字放送，多チャネル静止画放送，高品位テレビ放送などが可能である．わが国ではNHKのTV放送難視聴解消と衛星放送に関する技術開発実験に使われたのが始まり．国際協定により日本にはTV放送8チャンネルの周波数が割り当てられている．チャネル間隔は19.18MHz，周波数帯域幅27MHz．
☞SHF

日本の衛星放送割当てチャネル

チャネル番号	中心周波数（GHz）
1	11.72748
3	11.76584
5	11.80420
7	11.84256
9	11.88092
11	11.91928
13	11.95764
15	11.96600

直接計数制御（ちょくせつけいすうせいぎょ）**direct digital control, DDC**
→直接ディジタル制御

直接結合（ちょくせつけつごう）**direct coupling** ☞直結回路

直接結合回路（ちょくせつけつごうかいろ）**direct coupling circuit**
→直結回路

直接周波数変調（ちょくせつしゅうはすうへんちょう）**direct frequency modulation** →直接FM方式

直接中継（ちょくせつちゅうけい）**direct relay**
マイクロ波（UHF・SHF帯）回線で使う中継法で，無線周波中継ともいう．受信したマイクロ波を同じ周波数帯で増幅し，アンテナから再発射する中継法．☞マイクロ波

直接ディジタル制御（ちょくせつ——せいぎょ）**direct digital control, DDC**
自動制御系のフィードバック制御において，コンピュータによる直接の数値による制御のこと．プラント装置，鉄道の運転制御，計測制御関係で使われる．☞フィードバック制御

直接波（ちょくせつは）**direct wave**
送信アンテナから発射された電波のうち，電離層や大地などで反射せず，直接受信される電波．回折波があるので，見通し距離より少し遠くまで伝わる．

直接放射スピーカ（ちょくせつほうしゃ——）**direct radiation loudspeaker**
コーン形やドーム形ユニットなどのように振動板から直接に音が出るスピーカのこと．間接放射のホーンスピーカに比べ音の変換効率は悪いが再生帯域は広い．
☞ホーン・スピーカ

直線検波（ちょくせんけんぱ）**linear detection**
ダイオードや真空管の入出力特性の直線部を使い，被変調波から信号を取り出す方法．ひずみが少ないが感度が低く，大きな入力が必要である．
☞被変調波

直線性（ちょくせんせい）**linearity**
リニアリティともいう．増幅器などの入力と出力のレベル（大きさ）が比例

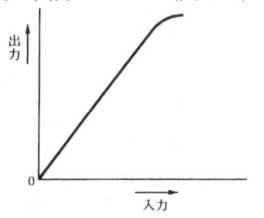

すること．入力レベルを横軸に取り出力レベルを縦軸にとってグラフで示すと，直線となり，直線範囲が広いほど直線性が良い．

直線増幅（ちょくせんぞうふく）
linear amplification
理論的には入出力レベルが比例し，直線性の良い増幅．実用的にはA級シングル動作，AB級プッシュプル動作の増幅のこと．

直線電流（ちょくせんでんりゅう）
linear current
直線状に流れる電流のこと．

直線特性（ちょくせんとくせい）
linear characteristic
→直線性

直線ひずみ（ちょくせん——）
linear distortion
電子回路や伝送線などの入力と出力の波形は，一般に正しく比例しない．これはひずみが生じたためで，このひずみを直線ひずみという．直線ひずみには非直線ひずみ，位相ひずみなどがある．
☞ひずみ

直線変調（ちょくせんへんちょう）
linear modulation
変調器の出力（被変調波の包絡線）が，入力（変調信号）振幅と比例する変調，変調方式，変調回路のこと．大振幅変調ともいい，無線送信機で行う．

直線偏波（ちょくせんへんぱ）
linearly polarized wave, linear polarization, polarized wave
平面偏波ともいう．電波の伝わる方向と直角な電波のこと．

チョーク入力フィルタ（——にゅうりょく——） **choke input filter**
→チョーク・インプット回路

チョーク入力平滑回路
（——にゅうりょくへいかつかいろ）
choke input smoothing circuit
→チョーク・インプット回路

チョーク・フランジ **choke flange**
導波管AとBをつなぐ部分に細い溝（チョーク）の入ったフランジのこと．
☞フランジ

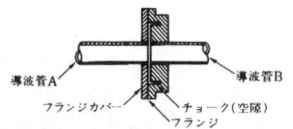

直並列接続（ちょくへいれつせつぞく）
series-multiple connection, series-parallel connection
直列接続と並列接続の組合せのこと．

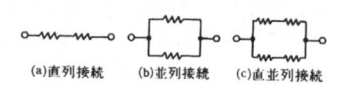

直並列ピーキング（ちょくへいれつ——） **series-shunt peaking**
直列ピーキングと並列ピーキングを同時に行い，映像増幅器のような広帯域増幅器の，高域周波数の利得低下を防ぎ，補償すること．
☞ピーキング

チョーク変調（——へんちょう）
choke modulation
→ハイシング変調

直流（ちょくりゅう） **direct current**
ダイレクトカレントともいい，DCと略記する．電圧や電流の値や方向が時間的に変化せず一定な電気のこと．乾電池，蓄電池などの電圧，電流はこの例である．
☞蓄電池

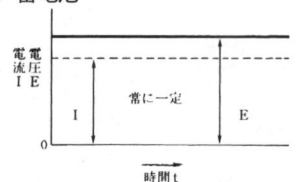

直流安定化電源（ちょくりゅうあんていかでんげん） **stabilizing supply**

負荷の変動や入力側の電源（直流または交流）の変動があっても，出力側の直流電圧や電流を許される範囲内に保つ（安定化する）電源のこと．電子回路や装置が高性能化，複雑化するとともに需要も多い．
☞電子回路

直流回路 (ちょくりゅうかいろ)
DC circuit

直流起電力Eによって直流電流Iが流れ，直流抵抗Rの両端に直流の電圧降下 $V=IR$ が生じる電気の流れ路．

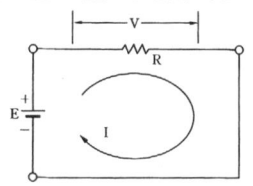

直流起電力 (ちょくりゅうきでんりょく) DC electromotive force

直流回路に電流を流し電気的な仕事をさせる力（エネルギ）のこと．乾電池や蓄電池はこの代表例である．

直流検流計 (ちょくりゅうけんりゅうけい) DC galvanometer

直流の検流計のこと．

直流ジョセフソン効果 (ちょくりゅう——こうか) DC Josephson effect

超伝導体A，Bで厚さ0.001(μm)位の絶縁体を挟み，電圧—電流特性を測ると図(b)になる．図(a)でRを加減しIを増やすとI<I₀では電圧は発生せずイ〜ロとなる．I=I₀では電圧が発生しハに移る．Iを増やすとハ〜ニに移る．ニから電流を減らすとニ→ハ→ホ→イと変化する．イ〜ロのように電圧0でも電流が流れる現象を直流ジョセフソン効果という．
☞ジョセフソン効果

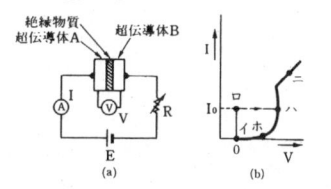

直流増幅器 (ちょくりゅうぞうふくき) DC amplifier

直流や超低周波の交流増幅回路で直結回路，差動回路，チョッパ回路がある．ドリフトを防ぎ高い利得を得るため，直結回路はあまり用いない．
☞ドリフト

直流直巻モータ
(ちょくりゅうちょくまき——)
DC series motor, series motor

フィールドコイルFとアーマチュアAが直列になり，負荷の増加により著しく速度が下がる．無負荷になると高速になり危険である．起動トルクが大きく，電車，起重機などに使う．
☞DCモータ

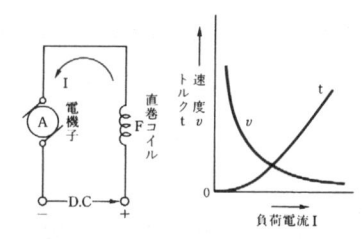

直流抵抗 (ちょくりゅうていこう)
direct current resistance

電気抵抗のうち直流分に対する抵抗Rのこと．直流電圧V，直流電流Iとの間に，$R=V/I$ 〔Ω〕の関係がある．
☞直流回路

直流電圧 (ちょくりゅうでんあつ)
DC voltage

1. 直流起電力のこと．
2. 直流電位差のこと．
3. 直流回路の電圧降下のこと．

☞直流回路

直流電圧計 (ちょくりゅうでんあつけい) DC voltmeter

直流電流計に直列に倍率器をつなぎ，その値を変え測定範囲を変える直流電圧測定用メータ．丈夫で高感度，誤差も少なく平等目盛．

☞倍率器

直流電位差（ちょくりゅうでんいさ）
DC potential difference
→電位差

直流電位差計（ちょくりゅうでんいさけい） **DC potentiometer**
→電位差計

直流電流（ちょくりゅうでんりゅう）
DC current
直流回路に流れる電流のこと．流れる電流の大きさ，方向が一定で変化しない電流．

☞直流回路

直流電流計（ちょくりゅうでんりゅうけい） **DC ammeter**
可動コイル形計器を多用し，分流器を切り換え測定範囲を変える．＋，－の極性があり，電流を逆に流すと逆振れする．構造簡単で丈夫，温度変化の誤差が少なく感度は高い．平等目盛となり，広く使われる．

☞可動コイル形計器

直流電流増幅率（ちょくりゅうでんりゅうぞうふくりつ）
DC current amplification factor
トランジスタの直流に対する電流増幅率のことでh_{FE}と書き，交流の場合のh_{fe}と区別する．

直流電力（ちょくりゅうでんりょく）
DC power
1．直流の電圧Vと電流Iの積で与えられる量．電力 $P=VI$ 〔W〕
2．直流の電力量 $W=Pt$ 〔Wh〕を示す．tは時間で電力消費量にあたる．

直流バイアス（ちょくりゅう――）
DC bias
1．直流によるバイアスのこと．
2．直流バイアス録音のこと．

☞バイアス

直流バイアス録音（ちょくりゅう――ろくおん） **DC biased recording**
テープレコーダで録音するときに用いるバイアスの一種．録音ヘッドに信号と一定値の直流を流し，磁化曲線の直線部を用い録音する方式．交流バイアス録音に比べ簡単だが，雑音，ひずみが多く使われない．

☞バイアス録音

直流負荷線（ちょくりゅうふかせん）
DC load line
直流に対する負荷線のこと．交流負荷線と対語．

☞交流負荷線

直流複巻モータ（ちょくりゅうふくまき――） **DC compound motor**
直巻コイルF_sと分巻コイルFがあり，両方の磁界の向きが同じ場合を和動複巻形，逆の場合を差動複巻形という．内分巻，外分巻の別があり，和動複巻，外分巻が標準である．分巻と直巻のコイル巻数により，分巻モータと直巻モータの中間の特性となる．エレベータ，工作機械などに使う．

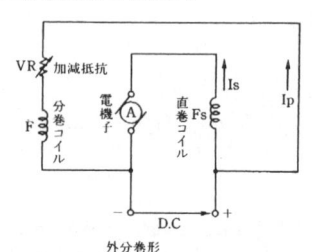

外分巻形

直流分再生（ちょくりゅうぶんさいせい） **DC restoring, DC restoration**
カラーテレビ受像機では，映像信号に含まれる直流分が，映像検波後のCR結合による映像増幅器で除かれる．直流分が除かれると，画面の平均の明るさが失われ，これを防ぐためクランプ回路で直流分を再生する．これを直流分再生という．

☞ 映像信号

直流分巻モータ (ちょくりゅうぶんまき——) DC shunt motor

アーマチュアA, フィールドコイルFが電源に並列につながれた直流モータの一種. 定速モータといわれ, 速度変動率Sが小さい. 定格速度n, 無負荷速度n_0とすれば,

$S = (n_0 - n)/n \times 100$ (％)

で示される. 工作機械, ポンプ用だが, 三相誘導電動機 (A. C) のほうを多用する.

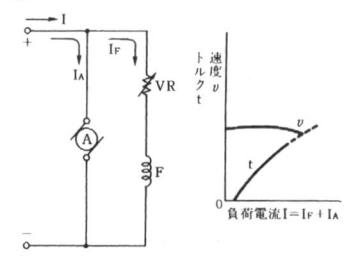

直列 (ちょくれつ) series

1. 回路や部品を直線的につなぐこと.
2. コンピュータで, 語の各桁を一つの回路で次々に処理していくこと. シリアル (serial) ともいう.

直列回路 (ちょくれつかいろ) series circuit

起電力Eや回路素子(抵抗R, コイルL, コンデンサCなど)を直列につなぐこと.

直列帰還 (ちょくれつきかん) series feedback → 電流帰還

直列帰還増幅器 (ちょくれつきかんぞうふくき) series feedback amplifier → 電流帰還

直列給電 (ちょくれつきゅうでん) series feeding → 定電流給電

直列共振 (ちょくれつきょうしん) series resonance

コンデンサCとインダクタンスLと抵抗Rを直列につないだ回路に交流を加え, 周波数fを変えると, ある周波数f_0で電流が最大となる. 電圧e, 電流iを実効値E, Iで表せば, $I = E/R$ となり, 電流が最大で回路のインピーダンスは最低となる. このような現象を直列共振という. 直列同調ともいう.

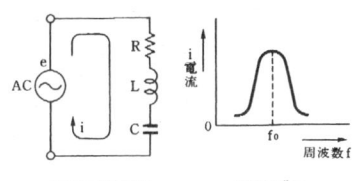

(a)直列共振回路 (b)共振曲線

直列接続 (ちょくれつせつぞく) series connection

電子回路で二つ以上の部品や回路などを直列につなぐこと. 並列接続と対語. 二つの部品A, Bを流れる電流Iが同じ場合は直列接続. 回路の場合は, 前段の出力が, 後段の入力となる. 抵抗, コンデンサ, 電池の場合は, 図(b), (c), (d)のようになる.

☞ 並列接続

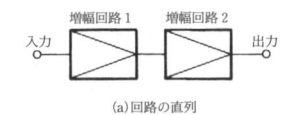

(a)回路の直列

(b) 抵抗R_1, R_2の直列
(c) コンデンサC_1, C_2の直列
(d) 電池V_1, V_2の直列

直列同調 (ちょくれつどうちょう) tuning circuit → 直列共振

直列ピーキング (ちょくれつ——) series peaking

シリーズピーキングともいう. テレビ受像機の映像増幅器の負荷に, ブラウン管のカソード~アース間容量, 分布容量, トランジスタの出力容量などの

容量Cがあり，高域周波数の利得が下がる．これを防ぐためCと直列にコイルLをつなぎ，共振させて利得を上げる（補償する）こと．

☞利得

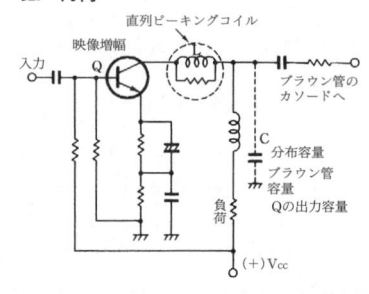

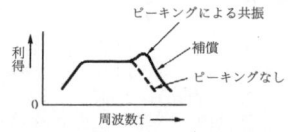

直結 (ちょっけつ) **direct coupling**
1. 直結回路のこと．
2. コンピュータのオンラインのこと．

直結アンプ (ちょっけつ——)
direct coupling amplifier
→直結回路

直結回路 (ちょっけつかいろ)
direct coupling circuit
増幅回路Aと増幅回路Bをつなぐ（結合する）とき，コンデンサCまたはトランスTを使い結合するが，これらの方式は直流を増幅できない．直流増幅回路では直流分が伝わるようCやTを取り除き直接結合する．この回路を直接結合回路，略して直結回路，直結増幅器という．

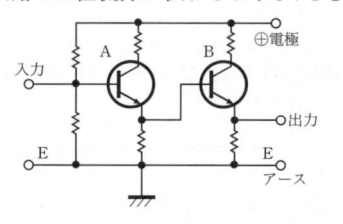

直結増幅器 (ちょっけつぞうふくき)
direct coupling amplifier
→直結回路

チョッパ chopper
直流増幅法の一種で，直流を交流に変え，増幅後に再び直流に直す．この直流を交流に変える装置．
①機械的チョッパ．バネ材を使った振動片の先端の接点を断続して，直流をチョッピング（ぶつ切りに）し，直流を交流波形に近づける．
②半導体チョッパ．トランジスタ，ダイオード，FETをスイッチ動作で使う．機械的チョッパに比べ，摩耗せず長寿命．

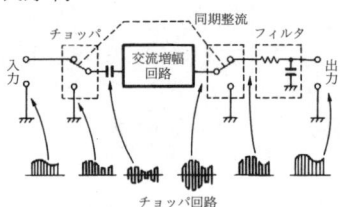

チョッパ回路 (——かいろ)
chopper circuit
チョッパを使い直流を交流にする回路で，直流増幅のとき使う．高利得でドリフトのない直流増幅ができる．

ちらつき flicker →フリッカ

チルト tilt →サグ

沈黙時間 (ちんもくじかん)
silence period
船舶局や海岸局は，中央標準時の毎時15分と，45分から各3分間，485～515kHzの電波の発射を止める（第一沈黙時間）．また，毎時0分と30分からの3分間，2173～2191kHz，2091kHzの電波の発射を停止する（第二沈黙時間）（電波法第64条．運用規則第52,53条）．

つ

追従制御（ついじゅうせいぎょ）
follow-up control
自動制御の追値制御の一種．時間とともに目標値が変わる制御で，移動する目標体のほうにアンテナの向きを自動的に合わす制御のこと．☞**自動制御**

追跡（ついせき）**tracking**
→追尾

ツイータ tweeter
→トゥイータ

追値制御（ついちせいぎょ）
variable value control
自動制御では目標値の性質により追値制御と定値制御に分かれ，追値制御は時間の変化とともに目標値が変化する制御で，追従制御とプログラム制御がある．☞**自動制御**

追尾（ついび）**tracking**
空間や宇宙を飛ぶ目標体を追跡し，方位角，仰角，距離，速度，瞬間的位置，軌道などを定める．人手による手動追尾と自動追尾がある．追尾を追跡とかトラッキングともいう．
☞**トラッキング**

追尾レーダ（ついび——）
tracking radar
移動する目標物に向けてアンテナの指向性（ビーム）を合わせ，目標物の方位角，仰角，距離を連続的に知らせるレーダ．

ツーウェイ two-way
1．スピーカの2ウェイシステム（二分割方式）のこと．Hi-Fi再生で高音と中低音を別々のスピーカで分担し再生する方式．
2．器具類の電源を，電池と電灯線交流（AC100V）の両方からとれるようにした方式．

ツーウェイ・スピーカ
two-way speaker →ツーウェイ

通過域（つうかいき）**pass band**
通過周波数帯域幅・通過周波数帯域・通過帯域幅・帯域幅・通過帯域・通過帯幅・通過帯などともいう．送信機や受信機・装置や回路（増幅回路・フィルタ）などの入力から出力に至る信号の周波数成分・周波数の幅のこと．

通過帯域（つうかたいいき）
passband, passing band
→通過帯域幅．帯域幅

通過帯域幅（つうかたいいきはば）
pass band width
通過帯域，通過周波数帯域，通過周波数帯域幅ともいう．増幅器やフィルタで，入力から出力に通り抜ける周波数成分，帯域幅のこと．
☞**帯域幅**

通信（つうしん）**communication**
意志や感情を相手に伝えることで，コミュニケーションともいう．
(1)無線通信．電波を使って行う．
(2)有線通信．通信線を使って行う．
(3)光通信．　光を使って行う．
(4)音響通信．音を使って行う．
(5)その他
の方法がある．

通信衛星（つうしんえいせい）
communication satellite, CS
受信機と送信機を備えた通信用人工衛星で，地上からの電波をキャッチし増幅して地上に送り返す中継装置をもつ．英頭字のCSと略称する．
☞**インテルサット・人工衛星**

通信カラオケ（つうしん——）
電話回線を使ってカラオケ用演奏データを，利用者の要望に応じて配信する

カラオケのこと．または，そのサービスのこと．曲目更新が容易で人気の高い曲を揃えられ，場所をとらないなどの利点から普及し，パソコン用通信カラオケサービスもインターネットで流している．
☞通信カラオケ

通信ケーブル（つうしん——）
communication cable
電気通信網のうち，公衆通信網は主にNTTなどが運営し電話網が中心で，有線通信網・無線通信網からなる．この有線通信網に使うケーブルが通信ケーブル．
(1)市内ケーブル　都市の電話加入者用．市内局間の連絡用．
(2)市外ケーブル　中距離市外局間通話．
(3)同軸ケーブル　大都市市外局間伝送．
(4)海底ケーブル　海底に布設．
　水底ケーブル　河川湖沼の水底に布設．
(5)光ファイバケーブル　大容量通信．

通信所（つうしんじょ）
operating office
中央局ともいう．利用の便から都心にあり，通話の受付，送信所や受信所への連絡，遠隔操作（リモートコントロール）などを行う．中央集中方式で大規模，多量の通信を扱うところ．

通信線（つうしんせん）
communication line
伝送線ともいい，信号を送ったり（送信）受けたり（受信）する電線．電信用を電信線，電話用を電話線と分ける．

通信線路（つうしんせんろ）
communication line →伝送線路

通信速度（つうしんそくど）
transmission speed, telegraph speed
データや通信（電信）を送る速さのこと．1分間に送る字数，語数で示し，単位はボー．

通信方式（つうしんほうしき）
communication system
1．有線（ケーブル）伝送方式
(1)平衡対ケーブル
　短・中距離伝送用．高周波損失は大，漏話も大．
(2)同軸ケーブル
　長距離伝送用．変調の多重化（f・t分割）
2．無線（電波）伝送方式
(1)長・中波
　標準放送用のみ
(2)中短波
　非常用，離島用，公共用
(3)短波
　国際・国内通信バックアップ用（衛星通信，海底電線）．フェージング対策必要
(4)超短波
　小形送・受信装置採用可．TV用，FM放送用．
(5)極超短波
　電話・TV中継用．小形高利得アンテナ採用．伝搬特性安定，広帯域．
3．通信法
(1)単信方式
　相手が送信中は受け手は受信のみで送受片方ずつ．
(2)複信方式
　送信・受信が同時に可能．

通信放送衛星機構（つうしんほうそうえいせいきこう）Telecommunications Satellite Corporation of Japan
1979年日本の通信衛星（CS）や放送衛星（BS）の管理・運営を行うため，通信・放送衛星機構法に基づき設立された法人．TSCJと略称され，衛星軌道・周波数の有効利用，利用者間調整，技術や資金の集約化などを目的とする．郵政省（現総務省），KDD（現KDDI），NHKが出資し千葉県君津市に衛星管理センタを置く．
☞放送衛星

通信容量（つうしんようりょう）
channel capacity
1秒間にどれだけ多く情報を送ること

ができるかを示す量のこと.

通信路（つうしんろ）channel
→チャネル

通達距離（つうたつきょり）
distance range
無線局の電波の通達範囲にある，送信アンテナから受信アンテナまでの距離のこと.

通達範囲（つうたつはんい）coverage
無線局から送られる無線通信（アンテナから発射される電波）の内容が正確に受信できる範囲を，その無線局の電波の通達範囲という.

通訳ルーチン（つうやく──）
interpretive routine, interpreter
コンピュータの自動プログラミングの一種．計算の進んでいく途中で，人間にわかりやすい形で書かれたプログラム（擬似コード）を，それに対応する機械コードによるプログラムに翻訳するため，コンピュータのコードで書いたプログラムのこと.
☞自動プログラミング

通話路（つうわろ）channel
→チャネル

通話路搬送周波数
（つうわろはんそうしゅうはすう）
channel carrier frequency
搬送電話においておのおのの通話路（チャネル）の搬送周波数のこと．多重変調を行うため各搬送周波数は4kHz位の間隔をもつ.
☞搬送電話

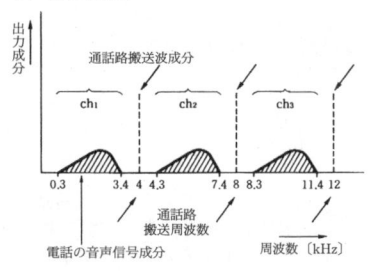

ツェッペリン・アンテナ
Zeppelin antenna
短波用で平行2線式のフィーダの片方に半波長のアンテナを1本つないだ電圧フィード形アンテナ．垂直に配置することもあり，場所が狭く，ダブレットアンテナが張れない場合のアマチュア無線用.
☞アマチュア無線

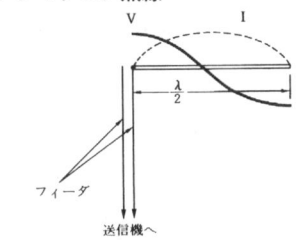

ツェナー現象（──げんしょう）
Zenner phenomena
→ツェナー降伏

ツェナー効果（──こうか）
Zenner effect
ツェナー現象ともいう．原子に強い電界を与えると，核と結合していた電子は自由になり，キャリアとなって電流が流れる現象のこと.
☞キャリア

ツェナー降伏（──こうふく）
Zenner breakdown
ツェナーブレークダウンともいう．半導体のPN接合に，大きい逆方向バイアスを加えると，P形の電子はN形に移る．このため逆方向電流は増え，ブレークダウン（降伏）を生じる．これをツェナー降伏という.
☞逆方向バイアス

ツェナー・ダイオード Zenner diode
→ゼナー・ダイオード

ツェナー電圧（──でんあつ）
Zenner voltage
降伏電圧ともいう．ツェナダイオードの逆方向電流が急に増加する点の電

圧で，ツェナー降伏現象が始まる点の電圧のこと．この電圧は一定であるため，定電圧回路や電圧の標準にする．
☞定電圧回路

ツェナー電流（——でんりゅう）
Zenner current
ツェナー効果で生じた電子は，キャリアとなる．この電流のこと．

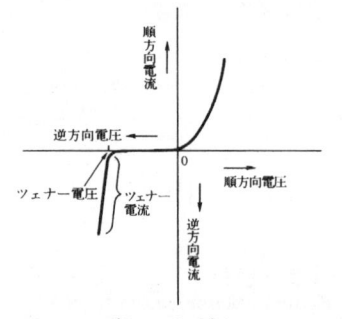

ツェナー・ブレークダウン
Zenner breakdown
→ツェナー降伏

突き抜け現象（つ——ぬ——げんしょう）
punch-through phenomena
パンチスルーともいう．トランジスタのコレクタ電圧を上げていくと，降伏電圧より低い電圧でコレクタ～エミッタ間が導通する現象のこと．コレクタ接合の空乏層が，エミッタ側にのび，エミッタ接合につながったためである．ベースの抵抗率が高いほど，ベース幅の狭いほど著しい．
☞降伏電圧

突き抜け周波数
（つ——ぬ——しゅうはすう）
penetration frequency
→臨界周波数

筒形ヒューズ（つつがた——）
cartridge fuse
ガラスやプラスチック，紙（ファイバ）などで作った筒の両端に，金属のキャップまたは刃形を取り付け，筒の内部にヒューズを通し大電力用に使う．

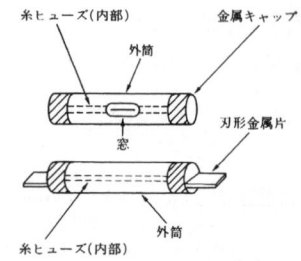

ツートラック・ステレオ録音
（——ろくおん）
two-track stereophonic recording
ステレオ用テープレコーダで，左右両チャネルを同時に録音するため，一つの録音ヘッドに，二つのヘッドを独立して組み込み，録音すること．

つぼ形コア（——がた——） pot core
図のような形をしたコア（磁心）で二つに分割して作り，コイルを中に入れてから，上下二つを組み合わせる．コイルのインダクタンスは中心にある調節用コアを上下に移動し連続的に変える．ドーナツ形の磁心にコイルを巻いたトロイダルコイルより高い周波数まで使う．

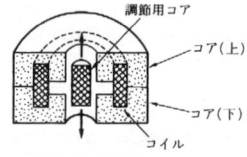

つぼ形コアの断面図

つぼ形コイル（——がた——）
pot coil
つぼ形コアに巻くコイルのこと．

積み重ねアンテナ（つ——かさ——）
stacked antenna
スタックドアンテナともいう．数組のビーム（八木）アンテナを，垂直（水平）方向に半波長して，数段積み重ねるように配置する．こうすると垂直

(水平)方向の指向性は鋭くなり，利得も2段ごとに約3デシベル増加する．
☞八木アンテナ

つめ付きヒューズ (――つ――)
link fuse
板ヒューズや糸ヒューズの両端につめ形端子を付け，ネジ止めしやすくしたヒューズのこと．
☞ヒューズ

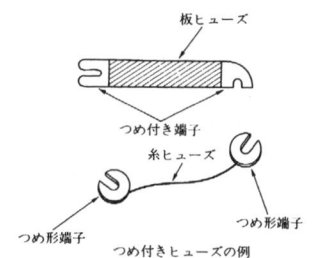

板ヒューズ
つめ付き端子
糸ヒューズ
つめ形端子
つめ形端子
つめ付きヒューズの例

ツリー tree
→ツリー構造

ツリー構造 (――こうぞう)
tree structure
木構造・樹木構造・ツリー・トリートリー構造ともいう．その形が樹木に似ていることから名付けられた．コンピュータ関係ではウインドウズがファイル管理構造に採用している．
木の幹：ルートドライブ（ボリューム）
枝分かれ：各サブフォルダ
ツリー構造の利点は，分類しやすいこと．→樹木構造

ツール tool
原意は道具であるが，パソコンで使う小さな単機能の，よく使うユーティリティ（プログラム）のこと．電子メールで使うメールソフト・インターネットで会話するときに使うコミュニケーションツールなどがこれにあたる．

ツールバー tool bar
パソコン画面上でよく使う機能をアイコンで示し，使いやすいように一定場所にまとめて表示すること．ツールボックスとかスマートアイコンともいう．ウィンドウズや一太郎では画面上方の横数列に並べられている．

ツールボックス tool box
→ツールバー

定K形フィルタ (てい——がた——)
constant K type filter

インピーダンスZ$_1$, Z$_2$を図(a)のようにつないで, $\dot{Z}_1\dot{Z}_2 = R^2$ (Rは公称インピーダンス) の関係が成り立つフィルタを定K形フィルタという. Rは周波数に無関係で, 抵抗のように正の実数であり, アメリカの発明者ゾーベルがこれにKを使ったので, この名が付いた. 図(b)はその実例.

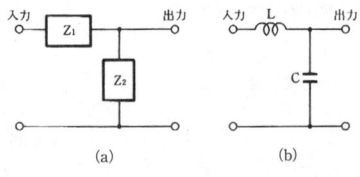

低圧 (ていあつ)
low tension, low voltage

直流750V以下, 交流600V (実効値) 以下の電圧のこと (電気設備技術基準).

低域 (ていいき) low frequency
1. 低域周波数帯のこと. 2. 低域, 中域, 高域と周波数帯を3分したときの低いほうの周波数または周波数帯のことで, 明確な区分はなく相対的な区別. ☞周波数帯

低域遮断周波数 (ていいきしゃだんしゅうはすう) lower cut-off frequency
増幅器の周波数-利得特性で, 利得が, 中域周波数 (中央の平坦部) の利得より3dB下がった低域周波数f$_L$. 増幅度なら70% ($1/\sqrt{2}$) になる点の周波数f$_L$.
☞低域周波数帯

低域周波数帯 (ていいきしゅうはすうたい) low frequency band
増幅器の低域遮断周波数f$_L$より低い周波数範囲のこと.

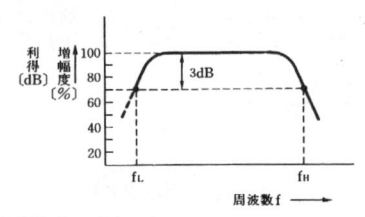

低域チャネル (ていいき——)
low channel →ロー・チャネル

低域フィルタ (ていいき——)
low pass filter

ローパスフィルタ, 低域ろ波器ともいう. ある周波数f$_C$より低い周波数は, 減衰なく通し, 高い周波数は減衰して出力に現れないような回路のこと.
☞減衰

低域補償 (ていいきほしょう)
low frequency compensation

増幅器の増幅度が低域周波数帯で低くなるのを補償する (補う) こと. トランジスタ回路の低域特性は, 結合回路, バイアス回路の時定数によって決まる. 容量C$_0$, C$_1$, C$_C$やC$_E$を増やし, 共通電源を通しての帰還を除くデカップリング回路を使う. ☞時定数

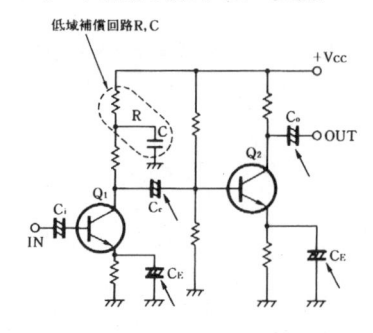

低音共振周波数
(ていおんきょうしんしゅうはすう)
bass resonance frequency
スピーカのボイス・コイルのインピーダンスは、低音で非常に大きくなる。図の矢印はこれを示し、これをスピーカの低音共振といい、この周波数を低音共振周波数f_0という。f_0はスピーカの口径が大きくなると応じて低くなり、再生音圧が急減し再生限界の目安となる。
☞ボイス・コイル

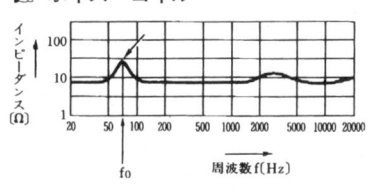

低温酸化 (ていおんさんか)
low temperature oxidation
シリコン表面に酸化膜を作る技術。700〜900℃でシリコンのハロゲン化物または水素化合物を熱分解して、シリコンウエーハの表面に酸化シリコン被膜を作る。低温のため炉内での汚れ、ウエーハの熱的ひずみ、拡散不純物の濃度分布の乱れがない。
☞ウエーハ

低音スピーカ (ていおん——)
woofer →ウーファ

定格 (ていかく) rating
電気機器、装置、器具、部品などに対しメーカが保証する使用上の限度。出力や容量、使用電圧、許容電流、寿命などをネームプレートに明示する。

定格インピーダンス (ていかく——)
rated impedance
公称インピーダンスともいう。1. 定K形フィルタのKのこと。2. スピーカが最低共振周波数より高い周波数で、インピーダンスが最も小さくなるときの値。4、8、16Ω位である。

定格出力 (ていかくしゅつりょく)
rated output
電気・電子機器の使用条件(温度上昇、連続使用か定時間使用かなど)のもとで、メーカが保証する安全な使用限度の出力(電力)のこと。ネームプレート(銘板)やカタログに明示される。定格出力P_0=定格電圧V_0×定格電流I_0×定格力率φ ワット[W](または皮相電力で表示。ボルトアンペア[VA])。
☞皮相電力

定格電圧 (ていかくでんあつ)
rated voltage
定格出力に対応する電圧のこと。
定格電圧V_0=定格出力P_0/定格電流I_0
☞定格出力

定格電流 (ていかくでんりゅう)
rated current
定格出力に対応する電流のこと。
定格電流I_0=定格出力P_0/定格電圧V_0

定格電力 (ていかくでんりょく)
rated power
定格電力P_0=定格電圧V_0×定格電流I_0 ☞定格出力

定格負荷 (ていかくふか) rated load
電気・電子機器を定格出力と定格周波数、定格回転数で働かせる(電気的に仕事をさせる)こと。または、定格の出力・周波数・回転数を与えたとき定格電流、定格力率となる負荷のこと。

低減搬送波 (ていげんはんそうは)
reduced carrier →低減搬送波伝送、低減搬送波SSB通信

低減搬送波SSB通信
(ていげんはんそうは——つうしん)
reduced carrier SSB communication
SSB通信方式では側波帯と搬送波を除いて送るが、受信側の局部発振器で搬送波を加えて復調する。この復調用搬送波の周波数の基準となるよう、送信側で搬送波をわずかに残しSSBといっしょに送る。わずかに残した搬送波を

低減搬送波とか，パイロット信号という．
☞SSB通信方式

低減搬送波伝送
（ていげんはんそうはでんそう）
reduced carrier transmission
振幅変調（AM）後の搬送波の大きさを減らして伝送すること．これによって伝送する電力や周波数帯域幅を節約できる．
☞振幅変調

抵抗（ていこう） resistance
回路を流れる電流を妨げる働きである．銅のような導体は電流の流れを妨げないことが望ましいが，実際はわずかに妨げとなる．電圧Vと電流Iと抵抗Rの間には，R=E/Iの関係がある．単位はオーム〔Ω〕．導体の種類や長さ，断面積，温度で変わり，導体に限らず接触部分などにもある．
☞抵抗器

抵抗温度計（ていこうおんどけい）
resistance thermometer
−200°〜500°C位の範囲の温度計で，白金の抵抗率が温度とともに規則的に変わるのを利用している（JIS C1604）．

抵抗温度係数（ていこうおんどけいすう）
temperature coefficient of resistance
抵抗器などの抵抗はジュール熱や周囲温度の変化で，次式のように変わる．
$$R_T = R_t\{1+\alpha_t(T-t)\} \quad [\Omega]$$
ここでα_tは温度係数，R_tはt°Cの抵抗，R_TはT°Cの抵抗である．
☞ジュール熱

抵抗加熱（ていこうかねつ）
resistance heating
導体（抵抗）に電流を流し発生するジュール熱で加熱すること．
1. 直接抵抗加熱．加熱する物体に電流を流して加熱する方式．
2. 間接抵抗加熱．発熱導体に電流を流し，発生する熱を加熱する物体に伝える方式で，金属や非金属発熱体を使う．

抵抗器（ていこうき） resistor
必要な大きさの抵抗を得るために，回路につなぐ部品．抵抗値が一定の固定抵抗器や抵抗値が変化できる可変抵抗器がある．構造，材料，電力容量（ワッテージ）で異なり，表は固定抵抗器の分類である．
☞固定抵抗器

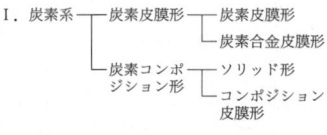

I. 炭素系 ─┬─ 炭素皮膜形 ─┬─ 炭素皮膜形
　　　　　│　　　　　　　└─ 炭素合金皮膜形
　　　　　└─ 炭素コンポ ─┬─ ソリッド形
　　　　　　　ジション形　└─ コンポジション皮膜形

II. 金属系 ─┬─ 金属巻線形 ─┬─ 精密用（測定器用/標準用）
　　　　　　│　　　　　　　└─ 電力用（ホーロー抵抗）
　　　　　　└─ 金属皮膜形 ─┬─ 金属皮膜形
　　　　　　　　　　　　　　└─ 金属酸化物皮膜形

抵抗計（ていこうけい） ohmmeter
簡易形，精密形，その他に分けられる．
1. オーム計といい，抵抗を直読できる測定器で，抵抗の簡易測定法．テスタのオーム計もこの一種．
2. ブリッジなどを用いた精密測定法による抵抗測定器で，ディジタル形オーム計もあり，測定精度は高い．
3. 電池を用いた絶縁抵抗計．

抵抗結合（ていこうけつごう）
resistance coupling
電子回路相互を抵抗によってつなぐこと．
☞抵抗容量結合

抵抗結合増幅器
（ていこうけつごうぞうふくき）
resistance coupled amplifier
→CR結合増幅器

抵抗減衰器（ていこうげんすいき）
resistance attenuator
無誘導抵抗器を組み合わせて直流〜高周波まで，周波数に関係なく一定の減衰を与える素子，装置．

☞無誘導抵抗器

抵抗材料（ていこうざいりょう）
resistive material

抵抗率が大きく，温度係数は小さく，機械的に強くて加工が容易，化学的に安定で信頼性が高く，安価なことが求められ，次の二種類に大別する．
(1)金属抵抗材料．マンガニン，コンスタンタン(銅55％，ニッケル45％合金)，ニクロム，鉄ニッケル合金（アンパ）．
(2)非金属抵抗材料．炭素抵抗材料（黒鉛質や炭素質があり，皮膜形とソリッド形がある），特殊抵抗材料（サーミスタ，バリスタ），液体抵抗材料など．

☞温度係数

抵抗線（ていこうせん）**resistance wire**
電熱器（トースタ）の発熱体や抵抗器の抵抗体（抵抗率の大きな線材料）として使われている電線のこと．発熱体にはニクロム（ニッケル・クロム・鉄合金）線を使う．抵抗体は数種類あるがマンガニン（銅・マンガン・ニッケル合金）線は抵抗の温度係数が小さく，銅との熱起電力も極小なため標準抵抗器・分流器・倍率器などに使う．

☞倍率器

抵抗損（ていこうそん）
resistance loss, ohmic loss

抵抗Rの中で，ジュール熱となり，失われる電力損失Pのこと．Rに流れる電流をIとすれば，

電力損失 $P = I^2 R$ 〔W〕

☞ジュール熱

抵抗値変化特性
（ていこうちへんかとくせい）
resistance taper characteristic

可変抵抗器はラジオやテレビなどの調整部に多用し，回転部分を回すと可動片（端子②）が移動し，端子①と②，②と③の間の抵抗値が変わる．可動片を左いっぱい回せば①と②の間の抵抗は0．このときの回転角を0とし，右いっぱいまで回せば，①～②の抵抗は最大となる．このときの回転角を100％として横軸にとり，①～③間抵抗値（全抵抗値）に対する①～②間抵抗値の比の値を％で表したものを縦軸にとって，両方の関係を示すと図(b)のようなグラフとなる．この曲線を可変抵抗器の抵抗値特性という．各曲線には名前が付けられ，A曲線またはAカーブなどと呼ぶ．用途によって使い分けられ，音量調整にAやDカーブ，電圧や電流の調整にBカーブ，CやEカーブは，高周波や中間周波増幅回路の利得調整に使う．

☞可変抵抗器

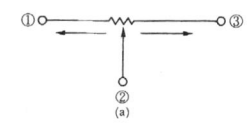

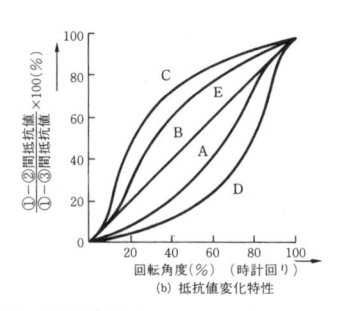

(b) 抵抗値変化特性

抵抗の測定法
（ていこう——そくていほう）
method of resistance measurement

交流と直流とで測定法が異なることもある．
(1)簡易測定法
　(a)電圧計と電流計を用いオームの法則より計算で求める電圧電流計法．
　(b)オーム計（抵抗計）で直読する．テスタもこの一種で抵抗計法．
(2)精密測定法．ホイートストンブリッジを用いた測定法．ケルビンダブルブ

リッジもこの一種で,低抵抗の測定法.
☞ホイートストン・ブリッジ

抵抗の直並列接続 (ていこう——ちょくへいれつせつぞく) series parallel connection of resistance

三つ以上の抵抗 R_A, R_B, R_C……を図のようにつなぐこと.
☞抵抗

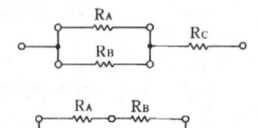

抵抗の直列接続
(ていこう——ちょくれつせつぞく) series connection of resistance

二つ以上の抵抗 A, B……を図のようにつなぐこと. 全体の抵抗 (合成抵抗) $R = R_A + R_B$ 〔Ω〕となる.

抵抗の並列接続
(ていこう——へいれつせつぞく) parallel connection of resistance

二つ以上の抵抗 A, B……を図のようにつなぐこと. 全体の抵抗 (合成抵抗) $R = R_A R_B / (R_A + R_B)$ 〔Ω〕

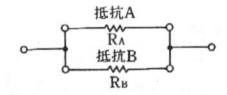

抵抗分圧器 (ていこうぶんあつき) resistance type potential divider

分割器, ポテンショメータ, ブリーダ回路ともいう. 入力端子に抵抗器をいくつかつなぎ, その中間から出力端子を出したもの. 入力電圧を, 抵抗比で分割できるので, 直流・交流とも広く利用される.
☞分割器

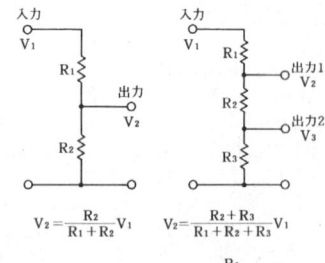

$$V_2 = \frac{R_2}{R_1 + R_2} V_1 \quad V_2 = \frac{R_2 + R_3}{R_1 + R_2 + R_3} V_1$$

$$V_3 = \frac{R_3}{R_1 + R_2 + R_3} V_1$$

抵抗容量結合 (ていこうようりょうけつごう) resistance-capacitance

電子回路相互の結合を抵抗や容量 (コンデンサ) で行うこと.
☞CR結合増幅器

抵抗容量結合増幅器 (ていこうようりょうけつごうぞうふくき) resistance-capacitance coupled amplifier
→CR結合増幅器

抵抗率 (ていこうりつ) resistivity

固有抵抗ともいう. 物質はそれぞれ固有の電気抵抗 R を示し, $R = rl/S$ で示される. S は物質の断面積, l は長さである. r は比例定数で物質により異なる値をとり, 抵抗率という.

定在波 (ていざいは) standing wave

スタンディングウェーブ, 定常波ともいう. フィーダ, 同軸ケーブルなどの伝送線の一端に, 電源 (高周波) をつなぎ, 他端に負荷をつなぐ. 線路の特性インピーダンスと負荷のインピーダンスが異なると, 線路上の進行波はインピーダンスの異なる点で反射し, 線路上の電圧, 電流は進行波と反射波の合成となる. この合成波を定在波といい, 腹部 (振幅最大) と節部 (振幅最小) がある.
☞進行波

定在波アンテナ (ていざいは——) standing wave antenna

同調アンテナ, 共振アンテナともいう. アンテナの長さを, 発射や受信電波の

波長λの半分の整数倍にすれば，アンテナは共振する．このアンテナを定在波アンテナといい，ダブレットアンテナはこの例である．
☞ダブレット・アンテナ

定在波測定器 (ていざいはそくていき)
standing wave detector
同軸ケーブルや導波管内の定在波の最大点，最小点，定在波比などを測る測定器．導波管の電流の流れる方向に細い溝（スリット）を付け，探針をおろし，これにダイオード，マイクロアンメータをつなぎスリットに沿って移動させ，メータの振れから定在波の状態を知る．

定在波比 (ていざいはひ)
standing wave ratio
英語の頭文字をとり，SWRともいう．同軸ケーブルや導波管などの伝送線路に生じる電圧（電流）定在波の最大値（波腹）V_Mと最小値（波節）V_mの比で示す．電圧定在波比VSWR，電流定在波比CSWRがあるが，測定の容易さからVSWR＝V_M/V_mを使う．
☞導波管

低雑音 (ていざつおん) low noise
電子回路や装置，部品や素子などあらゆるところで雑音が発生し，外部からも信号とともに，また電源回路などを通して侵入してくる．これらの雑音を低く保ち軽減すること．たとえば，低雑音トランジスタや低雑音ダイオード，低雑音（電子）管や低雑音コンデンサ，低雑音増幅器や低雑音蛍光管などがある．
☞雑音

低雑音FETトランジスタ (ていざつおん——) low noise FET
高い周波数の増幅，特にマイクロ波帯の増幅は困難で20GHz位の増幅にはガリウムひ素(GaAs)FET(低雑音用)を使う．雑音指数NFや電力利得で優れ，価格も安くなりシリコントランジスタと代わった．
☞シリコン・トランジスタ

低雑音増幅器 (ていざつおんぞうふくき)
low noise amplifier
増幅回路につないだ抵抗器，トランジスタなどは雑音を発生するが，なるべく少なくするように注意して組まれた増幅器のこと．ICや入力段のトランジスタ，抵抗器には特に低雑音用を使い，コンデンサも洩れ電流の少ないコンデンサ（タンタル電解コンデンサ）を使う．シールドにも注意し，バイアス電流もなるべく小電流にする．

ディジアナ digiana
1．指針と数字表示の両方を備えた時計．2．数字表示を主とするもの．3．ディジタルとアナログの併用された機器・器具類のこと．

定時打切り法 (ていじうちき——ほう)
fixed time testing plan
製品の寿命試験，信頼性試験などで，試験開始後，規定時間になったらその試験を打ち切る方式．

定時衛星伝送 (ていじえいせいでんそう) daily satellite feed
毎日の定時に行うTVニュースの国際中継のことで，日本とロンドン，ニューヨーク，ワシントンを結びインテルサット通信衛星を使う．
☞インテルサット衛星

ディジタイザ digitizer
タブレットともいい指示した図形の各点の位置座標を，設定した原点に対するXY座標に変える座標指示器（アナログ量の数値化装置）．検出された座標出力はコンピュータやXYプロッタ，グラフィックディスプレイの入力にできる．また，オシロスコープの波形をなぞり各点をXY座標で表わせる．ディジタイザ（機能表現）は大形，高分解能の機種に使い，タブレット（形状表現）は小形，簡易機種に使う．CADやコンピュータグラフィックス

ていし

などではカーソルを使った指示入力で，描画装置（スケッチホン）やオンライン手書き文字入力装置などはスタイラスペンによる筆記入力となる．次のようなモードがある．
(1)ストリームモード　一定時間ごとに座標値を読み取り，そのデータを送る．
(2)ポイントモード　スイッチを入れたときのみ座標値を読み取り，そのデータを送る．
(3)スイッチストリームモード　スイッチを押すと一定時間ごとにデータを送る．

ディジタル　digital
1．デジットdigitとは指のこと．指を折って数を数えることからきた．-alを付けて数表示を示す形容詞．
2．電圧，温度，圧力など連続した物理量やデータを表現するとき，A-D変換器で数字に直して表現することを示す形容詞で，ディジタル〜と示す．

ディジタルIC
digital integrated circuit
ディジタル集積回路ともいい，ディジタル回路でディジタル信号の処理（論理，演算，蓄積など）を行う集積回路．
☞集積回路

ディジタル・アナログ変換（——へんかん）　digital-analog conversion
英語の頭文字をとりD-A変換ともいう．ディジタル信号をアナログ信号に変えること．
☞アナログ信号

ディジタルインタフェース
digital interface
ディジタル情報をディジタル信号のまま，ディジタル装置から装置へ送信受信するためのインタフェースのこと．ディジタル・アナログ交換がないためデータの劣化がなくてすむ．
☞インタフェース

ディジタル・ウォッチ　digital watch
→ディジタル時計

ディジタル衛星放送
（——えいせいほうそう）
digital satellite broadcasting
通信衛星CSのディジタル波の放送のこと．日本ではスカイパーフェクTV・ディレクTVなどがあり，各局専用のチューナで受信する．なお，放送衛星BSはアナログ波による放送である．
☞CS，BSディジタル放送

ディジタル・オーディオ
digital audio
二つの流れがあり，ディジタル信号をディスクに記録するディジタルオーディオディスク（DAD）と，ビデオテープに記録する（家庭用VTR）方式（VPCM）がある．いずれもディジタル信号はPCM方式である．☞PCM

ディジタル・オーディオ・ディスク
digital audio disk, DAD
1．1973年オランダのフィリップス社が発表した，直径11.5cmの円板（ディスク）．その頃PCMの研究を進めていた日本のソニーと共同で統一規格を作り現在のCD（直径12cm）を作った．この他，日本ビクターのAHD方式やテレフンケンのMD方式がある．音声（オーディオ）信号のディジタル化は1961年米国の電話多重回線が発端である．
2．1972年NHK技術研究所と日本コロムビア社が共同開発したディジタル録音のLPレコードで，ノイズや回転むらが少なく，ひずみがわずかで響きが透明，ダイナミックレンジも広いと賞賛された．

ディジタル・オーディオ・テープ
digital audio tape, DAT
アナログのオーディオ信号をディジタル化（アナログ-ディジタル変換）して録音する磁気テープで，テープ幅3.81mm，厚さ13μm，記録時間120分（標準），テープ速度8.15mm/S，トラックピッチ13.59μm，チャネル数2，テープの種類はメタルパウダ，カセットサ

イズ73×54×10.5mm.

ディジタル・オーディオ・テープレコーダ
digital-audio taperecorder, DAT
DATともいう．オーディオ(音声)信号を従来のアナログ録音方式からディジタル録音方式に変え，雑音・ひずみ・ワウフラッタ・ダイナミックレンジなどを著しく改善した磁気録音機のこと．固定ヘッド形DAT（S-DAT）と回転ヘッド形DAT（R-DAT）があり，次の長所がある．①CDと等しい品質．②コンパクトカセット大のカセットテープ．③音楽テープの超高速ダビング可能．④小形で使いやすい．R-DATの磁気記録系は8mmビデオに類似で，直径30mmのロータリヘッドに3.81mm幅の磁気テープを使う．標本化周波数48kHz, 量子化ビット数16ビット（標準モード）．2チャネル, 記録時間120分, テープ速度8.15mm/S．ヘッド回転数2,000rpm（毎分回転数）．
→DAT

ディジタル・オーディオ・プロセッサ
digital audio processor
ホームVTRを使いディジタルオーディオを録音－再生するアダプタ．アナログ信号のディジタル化で帯域が広くなり，普通のテープ録音方式ではむずかしく，ディジタルオーディオはCDが主流だが再生専用でエアチェックや生録音ができない．コストも2トラックで38cm/Sのアナログテープ録音に比べて安く，録音時間も長い．また，ホームVTRは画質・音質が向上し価格も下がり普及率も高い．
☞ホームVTR

ディジタル回路 （――かいろ）
digital circuit
複数の不連続な電圧レベルを用いる電子回路である．ほとんどの場合，二つの電圧レベルが使われる．一つは0ボルトに近いレベル，もう一つは電源電圧に依存するより高いレベルで，これらは通常LとHと表現される．
☞アナログ回路

ディジタル回路計 （――かいろけい）
digital (circuit) tester
測定する電圧，電流，抵抗などを切換えスイッチで切り換え，アナログ量を増幅しA-D変換器でディジタル量に変え，数桁の数字と(＋)(－)符号や単位などを，液晶表示器でディジタル表示するディジタル計器の一種．測定範囲が広く高精度で小形，高価である．
☞A-D変換器

ディジタル・カウンタ
digital counter
計数形計器とか計数表示装置ともいう．測定する電圧，電流，周波数などのアナログ信号を，A-D変換器でディジタル化し，蛍光表示管などで直接，数値を示す計測器のこと．電圧を示すものをディジタル電圧計とか計数形電圧計といい，周波数を示すものをディジタル周波数計とか周波数カウンタ，計数形周波数計などという．また，一つの計器で電圧，電流，抵抗などを切り換え計数表示する計器をディジタルマルチメータといい，測定範囲も自動的に切り換える（自動レンジ切換え）ものもある．指針形より高精度でプリンタで数値記録でき，データの自動処理ができる．

ディジタル家電 （――かでん）
digital home electorical device
家庭用電化（家電）製品にディジタル端末を組込んで，効率良く快適な生活を目指す．情報家電ともいう．
☞情報家電

ディジタルカメラ **digital camera**
俗称デジカメである．レンズからの映像はCCD（電荷結合素子）で撮影しディジタルデータに変換され，ディスクや内蔵メモリに記録する．パソコンとつなぎ画像データを編集・保存・記録

できる．1995年頃から10万円を切るカメラが出て一般化した．500万画素になると，
① 書込み時間が長くなる．
② 電池の消耗が速くなる．
③ 撮影枚数が極端に減る．
撮影カメラを大別すれば，次の三つになる．
1．スチルカメラ：静止画の撮影用
2．ビデオカメラ：動画の撮影用
3．ディジタル・カメラ：静止画（動画）の撮影用

ディジタル・クォーツ
digital quartz →ディジタル時計

ディジタル計器（——けいき）
digital meter
電圧，電流などの連続して変化するアナログ量を，A-D変換器でディジタル量に変え，結果をディジタル表示する．記録，表示とも不連続だが，次の特徴がある．①測定結果の精度が高い．②自動的にすばやく測定できる．③誤差（視差，個人誤差など）が少ない．④結果をディジタル信号で取り出し，データ処理できる．⑤過負荷に強い．⑥応用範囲が広く，いろいろの方面に使える．これらの理由から高価であるが広く利用される．
☞A-D変換器

ディジタル計算機（——けいさんき）
digital computer
ディジタルコンピュータ，計数形計算機ともいう．コンピュータの主流で，特に断らない限りディジタルコンピュータを指す．すべての量を数値化し符号化し計算，処理するコンピュータのこと．入力，記憶，演算，制御，出力の各装置をもつ．

ディジタル・コンピュータ
digital computer →ディジタル計算機

ディジタルシネマ **digital cinema**
映画は35mm銀塩フィルムに収録されてきたが，最近はビデオカメラで撮影されディジタルメディアに収録し，ディジタル編集システムで編集を行う．劇場ではプロジェクタで映し出すディジタル化された映画のことをいう．
☞プロジェクタ

ディジタル集積回路（——しゅうせきかいろ）
digital integrated circuit →ディジタルIC

ディジタル周波(数)計（——しゅうは(すう)けい）
digital frequency counter
計数形周波数計とか周波数カウンタともいう．
→ディジタルカウンタ

ディジタル信号（——しんごう）
digital signal
ディジタルシグナルともいう．アナログ信号をA-D変換器で数字に直した信号のこと．
☞アナログ信号

ディジタルチューナ **digital tuner**
ディジタル放送を受信するための端末機器のこと．ディジタル放送受信アダプタとかデコーダ，またはセットトップボックス（STB）と呼ばれることがある．☞デコーダ

ディジタル通信（——つうしん）
digital communication
電報，印刷電信，テレメータ，手送りのモールス符号通信などは，一度符号に変えて送る．符号化して送る通信をディジタル通信という．予め約束した符号に変えて送るので，アナログ信号による通信に比べ，雑音による妨害を受けにくく質の良い安定な通信ができる．多数の中継所を通す長距離伝送，宇宙通信などで使う．
☞宇宙通信

ディジタル・テスタ **digital tester**
→ディジタル回路計

ディジタル・デバイド
digital divide

デバイドは分割の意．情報格差と呼ばれ，IT(情報技術)の進展によってもたらされる情報量や技術の格差を指す．
☞IT

ディジタル・テレビ(ジョン) digital television
アナログ信号を扱っていた受像機の内部回路にディジタル技術を使い，色再現性を改善しゴーストや雑音のない高画質，高音質，部分拡大，画面静止，複数画面などができる．しかし，帯域幅が広くなりコスト高になる，カメラやVTRが複雑化する，などのため現在は放送局内の特殊用途に限られている．日本では次世代テレビにハイビジョンを考えているが，現在の方式と互換性がない．欧米では互換性のあるディジタルテレビが有望である．
☞ハイビジョン

ディジタル電圧計 (——でんあつけい) digital voltmeter
ディジタルボルトメータとか計数形電圧計ともいう．
☞ディジタルカウンタ

ディジタル伝送 (——でんそう) digital transmission
アナログ信号を2進符号に数値化し，これをパルスに変え伝送すること．代表的なディジタル伝送方式はPCM伝送方式である．ひずみ，雑音に強く従来のアナログ伝送に代わっている．

ディジタル時計 (——とけい) digital clock
時刻を数字で示す時計でディジタルウオッチ，ディジタルクロック，ディジタルクォーツなどともいう．指針で示すアナログ時計に対する語で32,768Hzの水晶(クォーツ)発振回路で正確な周波数を発振し，これを分周して時・分・秒を定め液晶板(LCD)に表示する．アラーム，タイマ，ストップウオッチ，カレンダ，電卓などの機能をもつものが多く，1個の時計用LSI (MOS-IC) に内蔵し，電源は小形酸化銀電池を使い，平均月差±5秒の高精度で安価である．
☞MOS-IC

ディジタルノイズ digital noise
ディジタルならではのノイズ．映像データのエンコード，デコードなどにより発生する場合が多い．代表的なものにモスキートノイズやブロックノイズなどがある．ディジタル放送も基本的にMPEG圧縮をしているため，電波状況によってこれらのディジタルノイズが発生する．

ディジタルハイビジョンレコーダ digital hi-vision recorder
BSディジタル放送や地上ディジタル放送で行われているハイビジョン放送(高品位テレビ放送/高精細度テレビ放送)を，高精細のまま録画するビデオレコーダ．
☞ハイビジョン

ディジタルビデオ digital video, DV
ディジタルVTRのこと．色のにじみが少ない，高画質の記録・再生ができる．ダビングしても画質の劣化がないため，違法コピー対策としてコピーを制限し著作権料を機器の価格に含めるようにした．

ディジタルビデオディスク digital video disk, DVD →DVD

ディジタル・フィルタ digital filter
アナログ回路のフィルタはディジタル回路には使えず，アナログ信号をA-D変換してディジタル信号に変えたのち，ディジタルフィルタに加える．ディジタルフィルタの特徴は，①温度変化や経年変化による劣化がない，②LSIにして小形化できる，③同一特性のものが製作容易，④上限周波数がある，⑤A-DやD-A変換のため高価となる．用途は高品位テレビ(ジョン)などがある．

ていし

☞高品位テレビジョン

ディジタル変調（——へんちょう）
digital modulation

信号波を量子化してパルスを変調, または符号化する不連続パルス変調と, 連続パルス変調, および正弦波搬送波変調（CW変調）がある.
1. CW変調
   (1)振幅偏移変調
      amplitude shift keying, ASK
   (2)周波数偏移変調
      frequency shift keying, FSK
   (3)位相偏移変調
      phase shift keying, PSK
2. パルス変調（連続, 不連続パルス）
   (1)パルス位置変調　PPM
   (2)パルス幅変調　　PWM
   (3)パルス符号変調　PCM
   (4)デルタ(delta)変調　DM

ディジタル放送（——ほうそう）
digital broadcasting

映像・音声信号をディジタル信号で送る放送. 圧縮技術を用いることで, ハイビジョンの高画質映像や5.1チャンネルサラウンドの迫力ある音声, 情報を手軽に知ることのできるデータ放送, 番組に参加できる双方向機能など, 従来にはない新しい魅力を実現した放送.

ディジタル・マルチメータ
digital multimeter

ハンディタイプで3〜4桁数字を示し, 交流や直流の電圧, 電流, 抵抗などのアナログ量をディジタル表示する測定器. 回路はLSI化されマイクロプロセッサを使い, 小形・低価格・精度向上, 機能充実が進み, 電源は乾電池で1,000時間以上の連続使用も可能にしている.

☞ディジタル・カウンタ

ディジタル・メータ　digital meter
→ディジタル計器

ディジタルラジオ放送（——ほうそう）
digital radio broadcasting

音楽などCD並みの高品質音声に加えて, 文字・写真などの静止画・簡易動画を含むデータ放送により多彩なサービスが提供できる新しい放送. 正確には「地上ディジタル音声放送」と呼ぶ.

☞CD

ディジタル量（——りょう）
digital value

自然数1, 2, ……のように不連続の, 符号化した量のこと.

ディジット　digit

数を示すときの桁のこと. 10進法では0, 1, 2, ………9までの数, 2進法では0, 1の数で示す.

低周波（ていしゅうは）　low frequency

高周波と対語で可聴周波, オーディオ周波ともいう. 周波数範囲が近いため混同して使うが, 可聴周波より少し範囲が広く, 約20〜20,000Hz位を考える.

低周波雑音（ていしゅうはざつおん）
low frequency noise

トランジスタで生じるフリッカ雑音は数kHz以下で3dB/octの傾きの雑音指数となり, 周波数の低下とともに大きくなり1/f特性を示す. これをトランジスタの低周波雑音という.

☞フリッカ雑音

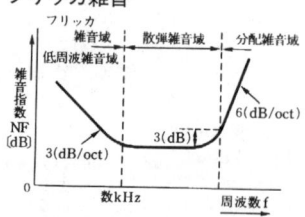

低周波増幅器（ていしゅうはぞうふくき）　low frequency amplifier

低周波の信号を増幅する回路. また, スピーカを十分働かかすため, 大きな低周波の電力が必要で, この回路を低周波電力増幅器という.

I. 増幅するレベルによって
   (1) 低周波電圧(流)増幅器

(2) 低周波電力増幅器
II. 出力側の結合方式によって
  (1) CR結合増幅器
  (2) トランス結合増幅器
  (3) チョーク結合増幅器
III. 増幅波形によって
  (1) 正弦波系増幅器
  (2) パルス系増幅器
☞増幅

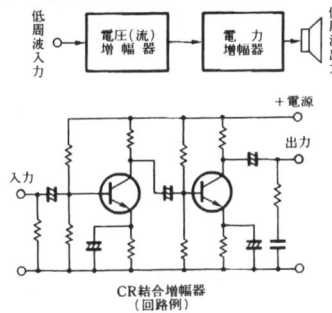

CR結合増幅器
（回路例）

低周波チョーク (ていしゅうは——)
ow frequency choke
→低周波チョークコイル

低周波チョーク・コイル (ていしゅうは——) low frequency choke coil
電源トランスのように薄い鉄心を積み重ね、それにコイルを巻き、数ヘンリー[H]のインダクタンスにする。直流はスムーズに電流を流し、交流には、大きなリアクタンスを示し流れを妨げる。整流回路の出力のリップルフィルタに使う。
☞電源トランス

低周波チョークコイルの原理図　低周波チョークコイルの記号

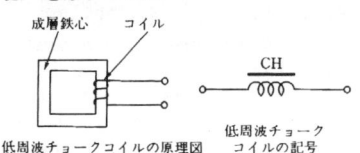

低周波トランジスタ (ていしゅうは——) low frequency transistor
低周波用トランジスタで、アルファ遮断周波数（ベース接地の遮断周波数）が1〜2MHz位の合金接合形トランジスタのこと。小電力用、中電力用、大電力用がある。

低周波トランス (ていしゅうは——)
audio frequency transformer, low frequency transformer
低周波変圧器ともいう。また英語の頭文字をとりAFT、LFTともいう。厚さ0.35mm位のシリコン鋼板を、英字のE、I形に切り数十枚積み重ね鉄心とする。コイルは巻枠に予め巻いておき、巻枠を鉄心に差し込んで組み立てる。コイルは一次巻線、二次巻線があり、二次巻線を2組巻いて、プッシュプル用にする。一般に次のような種類がある。
(1)入力用（ドライブ用）
二次巻線が1組（シングル用）
二次巻線が2組（プッシュプル用）
(2)出力用
一次巻線が1組（シングル用）
一次巻線が2組（プッシュプル用）
(3)入、出力結合用（発振用）

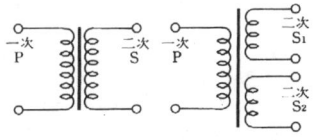

シングル用　　プッシュプル用

低周波発振器 (ていしゅうははっしんき) low frequency oscillator
低周波を連続して安定に発生する回路で、うなり形、CR形（移相形、ブリッジ形）、LC形、音叉発振器などがある。

低周波変成器 (ていしゅうはへんせいき)
audio frequency transformer, low frequency transformer
→低周波トランス

低周波誘導加熱
(ていしゅうはゆうどうかねつ)

ていし

low frequency induction heating

商用周波数50/60Hzの低周波を使った誘導加熱のこと．周波数が高いほど装置の価格や保守が困難になる傾向があり，商用周波数を使う．

☞誘導加熱

定常状態（ていじょうじょうたい）
steady state

装置，回路などの電源スイッチを入れたときや切ったときは，電流の流れが急激に変化し，高電圧を生じたり電流がアンバランスになり乱れが生じるが，数分後にはおさまり安定状態に入る．この状態のこと．

定常波（ていじょうは）
stationary wave →定在波

定振幅録音（ていしんぷくろくおん）
constant amplitude recording

レコード盤に録音する場合，ターンオーバ周波数以下の低い周波数の振幅を一定におさえて録音する方式のこと．

☞ターンオーバ周波数

定数打切り法（ていすううちき――ほう） fixed number testing plan

製品の寿命や信頼性のテストで，テスト開始後，故障や不良数が規定に達したら，そのテストを打ち切る方式．

ディスク disk, disc

1．コンピュータの外部（補助）記憶装置の一種で，データを記憶できる磁気記憶用の平らな回転盤のこと．

(1)ハードディスク

直径約650mm，厚さ約4mmのアルミニウムやマグネシウム軽金属合金．磁性材料は$\gamma-Fe_2O_3$．

(2)フレキシブルディスク（フロッピーディスクまたはディスケット）

①直径3.5インチ（コンパクト），②直径3インチ(マイクロ)，などがあり，ワープロやマイコンでも多用する．

2．円盤，レコード盤，音盤のこと．

ディスク・インタフェース
disk interface

インタフェースの一種でコンピュータ（パソコン）と，フロッピーまたはハードディスクのドライブ装置の間につなぎ，両方の仲介役をし，たがいに情報交換できるように働く．したがって，パソコンにつなぐ周辺機器，たとえばキーボードやディスプレイ（CRT）にも，おのおのにつなぐインタフェース（キーボードインタフェース，CRTインタフェース）がある．

☞インタフェース

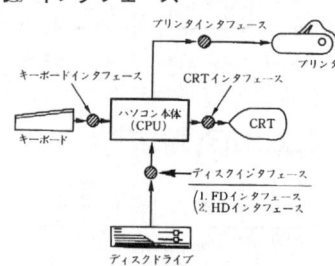

ディスク・ドライブ disk drive

コンピュータの外部記憶装置の一種で，磁気ディスクの書込み，読出しをするディスク駆動用機構装置のこと．ディスクの種類に応じて規模や性能も異なる．

☞磁気ディスク装置

ディスク・パック disk pack

コンピュータの磁気ディスク記憶装置で，磁気ディスクを装置から取りはずし交換できる．

ディスクミラーリング
disk mirroring →ミラーリング

ディスクリーショナル・アレー法（――ほう） discretional array method

ディスクリーショナルワイヤリング法ともいい，LSIの製法の一種．ウエーハの中に含まれる数百のユニットセルを，コンピュータで制御したマルチプローブ(探針群)で1個ずつ検査し，セルの良否と位置を記憶して良品だけを相互配線し，必要な回路機能をもつ配

線パターンをブラウン管に映し出す.
☞LSI

ディスクリミネータ discriminator
→弁別器

ディスケット diskette
パソコンの外部記憶装置の一種のフロッピーディスクで，IBMの商品名が一般化した．
☞IBM

ディストリビューション Distribution
配布の意味．あるソフトウェアの配布元が複数ある場合，その配布形態や配布パッケージを指す．Linuxの配布形態から一般的になった言葉で，その配布元であるレッドハットやターボリナックスなどは「ディストリビュータ」と呼ばれる．
☞Linux

ディスプレイ display
液晶やブラウン管による表示装置．コンピュータの出力や制御内容などを表示する．ディスプレイ装置，映像表示装置ともいう．キーボードやライトペンを使い，コンピュータに再入力し，入力装置としても働く．次の二種がよく使われている．
①キャラクタディスプレイ．文字表示装置ともいう．15形ブラウン管に2,000程度の数字，英字，かななどを書く．
②グラフィックディスプレイ．図形表示装置ともいい，ブラウン管面に図形を表示でき，ライトペンで修正，消去できる．

ディスプレイ装置（――そうち） display unit →ディスプレイ

ディスロケーション dislocation
→転位

定値制御（ていちせいぎょ） fixed value control
自動制御で目標値の性質によって分類した場合の一つ．時間の変化に関係なく，常に目標値が一定の制御のこと．たとえば液面の高さを一定に保つような制御．
☞自動制御

低チャネル（てい――） low channel
→ローチャネル

低調波（ていちょうは） fractional harmonic, subharmonic
ひずみ波の基本周波数（基本波）の1/2, 1/3, 1/4……などの分数倍の周波数をもつ正弦波．
☞正弦波

ティーチング・マシン teaching machine
教育用機器のことで，教育機械ともいう．視聴覚機器も一種の教育機械であるが，学習者に問題を示し，その反応，理解度に応じ問題の選択や学習進度を調整するプログラムを組み，それに従って教育を進める．個人用，集団用の別がある．

ディップスイッチ DIP switch
パソコン本体・周辺機器（プリンタ・ハードディスク）を正常に動作するよう設定するための小形のスイッチのこと．マニュアル（説明書）に従って行う初期設定である．
☞初期設定

ディップ・メータ dip meter
共振周波数を変化できるLC共振回路，ダイヤル，マイクロアンメータ，トランジスタ回路を一つのケース内に組み込んだ測定器で，次の機能をもつ．
①発振器の周波数の測定．
②アンテナ回路，共振回路の共振周波数の測定．
③インダクタンスや静電容量の測定．
④無変調の発振器．使用法は結合コイルを共振回路に近づけてダイヤルを回す．共振回路の共振点でエネルギが吸収されメータの振れが下がる．この点の周波数をダイヤル目盛から読み取る．
☞LC共振回路

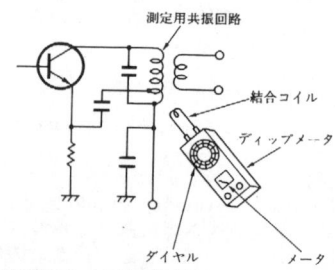

低抵抗チップ抵抗器
(ていていこう——ていこうき)
low resistance chip resistor
わずか数mΩという小さな抵抗値をもつ表面実装に対応した抵抗器をいう．通常のチップ抵抗器は数Ωから数mΩの抵抗値のものが多く，さまざまな電子機器の回路で使用されている．

ディテール detail
テレビ画面の細部のことで，デテールともいう．

定電圧IC (ていでんあつ——)
constant voltage IC →電源用IC

定電圧回路 (ていでんあつかいろ)
constant-voltage circuit
→定電圧電源

定電圧給電 (ていでんあつきゅうでん)
constant-voltage feeding
→並列給電

定電圧充電 (ていでんあつじゅうでん)
constant-voltage charge
電圧を一定に保ち充電する方法．充電初期は蓄電池の電圧が低いため大きな電流が流れ，充電終期には充電電流は小さくなり，蓄電池のためにはよいが，初期の大電流に耐えられる容量の大きい充電器が必要である．

定電圧ダイオード (ていでんあつ——)
voltage regulator diode
→ゼナー・ダイオード

定電圧電源 (ていでんあつでんげん)
constant-voltage regulated power supply
入力電圧，負荷の変動，温度の変化などがあっても，常に一定の電圧を生じる電源のこと．必要な電圧にセットできる可変形と，変化できない固定形がある．可変形は連続可変形と，ステップ（階段状変化）形がある．鉄共振，ゼナーダイオードなどを応用する．
☞ゼナー・ダイオード

定電流回路 (ていでんりゅうかいろ)
constant-current circuit
加える電圧Eが一定なら，負荷インピーダンスZが変わっても，負荷電流I_Lは一定の回路のこと．

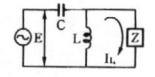

ただし
$X_L = X_C$
$\begin{cases} X_L = 2\pi fL \\ X_C = 1/(2\pi fC) \end{cases}$

定電流給電 (ていでんりゅうきゅうでん)
constant-current feeding
直列給電ともいう．一般に何個かの負荷を直列にして電源から電力を与えることで，どの負荷にも一定の電流が流れる（図(a)）．例として半波長アンテナの場合を示す（図(b)）．

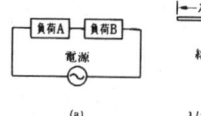

λは放射電波の波長

定電流充電 (ていでんりゅうじゅうでん)
constant-current charge
充電中の蓄電池へ流す電流を常に一定に保つ充電法．十時間率位の電流を流すが，充電が進むにつれ蓄電池電圧は上がるので，充電器の電圧も高めて調整する．

定電流電源 (ていでんりゅうでんげん)
constant-current regulated power supply
負荷の変動，電源電圧の変動にかかわらず，出力電流が一定に保たれる電源のこと．☞負荷変動

定電流変調 (ていでんりゅうへんちょう)
constant-current modulation

→ハイシング変調

定電流放電（ていでんりゅうほうでん）constant-current discharge
電池を一定の電流で放電（消耗）すること．鉛蓄電池では定格電流で放電し続けること．約9時間で放電終止電圧になる．

定電流録音（ていでんりゅうろくおん）constant-current recording
テープレコーダで録音するとき，録音電流を周波数に関係なく一定にすること．録音ヘッドはインダクタンスが多く抵抗分が少ないため，インピーダンスは周波数が高くなると増加する．このため周波数が高くなると電流が小さくなるので，内部抵抗の高い定電流電源から信号を与えねばならない．ヘッドに直列に数十〜数百kΩの抵抗を入れたり，録音出力回路に負帰還をかけ内部抵抗を高くする．

☞ 負帰還

低電力変調（ていでんりょくへんちょう）low power stage modulation
無線送信機で低電力増幅段で変調をかけること．変調器が小形でよく，変調も容易だが，被変調波の増幅の効率が下がり，小形用．

☞ 変調

てい(逓)倍（——ばい）multiplication
→周波数逓倍

てい(逓)倍器（——ばいき）frequency multiplier
→周波数逓倍器

ディファレンシャル・アンプ（リフアイア）differential amplifier
→差動増幅器

定密度記録（ていみつどきろく）zone bit recording
データ記録フォーマットには内周部と外周部で同数のセクタを有する定セクタ記録と，線記録密度を一定にし，内周と外周でセクタ数の異なる定密度記録がある．ZBRはHDDの用語であり，光ディスクにおいて使われるMCLV，MCAVあるいはZCLV，ZCAVもほぼ同一の内容を表す．

☞ ZBR

テイルレス・ボンディング tailless bonding
テイルレスネイルヘッドボンディングともいう．図(a)でキャピラリを下げ，先端のワイヤボールをペレットに押し付け，ポスト側のステッチボンド後にワイヤをクランプしたままキャピラリを持ち上げ，ワイヤを引きちぎる（図(b)）．新しいペレットのボンディング用ボールは，キャピラリの先端に残るワイヤの先を水素の炎で焼き切って作る．

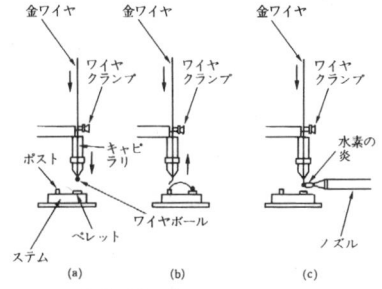

ディレクトリ directory
原意は人名簿・住所録であるが，コンピュータでは多数のファイルをグループ別に分類して（ツリー構造）管理すること．ウインドウズではフォルダという．

☞ ツリー構造

ディレーティング derating
定格を下回って使うことで，ダイオードやトランジスタでは最大定格以下で使う，つまりディレートして使うのが普通で，これをディレーティングという．信頼性を高め，故障率を下げ安全率を上げるためである．

ディレード・タイム方式（——ほうしき）delayed time system
時間遅れ処理方式ともいう．コンピュータを利用する場合，オンラインシス

てえん

テムでなくてもよい場合がある．たとえば，在庫管理システムでは1日単位で，せん孔紙テープや磁気テープに記録し処理して伝送すればよい場合に使用する方式．

☞オンライン・システム

デ・エンファシス　de-emphasis

受信側で行うエンファシスのこと．FM放送やテレビ音声信号はFM波であるが，音声信号の高域周波数でSN比が下がるのを防ぐため，送信側では高域でFMを強くかける（プリエンファシス）．受信側ではデ・エンファシス回路(時定数75μs)でもとにもどす．図はその回路例．

☞プリエンファシス

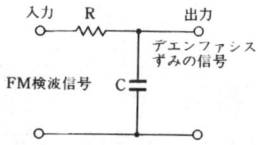

（図：デ・エンファシス回路　入力 R 出力　FM検波信号　C　デエンファシスずみの信号）

デカ　deca

SI（国際単位系）において，10倍を示す名称（接頭語）で，記号は[da]．

☞SI

デ・カップリング回路（——かいろ）　de-coupling circuit

→減結合回路

デカトロン　decatron

計数放電管ともいう．グロー放電を利用し，パルスの数を自動的に数える放電管のこと．中心に円形陽極A，周りにK，G_1，G_2，G_3の4本一組の電極が全体で10組あり，陰極Kは細い針金状である．パルス入力があると，グロー放電はK_0～Aから，K_n～Aに移る．もしパルスが二つ入ってくればK_2～Aのグローとなる．次にパルスが一つくればK_3～Aにグローが移る．こうしてデカトロン1個で1桁の十進数を数える．

☞デカトロン

デカメートル波（——は）　decametric wave

波長10～100m，周波数3～30MHz，HF帯の電波のこと．

笛音妨害（てきおんぼうがい）　whistle interference

スーパヘテロダイン受信機の受信妨害の一種．受信周波数f_Rと局部発振周波数f_0と中間周波数f_iの間に，$Af_0-Bf_R=f_i±f$(A，Bは正の整数)の関係があるとき，fが可聴周波数なら笛の音のように耳に聞こえ受信妨害となり，笛音妨害という．

☞スーパヘテロダイン受信機

テキスト　text

文書のこと，または文字情報だけのデータのこと．文字だけで成り立つファイルをテキストファイルという．ファイルやデータが文字だけで成り立つものをテキスト形式という．

デコーダ　decoder

コンピュータで使う処理装置の一種．解読器，符号解読器，復号器ともいう．複数個の入力端子，出力端子をもつ装置で，入力端子のある組合せに信号が加わったとき，その組合せに対応する一つの出力端子に信号が現れる．エンコーダの逆の作用である．

☞エンコーダ

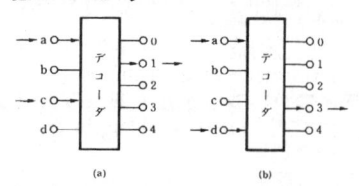

（図：デコーダ (a)(b)　入力 a,b,c,d　出力 0,1,2,3,4）

デコード　decode

→デコーダ

デシ　deci

SI（国際単位系）において，10^{-1}倍を示す名称（接頭語）で，記号は[d]である．

☞国際単位系

デジカメ digital camera
ディジタル・カメラの俗称である.
→ディジタルカメラ

デジタイザ digitizer
タブレットともいい指示した図形の各点の位置座標を,設定した原点に対するXY座標に変える座標指示器(アナログ量の数値化装置).検出された座標出力はコンピュータやXYプロッタ,グラフィックディスプレイに入力できる.
☞XYプロッタ

デジタル digital →ディジタル

デシベル decibel
二つの電力P_2,P_1の比P_2/P_1を対数で示し,$\log(P_2/P_1)$をベル[bel]で示す.実用では10分の1のデシベル[dB]を使うことが多い.

$$10\log_{10}(P_2/P_1) \quad [dB]$$

デシベル・ミリ decibel milli
600[Ω]負荷で電力1[mW]を基準にして,デシベル(dB)で表すとき,(dBm)の記号を使いデシベルミリと読む.一般に電力P[mW]とすれば,$10\log_{10}P$(dBm)で示す.これを絶対レベルといい,0[dBm]は,0.774596≒0.775[V]の電圧に相当する.

デシマル・ノーテイション
decimal notation
10進法のこと.10を基数とする固定基数表記法(JIS・情報処理用語).
☞10進法

デシメートル波 (――は)
decimetric wave
周波数300〜3,000MHz,波長0.1〜1mのUHF帯の電波のこと.

デスクトップ desktop
机の上で使えるほど小形のコンピュータの意味.机上据置形パソコンのこと.デスクトップコンピュータの略称.

テスタ tester
回路計,回路試験器ともいう.直流電流計,切換えスイッチ,倍率器,分流器,可変抵抗器,整流器などを備え直流電流,直流電圧,交流電圧,抵抗などを切り換えて測定する簡易測定器.

テスト・オシレータ test oscillator
簡易形の試験用発振器で,ラジオ受信機や無線機器の調整,試験,修理に使う.高周波を連続して発生するLC発振器,ダイヤル,減衰器,周波数や変調切換器,出力端子などを備える.

テスト・パターン test pattern
テレビの送信機,受信機の調整,試験,修理などのときに使う試験用図形.これにより画面のひずみ,コントラスト,解像度,縦横比,色彩不良などを判定する.
☞コントラスト

テスト・ポイント test point
チェック端子,チェックポイントともいう.通信機器や回路などで,内部の重要点が容易にチェックできるように設けた端子.
☞端子

テスト・ラン test run
1.コンピュータでプログラムのミスの有無をチェックするため,試験的にプログラムを実行すること.
2.試作した電子回路や装置を試験的に動作させること.

テスラ tesla
SI(国際単位系)で磁束密度の単位,記号は[T]である.
☞SI

データ data
計算や測定して得られた資料,情報や数値のこと.人間または自動的手段によって行われる通信,解析,処理に適するように形式化された事実,概念,または指令の表現(JIS・情報処理用語).

データ処理 (――しょり)
data processing
情報処理のこと.
→情報処理

データ処理システム （——しょり——）
data processing system
データ処理を行うために統合された装置，方式，手順および技術の集まり．

データ処理装置 （——しょりそうち）
data processor
データ処理を行う能力をもつ装置．
例：卓上計算機，せん孔カードシステム（PCS），コンピュータなど（JIS・情報処理用語）．

データ・センタ data center
製造者側（メーカ），使用者側（ユーザ）のデータを集め，機器や装置の信頼性（寿命，故障，動作不良）などの研究を進める中心となり多くのデータを蓄積，保存する．

データ・チェック data check
コンピュータでは，入力データに誤りがあると，以後の処理を正確に実行できない．処理の前に入力データをチェックし誤りを修正する．原始データから入力データを作るとき，ファイル編成をする入力変換のときなどに行う．

データ通信 （——つうしん）
data communication
コンピュータの情報を電話回線などを使って遠くに送ること．実時間処理や時分割共同利用システムの実行は，このデータ通信によって行う．データ伝送ともいう．
☞データ通信

データ伝送 （——でんそう）
data transmission
機械により処理されるべき，または処理されたデータの伝送（JIS・情報処理用語）．
☞データ通信

データの書込み （——かきこ——）
コンピュータで計算前に必要なデータをコンピュータに記憶させること．これはリード文（READ）で行う．リード文は入力装置からデータを読み込めという命令である．READ(X, Y)LIST の形をとる．Xは入力装置の番号，Yはフォーマット文（FORMAT）に付けられた番号，LISTは入力データを記憶装置内に記憶する場所または入力する値．
☞リード文

データの読出し （——よみだ——）
コンピュータで結果をプリンタ，テープ，カード等に打ち出すこと．この命令は，ライト文WRITE (p, q) LIST の形をとる．pは出力装置の番号，qはフォーマット文（FORMAT）に付けられた番号．LISTはデータの記憶場所に対応する変数名，または出力する値．☞ライト文

データのライブラリ library of data
一つの適用業務に関係したファイルの集まり．例：在庫管理において在庫品管理のファイルの集まりが，データのライブラリを形成する（JIS・情報処理用語）．
☞プログラム・ライブラリ

データ・バンク data bank
データのライブラリの集まり（JIS・情報処理用語）．

データ・ファイル data file
コンピュータに集められ蓄積された関連するレコードの集合で，次の二つに分けられる．
(1)シーケンシャルファイル
　順次続けて作成したもの．
(2)ランダムアクセスファイル
　書込み，読出し，訂正をページ（レコード）ごとに，直接指定することができる．

データ・ベース data base
コンピュータ用語で，一つ以上のファイルの集まりであって，その内容を高度に構造化することによって，検索や更新の効率化を図ったもの（JIS・情報処理用語）．データバンクの代わりに使われている．
☞検索エンジン

データベース・サービス
data base service

NIFTY-ServeやPC-VANなどの一般向け電子ネットワークから、大形コンピュータに蓄えたデータベース(情報)を検索し利用するサービスのこと。
☞情報検索

データベースプロバイダ
database provider →プロバイダ

データ・ホン data phone

1. 電話回線を使いデータ伝送を行うこと。データ入出力機能をもつプッシュホンを用い、小規模店や事務所などで小規模、ローコストのネットワークを組める。
2. アメリカAT＆T社のサービスの名。
☞AT＆T

データ・ライン data line

テレビジョン放送の映像信号の1水平走査期間中に伝送される文字信号の群をいう(電波法施行規則第2条86-2)。☞水平走査

データ・レコーダ data recorder

産業(工業)用の多種類のアナログデータを同時に記録・再生したり、超低速の現象や超高速の現象を記録し速度を変えて再生したり、各データ間の相関を調べたりするときに使う。再生時のテープスピードを変えることにより、低速現象を高速に、高速現象を低速に変えられる。テープ幅25mmで40トラック、ヘッドギャップ2μm、テープスピード0.2cm/S〜304cm/S、テープ長さ2,194mまたは1,097m、リール直径35cm、SN比40dB、変調方式FMなどで行われている。

データ・ロガ data logger

データ処理装置の一種。巨大で複雑な装置(プロセス)の運転、監視など運用や保守をするため、運転記録、測定データの記録、異常の発見、始動・停止などの働きをする装置のこと。記録、警報は、検出器のアナログ信号をA-D変換器でディジタル信号に変え、タイプライタで自動的に印字する。
☞A-D変換器

デッカ方式 (──ほうしき)
Decca navigation system

英国のデッカ航空会社が開発した。中心となる主局の周囲に正三角形の位置になるように三つの従局を置き、各局は140kHzの整数倍の長波を送信し、船舶、航空機の位置測定、航行援助を行う施設。ヨーロッパで使われる。測定精度が高く、安定しているが、測定範囲は昼間500km程度、夜はその半分ぐらいでロランより狭い。
☞ロラン

鉄共振 (てつきょうしん)
ferroresonance

交流の定電圧装置に利用される。図のように飽和リアクトル(鉄心入りコイル)Lsとコンデンサcとを並列につなぎ、これを不飽和リアクトル(鉄心入り)Lのタップにつなぐ。Lsのリアクタンスが端子電圧により変化し、Cとの共振状態が変わり、入力電圧Viが変わっても出力電圧Voは一定となる。

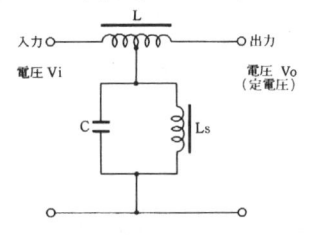

入力 ○──L──○ 出力
電圧 Vi   電圧 Vo
             (定電圧)
         C   Ls

鉄心 (てっしん) core
→コア

鉄心チョークコイル (てっしん──)
iron-core choking coil

低い周波数(低周波)の交流に対し高いリアクタンス(インピーダンス)となり、流れを妨げ、直流に対して低い抵抗となる自己インダクタンスコイル

てつし

で鉄心入りである．
☞自己インダクタンス

鉄心リアクトル（てっしん——）iron-core reactor
鉄心入りのコイルで電力用のリアクタンスとして使う．
☞リアクタンス

鉄損（てつそん）iron loss
モータやトランスなどの鉄心が交番磁界の中で生じるうず電流損，ヒステリシス損の合計のこと．磁束密度，周波数，鉄心材料で異なり熱になる．

デッドロック dead lock
データベースが複数あり，複数ユーザが同時に処理要求を出したとき，互いに排他制御（ロック）にかかり，先に進めなくなる状態をデッドロック（行き詰まり状態）という．

デバイス device
1．トランジスタやダイオードなどの能動性，変換性，非直線性の素子．
2．装置のこと．

デバイスドライバ device driver
ドライバと略称することもある．コンピュータの周辺機器（デバイス）を制御(コントロール)するソフトのこと．

デバッギング debugging
→デバッグ

デバッグ debug
デバッギングともいう．
①bug（虫）からの派生語．不良部分(bug)を取り除くこと．
②コンピュータのプログラムの間違いを直す作業のこと．コンピュータにプログラムをかける前と，処理中にコンピュータに誤りを示されて直す方法がある．プログラムの手直しという．

テープ tape
1．コンピュータ用の磁気記憶テープのこと．
2．磁気録音テープのこと．ポリエステルやアセテートの薄い帯で，このベース材料の片面に，ごく薄く磁性材を接着剤と混ぜて塗る．ベース材を薄くすると高温や引張りで伸び，厚くすれば録音時間が短くなる．音声用，映像用の別がある．
(1)オープンリール形テープ
(2)カセット形テープ
(3)エンドレス形テープ

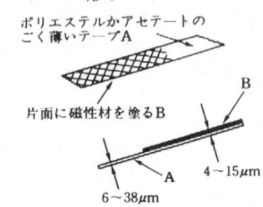

ポリエステルかアセテートのごく薄いテープA
片面に磁性材を塗るB
6〜38μm　4〜15μm

テープ速度（——そくど）tape speed
1．コンピュータの磁気テープ速度は400cm/S．テープレコーダのカセット形テープ速度は4.75cm/S．8トラックエンドレス形テープ速度は9.5cm/S．オープンリール形テープ速度は19cm/S．
2．データレコーダのテープ速度は0.2cm/S〜304cm/S(Sは秒) 以上．
3．コンピュータの紙テープ速度．パンチングスピードは，高速用300字/秒，低速用20字/秒位である．

テープ・デッキ tape deck
テープレコーダのメカニズムと録音や再生のプリアンプ部だけで，録音，再生用のアンプやスピーカをもたない録音再生機のこと．
☞プリアンプ

テープ電線（——でんせん）tape wire
多数の細い電線を一定間隔で平行に並べ，周囲をプラスチックで包んだテープ状の電線．端末で1本ずつ切り離し処理することができ，パソコンやプリ

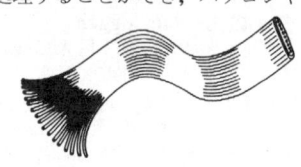

ンタなどの電子機器の接続コードや内部配線に使う．

テブナンの定理（——ていり） Tevenin's theorem

電源をもつ回路の端子A，B間の電圧 V_0，端子から回路のほうをみたインピーダンスを Z_0 とすれば（図(a)），負荷Zをつないだとき，負荷に流れる電流Iは次の式で求める．

$I = V_0/(Z+Z_0)$ 〔A〕

これを，テブナンの定理という（図(b)）．

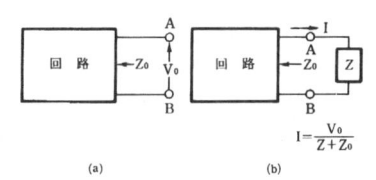

テープ・プリンタ tape printer

磁気テープの録音内容を，録音していないテープに複写すること．音声の場合はもとのテープ（マスタテープ）の再生出力で複写する．ビデオの場合はマスタテープと複写テープ（プリントテープ）を密着して複写する方法がある．

☞磁気テープ

テープ・リール・パッキング tape reel packing

ダイオード，抵抗器などの回路素子のリードの両端を細い粘着テープで留め，長く帯状にしリールに巻く包装法のこと．自動検査やプリント板への自動組立てが容易で包装代も節約できる．リードが左右両方に出ているダブルエンドの部品に行う．

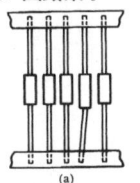

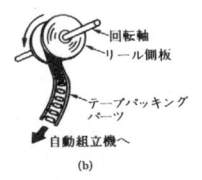

☞回路素子

テーブル table

1．表のこと．一つ以上の引数によって，一意に識別される項目の配列（JIS・情報処理用語）．

2．ターンテーブルのこと．

テーブル・タップ table tap

机・台などの端に取り付け，交流100〔V〕を臨時に分けて使う配線器具．

テープ・レコーダ tape recorder

磁気録音機ともいう．磁気テープで音声を記録，再生，消去する．オープンリール形，カセット形，エンドレス形などがある．テープデッキや再生だけのテーププレーヤもある．電源は電池専用，交流専用，交直両用（2ウェイ）などで，据置用，携帯用，車載用などに使い分ける．ヘッドは3個あり，録音用，消去用，再生用に分かれる．ヘッドの出力を増幅する増幅器や入力の切換えスイッチ，出力端子などを備える．録画用はビデオ・テープ・レコーダという．

☞ビデオ・テープ・レコーダ

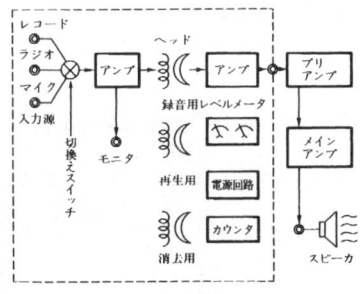

デプレション形FET（——がた——） depletion type FET

絶縁ゲート（またはMOS）形FETの中で，チャネルを弱める（デプレート）方向でもチャネル電流を制御できる．

これは，ゲート直下に不純物を拡散させておき，ゲート電圧V_{GS}を加えなくてもチャネルができているためである．これに対しV_{GS}を加えたときだけチャネルができ，ドレーン電流I_Dが流れる（I_Dを制御できる）FETをエンハンスメント形FETという．

☞エンハンスメント形FET

```
           ┌─トランジスタ
半        │
導        ├─ダイオード
体        │
製        │                ┌─PN接合形
品        │        ┌─接合形┤
           │        │      └─ショットキー形
           └─FET─┤
                   │                        ┌─デプレション形
                   └─絶縁ゲート形─┤        （Nチャネル）
                       (MOS-FET)   └─エンハンスメント形
```

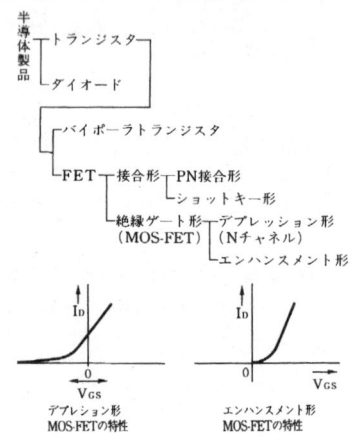

デプレション形
MOS-FETの特性

エンハンスメント形
MOS-FETの特性

デプレション形電界効果トランジスタ（——がたでんかいこうか——）
depletion type FET
→デプレション形FET

デプレション・モード
depletion mode
MOS-FETで，チャネルを弱める（デプレートする）方向に，ゲートバイアスV_{GS}を加える使い方．

テープ録音（——ろくおん）
tape recording
磁気テープに音声を録音することで，録音装置をテープ録音機とかテープレコーダといい，テープの駆動機構（デッキ）と電子回路（アンプ）からなる．テープはピンチローラとキャプスタンで挟み，定速度でテープリールに巻き取り，途中に消去・録音・再生のヘッドを置く．ヘッドが固定でテープをヘッド面に圧着するタイプと，ヘッドが前進してテープに圧着されるものがある．テープはオープンリール用，8トラック用，エルカセット用，コンパクトカセット用，マイクロカセット用がある．電子回路のイコライザは録音時の高域補償用，再生時の低域補償用である（下図参照）．

☞NAB特性

テープ録画（——ろくが）
video tape recording →VTR

テフロン Teflon
ポリ四ふっ化エチレンの商品名で，ふっ素樹脂の一種．UHF用絶縁体とし

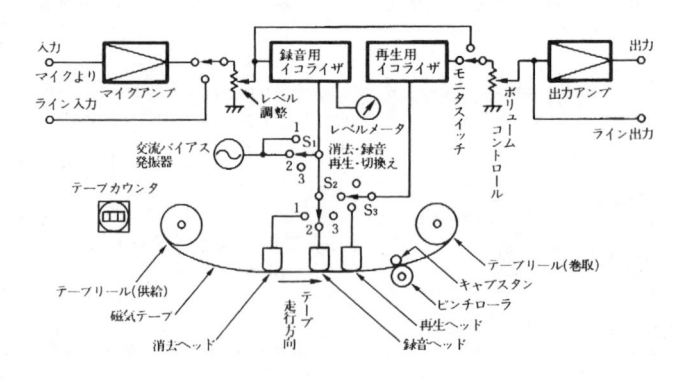

て優れている．絶縁抵抗が大きく，吸湿性，tanδ，誘電率も小さい．

デュアル・インライン・パッケージ
dual inline package

デュアルとは二つ，インラインとは1列に並ぶこと．パッケージ(外装)から出ているリードあし(ピン)が2列に並んでいるパッケージ．フェアチャイルド社がコマーシャルパックといって売り出したICに名付けた．リード間隔は2.54mmでプリント板の穴あけピッチに合わせてある．
☞プリント板

デュアル・ゲート（MOS）FET
dual gate MOS-FET

ゲート電極が二つ（デュアル）の高周波用のMOS-FETのこと．一方のドレーンと他方のソースがつながったような構成で，一方はソース接地で他方はこれに直結したゲート接地として働く．第1ゲートに入力を加え第2ゲートはAGCのバイアスを加えるか利得調整に使う．真空管のカスケード(カスコード)回路に相当し，超高周波で安定な増幅器となる．ゲートとソース間にダイオードをつなぎ静電気破壊を防ぐのが普通で，TVやFMラジオのチューナなどに使われる．
☞チューナ

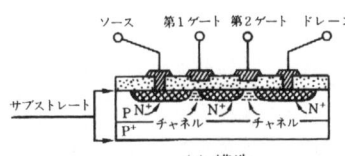

(a) 構造

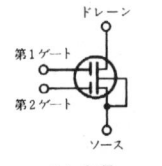

(b) 記号

デュアル・トランジスタ
dual transistor

特性の良く揃った二つのトランジスタを一つのパッケージにまとめたもので，熱的特性のバランスが良く差動増幅器などに使われる．
☞差動増幅器

デューティ・サイクル　duty cycle

衝撃係数ともいう．パルスのように正，負半サイクルの波形や時間が異なるとき，1サイクルの時間Tに対するパルス幅Wの比W/Tのこと．
☞パルス

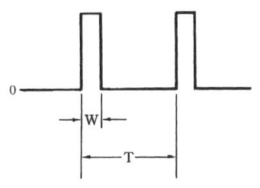

テラ　tera

単位の倍数10^{12}を示す接頭語．1テラヘルツ〔THz〕$=10^{12}$〔Hz〕

デリンジャー現象（——げんしょう）
Dellinger phenomena

1935年アメリカのデリンジャーが発表した現象．太陽から放出される紫外線が突然増え，D層，E層の電離層の電子密度が異常に増し電波が大きく減衰し，数十分間短波の通信が絶える現象で，昼間に発生する．
☞電離層

テルスター　Telstar

1962年，米国初の能動通信衛星で直径86cm，77kgの球形，157分で地球を一周し，1回の中継時間は20分位で，AT&Tに所属する．
☞通信衛星

デルタ結線（——けっせん）
delta connection

三相交流の結線法の一つで，三角結線，Δ結線とも書く．
→三角結線

デルタ・スター変換（——へんかん）
delta-star transformation

三相交流のデルタ(Δ)結線とY結線（スター結線）の変換のこと．

☞デルタ結線

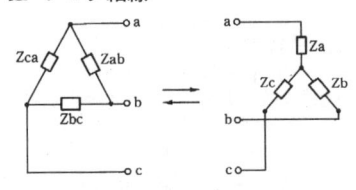

テレコントロール　telecontrol

遠くの（テレ）機器を制御（コントロール）する機能のこと．遠方監視制御装置の三機能は，①計測機能，②制御機能，③表示機能で，テレコントロールは②に相当する．

テレシネ装置（——そうち）
telecine equipment

テレビ放送局の映写室で使うスライド映写機，フイルム映写機，字幕映写機，ビジコンカメラ，フライングスポット装置などを含む装置のこと．この装置を置く室（プロジェクタルーム）をテレシネ（テレビとシネマ（映画）の合成語）と俗称する．

テレスキャン方式（——ほうしき）
Telescan system

1973年，松下電器と朝日放送が開発した文字多重放送システム．電光ニュースに似て横に文字を走らせる．パターン式とコード式があるが，パターン式は精細な図形，任意の字体を送れるが，速度が遅い．コード式は速度が10倍位速いが受信機が高価となる．しかし，半導体メモリの価格は毎年低下している．

☞文字放送

テレタイプ　teletype

1. 印刷電信機のこと．テレタイプライタとかテレプリンタともいう．
2. 米国テレタイプ社の商品名．

☞印刷電信

テレタイプライタ　teletypewriter

テレタイプとか，テレプリンタともいう．

→印刷電信

テレックス　telex

ヨーロッパ式呼び方で，日本では加入電信ともいう．電話のようにダイヤルで相手（加入者）を呼び出し，印刷電信機で互いに通信する．アメリカではTWXといい，無人でも受信できるため時差のある国際間通信など事務連絡に多用する．

☞加入電信

テレテキスト　teletext

文字多重放送の国際的に統一された名称で，テレビ放送の垂直帰線消去期間に文字や図形を送る方式のこと．1976年イギリス，1979年フランス，1983年アメリカ，1983年日本(NHK)で実施．

☞文字多重放送
→文字放送

テレテックス　teletex

従来のテレックスの書式制御や通信速度を改善して，ワープロと通信機能の両方をもたせ，テレックスの代わりに使ったが，今はファクシミリに代わった．

☞ファクシミリ

テレビ(ジョン)　television

テレビと略しTVとも書く．送りたい映像の光の強弱と色を，放送する側のカメラで電気信号に変え，増幅，変調し，音声信号，同期信号なども加え電波や有線で送り出す．受信側は希望の周波数帯（チャネル）に合わせ，スーパヘテロダイン方式で増幅，検波後，ブラウン管で映像を，スピーカで音声を再生する．有線式はCATVやITVがあり，色彩を略した白黒式もある．

テレビ(ジョン)音声多重方式
（——おんせいたじゅうほうしき）
television multisound system

TV放送で，音声信号を2チャネル送り，片方を外国語の翻訳（吹替え）やステレオ用として利用する方式のこと．

☞音声信号，音声多重方式

テレビ(ジョン)音声多重放送
（——おんせいたじゅうほうそう）
television multisound broadcasting

テレビジョン放送の電波に重畳して，音声その他の音響を送る放送（電波法施行規則第2条28の4）．FM—FM方式でステレオ放送や2か国語放送に利用する．

☞音声多重放送

テレビ(ジョン)会議 （——かいぎ）
television conference

遠い離れた会議空間を通信線で結びたがいに映像と音声を送受して，打合せや会議を行うこと．1976年からNTT（日本），1977年からATT（米国）が試行し，1983年にはインテルサットによる米英国際テレビ会議を行い，時間，費用の節約を目指している．

☞インテルサット

テレビ(ジョン)カメラ
television camera

テレビ放送する画面を，電気信号に変える撮像用カメラで撮像管，プリアンプ，ひずみ補正回路などが収めてある．スタジオ用，ポータブル用の別，白黒用，カラー用の別がある．プランビコン（フィリップス），サチコン（日立），ハイセンシコン（東芝）などの撮像管を使う．

☞撮像管

テレビ受像機 （——じゅぞうき）
television, telereceiver, teleset

テレビ放送電波を受信し，希望するチャネルに合わせて各種番組のカラー映像を楽しむ．VHF帯12チャネル・UHF帯13〜62チャネル・BS・CSの放送がある．この他，ケーブルテレビなど番組も多彩．音声はFMでステレオもあ

る．家電品の中では最も普及した機器である．

☞BS・CS

テレビ(ジョン)信号 （——しんごう）
television signal

日本はアメリカのNTSC方式を採用し，図(a)のように6MHzの周波数帯の中に各搬送波を入れる．映像信号と同期信号は映像信号搬送波をAMして入れ，音声信号は音声搬送波をFMして加える．カラーの場合は水平同期信号の後縁にカラーバーストを入れる（図(b)）．

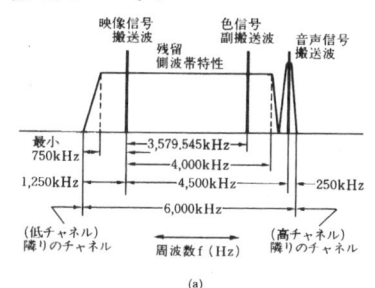

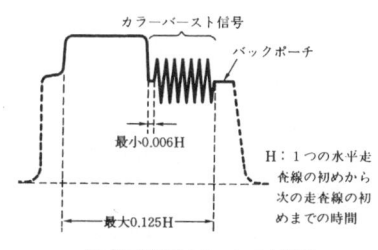

☞カラー・キラー

テレビ(ジョン)・チャネル
television channel

TV放送のチャネルのことで，VHF帯は周波数帯90〜222MHzを使い，12チャネル．1〜3チャネルを低チャネル，4〜12チャネルを高チャネルと呼ぶ．UHF帯は13〜62チャネルまで50チャ

てれひ

VHF，UHFテレビジョンチャネル周波数

チャネル番号	V H F 帯 周波数(MHz)	映像搬送周波数(MHz)	音声搬送周波数(MHz)	チャネル番号	U H F 帯 周波数(MHz)	映像搬送周波数(MHz)	音声搬送周波数(MHz)
1	90〜96	91.25	95.75	13	470〜476	471.25	475.75
2	96〜102	97.25	101.75	14	476〜482	476.25	481.75
3	102〜108	103.25	107.75	15	482〜488	483.25	487.75
4	170〜176	171.25	175.75	16	488〜494	489.25	493.75
5	176〜182	177.25	181.75	17	494〜500	495.25	499.75
6	182〜188	183.25	187.75	⋮	⋮	⋮	⋮
7	188〜194	189.25	193.75	⋮	⋮	⋮	⋮
8	192〜198	193.25	197.75	58	740〜746	741.25	745.75
9	198〜204	199.25	203.75	59	746〜752	747.25	751.75
10	204〜210	205.25	209.75	60	752〜758	753.25	757.75
11	210〜216	211.25	215.75	61	758〜764	759.25	763.75
12	216〜222	217.25	221.75	62	764〜770	765.25	769.75

ネル，470〜770MHzまでを使う（上図参照）．
☞VHF帯

テレビ(ジョン)電波 （——でんぱ）
television wave

VHF帯は90〜222MHzで1〜12チャネル，UHF帯は13〜62チャネルで470〜770MHz．各チャネルの帯域幅は6MHzで下限から1.25MHz高いところに映像搬送周波数をおき，上限から0.25MHz低いところに音声搬送周波数をおく．両搬送波の間隔は4.5MHzで音声はFM，映像はAMで負変調方式．色信号副搬送波は3.579545MHz．同期信号は垂直用，水平用，等化パルス，カラーバースト（白黒TV方式にはない）．

テレビ(ジョン)電話 （——でんわ）
picturephone

テレビ（映像）技術を利用した電話で相手の姿を見ながら，話ができる．アメリカのニューヨーク〜シカゴ間で500k〜1MHzの周波数帯で実施．日本は電話線で映像を送ることは普及していない．☞IP電話

テレビ(ジョン)標準(方式)
（——ひょうじゅん（ほうしき））
television standard

TVの送信，受信側において，映像を分解し，組み立てるのに必要な基準となる方式のこと．日本では米国のNTSC方式を採用し，走査線数525本，毎秒枚数30枚，画面縦横比3：4，飛越し走査，帯域幅6MHz，上限周波数より0.25MHz低い周波数に音声搬送波，4.5MHz下方に映像搬送波を配置し送受信する．映像はAMで負変調方式，残留単側波帯方式，水平偏波，副搬送波3.58MHz，音声はFMを行っている．また，電源非同期方式で，合成信号は，映像，音声，同期，副搬送波，色信号，バーストの各信号を含んでいる．ディジタル・テレビ，ディジタル・ハイビジョン・テレビでは走査線数1,125本，画面縦横比9：16，音声はPCMである．
☞NTSC方式

テレビ(ジョン)・ファクシミリ多重放送
（——たじゅうほうそう） **television facsimile multiplex broadcasting**

テレビジョン放送の電波に重畳して,永久的な形に受信されることを目的として静止映像を送る放送をいう(電波法施行規則第2条28の6)

テレビ(ジョン)・ファックス TV fax, television facsimile
テレビのチャネルを利用し,垂直帰線期間中にファクシミリ信号を送る方式でTV映像の多重化.オプティカルファイバ管を使う電子記録方式.
☞垂直帰線

テレビ(ジョン)放送(——ほうそう) television broadcasting
契約者その他多数の人々に受信されることを目的とし「静止し移動する事物の瞬間的映像を,これに伴う音声その他の音響を送る放送」(電波法施行規則第2条28).

音声・文字・ファクシミリの多重放送,衛星放送,高品位(ハイビジョン)テレビ放送などがある.使用周波数帯はVHF帯(90〜222MHz)1〜12チャネル,UHF帯(470〜770MHz)13〜62チャネル,SHF帯(12.092〜12.2 GHz)63〜80チャネルで1チャネルの占有帯域幅は6MHzである.
☞ハイビジョン

テレビ(ジョン)文字多重放送(——もじたじゅうほうそう) television code character multiple broadcasting
TV放送の電波に重畳して,文字・図形または信号を送る放送(電波法施行規則第2条28の5).文字放送と略称することもある.
☞文字多重放送
→文字放送

テレプリンタ teleprinter
印刷電信機,テレタイプライタ(テレタイプ)のこと.
→印刷電信

テレメータ telemeter
遠隔計器ともいう.テレメータリングに用いる計器類や装置類のこと.
☞テレメトリ

テレメータリング telemetering
遠隔測定ともいう.火山の噴火口や深海の底など人の近づけないところの定点・長時間測定(定点観測)は,測定器からの出力を有線や無線により遠くの観測所に送り記録する.
☞遠隔測定装置

テレメトリ telemetry
テレメータを使い遠方の装置によって得た測定データを,無線回線や有線回線を通じて送ること.無人ラジオ放送所,無人テレビ放送所,放送衛星などの動作状態を知るために使う.
☞テレメータ

テロップ telop
→オペーク投写機

電圧(でんあつ) voltage
単位はボルト[V]で二つの場合がある.
(1)二点A,B間の電位差のこと.
(2)大地(アース)に対する点A,点Bなどの電位のこと(大地の電位は0).
☞電位

電圧安定化回路(でんあつあんていかかいろ) voltage stabilizer, regulator
☞定電圧電源

電圧感度(でんあつかんど) voltage sensitivity
検流計の感度を表すもので,指針や反照形の光点を1mm振らせるのに必要な電圧の大きさで示す.
☞検流計

電圧帰還(でんあつきかん) voltage feedback
出力電圧に比例した電圧を,入力信号と逆位相でもどす(帰還する)こと.図のR_Fがフィードバック用抵抗,R_Lが負荷である.R_1とR_Fの抵抗値を加減して,フィードバック量を調整する.R_F,R_1がR_Lに並列であるから,並列帰還ともいう.
☞フィードバック

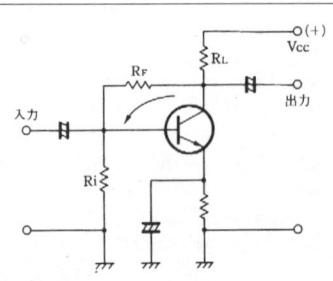

電圧帰還バイアス回路
(でんあつきかん——かいろ)
voltage feedback bias circuit

自己バイアス回路ともいい，ベース電流I_Bをコレクタにつないだ抵抗R_Bを通して流す．

$$I_B = \frac{V_{CB}}{R_B} = \frac{V_{CE}-V_{BE}}{R_B}$$
$$= \frac{V_{CC}-I_CR_C-V_{BE}}{R_B} \quad [A]$$

電源電圧や温度などの変動でI_Cが増減するとI_CR_Cも増減し，I_BはI_Cと逆の増減でI_Cの変化を妨げ安定化する．このため，固定バイアス回路より安定度はよいが，利得や入力インピーダンスは低くなる．

☞固定バイアス回路

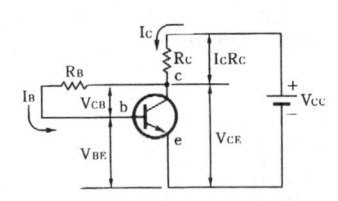

電圧帰還率 (でんあつきかんりつ)
voltage feedback factor
→h定数

電圧給電アンテナ (でんあつきゅうでん——) **voltage-feeding antenna**

アンテナの給電点の電圧が最大，電流は最小となるようなアンテナのこと．図の半波長アンテナはこの例である．

☞半波長アンテナ

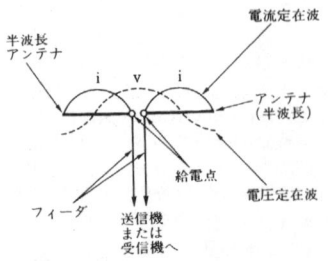

電圧共振 (でんあつきょうしん)
voltage resonance →直列共振

電圧計 (でんあつけい) **voltmeter**

直流，交流，高周波の電圧を測る測定器．
(1)直流用電圧計．電圧を測ろうとする2点間に並列につなぎ直流電圧を測る．測定範囲の切換えは，メータに直列につないだ倍率器を切り換える．
(2)交流電圧計．交流を直流に変える整流器（整流形）以外は直流電圧計と同じ．正弦波の実効値を示す．可動鉄片形もある．

電圧源等価回路
(でんあつげんとうかかいろ)
constant-voltage equivalent circuit

真空管，トランジスタ回路の解析に使

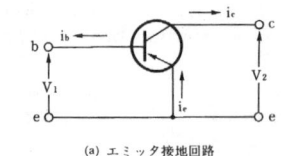

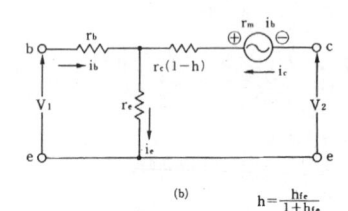

(a) エミッタ接地回路

$$h = \frac{h_{fe}}{1+h_{fe}}$$

う．図(b)はエミッタ接地回路のT形電圧源等価回路で簡単なため広く使われる．高周波計算にはハイブリッドπ形等価回路を使う．

☞ハイブリッドπ形等価回路

電圧コイル（でんあつ——）
voltage coil
電力計の可動コイルのこと．
☞電力計

電圧降下（でんあつこうか）
voltage drop
電気回路では抵抗Rに電流Iが流れると，IとRの積IRに相当して電圧が下がる．これを電圧降下またはボルテージドロップという．100Ωの抵抗に，0.02Aの電流が流れたとき，この抵抗の両端での電圧降下Vは，
$V = IR = 0.02 \times 100 = 2$ 〔V〕

電圧制御（でんあつせいぎょ）
armaturevoltage control
1．直流モータの速度を調整する方法の一種で，電機子に加える電圧を変えて速度制御する．
2．電子回路や装置を電圧の大きさを変えて制御（コントロール）すること．
☞制御

電圧制御素子（でんあつせいぎょそし）
voltage control elements
真空管やFETは入力インピーダンスが高いので，出力（プレートやドレーン）電流を入力（グリッドやゲート）電圧で制御できる．このような素子のこと．
☞真空管

電圧増幅器（でんあつぞうふくき）
voltage amplifier
直流，交流の電圧を増幅する回路で，入力信号のレベルが低い小信号増幅器を示すこともある．増幅するためのエネルギは直流電源から供給し，出力電圧は入力電圧に正しく比例し，ひずみ，周波数変化，遅れ，雑音などが少なく，増幅度が大きいことが望まれる．

電圧増幅度（でんあつぞうふくど）
voltage amplification degree
電圧増幅器の出力電圧Voと入力電圧Viの比で示す．
電圧増幅度 $Av = Vo/Vi$

電圧調整器（でんあつちょうせいき）
voltage regulator
レギュレータとか自動電圧調整装置ともいい，電源装置（発電機や整流器，蓄電池など）の出力や回路の電圧を調整する装置や機器のこと．
☞レギュレータ

電圧定在波（でんあつていざいは）
voltage standing wave
特性インピーダンスZoの伝送線路の受端に，Zoと異なるインピーダンスの負荷Ziをつなぐと，電圧や電流の進行波の一部が受端で反射し，反射波となり送端のほうに引き返し，進行波と合成され進行しない波を生じる．これを定在波といい，電圧の場合を電圧定在波，電流なら電流定在波という．なお，定在波は定常波ともいう．
☞特性インピーダンス

電圧定在波比（でんあつていざいはひ）
voltage standing wave ratio
→定在波比

電圧電流計（でんあつでんりゅうけい）
volt-ammeter
電流計に切換えスイッチと分流器や倍率器をつなぎ切り換えて，電圧計にしたものを電圧電流計という．
☞倍率器

電圧電流計法（でんあつでんりゅうけいほう）**voltmeter ammeter method**
1～1,000Ω位の抵抗を，電圧計，電流計を使い測る簡易測定法で，電位降下法ともいう．電圧計の振れE，電流計の振れIより，抵抗Rを計算する．
$R = E/I$ 〔Ω〕
Rが電流計の内部抵抗に比べ十分小さいときは図(a)，電圧計の内部抵抗より十分大きいときは図(b)を使う．

てんあ

☞内部抵抗

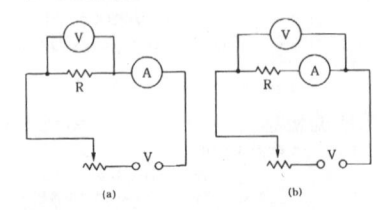

(a) (b)

電圧比 (でんあつひ) voltage ratio
変圧比, 変成比ともいう. 変圧器の定格二次端子電圧V_2と定格一次端子電圧V_1との比V_2/V_1のこと.

電圧標準 (でんあつひょうじゅん) voltage standard
電気磁気量の基準となるもので, 実用的には標準電池, 標準抵抗器, 電圧標準ダイオード, ジョセフソン効果を利用する.

☞ジョセフソン効果

電圧標準ダイオード (でんあつひょうじゅん——) reference diode
電圧の標準に使うダイオードで, ゼナー・ダイオードの降伏電圧付近の電流変化が大きく, 温度変化を非常に小さくしたダイオードのこと. 標準電池に比べ取扱い, 価格などの点で有利なため多用する.

☞ゼナー・ダイオード

電圧フィード・アンテナ (でんあつ——) voltage-feeding antenna
→電圧給電アンテナ

電圧分割器 (でんあつぶんかつき) voltage divider
抵抗器, コンデンサなどで電圧を分割する装置. 抵抗器は抵抗分割器, 抵抗分圧器, ブリーダなどといい, 直流から高周波まで使うが抵抗の損失がある. コンデンサではリアクタンス分圧器, コンデンサ分圧器, 容量分圧器といい, 無損失の交流の電圧分割に使う.

☞ブリーダ抵抗

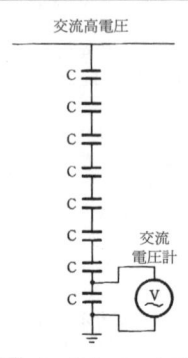

電圧変動率 (でんあつへんどうりつ) voltage regulation
電源に負荷をつなぎ電流を流すと, 電流を流さなかった場合と比べ電源電圧が下がる. 電圧の下がり方は流す電流が強くなるほど大きくなる. 無負荷のときの電圧と, 定格負荷をかけたときの電圧変動の目安のこと.

電圧変動率
$= \dfrac{無負荷電圧-負荷電圧}{負荷電圧} \times 100$ (%)

この値が小さいほど良い電源である.

☞定格負荷

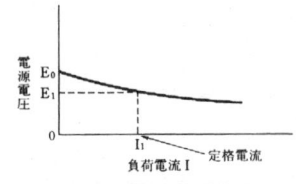

電源の電圧-電流特性

電圧利得 (でんあつりとく) voltage gain
電圧増幅器の増幅度A_Vを対数で示し, デシベル[dB]を単位とする.

電圧利得 $G_V = 20\log_{10}A_V$ [dB]

電圧利用率 (でんあつりようりつ) voltage utility factor
C級動作の増幅器で, 陽極交流電圧の最大値E_mと, 陽極直流電圧E_Dとの比.

電圧利用率 $u = E_m/E_D$

転位 (てんい) dislocation
結晶の中の格子の欠陥で,部分的に結晶格子が切れたところが線のように連続した線欠陥.理由は,①不純物の混入による格子ひずみ,②種の結晶と,成長させた結晶の,結晶軸の不一致,③熱的ひずみで機械的ひずみを生じたため,などがある. ☞ひずみ

電位 (でんい) electric potential
1.大地(地球)を電位の基準とし,単位はボルト[V],大地は0Vである.
2.ある点Pの電位は,電界内の1点Qから+1クーロン[C]の電荷を,電界に逆らって動かすのに必要な仕事Wで示す.1クーロンの電荷を移動するのに1ジュール[J]の仕事をすれば,1[V]である.

電位傾度 (でんいけいど)
potential gradient →電位の傾き

電位差 (でんいさ) potential difference
電圧のこと で,A点とB点の二点の電位の差.A点の電位がEボルトで,B点の電位がVボルトなら,二点の電位差 $E_{AB} = E - V$,単位はボルト[V].

電位差計 (でんいさけい) potentiometer
電圧の精密測定法の一種.検流計Gへ流れる電流が0になるところをさがして測る零位法である.図でS_2を標準電池E_S側に入れ,可動片mを動かしE_Sと同じ値にセットする.S_1を入れVRを加減しGの振れが0になるようにする.次にS_2を測定電圧E_X側に入れ,mを移動してGが0になる点を探し,その点の目盛を読み取れば,それがE_Xの値である.
☞零位法

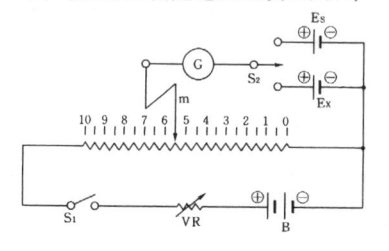

電位障壁 (でんいしょうへき)
potential barrier →障壁

電位の傾き (でんい――かたむ――) potential gradient
電位傾度ともいう.電位の方向に沿って進んだとき,その距離dに対し電位の下がる割合のこと.電位差をVとすれば,
電位の傾き $G = V/d$
単位はボルト毎メートル[V/m].

電荷 (でんか) electric charge
→電気量

電解 (でんかい) electrolysis
→電気分解

電界 (でんかい) electric field
帯電体Pの周囲に他の帯電体Qを近づけると,クーロンの法則による静電力が働く.この静電力の作用する場を電界という.力の作用する方向を電界の方向とし,力の大きさを電界の強さとする.
☞クーロンの法則

展開 (てんかい) depression, expand, unwind
情報処理用語で解凍とか復元ともいう.アーカイバル・ファイルを分解して元のファイルを取り出すこと.
☞解凍

電解液 (でんかいえき) electrolyte
電解質を溶かした液.蓄電池の電液に使う.
☞蓄電池

電界強度 (でんかいきょうど) field strength
ある点における電界の強さで,電界強度測定器で測る.電波は電界,磁界の両方が同時に伝わるが,受信点の電界の強さで,電波の強さを示す.受信点に実効高(実効長)1mの導体に誘導

てんか

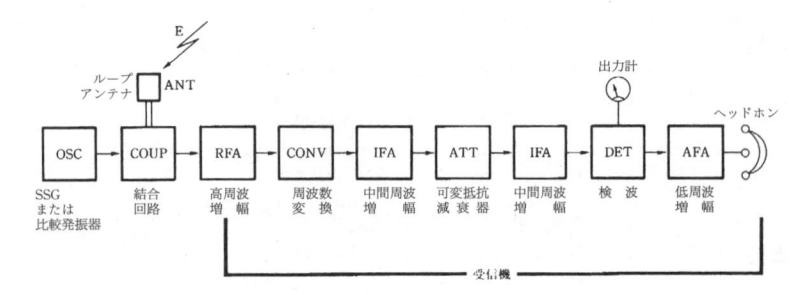

(図: 電界強度測定器の構成)
ループアンテナ — ANT — OSC — COUP — RFA — CONV — IFA — ATT — IFA — DET — AFA — ヘッドホン
SSGまたは比較発振器／結合回路／高周波増幅／周波数変換／中間周波増幅／可変抵抗減衰器／中間周波増幅／検波／低周波増幅／出力計／受信機

される起電力の大きさで示す．単位はボルト毎メートル$[V/m]$．$1\mu V/m$を0デシベルとする．

電界強度測定器（でんかいきょうどそくていき） **field strength meter**
図のSSGを止め，電界強度Eの電波を，実効高Hのループアンテナで受ける．受信機の利得G，抵抗減衰器の減衰量A_1，そのときの検波出力V_0とすれば，
$$V_0 = E + H + G - A_1 \quad [dB]$$
SGを働かしその出力V，抵抗減衰器の減衰量A_2，前と同じ検波出力V_0を得れば，
$$V_0 = V + G - A_2 \quad [dB]$$
2式より，$E + H + G - A_1 = V + G - A_2$
$$\therefore E = V - H + A_1 - A_2 \quad [dB]$$
より電界強度を求める（上図参照）．
☞減衰

電解研磨（でんかいけんま） **electrolytic polishing**
電解液の中に研磨する金属を浸し陽極として電流を流すと，金属表面部分が液中に溶ける．表面の突出部分は電流密度が高いため多く溶け表面は滑らかになる．電流の強さや流す時間，電解液の濃度や温度を調節して複雑な形の金属を磨くことができる．同じ原理で表面の洗浄もでき，電解洗浄という．
☞電解洗浄

電界効果トランジスタ（でんかいこうか——） **field effect transistor**
☞FET

電解コンデンサ（でんかい——） **electrolytic condenser**
電気分解により陽極の金属表面に酸化皮膜を作り，それを誘電体にして陰極を付けたコンデンサで，アルミニウム形，タンタル形がある．
☞電気分解

電解質（でんかいしつ） **electrolyte**
アルカリ塩類，酸類の水溶液，加熱して溶かした塩類など電気を良く通し電気分解される物質．水溶液の中でイオンに分かれる物質．

電界集束（でんかいしゅうそく） **electrostatic focusing** →静電集束

電解洗浄（でんかいせんじょう） **electrolytic cleaning** →電解研磨

電界の強さ（でんかい——つよ——） **intensity of electric field**
+1クーロン$[C]$の電荷を移動し，これに働く静電力のこと．単位はボルト毎メートル$[V/m]$．

電界発光（でんかいはっこう） **electroluminescence** →EL素子

電界偏向（でんかいへんこう） **electrostatic deflection** →静電偏向

電界放出（でんかいほうしゅつ） **field emission**
冷陰極放出ともいう．物質から電子を

放出させる方法．平行する二つの電極間に数千〜数万Vの電圧を加え，金属の表面から電子を放出させること．
→冷陰極放出

電界レンズ（でんかい——）**field lens**
→静電レンズ

点火せん(栓)雑音（てんか——ざつおん）**ignition noise**
→イグニッションノイズ

転記（てんき）**copy**
コピーともいう．ある記憶場所からデータをその原形どおり読み取り，そのデータを同一または異なる物理的形式で他の記憶場所に書き込むこと．例：磁気テープ上のデータを磁気ディスクに転記するなど（JIS・情報処理用語）．

テンキー ten-key
ワープロやパソコンのキーボードにある数字の0から9までのキー（けん盤）のこと．

電気石（でんきいし）**tourmaline**
天然に産出される鉱石で鉄，ほう素，アルミニウム，マグネシウムなどのけい酸塩．圧電現象を生じる物質（圧電物質）．
☞圧電現象

電気影像（でんきえいぞう）
electric image →影像

電気回路（でんきかいろ）
electric circuit
回路とかサーキットともいう．電池に豆ランプをつなぐとき電線で電流の流れる路を作るが，この電流の流れる路が回路．電流が豆ランプに流れ込む路と，豆ランプから流れ出る路の二つがあり，直流の場合も交流の場合も同じである．電源に電池を使った回路を直流回路，交流を使った回路を交流回路という．
☞直流回路，交流回路

電気角（でんきかく）**electrical angle**
正弦波交流の1周波を2πとし，単位にラジアン[rad]を使う．これを電気角という．$2\pi[\text{rad}] = 360°$
☞正弦波交流

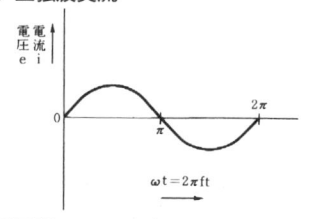

$$\omega t = 2\pi f t$$

電気原器（でんきげんき）
electric primary standard
→一次標準器

電気工学（でんきこうがく）**electric engineering, electrical engineering**
電気物理，電気回路，電子回路，測定，制御，情報処理，材料などの基礎部門は電子工学と共有するが，電気機器（モータや発電機）部門，電力（発電，送電，変電）部門があり，照明，加熱，電鉄，電気化学などの応用部門がある学問分野．
☞電子工学

電機子（でんきし）**armature**
アーマチュアともいい発電機やモータの回転する部分．発電機では起電力を生じ，モータでは回転力を生じる巻線と，これを巻いた鉄心の両方のこと．巻線を電機子コイル，鉄心を電機子鉄心という．

電機子鉄心（でんきしてっしん）
armature core →電機子

電機子巻線（でんきしまきせん）
armature winding →電機子

電気主任技術者
（でんきしゅにんぎじゅつしゃ）
電気事業に用いる電気工作物，自家用電気工作物の工事，維持，運用に関する保安の監督を担当する，通商産業省（現経済産業省）令で定めた一定の資格をもつ技術者．第1種，第2種，第3種の別があり，その資格によって保安，監督ができる範囲が異なる（電気

事業法第53, 72条).

電気食刻（でんきしょっこく）
electrograving
絶縁基板の表面に銅の薄板または箔（はく）を密着して張り付け，この銅板の表面に印刷インキで配線パターンを書き，乾燥後に陽極として電解する．印刷インキで書いた部分はそのまま残り，インキのない部分は電解液の中に溶ける．これを取り出して電解液を水洗いなどで除き乾燥後に，印刷インキを薬品で除けば，絶縁基板上に銅の配線パターンが得られる．この技術によってプリント配線板を量産し，均一で信頼性が高く低価格のものができるようになった．
☞プリント配線板

電気信号（でんきしんごう）
electric signal
電気符号，音声，映像などの情報を電気的な方法で取り扱うため，これらの情報を一度電気的変化に変える．この電気変化を電気信号とか信号という．

電気振動（でんきしんどう）
electric oscillation
抵抗R，インダクタンスL，容量Cの直列回路で電池をつなぎスイッチSを入れたとき，切ったとき，その瞬間からわずかの間，交流が発生し徐々に減衰して消える現象．☞減衰

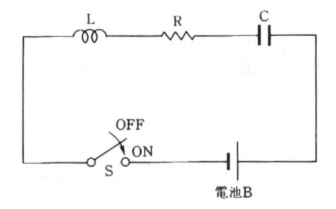

電気装荷（でんきそうか）
electric loading
電話や電信で使うケーブルでの減衰を最小にするには$lg=cr$で，lはケーブルの単位長さ当たりの自己インダクタンス，gはコンダクタンス，cは静電容量，rは抵抗である．実際のケーブルではlが小さいので，一定の長さごとに自己インダクタンス（コイル）をつなぎ減衰を小さくする．この技術のこと．☞減衰

電気双極子（でんきそうきょくし）
electric dipole, electric doublet
→双極子

電気通信（でんきつうしん）**telecommunication, electrical communication**
有線（線路），無線（電波），光線など電気的磁気的方法で，符号，文字，映像，音声などの情報を送り受けることの一部または全部を指す．

電気抵抗（でんきていこう）
electric resistance →抵抗

電気的忠実度（でんきてきちゅうじつど）**electrical fidelity**
受信機の場合は，変調周波数に対する電気的出力の関係を示したもの．スピーカの代わりに，インピーダンスが等しい無誘導抵抗器をつなぎ，SSGの変調周波数を変化し出力を測定する．高域，低域で出力が低下する傾向にある．
☞SSG

電気伝導度（でんきでんどうど）
conductivity, electric conductivity
抵抗率または固有抵抗の逆数で，導電率ともいう．

電気銅（でんきどう）
electrolytic copper
電気分解によって精錬した銅．純度99.8％以上で，プリント配線や電線に使う．
☞電気分解

電気二重層（でんきにじゅうそう）
electric double layer (**EDL**)
1．ごく薄い膜の表，裏に，正と負の電荷が接近して連続的に分布している場合のことで，電気量は互いに等しい．
2．固体として活性炭，液体として電解液を用いて，二つの異なる層を接触

させるとその界面にプラス，マイナスの電極が短い距離を隔てて相対的に分布する．このような現象を電気的二重層という．

電気二重層コンデンサ
（でんきにじゅうそう——）
electric double layer condenser
電気を蓄えたり，放出したりする電力貯蔵装置．誘導体を使う一般のコンデンサと異なり，電気二重層コンデンサは活性炭と電解液（アンモニア）の界面に発生する電気二重層を動作原理として利用したコンデンサである．従来の蓄電池によく使われている重金属（鉛やカドニウム等）が使われていないため環境負荷が少ないという特徴がある．

電気ひずみ（でんき——）
electrostriction →圧電現象

電気ひずみ共振子（でんき——きょうしんし）**electrostrictive vibrator**
→圧電共振子

電気ひずみ効果（でんき——こうか）
electrostrictive effect
結晶に電界を加え，機械ひずみを生じる現象．このひずみが大きい物質は共振子に使う．

電気ひずみ材料（でんき——ざいりょう）**electrostrictive material**
→圧電物質

電気ひずみ振動子（でんき——しんどうし）**electrostrictive vibrator, piezoelectric vibrator** →圧電共振子

電気分解（でんきぶんかい）
electrolysis
電解と略して呼ぶことが多い．電解液に電流を流し，化学的に分解する現象．液中のイオンが正，負の電極に移動し，ガスを発生したり金属を析出したり化学反応する．

電気分極（でんきぶんきょく）
electric polarization
誘電分極ともいい，誘電体の各分子が，(＋)の電気と(－)の電気を帯びた部分に分かれること．誘電体が電界の中に置かれたときに生じる現象．☞分極

電気マイクロメータ（でんき——）
electric micrometer
電気的な方法で，微小な長さを測る装置．①可変インダクタンス形．鉄心のすきまの変化で，インダクタンスが変わるのを利用する．②可変容量形．接近している電極の静電容量は，電極間隔に反比例するのを利用する．
☞静電容量

電気めっき（でんき——）
electroplating
めっき金属の塩類を含む水溶液の中で，めっきする金属（銅など）を陰極とし他の金属（すず，銀など）を陽極として電気分解し，陰極の表面に金属膜を析出して，耐食性や装飾性を高めること．☞めっき

電球（でんきゅう）**electric lamp**
フィラメントに電流を流して温度を高め，温度放射により発光させ，照明や表示などに使う．照明に使う白熱電球は透明のガラス球内にタングステン(W)フィラメントを入れコイル状に巻き，球内を真空にして燃焼を防ぐ．フィラメントの蒸発を減らし寿命を延ばすため窒素ガスなどを封入するが，点灯中フィラメントで加熱されて対流し口金やガラス球の温度を上げ，ガス損を生じる．まぶしさを防ぐためガラス球内部をふっ化水素酸などで腐食させ，つや消しにする．口金はJISで規定し，ネジ込み式と差し込み式があり，振動でネジがゆるむところには差し込み式を使う．封着部の導入線がガラスを貫く部分は，ガラスと熱膨張係数が同じジュメット線を使いクラックによる空気漏洩を防ぐ．
☞ジュメット線

電気容量（でんきようりょう）
electric capacity →静電容量

てんき

電極 (でんきょく) electrode
回路,部品などを働かすとき電圧を加えたり,電流が流れる導体の部分のこと.トランジスタや電子管,蓄電池などがある.

電極間容量 (でんきょくかんようりょう) inter-electrode capacity
内部容量ともいう.トランジスタなどの電極と電極の間の微少な静電容量.周波数が高くなると,この容量を通して結合する.特にベース〜コレクタ間の容量は,帰還により回路の動作を不安定にし発振を生じる.
☞帰還

電気力線 (でんきりきせん) electric line of force
電界の強さ,方向など電界の有様,状態を示す仮想の線で磁力線に対応する.次のような性質がある.①正電荷から出て負電荷に終わり負電荷は無限に遠い点にある.②電気力線の接線の方向はその接点上の電界の方向.③電気力線の密度はその点の電界の大きさを示す.電界E[V/m]の点にはE本の電気力線が通る.④電気力線は互いに交わらない.⑤電気力線は導体の表面から垂直に出て,内部には在存しない.⑥電気力線はゴム線のような張力があり,縮まろうとしている.⑦電気力線は互いに反発し合う.

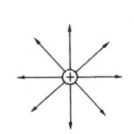

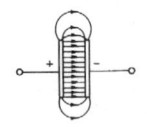

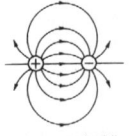

(a) 単独にある正電荷
(b) 平行板帯電体
(c) 等量の正負電荷
(d) 等量の正電荷

電気量 (でんきりょう) electric quantity
帯電体がもつ電荷の量で単位はクーロン[C].1秒間に1アンペアの電流が流れたときの電気量が1クーロン.
☞電荷

電気力 (でんきりょく) electric force, electrostatic force
☞静電力

電気ルミネセンス (でんき——) electric luminescence
気体中の放電による発光のことで,水銀灯やグロー電灯などの発光はこの例である.
☞グロー・ランプ

電撃 (でんげき) electric shock
人や動物の体内に電流が流れたときに受ける衝撃(ショック)のこと.このため電気機器の医学への応用,生体電気計測器類の安全性は重要である.

電源 (でんげん) power source
パワーソースともいい,発電機や電池のように起電力をもち,回路に接続して電流を流せる(電気のエネルギを取り出せる)源のこと.

直流電源 ─┬─ 電池(乾電池,蓄電池)
　　　　　├─ 整流回路(半波,両波など)
　　　　　└─ 直流発電機

交流電源 ─┬─ 発電機(電灯線)
　　　　　└─ チョッパや発振器など

電源回路 (でんげんかいろ) power supply circuit
1.交流100Vを必要な電圧に変え整流し,トランジスタやIC,真空管などに電源を供給する回路.変圧,整流,平滑回路が一組で,用途により半波,両波,倍電圧の各整流回路とL形やπ形の平滑回路を組み合わせる.
2.電池,発電機などのつながる回路.

電源周波数 (でんげんしゅうはすう) commercial frequency
1.電力用周波数のことで商用周波数ともいう.富士川を境に関東地方より

東で50Hz、ここより西で60Hzである．
2．増幅回路など電子回路の入力信号を入力電源ということがあり、この入力の周波数のこと．
☞商用周波数

電源電圧（でんげんでんあつ）
power supply voltage
電源の端子電圧のこと．
→端子電圧

電源同期（でんげんどうき） line lock
1．オシロスコープの時間軸周波数を商用周波数に合わせ、観測波の周波数が商用周波数の整数倍の場合に同期させること．同期すれば観測波形は静止し観測が容易となる．同期は同期用微調ツマミと内部掃引切換えスイッチで行う．
2．TVのフィールド周波数を商用周波数と同じにすること．画面の同期が容易になるが、日本は非同期方式．

電源トランス（でんげん——）
power transformer
電源変圧器とかパワートランスという．厚さ0.35mm位のE形、I形のシリコン鋼板やニッカロイなどの薄板を数十枚積み重ね鉄心とし、この鉄心に一次コイルと二次コイルを絶縁して巻く．一次コイルは0.1mm位のエナメル線を使う．巻き回数は1V当たり10回くらい巻く．電気容量が大きいほど、1V当たりの巻数は減る．二次コイルは二次側の電圧や電流の値により太さや巻数が異なる．巻数は電圧に比例し、昇圧のときは一次側より巻数を多くし、降圧のときは巻数を減らす．
☞一次コイル

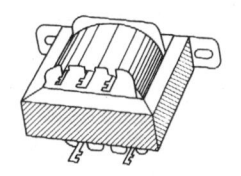

電源の種類（でんげん——しゅるい）
the kind of power supply
電源には、単相二線式100V、単相三線式100/200V、三相三線式200Vの各種類がある．
単相二線式100V電源は、一般の家庭で最も多く使われている電源．6000Vの電線から変圧器で電圧を100Vまで下げ、2本の電線で屋内の分電盤まで電気を送るため「単相二線式」とも呼ばれる．
単相三線式100/200V電源は、一般家庭用の新しい電源として注目を集めている方式．2本の100V線と1本の中性線の計3本で電気を送る「単相三線式」が取り入れられている．
三相三線式200V電源は、一般家庭では使われておらず、主に工場や営業所などで使われているために、動力電源とも呼ばれている．
☞三相三線式

電源非同期（でんげんひどうき）
asynchronous
TVのフィールド周波数を商用周波数と無関係に決めること．日本では、50Hz（関東）、60Hz（関西）と商用周波数が二種類のため採用した．電源同期方式に比べ、ハム雑音や受像機の同期回路が複雑化し不利である．
☞フィールド周波数

電源プラグ・コード（でんげん——）
power supply plug cord
テーブルタップ、配線器具とも呼ばれる．1,000Wまでのもの、1,200Wまでのもの、1,500Wまでのものなどの種類（定格）がある．
☞定格電圧

電源変圧器（でんげんへんあつき）
power transformer
→電源トランス

電源用IC（でんげんよう——）
voltage regulator
定電圧ICとかレギュレータICともい

てんし

う．入力電源電圧が変化しても出力電源電圧を一定に保つ定電圧電源回路用ICのこと．ハイブリッド形やモノリシック形があり，出力電圧が固定の3端子形や出力電圧が可変の4端子以上の形があり，プラス電源用とマイナス電源用の別がある．

☞レギュレータ

電子（でんし） electron

マイナスの電気を帯び，陽子の電気（＋）の大きさと電子の電気（－）の大きさは同じで，平常は＋と－の電気は打ち消し合い，原子は電気的に中性である．原子にエネルギ（熱，光，電圧，電子の投射など）を加えると，原子のいちばん外側の軌道を回る電子は核との電気的結合を切り，外部に飛び出し自由電子となる．いちばん外側の軌道を回る電子を価電子という．電子1個の重さは9.10×10^{-31}〔kg〕，電荷は-1.60×10^{-19}〔C〕．

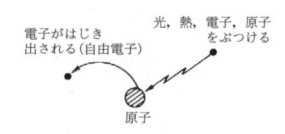

☞自由電子

水素原子のモデル

電子がはじき出される（自由電子）　光，熱，電子，原子をぶつける

原子

電磁エネルギ（でんじ——）
electromagnetic energy

自己インダクタンスLのコイルに電流Iを流したときに蓄えられるエネルギのこと．

電磁エネルギ　$W = LI^2 / 2$　〔J〕

☞自己インダクタンス

電磁オシログラフ（でんじ——）
electromagnetic oscillograph

電磁オシロともいう．振動検流計（振動子），増幅器，光源，記録紙送り装置などを組み合わせ，電気波形を記録する装置．記録紙にハロゲン化銀を主剤とする感光紙を使う．紙送り速度は最高4m/秒，12段切換え，紙幅20cm，24現象同時記録，最高周波数3.5kHzのものがある．

☞オシログラフ

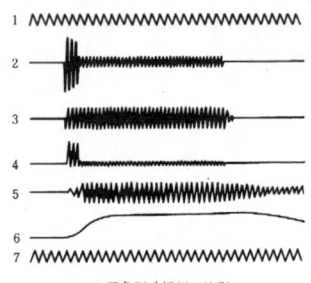

7 現象同時観測の波形

電子オルガン（でんし——）
electronic organ

電動オルガン（リードオルガン）に似て足鍵盤が数本あり，2段鍵盤やスイッチが多くメーカや機種により，音色，鍵の数，外観が異なる．音を電気的に作り連続音を主体としコンサートオルガン，シアターオルガン，家庭用オルガン，コンポオルガンの別がある．

☞電子楽器

電子音楽（でんしおんがく）
electronic music

真空管，トランジスタ，ICなどによる可聴周波の正弦波発振器を用いた音楽．1951年ドイツのケルン放送局から放送された．音を人工的に作り，通常の楽器にない音も表現できる．

☞正弦波発振器

電子会議（でんしかいぎ）
electronic meeting

パソコン通信サービス（電子ネットワーク）の中での会員相互のコミュニケーションの一つ．電子メール（電子郵便）や電子掲示板の組合せに相当し，時間や

空間の制約の少ない会議ができる.
☞パソコン通信

電子回路 (でんしかいろ)
electronic circuits
抵抗, コンデンサやコイルなどの部品(回路素子)と, ダイオードやトランジスタなどの電子要素とを組み合わせて作った回路のことである. 信号によって各種処理を行うための回路.
☞電気回路

電子回路と電気回路 (でんしかいろ——でんきかいろ) electronic circuit and an electric circuit
電子機器は大きく分けて電子回路と電気回路で成り立っている. 電子回路は電気を信号に使い情報の伝達や処理をする回路のこと.
電気回路は主に電気を熱やエネルギ(力)に利用していく回路のことで, どちらも電気を利用している点は同じだ. この二つの回路はお互いに連携がとられていて一体になっている. 電子回路は回転数や運転の時間制御など情報処理や制御機能で大きな役割を果たしている. 電気回路はモータに電気を供給したり, ヒータに電気を供給したりするところで役割を果たしている.
☞エネルギ

電子楽器 (でんしがっき)
electronic musical instruments
電子オルガン, 電子ピアノなど発振回路で発生させた可聴周波の正弦波に, 残響, 倍音などを加えスピーカから音を出す楽器.
☞電子オルガン

電子加熱 (でんしかねつ)
electronic heating
→電子レンジ

電磁クラッチ (でんじ——)
electromagnetic clutch
回転軸との脱着を電気的に自由に行う装置. 自動制御に使う.
☞自動制御

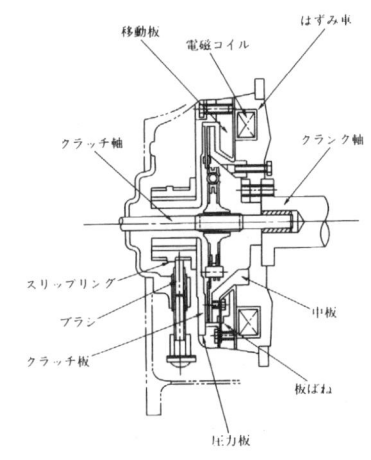

電子計算機 (でんしけいさんき)
electronic computer, computer
→コンピュータ

電子掲示板 (でんしけいじばん)
electronic bulletin board
パソコン通信のネットワークを使った情報サービスの一種. 会員のパソコンとセンタのコンピュータをつなぎ, センタのファイルに掲示板を作り会員間で各種の情報を交換する. 掲示板は分野別に分けられ, 利用者による情報の選択や書込みができる. ☞パソコン通信

電磁結合 (でんじけつごう)
electromagnetic coupling, inductive coupling, magnetic coupling
電子回路でトランスや変成器, コイルなどによって回路相互を電磁的に結合すること.

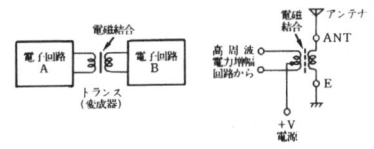

電磁結合回路 (でんじけつごうかいろ)
electromagnetic coupling circuit

てんし

二つのコイルL_1・L_2が電磁的に結合している（片方のコイルの磁束が他方のコイルと交わっている）回路のこと．相互インダクタンスMを変え，結合度を変える．

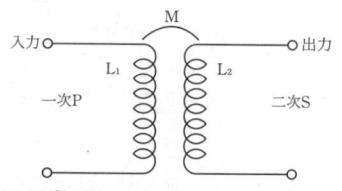

電子顕微鏡 （でんしけんびきょう）
electron microscope

光の代わりに電子を使い，電子レンズを用いた顕微鏡のこと．電子を高速度にすると，光の波長より短くなり，光学顕微鏡より高い倍率（数万倍），高い分解能（細かい部分を見分ける能力．2Å位）が得られる．図は光学顕微鏡との比較．

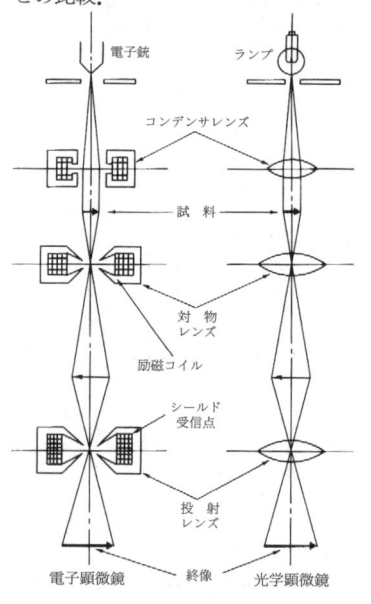

電子光学 （でんしこうがく）
electron optics

電界や磁界の中の電子の運動は幾何光学の光の場合と似ているため，これらを扱う学問分野を電子光学という．

電子工学 （でんしこうがく）
electronics

エレクトロニクスともいう．電気物理，回路，材料，部品，測定，制御など基礎部門は電気工学と共有するが,通信，電子計算機，電波，音声や画像処理の部門があり，交通管制や医用電子，教育工学などの応用部門がある学問分野．

☞エレクトロニクス

電子交換機 （でんしこうかんき） electronic exchange, electronic switching system

クロスバのように接点や機構部がなく，トランジスタ，ダイオード，抵抗，コンデンサなど電子部品による論理回路からなる交換機．長寿命，高信頼性が得られる．

☞論理回路

電子式卓上計算機
（でんししきたくじょうけいさんき）
electronic calculator

電卓と略称する．加減乗除，平方根，対数，三角関数等の計算が手軽にできるポータブル計算機のこと．結果を液晶や表示放電管で示したり，プリンタに記録する．コンピュータとは規模，記憶容量，入出力装置，計算法が異なる．電源は太陽電池か乾電池．

☞太陽電池

電子式データ処理システム
（でんししき——しょり——）
electronic data processing system

コンピュータで事務や経営の管理用データを処理する組織のこと．

電磁石 （でんじしゃく） electromagnet

コイルに電流を流すと磁石と同じ作用をし，これを電磁石という．電磁石には鉄心を入れることが多く，電流を止

めると磁石の性質はなくなる．図はこの性質を利用した吊上げ磁石で，鉄などの磁性体の吊り上げ，運搬に使う．
☞ **磁性体**

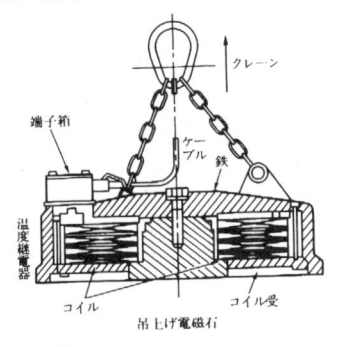

図：吊上げ電磁石（クレーン，端子箱，ケーブル，鉄，温度継電器，コイル，コイル受）

電子写真（でんししゃしん）
electronic photograph

光導電性と静電現象を利用した記録技術のこと．ゼログラフィやエレクトロファクスなどがある．ゼログラフィは，1937年カールソンの発明でアルミ板上にセレン薄膜を蒸着し，表面をコロナ放電で負に帯電させ，この上に像を結ぶ．光の強弱に応じ電荷を失い感光する．正に帯電した着色用微粉（トナー）をアルミ板にまき，負電荷に吸着させ紙に転写し定着する．エレクトロファクスは，トナーで現像するまではゼログラフィと同じで，転写せず，そのまま加熱して定着する．
☞ **光導電性**

電磁遮へい（蔽）（でんじしゃ——）
electromagnetic shielding
→ 磁気遮へい

電子銃（でんしじゅう） electron gun

ブラウン管の熱電子放出（熱陰極）と電子ビームの集束，加速するまでの装置のこと（下図参照）．
☞ **熱電子放出**

電磁集束（でんじしゅうそく）
electromagnetic focusing

電磁フォーカス，磁界集束ともいう．ブラウン管の電子ビームの集束法の一種でブラウン管のネックに集束コイルをはめ，外部から電流を流して電子ビームを蛍光面で集束する．静電集束に比べ，電子銃は簡単になる．
☞ **電子銃**

電子署名（でんししょめい）
electronic signature

紙の文書に書き，印鑑を押していた従来までの証明を，電子文書上で行うこと．電子式または磁気的方法によってコンピュータで処理できる記録であ

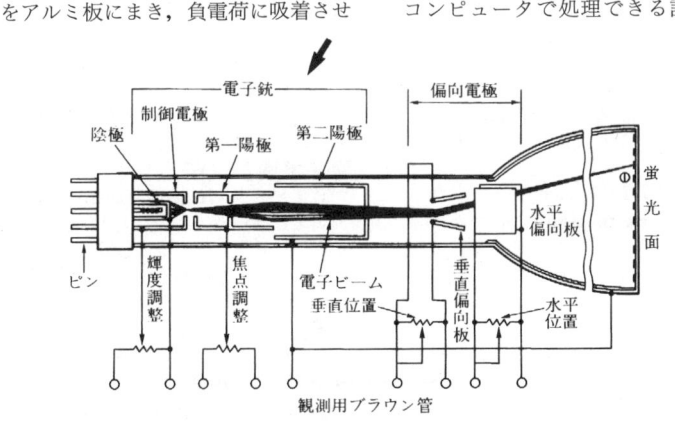

図：観測用ブラウン管（電子銃，制御電極，陰極，第一陽極，第二陽極，偏向電極，水平偏向板，垂直偏向板，蛍光面，ピン，輝度調整，焦点調整，電子ビーム，垂直位置，水平位置）

てんし

り，作成者が本人であるかが確認できる必要がある．対象となる情報は，文書・写真・音声がディスクなどの磁気媒体に記録できること．署名方法は暗号が使われ，暗号化する鍵と復号する鍵が異なる公開鍵暗号方式が使用される．☞公開鍵暗号方式

電子診断装置（でんしんだんそうち）
computer diagnostic system

コンピュータを使い，医者の問診，打診，諸検査から患者の症状を知り，病名をきめる装置のこと．能率化を図るため疾患名と症状を符号化し，コンピュータで処理する．☞符号化

電子振動（でんししんどう）
electronic oscillation

BK振動管，大阪管などでは，熱陰極から電子を放出し，陽極との間を往復させ高周波エネルギを外に取り出す．これを電子振動，BK振動という．B，Kはドイツ人バルクハウゼン，クルツの発明者の名のイニシャル．

電子新聞（でんししんぶん）
electronic newspaper

電波新聞とか伝送新聞またはファクシミリ新聞ともいう．テレビ文字多重放送(テレテキスト)を使ったファクシミリは，受像機にプリンタを付属させて印字する．1976年に東京多摩でファクシミリ新聞(新聞一頁大紙面)が一部家庭に配られ好評であったが，端末装置が高価で用紙も特殊なため現在の新聞より高価になり実用化されなかった．
☞ファクシミリ

電子透かし（でんしす——）
digital watermarking

マルチメディア・データの著作権保護や再生回数を制限するために使われる技術のこと．

マルチメディア・データのビットマップ情報の中に別の情報を入れ筆者名やコピー回数を埋め込み，再生する場合には著作権者などのデータを再生することで，不正な再生やコピー，改ざんを防止することができる．電子あぶり出しは，同様な手法で秘密にしておきたい文書や情報を，一般的なマルチメディア・データの中の画像の中に潜ませる技術のことをいう．
☞マルチメディア

電磁制動（でんじせいどう）
electromagnetic damping

1．可動コイル形計器で指針が早く最終値で静止するよう，可動コイルの巻枠をアルミニウムにし，振動で枠に生じるうず電流と永久磁石の磁束との間の電磁力を使う．これを電磁制動という．
2．インダクションモータの停止やクレーンで重い荷を下ろすとき，長い下り坂の電気機関車などに応用する．回生制動，発電制動の二種があり原理は1と同じである．

電子政府（でんしせいふ）
e Government

コンピュータシステムやネットワークなどの情報通信技術(IT)を活用することにより，自宅や職場にいながらにしてさまざまな行政手続きができる行政機構．電子自治体を含むこともある．
☞IT

電子走行時間（でんしそうこうじかん）
electron transit time

移動する電子がA点～B点まで走るのに必要な時間のこと．真空管の電極間を走る電子の走行時間は，超高周波で問題になる．

電子帳票システム（でんしちょうひょう——）　**electronic form system**

コンピュータからの出力帳票をCD-Rやハードディスクに記録し，検索・編集してパソコン画面に表示するシステムの総称．

電子対結合（でんしついけつごう）
electron pair bond →共有結合

電子データ処理（でんし——しょり）
electronic data processing, EDP

主として電子的手段によって行われるデータ処理（JIS・情報処理用語）．
☞データ処理

電子手帳（でんしてちょう）
electronic memo-book
ポケットサイズの大きさで電話帳機能やスケジュール機能をもち，データをキーで打ち込み記憶させ必要に応じて液晶表示器に漢字や数字で表示できる．また，ICカードを差し込み難解な漢字の検索機能や英訳・和訳の辞書機能をもつ．さらに，プリンタやパソコンなどとの接続も可能にしている．
☞ICカード

電子デバイス（でんし——）
electron device
真空管やトランジスタ，ダイオードやICなどのこと．

電子電圧計（でんしでんあつけい）
electronic voltmeter
トランジスタや真空管の検波，整流，増幅などの作用を使った電圧計のこと．高周波の交流の測定ができ入力インピーダンスが高く，接続したとき測定回路への影響が少ない．増幅するので高感度である．真空管（バルブ）を用いたものをバルボル，トランジスタを使ったものをトラボルと俗称する．

電子電流（でんしでんりゅう）
electronic current
電子の移動によって生じる流れ，電子流または電流のこと．

電子電話帳（でんしでんわちょう）
electronic telephone directory
1981年フランス郵電省が始めた実験サービスで，ビデオテックスの一種．電話の番号案内を，利用者が簡易端末装置を使い電話局のコンピュータに記録された番号情報を検索して行うシステム．端末機はキーボードと白黒ディスプレイ（1行40字，25行）があり，数字やアルファベットの打込みや表示ができる．

電子同調（でんしどうちょう）
electronic tuning
クライストロン（マイクロ波用発振管）のリペラ（反射）電極の電圧を変え，発振周波数を調整すること．調整範囲は0.1%位である．

電子同調チューナ（でんしどうちょう——）electronic tuner
電子チューナとかバラクタチューナともいう．電気的な制御信号により受信電波（チャネル）を切り換えるチューナで，テレビ用やラジオ用がある．同調素子にバラクタ（可変容量）ダイオードを使い，これに加える直流電圧を加減して静電容量を変え，同調周波数を変える．☞チャネル

電子図書館（でんしとしょかん）
electronic library
図書館のコンピュータと家庭の端末を結び，図書や雑誌の目次，索引，内容をディスプレイに表示したりファクシミリで記録するシステムのこと．

電子なだれ（でんし——）
electron avalanche
アバランシェともいう．半導体の中のキャリアに高い電界を加えると，キャリアは大きな運動エネルギを得て加速され，結晶に当たって次に電子ホール対を作り，これがまた次に電子ホール対を作り，なだれのようにキャリアが急激に増える現象のこと．

電子なだれ降伏（でんし——こうふく）
avalanche breakdown
アバランシェブレークダウンともいう．半導体のPN接合に加える逆方向電圧を高めていくと，ある電圧から逆方向電流が急増する．これを降伏とかブレークダウン現象という．これはPN接合部の空乏層（空間電荷領域）での電界強度が非常に大きくなり，この強い電界で加速された電子が結晶の共有結合の電子と衝突して電子をはじき出し次々とこれを繰り返すため，急

激に電子を増やし電流が急増する現象のこと. ☞空乏層

電子なだれダイオード (でんし——)
electron avalanche diode
→アバランシェ・ダイオード

電子なだれトランジスタ (でんし——)
electron avalanche transistor
→アバランシェ・トランジスタ

電子認証 (でんしにんしょう)
electronic certification

インターネットでの電子商取引 (EC) や電子署名などで, 本人であることを確認すること. 本人認証には大別して「バイオメトリクス」「所有物」「秘密情報」の三つがある. 最も一般的なバイメトリクスは, 人間の身体的な特徴で区別する方式. 署名や筆跡, 指紋, 声紋などが一般的だが, 顔型, 掌紋, 耳朶, 虹彩(瞳)で確認する方法もある. ECでは, 利用者は本人であることを確認する情報を政府が指定した認証機関に届けておき, ネット上の売買に際して取引の当事者であることを確認する(電子認証書の発行)サービスなどが提供されている. ☞電子署名

電子ネットワーク (でんし——)
electronic network

パソコン通信サービスとかパソコン通信ネットともいう. 会員が互いにコミュニケーションを交わすのが目的で, 電子掲示板や電子メール, 電子会議などのサービスを利用できる.

電子の質量 (でんし——しつりょう)
mass of electron

電子1個の質量(静止)約9.1×10^{-31} [kg].

電子の電荷 (でんし——でんか)
electron charge, electric charge

電子1個がもつ電荷, またはその大きさのことで, 約1.6×10^{-19} [C]の負電荷である.

電磁波 (でんじは)
electromagnetic wave

電波ともいい電界, 磁界が互いに直角に交わり, 一定の周波数で真空中, 大気中を伝わる. 1864年イギリス人マクスウェルが電磁方程式で予言し, 1888年ドイツ人ヘルツが実験で確認した. 波長により, 電波, 光, X線, ガンマ(γ)線に分けられる. 真空中を進む速さは毎秒約3×10^8mで, 物質の中ではこれより遅くなる. 水平偏波, 垂直偏波の別があり, 直進, 回折, 反射, 浸透する. ☞水平偏波, 垂直偏波

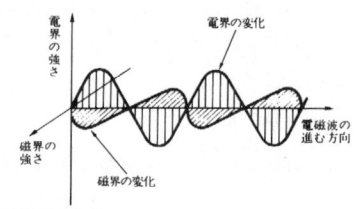

電磁波障害 (でんじはしょうがい)
radio interference

TVやラジオの放送受信, 通信機器への電磁波障害の原因には天然現象や人工的なものがあり, 混信やひずみ, 雑音などの妨害を受ける. これを電磁波障害または電波障害(妨害)といい, 次のようなものがある.

1. 天然現象 雷, オーロラ
2. 人工現象
   ①電気製品. モータ使用機器(掃除器, 洗濯機)や電子レンジ, 照明器具
   ②有線通信設備. 電話器やファクシミリ, PBX
   ③無線通信設備. トランシーバ, ワイヤレスリモコン, CB無線機
   ④交通機関. 電車や自動車
   ⑤電力設備. 高圧の送電線や配電線
   ⑥高周波利用機器. 工業用熱加工機, 医療用機器
   ⑦ディジタル機器. ワープロやパソコン, 電卓やCDプレーヤ

電子番号案内 (でんしばんごうあんない)
electronic directory assistance

→電子電話帳

電磁ピックアップ (でんじ——)
electromagnetic pickup
軟鉄片が，コイルの中で振動しコイルと鎖交する磁束数を変え，コイルに音声電圧を発生させる，機械振動と電気の変換器(トランスデューサ)のことで，磁気センサの一種．これに増幅器・電源部・出力表示部を組み合わせて装置に仕上げる．☞トランスデューサ

電子ビーム (でんし——)
electron beam
電子線ともいい，電子粒の流れを細く集めたもの．ブラウン管の電子銃では直径1mm位の鋭いビームを作る．
☞電子銃

電子ビーム加熱 (でんし——かねつ)
electron beam heating
電子ビームが衝突する際に生じる熱で加熱すること．電子ビームを電磁コイルで収束し偏向して，真空中のアルミニウムに当て加熱し蒸発させ，ICの電極にするときなどに応用する．

電子ファインダ (でんし——)
electronic view finder
TVカメラの出力を小形ブラウン管に表示し，カメラ操作のモニタにする．この画面を見ながら，カメラマンはカメラの焦点やしぼり，カメラアングルなどを調整する．TVカメラの後面に取り付け，フードを付けて，カメラマンに見やすくする．

電磁フォーカス (でんじ——)
electromagnetic focusing
→電磁集束

電子ブック (でんし——)
electronic book
フロッピーディスク(磁気ディスク)やCD-ROMに記録した電子出版物のこと．専用の電子ブックプレーヤで使う．1990年ソニーが電子ブックプレーヤ(データディスクマン)を発売，三洋・松下が続いた．専用フォーマットのため一般のパソコンでは読めず普及していない．

電子部品 (でんしぶひん)
electronic components
電子・電気機器に使用(搭載)される製品の総称．電子部品の種類には，大別すると受動部品，接続部品，電子回路基板，変換部品がある．

電磁偏向 (でんじへんこう)
electromagnetic deflection
移動する電子の方向を磁界で曲げること．TV用やレーダ用などの口径の大

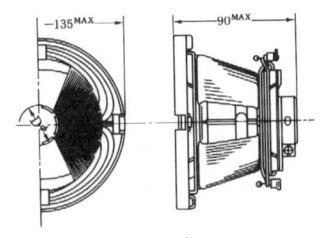

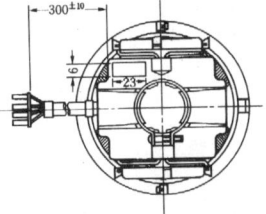

(a) 偏向コイル

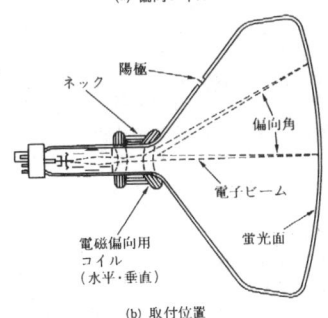

(b) 取付位置

きいブラウン管の電子ビームの偏向に使う．ブラウン管のネックに，外部より偏向コイルをはめ，偏向用電流を流す．垂直偏向用，水平偏向用の各コイルが一組になっていて，偏向ヨークともいう．

☞偏向ヨーク

電磁偏向ブラウン管 （でんじへんこう——かん） electromagnetic deflection Braun tube

電子銃から蛍光面に向かう電子ビームを電磁力で偏向するブラウン管のこと．ガラス製外形のネック（首）の部分に，電子を垂直・水平方向に偏向する偏向コイル（ヨーク）や電子を鋭いビーム状にして拡散を防ぐ集束コイルをはめる．偏向コイルには偏向電流を流し磁束を発生し，この磁界中を通る電子が偏向力を受ける．コイルを流れる電流は急激な変化に対応できず，高周波用には静電偏向ブラウン管を使う．このため，レーダやTV，産業用など大口径の映像再生に多用する．

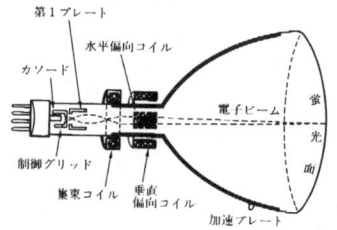

電子放出 （でんしほうしゅつ） electron emission

主として固体の表面に熱，光，電子の投射や電界などのエネルギを加え，電子を放出させること．それぞれ熱電子放出，光電子放出，二次電子放出，冷陰極放出と呼ぶ．

電子ボルト （でんし——） electron volt

エレクトロンボルトともいう．電子，イオンなどのもつエネルギの単位．エレクトロンボルト [eV] と書く．
$1 \text{[eV]} = 1.60 \times 10^{-19}$ ジュール [J]

電磁ホーン （でんじ——） electromagnetic horn

マイクロ波では，導波管の中をエネルギが伝わり，終端をラッパ形にすると導波管と空間とのインピーダンスのマッチングがとれ，空間にエネルギを効率よく放出しアンテナの役をする．外形により角すい，または円すい電磁ホーン（ラッパ）という．

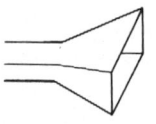

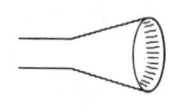

角すい電磁ホーン　　　円すい電磁ホーン

電子マネー （でんし——） electronic money, digital cache

パソコン通信のネットワークやインターネットで流通する仮想通貨のこと．通貨の入手は①ネットワークに自分のクレジットデータ（氏名・ナンバ・カード有効期限）を提示する．②銀行のサーバに連絡して自分の銀行口座からお金をおろし，手元のパソコンの電子財布に振り込ませる．この通貨で買物などの決算をして，残りのマネーは銀行のサーバに送り，口座に預金することができる．デシタルマネー，デシタルキャッシュ，デジキャッシュ，電子キャッシュなどと国名・社名が違うと電子決済システムや呼び方も異なる．

電子メール （でんし——） electronic mail

1．音声メールともいい電子郵便のうちの音声を取り扱う．差出人の音声を発信〜受信端末に送り即時的処理を行うだけでなく，多数の宛先に同時に送る同報通信，コンピュータに蓄え（メールボックス）宛名人の求めに応じテープやディスクに入れて配る親展サービス，音声による情報案内などの付加

サービスがある．

2．電子郵便・e-mail・Eメールともいう．インターネットやLANのネットワークの端末間で送受信する手紙のこと．1対1だけでなく，多勢の人に同時に送ったり，多勢対多勢での会話もできる．送信したメールは相手側の電子メールを管理する，メールサーバに送られ，相手がネットワークにアクセスしたときにそのサーバからメールを受け取る．音声を記録したファイルも，ボイスメール・音声メールとして送ることができる．①短時間で②距離に関係なく③複数人に同一内容が送れ④文字以外のデータも送れる⑤送受信共記録が残るので，保存・削除・検索に便利な特徴がある．

☞サーバ

転写（てんしゃ）print-through, magnetic transfer, print-through effect
録音して巻き重ねたテープとテープの間を磁気が洩れ，互いに磁化し合い音質を悪くする．このテープを再生したとき，もとの信号より先に聞こえる場合をプリエコー，あとに聞こえる場合をポストエコーという．録音済みのテープを長期間保存したとき，保存温度が高いほど，またテープベースが薄いほど発生しやすい．

電磁誘導（でんじゆうどう）
electromagnetic induction
コイルに磁石を近づけたり遠ざけたり，または交流の磁界を加えると，コイルと交わる磁束が変化してコイルに起電力を発生（誘導）する．この現象を電磁誘導という．

電子郵便（でんしゆうびん）
electronic mail
郵便業務に電気通信技術を効果的に導入し，差出人の文書や伝票等をテレタイプやファクシミリで着信局に送り，そのハードコピーを受取人に速達便で伝える郵便サービス．日本では1981年"レタックス"による国内サービス，1984年"インテルポスト"で国際サービスを始めた．米国では1983年，"エレクトリック・メイル"に10万の加入者があり，コンピュータ相互を結んで文書や図表を送受するサービスやテレタイプによるサービスがある．ヨーロッパではファクシミリ利用の"エレクトロニックメイル"がある．

☞ファクシミリ

電食（でんしょく）
electrolytic corrosion
地下に埋設した通信ケーブルの金属部に電流が流れ腐食すること．外部からの電流（電気鉄道の軌条からの洩れ電流）や埋設金属と周囲物質と水分による電池作用で流れる電流などが原因である．

テンション・アーム tension arm
テープレコーダのメカニズムの一部で，走行するテープの一部を引っ張り，テープの張力（テンション）を一定に保つ．

電磁ラッパ（でんじ——）
electromagnetic horn
→電磁ホーン

電子リズム楽器（でんし——がっき）
electronic rhythm instrument
電子式のリズム楽器で打楽器音が主体．手動ボタン式，自動式の別があり，自動式は楽器ではできぬもので，初めにリズムの種類，テンポ，音量をセットするだけでよく，ソロの演奏者に便利である．

☞電子楽器

電子流（でんしりゅう）
electron current
→電子電流

電磁力（でんじりょく）
electromagnetic force
電流Iを流した導体Cに，電流と直角方向に磁界Hを加えると，CにはIとHの両方に直角方向の力Pが働き，Pを

電磁力という（モータの原理）．

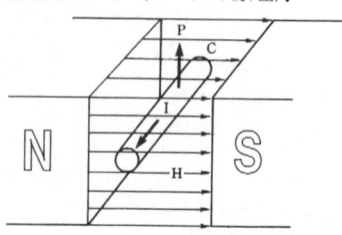

電子冷却 （でんしれいきゃく） electronic refrigeration, thermoelectric cooling
N形とP形の半導体の組合せによるペルチェ効果は大きく，熱伝導性も非常に大きいので，大きい温度差（低温）が得られる．これを電子冷却という．

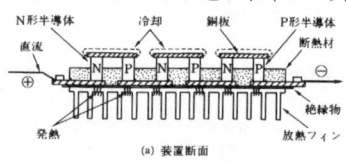

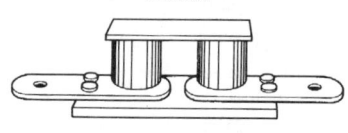

(a) 装置断面

(b) 素子実例

電子レンジ （でんし——） electronic range
高周波誘電加熱ができる家庭電化製品の一つ．調理用に使い，マグネトロンで約2,450MHzのマイクロ波を発振させ，水分を含む物質を急激に加熱する．

電子レンズ （でんし——） electron lens
ブラウン管などで電子ビームを集束するために使う静電レンズや電磁レンズのこと．

電磁レンズ （でんじ——） electromagnetic lens
磁気レンズ，磁界レンズともいう．電磁集束する電磁的機構（電磁集束用コイルまたは永久磁石）のこと．
☞永久磁石

電信 （でんしん） telegraphy
記号，数字，文字を電信符号に変え，対応する電気信号を目的地に送る．受信側はこの電気信号を適当な方法でもとの記号，数字，文字に直し通信する方法．

電信速度 （でんしんそくど） telegraph speed
通信速度ともいい，次の二つの意味がある．1．電信がどのくらいの速さで送られるか．
2．あるチャネルを通じ，機械や装置を使い，どれほどの速さで電信が送れるか．いずれも次のどちらかで速さを示す．①1分間の電送字数．②電信信号のマークとスペースの最短時間幅の逆数．単位はボー [B]．

電信符号 （でんしんふごう） telegraph code
記号，数字，文字を示す符号で，電信に使う．日本の内外で使われるのは次の二種．①モールス符号．②国際第2電信符号．

点接触形ダイオード （てんせっしょくがた——） point contact diode
ポイントコンタクト形ともいい，最も古い形のダイオードである．構造は簡単で価格も安く，検波用，混合用に使う．N形ゲルマニウムやP形シリコンの小片に，タングステンかモリブデンなどの細い針をS字形に曲げ，スプリングの働きをさせ点接触させる．リード線を2本付け，ガラス容器に封止する．☞ダイオード

点接触形トランジスタ （てんせっしょくがた——） point contact transistor
ポイントコンタクト形トランジスタともいい，1948年アメリカで発明されたトランジスタ．接合形トランジスタに比べ高周波特性が優れ高周波回路，スイッチング回路などに使う．機械的衝

撃に弱い，特性のバラツキが大きい，雑音が多い，出力インピーダンスが低いなどの欠点のため，接合形の改良とともに使わなくなった．

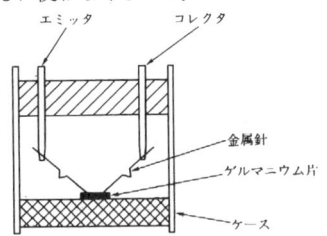

（図：エミッタ，コレクタ，金属針，ゲルマニウム片，ケース）

電線（でんせん） wire, electric wire
電気信号，電力を送る線形の導体で銅，アルミニウム，鉄を使い絶縁物をかぶせる絶縁線と，絶縁しない裸線がある．

☞絶縁電線

転送（てんそう）
transfer, move, transmit

1. あるところからデータを送り，他のところでそのデータを受け取ること．例：周辺装置と中央演算処理装置との間で，入出力チャネルを通してデータを受信すること（JIS・情報処理用語）．
2. 電話の通話中に通話を一時保留し，他の電話機を呼び出して通話し，保留中の電話とつなぐこと．オフィス用電話や家庭用親子電話などで使う．

伝送（でんそう） transmission
通信路，回線を通じて，空間や電線を通じて，信号を送ったり受けたりすること．

電そう(槽)（でん——）
electric jar, battery jar
電解液や電気装置の溶液などの容器のこと．蓄電池の外側の容器のことで，ガラスやエボナイト，またはスチロール樹脂などを使う．

伝送線路（でんそうせんろ）
transmission line
伝送線とその支持物や埋設する構造物の全体のことで通信線路ともいう．電信用なら電信線路，電話用なら電話線路という．

伝送路（でんそうろ）
transmission line

1. 電気通信（有線・無線通信）の回線（チャネル）または通信路のこと．
2. 回線を収容する設備の総称．
3. 電信路（電信用）または電話路（通話路）などの通信路のこと．

☞通信路

電束（でんそく） dielectric flux
誘電束ともいう．1クーロン[C]の正電荷から出る電気力線の総数は，真空中で$1/\varepsilon_0$[本]，誘電体中で$1/\varepsilon$[本]．周囲の物質の種類に関係なく，+1[C]から1本の力線が出ると考える．単位はクーロン[C]．

→誘電束

電束密度（でんそくみつど）
dielectric flux density
ある面積Sの電束密度Dは，電束AとSとの比 $D = A/S$
また電界Eと誘電率εの積 $D = \varepsilon E$
単位はクーロン毎平方メートル[C/m^2]．

電卓（でんたく） electronic calculator
→電子式卓上計算機

電池（でんち） cell, battery
物質の化学変化により化学エネルギを電気エネルギに変え，直流を供給する装置．直流電源の一種で，二種類に大別する．

(1)一次電池（cell）．乾電池で充電不能．マンガン乾電池，水銀電池などがある．小形で安価．小規模用電源．
(2)二次電池（battery）．蓄電池で充電可能．鉛蓄電池，アルカリ蓄電池などがある．大型で高価．大規模電源用．

点灯管（てんとうかん）
glow switch, starter lamp
グロースイッチ，スタータ，グローランプ，グロースタータ，スターターランプともいう．アルゴンを入れた親指大

のガラス管．AC100Vを加えるとグロー放電を生じ，その電流で直列につないだ蛍光灯のフィラメントを予熱する．グロー放電で加熱されたバイメタルは伸びて固定電極に接しグロー放電は止み，フィラメントの電流は増え加熱が進む．バイメタルは冷えて縮み，固定電極から離れ，その瞬間に安定器のリアクタンス両端に高電圧が生じ，蛍光灯は点灯する．点灯後フィラメントは放電で加熱が続く．点灯管の放電電圧は蛍光灯の放電電圧より高い．蛍光灯の点灯用ガス入り放電管．
☞放電管

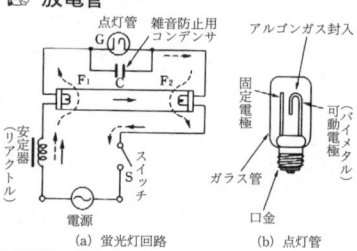

(a) 蛍光灯回路　　(b) 点灯管

点灯管回路 (てんとうかんかいろ) glow switch circuit, starter lamp circuit
→点灯管

伝導帯 (でんどうたい) conduction band
許容帯ともいい電子が自由に移動できるエネルギ帯のこと．わずかな電界で電子が移動し，電流が流れる．

電動発電機 (でんどうはつでんき) motor-generator
インダクションモータ，同期電動機など交流モータに直流発電機を直結し，交流でモータを回し，直流発電機で直流を発生する発電機．

テン・ナイン ten-nine
9（ナイン）が10個（テン）あるということで，半導体結晶の純度を示し99.99999999％のこと．非常に純粋なことを示し，トランジスタやダイオードに使われる半導体は，この純粋な半導体から作る．

電波 (でんぱ) radio wave, hertzian wave
1．電磁波のうちの伝搬する電界のこと．
2．電磁波の意味に使う．3THz＝3,000GHz以下の周波数の電磁波のこと（電波法第2条）．☞電磁波

電波暗室 (でんぱあんしつ) microwave darkroom
→電波無響室

電波監視 (でんぱかんし) radio watching
電波の有効利用，秩序の維持管理のため大正6年から始められ，長中波による船舶局の通信方法・内容を監視した．現在は電波の質（スプリアス発射・周波数偏差・占有周波数帯幅）や運用状況（呼出し符号・目的外通信），不法局の摘発，混信状況などの監査や調査を行う．国際的には国際周波数登録委員会に周波数発射状況を報告する．また，電波法に基づき無線局の電波の質や空中線電力をチェックしたり，電波監視の技術基準や監視設備の開発の研究を行う．郵政省（現総務省）が全国十数か所に電波監視機関を配置し実施している．☞国際周波数登録委員会

電波干渉 (でんぱかんしょう) Electro magnetic interference/EMI
電波を作って送ったり，特定の電波をより分けて受け取るのは無線機器の役目．設定仕様を超える状況下で，目的の電波以外の電波の影響を受けて，きちんと受信できなくなることをいう．

電波吸収体 (でんぱきゅうしゅうたい) radio wave absorbent
到来電波を反射せず吸収し，熱に変える物質のこと．テレビ電波の反射波（ゴースト）対策や船舶レーダの偽像対策などに使う．
1．焼結フェライトはVHF帯TV電波に効果が高い（フェライトタイル）．

2．フェライト粉末やカーボン粉末をゴムに混ぜ，橋などの大形建造物に取り付け，レーダ（9.4GHz）の偽像防止に使う．

3．アンテナの指向性改善や電子レンジ（2.45GHz）の洩れ電波の吸収にゴムフェライトを使う．

電波強度（でんぱきょうど）
radio field strength

ある点の電波の強さは，その点における電力密度（電波の伝わる方向に垂直な面の単位面積（1m²）を通過する電力(エネルギ⇨ポインチングベクトル)で表す．または，その点の電界の強さで示し電界強度という．一般には電波強度は電界強度で示すことが多い．

電波警報（でんぱけいほう）
radio disturbance warning

国際的に連携し連続的に太陽観測を行い，短波が伝わる障害となるデリンジャー現象や磁気あらしなどの発生予知，警報を出すこと．

電波雑音（でんぱざつおん）
radio noise

目的の信号を妨害する電(磁)波のこと．

1．自然雑音 大気の電気変化（空電）．雷，オーロラ，磁気あらし，デリンジャー現象，激しい風雨や吹雪（大気雑音）．

2．人工雑音 機器や設備から生じる．自動車のプラグ，送電線，モータ類から生じる火花，電車のパンタグラフの火花．

3．連続性雑音と衝撃性(パルス)雑音．

4．周期(規則)性雑音と不規則性雑音．

5．狭帯域雑音と広帯域雑音．

などがある．

電波長（でんぱちょう）
radio wave length

波長λともいい伝搬速度vと周波数fの間に$λ=v/f$の関係がある．放射磁界や放射電界の$2π$(rad)の位相差がある2点間の距離のこと．中波や短波など電波を波長によって区別する．

電波伝搬（でんぱでんぱん）
radio wave propagation
→電波の伝わり方

電波天文学（でんぱてんもんがく）
radio astronomy

宇宙からの電波を受信，観測して，地球や惑星の空間や大気を調べ，太陽の温度やコロナ，黒点状況を観測し，電波星の位置などの研究を行ったり，月からの反射電波を調べたり，電波による天体研究を行う天文学部門のこと．
☞宇宙雑音

電波天文局（でんぱてんもんきょく）
radio astronomy station

宇宙から発する電波を受信する天文学のための局のこと．☞電波天文学

電波の区分（でんぱ――くぶん）
frequency allocation

国際電気通信条約付属無線通信規則による区分(a)や，無線局運用規則（第2条3～5）による区分(b)などのこと(次頁上表参照)．

電波の形式（でんぱ――けいしき）
form of radiowave

無線通信に使う電波は変調の形式，伝送の形式など電波法（施行規則第4条の2）で定められている．

1．主搬送波の変調の型式

(1)無変調	N
(2)振幅変調	
㈠両側波帯	A
㈡全搬送波による単側波帯	H
㈢低減搬送波による単側波帯	R
㈣抑圧搬送波による単側波帯	J
㈤独立側波帯	B
㈥残留側波帯	C
(3)角度変調	
㈠周波数変調	F
㈡位相変調	G
(4)同時にまたは一定の順序で振幅変調および角度変調を行うもの	D

てんは

(a) 国際電気通信条約付属無線通信規則による区分

周波数帯の略称	周波数範囲	波長範囲	通称	メートルによる区分	周波数帯の番号
VLF	3～30[kHz]	10～100[km]	超 長 波	ミリアメートル波	4
LF	30～300[kHz]	1～10[km]	長 波	キロメートル波	5
MF	300～3000[kHz]	100～1000[m]	中 波	ヘクトメートル波	6
HF	3～30[MHz]	10～100[m]	短 波	デカメートル波	7
VHF	30～300[MHz]	1～10[m]	超 短 波	メートル波	8
UHF	300～3000[MHz]	10～100[cm]	極超短波	デシメートル波	9
SHF	3～30[GHz]	1～10[cm]	マイクロ波	センチメートル波	10
EHF	30～300[GHz]	1～10[mm]	ミ リ 波	ミリメートル波	11
	300～3000[GHz]	0.1～1[mm]	サブミリ波	デシメートル波	12

V(very), U(ultra), S(super), E(extremely), L(low), M(medium), H(high), F(frequency) の略。

(b) 無線局運用規則（第2条3～5）による区分

周波数帯	周波数範囲	波長範囲
中 波 帯	285kHz ～ 535kHz	約1052m ～ 650m
中短波帯	1605kHz ～ 4000kHz	約187m ～ 75m
短 波 帯	4000kHz ～ 26175kHz	約75m ～ 11.46m

(5) パルス変調
- (一) 無変調パルス列　P
- (二) 変調パルス列
  - (ア) 振幅変調　K
  - (イ) 幅変調または時間変調　L
  - (ウ) 位置変調または位相変調　M
  - (エ) パルスの期間中に搬送波を角度変調するもの　Q
  - (オ) (ア)から(エ)までの各変調の組合せまたは他の方法によって変調するもの　V
(6) (1)から(5)までに該当しないもので同時にまたは一定の順序で振幅変調，角度変調，パルス変調の2以上を組み合わせて行うもの　W
(7) その他のもの　X

2．主搬送波を変調する信号の性質
(1) 変調信号のないもの　O
(2) ディジタル信号である単一チャネルのもの
- (一) 変調のための副搬送波を使用しないもの　一
- (二) 変調のための副搬送波を使用するもの　二

(3) アナログ信号である単一チャネルのもの　三
(4) ディジタル信号である2以上のチャネルのもの　七
(5) アナログ信号である2以上のチャネルのもの　八
(6) ディジタル信号の1または2以上のチャネルを複合したもの　九
(7) その他のもの　X

3．伝送情報の型式
(1) 無情報　N
(2) 電信
- (一) 聴覚受信を目的とするもの　A
- (二) 自動受信を目的とするもの　B

(3) ファクシミリ　C
(4) データ伝送，遠隔測定または遠隔指令　D
(5) 電話（音響の放送を含む）　E

(6)テレビジョン(映像に限る)　　　F
(7)(1)から(6)までの型式の組合せのもの　　　　　　　　　　　　　　　W
(8)その他のもの　　　　　　　　　X

電波の速度 (でんぱ——そくど)
ray velocity
電波の速度は光速度に等しい.
電波の速度　$v ≒ 3×10^8$　[m/S]
　　　　　　≒光の速度C　[m/S]

☞光速度

電波の伝わり方 (でんぱ——つたーかた)　**radiowave propagation**
電波の伝わり方には, いくつかのルートがあり, 電波の波長によってその様子が異なる.

1. 地表波　アンテナから発射された電波のうち, 大地表面に沿って伝わる成分. 伝わる途中で大地に吸収され, 徐々に弱まる. 弱まり方は周波数, 大地の様子などにより異なる. 長波や中波はあまり弱まらず遠くまでよく伝わり, 短波より波長が短くなると急速に弱まり, 遠くまで伝わらない.

2. 空間波　アンテナから上空に向かい伝わる成分. 光のように直進し, 地上から100〜200km位の電離層で屈折し, 再び地上にもどる. 地表にもどった電波は地表で反射しまた電離層に向かう. これを繰り返すので, 地表波の届かないところ, 地球の裏側にも届く.

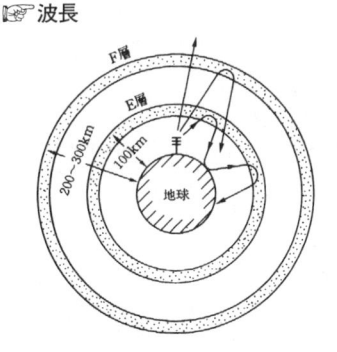

☞波長

電波の強さ (でんぱ——つよ——)
radio field strength
→電波強度

電波の波長 (でんぱ——はちょう)
radio wave length
電波の波長は次式で示す.
　電波の波長λ＝電波の速度v/周波数f
　v＝光の速度C＝$3×10^8$　[m/S]
　∴ $λ=v/f=C/f$　　　　　　[m]

電波の窓 (でんぱ——まど)
radio window
衛星通信に使う電波は電離層を突き抜けるため, 臨界周波数より高い必要がある. 宇宙からの電波雑音が少なくなるのは1GHz以上で, 10GHz以上になると霧, 雲, 雨による吸収・散乱などのため減衰が大きい. また, 10GHzでは大気ガスの分子吸収による雑音電波が増える. したがって1〜10GHz位の周波数帯を電波の窓といい, 衛星通信に使用する.

☞衛星通信

電波法 (でんぱほう)　**radio law**
日本の電波に関する基本の法律で, 昭和25年5月2日法律第131号で制定された. 関連規則には電波法施行規則, 無線局免許手続規則, 無線従事者国家試験および免許規則, 無線局運用規則, 無線設備規則などがある.

電波望遠鏡 (でんぱぼうえんきょう)
radio telescope
宇宙の天体には光を出さず電波だけ出すものがあり, 飛んでくる電波は弱いのでこれらの研究には非常に大形の指向性アンテナや, 低雑音の高利得受信機が必要となる. このアンテナと受信機を組み合わせたものを電波望遠鏡という.

電波無響室 (でんぱむきょうしつ)
anechoic chamber
室の内壁に電波吸収体を貼り電波の反射波を生じないようにした実験室. アンテナや電波の伝わり方の実験に使

う．音の無響室に対応させた名称で，光の暗室に対応して電波暗室ともいう．使用目的や周波数に応じて室の形や大きさ，電波吸収体の種類を決める．
☞電波吸収体

電波予報（でんぱよほう）
radio propagation prediction
無線通信を行う場合，最高使用周波数MUFは重要である．あまり遠くない未来の最高使用周波数は，ある程度の予測ができる．世界各国とも国の機関から，予測値を通信実施機関へ通達される．日本では郵政省（現総務省）電波研究所が伝える．
☞最高使用周波数

電波レンズ（でんぱ——）
electromagnetic wave lens
マイクロ波のアンテナの一種で，光のように集束させて電波ビームにするための電気磁気的レンズのこと．誘電体電波レンズ（誘電体レンズ）と，金属電波レンズの二種がある．

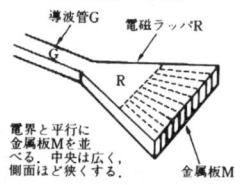

導波管G　電磁ラッパR
電界と平行に金属板Mを並べる．中央は広く，側面ほど狭くする．
金属板M

伝搬速度（でんぱんそくど）
propagation velocity
電波などの波動が，空気中などを進むときの速さ．

伝搬定数（でんぱんていすう）
propagation constant
分布定数回路を伝わる電圧，電流は伝わる距離に応じて減衰し，位相も変化する．この減衰状態を示す減衰定数αと，位相の変化状態を示す位相定数βの両方を合わせて，伝搬定数という．
☞分布定数回路

テンプレート　template, templet
コンピュータのフローチャートを書くときに使う定規のこと．入出力・処理・分岐・判断などの記入枠を書くのに便利な薄板のこと．
☞フローチャート

電離（でんり）　**ionization**
イオン化ともいう．次の二つの意味がある．
1．電解質を水に溶かすとイオンに分離し，これを電離という．
2．原子が外部から大きなエネルギを受け，最外殻電子は原子核を中心とする周回軌道からはずれ自由になること．

電離圏（でんりけん）　**ionosphere**
地上約50〜2,000km位の上層大気の分子や原子は，太陽からのX線や紫外線，宇宙線やオーロラ粒子などによって電離し，電子やイオンの電離気体（プラズマ）になっている．このため電波伝搬（屈折・吸収・反射）への影響が大きく，この領域を電離圏という．地上50〜90km位をD層，90〜130km位をE層，130〜200km位をF層といい，これらの各層を電離層という．F層は電子密度最大で高度も最高で，これより上側をトップサイド，下側をボトムサイドと区別する．電離圏の電子密度は太陽活動や季節や時刻（日変化），経度や緯度などにより変化する．夏季昼間にはF層はF$_1$層とF$_2$層に分かれ，E層の高さに局所的に電離度の高い領域が生じスポラディックE層といい，短波や超短波の異常伝搬を生じる．しかしこの発生は時も場所も一定せず，突発的で一時的である．
☞宇宙線

電離層（でんりそう）　**ionosphere**
地球の上空は空気が薄く真空状態になりここに太陽の紫外線，宇宙線が当たると，気体の分子や原子から電子が飛び出し電離される．この大気層を電離層という．電離層は地表から近い順にD層，E層，F層がある．D層は地上60km位で，E層は100km位，F層は

200〜400km位である．電子密度はF層がE層の10倍位で，太陽の高度と関連しE層の電子密度は変化するが，F層のほうは単純でない．D層，E層の高さは常に一定で，F層は夜間高くなり，夏には他の季節より高くなる．冬以外はF層は昼間はF_1層とF_2層に分かれる．夏にE層の高さのところに一時的，部分的に電子密度が高くなることがあり，これをスポラディックE層という．電離層は，主にHF帯の電波の伝わり方に大きく影響する．電離層の存在を最初に発見したケネリーとヘビサイド両氏の名をとり，ケネリーヘビサイド層とか，頭文字をとりK−H層とも呼ぶ．

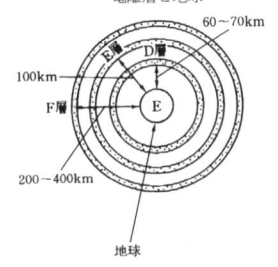

電離層と地球

電離層あらし（でんりそう——）
ionospheric storm
太陽活動の急変や磁気あらしによって発生する電離層のじょう(擾)乱で，数日間に及ぶ．電離層は季節や昼夜の規則的変化をするが，このような規則的変化と異なる突発的変化のこと．

☞電離層じょう(擾)乱

電離層散乱（でんりそうさんらん）
ionospheric scattering
電離層の不均一性によって超短波や短波の伝搬が乱れること．この散乱によって生じた散乱波は，見通し外距離の通信に利用する．☞散乱波

電離層じょう(擾)乱（でんりそう——らん）
ionospheric storm disturbance
電離層は昼夜または季節，時刻によって変化するが，異常な変化は電離層を利用する電波の伝わり方に影響を与える．これをじょう(擾)乱といい，太陽の黒点の爆発によって生じ，次の現象がある．①電離層じょう(擾)乱（デリンジャー現象），②電離層あらし（通信嵐），③極吸収現象．
①のデリンジャー現象とは，電離層によって伝わる短波の通信が数分間から1時間位の間，感度が非常に下がったり，とだえる現象．太陽の平均自転周期27日を周期として，昼間に短時間現れる一種の異常なフェージングで短波の通信に影響する．この現象が特に生じやすい地域は一定していない．原因は，太陽からの紫外線の放出が突然多くなり，E,D層が異常電離するためである．デリンジャー氏が初めていいだしたので，デリンジャー現象という．②の電離層あらしは，地磁気の乱れる磁気あらしのとき生じ，周期はなく，影響は短波以外にも及び，昼夜の区別もなく，高緯度地方ほど著しい．デリンジャー氏が言い出すまでは，電離層あらしと電離層じょう乱は混同されていた．

☞デリンジャー現象

電離層波（でんりそうは）
ionospheric wave
電離層で屈折，反射して，地上にもどる電波のこと．

電離層予報（でんりそうよほう）
ionospheric prediction
短波帯の電波伝搬は電離層の状態に大きく依存する．このため電波研究所は毎月，電離層の状態を予測し伝搬状況を電波予報として発表する．横軸に日本標準時（00〜24）と世界標準時（15〜15）を示し，縦軸に周波数（2〜50MHz）をとり，最高使用周波数（MUF）と最低使用周波数（LUF）が曲線で示されたグラフで，この予報

を電離層予報という．

電離電圧 (でんりでんあつ)
ionization potential
気体の原子，分子を電離させる最低の電圧のこと．単位はエレクトロンボルト（電子ボルト）[eV]で，気体の種類により異なる．

電離電流 (でんりでんりゅう)
ionization current
電離によって生じた陽イオンが移動して生じる電流のことで，イオン化電流ともいう．

電流 (でんりゅう) current
電気の流れ，キャリア（電子やホール）の移動のこと．単位はアンペア[A]．1ボルトの起電力に，1オームの抵抗をつないだとき流れる電流は1[A]．電流の方向は起電力と同方向で，電子の移動方向と逆．
☞キャリア

電流感度 (でんりゅうかんど)
current sensitivity
検流計の感度を示す一方法．1mm振らせるのに必要な電流で示す．単位は[μA/mm]．☞電圧感度

電流帰還 (でんりゅうきかん)
current feedback
負帰還の一種で負荷電流に比例した電圧を，入力信号と逆位相で入力に帰還し，負荷インピーダンスに関係なく負荷電流は一定になる．負荷インピーダンスは大きくなり，高いインピーダンスの負荷にマッチングがとれる．

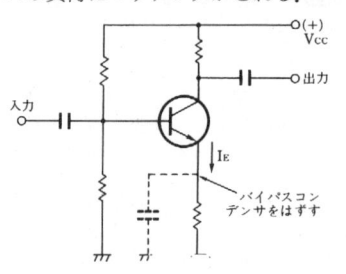

電流帰還バイアス (でんりゅうきかん——)
current feedback bias
抵抗器R_Eをエミッタにつなぎ，I_Eの増加でR_E両端の電圧降下V_Eが増え，ベース～エミッタのバイアスを減らしI_Eを減らす．反対にI_Eが減ればV_Eも減りI_Eを増す．$I_E(I_C)$を安定化し動作を安定化するバイアス法．
☞バイアス

電流帰還バイアス回路
(でんりゅうきかん——かいろ)
current feedback bias circuit
ベース電流I_Bは電源電圧V_{CC}を分割する抵抗R_B，R_Dで与える．また，エミッタ抵抗R_EはI_Eが増減すると$I_ER_E=V_E$が増減し，ベースバイアス$V_{BE}=V_B-V_E$を逆に増減してI_Eを安定化する安定抵抗である．

R_BとR_D（ブリーダ抵抗）に流れる電流IはI_Bの10倍以上流しV_BをI_Bと無関係に安定に保つが，Iが過大だと電源電池の消耗が早い．R_B，R_Dは入力に並列に入り，入力インピーダンスを低くする．$V_E=I_ER_E$が大きいほど，安定度は良くなるが，大きすぎるとトランジスタに加わる電圧が減り出力の交流電圧が減るので$V_{CC}/10$位以下にする．
☞トランジスタ

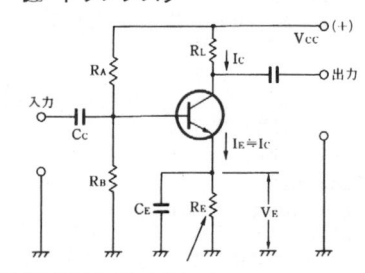

電流給電アンテナ (でんりゅうきゅうでん——) current feeding antenna
アンテナの給電点で電流最大（波腹）となるアンテナ．

☞ 電圧給電アンテナ

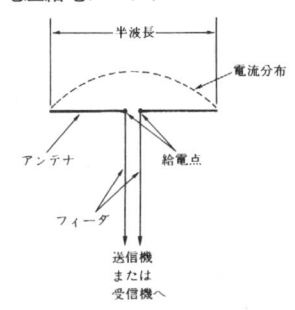

電流共振 (でんりゅうきょうしん)
current resonance
→並列共振

電流計 (でんりゅうけい)
ampere meter, ammeter
アンメータともいい，回路に流れる電流を測る計器．可動コイル形計器が多く使われ，回路に直列につなぎ直流用，交流用の別がある．測定範囲の切換えは計器と並列の分流器を切り換える．交流用は整流器をつなぐ．大電流測定には可動鉄片形計器を使う．

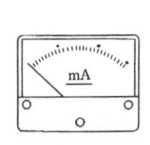

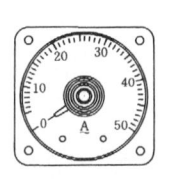

☞ 電圧計

電流源等価回路
(でんりゅうげんとうかかいろ)
constant-current equivalent circuit
真空管やトランジスタについて利用する回路．エミッタ接地回路のT形電流源等価回路（図(b)）は簡単で広く使われるが，高周波計算には適さない．高周波用はハイブリッドπ形等価回路を使う．

☞ エミッタ接地回路

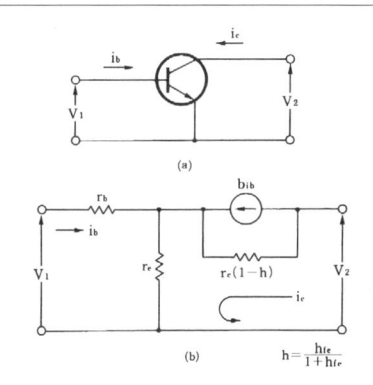

$$h = \frac{h_{fe}}{1+h_{fe}}$$

電流コイル (でんりゅう――)
current coil
可動計器の電流回路につなぐコイルのこと．例としては，電流力計形の電力計の電流回路のコイル．

☞ コイル

電流雑音 (でんりゅうざつおん)
current noise
導体や抵抗器に電流を流すと生じる雑音のこと．抵抗値や電流値に比例する．散弾雑音やホワイトノイズ，フリッカ雑音などがある．

電流増幅 (でんりゅうぞうふく)
current amplification
増幅器の入力側に加えた電流i_1と同じ周波数，波形の電流i_2が出力側に得られたとき電流増幅といい，この増幅器を電流増幅器という．

電流増幅度 (でんりゅうぞうふくど)
current amplification degree
増幅器の出力電流I_oと入力電流I_iの比I_o/I_i．増幅器電流を増幅する程度を示す．
　電流増幅度A_i
　　＝出力電流I_o／入力電流I_i

電流増幅率 (でんりゅうぞうふくりつ)
current amplification factor
トランジスタのh定数の一つで出力電流と入力電流の比のこと．ベース接地

てんり

のときの電流増幅率 $h_{fb}(\alpha)$ とエミッタ接地のときの電流増幅率 $h_{fe}(\beta)$ がある.

h_{fb} = コレクタ電流 I_C / エミッタ電流 I_E
h_{fe} = コレクタ電流 I_C / ベース電流 I_B
(I_B, I_E を微少変化したときに対応する I_C)
☞ h定数

電流定在波 (でんりゅうていざいは)
current standing wave
→ 電圧定在波

電流定在波比 (でんりゅうていざいはひ) **current standing wave ratio**
電流定在波の最大値 I_M と最小値 I_m の比 I_M/I_m.
☞ 定在波比

電流密度 (でんりゅうみつど)
current density
導体を流れる電流を導体電流といい,電流方向と直角面の単位面積に流れる電流の大きさ $[A/m^2]$ で示す. また,変位電流 (誘電体を流れる電流) 密度や対流電流 (帯電微粒子の移動による電流) 密度,導体電流密度を総称することもある.

電流容量 (でんりゅうようりょう)
current capacity
電源や装置,電線や回路,部品 (素子) や接点などに流せる電流の最大限度のこと,安全電流とか許容電流ともいい,定格電流を指すこともある. 電流による抵抗損で生じる温度上昇の限度や許容温度,使用条件 (連続使用か間欠または短時間使用) や使用場所などとも関連する.

電流力計形計器 (でんりゅうりきけいがたけいき) **electro dynamometer type instrument**
電流計,電圧計,電力計として交流,直流両用計器. 図(a)の固定コイル C_1, C_2 の作る磁界の中に,可動コイルMを置く. Mに指針N,制御バネSを付け制動は電磁制動で,指針の振れはM,C両コイルの回転力の積に比例する.

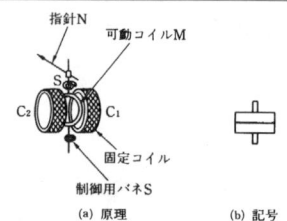

(a) 原理 (b) 記号

電流利得 (でんりゅうりとく)
current gain
電流増幅度Aiを対数で示し,単位をデシベル[dB]で表す.
電流利得 $G_i = 20\log_{10}A_i$ [dB]

電流利用率 (でんりゅうりようりつ)
current utility factor
C級動作増幅器で陽極交流電流の基本成分の最大値 I_m と,供給される陽極直流電流 I_D の比.
電流利用率 $U = I_m/I_D$

電力 (でんりょく) **electric power**
回路に起電力(電圧)Eを加え電流Iを流すと,その回路はE×Iに相当する電気のエネルギを消費したことになり,これを電力といい,単位はワット[W].
電力 P = 電圧E × 電流I [W]

電力計 (でんりょくけい) **wattmeter**
電流力計形計器を多用し電源と負荷の間につなぎ,負荷電流Iと負荷電圧Vを測って電力を示す. 電流測定用固定コイル I_C と電圧測定用可動コイル V_C の両コイルの回転力で指針が振れる.測定が容易で電力も直読でき,1kHz以下の交流電力も同じ接続で測れる.

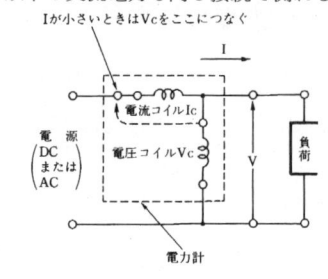

448

電力周波数 (でんりょくしゅうはすう)
power-frequency
商用周波数ともいう．電力用交流・商用交流の周波数のことで，50〔Hz〕と60〔Hz〕である．
☞商用周波数

電力線搬送電話
(でんりょくせんはんそうでんわ)
power-line carrier telephony
商用電力を伝送する送電線に，10～450kHzの搬送波を音声信号で変調したSSBをのせ，電力会社の本社・支社・発電所・変電所間などの通話や遠隔測定（テレメータ），遠隔制御（テレコントロール）などを行う有線通信設備で，出力は10W以下が多い．
☞SSB

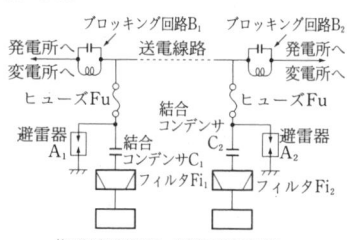

電力増幅器 (でんりょくぞうふくき)
power amplifier
電力の増幅をする回路で，取り扱う電圧や電流のレベルが大きい．受信機や送信機の後段に置き出力側に負荷（受信機はスピーカ，送信機はアンテナ）をつなぐ．A級やB級（プッシュプル）動作は音声信号で，B級，C級動作は高周波信号の場合が多い．
☞音声信号

電力増幅度 (でんりょくぞうふくど)
power amplification degree
電力増幅器で電力の増幅される程度を示し，出力電力Poと入力電力Piの比Po/Pi．
電力増幅度 $Ap = Po/Pi$

電力用コンデンサ (でんりょくよう——) **power condenser**
負荷に並列または直列につなぎ負荷の力率を改善するコンデンサ．アルミニウム箔電極を絶縁紙で絶縁し，絶縁油の中に浸す．50kV以上，1,000kVA（キロボルトアンペア）以上の定格をもつ．

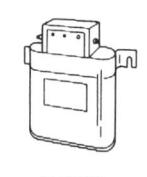

(a) 高圧用　　(b) 低圧用

電力容量 (でんりょくようりょう)
power capacity
1．電線や回路，機器や装置に与えられる電力の上限，定格電力のこと．
2．電源から取り出し得る最大の電力のこと．

電力利得 (でんりょくりとく)
power gain
電力増幅度Apを対数で示し，デシベル〔dB〕で表す．
電力利得 $Gp = 10\log_{10} Ap$ 〔dB〕

電力量 (でんりょくりょう)
electric energy
電力Pと時間tの積Ptで示し，単位はワット〔W〕．大電力量を扱うときはtを時間にし，キロワットアワー〔kWh〕を使う．
電力量 $W = Pt = VIt$ 〔kWh〕

電力量計 (でんりょくりょうけい)
watthour meter
→積算電力計

電話 (でんわ) telephone, telephony
1876年（明治9年）A. G. ベルが29歳のとき発明した．telephonieとはギリシャ語のfar-voiceの意である．音声を電気信号に変えて送り，これを受けて再びもとの音声にもどし双方の意志や感情を交換する電気通信システム．

てんわ

加入電話や公衆電話などの別があり，有線電話や無線電話，搬送電話の種類がある．

☞搬送電話

電話機（でんわき）
telephone, telephone set

有線電話や無線電話，搬送電話の回線の端末につなぐ端末機器．押しボタン式や回転式ダイヤルで相手の番号を送り，交換機を通じて呼出し（発信・着信）通話ができる（送話・受話）．一般電話用や公衆電話用，構内交換電話用（PBX）などの区別があり，自動式電話機が多用される．

☞PBX

電話交換機（でんわこうかんき）
telephone exchange

電話機（加入者）相互の切換え接続を行う電話機器で，人手による手動電話交換機は消え自動電話交換機が主流である．自動電話交換機はステップバイステップ式からクロスバ式に移り，現在は電子交換機が使われる．また，国内公衆交換や国際交換，構内交換や専用線交換，移動体交換などの別がある．

電話ファクシミリ（でんわ――）
telephone facsimile

電話回線を使って行うファクシミリの送受信のこと．専用回線を使わないため経済的で，一般家庭で利用されている．

☞ファクシミリ

と

動圧軸受モータ（どうあつじくうけ——）
従来のボールベアリングではなく，動圧流体を軸受部に使用したモータ．オイルや空気などを潤滑に利用し，その動圧力により，軸と軸受間を非接触で保持する構造をもつ．オイルを潤滑に使用したオイル動圧軸受モータ（FDBモータ）や，空気（エア）によるエア動圧軸受モータなどがある．

塔アンテナ（とう——）**tower antenna**
長，中波の放送用アンテナに使われる．鉄塔を垂直に立て，根本の部分を絶縁し垂直アンテナにする．発射電波の1/4波長に共振する接地形アンテナ．
☞ 1/4波長

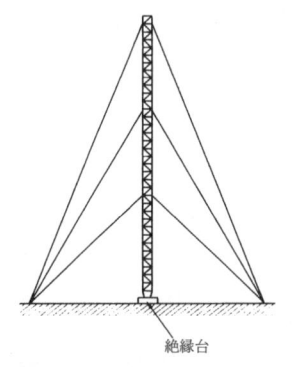

絶縁台

同位元素（どういげんそ）**isotope**
原子番号が同じで，中性子の数が異なる元素は，化学的な性質は同じで質量が異なる．このような元素のこと．

同位相（どういそう）**inphase**
周波数の等しい二つ以上の交流の位相が等しいこと．インフェーズともいう．

トゥイータ　**tweeter**
ツィータのことで高音用のスピーカ．ハイファイ再生の場合，1個のスピーカで低音から高音まで全範囲をカバーせず，二つ以上に分割しおのおのの帯域を別々のスピーカに分担させる．高音専用のスピーカは口径が小さく，5cm位のものがよく使われる．
☞ ハイファイ

同一周波数妨害
（どういつしゅうはすうぼうがい）
same frequency interference
同一チャネル妨害，同一チャネル干渉，同一周波数混信ともいう．目的の電波と同じ周波数か接近した周波数の電波が強いと，両電波は混信したり干渉する．このような受信妨害のこと．

同一チャネル混信（どういつ——こんしん）**cochannel interference**
→同一周波数妨害

等価インピーダンス（とうか——）
equivalent impedance
信号源を含まない回路や回路網に電圧Vを加えたとき，電流Iが流れたなら，VとIの比V/I=Zの見かけのインピーダンスZを，等価インピーダンスという．$Z=V/I$ 〔Ω〕

等価回路（とうかかいろ）
equivalent circuit
装置や回路を数式的に解析するために置き換えた電気回路．☞ 電気回路

等化回路（とうかかいろ）
equalizer, equalizing circuit
→イコライザ

等化器（とうかき）**equalizer**
→イコライザ

等価雑音抵抗（とうかざつおんていこう）**equivalent noise resistance**
トランジスタや増幅器で，出力側の雑音電圧を入力側に直して考え，この入

とうか

力電圧と等しい雑音電圧を発生する入力抵抗のこと．また，その抵抗値のこと．

等価自己インダクタンス（とうかじこ——）equivalent self-inductance

等価リアクタンスXの誘導性リアクタンスX_LのL成分で，単位はヘンリー〔H〕．

$$Z=R+jX=R+j(X_L-X_c)$$

$$X_L=2\pi fL,\ L=\frac{X_L}{2\pi f},\ X_c=\frac{1}{2\pi fc}$$

$X=X_L-X_c$，fは周波数

等価正弦波（とうかせいげんは）equivalent sine wave

ひずみ波を扱うときの便法で，ひずみ波と同じ実効値と基本周波数の正弦波に置き換えて考える．これによってベクトルや複素数を使うことができ，取扱いが簡単になる．この仮想の正弦波を等価正弦波という．

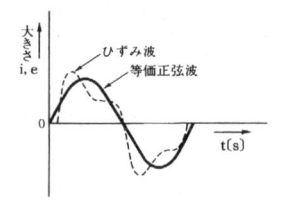

☞ひずみ波

等価抵抗（とうかていこう）equivalent resistance

等価インピーダンスZの抵抗分Rのことで，単位は〔Ω〕．

$$Z=\frac{電圧V}{電流I}=R+jX\quad〔Ω〕$$

（X：リアクタンス〔Ω〕）

等化パルス（とうか——）equalizing pulse

TVの同期信号の一種．飛越し走査のため，垂直同期パルスの前の部分の水平同期パルスの位置が，第1フィールドと第2フィールドで異なる．第2フィールドは水平走査の半分だけ，水平パルスの位置が早まる．この飛越し走査の欠点を補うため，垂直同期パルスの前後の水平走査3本分だけは，水平同期パルスの半分の周期のパルスを，6本ずつおく．このパルスを等化パルスという．

☞飛越し走査

等価容量（とうかようりょう）equivalent capacity

等価インピーダンスZのリアクタンスXの中の，容量Cのこと．

$$Z=\frac{V}{I}=R+jX=R+j\left(\omega L-\frac{1}{\omega C}\right)$$

ここで，V：電圧　　ボルト〔V〕
　　　　I：電流　　アンペア〔A〕
　　　　R：抵抗　　オーム〔Ω〕
　　　　ω：$2\pi f$　fは周波数
　　　　　　Cの単位はファラド〔F〕

☞リアクタンス

等価リアクタンス（とうか——）equivalent reactance

等価インピーダンスZのリアクタンスXのこと．誘導性リアクタンスX_Lと容量性リアクタンスX_cに2分される．Z，X_L，X_cとも単位は〔Ω〕．

$$Z=R+jX=R+j\left(\omega L-\frac{1}{\omega C}\right)$$

$$\left.\begin{array}{l}X_L=\omega L\\X_c=1/(\omega C)\end{array}\right\}\omega=2\pi f$$

fは周波数

同期（どうき）synchronism

1．TVの送信側と受信側の走査周波数や位相を，一致させること．同期パルスで行う．

2．異なる信号の時間的関係を一致させること．一定の時間関係にすること．タイミングをとること．

☞走査周波数

同期AFC（どうき——）
synchronism AFC
TV受像機で，水平走査用発振周波数は水平同期パルスによって同期をとる．同期パルス1本ごとに制御する方式は簡単だが，何かの理由で同期パルスが欠けたり，雑音が混じると同期が狂う．この欠点を除くため，同期パルス数十本の平均値で同期する回路を使う．これを同期AFCという．

☞AFC

同期衛星（どうきえいせい）
synchronous satellite
→人工衛星

同期回路（どうきかいろ）
synchronizing circuit
TVの送信側，受信側の走査のタイミングを合わせる回路．送信側では同期パルス発生回路，受信側では同期分離回路や同期増幅回路のことをさす．

☞カラー・テレビジョン

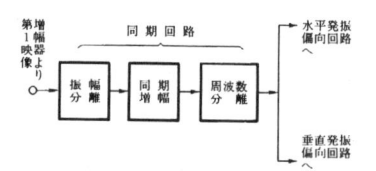

同期式（どうきしき）
synchronous system
コンピュータに使われるときは，次のような意味がある．どの二つの有意瞬間をとっても，その間隔が単位間隔の整数倍である同期の一つの形式（JIS C6230）．

☞有意瞬間

同期式計算機（どうきしきけいさんき）
synchronous computer
シンクロナスコンピュータともいう．

一つひとつのことがらや基本的動作の実行が，タイミング・パルスによって制御され，このパルスでタイミングを合わせて進行するように作られたコンピュータのこと．

☞タイミング・パルス

同期信号（どうきしんごう）
synchronizing signal
1．TVの同期に使う信号で，水平同期信号，垂直同期信号などのこと．カラーTVは，色同期の働きを，カラーバースト信号で行い，色同期信号ともいう．信号振幅の75％（黒レベル）〜100％にあり画面には出ない．

2．一般に回路の同期をとるための信号でパルスが多用され，コンピュータやオシロスコープ，レーダなどに使う．

☞等化パルス

同期信号分離（どうきしんごうぶんり）
synchronizing signal separation
TV信号の同期信号（パルス）を映像信号から分けること．両信号の振幅の違いにより同期信号を分け，さらに水平同期信号と垂直同期信号の周波数の違いで両者を分ける．前者を振幅分離，後者を周波数分離という．

☞同期分離回路

同期性フェージング（どうきせい——）
synchronous fading
フェージングの一種で，減衰性フェージングともいう．帯域内の各周波数の電界強度が，同時（同期的）に変動するものを指す．ゆるやかな周期の変動で，AGC（自動利得制御）で軽減するが，ダイバーシティ受信は効果が低い．見通し内伝搬では大気屈折率の異常分布による減衰などで，また電離層伝搬では吸収や跳躍が原因と考えられる．同期フェージングともいう．

☞ダイバーシティ受信

同期速度（どうきそくど）
synchronous speed
周波数f，極数P，同期電動機の回転

数nの間には，次の関係があり，このn（毎分回転数rpm）を同期速度という．

$n = 120f/P$ 〔rpm〕

いま，P=4, f=50 とすれば，
n=120×50/4=1500　（回転/分）
f=60 なら n=1800　（回転/分）

☞rpm

同期電動機（どうきでんどうき）
synchronous motor

シンクロナスモータともいう．同期速度で回転する同期機の一種で，構造は同期発電機と同じ．始動には別に始動用モータを使うか，界磁表面にコイルを巻き，不完全な誘導電動機として始動する．負荷が変化しても速度は不変で力率の調整が自由，始動が面倒，励磁用直流電流が必要，高価などの欠点がある．ポンプ，送風機，圧縮機などに使う．

☞同期発電機

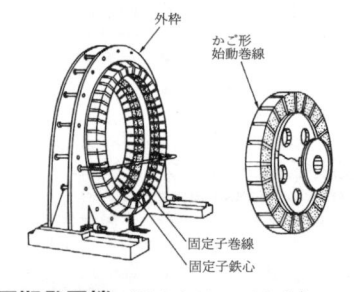

同期発電機（どうきはつでんき）
synchronous generator

同期速度で回転する電気機器を同期機といい，同期発電機はこの一種である．磁束を作る界磁と，起電力を発生する電機子がある．ごく小容量のもの以外は界磁を回転する．大形のものは水力発電所，火力発電所で使う．図は三相同期発電機の構造原理と，発電波形，ベクトル図である．

☞ベクトル図

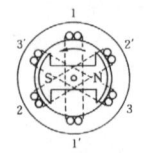

(a) 構造原理(三相)
(c) ベクトル図(三相) 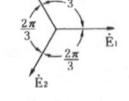
(b) 発電波形(三相) 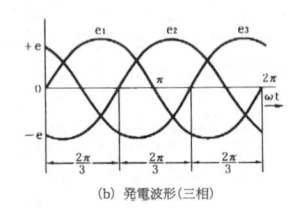

同期パルス（どうき――）
synchronizing pulse

TVの映像の送信，受信の際，水平や垂直の走査の同期に使われる同期信号で，この信号は図のようなパルスである．

☞映像信号

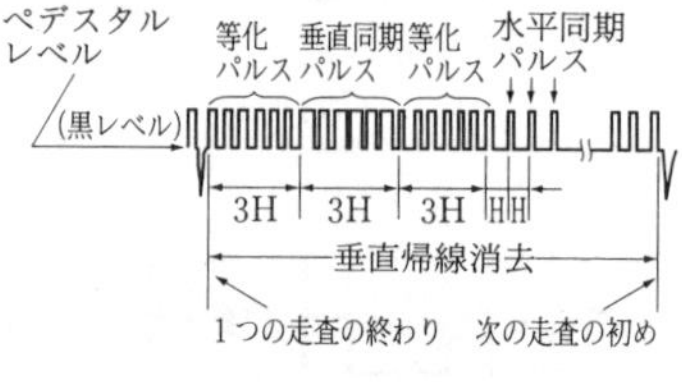

同期フェージング（どうき――）
synchronous fading
→同期性フェージング

同期分離回路（どうきぶんりかいろ）
synchronizing separator circuit

TVの同期信号は合成映像信号の振幅の75～100%に入れ，振幅の違いを利用し同期信号と映像信号を分ける（振幅分離）．さらに水平同期信号と垂直同期信号の周波数の違いによって両者を分ける（周波数分離）．この両回路を同期分離回路という．

☞合成映像信号

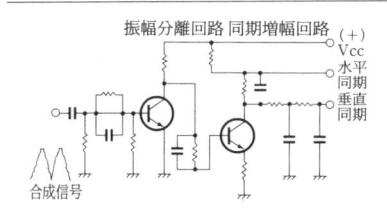

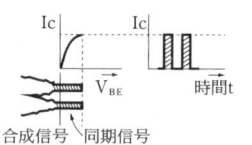

ど)で，動作信号が加わってから，素子がオン(導通)かオフ(遮断)になるまでの時間．2．リレーコイルに動作信号を加えたときから，リレー接点が働くまでの時間．3．自動制御で動作信号が加わってから動作が完了するまでの時間．

☞**自動制御**

動コンバージェンス (どう——)
dynamic convergence
ダイナミックコンバージェンスともいう．カラーTV用シャドウマスク形ブラウン管の周辺部の色ずれを補正すること，補正する装置のこと．偏向角度に応じて変わる放物線電流を，コンバージェンスコイルに流して磁界を補正する (図(a))．偏向角に応じ，ビームが偏向磁界に入る手前で補正する (図(b))．

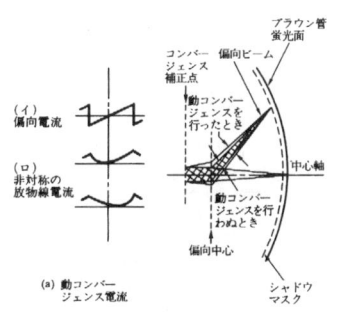

動作時間 (どうさじかん)
operate time, operating time
回路や装置，システム(系)の動作する時間のこと．1．半導体のスイッチング素子(ダイオードやトランジスタな

動作信号 (どうさしんごう)
actuating signal
自動制御で使われることばで，基準入力と主フィードバック量との差で制御動作のもととなる信号のこと．制御偏差ともいう．

☞**基準入力**

動作抵抗 (どうさていこう)
operating resistance
1．電子回路や電子素子，装置などの動作時の電圧Vと電流Iの比，$V/I=R$のこと．2．定電圧ダイオードの降状現象のある部分の，逆方向電流を微少変化ΔIしたときの，逆方向電圧の微少変化ΔVの比，$\Delta V/\Delta I=\Delta R$を定電圧ダイオードの動作抵抗という．

☞**定電圧ダイオード**

動作点 (どうさてん) operating point
トランジスタや真空管の回路の，無信号時の直流電圧，電流の設定点のこと．信号を加えると，この点を中心に信号の振幅変化に応じて電流，電圧が変化する．この変化を出力信号として取り出す．

☞**トランジスタ**

動作電圧 (どうさでんあつ)
operating voltage
素子や回路，装置などが正常に動作するのに必要な電圧のこと．

☞**素子**

動作電流 (どうさでんりゅう)
operating current
素子や回路，装置などが正常に働くのに必要な電流や電流値のこと．

☞**回路**

とうさ

動作電力 (どうさでんりょく)
operating power

電子回路や素子，装置などの正常な動作電圧Vと動作電流Iの積，VI＝Pのこと．

同軸アンテナ (どうじく——)
coaxial antenna

同軸形垂直アンテナまたはスリーブアンテナとかスカートダイポールともいう．同軸ケーブルの外部導体の外側に，銅やしんちゅう（銅と亜鉛の合金）のスリーブ（筒）をかぶせ，上端は外部導体につなぎ下端は開放する．内部の中心導体は1/4波長引き出し，スリーブの長さも1/4波長にして，半波長アンテナとして働かす．水平面内は無指向性で垂直偏波を送受信し，指向性はダイポール（ダブレット）アンテナと同じ．☞スリーブアンテナ

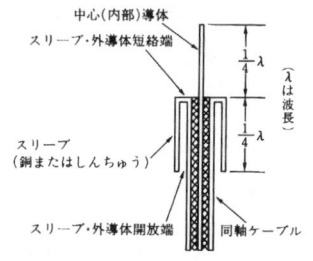

同軸形垂直アンテナ (どうじくがたすいちょく——) coaxial antenna
→同軸アンテナ

同軸管 (どうじくかん) coaxial tube

波長の1/4位の長さの円筒形導体の中心に丸棒形導体を絶縁して取り付け，片方は円筒につなぐ．UHF帯以上で使う分布定数回路の一種で共振器，フィルタなどに利用する．外導体直径Dと内導体直径dの比D/d＝3.6のとき最も減衰が小さく波動抵抗W＝77〔Ω〕となる．図(b)の可変容量C_Vは微調整用，C_Cは結合用．
☞UHF帯

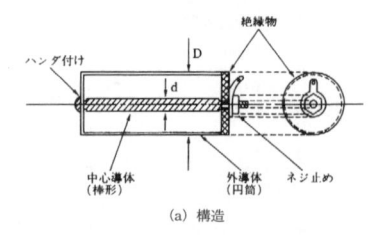

同軸給電線 (どうじくきゅうでんせん)
coaxial feeder

同軸フィーダともいい，同軸ケーブルを給電線（フィーダ）にしたもの．高周波信号を低損失で伝送する．

同軸(空胴)共振器
(どうじく(くうどう)きょうしんき)
coaxial (cavity) resonator

同軸円管（外部導体）の終端を導体で

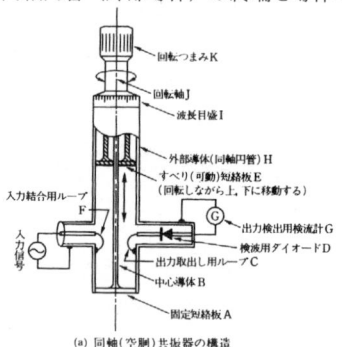

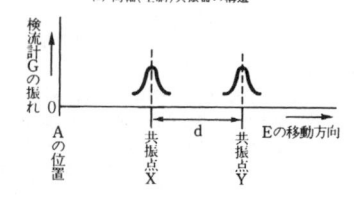

456

閉じて固定短絡板Aとし，対向する短絡板Eを回転軸Jで回転しながら移動して，共振点X，Yを得る．X，Y間の距離をdとすれば，波長 $\lambda=2d$ より求まる．dは波長目盛Iより読み取り，共振点は出力検出用検流計Gの振れで知る．また，周波数 $f=C/\lambda=C/(2d)$ より求まり，$C \fallingdotseq 3 \times 10^8$ (m)である．測定の正確さは 10^{-3} 位で，構造が簡単なため取扱いも容易である．

同軸ケーブル（どうじく——）
coaxial cable

高周波交流を流すケーブルで，高周波損失が少ない．中心導体または内部導体と呼ばれる導線の周りを絶縁物で包み，その外側を網状の導体で包み，さらにその外側を絶縁物で包んだ電線．内部導体を絶縁物で埋めつくす充実形は機械的にも丈夫で，端末の処理も簡単なため，アンテナのフィーダとして使う．充実形は絶縁物が多く使われているので，絶縁物の高周波損失が多く，ケーブルが長くなると損失が増える．そこで絶縁物（ポリエチレンやポリスチロール）の円板を一定間隔で内部に入れ，中心導体を正しく中心に保つ円板絶縁形や，絶縁物のひもや帯をつるのように巻きつけた巻きつけ形を使うと損失が少ない．インピーダンスは 50Ωや75Ωがある．

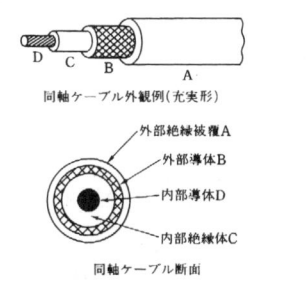

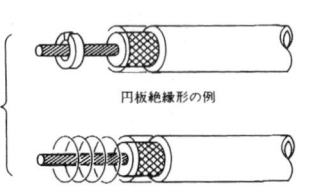

同軸コード（どうじく——）
coaxial cord

コアキシャルコードともいい，分布定数回路の一種．同軸ケーブルに似ているが，しなやかさがあり，折り曲げが自由である．中心導体は，中に充填した高周波絶縁物(ポリスチロールなど)で正しく中心に保つ．VHF以上のフィーダ，フィルタ，共振線に使う．インピーダンスは50～75Ω．
☞分布定数回路

同軸コネクタ（どうじく——）
coaxial connector

電子回路や装置に同軸コードを接続するためのコネクタで，高周波損失が小さい．接続部分の構造からBNC形，N形，M（UHF）形などがある．金属部は黄銅やりん青銅で，表面は銀メッキ，絶縁物にポリスチロールやテフロンを使う．差し込みをプラグ，受けのほうをジャックという．同軸ケーブルと同じインピーダンスの50Ω，70Ω，75Ω用の三種類がある．
☞コネクタ

ジャック 　　　プラグ

同軸周波数計（どうじくしゅうはすうけい）coaxial frequency meter
→同軸波長計

同軸線路（どうじくせんろ）
coaxial line

同軸ケーブルを伝送線路として使うこと．高周波信号を低損失で伝送する．

とうし

同軸波長計（どうじくはちょうけい）
coaxial wavemeter
同軸周波数計ともいい，同軸（空胴）共振器を使って，主にUHF帯（波長10～100cm）の波長λ（周波数f）を測る測定器．fとλの間にfλ＝C（電磁波伝搬速度＝$3×10^8$m）の関係があるので，λを知ればfも知ることができる．
☞UHF帯

同軸フィーダ（どうじく――）
coaxial feeder
→同軸給電線

同軸フィルタ（どうじく――）
coaxial filter
マイクロ波帯または極超短波帯（UHF・SHF）で，共振周波数の異なる同軸共振器を何個か組み合わせたフィルタ（ろ波器）のこと．

同時送受信（どうじそうじゅしん）
simultaneous transmission and reception
通信する場合，送信と受信が同時にできる方式のこと．同時送受信通信とか二重通信，複信方式ともいう．

同時送受通信（どうじそうじゅつうしん）
duplex transmission
→同時送受信

同時送受電話（どうじそうじゅでんわ）
duplex telephony
電話による通信で，送信(話)と受信(話)が同時に行える方式のこと．
☞同時送受信

投射器（とうしゃき）
projecting antenna
短波用ビームアンテナで，フィーダをつなぎ高周波で励振し電波を発射するアンテナ．反射器，導波器などに対応して使う語．
☞八木・宇田アンテナ

透磁率（とうじりつ）**permeability**
磁性体内の磁束密度B，磁界の大きさHとすれば，BとHの比B/Hを透磁率μといい，単位はヘンリー毎メートル〔H/m〕．

透磁率 $\mu=B/H$　　〔H/m〕

導磁率（どうじりつ）**permeability**
→透磁率

導線（どうせん）**conductor**
1．導体で作った線のこと．2．リード線のこと．
☞リード線

銅線（どうせん）**copper wire**
電気銅で作った電線のこと．室温で必要な太さに引き延ばした硬銅線と，硬銅線を熱処理した軟銅線の別がある．

同相（どうそう）**inphase**
周波数の等しい二つの交流の，位相が等しいこと．インフェーズともいう．

等速アクセス記憶装置
（とうそく――きおくそうち）
random access memory
→ランダムアクセスメモリ

銅損（どうそん）**copper loss**
電気機械（モータ，トランスなど）では，コイルの巻数が多く，これに電流Iが流れるとコイルの抵抗Rとの間にジュール熱を生じ損失となる．この損失を銅損という．
☞ジュール熱

導体（どうたい）**conductor**
電流が流れやすい物質で比抵抗が10^{-6}～10^{-4}〔Ω・cm〕位の金属．銀や銅，アルミニウム，鉄などが代表的でこの性質を利用し電気回路や電線に，銅などが多く使われる．導体として銀は優れているが，高価なため接点やコネクタ，端子類などに使われる．

同調（どうちょう）**tuning**
インダクタンスL，容量Cを直列に接続し，その回路の損失をRとして，交流（AC）を加える（図(a)）．電圧Eを一定にして周波数fを変えると，回路に流れる電流Iがfの変化とともに図(b)のような曲線となる．特定の周波数f_0でIは最大となり，その前後で減少する．この傾向はRが増減しても全体の様子は変わらない．f_0では，L，C

のリアクタンスが等しくなり,互いに打ち消し合い,回路のインピーダンスはRだけとなる.回路をこのような状態にするのを同調といい,fを変化してf₀に合わせることを同調するという.

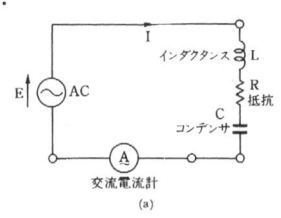

(a) 回路図

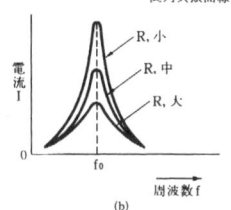

(b) 直列共振曲線

同調アンテナ (どうちょう——)
tuning antenna
→共振アンテナ

同調回路 (どうちょうかいろ)
tuning circuit →共振回路

同調器 (どうちょうき) tuner
→チューナ

同調コイル (どうちょう——)
tuning coil
インダクタンスL(コイル)と容量Cの共振回路のコイルのこと.可変形や固定形がある.

同調コンデンサ (どうちょう——)
tuning condenser
インダクタンスL,容量(コンデンサ)CのLC共振回路(LC同調回路)のコンデンサCのこと.固定形,可変形がある. ☞共振回路

同調指示器 (どうちょうしじき)
tuning indicator
インジケータともいい,表示器の一種.無線送信機や受信機の同調回路が希望の周波数に同調しているかを知る装置や回路.メータ(Sメータ,電流計),ランプ(ネオン管),LEDなどを使う.
→インジケータ

同調周波数 (どうちょうしゅうはすう)
tuning frequency
共振回路の共振周波数,または同調させたときの周波数.

同調増幅器 (どうちょうぞうふくき)
tuned amplifier
高周波増幅器は出力側や入力側に同調回路を使い選択性を保ち,共振インピーダンスを利用する.このような同調回路をもつ増幅器のこと.中間周波増幅器もこの例である.
☞中間周波増幅器

同調の鋭さ (どうちょう——するど——)
sharpness of tuning
共振の鋭さともいい,同調(共振)回路の選択性の良さを示すSまたはQのこと.

$$S = \frac{f_0}{f_H - f_L} \fallingdotseq Q = \frac{2\pi fL}{R} = \frac{1}{2\pi fCR} = \frac{1}{R}\sqrt{\frac{L}{C}}$$

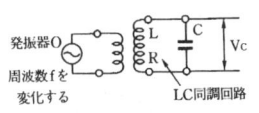

(a) 同調回路

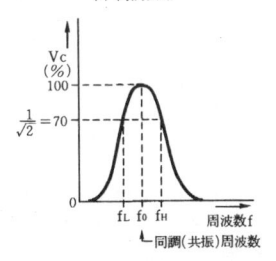

(b) 同調曲線

とうち

同調発振器 (どうちょうはっしんき)
tuned oscillator

増幅回路Aの出力の一部を帰還回路βに加え，特定の周波数を選んでAの入力側に正帰還し発振させる発振器．この帰還回路は多くLC同調回路を使い，このような発振器を同調発振器という．☞帰還回路

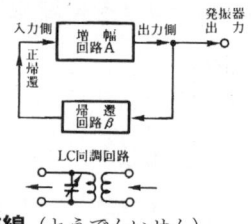

等電位線 (とうでんいせん)
equipotential line

電界内で電位の等しい点を結んでできる線のこと．☞等電位面

等電位面 (とうでんいめん)
equipotential surface

電位の等しい点をつらねた面のこと．図は点電荷Pからの等電位面を示したもので，距離r_1，r_2を半径とする球となる．

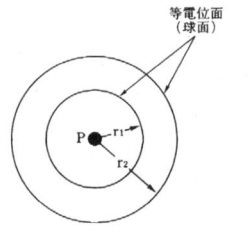

動電形スピーカ (どうでんがた——)
electrodynamic speaker
→ダイナミックスピーカ

動電形マイクロホン (どうでんがた——)
electrodynamic microphone
→ダイナミックマイクロホン

導電ガラス (どうでん——)
conductive glass

加熱して溶かしたガラスに，アンチモン，すずなどを吹きつけると，酸化して表面に酸化物の透明な膜ができる．機械的に強く，抵抗も低いので，EL素子の透明電極や皮膜抵抗器にする．☞EL素子

導電材料 (どうでんざいりょう)
conductive material

導電率の良い電気材料のことで，導体のこと．
☞導電率

導電性プラスチック (どうでんせい——)
conductive plastics

導電性をもたせるためプラスチックの中に金属の細かい粉を混ぜたもの．プラスチック自体が導電性をもつものも開発中である．

読点の入力 (とうてん——にゅうりょく)

ワープロやパソコンの画面に読点を入力するときは，キーボードのSHIFTキーを押しながら文字キー (,) を入力すること．

導電率 (どうでんりつ) **conductivity**

物質の抵抗率rの逆数のことで，電流の流れやすさを示す．単位はジーメンス毎メートル [S/m]．

導電率 $\sigma = 1/r$

動特性 (どうとくせい)
dynamic characteristic

ダイナミック特性ともいう．機器，装置などに負荷をつないで動作させたときの電圧，電流，回転数，発生電圧などの関係を示す特性のこと．トランジスタの場合は，負荷，電源をつなぎ，入力信号を加えたときの，電圧－電流特性のことで，静特性と対応する語．☞静特性

導波管 (どうはかん) **wave guide**

ウェーブガイドともいう．立体回路の代表で，切断面が円形の円形導波管と，長方形の方形導波管がある．方形導波管の長辺aの2倍位の波長より長い高周波（電波）は通さずそれより短い波

長の成分はよく通す．マイクロ波帯での伝送回路になる．内部は中空で表面を銀メッキする．

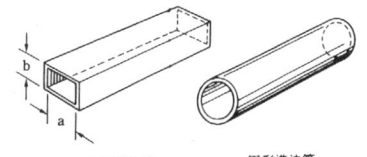

方形導波管／円形導波管

導波管可変抵抗減衰器（どうはかんかへんていこうげんすいき）
variable waveguide attenuator
導波管内に入れた抵抗皮膜片を，管軸（中心）から管壁に平行に移動し，減衰量を可変するか，導波管壁の軸方向にスリット（細い割れ目）を付け，こから抵抗皮膜片を導波管内に差し込み，その面積を変えて減衰量を加減する方法がある．
☞導波管抵抗減衰器

導波管スタブ（どうはかん——）
waveguide stub
導波管に側路（スタブ）を付け，この中に短絡板を入れ，その位置と負荷の位置の両方を調整して，負荷の不整合による反射波を，短絡板によって生じた反射波で打ち消す．このため整合スタブともいう．☞導波管整合法

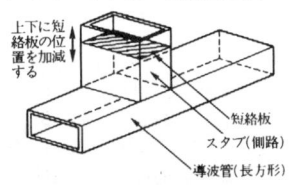

導波管スタブ同調器（どうはかん——どうちょうき） waveguide stub tuner
導波管の中に電界方向と平行に金属棒（ポスト）を数本，適当間隔で並べて立て，長さを加減して反射波の大きさ，位相を調整し，負荷の不整合によって生じた反射波を打ち消す．導波管の整合法の一つである．
☞導波管整合法

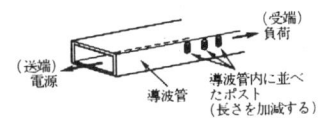

導波管整合法（どうはかんせいごうほう）
waveguide matching method
導波管と負荷との整合には次のような方法がある．
(1)テーパ整合．導波管から電磁波（マイクロ波）を放射するとき，導波管の端末断面を徐々に広げ（テーパを付け），空間と導波管の両方の特性インピーダンスを近づける．徐々に広げた部分は電磁ラッパという．
(2)導波管につないだ検波器や検出計などの負荷との整合．次の4種類がある．
①導波管スタブ．②導波管スタブ同調器③導波管同調ネジ．④導波管同調窓．

導波管抵抗減衰器
（どうはかんていこうげんすいき）
waveguide resistance attenuator
マイクロ波の発振器と負荷の間に入れて緩衝（かんしょう）作用（バッファ）をさせたり，導波管内の通過電力に必要な減衰を与えたりするのに使う．ガラス板やマイカ板の表面に金属皮膜を蒸着または焼き付け抵抗膜にする．これを導波管内に電界の方向と伝搬方向を含む平面に平行に置く．導波管内に入れたときに生じる不整合を減らすため，管内波長の1/2にわたりテーパ（傾斜）を付ける．管軸と直角方向に移動して減衰量を可変でき，管軸（中心）に近いほど減衰量は増す．

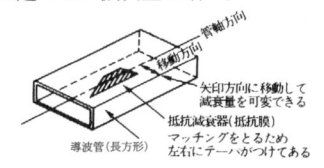

とうは

導波管テーパ整合 (どうはかん——せいごう) waveguide taper matching
→導波管整合法

導波管同調ネジ (どうはかんどうちょう——) waveguide tuning screw
導波管にネジまたは探針を差し込み，その位置や長さを変え，これによって生じる反射波の大きさや位相を適当にし，負荷との不整合で生じた反射波を打ち消す．導波管における整合法の一つ．

☞導波管整合法

導波管同調窓 (どうはかんどうちょうまど) waveguide aperture
導波管内に管軸と直角方向に設けた窓のこと．窓の大きさに応じて生じた反射波を打ち消す．同調窓①を同調しぼりとか共振しぼりという．導波管同調窓を導波管窓ともいう．導波管と負荷の整合法の一つである．

☞導波管整合法

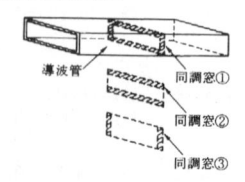

導波管フィルタ (どうはかん——) waveguide filter
導波管に同調窓やスタブまたは空胴共振器を付け，マイクロ波（極超短波）のある周波数帯域を阻止したり通過させたりする．

☞スタブ

導波管分割器 (どうはかんぶんかつき) waveguide power divider
導波管でマイクロ波を伝送する途中の分岐を行う部分のこと．次のような種類がある．

(1) E分岐．E面T形接合とか直列分岐，電流分岐ともいう．
(2) H分岐．H面T形接合とか並列分岐，電圧分岐ともいう．
(3) Y分岐．次の二つに分かれる．
　①Y接合E分岐またはE面Y形接合
　②Y接合H分岐またはH面Y形接合

分岐部分のT接合部（T接合器）やY接合器を合わせて三叉管といい，主回路の伝送電力を半分に分割する．

☞伝送電力

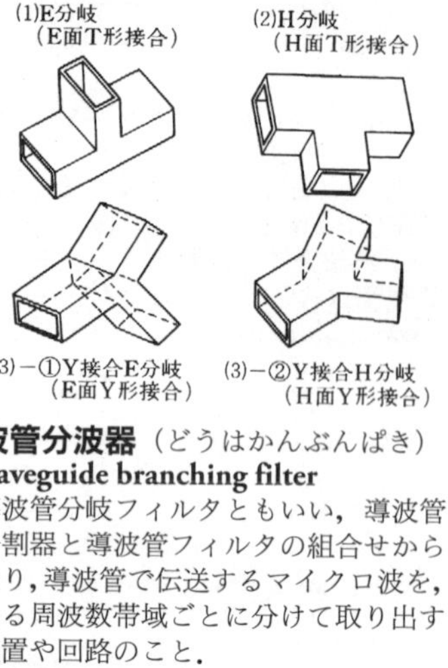

(1) E分岐（E面T形接合）
(2) H分岐（H面T形接合）
(3)-① Y接合E分岐（E面Y形接合）
(3)-② Y接合H分岐（H面Y形接合）

導波管分波器 (どうはかんぶんぱき) waveguide branching filter
導波管分岐フィルタともいい，導波管分割器と導波管フィルタの組合せからなり，導波管で伝送するマイクロ波を，ある周波数帯域ごとに分けて取り出す装置や回路のこと．

導波管放射器 (どうはかんほうしゃき) waveguide radiator
導波管から空間に電波を放射するものの総称で，電磁ラッパはこの例である．

導波管窓 (どうはかんまど) waveguide aperture
→導波管同調窓

導波管リアクタンス減衰器 (どうはかん——げんすいき) waveguide reactance attenuator
リアクタンス減衰器とか遮断形減衰器

ともいう．導波管や同軸ケーブルによるマイクロ波（極超短波）伝送回路の減衰器の一種で，導波管の遮断波長より長い波長で使い，指数的減衰を与える．インダクタンス減衰器とピストン形の容量減衰器がある．同軸ケーブル(1)と(2)の間に円形導波管(3)を差し込み，①の中心導体の先端を曲げ導波管に導く．②の中心導体の先端も曲げて導波管に結合して，マイクロ波電磁界を取り出す．減衰量は結合間隔dを加減して変化する．電磁波吸収体は接合部での反射分を防ぐ．

☞容量減衰器

中心導体① 円形導波管(3) 中心導体②
電磁波吸収体（反射波防止）
(入力) 同軸ケーブル(1) d (出力) 同軸ケーブル(2)

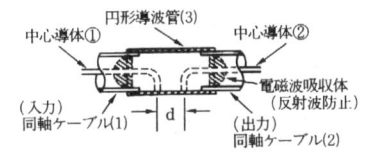

導波器（どうはき） director

アンテナの指向性を鋭くするため，投射器の前に配列する無給電アンテナで，投射器より短い．この数が多いほど指向性は鋭くなる．短波以上のアンテナに使われる．

☞八木・宇田アンテナ

等方性アンテナ（とうほうせい——）
isotropic antenna

すべての方向に，同じ強さの電波を発射するアンテナのこと．実在しないが，他のアンテナの比較の基準にする無指向性アンテナのこと．

☞無指向性アンテナ

透明電極（とうめいでんきょく）
clear electrode →導電ガラス

ドキュメント document

原意は文書・書類であるが転じて仕様書・説明書の意味である．たとえばファイルになった文書は，ドキュメントファイルという．

特性インピーダンス（とくせい——）
characteristic impedance

波動インピーダンスともいう．同軸コード，フィーダなどの特性を示す定数．これら伝送線では，電圧Vや電流Iは送端から遠ざかるほど小さくなるが，VとIの比V/Iはどこも一定で，この比を特性インピーダンスZoといい，単位はオーム〔Ω〕．高周波回路では，インダクタンスL，容量Cとして，
$$Zo \fallingdotseq \sqrt{L/C} \quad [\Omega]$$

特性曲線（とくせいきょくせん）
characteristic curve

部品，回路，装置，機器などの電圧，電流などの特性を示す曲線のこと．トランジスタの$V_{CE}-I_C$特性はこの例である．

トグル・スイッチ toggle switch

スナップスイッチともいう．レバーまたはツマミを前後に倒して，電気回路を切ったりつないだりする．断続回路の数や使用電圧，電流容量により各種のものがある．また，レバーの部分が絶縁されているものや，押しボタン式のものがある．

☞押しボタン・スイッチ

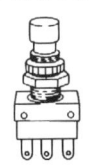

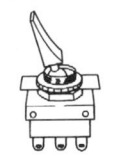

押しボタン式　　レバー式（絶縁形）

ドット印字装置（——いんじそうち）
dot printer, matrixprinter

ドット（点）を横たてに配列して，文字や図形をプリントする印字装置（出力装置）のこと．ドットプリンタとかドットマトリックスプリンタともいう．インパクト方式の代表的なもので，印字速度が速く，ランニングコストも低い．複写紙の使用で複写がとれるが，騒音が大きく，熱転写式に比べ高価である．

☞インパクト・ドット・マトリック
ス・プリンタ

ドット・クロール　dot crawl
TV画像の境界に，にじみが生じる現象で，輝度信号Yと色信号Cとが混じるために生じる妨害．Y・C両信号を分離して除去する．

ドット・プリンタ　dot printer
→ドット印字装置

ドット・マトリックス・プリンタ
dot matrix printer
☞インパクト・ドット・マトリックス・プリンタ

ドップラー効果（——こうか）
Doppler effect
1点Tから電波を発射し，その周波数をf_Tとする．この電波を速度vで接近しながら受信すると，受信周波数f_1はf_Tより高くなる．反対に遠ざかりながら受信すると，受信周波数f_2はf_Tより低くなる．光の速さをCとすれば，

$$f_1 = f_T + \frac{f_T \cdot v}{C-v}, \quad f_2 = f_T - \frac{f_T \cdot v}{C-v}$$

これをドップラー効果という．

ドップラー周波数（——しゅうはすう）
Doppler frequency
電波や音（波）などの波（動）の発生点と受ける点（測定点）のどちらかが移動するとき，発生点の波の周波数f_Tと接近しながら受けるときの周波数f_1はf_Tより高くなる．$f_T < f_1$．反対に遠ざかるときの波の周波数f_2はf_Tより低くなる．$f_T > f_2$．この物理現象により生ずる周波数f_1・f_2のことをドップラー周波数という．

☞周波数

ドップラーレーダ　Doppler RADAR
航空機が地上に対する速度（対地速度）を測るためのレーダのこと．機中から各方向に向けてパルスを発射し，ドップラー効果による反射波の周波数変化を測る．その差が大きい程，対地速度は大きい．

☞レーダ

ドナー　donor
不純物のない，純粋なシリコンやゲルマニウムに，ひ素（As），アンチモン（Sb）などを微少量混ぜる．不純物原子は5個のため，シリコンやゲルマニウムのような価電子が4個の原子と結合したとき電子が1個あまる．これを過剰電子という．この電子は原子との結合が他の電子に比べて弱く，外部からのわずかな熱エネルギで原子の結合力から自由になり，結晶内を動き回る．電子は負（−）の電気を帯びているため，ネガティブのNをとってN形半導体，ドナーという．

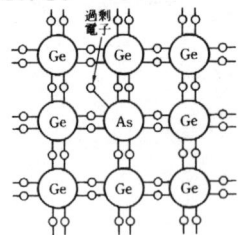

☞過剰電子

ドナー不純物（——ふじゅんぶつ）
donor impurity →ドナー

飛越し走査（とびこ——そうさ）
interlaced scanning
日本，アメリカなどで用いているTV画面の走査の方法．画面の走査線を，1本おきに飛び越して走査すること．1枚の画面を1本おきの粗さで，2回走査することに相当し，毎秒30枚の画数を2倍の60枚相当にし，ちらつきを減らす．

☞走査線

飛越し文（とびこ——ぶん）
go to statement
ALGOLの用語（コンピュータのプログラム言語）．"GO TO（行き先式）"の形で表現される文で，文が書いてある順序で決められた通常の実行順序

を，そこで中断し行き先式の値が示す名札をもつ文へ実行を移す働きをする（JIS・情報処理用語）．
☞ALGOL

ドーピング　doping
特定の不純物元素を必要量だけ結晶の中に加えること．たとえば，真性半導体にアンチモンやインジウムなどの不純物を加えること．

トムソン効果（――こうか）
Thomson effect
同じ種類の金属，たとえば銅線の各部分の温度が異なる場合，電流を流すと温度の変化する部分で熱を吸収したり発生すること．銅や銀では高温の部分から低温の部分に電流を流すと発熱し，鉄では吸収する．銅や銀でも全体の温度を$-170°$位の低温にすると吸熱する．電流の流す方向を逆にすれば，吸熱・発熱の現象は逆になる．

ドメイン　domain
原意は領地・領域のこと．大規模ネットワークの大勢の利用者を領域ごとの小グループに分け，区別しやすくする領域別分類のこと．表示は第1～第3コードでドット□により各部を区切る．
第1コード：国別表示　分離不十分の為．"日jp，仏fr，米なし"
　　例　www.dempa.co.jp
　IPアドレスのドメインへの自動変換
第2コード：事業別・団体別の表示．
第3コード：学校名・企業名・プロバイダ名（3～36の文字列）
これをドメインアドレスといい，順番は第3コード・第2コード・第1コード．
☞アドレス

トライアック　triac
三端子の交流制御素子で，1963年アメリカGE社で開発した半導体素子の商品名．SSSと同じように，NPNPNと順，逆方向に対称な特性をもち，ゲートに電流を流し両方向の電流を制御する．図(a)は原理的構造，図(b)は記号，図(c)は回路例で，無接点スイッチや位相制御用に使う．
☞SSS

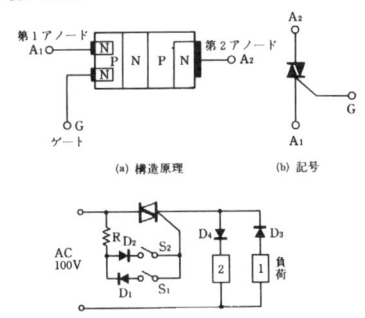

(a) 構造原理　(b) 記号

(c) 回路例

ドライバ　driver
1．ネジ回しのこと（工具）．プラス（＋）形とマイナス（－）形の2種類がある．
2．終段の電力増幅器に十分な信号エネルギを与えるための，前段の低電力増幅器のことで，駆動回路ともいう．

ドライブ　drive
1．ディスクドライブのこと．
2．ドライバのこと．

トラッキング　tracking
1．スーパヘテロダイン受信機の単一調整のこと．受信周波数f_1と局部発振周波数f_2との差が中間周波数f_3になるよう受信周波数帯の中央とその上下の3点で調整する．上下2点だけですます場合もある．受信帯域の全域でこれを実行するのは不可能なため，2～3点で間に合わせる．
2．地球局がアンテナの方向を制御して，人工衛星を追跡すること．

トラッキング・エラー　tracking error
1．スーパヘテロダイン受信機でトラッキングをとるが，トラッキングをとらない周波数では，受信周波数を少しずらさないと正確な中間周波数が得ら

とらつ

れない．この周波数のずれ，偏差のことをいう．

2．レコード盤で音を再生するとき，トーンアームで外側から内側までトレースするが，アームの長さが一定のため，カートリッジの中心線は音溝と接線とならず誤差を生じる．この誤差角のこと．

☞偏差，誤差

トラッキング現象（――げんしょう）
tracking phenomenon

電源プラグに使用されている絶縁材料によっては，コンセントに電源プラグを差したままだと，ほこりや湿気によって刃と刃の間に微少電流が流れる．それが長期にわたって繰り返されると，通常は電気を通さない電源プラグの刃と刃の間の絶縁材が炭化し，電気の筋道(トラック)を作ってしまうこと．

☞電源プラグ・コード

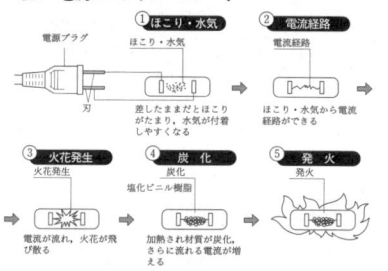

トラッキング誤差信号（――ごさしんごう） **tracking error signal**

光ディスク上に信号を記録したり，光ディスク上の信号を再生するときに，信号が記録されているトラック位置を検出するため，トラック位置とビームスポット位置の差を検出する．これをトラッキング誤差信号(TE)といい，このトラッキング誤差信号を0にするようにビームスポットの位置を追従制御することにより，トラッキングサーボが動作する．図においてTEがトラッキング誤差信号であり，ビームスポットがプリグルーブ(グルーブと同じ意味)上にあるときには，TEの大きさが0を示している．

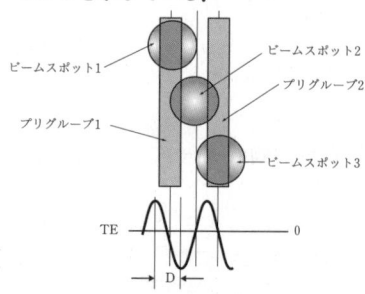

トラッキングレス・バリコン
trackingless variable condenser

スーパヘテロダイン受信機の同調用のバリコンで，局部発振用と同調用のバリコンの各容量比を適当にし，単一調整を省いている．局部発振側は周波数が高く容量は少ないのでバリコンも小形で，同調側と合わせ親子バリコンともいう．

☞スーパヘテロダイン受信機

トラック　track

1．コンピュータの磁気記憶装置（磁気ドラム，磁気ディスク，磁気テープなど）の表面に一連のデータを，ヘッドで書込みや読取りができる連続した帯状の部分のこと．

2．テープレコーダの磁気テープやCDのディスク上に信号を録音，再生する帯状部のこと．

☞磁気記憶装置

トラックジャンプ　trck jump

トラックジャンプは，スパイラル状に作製したトラックにビームスポットを追従させたとき，トラックに沿ってビームスポットが移動してしまう．これを防止し，同じトラックに停止状態にさせるため，トラックを1周したときに元のトラックにジャンプさせる．こ

れをトラックジャンプと呼び, ビームスポットをトラック上に待機させるときに使う. 図は, トラックジャンプ波形と, セクタアドレスを再生した再生信号波形を示す.

☞ビーム・スポット

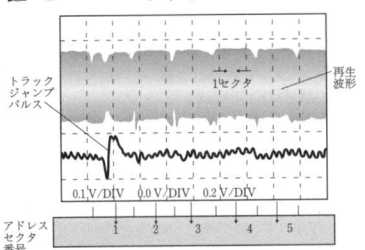

トラックボール　track ball
ノートパソコンでマウスの代わりに使った入力用装置. 球の一部分を外に出し, これを指先で回して画面上のカーソルを移動させる. マウスを反転して底の球を出した感じである. 1992年アップル社が使い出したが, ゴミによる動作不良や本体の軽量化・薄形化のため, 平板上を指でなぞるトラックパッドになっている.

☞マウス

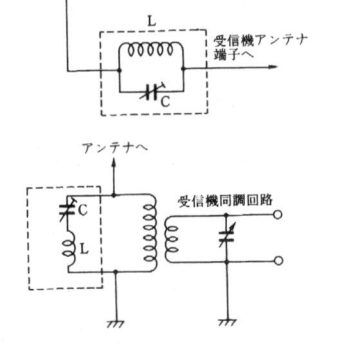

トラップ　trap
1. ウェーブトラップの略語で, 高周波回路に混入する妨害周波数分を除く一種の同調 (共振) 回路.
2. TV受像機の高周波回路に入れ, 不必要な周波数帯域のカットに用いる. 隣接チャネルトラップ, 音声トラップなどがある.

☞音声トラップ

トラップ周波数 (——しゅうはすう)　trap frequency
トラップの共振周波数のこと. 取り除こうとする周波数に, トラップを共振させる.

☞共振周波数

トラブルシューテング　trouble shooting
故障発見とその対策のこと. 機械は必ず故障する. どんなに高級な装置でも. だからその対策が必要.

トラブルシューテングリスト　trouble shooting list
機械・装置・システム (コンピュータ)・プラントなどの障害対策の一覧表のこと.

ドラム　drum
1. 磁気ドラムのこと.
2. 磁気ドラム記憶装置のこと.

☞磁気ドラム記憶装置

トランザクション・ファイル　transaction file
情報処理用語で, 新しく発生した一時的なデータを含むファイルのこと. このファイルは適用業務に応じて, これと対応するマスタ・ファイルと照合しながら処理される.

☞マスタ・ファイル

トランジション周波数 (——しゅうはすう)　transition frequency
トランジスタの交流に対する電流増幅率h_{fe}は, 高周波では6dB/octで低下する. このh_{fe}が0dB(h_{fe}=1)になる周波数f_Tを, トランジション周波数という. octはオクターブの意.

☞オクターブ

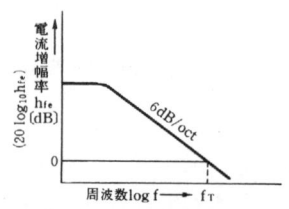

電流増幅率 h_{fe} (20 $\log_{10} h_{fe}$) [dB]

6dB/oct

周波数 $\log f \longrightarrow f_T$

トランジスタ transistor

1948年アメリカのベル研究所で，バーデーン，ショックレー，ブラッテンの3人が発明した能動電気部品．ゲルマニウムの結晶の中の電子や正孔の働きを利用し，増幅，発振などの働きをさせる．発明当時は真空管が使われていたが，次のような利点があり真空管にとって代わった．①小形，軽量，②長寿命，③低消費電力，④機械的な衝撃に強い，⑤少発熱量，⑥低電圧，小電流で働く．電極はエミッタ，ベース，コレクタの三つあり，初期は点接触形で，のちに接合形やFETができた．接合形はP形半導体とN形半導体を，サンドイッチ状に組み合わせPNP形とNPN形がある．種類には，合金接合形，ドリフト形，合金拡散形，拡散接合（メサ）形，マイクロアロイ形，プレーナ形などがある．

☞FET

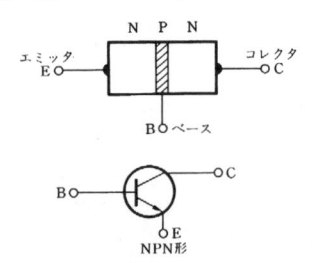

エミッタ E — N P N — コレクタ C
B○ベース

B○ーーC
○E
NPN形

トランジスタ回路 （——かいろ）
transistor circuit

トランジスタを使った電子回路のこと．ごく特殊なもの以外，すべてトランジスタやICが使われ，電子管で不可能なコンプリメンタリ回路もある．トランジスタは小形，軽量，小電流，低電圧で働き，抵抗器，コンデンサも小形化され，ICの出現で回路はますます小形化，小消費電力，高信頼化している．

☞電子回路

トランジスタ混合器 （——こんごうき）
transistor mixer

ミキサともいい，トランジスタによる混合器のこと．トランジスタQのエミッタEから局部発振周波数 f_0，ベースBから受信周波数 f_R を加え混合すると，出力（コレクタ）に f_0 と f_R の差と和の周波数成分が出てくる．T_2を差の周波数 f_0-f_R に共振させ，中間周波数 f_i を取り出す．

☞ミキサ

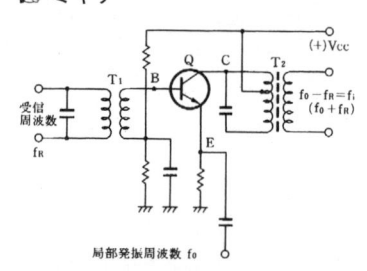

受信周波数 f_R — T_1 — B Q C — T_2 — (+)V_{CC}
$f_0-f_R=f_i$
(f_0+f_R)
E
局部発振周波数 f_0

トランジスタ増幅器 （——ぞうふくき）
transistor amplifier

トランジスタを使った増幅器で，直流，交流，低周波，高周波の各増幅器があり，直結形，CR結合形，トランス結合形などの結合方式がある．ベース接地，エミッタ接地，コレクタ接地など，接地電極の異なる回路がある．

☞増幅器

トランジスタ・チェッカ
transistor checker

トランジスタ特性の良否を調べる簡易形試験器．コレクタ遮断電流 I_{CBO}，エミッタ接地の電流増幅率 h_{fe}，h_{FE} など

をメータの指示で読み取る．

☞電流増幅率

トランジスタ等価回路 （——とうかかいろ） equivalent circuit for transistor

トランジスタの回路解析や設計に，簡単で使いやすく，動作を忠実に表現する等価回路が求められ，バイアス設計用直流等価回路や低周波用T形等価回路および四端子hパラメータ等価回路などがある．高周波用にはT形，π形等価回路を使う．これらの等価回路は，トランジスタ電極の接地方式によっても異なってくる．

☞等価回路

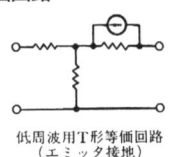

低周波用T形等価回路
（エミッタ接地）

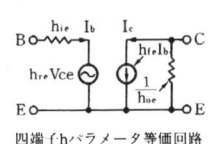

四端子hパラメータ等価回路
（エミッタ接地）

トランジスタ時計 （——とけい）
transistor clock

乾電池時計の一種で，図の振子Mは磁石．左に振れ矢印方向にもどるとき，磁石の磁束がコイルL_Bを切り，電流が流れる．これがトランジスタTで増幅されコイルL_Cに流れ，磁石S極を引き，Mは一定周期で往復する．コレクタ電流は，瞬間的に$50\mu A$位流れるだけで電池の寿命は長く経済的．Tはわずかな電流でも働くよう電流増幅率h_{FE}の大きいものを使う．

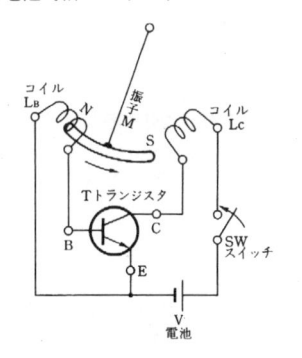

トランジスタ・ノイズ
transistor noise

トランジスタから発生する雑音のこと．(1)散弾雑音．キャリアの移動が不連続なのが原因．(2)熱じょう(擾)乱雑音．熱エネルギ（使用温度）によるキャリアの不規則運動が原因．(3)フリッカ雑音．接合部やチャネル（FET）における電流のゆらぎが原因．これら雑音は周波数と関係が深い．対策は，①低雑音トランジスタの使用，②コレクタ電流を減らす，③信号源抵抗を適当に選ぶ．

☞雑音

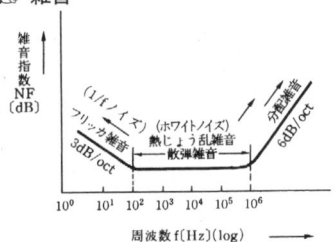

トランジスタの接地方式
（——せっちほうしき）

トランジスタの接地方式には三つの基本回路がある．

①エミッタ接地回路．最も多く使われ，電圧，電流，電力各利得は最も高く，入力インピーダンス，出力インピーダンスはともに他の回路に比べて中間の値である．入力電圧に対し出力電圧の位相は180°異なる．特性のバラツキは

とらん

大きく,周波数特性,ひずみ率は良くないが負帰還をかけて補う.

②ベース接地回路.電流利得は1以下で,電圧利得は負荷インピーダンスを高くし数百倍得られる.入力インピーダンスは低く,出力インピーダンスは最も高いので負荷に共振回路をつないでもQを下げずにすむ.周波数特性,ひずみ率は良く,特性のバラツキは少なく,入力と出力の信号の位相は同相.高周波回路の初段用(フロントエンド)に適する.

③コレクタ接地回路.電流利得が高く電圧や電力の利得は低い.高い入力インピーダンスと低い出力インピーダンスのため,インピーダンス変換回路に適す.入力と出力の位相は電流だけが反転する.周波数特性もひずみ率も良く,特性のバラツキは少ない.

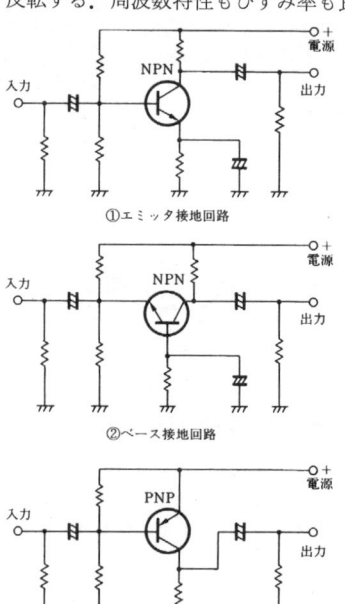

☞コレクタ接地回路

トランジスタ発振器(——はっしんき)
transistor oscillator

トランジスタの増幅作用を用いた発振器で,高周波用にはLC発振器(コレクタ同調形,コルピッツ形,ハートレー形など),低周波用にはCR発振器(移相形,ウィーンブリッジ形など),また水晶発振器(高周波用,低周波用),音叉や音片,磁わい(歪)発振器(低周波,超音波用)がある.

☞磁わい(歪)発振器

トランジスタ変換器(——へんかんき)
transistor converter

トランジスタを使った変換器で,周波数変換器,フリケンシコンバータ,コンバータともいい,スーパ受信機に使われる.局部発振と混合を一つのトランジスタで行う自励式と,二つのトランジスタで別々に行う他励式がある.図はラジオ受信機(中波,AM)の周波数変換回路.

☞ラジオ受信機

①エミッタ接地回路

②ベース接地回路

③コレクタ接地回路

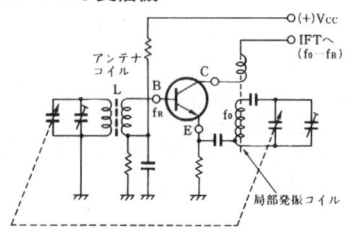

自励式トランジスタ変換器

トランジスタ変調回路
(——へんちょうかいろ)
transistor modulation circuit

トランジスタの変調回路で,ベース変調回路,エミッタ変調回路,コレクタ変調回路などがあり,感度はベース変調回路が最も高く,コレクタ変調回路が最も低い.ひずみ特性や雑音特性はコレクタ変調回路が最も良く,ベース

変調回路は最も低い．エミッタ変調回路は中間的特性である．
☞エミッタ変調回路

トランジスタ・ラジオ
transistor radio
一つのケースに周波数変換，中間周波増幅，ダイオード検波，低周波増幅，電力増幅とラジオの各回路をすべて収め，これをトランジスタで働かす．ワイシャツのポケットに入るくらい小形で，軽量，消費電力も少ない．電源は乾電池を使い，簡単なダイヤルと音量調整がある．

トランシーバ transceiver
一つのケースに送信部（トランスミッタ）と受信部（レシーバ）を組み込んだ携帯用通信機．送信，受信の切換えは押しボタンスイッチで行い，FM式が多く電源は乾電池で据置形は交流電源を使う．放送局の現場中継用，アマチュア無線用，市民バンド用に使い，出力も数W位で，通信距離は比較的短い．

トランス transformer
トランスフォーマ，変圧器，変成器ともいう．用途により多くの種類がある．
(1)周波数で分類．低周波用，搬送周波用，高周波用．
(2)用途で分類．電力用，通信用．入力トランス，出力トランス，ドライブトランス，発振トランス，変調トランス．
(3)使用材料で分類．磁性材料（圧粉鉄心，成層鉄心），巻線材料，絶縁材料．

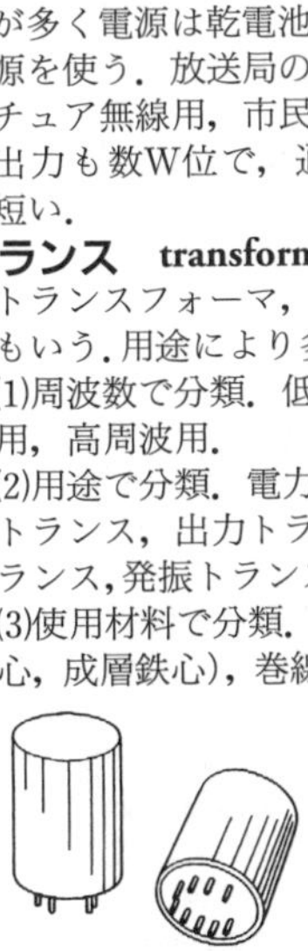

インプットトランス 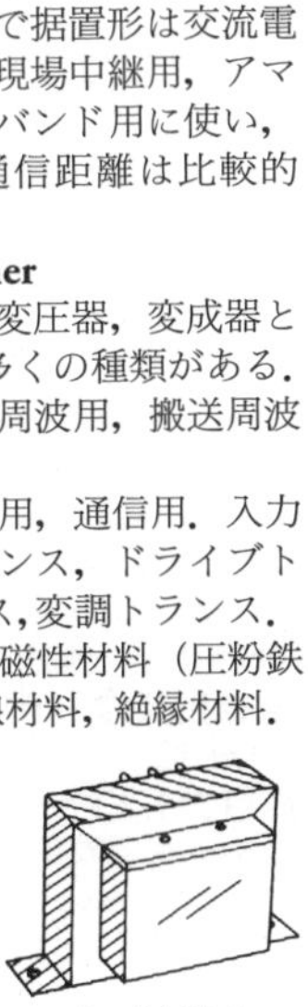　　ヒータトランス（電子管用）

トランス結合回路 (——けつごうかいろ) transformer coupling circuit
トランスの一次側，二次側に回路をつなぎ，トランスで両回路を結合すること．インピーダンスマッチング，発振，増幅などに使う．

トランス結合増幅器
(——けつごうぞうふくき)
transformer coupling amplifier
トランスで結合した増幅器のこと．低周波増幅器で使い，CR結合増幅器に比べ周波数特性は悪いが利得が高く簡易回路に使う．高周波増幅器ではIFTを使った中間周波増幅器などがある．図はトランス結合の低周波増幅回路．
☞IFT

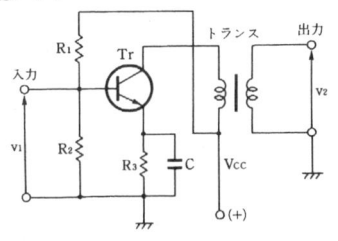

低周波増幅回路例

トランスジューサ transducer
変換器ともいい温度，圧力などを電気量に変える装置．自動制御，計測に多用し，用途によって異なり種類が多い．

トランスデューサ transducer
→トランスジューサ

トランスファ transfer
マイコンのCPU内部レジスタ相互のデータの転送のこと．
☞マイコン

トランスファ・モールド
transfer mold
ダイオードやトランジスタの樹脂モールド法の一種で大量生産に適す．樹脂を加熱し最もやわらかくなったとき，金型に流し圧力を加えてパッケージする．IC，SCRなどはこのモールドが多い．☞IC，SCR

トランスフォーマ transformer
→トランス

トランスポンダ transponder
transmitter（送信機）とresponder（応答機）の合成語で，人工衛星が地上からの電波を受信して増幅し，周波数を変えて再び地上に送信する中継装置のこと．☞人工衛星

トランスミッタ transmitter
無線送信機のこと．TXと略すことがある．☞無線送信機

トランスレス方式（――ほうしき）
transformerless type
TV受像機やラジオ受信機で電源変圧器などトランス類を使わない方式．トランスの重さや値段，スペースの節約，洩れ磁束の障害も防げる．
☞洩れ磁束

トランスレータ translator
変える，変換するという原意から次のように使う．
1．コンピュータの翻訳ルーチンのこと．
2．テレビ，ラジオ放送のサテライト装置．
3．有線放送のクロスバ自動交換機の1回路で，交換手の働きをする共通制御回路．

トランスレータ局（――きょく）
translator station
サテライト局ともいいTVの難視地域をなくすための中継局．親局のVHF電波を受け，UHF電波に直し再放射して周辺にサービスする．
→サテライト局

トリー tree
→ツリー構造

トリウム・タングステン陰極
（――いんきょく）
thoriated tungsten filament
タングステンにトリアを1～2％加えて熱処理し，表面にトリウムの単原子層を固定させた熱陰極で中形送信管に使う．トリタン陰極と略して呼ぶ．
☞タングステン・フィラメント

トリガ trigger
回路の動作を変えたり，転換すること．トリガパルス，トリガ回路と形容詞のようにも使う．トリガとは銃の引き金のことで，引き金を引く，という意味に使う．

トリガ回路（――かいろ）
trigger circuit
次の回路の意味に使う．
1．サイリスタをトリガするための回路．
2．トリガパルスの発生回路．
3．トリガパルスを扱う回路．

トリガ・スイープ trigger sweep
ブラウン管オシロスコープに使うスイープの一種で，測ろうとする波形からトリガパルスを作り，これでワンショットマルチバイブレータを働かせゲート電圧を作り，このゲート電圧でスイープ用のこぎり波を発生する．アメリカのテクトロニクス社が開発したシンクロスコープに使われたスイープ法．
☞スイープ

トリガ・パルス trigger pulse
発振回路をスタートさせたり，マルチバイブレータの動作を反転するため，外部から加えるパルスのこと．回路の状態や動作の変化のきっかけにするパルス．☞マルチバイブレータ

トリー構造（――こうぞう）
tree structure
→ツリー構造

トリジスタ trisistor
→SCR

トリニトロン trinitron
カラーTV用ブラウン管で赤・青・緑用3本の熱陰極が水平に配置され，おのおのから出た3本の電子ビームを，共通の電極（1本の電子銃）を通して蛍光面に飛ばす．蛍光面の直前に縦構造のグリッド（アパーチャグリル）を置き，これに対応して帯状に三原色の蛍光体が並べてある．アパーチャグリ

ルはシャドウマスクの役をしている．シャドウマスク形と比べ，垂直方向のコンバージェンスは不要で簡単になる．電子ビームの利用率が良く画面が明るくて消費電力も少ない．ブラウン管の画面部分は円筒面で球面ではない．ソニーが開発した．

☞シャドウ・マスク形カラーブラウン管

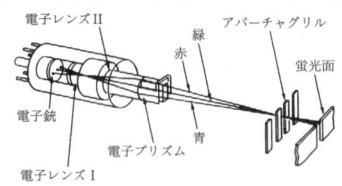

トリニトロン受像管の構造

ドリフト　drift
直流増幅器の直結回路では，電源電圧の変動，周囲温度の変化，トランジスタや他の部品の経時変化などにより電圧が変動し，これが出力に現れ基準（0）点がゆっくり変動する現象のこと．

ドリフト電流（——でんりゅう）drift current
1. 電源電圧や温度の変化によって，電子回路の変化する電流のこと．
2. 半導体素子の中で電界によりキャリアが移動し，流れる電流の値がゆらぐ（変動する）こと．

ドリフト・トランジスタ　drift transistor
キャリアドリフト形トランジスタのこと．ベース内部に加速電界を作り，キャリアの走行時間を短くし，アルファ遮断周波数 f_{ab} を高くしたトランジスタ．一般にはこれを合金形に応用した合金ドリフト形のことをいう．ベース内部の不純物濃度に傾きをつけ，内部に加速電界ができるようにする．ドイツ人クレーマが考え，アメリカRCA社が合金形に用いドリフト・トランジスタと呼んだ．

☞アルファ遮断周波数

トリプラ　tripler, frequency tripler
→三倍周波増幅器

トリプル・スーパ　triple super
トリプルスーパヘテロダイン受信機のこと．トリプルは三つのという形容詞で，3回周波数変換するスーパ受信機のこと．高い利得，影像周波数混信の軽減などが目的の高級受信機で，プロ（業務）用，アマチュア無線用に使われる．

☞三重スーパヘテロダイン

トリプル・ディフューズド・トランジスタ　triple diffused transistor
→三重拡散形トランジスタ

トリマ　trimmer
→トリマ・コンデンサ

トリマ・コンデンサ　trimmer condenser
可変空気コンデンサの容量を微調整するため並列につないだ，小容量（20pF程度）の半固定コンデンサ．

☞半固定コンデンサ

トリミング　trimming
回路定数や素子の数値の微調整のこと．
1. カーボン抵抗器の抵抗値を微調整するために切り込むカッティングのこと．
2. コンデンサの容量を微調整して同調回路の周波数を調整すること．
3. 蒸着や印刷の技術で作られる厚膜や薄膜の抵抗器の数値を調整して±1〜0.1%位のバラツキに揃えること．アルミナ粉末をエアガンで吹きつけて抵抗体を削ったり，レーザでカッティングする．

☞回路定数

トルク　torque
回転体・回転軸に働く回転力のこと．モータや発電機などの回転力のこと．

トルク計（——けい）torque meter
ねじれや回転力を測定する装置．力を加えると抵抗値が変わるピエゾ抵抗効

とるひ

果を利用し，半導体でトルクを測定する．
☞ピエゾ抵抗効果

ドルビーディジタル　dolby digital
ホームシアターにおけるサラウンド方式の一つで，ドルビー研究所が開発した．前方左右，センター，後方左右の5本（5チャンネル）と，低音専用（120Hz以下の低域，0.1チャンネル）のスピーカを設置するもので，5.1チャンネル完全ディスクリート方式と呼ばれる．音の遠近感，移動感，定位感など立体感のある音場をリアルに再現する．
☞サラウンド・システム

ドルビー方式　(──ほうしき)
Dolby system
テープレコーダの動作（録音や再生）時に生じる雑音や磁気テープからのヒスノイズは，高域周波数に多く耳ざわりになる．ドルビー方式は，録音のとき規定レベルより入力信号(音)が小さくなると，約5kHz以上の周波数を補強し，再生のとき補強しただけ5kHz以上の周波数分を下げ，高域に多いヒスノイズを減らす．
☞ヒスノイズ

トレーシングひずみ
tracing distortion
レコード盤で音を再生するとき，再生針が録音用カッタの針と形が違うため，針先は音溝の内容を忠実に再現できずひずみを生じる．また針先が減って音溝のカーブをトレースできないときもひずみを生じる．これらのひずみのこと．
☞ひずみ

トレモロ　tremoro
電気ギターで音程を上下させるビブラート効果のこと．主に弦の張力を変えて効果を出すが音程が狂いやすい．

ドレーン　drain
FETの電極の名．Nチャネル形では電流の流れ込む電極で，ソース接地回路では出力を取り出す電極．
☞FET

ドレーン共通　(──きょうつう)
common drain
→ドレーン接地

ドレーン接地　(──せっち)
grounded drain
FETのドレーンを，入力と出力の共通回路，つまり接地電極にすること．トランジスタ回路のエミッタホロワ（コレクタ接地）に相当し，電圧利得はなく入力インピーダンスが高く，出力インピーダンスは低い．インピーダンス変換回路に使う．
☞エミッタ・ホロワ

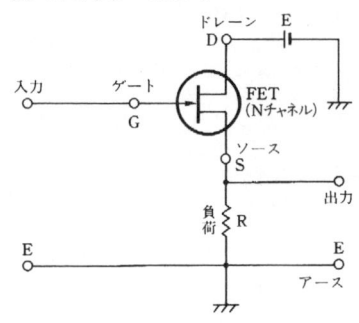

ドレーン電流　(──でんりゅう)
drain current
電界効果トランジスタ（FET）のドレーン電極に流れる電流のこと．Nチャネル形では，外部からドレーン電極に電流が流れ込み，Pチャネル形ではその逆である．Nチャネル形では電子がドレーン電流となり，Pチャネル形では正孔がドレーン電流となる．いずれも多数キャリアがドレーン電流となり，一般のトランジスタのように電子と正孔が同時にキャリアとはならないため，FETのことをユニポーラ（単極性）トランジスタという．バイ・ポーラトランジスタと対語．

☞バイ・ポーラトランジスタ

トロイダル・コア　toroidal core

リング状磁心のこと．この上に巻いたコイルは洩れ磁束が少なく，コイルを小形化できる高周波磁心である．特殊巻線機が必要で，生産性が低い．

☞高周波磁心

トロイダル・コイル　toroidal coil

トロイダルコアに巻いたコイル．洩れ磁束が少ないため，巻数のわりには大きなインダクタンスが得られる．

☞コア

トロン(TRON)　The Real Time Operating System Nucleus

東京大学の坂村健教授が提案した「どこでもコンピュータ」環境のためのコンピュータアーキテクチャ．機器組込み制御用リアルタイムOS仕様のITRON，ビジネス用のBTRON，情報通信処理用のCTRONなどがある．中でも，IITRONは幅広い機器に搭載されている．16ビットマイコンが組込まれた機器のうち，約60％がトロン・アーキテクチャのOSを搭載しているといわれている．トロン・アーキテクチャの新しい仕様策定や普及を目指すトロンプロジェクトでは，組み込みシステムの開発効率を向上させるT-Engineや，セキュリティ基盤のアーキテクチャを構築するeTRONなどのプロジェクトなどもスタートさせている．

☞アーキテクチャ

トーン・キーヤ　tone keyer

A1電波を受信するとき，可聴周波数を電信符号のマークとスペースに対応して断続させ，その音を耳で聞き，電信符号を知る方法があるが，このとき使う可聴周波発振器をトーン・キーヤという．

☞A1電波

トーン・コントロール　tone control
→音質調整回路

トーン・スケルチ　tone squelch

同じ周波数の電波を同じ地域で共用するときに使う簡易型の選択呼出し装置．特定周波数の低周波信号（トーン信号）で変調した電波を送り，相手の受信機のスケルチ回路を動作させ（自動制御し）て，出力回路を動作させ呼出しをする．

☞スケルチ回路

トンネル効果　(――こうか)
tunnel effect

半導体の禁止帯の幅が100Å（オングストローム）位に薄くなると，電子がある確率で通り抜け電流が流れる．これは電子の波動性（波のような性質）によると考えられ，電位の壁を越えずトンネルを通り抜ける様子に似ていることから，トンネル効果という．

☞禁止帯

トンネル・ダイオード
tunnel diode
→エサキ・ダイオード

トンネル電流　(――でんりゅう)
tunnel current
→エサキ電流

トーン・バースト　tone burst

低周波増幅器やスピーカの過渡特性を測定するときに使う正弦波の断続信号．オシロスコープでその出力波形を観測し，立上り特性，立下り特性を知る．

☞正弦波

トーン・バスト　tone bust

2値（ディジタル）信号0，1を音が出ているか出ていないかで区別し，磁気テープに記録する方法．音の有無で区別するために，テープノイズや無関係な雑音の影響を受けやすく，レベルの変動にも弱いが，回路が簡単で安価である．

☞2値信号

ナイキスト周波数 (——しゅうはすう)
nyquist frequency

PAMの周波数スペクトラムは,標本化周波数f_Sを中心に上側波帯と下側波帯を生じ,AMの場合と似た搬送波抑圧両側波帯伝送のスペクトラムになる.原信号(アナログ波)の最高周波数f_Hが15kHzとすれば,その2倍の30kHzがナイスキスト周波数f_N. $f_S<2f_H$のとき下側波帯の一部と原信号が重なり,相互干渉によるビートひずみや雑音(折返し雑音)を発生する.このため$f_S \geq 1.2f_N$に選ぶ.
☞標本化周波数

PAMの周波数スペクトラム
$f_S<2f_H$のときのスペクトラム

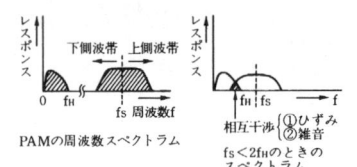

内線 (ないせん) extension
構内用の電話交換機や電話機,および相互間をつなぐ電話回線などのこと.
☞自動電話交換機

内蔵プログラム (ないぞう——)
stored program

コンピュータの内部記憶装置(RAM・ROM)に記憶させたプログラムのこと.
☞内部記憶装置

内鉄形トランス (ないてつがた——)
core type transformer

トランスの鉄心構造による分類には内鉄形,外鉄形の別がある.内鉄形は鉄心が内側にあり巻線は二つの足の部分に巻く.
☞トランス

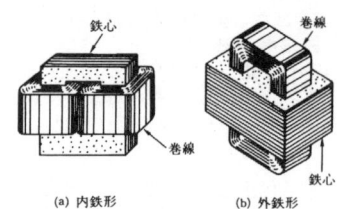

(a) 内鉄形　(b) 外鉄形

内部インピーダンス (ないぶ——)
internal impedance

装置,回路,電源などの出力端子から内部をみたインピーダンスのこと.
☞内部抵抗

内部記憶装置 (ないぶきおくそうち)
internal memory, internal storage

コンピュータの中央処理装置が,直接指定してデータの書込みや読出しができる記憶装置で,循環メモリともいう.

内部クロック (ないぶ——)
internal clock

コンピュータのCPU(中央演算処理装置)や他の装置の動作のタイミングをとる動作クロックのこと.動作クロック用信号はパルスで,クロックジェネレータで発生する,刻時パルスである.☞パルス

内部光電効果 (ないぶこうでんこうか)
inner photoelectric effect

光導電効果,光導電ともいう.半導体にあてた光のエネルギが大きいと,充満帯の電子は伝導体に移動し自由電子になる.充満帯にはホールができ,電気抵抗は小さくなる.半導体の導電率が光の強さで変化する現象をいう.街灯の自動点滅器や露出計に利用する.
☞導電率

内部雑音 (ないぶざつおん)
internal noise

電気装置や回路，トランジスタ内部で生じる雑音で，主なものは散弾雑音，フリッカ雑音，分配雑音，熱じょう(擾)乱雑音，ハム雑音．

☞熱じょう(擾)乱雑音

ナイフ・スイッチ　knife switch
刃形開閉器とか刃形スイッチといわれる大形のスイッチ．ハンドルをもってプレートとコンタクトクリップを接続させ回路を閉じる．危険防止のためカバーを付ける．

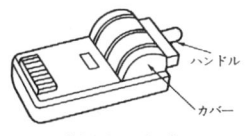

カバー付きナイフスイッチ

内部抵抗（ないぶていこう）
internal resistance
電源，電気計器，電気回路，リレーなどの内部の抵抗値．交流の場合は抵抗とリアクタンスがあり，内部インピーダンスという．交流の場合でもリアクタンス分が0のときは内部抵抗という．

☞内部インピーダンス

内部電圧降下（ないぶでんあつこうか）
internal voltage drop
電源に負荷をつなぎ電流 I, i を流すと，電源の内部抵抗r_i，内部インピーダンスZ_iとの間で電圧降下$V_i = I_r \cdot v_i = iZ_i$を生じ，電源の出力端子電圧は，無負荷のときの電圧$V_0, v_0$よりも$V_i, v_i$だけ下がる．この$V_i$(DC)，$v_i$(AC)を内部電圧降下という．

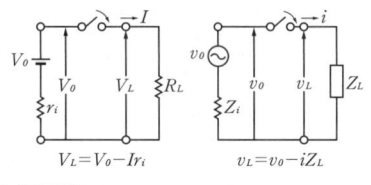

$V_L = V_0 - I r_i$ $v_L = v_0 - i Z_L$

内部同期（ないぶどうき）
internal synchronization
電子装置（たとえばオシロスコープ）のケース内部の回路から，同期信号を得ること．または，同期信号の得られる回路に，同期信号を必要とする回路（たとえば掃引回路）をつなぎ同期させること．

☞外部同期

内部導体（ないぶどうたい）
inner conductor
同軸ケーブルや同軸コード，および同軸管の中心にある導体部，つまり中心導体のこと．

☞導体

ナイン・ナインズ　nine nines
99.9999999％のことで，9が9個並ぶこと．半導体結晶の高い純度を示す．

長岡係数（ながおかけいすう）
Nagaoka's coefficient
長岡定数ともいう．トロイダルコイルの自己インダクタンスLの計算式の中の長岡半太郎氏の求めた定数Kのこと．

$L = K \mu_0 \mu_s n^2 A / l$

Kはコイルの直径Dと，コイルの長さlの比D/lやコイルの巻き方で定まる．$D/l = 1$のとき$K \fallingdotseq 0.7$で，Aは鉄心断面積，nは巻数，μ_0は真空の透磁率，μ_sは鉄心の透磁率．

中抜き文字（なかぬ──もじ）
ワープロやコンピュータ画面で文章を作る際，「下記の通り……」などと書いて「記」を行の途中に置くが，これを中抜き文字という．

流れ図（なが──ず）
flow chart → フローチャート

流れ図記号（なが──ずきごう）
flowchart symbol
コンピュータの流れ図を書く際に使うシンボルマークのこと．JISは「流れ図において，演算，データ，流れ，装置などを表すために用いる記号」と定義する．（JIS・情報処理用語）記号を書くためのテンプレートもある．

⬭ START・STOPの端子を示す

なきあ

◇ 選択枝の判断を示す

鳴き合わせ (な――あ――)
frequency control

トランシーバの調整のとき，2台のトランシーバを互いに切り換え合い，送信したり受信したりして動作を確かめること．

☞トランシーバ

なだれ降伏 (――こうふく)
avalanche breakdown
→アバランシェ効果

なだれ走行ダイオード (――そうこう――) **avalanche transit time diode**

インパットダイオードとかアバランシェダイオードともいう．シリコンPN接合ダイオードに逆バイアスをかけ，空胴共振器にマウントして，マイクロ波を発振する．小電力レーダ，移動物体探知装置などに使われる．

☞空胴共振器

ナトリウム灯 (――とう)
sodium vapor lamp

ナトリウムランプともいう．ナトリウム蒸気のアーク放電で生じる光を利用するランプ．90%まで橙黄色で波長5890〜5896Å（オングストローム）の単色光．肉眼は黄色に感度が高く，ランプの効率は良い．二重ガラスの内側の管内にナトリウムとアルゴンを封入し，霧を良く透過するので道路照明に使う．

☞アーク放電

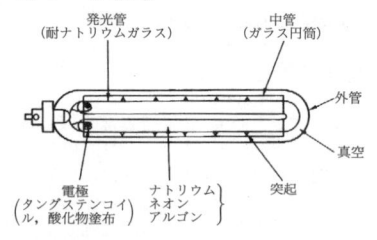

発光管（耐ナトリウムガラス）
中管（ガラス円筒）
外管
真空
突起
電極（タングステンコイル，酸化物塗布）
ナトリウム
ネオン
アルゴン

斜め走査 (なな――そうさ)
helical scanning

☞磁気録画

斜め入射伝送 (なな――にゅうしゃでんそう)
oblique incidence transmission

地表の送信アンテナAから発射した電波Wは電離層Dに斜めに入射する．WはDで反射・屈折し再び地表にもどる．この性質を利用した電波（情報）の伝わり（伝送）のこと．

☞電離層

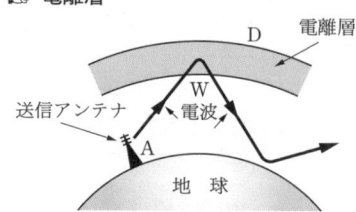

電離層
D
W
送信アンテナ
電波
A
地球

斜め入射電離層観測 (なな――にゅうしゃでんりそうかんそく) **oblique-incidence ionospheric sounding**

電離層に電波を斜めに放射して，電離層や電離の諸特性を観測する方法のこと．

☞斜め入射伝送

ナノ nano

SI（国際単位系）において，10の整数乗倍を示す名称（接頭語）で，10^{-9}を示し記号は[n]である．

☞SI

ナノセコンド nano-second

セコンドは時間の単位[秒]，ナノは10^{-9}（10億分の1）を示す接頭語．ナノセコンドは，10億分の1秒，10^{-9}[S]を示す．

ナノテクノロジ nano-technology

「1nm」は10億分の1m（100万分の1mm）というナノスケールで，物質や構造「部品や材料」を制御する技術．概念はまだ混沌としていて，広義の意味は物質をナノサイズでコントロールすること，物質の機能，特性を大幅に向上させることで，ナノスケールの物質を取り扱う技術すべてのことをいう．

ナビゲーション
navigation
→ナビゲーションシステム

ナビゲーションシステム
navigation system
ナビゲーションは船舶・航空機の航行のこと．全体では自動航行システムのこと．

☞カーナビゲーションシステム

ナビゲータ navigator
インターネットのブラウザなどのナビゲーションツールのこと．

☞ブラウザ

生放送（なまほうそう）live program
臨場感あふれる現場からの実況放送．生の，編集なしの現場からのありのままの放送のこと．たとえば音楽放送などに使われる．

☞臨場感

鉛蓄電池（なまりちくでんち）
lead storage battery
大形で電気容量も大きく，充電で再生でき大形の直流電源として広く利用する．値段も安い．プラスチック容器に電解液（希硫酸）と（＋）と（－）の電極を入れ絶縁板（セパレータ）ではさみ絶縁する．（＋）極は放電すると二酸化鉛が硫酸鉛に変化して水が発生し，液の濃度は下がり比重が下がる．比重や電圧を測り電池の消耗の程度を知る．起電力が定格の10％低下したとき，放電をやめ充電する．充電とともに液の比重は増える．（＋）極は二酸化鉛となり，（－）極は鉛となる．充電が進むにつれ，①端子電圧が上がる，②電解液の比重が上がる，③電極からガス（気泡）がさかんに出る．④電極の色が変化する．陽極の色はあざやかな茶色に，陰極の色はあざやかな青みがかった灰色になる．2V以上の電圧が必要なときは，必要な電圧になるまで素電池を直列に接続する．また大きい電気容量が必要なときは，極板の寸法を大きくしたり，並列接続して使う．蓄電池の容量は連続して流せる電流値と時間の積で示す．単位は電流のアンペアAと時間のアワーhをかけ合わせ，アンペアアワー〔Ah〕という．

☞ニカド蓄電池

(−)極	電解液	(＋)極	放電	(−)極	電解液	(＋)極
Pb	+2H$_2$SO$_4$	+PbO$_2$	⇌	PbSO$_4$	+2H$_2$O	+PbSO$_4$
鉛	希硫酸	二酸化鉛	充電	硫酸鉛	水	硫酸鉛

波形アンテナ（なみがた——）
wave antenna
→ウェーブ・アンテナ

波形スイッチ（なみがた——）
seesaw switch, wave switch
シーソスイッチとかウェーブスイッチともいう．パネル用，埋込用など各種のものがある．

☞シーソースイッチ

並べ変え（なら——か——）sort
分類とも訳され，データを特定の行や列などに関して，一定の順序に並べ変えること．たとえば，数の大きさの順に並べ変えをすること．パソコンやワープロで使う．

☞分類

ナロー・スペース八木アンテナ（——やぎ——）
narrow space Yagi antenna
八木アンテナは，何本かの導波器をブーム上に一定の間隔で並べる．この間隔を約0.15λ（波長）以下にした八木アンテナのこと．

☞導波器

南極（なんきょく）
south pole, negative pole
永久磁石のS極．南のほうを指す磁石の磁極のこと．負極とかマイナス（−）極ともいう．

☞永久磁石

ナンド NAND→NAND回路

軟銅線（なんどうせん）annealed copper wire, soft copper wire

電気コードや電線に使う銅線のことで，常温加工し固くなった銅を加熱して焼きなまし（熱処理）を行い抵抗率を下げている．
☞抵抗率

ナンド回路（――かいろ）
NAND circuit→NAND回路

ナンド・ゲート
NAND gate→NAND回路

ナンバーディスプレイ
number display
電話機に付けた表示盤，またはそのサービスのこと．電話の着信の際，受信者が応答する前に相手の電話番号を知ることができるサービス．アダプタ・専用電話機・サービス契約と料金が要る．1998年NTTによる迷惑電話の対応サービス．
☞NTT

ナンバーポータビリティ
number portability
携帯電話の加入者が他の事業者と契約を切り替えても，携帯番号がそのまま同じ番号で使える制度．

に

ニアラインストレージ
nearline storage

コンピュータシステムのデータ保存はストレージと呼ばれる記憶装置が使われる．主にハードディスクドライブ（HDD）が利用されるが，テープも使われている．必要なときに素早くデータを読み出せ，容量対製品コストの安いディスクやテープを使うのがニアラインストレージと呼ばれる．ここに格納されるのはリファレンスデータと呼ばれるもので，過去のメールのような，大切だが常時参照することはないデータ類．保存データで，たえず中身が更新されるものは，オンラインストレージと呼ばれるデータ格納したディスクの位置検出が瞬時にできるHDDが使われる．☞ストレージ

二安定マルチバイブレータ（にあんてい——）bistable multivibrator

バイステーブルマルチバイブレータ，バイナリ，双安定マルチ，フリップフロップ，エクスルジョルダンともいう．2段の抵抗結合増幅回路の出力を，入力にもどして正帰還をかけ，回路は全く対称的に作る．トランジスタQ_1，Q_2の電流増幅率h_{FE}や$C \cdot R$のバラツキで，どちらかが先にオン（導通）となり，他方はオフ（遮断）となり安定する．入力にトリガパルスを加えると，動作は反転しオンはオフに，オフはオンに変化して安定する．2発目のトリガパルスがくると，再びオンとオフが入れ換わり，初めの状態になって安定する．安定状態が二つあり，2（偶数）発のパルスでもとの状態にもどる．コレクタからはトリガパルスの時間間隔をもつ方形波が得られディジタル回路などに使う．☞ディジタル回路

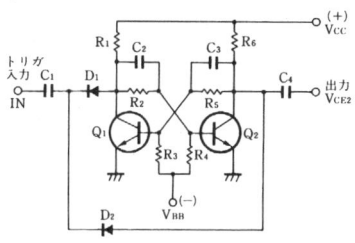

二位置制御（にいちせいぎょ）
two positions control

自動制御のオンオフ動作や二位置動作で行う制御のこと．
☞自動制御

二位置動作（にいちどうさ）
two-positions action

オンオフ動作ともいう．自動制御で制御量が目標値からはずれると，オンまたはオフの定まった動作をする．サーモスタットやマイクロスイッチなどを使い，回路をオンオフする動作．
☞マイクロスイッチ

ニカド蓄電池（——ちくでんち）
nickel-cadmium battery

ニッケル・カドミウム蓄電池の略称．
☞ニッケル・カドミウム蓄電池

ニクロム線 (——せん) nichrome wire

ニッケルに30％以下のクロムCrを加えた鉄との合金線で，抵抗が大きくて熱に強く，線や帯にしやすいので電熱線に使われる．第1種と第2種の別があり，第1種は最高の使用温度が1,150℃で，第2種は900℃である．電熱器やハンダごて，電気アイロンやトースタなどの発熱体，電力用抵抗器などに利用する．

二現象オシログラフ (にげんしょう——) two channel oscillograph

二つの波形（現象）を同時に蛍光画面に出し，比較観測ができるオシロスコープである．一つの電子銃で2現象を切り換えて描く方式と，2組の電子銃を組み込んだ方式がある．前者は波形相互に干渉し，後者は干渉はないが高価となる．増幅器の入出力などを同時に観測できて便利である．

☞電子銃

二項動作 (にこうどうさ) binomial action

自動制御で，2種類の制御動作を同時に行うこと．比例動作Pと積分動作Iの組合せPI動作や，微分動作Dと組み合わせたPD動作などがある．

☞比例動作

二次X線 (にじ——せん) secondary X-rays

蛍光X線，硬X線ともいい，最も波長が短く透過力が強い．最も内側の軌道（K殻）に電子の空きがあると，それよりエネルギの高い軌道（L殻，M殻……）から電子が移り，多量のエネルギを放出し二次X線が放出される．

☞X線

二次回路 (にじかいろ) secondary circuit

トランスの二次側巻線につながる回路のこと．

☞トランス

二次側センタ・タップ (にじがわ——) secondary center tap

トランスの二次側巻線の中央点のタップのこと．二次センタタップともいう．

二次降伏 (にじこうふく) secondary breakdown

二次ブレークダウンともいう．エミッタ接地のトランジスタ回路でコレクタ〜エミッタ間電圧V_{CE}を増すと，アバランシェブレークダウンが生じ，維持電圧V_Lになる．さらに増やすと，電流が急に増え二次降伏になる．耐圧は数Vで，そのままではトランジスタがこわれる．コレクタ電流が不均一で部分的に加熱されるためで，スイッチング動作で起きやすい．

☞二次ブレークダウン

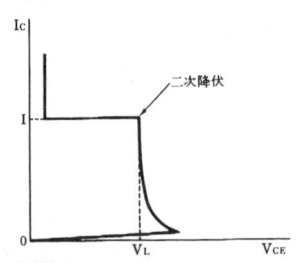

二次定数 (にじていすう) secondary constant

分布定数回路の特性インピーダンスZ_0と伝搬定数γのこと．

$$Z_0=\sqrt{\frac{R+j\omega L}{G+j\omega C}} \quad (\omega=2\pi f) \ [\Omega]$$

$$\gamma=\sqrt{(R+j\omega L)(G+j\omega C)}=\alpha+j\beta$$

f : 周波数 $j^2=-1$
R : 線路の抵抗
L : 線路のインダクタンス
C : 線路の線路間容量
G : 線路の洩れコンダクタンス
α : 減衰定数 $RG-\omega^2 LC$
β : 位相定数 $\omega(LG+CR)$

二次電子 (にじでんし)
secondary electron
固体に電子を高速で投射すると,その固体表面から電子を放出する.この放出した電子を二次電子,投射した電子を一次電子という.二次電子の中に一次電子も混じり,合わせて二次電子ともいい,速さは一次電子より遅い.

二次電子倍増管 (にじでんしばいぞうかん) secondary electron multiplier
→二次電子増倍管

二次電子放出 (にじでんしほうしゅつ)
secondary emission, secondary electron emission
固体に電子を高速で投射し,表面から二次電子を放出させること.

二次電子放出比 (にじでんしほうしゅつひ) secondary emission ratio
→二次電子増倍率

二次電池 (にじでんち) scondary cell
アルカリ蓄電池と鉛蓄電池の二種が実用され,経済的な鉛蓄電池を多用する.アルカリ蓄電池は(1)エジソン電池,(2)ユングナ電池の二種類で起電力は1.3Vくらい.鉛蓄電池に比べ次の特徴がある.①鉛蓄電池のような硫酸化による故障がない.②極板が強く,振動に耐え,極板の活性物の脱落は少ない.③急激放電に耐え,大部分放電しても容易に回復する.
☞鉛蓄電池

二次標準 (にじひょうじゅん)
secondary standard
1. 二次標準器のこと.
2. 二次標準器で測ること,その結果.
3. 二次標準器を校正すること.
☞二次標準器

二次標準器 (にじひょうじゅんき)
secondary standard, sub-standard
標準器の一種で,一次標準器により校正される.標準コンデンサ,標準インダクタンス(自己インダクタンス,相互インダクタンス)などがある.
☞標準コンデンサ

二次ブレークダウン (にじ——)
secondary breakdown→二次降伏

二次巻線 (にじまきせん)
secondary winding
トランスの二次側の巻線(コイル)のこと.一次巻線と対応する.

二重拡散形 (にじゅうかくさんがた)
double diffused
1. トランジスタのベースを,ガスの不純物拡散を利用して作るトランジスタのこと.
2. シリコンメサ形ではベースもエミッタも拡散法で作る.種類はメサ形,プレーナ形,エピタキシャルメサ形,エピタキシャルプレーナ形がある.
☞トランジスタ

二乗検波 (にじょうけんぱ)
square-law detection
AM波の検波にダイオードを使うが,特性の曲った部分で検波する方式のこと.自乗検波ともいう.直線検波方式に比べひずみが多く,あまり使われないが,弱信号の検波に適す.出力電流は入力電圧の2乗に比例する.
☞自乗検波

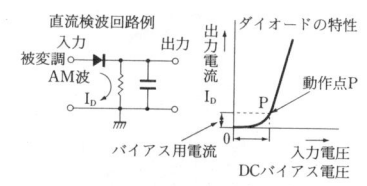

二相サーボモータ (にそう——)
twophase servomotor
サーボモータの一種で交流用.2組の巻線の位相を90°ずらすためにコンデンサCをつなぎ,入力信号の位相によって正,逆回転ができる.低速度のときなめらかに回転し,急加速や急減速ができるよう回転子の直径を小さくし軸方向に長い形にして,慣性が小さくなるよう工夫してある.

につか

☞ サーボモータ

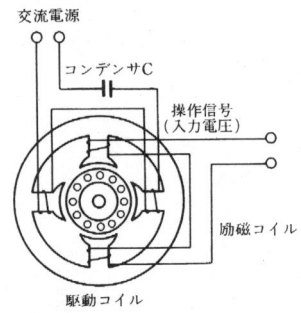

交流電源
コンデンサC
操作信号（入力電圧）
励磁コイル
駆動コイル

ニッカド電池（——でんち）
nickel-cadmium battery
→ニッケル・カドミウム蓄電池

ニッケル・カドミウム蓄電池（——ちくでんち）
nickel-cadmium alkaline storage battery

ニカド電池，ニッカド電池とかカドミウム電池と略称する．密閉形の金属容器に入れ，電圧は1.3V，マンガン電池と同形同寸法で，さし替えできる．内部抵抗が小さく大電流が流せ，数百回充電でき急速充電が可能．安定性が高く（＋）極は水酸化ニッケル，（－）極に水酸化カドミウム，電解液は苛性カリで，発生ガスは内部に吸収させ，広い用途に使える．

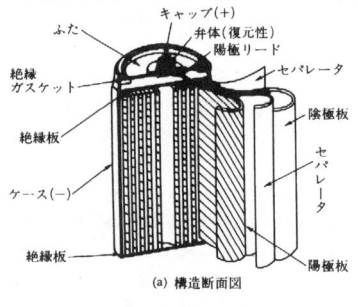

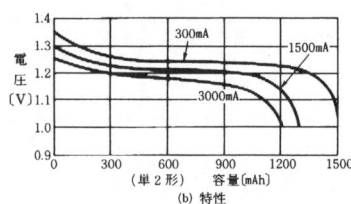

☞ マンガン電池

ニッケルクロム線（——せん）
nichrome wire
→ニクロム線

ニッケル水素蓄電池（——すいそちくでんち）
nickel-metal hidride storage battery, Ni-MH battery

外形はマンガン乾電池やニッケル・カドミウム（ニカド）蓄電池と同じで，負（－）極に水素を多く蓄える金属（水素貯蔵合金）を使う．これにはラタンなどの希元素が混ざっている．電圧は1.2Vでニカド蓄電池と同じなため，さし替えができる．放電中の電圧変動は小さく内部抵抗も単3形で約25mΩと小さい．ニカド蓄電池の約2倍の電気容量（キャパシティ）があり，大電流を流すこと（放電）ができる．500回以上の充電・放電（充放電）ができ，約1時間の急速充電ができるが急速充電制御回路が必要である．過酷な充放電に耐えられるので，用途はノート・パソコン，ワープロ，ラジカセ，デジカメなどである．宇宙船用に開発された蓄電池で電気自動車にも使われる．

☞ 急速充電

二電力計法（にでんりょくけいほう）
two wattmeter method

三相三線式回路の電力測定で，単相電力計を2個使って測る方法．三相電力Pは電力計W_1，W_2の読みP_1，P_2の和で

$P = P_1 + P_2$ 〔W〕

三相電力計の代わりによく使う．負荷の力率が低く，片方の電力計が逆に振れたときは，その電圧コイルの極性を変える．

(a) 構造断面図

キャップ（＋）
ふた
弁体（復元性）
陽極リード
絶縁ガスケット
セパレータ
絶縁板
陰極板
セパレータ
ケース（－）
絶縁板
陽極板

(b) 特性

電圧〔V〕 / 容量（mAh）（単2形）
300mA, 1500mA, 3000mA

☞極性

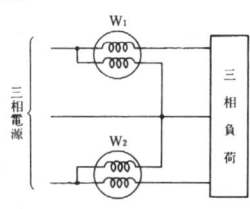

二分割方式 (にぶんかつほうしき)
two-divide system
→ツーウェイ

日本アマチュア無線連盟 (にほん――むせんれんめい) **JARL, The Japan Ama-teur Radio League Inc.**
→JARL

日本衛星放送 (にほんえいせいほうそう)
Japan Satellite Broadcasting Inc., JSB
1990年8月末，種子島から打ち上げた"ゆり3号a"(BS-3a)の3チャネルのうちの1チャネルを使い，同年11月からサービスを始めた日本初の衛星を利用した民間放送会社と，その放送のこと．

☞放送衛星

日本工業規格 (にほんこうぎょうきかく)
Japan Industrial Standards
→JIS

日本標準時 (にほんひょうじゅんじ)
Japan Standard Time
英語の頭文字をとり，JSTともいう．兵庫県明石市（東経135度）で，太陽が真南にきたときを正午（午後0時）とした日本の標準時．標準電波，ラジオ，テレビなどの時報も，これを基準にしている．

☞標準電波

ニーモニック・コード mnemonic code
1．アセンブラのプログラムのオペレーションを示す記号のこと．
2．国名，取引先，社名，人名，品名などを，イニシャルにした記号のこと．

☞アセンブラ言語

入射波 (にゅうしゃは) **incident wave**
空気と水，水と金属のように異なる物質が隣り合うところに，音や電波が伝わってくると，その境界で一部は反射し，一部は境界を越えて中に入る．この入り込んでいく波（エネルギ）のこと．

入出力 (にゅうしゅつりょく)
input-output
入力と出力の両方のこと．
→入力，出力

入出力制御システム
(にゅうしゅつりょくせいぎょ――)
input-output control system
英語の頭文字をとり，IOCSともいう．コンピュータのアセンブラ言語に用意されているもので，補助記憶装置（磁気テープ装置や，磁気ディスク装置）を使いデータを入出力する場合，IOCSは簡単な命令でデータの入出力ができる．

☞アセンブラ言語

入出力制御装置 (にゅうしゅつりょくせいぎょそうち) **input-output controller, IOC, (I/O)controller**
JISは「データ処理システムにおいて，一つ以上の周辺装置を制御する機能単位」(JIS・情報処理用語・制御装置)

☞データ処理システム

入出力制御プログラム
(にゅうしゅつりょくせいぎょ――)
input-output control program
コンピュータのオペレーティング・システムの一種に制御プログラムがあり，その中の一つのプログラム．入力，出力の作業をなめらかに行う，制御用プログラムのこと．

☞オペレーティング・システム

入出力装置 (にゅうしゅつりょくそうち)
input-output unit, input-output device
コンピュータの入力装置や出力装置，入力と出力の両用装置の総称で，I/O装置とかI/Oとも書く．

☞入力装置

にゅう

入出力タイプライタ (にゅうしゅつりょく——) input-output typewriter
コンピュータへの命令やデータを、1字ずつ文字、記号のキーを押して入力し、出力は用紙に1字ずつ印字する。取り扱いは簡単だが速度が遅く、コンピュータへの指示やオンラインの端末用に使う。
☞オンライン・データ処理

入出力チャネル (にゅうしゅつりょく——) (input-output) channel
JISでは「データ処理システムにおいて、内部記憶装置と周辺装置との間のデータの転送を扱う機能単位」(JIS・情報処理用語)
☞内部記憶装置

入出力特性 (にゅうしゅつりょくとくせい) input-output behavioral characteristics
回路、装置などの入力と出力の関係を示す特性のこと。たとえば、増幅回路の入力電圧と出力電圧の関係を示す特性のこと。直線性ともいう。
☞直線性

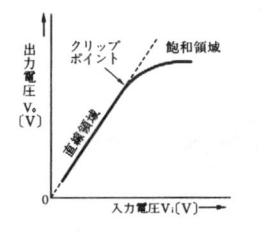

入力 (にゅうりょく) input
インプットともいい、電子回路や装置の入力に加える電気信号や入力端子のこと。
☞入力端子

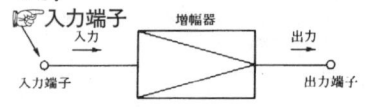

入力アドミタンス (にゅうりょく——) input admittance
回路の入力側のアドミタンスのこと。
→アドミタンス

入力インピーダンス (にゅうりょく——) input impedance
→インプット・インピーダンス

入力オフセット電圧 (にゅうりょく——でんあつ) input off-set voltage
差動増幅器で、出力を0にするため入力に加える電圧のこと。差動増幅器のわずかなアンバランスを補正するためで、最小感度電圧となる。
☞差動増幅器

入力オフセット電流 (にゅうりょく——でんりゅう) input off-set current
差動増幅器で、出力を0にするため入力側の抵抗に流す電流のこと。

入力機能 (にゅうりょくきのう) input function
コンピュータへの入力の働きをする紙カード、磁気ディスクなどのこと。
☞磁気ディスク

入力コンダクタンス (にゅうりょく——) input conductance
回路の入力側のコンダクタンスのこと。
→コンダクタンス

入力サセプタンス (にゅうりょく——) input susceptance
回路の入力側のサセプタンスのこと。
→サセプタンス

入力装置 (にゅうりょくそうち) input unit
1. コンピュータの一部で外部からのデータを読み込み、入力する装置。カード読取り装置、テープ読取り機などがある。
2. プラントなどのシステムの入力側に置かれる装置。

入力端子 (にゅうりょくたんし) input terminal
電子回路や装置に入力信号を加えるための入力側の端子。
☞端子

入力抵抗（にゅうりょくていこう）
input resistance
→インプット抵抗

入力電圧（にゅうりょくでんあつ）
input voltage
→インプット電圧

入力電流（にゅうりょくでんりゅう）
input current
→インプット電流

入力電力（にゅうりょくでんりょく）
input power
→インプット電力

入力トランス（にゅうりょく——）
input transformer
→インプット・トランス

入力変圧器（にゅうりょくへんあつき）
input transformer
→インプット・トランス

入力変換（にゅうりょくへんかん）
input conversion
コンピュータで，パンチカード，パンチテープの内容を，磁気テープなどに変え，ファイルの編成をする過程，プロセス，手続きのこと．

入力変成器（にゅうりょくへんせいき）
input transfomer
→インプット・トランス

入力容量（にゅうりょくようりょう）
input capacity
トランジスタや真空管，回路や装置などの入力側，入力端子間の静電容量のこと．
☞静電容量

ニューメディア new media
コンピュータネットワーク・衛星放送・CATV（ケーブルテレビ）などを複合した新しいメディアのこと．（マルチメディア）
☞マルチメディア

人間工学（にんげんこうがく）
human engineering
人間が機械や装置などを，どのようにしたら取り扱いやすく，安全で，長時間使っても疲れず，振動や騒音などの不快感がないか，などを研究する学問のこと．
☞騒音

認証（にんしょう）**authentication**
LANやインターネットにつなぐときやネットワーク上のサービスを受けるとき，金銭の送受のとき，本人であるかどうかを確かめる手続きのこと．パスワードとIDのセットで電子証認する．☞電子署名

認定情報速度
（にんていじょうほうそくど）
Committed Information Rate, CIR
フレーム・リレー・ネットワークが正常に作動している状態で，サービス事業者がネットワークの混雑時でもユーザに最低限保証する実効伝送速度のこと．

ぬ

抜取検査 (ぬきとりけんさ) sampling test
工場で作った大量の製品を,全数検査できない場合に,一部を抜き出し検査して,その結果から全体の傾向や合否を判断する方式.

ヌル null
パソコン操作で何もしないこと.空(くう)とかダミーを意味する.プログラムでは変数に値をセットしない状態を表す.ASCIIコードは00.
☞ダミー

ヌルキャラクタ null character
→ヌル

ヌルコード null code
→ヌル

ヌル・ポイント null point
多数のアンテナ素子を積み重ねた送信アンテナ(スーパターンスタイルアンテナ)の近くで,電波の強さが非常に弱い地点のこと.アンテナ素子の配置の間隔や積み重ね段数,波長などに左右される.
☞アンテナ素子

ネイルヘッド・ボンディング
nailhead bonding
熱圧着法の一種で，出来上がりがクギの頭のような形になるので名付けられた．シリコントランジスタとICに使われたが，ボンディング後のしっぽ(テイル) が残るので，テイルレスボンディングのほうが優れている．

☞テイルレス・ボンディング

ネオン管 (——かん)
neon lamp
→ネオンランプ

ネオン・サイン neon sign
ネオン管ともいい，管の直径8〜25mm位の，細長いガラス管の両端に，円筒形電極を付け，管内にはネオン，アルゴン，水銀などを10mmHg程度の圧力で封入する．1m当たり1,000V位の電圧をかけ，グロー放電を起こす．放電開始電圧はこの1.5〜3倍位でトランスで供給する．

☞グロー放電

ネオン・ランプ neon lamp
ガラス管に二つの電極を1〜3mm位離して置き，ネオンまたはアルゴンのガスをごく少量(10mmHg程度)入れる．大形のものは口金の内部に安定抵抗を入れる．電圧を加えると電極の間隔が狭いので，発光は負グローだけ生じ，陰極だけが光る．交流を加えると，両方の電極が交互に光る．この光はグロー放電独特の，やわらかなぼんやりした光で，照明用にはならず，パイロットランプや表示灯，検電器，ストロボスコープ用などに使う．放電開始電圧は100V用で80〜90V位．

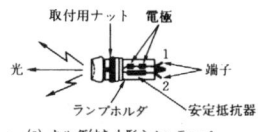

☞安定抵抗器

ネガティブ negative
負(マイナス)の意で，負電極，負帰還などの意味にも使う．

☞負電極

ネガティブ・フィードバック
negative feedback→NFB

ネスティング nesting
コンピュータで一つのルーチンを，別のルーチンの中に組み込むこと．

☞ルーチン

熱圧着法 (ねつあっちゃくほう)
thermocompression bonding
サーモコンプレッションボンディングともいう．メサ形，プレーナ形のトランジスタのベースやエミッタの電極にリード線を付ける方法．直径30ミクロン前後の金線をアルミ電極の上に重ね，300℃位に加熱し，硬質ガラス製ナイフの刃形で圧着する．接着面積が大きいときは，テイルレスボンディングをする．

☞トランジスタ

熱陰極 (ねついんきょく) hot-cathode
ホットカソードともいう．ヒータで加熱し熱電子を放出させる陰極(カソード)のこと．ブラウン管など電子管に使う．

☞カソード

ねつき

熱起電力 (ねつきでんりょく)
thermoelectromotive force
熱電効果によって発生する起電力のこと. ☞起電力

ネック neck
ブラウン管の首の部分. 細くくびれた部分のこと.
☞ブラウン管

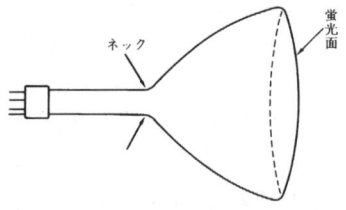

ネック・シャドウ neck shadow
TVのブラウン管のネックにはめこむ電磁偏向用コイルの位置が悪いため, 画面周辺が欠けること. 画面周辺部の影ともいう. 偏向コイルの位置を調整して直す. ☞ネック

熱雑音 (ねつざつおん)
thermal noise
導体や絶縁体などの物質の内部では, 周囲の熱エネルギによって, 電子が絶えず運動し, その方向は一定せず不規則である. 電気回路ではこの不規則運動の電子による電流 (不規則電流) で抵抗体の両端に不規則電圧を生じ, 不規則雑音となる. これを熱雑音, 熱じょう(擾)乱雑音という. この雑音は抵抗や周囲の温度と帯域幅などに左右される.
☞不規則雑音

熱じょう(擾)乱雑音 (ねつ――らんざつおん) thermal agitation noise
→熱雑音

熱損 (ねつそん) heat loss
電気機器や装置で, 供給電力の一部が熱となり失われる損失のこと. この熱は鉄心やコイルの温度を上げ, 流れる電流Iと回路の抵抗Rとの間にI^2Rの熱を発生し, I^2R損ともいう.

熱抵抗 (ねつていこう)
thermal resistance
サーマルレジスタンスともいう. ダイオードなどの半導体素子の接合部の「冷えにくさ」を示す量. 素子を動作させたとき, 接合部で発生した熱の周囲への広がりを電気回路に見立てる. 記号はθまたはR_{th}で単位は度毎 (どまい) ワットで[℃/W]または[℃/mW]を使い, 次のようなものがある. (1)接合部. ケース間熱抵抗θ_i, R_{thi}. (2)接触熱抵抗θ_c, R_{thc}. (3)絶縁板熱抵抗θ_s, R_{ths}. (4)放熱器熱抵抗θ_r, R_{thr}.

熱電形計器 (ねつでんがたけいき)
thermoelectric instrument
主に高周波電流の測定計器で熱電対と可動コイル形電流計を組み合わせた熱電電流計と, 熱電対にカーボン皮膜抵抗を電流計と直列につないだ熱電電圧計がある. 両方を合わせて熱電形計器という.
☞熱電電流計

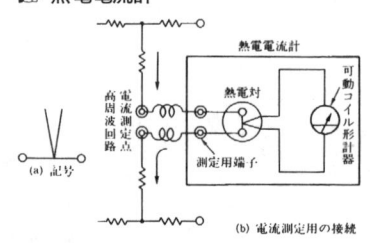

熱電効果 (ねつでんこうか)
thermoelectric effect
熱を直接, 電気に変えたり, 電気で熱を伝えるなどの現象で, 次のようなものがある. (1)ゼーベック効果 (熱電対), (2)ペルチェ効果 (発熱, 吸熱), (3)トムソン効果 (発熱, 吸熱).
☞ゼーベック効果

熱電子 (ねつでんし)
thermoelectron, thermion
金属や金属酸化物を真空中で加熱し温

度を上げ，その表面から電子を発生させる．これを熱電子といい，このような電子放出を，熱電子放射または熱電子放出という．ブラウン管などは，この熱電子を利用する．熱電子はマイナスの電気をもち，プラスの電圧（電界）に引かれて移動し熱電子電流または熱電流となる．

☞電子放出

熱電子電流 （ねつでんしでんりゅう） thermionic current
→熱電子

熱電子放出 （ねつでんしほうしゅつ） thermionic emission
→熱電子

熱転写プリンタ （ねつてんしゃ——） thermal printer
プラスチックのフィルムリボンに熱で溶けるインクを塗り，これに記録紙を接触させ，裏面からサーマルヘッド（発熱抵抗体をドット状に配置し，データに応じて必要なドットをジュール熱で加熱する装置）を当て，文字などを記録する．ノンインパクトタイプのため音が静かで，普通紙が使えカラー印字も容易で，機器のコストも安いが，ランニングコストが高く，印字速度は100字/秒位である．

熱電対 （ねつでんつい） thermoelectric couple, thermocouple
サーモカップルともいう．二つの異なる金属，たとえば銅とコンスタンタン（銅とニッケル40％の合金）線の両端をつなぎ合わせ閉回路を作る．2接触点A，Bの温度差で回路に起電力を生じる．起電力を発生する素子を熱電対といい，アルメル-クロメルや白金-白金ロジウム，銅-コンスタンタンなどの組合せが広く使われる．金属の代わりに半導体を使うこともある．

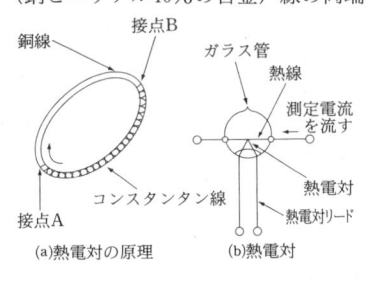

熱電対形電流計 （ねつでんついがたでんりゅうけい） thermo-ammeter
→熱電電流計

熱電電流計 （ねつでんでんりゅうけい） thermal ammeter
熱電対形電流計ともいい，高周波電流の測定計器．可動コイル形の直流電流計と熱電対とを組み合わす．熱電対の熱電効果を利用するため，目盛は2乗目盛となり，指針の振れに時間的遅れ（タイムラグ）がある．

☞熱電形計器

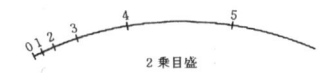

熱電能 （ねつでんのう） termoelectric power
熱電対の性能や熱電効果の程度を表し，単位温度差t当たりの熱起電力Vの大きさ $\Delta V/\Delta t = q(V/℃)$ で示す．

熱電流 （ねつでんりゅう） thermoelectric current
熱電対に生じる熱起電力によって流れる電流のこと． ☞熱起電力

ネット network →ネットワーク

ネットサーフィン net surfing
インターネットの中をあちこち見てまわること．必要な情報を探し（検索）・集める（収集）・世界中の人と交流すること． ☞インターネット

ネットワーク network
原意は網．有線（通信線）や無線（電波回線）が網のように張られた状態のこと．電気通信回路網．1．回路や回路網のこと．2．マルチスピーカシステムで，各スピーカの分担周波数を決

める回路網（フィルタ）のこと．分波器，デバイディングネットワークともいう．インダクタンス（コイル）L，容量（コンデンサ）Cなどを組み合わせて作る．3．ラジオやテレビの放送網のこと．

ネットワーク・アーキテクチャ network architecture

1．コンピュータのネットワークとなる各要素と，全体に対する論理や体系のこと．2．異なる系統のコンピュータや端末装置間で，基本的な技術基準を統一した通信体系のこと．これによって互換性を保つことができる．3．メーカの設計やユーザの使用面の両方にわたる基本的なルールのこと．4．プロトコルとインタフェースに大別される．

☞プロトコル

ネットワークサーバ network server

ネットワーク用に設計されたサーバのこと．☞サーバ

ネットワークロボット network robot

人に優しく，人間と自然に会話ができ，情報収集ができ，人間の業務代行・サポートができ，遠隔操作で動くロボット．☞ロボット

熱暴走（ねつぼうそう）thermal runaway

サーマルランナウェイ，ランナウェイともいう．トランジスタ回路で，周囲温度が上がると接合部の温度も上昇し，遮断電流I_{CBO}は増え，ベース〜エミッタ間電圧降下V_{BE}は減少する．両方が温度上昇とともにコレクタ電流I_Cを増し，コレクタ接合部を加熱して接合部温度を上げる．その温度の増加はI_Cを増やしI_Cの増加と熱の上昇が繰り返され，トランジスタの最大許容接合部温度T_{jmax}を越えトランジスタは壊れる．これを熱暴走という．エミッタ抵抗R_Eを大きくし，B級プッシュプル回路は十分余裕のある放熱板をつけ予防する．☞無限大放熱板

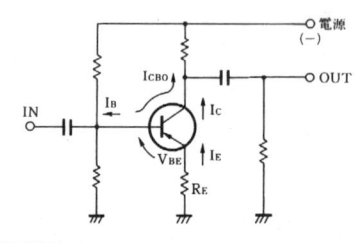

熱容量（ねつようりょう）thermal capacity

物質の温度を1℃上げるのに必要な熱量のこと．

☞ジュールの法則

ネーパ neper

通信の伝送量の単位で，〔Np〕と書く．実用的にはデシベル〔dB〕を使い，
1〔Np〕＝8.6859〔dB〕である．

燃料電池（ねんりょうでんち）fuel cell

月面に初めて人類を送ったアポロ11号（1969年・米）の電源となった．水素を大気中の酸素と電気化学的に反応させ直接発電する装置のこと．発電効率は60％位で排熱を回収し利用すれば熱効率は80％位になる．二酸化炭素CO_2の排出量を30％以上削減し，硫黄酸化物SO_xの発生はない．窒素酸化物NO_xもほとんど出ないクリーンエネルギ．水素は天然ガス・ナフサ・メタノールから作り，電解質はリン酸水溶液（第1世代）・溶融炭酸塩（第2世代）・固体電解質（第3世代）などを使い，水素電極と酸素電極の間に入れる．水素は電子を放出し水素イオンとなり酸素電極に達し，外部から加わる酸素と反応し水となる．水素電極から酸素電極に向かい電子が移動し電流が流れ，電気エネルギ（電力パワー）を取り出す．電極は白金で消耗するため，この長寿命化とコストダウンが必要である．火力発電の建設コストより高価だが，低公害車用として実用化されている．

の

ノア回路（——かいろ）
NOR circuit → NOR回路

ノイズ・エリミネータ noise eliminator
超短波受信機の衝撃性雑音（エンジンプラグ雑音）防止用に開発された方式．衝撃（パルス）性雑音の時間幅（0.5sec）だけ，受信機入力回路をゲート回路で遮断し雑音を消去する．

ノイズ・ジェネレータ noise generator
→ ノイズ発生器

ノイズ・スケルチ noise squelch
スケルチ回路で復調回路（FM検波）の出力の音声以外の雑音（ノイズ）を抑制すること，またはその回路．
☞ スケルチ回路

ノイズ発生器（——はっせいき）
noise generator
ホワイト・ノイズやピンク・ノイズの発生器のこと．音響特性などの試験に使い，ノイズジェネレータともいう．
☞ ホワイト・ノイズ

ノイズ・フィギュア noise figure
→ 雑音指数

ノイズ・フィルタ noise filter
信号に含まれる雑音分を減衰させるフィルタで，ローパス（ハイカット）フィルタを多用する．
☞ フィルタ

ノイズ・リダクション noise reduction
雑音低減の意で，たとえば磁気録音機の録音や再生の際に生じる雑音が，高域に多く存在し耳ざわりとなるので，この雑音を低減する方法．録音のとき入力信号を圧縮器で圧縮し，再生のとき伸長器で伸長し，雑音を減らして信号を取り出す．ドルビー方式やdbx方式があり，録音テープの雑音を減らす．
☞ ドルビー方式

ノイズ・リミッタ noise limiter
雑音を低くおさえる，雑音抑制回路の一種．受信電圧のレベルより大きな衝撃性雑音がくると，一時的に出力を断つ回路．
☞ 衝撃性雑音

ノイマン vonNeumann
→ フォンノイマン

ノイマン形コンピュータ（——がた——） ven Neumann type computer
1945年米・数学者ノイマンが提案したコンピュータのこと．基本構成は中央演算部，制御部，記憶部，出力部，入力部の五つを要素にもつ．記憶部にプログラムを組み込んで処理する，今日のコンピュータの基本となった．

能動アンテナ（のうどう——）
active antenna
アクティブアンテナともいう．バラクタ，トンネルダイオード，トランジスタを組み込んだアンテナのこと．

能動衛星（のうどうえいせい）
active satellite
通信衛星の一種で，次の二つに区別する．
(1)能動低高度衛星．能動近接衛星ともいい，中継器を装備した近接衛星のこと．地上からの送信電力数百W，衛星からの送信電力数W以下で利用可能．
(2)能動静止衛星．中継器を装備した静止衛星．送信電力は大きくなるが，自動追尾が容易である．
☞ 通信衛星

能動回路（のうどうかいろ）active circuit
電源や増幅，発振を含む回路のこと．

能動素子（のうどうそし）active element
アクティブエレメントともいう．電気部品の中には電圧・電流の特性が直線

的なものと，非直線的なものとある．非直線特性を積極的に利用する素子を能動素子といい，トランジスタやFET，ダイオードやSCR，バリキャップやパラメトロン，真空管などがある．非直線特性をもちながら，その非直線特性を利用していない素子もあり，電球や放電管，サーミスタなどがある．これらは受動素子という．

☞FET

能動フィルタ（のうどう——）active filter
アクティブフィルタともいう．CR回路網と増幅器を組み合わせたフィルタ．特性が改善され，値段も安いので，CR回路網だけのフィルタに代わりつつある．

☞フィルタ

能動部品（のうどうぶひん）
active part(component)
→能動素子

能動領域（のうどうりょういき）
active region
トランジスタのV_{CE}-I_C特性のうえで，$I_B=0$より下側を遮断領域，$I_B=I_C/h_{FE}$より上側を飽和領域という．遮断領域と飽和領域の中間，$I_B=0$から，$I_B=I_C/h_{FE}$の間（図の斜線部）を能動領域という．能動領域ではトランジスタは正常な増幅作用をする．

☞V_{CE}-I_C

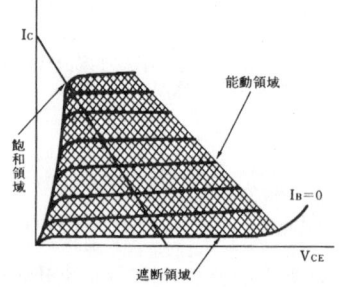

能率（のうりつ）efficiency
→効率

ノー・オペレーション no operation
マイコンなどで，何の処理も行わず，プログラムカウンタだけを，次に進める命令のこと．

☞マイコン

ノクトビジョン noctovision
赤外線暗視装置ともいう．像を赤外線で照明し，像からの反射光線をレンズで集め，イメージ管の赤外線に感じる光電面に像を結ぶ装置のこと．暗いところの物が見える．☞赤外線

のこぎり波（——は）saw-tooth wave
のこぎりの歯のように変化する波形のこと．最低点aから時間とともに大きくなり，一定値bに達すると急激に最低値c(=a)にもどり，以後これを繰り返す．このような波形はテレビや観測用オシログラフのブラウン管の時間軸用電圧に使う．

☞オシログラフ

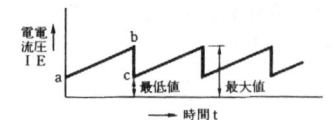

のこぎり波アンテナ（——は——）
saw-tooth wave antenna
→シレーメニー・ビーム・アンテナ

のこぎり波発振器（——ははっしんき）
saw-tooth oscillator
のこぎり波の発振回路には，ブートストラップ回路やミラー回路がある．ブラウン管オシロスコープの時間軸などに利用する．

☞ブートストラップ回路

のこぎり波発生回路（——ははっせいかいろ）saw-tooth circuit
のこぎり波発振器や積分回路のこと．

☞積分回路

ノッチ notch
1．きざみ，段，切込み，切換え段，落込み等ステップの意．2．抵抗器や変圧器のタップの切換え段．

ノッチ・フィルタ notch filter

帯域内の特定の周波数frを取り除くフィルタのこと．特定の周波数で出力が急激に落ち込む（ノッチする）という意味である．テレビ電波の中から，音声信号を除く音声ノッチフィルタはこの例である．ツインT回路ともいう．

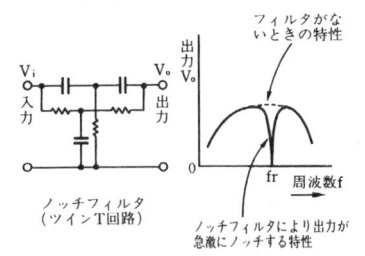

ノッチフィルタ（ツインT回路）

ノッチフィルタにより出力が急激にノッチする特性

ノッチングひずみ notching distortion
→クロスオーバひずみ

ノット NOT →ノット回路

ノット回路 （——かいろ） NOT circuit

NOTとも書く．論理回路の一種で，論理否定回路ともいう．入力信号に対して逆相の出力を得る回路．信号の位相を反転するという意味でインバータともいう．1の入力で出力は0となり，0の入力で出力は1になる．ノット回路の入力Xと出力Yの関係は，$Y=\overline{X}$のように表す．ここで ̄は否定を表す．つまりXに対して$\overline{X}$は，「Xでない」という意味で，これをXの補元という．

☞論理否定回路

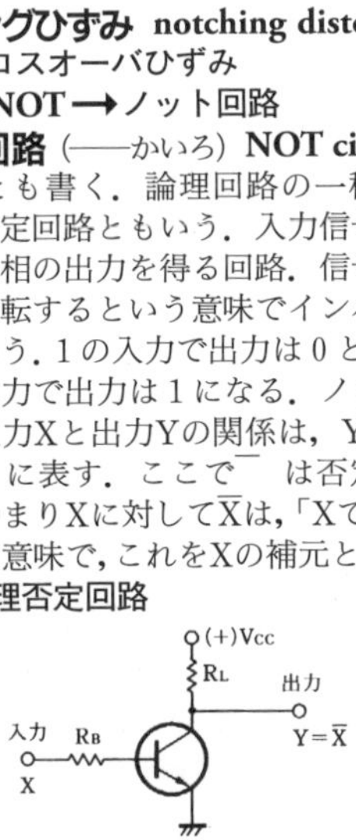

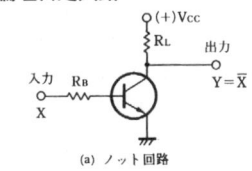

(a) ノット回路

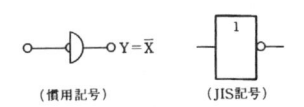

$Y=\overline{X}$

（慣用記号）　（JIS記号）

ノート形パソコン （——がた——） notebook-sized personal computer

外形をA4判ノート大にした携帯形パソコンのこと．液晶ディスプレイ・ICカード・3.5″フロッピーディスク・CD-ROM・ハードディスク・電源交直2ウエイなど性能も良い．

ノートパソコン
notebook-sized personal computer
→ノート形パソコン

ノボラック樹脂 （——じゅし） novolac resin

やや黄色味を帯びた半透明のアルコールワニス．接着や表面仕上げに使うフェノール樹脂の一種である．

ノンインタレース non-interlaced

コンピュータやワープロに使うディスプレイの表示法の一つ．テレビブラウン管のように1本1本細い走査線を走査させて画面を表示するのでなく，全画面同時に表示する方式．インターレースは走査のことでノンはその打消しの意．無走査方式の意味になる．走査式に比べ画面のチラツキが小さいが高価である．

☞ディスプレイ

ノン・インパクト・プリンタ
non impact printer

コンピュータの出力をプリント(印字)する出力装置の一種．紙の面に活字などを直接打ちつけずに印字する．このため印字のときの騒音もなく，印字速度も速い．インクジェット式，熱転写式，放電破壊サーマルプリンタなどがある．非衝撃式印字装置ともいう．

☞サーマル・プリンタ

ノンポーラ・コンデンサ
non-polar condenser(capacitor)

バイポーラ・コンデンサともいう．電解コンデンサは一般に交流，直流が同時に加わる回路に使うが，交流だけの回路で大容量が必要なときは，2個の電解コンデンサの(−)極同士をつな

ぎ，2個直列にして使う．

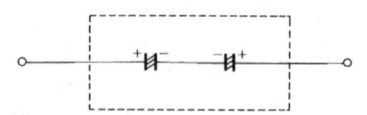

ノン・リニア回路（——かいろ）
nonlinear circuit

入力と出力の信号が比例しない，直線的でない（ノンリニア）回路のこと．ログ（対数）回路や入出力関係が2乗特性の指数関数的な回路が，この例である．

ノン・ロッキング non locking

ディジタル回路などで，入力同期信号と無関係の独立した同期信号によって出力を得ること．

☞**同期信号**

は

バー・アンテナ bar antenna
棒（バー）状の高周波磁心にコイルを巻いたアンテナ．磁心の外形は丸形や角形などがある．アンテナとしての働きは磁心の断面積と長さに関係し，大きいほどアンテナの感度は良い．巻線にはリッツ線を使う．
☞リッツ線

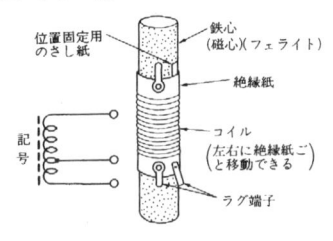

バイアス bias
1．トランジスタ，真空管を効率よく働かせるために，電極に加える直流の電圧や電流のこと．
2．テープレコーダの磁気ヘッドに与えるバイアス電流のこと．
☞磁気ヘッド

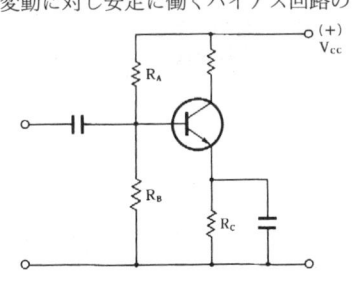

バイアス安定回路 （——あんていかいろ） bias stabilizing circuit
トランジスタが周囲温度や電源電圧の変動に対し安定に働くバイアス回路のこと．抵抗 R_A, R_B, R_C による安定回路で，電流帰還バイアスともいい広く使われる．
☞電流帰還バイアス

バイアス回路 （——かいろ） bias circuit
1．トランジスタのバイアス回路のこと．
(1)固定バイアス回路．温度変化によるコレクタ電流 I_C の変化が大きい．
(2)自己バイアス回路．温度変化による I_C の変化を軽減することができる．
(3)電流帰還バイアス回路．温度変化による I_C 変化を減らす安定回路だが，抵抗の消費電力がある．ブリーダ電流バイアス回路ともいう．
2．テープレコーダの磁気ヘッドに与えるバイアス電流用回路．
(1)交流バイアス回路．50〜200kHzの高周波発振回路のこと．
(2)直流バイアス回路．録音感度が低く雑音が多いため現用されない．

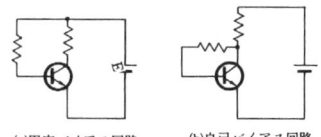

(a)固定バイアス回路　(b)自己バイアス回路

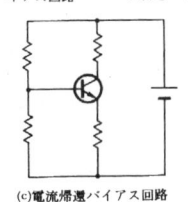

(c)電流帰還バイアス回路

バイアス抵抗 （——ていこう） bias resistance
トランジスタ回路などにバイアスを与

えるための抵抗器．ブリーダ抵抗はこの例である．

☞**ブリーダ抵抗**

バイアス電圧（——でんあつ）
bias voltage

トランジスタや真空管に加えるバイアス用の電圧のこと．

バイアス電流（——でんりゅう）
bias current

1．無入力時にトランジスタのベースやコレクタなどにあらかじめ流しておく直流電流で，バイアスと略称する．
2．テープレコーダの磁気消去ヘッドに流す高周波（交流）バイアス電流のこと．

☞**高周波**

ハイ・アベイラビリティ
high availability

通常，高可用性と訳されている．Availabilityは「現在ある」とか「入手可能」という意味．コンピュータ業界ではシステム障害や保守作業によるサービスの停止時間が短いこと．つまりシステムの利用可能な状態が長いことを指す．

バイオニクス bionics

生体工学ともいい，生物のもつ種々の働きを，工学的に実現し利用する学問．

☞**有機エレクトロニクス**

バイオマス biomass

新エネルギ利用などの促進に関する特別措置法によれば，動植物に由来する有機物であってもエネルギ源として利用することができるもの（原油や石油ガス，可燃性天然ガスおよび石炭ならびにこれから製造される製品を除く）と定義されている．現在，バイオマス資源の種類により，次の代表的な利用形態が想定されている．

①木質系バイオマスの燃焼などによるエネルギの利用，②有機系廃棄物のメタン発酵によるエネルギの利用，③廃油の燃料化によるエネルギの利用，④メタノールなどのアルコール製造によるエネルギの利用，など．

☞**有機エレクトロニクス**

バイオメトリクス biometrics

生物計測学的認証のことで，指紋をはじめ，顔，手形，虹彩，網膜，血管，音声（声紋）などの特徴を数値化し，すでに登録しているデータと照合することで，本人であることを認証する手法．

☞**電子認証**

配光特性（はいこうとくせい）
intensity distribution

光源や器具の空間の各方向への光度分布を配光といいランプの配光特性は，配光曲線やビーム角（ビームの向き），ビーム光束，中心光度・最大光度などの要素で構成される．配光曲線は，光源から出ている光が，どの方向にどれだけの強さで出ているかを表したもの．ビーム角(ビームの向き)は，集光の程度を表すのに用いる定義で，中心光度(あるいは最大光度)の1/2の光度（ハロゲン電球のシールドビーム形・PAR形は1/10の光度）になる左右2点と光中心を結ぶ角度のこと．単位は「度」で表す．ビーム光束は，ビーム角内の光束を表す．単位は「lm（ルーメン）」．中心光度・最大光度は，リフレクター(反射形)電球などの投光照明用ランプで，光軸方向の光度を中心光度，配光曲線上で最も大きな光度を最大光度で表す．単位は「cd(カンデラ)」．

☞**ビーム**

バイコニカル・アンテナ
biconical antenna

二つの円錐形のあるアンテナで，双円錐空中線ともいう．同形同大の二つの金属円錐，または導線を使い同様に円錐状に組み上げ，2個の円錐の頂点を同一線上に向き合わせて接近させて配置し，二つの頂点に給電する．マイクロ波用で軸に直角な平面で無指向性であり，広帯域性が特徴である．

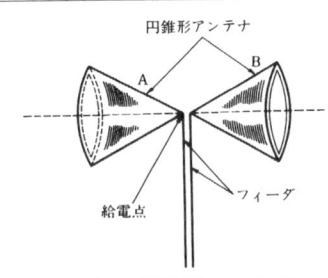

図中ラベル: 円錐形アンテナ, A, B, フィーダ, 給電点

バイコール・ガラス vycol glass

不純物を吸いつける性質があるガラスで，半導体製品のケースの中に入れゲッタ作用をさせる．シリカゲル，活性アルミナなどがある．
☞不純物

媒質 （ばいしつ） medium

メディウムともいう．波（波動：電波や音波）を伝える物質のこと．たとえば音が空気中を伝わるときの音の媒質は空気（気体）で，水の中を伝わるときの媒質は水（液体）である．

倍周器 （ばいしゅうき）
frequency multiplier

入力信号の周波数を整数倍する回路．周波数てい(逓)倍器ともいう．

バイステイブル・マルチバイブレータ
bistable multivibrator
→二安定マルチバイブレータ

配線 （はいせん） wiring

部品と部品の間を導線でつなぐこと，またはその導線のこと．他の部分とショートしそうな場合は絶縁線を使う．一般には自由な動きができ断線しにくいように何本かの細い導線をより合わせた，より線が多く使われる．誘導など他からの影響を受けやすい弱い信号の回路，入力信号回路などはシールド線を使うときもある．

また2～3本の絶縁電線をより合わせたコードや数十～数百本を1組にしたケーブルなどもある．取り扱う電力もわずかで，全体を小形化する意味から，絶縁板の上にプリント（印刷）配線することもある．
☞絶縁電線

配線盤 （はいせんばん）
patch board, plug board

パッチボード，接続盤ともいう．装置，機器の配線の一部を，多数のプラグを並べた盤に導く．これにリード線つきプラグを差し込んで，各種の配線を実行し，いろいろな動作をさせる．アナログコンピュータでは演算回路に使い，盤は本体からはずして交換できる．

媒体 （ばいたい） media

メディアともいい，情報の発信側と受信側の中間にあって，情報を伝えるもの．磁気ディスク・光ディスクなどはこの例である．
☞光ディスク

排他的論理和 （はいたてきろんりわ）
exclusive OR

PとQを二つの論理変数とするとき，次の表によって定まる論理関数P⊕Qを，PとQの排他的論理和という（JIS・情報処理用語）．

P	Q	P⊕Q
0	0	0
0	1	1
1	0	1
1	1	0

ハイ・チャネル high channel

高チャネルともいい，ローチャネルと対語．TVの4～12チャネル(VHF)のこと．
☞VHF

倍長演算 （ばいちょうえんざん）
double precision

小形コンピュータで，桁数の多い数を扱うために，2語以上を使って数を入

れる方法．倍長命令により行うが処理速度が遅くなる．

倍電圧整流回路（ばいでんあつせいりゅうかいろ）multiplying rectifier

交流の電源電圧Vの2倍の直流電圧を得る整流回路．交流の半周波にダイオードD_1を流れる電流でC_1を充電し，次の半波でダイオードD_2が導通してI_2によりC_2が充電され，出力に2Vの電圧が出る．

☞半波整流回路

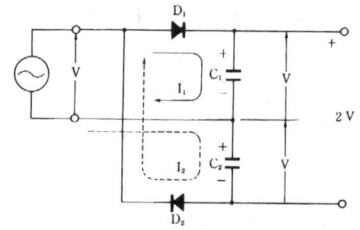

バイト byte

キャラクタで表す記号や文字は最大64種類（$2^6=64$）のため，英数字と記号に割り当てると，カナ文字までは表せないが，8ビット使い4ビット＋4ビットにすれば解決する．8ビットの単位をバイトといい，1バイトで表すデータの種類は256（2^8）である．

☞キャラクタ

ハイト・パターン height pattern

見通し外地点に置いた受信アンテナの高さを変えたときの，電界強度の変化を示すグラフのこと．

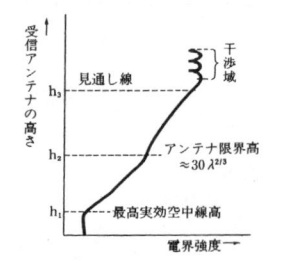

バイナリ binary

1．バイナリコードのこと．
2．二安定マルチバイブレータのこと．

☞二安定マルチバイブレータ

バイナリ・コード binary code
→2進コード

バイナリ・ディジット binary digit
→ビット

バイノーラル binaural
→バイノーラルヒヤリング

バイノーラル・ヒヤリング binaural hearing

バイノーラルとか双聴覚ともいう．音を両耳で聞いたときの方向感覚．一つのマイクロホンの音を両耳レシーバで聞いても方向感覚はないが，適当な間隔をあけて2本のマイクロホンを置き，別々の増幅器を通して両耳レシーバで聞けば方向感覚があり，この現象のこと．

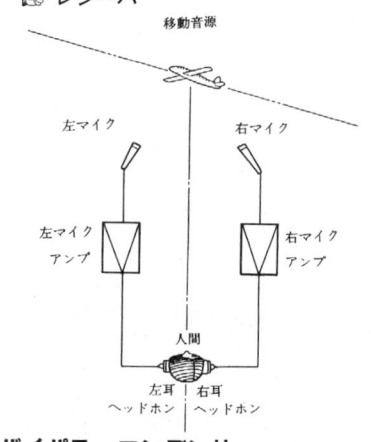

☞レシーバ

バイパス・コンデンサ by-pass condenser

電子回路で直流と交流，または低周波と高周波が同時に存在するとき，交流分だけまたは周波数の異なるどちらか

片方をコンデンサC_Eに流す．図ではエミッタ電流I_Eの中の交流分ACをC_Eに流し，直流分DCをR_Eに流し分流する．☞エミッタ電流

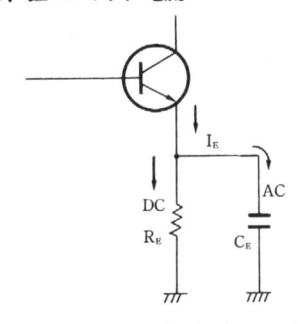

ハイパス・フィルタ high-pass filter
→高域フィルタ

ハイパブリック・ホーン
hyperbolic electromagnetic horn
双曲線電磁ホーンともいい，マイクロ波用の開口アンテナ．導波管の開放端（終端）に双曲線形の電磁ホーンを取り付け，導波管の特性インピーダンスと空間の特性インピーダンスのインピーダンスマッチングをとったもの．

→双曲線電磁ホーン

ハイパー・メディア hyper media
いろいろなメディアを有効につないだ総合的で高次元のメディアのこと．たとえば，マイコンにテレビやVTRなどをつなぎ，映像メディアにすること．

ハイビジョン Hi-Vision, highvision, High Definition TV, HDTV
国際的にはHDTVといい，開発当初は高品位テレビジョンと呼んだ．画面の縦横比9：16は映画のワイドスクリーン（ビスタビジョン）に合わせ，走査線1,125本はNTSC方式の15/7倍，PAL・SECAM方式の9/5倍にして，どちらの方式にも変換容易にした．映像信号帯域幅は30MHz（放送スタジオ用）から送信側でエンコーダ，受信側でデコーダを使うMUSE（multiple sub-nyquist sampling-encoding, 1984年NHK）方式により8.1MHzに圧縮した．フィールド周波数60Hz，30フレーム毎秒，飛越し走査方式．音声はPCMで4チャネルステレオ方式にし，迫力や臨場感を高めている．ディスプレイは40インチ以下はブラウン管でそれ以上はガラス容器の強度上の制約から，投写形（プロジェクタ）を使う．

ハイファイ high fidelity
ハイフィデリティ（高忠実度）の英語のスペルをつめて，Hi-Fiと書き，ハイファイという．オーディオ装置や回路などに関する形容詞（接頭語）として使う．
☞高忠実度

ハイファイ・アンプ
high fidelity audio amplifier
忠実度の高いオーディオのアンプ（リファイヤ）のこと．
☞忠実度

バイファイラ巻コイル （──まき──）
bifilar coil
バイファイラコイル，広帯域変成器ともいう．2本の線を平行にしてボビンに巻いたコイルのこと．TV受像機の映像中間周波トランスVIFTはこの例．☞VIFT

ハイフィデリティ high fidelity
高忠実度のこと．→高忠実度

ハイブリッド hybrid
1．英語の混成物，雑種という意味に使う．ハイブリッドICがこの例．
2．二つの電気信号を，互いに影響しないように結合したり，分けたりする回路や装置のこと．有線電話で古くから使われたハイブリッドコイルがこの例．
☞有線電話

ハイブリッドCD
hybrid compact disk
1枚の音楽CDに従来のCDとSACD

(スーパーオーディオCD)の二つのフォーマットを収録したもの．2層構造で，SACDは0.6mm，CDは1.2mmの位置にある信号を読む．現在では音楽CDの約80％がハイブリッド版で占める．SACDはマルチチャンネルも楽しめる．
☞オーディオ

ハイブリッドIC hybrid IC
混成集積回路，混成ICともいいICの一種で，ハイブリッドとは混成，混合の意味．サブストレートの上に配線や抵抗を印刷法，蒸着法などで取り付け，それにトランジスタのチップを取り付けるため，モノリシックICより大形となるが．高電力，高耐圧，高周波，低雑音で製作費が安い．
☞モノリシックIC

ハイブリッド計算機（——けいさんき）hybrid computer
データにアナログとディジタルの両方の表現を用いるコンピュータのこと．

ハイブリッド・コイル hybrid coil
三巻線変成器ともいう．同一鉄心に3組の巻線をした変成器で，2線式伝送線と4線式伝送線の接続などに使う．有線通信では送信・受信の端末接続に用い，反響を減らし鳴音を防止する．

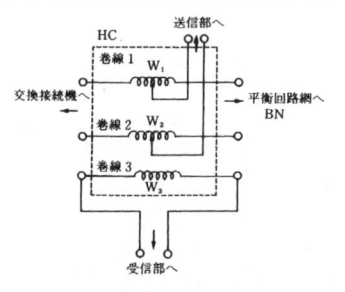

ハイブリッドπ形等価回路
（——ぱいがたとうかかいろ）
hybrid π type equivalent circuit
ジャコレットのπ形等価回路ともいう．本質的にはアーリイのT形等価回路と等しい．異なる点は周波数特性がなく，エミッタ接地用で実際の回路設計に便利である．
☞エミッタ接地

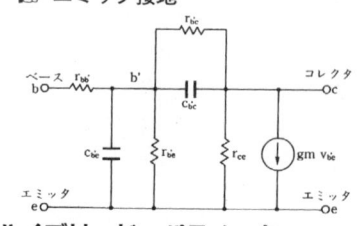

ハイブリッド・パラメータ
hybrid parameter →h定数

バイブレータ vibrator
1．マルチバイブレータのこと．
2．DCからACに変換する機械的変換器，またはその振動片のことで移動用電源．
☞DC-ACコンバータ

バイポーラ bipolar
バイは2の意味でポーラはポラリティから出た語．極性の意味があり，二極性とか双極性ということ．素子の動作に電子とホールの両方が関係する，たとえばトランジスタのような場合をバイポーラ素子といい，ユニポーラと対照語．☞ユニポーラ

バイポーラ・トランジスタ
bipolar transistor
トランジスタの動作に電子とホールの両方を利用すること．一般のトランジスタはこの形で，FETでは電子かホールのどちらかの多数キャリアを利用し，両者を区別するときに使う語．
☞FET

バイメタル bimetal
バイとは二つ，メタルは金属の意味で，熱膨張係数の小さい金属と大きい金属を薄くして貼り合わせたもの．温度が上がると，熱膨張係数の大きいほうにそり，電気回路を開閉する温度スイッチに利用する．熱膨張係数の小さいほ

うはアンバ(鉄64%, ニッケル36%の合金), 熱膨張係数の大きいほうは黄銅(銅60%, 亜鉛40%), 鉄とニッケルとクロムの合金を使う.

バイモルフ素子 (――そし)
bimorph element
金属板の両側に反対方向に分極する2枚の圧電素子を貼り合わせ, 金属板を一方の電極とし, 2枚の圧電素子を他方の電極にしたもので, クリスタル形のマイクロホンやピックアップの振動子になる. ☞圧電素子

倍率器 (ばいりつき) multiplier
可動コイル形電流計の電圧測定範囲の拡大用に直列につないだ抵抗器. 測定器に使うため, 抵抗値の正確なものが使われる.
☞可動コイル形電流計

配列 (はいれつ) array
コンピュータのプログラムで, 共通性のある大量のデータ全体に一つの名前を付けたもの. これに付けた名前を配列名, 個々のデータを配列要素という.

配列の宣言 (はいれつ――せんげん)
array declaration
コンピュータのプログラムで配列を使う場合, プログラムの先頭, 最初の実行文の前に名前と大きさをはっきり表現する. DIMENSIONと書き配列を宣言すると, 暗黙の形宣言により配列の形が決まる.
☞実行文

配列要素 (はいれつようそ)
array element →配列

パイロット・キャリア pilot carrier
SSBで搬送波を完全に除かず, わずかに残して送り受信機のAFCを動作させる. この残した搬送波のことで, 常時発射しておく. 大陸間無線回線に使い, パイロット信号ともいう.
☞AFC

パイロット周波数 (――しゅうはすう)
pilot frequency
パイロットキャリアの周波数.
→パイロットキャリア

パイロット信号 (――しんごう)
pilot signal →パイロットキャリア

パイロット・トーン方式
(――ほうしき) **pilot tone system**
→ステレオ信号

パイロット波 (――は) pilot wave
無線受信機の動作監視や制御するために, 送信側から送るレベルの低い信号のこと. ☞制御

パイロット・ランプ pilot lamp
機器や装置, 回路に電源が入っているか, 切れているかを表示するランプ. ネジ込みソケット式やソケットなしの発光ダイオードやネオン管を使う.
☞発光ダイオード

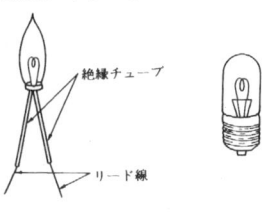

(a) ミニランプ (6.3V 30mA)　(b) パイロットランプ (6.3V 150mA)

パイロ電気 (――でんき)
pyroelectricity
電気石の結晶の表面の, 特定部分を加熱するか冷やすと, 温度の上がる間, 下がる間は結晶軸の両端に正, 負の電荷が現れ, 温度が一定となれば消える. この電荷をパイロ電気という.
☞電気石

パウリの排他律 (――はいたりつ)
Pauli's exclusion principle
パウリの原理ともいう. 原子内の電子の配置は, 四つの量子数の組合せで定まり, それぞれの状態には一つの電子だけが存在するという法則.

ハウリング howling
可聴周波増幅器に起きる発振現象. ス

はかい

ピーカから出た音がマイクロホンに入り、増幅器で増幅されスピーカから出る。これをマイクロホンが広い増幅器で増幅し……と繰り返し、キーンという発振音を出す現象。

破壊電圧 (はかいでんあつ)
breakdown voltage →絶縁破壊

破壊読出し記憶装置
(はかいよみだ——きおくそうち)
destructive read-out memory
記憶装置を動作原理や読出し方式で分類すると、下表のようになる。記憶装置からデータを読み出すと、記憶していたデータが消えてしまうものがあり、このような記憶装置を、破壊読出し記憶装置という。磁心記憶装置、磁気薄膜記憶装置などはこの例である。
☞ 記憶装置

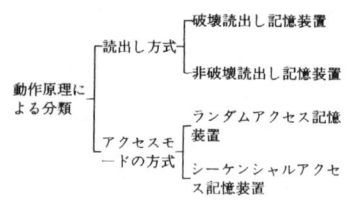

```
                        ┌─ 破壊読出し記憶装置
            ┌─ 読出し方式 ┤
            │            └─ 非破壊読出し記憶装置
動作原理に ──┤
よる分類    │                ┌─ ランダムアクセス記憶
            │                │  装置
            └─ アクセスモ ───┤
               ードの方式    └─ シーケンシャルアクセ
                                ス記憶装置
```

バグ bug
1. 昆虫とか、なんきん虫のこと。2. 故障や間違いのこと。3. プログラム中の誤りやごみ。4. ハードウェアの動作不良や不調。5. プログラマの方言で、故障またはプログラムの障害の原因のこと。6. 米国の初期の真空管式コンピュータに1匹の蛾（バグ）が飛び込み、リレーに挟まってコンピュータを故障させた。このことからコンピュータの故障のことを、バグというようになった。

白色雑音 (はくしょくざつおん)
white noise →ホワイト・ノイズ

薄膜 (はくまく) thin film
膜厚1μm（ミクロンメートル＝10^{-6}m）を境にしてそれより薄いものを薄膜と呼ぶが厳密な区別はなく、むしろ金属または合金の膜を薄膜という。金属の抵抗は、厚さが約10nm（ナノメートル＝10^{-9}m）位になると急激に高くなる。薄膜用に使う厚さは50nm～500nm位で、抵抗にはクロムCr、ニクロムNi-Cr、タンタルTaなどを使い、パターン（図形）の長さ、幅や厚さを調整し必要な抵抗値にする。配線用導体としては金Au、アルミニウムAl、銅Cuなどの抵抗率の低いものを使う。表の沸点は真空蒸着の容易さの目安となる。
☞ 真空蒸着

薄膜用金属

金属名		電気伝導度	融点(℃)	沸点(℃)	加工のしやすさ
銅	Cu	100.0	1,083	1,132	良好
銀	Ag	108.5	961		良好
金	Au	77.7	1,063	1,252	良好
アルミニウム	Al	61.2	660	1,082	良好
クロム	Cr	13.8		1,267	不良
ニッケル	Ni	25.2		1,382	良好
タンタル	Ta	13.2		2,815	
タングステン	W	32.5		2,977	不良

薄膜IC (はくまく——)
thin film integrated circuit
薄膜集積回路ともいい、集積回路の一種で、分類上の位置から混成集積回路（ハイブリッドIC）に属す。膜の厚さが1μm位より厚いものを厚膜、薄いものを薄膜と区別し、厚膜に比べ小形にでき抵抗も精密にできるが、コスト（値

```
マイクロエレクトロニクス
(超小形化技術)
 │                                  ┌─ 薄膜(混成)IC
 │          ┌─ 混成IC ──────────────┤
 │          │  (ハイブリッド)        └─ 厚膜(混成)IC
 │          │
 ├─ IC ─────┤  半導体IC ─────────────┬─ バイポーラIC
 │ (集積回路)│  (モノリシック)        └─ モス(MOS)IC
 │          │
 │          │  膜IC ─────────────────┬─ 薄膜(厚さ1μm以下)
 │          │  (フィルム)             └─ 厚膜(厚さ1μm以上)
 │          │
 │          └─ 光IC(フォト)
 │
 └─ 高密度組立 (マイクロモジュール)
```

段)はやや高めである．厚膜より表面のなめらかな基板(ガラス，石英，パイレックス＝硬質ガラス)を使い，抵抗はニクロムなどを蒸着し，配線にはアルミニウムや銅を蒸着し，測定器，通信機などに使う．

☞集積回路

薄膜インダクタンス (はくまく——)
thin film inductance

基板上に導電度の大きい材料を使い，うず巻形の図形(スパイラルパターン)を書く．このパターンは基板表面に金属膜を蒸着して作る．インダクタンスを増やすために，フェライトの基板を使うこともある．構造上，洩れ磁束が多いため磁性材料を使わぬときは，個別部品(トロイダルコイル)を使う．

☞フェライト

薄膜回路 (はくまくかいろ)
thin film circuit
→薄膜IC

薄膜コンデンサ (はくまく——)
thin film condenser

図に示したような構造で，基板上に誘電体Bを挟んで電極A，Cがある．誘電体材料には酸化シリコンSiO，二酸化シリコンSiO_2，二酸化マンガンMnO_2，二酸化チタンTiO_2などを使い，電極材料はアルミニウムAl，クロム銅Cr-Cu，タンタルTa，金Auなどを使う．図(a)は一般形で，図(b)は上部の電極(Au)と誘電体(Ta_2O_5)の間に薄膜を一つ入れる．これにより耐圧と容量が増える．ニクロムNi-Crを入れたものをTM形といい，MnO_2ならTMM形，SiOならTSM形と区別する．

☞コンデンサ

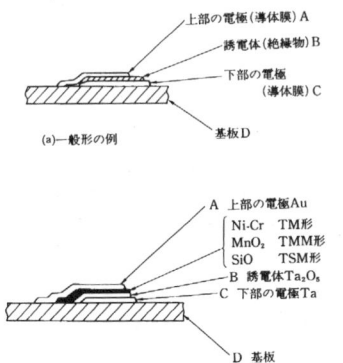

薄膜集積回路 (はくまくしゅうせきかいろ) thin film integrated circuit
→薄膜IC

薄膜抵抗 (はくまくていこう)
thin film resister

図(a)のように端子A，B間に抵抗体Rを作る．材料は純金属，合金，金属化合物，窒化物などがある．純金属では，タンタルTa，クロムCrが使われ，中でもTaは最も良い．合金ではニクロムNi-Crが使われ，金属化合物では，金属とセラミックを混ぜたサーメットがあり，クロム酸化シリコンCr-SiOが使われる．安定性，温度係数でニクロムに劣る．抵抗値の補正はトリミングで行う．なお抵抗体Rの膜厚は$1\mu m$以下．

☞サーメット

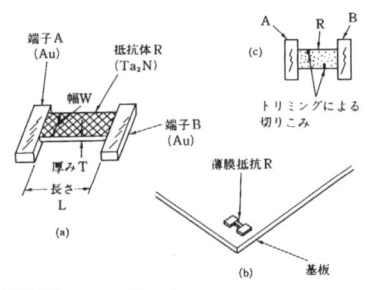

薄膜トランジスタ (はくまく——)
thin film transistor

基板上にトランジスタを組めば，リード線の接続作業は不要で，不必要な容量も減り，周波数特性やスイッチング

特性は向上し，素子同士の干渉も減り，さらに高密度にできる．MOS-FET形は，半導体材料に硫化カドミウムCdS，硫化鉛PbSなどを使い，誘電体にはアルミナなどを使う．電極用には金Auの蒸着膜を使う．
☞MOS-FET

MOS・FET形

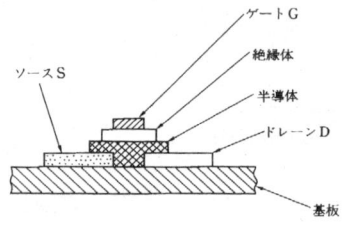

(図：ゲートG，絶縁体，ソースS，半導体，ドレーンD，基板)

薄膜部品（はくまくぶひん）
thin film component
薄膜回路に使われる薄膜トランジスタ，薄膜抵抗，薄膜コンデンサ，薄膜インダクタンスなどの総称．

薄膜メモリ（はくまく——）
thin film memory
磁気薄膜記憶装置のこと．破壊読出し記憶装置で主記憶装置になる．パーマロイを厚さ$1\mu m$位に薄くすれば，ごくわずかな外部磁界で磁化し，アクセスタイムは1ns（10^{-9}秒）位になる．
☞破壊読出し記憶装置

波形（はけい）wave form
電圧，電流などの時間的変化を示す波の曲線，波の形．

波形誤差（はけいごさ）
waveform error
正弦波電圧や電流値で目盛ってある計器に，ひずみ波を加えたときに生じる誤差．
☞正弦波電圧

波形整形（はけいせいけい）
waveform shaping
パルスなどの波形を補正や修正すること．
☞パルス

波形整形回路（はけいせいけいかいろ）
waveform shaping circuit
整形回路ともいい，パルス波形を補正し雑音，ひずみを除く回路．ダイオード，トランジスタ，抵抗RやコンデンサCだけの回路があり，クリップ，スライス，クランプ，リミッタ，微分積分回路，マルチバイブレータ，ブロッキング発振器などがある．
☞整形回路

波形ひずみ（はけい——）
waveform distortion
信号の受信点における波形の原信号（もとの信号）波形との違い．一般に次のように区別する．
①振幅ひずみ．振幅が異なること．非直線ひずみともいう．②位相ひずみ．位相が異なること．③高調波ひずみ．高調波量の異なること．④混変調ひずみ．相互変調ひずみともいい，周波数の異なる二つ以上の信号が存在するとき，互いに干渉して生じるひずみ．⑤過渡ひずみ．過渡混変調ひずみともいう．信号の急激な変化によって生じるひずみ．
☞ひずみ

波形ひずみ率（はけい——りつ）
klirrfactor
波形ひずみの程度を示す数値K．
$$K = \sqrt{\frac{(各高調波の実効値)^2}{基本波の実効値}}$$
$$= \sqrt{\frac{V_2^2 + V_3^2 + \cdots V_n^2}{V_1}}$$

V_1：基本波電圧実効値
V_2：第2高調波分電圧実効値
V_3：第3高調波分電圧実効値

正弦波はK＝0，方形波は0.48，全波整流波は0.23位で，ひずみ率計で測る．
☞ひずみ率計

波形分析（はけいぶんせき）
wave analyzing
対象となる波形を基本波分と高調波分

に分け，おのおのの成分の振幅や周波数を分析すること．

波形分析器 （はけいぶんせきき） wave analyzer

ウェーブアナライザともいう．波形分析装置の一種で，同調フィルタ（特定の周波数に同調し，その成分だけを他の成分と切り離し取り出す回路）により，基本波f の大きさ，高調波2f, 3f ……の各成分の大きさを測る．

波形分析装置 （はけいぶんせきそうち） wave analyzer

ひずみ波は多くの周波数成分を含んでおり，振幅，周波数の異なる正弦波の合成である．その各成分の周波数と振幅を，分析して示すのが波形分析装置である．

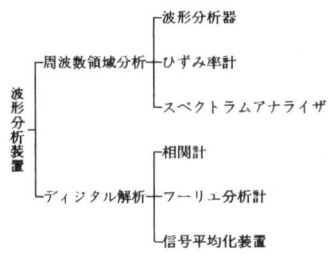

```
                      ┌─波形分析器
         ┌─周波数領域分析─┼─ひずみ率計
波        │              └─スペクトラムアナライザ
形        │              ┌─相関計
分        │              │
析        └─ディジタル解析─┼─フーリエ分析計
装                        │
置                        └─信号平均化装置
```

波形率 （はけいりつ） form factor

交流の実効値Vと平均値V_aの比で，フォームファクタともいう．

波形率 f_w ＝実効値V／平均値V_a

パケット packet

1．小包のこと．2．データ伝送方式で，情報を1,000ビット位に区切り，その一つひとつに送信元，送信先，データの順序番号などのデータ（ヘッダ）を付けたもの．この情報の小さな区切りは，荷札（ヘッダ）の付いた小包を思わせることから名付けられた．

パケット交換方式 （——こうかんほうしき） packet switching system

NTTによるDDXの一つで，パケットを順次に空いている回線を通じて受信側に送る．受信側では光ファイバやマイクロ回線で送られてきたパケットを交換機に入れ，ヘッダの情報に従い自動的に指定場所に指定順序に情報を届ける．東京電力など一部電力会社での使用がこの例で，企業内の高速情報通信システム（INS）の一つである．
☞DDX

波高値 （はこうち） peak value

最大値，最高値，尖頭（せんとう）値ともいう．瞬時値の最大値のこと．
☞瞬時値

波高率 （はこうりつ） peak factor, crestfactor

交流の最大値V_mと実効値Vの比．ピークファクタともいう．

波高率 f_H ＝最大値V_m／実効値V

バーコード bar-code

商品の一つごとに付けた黒・白両直線のコード．JIS規格のJAN（Japan article numer）で定めている．13個の数字が並び，最初の2数字は国名，続く10個は会社名と商品コード，最初の数字はチェック文字である．商品コードの初めの5桁はメーカ識別コードである．スーパーマーケットで使うのは短縮版で，計算ミスの減少と人件費の節約になる．コードの読取りはバーコードリーダといい，携帯形である．

4 912345 678904

はしご回路 （——かいろ） ladder circuit

はしご形にインピーダンスZやアドミタンスYをつないだ回路のこと．一般にZには抵抗RかインダクタンスLを，Yには容量Cをつなぐことが多い．

☞アドミタンス

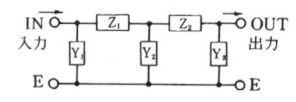

Z_1, Z_2は抵抗R_1, R_2
またはインダクタンスL_1, L_2
Y_1, Y_2, Y_3は容量C_1, C_2, C_3

はしご形回路網(――がたかいろもう) ladder-type network

はしご回路のことで，何個かのインピーダンスZやアドミタンスYをつなぎ合わせた，四端子回路網の一種．Zは抵抗RまたはインダクタンスL，Yには容量Cを使うことが多い．

はしご形フィルタ(――がた――) ladder-type filter

はしご回路によるフィルタで，一般には同一定格の抵抗RやインダクタンスLや容量Cをつなぎ，設計を簡略化する．

☞はしご形回路網

バージョン version

コンピュータのアプリケーションソフト・OS・プログラミング言語などの改訂回数に応じて数字を大きくしていく．出版物の版に相当し，初めて発売する初版はバージョン1.0とし，部分改訂のときは小数点以下の数値を増やし，全面改訂では整数部の数字を増やす．いずれにしても初版より数を増やすことを，バージョンアップという．初版品はファーストバージョンである．

バージョンアップ version up
→バージョン

バージンテープ virgin tape

新品の，未使用のテープのこと．ヘッドタッチを良くするため，早送りをしてなじませてから使用する．

バス bass

1. 低音または低域周波数や低域周波数帯のこと．
2. ベースまたはバスコントロール(低域調整または低音調整=トーンコントロール)のこと．

バス bus

母線とかバスラインという．乗合バスのように共通に使う通信路．コンピュータを構成する各装置からのデータを送り受けするための，共通の信号路のこと．

1. アドレスバス
2. コントロールバス
3. データバス (扱う信号の種類)，①入出力バス ②メモリバス (接続するものの区分)．内部バス・外部バス・システムバス・ローカルバス(バスの位置付けの区分)と多岐にわたる．多数ある始点の中の任意のものから多数ある終点の中の任意のものにデータを転送するための共通路 (JIS・情報処理用語)．

パス path

1. 通り道，進路の意味．
2. ネットワークでデータの通信経路(すじみち)のこと．
3. ファイルやディレクトリまでの道すじのこと．
4. 処理が何段階に分かれている場合の，段階のこと．

☞ディレクトリ

バズ音(――おん) buzz

TV受像機で音声回路に垂直同期信号の60Hzが混じったとき発生するブーンという雑音．インタキャリア方式の受像機に発生しやすい雑音．☞雑音

パスカル Pascal

1. パスカル言語のこと．
2. SI単位では圧力や音圧，応力の単位で記号は[Pa]．
 $1[Pa]=10[\mu bar]=1[N/m^2]$．
3. フランスの数学者・物理学者，宗

教家.

パスカル言語 (——げんご)
PASCAL language, PASCAL
1971年スイスのチューリッヒ連邦工科大学のNiklaus Wirth教授が提案したコンピュータのプログラム言語の一種．ALGOL60を発展させた言語で，ISOの規格になっている．1976年頃からアメリカの理工系学生の教育用言語に正式採用され，コンピュータ関係の学術論文はこれで書くのが慣例になっている．日本では東大工学部や東京電機大工学部で実用化し，学生教育に使っている．☞ISO

バス・コントロール bass control
オーディオアンプリファイヤやオーディオ回路などのトーンコントロールにおける低音調整のこと．
☞オーディオ回路

バースト信号 (——しんごう)
burst signal → カラー・バースト

パス・バンド pass band
→ 通過帯域幅

バスレフ形キャビネット
(——がた——) **bass reflex cabinet**
→ 位相反転形キャビネット

バス・レフレックス bass reflex
→ 位相反転形キャビネット

パスワード pass word, password
コンピュータを共同利用する際の利用者間の識別符号，合言葉または暗証(番号)のことで，機密保持の働きがある．保護されたコードまたは信号であって，利用者を識別するもの（JIS・情報処理用語）．銀行の預金の引出しカード利用の際に打ち込む数字はこの例である．

波節 (はせつ) wave node
伝送線路上の定在波の，電圧や電流の最小となる位置またはその値で，半波長ごとにある．☞定在波

パーセント導電率 (——どうでんりつ)
percentage conductivity
電線の導電率を比べるとき，国際標準軟銅（20℃で抵抗率1/58$[\Omega \text{ mm}^2/\text{m}]$，密度8.89$[\text{g/cm}^3]$，抵抗温度係数1/254.5（=0.00393）と国際電気標準会議で1913年に定めた）の導電率を基準にして，他の導体の導電率を百分率で示したもの．☞導電率

パソコン personal computer
パーソナルコンピュータの略称．

パソコン通信 (——つうしん)
personal computer communication
オフィスや家庭のパソコンと（公衆）電話回線をつなぎ，中間に大形コンピュータを入れ，電子掲示板や電子メール，コンピュータによる会議やゲームなどに参加したり，情報交換すること．BBSやデータベースサービスがある．

パーソナル・コンピュータ
personal computer
個人が専用に使う（パーソナルな）小形のコンピュータで，1語が8〜32ビット位の構成．パソコンとかマイコンと略称する．ディスプレイやキーボード，ディスクドライブなどハードウェアの低コスト化や，多様なソフトウェアの開発で急速に普及した．

パーソナル無線 (——むせん)
personal radio
1982年にCB無線の混雑や混信，妨害除去のため制定された．周波数900MHz帯，チャネル数79，空中線電力5W以下，アンテナと本体の分離可能，通話距離4〜5km(市街地)8〜10km(郊外)，オートスキャン（自動的に空チャネルを探す自動同調），取扱者の資格は不要，財団法人・無線設備検定協会の技術基準適合証明済無線機を使用．手続きは機器購入後に添付のROMカートリッジを電気通信監理局または代行者(電波振興会)に送ると，免許番号が打ち込まれて免許交付とともに返送される．このROMを無線機に差し込むと，無線機が動作し自動的

はたふ

に自局のコールサインを送信する簡易無線局.

☞CB無線

バタフライ形周波数計
（——がたしゅうはすうけい）
butterfly tuner type frequency meter
バタフライ共振器とかちょう形共振器ともいう．ちょう形のバリコンに似た共振器をもつ周波数計で，VHF～UHFの周波数測定用．

☞バタフライ共振器

バタフライ共振器（——きょうしんき）
butterfly resonator, butterfly tuner
VHF～UHF帯で使う共振器で，ちょう形のバリコンに似た可変周波数共振器．固定極Aと回転極Bがあり，Bは中心軸Dで回転する．Bを回転するとA～B間の静電容量Cが変化し，Aのab, cd間の円環部のインダクタンスLも交わる磁束が変化するため，L, C同時に変わり，広い範囲の周波数に共振する．接触部がなく，efから取り出すより，abの途中から取り出すほうがQが400位高い．☞Q

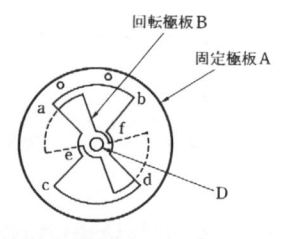

回転極板B
固定極板A

バタフライ発振器（——はっしんき）
butterfly oscillator
ちょう形発振器ともいい，バタフライ共振器を用いた発振器．周波数100～1,000MHz位の受信機の局部発振器や，信号発生器として使う．

☞局部発振器

パターン pattern
1. プリント配線の図形．プリント基板上に導電物質を貼り付けて作った回路図形．2. 図形や見本，形のこと．3. 音声波形などの観測できる現象や処理されたデータのこと．4. アンテナパターンのこと．

☞プリント配線

パターン・ジェネレータ
pattern generator
TV受像機やVTRなどの調整に必要な，縦線，横線，縦横線（クロスハッチ），ドット（縦横に並べた点），カラーバーなどの信号を発生できる発振器．これによって，カラー，白黒の画面に直線，縦横線（格子じま）を映し，色復調，直線性，コンバージェンス，白バランス，偏向などのチェックや調整をする．☞TV

パターン認識（——にんしき）
pattern recognition
パターンとは原形・手本・元の形の意味で，認識は判断・分別すること．コンピュータに情報を蓄えておく．後から情報を与え前の情報と比較・判断させること．次の二つの例がある．
1. 形状認識：指紋や印形の照合・郵便番号の読取り・文字の読取りなどがある．
2. 音声認識：声紋照合・自動翻訳など．

☞音声認識

バーチカル・アンテナ
vertical antenna →垂直アンテナ

はちの巣コイル（——す——）
honeycomb coil →ハネカム・コイル

バーチャルリアリティ virtual reality
仮想現実とか，現実感のある仮想の世界のこと．コンピュータグラフィクス（CG）ソフトの技術で仮想（未知の）世界を楽しめる．☞CG

波長（はちょう）wavelength
電波は波長がありギリシャ文字のラムダλで表し，周波数fと次の関係がある．

波長λ＝電波の速さC/周波数f

電波の速さCは光の速さと同じで、1秒間におよそ30万kmである.

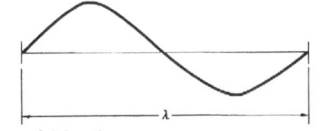

波長分割多重 (はちょうぶんかつたじゅう) wavelength division multiplexing
1本の光ファイバに異なる波長の信号を重ねて伝送すること. 伝送方向により異なる波長を利用して, 双方向通信に利用できる.
☞双方向通信

パーツ parts
ラジオやテレビを作り上げている一つひとつの部品または素子のこと. 抵抗, コンデンサ, コイル, トランジスタなどがある. ☞素子

ハッカー hacker
あくせく働くという意味があるが, コンピュータやシステムの知識深い専門家のこと.

パック pack
データの圧縮記憶のこと. JISでは「データおよび記憶媒体の既知の特性を利用して, 元の形に復元できる方法により, データを記憶媒体上に圧縮した形で記憶すること.」(JIS・情報処理用語・転送及び変換)
☞圧縮

バックアップ back-up, backup
コンピュータやシステムに障害が生じたとき, システムやファイルを回復させる対策. ハードウェアを複数化したり, ファイルをコピーして保存する(バックアップをとる)などがこの例である.

バックアップ・ファイル backup file
バックアップ用のファイル. あるファイルの内容を, 必要に応じて再生することができる予備のファイルのこと.

バックドア型ウイルス (——がた———) backdoor virus
コンピュータウイルスの一種で, システムを改変して特定・不特定の他のコンピュータから侵入できる経路を作る機能をもつ. 内部に潜んで時限爆弾的に動作をするトロイの木馬型ウイルスの一種で, 他のファイルには感染しない.
☞ウイルス

バック・ポーチ back porch
TVの水平同期信号の後縁と, 帰線消去信号の後縁の間の部分.

バック・ライト back light
背面光ともいい, 被写体やディスプレイの後面から光をあて立体感を出したり, ディスプレイ画面を明るくすること.
☞ディスプレイ

バックワード・ダイオード backward diode
逆ダイオードともいう. 接合形ダイオードに混ぜる不純物の量を多くし, 順方向特性のエサキ・ダイオードの負抵抗性が生じる直前のところでは, 逆方向の耐圧は0に近く, 逆方向のほうが電流が流れやすい. 小信号の検波用, UHFやマイクロ波の検波またはミキサに使う.
☞エサキ・ダイオード

パッケージ package
1. 包装, 包装箱のこと.
2. ハーメチックシールの容器のこと.

パーツ・ケース parts case
電気, 電子回路のパーツ(部品)の整理箱.

発光ダイオード (はっこう——) light emission diode, light emitting diode
ELパネル, 文字, 数字, 記号など以外を表す発光ダイオードを固体ランプともいう. PN接合に順方向に電圧を加え発光させる. 振動に強く長寿命, 数Vの低電圧で働く. 消費電力や発熱量も少なく, 赤・緑・青などの発光色がある.

はつこ

☞ PN接合

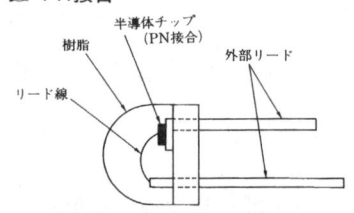

（図：半導体チップ（PN接合）、樹脂、外部リード、リード線）

発光塗料（はっこうとりょう）luminous paint
夜間の標識用などに使う．硫化亜鉛は放射線を当てると発光し，炭素14などはβ（ベータ）線を放出する．これらの物質を含む塗料のこと．

☞ β線

発振（はっしん）oscillation
1．振幅や周波数，位相が一定で安定した電気振動を発生すること．2．機械的な発振は振動といい区別する．3．寄生発振のように正規でない予期せぬ電気振動が付随的に（障害として）生じることがある．

☞ 電気振動

発振器（はっしんき）oscillator
オシレータともいい波形，周波数，振幅が一定の振動を，連続して発生する装置．使う能動素子により，トランジスタ発振器，真空管発振器といい，周波数の決定部品によって，LC発振器，CR発振器，水晶発振器，磁わい(歪)発振器，音叉発振器という．発生する波形により正弦波発振器，パルス発振器などの別がある．

→ オシレータ

発振周波数（はっしんしゅうはすう）oscillation frequency
発振器で生じた電気振動の周波数のこと．抵抗R，インダクタンスL，容量Cとすれば，
(1) LC発振回路の発振周波数f_1は，一般に，$f_1 = 1/(2\pi\sqrt{LC})$〔Hz〕
(2) 移相形RC発振回路の発振周波数f_2は，$f_2 = 1/(2\pi\sqrt{6RC})$〔Hz〕
(3) ブリッジ形RC発振回路の発振周波数f_3は，$f_3 = 1/(2\pi RC)$〔Hz〕

パッチ patch
企業の業務システムやパソコンなどには多くのプログラムが実行されているが，こうした一度完成したプログラムの一部を修正することを指す．こうしたプログラム修正を行うためのファイルは「パッチファイル」と呼ばれている．

バッチ処理方式（——しょりほうしき）batch processing system
コンピュータの処理方式の一種で，一括処理方式ともいう．処理するデータを1日，1週間，1月とためておきコンピュータの稼動率を高める効率的使用方式．☞ 一括処理

パッチ・ボード patch board
→ 配線盤

バッテリ battery
→ 蓄電池，二次電池

発電動機（はつでんどうき）dynamotor
発電機（ジェネレータ）と電動機（モータ）の両方をあわせもつ電気機械のこと．電動発電機ともいう．
1．コンバータ 回転子鉄心の溝にモータ用と発電機用の2組の巻線を入れ，直流電源から回転子のモータ用巻線に電流を流し直流分巻モータとして回転させる．回転子の発電用巻線が発電し負荷に直流を供給する．船舶の補助送信機電源用．
2．インバータ コンバータと同様の構造をした電気機械で，直流で回転させ発電機で交流を発生させ負荷に供給する．航空機，船舶の補助送信機用電源に使う．

バットウイング・アンテナ batwing antenna
こうもりの羽（バットウイング）形をしたアンテナで，バットウイングターンスタイルアンテナとか軍扇形ターンスタイル空中線ともいう．これを90°

に折り曲げた二つを組み合わせ十字形に配置し，90°位相の違う電圧で励振したのが，スーパターンスタイルアンテナである．☞空中線

バッファ　buffer, buffer amplifier
1．緩衝増幅器ともいい，送信機の主発振器の出力側につなぎ，後段から発振器への反作用や衝撃を防ぐ，発振周波数の安定化用回路のこと．2．情報処理で必要な情報を一時蓄えたり，動作速度が異なるコンピュータ間でデータ転送するとき，一時データを記憶しタイミングを合わせるときなどに使う回路やレジスタなどのこと．3．バッファ記憶装置のこと．☞レジスタ

バッファ回路（――かいろ）
buffer circuit →緩衝増幅器

バッファ・メモリ
buffer memory, buffer storage
緩衝記憶装置，バッファ記憶装置，バッファストレージともいう．一つの装置から他の装置へデータを送るときに，データの流れの速さの違いや，発生時間の相違を調整するために使う記憶装置でバッファと略称する．
☞緩衝記憶装置

バッファリング　buffering
緩衝記憶装置を使いコンピュータの各装置，入出力装置やCPUを効率良く高速動作させること．

バッフル　baffle
バッフル板ともいい，コーン形スピーカの低音を，効率良く再生させるために使う取付板のことで，コーンの後からくる音をさえぎる．無限大であれば理想だが，一辺の長さが再生する最低周波数の波長に近い大きさぐらいを目安にする．キャビネットは，これを発展させたものである．☞コーン・スピーカ

パーティション　partition
コンピュータのハードディスクのような大容量のメモリの領域（内容）を，利用者の都合の良いように分割して使うこと．たとえば3分割すれば3台分として使える．

パディング・コンデンサ
padding condenser
スーパヘテロダイン受信機で，局部発振周波数を受信周波数より中間周波数455kHzだけ高くするため，2連バリコンの局部発振側に直列に入れ，調整の際に加減する半固定コンデンサ．固定コンデンサのこともある．
→スーパヘテロダイン受信機

波動インピーダンス（はどう――）
surge impedance
→特性インピーダンス

ハードウェア　hardware
データ処理に用いられる物理的な機器．ソフトウェアの対照語（JIS・情報処理用語）．もとの意味は金物．
☞データ処理

波動抵抗（はどうていこう）
surge-resistance
分布定数回路で周波数の低いときの波動インピーダンスZ_0は，抵抗に近づき波動抵抗R_0という．

$$Z_0 = \sqrt{\frac{R+j2\pi fL}{G+j2\pi fC}} \fallingdotseq \sqrt{\frac{R}{G}} = R_0 \quad [\Omega]$$

Rは回路の抵抗，Gはコンダクタンス，Lはインダクタンス，Cは容量．

ハード・コピー　hard copy
機械の出力を目で見て読める形で記録したもの（JIS・情報処理用語）．ディスプレイ装置に出力した内容をプリントすること．
☞ディスプレイ装置

ハードディスク　hard disk
固定ディスクともいう．コンピュータの高速・大容量磁気記憶装置のこと．薄い円板の両面に，磁気材料の微粉末を塗り数枚重ねて1セットにする．それぞれの円板にはヘッドを備え円板を回転させてデータの出し入れを行う．コンピュータ本体に内蔵するタイプと外付タイプとある．ディスクの大き

さは，ノートパソコン向けのものは2.5インチ，100ギガバイト〔GB〕，デスクトップパソコン向けのものは3.5インチが500〔GB〕それぞれ主流．

ハードディスク容量（——ようりょう）
hard disk capacity

ハードディスクの磁気記憶容量のこと．☞ハードディスク

ハードメトリックコネクタ
hardmetric connector

従来主流だった「インチ」寸法を基準とするコネクタ（ソフトメトリックコネクタ）に対し，「メートル法」に準拠した製品をいう．☞コネクタ

ハートレー発振回路（——はっしんかいろ）Hartley circuit

ハートレーが真空管で考えた反結合発振器で，トランジスタ回路に引き継がれた．コイルLからタップを出し，エミッタEにつなぐ．タップの位置により発振の強さを加減する．発振は容易で，安定感があるのでLC発振回路として広く使われる．

☞反結合発振器

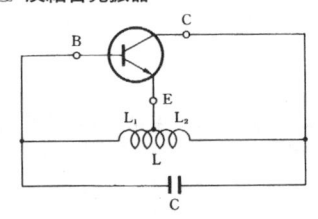

バーニャ・ダイヤル vernier dial

受信機や発振器などで特定の周波数に同調させたいときに使う微動ダイヤルで，ギヤ（歯車）を使いごくわずかな移動による調整ができる．

ハネカム・コイル honey-comb coil

はちの巣のような巻き目をもつコイルで，巻線を千鳥足に交互に巻く多層巻コイル．大きなインダクタンスのわりに小さくでき，高周波用コイルとして使う．☞高周波コイル

パネル panel

メータ，ランプ，スイッチなどを取り付ける盤．板状のもので金属板が多い．

ハーバード・マーク I
Harvard Mark I

世界で最初に作られたコンピュータのこと．1944年アメリカ，ハーバード大学のエイケンがIBM社の協力でリレーとモータを使った歯車式の巨大なコンピュータを作り，ハーバードマーク I と名付けた．加減算毎秒3回．乗算1回3秒のスピードで72個のアキュムレーダをもつ．

波腹（はふく）antinode

分布定数回路（伝送線）に生じる電圧や電流の定在波振幅の最大点の位置，またはそれらの値で，半波長ごとにある．☞分布定数回路

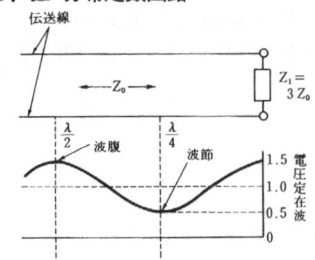

ハーフピッチ half pitch

コネクタの種類を示す語で，接触部分の間隔が狭いので全体のサイズが小さくなり，フルピッチの半分位のためにこう呼ばれる．コンピュータ本体と周辺機器の接続に，コードの両端にコネクタをつないだものをよく使う．

☞コネクタ

パーマネント・ダイナミック・スピーカ
permanent dynamic speaker
→ダイナミック・スピーカ

パーマロイ permalloy

鉄とニッケル（78.5％）の合金で，透磁率が高い磁気材料のこと．

☞磁気材料

ハム ham
アマチュア無線やその同好者，アマチュア無線家のこと．
☞アマチュア無線

ハム hum
→ハム雑音

ハム雑音（——ざつおん）hum noise
ハムノイズともいい，交流から整流して直流を得る場合，平滑作用の不完全さで残る交流分が増幅されてスピーカから出るブーンという雑音．電源周波数または，その2倍の周波数分が多い．

パームレスト palm rest
キーボードの手前に置いて，キーを押すときその上に手を置き，手首の負担を軽くし長時間の作業に耐えられるようにする，小物のこと．

ハーメチック・シール hermetic seal
トランジスタやダイオードなどの密閉した容器の気密封止のこと．半導体表面に付く水分，湿気を防ぎ，遮断電流I_{cbo}，電流増幅率h_{FE}，耐圧などが悪化しないよう保護する．
☞気密封止

ハーモニクス harmonics
→高調波

バラクタ varactor
→可変容量ダイオード

バラクタ・ダイオード varactor diode
→可変容量ダイオード

パラスチック parasitic oscillation
→寄生振動

パラボラ・アンテナ parabolic antenna
パラボリックアンテナともいう．マイクロ波用アンテナの一種．反射器に放物面を使うので，放物面反射器付きアンテナともいう．投射アンテナからの電波は放物面で反射され発射される．受信アンテナとしても使われる．きわめて鋭い単一指向性，高い利得が得られ広く使われる．☞マイクロ波

パラメータ parameter
定数，助変数ともいい，次の場合に使う．

1. トランジスタの特性の示し方．hパラメータ，yパラメータなどがあり，トランジスタの比較に使う．

2. 特性曲線を書くときの助変数のことで，エミッタ接地のトランジスタの出力特性（V_{ce}—I_c特性）ではベース電流I_B．

パラメトリック増幅器（——ぞうふくき）parametric amplifier
VHF帯〜マイクロ波帯で使われる雑音の低い増幅器．非直線のインダクタンスLか容量Cを使う方法があるが，主に可変容量ダイオードの非直線容量を使う．LC共振回路の振動は損失のため徐々に減少するが，信号のピークでCを減らすと電圧V=q／Cより電圧が高くなる．ここでqは電荷．信号が0のときはCをもとにもどす．これを周期的に繰り返すと電圧は大きくなり，蓄えられるエネルギも外から供給され大きくなる．Cを増減する周期は信号周期の半分で，信号周波数の2倍の周波数の電源と，可変容量ダイオードを使う．外部から加える交流電源はポンプの動作に似ており，ポンピングという．☞可変容量ダイオード

パラメトリック・ダイオード parametric diode
パラメトリック増幅器に使う可変容量ダイオードのことで，電圧変化に対し容量変化が大きく，高い周波数でもQが大きい．ボンド形，拡散形が使われる．☞Q

パラメトロン parametron
1954年後藤英一氏が発明した可変インダクタンス素子．パラメトリック増幅器で使う可変容量ダイオードと同じ動作をする．フェライトによるトロイダルコアに直流と，信号の2倍の周波数2fの交流を重ねて流す．磁気飽和によ

りインダクタンスを変化させ，二次側に固定容量Cをつなぎ，周波数fの発振電流を得る．フェライトコアのため，マイクロ波では損失が多く使えない．速度の遅いコンピュータに，重いが安価なために使う．

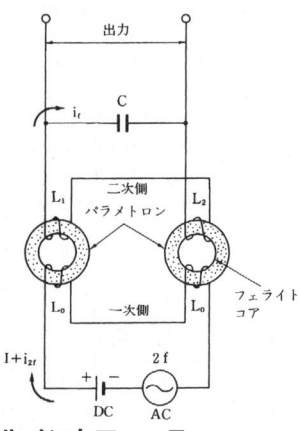

パラレルインタフェース
parallel interface

同時に複数のビットを転送するデータ転送方式で，コンピュータと周辺機器を接続するインタフェース．パラレルポートとしては，プリンタなどとの接続に使われるセントロニクス仕様やIEEE1284などが最も普及している．MOやHDDの接続などに使われるSCSIやIDEもパラレルポート．

バラン balun
→バルン

バランサ balancer

電子回路の電流，電圧，インピーダンスの平衡をとるもの，素子や回路の総称．単相三線式交流の低圧配電線の負荷の近くに置いて，平常や故障時の供給電圧の不平衡や負荷の不平衡を軽減するためにつなぐ．☞電子回路

バランス・コントロール
balance control

ステレオ増幅器で左右のスピーカの音の大きさが，等しくなるように調整するツマミや回路のこと．または，その回路の二連形可変抵抗器のこと．

バランスド・モジュレータ
balanced modulator
→平衡変調器

バリア barrier
→障壁

バリアブル・キャパシティ
variable capacity
1．可変容量のこと．
2．可変容量ダイオードのこと．
☞可変容量

バリアブル・コンデンサ
variable condenser
可変容量またはバリコンのこと．
→可変容量，バリコン

バリアブル・レジスタ
variable resistor
可変抵抗器のこと．
→可変抵抗器

バリキャップ varicap
→可変容量ダイオード

バリコン variable condenser

バリアブルコンデンサの略称で，容量が変化できるコンデンサ．バリアブルキャパシタともいう．誘電体が空気のエアバリコンとポリスチロールのポリバリコンなどが多い．回転軸に何枚かの平行電極を取り付け，回転とともに平行板電極の対向面積を変え容量を変える．移動させる電極をロータ，静止している電極をステータという．ステータは端子につながれ回路に配線する．ロータは回転軸とともに外枠につながれて，アースされる．一つの回転軸で二つのユニットの容量を同時に変える二連形，三つのユニットを同時に変える三連形がある．用途に応じ，AM用，FM用などの区別がある．ロータ，ステータの材質はアルミ板である．ポータブル用のラジオや小形通信機に使う．

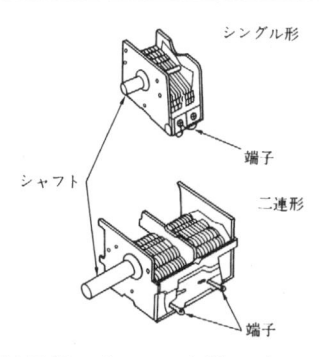

(図: シングル形／二連形 バリコン、端子、シャフト)

バリスタ varistor, variable resistor
バリスタダイオードともいう。加える電圧が大きくなると，抵抗値が減る半導体素子で，次の二種が広く使われる。
(1)温度補償用．B級プッシュプル回路の温度補償用に使う，接合形ダイオード．
(2)火花消去用．炭化シリコンを主成分とし焼き固め円板形にしたシリコン・カーバイド・バリスタで電話機に使う。
☞シリコン・カーバイド・バリスタ

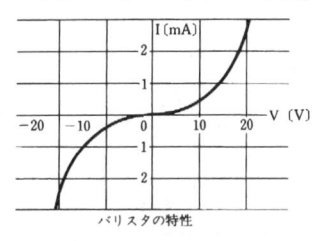

(図: バリスタの特性)

パリティ検査 (——けんさ)
parity check → パリティチェック

パリティ・チェック parity check
奇偶検査ともいう．冗長検査の一つで，2進コードで，1の数が奇数または偶数になるような余分のビットを加えて，この2進コードに誤りがないか調べる（チェックする）こと．

パリティ・ビット parity bit
奇偶検査ビットともいい，パリティチェックのために付加するビットのこと．
☞奇偶検査

バルクハウゼン効果 (——こうか) Barukhausen effect
磁化力と磁化の強さの関係は，精密に測定すると不連続となる範囲があり，この現象をいう．しかし全般的には連続であると考える．
☞磁化力

パルス pulse
ごく短時間だけ生じる鋭い波形の電圧，電流のことで，衝撃波とか，インパルスともいう．図はパルスの高さA，パルスの幅W，パルスの繰返し周期Tを示す．また，繰返し周波数fはTの逆数1/Tである．
☞衝撃波

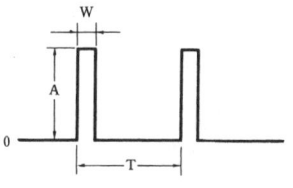

(図: パルス波形 時間t)

パルス位相変調 (——いそうへんちょう) pulse phase modulation
英語の頭文字をとり，PPMともいう．パルス位置変調ともいい，周期と振幅の一定なパルスの時間的な位置を，信号波の波形に応じて変化させる，パルス変調方式の一種．一定周期のパルスの位置の変化は，位相変化である．

パルス位置変調 (——いちへんちょう) pulse position modulation
→パルス位相変調

パルス応答 (——おうとう) pulse response
電子回路の入力側にパルスを加えたときの出力波形（応答）のこと．出力波形の立上り時間やオーバシュート，サグなどから，その電子回路の特性を判定できる．

☞応答

パルス回路（——かいろ）
pulse circuit
パルス電流やパルス電圧を扱う回路．

パルス間隔（——かんかく）
pulse spacing
パルスとパルスの時間の間隔のこと．パルス繰返し周期ともいう．

パルス繰返し周波数
（——くりかえ——しゅうはすう）
pulse-repetition frequency, PRF
パルスの1秒ごとの繰返し回数のこと．パルス繰返し数ともいう．

パルス繰返し数（——くりかえ——すう）
pulse rate
→パルス繰返し周波数

パルス時間幅（——じかんはば）
pulse time width →パルス持続時間

パルス持続時間（——じぞくじかん）
ulse duration
パルス幅とかパルス時間幅ともいう．

パルス時変調（——じへんちょう）
pulse time modulation
→パルス位相変調

パルス周波数変調
（——しゅうはすうへんちょう）
pulse frequency modulation
→パルス数変調

パルス振幅（——しんぷく）
pulse amplitude
パルスの高さや大きさ，振幅のこと．一般には0レベルと最大値との差の大きさ（絶対値）のこと．☞絶対値

パルス振幅変調（——しんぷくへんちょう）**pulse amplitude modulation**
英語の頭文字からPAMともいう．振幅，周期の一定なパルスの振幅を，信号波に応じて変化させるパルス変調方式の一種．☞信号波

パルス数変調（——すうへんちょう）
pulse number modulation
英語の頭文字をとりPNMともいう．パルスの繰返し数，つまり繰返し周波数が信号波に応じて変化するパルス変調方式の一種．このため，パルス周波数変調（PFM）とかパルス密度変調ともいう．

パルス性雑音（——せいざつおん）
pulse noise
鋭いパルス波形の振幅の大きい雑音のこと．ガリッ，カリッと鋭い音を出し，聞きぐるしい．車の点火プラグ，雷などの雑音はこの例である．

パルス増幅器（——ぞうふくき）
pulse amplifier
パルスは非常に広い周波数成分をもつので，波形を忠実に増幅するためには，広帯域増幅器が必要である．次の二種の増幅回路がよく使われる．(1)エミッタホロワ．トランジスタのコレクタ接地回路で，電圧増幅度1，入力インピーダンスは大，出力インピーダンスは小さく，エミッタ抵抗R_Eで調整する．(2)ソースホロワ．FETのドレーン接地回路で，増幅度は小さいが入力インピーダンスは高く，出力インピーダンスはソース抵抗R_Sで調整できドリフトが小さい．
☞ドレーン接地

パルス立上り時間（——たちあが——じかん）**pulse rise time**
パルス振幅の10〜90％までの所要時間のこと．☞立上り時間

パルス立下り時間（——たちさが——じかん）**pulse fall time**
パルス振幅の90〜10％になるまでの所要時間のこと．☞立下り時間

パルス通信方式（——つうしんほうしき）**pulse communication system**
通信を行う際の変調や多重化，伝送にパルスを利用する技術方式．変調：パルス振幅変調，パルス周波数変調，パルス幅変調，パルス数変調，パルス時変調，パルス符号変調などがある．多重化：時分割多重化や周波数分割多重化にパルスを利用する．伝送：伝送路

での雑音やレベル変動に対しパルス符号変調が有利なため多用する．

パルス・トランス　pulse transformer
パルス変成器ともいう．パルス回路で使うトランスで，インピーダンス変換や直流分をカットする場合に使う．広い周波数特性が必要であるから，透磁率の高いカットコアの磁心に，分布容量の小さいコイルを巻き，小形，高耐圧である．☞透磁率

パルス発振器（——はっしんき）
pulse oscillator
パルスを発生する発振器のこと．ブロッキングオシレータやマルチバイブレータはこの例である．☞発振器

パルス幅（——はば）pulse width
→パルス

パルス幅変調（——はばへんちょう）
pulse width modulation
パルス振幅変調とか英語の頭文字からPWMともいう．一定周期，一定振幅のパルスの幅を信号に応じて変えるパルス変調方式の一種．→PWM

パルス符号変調（——ふごうへんちょう）
pulse code modulation
英語の頭文字からPCMという．図(a)の各パルスの位置を下に示す数に対応させれば，図(b)は16＋2＝18，図(c)は16＋8＝24を表し，5個のパルスの組合せで，0～31までの数を示すことができる．信号の内容に応じてパルスを符号化し変調する方式．

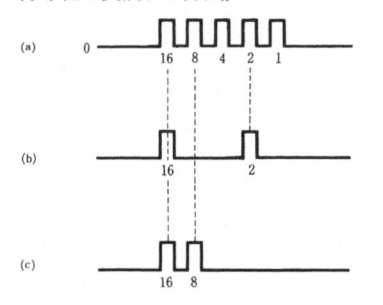

パルス変成器（——へんせいき）
pulse transformer
→パルストランス

パルス変調（——へんちょう）
pulse modulation
パルスの幅，数，周波数，振幅などを，信号波に応じて変化させる変調法で，雑音，ひずみ，混信の影響が少ない．パルス符号変調はこの例．☞信号波

パルス密度変調（——みつどへんちょう）
pulse number modulation
→パルス数変調

パルス・モータ　pulse motor
→ステップ・モータ

パル方式（——ほうしき）phase alternating by line system, PAL．
ドイツのテレフンケン社が開発したカラーTV方式．走査線数625本，毎秒像数25枚，画面縦横比3：4，映像周波数帯域幅5.5MHz，飛越し走査，映像信号は負変調方式，単側波帯，水平偏波，音声はFM方式．NTSC方式に比べ，弱い電波でもSN比は下がらず，SECAM方式のように位相ひずみも受けない．白黒TVとの両立性もあり，ゴーストにも強い．オランダ，ノルウェー，ベルギー，スイス，イタリア，イギリスなどで採用している．
☞カラー・テレビジョン

バルボル　valve voltmeter
バルブボルトメータの略称で，バルブは真空管，ボルトメータは電圧計で，真空管電圧計のこと．現在はトランジスタやICなどに置き換えられた．
☞トランジスタ，IC

バルン　balun
バランスアンバランスの略語で，平衡回路と不平衡回路の変換回路．図は折返しアンテナ（平衡回路）と同軸フィーダ（不平衡回路）のマッチングに用いた例．
☞同軸フィーダ

はれつ

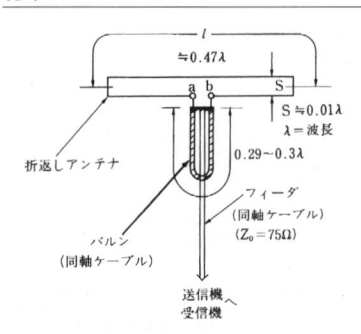

折返しアンテナの図(l ≈ 0.47λ, S ≈ 0.01λ, λ=波長, 0.29〜0.3λ, フィーダ(同軸ケーブル)(Z₀=75Ω), バルン(同軸ケーブル), 送信機/受信機)

バレッタ barretter
マイクロ波帯で使うバレッタ電力計の素子．直径2μm，長さ数mmの白金線に高周波電流を流し，発生する熱による抵抗変化を測り，電力や電圧の測定をする．

☞高周波電流

ハロゲン電球（――でんきゅう）
tungsten halogen lamp
石英管内にハロゲン物質（ふっ素，よう素，塩素など）と不活性ガスを封入した白熱電球で，光束の減少や内壁黒化がない．寿命や効率も一般の照明電球より優れており，航空機や車，スタジオや写真，映写用や複写機など多方面に使われる．☞光束

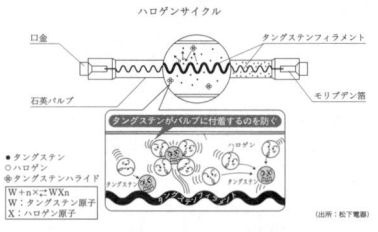

（ハロゲンサイクルの図：口金，石英バルブ，タングステンフィラメント，モリブデン箔，タングステンがバルブに付着するのを防ぐ，●タングステン ○ハロゲン ⊕タングステンハライド，W+n×≒WXn, W:タングステン原子, X:ハロゲン原子）(出所：松下電器)

パワーアンプ power amplifier
パワーアンプリファイヤの略称．

パワー・アンプリファイヤ
power amplifier
パワーとは電力のことで，アンプリファイヤは増幅器，つまり電力増幅器のこと．パワートランジスタを使い，扱う電圧や電流，つまり電力のレベルが大きい増幅器のこと．必要な出力，周波数帯域幅，直線性，高いSN比や信頼性，安定度が要求され，電源も大規模となる．☞SN比

パワーエレクトロニクス
power electronics
電力分野における工学・技術のこと．発電・送電・変電・配電・電気機器などの広い範囲にわたり，通信・情報・映像などのエレクトロニクスの技術が関連し，互いに深くかかわりあっている．☞エレクトロニクス

パワー・ゲイン power gain
→電力利得

パワー・トランジスタ
power transistor
電力増幅用に作られた大出力トランジスタ．大きいコレクタ損失やコレクタ電圧，コレクタ電流，大電流での高い電流増幅率などが要求される．耐圧300V位，出力200W位のものがあり，パワーアンプや定電圧電源などに使われる．☞コレクタ

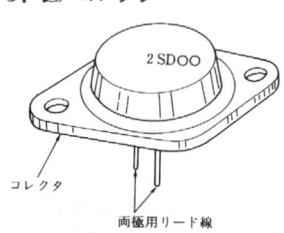

(パワートランジスタ 2SD○○ の図：コレクタ，両極用リード線)

パワー・トランス power transformer
→電源トランス

バン value added network →VAN

バン・アレン帯（――たい）
Van Allen belt
1958年アメリカのバンアレンらがロケット観測で発見した．赤道上約4,000km，16,000km付近で最大となる二重のドーナッツ形の放射能の帯．エネル

ギの高い電子,陽子が,地球の磁界の影響を受け層をなしている.

半加算器(はんかさんき)**half adder**
ハーフアダーともいう.二つの入力端子と二つの出力端子があり,出力信号が入力信号に対して,表の関係にある回路.この回路を二つ使い,2進加算器の1桁分ができるので,半加算器と名付けた.☞加算器

入　力		出　力	
加えられる数 X	加える数 Y	和 S	上位への桁上げ C
0	0	0	0
0	1	1	0
1	0	1	0
1	1	0	1

反響(はんきょう)**echo** →エコー

反結合回路(はんけつごうかいろ)
back coupling circuit
反結合とは正帰還のことで,正帰還回路のこと.☞正帰還

反結合発振器(はんけつごうはっしんき)
back coupling oscillator
反結合回路による発振器で,特殊なものを除きこの方式が多い.

半固定コンデンサ(はんこてい——)
semifixed condenser
静電容量をある範囲内で連続的に変化できるコンデンサのこと.主コンデンサの補正や共振回路の微調整などに使う.誘電体には,マイカ,ポリエチレン,空気などがある.
☞誘電体

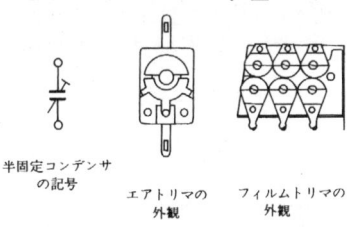

半固定抵抗器(はんこていていこうき)
semifixed resistor
抵抗値を変化でき,回路や装置を動作させながら微調整し,そのままの値に固定する可変抵抗器.
☞可変抵抗器

反磁性体(はんじせいたい)
diamagnetic substance
非磁性体の一種で,磁性体と反対の向きに磁極が現れる物体.

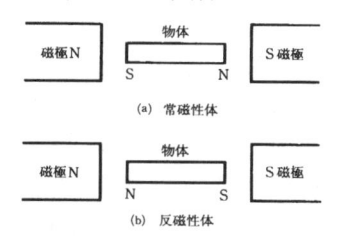

(a) 常磁性体

(b) 反磁性体

反射衛星(はんしゃえいせい)
reflecting satellite
通信用の電磁波を反射させるための人工衛星で,受動衛星ともいう.
☞受動衛星

反射器(はんしゃき)**reflector**
アンテナの指向性を単方向性にするため,電波を発射する投射器の反対側に,発射電波の波長の1/4離して,半波長より少し長めの導線を置き,これには給電しない.八木アンテナはこの例で,

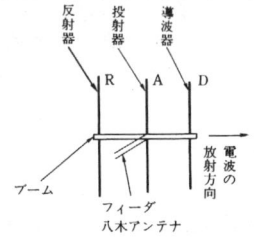

コーナリフレクタアンテナのような，屏風（びょうぶ）形のものや，パラボラアンテナのような反射器もある．
☞八木アンテナ

反射係数（はんしゃけいすう）
reflection coefficient
1．入射波成分Aと反射波成分Bの比B/Aのこと．電磁波の場合は反射電界強度E_Rと入射電界強度E_Iの比E_R/E_Iのこと．または反射磁界強度H_Rと入射磁界強度H_Iの比H_R/H_Iのこと．2．有限長の伝送線路で受端での負荷の不整合による入射波電圧E_I，入射波電流I_Iと反射波電圧E_R，反射波電流I_Rとの比のこと．電圧反射係数$R_V = V_R/V_I$
電流反射係数$R_I = I_R/I_I$

反射波（はんしゃは）reflected wave
1．特性インピーダンスZ_0の有限長の伝送線路の受端に，Z_0と異なるインピーダンスの負荷Z_Iをつないだとき，受端に達した電圧や電流の進行波の一部が，送端に引き返す．この引き返す波動のこと．2．比誘電率や比透磁率の異なる媒質の境界面で反射する電磁波のこと．3．音源から進む音が物体に当たり，はね返る反射音のこと．

反射率（はんしゃりつ）
reflection factor
電磁波の反射波の電力P_Rと入射波の電力P_Iとの比P_R/P_Iのこと．
☞反射係数

反照検流計（はんしょうけんりゅうけい）
mirror galvanometer, reflecting galvanometer
永久磁石の磁界中に可動コイルを吊り線で吊るし，吊り線には1mm角位の鏡を取り付ける．一定距離離れたところに目盛板（スケール）とともにランプを置き，レンズを通して集めた光を吊り線の鏡に当て，反射光が目盛板の中央のO点にくるようにする．可動コイルに測定電流を流すとコイルは回転し，吊り線のよじれによる制御力と平衡する点で静止する．鏡も同時にある角度だけ振れ，鏡からの反射光も目盛板上を移動する．目盛板上の光点の移動の距離から，電流を測定することができる高感度検流計．
☞検流計

搬送色信号（はんそういろしんごう）
carrier chrominance signa→色信号

搬送ケーブル（はんそう——）
carrier-fre quency cable
搬送通信用ケーブルで同軸ケーブルや対（ペア）ケーブルがある．同軸ケーブルは約50kHz以上の高周波用に使い，対ケーブルは500kHz以下で主に低周波用．
☞同軸ケーブル

搬送周波数（はんそうしゅうはすう）
carrier frequency
搬送波の周波数のこと．

搬送周波増幅器（はんそうしゅうはぞうふくき）carrier-frequency amplifier
搬送通信（多重回線）用増幅器のこと．各通話回線の相互干渉を軽減するため，非直線ひずみを少なくしている．

搬送通信（はんそうつうしん）
carrier communication
有線電話で，10～100kHz程度の搬送波を使いAMの後にSSBにし，周波数分割多重電話にする．電信も同じで，周波数分割多重電信とし両方を合わせ周波数分割多重伝送方式という．
☞搬送電信，搬送電話

搬送電信（はんそうでんしん）
carrier telegraph
搬送波を電信符号に応じて断続（キーイング）し変調して送り，受信側でもとの電信符号を取り出し復調する電信方式．電送線路の経済的理由から周波数分割による多重化（24チャネル）を行い，振幅変調や周波数変調をする．

搬送電話（はんそうでんわ）
carrier telephony
周波数帯域幅300～3,400Hzの音声信号

を，12kHzから4kHz間隔の搬送波でAMし，SSBにして一線路上に並べると，108kHzまでの間に24チャネルが同時にとれ，有効で経済的である．この周波数分割多重伝送方式は，リング変調器と帯域フィルタを用いて行う．
☞リング変調器

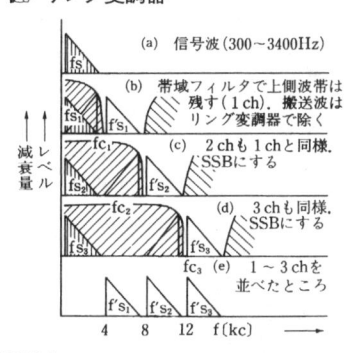

(a) 信号波（300〜3400Hz）
(b) 帯域フィルタで上側波帯は残す（1ch）．搬送波はリング変調器で除く
(c) 2chも1chと同様．SSBにする
(d) 3chも同様．SSBにする
(e) 1〜3chを並べたところ

搬送波（はんそうは）carrier wave
キャリアともいい，音声信号を電波または電線で，遠くまで運ぶ搬送電波または高周波電流のこと．

搬送波電力（はんそうはでんりょく）carrier power
変調のない状態における無線周波数1サイクルの間に，送信機から空中線系の給電線に供給される，平均の電力のこと．この定義はパルス変調の発射には適用しない（電波法施行規則第2条71）．☞給電線

搬送波抑圧方式（はんそうはよくあつほうしき）carrier suppression system
振幅変調波の搬送波成分は情報内容に直接の関係はないが，両側波帯成分の2倍の電力を占める．電力を有効利用するため搬送波分を抑圧し，伝送するのがこの方式．搬送波の抑圧にはリング変調器などを使い，受信側でリング復調器で再び搬送波を加え検波する．FMステレオ放送の副搬送波はこの例である．

☞副搬送波

半田（はんだ）solder
すず60％，鉛40％の合金で，この配合により溶ける温度が異なり，すずが多いほうが光沢がある．半田の付きを良くするため中に接着剤（フラックス）を入れる．名前の由来は，岩代の国（福島県）半田銀山から出たから，という説と，マレー諸島ハンダ島の名からという説がある．

半田付け（はんだづ——）brazing, soldering
金属のうち金，銀，銅，すず，鉛，鉄などに，半田を230℃位に加熱して溶かし接着剤とともにつけること．

半田浸し試験（はんだひた——しけん）soldering test
トランジスタ，ダイオード，ICなどの配線半田付けのとき，外部リード線が短時間急に加熱され，特性が著るしく悪化しないか確かめるテストのこと．タブなどから1.6mmのところまで，フラックスなしで溶けた半田の中に10秒間浸して引き上げ，冷えてからチェックする．

半田付着度試験（はんだふちゃくどしけん）solderability test
トランジスタ，ダイオード，ICなどのリード線（引出線）は，半田やすず，金，銀のめっきをして，半田付けが容易にしてあるが，溶けた半田の中にフラックス（接着剤）を付けたリードを一定時間つけて，半田の付き具合（着度）を調べるテストのこと．

番地（ばんち）address
→アドレス

パンチ・カード punch card
→カード

パンチ・カード・リーダ punch card reader
→カードせん孔装置

パンチスルー効果（——こうか）punch-through effect

トランジスタを働かす場合，コレクタ〜ベース間接合には逆方向電圧を加えるが，この電圧を増していくと空乏層は広がり，ベースは薄くなり，やがて実効ベース幅は0となる．この現象をパンチスルー効果という．この状態ではコレクタとエミッタは短絡状態となり増幅作用はなくなる．

パンチスルー電圧 (——でんあつ) punch-through voltage
トランジスタでパンチスルー効果の生じたときの，逆電圧の大きさのこと．

半値幅 (はんちはば) half power width
1. 指向性アンテナの電界強度が，最大放射方向の$1/\sqrt{2}$となる方向のなす角Aのことで，半値角ともいう（図(a)）．
2. 共振回路の電圧や電流が，共振時の$1/\sqrt{2}$になる周波数帯域幅$f_2 - f_1$のこと（図(b)）．

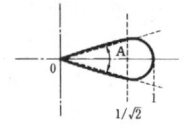

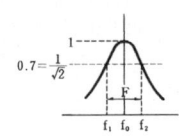

番地部 (ばんちぶ) operand, address part
→オペランド

ハンチング hunting →乱調

ハンディスキャナ handy scanner
コンピュータ用の小形の画像入力装置のこと．固定した静止画像の上にスキャナを当て，ゆっくり移動すると，スキャナの当たった部分の画像データをディジタル信号に変え，コンピュータ画面に表示する．静止画像としては写真・図面・絵・地図などがある．スキャナの幅は20〔cm〕位である．
☞スキャナ

反転表示 (はんてんひょうじ) reversing display
ワープロやパソコンの文字入力や変換の際，白黒部分を反転させて表示する機能またはその表示状態のこと．

バンド band
広がりのある帯状のものを示す．1. エネルギバンド（帯）のこと．2. 周波数帯のこと．たとえば，短波帯をショートバンドという．3. 帯域幅（バンドワイズ）のこと．
☞帯域幅

半導体 (はんどうたい) semiconductor
純粋の半導体を真性半導体といい，導体（金属）と絶縁体の中間のエネルギギャップをもち，キャリアの数も両方の中間のため，抵抗も中間的であり，温度が上がると抵抗が減る．シリコンやゲルマニウム，化合物半導体があり，不純物半導体にはN形，P形がある．
☞真性半導体

半導体IC (はんどうたい——) semiconductor integrated circuit
→半導体集積回路

半導体記憶装置 (はんどうたいきおくそうち) semiconductor memory
→ICメモリ

半導体磁器コンデンサ (はんどうたいじき——) semiconductor ceramic capacitor
チタン酸バリウム系やチタン酸ストロンチウム系の磁器を誘電体にした固定コンデンサで，小形大容量であるが耐圧が低く誘電損失が大きい．音響機器や電卓，車や産業機器などに使い，外形は円板形または角板形が多い．

半導体集積回路 (はんどうたいしゅうせきかいろ) semiconductor integrated circuit, semiconductor monolithic integrated circuit
ICとか半導体ICともいう．シリコン基板にダイオードやトランジスタ，MOSFET，抵抗や容量を作り，表面を薄い絶縁膜で覆い，その上に金属膜で配線し端子を取り付ける．高密度構造の回路やコンピュータなどに使う．

☞MOS-FET

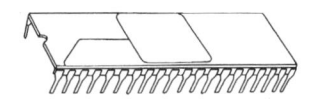

半導体整流器 (はんどうたいせいりゅうき)
semiconductor rectifier, semiconductor rectifier assembly

ゲルマニウム，シリコンなど半導体の整流器のこと．シリコン整流器は大電流が流せ，耐圧も高く，SCRは主流となっている．亜酸化銅整流器やセレン整流器もこの部類である．
☞SCR

半導体素子 (はんどうたいそし)
semi conductor device

半導体結晶中の電子やホール，その両方の運動や相互作用で増幅，発振，整流，光電変換などの働きをする電子素子(部品)のこと．トランジスタ，FET，ダイオード，IC，光電変換素子などはこの例である．電子管に比べ小形軽量，機械的衝撃に強く，小電力低電圧で動作し，ヒータなどの加熱部が不要で，消費電力が小さく，瞬間動作し効率がよく，消耗部分がないので信頼性が高い．しかし，高圧大電力のものが作りにくく，発生した熱の発散が必要で過渡的な大電圧や電流に弱く，特性の温度依存性も大きいため，温度補償も必要になる．☞FET

半導体素子の名前
(はんどうたいそし——なまえ)
semiconductor naming

トランジスタを5項目の文字や数字で示し，ダイオードは4項目で示す（JIS C-7012）．
第1項 数字．半導体素子の種別を示す．0．ホトトランジスタ，ホトダイオード類．1．ダイオード類．2．トランジスタと制御整流素子類を示す．
第2項 Sを使い半導体を示す．
第3項 使う用途（周波数）や極性を示し，第1項が0，1のものには，この第3項の文字はつけない．
  A　PNP，高周波用トランジスタ
  B　PNP，低周波用トランジスタ
  C　NPN，高周波用トランジスト
  D　NPN，低周波用トランジスタ
  F　PNPNのP層にゲート端子をもつ制御整流素子
  H　単接合トランジスタ（ユニジャンクション）
  J　PチャネルFET
  K　NチャネルFET
  M　双方向性制御整流素子
第4項 登録番号．11からはじまる．
第5項 そえ字．二種類ある．
  (1)改良形は順にAからHまでのアルファベット．
  (2)ダイオードの逆極性を示す．同じ外形や電気的特性の逆極性ダイオードはR．

たとえば2SA123AはPNPトランジスタの高周波用で，2SA123の改良形のため代替品として使える．ダイオードの場合は名前を見ただけでは極性がわからず容器に極性が記入してある．FETは，第3項の文字がKならNチャネル，JならPチャネル．☞FET

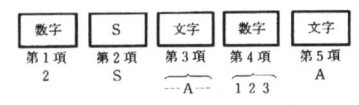

数字	S	文字	数字	文字
第1項	第2項	第3項	第4項	第5項
2	S	---A---	1 2 3	A

トランジスタの場合

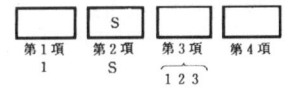

数字	S	文字	数字
第1項	第2項	第3項	第4項
1	S	1 2 3	

ダイオードの場合

半導体ダイオード (はんどうたい——)
semiconductor diode
→ダイオード

半導体メモリ (はんどうたい——)
semiconductor memory

→ICメモリ

半導体レーザ（はんどうたい――）
semiconductor laser

半導体としてガリウムひ素を用いた，ダブルヘテロ構造の注入形レーザなどがあり，1GHz付近で極大値となる変調特性をもつ．1962年アメリカで実現され，1970年に常温連続レーザ発振動作に成功した．1mm角以下の小形で，効率も高い（数十％）．

バンド・ギャップ band gap
→禁止帯

バンド切換え（――きりか――）
band change

1．周波数バンド(帯)の切換えのこと．
2．周波数バンドの切換器（スイッチ）．

☞周波数

ハンドスキャナ hand scanner
→ハンディスキャナ

バンド・スプレッド band spread

短波帯以上では受信機のダイヤル目盛が細かくなり同調がとりにくいため，ダイヤルの周波数変化範囲を調節して，同調操作を容易にすることで，次の方法がある．
①機械的方法，バリコンとダイヤルの歯車の回転比を調節する．
②バリコンに直列，並列に容量Cをつなぎ，バリコンの容量変化範囲を変える．

☞バリコン

バンド・セオリ band theory

帯理論ともいい，固体の電気伝導，電子の動きをエネルギ帯で考えるエネルギ帯理論のこと．導体，半導体，絶縁体では，電子はエネルギの低い充満帯にあり，外部からエネルギを与えるとエネルギの幅の異なる禁止帯を飛び越して，エネルギの高い許容帯に移る．導体では禁止帯はないことが多く，電子は容易に伝導帯に移り電流となる．絶縁体では禁止帯の幅が広く，外部から加わるエネルギが大きくても電子が飛び越すのが困難で伝導帯にあがれない．半導体は導体と絶縁体の中間で，電子やホールのキャリアの数も導体と絶縁体の中間である．

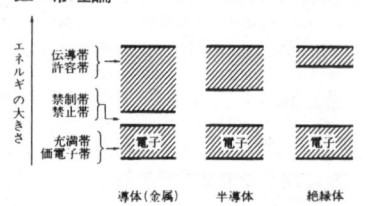

☞帯理論

バンドパス・アンプリファイヤ
band-pass amplifier

帯域増幅器ともいい，特定の周波数帯域だけを増幅する増幅器．バンドパスフィルタと増幅器を組み合わせた回路．

☞帯域増幅器

バンドパス・フィルタ
band-pass filter
→帯域通過フィルタ

バンド幅（――はば）
bandwidth, BW
→周波数帯域幅

バンド・メータ band meter

帯域幅を調べるメータのこと．発射する，または発射された電波の帯域幅が，規定値に収まっているかを調べる装置．電波を直線検波し，出力を自乗検波形メータで読み，次にハイパスフィルタを通して同様に測った値との比で求める．☞自乗検波

バンド・ワイズ band width
→周波数帯域幅

半二重（はんにじゅう）half duplex
→半二重伝送，半二重通信

半二重通信（はんにじゅうつうしん）
half duplex communication, half duplex

はんは

A, Bの両者が通信するとき，どちらか片方が送信時には他方が受信し，両方が同時には通信できない，送受切換通信方式のこと．

☞半二重伝送

半二重伝送 (はんにじゅうでんそう)
half duplex transmission

どちらの方向にも伝送が可能であるが，両方向同時には伝送できないデータ伝送 (JIS・情報処理用語)．

☞伝送

万能カウンタ (ばんのう——)
universal counter

交流や直流の電圧，電流，電力，周波数などを切り換えて測り，ディジタル表示する計測器．1台で広範囲の測定が可能なことから名付けられた．

万能ブリッジ (ばんのう——)
AC bridge

抵抗R，インダクタンスL，静電容量C，相互インダクタンスMなどの測定ができる万能のブリッジ．1kHzの測定用電源（正弦波発振器）をもち，切換えスイッチで標準のL,C,Rを切り換え，検出器（イヤホンやオシロスコープ）でバランスを知る．

☞正弦波発振器

万能分流器 (ばんのうぶんりゅうき)
universal shunt

直流用検流計Gの内部抵抗が変わっても倍率が変わらないよう，最適値に切り換えて使う分流器．

☞分流器

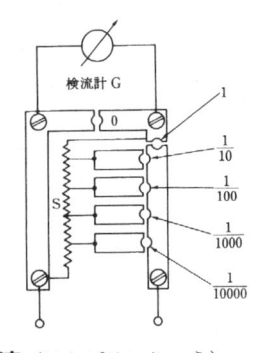

半波整流 (はんぱせいりゅう)
half-wave rectification

交流の正または負の半分の間(半サイクル)だけ，負荷に電流を流し，他の半分の間は流さないこと．これにより交流を脈流(直流)にすることができる．

☞半波整流回路

半波整流回路 (はんぱせいりゅうかいろ)
half-wave rectifier circuit

ダイオードDにより，交流の半波だけ負荷に電流Iを流す回路で，小容量の負荷に適す．電圧変動率，リップル百分率は悪い（下図参照）．

☞リップル百分率

半波ダイポール (はんぱ——)
half-wave dipole
→ダブレット・アンテナ

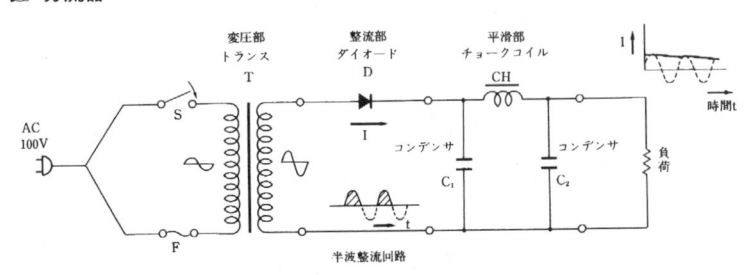

半波ダブレット (はんぱ——)
half-wave doublet antenna
→ダブレット・アンテナ

半波整流回路

はんは

半波長アンテナ（はんはちょう——）
half-wave antenna
→ダブレット・アンテナ

半波長空中線（はんはちょうくうちゅうせん） **half-wave antenna**
→ダブレット・アンテナ

半波長ダイポール・アンテナ
（はんはちょう——）
half-wave dipole antenna
→ダブレット・アンテナ

反復インピーダンス（はんぷく——）
iterative impedance
　回路の出力側にZ_iのインピーダンスをつないで、入力側から回路をみたときのインピーダンスがZ_i、入力側にZ_oのインピーダンスをつないで、出力側から回路をみたときのインピーダンスがZ_oなら、Z_i, Z_oは反復インピーダンスの関係にある。

☞インピーダンス

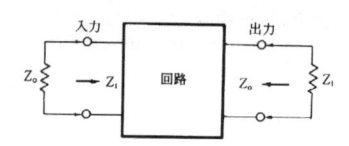

半複信方式（はんふくしんほうしき）
semiduplex operation
　通信路の一端においては単信方式であり、他の一端においては複信方式である通信方式（電波法施行規則第2条19）。

☞単信方式，複信方式

半偏法（はんぺんほう）
half-deflection method
　メータMの内部抵抗rの測定法の一種。スイッチSを入れ、Mの振れが最大値Iとなるように可変抵抗器VRを加減し、そのときの抵抗をR_1とする。VRを再び加減し振れを半分の値I/2にしたときの抵抗をR_2とすれば次の式から計算で求まり、これを半偏法という。
　$r = R_2 - 2R_1$

汎用計算機（はんようけいさんき）
general purpose computer
　科学技術用、事務処理用、機械制御用など広範囲の問題を処理できるように設計された大形電子計算機のこと（JIS・情報処理用語）。

汎用コンピュータ（はんよう——）
general purpose computer
→汎用計算機

ピアースBC回路 (——かいろ)
Pierce BC circuit

水晶発振子をベースとコレクタの間につなぎ、コレクタ側のタンク回路のL_TやC_Tを変化し発振の強さを調整する。発振周波数もわずか変化し、周波数微調整に使う。コルピッツ形に相当しタンク回路のリアクタンスが容量性のとき（発振周波数よりタンク回路の共振周波数が低いとき）発振する。

☞水晶発振子

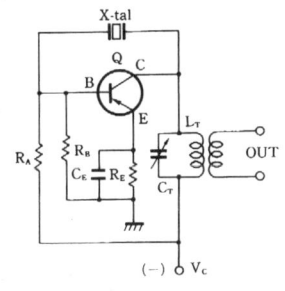

ピアースBE回路 (——かいろ)
Pierce BE circuit

水晶発振子XをトランジスタのベースBとエミッタEの間につなぐ。LC発振回路のハートレー形に相当し、コレクタ回路はピアースBC回路と逆に、誘導性でなければ発振しない。トランジスタのベースとコレクタ間容量は、トランジスタのコレクタ容量C_Oを利用し、特につながないときもある。Xにトランジスタの入力インピーダンスが並列に入るため発振の領域は狭く、高い周波数では入力容量の影響が現れ、ピアースBC回路に比べ不利である。

周囲温度に敏感なトランジスタ回路は、周波数を安定にするために直流バイアスを安定にする必要があり、それによって振幅も安定する。

☞直流バイアス

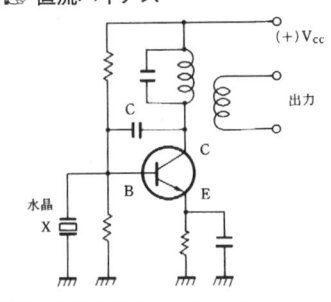

ピアース回路 (——かいろ)
Pierce circuit

水晶発振器の一種で、トランジスタのどの電極に水晶をつなぐかによりピアースBC回路、ピアースBE回路がある。

ピアース無調整回路 (——むちょうせいかいろ)
Pierce oscillator

水晶発振回路の一つで、出力側にLC回路をつながず抵抗R_Lをつなぐ。タンク回路を調整することなく発振するが、出力は小さく高い周波数で発振しにくい。水晶の発振周波数に近い不要な周波数があるとき、出力に現れないように注意する必要がある。

非安定マルチバイブレータ (ひあんてい——) astable multivibrator
→無安定マルチバイブレータ

ピエゾ効果 (——こうか)
piezo electric effect →圧電現象

ピエゾ抵抗効果 (——ていこうこうか)
piezo resistance effect

半導体や導体に外部から力が加わると、電気抵抗が変わる現象。

☞電気抵抗

ひ化ガリウム（——か——）
gallium arsenide → ガリウムひ素

光（ひかり）light
電磁波として空間を約$3×10^8$(m)の速さで伝わるエネルギで，波長により電波・赤外線・可視光線・紫外線・X線・γ線・宇宙線などに分ける．可視光は赤・橙・黄・緑・青・紫と波長で区別する．太陽光線は白色光といい，可視光を混ぜるか赤・緑・青(三原色)を適当な割合で混ぜて再現する．肉眼で見えるのは可視光線である．☞電磁波

光IC（ひかり——）
optical integrated circuit
→光集積回路

光アイソレータ（ひかり——）
optical isolator
光回路で反射波による悪影響を防ぐため，反射波を阻止する装置．

光エレクトロニクス（ひかり——）
optical electronics
光エレクトロニクスは，電子工学「エレクトロニクス」と光学「Optoelectronics」を基本技術にしている．多くの情報を送るには高い周波数が必要で，レーザやレーザ素子，光電変換素子など光デバイスなどがより微小化，集積化し，周辺の技術革新で点を解決していくことになる．代表的な技術には光デバイス，半導体レーザ，量子エレクトロニクス，光ファイバ，バーコードリーダ，光ディスク・メモリエレクトロニクスなどがある．☞電子工学

光回路素子（ひかりかいろそし）
optical circuit element
光回路で使う素子で，光の強さや周波数，位相や進行方向，偏光状態などを調節する素子．発振や変調，検波や周波数変換などのデバイス．光アイソレータや光検波器はこの例である．
☞位相

光カプラ（ひかり——）
optical coupler
光の通路をいくつかに分ける素子で，次の二つに大別される．
①二つに分ける（光方向性結合器）
②多数に分ける（スターカプラ）

光ケーブル（ひかり——）
optical cable→光ファイバケーブル

光検出器（ひかりけんしゅつき）
photo detector
光検波器とかホトセンサ，光センサともいう．☞光検波器

光減衰器（ひかりげんすいき）
optical attenuator
光の強さを制御するためのデバイスで，減衰量を連続的に変化するものと，階段（ステップ）状に変化するタイプがある．☞デバイス

光検波（ひかりけんぱ）
photo detection, optical detection
光信号の中から，いろいろの方法を使って情報を取り出すこと．

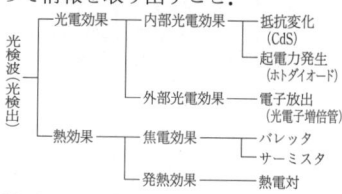

```
光検波   ─光電効果─┬─内部光電効果─┬─抵抗変化(CdS)
(光検出)            │               └─起電力発生(ホトダイオード)
         │         └─外部光電効果───電子放出(光電子増倍管)
         └─熱効果─┬─焦電効果─┬─パレッタ
                   │           └─サーミスタ
                   └─発熱効果───熱電対
```

光検波器（ひかりけんぱき）
photo detector
光検出器とかホトセンサ，光センサともいう．光を搬送波とし，これに込められた情報を取り出すこと，検出することを光検波とか光検出という．検波は光電効果や熱効果を用いる．赤外線領域では波長が長くなるため熱効果を利用する．光電効果は内部光電効果(抵抗変化：CdS，起電力発生：ホトダイオード)や外部光電効果（電子放出：光電子増倍管）などを用い，熱効果には焦電効果（パレッタやサーミスタ）と発熱効果（熱電対）を用いる．熱効果はマイクロ波領域で多用し波長依存性がなく，焦電効果は応答も速い．

☞応答

光合波器 (ひかりごうはき)
optical multiplexer

1本の光伝送路（光ファイバ）に波長の異なる光を重ねて送り，受信側で光分波器で周波数別に分離する光多重化に使う．波長の異なる光を重ねるデバイスのこと．☞光伝送路

光コネクタ (ひかり――)
optical connector
→光ファイバ・コネクタ

光産業技術振興協会 (ひかりさんぎょうぎじゅつしんこうきょうかい)
Optoelectronic Industry And Technology Development Association

「光産業の総合的育成，振興を図るとともに，関連産業の高度化と国民生活の向上に資し，もってわが国経済社会の発展に寄与する．」を設立の目的とした財団法人．設立は1980（昭和55）年7月．活動内容は，光通信，光計測，光入出力，レーザ加工・生産等の機器装置及び関連部品が一堂に展示される「インターオプト'06」や光産業セミナーなど各種セミナーの開催．

光磁気ディスク (ひかりじき――)
magnet-optical disk, MO disk, MO

高密度のデータ書込み・読出しの円板メモリ．書込みは薄い磁化膜を磁化した上から，レーザ光をあて熱で磁化方向を変えてデータを記録する．読み出しはレーザ光による磁性膜の反射光の偏向方向からデータを知る．1996年からデータの直接上書き（ダイレクトオーバライト）ができる製品が出て動作速度が速くなった．記憶容量もCD-ROMに近づき，低価格となり，パソコンでフロッピディスクに代って使われている．☞CD-ROM

光集積回路 (ひかりしゅうせきかいろ)
optical integrated circuit

光ICともいう．光の高速・高振動数や光子が無電荷である特性を利用して光情報演算処理・光コンピュータが研究されている．電気信号（情報）を光に変え（電気―光変換），光演算を行い，光を電気信号に変える（光―電気変換）．電気と光の変換はホトダイオードやレーザダイオードとホトトランジスタを組み合わせて行う．光演算にはホトトランジスタや集光，光合波や光分波，光偏向などの技術と半導体レーザや光導波路，光スイッチや光変調器，光検波器など光回路素子がいる．これらを一体化したものを光集積回路という．光素子の一体化で小形軽量化し，機械的光学的ひずみを軽減し信頼性を高める．光集積回路の実用化には技術的問題点も多いが，OEICは現実的である．☞OEIC

光スイッチ (ひかり――)
optical switch

光伝送路（光ファイバ）の切換え用で，次のものがある．
(1)機械的なもの．
　(a)電動力の利用．
　(b)圧電効果の利用．
(2)電気光学効果を利用する．
(3)鏡やレンズを移動する．
(4)液晶を利用する．
(5)音響光学効果を利用する．

光センサ (ひかり――) **optical sensor**

ホトセンサとか光検出器，光検波器ともいう．

→光検波器

光増幅器 (ひかりぞうふくき)
light amplifier

光（こう）増幅器ともいい，光をホトトランジスタで増幅したり，CdSやホトダイオードで光の変化を電気に変え，トランジスタなどで増幅する．☞CdS

光通信 (ひかりつうしん)
light communication

光を使って通信を行う方法で，光は電磁波のため，従来の無線通信に比べ指向性を鋭くでき，チャネルが多くとれ，

妨害を受けにくい．レーザはその代表的なもので，遠距離通信も可能である．

光ディスク（ひかり——）**optical disk**
レーザ光によってデータを読み書きする記憶媒体のこと．代表的なものとしてはCDやDVD，PDなど．
→ビデオディスク

光電子集積回路（ひかりでんししゅうせきかいろ）**optoelectronic integrated circuit, OEIC**
→OEIC

光伝送線路（ひかりでんそうせんろ）**optical transmission line**
→光ファイバ

光伝送路（ひかりでんそうろ）**optical transmission line**
光の信号（情報）を送り受けるための系（システム）の全体のこと．レーザや光アイソレータ，光変調器や光スイッチ，光検波器や光合波器，これら光素子をつなぐ線路（光ファイバ）や光コネクタなどの総称．☞光ファイバ

光導波路（ひかりどうはろ）**optical waveguide**
光を送るための伝送路，線路または回路のこと．☞伝送路

光ピックアップ（ひかり——）**optical pickup**
CDやDVDなどの光ディスクの表面には凸凹（ビット）が記録情報として植え込まれている．光ピックアップは，この反射面上にレーザビームを当てて，その反射光を拾うことにより，音声や映像などのディジタル信号（記録情報）を読み取る光学部品．光メディア関連機器のキーパーツ．アナログレコード用の針やテープメディアの磁気ヘッドに相当し，光ヘッドともいう．
☞CD, DVD

光ファイバ（ひかり——）**optical fiber**
光の伝送用線路，伝送線路のこと．コア(心材)をクラッド(被覆材)で包んだ構造で次のような種類がある．

(1)情報伝送用（マルチ形，シングル形）
(2)マルチファイバ（パターン伝送用）
1960年頃，光ファイバの光伝送理論が発達し，伝送線路としての可能性が示され，1979年に極低損失の光ファイバが電電公社（現NTT）で開発された．
①軽くて丈夫（銅の1/4，強度10倍）
②広帯域特性（電話1万回線/本）
③低損失（中継距離が同軸線の10倍強）
④電磁誘導ノイズの影響なし．
⑤細いので束（ケーブル）化容易．

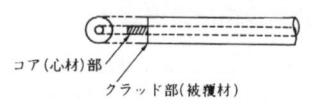

コア(心材)部
クラッド部(被覆材)

光ファイバ・ケーブル（ひかり——）**optical fiber cable**
光ケーブルともいう．光ファイバを数百〜数千本束にしケーブル構造にしたもの．銅ケーブルに比べ低損失，軽くて丈夫，細くて大容量などの特徴がある．☞光ファイバ

光ファイバ・コネクタ（ひかり——）**optical (fiber) connector**
光ファイバとファイバを接続する際に使い，光コネクタともいう．接続は融着により接着するが，非常に細いため中心軸と端末断面を正確に合わす高精度が必要となる．
☞コネクタ

光フィルタ（ひかり——）**optical filter**
光ろ波器ともいう．特定の波長の光を取り出したり，除去するのに使うデバイス．光分波器もこの一種である．

光分波器（ひかりぶんぱき）**optical branching filter**
光を波長（周波数）によって分離するフィルタの一種．光の多重化に使う．
☞光合波器

光変調（ひかりへんちょう）**light modulation, optical modulation**
信号内容に応じて光の強さや周波数，

位相を変えること．光は電磁波（電波）であり通信工学や電子工学の技術が使える．
☞電磁波

光変調器（ひかりへんちょうき）
light modulator, optical modulator
光回路で光変調を行うデバイスである．光の場合，周波数の検出器や検波器（周波数弁別器）がないため，振幅変調を行う．光の強さを信号で変化するため強度変調ともいい，次の二つに区別する．
(1)直接変調．発光ダイオードに加える電圧を，信号に応じて変化させる．
(2)間接変調（偏光変調）．レーザ光を一定方向の偏光成分だけとし，この偏向の制御を電気―磁気光学効果で行う．

光方向性結合器
（ひかりほうこうせいけつごうき）
optical directional coupler
1本の光ファイバの信号を，2方向に分ける光回路のデバイスのこと．

光メーザ（ひかり――）**optical maser**
→レーザ

光メモリ（ひかり――）
optical memory, optical storage
光源・偏光器・読取り受光部・メモリ媒体などからなり，低コスト・大容量化に適した光による情報の記録・読出しを行う光学的記録装置．蛍光物質に光エネルギを一時蓄積したり，ホログラフィを使ったホログラムメモリ等，光に関するメモリの総称．
☞メモリ

引上げ法（ひきあ――ほう）
pulling method
成長法，グロン法ともいう．半導体の単結晶を作るときの方法で，溶けた半導体の中に純粋な半導体（真性半導体）の種を降ろし，ゆっくり回転しながら引き上げると，種には真性半導体が連続的についた状態で引き上げられる．
☞真性半導体

引込み現象（ひきこ――げんしょう）
pull-in phenomenon, drawing effect
引込み効果，同期化ともいう．二つの発振器A，Bの発振周波数をf_A, f_Bとし，二つの発振回路の結合を密にしてf_A, f_Bを近づけていくと，どちらか片方が弱いほうの接近した周波数を自分のほうに引き込む現象．
☞周波数

引込み効果（ひきこ――こうか）
ziehen effect
→チーエン効果，引込み現象

引出し線（ひきだ――せん）**lead wire**
1．トランジスタの各電極から引き出した線．トランジスタの外部への引出し線．
2．ICのペレット上にマウントされた回路素子から外部端子への接続線，または外部端子（ピン）を含む導線部分．
3．電子管やランプ類の内部電極から外部のソケット用ピンや脚，口金までの導線．

引出し線インダクタンス（ひきだ――せん――）**lead wire inductance**
引出し線に存在する，ごくわずかなインダクタンスLのこと．マイクロ波などの高周波ではこのインダクタンスが悪影響を生じる．
☞インダクタンス

ピーキング peaking
広帯域増幅回路で高域周波数の増幅度を上げるためトランジスタに直列または並列にコイルやコンデンサをつなぎ補償すること．映像増幅回路などに使用され，並列（シャント）ピーキングや直列（シリーズ）ピーキング，直並列ピーキングなどがある．

ピーキング・コイル peaking coil
広帯域増幅器の高域周波数を補償するコイルのこと．高周波帯で使うため分布容量の少ないハネカムコイルで，TV受像機の映像増幅回路に使う．

☞テレビ受像機

ピーク peak
電圧，電流などの値や波形の最大値，またはせん(尖)頭値のこと．

ピーク・クリッパ peak clipper
クリップ回路の一種で，入力波形の一定レベル以上を切り取って揃える，波形整形回路．クリップレベルは抵抗Rに直列の電圧Vで決まる．Dはダイオードである．

☞クリップ回路

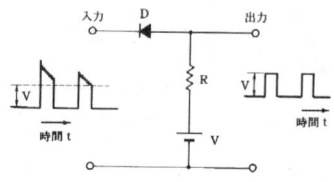

ピクセル pixel
パソコン・ワープロの画面上の1ドット分で，画素ともいい，画像表示の最小単位のこと．

☞画素

ピーク・ツー・ピーク値 (――ち)
peak to peak value
波形の正の最大値から負の最大値までの値Bで，最大値AとCの和になる．

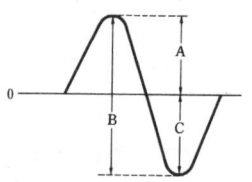

ピーク点電圧 (――てんでんあつ)
peak point voltage
電圧のせん(尖)頭値のこと．または，そのときの電圧．

☞尖頭値

ピーク点電流 (――てんでんりゅう)
peak point current
電流のせん(尖)頭値のこと．または，そのときの電流．

ピーク・バリュー peak value
瞬時値のうちで最も大きい値．せん(尖)頭値とか最大値ともいう．

ピーク・ピーク値 (――ち)
peak to peak value
→ピークツーピーク値

比検波器 (ひけんぱき) ratio detector
→レシオ・デテクタ

ピコ pico
SI(国際単位系)において，10の整数乗倍を示す名称(接頭語)で，10^{-12}を表し，記号は[p]である．☞SI

ピコファラッド picofarad
コンデンサを蓄電器ともいい，電気を蓄える性質がある．このような性質を静電容量といい，キャパシティともいう．静電容量の単位はファラッド[F]．実用的にはその百万分の1のマイクロファラッド[μF]($=10^{-6}$F)，またはμFの百万分の1のピコファラッド[pF]($=10^{-12}$F)を使う．

☞静電容量

ひし形アンテナ (――がた――)
rhombic antenna
→ロンビック・アンテナ

ビジコン vidicon
1950年ウェイマが完成した光導電形撮像管．小形で安価．種類にプランビコン，赤外線ビジコン，超音波ビジコンがある．テレビのフィルム送像用や工業用テレビ(ITV)に使う．

☞工業用テレビジョン

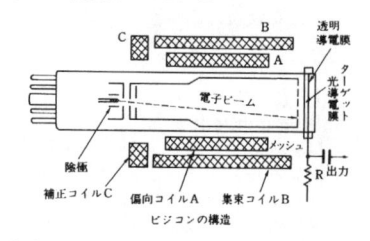

ビジコンの構造

ビジコン・カメラ vidicon camera
テレビカメラの一種で撮像管にビジコ

ンを使い，小形の移動用カメラやフィルム送像用.
☞撮像管

非磁性体（ひじせいたい）
non-magnetic material
磁性体でない物質を非磁性体といい，常磁性体，反磁性体の別がある．

微小回路（びしょうかいろ）
microcircuit
電子回路の微小化のことで，回路を高密度化すること．マイクロモジュールなどはその一例で，現在では1mm角位の面積に数万の部品を組み込んだ超LSIに代表される．
☞超LSI

非衝撃式印字装置（ひしょうげきしきいんじそうち）non-impact printer
ノンインパクトプリンタともいう．印字に際し，機械的衝撃を用いない印字装置．例：感熱式印字装置，静電式印字装置，写真式印字装置など（JIS・情報処理用語）．
☞インパクト・ドット・マトリックス・プリンタ

非常通信（ひじょうつうしん）
emergency traffic
地震，台風，洪水，津波，雪害，火災，暴動など非常事態が発生し，または発生する恐れのある場合で，有線通信を利用できないか，利用することが著しく困難なときに，人命救助，災害救助，交通信号の確保，秩序維持のためにSOSを前置して行う無線通信のこと．免許状記載の目的，通信の相手方，通信事項の範囲，運用許容時間等をこえて運用できる（電波法）．

ヒステリシス・カーブ hysteresis curve
→ヒステリシス・ループ

ヒステリシス損（――そん）hysteresis loss →ヒステリシス・ループ

ヒステリシス・ループ
hysteresis loop
強磁性体(鉄)に絶縁コイルを巻き，直流電源のスイッチを入れ，電圧を0から徐々に増やすと，電流も増え，磁性体は磁化される．磁化力Hを横軸にとり，磁束密度Bを縦軸にとると，図の0―1―2―3―4―5となる．Bが4に達したあとはHを増してもBは増えず一定となる．Hを減らすとBは4―6―7となり，Hを0にしてもBは0にならず，磁性体には磁気が残る（これが永久磁石となる）．0―7の大きさBrを残留磁気という．次に逆極性の電圧を増すと7―8―9と変化し，0―9の大きさHrを保持力という．逆方向の磁化力をさらに増すと10―11―12となり，逆方向で4―5と同様に一定の磁束密度となる．このように磁束密度が増加しなくなる状態を飽和という．12に達したのち再び電圧を下げると11―13―14―15―16―17―18と変化し，この一巡のループ(環)をヒステリシスループという．鉄を交流で磁化すると，1サイクルごとにこのループを1周することになり，ループの面積に相当する部分は熱として失われ損失となる．これをヒステリシス損という．0―3―5を鉄の初期磁化曲線とかB―Hカーブという．

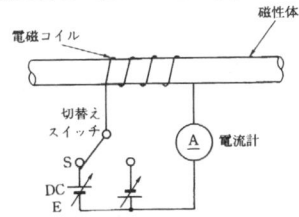

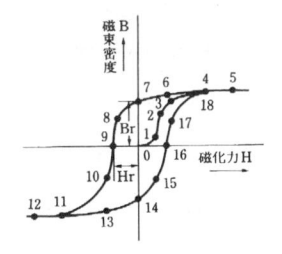

ヒスノイズ hiss noise
磁気テープから出るシャーという雑音．高域周波数に多く分布するため耳ざわりとなる．磁性体のヒステリシス特性が原因なためヒスノイズという．☞雑音

ひずみ distortion
回路，装置などで生じる波形のひずみ（原信号にはない，波形の変化）のことで，次のものがある．
(1)振幅ひずみ，または非直線ひずみ
(2)周波数ひずみ，または減衰ひずみ
(3)位相ひずみ，または遅延ひずみ
(4)混変調ひずみ

ひずみ計 (――けい) strain gauge
→ひずみ率計

ひずみゲージ strain gauge
抵抗線ひずみ計，抵抗線ひずみゲージ，ストレインゲージ，ワイヤゲージ，線ゲージなどともいう．紙にフェノールやポリエステルの樹脂を含浸したベースに，アドバンス（銅－ニッケル合金）線を接着剤で貼る．金属線が外部からの機械的ひずみを受け変形し，長さや断面積が変わり抵抗値が変わることを利用し，圧力やトルク，変位や加速度を電気に変える．半導体ひずみゲージでは，機械的変形で結晶格子を変形したキャリアの数や移動度を変え，抵抗が変わるピエゾ抵抗効果による，比抵抗変化を利用する．☞ピエゾ抵抗

ひずみゲージ原理図

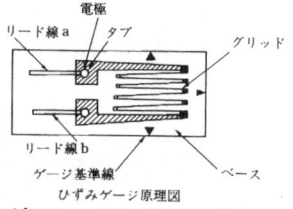

ひずみ波 (――は) distorted wave
→ひずみ波交流

ひずみ波交流 (――はこうりゅう) distortion wave

正弦波でない交流を，ひずみ波（ディストーションウェーブ）という．方形波，のこぎり波などはこの例で，高調波を多く含む．☞高調波

ひずみ率 (――りつ) distortion factor, klirrfactor
ひずみ率Kは，非正弦波のひずみ具合を示し，次の三種類がある．
(1)高調波V_2〜V_nの実効値V_0と基本波の実効値Vの比をパーセントで示す方法．

$$\text{ひずみ率K} = \frac{\sqrt{V_2^2 + V_3^2 \cdots\cdots + V_n^2}}{V} \times 100$$

$$= \frac{V_0}{V} \times 100(\%) \quad (\text{Vは電圧分})$$

(2)高調波実効値V_nと基本波実効値Vの両方の実効値$V+V_0$の比をパーセントで示す方法．

$$K = \frac{V_0}{V+V_0} \times 100(\%) \quad (\text{Vは電圧分})$$

(3)ひずみ波と基本波の差の実効値とひずみ波の実効値の比をパーセントで示す法．

$$K = \frac{(\text{ひずみ波}-\text{基本波})\text{実効値}}{\text{ひずみ波実効値}}$$
$$\times 100(\%) \quad (\text{Vは電圧分})$$

方形波

のこぎり波

ひずみ率計 (――りつけい) distortion meter, klirrfactor meter
ひずみ率を測る計器で，LC形とCR形がある．ひずみ率の他に雑音や電圧の測定もできる（次ページ上図参照）．☞ひずみ率

非正弦波 (ひせいげんは) non-sinusoidal wave
→ひずみ波交流

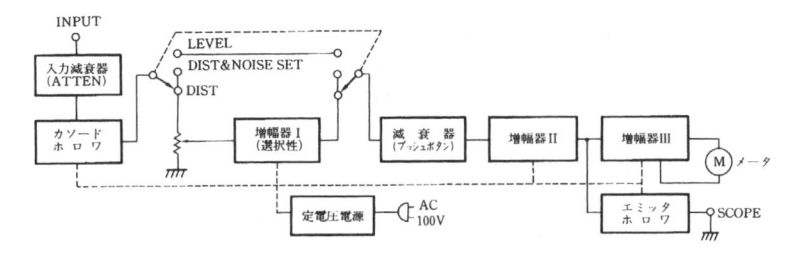

[図: 入力減衰器(ATTEN)、カソードホロワ、増幅器I(選択性)、減衰器(プッシュボタン)、増幅器II、増幅器III、メータM、エミッタホロワ、定電圧電源、SCOPE、INPUT、LEVEL、DIST&NOISE SET、DIST、AC 100V からなるブロック図]

非正弦波交流 (ひせいげんはこうりゅう) non-sinusoidal wave
→ひずみ波交流

非接地空中線 (ひせっちくうちゅうせん) non-earthed antenna
長・中波の空中線（アンテナ）は接地（アース）するが，短波帯より短い波長の空中線は感度が下がるため，接地せず非接地空中線という．半波長空中線はこの例である．
☞空中線

非接地方式 (ひせっちほうしき) isolated neutral
接地（アース）しない方式のことで，非接地空中線はこの例である．
☞アース

非線形演算器 (ひせんけいえんざんき) non-linear operator
アナログコンピュータの演算部（演算要素）の一つ．乗算器，飽和要素，関数発生器などがある．
☞演算装置

非線形演算要素 (ひせんけいえんざんようそ) non-linear arithmetic element
(1)アナログコンピュータの演算要素に乗算器，関数発生器があり，むだ時間要素も含めて，非線形演算要素という．
(2)ディジタルコンピュータで入出力が直線的に変化しない場合の演算に使う．
☞ディジタル・コンピュータ

非線形回路 (ひせんけいかいろ) non-linear circuit
電圧—電流特性が直線的でない（比例しない）回路のこと．インダクタンスや容量，ダイオードやトランジスタなどを含む回路はこの例である．

非線形回路素子 (ひせんけいかいろそし) non-linear circuit element
電圧—電流特性が非直線または非線形の回路素子のこと．二極管や半導体ダイオード，強誘電体や鉄心入りコイル，静電容量やインダクタンスなどはこの例である．
☞回路素子

ひ素 (——そ) arsenic
原子番号33，記号As，5価の元素で，真性半導体に微量混ぜて，N形半導体を作る．ガリウムGaと混ぜガリウムひ素GaAsの化合物半導体ともなる．
☞原子番号

皮相電力 (ひそうでんりょく) apparent power
交流回路の電圧Vと電流Iの位相は，一般にIはVより遅れる．IがVより遅れる角度をθとし，$\cos\theta$で示す．つまり電力$P=VI\cos\theta$となるが，$\cos\theta$を考えずVとIだけをかけたVIを皮相電力Psといい，単位はボルトアンペア〔VA〕．
☞交流回路

ヒータ heater
電熱器や各種ブラウン管の陰極（カソード）を加熱する部分．ブラウン管のヒータには高温で寿命の長いタングステン線を使う．電熱器にはニクロム線を使う．

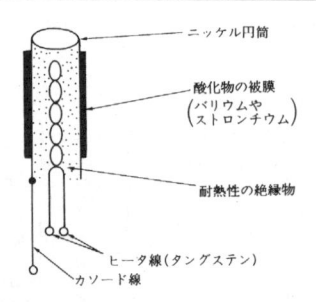

比帯域幅 (ひたいいきはば)
fractional bandwidth
共振回路の共振曲線の,中心周波数f_0と通過帯域幅(6dB) Bの比B/f_0で,共振の鋭さQの逆数.
比帯域幅 $W = B/f_0 = 1/Q$

非対称回路 (ひたいしょうかいろ)
dissymmetrical network
(a)で$Z_1 \neq Z_2$のとき,(b)で$Z_1 \neq Z_2 \neq Z_3 \neq Z_4$のときが非対称回路,または非対称回路網ともいう.また,(a)を非対称四端子回路(網)ともいう.

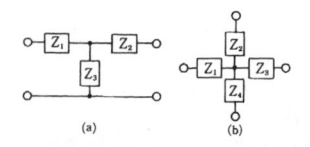

非対称四端子回路
(ひたいしょうしたんしかいろ)
dissymmetrical four terminal circuit
→非対称回路

非対称側波帯伝送
(ひたいしょうそくはたいでんそう)
asymmetrical sideband transmission
残留側波帯伝送ともいう.AM波(振幅被変調波)の下側波帯(または上側波帯)の一部分を除いて伝送すること.占有周波数帯幅を狭くでき,SSB方式に比べ受信しやすい.日本やアメリカなどのテレビのビデオ信号の伝送がこの例である.

☞SSB方式

非対称波 (ひたいしょうは)
asymmetrical wave
波形の大きさが0軸(時間軸)に対して非対称なこと.
☞波形

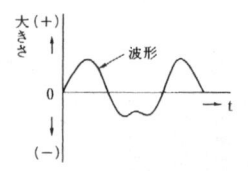

非対称バリスタ (ひたいしょう——)
asymmetrical varistor
電圧—電流特性が非直線的で非対称なバリスタ(印加電圧により抵抗値が変わる二端子固体素子).素体は円板または平板状で両側から電極ではさみ,リード線を半田付けし機械的保護と劣化防止のため樹脂で封止する.亜酸化銅やセレン整流器,ゲルマニウムやシリコンダイオード,トランジスタなどの半導体素子,チタン酸バリウムやシリコンカーバイドなどのセラミック素子を使い,次の利用法がある.
(1)異常高圧の吸収.電話機のクリック音の除去,交換機・リレー接点の火花消去.(2)温度補償.トランジスタのバイアス安定化.(3)電圧計や電流計の目盛拡大や圧縮,保護.(4)電圧安定化.

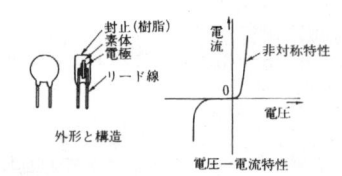

左側信号 (ひだりがわしんごう)
left-side signal
ステレオ放送のL信号.スタジオ,および聞く者の左側の音を送受する信号.スタジオの左側の音を送るための

左信号（ひだりしんごう）
left-side signal →左側信号

微調整（びちょうせい）
fine adjustment
微調，ファイン調整とかファインアジャストともいう．ごくわずかな周波数，電流などを増減し，最良点に調整すること．

非直線（ひちょくせん）**non-linear**
→非直線性

非直線演算器（ひちょくせんえんざんき）
non-linear operator
→非線形演算器

非直線回路（ひちょくせんかいろ）
non-linear circuit
回路の入力—出力特性（入力の電圧や電流などと出力の電圧や電流などの関係）が直線的でない回路．特にダイオード，トランジスタ，真空管を含む回路で生じやすく，厳密な数学的解析は無理で，近似計算や図解で理論や分析を進める．
☞真空管

非直線性（ひちょくせんせい）
non-linearity
トランジスタや真空管回路の入出力特性が直線的でないこと．この特性を利用し変調回路や検波回路，整流回路などを作るが，非直線性のため増幅回路では振幅ひずみが生じる．
☞振幅ひずみ

非直線素子（ひちょくせんそし）
non-linear element
電圧—電流特性が直線的でない素子のこと．ダイオードやトランジスタ，バリスタやサーミスタなどはこの例である．☞素子

非直線ひずみ（ひちょくせん——）
non-linear distortion
振幅ひずみともいい，回路のトランジスタ，真空管素子の特性（電圧—電流の関係）が直線的でないため，動作点の不適当，入力信号の振幅過大などの理由から，出力信号の波形が入力信号の波形に正しく比例せず変形すること．→振幅ひずみ

非直結動作（ひちょっけつどうさ）
offline operation →オフライン

ヒッシング hissing
砂塵や吹雪のときなどに発生する空電の一種で，シューと連続音が聞こえ，アンテナ引込線とアースの付近で連続放電が生じることもある．付近に強い熱雷が生じたときや磁気あらしやオーロラ，流星雨のときにも生じることがある．☞空電

ビット bit
バイナリディジットの略．2進法表示で0と1の桁を指す単位．たとえば10進法の7は2進法で111となり，3桁つまり3ビット必要である．
☞2進法

ピット pit
再生専用光ディスクの信号を記録するサッカースタジアムのような凹凸パターン．DVDの場合は凹凸の高さ方向の変位は約100nm程度となる．図は，DVDの凹凸ピット例．

必要周波数帯幅（ひつようしゅうはすうたいはば）**necessary bandwidth**
与えられた発射の種別について，特定の条件のもとにおいて，使用される方式に必要な速度および質で情報の伝送を確保するために十分な占有周波数帯幅の最小値をいう．この場合，低減搬送波方式の搬送波に相当する発射等受信装置の良好な動作に有用な発射は，これに含まれるものとする（電波法施

行規則第2条62).
☞占有周波数帯幅

否定 (ひてい) not, NOT
Pをある論理変数とするとき，次の表によって定まる論理関数$\overline{P}$を"Pの否定"という（JIS・情報処理用語).

P	$\overline{P}$
1	0
0	1

否定回路 (ひていかいろ) NOT circuit
→ノット回路

比抵抗 (ひていこう) resistivity
→抵抗率

否定積 (ひていせき)
NAND, inverted AND
PおよびQを二つの論理変数とするとき，次の表によって定まる論理関数$\overline{P \cdot Q}$を"PとQの否定積"という（JIS・情報処理用語). ☞論理式

P	Q	$\overline{P \cdot Q}$
0	0	1
0	1	1
1	0	1
1	1	0

否定積回路 (ひていせきかいろ)
NAND circuit
2個以上の入力端子と1個の出力端子をもち，すべての入力端子に1が入力された場合だけ，出力端子に0を出力する回路．NAND回路ともいう（JIS・情報処理用語).

→NAND回路

否定論理積回路 (ひていろんりせきかいろ) NAND circuit→NAND回路

否定論理和回路 (ひていろんりわかいろ)
NOR circuit→NOR回路

否定和 (ひていわ) NOR, inverted OR
PおよびQを二つの論理変数とするとき，次の表によって定まる論理関数$\overline{P+Q}$を"PとQの否定和"という（JIS・情報処理用語).

P	Q	$\overline{P+Q}$
0	0	1
0	1	0
1	0	0
1	1	0

否定和回路 (ひていわかいろ)
NOR circuit
NOR(ノア)回路ともいう．2個以上の入力端子と1個の出力端子をもち，すべての入力端子に0が入力された場合にだけ，出力端子に1を出力する回路（JIS・情報処理用語).

→NOR回路

ビデオ video
1．映像のこと．2．映像周波数のこと．3．映像信号のこと．

ビデオ・アンプリファイヤ
video amplifier →映像増幅器

ビデオ・カセット video cassette
1．ビデオテープのカセットケース（容器）のこと．2．ビデオカセットテープのこと．3．ビデオカセットプレーヤのこと．

ビデオ・カセット・テープ
video cassette tape
カセット（ハーフ）に収めた磁気録画テープ（ビデオテープ）のこと．カセットハーフは磁気テープとリールを収めた精密容器で，テープの保護やデッキ（ビデオカセットプレーヤ）への急速でひんぱんな着脱を容易にし，テープの取扱いを手軽で簡便にした．また，テープの走行安定性を維持し，録画・再生・消去が容易で，VHS用やベータ用，8mm用などがあり，テープの幅や長さも異なる．

ビデオ・カセット・プレーヤ
video cassette player
ビデオテープをカセットに収容し，映像と音声の磁気記録や再生をする装置．日本ビクターがVHSを，ソニーがベータ方式を開発したが，両方式に

は互換性がない．
☞ VHS，ベータ方式

ビデオ・カメラ video camera
映像をレンズで絞り撮像管や固体撮像素子に投影し，映像信号に変える装置．放送用は像をプリズムなどで三原色に分け，3本の撮像管に与え三原色のカラー（RGB）信号に変え，NTSC方式の信号にする．家庭用は一つの撮像管（単管）や撮像素子（単板）に色フィルタを付けカラー信号を合成する．小形軽量で構成が簡単だが，解像力は高い．半導体技術が進み，単板カメラが単管カメラに勝るが，ブルーミング（長い波長の強い光でオーバフローし，画面に縦の光のすじが出る現象）が発生しやすい．☞ 撮像管

ビデオ周波数（――しゅうはすう）
video frequency → 映像周波数

ビデオ信号（――しんごう）
video signal → 映像信号

ビデオ増幅器（――ぞうふくき）
video amplifier → 映像増幅器

ビデオ・ソフト video software
ビデオのソフトウェアのことで，ビデオディスクやビデオカセットに収めた内容やテレビ放送番組，映画などの映像情報．

ビデオ・ディスク video disc, VD
映像（ビデオ）と音声の両信号を，FMの多重化で記録した円盤（ディスク）．両信号は専用プレーヤで再生し，受像機に映して利用する．VLP方式の改良形やVHD方式などがあり，レーザ光をレンズで鋭く絞り込み，高速回転する円盤のピットに当て，この反射光を高周波のホトダイオードで検出する方式では，光ディスクとか光ディスクメモリ，レーザディスク（パイオニア社商標）ともいう．円盤外形は方式で異なるが直径26〜30cm，厚さ2〜3mmで，塩化ビニルまたは透明アクリル盤で，再生時間は片面10〜60分位である．☞ VLP方式

ビデオ・ディスク・プレーヤ video disc player
直径30cm，厚さ2.6mmのプラスチック（ポリカーボネートやポリメチルメタクリレート＝アクリル樹脂の一種）円板（ディスク）の表面に，信号に応じて微小な凹凸（ピット）を付け，これにレーザ光をあて，反射光の変化を検出して信号を再生する，映像と音声の再生装置（プレーヤ）．VLP方式やCED・VHD方式がある．☞ CED方式

ビデオ・ディスク方式（――ほうしき） video disc system
TVディスクとかTEDともいう．ドイツのテレフンケン，テルデック，デッカ3社が共同で1970年白黒，翌年カラー画像再生用を開発した．LPレコードの記録密度を100倍に高めた映像用ディスクレコード方式．ディスクは厚さ0.1mm，直径210mmのポリ塩化ビニルシート．表面に幅3.57μm，深さ1μmの溝をらせん状に隣り合わせて刻む．ビデオ信号はFMされディスクは毎秒25回転で圧力式ピックアップを使う．この他，VLP方式やVHD方式などがある．☞ FM

ビデオ・デッキ video deck
ビデオ・テープ・コーダの駆動機構のこと．→ ビデオ・テープ・レコーダ

ビデオテックス videotex
ビデオテックス通信方式ともいう．利用者端末を電話線で情報センタと結び，端末の求めに応じデータベースに蓄えた情報を，ネットワークを介して送り，アダプタを通して文字や図形などパターン系情報を受信する会話形情報システム．日本のキャプテンやイギリスのプレステル，カナダのテリドンなどがある．☞ キャプテン・システム

ビデオ・テープ video tape
VTR用の磁気テープで，磁気録画テープともいう．プラスチック（ポリエ

チレンやポリエステル）フィルムをベースにし，ガンマ酸化鉄γ-Fe_2O_3や二酸化クロムCrO_2を薄く均一に塗ったもの．SN比や感度が高いことが求められ，βマックスとVHSタイプがある．☞SN比

ビデオ・テープ・レコーダ
video tape recorder

英語の頭文字をとりVTRともいう．TVの映像信号を，磁気テープに磁気的に記録，再生，消去できる装置．磁気録音と似た原理であるが，音声信号に比べ映像信号は周波数帯域幅が広くテープ走行やヘッドは高性能なものが要求される．1957年アンペックスとRCAが提携しカラーVTRを完成した．現在は放送用，一般用（ホームビデオ）と広く普及している．
☞VTR

ビデオ・トラック video track

ビデオテープには映像用や音声用と制御用の各信号が別々に記録されるが，映像信号の記録されるトラックがビデオトラックである．☞トラック

ビデオ・パッケージ video package

ビデオは映像の意で，パッケージはディスプレイ装置とつなぎ，映像を再生する一連の装置の意味．ビデオディスクやビデオカセットレコーダ（VCR）などの総称（和製英語）で，VPと略記する．☞ビデオ・ディスク

ビデオ・プロジェクタ
video projector

ブラウン管に映る映像の輝度を強め，レンズで拡大しスクリーンに投映する装置．プロジェクタとスクリーンが一体のものと分離しているものがあり，三原色を分解しスクリーン上で重ね合わすものと，そのまま拡大し再現する方式がある．☞三原色

比電荷（ひでんか）specific charge

荷電粒子（電子や陽子）の電気量Qと質量mの比Q/mのこと．

ビート beat →うなり

非同期式（ひどうきしき）
asynchronous system

同期信号やタイミング・パルスに左右されない，無関係の方式のこと．
☞同期信号

非同期式計算機（ひどうきしきけいさんき）asynchronous computer

タイミング用パルスのないコンピュータの一種．一つの動作が終了すると終了信号を次の回路に送り，各回路は独立して動作する．回路は簡単になりタイミングパルスを待たず動作が進むので全体の動作スピードが上がり効率が良い．☞タイミング・パルス

比透磁率（ひとうじりつ）specific permeability, relative permeability

物質の透磁率μと真空中の透磁率μ_0の比μ_r．

比透磁率 $\mu_r = \mu/\mu_0$

いろいろな物質の比透磁率

	物質	μ_r
反磁性体	銀	0.9999736
	銅	0.9999999
	アルゴン	0.9999999
	水	0.9999912
常磁性体	空気	1.000000365
	酸素	1.000179
	アルミニウム	1.000214
	白金	1.000293
強磁性体	ニッケル	約 300
	けい素鋼	約 6000
	商用純鉄	約 7000
	パーマロイ	約100000

微動ダイヤル（びどう——）
vernier dial →バーニャ・ダイヤル

微同調（びどうちょう）fine tuning
→ファイン・チューニング

非同調アンテナ（ひどうちょう——）
aperiodic antenna

長・中波用受信アンテナや進行波アンテナ，ループアンテナ（中波受信）は同調させずに使う．これらのアンテナのことで，周波数の広範囲にわたり利得や指向性，特性インピーダンスの変化が小さい．☞**特性インピーダンス**

非同調回路（ひどうちょうかいろ）
aperiodic circuit

同調回路のない電子回路で，抵抗容量結合回路はこの例である．
☞**同調回路**

非同調増幅器（ひどうちょうぞうふくき）
aperiodic amplifier

同調回路を使っていない増幅回路のこと．直結回路，抵抗結合回路，CR結合回路，トランス結合回路などは非同調回路である．☞**増幅回路**

非同調フィーダ（ひどうちょう――）
untuned feeder, aperiodic feeder

送信機（電源）からアンテナ（負荷）へ，高周波電圧と電流の進行波だけの定在波のない状態で電力を伝送するフィーダ．☞**フィーダ**

ビート現象（――げんしょう）
beat phenomenon

周波数の異なる二つの交流e_1，e_2を重ね合わすと，位相関係により合成波はいろいろ変化する．e_1，e_2の大きさが同じ場合（同相）のときは，各瞬間の値は互いに加わり合い，大きさが2倍で同じ周波数と位相の交流になる．逆相のときは各瞬時値が互いに打ち消し合い，0となる．大きさが異なるときは，両方の差となる．周波数が異なるときは，両方の差の周波数で大きさが時間とともに変化し，うなりまたはビート現象という．
☞**位相**

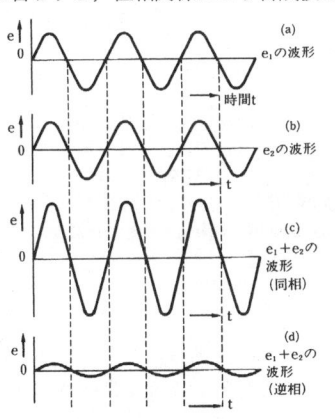

ビート検波（――けんぱ）
beat detection

うなりによるA1電波の検波のことで，ヘテロダイン検波ともいう．100kHzと101kHzを非直線的な回線に加えると，100＋101＝201(kHz) と101－100＝1(kHz) の成分が生じる．201kHzのほうは高周波だが，1kHzのほうは低周波なので検波しイヤホンで聞くことができる．この原理を使い，A1電波を受け局部発振周波数を加え，検波して耳で聞くことができる．
☞**A1電波**

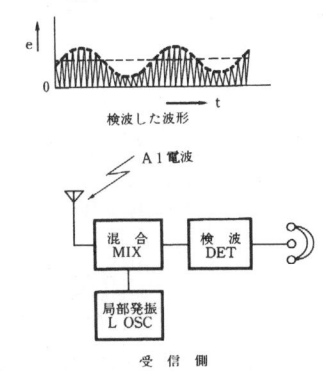

検波した波形

受信側

ビート周波数（――しゅうはすう）
beat frequency

周波数の異なる二つの交流を加え合わすと，うなりにより両方の周波数の和または差の周波数の交流が得られる．

ひとし

この差の周波数をビート周波数という．A1電波の受信や周波数変換の必要なスーパヘテロダイン方式は，このビート周波数を使うが，A3電波の受信時はビート妨害の原因となる．
☞うなり

ビート受信 (——じゅしん)
beat reception
アンテナで受信した信号と，局部発振回路の出力を混ぜ，高周波の受信信号を可聴周波信号に変えること．

ヒート・シンク heat sink
トランジスタやダイオードの放熱板．半導体製品は熱が禁物で，大電流や高電圧を扱う電力用ダイオードやパワートランジスタなどは発熱しやすく，放熱用金属板を取り付ける．放熱板の面積が大きいほど，厚みが厚いほど，また放熱板と半導体製品が密着しているほど放熱の効果は大きく，より大きな電力を扱える．熱が半導体製品から放熱板によく伝わるように，互いの接触面にシリコングリスを塗る．放熱板の取り付け位置は，水平位置より垂直に取り付けたほうが10％位放熱効果が良い．

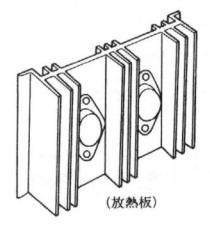

（放熱板）

ヒートシンクの外観例
（パワートランジスタをマウントしたところ）

ビート発振器 (——はっしんき)
beat oscillator
ビート（うなり）を得るための発振器で，ヘテロダイン受信（ビート受信）方式の局部発振器はこの例である．
☞局部発振器

ビート妨害 (——ぼうがい)
beat interference
スーパヘテロダイン受信機で，A3電波受信の際，うなり現象によって局部発振周波数の高調波と，入力信号の周波数の差が可聴周波数の場合は，ビート音が発生し妨害となること．

ビニル電線 (——でんせん)
polyvinyl chloride wire
絶縁性，耐湿性，耐圧性，耐摩耗性，耐油性などに優れた特性をもつビニルを被覆した絶縁電線．☞**絶縁電線**

非破壊読出し記憶装置
（ひはかいよみだ——きおくそうち）
nondestructive read-out storage
読出し操作によって，記憶されているデータが消えず，したがってデータを保持するために再び書込みをする必要のない記憶装置．例：磁気ドラム，磁気薄膜などを用いた記憶装置（JIS・情報処理用語）．☞**記憶装置**

火花ギャップ (ひばな——) spark gap
火花放電が生じたときの放電電極の間隔（ギャップ）．火花電圧と一定の関係があり，ギャップを測って放電電圧の値を知ることができ高電圧の標準になる．使用電極の形から，球ギャップや針ギャップの別がある．☞**火花放電**

火花雑音 (ひばなざつおん)
spark noise
火花放電で生ずる雑音電波のこと．中波のAM受信機や，アナログ式テレビ受像機の画面に，パルス雑音の障害を与える．☞雑音

火花電圧 (ひばなでんあつ)
sparking voltage →火花放電

火花放電 (ひばなほうでん)
spark discharge
空気中や液体の絶縁物の中で2電極を向き合わせ高電圧を加え，距離を近づけると，両電極間に火花が飛び，パチパチと音を発生し，同時に電流が流れる．この現象を火花放電という．これ

は絶縁が破れたことになり、絶縁破壊である。火花放電は2電極A, Bを固定し、両電極に加える電圧を増しても発生する。火花放電が始まるときの電圧を火花電圧V_0, または破壊電圧V_0という。火花放電が生じるまでの電圧Vと、流れる電流Iの変化は図(b)となる。
☞破壊電圧

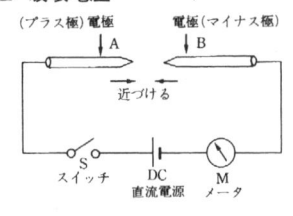

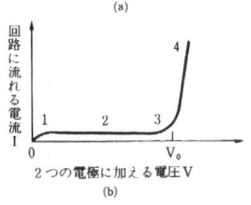

ビバレージ・アンテナ
Beverage antenna
→ウェーブ・アンテナ

ビープ beep
ビープ音のこと。
→ビープ音

ビープ音 (——おん) beep
パソコン本体に内蔵した圧電ブザーの音のこと。操作ミスを知らせた。初期のパソコンに付けられていた。

被覆 (ひふく) covering, coating
導体の表面や周囲を絶縁物で覆うこと。被覆(電)線はこの例である。被覆絶縁物としては絹や綿、ゴムやビニル、石綿やガラス、エナメル塗料などがある。
☞絶縁物

被覆線 (ひふくせん) covered wire
表面や周囲を絶縁物で覆った線で、被覆電線とか絶縁電線ともいう。絹巻線や綿巻線、エナメル線やガラス線、ビニル線やゴム線など絶縁物の種類で区別する。

微分回路 (びぶんかいろ)
differentiation circuit
デファレンシャル回路ともいう。コンデンサCと抵抗Rからなる回路で、入力波形を時間に対して微分した出力波形が得られる。

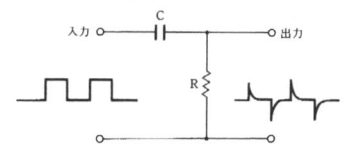

微分器 (びぶんき) differentiator
アナログコンピュータの演算器の一つで帰還抵抗R_Fを使い、入力電圧Viの微分値の出力電圧Voを得る回路。安定度や誤差、雑音などの点で他の演算器に劣る。
☞演算器

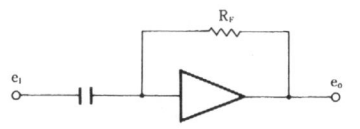

微分時間 (びぶんじかん) rate time
自動制御系でPID動作の場合、P動作(比例動作)の操作量とD動作(微分動作)の操作量が等しくなるまでの時間。
☞PID動作

微分動作 (びぶんどうさ)
derivative control action
D動作ともいい、自動制御系で制御偏差(測定値と目標値の差)を微分した値に比例して操作部を動かし、操作量を変える動作。☞制御偏差

微分要素 (びぶんようそ)
derivative control element
自動制御系で入力信号を微分した値に比例した出力信号を出す要素(系の一部で信号を伝える部分)。

ひへん

☞ 自動制御

被変調増幅器（ひへんちょうぞうふくき）
modulated amplifier

入力に搬送波を加え，出力から被変調波を得る増幅回路のこと．

☞ コレクタ変調回路

被変調波（ひへんちょうは）
modulated wave

搬送波を，信号（変調波）によって変調したときの成分．被変調波の中に信号成分が含まれている．☞ 変調

皮膜抵抗器（ひまくていこうき）
film resistor

次の二種類が広く使われる．
(1) 炭素皮膜抵抗器
(2) 金属皮膜抵抗器
炭素皮膜抵抗器は古くから使われ，価格も安い．金属皮膜抵抗器は高価だが，特性が優れており用途に応じ使い分ける．

☞ 金属皮膜抵抗器，炭素皮膜抵抗器

ひまわり Himawari

1977年7月アメリカで打ち上げた日本の宇宙開発事業団が開発した静止気象衛星．これによってアジア全域の雲分布の撮影が可能となった．6号は2005年6月から配信を開始した．

ビーム beam

電波や電子流を集中すること．
(1) ビームアンテナ　アンテナの指向性を鋭く集中すること．
(2) ビームスポット　ブラウン管の蛍光面になるべく小さな，明るい輝点を得るために，電子レンズで電子流を細く集中し焦点を合わせる．
(3) ビーム出力管　陰極から陽極に向かう電子流を，ビーム形成電極や二つのグリッド，だ円形陰極などで高い密度の電子流にし，陽極での二次電子放出の影響を防ぐ．☞ 電子流

ビーム・アンテナ beam antenna

電波を必要な方向に集中して発射したり，特定の方向の電波を特に強く受信するアンテナ．指向性を鋭くしたアンテナのことで指向性アンテナともいう．多数の1/2波長アンテナを同平面上に並べ，適当な間隔で配列する．アンテナの長さが電波の波長λと関係あるため，波長の短い短波帯以上で使う．

☞ 指向性

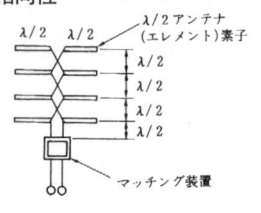

(a) テレフンケン形ビームアンテナ

(b) V形ビームアンテナ

ビーム・スポット beam spot
→ 輝点

比誘電率（ひゆうでんりつ）
specific inductive capacity

物質の誘電率εと真空の誘電率ε_0の比を比誘電率εrとし，

比誘電率 $\varepsilon r = \varepsilon / \varepsilon_0$

物質の比誘電率 εr

物質	εr	物質	εr
空　気	1.00059	セラック	2.7〜3.7
パラフィン	1.9〜2.3	絶縁ワニス	5〜6
ガラス	3.8〜10	絶縁油	2.2〜2.4
雲　母	4.6〜7.5	ベークライト	5.1〜9.9
紙	2〜2.5	けい素樹脂	3.1〜3.2
磁　器	4.4〜6.8	酸化チタン	83〜183

ヒュー・コントロール
hue control, tint control

カラーTV受像機の色相調整のこと．調整ツマミを回し画面の色を被写体と同色に合わせたり，カラーバーにより正確に調整する．☞ 色相

ヒューズ fuse

電気,電子回路において一定値を越える電流を流すと回路が溶断し不通となるような素子のこと.

電気回路では,回路の消費する正常電流を越える電流が流れたときに異常とみなして電力の供給を止める安全装置としてヒューズを使う.

つめ付きヒューズ,z筒形ヒューズなどがある.材料は鉛すずの合金を使い,信頼度が求められるところは黄銅線やタングステン線を使う.

ヒューズ・ホルダ fuse holder

ヒューズ保持器のこと.

ビュー・ファインダ view finder

TVカメラの後面に付けたモニタテレビ.カメラマンはこれを見て画面の構図,アングル,ピントや絞りなどを調整する.電源や映像信号,同期信号はカメラ本体より供給.

ピュリティ purity
→彩度

ピュリティ・マグネット
purity magnet →色純化磁石

表計算ソフト (ひょうけいさん——)
spread sheet software

表形式のデータを対象にした計算を簡単にできるようにしたソフトのこと.歴史的には,VisiCalc,Lotus123などさまざまなものがあったが,現在では表計算ソフトといえばExcel(エクセル)ということになっている.セルと呼ばれるマス目にデータを入力し,計算式を入れると自動的に計算ができ,データのグラフ化や簡単なデータベースとして扱うこともできる.

☞データ・ベース

標識 (ひょうしき)
indicator, marker, sign, flag, tag

インジケータ,マーカ,サイン,フラッグ,タッグなどともいい,次の意味に使われる.
(1)情報処理でしるしを付けるために使うビットやバイト,文字や語.
(2)欄や語,データの項目やファイル,レコードやブロックなどのデータの集まりの始まりと終わりを示す記号.
(3)標識電波のこと.

標識電波 (ひょうしきでんぱ)
beacon radio wave

電波による航空機や船舶の航行の指標を無線標識といい,このための特定の電波を標識電波という.

表示装置 (ひょうじそうち)
display unit

コンピュータからの指令で,文字や図形をブラウン管などに示す装置.表示する内容によって,図形表示装置,文字表示装置と区別する.単色式や多色式がある.

☞文字表示装置

表示放電管 (ひょうじほうでんかん)
indicator tube

入力パルスの数を,0~9までの数字で表す放電管の一種.ガラス管内にネオンガスを入れ,上部に陽極を格子形にして置く.数字形の陰極を陽極の下に重ね合わせる.入力パルスの数に応じて,グロー放電は0から次々と大きな数のほうに移り,数を表示する.

☞数字表示管

標準 (ひょうじゅん) standard

スタンダードともいう.基準・よりどころ・比較のもとになるもの・よりどころとなる目印.標準器・標準規格などのこと.

標準アンテナ (ひょうじゅん——)
standard antenna

各種のアンテナを比較する際の標準にするアンテナで,基準空中線とか標準

ひょう

空中線ともいい，1/2波長アンテナを使う場合はアンテナ利得を相対利得という．また，完全無指向性アンテナを使う場合のアンテナ利得は絶対利得という．一般に長波〜超短波アンテナには相対利得を使い，極超短波アンテナには絶対利得を使うことが多い．1/2波長アンテナの絶対利得Gは，

$G = 10 \log 1.64 \fallingdotseq 2.14$ 〔dB〕

標準インダクタンス (ひょうじゅん——) standard inductance

二次標準器で標準自己インダクタンス，標準相互インダクタンス，標準可変インダクタンスがある．いずれもコイルで作る．図は可変インダクタンスの例で，一次Pと二次Sのインダクタンスは一定で，Sを移動して相互インダクタンスMを変える．

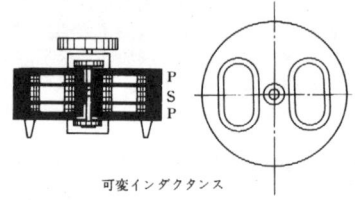

可変インダクタンス

標準関数 (ひょうじゅんかんすう) standard function

コンピュータで関数を使う場合，日常使う関数の代表的なものはすべてフォートランで定義されていて，プログラムの中で自由に使える．

フォートラン による表現	意味
SQRT (X)	$\sqrt{x}$ を求める
ABS (X)	$|x|$ を求める
SIN (X)	$\sin x$ を求める
COS (X)	$\cos x$ を求める
EXP (X)	e^x を求める
FLOAT (I)	Iの値を実数化する
ALOG (X)	$\log_e x$ を求める
ATAN (X)	$\arctan x$ を求める
TANH (X)	$\tanh x$ を求める

標準感度 (ひょうじゅんかんど) normal sensitivity, factor of merit

周期10S(秒)，抵抗1Ωの検流計に換算した電流感度で，標準計の感度を示す．検流計の性能の比較に使う．
☞検流計

標準器 (ひょうじゅんき) standard

測定や測定器の基準にするもの．
(1)一次標準器　標準電池，標準抵抗器
(2)二次標準器　一次標準器で校正する．標準インダクタンス，標準コンデンサ
(3)交流に対しては，交流と直流に同一指示を表す指示計器を使い標準にする．熱電形計器はこの例である．

標準規格 (ひょうじゅんきかく) standard

国際的・国内的と多数ある内の例を示す．
国際規格
 1．勧告
　①国際無線諮問委員会（CCIR）勧告
　②国際電気標準会議（IEC）規格
　③国際標準化機構（ISO）規格
 2．暫定勧告
国内規格
 1．電気通信規格
　①電気通信規格
　②電信電話技術委員会規格
　③電波システム開発センタ規格
 2．工業規格
　①日本工業規格（JIS・17部門）
　②団体規格　約150
　　電気通信関係　約20
その他

標準コンデンサ (ひょうじゅん——) standard condenser

二次標準器で静電容量（コンデンサ）の標準となり，固定形と可変形がある．容量が安定で周波数に関係なく一定で損失が少なく，絶縁が良く逆耐電圧が

ひょう

表1 (±20%の許容範囲)
等差階級の数列の場合
(定格)
1 Ω → 0.8 ～ 1.2 Ω
2 Ω → 1.6 ～ 2.4 Ω
3 Ω → 2.4 ～ 3.6 Ω
4 Ω → 3.2 ～ 4.8 Ω
5 Ω → 4.0 ～ 6.0 Ω
6 Ω → 4.8 ～ 7.2 Ω
7 Ω → 5.6 ～ 8.4 Ω
8 Ω → 6.4 ～ 9.6 Ω
9 Ω → 7.2 ～ 10.8 Ω
10 Ω → 8.0 ～ 12.0 Ω

表2 (±20%の許容範囲)
等比階級の数列の場合
(定格)
1.0 Ω → 0.80 ～ 1.20 Ω
1.5 Ω → 1.20 ～ 1.80 Ω
2.2 Ω → 1.76 ～ 2.64 Ω
3.3 Ω → 2.56 ～ 3.84 Ω
4.7 Ω → 3.76 ～ 5.64 Ω
6.8 Ω → 5.44 ～ 8.16 Ω
10.0 Ω → 8.00 ～ 12.00 Ω

表3 (±20%の許容範囲) E24シリーズ (定格)

10	22	47
11	24	51
12	27	56
13	30	62
15	33	68
16	36	75
18	39	82
20	43	91
		100

高いなどが条件で，空気コンデンサやマイカコンデンサなどがある．

標準周波数(ひょうじゅんしゅうはすう) **standard frequency, nominal power frequency**
標準となる最も正確で安定した周波数．セシウム原子周波数標準器（原子時計）などにより，周波数（時間や時刻）の標準を保ち，標準周波数局により標準電波で一般に供給している．
☞標準電波

標準周波数局(ひょうじゅんしゅうはすうきょく) **standard frequency station**
科学，技術その他のために利用されることを目的として，一般的に受信されるように，明示された高い精度の周波数の電波の発射を行う無線通信業務を行う無線局をいう（電波法施行規則第3条，第4条）．☞無線局

標準受信アンテナ(ひょうじゅんじゅしん——) **standard receiving antenna**
受信機の性能を測るときに使うアンテナ．中波の標準放送受信用は高さ8m，水平部12mの逆L形アンテナ．実際はSSGから信号を加えデータをとることが多く，図のような定数のダミーアンテナを使う．☞中波

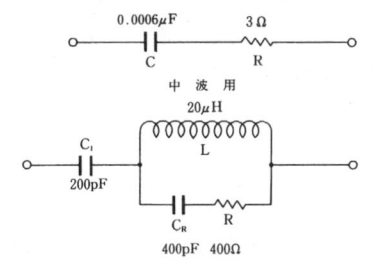

標準信号発生器(ひょうじゅんしんごうはっせいき) **standard signal generator** →SSG

標準数列(ひょうじゅんすうれつ) **standard number**
抵抗，コンデンサなどの部品の規格値の標準化に使う数列．新たに決められたのは等比階級で，R標準数，E標準数があり，JISはR標準数を使い，抵抗，コンデンサの定格にはE標準数が使われる．表1は従来の等差階級の数列，表2は等比階級の数列で，ともに±20％の誤差を許す場合の値．等比階級数列により等差階級数列の次の欠点を改めている．(1)数値の重なりが大きい．(2)数値に切れ目がでる．表3は24分割のE標準数（E24シリーズ）で10～100を24等分する．（上表参照）

標準抵抗器(ひょうじゅんていこうき) **standard resistance**
一次標準器で抵抗の基準となる．抵抗値が安定で抵抗の温度係数が小さく，銅との熱起電力が小さいことが必要で主にマンガニン線を使う．マンガニン線は，銅が83～86％，マンガンが12～15％，ニッケルが2～4％の合金．1Ω以下では，電圧端子a，bと電流端

子A, Bを設ける. マンガニン線の代わりにニッケルクロム合金のエバノームも使う. ☞**一次標準器**

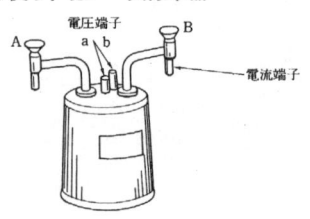

標準抵抗器(低い抵抗)の外観例

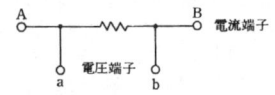

標準電圧 (ひょうじゅんでんあつ)
standard voltage
標準となる電圧のことで, 標準電池の起電力 (20°Cで1.01865V) のこと.

標準電圧計 (ひょうじゅんでんあつけい)
standard voltmeter
指示計器形で階級が0.2級 (許容誤差が定格値の±0.2%) の電圧計のこと.

標準電圧発生器
(ひょうじゅんでんあつはっせいき)
standard voltage generator
標準電池に代えて定電圧ダイオードを使い, 標準電圧を発生する装置. 精度は標準電池より2桁位劣るが, 電流を流しても端子電圧が変わらず, 機械的にも強い利点がある.

☞**端子電圧**

標準電池 (ひょうじゅんでんち)
standard cell
一次標準器で電圧の標準となる. H字形ガラス容器に薬品を詰め, 20°Cで1.01865[V]の起電力を生じる. 温度係数は-4×10^{-3}[%/deg]で, 使用, 保守に次の注意がいる.
(1)横転や衝撃の禁止.
(2)電流を流さないこと (分極作用で起電力が変わる).
(3)急激な温度変化や強い光の直射を避ける.

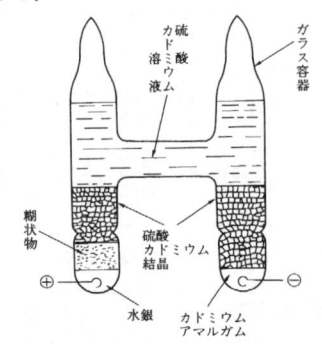

標準電波 (ひょうじゅんでんぱ)
standard wave
周波数の基準や標準とするために世界各地で標準周波数の電波を発射している. 日本では郵政公社電気通信監理局が東京小金井市の電波研究所から次のような標準電波を発射している.

 コールサイン JJY
 周波数(搬送波) 2.5,5,10,15MHz
 搬送波出力 2kW
 変調周波数 0.6, 1, 1.6kHz
 周波数精度 $\pm1\times10^{-11}$以上
 電波形式 A3
 発射時間 24時間

またJARLも標準電波を出している.
 発射場所 東京都豊島区巣鴨1-14-2

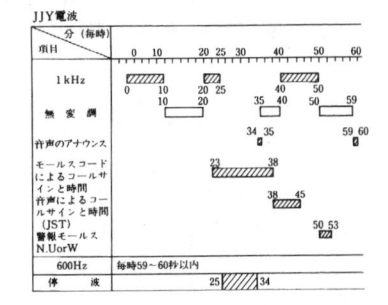

JARL事務局
発射時間　月〜金　9：30〜17：00
　　　　　土　　　9：30〜12：00
周波数　28.20MHz　52.50MHz
電波型式　A1
発射信号　JA1IGY

標準電流計（ひょうじゅんでんりゅうけい）**standard ammeter**
階級が0.2級（許容誤差が定格値の±0.2％）の指示計器形電流計のこと．

標準放送（ひょうじゅんほうそう）
standard broadcasting
日本では中波の周波数526.5〜1606.5 kHzのAM放送．1978年11月より1放送当り9kHz帯域幅で約110波使用．NHK第1放送に約170局，第2が約140局，FENに約10局，民放が約170局で合計約490局が放送中．

標準マイクロホン（ひょうじゅん——）
standard microphone
標準マイクロホン用に作られたコンデンサマイクロホンが使われる．MR-103形は電気通信研究所の設計で，振動膜やケースにチタンを使い，温度変化に注意し，安定度で世界的にも有名．周波数特性も良好である．
☞コンデンサ・マイクロホン

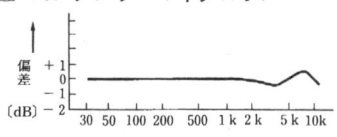

標準誘導器（ひょうじゅんゆうどうき）
standard inductor
→標準インダクタンス

平等磁界（びょうどうじかい）
uniform magnetic field
どの点でも大きさ，方向が同じ磁界のこと．たとえば可動コイル形器のコイル内側に置く鉄片は，磁界がコイルの回転範囲内で平等磁界となるようにする．
☞磁界

平等電界（びょうどうでんかい）
uniform electric field
すべての点で強さと方向が等しい電界のこと．
☞電界

表皮効果（ひょうひこうか）**skin effect**
導体に電流が流れるとき，直流なら導体断面に均一に電流が流れるが，VHF帯以上の高周波では中心部には全然流れなくなる．この現象を表皮効果といい損失となる．この損失を防ぐため細い絶縁線を数本より合わせたリッツ線でコイルを巻く．
☞高周波

表皮誤差（ひょうひごさ）
skin effect error
熱電電流計の熱線に流れる電流は，高い周波数になるほど表皮効果により熱線の表皮部に集中し，熱線の抵抗が増す．このため発熱量は増え，正の誤差を生じる．この誤差を表皮誤差といい，細い熱線を使い軽減する．

標本化（ひょうほんか）**sampling**
連続的に変わる信号(情報)を一定時間Tごとに区切り，その点の振幅をパルスにして抜き出す操作で，サンプリングともいう．抜き出されるパルスの振幅を標本値といい，1秒間の標本化回数を標本化周波数(サンプリング周波数) f_s という．$f_s=1/T$で，Tを標本化周期という．
☞サンプリング周波数

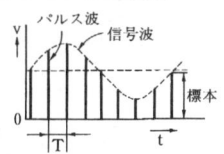

標本化雑音（ひょうほんかざつおん）
sampling noise
標本化に伴う雑音で，折返し雑音とも

いう．標本化周波数の半分より高い周波数成分が，フィルタの特性の不完全さのために残り，標本化周波数で折り返され復調出力に生じる雑音．

標本化周波数（ひょうほんかしゅうはすう）sampling frequency
→標本化

標本化定理（ひょうほんかていり）
sampling theorem
連続的な信号波を標本化しパルスで正確に表現するには，標本化周波数f_sを，信号に含まれる最高周波数f_mの2倍以上にする必要がある（$f_s \geq 2f_m$）という定理（染谷-シャノンの定理）．

標本化ひずみ（ひょうほんか——）
sampling distortion
連続する信号波形の標本化の過程で生じるひずみで，標本点の変動や標本化パルスのサグなどがある．これらのひずみを標本化雑音という．
☞ひずみ

標本値（ひょうほんち）
sample, sampled value →標本化

表面安定化（ひょうめんあんていか）
surface passivation
表面不活性化ともいう．半導体製品のPN接合面は不純物や湿気に非常に敏感で，ごく微量の湿気がついても問題になる．これを鈍感にして不活性にすることを表面安定化という．PN接合表面を二酸化シリコンで被膜し，最近は窒化シリコンを使う．☞PN接合

表面障壁形トランジスタ（ひょうめんしょうへきがた——）
surface barrier transistor
サーフェイスバリア形トランジスタ，または英語の頭文字をとりSBTともいう．アルファ遮断周波数f_{ab}が50～100MHz位で，PNPアロイ形と似た特性である．ベースの一部に両面から電解液を噴射して凹みを作り，電圧の極性を変え，凹みの底を電解液でインジウムメッキし，エミッタ，コレクタとする．この方法なら，ベースが薄くても丈夫で，ベースの広がり抵抗r_{bb}'も高くならない．現在は高周波特性が良いメサ形に代わった．

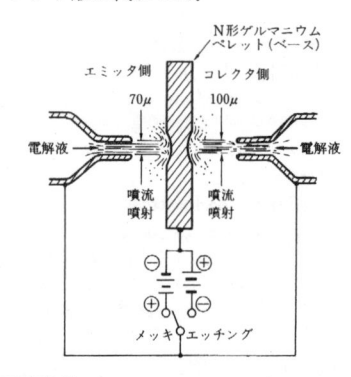

表面劣化（ひょうめんれっか）
surface contamination
半導体製品の劣化はペレット表面の状態が変化することが主原因で，これを表面劣化という．表面劣化は湿気とイオン化しやすい不純物に左右され，電流増幅率h_{FE}や耐圧は下がり逆方向電流は増える．これを防ぐため表面安定化とハーメチックシールが有効である．☞ハーメチック・シール

漂遊インダクタンス（ひょうゆう——）
stray inductance
部品間をつなぐ配線（導線）や素子のリード線などに存在する微少で不確定な自己インダクタンスLのこと．周波数fが高いと，Lによるリアクタンス$X_L = 2\pi fL$の影響が大きい．

漂遊容量（ひょうゆうようりょう）
stray capacity
ストレイキャパシティともいう．回路の配線や端子，部品のリード線などとアースとの間，または平行している配線や対向する電極間などに不確定な，ごくわずかの静電容量があり，この容量のこと．

☞静電容量

避雷器 (ひらいき)
arrester, lightning arrester
落雷，事故，送電線路の開閉などによる異常電圧が入り込まないように，大地と保護しようとする機器や送電線の間につなぐ．異常電圧が加わると大地に放電し，電圧が正常にもどれば大地との接続をはずし，もとにもどる．

開いたサブルーチン (ひら――)
open subroutine
サブルーチンの一種で，プログラムの一部として命令の系列の中に直接組み込まれる．☞サブルーチン

ビラリ効果 (――こうか) Villari effect
鉄，ニッケル，コバルトやこれらおのおのの合金は，機械的な圧力や張力を加えると，磁束密度，磁化の程度が変化する．逆磁気ひずみ効果ともいう．
☞磁気ひずみ

ビルボード・アンテナ
billboard antenna
大地に垂直な面に，半波長アンテナを水平に配列し，すべてのアンテナに同位相の電流が流れるようにしたビームアンテナのこと．横列配置水平ビームアンテナともいう．
☞半波長アンテナ

比例動作 (ひれいどうさ)
proportional control action
P動作ともいい，自動制御系で制御偏差（測定値と目標値の差）に比例して操作部を動かし，操作量を変える動作のこと．
☞制御偏差

比例要素 (ひれいようそ)
proportional control element
自動制御系で分圧器のように入力信号に比例した出力信号を出し，入力変化と出力変化が同時に行われる要素（自動制御系の一部で，信号を伝えている部分）のこと．
☞分圧器

秘話装置 (ひわそうち)
privacy telephone set, privacy telephone device
盗聴されても，意味がわからないようにする装置で，音声周波数帯域を5分割し，各帯域（サブバンド）を入れ換え反転する．これを一定時間ごとに送信と受信の両方で同時に切り換える．国際電話で使う．

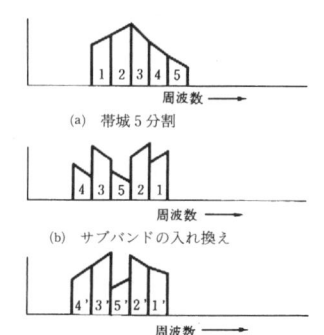

ピン pin
1．細い針金状の電極や引出線．
2．ICのパッケージから引き出したリード線．
☞リード線

ピンク雑音 (――ざつおん) pink noise
→ピンク・ノイズ

ピンク・ノイズ pink noise
抵抗体や半導体に直流を流すと，周波数に逆比例するノイズが生じる．このノイズをピンクノイズ（雑音）とか1/f雑音とか，フリッカノイズまたは過剰雑

553

音などという．ホワイトノイズに比べ低周波(赤色)成分が多いことからピンクノイズという．
☞ホワイト・ノイズ

ピン・ジャック　pin jack
ピンプラグの受け口のこと．

ピン・ダイオード　PIN diode
P形，N形半導体の間に真性半導体Ⅰをはさみ，PINとしたダイオードのこと．順バイアスのときはP～Nへ向かうホールと，N～Pへ向かう電子がⅠに流れⅠ部分の抵抗が変わる．逆バイアスではキャリアはⅠに流れず高い抵抗を示し，誘電体となる．Ⅰを厚くして耐圧，接合容量を高くでき，大電力のマイクロ波スイッチング用に使う．
☞PINダイオード

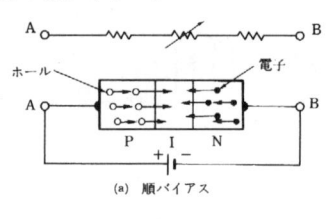

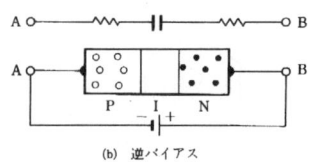

(a) 順バイアス

(b) 逆バイアス

ピンチ・オフ電圧　(——でんあつ) pinch off voltage
FETでドレーン～ソース間電圧V_{DS}一定のとき，ドレーン電流I_Dが0となるゲート～ソース間電圧V_{GS}のこと．また，ゲート～ソース間電圧V_{GS}を一定として，ドレーン～ソース間電圧V_{DS}を，0から増やしたとき，ドレーン電流I_Dが飽和値になったときのドレーン～ソース間電圧V_{DS}のこと．
☞FET

ピンチ効果　(——こうか) pinch effect
導体に電流を流すと周囲に生じた磁界の電磁力で，電流は中心方向に力を受ける．水銀のような液体の導体に電流を流すと，中心に向かう電磁力のため収縮し，その部分の電流密度が上がり，さらに大きな電磁力が働きその部分が切れる．すると電流は中断し導体はもとにもどり，また電流が流れ導体が切れ，これを繰り返す．この現象のこと．

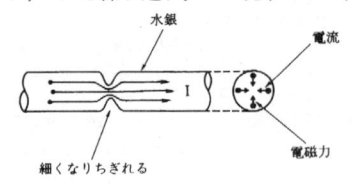

ピンチ・ローラ　pinch roller
テープレコーダのキャプスタンにテープを押しつけテープを一定速度で送り出すローラ．

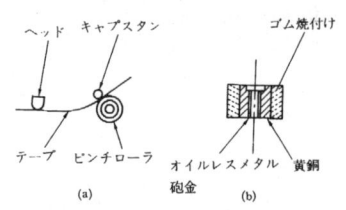

ピン・プラグ　pin plug
ステレオアンプの入力信号接続用の差し込み，またはその先端部．

ピン・プラグ・ジャック　pin plug jack
ピンプラグとピンジャックの一組のこと．

ピン・ホール　pin hole
薄膜やメッキなどの一面に覆われた面の，針の先で突いたような小穴のこと．肉眼では見えにくい小さなものもあり，さびなどの原因となる．

ふ

負 (ふ) negative
マイナス,ネガティブともいう.負極,負電荷,負帰還など接頭語に使う.

ファイアウォール fire wall
防火壁のこと.転じて,インターネットなど外部のオープンなネットワークから社内のシステムに侵入できないようにする目的で設置するゲートウエイを指す.Webサーバにソフトをインストールする簡単なものから,ハードとソフトを組み合わせ,さらに暗号を使う高度なものまでさまざま.通過してよいアドレスと阻止するアドレスを選別するパケット・フィルタリング技術を使うタイプと,アプリケーションゲートウエイでパケットデータの内容をチェックするタイプなどがある.

☞ パケット

ファイナル final
送信機,受信機などの終段,終段電力増幅器,終段出力回路などのこと.ラストステージともいう.

☞ 終段電力

ファイナル・コンプリメンタリ final complementary
終段コンプリメンタリともいい,トランジスタの終段プッシュプル電力増幅回路に,コンプリメンタリ形のパワートランジスタを使うこと.準コンプリメンタリと区別する語.

ファイバ fiber
バルカナイズドファイバの略称で,紙の繊維を塩化亜鉛の溶液で化学処理後,何枚か重ねて圧縮し,熱を加えて仕上げる.機械的に強く安価で,加工容易だが,水分を吸いやすく,膨張や収縮が大きく耐熱性が低い.アークに対して水蒸気を出し消弧作用があり,ヒューズの筒に使う.

☞ ヒューズ

ファイル file
1.コンピュータのデータの構成に使い,情報処理の目的で一単位として扱う,関連したレコード(記録)の集まり.
2.レコードの集まり.FORTRANでは,記録を書き出した順番にしか読み込めない.COBOLではレコードを書き出した順番にも,指定したレコードをランダムにも読み込める.ALGOLには,このような概念はない(JIS・情報処理用語).

☞ FORTRAN, COBOL, ALGOL

ファイルサーバ file server
LANの利用者がコンピュータや大容量のディスクを共有し,ファイル管理をこれで行うこと.個人がそれぞれに管理するよりコスト節約になる.

☞ LAN

ファイルマネージャ file manager
ファイルを一覧表で示すツールであったが,ウインドウズ95では廃止されエクスプローラというよく似たユーティリティ(補助ソフト)が付いている.

☞ エクスプローラ

ファイル名 (——めい) file name
ワープロ・パソコンなどで扱うファイル(データをまとめたデータセット)に付けた名前のこと.文書を作成し磁気ディスクに「保存」するときに出る画面の,ファイル名の欄に記入する.

ファイン・チューニング fine tuning
微同調ともいい,同調回路のインダクタンスLまたは静電容量Cをわずか加減し,同調を完全にとること.TVチューナで行うのはこの例である.

☞ 同調回路

ファクシミリ facsimile

1843年，スコットランドのアレキサンダー・ベインが原形を発明した．日本では昭和3年（1928年）日本電気㈱（NEC）が実用化した．FAXと略すこともある．写真や絵，文字などの静止画を走査し，濃淡に応じた電気信号に変え，AMやFMなどで送信する．受信側では増幅，復調し，送信側と同期して画面を走査し，送信側の静止画を再生する．再生画面に中間調（ハーフトーン）を含むものを写真電送，白黒だけの場合を模写電送という．走査方式は機械式と電子式（フライングスポット装置，光ファイバ）などがある．また，ホームファクシミリの開発も盛んで，TV電波やFM放送に多重する方式や電話線を利用する方式がある．

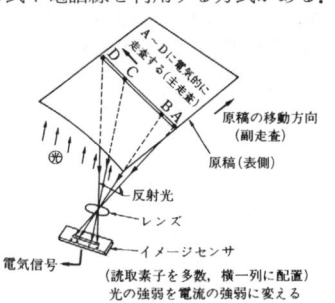

平面走査方式の原理

ファジー fuzzy

1．はっきりしない，ぼやけた，あいまいななどの意味．2．人間の主観性に関わる不確かさやあいまいさのこと．3．ファジー制御のこと．4．ファジー工学のこと．5．ファジー理論のこと．

☞ファジー理論

ファジー工学（——こうがく）
fuzzy engineering

ファジーエンジニアリングとか，あいまい工学ともいう．米国カリフォルニア大のザディ教授が，人工知能の研究で提唱した．熟練者の経験やカンによるシステムやプラントの運転を，コンピュータに代替させるとき，不確かさやあいまいさをプログラムに組み，制御させる技術．ファジー制御とも呼ばれ，エレベータの自動運転はこの例である．☞ファジー制御

ファジー制御（——せいぎょ）
fuzzy control

ファジー理論によるコンピュータ制御で，状況に応じた最適処理を行う．これを応用したファジー洗濯機は，洗濯物の量や汚れに応じ洗剤量や水量，洗濯時間を自動的に調節する．

ファジー理論（——りろん）
fuzzy theory

1965年アメリカのザディ（Zadeh）が提唱した，あいまいさ理論．人工知能の学習や推論などの研究で，コンピュータに人間の知能を模倣させる際，従来の数値制御（1，0の2値論理）では人間の経験やカンなどを表現するには不十分で，あいまいさや不確かさを表す数値制御（1と0の中間値を加えた多値論理）をプログラムに組んで表現した．

☞数値制御

ファーストバージョン first version
→バージョン

ファミコン family computer
→ファミリーコンピュータ

ファミリーコンピュータ
family computer

通称ファミコン．1983年任天堂社が発売したテレビゲーム機で8ビットだった．1990年に16ビットの上位機種が出て2度目のヒット製品となったが1995年頃のソニー社製プレイステーションに押され影を消した．

☞セガサターン

ファーム・バンキング firm banking

銀行のコンピュータと企業の端末装置

を通信回線でつなぎ，為替相場や金融市況の情報提供，会計や販売管理などのコンピュータ処理を行い，経理事務や資金運用の効率化や資金確保に役立てる．家庭に対するホームバンキングに対応する語．
☞端末機器

ファラデー Faraday
イギリス人（1791～1867）で，13歳で製本屋に働き，化学，数学を独学した．1831年電磁誘導作用の発見，1834年自己誘導作用の発見，1845年反磁性体などの研究は有名で，ファラデーの法則を発表した．
☞反磁性体

ファラデー暗部（——あんぶ）
Faraday dark space
グロー放電のとき，陽光柱の陰極側に生じる暗い光らぬ部分．
☞グロー放電

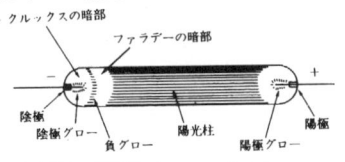

ファラデー効果（——こうか）
Faraday effect
フェライトの軸方向に磁界を加えると，磁界と平行に進む電波の電界，磁界の方向がある角度回転する現象のこと．アイソレータなどに応用される．
☞フェライト

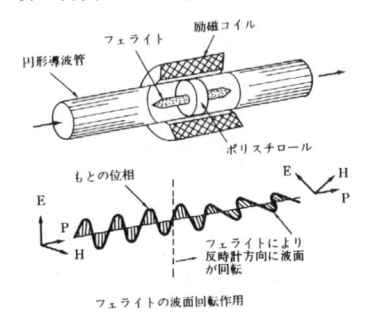

ファラデー・シールド
Faraday shield
1．静電結合をなくし，電磁結合だけ残すシールドのこと．ファラデースクリーンともいい，送信機のファイナルのタンクコイルとアンテナコイル間を銅棒でシールドする例がある．
2．トランジスタのベース電極とコレクタ間に，シールドのためのPN接合を作りコレクタ(出力側)とベース(入力側)の内部容量C_{bc}を小さくする方法．
☞静電結合，電磁結合

ファラデーの法則（——ほうそく）
Faraday's law
ファラデー（英）の発見した法則で，電気分解に関するものと，電磁誘導起電力に関するものがある．
(1)電気分解に関する法則．1833年の発見．電極に析出する物質量は，電解液を流れる電気量に比例し，電気量が同じなら析出量は物質の化学当量に比例する．
(2)誘導起電力に関する法則．1831年の発見．電磁誘導による起電力は磁束鎖交数の変化の割合に等しい．
☞磁束鎖交数

ファラド farad
静電容量の単位であるが実用には大きすぎるため，その百万分の1のマイクロファラド[μF]，さらにその百万分の1のピコファラド[pF]を使う．

ファンアウト fan-out
論理回路の出力や出力数のこと．扇を開いたような形から名付けた．同様に入力や入力数をファンインという．
☞論理回路

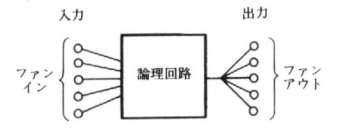

ファン・アンテナ fan antenna
→扇形アンテナ

ファンイン fan-in →ファンアウト

ファンクションキー function key
キーボードの最上段に並ぶF_1・F_2…のキーのこと．Fが付いているのでFキーとも特定機能（ファンクション）をもたせることができ，プログラムでその内容を指定できる．

ファンモータ fan motor
電子機器内部の機器発熱部の局部冷却や送風用として搭載されるモータ．各種情報通信機器や家電・住設機器，OA機器，産業機器など幅広い用途で使用される．

フィギュア・オブ・メリット figure of merit
1．良さの指数．性能係数ともいい，ある装置，機器，部品の性能の良否の程度を示す数値．トランジスタやアンテナなどで考える．
2．トランジスタの高周波での性能の良さを示す目安．周波数の2乗と最大有能電力利得との積．電力利得帯域幅積，利得帯域幅指数ともいう．
3．検流計の指針を1目盛振らせるのに必要な電流の値で，最小感度ともいう．

フィーダ feeder
給電線ともいい，アンテナから送信機や受信機の間をつなぐ電線で，この部分からの電波の発射，受信がないようにする．同軸ケーブルや平行2線が使われ，長・中波のように波長が長いときは，アンテナとの区別が明確でない．
☞給電線

(a)
アンテナ部
フィーダ部
送・受信機

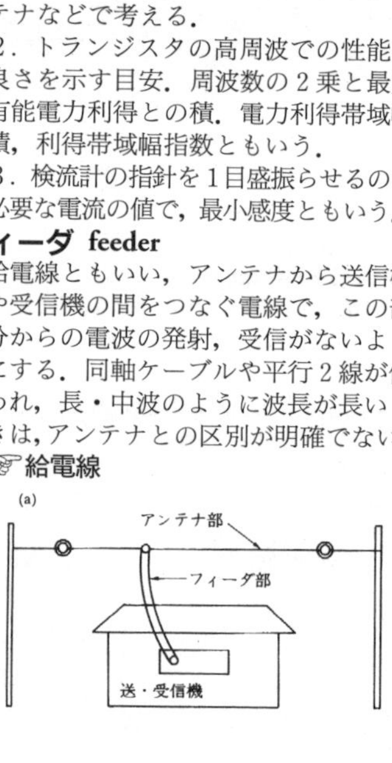

(b) 同軸ケーブル断面図
外被部分
シールド部分
内部絶縁部分
内導体部分

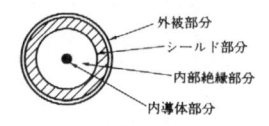

(c) 平行2線フィーダ断面図
外部絶縁部分
内導体部分

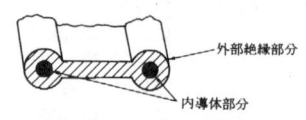

フィックスド・アレー法（——ほう）fixed array method
LSIを作る方法の一つで，ウェーハに組む単位回路の相互配線を一定のパターンで行う方法．
☞LSI

フィックスド・ベッド・マウント法（—ほう）fixed bed mount method
アメリカのGE社が考えた成長接合形のトランジスタの組立て法の一種．薄いセラミック板にスリットを作り，このスリットに0.2mm角位のトランジスタのベースを置く．スリット両側を金でメタリックしてこれに0.2mm角の半導体の両端を半田付けし，ベースも金やアルミ線でステムにボンディングする．機械的衝撃性や耐振性が増す．

フィット fit, FIT
トランジスタやダイオード，ICなどの信頼性を示し，10^{-9}を1フィットとする．たとえば1,000個のトランジスタに1,000時間の寿命試験をして，1個不良になったとすれば信頼性指数RIは，$1/10^6 = 10^{-6}$で10^3フィットとなる．

フィードバック feedback
帰還とか再生ともいう．回路で信号を送る途中や出力側から入力側へ，信号の一部分をもどすこと．入力側にもどす出力信号の位相が，入力信号と同相なら正帰還，逆相なら負帰還という．
☞帰還

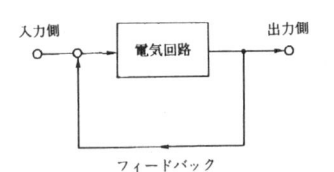

フィードバック

フィードバック自動制御 (――じどうせいぎょ) feedback automatic control
→フィードバック制御

フィードバック制御 (――せいぎょ) feedback control
自動制御でフィードバックによる制御のことを、フィードバック自動制御ともいう。制御対象の特性が多少悪くても、特性変化が生じても、外乱が加わっても補正、打ち消しができ、自動制御の主流である。

フィラメント filament
ランプの光を出す部分。たとえば白熱電球の発光部のこと。

フィルタ filter
ろ波器ともいい、抵抗RやインダクタンスL、容量Cを組み合わせてカットオフ周波数fcを境に、必要な周波数帯だけを通し他は大きく減衰させる四端子回路。
(1)低域フィルタ。fcより低い帯域を通し、高い帯域は減衰する。
(2)高域フィルタ。fcより高い帯域を通し、低い帯域は減衰する。
(3)帯域フィルタ。ある幅の帯域だけ通し、他の帯域は減衰する。
(4)帯域消去フィルタ。ある幅の帯域だけ取り除く（消去する）。
☞ろ波器

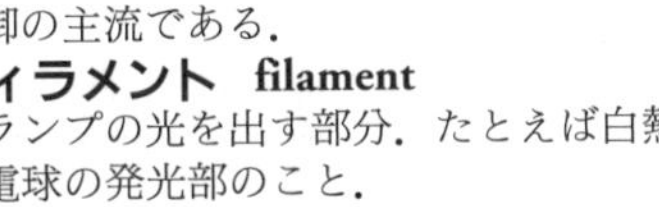

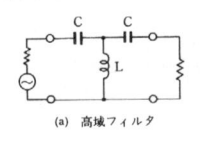

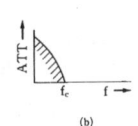

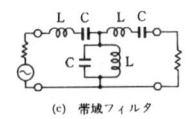

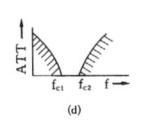

フィルタリング filtering
もともとは英語でろ過するという意味から、有害なWebサイトとそうでないサイトを分別するソフトウェアを指す。

フィールド field
1. TVの画面は1枚の絵を飛越し走査で2回走査するが、その1回の走査のこと。1秒間に30枚の絵を送る際は、毎秒60回走査し、この数をフィールド周波数という。日本では60Hzである。
2. 電界や磁界のこと。 3. コンピュータでは情報を伝える最小限の文字、数字、記号などを書く場所、スペースのこと。欄（らん）ともいう。
☞飛越し走査

フィールド・エフェクト・トランジスタ field effect transistor
→FET

フィールド周波数 (――しゅうはすう) field frequency →フィールド

フィールド順次方式 (――じゅんじほうしき) field sequential color TV system
CBS方式ともいい、カラーTVの方式の一種で、アメリカコロンビア放送会社CBSが開発した。送信側（カメラ）と受信側（受像機）で赤、青、緑の色フィルタを取り付けた円板を同期させて回転させる方式で、白黒方式と両立性がない。アメリカで標準方式となることもあったがNTSC方式に変わった。
☞NTSC方式

フィールド走査 (――そうさ) field scanning
TVの画面を走査する場合、飛越し走査では一つの画面を2回(奇数,偶数)走査し、その1回の走査のことをいう。したがって、2回のフィールド走査で1画面の走査が完了する。
☞飛越し走査

フィルム・コンデンサ film condenser
プラスチックフィルムコンデンサのこと．電気的特性の優れたプラスチックフィルムをコンデンサの誘電体に使うと，ペーパコンデンサより優れた特性になる．プラスチックのフィルムを電極箔の間に巻き込むか，金属を蒸着して巻き，リード線を付けてチューブラ形のコンデンサにする．誘電体として用いたフィルムの性質で，コンデンサの特性が定まるため，フィルム材料の名をそのままコンデンサの名前にしている．

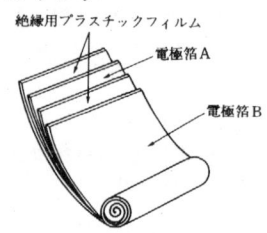

☞コンデンサ

プラスチックフィルムコンデンサ
（絶縁用プラスチックフィルム／電極箔A／電極箔B）

フィルム送像（――そうぞう）film transmission
16mm，35mm，スチール（スライド，オペーク）のフィルムをTVで送ること．TVが1秒間に送る絵の数（フレーム周波数）30とフィルムのこま数24を，フィルム映写機で合わす．その方法に，間欠式（現用）と連続式があり，TV放送ではフィルム送像の各種の番組を，副調整室で切り換え放送する．

☞フレーム周波数

フィルム・レジスタ film resistor
→皮膜抵抗器

フィルム録画（――ろくが）film recording
TVの映像，音声を映画フィルムに録画すること．従来からキネスコープレコーディングとして行われてきたが，ビデオテープレコーディングに代わりつつある．現像処理不要，消去して再使用でき，画質も良いためである．ビデオテープレコーディングにはビデオテープレコーダを使う．

☞録画

風損（ふうそん）windage loss
モータや発電機の回転子が，回転に伴って周りの空気と摩擦して生じる損失．

☞損失

フェイス・プレート face plate
フェイスは表面の意味で，プレートとは板状のもののことで，ブラウン管の前面のガラス部分のこと．

フェイス・ボンディング face bonding
フェイスは面，ボンディングは接続の意味で，半導体のペレットをステムに組み立てるときや，サーメットのような厚膜ICに組み込むとき，電極との接続を線でなく広い面でつなぐ方法．接続後の機械的強度が強く，ボンディングも1回で済み，作業が簡単になる．フリップチップで実用化されている．

フェージング fading
受信点の電波の強さが時間とともに不規則に変わること．(1)干渉性フェージング，(2)偏波性フェージング，(3)吸収性フェージング，(4)跳躍性フェージング，(5)フラッタフェージング．また距離の遠近によって近距離フェージング，遠距離フェージング，周波数の違いから同期性フェージング，選択性フェージングなどがある．

フェージング防止アンテナ（――ぼうし――）anti-fading antenna
アンチフェージングアンテナともいう．頭部に容量冠を付けた頂部負荷アンテナのこと．アンテナの電流波腹を上方に移し，水平方向の指向性を強くする．中波の放送用に使い，200km以内のサービスエリアでフェージングが起きないようにする．

☞容量冠

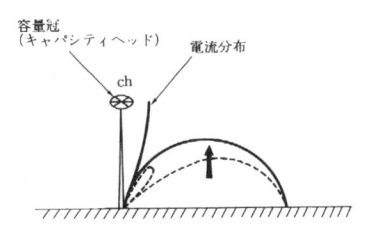

フェージング防止アンテナの指向性

フェーズ phase →位相

フェード・アウト fade out
英語の頭文字をとってFOと略すこともある．映画の撮影の手法で，TV画面の映像をだんだんと薄くして消すこと．

フェード・イン fade in
英語の頭文字でFIと示すこともある．映画撮影に使われる手法で，TV画面をしだいに明るく強いコントラストにしていくこと．
☞コントラスト

フェノール樹脂（——じゅし）
phenol resin
ベークライトともいい合成樹脂のうち最も一般的で，成型品やワニス原料，積層絶縁物の接着剤に使う．
→ベークライト

フェムト femto
SI（国際単位系）において，10の整数乗倍を示す名称（接頭語）で，10^{-15}を示し記号は〔f〕．☞SI

フェライト ferrite
金属酸化物の磁心材料で，高周波コイル用磁心に使う．
☞磁気材料

フェライト・コア ferrite core
→圧粉鉄心

フェルミ・エネルギ Fermi energy
固体内の電子のエネルギは，同じでなく異なっている．この状態はフェルミデラック分布で示し，物質の種類や温度で決まる．電子の占有確率が1/2になるエネルギの値をフェルミエネルギε_Fといい，固体から一つの電子を外に取り出すのに必要なエネルギに等しい．

フェルミ準位（——じゅんい）
Fermi level
フェルミレベルともいう．固体は多数の原子が集まり結晶を作り，電子はエネルギの低いレベルから順に収容され，物質の種類や温度に応じ一定の分布をしている．電子の存在確率Pが1/2となるエネルギレベルε_Fをフェルミ準位という．電子のエネルギ状態の平均値である．
☞電子

フェルミ・デラック分布（——ぶんぷ）
Fermi Dirac's distribution
原子の中や固体の中にある電子は，エネルギの低いものから順に収容され，その分布は一定の法則に従う．どんな確率で電子がエネルギをもっているかを占有確率Pで示し，この分布をフェルミ・デラック分布という．

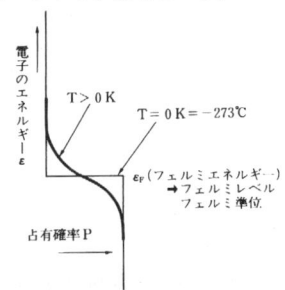

フェルミ・レベル Fermi level
→フェルミ準位

フォスタ・シーリー回路（——かいろ）
Foster-Seely's circuit
FMを復調する回路で，周波数弁別器の一種．L_2，VCはFMの中心周波数f_0に同調し，VC両端電圧は$f=f_0$のときダイオードD_1，D_2を流れる電流は大きさが等しく，逆方向のため，出力は0（図(b)）．$f>f_0$のとき，L_2，VCは誘導性で図(c)となる．$f<f_0$のとき図

(d)となる．このように周波数fの変化に応じた出力が得られる．

☞FM復調器

(a) 回路

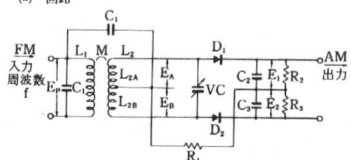

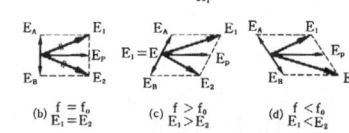

(b) $f = f_0$, $E_1 = E_2$
(c) $f > f_0$, $E_1 > E_2$
(d) $f < f_0$, $E_1 < E_2$

フォスタ・シーリー周波数弁別器
（——しゅうはすうべんべつき）
Foster-Seely frequency discriminator
→フォスタ・シーリー回路

フォスタ・シーリー弁別器（——べんべつき）**Foster Seely discriminator**
→フォスタ・シーリー回路

フォートラン formula translator
FORTRANと書きコンピュータのプログラムに使うコンパイラ語の一種．数式，単語形式でプログラムが組めるような言語で，主に科学技術計算に使いアメリカで開発された．機種が違っても共通に使える汎用言語で広く使われ，JISに定められている．
→FORTRAN

フォトレジスト photoresist
→ホト・レジスト

フォノ・シート phono sheet
ソノシートともいい，塩化ビニルの薄い円板レコードで，特性も低く短寿命で値段も安い．語学の学習用に使われた．

フォノ・モータ phono motor
レコード盤の再生装置に使うモータ．電源は交流100V，50または60Hzの電灯線を使い，回転数は33 1/3や45rpmである．

☞小型モータ

フォノン phonon
音響量子とか音子ともいい，超音波が結晶中を伝わる際に，物質との間にたがいに働き合う力．

☞超音波

フォーマット format
書式ともいい，情報処理の際のデータの特定な並べ方のこと．コンピュータの命令語の並べ方やプリンタで打ち出す際の，活字の位置ぎめ（レイアウト）のこと．☞書式

フォーマット文（——ぶん）
FORMAT statement
コンピュータのプログラムではREAD（リード）文でデータを読み込み，そのときデータの型，桁数などの書式を指定する文が，FORMAT文である．番号が先行し，書式付きREAD文とWRITE（ライト）文を組み合わせて使うことが多く，END（エンド）文より前に書く非実行文である．

フォーミング forming
点接触形ダイオードに，1〔A〕位の電流を瞬間的に流し，整流特性や安定性，雑音を改善する．電流は直流より交流が良く，この特性改善をフォーミングとか化成という．

☞点接触形ダイオード

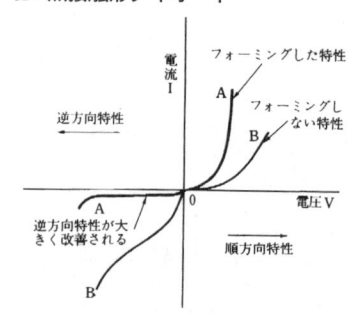

フォーラム forum
パソコン通信で情報交換する場所のこと．パソコン通信サービス「ニフティ

サーブ」で使う言葉.
☞情報交換

フォルダ folder
→ディレクトリ

フォール・タイム fall time
立下り時間とか下降時間といい，トランジスタのスイッチング特性を示す．ベース入力がオン～オフ(0)のとき，コレクタ出力電流がオン（導通）状態の90%～10%になるまでの時間．
→立下り時間

フォールデッド・ダイポール・アンテナ folded dipole antenna
→折返しアンテナ

フォワードAGC forward AGC
トランジスタのバイアス電流を制御し，AGCを行う方式の一種．シリコンプレーナ形トランジスタを使い，入力信号が大きいとき，コレクタ電流を増やし電力利得を下げる．大信号でもひずみが少なく，混変調に強いので，TVチューナや映像IF回路に使う．
☞AGC

フォント font
ワープロやパソコンで文章作成の際の，文字の大きさ・文字の形．書体とも呼ばれていること．字形はゴシック，明朝体，イタリックなどがある．すべての文字を同じ幅で表現する等幅フォント，文字ごとに幅が設定されたプロポーショナルフォントがある．文字の形を点の集まりとして表現するフォントをビットマップフォント，座標と輪郭線の集まりとして表現するフォントをアウトラインフォントという．

フォンノイマン vonNeumann
ブタペストの銀行家の生まれ．27才で米国に渡り数学者として活躍．1949年46歳で今日のコンピュータの基礎を提唱した．
☞コンピュータ

フォーン・バンド phone band
JARLは，アマチュア無線の周波数帯（バンド）に表のようなフォーンバンドを定め，無線電話（フォーン）で通信する際このバンドを使い，CW（電信）との混信を防ぐようにする．
☞JARL

JARL制定のフォーンバンド

バンド	フォーンバンド
3.5MHz帯	3.525～3.575MHz
7MHz帯	7.030～7.100MHz
14MHz帯	14.100～14.350MHz
21MHz帯	21.150～21.450MHz
28MHz帯	28.200～29.700MHz

負荷 （ふか） load
ロードともいい，回路，装置などの出力側につながり，出力を消費する．電力増幅器の出力側につないだアンテナ（送信機），スピーカ（受信機）などがこの例である．☞電力増幅器

付加価値通信網 （ふかかちつうしんもう） value added network, VAN
銀行や企業，個人の相互間で，コンピュータの種類や使い方，運転時間が異なっても，オンラインで種々の情報の交換や通信ができるコンピュータネットワークのこと．アメリカのATT回線から始まり，日本では1982年電電公社（現NTT）の回線で始めたネットワーク．☞VAN

負荷効果 （ふかこうか） load effect
1．負荷の値を変える効果のこと．2．アナログコンピュータの演算結果に伴う誤差原因の一つ．ポテンショメータに演算器をつなぐと，演算器の入力抵抗がポテンショメータに並列になり，負荷抵抗として働くためポテンショメータによる分圧比が変化し誤差を生じること．☞ポテンショメータ

負荷線 （ふかせん） load line
ロードライン，負荷抵抗線，負荷直線ともいう．トランジスタや真空管の出力特性に，負荷に相当する直線を引いて示す．トランジスタの場合は，一般

にコレクタ電圧V_{CE}〜コレクタ電流I_C特性（出力特性）に書くことが多く，次の二種類がある．
(1)直流負荷線．直流のときの負荷線．
(2)交流負荷線．信号を加えたときの（交流に対する）負荷線．
→ロード・ライン

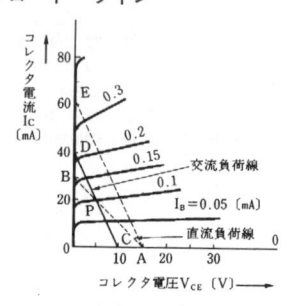

トランジスタの負荷線

負荷損（ふかそん）load loss
モータや発電機など電気機器に負荷をかけたときに生じる損失のこと．

負荷直線（ふかちょくせん）load line
→負荷線

負荷抵抗（ふかていこう）load resistance
1．回路，装置の出力側に負荷用抵抗をつなぎ，各種の調整や試験，データなどをとる．このときの抵抗値は実際に使う負荷と同一か近似値にし，擬似負荷とかダミーロードという．
2．トランジスタや真空管などの回路の出力側に負荷としてつなぐ抵抗で，出力を消費したり，取り出すための抵抗器．

負荷抵抗線（ふかていこうせん）load resistance line →負荷線

負荷電流（ふかでんりゅう）load current
負荷に与える電力の電流分で，負荷からみれば入力電流となる．

負荷変動（ふかへんどう）load swing, load change
負荷に流れる電流が変化すること．装置の電源スイッチを入れてから，時間の経過と共に変わる経時変化と，電源電圧の変動など外的変化による過渡的変動などがある．

負荷容量（ふかようりょう）load capacity
電気機器で扱える負荷の容量で，トランスでは出力電流I_oと出力電圧V_oの積I_oV_oである．☞トランス

不感帯（ふかんたい）
dead zone, blind zone →不感地帯

不感地帯（ふかんちたい）dead zone
スキップゾーンともいう．短波の地表波①は，アンテナから遠くなるにつれて急激に弱まり消滅する．アンテナから上空に向けて発射した電波②は，電離層のE層を通り抜け，F層で屈折して降りてくる．上空に向かう角度が大きい電波③は，E層，F層を突き抜け，再び地上にはもどらない．②が地上にもどる点をC，地表波①が減衰してしまう点をBとすると，BとCの間は電波が伝わらない．この地帯を不感地帯とかデッドゾーンという．☞減衰

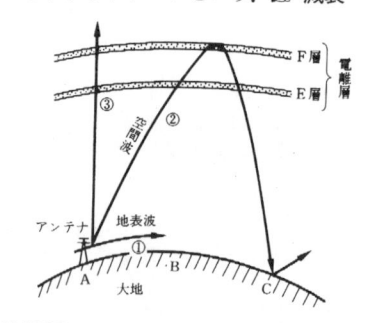

負帰還（ふきかん）negative feedback
→NFB

負帰還制御（ふきかんせいぎょ）negative feedback control
→フィードバック制御

負帰還増幅（ふきかんぞうふく）negative feedback amplification

増幅器の出力の一部を，入力信号と逆位相で入力側にもどす増幅方式．利得は下がるがひずみや安定度は改善され，入出力特性や周波数特性，S/Nは向上する．
☞増幅器

負帰還増幅器 (ふきかんぞうふくき)
negative feedback amplifier
負帰還を行った増幅器で利得は低下するが，ひずみやSN比，直線性や周波数特性，安定性が改善される．
☞利得

不規則雑音 (ふきそくざつおん)
random noise
振幅や周波数，位相，繰返しが不規則な雑音で，空電はこの例であり，連続雑音も不規則雑音の場合が多い．
☞空電雑音

不規則ひずみ (ふきそく——)
fortuitous distortion, irregular distortion
周波数の変動や雑音により，電信符号が不規則に変化するために起きるひずみ．レベル変動や送受信機，リレーなどの不規則な動作不良も原因となる．
☞電信符号

不揮発性記憶装置 (ふきはつせいきおくそうち) **nonvolatile storage**
→不揮発性メモリ

不揮発性メモリ (ふきはつせい——)
nonvolatile memory
不揮発性記憶装置ともいう．コンピュータに使うメモリの一種で，電源を切ってもメモリ内容が消えない（揮発しない）ということ．ROM，EPROM，バッテリバックアップのRAMなどがある．
☞EPROM，RAM

復号器 (ふくごうき) **decoder**
→デコーダ

複合スピーカ (ふくごう——)
combination loudspeaker
→ダブルコーンスピーカ

複合素子 (ふくごうそし)
compound device
一つのケース（容器）に二つ以上の回路素子を封入した素子．差動増幅器用のペアトランジスタや容量と抵抗を組んだCR複合部品，増幅器やスイッチング回路，ハイブリッドICや半導体ICなどがある．☞回路素子

複合ダイオード (ふくごう——)
composite diode, multiple diode
一つのケースやパッケージに二つ以上のダイオードを封入した複合素子の一種で，中の素子がダイオードだけの場合．EIAJでは次のように定める．(1)一つのパッケージ内にダイオード四つ以下．(2)内部で相互接続したものも含む．(3)一つの基板内にアイソレーション構造をもつものは含まない．☞EIAJ

複合トランジスタ (ふくごう——)
composite transistor
一つのケースやパッケージの中に，二つ以上のトランジスタを封入した複合素子の一種で，EIAJでは次のように定める．(1)一つのパッケージにトランジスタ2個以内．ダイオードがついていてもよい．(2)内部でつながっているものを含む．(3)PNPやNPNまたはFETのPチャネルやNチャネル，これら相互の組合せは含めない．(4)一つの基板内にアイソレーション構造をもつものは含めない．
☞アイソレーション

複合フィルタ (ふくごう——)
composite filter
一つのケースの中に二つ以上のフィルタを組み合わせ必要な特性にするフィルタのこと．
☞フィルタ

複合部品 (ふくごうぶひん)
composite component
→複合素子

複信方式 (ふくしんほうしき) **duplex operation system, duplex operation**

ふくそ

送信と受信を同時に行う通信方式で,無線通信では送信用と受信用の二つの周波数を使う. ☞周波数

複素インピーダンス (ふくそ――) complex impedance

インピーダンスを複素数で示し記号は$[\dot{Z}]$で単位は$[\Omega]$. 実数部は抵抗Rで虚数部jはリアクタンスXを表す.
$\dot{Z}=R+jX$ $[\Omega]$

複素数 (ふくそすう) complex number

a, bを実数とし, a+jbで示す数. aは実部, bが虚部で, b≠0のとき虚数でb=0のとき実数. jは2乗して-1となる虚数単位で, 数学ではiで示す.

復調 (ふくちょう) demodulation

被変調波から信号を取り出すことで, 変調と逆の手続きとなり, 変調方式によって復調方式も異なる. AM波の復調は検波ともいう. ☞検波

復調回路 (ふくちょうかいろ) demodulation circuit

復調用回路は変調方式に応じて異なり, 図は振幅変調 (AM) 波の復調回路で, 検波回路とか検波器ともいう. 入力側からAM被変調波を加え, 出力側から包絡線に相当する信号波を取り出すので, 包絡線復調回路ともいう. 周波数変調 (FM) 波や位相変調 (PM) 波の復調には, 周波数偏移や位相偏移を振幅変化に変え信号波を取り出す. 周波数弁別器はこの例である.
☞周波数弁別器

副調整室 (ふくちょうせいしつ) subcontrol room

テレビ, ラジオのスタジオに隣接した調整室で, スタジオの進行を監視したり指図したり, 映像や音声, 照明の調整やマイクの切換え, ミクサ, 録音や再生, カメラ, 調光, モニタ等の各装置を使い, プログラムを作り信号を主調整室に送る.
☞主調整室

複同調回路 (ふくどうちょうかいろ) double tuned circuit

結合回路の一種で一次回路P, 二次回路Sの両方が同調回路である回路. 複共振回路ともいい, 一次回路の同調はL_1, C_1で行い, 二次回路はL_2, C_2を調整し同調させる.
☞同調

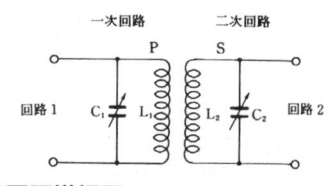

複同調増幅器 (ふくどうちょうぞうふくき) double tuned amplifier

複同調回路をもつ増幅器, 増幅回路のこと.
☞増幅器

副搬送波 (ふくはんそうは) subcarrier

1. 多重変調で最初の変調に使う搬送波. カラーTV (NTSC方式) の色副搬送波はこの例である.
2. FMステレオ放送に使う搬送波.
☞搬送波

副標準器 (ふくひょうじゅんき) substandard →標準器

副プログラム (ふく――) subprogram

FORTRANの用語. 実行可能プログ

ラムの構成単位の一つであって，関数副プログラム，サブルーチン副プログラムおよび初期値設定副プログラムに分かれる．なお，関数副プログラムを手続き副プログラムともいう（JIS・情報処理用語）．
☞FORTRAN

負クランプ回路 (ふ——かいろ) negative clamping circuit
波形整形回路の一種で入力波形の頭部を0〔V〕に固定する回路．一般に負方向に変化するパルス（負パルス）を0〔V〕にクランプする．
☞波形整形回路

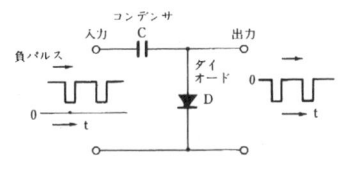

負グロー (ふ——) negative glow
グロー放電の陽光柱と陰極グローの間で発光している部分．
☞グロー放電

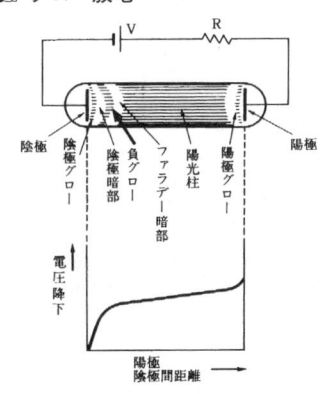

副ローブ (ふく——) minor radiation lobe
サイドローブ，マイナーローブ，子葉ともいう．アンテナなどの指向性のメインローブ以外の指向性曲線のこと．

符号 (ふごう) code →コード

符号位置 (ふごういち) sign position
数の正負を表す桁位置．通常は，数字の並びの一端にある（JIS・情報処理用語）．

符号化 (ふごうか) coding →コーディング

符号化10進法 (ふごうか—しんほう) coded decimal notation
数の表示法の一種で，10進法を2進法で示す2進化10進法などがある．コンピュータなどディジタル回路で利用される．☞2進化10進法

符号化雑音 (ふごうかざつおん) coded noise
PCM通信の端局で発生する雑音の一種．完全に除くことは困難で，過負荷雑音と量子化雑音に区別する．
☞PCM

符号器 (ふごうき) encoder, coder
1．複数個の入力端子と複数個の出力端子をもつ装置で，ある1個の入力端子に信号が加えられたとき，その入力端子に対応する出力端子の組合せに信号が現れるもの．コーダともいう（JIS・情報処理用語）．
2．符号被変調パルス電圧を作る装置で，符号管はこの例である．

符号桁数字 (ふごうけたすうじ) sign digit
符号位置にある数字であって，その数の正負を表すもの（JIS・情報処理用語）．

符号ビット (ふごう——) sign bit
コンピュータに与えるデータは，計算を行う数値データと処理を行う文字データがある．文字データは文字や数字，％，＋や−などがある．整数を示すときは，語の最上位のビットで符号を示し，0なら正，1なら負を示すビットのこと．☞ビット

ふこう

符号変換器（ふごうへんかんき）code converter
1. コンピュータで10進符号を2進符号に変える回路．データ処理でデータの符号形式を，他の形式に変える装置．
2. アナログコンピュータの加算演算器の一種．出力電圧と入力電圧の大きさが等しく符号だけ異なるようにした回路．☞10進符号

ブザー buzzer
電磁石コイルEに電流Iが流れると，電磁石Dに鉄片Cが引かれDのほうに動くと，バネBに接触していた接点Aが離れ，回路は切れIは止まる．Dは磁石でなくなり，Cはもとにもどり，AとBは接触し再びIが流れ，Dは磁石になり，また初めの動作を繰り返す．Bは左右に振動しブーと連続音を出す．

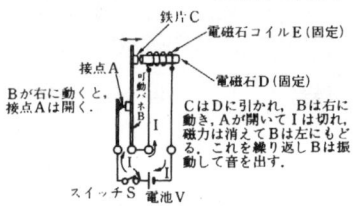

鉄片C
電磁石コイルE(固定)
接点A
電磁石D(固定)
Bが右に動くと，接点Aは開く．
CはDに引かれ，Bは右に動く．Aが開いてIは切れ，磁力は消えてBは左にもどる．これを繰り返しBは振動して音を出す．
スイッチS　電池V

不純物（ふじゅんぶつ）impurity
真性半導体に混ぜるごく微量な添加物で，インジウムやひ素などがある．
☞真性半導体

不純物拡散（ふじゅんぶつかくさん）impurity diffusion
1. 拡散させ不純物を混ぜること．
2. 不純物が拡散すること．

不純物準位（ふじゅんぶつじゅんい）impurity level, impurity state
真性半導体に5価の不純物を混ぜると1個の余分な電子は放出され，次のどちらかになる．
(1)伝導帯に入って結晶の中を動き電流が流れる．(2)不純物のプラスイオンに引かれ不純物にゆるく束縛され，伝導体の底にエネルギ準位を作り，不純物準位という．
☞エネルギ準位

不純物半導体（ふじゅんぶつはんどうたい）extrinsic semiconductor
ごくわずかの不純物（インジウムやひ素）を真性半導体に混ぜたものを不純物半導体という．不純物がインジウムなど3価の場合はP形半導体，ひ素など5価の不純物ならN形半導体となる．不純物の量によって抵抗値（比抵抗）は変わる．不純物というより添加物というほうが適切で，以前から慣習で使っている．常温付近では温度とともに抵抗値が増え，金属と同じように正の抵抗温度係数で，非常な高温では負の抵抗温度係数となる．☞抵抗温度係数

ブースタ booster
増やす，増強するという意味．
1. 昇圧器．線路に直列に入れ線間電圧を上げる装置．2. ブースタ増幅器やブースタ局のこと．
☞線間電圧

ブースタ局（――きょく）booster station
通信や放送の電波が山かげなどで弱まる難視聴地域で，電波を受信し，同一チャネル（周波数）で再放送する中継局のこと．親局との混信を避けるため，偏波面を変え垂直偏波を使うことが多い．
☞垂直偏波

ブースタ増幅器（――ぞうふくき）booster amplifier
単にブースタともいい増幅器や送信機，受信機などの出力や感度を高めるため付加する増幅器．☞感度

不整合（ふせいごう）mismatching
ミスマッチングともいい，整合（マッチング）がとれてないこと．☞整合

負性コンダクタンス（ふせい――）negative conductance
図のような特性において，a点からb点までの電圧Vの変化に対する電流Iの変化の比I/Vは負となり，これを負

性コンダクタンスGnという．Δを微小変化とすれば，

Gn＝ΔI/ΔV 〔S〕

四極管やトンネル・ダイオードの特性に，このような負性コンダクタンスがある．☞トンネル・ダイオード

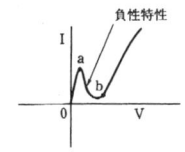

負性特性

$$\text{負性コンダクタンス} G_n = \frac{\Delta I}{\Delta V} \text{〔S〕}$$

Δは微少変化

負性抵抗（ふせいていこう）
negative resistance

負抵抗ともいい，電圧の増加に対し電流が減少する，または電流を減少すると電圧降下が増える特性．エサキダイオードや四極管，UJTやガンダイオードなどに，この特性がある．☞UJT

ブックシェルフ・スピーカ・システム
bookshelf type speaker system

ブックシェルフ（本棚）にのるくらいの小形スピーカシステムのことで，大形のものにも使う．横，縦と自由な置き方で使い，裏面を除き美しい化粧仕上げにする．
☞スピーカ・システム

プッシュ push
→プッシュプル回路

プッシュ形情報サービス
（――がたじょうほう――）
push-type information service

インターネットにおいて，情報が自動的にインターネットから送られてくるサービスのことで，それぞれのサービスに合ったソフトウェアが必要となる．☞インターネット

プッシュプル push-pull
1．プッシュプル回路またはプッシュプル増幅器のこと．
2．プッシュプルコネクタのこと．

プッシュプル回路（――かいろ）
push-pull circuit

大電力増幅回路では信号の振幅は大きくなり，特性の直線的でない範囲を使うため非直線性によるひずみ，コレクタ損失による発熱，電源回路の効率などが悪化する．扱う電力を増やすためトランジスタを並列につなぐ方法もあるが，無信号時の電流が増え効率が下がる．B級動作にし二つのトランジスタを信号の半サイクルずつ働かせ出力側で合成する．無信号時は電流は流れず，効率良く大出力がとれる．回路方式は次の二つがある．

(1)ダブルエンドプッシュプル DEPP
(2)シングルエンドプッシュプル SEPP

図(a)は，出力トランスT_0によって合成され，出力端子がアースに対して二つ（A，B）である．図(b)は，出力がアースに対して一つである．トランジスタの極性の異なるもの（PNP形とNPN形）を組み合わせたコンプリメンタリ回路もある．B級プッシュプル回路の長所は，(1)偶数高周波のひずみ

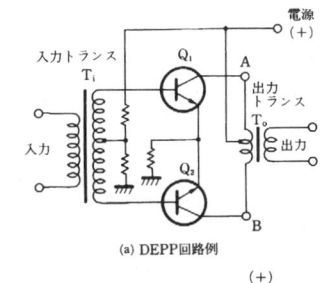

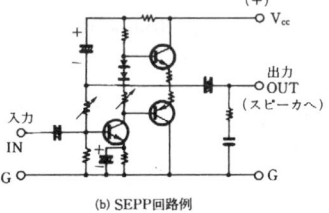

(a) DEPP回路例

(b) SEPP回路例

が小, (2)無信号時の消費電力が小, (3)電源効率が高い, (4)コレクタ損失を二つのトランジスタで分担する. 欠点は, (1)小出力部分でクロスオーバひずみを生む, (2)周囲温度変化や電源変動の安定化が必要, (3)両トランジスタの特性を揃える必要がある. 大電力増幅の場合は, 欠点より長所をとり, B級動作やAB級動作のプッシュプル回路を使う. ☞SEPP

プッシュプル・コネクタ
push-pull connector

軸方向に押して接触させ, 自動的にロックし, 引いてロックをはずし接触を解くコネクタのこと.

プッシュプル増幅器 (——ぞうふくき)
push-pull amplifier
→プッシュプル回路

ふっ素樹脂 (——そじゅし)
fluorine resin

代表的なものは四ふっ化エチレン重合物で, テフロンの商品名で知られ乳白色のパラフィンのような固体. 高周波用や高圧用の絶縁材料としてきわめて優れている. 燃えにくく熱に強く, 機械的に強く水分を吸わない. 化学的にもきわめて安定である.

フッターマン・アンプリファイヤ
Futterman's amplifier

米国フッターマン社で商品化した低インピーダンス用OTLオーディオアンプのこと. TVの水平回路の多極管を使い, 1954年デッキー, マコフスキー両氏が開発したTVのSEPPの原型. H-3形は出力16Ω, 50W. ☞OTL

フットスイッチ foot switch
→足踏スイッチ

負抵抗 (ふていこう)
negative resistance →負性抵抗

負抵抗素子 (ふていこうそし)
negative resistance elements

負性抵抗を示す二端子素子で, エサキダイオードやUJT, ガンダイオードなどがある. ☞UJT

負電荷 (ふでんか) **negative charge**

1. エボナイトとガラスの棒を摩擦した際, エボナイト棒に生じる電荷のことで, 陰電荷ともいう. ガラス棒に生じるのは正電荷(陽電荷)で, 電荷の単位はクーロン, 記号は[C]である.

2. 電子1個の電荷-1.60×10^{-19}[C]の整数倍の電荷をもつ, 電子や負イオンのこと. ☞正電荷

負電気 (ふでんき) **negative electricity**

物と物を摩擦した際に生じる電気には2種類あり, 一方を負電気(マイナス電気)といい, 他方を正電気(プラス電気)という. 同種の電気はたがいに反発し, 異種の電気は引き合う.

負電極 (ふでんきょく)
negative electrode

負極ともいい電池や直流電源の電極のマイナス極, マイナス側.

浮動充電 (ふどうじゅうでん)
floatingcahrge

フローティングチャージ, フローティング充電ともいう. 充電器に蓄電池と負荷を並列につなぎ, 充電器から負荷と蓄電池に電流を流す. 蓄電池には十時間率の1%以下の電流を流す. 電圧の変動は蓄電池が吸収し一定に保たれ, 蓄電池は常に全力が出せ寿命も延びる. ☞充電器

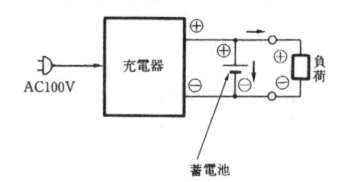

浮動小数点 (ふどうしょうすうてん)
floating point

数を表現する際, AXBCの形にする. Aを仮数部, BCを指数部, Cを指数という. Aの絶対値を1より小さくし, Bは2か16を使う. この形の数を浮動

小数点数，この演算を浮動小数点演算，このような表現を不動小数点表示という．固定小数点演算と比べて仮数部・指数部両方を考える必要があり精度が一定になる特徴がある．

☞絶対値

例 0.0001234

.1234 E－03
仮数部　指数部

浮動小数点表示
（ふどうしょうすうてんひょうじ）
floating-point representation
数を指数部と仮数部によって表す表記法で，ある基数を指数部の数で示した回数だけ累乗して得られる数値に仮数部の数を掛けたものが，その数値となる（JIS・情報処理用語）．

不導体 （ふどうたい） non-conductor
不良導体とか絶縁体または誘電体ということもある．電流を流しにくい物質で石炭や硫黄（いおう），ゴムや雲母（うんも＝マイカ），ガラスや大理石，紙や木材，ベークライトやエボナイト，パラフィン，ビニール，ナイロン，ポリエチレン，テフロン，磁器，チタン，空気，絹，綿，エナメル，絶縁油などのこと．

☞誘電体

浮動ヘッド（ふどう——）
磁気ディスク装置や磁気ドラム装置において，ディスクやドラムの回転によって生じる気流または外部からの加圧気体によって，回転面上に浮動させて用いる磁気ヘッド（JIS・情報処理用語）．☞磁気ディスク装置

負特性サーミスタ （ふとくせい——）
negative temperature coefficient thermistor
温度(熱)敏感性抵抗器とか感温半導体，感温素子，NTCサーミスタなどという．温度が上がると抵抗値が低下するサーミスタ．

☞NTCサーミスタ

ブートストラップ bootstrap
それ自体の働きによって，ある所定の状態に移行するように設計されている手法．たとえば，最初の数個の命令によって，それに引き続く全部の命令を入力装置から計算機内に読み込むことができるようにする手段（JIS・情報処理用語）．

ブートストラップ回路（——かいろ）
bootstrap circuit
直線性のよいのこぎり波を発生する回路の一種．入力インピーダンスが高く，増幅度は約1で位相反転のない増幅回路を使う．入力0のときQ_1はオン，Q_2はオフ，入力に負の電圧が加わるとQ_1はオフ，C_2は充電され直線的に電圧が上昇しこれと同じ電圧が出力に得られる．

☞のこぎり波

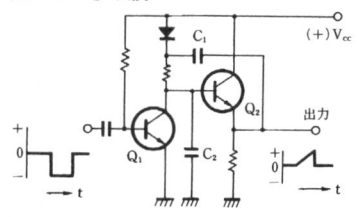

ブートストラップ・ローダ
bootstrap loader
イニシャルローダともいう．マイコンでプログラムメモリにICのRAMを使うときは，電源を入れたとき外部メモリ（ディスク，マークカードなど）からRAMにプログラムを書き込む必要がある．書き込むためのプログラムはメインメモリのROMに初めから組み入れておく．このプログラムのこと．

☞RAM, ROM

不平等磁界 （ふびょうどうじかい）
non-uniform magnetic field
磁界中のどの位置でも磁束密度が等しいとき平等磁界といい，そうでないと

ふひよ

きが不平等磁界. ☞平等磁界

不平等電界（ふびょうどうでんかい）
non-uniform electric field
電界の強さと方向が，どの点でも等しいとき平等電界といい，そうでないときが不平等電界. ☞平等電界

不平等電磁界（ふびょうどうでんじかい）
non-uniform electromagnetic field
不平等電界と不平等磁界を合わせて示す語.

負フィードバック（ふ——）
negative feedback
負帰還のこと.
→NFB

不平衡回路（ふへいこうかいろ）
unbalanced circuit
電子回路で対となる2線（負荷・電源・線路）が，アースに対して平衡してない回路．これに対し2心シールド線のように，アースに対して2本の線が同電位で，平衡している場合は平衡回路である. ☞平衡回路

負変調（ふへんちょう）
negative modulation
TVの映像信号の変調方式はAMで，画面の明るい部分（白）のとき被変調波の振幅を小さくし，暗いとき大きくする方式．日本やアメリカなどで実施し次の点で正変調より有利である．(1)雑音が目立たない．(2)同期信号が確実に入る．(3)AGCがかけやすい．
☞AGC

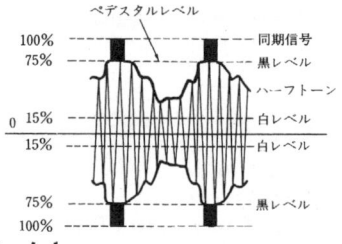

ブーム boom
八木アンテナなどで各素子を取り付ける，素子と直角の取付棒のこと．
☞八木アンテナ

フライバック flyback
→フライバックトランス

フライバック・トランス
flyback transformer
TV受像機の水平出力トランジスタのコレクタ側につなぐ水平出力トランス．15.75kHzの，のこぎり波の帰線期間（フライバック）に生じる交流の高圧を，3倍圧整流して直流に変え，ブラウン管の加速電極アノード用電圧にする．このほか付属の高圧もこのトランスから分けて取り出す．

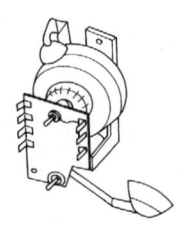

☞加速電極

フライホイール・ダイオード
flywheel diode
スイッチング回路の平滑の際，Sが閉じた（ONの）ときはIはS→Lと流れ，開いた（OFFの）ときはIはD→Lと流れ，はずみ車のような働きをする．

ブラウザ browser
1．インターネットのWWWブラウザのこと．Webページ（ホームページ）を見るためのアプリケーションソフトである．2．ビューワともいう．ファイルの中容を見る（ブラウズする）ためのソフトウェアのこと．
☞WWWブラウザ

ブラウン・アンテナ　Brown antenna
同軸ケーブルの中心導体を1/4波長伸ばして放射器にし，これと直角に4本の1/4波長の導体を水平に放射状にし外部導体につないだアンテナ．放射状の4本の導線は，1/4波長の開放路のため同軸との接続点インピーダンスは低く接地（アース）と同じため地線といい，接地アンテナと同じ原理である．構造が簡単な超短波の無指向性アンテナとなる．☞ 無指向性アンテナ

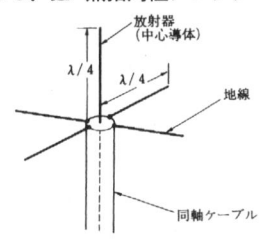

ブラウンアンテナの構造

ブラウン管（――かん）　Braun tube
各種の電気現象や波形観測，TV映像，文字や数字などを映す電子管で，1897年ドイツのブラウンが発明した．陰極から放出された熱電子をビームにし，蛍光膜に高速でぶつけ発光させる．CRTとか陰極線管ともいい，大口径のレーダ用やTV用は静電集束で電磁偏向，計測用は静電集束で静電偏向である．また，カラーとモノクロームの別がある．☞ 静電偏向

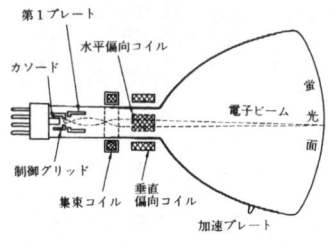

(a) 電磁偏向形ブラウン管の構造

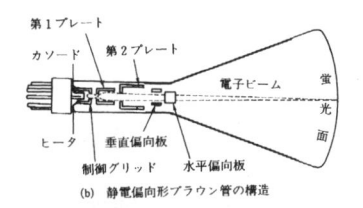

(b) 静電偏向形ブラウン管の構造

ブラウン管オシログラフ（――かん――）　Braun-tube oscillograph
→オシロスコープ

ブラウン管オシロスコープ（――かん――）　Braun-tube oscilloscope
→オシロスコープ

プラグ　plug
電気回路とコードなどをつなぐ，差し込み式の接続器具で，差し込む側のこと．

プラグ＆プレイ　plug & play
差し込んだらすぐに動作する仕組みのこと．もともとはパソコン（PC）内部にある主基板（マザーボード）上の機能拡張用カードスロットで行われる操作．カードの抜き差しだけで設定も自動的に行ってくれるシステムのことをいう．この機能はOSに組み込まれていて，差し込むカードも対応設計されている必要がある．Windows98/2000/XPなどのOSと，現行の周辺機器はほとんどが対応している．☞ OS

プラグイン　plug-in
すでにあるアプリケーションの機能を拡げるための，追加プログラムのこと．

プラグイン方式（――ほうしき）　plug-in system
さし込み（プラグ）で部品や素子，コードなどを，回路に差し込んで使う方式．プラグインコイル，プラグインコンデンサ，プラグイン水晶発振子，プラグイン増幅器などがある．

ブラシレスDCモータ　brushless DC motor
通常のモータ（ブラシ付きDCモータ）

ふらす

からブラシと整流子を取り除いたモータ．ロータに永久磁石を使用する．高効率，低損失，長寿命，高速回転可能などの特徴をもち，AV機器やOA機器，各種産業機器など幅広い分野で使用されている．☞DCモータ

プラス plus
直流電源や蓄電池，乾電池などで，電流の流れ出すほうの，電圧の高い電極のこと．(+)とか正ともいう．
☞電極

プラスチック plastics
合成樹脂ともいい，加熱するとやわらかくなり冷えると固くなる．再び加熱したときやわらかくなるものと固いままのものとある．埋込みに使う充てん材や，型に入れて加熱加圧して成型品を作ったり，フィルムなどにする．種類が多く，電線やソケット，プリント基板やコンデンサなどに使う．

プラスチック・コンデンサ
plastic condenser
→フィルムコンデンサ

プラスチック光ファイバ (——ひかり——) plastic optical fiber
プラスチック製の光ファイバで1964年デュポン社が発表し，日本では1972年に商品化された．ガラス製に比べ加工容易で大口径にでき，柔軟性があり低価格で，伝送損失は大きいが改善されつつある．移動体や医療用，計測やプラントなどに使う．☞光ファイバ

プラスチック・フィルム・コンデンサ
plastic film capacitor
→フィルムコンデンサ

プラズマ plasma
真空の場所，真空管や電離層で，電子と陽イオンが同じくらい混じり合い，たがいに電界が打ち消し合う状態の部分や場所のこと．☞真空管

プラズマ・エッチング plasma etching
エッチングガスをプラズマ放電させ，ガスプラズマにして活性イオンを作り，加工するウエーハをこの中に入れ，半導体や金属をエッチングすること．

プラズマディスプレイ
plasma display
ガス放電による光を使ったディスプレイのこと．CRTと比べ薄形で軽く，液晶形と比べ視野角が広いが消費電力は大きい．液晶と同様に画面のひずみはなく，大形化・薄形化に向く．
☞CRTディスプレイ装置

フラックス flux
1．電界．2．半田付・溶接の前に，その場所の周囲に塗る接着助成剤のこと．半田付けでは松やにを塗る．3．プリント基板の仕上剤．プリント配線（金属）部分の酸化・錆防止対策．
☞半田付け

ブラック・ボックス black box
黒い箱という意味で，中身の不明な四端子回路．中が不明でも入力，出力の端子から回路の電気的特性を知ることができる．

入力端子　ブラックボックス（回路）　出力端子

フラッシオーバ flashover
絶縁物で，隔てた電極や電線間の放電やせん(閃)絡．☞放電

フラッシオーバ電圧 (——でんあつ) flashover voltage
フラッシオーバを生じたときの電圧．

フラッシュカード flash card
データの書換えが何回もできる，フラッシュメモリを使ったカードのこと．ノートパソコンやディジタルカメラのメモリカードには，スマートカードと共に普及し市場を二分する．

フラッシュメモリ flash memory
半導体メモリの一種．読書きを自由に行えるが電源を切ると内容が消える「RAM」と，電源を切っても内容が消

えない「ROM」の二つの要素を備えたメモリ．☞RAM, ROM

フラッタ flutter
1．TV画面が上下，左右に不規則に振動する現象．アンテナやフィーダが風で揺れたときや，飛行体からの反射が原因．
2．ワウフラッタのこと．
3．フラッタフェージングのこと．

フラッタ・フェージング
flutter fading
極地付近の電離層を通る電波は複雑に屈折や散乱し，いくつかに分かれ受信点で相互に干渉し，変動間隔のきわめて短いフェージングを生じる現象のこと．☞フェージング

フラット・パック flat pack
→フラット・パッケージ

フラット・パッケージ flat package
フラットパックともいい半導体製品の外形が薄形（フラット）で，リード線が横方向に水平に出ているものをいう．習慣で使っておりはっきりした定義はない．

プラットフォーム platform
アプリケーションソフトを動作させるときの共通基盤となるOS（オペレーションソフト）の種類や環境，設定などのこと．半導体分野では，システムLSIやアプリケーションソフトの製品開発サイクル短縮化の傾向に対応．

ブランキング blanking
→帰線消去

プランク定数（――ていすう）
Plank's constant
1．プランク定数 $h = 6.6256 \times 10^{-34}$ [J･S]
2．プランク（ドイツ，1858〜1947）は黒体（電磁波の完全吸収体）の温度放射特性を明確にし，彼の導いた数式に用いた定数 h のこと．

フランクリン Franklin
アメリカ人（1706〜1790）で，ライデンびんの火花放電が雷の空中放電に似ていることから，1752年雷雨の日に凧（たこ）を麻糸であげ，その端をライデンびんにつなぎ，雷を充電して電気であることを確かめ，同年避雷針を発明した．☞空中放電

ブランケット・エリア blanket area
放送局の送信所の近くは電波が強く，他局の電波の受信が妨げられる地域．

フランジ flange
パワートランジスタの，放熱板にネジ止めする部分．内部でペレット（コレクタ）を直接貼りつけコレクタの引出しリードも兼ねる．
☞パワー・トランジスタ

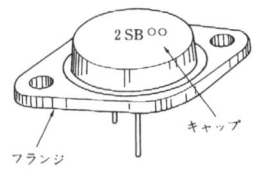

フランジ　キャップ

ブランチ branch
電気回路や配線，配線図などの分岐や分岐点，枝分かれした線や配線と配線の分かれる部分．また並列回路や分流点のこと．☞並列回路

プランビコン plumbicon
1963年オランダのフィリップス社が発表した光導電形撮像管で，低残像・低暗電流のためカラーTVの放送用としてイメージオルシコンに代わり普及した．☞光導電形撮像管

プリアンプ pre-amplifier
→プリアンプリファイヤ

プリアンプリファイヤ pre-amplifier
前置増幅器ともいい，プリアンプと略称する．装置，回路などの前段や入力側にあり弱い入力を増幅しSN比を改善する．オーディオアンプでは特性の補正や各種のコントロール部分をもつ．低雑音回路が原則である．☞SN比

フリー・エア free air
トランジスタの放熱を，放熱板や送風

ふりえ

機を使わず,自然に発散させる状態のこと.
☞トランジスタ

プリエンファシス pre-emphasis
音は1kHz位より高い周波数になるにつれ,小さくなる傾向がある.FMでは搬送波の周波数を信号波の振幅に従い変化するが,変調度を一定にすると周波数偏移は一定で変調周波数が高いほど変調指数は小さくなり,雑音や混信で内容が悪くなる.これを防ぐため,変調をかける前に1kHzより高い周波数分を強める.これをプリエンファシスという.☞FM

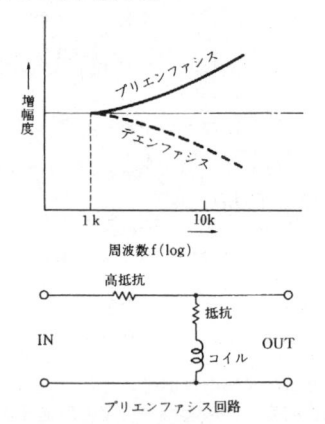

プリエンファシス回路

プリエンファシス回路 (——かいろ)
pre-emphasis circuit
→プリエンファシス

プリセレクタ pre-selector
受信機の感度や選択度を上げるため,選択回路つき高周波増幅器をアンテナ回路の直後に入れる.この回路のこと.

フリーソフトウェア free software
開発者が多くの利用者に無料提供するソフトウェアのこと.パソコン通信などで配布され,そのサポートを有料で行う企業もある.フリーウェアとかフリーソフトともいう.

ブリーダ抵抗 (——ていこう)
bleeder resistance, bleeder resistor
二つ以上の抵抗を直列にして,タップを出し,電源をつなぎ,電圧を分割したり,負荷電流より電源電流を多くし負荷の端子電圧を必要な値に調整する抵抗のこと.トランジスタのバイアス安定化用ベース回路はこの例.
☞負荷電流

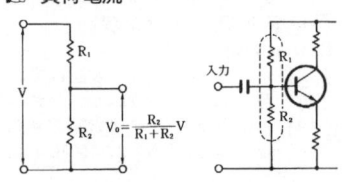

$$V_0 = \frac{R_2}{R_1+R_2}V$$

ブリーダ電流 (——でんりゅう)
bleeder current
ブリーダ抵抗に流れる電流で,分圧器電流ともいう.
☞ブリーダ抵抗

ブリーダ電流バイアス回路
(——でんりゅう——かいろ)
bleeder current bias circuit
電流帰還バイアス回路ともいい,トランジスタのベースバイアス電流を安定にするバイアス回路.R_4の両端にV_{BE}の数倍の電圧が生じるようにし,R_1とR_2にはバイアス電流I_Bより十分大きい電流Iを流せば,I_Cを安定化できる.Iを過大にすると,電源電池の消耗を早め,R_1やR_2での消費電力が増す.
☞電流帰還バイアス回路

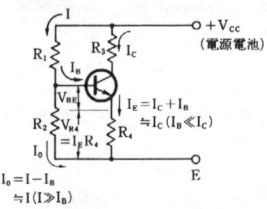

$I_E = I_C + I_B$
$\fallingdotseq I_C (I_B \ll I_C)$
$I_0 = I - I_B$
$\fallingdotseq I (I \gg I_B)$

フリッカ flicker
チカチカと目に感じる光の周期的変化

のこと．
1．テレビの画面がちらつくこと．
2．蛍光灯の明るさがちらつくこと．
3．フリッカ雑音のこと．

フリッカ雑音（——ざつおん）
flicker noise
熱電子放出を利用する熱陰極の電子管に生じる雑音の一種．熱陰極の表面の状態が時間とともにゆるやかに変化し，その変化が雑音となる．酸化物陰極では特に大きく，数kHz以下で周波数に逆比例して増える．
☞熱陰極

フリッカ・ノイズ flicker noise
→フリッカ雑音

フリッカレス回路（——かいろ）
flickerless circuit
蛍光灯は電源周波数の2倍の周波数でちらつくが，これを軽減するため遅相点灯回路と進相点灯回路を並列にして，2灯で点灯する回路．
☞並列

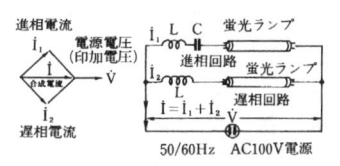

(a) ベクトル図　(b) 接続回路

フリッカレス回路 {(1)ちらつき減少 (2)力率向上}

ブリッジ bridge
四つの素子A，B，C，Dを図のようにつないだ回路のこと．
(1)A～Dに整流器をつないだときはブリッジ整流回路になる．
(2)A～Dに抵抗R_A，R_B，R_C，R_Dをつなげば抵抗のブリッジとなる．
☞ブリッジ整流回路

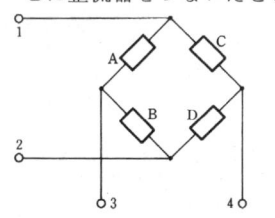

ブリッジ回路（——かいろ）
bridge circuit →ブリッジ

ブリッジ整流回路（——せいりゅうかいろ）bridge rectifier circuit
ダイオードDをブリッジ形につなぎ，交流を加えると，交流の半周期ごとにD_1とD_2，D_3とD_4に電流が流れ，負荷に一定方向の電流が流れて全波整流を行う．
☞全波整流回路

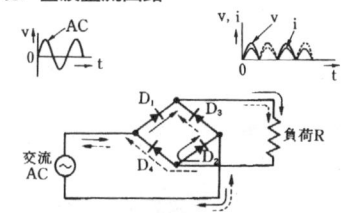

ブリッジ全波整流回路
（——ぜんぱせいりゅうかいろ）
bridge-type full-wave rectifier
→ブリッジ整流回路

ブリッジ発振器（——はっしんき）
bridge oscillator
1．抵抗Rと容量Cをブリッジに組んだ低周波用発振器は，ウィーンブリッジ形発振器．
2．ブリッジ形安定化水晶発振器は，安定化発振器ともいい，水晶発振子をブリッジの一辺につなぎ，発振周波数を安定化する．

ブリッジ両波整流回路
（——りょうはせいりゅうかいろ）
bridge-type full-wave rectifier
→ブリッジ整流回路

フリップフロップ flip-flop
→二安定マルチバイブレータ

プリメイン pre-main amplifier
→プリメイン・アンプリファイヤ

ふりめ

プリメイン・アンプ
pre-main amplifier
→プリメイン・アンプリファイヤ

プリメイン・アンプリファイヤ
pre-main amplifier
プリアンプとメインアンプの総称．プリメインと略称することもある．

不良導体（ふりょうどうたい）
bad conductor →不導体，絶縁物

プリンタ printer
1．印字装置ともいい，パソコンやワープロの出力装置で，ディスプレイのハードコピーをする．熱転写形やページプリンタなどがあり，騒音やスピード，ランニングコスト，価格などで選択する．2．与えられた信号に対応する文字を，紙などの媒体に記録する装置（JIS・情報処理用語）．

プリンタポート printer port
コンピュータの出力装置，プリンタをつなぐためのコネクタ端子のこと．複数のデータ線を使う（パラレルインタフェースを使う）ことで，多くのデータを一度に送り込むことができる．
☞パラレルインタフェース

プリント基板（——きばん）
printed circuit base board
プリント配線基板，プリント板ともいう．プリント配線に使うプラスチック絶縁板で，部品の取付穴をあけ片面に部品間をつなぐプリント配線をする．プリント配線は薄い銅はく（箔）を基板に密着して貼り，必要なパターンのレジストをプリントし，不要部分をエッチングで除く．大量生産で均一な配線や品質が得られる．
☞エッチング

プリント配線（——はいせん）
printed circuit
→印刷配線，プリント基板

プリント配線板（——はいせんばん）
printed wiring board
→プリント基板

プリント板（——ばん）
printed wiring board
→プリント基板

プル・スイッチ pull switch
ひもなどで引いて回路を開閉するスイッチ．☞スイッチ

プルダウン・メニュー
pull-down menu
はじめアップル社のマッキントッシュが始め，その後ウインドウズにも導入された．パソコン画面最上部に並ぶアイコンメニューをマウスクリックすると，サブメニューが現れる．この中のどれかを選んでクリックして，希望する処理画面にする．このようなメニュー形式のこと．

ブルートゥースモジュール
blue tooth module
2.4GHz帯を使用する短距離無線技術．10m以内の距離なら毎秒1Mビットのデータをやりとりできる．ブルートゥース規格に対応するブルートゥースモジュールは，大別して2.4GHz帯のアンテナ，RF/IFモジュール，CPU，メモリなどの半導体で構成され，携帯機器への搭載を考慮した小型・省電力化に向けた開発が活発．

ブルーミング blooming
→ビデオ・カメラ

ブルーレイ・ディスク（BD）
blue-ray disk
短波長405nmの青紫色レーザと開口数（NA）0.85の対物レンズにより，DVDの約5倍にあたる高密度で記録でき，転送レート36Mbpsでディジタルハイビジョン放送をそのままの画質で記録することができるディスク．記録方式はディジタル放送と同じMPEG-2 TS方式を採用．データ放送の字幕や5.1チャンネルのサラウンド音声も同時に記録でき，地上アナログ放送の高画質・長時間録画も実現する．
☞MPEG-2

フルレンジ・スピーカ
full-range speaker
ハイファイ用スピーカの一種で，オーディオ周波数の全範囲を1個でカバーするように設計されている．

プレイステーション play station
ソニーコンピュータエンタテインメントが開発した，累計で4,000万台以上を出荷している家庭用ゲーム機．CPUには3Dグラフィックスの処理性能が優れている32ビットプロセッサMIPS R3000カスタムを採用．

プレインストール preinstall
プレとは何かの前という意味で，事前にインストールされている，インストール済みということ．パソコンを購入したときに，よく使うソフトがインストールされていること．
☞インストール

プレエンファシス pre-emphasis
→プリエンファシス

ブレーカ braker
漏電を自動的に遮断するメインブレーカや，ショートしたときなどに自動的に電気を遮断する回路ブレーカで構成される．

フレキシブル flexible
曲げられる，可とう(撓)性，屈曲性があるという意味で，フレキシブルケーブルはこの例である．

フレキシブル・ディスク
flexible disk
→ディスケット，フロッピーディスク

ブレークイン・リレー break-in relay
無線通信機で送信中は受信回路を切り，受信中は送信回路を切る，送受切換え用リレーのこと．電源やアンテナ回路を同時に切り換える場合が多い．

ブレークダウン breakdown
半導体のPN接合に逆方向電圧を加えると，ごくわずかの電流が流れるが，ある限界以上の電圧で急激に電流が増える．この現象をブレークダウンとか降伏といい，このときの電圧をブレークダウン電圧という．これ以上の電圧を加えると破壊する．☞降伏

ブレークダウン電圧（——でんあつ）
breakdown voltage
→ブレークダウン

プレストーク方式（——ほうしき）
press to talk system
プレスツートーク方式ともいう．無線通信機で送信と受信の際アンテナや送，受信回路を切り換える方式のこと．多くは押しボタンスイッチを使う．アマチュア無線やタクシー無線などの小形の通信機で多用する．

フレッチャ・マンソン曲線（——きょくせん） Fletcher-Munson curve
アメリカのベル研究所のフレッチャとマンソン両氏が求めた聴感曲線のこと．25〜15,000Hzの範囲で，同じ音の大きさに感じる音の強さを示している．1kHzでは等間隔で，デシベル〔dB〕とホーンは等しく，小さい音は低い音と高い音で感度が下がり，音の強さは対数比に比例する．
☞感度

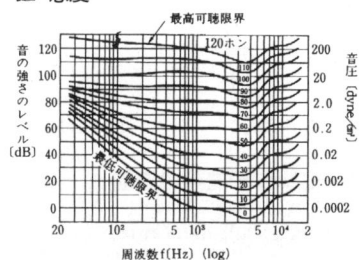

プレート plate
1. 真空管の陽極（アノード）のこと．
2. 電極や板状の絶縁板のこと．
3. アンテナ反射器のこと．
☞アノード

ブレードサーバ blade server
高さが3Uから4Uの筐体にCPUボードを6枚から20数枚収納できるサーバ

(1Uは高さ44.45mm).

☞サーバ

プレーナ・トランジスタ
planar transistor

プレーナとは平坦の意味で,メサ形のように周辺を削らず平らなトランジスタである.アメリカのフェアチャイルド社の特許で,ベース,エミッタを拡散技術で作り,接合表面を露出させずシリコン酸化膜で覆い,メサ形よりも低周波雑音指数や遮断電流が小さく,小電流での電流増幅率も良く長寿命.

フレネル・ゾーン　**Fresnel zone**

フレネル帯ともいう.電波の伝わる途中にナイフの刃のような障害物(山)があると,直接波と回折波が干渉するため受信点の電波の強さが地上からの高さにより変動する.この変動する領域のこと.

☞回折波

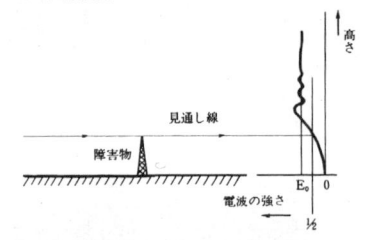

フレネル帯（――たい）**Fresnel zone**
→フレネルゾーン

フレミングの左手の法則
（――ひだりて――ほうそく）
Fleming's left-hand rule

1885年ロンドン大学でフレミングが学生用に考えた法則.磁界の中に直角に置いた導体に電流を流すと一定方向に導体が力を受ける関係を示すため,左手3本の指を直角に開き,人指し指を磁界の方向H,中指を電流の方向に決めたとき,親指の方向が力Fの方向と定めた法則.

☞フレミングの右手の法則

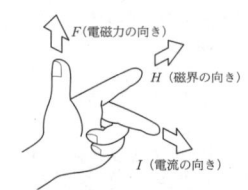

フレミングの右手の法則
（――みぎて――ほうそく）
Fleming's right-hand rule

英国のフレミングが考えた法則.磁界Hの中に導体を直角に置き,一定の力Fで移動すると,導体に起電力Vが誘導され,電流Iが流れる.H,F,Iの各方向の関係は,右手の親指,人指し指,中指を互いに直角に広げ,人指し指をHの方向,親指をFの方向にすれば,中指がVの方向を示すという法則.

☞フレミングの左手の法則

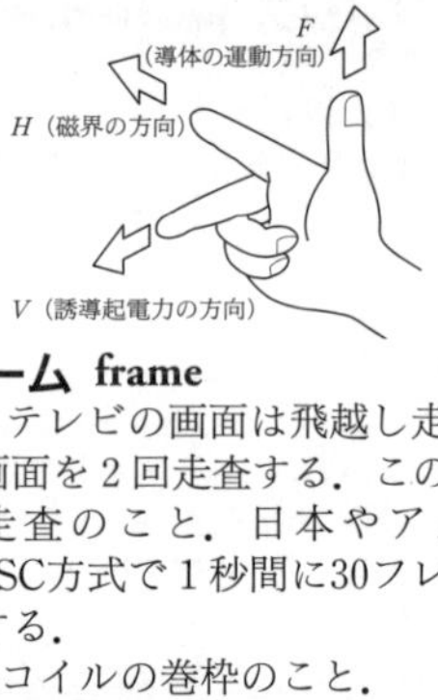

フレーム　**frame**

1. テレビの画面は飛越し走査により1画面を2回走査する.この2回一組の走査のこと.日本やアメリカはNTSC方式で1秒間に30フレームを送受する.
2. コイルの巻枠のこと.
3. 映画フィルムの1コマのこと.

フレーム周波数（――しゅうはすう）
frame frequency

テレビで1秒間に送ったり受けたりするフレームの数で,日本,アメリカでは30Hz.毎秒30枚の映像を送受信する.

☞フレーム

フレームバッファ　**frame buffer**

グラフィック用メモリで高画質・高解

ふろく

像度・高速画面切換になる．PC-98シリーズの拡張ボードも同じ名前であった．

☞拡張ボード

フロア・ダクト floor duct
通信線を床に配線する際に，配管ルートの引出し口から屋内線を引き出すのに使う方形管（JIS・C-8351）

プロキシサーバ proxy server
インターネット（公的）からLAN（私的）などのネットワークへは情報は流せない．この逆も同じである．そこで代理（プロキシ）サーバを仲介にすれば両ネット間の情報伝達が可能になる．この代理サーバのこと．

☞サーバ

ブログ blog/weblog
「ウェブログ（weblog）」を略した言葉で，「ウェブ上に残される記録」という意味．ホームページの形式の一つで，簡易な日記的ウェブサイトの総称．ホームページ作成ソフトの使用やHTMLを編集する作業がいらず，掲示板に書込みをするように記事を書くだけで自動的にページを作って公開できる．日記だけでなく，面白い話題やスクープなどの掲載と同時に，別のブログ記事へのリンクを張る相互参照も盛ん．

☞HTML

プログラマブルROM
programmable ROM, PROM
データを自由に書き込めるROMのこと．書き込んだデータは消せないので，書込みが一度だけのROMである．しかし，何度でも消して使えるPROMもある．LSIパッケージの上面にある消去用小窓から紫外線を当てて消すEPROM，消去用電圧を加えて消すEEPROMなどである．PROMは電源を切っても内容は消えない．

☞EPROM, EEPROM

プログラム program, routine
1．ルーチンともいい，コンピュータが処理できる形に書いた一連の命令や命令文．
2．ラジオやテレビの放送番組．

☞ルーチン

プログラム・カウンタ
program counter
コンピュータの制御装置の一部で，制御計数器ともいう．逐次（ちくじ）制御を行うため，コンピュータが次に読み出す命令の番地（場所）を記憶するレジスタでプログラムの進行状態を示す．1アドレス方式の場合はジャンプなど以外は1命令ごとに番地を一つ増やす．ジャンプ，ブランチなどのときはジャンプやブランチ先のアドレスを示す．

☞番地

プログラム記憶式計算機
（——きおくしきけいさんき）
stored program computer
内部の記憶装置に記憶されたプログラムの命令で制御するコンピュータで，プログラムを読み取り，記憶し，引き続きその命令を実行する．

☞命令

プログラム言語（——げんご）
programming language
コンピュータが理解し処理できる人工言語で，プログラムを表現するために使う．

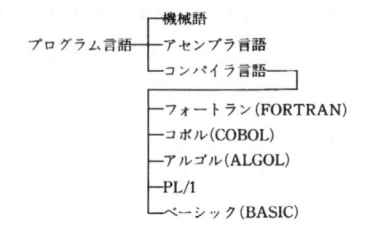

```
             ┌─機械語
プログラム言語─┼─アセンブラ言語
             └─コンパイラ言語─┬─フォートラン（FORTRAN）
                            ├─コボル（COBOL）
                            ├─アルゴル（ALGOL）
                            ├─PL/1
                            └─ベーシック（BASIC）
```

プログラム処理方式（——しょりほうしき）program processing system
プログラム記憶式計算機での各入力の

581

ふろく

処理方法は，命令の集合であるプログラムを記憶装置に読み込ませて記憶し，これを順序に従って読み出し処理する．この方式のこと．

プログラム制御 (——せいぎょ)
program control
自動制御の追値制御の一種で，時間の変化に応じ目標値があらかじめ定めてある変化をする制御のこと．
☞追値制御

プログラム単位 (——たんい)
program unit
FORTRANの用語．主プログラムまたは副プログラムをいう（JIS・情報処理用語）．
☞FORTRAN

プログラム・デバッギング
program debugging
コンピュータのプログラムを書き上げたときの手直し，ミスを直すこと．虫とり，訂正，誤りの検出ともいう．

プログラム内蔵方式 (——ないぞうほうしき) built-in program
1945年，米国プリンストン高級科学研究所のフォン・ノイマンは，コンピュータに計算をさせるとき，配線や紙テープなどを使わず，手順を符号化しコンピュータの記憶装置に記憶させた手順に従って計算を進める方式を提案した．この方式は現在のコンピュータの基本方式である．

プログラム・ファイル program file
ある問題を解決するためにプログラムを組み，コンピュータに命令を与える．これに名前をつけ保存し活用する．これをプログラムファイルという．

プログラム・メモリ
program memory
マイコンのメインメモリの一種で次のような種類がある．電源を切っても内容の消えない，不揮発性のマスクROMやPROMを使う．
☞マスクROM

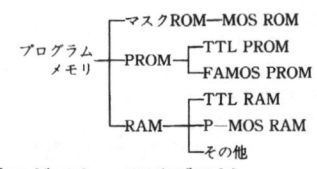

```
              ┌─マスクROM─MOS ROM
              │
プログラム  ┌─PROM──┬─TTL PROM
メモリ ────┤        └─FAMOS PROM
              │
              │       ┌─TTL RAM
              └─RAM──┼─P-MOS RAM
                      └─その他
```

プログラム・ライブラリ
program library
コンピュータで処理する場合に処理手順，使用条件の等しい部分が繰り返し出てくるとき，その部分をあらかじめプログラムに組み補助記憶装置に蓄えておき，必要のたびに一つの命令（マクロ命令）でそのプログラムを使う．この蓄えておくプログラムをプログラムライブラリという．

プロジェクタ projector
画像を大形スクリーンに写す装置のこと．直接画面を光らせるプラズマ形・CRTのディスプレイに比べると暗い．
1．前面投写形：映画用スクリーン．OHP（オーバーヘッドプロジェクタ）
2．背面投写形：CRT画面を鏡で反射．CRTテレビより軽形・薄形になる．
3．RGB 3管式（3色投影管）．
4．LCD液晶ディスプレイを通して投影．
☞CRT，LCD

プロセス制御 (——せいぎょ)
process control
プロセスコントロールともいう．自動制御におけるフィードバック制御の一種．工業用プロセスに関連する物理量，たとえば温度，圧力，流量などの制御をすること．石油や化学工業などの生産現場で使う．
☞フィードバック制御

プロセッサ processor
1．処理装置ともいい，データの演算処理を行う装置．2．中央処理装置（CPU）のこと．3．特定の目的に合わせて開発されたCPUで，マイクロプロセッサ(超小形中央処理装置)はこ

の例． 4．フォートランなどの自動プログラミング言語で書いたプログラムを機械向き言語に変えるプログラム（トランスレータやインタプリタなど）．

ブロッキング　blocking
情報処理でディスケットや磁気テープにデータを記録する際，プログラムやデータの一部をまとめて一つのブロックにし，処理時間や記録スペースを有効利用すること．

ブロッキング・オシレータ
blocking oscillator
間欠発振器とかブロッキング発振器ともいう．電源V_{cc}を加えRを通じてCを充電し，V_Pがある電圧に達するとi_b, i_cが流れCは放電し始める．i_cが増えe_cが生じ，Tで正帰還しe_bを生じてi_cはただちに飽和し増加は止まる．このためe_c, e_bは0となる．Cの放電でV_Pは下がり，Qはオフとなる．Cは再び充電され，初めの動作を繰り返す．幅の狭いパルスを発生するので，トリガ源に使ったり，のこぎり波発生に使う．DはQがオフになる瞬間，Tに生じる振動を防ぐダイオード．
☞飽和

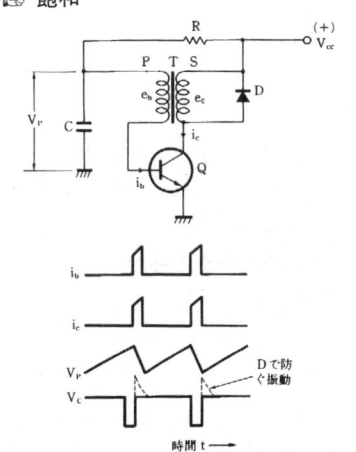

ブロッキング・コイル　blocking coil
搬送通信に電力線を使う電力保安通信では，コイルを電力線に直接につなぎ，電力用周波数には低インピーダンスで，通信用周波数には高インピーダンスにし，通信用周波数の伝送特性を向上させる．
☞搬送通信

ブロッキング・コンデンサ
blocking condenser
阻止コンデンサともいい，直流を断つ結合コンデンサのこと．

ブロッキング発振器（——はっしんき）
blocking oscillator
→ブロッキング・オシレータ

ブロック　block
1．技術的または論理的理由により1単位として取り扱われる一連の文字または語の集まり（JIS・情報処理用語）．
2．複雑な回路の中の一部分，ひとかたまり．ブロック・ダイヤグラムの一部分．
☞ブロック・ダイヤグラム

ブロック・コンデンサ
block capacitor
二つ以上のコンデンサをまとめて，アース端子を共通にし，小形化や集中化を図った容量（コンデンサ）．

ブロック図（——ず）　block diagram
電子や電気回路をひとまとめにしてブロックで示し，複雑な回路構成や働きを示した図．

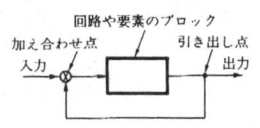

ブロック線図（——せんず）
block diagram
→ブロック・ダイヤグラム

ブロック・ダイヤグラム
block diagram
ブロック図とかブロック線図ともい

う．多くの回路がどのようにつながれているかを示し，複雑な回路の組合せが理解しやすい．四角の枠の中に回路名を示し，直線に矢印をつけて信号の進む方向を示す．

☞ダイアグラム

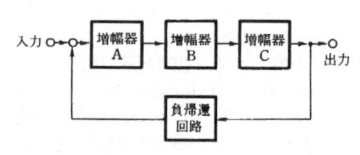

プロッタ plotter

1．作図装置ともいい，専用ボールペンでコンピュータ出力（図や文字）を用紙に書く．文字の大きさは数種類あり，ペンの色を赤，緑，青，黒と変えカラー表示する．用紙サイズはハガキ大から10インチロール紙まで各種ある．

2．計算機などからの指令によって，記録面に図形を描く装置（JIS・情報処理用語）．

☞指令

フロッピー・ディスク floppy disk

パソコンの外部メモリの一種．直径8インチ（'70年IBM），5.25インチ（'77年米シュガート），3.5インチ（'81年日本ソニー）のフレキシブルなポリエステルシートの円板で，両面に磁性材のガンマ酸化鉄（8″）やコバルトガンマ酸化鉄を塗り，正方形のポリ塩化ビニルの耐熱ジャケットに入れ，取扱いや保管が容易．8インチと5インチ形のジャケットには，セントラルとヘッドのウインドやインデックスホールの露出部がある．3インチ形はプラスチックのカートリッジにし，機械的強度を高め，ディスクを装置に装着したときのみヘッドウインドのシャッタが開き，ほこりや指紋を防いでいる．

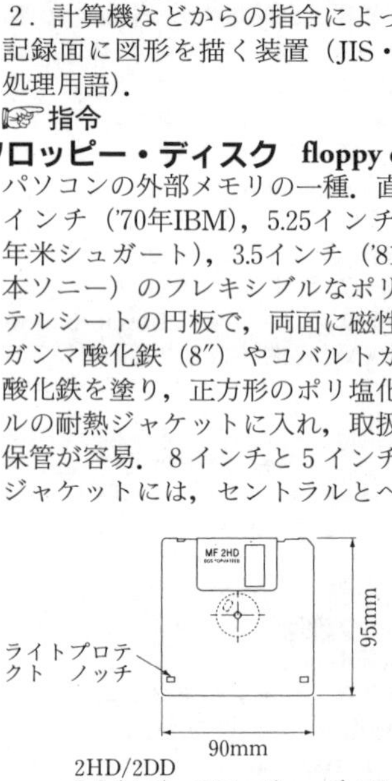

フロッピー・ディスク・ドライブ floppy disk drive

フロッピーディスクをリード（読み出し），ライト（書き込み）する装置．ディスクドライブとか，ディスクドライバと略称することもある．

フローティング・ゾーン floating zone

不活性ガスを満たした石英管の中に，シリコン棒を垂直に固定し，高周波加熱コイルで部分的に溶かす．これを下から上にゆっくり移動し精製する．能率を上げるため高周波コイルを数個設ける．シリコンはゲルマニウムより溶ける温度が高く，帯域精製法は周囲（るつぼやボート）からの汚れが入り使えない．

☞高周波コイル

プロテクト protect

不測の事態・操作ミスなどによるデータ破壊から，データを守るメカニズム．フロッピーディスクのライトプロテクトノッチは広く知られている．

プロトコル protocol

データ通信の手順．通信相手と通信路を確保するための手続きや，データをやりとりするための一連の手続きをプロトコルと呼ぶ．

☞TCP/IP

プロトコルアナライザ protocol analyzer

プロトコルは，データ通信における接続のための規約，約束事．インターネットでは「TCP/IP」というプロトコルが基盤になっていて，そのうえでさらに用途別に「http」や「ftp」などのプロトコルに従って，情報の送受信

が行われている．プロトコルアナライザは，ネットワーク上の通信や機器ケーブル上のデータや制御信号などのやり取りを取り出して，解析・表示するための装置，もしくはそのような機能を実現するためのソフトウェアの総称．

☞FTP

フロート・スイッチ float switch
自動制御で液面の検出に使うスイッチ．フロートとはうきのことで，液面にうき（フロート）を浮かし，これに接触子が触れ，スイッチの接点を閉じたり開いたりする．

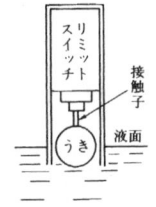

☞スイッチ

ブロードバンド broad-band
情報を扱うデータが広帯域な（周波数帯域幅が広い）技術を利用する，ブロードバンド伝送またはブロードバンド方式の略称．

☞情報，ブロードバンド伝送

ブロードバンド伝送（——でんそう） broad-band transmission
映像・音声・データなど多くの信号を同時に送信・受信（送受信）するため，各信号を変調し周波数帯域を複数のチャネル（回線）に分けて伝送する．このため伝送帯域幅（バンド）は，広く（ブロード）なる．広帯域伝送とかブロードバンド方式ともいう．

☞広帯域伝送

ブロードバンド・ネットワーク broad-band network
広い周波数帯域（400MHz位）を1チャネル当たり6MHz位に周波数分割し，映像・音声・データなど多くの情報を多重化し，同時に送信・受信すること．①10km以上の広域をカバーする．②分岐が容易で拡張性がある．③映像・音声・データなどの多量の情報を，同時に短時間に，伝送できる．④周囲への影響も少ない．など，高速・大量伝送の通信方式・回線網のこと．

☞チャネル

ブロードバンド方式（——ほうしき） broad-band system
ブロードバンド伝送ともいい，ブロードバンドと略称する．

☞ブロードバンド伝送

プローバ prober
プローブと精密な移動機構を組み合わせた装置．トランジスタやICのウエーハ検査の際，ボンディングパッドやチェック用パターン部分にプローブを立てて測り，これら多くの針と，それを順に前後左右に移動できる装置や連動して働く自動測定器の総称．

☞プローブ

プロバイダ provider
インターネットサービスプロバイダの略称で，インターネットプロバイダとか，その英略文字をとってIPともいう．パソコンをインターネットにつなぐときに仲介する，インターネット接続業者のこと．

☞インターネット

プロパティ property
コンピュータのファイル・プリンタなどに対する設定情報属性・容量などの情報のこと．ウィンドウズのメニューに「プロパティ」の項目があり，ここではファイルの種類・場所，サイズ・内容・属性などがわかる．プロパティ画面ではファイルの設定の変更もできる．

プロービング probing
トランジスタでは2～3本，ICでは多数のプローブを立ててペレットやウエーハを測定すること．

☞ウエーハ

プローブ probe

1. トランジスタやICなどのペレットやウエーハをチェックする細い針（探針）で,測定器とチェック点をつなぐ．
2. 探触子,探針のこと．
3. オシロスコープなど測定器の入力端子につなぐ入力用コードの先端部の触針．または,入力コードの途中に仕込んだダイオードや減衰器などの総称．

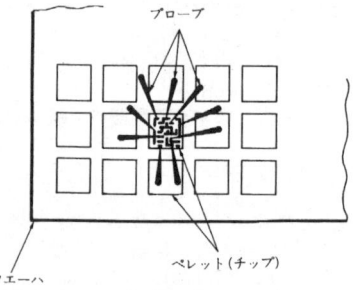

フロント・エンド front end

1. ラジオやTVの受信機のチューナ部のことで,フィーダやアンテナに続く同調回路や高周波増幅器,局部発振器や混合器,周波数変換器などを含む．
2. 情報処理でデータや命令を作り出したり,ロードする入力装置や端末のこと．
3. フロント・エンド・コンピュータ,または,フロント・エンド・プロセッサのこと．

☞ロード

フロント・エンド・コンピュータ front end computer

コンピュータネットワークの端末とホストコンピュータの間で,一次処理や誤りのチェック,データの送受信管理などを行い,システムの効率化を図る,専用の通信制御処理装置やミニコンのこと．

☞ミニコン

フロント・エンド・プロセッサ front end processor, FEP

1. ハードウェアでは通信制御装置のように,ホストコンピュータの前に置き,前処理を行うプロセッサで,前置プロセッサともいう．
2. ソフトウェアでは,かな漢字変換用プログラムのこと．パソコンではフロント・エンド・プロセッサを起動し,かな漢字変換を行う．ATOKはこの例である．

☞プロセッサ

フロント・プロセッサ front processor, FP

→フロント・エンド・プロセッサ

フロント・ポーチ front porch

前縁（まえぶち),前部ポーチともいう．パルスの前縁のこと．TVの帰線消去信号の上にのるパルスなどに使われる．

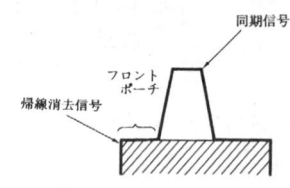

プロンプト prompt

パソコンを起動させた際,ディスプレイ上に表示される点滅記号＞や,：のことで,「キーボードからの入力が可能」を知らせる,OSからオペレータへのメッセージ．コマンドの受付準備完了を知らせる記号．

☞コマンド

負論理 （ふろんり) negative logic

電子回路で2値信号を扱う場合,アースに対して電圧の高いほう(H)を1,低いほう(L)を0とすれば正論理とし,逆にHを0,Lを1と符号化した場合を負論理という．

☞正論理

分圧回路 （ぶんあつかいろ)
potential divided circuit, divider

circuit
1．分圧器を含む回路．
2．分圧器のこと．

分圧器（ぶんあつき）
potential divider, voltage divider
電圧を分割するときに使う．
1．抵抗分圧器．直流，交流どちらの回路でも使い，ブリーダ抵抗ともいう．
2．容量分圧器．コンデンサ分圧器ともいい，交流電圧を分割する．静電電圧計の分圧器に使う．
→ブリーダ抵抗

分解電圧（ぶんかいでんあつ）
decomposition voltage, decomposition potential
電気分解において，電極に生成物が析出するのを維持するのに必要な，最小の端子間電圧で，実験的分解電圧とか電解槽電圧ともいう．☞電気分解

分解能（ぶんかいのう）**resolution**
見分けることができる2点間の最小値．
1．ブラウン管蛍光面やTV画面上の，見分けられる2点間の最小距離（ふつうは解像度を使う）．
2．レーダでは距離分解能と方位分解能がある．
3．ポテンショメータの抵抗値や出力電圧比を，どれだけ微細にできるかの精度または設定能でアジャスタビリティともいう．
4．肉眼や顕微鏡で接近する2線間や2点間を見分ける能力．

分割巻（ぶんかつまき）
変成器の巻線を分割して巻き，分布容量を減らす巻き方．低周波の出力トランスで行う．
☞出力トランス

分岐（ぶんき）**branch**
→ブランチ

分岐回路（ぶんきかいろ）
branch circuit
ある電子回路から他に分けた回路．

分岐器（ぶんきき）**directional coupler**
テレビの共同視聴に使う．分配器のように受信アンテナの出力を平均に分割するのではなく，数台の受像機の入力が等しくなるよう，途中のケーブルでの損失も考慮し分割比を変える．たとえば3分割の比を1/2, 1/3, 1/6という具合にする．
☞受信アンテナ

分岐線（ぶんきせん）
branch line, bridging line
1．電気や電子回路の枝分かれ線．
2．CATVの幹線から分岐された信号を，各区画に伝送する伝送線路のこと．

分極（ぶんきょく）**polarization**
1．誘電体の一つ一つの分子の，プラスとマイナスの電気のバランスがくずれ，電気的不平衡となること．誘電分極ともいう．
2．分極作用のこと．

分極作用（ぶんきょくさよう）
polarization
ボルタ電池に電流Iを流すと，陽極から水素ガスが多く生じて陽極表面につきIの流れを妨げる現象．
☞ボルタ電池

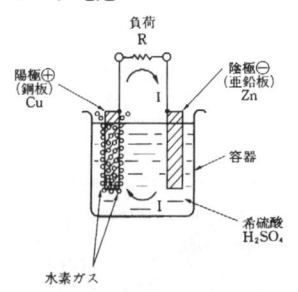

分子（ぶんし）**molecular, molecule**
物質は分子という小さな粒の集まりで，水の粒の直径は10^{-7}mm前後のため電子顕微鏡で見る．分子相互に分子間引力があり，温度が高くなるとこの引力をふり切って激しく動き，固体が液体や気体に変化をする．

ふんし

分周回路 (ぶんしゅうかいろ)
frequency divided circuit
周波数を整数分の1に変える電子回路で分周器ともいう．
☞周波数

分周器 (ぶんしゅうき)
frequency divider, divider
マルチバイブレータやブロッキングオシレータを使い，パルスの周波数を整数分の1にする．周波数逓降器ともいう．
☞周波数逓降器

文の番号 (ぶん——ばんごう)
statement label
コンピュータのプログラム言語のフォートランで使い，コボルでは手続き名という．文の先頭につけて，文の引用や飛越しの行き先を識別する文字の列（JIS・情報処理用語）．
☞フォートラン

分配器 (ぶんぱいき)
alloter, distributor
1. コンピュータで，各装置の間の連結をするレジスタのこと．
2. 分配増幅器のこと．
3. テレビの共同視聴で使う．一つの受信アンテナの出力を各受像機の入力用に分ける．抵抗式，トランス式があり，低損失でインピーダンスを乱さず，アンテナ出力を分配数だけ平均に分ける．
☞レジスタ

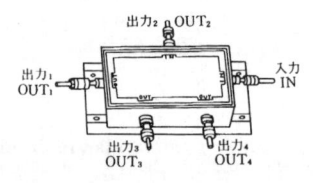

TV用分配器外観例

分配雑音 (ぶんぱいざつおん)
partition noise, distribution noise
電流が回路で分流する際に生じる雑音で，たとえばPNP形トランジスタのエミッタ電流が，ベースとコレクタに分流するが，この分流の割合が不規則に時間とともに変化する．この電流の変化が雑音となる．
☞雑音

分配増幅器 (ぶんぱいぞうふくき)
distributing amplifier
テレビ信号をいくつかに分けるときに使う増幅器．
1. テレビの共同視聴に使う分配器に組み込んだ増幅器で，ブースタともいう．
2. テレビ放送局の副調整室で使う．
　①同期信号分配器．同期信号の分配．
　②映像信号分配器．映像信号の分配．

分波器 (ぶんぱき)
blanching filter, separator
VHFとUHFのテレビ電波をおのおののアンテナで受信し，たがいの干渉を避けるため混合器で混ぜ，1本の給電線で伝送し，高域と低域のフィルタで分け，受像機のVHF，UHFの入力端子に供給する．このフィルタのこと．

文番号 (ぶんばんごう)
statement label
→文の番号

分布インダクタンス (ぶんぷ——)
distributed inductance
給電線や伝送線では，抵抗や自己インダクタンスが長さの方向に沿って分布して存在し，この自己インダクタンス分のこと．
☞自己インダクタンス

分布増幅器 (ぶんぷぞうふくき)
distributed amplifier

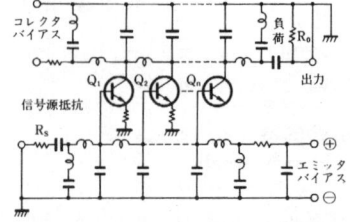

直流～数十MHzにわたる広帯域の増幅は，多数のトランジスタを遅延線の間に並べ，信号を遅延線の上に流す．この増幅器を分布増幅器という．

分布定数回路（ぶんぷていすうかいろ） distributed constant circuit

非常に長い平行2線式線路の一端に高周波信号をつなぐと，信号より遠ざかるにつれ電圧も電流も徐々に減少する．線路の長さが使用波長と同等か，それより長く，線と線，線と大地との距離が短いときは，抵抗R，インダクタンスL，容量C，コンダクタンスGが線路の全長にわたり一様に分布すると考え，これを分布定数回路という．

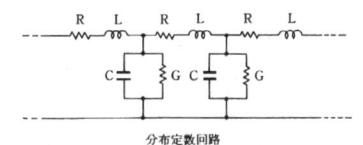

分布定数回路

分布容量（ぶんぷようりょう） distributed capacity

1．給電線や伝送線の電線相互間や，電線と大地間の静電容量は，電線の長さの方向に沿って分布して存在する．この静電容量のこと．

2．配線とアース，配線と配線，コイル類の巻線間，巻線とアース間などに生じる一様に分布する静電容量のこと．漂遊容量ともいう．

☞静電容量

分離度（ぶんりど） separation
→セパレーション

分流器（ぶんりゅうき） shunt

シャントともいう．電流計の測定範囲を広げるため電流計と並列につなぐ，抵抗値の正確な抵抗器R．テスタはこの原理を使い，1個のメータで多くの測定範囲をカバーする．

☞電流計

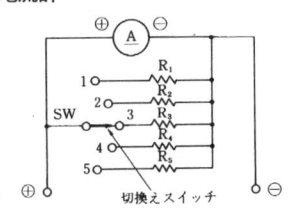

分類（ぶんるい） sort, sequence

ソートとかシーケンスともいう．項目をキーに従って，必要な順序に並べること．例：数の大きさの順，アルファベット順，年代順に分類するなど（JIS・情報処理用語）．

☞ソート

分類プログラム（ぶんるい——） sort program

ソートプログラムとかソートと略称する．コンピュータの記憶装置内にいろいろと記憶されたデータを，一定の規則，たとえばアルファベット順や数字の大きい順に，規則正しく並べかえ整理，分類するプログラムのこと．

へ

ベアボーン barebone
パソコンのケースとマザーボード,電源ユニットが組み込まれており,CPU,メモリ,ハードディスク,OSなどを搭載していないパソコンキットのこと.

☞マザーボード

ベイ bay
パネルやユニットなどを,幅1mくらいのラックにはめ込んだもの.有線電話装置や測定装置を集中して設置する架.

閉回路 (へいかいろ) closed circuit
閉じた回路,ひと巡りしもとの点にもどる回路.クローズとかループともいう.

閉回路自動制御 (へいかいろじどうせいぎょ) closed circuit automatic control
自動制御で出力の一部を入力にもどす帰還回路をもつこと.このとき回路は閉回路となり,フィードバックができる(破線部分).

☞フィードバック

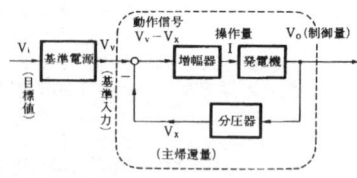

閉回路テレビ (へいかいろ——) closed-circuit television
→CCTV,ITV

平滑回路 (へいかつかいろ) smoothing circuit
スムージング回路ともいう.交流を整流し直流にする際,整流器出力は脈流のためチョーク・コイルL,コンデンサCをつなぎなめらかにする.このLC回路を平滑回路という.

1.π形——コンデンサインプット形
2.L形——チョークインプット形
チョークコイルは大形で重く高価なため小負荷なら抵抗で代用する.交流分はCを通してアースし,直流分だけ流す低域フィルタである.

☞低域フィルタ

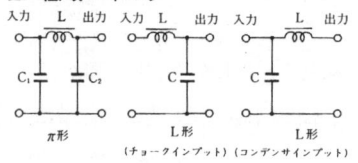

平滑コイル (へいかつ——) smoothing coil
平滑回路に使うチョーク・コイルのこと.流れる交流の周波数が50〜120Hz位の低周波のため,鉄心にコイルを巻く.このため大形で重く,高価となる.負荷電流相当の電流容量と,インダクタンスを組み合わせて考える.

☞チョーク・コイル

平滑コンデンサ (へいかつ——) smoothing condenser
平滑回路に使われるコンデンサで,整流出力に含まれている交流分を取り除く大容量のコンデンサ(電解コンデンサ,略してケミコン)を使う.

平滑チョーク・コイル (へいかつ——) smooting choking coil, choke coil
→平滑コイル

平均寿命 (へいきんじゅみょう) average life
部品の寿命試験では,時間が経つにつれ故障が起き,残りが減る.横方向に時間,縦方向に残数の率(残存率)を目盛りグラフにすると信頼度関数となる.この曲線を平均し同面積の四角形

平均値 (へいきんち) mean value

ミーンバリューともいい,交流の正または負の半周期間の瞬時値の平均の値.最大値の0.637倍,実効値の0.9倍となる.

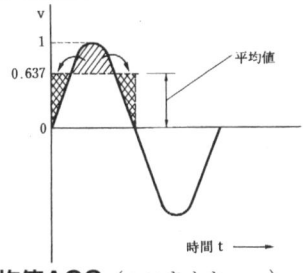

☞瞬時値

（グラフ：縦軸 v,横軸 時間t,ピーク1,平均値0.637）

平均値AGC (へいきんち――)
mean value AGC, average value AGC

映像検波出力の平均直流電圧をAGCの電圧に利用する.出力電圧が低く,電波の強さが一定でも画面の明るさが変わるとAGC電圧も変わる欠点があるが,雑音の影響は受けにくい.

☞AGC

平均電力 (へいきんでんりょく)
mean power

1. 交流電力は瞬時電力pの平均値,すなわち平均電力で表す.抵抗Rの回路で電圧v,電流iとすれば,

$v = \sqrt{2}V\sin\omega t$
$i = v / R = (\sqrt{2}V / R)\sin\omega t$
$\quad = \sqrt{2}I\sin\omega t$
$p = vi = 2VI\sin^2\omega t$
$\quad = VI(1-\cos 2\omega t)$
$\quad = VI - VI\cos 2\omega t$

$\begin{cases} \sin^2 A + \cos^2 A = 1 \\ \cos 2A = \cos^2 A - \sin^2 A \\ \therefore 1 - \cos^2 2A = 2\sin^2 A \end{cases}$

(V, Iは実効値の電圧,電流)
交流電力Pはpの平均値であるので,

P=VIの平均値-VIcos2ωtの平均値

VIcos2ωtの平均値=0であるから,
P=VI 〔W〕

2. 無線送信機から給電線に供給する電力で,変調用の最低周波数の周期に比べ十分長い時間にわたり平均されたもの(電波法施行規則第2条70).

平衡回路 (へいこうかいろ)
balance circuit

入力用や出力用の二端子が,それぞれアースに対して電気的に対称な回路のこと.

☞アース

平衡回路網 (へいこうかいろもう)
balancing network

二端子または四端子回路網の入力用や出力用の各端子が,アースに対して電気的に対称な回路網のこと.

平衡ケーブル (へいこう――)

絶縁された心線を適度により合わせ何対か集め外被をかぶせた電線.心線2本を一組として対(つい),2対4本を一組にしてカッドという.心線の絶縁はポリエチレンやポリ塩化ビニルなどを使う.従来の紙に比べ,絶縁,耐圧,着色に優れているが,温度の影響がある.☞絶縁

平衡三相回路 (へいこうさんそうかいろ)
balanced three-phase circuit

平衡三相交流にバランスのとれた負荷(平衡負荷)をつなげば,流れる電流も大きさが同じで,位相差はたがいに120°となる.このような三相交流回路のこと.

☞位相差

平衡三相交流 (へいこうさんそうこうりゅう) balanced three-phase alternating current

各相の起電力の大きさが同じで,たがいに120°の位相差がある三相交流のこと.

☞三相交流

平行2線 (へいこうにせん) twin-lead

平行する2本の導線で,線と線との間は絶縁物で絶縁する.一般にはレッヘ

ル線やフィーダを指す．
☞レッヘル線

平行2線形給電線（へいこうにせんがたきゅうでんせん）
twin-lead type feeder
2本の線が平行になっている給電線（フィーダ）で，TV受像機のVHF用に使う300Ωのフィーダがこの例で，構造が簡単で安価である．
☞給電線

平衡復調器（へいこうふくちょうき）
balanced demodulator
回路は平衡変調器と同じで，入力1からSSB信号を加え，入力2に復調用搬送波を加えれば，出力側に信号波を生じる復調器となる．
☞SSB信号

平衡変調器（へいこうへんちょうき）
balanced modulator
バランスドモジュレータともいう．AM波から搬送波を取り除き，上下のサイドバンドを取り出す．必要に応じ上下のサイドバンドの片方をフィルタで除けば，シングルサイドバンド（SSB）となる．2個のダイオードDは特性の揃ったものを使う．
☞AM波

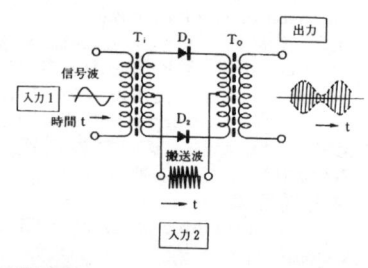

平常充電（へいじょうじゅうでん）
normal charge
初充電や急速充電などではない，ふつうの充電のこと．十時間率の電流で11時間位充電し，端子電圧が30％増し，電解液比重は1.23ぐらいにし，電解液温度は30℃以下に保つ．
☞充電

ヘイ・ブリッジ　Hay bridge
コイルの自己インダクタンスLと実効抵抗rを測定する交流ブリッジの一種．図でP, Q, Rは値の正確な標準抵抗，Cは標準容量，OSCは1kHzの正弦波発振器，Dはイヤホンか低周波増幅器と交流検流計かオシロスコープ．CやRを加減しブリッジのバランスをとり，次式で計算する．

$$r = \frac{4\pi^2 f^2 PQR}{1 + 4\pi^2 f^2 C^2 R^2}$$

$$L = \frac{CPQ}{1 + 4\pi^2 f^2 C^2 R^2}$$

☞交流ブリッジ

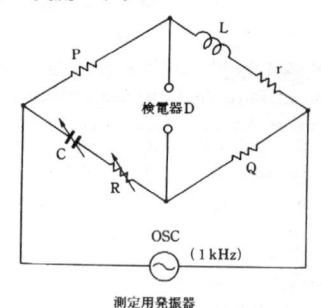

平面ディスプレイ（へいめん——）
flat display
表面が平らなディスプレイのこと．ブラウン管のサブエイス（正面）を平らにするには，いくつかの困難点があった．電子銃から飛び出す電子の走行距離を等しくすれば，正面の左右はどうしても曲げなければならない．そうしないと偏向ひずみによって画面がひずんだり，周辺部がぼけて，解像度が低下する．技術革新で問題点を次々と解決し平面にした．
☞ブラウン管

平面波（へいめんは）**plane wave**
アンテナから放射される電波は球面波

で，アンテナから遠い点で，電界と磁界はたがいに直角で同位相である．このような波を平面波という．
☞球面波

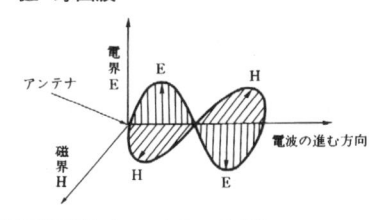

平面偏波 （へいめんへんぱ）
plane polarization
放射電界の方向が一定で，伝搬方向に直角な電磁波で直線偏波のこと．
☞直線偏波

閉ループ （へい——） closed loop
→閉回路

並列 （へいれつ） parallel
回路の接続が同時に電圧や電流が加わるようになっているときに使う接頭語で，並列共振，並列接続などと使う．
☞直列

並列回路 （へいれつかいろ）
parallel circuit
抵抗R_1，R_2に同一の電圧が加わるような回路．二つ以上の分岐回路．
☞直列回路

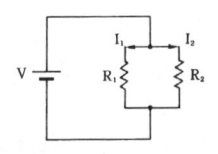

並列加算回路 （へいれつかさんかいろ）
parallel summing circuit
加算回路の一種で，半加算器や加算器を使う．入力の桁数だけの加算器をつなぎ最下位は半加算器を使う（数A，Bの和はS）．
☞加算回路

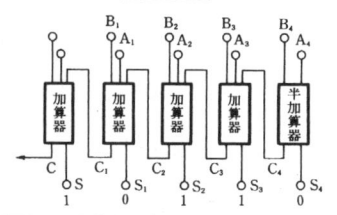

並列形コンピュータ（へいれつがた——）
parallel computer
並列式の演算装置をもつコンピュータのこと．データの各ビットの信号は，それぞれ別の回路を通ってレジスタや加算器などの回路に入る．
☞演算装置

並列帰還 （へいれつきかん）
parallel feedback →電圧帰還

並列給電 （へいれつきゅうでん）
parallel feed
一つの電源に二つ以上の負荷を並列接続し，同時に電力を供給することで，定電圧給電ともいう．
☞定電圧給電

並列給電アンテナ （へいれつきゅうでん——） shunt-feed antenna
1．中波用塔アンテナは基部を大地と絶縁し，そこに給電するが，困難な場合は塔の中間の適切なところから給電する．このようなアンテナのこと．
2．短波用以上の高い周波数で使うビームアンテナでは，二つ以上の投射器に同時に給電することがある．このような給電方式のアンテナのこと．
☞給電

並列共振 （へいれつきょうしん）
parallel resonance
静電容量CとインダクタンスLを並列にした回路を並列共振回路，並列同調回路という．CまたはLの値を変え一

へいれ

定の周波数f_0に共振（同調）すると，インピーダンスは最大で電流は最小となり，共振周波数f_0は

$$f_0 \fallingdotseq \frac{1}{2\pi\sqrt{LC}} \quad [Hz]$$

並列共振回路（へいれつきょうしんかいろ）parallel resonance circuit
→並列共振

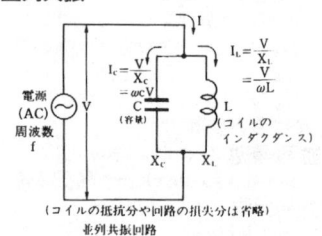

（コイルの抵抗分や回路の損失分は省略）
並列共振回路

並列共振曲線（へいれつきょうしんきょくせん）parallel resonance curve
並列共振回路の周波数fの変化に対するI_LとI_CとIの変化を示す曲線のこと．

☞並列共振回路

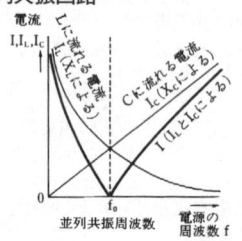

並列共振周波数（へいれつきょうしんしゅうはすう）
parallel resonance frequency
コイルのインダクタンスLと静電容量Cの並列回路で，回路に加わる交流電圧V，その周波数fとすれば，Lによるリアクタンス$2\pi fL$，Cによるリアクタンス$1/(2\pi fC)$となる．これによって流れる電流I_LはVより90°遅れ，I_Cは90°進む．いま，ある周波数f_0で$I_L = V/(2\pi fL)$と$I_C = 2\pi fCV$が等しくなれば，I_LとI_Cの和Iは0となる．この現象を並列共振といい，このときの周波数f_0を並列共振周波数という．

$$f_0 = \frac{1}{(2\pi\sqrt{LC})} \quad [Hz]$$

$I_L = \dfrac{V}{X_L} = \dfrac{V}{2\pi fL}$

$I_C = \dfrac{V}{X_C} = \dfrac{V}{\dfrac{1}{2\pi fC}} = 2\pi fCV$

f_0で $I_L = I_C$ より
$\dfrac{V}{2\pi fL} = 2\pi fCV$
∴ $f_0 = \dfrac{1}{2\pi\sqrt{LC}}$ [Hz]

並列接続（へいれつせつぞく）
parallel connection
抵抗やコンデンサを図のようにつなぐこと．合成抵抗Rは

$$R = \frac{R_1 R_2}{R_1 + R_2} \quad [\Omega]$$

合成容量Cは

$$C = C_1 + C_2 \quad [F]$$

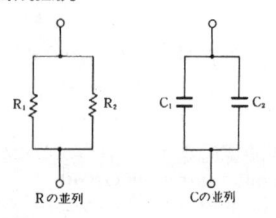

☞合成抵抗

Rの並列　　　Cの並列

並列抵抗（へいれつていこう）
parallel resistance
回路に並列に入る抵抗のこと．合成抵抗は，各抵抗の一番低い抵抗値より低

くなる.
☞並列接続

並列ピーキング (へいれつ——)
shunt peaking
増幅回路の高域特性の改善法にピーキング法があり，これをピーキングという．並列ピーキングは増幅器の負荷に直列にピーキングコイルLを入れ，負荷に並列になる分布容量Cと共振させ，高域の利得を上げる．
☞ピーキング

並列フィード・アンテナ
(へいれつ——) **shunt feed antenna**
→並列給電アンテナ

並列変調 (へいれつへんちょう)
parallel modulation
→ハイシング変調

並列レジスタ (へいれつ——)
コンピュータのレジスタの一種で，フリップフロップをビット数だけ並列につなぐ．情報（セット信号）は並列的に与え，信号を加える前にレジスタの内容をクリアする．セット信号を加えると，一つのフリップフロップだけ反転し，リセット信号を加えるまでそのままの状態を保ち，与えられた信号を記録する．
☞フリップフロップ

ヘクト hecto
SI（国際単位系）において，10の整数乗倍を示す名称（接頭語）で，10^2を示し記号は〔h〕である．
☞SI

ベクトル vector
電圧や電流などのベクトル量の大きさと方向を示す矢印の付いた線分．大きさは線分の長さ，方向は線分の向きで示し，線分の先端に矢印を付ける．
☞ベクトル量

ベクトル軌跡 (——きせき)
vector locus
交流回路で，電源の周波数，回路の定数（抵抗値や容量）を変えたとき，電流やインピーダンスなどの変化をベクトル図に書き，その先端をつらねた線．
☞交流回路

ベクトル図 (——ず) **vector diagram**
ベクトルを表す線図のこと．基準となる方向線（基準線）を定め，これとベクトルのなす角度（偏角）や大きさを数量的に示す．ベクトルの大きさだけを絶対値という．
☞絶対値

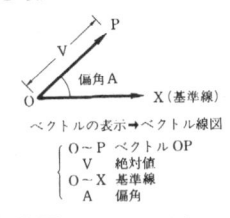

ベクトルの表示→ベクトル線図
- O〜P　ベクトルOP
- V　絶対値
- O〜X　基準線
- A　偏角

ベクトル量 (——りょう)
vector quantity
電圧や電流などのように，一定の大きさと方向をもつ量．ベクトル図で示し$\dot{V}$,$\dot{I}$など・（ドット）を付けたり，**V**,**I**などとゴシック体で書く．

ベークライト bakelite
→フェノール樹脂

ベース base, bass
1．トランジスタの一つの電極名 (base)．
2．低音，低音調整，低音調節 (bass)．
3．ブラウン管や電球などの口金部．
4．半導体に拡散処理をする場合の基部，底部，もとになる部分．

ベース・アドレス base address
→基底アドレス

ベース拡散トランジスタ (——かくさん——) **diffused base transistor**
トランジスタのベースを不純物ガスの拡散によって作るトランジスタの総称で，メサ形やプレーナ形などと多用される．（日本電子機械工業会EIAJによる分類）．
☞トランジスタ

```
ゲルマニウムトランジスタ ─┬─合金形系―合金形,ドリフト形,合金拡散形
                      ├─拡散形系―ベース拡散形,メサ形
                      ├─成長形系―成長形,成長拡散形
                      └─表面障壁形系―表面障壁形,マイクロ合金
                                   形,マイクロドリフト形

シリコントランジスタ ─┬─二重拡散形系
                  │   ├─ベース拡散形,メサ形,プレーナ形
                  │   └─エピタキシャルメサ形,エピタキシャ
                  │      ルプレーナ形
                  ├─三重拡散形系―三重拡散メサ形,三重拡散
                  │              プレーナ形
                  ├─単一拡散形系―拡散接合形
                  ├─エピタキシャル―エピタキシャル接合形
                  │   接合形系
                  ├─合金形系―合金形
                  └─成長形系―成長拡散形
```
(日本電子機械工業会EIAJによる分類)

ベース共通(——きょうつう) common base
→ベース接地回路

ベース・クリッパ base clipper
波形整形回路でクリップ回路の一つ.ダイオードD,抵抗R,電源Vをつなぎ,負パルスを加え一定レベルVで波形のベース(底部)を切り揃える.
☞波形整形回路

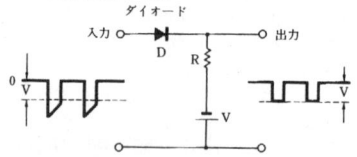

ベース接地(——せっち) grounded base circuit
→ベース接地回路

ベース接地回路(——せっちかいろ) grounded base circuit
トランジスタのベースをアース(入力と出力の共通回路に)した回路.実際にはバイアス抵抗とバイパスコンデンサを並列にした回路を通してアースする.エミッタ接地回路に比べ,入力側のインピーダンスは低く,出力インピーダンスは高くとれる.電流増幅度は1以下だが,電圧増幅度は数百倍になる.入力と出力の位相は同相で,エミッタ接地回路に比べ周波数特性はよい.高周波増幅回路やチューナ回路で,インピーダンス変換用に使う.

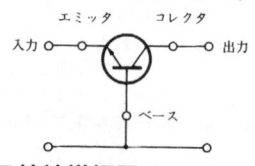

ベース接地増幅器(——せっちぞうふくき) grounded base amplifier
→ベース接地回路

ベース抵抗(——ていこう) base resistance
トランジスタをT形等価回路で示すときの,ベース端子〜接合点間の抵抗.記号r_bで示しTパラメータの一つ.

ベース電流(——でんりゅう) base current
トランジスタのベースに流れる電流I_b.エミッタ接地の場合,ごくわずかのI_bの変化で,大きなコレクタ電流を変化できる.
☞コレクタ電流

ペースト paste
のり状の物質のこと.
1.厚膜で導体や抵抗器を作るときの印刷用サーメット材料.焼結用,乾燥性,感光性,硬化性などがある.2.乾電池や電解コンデンサ(湿式)で電解液をでんぷんと練り合わせ,紙や布の繊維物にしみ込ませたのり状のもの.3.半田付けに使う松やになどの接着剤.
☞半田付け

ベース同調発振器(——どうちょうはっしんき) base tuned oscillator
Qはトランジスタ増幅器で,ベースに加わった成分はQで増幅されコレクタ側L_2に現れる.相互コンダクタンスMでL_1に正帰還し,L_1C_1の共振周波数成分だけが選択されC_2を経てベースに

加わる．R_1とR_2はベースバイアスを加えるためのブリーダ抵抗で，電源電圧V_{cc}を分割する．☞ブリーダ抵抗

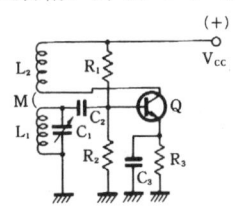

ペースト極板 (――きょくばん)
pasted plate
鉛蓄電池の極板の一種で，フォール形極板ともいう．鉛酸化物と希硫酸をまぜてのり状にしてつめ込み化成する．軽量で移動用の蓄電池に適す．

☞鉛蓄電池

ベース・バイアス base bias
エミッタ接地増幅回路で，ベースに加える直流の電圧またはベースに流す直流電流．この電圧をベースバイアス電圧，電流をベースバイアス電流といい，総称してベースバイアスという．バイアスの大きさは，その増幅回路の動作点を決める．

☞エミッタ接地回路

ベース・バイアス電圧 (――でんあつ)
base bias voltage
エミッタ接地増幅回路で，電源電圧V_{cc}を抵抗R_1，R_2で分割し，ベースに適切なバイアス電圧V_{BB}を与える．このときベースに流す電流I_Bが，ベースバイアス電流である．

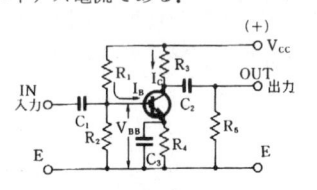

ベース・バイアス電流 (――でんりゅう)
base bias current
→ベースバイアス電圧，ベースバイアス

ベースバンド baseband
1．音響や映像のアナログ信号のこと．2．広帯域無線中継方式で使う変調信号の周波数帯のこと．

ベースバンド・チップ
baseband chip
携帯電話機や固定基地局などに使用されているICチップのうち，通信の部分を実現するために使われる半導体．

ベース広がり抵抗 (――ひろ――ていこう)
base spreading resistance
トランジスタのベースリードからベースが実際に働く部分までの抵抗で，50～200Ωぐらい．入力信号を減衰させるので，小さいほうがよい．アルファ遮断周波数f_{ab}や電流増幅率h_{FE}を増やすためベースを薄くすると増え，高周波特性を悪くし，フィードバックを増す原因となる．☞アルファ遮断周波数

ベース・ブリーダ抵抗 (――ていこう)
base bleeder resistance
→電流帰還バイアス，ブリーダ抵抗

ベース変調回路 (――へんちょうかいろ)
base modulation circuit
搬送波はT_1を通してトランジスタQのベースbに加え，信号波はC_cを通してT_1の二次側から加える．コイルCHは信号波の負荷となる変調用チョークコイルでR_A，R_Bはベースバイアス用ブリーダ抵抗，Cは高周波バイパス用で，T_0より被変調波を取り出す．i_bを変えi_cを変化し変調する．変調効率はよいがひずみが多く，簡易形送信機に使う．

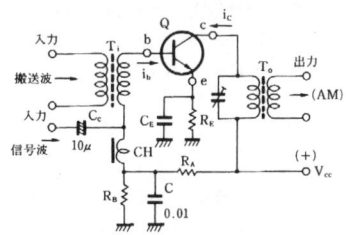

ベータ　β, beta
エミッタ接地回路の電流増幅率で，hパラメータのh$_{fe}$に相当する．
☞ h定数

ペタ　peta
SI（国際単位系）において，10の整数乗倍を示す名称（接頭語）で，10^{15}を示し記号は〔P〕である．
☞ SI

ベータ遮断周波数（——しゃだんしゅうはすう）β cut-off frequency
→遮断周波数

ベータ版（——ばん）beta version
OSやアプリケーションソフトの発売直前のバージョンのことで，限定したユーザに，実際に使用させて欠陥や不具合（バグ）を発見する目的で配布されるもの．
☞ アプリケーション・ソフト

ベータ方式（——ほうしき）β system
ホームVTRの規格の一つで，ベータとかベータマックスともいう．
☞ VHS

ベータマックス　beta max, β MAX
1975年ソニーが発表したホームビデオテープレコーダ（VTR）方式で，VHS方式と国内を2分した．テープ幅1/2インチ（12.65mm），テープ速度40mm/Sで1/2（βII）と1/3（βIII）モードがある．テープカセットは小形で，早送りや巻き戻し中も映像のリサーチができ，スローやストップ（モーション）が可能．ヘッドを取り付けたドラム直径は74.5mmと大きく，回転数は30rpsである．VHS方式との互換性はない．
☞ VHS

ヘッド　magnetic head
磁気ヘッドともいい，テープレコーダやVTRで磁気テープを音声や映像の信号に応じて磁化し，または磁化された部分から信号を取り出し，記録，再生する電磁部品．録音用と再生用を一つのヘッドで兼用させ，消去ヘッドと組み合わせた2ヘッド式と，録音・再生・消去を専用に行う3ヘッド方式がある．後者は各動作目的に合わせヘッドを作るので，高性能にでき録音しながらモニタできる．パーマロイなど磁性体のコアに細い電線を多く巻き，インピーダンスはカートリッジ用が3kΩ，カセット用で1kΩ位．リングヘッドは左右同じ形を合わせ，合わせ目に数ミクロンのスペーサを入れ必要なすきま（ギャップ）を作る．ギャップ幅がこれ以下になると一様なギャップが作りにくく，再生のときの感度やS/N特性が低下する．
☞ 磁気ヘッド

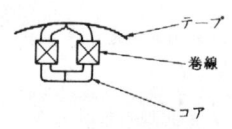

ヘッドの構造原理

ヘッド・エンド　head end
有線テレビジョン放送のために電磁波を増幅し，変換し，切換えまたは混合して線路に送り出す装置で，有線テレビジョン放送の主たる送信の場所にあるものおよびこれに付加する装置（受信空中線系，テレビジョンカメラ，録画再生装置，文字画面制作装置，図形画面制作装置，マイクロホン増幅器および録音再生装置を除く）をいう（有線テレビジョン放送法施行規則第2条4）．
☞ 有線テレビジョン放送

ヘッドホン　head phone
スピーカからの音が他人に聞こえては困るときなどに使う．ダイナミック形が多く，磁界の中にコイルを置き，これに音声電流を流すと電流の強弱に応じてコイルに電磁力が働き振動する．この原理で音声電流を音に変える．入力インピーダンスは8Ω位で，プラグをさすとスピーカ回路が切れヘッドホンと入れ換わる場合が多い．

☞スピーカ

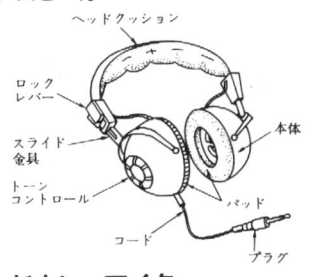

(図: ヘッドホン・マイクの構造。ヘッドクッション、ロックレバー、スライド金具、トーンコントロール、本体、パッド、コード、プラグ)

ヘッドホン・マイク
headphone microphone
ヘッドホンとマイクロホンが一組となっており，野球の中継や電話交換用，スタジオ関係などで使う．

ペデスタル・レベル pedestal level
TVの合成映像信号の75％のレベルにある帰線消去レベルのこと．これより低いレベルに映像信号，高いレベルに同期信号を加える．このレベルのすぐ下に黒レベルがあり，黒レベルより少し"黒い"ほうにある．

☞帰線消去レベル

ヘテロ・ジャンクション
hetero junction
一つの単結晶で二つの異なる半導体を含むこと．たとえばアルミニウムひ素とガリウムひ素の場合である．異なる種類の半導体の間では，エネルギ・ギャップの違う部分が接合され，非直線性が現れるので，ジャンクションという．どの材料でもできるわけではない．

☞エネルギ・ギャップ

ヘテロダイン検波 (——けんぱ)
heterodyne detection
ビート検波ともいう．二つの異なる周波数の交流を混合器に加え出力で入力に加えた各周波数の成分と，両成分の和や差の成分を得る．異なる2成分の和や差の周波数成分が生じる現象を，ヘテロダイン現象とか，うなり現象という．高周波を低周波に変え，A1電波やA2電波の受信に使う．

☞A1電波

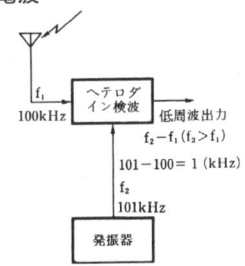

(図: f_1 100kHz → ヘテロダイン検波 → 低周波出力 $f_2-f_1 (f_2>f_1)$，$101-100=1$ (kHz)，f_2 101kHz 発振器)

ヘテロダイン周波計 (——しゅうはけい) heterodyne frequency meter
水晶発振器で校正した正確な可変周波数発振器の周波数と，測定しようとする周波数f_Xを，ヘテロダイン検波器に加えゼロビートをとり，そのときの可変周波数発振器の目盛からf_Xを知る．高調波ともゼロビートがとれるから，f_Xのおよその値を吸収形周波数計などで測っておく．吸収形周波数計より精密で，10^{-3}以上の精密さを得る．

☞吸収形周波数計

ヘテロダイン周波数 (——しゅうはすう) heterodyne frequency
うなり周波数ともいう．周波数の異なる二つの交流f_1, f_2の混合で和と差の周波数$f_1 \pm f_2$が得られ，この周波数のこと．

☞うなり周波数

ヘテロダイン受信法 (——じゅしんほう) heterodyne reception method
→ヘテロダイン法

ヘテロダイン中継方式 (——ちゅうけいほうしき) heterodyne relay system
受信電波を周波数変換し中間周波数に変え，増幅後に再び送信周波数に変換して電力増幅し，アンテナに送り込んで次の中継所に送信する中継方式．送信周波数は，受信周波数と変え混信を避ける．中間周波中継方式ともいい，マイクロ波多重電話回線に多用され

る.
☞中間周波数

ヘテロダイン法 (——ほう)
heterodyne method

うなり法ともいい，周波数の異なる二つの交流f_1, f_2を加えると，和成分f_1+f_2と差成分$f_1-f_2(f_1>f_2)$を生じる．この現象をうなりとかビートといい，和や差の成分を取り出す方法をヘテロダイン法とか，うなり法という．これを利用しA1電波を受信する方法を，ヘテロダイン受信法またはうなり受信法という．
☞A1電波

ペーパ・コンデンサ
paper condenser, paper capacitor
→紙コンデンサ

ヘビサイド層 (——そう)
Heaviside layer

1902年イギリスのケネリーとヘビサイドが同じころに電離層を発見したので，電離層のことをケネリーヘビサイド層とか，頭文字をとってKH層，略してヘビサイド層ともいう．
☞KH層

ベリ・カード verification card

ベリフィケーションカード（証明書，確認書）の意味で，受信証のこと．BCLやアマチュア無線家たちが集める．各放送局や無線局がコールサインや風景写真など独特なデザインで作っている．ベリと略称する．
☞BCL

ヘリカル・アンテナ helical antenna

らせん形やつる巻形アンテナともいう．1回転の円周長が波長に近づくと，導体に進行波が生じ軸方向に電波を発射する．らせんが右巻きなら右回り円偏波，左巻きなら左回り円偏波となる．給電点インピーダンスは130Ω位で，同軸ケーブルはマッチング回路とともにつなぐ．
☞マッチング回路

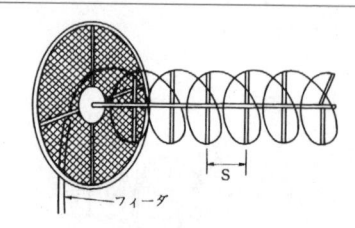

	直径(mm)	間隔 S (mm)	反射板径(mm)
144MHz	660	458	1040
50MHz	1830	1270	4500

ベリニトシ・アンテナ
Bellini-Tosi antenna

二つのループアンテナやアドコックアンテナを直角に交差し，ゴニオメータと組み合わせて，電波の方位測定に使う．ベリニトシは考案者の名．
☞ゴニオメータ

ベリリア beryllia

外観はステアタイトに似た白い焼物．酸化ベリリウムの磁器で高周波損失が少なく，熱伝導度は金属と同様によい絶縁物．パワートランジスタと放熱板の間に入れ絶縁と放熱に使う．
☞パワー・トランジスタ

ベル bel

1．二つの電力P_1, P_2の比P_1/P_2を対数$\log_{10}(P_1/P_2)$で示すときの単位．一般には，1/10の接頭語デシdを付け，デシベル[dB]とする．2．アレキサンダー・グラハム・ベル（1847〜1922，英人）のこと．1876年（明治9）電話を発明．3．電鈴，呼びりんなどともいう．電気を入れると電磁石の作用で鐘を鳴らす装置のこと．
☞デシベル

ペルチェ効果 (——こうか)
peltier effect

二つの異なる金属で閉回路を作り電流Iを流すと，つなぎ合わせの部分（接点）で熱の発生や吸収がある．Iの方向を逆にすれば，熱の吸収と発生の場所も

逆になり，Iを抵抗Rに流した際に生じるジュール熱 I^2R と異なる．1834年フランスのペルチェが発見した現象．
☞ジュール熱

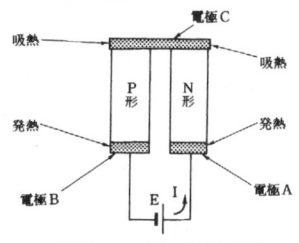

半導体による電子冷熱素子の原理

ヘルツ Hertz
1．周波数の単位で〔Hz〕と書く．ドイツで始まり，日本は1968年より正式に採用した．
2．1888年，電波の存在を実験で証明したドイツの物理学者（1857～94）．16m位離れた距離で，円形や多角形状に曲げた銅線の両端に，わずかなすきまを作り，振動子（送信機）で発生した電波を受け，このすきまにごくわずかな火花が生じることから受信を確かめた．実験電波の波長は約50cm，600MHzくらいで，電波は木の戸を通り抜け，金属（亜鉛）板は通り抜けないことも確認した．銅や亜鉛を使い，2mくらいの放物線鏡を作り，反射やかたよりの実験も行った．
☞振動子

ヘルツ受信器（——じゅしんき）
Hertzian receiver
ヘルツ共振器ともいい，円形状導体の両端に球形端子をつけたアンテナで，ヘルツが電波の実在を実証する際に使った．
☞ヘルツ発振器

ヘルツ・ダイポール Hertz dipole
→ヘルツ・ダブレット

ヘルツ・ダブレット Hertz doublet
ヘルツダイポールともいい，アンテナ特性の計算に使う電流分布が均一の微小導体．
☞導体

ヘルツ波（——は）Hertzian wave
無線通信に使う電磁波のこと．
→電磁波

ヘルツ発振器（——はっしんき）
Hertz oscillator
ヘルツが電波の実在の証明に使った火花放電（電波）発生装置．2個の球状端子を接近させ，そのすきまに火花放電を発生させ近くのアンテナ（ヘルツ受信器）で受信した．
☞火花放電

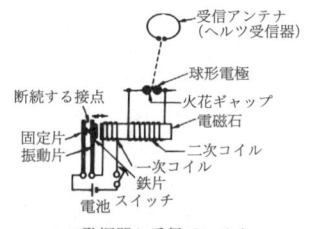

ヘルツ発振器と受信アンテナ

ペレット pellet
インゴットからウエーハを切り出し，トランジスタやICを組み立て，スクライバで一つひとつ分割した素子の小片．ダイとかチップともいう．大きさは0.3～7mm角位のものが多い．

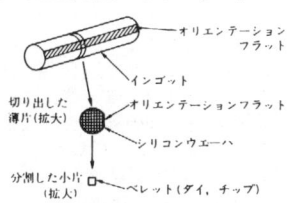

ベロシティ・マイクロホン
velocity microphone
ベロシティ形リボンマイクロホンのことで，リボンマイクロホンともいう．永久磁石の強力磁界の中に，ひだを付

けた数ミクロンの厚さのアルミ製リボンを吊るす．音により，リボンが振動し電圧が誘導される．周波数特性が良く，両指向性で機械的に弱いため，スタジオなどで吊り下げて使った．

☞リボン・マイクロホン

変圧器（へんあつき）transformer →トランス

変圧器結合増幅器（へんあつきけつごうぞうふくき）transformer coupled amplifier →トランス結合増幅器

変圧比（へんあつひ）voltage ratio

電圧比ともいい，トランスの一次(電源)電圧V_1と，二次電圧V_2の比V_2/V_1．

変位電流（へんいでんりゅう）displacement current

誘電体に直流電圧を加えても電流は流れないが，交流電圧を加えると電流が流れる．この誘電体に流れる電流のこと．

偏位法（へんいほう）deflection method

電気量を測定する際，計測器の指針の振れで測る測定法．指示電気計器による計測の多くはこの方法で，指針を振らすエネルギを奪うため零位法より精度が低い．

☞指示電気計器

ペン書きオシロ（——が——）pen-recording oscillograph

ペン書きオシログラフの略称でペンレコーダともいう．原理は可動コイル形計器の指針の代わりにペンを取り付け，一定スピードで送り出される記録紙(チャート)の上に，電圧などの波形を書く．可動部のトルクが大きく，インクを使うものと使わぬものがあり100Hz位の現象記録をする．

☞可動コイル形計器

ペン書きオシログラフ（——が——）pen recording oscillograph →ペン書きオシロ

変換（へんかん）conversion

パソコン・ワープロでローマ字漢字入力または，かな漢字入力でキー入力した文を変換キー（スペースキー）で，漢字かなまじり文に変える．

変換器（へんかんき）transducer

1．トランスジューサともいい，温度や圧力などを電気量に変える装置．計測，制御，記録などに利用する．センサともいう．

2．周波数変換器やA-D変換器のこと．

☞A-D変換器

変換記号（へんかんきごう）conversion code

コンピュータのプログラムに書くフォーマット文の欄記述子として記入する記号．A, D, E, F, G, H, I, L, Xの各変換で情報の内部表現と外部表現との変換，編集の方法を示す．

☞欄記述子

変換コンダクタンス（へんかん——）conversion transconductance, conversion conductance

コンバージョンコンダクタンスともいう．周波数変換器の信号入力電圧V_1に対する中間周波出力電流I_oの比I_o/V_1のこと．

☞周波数変換器

変換利得（へんかんりとく）conversion gain

コンバージョンゲインともいい，周波数変換器の利得のこと．変換器の出力電圧V_2と入力電圧V_1の比V_2/V_1．変換コンダクタンスY，負荷インピーダンスZとすれば変換利得Gは，

$G = V_2/V_1 = YZ$ 〔dB〕

偏向（へんこう）deflection

一定方向に進む電子や電子ビームの方向を，磁界や電界によって，水平や垂直方向に変えること．垂直偏向，水平偏向の別がある．

☞垂直偏向

偏向感度（へんこうかんど）deflection sensitivity

ブラウン管蛍光面の輝点を1mm移動するのに必要な電圧(流).
1. 静電偏向. 輝点が1mm移動するのに必要な, 偏向板に加える電圧 (V/mm). 2. 電磁偏向. 輝点が1mm移動するのに必要な偏向コイルに流す電流 (A/mm).

偏向コイル (へんこう——) deflection coil

ディフレクションコイルともいい, 電磁偏向用の水平・垂直偏向コイルのこと. 両コイルを一組として偏光ヨークといい, TVブラウン管のネックの部分に外部からはめ込み偏向電流を流す.

☞水平偏向

偏向電極 (へんこうでんきょく) deflection electrode

静電偏向用電極のこと. 静電偏向(計測)用ブラウン管の管内に, 水平偏向用2枚一組, 垂直偏向用2枚一組の合計二組4枚が組み込まれ, 電子ビームを偏向する.

☞静電偏向

偏向板 (へんこうばん) deflection plate

静電偏向形ブラウン管の管内に組み込まれた平行金属板電極で, 水平偏向用と垂直偏向用のおのおの2枚一組の合計4枚からなる. 板の大きさは25〜30mm角位で5mm位の間隔で向き合い, これに偏向電圧を加え, 平行電極の間を蛍光膜に向かって走る電子に, 上下・左右の力を加え偏向する.

偏向ひずみ (へんこう——) deflection distortion, display distortion

ブラウン管の画面に生じるひずみ. 次の(1)〜(3)は静止したひずみであるが, 動くひずみのほうが目立つ.
(1)画面のたて横比のひずみ. (2)ラスタひずみ. 糸巻形, たる形. (3)偏向の直線ひずみ. (4)ハム雑音によるひずみ.

偏向ヨーク (へんこう——) deflecting yoke→偏向コイル

偏差 (へんさ) deviation

自動制御で目標値と制御量の差. 一般に真値や最も確からしい値と実際の値の差, または規定, 指定された値と実際の値の差.

☞自動制御

変成器 (へんせいき) transformer
→トランス

変成器結合増幅器 (へんせいきけつごうぞうふくき) transformer amplifier

増幅器A, Bを変成器で結合すること. 全体の増幅回路は変成器の特性の影響を受け, 増幅度は増えインピーダンス整合は容易であるが, 直線性や周波数帯域幅は狭くなり, 負帰還量を増やすと回路の動作が不安定になる.

変成比 (へんせいひ) transformation ratio

変成器の一次コイルに加えた電圧V_1と, 二次コイルに定格の負荷をつないだときの電圧V_2の比V_2/V_1のこと. 変圧比とか電圧比ということもある.

☞一次コイル

編組線 (へんそせん) braid wire

絶縁電線の外側を, より糸や銅線で編組した電線で, ゴムコードやシールド線(低周波用), 同軸コードなどがこの例で, 銅線編組はアースし外部雑音や誘導を防ぐ.

☞絶縁電線

ベンダ vender

販売店・メーカ・ハードウェアやソフトウェアの販売および維持管理のサービスを行う会社のこと.

変調 (へんちょう) modulation

モジュレーションともいい, 高周波(搬送波)の振幅や周波数, 位相などを, 低周波(情報)信号に応じ変えること. AMやFMなどの方式がある.

☞AM

変調器 (へんちょうき) modulator

変調回路とかモジュレータともいい, コレクタ変調回路やベース変調回路,

へんち

エミッタ変調回路，AMやFM変調回路などがある．搬送波に変調信号を加え，被変調波を出力する回路（装置）．

変調雑音（へんちょうざつおん）
modulation noise

変調に伴い生じる雑音．
(1)回路．無変調時にはなかった雑音が，変調によって出力に生じる雑音のこと．
(2)有線通信．伝送線の雑音が変調によって増えること．伝送線の途中にある増幅器の非直線性や相互変調が原因である．
(3)無線通信．中継装置の非直線性や相互変調などの原因に伴う雑音．
(4)磁気録音．磁気テープに録音し再生すると，テープに存在した雑音以外の雑音を生じることがあり，磁気的非直線性やテープの不規則振動が原因である．

☞雑音

変調指数（へんちょうしすう）
modulation index

モジュレーションインデックスともいい，FM，PMなどの変調の程度を示す．周波数変調指数 m_f ともいい，最大周波数偏移 Δf と信号の周波数 f_s の比．

周波数変調指数 $m_f = \Delta f / f_s$

☞FM, PM

変調周波数（へんちょうしゅうはすう）
modulation frequency, modulating frequency

変調に使う低周波（情報）信号の周波数 f_s のこと．搬送波周波数 f_c とは $nf_s \leq f_c$ の関係にする．nは任意（2～50位）の正の数で，なるべく大きくする．

変調度（へんちょうど）
modulation degree

AMの変調の程度，深さを示す．搬送波の電圧 V_c と信号の電圧 V_s の比 V_s/V_c で，変調率と混用されることがある．

変調度 $m = V_s/V_c$

変調度が1を越えると過変調という．

☞過変調

変調波（へんちょうは）
modulated wave, modulating wave

変調に使う低周波（情報）信号，またはこの信号波のこと．

変調ハム（へんちょう——）
modulation hum

受信機の高周波増幅や周波数変換，中間周波増幅などの回路の信号電圧や電流が，電源に含まれる交流による振幅変調を受け，検波や増幅回路を通り，イヤホンやスピーカに流れると，ブーンという交流音（ハム雑音）を生じる．このハムを変調ハムという．

☞ハム雑音

変調ひずみ（へんちょう——）
modulation distortion

振幅変調の被変調波の包絡線変化が，信号波の振幅変化と一致せず，ひずむこと．このとき検波器の出力波形は，信号波の波形と異なり，ひずみとなる．

☞ひずみ

変調率（へんちょうりつ）
percentage modulation

AMの変調度 $m = V_s/V_c$ の百分率のこと．

$$変調率 M = \frac{信号波電圧 V_s}{搬送波電圧 V_c} \times 100 \ (\%)$$

Mが100%を越えると過変調といい，ひずみが増え占有帯域幅も広がる．

偏波（へんぱ）polarized wave

かたよりより，偏極ともいい，電波の放射電界の方向の種別で，直線偏波，垂直偏波，水平偏波，円偏波，長円偏波（だ円偏波）の別がある．

☞放射電界

偏波性フェージング（へんぱせい——）
polarization fading

電波は電離層を通るとだ円偏波となり，回転方向を反転し受信点につく．電離層の変化で，放射電界の方向と強さが変動するので，垂直または水平アンテナで受けると強さが変動し，フェージングとなる．このフェージングのこと．

☞フェージング

偏波ダイバーシティ受信
(へんぱ――じゅしん)
polarization diversity reception
フェージングを減らす受信法の一種. 電離層で屈折し地球にもどる電波 (主に短波) は, 水平偏波と垂直偏波の合成 (だ円偏波) である. 受信点に水平と垂直のアンテナを置き, 各偏波の電波を別々の受信回路で受け, 各出力を合成する受信法.
☞だ円偏波

偏波面 (へんぱめん)
plane of polarization
電磁波の電界の方向が回転するときに描く面のことで, 電磁波の伝搬方向と直角になる.
☞電磁波

変復調器 (へんふくちょうき)
modulator-demodulator, MODEM
変調器と復調器 (回路) を併せもつ回路 (装置) で, 英字の頭文字をとりモデムと略称する.
☞モデム

弁別器 (べんべつき) discriminator
ディスクリミネータともいう. 周波数弁別器のこと.
→周波数弁別器

ヘンリー Henry
1. 自己および相互インダクタンスの単位で, 記号[H].
2. アメリカ人(1797~1878). 1828年, 絹巻銅線を400回位巻き強い電磁石を作り, 1km離れても鉄を引きつけることを実験で確かめた.「電磁装置の改良」
☞電磁石

ヘンリー毎メートル (――まい――)
henry per meter
ヘンリーパーメータともいい, 透磁率の単位で記号は[H/m].
☞透磁率

変流器 (へんりゅうき)
current transformer
大電流の測定に使うトランスの一種で, 一次側は電流を測る回路に直列に入れ, 二次側に電流計か電力計の電流コイルをつなぐ. 変流比I_1/I_2は, 巻数比N_1/N_2に逆比例するから, $I_1/I_2 = N_2/N_1$の関係があり, $I_1 = N_2 I_2/N_1$となる. N_2/N_1を大きくし小電流計で大電流を測ることができる.

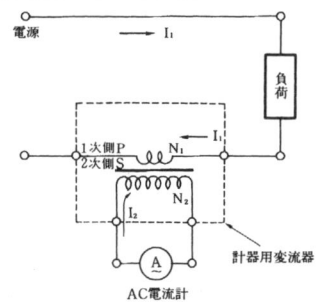

変流比 (へんりゅうひ) current ratio
変流器の一次電流I_1と二次電流I_2の比I_1/I_2で, 巻数比N_1/N_2に逆比例する.

ほ

ボー baud
電信符号のような，2進符号の通信速度の単位．1秒間に送ることができるビット数，または1単位の符号の長さを秒で示したものの逆数．☞通信速度

保安装置（ほあんそうち）
protective device, safety appliance
落雷や混触などの事故や，回路部品の劣化や絶縁破壊などの故障，取扱者や技術者の不注意などによる危険を回避し，装置や機器を保護し，動作の安全を保証する装置．避雷器やヒューズ，ドアースイッチや電磁スイッチ，ブレーカやリレーなどはこの例である．

ボイス・コイル voice coil
スピーカの部品で音声電流に応じて振動し，この振動をコーンに伝え音を発生する．磁界Bに直角方向に導体Aを置き電流Iを流すと，磁界Bと導体Aの両方に直角の方向に力が働きAは移動する．このときIが交流ならAは振動する（図(a)）．この原理から，磁石の磁界の中にボイスコイルを置き，このコイルに音声電流を流すとコイルが音声信号に応じて振動し，この振動をコーンに伝え音を出す．コイルは銅やアルミ線を使い，機械的に強く軽いこと，必要なインピーダンスがあり，電流容量が十分で温度，湿度，経年変化などの影響が少ないことが求められる．

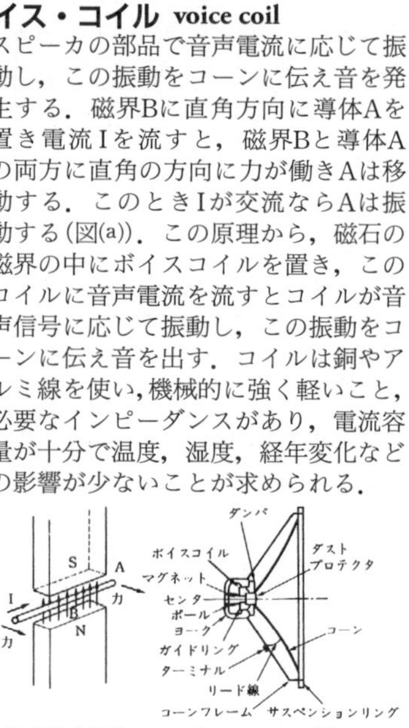

(a) 導体の動く原理　(b) ボイスコイルの構造

ホイップ・アンテナ whip antenna
VHF帯以上の高い周波数で使う半波長や1/4波長のむち形アンテナ．モービル局など移動局用．
☞1/4波長

ホイートストン Wheatstone
1802年イギリスで生まれ，1843年に，10年前にクリスチーが開発したブリッジを測定器としてまとめた．1837年から20年間，電信機の改良や発明に努力し，1858年に自動電信機を発明．1867年にシーメンス，バーレーとそれぞれ別々に発電機を発明した．
☞ブリッジ

ホイートストン・ブリッジ
Wheatstone bridge
抵抗値のわかっている正確な三つの抵抗P, Q, Rに，測定しようとする抵抗Xを図のようにつなぐ．Gは検流計，K_1, K_2はキースイッチ，Bは電池．このような回路をブリッジといい，$X=QR/P$から正確に測定できる．ホイートストンは人名．
☞ホイートストン

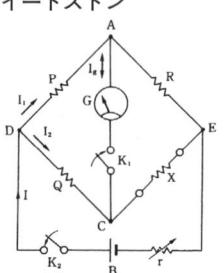

ポインタ pointer
ワープロ・パソコンなどの画面の指示マークのこと．砂時計・矢印・十文字などがある．

ポインティングデバイス
pointing device

コンピュータの画面上に位置を示して操作する入力装置の名称で,マウスやパッドのこと.

☞マウス

ポイント・コンタクト　point contact

点接触のこと.ペレットに金属の細い針を立て,針が1本ならダイオード,50ミクロン位接近して2本立てトランジスタとした.初期に使われた点接触形のこと.

☞点接触形トランジスタ

ポイント・コンタクト・ダイオード
point contact diode

→点接触形ダイオード

ポイント・コンタクト・トランジスタ
point contact transistor

→点接触形トランジスタ

方位アンテナ (ほうい——)
directional antenna

→垂直アンテナ

方形導波管 (ほうけいどうはかん)
rectangular waveguide

断面が方形の中空金属管で,超高周波の伝送に使う.同軸ケーブルのような中心導体がないので,この抵抗による発熱やこれを支える誘電体の軟化と,誘電体損が防げる.aとbの比a/b=2が多く,2aを遮断波長λ_cといい,これより長い波長成分は伝わらない.また,管内速度v_gは光速Cより遅く,

$$C > v_g = C\sqrt{1-\left(\frac{\lambda}{2a}\right)^2}$$

で円形導波管に比べ設計・製作が容易.

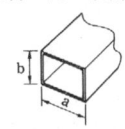

方形波 (ほうけいは) rectangular wave

正方形や長方形の波形で矩形波ともいう.正から負へ急激に変化する部分と,直流のような変化しない部分があり,これを規則正しく繰り返す波形.

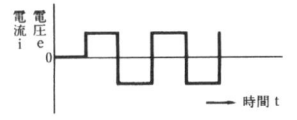

方形波発振器 (ほうけいははっしんき)
square wave oscillator

方形波(パルス)を発生する発振器のことで,マルチバイブレータはこの例である.

☞マルチバイブレータ

方向性結合器 (ほうこうせいけつごうき)
directional coupler

立体回路の一種で,①～②は主導波管,③～④は側管で1/4波長離れた二つの穴で結合している.

①から入った波は④に出て③に出ない
②から入った波は③に出て④に出ない
という特性をもつ.

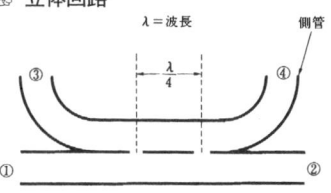

☞立体回路

主導波管

方向探知器 (ほうこうたんちき)
direction finder

指向性の鋭いアンテナを使い,電波の伝わる方向を知ることを方向探知といい,そのための装置のこと.

☞指向性

放射 (ほうしゃ) radiation

熱や光,電波やX線などのエネルギを空中に発射すること.ラジエーションとか輻(ふく)射ともいう.放射にはアンテナなど放射器が必要.

放射インピーダンス (ほうしゃ——)
radiation impedance

アンテナの電流腹部の電圧Vと電流I

の比V/Iのこと．$\lambda/2$アンテナでは給電点インピーダンスと等しく，$Z≒73+j42$〔Ω〕，実数分73Ωを放射抵抗，虚数分42Ωを放射リアクタンスという．

放射磁界（ほうしゃじかい）
radiation magnetic field

アンテナ電流実効値I，アンテナ実効長l，アンテナからの距離r，波長λのとき，P点の磁界強度Hは，

$$H=\frac{Il}{2\lambda r}\sin\theta \quad 〔AT/m〕$$

θはアンテナとP点とのなす角である．$l=(2/\pi)L$，$L=\lambda/2$の関係がありLはアンテナの実長である．$l=\lambda/\pi$となり，最大放射方向で$\theta=90°$，$\sin\theta=1$を代入すれば，Hは，

$$H=\frac{I}{2\pi r} \quad 〔AT/m〕$$

となり，P点における放射磁界となる．

放射抵抗（ほうしゃていこう）
radiation resistance

アンテナの放射電力Pを，アンテナ電流Iが抵抗Rに流れ，消費電力I^2Rに等しいと考え，$P=I^2R$として

放射抵抗$R=P/I^2$ 〔Ω〕

となる．ダブレット・アンテナで約73Ω．

☞ダブレット・アンテナ

放射電界（ほうしゃでんかい）
radiation electric field

アンテナからの距離r，アンテナ電流実効値I，アンテナ実効長l，波長λ，電界強度Eとすれば，P点で

$$E=\frac{60\pi Il}{\lambda r}\sin\theta \quad 〔V/m〕$$

θはアンテナとP点とのなす角である．lはアンテナの実長をLとすれば，$l=(2/\pi)L$で，Lは$\lambda/2$にするので，$l=\lambda/\pi$となり，これを代入すれば，

$$E=\frac{60I}{r}\sin\theta \quad 〔V/m〕$$

となり，最大放射方向で$\theta=90°$，$\sin\theta=1$となり，

$$E=\frac{60I}{r} \quad 〔V/m〕$$

となる．

☞放射電磁

放射電磁界（ほうしゃでんじかい）
radiation field, radiation electromagnetic field

アンテナに加えた高周波エネルギのうち，電波としてアンテナから放射される成分で，その電界を放射電界，磁界を放射磁界といい，両方合わせて放射電磁界という．☞電界，磁界

放射電力（ほうしゃでんりょく）
radiation power

アンテナから電波として放射される電力．アンテナの放射効率A，放射電力P，アンテナ電力をP_aとすればP=AP_aとなる．放射抵抗R，アンテナ電流Iとすれば，

放射電力$P=AP_a=I^2R$ 〔W〕

放射リアクタンス（ほうしゃ——）
radiation reactance
→放射インピーダンス

放射ルミネセンス（ほうしゃ——）
radiation luminescence

ブラウン管蛍光膜や蛍光灯の発光のような温度放射以外の発光現象や放射のこと．☞ブラウン管

放射ローブ（ほうしゃ——）
radiation lobe

アンテナから放射される電波の，距離と方向に対する電界強度の図形で，最大放射を示すものをメイン(主)ローブ，他のものをサイド(副)ローブという．
☞サイド・ローブ

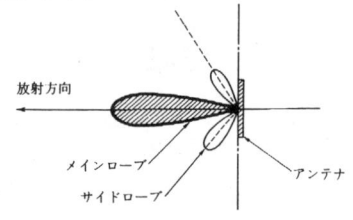

放送 (ほうそう)
broadcast, broadcasting
1. 公衆によって直接受信されることを目的とする無線通信の送信. 2. 国内放送. 国内で受信されることが目的の放送で受託国内放送以外のもの. 3. 受託国内放送. 他人の委託により, その放送番組を国内で受信される目的でそのまま送信する放送. 人工衛星の無線局により行う. 4. 国際放送. 外国で受信されることが目的の放送で中継国際放送以外のもの. 5. 中継国際放送. 外国放送事業者 (外国で放送事業を行う者) の委託により, その放送番組を外国において受信される目的でそのまま送信する放送. 6. 中波放送. 526.5〜1606.5kHzの周波数を使い音声や音響を送る放送. 7. 超短波放送. 30MHz超の周波数を使い音声や音響を送る放送で, テレビ放送以外の, かつ他放送の電波に重ねて放送しないもの. 8. テレビジョン放送. 静止または移動する瞬時的映像や伴う音声・音響を送る放送. 9. 多重放送. 超短波またはテレビの放送電波に重ねて, 音声・音響・文字・図形など映像や信号を送る放送. (1)超短波音声多重放送, (2)超短波文字多重放送, (3)テレビ音声多重放送, (4)テレビ文字多重放送, (5)テレビ・ファクシミリ多重放送などがある. 10. ステレオホニック放送, モノホニック放送がある (放送法第2条・電波法施行規則第2条). 11. 有線ラジオ放送. 区域内の公衆に直接受信される目的でラジオ放送を受信しこれを有線電気通信設備で再送信すること. 12. 有線テレビジョン放送. 有線放送で有線ラジオ放送以外のもの (有線テレビジョン放送法).

放送衛星 (ほうそうえいせい)
broadcasting satellite, BS
地上からの放送電波を増幅して地球に返送し, 地上の各戸で受信する衛星放送用静止衛星のこと. 日本では1978年実験用放送衛星ゆりをNASAから打ち上げ, 現在ゆり3a (1990年, 種子島打上げ) を使用し, NHK (2チャネル) と日本衛星放送JSB (1チャネル) などが放送している. 地上電波を受信, 増幅, 周波数変換する中継増幅器 (トランスポンダ) や, サービスエリアに合わせたビームアンテナは日本電気製で, ロケットエンジン (アポジモータ) は日産自動車が手がけ, 国産化率83%. この他, 各種の検知・測定装置 (センサ) や太陽電池パネル, 姿勢制御用燃料などをもつ.
☞ NASA

放送業務 (ほうそうぎょうむ)
broadcasting service
一般公衆が直接受信する無線電話・テレビジョン・ファクシミリによる無線通信業務のこと.
☞ 無線通信

放送局 (ほうそうきょく)
broadcasting station
放送業務を行う無線局のこと.
☞ 無線局

放送周波数 (ほうそうしゅうはすう)
broadcasting frequency
放送に使われている周波数. BCなどと略称するときは標準放送用電波の周波数帯をさす. ラジオは526.5〜1,606.5kHz, テレビは90〜108MHz (VHF), 170〜216MHz (UHF) を指す.

放送聴取妨害 (ほうそうちょうしゅぼうがい)
broadcasting interference
→BCI

包装ヒューズ (ほうそう——)
enclosed fuse
高圧回路に使う密閉形ヒューズ.

放送法 (ほうそうほう)
昭和25年5月2日制定の法律で, 日本放送協会 (NHK) と一般放送事業者 (民間放送) について定めている. 放送を公共の福祉に合うよう規定し, 健全な

発達を図ることを目的とし，放送の普及や効用，表現の自由などを保障する．

鳳テブナンの定理 (ほう——ていり) Ho-Thevenin's theorem
→テブナンの定理

放電 (ほうでん) electric discharge, discharge
ディスチャージともいう．

1．電池の放電．乾電池などに負荷をつなぎ電流を流すこと．

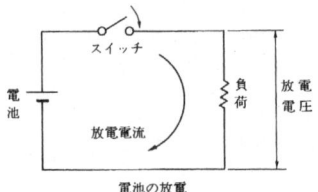

電池の放電

2．コンデンサの放電．コンデンサCと電池BをつなぎスイッチS_1を閉じる．Cに電流が流れ充電され，電荷がたまる．S_1を開き，S_2を閉じると，Cの電荷はRを通して流れ，コンデンサは放電する．

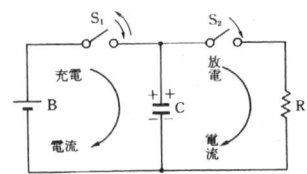

コンデンサの放電

3．気中放電と真空放電．気中放電は気体中の放電で，気体の圧力が数mmHg以下のときは真空放電といい，次の種類がある．(1)火花放電，(2)コロナ放電，(3)グロー放電（真空放電），(4)アーク放電．

☞グロー放電

放電開始電圧 (ほうでんかいしでんあつ) firing potential
真空や気体中で蛍光管やネオン管などが放電を起こす電圧．

放電終期電圧 (ほうでんしゅうきでんあつ) final discharge voltage
蓄電池の放電終了電圧で，定格電圧の85～90%の電圧．

☞定格電圧

放電停止電圧 (ほうでんていしでんあつ) extinction voltage
1．放電が停止する電圧のこと．
2．放電終期電圧のこと．

放電電圧 (ほうでんでんあつ) discharge voltage
1．電池の使用中の電圧．2．コンデンサの放電の際の電圧．3．真空や気体中の放電時の電圧．放電開始電圧，放電持続電圧などがある．

放電率 (ほうでんりつ) discharge rate
放電時間率とか時間率ともいう．十分に充電した蓄電池を，定格内の一定電流Iで放電した際の放電終期電圧になるまでの放電時間．放電率が小さくなる(大電流を流す)ほど容量も小さくなる．

傍熱陰極 (ぼうねついんきょく) indirectly-heated cathode
熱陰極の一種で内部にヒータを入れ加熱する．

☞熱陰極

放熱器 (ほうねつき) radiator
ラジエータとかヒートシンクともいう．パワーダイオードやパワートランジスタなどの熱を発散させるための放熱板．面積が大きいほど放熱効果が大きく，取り付けるとき，接触面にグリスを一様に薄く塗り，接触面のすきまをうめ，熱の伝わりを良くする．

放物面反射器 (ほうぶつめんはんしゃき) parabolic reflector
電波や光，音などを特定方向に集中して反射する放物面反射器．金網や金属

板を使い，マイクロ波用アンテナ（パラボラアンテナ）に用い，指向性が鋭く高利得が得られる．衛星放送受信用アンテナ（BSアンテナ）はこの例である．
☞BSアンテナ

放物面反射器付きアンテナ
（ほうぶつめんはんしゃきつ――）
parabolic reflector antenna
→パラボラ・アンテナ

包絡線 （ほうらくせん） envelope
AMの被変調波の尖頭値をつなぐ線で，エンベロープともいう仮想線．
☞被変調波

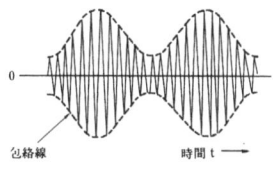

包絡線検波 （ほうらくせんけんぱ）
envelope detection
→直線検波

包絡線検波器 （ほうらくせんけんぱき）
envelope detector
振幅変調された被変調波の包絡線（信号波）を再現するところから名付けられた検波器．ダイオードDの負荷抵抗Rと並列コンデンサC_1の時定数RC_1を，搬送波の周期T_cに比べ大きくすれば，波形㋺がR両端に生じ，この波形中の搬送波分はC_1でアースEにバイパスされ，信号波成分だけが得られる．しかし，この波形は平均値（直流）分を含むのでC_2でカットすれば，出力に波形（信号波形）㋩が得られ，包絡線復調回路ともいう． 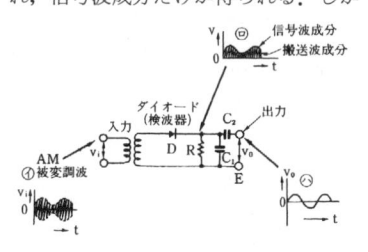
☞検波器

包絡線復調回路
（ほうらくせんふくちょうかいろ）
envelope demodulation circuit
→包絡線検波器

飽和 （ほうわ） saturation
増加する電圧，電流，電力，磁束などが，一定値に達し変化しないこと．

飽和電流 （ほうわでんりゅう）
saturation current
1．電流が電圧や磁束の変化に関係なく一定になること．
2．ダイオードの逆方向電流のことで，電圧に関係なくほぼ一定である．表面の洩れ電流や接合表面近くから熱的に生じるキャリアの電流などのため完全に無関係にならない．
☞キャリア

飽和領域 （ほうわりょういき）
saturation region
トランジスタの出力特性V_{CE}－I_C特性で，ベース電流$I_b=I_c/h_{FE}$より大きなI_bを流す領域のこと．このときエミッタ接合やコレクタ接合は順方向にバイアスされ，正常な増幅作用はない．スイッチング動作では，オン（導通）状態（斜線部）．
☞V_{CE}－I_c

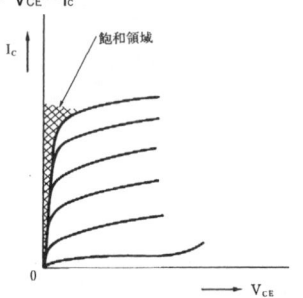

ほけつ

ポケット・ベル pocket bell
個人呼出し用のポケット形無線受信機．呼出しは一般の電話機から受信機ごとに決められた電話番号をダイヤルし，基地局から数局に分け，150M帯の電波を出し，半径20km位をカバーする．この電波を受信すると，ベルを鳴らし呼出しを知らせる．

星形結線 (ほしがたけっせん)
star connection
三相三線式の結線法の一種でスター結線，Y形結線ともいう．

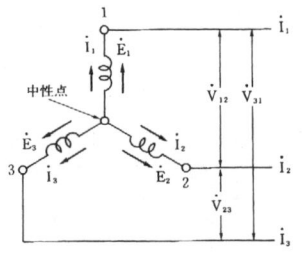

☞ Y結線

ポジショナ positioner
コンピュータに使う磁気ディスク記憶装置で，磁気ヘッドを指定されたトラックの位置に移動させる働きをする装置．

☞ 磁気ヘッド

ポジスタ posistor
ポジティブ・サーミスタのことで，村田製作所の製品名．

ポジティブ・サーミスタ
positive thermistor
正特性サーミスタのことで，温度が上がると抵抗値が増える．チタン酸バリウムにランタンやセリウムなどを微量加え磁器にする．100℃前後で急に抵抗値が増えはじめ，150℃位で1,000倍位になるものがある．構造は円板または角板形のチタン酸バリウムを電極ではさみ，リード線を半田付けし，用途に応じて絶縁材料（エポキシ樹脂）などで表面を覆う．温度検知器，温度制御器，温度補償素子，火災報知器などに使う．

→ 正特性サーミスタ

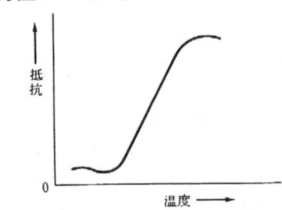

(a) 正特性サーミスタの抵抗－温度特性例

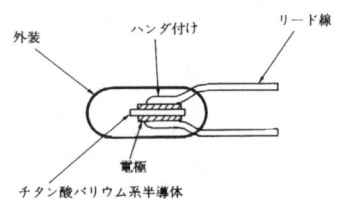

(b) 正特性サーミスタの構造例

ポジティブ・フィードバック
positive feedback
→ 正帰還

ポジトロン positron
陽電子のこと．

→ 陽電子

補助記憶装置 (ほじょきおくそうち)
secondary memory, auxiliary storage
コンピュータの主記憶装置の記憶容量の不足を補う容量の大きなものが使われる．(1)磁気ドラム記憶装置，(2)磁気ディスク記憶装置，(3)磁気テープ記憶装置，(4)磁気カード記憶装置などがある．

☞ 主記憶装置

保磁力 (ほじりょく) coercive force
磁性体にコイルを巻き電流を流すと磁化され，電流を止めても残留磁気がある．これを0にするためそのまま反対方向に加える磁化力H_cのこと．

☞ 残留磁気

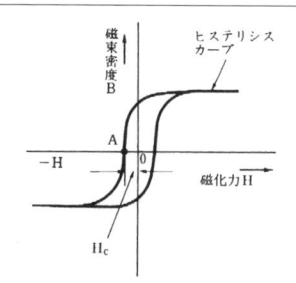

補数 (ほすう) complement

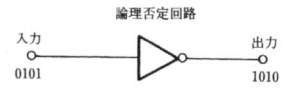

1. 10進法の補数. 10に対する補数と9に対する補数の二種類がある. ある数をA, Aの桁数をBとすれば, Aの10に対する補数は, (B+1)桁の最小数－A, Aの9に対する補数は, B桁の最大数－A.
2. 2進法の補数. 2に対する補数と1に対する補数の二種類がある.

☞2進法, 10進法

2進数の補数

2進数	2に対する補数	1に対する補数
0 0 0	0 0 0	1 1 1
0 0 1	1 1 1	1 1 0
0 1 0	1 1 0	1 0 1
0 1 1	1 0 1	1 0 0
1 0 0	1 0 0	0 1 1
1 0 1	0 1 1	0 1 0
1 1 0	0 1 0	0 0 1
1 1 1	0 0 1	0 0 0

補数器 (ほすうき)

一般のコンピュータでは引き算を補数の足し算で行う. 割り算も同様で, 引く数, 割る数を補数にして加算器に入れる. このひく数, 割る数を補数にする回路を補数器という. 1に対する補数, 2に対する補数の二種類がある.

☞加算器

1に対する補数器

ホスト・コンピュータ host computer

マイコンなど現用機の上位コンピュータ, つまり, ミニコンや大形コンピュータのこと.

☞ミニコン

ポストスクリプト postscript

プリンタの印刷内容を指示するためのページ記述言語のこと. 印刷イメージを指示するための言語として米アドビシステムが開発したが, 現在では業界標準, DTP (デスクトップパブリシング) 業界では事実上の世界標準となっている. 画面表示やプリンタに打ち出す文字の書体を表すデータとして共通のアウトラインフォントを使用しており, メーカや機種を問わずに印刷できる. マルチOS環境に対応している. またプリンタの解像度などに関係なく標準のフォーマットで記述でき, 高品位なプリントが可能になる. 1985年公開され, 最新バージョンはポストスクリプト・レベル3で, PDF (ポータブルドキュメントシステム) の仕様を完全にサポート. しかし高価なことから高級なページプリンタに搭載されるケースが多い. ページ記述言語にはPostscriptのほか, HPのPCL, キヤノンのLIPSなどがある.

☞PDF

ホストネーム host name

1. ネットワークにつながっている, ホストコンピュータの名前. 2. インターネットのWWWサーバの名前

ボーダス voice operated device antisinging, VODAS

英語の頭文字をとりVODASと書き, ボーダスと読む. 無線電話回線で使う反響や鳴音の防止装置の一種で, 国際無線電話に使うが, アマチュア無線など小型機でも使っている.

ポータルサイト portal site

インターネットに接続した際に最初に

ほたん

つながるように設定されたサイトのことをいう.

☞インターネット

ボタン・ステム button stem

真空管で口金を使わぬ種類（mT管など）に使われ，ボタン形のガラスにあし（ピン）を埋め込み各電極にリード線をつなぐ．機械的に強く，高周波特性もよい．

ボタン電話機（——でんわき） key telephone

プッシュホンともいい電話番号を回転ダイヤルを使わず，プッシュボタンを押して選び相手を呼び出す電話機．話す回数の多い相手には，短縮ダイヤルサービスがある．

補聴器（ほちょうき） hearing aid

聴力の低い人が不足を補うために使う音の増幅器．小形マイクロホンで音をひろい，増幅器を通しイヤホンで聞く．電源は乾電池で，小形，軽量，低電力消費にするためIC回路を使う．

ポッティング potting

トランジスタやダイオードの封止をエポキシ樹脂で行う際，硬化剤を充てん剤を混ぜ頭部から滴下し高温の炉中で固めること．

☞ダイオード

ボット Bot

ウイルスの一種．感染パソコンを悪用することを主目的としたmalwareと呼ばれる悪質なプログラム．ボットが自分のPCに感染していると，自分が被害者になるばかりでなく，加害者にもなる．自動的に感染を広げるボットはワームやウイルスに分類される．ボットという言葉はロボット(Robot)に由来．「ゾンビ(Zombie)」や「エージェント(Agent)」などは同義語．

☞ウイルス

ホット・エンド hot end

送信機の共振回路で高周波電位の高いトランジスタ側のこと．送信機の電力増幅回路の出力側につながれたタンク回路で使う．

☞タンク回路

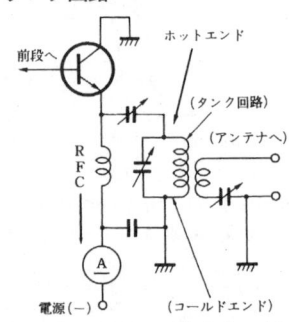

ホット・キャリア・ダイオード hot carrier diode

→ショットキーダイオード

ホット・キャリア・トランジスタ hot carrier transistor

金属ベーストランジスタともいう．ベース部分に金属を使いベース広がり抵抗r_{bb}'を0に近づけ，高周波特性を高めている．金属内電子がキャリアとなりフェルミ・エネルギもきわめて高く，温度に換算すると高温になるためホットキャリアという．

☞フェルミ・エネルギ

ホット・スポット hot spot

大電力トランジスタに大きな電流を流すと，電流が均一に流れず部分的に集まり，その点の温度が昇り，この点のベース飽和電圧V_{BE}が下がり，エミッタ電流はこの点に集まって流れ，ますます高温になる．この一部分に生じる高温の部分のことで，破壊の原因となる．

ポップ pop

マイコンでスタック（レジスタ）からデータを取り出すこと．プルともいい，初期にはスタックはCPUの中にあったが，数に制限がありRAMを使うようになった．

☞スタック

ボディ・エフェクト body effect

近接効果，人体効果ともいう．電子回路で高周波の同調回路などに手を近づけると，動作状態が変化し同調がずれる．これは同調回路の分布容量が変化し，同調周波数が変化するためで，この現象をボディエフェクトという．

ポテンショメータ potentiometer

1．電位差計のこと．2．精度の高い可変抵抗器，また，それで作った分圧回路．アナログコンピュータ，自動制御で使う．回転角のアナログ的検出装置．位置に比例した電圧が容易に得られる．またこのセンサは電源を切ったあと，再度電源を入れて利用しても絶対位置が得られるので絶対位置センサとして利用されている．

☞電位差計

ポート port

インタフェースのことで，コンピュータ本体と周辺機器（ディスプレイ・プリンタ・キーボードなど）を接なぎ合わす部分の電子回路のこと．

☞インタフェース

ホトSCR photo SCR

ライトアクチベーテッドスイッチとかLASともいう．SCRと同じ構造で，ゲートに光が当たると導通するよう窓がある．光の検出や近接スイッチ，カウンタに使う．

☞SCR

ホト・エッチング photo etching

シリコントランジスタの製造工程で，表面を酸化膜でおおい，不要部分の膜を溶かし除く作業．(1)清潔に保たれたペレットの表面に酸化膜を作り，その上にホトレジストを塗りよく乾かす．(2)必要な図形を設計しマイクロ写真にとり，その乾板をマスクにしペレットに重ねる．(3)マスクの上から紫外線を当てる．(4)現像液に入れ，ホトレジストを乾板のパターンに従いはぎ取ると，その部分だけペレット表面の酸化膜が露出する．その酸化膜を取り除きシリコン表面に拡散などの加工を加えて別の領域を作る．トランジスタの製造を通して，加工が不要な部分は常に酸化膜でおおう．酸化膜は化学薬品に強いので，ペレットの表面をつねに清潔に保ち，製造後の特性の劣化を防ぎ，安定度や信頼度を上げる．このようにホトレジストを使って進める工程を，ホトエッチングとか写真蝕刻という．

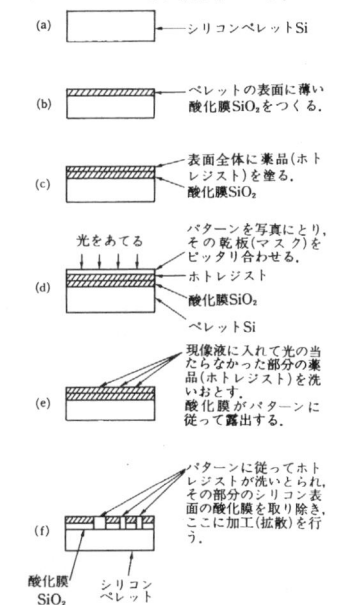

(a) ──シリコンペレットSi

(b) ──ペレットの表面に薄い酸化膜SiO₂をつくる．

(c) ──表面全体に薬品（ホトレジスト）を塗る．／酸化膜SiO₂

(d) 光をあてる／パターンを写真にとり，その乾板（マスク）をピッタリ合わせる．／ホトレジスト／酸化膜SiO₂／ペレットSi

(e) ──現像液に入れて光の当たらなかった部分の薬品（ホトレジスト）を洗いおとす．酸化膜がパターンに従って露出する．

(f) ──パターンに従ってホトレジストが洗いとられ，その部分のシリコン表面の酸化膜を取り除き，ここに加工（拡散）を行う．

酸化膜SiO₂／シリコンペレット

ホトカプラ photocoupler, photo-coupler

発光ダイオードLEDとホトダイオードやホトトランジスタを向き合わせ一対としたデバイスのこと．入力信号をLEDで光の変化（光信号）に変え，ホトダイオードで受けもとの電気信号に変える．入力と出力の回路は電気的に分離され，両回路をつなぐアース（共通線）が不要となる．また，雑音に強

ほとさ

いため雑音防止対策となる．なお出力電流I_oと入力電流I_iとの比I_o/I_iを電流伝達率という．☞デバイス

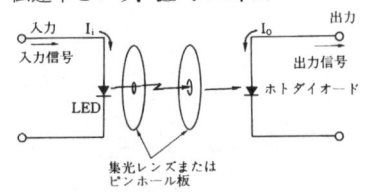

ホト・サイリスタ photo thyristor
→ホトSCR

ホト・セル photo cell

光導電セル，光電池ともいう．鉄など金属と，セレンなど半導体を貼り合わせ，光を当てると起電力が発生する．積層光電池ともいい，半導体にセレンを使うとセレン光電池，亜酸化銅を使うと亜酸化銅光電池という．ゲルマニウムやシリコンも起電力を発生する．光を当てると自由電子と正孔が発生し，PN接合による電界でP形部分に正孔が，N形部分に電子が集まる．このため両端の電極に電圧が生じる．図はシリコン光電池で太陽電池ともいい，N形のほうは厚みが0.5mm位，P形のほうは千分の1mm位で，直径は20～30mm位．表面に光の反射防止膜を蒸着し効率を上げている．これを3個ずつ3列に並べ9個まとめて直列につなぎ，透明プラスチックのケースに入れたものをモジュールという．1個あたりの出力電圧は，無負荷のモジュールで約5V位で，高い電圧が必要のときは必要数だけ直列にし，大きな電流が必要のときは必要数だけ並列にして使う．無人灯台，無人中継器，浮標灯，ラジオや時計，人工衛星やロケットの電源に使う．

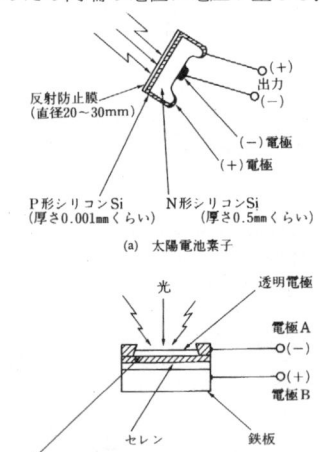

☞モジュール

ホト・センサ photo sensor

光検出器とか光検波器，光センサともいう．

☞光検波器

ホト・ダイオード photo diode

光を電気に変える変換素子．PN接合に逆方向バイアスを加え，逆方向電流を流す．これは電圧に左右されない数μAの飽和電流で，暗電流ともいう．接合部に光を当てると，逆方向電流が増加し，これを光電流という．接合部付近の空乏層に光のエネルギが与えられキャリアが発生し，電子はN層に，ホールはP層に移り電流となる．このため，負荷抵抗R_Lに流れる電流Iは光の量に応じ増減する．増幅作用がないため感度が低く，周囲温度によって逆方向電流は増減するので，入射光の変化と区別するため，光源や回路を工夫する．

☞暗電流

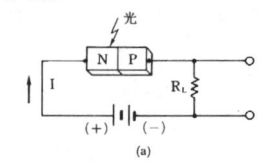

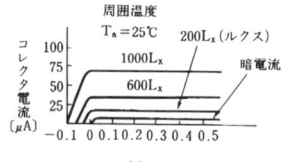

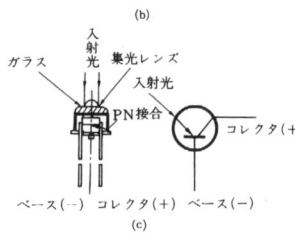

ホト・トランジスタ photo transistor

PNP接合にエミッタEとベースBとコレクタCの三つの電極を付け，ベースからリード線を出すものと出さぬものとがある．ベースリードのないときは，外観と動作原理はホトダイオードと同じで，増幅された光電流はコレクタより流れ出る．小型で軽く，赤外線にも感度があり，赤外線通信や赤外線警報器，写真電送やトーキーの再生などに使う．☞コレクタ

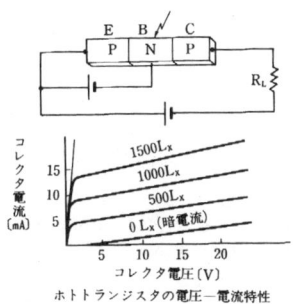

ホトトランジスタの電圧－電流特性

ボトルネック bottleneck

障害の意味であり，コンピュータが働く時の何らかの障害になる点のこと．コンピュータのような高機能高性能電子装置は多くの付属装置をもち，これ等の各装置は多数の電子回路から成り，多くのLSIで構成される．それ等の内のどれか一つの働き・性能が低くても，コンピュータ全体の働きに影響し，障害となるということ．
☞LSI

ホト・ルミネセンス photo luminescence

物質に光を当てた際，その物質が与えられたエネルギを，光として外部に放出する（発光する）現象のこと．

ホト・レジスト photo resist

半導体やその酸化膜などを，部分的にエッチングする酸性液に強い（耐酸性の）感光剤．エッチングする表面にこれを塗り，上に写真のネガに相当するマスクをかけ光を当てる．薬品で洗い，マスクで光の当たらない部分を溶かし，光の当たった部分は残る．酸に強いので，強い酸性液で処理しても感光剤の残っている部分はそのままで，光が当たらなかった部分の酸化膜を溶かして取り除く．使った感光剤をホトレジストという．☞エッチング

ボビン bobbin

絶縁物で作られたコイルの巻枠のこと．丸形・角形がある．

ホームVTR home VTR

家庭用VTRのことで，1975年にソニーがベータ方式を，1976年に日本ビクターがVHS方式をおのおの発表し国産製を2分し，EIAJの統一規格品となった．さらに8mmも普及し，これら3方式が主流である．
☞ベータマックス，VHS，8ミリビデオ

ホームオートメーション home automation

家庭内の電化製品・通信機類の効率的制御で無理・無駄のない運転・動作，節電，費用軽減・家庭生活の利便性や安全性の向上などを図るシステムのこと．

ホームシアター home theater

家庭で映画館のような大画面と迫力あ

る音響が楽しめるAV装置．厳密な定義はないが，一般的にディジタルテレビやプラズマテレビ，液晶プロジェクタなど大画面テレビにDVDプレーヤ，AVアンプ，スピーカシステムなどを接続して，マルチチャンネルで再生するAV装置をいう．☞AV

ホームページ（HP） home page
インターネットのwwwサービスで情報提供者が，ブラウザで示す最初のページ，または起動時に示されるwebページのこと．その他は全てwebページと区別する．今ではブラウザで示す全ページをホームページという場合が多い．内容はコンテンツといい，HTML言語で作る．ブラウザはwebページを見るためのアプリケーション．
☞HTML
→インターネットホームページ

ポリアミド樹脂（――じゅし）polyamido resin
アミド結合－CO－NH－をもつ合成高分子で，たわみ性，吸湿性，染色性がありナイロン繊維や電線被覆に用いる．

ポリウレタン樹脂（――じゅし）polyurethane resin
ウレタン結合－NHCOO－をもつ合成高分子で，原料はウレタンゴムや塗料に使われる．

ポリエステル樹脂（――じゅし）polyester resin
各種のプラスチックのベースとして使い，湿気に強く機械的強度があるため，磁気テープに用いる．エステル結合－CO－O－をもつ高分子物質．

ポリエチレン polyethylene
絶縁抵抗が大きく，水分を吸いにくい誘電率の小さな優れた絶縁物．やわらかく構造材料には向かないが，電線被覆に使う高周波用絶縁材料．

ポリ塩化ビニル（――えんか――）polyvinyl chloride
塩化ビニルが原料でPVCともいい，樹脂や繊維にし絶縁材料や各種の成形品，電線被覆に使う．

ポリカーボネート polycarbonate
耐熱性，耐衝撃性のある透明な絶縁物で，電気部品や機械部品，日常品にも使う．ホスゲンとビスフェノールの合成によるポリエステル．

ポリクリスタル polycrystal
多結晶のことで，物質が結晶質の場合，一かけらの中に結晶軸の乱れがあったり，結晶軸方向が異なるものを含む場合のこと．
☞多結晶

ホリスタ Hallistor
→ホール効果

ポリスチレン polystyrene
→ポリスチロール

ポリスチロール polystyrol
ポリスチレン（polystyrene）ともいい，吸湿性やtanδ，誘電率などは小さく，絶縁抵抗が大きい．機械的強さはないが高周波誘電損が低く，高周波絶縁物として優れている．
☞絶縁抵抗

ホリゾンタル・アンテナ horizontal antenna
→水平アンテナ

ホリゾンタル端子（――たんし）horizontal terminal
ブラウン管オシログラフの水平軸用端子のこと．リサジュー図形を書かせるときなどに使う．
☞リサジュー図形

ポリ・バリ polystyrene variable condenser
→ポリバリコン

ポリ・バリコン polystyrene film variable capacitor
バリコンの電極間にはさむ誘電体に，ポリエチレンやポリスチレンを使い，ポリバリコンという．小形にできるのが特徴で，ポータブルラジオや小形通信機に使われ，半固定形はトリマコン

デンサという．ポリバリコンは絶縁抵抗が100MΩ以上，Qは500以上と電気的特性がよく，構造も丈夫で，シングル形，二連形，三連形，AM用，FM用などがある．

☞トリマ・コンデンサ

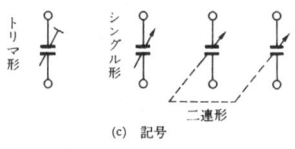

(a) ポリバリコン外観例　(b) トリマ（四連形）コンデンサ外観例

トリマ形
シングル形
二連形

(c) 記号

ポリマ polymer
重合体ともいい，熱・光・触媒作用で線状や網状に連なり合い（重合して）できた高分子のこと．

ボリューム volume
1．オーディオアンプなどの信号レベルや音量，またはその調整つまみ．
2．一つの単位として，取り付けたり取りはずしたりできる記憶媒体．例：個々の磁気テープまたはディスクパック（JIS・情報処理用語）．

ボリューム・コントロール volume control
ボリュームは音量のことで，ラジオなどの音量を調整すること．主に可変抵抗器が使われ，カーボンなどの抵抗膜の上を可動片を移動させ抵抗を変える．回転式やスライド式がある．

ホール hole
正孔（せいこう）ともいう．原子の中の電子は核を中心にして，規則的に一定軌道を回り，外部から十分なエネルギを与えると，電子と核の引き合う力のバランスが破れ，電子は原子から飛び出し自由になる．中性だった原子から，（－）電気の電子がぬけたあとに（＋）電気の穴ができる．このぬけ穴のこと．

☞電子

ホールIC Hall IC, Hall integrated circuit
ハネウエル社（米）が名付けたIC化ホール素子の略称．外形は5mm角で厚さ3mm以下の板状で，磁界を加えやすいように薄く作る．内部は1mm角ぐらいのシリコンチップにホール素子と増幅や制御用回路を組み，4本のリード線のうちの2本は電源用，他の2本は正と負極性の出力電圧用．出力電圧は正孔や電子の移動度に比例するため，ホール素子単体に比べ温度特性を一定になるよう設計できる．キーボード用スイッチや位置変化・速度・回転など物理量を電気量に変換するのに使う．

☞電気量

ホール移動度 （――いどうど）
Hall mobility
導電率σとホール定数Kの積で表し，移動度の次元をもつ．

☞ホール効果

ホール起電力 （――きでんりょく）
Hall electromotive force
→ホール効果

ホール係数 （――けいすう）
Hall constant →ホール効果

ホール効果 （――こうか） Hall effect
半導体を磁界Hの中に置いて，Hと直角の方向に電流Iを流すとHとIの両方に直角の方向に起電力（電圧）Vが生じる現象．発生するVはホール電圧と呼び，磁界Hの強さや電流Iの大きさ，H方向の半導体の厚さTとに関係する．

$$V = K\frac{HI}{T} \quad [V]$$

Kは物質によって定まる比例定数で，ホール定数とかホール係数という．この効果は1879年ホールによって発見され，磁界や電流，電力などの検出に用いたり，ホール発電器（ホールジェネレータ）を磁束計やマイクロ波電力計などに応用する．ホール効果を生じる半導体片

619

ほるこ

をホール素子とかホリスタという．

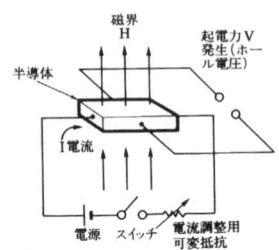

ホール効果素子（——こうかそし）
Hall effect device
ホール素子のこと．

ホール・ジェネレータ
Hall generator
→ホール効果

ホール素子（——そし）**Hall device**
→ホール効果

ホルダ holder
支持器や保持器のこと．ヒューズホルダやランプホルダ，電池ホルダなどはこの例である．

ボルタ Volta
1．起電力，電位差（電圧）の単位で〔V〕と書く．ボルタ（人名）よりとった．
2．1745年イタリアに生まれ，1772年検電器を発明し，1799年電池を発明．静電気から動電気の時代を作った．

ボルタ電池（——でんち）**Voltaic cell**
1815年ボルタが70歳のとき改良した電池．コップの中に希硫酸（H_2SO_4）を入れ，電極の亜鉛板Znと銅板Cuを立てた電池．
☞電極

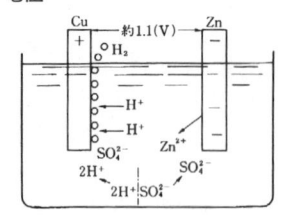

ホール蓄積効果（——ちくせきこうか）
hole storage effect

ダイオードに図(a)の④のような正弦波交流電圧を加えると，回のような波形の電流が回路を流れる．電圧の向きが急変する場合，実際のPN接合形ダイオードは，かなり大きな逆方向電流I_Rが流れる．図(b)において④は理想的なダイオードの特性，回は加わる電圧の方向が急に逆になった瞬間，大きなI_Rが流れ，2〜3μs（1μsは百万分の1秒）の間に徐々に小さい逆方向電流になる．すぐに電流が減らない現象をホールストレージ効果とかホール蓄積効果という．順方向動作のとき，P側からN側へホールが，またN側からP側へ電子が移動し，電圧の逆転で注入（移動）された多数のキャリア（ホールや電子）によってごく短時間だけ電流I_Rが流れる．ホール蓄積効果は高周波用やスイッチング用には具合が悪く，なるべく少なくするため，キャリアがあ

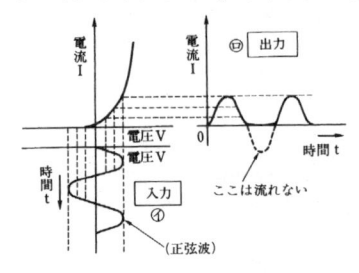

(a)ダイオードの入力—出力波形

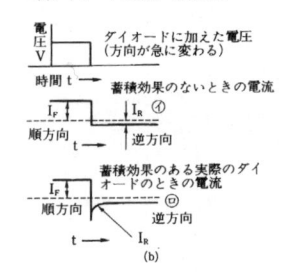

(b)

ほ

まり蓄積しないよう比抵抗の低い半導体材料を使ったり，銅や金をわずか加えたりしてキャリア同士の結合(消減)を早める．☞**キャリア**

ボルツマン定数（——ていすう）
Boltzmann's constant

エネルギを表すとき，絶対温度と比例定数で示すが，この比例定数をボルツマン定数といい，1.380×10^{-23}〔J/K〕である．☞**絶対温度**

ホール定数（——ていすう）
Hall constant →ホール効果

ボルテージ・ドロップ voltage drop
→電圧降下

ホール電圧（——でんあつ）
Hall voltage →ホール効果

ホールト halt
マイコンで何の処理も行わず，プログラムカウンタの進むのを止めること．大部分のマイクロプロセッサには，CPUのホールト入力端子がある．

ボルト volt
電位，電位差(電圧)，起電力の単位で記号〔V〕で示す．1アンペア〔A〕の電流が，1オーム〔Ω〕の抵抗の両端に生じる電圧が1〔V〕である．☞**電位**

ボルト・アンペア volt ampere
交流の皮相電力の単位で〔VA〕と示す．1ボルト〔V〕の電圧に，1アンペア〔A〕の電流が流れたとき，1〔VA〕という．☞**皮相電力**

ボルト毎メートル（——まい——）
volt per meter
ボルトパーメータともいい，電界の強さを示す単位で〔V/m〕と書く．+1クーロン〔C〕の荷電に，1ニュートン〔N〕の電気力が働く電界を1〔V/m〕という．

ホール発電器（——はつでんき）
Hall generator →ホール効果

ホルマル線（——せん）formal wire
ポリビニルアルコールとホルムアルデヒドを原料とする合成樹脂(PVF)を，塗料として銅線に焼きつけたエナメル線．被膜はこすれてもはがれにくくコイルの巻線に使う．最高使用温度は90℃で絶縁性も優れている．

ホログラフィ holography
レーザ光線を使った立体画像のこと．記録密度が高くコンピュータのメモリや縮小記録用マイクロフィルム(マイクロフィッシュ)の代り，立体写真などに使う．被写体にレーザ光線をあて反射する信号波と，鏡で反射させた参照波を乾板上に重ねると，ホログラムという干渉縞(縞模様)ができる．これをフィルムに記録する．この乾板に参照波を当てると被写体の像が立体的に浮かぶ．フィルムに記録したものを再生するときは，記録に使った参照波と同一の光をフィルムにあて，干渉縞の作用で物体を空間に立体的に再生する．光源はコヒーレントな光が必要で，基本原理は1942年に発明された．

1．見る位置が限られ，2．室内を暗くする必要があり，3．レーザ光は眼に有害である．など留意点もあるが，人体組織を切開せず内部の状態を立体的に見る(診察する)ことができる．
☞**レーザ，コヒーレンス**

ホログラム素子（——そし）
hologram element
プラスチックの表面にホログラムパターンを持った素子で，最近の光ヘッドによく使われ，光の回折を制御し，サーボ誤差信号の検出，NA変換などの機能を光ヘッドにもたすことができ

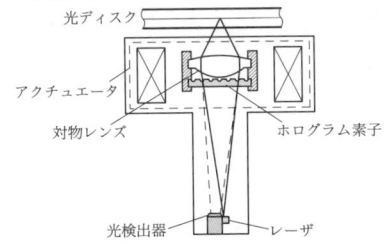

る．図に示すホログラム素子は，レーザの光ディスクからの反射光を回折し，レーザと一体に構成した光検出器にサーボ誤差信号を供給する．

ホーロー抵抗器 (——ていこうき)
enameled resistor
ホーローびき抵抗器ともいい，固定抵抗器の一種で電力形被覆巻線抵抗器のこと．セラミック筒にニクロム線を巻き，両端をリード線か端子に溶接し，500℃くらいに加熱し表面にうわ薬を一面にふりかける．これを炉に入れ焼き上げる．これを数回繰り返し，ホーローがけをする．温度が350℃位高くなっても使え，定格電力が同じならカーボン抵抗より小形になり，抵抗値が正確で，最も安定で信頼度が高く大電力用が作れるが，大形となり周波数特性が悪く，高価になる．

ボロメータ bolometer
抵抗値の温度変化を利用し，小粒のビートサーミスタや太さ数μmの白金線のバレッタなどをブリッジに組み，マイクロ波を流すと，温度が上がりブリッジのバランスがくずれる．この抵抗値を正しく測り，マイクロ波電力を測る装置．☞マイクロ波電力計

電極／白金線 太さ数μm／絶縁体
(a) バレッタ

バレッタ
μ波 測定電力
バレッタ
R, R_1, R_1, 直流電源, S スイッチ, r 可変抵抗, G, A 電流計 I_D, I_A

バレッタマウント（インピーダンス整合回路）

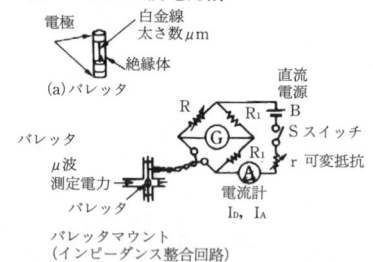

ボロメータ電力計 (——でんりょくけい)
bolometer power
直径数μmの白金線を抵抗として使うバレッタを，ブリッジの一辺に組み，直流でバランスをとり，このときの電流をI_Dとする．バレッタマウントにマイクロ波の電力を加えると，バレッタの抵抗が変化しブリッジのバランスがくずれるので，可変抵抗rを変えバランスをとり，このときの電流をI_Aとすれば（前項「ボロメータ」の図参照），マイクロ波電力Pを計算できる．

$$P = \left(\frac{R_1}{R_1+R}\right)^2 R (I_D{}^2 - I_A{}^2) \quad [W]$$

バレッタの代わりにサーミスタを使うこともあり，100mW以上では電力分割器(分岐回路)でレベルを下げて測る．☞バレッタ

ホワイト・ノイズ white noise
白色雑音ともいい，広い周波数帯にわたり一様に分布し，白色光に似ることから名付けられた．雑音の標準に使うことがある．☞雑音

ホワードAGC forward AGC, forward automatic gain control
順方向AGCともいい，音声のときは検波出力の，映像のときは映像増幅回路の出力の一部を，前段の中間周波増幅回路の入力側にもどし，アンテナからの入力信号の強弱の変化があっても，常に一定の音声出力やコントラストが得られるように，自動的に利得を制御(AGC)する．音声の場合，中間周波増幅回路の順方向バイアスを増やし，コレクタ電流I_Cやエミッタ電流I_Eを増加させ，利得Gを下げる．I_Eが増えたときGを低下させるように設計したトランジスタを使う．☞AGC

ホーン horn
英語で角(つの)，つの笛の意味．
1．ホーンスピーカ．普通のスピーカと同じ磁気回路にホーンをつけたスピーカ．
2．電磁ホーン．つの笛形のマイクロ波用アンテナ．☞スピーカ

ホン phon
音の大きさを示す単位で，1kHzの純音の強さと比べ，同じ大きさに聞こえ

る純音Aのデシベル〔dB〕値で示す．

$$20\log_{10}\frac{A}{0.0002} \quad 〔dB〕$$

ホーン・アンテナ horn antenna
→ホーン・リフレクタ・アンテナ

ホーン・スピーカ horn speaker
コーンスピーカと同じドライバユニットに，ホーンを付けたスピーカのこと．ホーン形には円すい形，パラボラ形，ハイパボリック形などがある．

ボンディング bonding
トランジスタの電極に細い金線を溶接すること．

ボンディング・パッド bonding pad
半導体のペレットとワイヤをボンディングするための，アルミニウムなどの金属の蒸着被膜の部分のこと．

ボンディング・ワイヤ bonding wire
トランジスタやICのステムやリードフレームなどと，ペレットのボンディングパッドをつなぐ細い線．材質はアルミニウムAlか金Auで，直径20μmくらい，大電力用では200μmくらい．

ボンド形ダイオード（――がた――）bonded diode
ゴールドボンドダイオードのこと．受信機の検波用ダイオードは，ゲルマニウムのポイントコンタクト形で機械的ショックや振動に弱く，電気的特性も良くない．この改良のためゲルマニウムのペレットに金線を溶接し，機械的に強化し安定化した．構造もPN接合形に近づき，電気的特性も順方向特性が改善された．電極面積が増え，内部容量が増加した．値段は金線を使うため高くなる．あまり高い周波数には向かず，パルス回路のスイッチング用に使う．

☞パルス回路

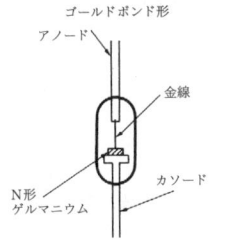

ホーン・バッフル horn baffle
ホーンを取り付けたスピーカボックスのことで，再生音の低域特性を改善する．

☞スピーカ

ホーン・バンド phone band
→フォーン・バンド

ポンピング pumping
低いエネルギレベルにある電子，原子，分子を高いエネルギレベルに上げることを励起，エキサイティング，ポンピングなどという．エネルギの高まった電子がもとのレベルにもどるとき，両方の差のエネルギを光のかたちで放出する．

☞エネルギ・レベル

ホーン放射器（――ほうしゃき）horn radiator
→電磁ホーン，放物面反射器

ホーン・リフレクタ・アンテナ horn reflector antenna
導波管の先に電磁ラッパを付け，その先端を放物面反射器にしたマイクロ波用アンテナ．広帯域，高利得，高効率でサイド・ロープが少なく，どの偏波にも使える．大形となり強度や精度，雨の浸入などの配慮が必要である．

☞サイド・ロープ

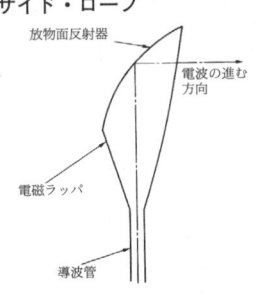

マイカ mica
雲母（うんも）ともいい天然から産出される鉱物の一つで，薄くはぎとることができる．熱に強く高周波の損失も小さい優れた絶縁物で，電気材料に使われるものは白雲母と金雲母．白雲母は無色透明，最高使用温度は550℃で絶縁性が最も高くコンデンサや電子管の絶縁材料に使う．金雲母は，白雲母より絶縁性は劣るが1,000℃まで使え，電気器などの絶縁材料に使う．

☞絶縁材料

マイカ・コンデンサ mica capacitor
電極間の誘電体にマイカを使ったコンデンサで，容量を増すためマイカの薄板とアルミの電極を積み重ねる．しめつけ不良による不安定や特性のバラツキを防ぐため，マイカ板の上に銀電極を焼き付け，シルバード・マイカ・コンデンサという．天然マイカは特性が優れ，寿命も長く安定で標準コンデンサに使う．磁器やプラスチックフィルムのコンデンサの性能向上と，大量生産で安価なためマイカコンデンサの用途は通信用・測定器用に限られる．高周波での損失が少なく，小容量が多い．容量が大きくなると高価になる．

☞コンデンサ

マイカナイト Micanite
マイカの小さなかけらや，はがしマイカを，セラックなどの接着剤で貼り合わせたもの．アメリカの商品名で，天然では大形のものが得がたいために行う．

マイカレックス micalex
くずマイカの粉と，ほう酸鉛などの低温で溶けるガラスの粉を約2：1の割合で混ぜ，700℃の温度で溶かし金属の型に入れ，圧力を加えて一定の形にする．できた製品は400℃位の熱に耐え，機械的に強く，絶縁性も優れている．天然に大形のマイカが得がたいために行う．

マイクロ micro
1．SI（国際単位系）で百万分の1，10^{-6}を示す接頭語で記号は$[\mu]$．$1\mu A$は0.000001 [A]．

2．非常に小さい，小形のものを示す形容詞でマイクロウェーブやマイクロモータなどがその例．

☞SI

マイクロ・アロイ・トランジスタ micro alloy transistor
マイクロ合金接合トランジスタとか頭文字をとってMATともいう．アメリカのフィルコ社で作られた表面バリア形（SBT）の改良トランジスタ．SBTは高周波特性が優れているが，熱的に不安定で高温で保存すると信頼性が下がる．これを改善し大量生産した．SBTの工程でめっきをした後，高温にし，めっきのインジウムを溶かし，ゲルマニウムとの間にごく薄い合金層を作る．電気的特性は合金形に似るがベースの幅が薄いので遮断周波数$f\alpha_b$が100MHz位になる．コレクタ耐圧は6〜10V位と低めで，エミッタ耐圧は高く，スイッチング時間は短い．

☞SBT

マイクロウェーブ microwave
極超短波，マイクロ波，μ波とも表す．周波数1G〜3THz，波長0.1〜300mm位で，UHF〜EHF帯の総称．電波は光のように直進し伝わる範囲は見通し距離内のため，遠距離なら同一周波数が使え，アンテナの指向性を鋭くし利得

を高め秘密性を保つ．占有帯域幅は広くとれ，FM, PM, 多重通信ができる．ガンダイオード，バラクタダイオード，インパットダイオードにより局部発振，変調，増幅，逓倍を行う．低雑音や電力用のマイクロ波トランジスタも作られ，回路は導波管を使い，共振器に空胴共振器を使う．アンテナは電磁ラッパやパラボラアンテナなど立体回路となる．レーダ，TV, 長距離電話の中継などに使う．

☞電波の区分

マイクロウェーブ・アンテナ
microwave antenna

マイクロ波では次のような開口面アンテナが多い．(1)電磁ホーン（電磁ラッパ），(2)パラボラアンテナ，(3)ホーンレフレクタアンテナ，(4)スロットアンテナ，(5)カセグレンアンテナ，(6)電波レンズ．

☞アンテナ・パターン

マイクロウェーブ・ダイオード
microwave diode

マイクロ波回路用ダイオードで，送信機の変調器や受信機のミクサにシリコン点接触形やガリウムひ素を使った低雑音形，ゲルマニウム点接触形を使う．高周波特性や微小レベル特性の向上に比抵抗の低い半導体材料を使い，逆耐圧は数V以下で立体回路に適すカートリッジ形がある．最近はインパットやトンネル，ガンなどのダイオードを使う．☞ダイオード

マイクロウェーブ中継方式
（——ちゅうけいほうしき）
microwave relay system

マイクロ波の電波の伝搬は見通し距離内のため，50〜100kmごとに中継所が必要で，次の中継方式がある．
(1)直接中継方式．送，受信周波数をずらし増幅する．(2)ヘテロダイン中継方式．70MHz位に変え増幅する．(3)検波中継方式．検波，変調，増幅を行う．

マイクロウェーブ通信方式
（——つうしんほうしき）
microwave communication system

マイクロ波を使った通信方式で，次の特徴がある．
(1)帯域が広くTVなど広帯域信号の通信に使え，多重通信ができる．(2)アンテナが小形で鋭い指向性が得られ高利得にできる．(3)(2)の理由から送信機出力は小さくできる．(4)電波は直進し見通し距離内に伝わるため遠距離なら同一周波数を使っても混信しない．(5)多重通信は有線に比べ経済的である．(6)電波の伝わる途中に高く大きな建物があると通信の質の低下や通信不能となる．(7)遠距離に伝えるには多くの中継所が必要となる．

☞通信方式

マイクロウェーブ電力計
（——でんりょくけい）
microwave wattmeter

低レベルの電力計にボロメータがあり，高レベル電力計には，水負荷方式のカロリメータ法がある．水に電力を吸収させ，その温度上昇から計算で求める方式で水負荷電力計ともいう．

☞ボロメータ

マイクロ・エレクトロニクス
micro electronics

トランジスタやICと共に使う抵抗やコンデンサが小形になり，衛星・軍事・医療などの各先端分野のニーズに応じて各種の超小形化が進んだ．これら超小形化技術の総称で，さらに超小形・軽量・高信頼性・経済性・量産性が求められている．

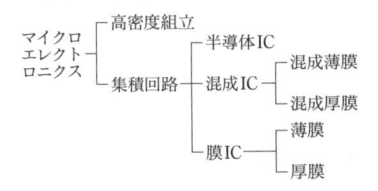

```
                 ┌─ 高密度組立
マイクロ         │                    ┌─ 半導体IC
エレクト ────────┤                    │              ┌─ 混成薄膜
ロニクス         ├─ 集積回路 ────────┤─ 混成IC ────┤
                 │                    │              └─ 混成厚膜
                 │                    │              ┌─ 薄膜
                 └──────────────────── └─ 膜IC ─────┤
                                                      └─ 厚膜
```

まいく

マイクロ・カセット micro cassette
1970年オリンパス光学工業が発表した小形（50×33×8mm）カセットテープを使う磁気録音装置．テープ幅3.8mmで2トラック，テープ速度2.4cm/sで，60分録音再生ができる．留守番電話やヘッドホンステレオに使う．
☞カセット・テープ

マイクロ合金接合トランジスタ
（――ごうきんせつごう――）
micro alloy transistor
→マイクロ・アロイ・トランジスタ

マイクロコンピュータ
microcomputer →マイコン

マイクロスイッチ microswitch
小さな力で動作する小形スイッチで，動作速度が速く長寿命で，自動ドアの開閉用や自動制御装置などに使う．次のような特徴がある．(1)小さい力で動作する．(2)動作が速い．(3)小形で大容量．(4)長寿命で信頼性も高い．(5)長期間，特性が変化しない．JISでは，Z形，A形，V形，W形，S形などがある．低い電圧の回路では接触不良，高電圧回路では接点が溶着しやすい．
☞スイッチ

マイクロソフト Microsoft
1975年創立米・ソフトメーカ．MS-DOSで始まりウインドウズで世界的に有名になった．
☞ウインドウズ

マイクロ・ドリフト・トランジスタ
micro drift transistor
マイクロアロイディフューズベーストランジスタともいい，その頭文字をとり，MADTともいう．アメリカのフィルコ社の商品名でゲルマニウムペレットの不純物の量をコレクタ側は少なく，エミッタ側は多くし低抵抗にする．薬品のジェットエッチングで両側から削り，適切な厚みのときに止めインジウムをめっきする．これにリード線をハンダ付けする際の熱で浅い合金ができPNPとなる．

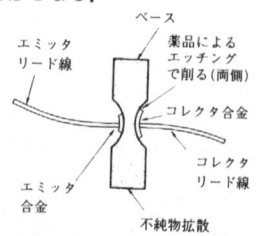

マイクロ波（――は）microwave
→マイクロウェーブ

マイクロ波管（――はかん）
microwave tube
マイクロ波の増幅，発振に使う電子管．板極管，クライストロン，マグネトロン，進行波管などがある．
☞電子管

マイクロ波空中線（――はくうちゅうせん）microwave antenna
放物面反射器やレンズなどを使った，電波レンズや電磁ラッパ，ホーンアンテナやパラボラアンテナを使う．高利得で広帯域，鋭い指向性がある．
☞指向性

マイクロ波通信（――はつうしん）
microwave communication
→マイクロウェーブ通信方式

マイクロ波電力計（――はでんりょくけい）microwave wattmeter
→ボロメータ電力計

マイクロファラド microfarad
静電容量の単位で，1ファラド[F]は，1クーロン[C]の電荷により1ボルト[V]の電位になる静電容量．大きすぎて実用的でないため百万分の1のマイクロファラド[μF]を実用単位とする．
$1[\mu F]=1\times 10^{-6}[F]$
☞静電容量

マイクロプログラム microprogram
情報処理やコンピュータで使う用語．一連のマイクロ命令のプログラムで，専用の記憶装置または記憶域に記憶さ

せ制御する方式.
☞マイクロ命令

マイクロプロセッサ
microprocessor
マイコンに組み込まれる演算,制御回路で,CPUに相当する部分.マイコンと同じ意味にも使う.
☞CPU

マイクロホン microphone
会話,音楽などの音声を電気信号に変える変換器.
(1)カーボンマイクロホン,(2)ダイナミックマイクロホン,(3)クリスタルマイクロホン,(4)マグネチックマイクロホン,(5)コンデンサマイクロホン,(6)リボンマイクロホン,などがある.
☞電気信号

マイクロ命令 (——めいれい)
micro instruction
コンピュータへの命令を細分化し,ハードウェアの動作を指示する命令.

マイクロモジュール micromodule
1958年ごろ,アメリカのRCAが作った超小形回路.セラミック板にフィルム抵抗や蒸着形コンデンサ,超小形トロイダルコイルを組み重ね立体的にした.プリント板式に比べ密度が高いが値段も高くなるため,モノリシックICやハイブリッドICが大量生産され安くなってからは使われない.
☞トロイダル・コイル

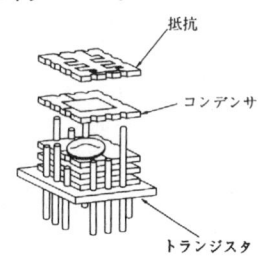

マイクロモータ micromotor
超小形の直流精密モータで永久磁石を界磁にしたマグネットモータ.出力0.5W以下が多く,回転むらや振動,雑音をおさえ,テープレコーダなどに使う.☞モータ

マイコン microcomputer
マイクロ・コンピュータの略称で,パーソナル・コンピュータ(パソコン)ともいう.1971年インテル社(米)で開発された4ビットマシン.現在は小形で安価,性能も良く個人(パーソナル)用として家庭でゲームやパソコン通信など趣味に使うまでに普及した.LSIを使い,マイクロプロセッサ(CPU)を中心にプログラムメモリにRAM,ROM,周辺装置に入出力インタフェースを組み合わせる.据置形からノートタイプやワンボード形まであり,8〜32ビット形まで多くの分野で利用される.
☞パーソナル・コンピュータ

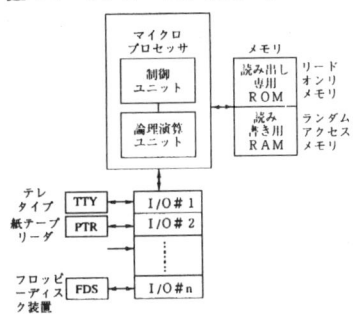

マイコンピュータ my computer
ウインドウズ95以来のデスクトップ画面に出るパソコンを示すアイコンのこと.これをクリックすると,ハードディスクやコントロールパネル,プリンタなどの設定項目を見ることができる.
☞アイコン

マイスナー効果 (——こうか)
Meissner effect
超伝導状態で生じる現象で,超伝導体

まいせ

を磁界の中に置いても,磁束は内部に入らないという効果.
☞磁束

埋設式アース(まいせつしき——)
地中埋め込み式アースのこと.何本かの細管を地中に埋め,おのおのを銅線でつなぐ.地中に打ち込む細管は互いに1m以上離す.数が多いほどよい結果を得る.☞アース

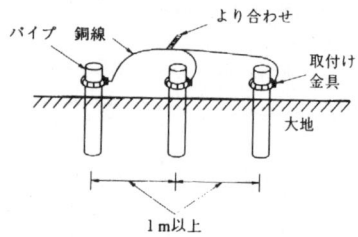

マイナス極(——きょく) cathode
負極,(−)極,カソードなどといい,磁石のS極を指す場合もある.電池の場合は電流が流れ込む電極で,マイナス極につなぐ電極や端子を示す場合もある.
☞カソード

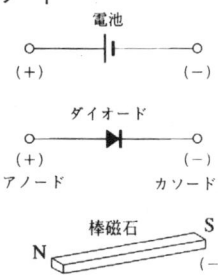

マイノリティ・キャリア
minority carrier
少数キャリアのこと.3価の不純物を加えたP形半導体は,電子が少数キャリアで,5価の不純物を加えたN形半導体は,ホールが少数キャリア.
☞少数キャリア

毎秒像数(まいびょうぞうすう)
number of picture per second
1秒間に送・受信するTV画面の数で,フレーム周波数のこと.日本やアメリカは30枚で30Hz.
☞フレーム周波数

マイラ Mylar
デュポン社の商品名でダクロン,テクレンともいう.エチレングリコールとテレフタール酸の縮重合体で,ポリエステルのレジンの一種.寒さや熱や湿気に強く機械的に丈夫で材料として優れ,フィルム(薄膜)状にしコンデンサの誘電体にする.
☞誘電体

マイラ・コンデンサ
Mylar capacitor, Mylar condenser
マイラのフィルムを誘電体にしたコンデンサで,フィルムコンデンサの一種.機械的に強く引っ張る力は鋼の1/3位あり,耐熱性,耐寒性に優れ,$-60°$〜$+125°C$で使う.また,$10\mu m$位に薄くでき小形となるが,高周波ではQが低く10^4Hz以上で容量が減る.無誘導巻なら10MHz位までは自己共振はないが,交流の高電圧では内部コロナが生じ,誘電体の特性が下がる.パルス回路では十分余裕をとり,高圧で使わぬこと.絶縁抵抗はペーパコンデンサの10倍位.
☞フィルム・コンデンサ

マウント mount
1.コンピュータに周辺機器を取り付ける,組み込むこと.
2.プリント基板に回路素子(抵抗器・コンデンサ・ダイオードなど)を組み込むこと.
3.マイクロ波の実験装置の検波部に検波器(ダイオード)を取り付けること.
4.取付台,取付板などのこと.

マーカ marker
1.目盛を付けるとか印を付けること.

2．ブラウン管オシロスコープ（特性直視装置）の蛍光面上に，目印となるマークを電気的に入れ，電圧や周波数の数値を知る．この目印をピップといい，マーカ発振器などを使う．

☞ブラウン管オシログラフ

マーカイト　Markite

導電性プラスチックのアメリカ製の商品名で，プラスチックの中に金属粉を混ぜてある．

☞導電性プラスチック

マーカ発振器（——はっしんき）
marker oscillator

単一正弦波の周波数可変発振器で，広い範囲の周波数切換えや出力調整ができ，スイープ発振器に結合しブラウン管オシログラフで周波数特性の直視の際，特性曲線上にビート（ピップ）を出し，周波数目盛に使う．

☞スイープ発振器

曲り導波管（まが——どうはかん）
bend waveguide

導波管の方向を上下，左右に曲げる際に使う曲り用の導波管．

☞導波管

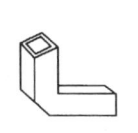

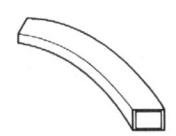

(a) 導波管コーナ　(b) わん曲導波管

巻数比（まきすうひ）　turn ratio

変圧器の一次側コイルの巻数 n_1 と二次側コイルの巻数 n_2 の比 n_1/n_2 のこと．

☞コイル

巻線形無誘導抵抗器
（まきせんがたむゆうどうていこうき）
winding non-inductive resistor

巻線形抵抗器は，ボビンに抵抗線（マンガニン線やニクロム線）を巻くため自己インダクタンスLが多く高周波では純抵抗になりにくい．Lを打ち消すため巻戻しをした無誘導抵抗器には次の種類がある．(1)エアトンペリー巻，(2)カーチス巻，(3) 2本巻．

☞ボビン

巻線抵抗器（まきせんていこうき）
wire wound resistor

金属抵抗線をボビンに巻いた抵抗器で，抵抗値が正確で最も安定し信頼度が高く，電力用と精密用がある．大形で大きな抵抗値は作りにくく，周波数特性が悪く高周波用は無誘導巻にする．値段が高めで，可変形，固定形，半固定形がある．

☞抵抗器

巻付け端子（まきつ——たんし）
wire wrap terminal

配線を巻き付ける1mm角位の棒状端子で，ラッピング端子ともいう．ラッピングツールで電線の端末を巻き付ける．ハンダ付けより信頼度が高い．

☞ワイヤラッピング端子

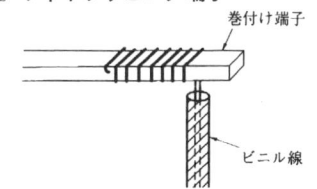

巻鉄心変圧器（まきてっしんへんあつき）
rolled core transformer

変圧器の鉄心は薄いシリコン鋼板を積み重ねるが，巻線の周りに連続圧延のシリコン鋼帯をうず巻状に巻き鉄心にした変圧器．鉄損や励磁電流が著しく少ない．

☞変圧器

巻枠（まきわく）　bobbin, spool

ボビンともいい，コイルを巻く枠．

→ボビン

マーク　mark

1．記号や標識，符号などのこと．
2．電信符号を送る際，キーを押した状態のこと．

ますく

☞符号

マクスウェル Maxwell
1873年光の電波説を数式で示し，電波の存在を予言したイギリスの物理学者(1831〜79)．

☞電波

マクスウェル・ブリッジ Maxwell bridge
(a)は自己インダクタンス測定用のマクスウェル・ブリッジで，SとQかPのどちらかを可変形にしてバランスをとり，$L_x=QL_s/P$，$r=QS/P$から求める．Dは検電器で，ACは1kHzの正弦波発振器．

☞自己インダクタンス

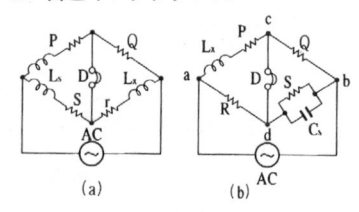

マグネシア磁器 （——じき） magnesia porcelain
マグネシアを多く含む磁器で，ステアタイト磁器はこの例である．

☞ステアタイト

マグネット magnet →磁石

マグネット・レジスタ magneto resistor
マグネット・レジスタンス素子ともいい，磁界の変化で抵抗値が変わる素子．磁気→電気変換器の一種で，N形かP形の半導体の薄片に電流を流し，直角方向に磁界を加える．キャリアの通路を曲げると抵抗が増える．

マグネトロン magnetron
磁電管ともいい，強い磁界を加えた二極管で，陽極に共振用空洞があるマイクロ波発振管．レーダ用発振管で，家庭用電子レンジにも使う．

→磁電管

マクロ命令 （——めいれい） macro instruction
コンピュータのプログラムで，処理の手順が同じで使用条件が異なる場合は，使用条件だけ与え，同じような命令を何回も書く手数を省く．この命令のこと．

☞命令

摩擦損 （まさつそん） friction loss
モータや発電機の回転軸と軸受，ブラシと整流子やスリップリングなどの摩擦で生じる損失（ロス）のこと．

☞損失

摩擦電気 （まさつでんき） frictional electricity
2種類の物質をこすり合わすと，正（プラス）または負（マイナス）の電気が生じ，小さな紙切れなどを吸い付ける．物質の摩擦で生じた電気で，静電気ともいう．また，同じ物質に同じ電荷が生じるとは限らない．ねこの毛皮，フランネル，象牙，羽毛，水晶，ガラス，紙，綿布，絹布，エボナイト，木片，シェラック，金属，いおう，セルロイド，ゴムなどをこすり合わすと，前に書いた物質に正電荷，後の物質に負電荷が生じる．ファラデーの摩擦電気序列といい，電荷が生じることを帯電したという．単位はクーロンで[C]で示す．静電気を利用し電気集塵器や静電塗装に応用する．

☞静電塗装

マザーボード mother board
多数のボード（プリント基板）が差し込める大形ボードのこと．CPU・メモリ・ハードディスクなどの心臓部を接なぐ．メインボードとかシステムボードともいう．

☞プリント基板

マジックT magic T
導波管の分岐回路で，Cからの入力はAとBに同相で等分されDに出ない．Dからの入力はAとBに逆位相で等分

されCに出ない．AとBから同時に入ればDに差の半分，Cに和の半分が出る．マイクロ波の周波数変換器や分波器，送受共同装置や測定装置に使う．
☞導波管

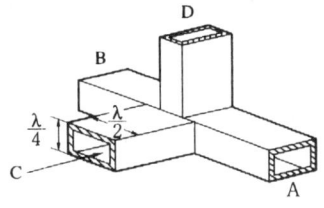

マジョリティ・キャリア
majority carrier
→多数キャリア

マシン・サイクル　machine cycle
コンピュータでメモリを主体とした時分割動作の基本的タイミングは，メモリから命令を読み出してくるフェッチサイクルと，その命令を実行するエクスキュートサイクルが繰り返され，1フェッチあるいは1エクスキュート当たりの期間のこと．
☞時分割

マスキング　masking
マスクは一部分をかくす，おおう意味である．
1．シリコン・トランジスタをホトエッチングして不要部分を薬品で除く際，マスクをかけること．
2．耳で音を聞くとき，他の音があると最小可聴値が上がる．これをマスキングとかマスク効果という．
☞シリコン・トランジスタ

マスク効果（——こうか）
masking effect
→マスキング

マスク・ロム　mask ROM
→マスクROM

マスタ・アンテナ　master antenna
CATVではTV電波を大形アンテナで受け，加入者に分配する．このアンテナのこと．☞CATV

マスタ・スライス　master slice
スタンダードマトリックス法ともいい，IC設計の際，ダイオード，トランジスタ，抵抗などを適切に配置した基本パターンを作り，各素子をつなぐアルミニウム蒸着マスクだけ変え，各種のIC回路を作る方式．

マスタ・テープ　master tape
コンピュータなどの情報処理装置で使う，マスタレコードの内容を記録した磁気テープ．

マスタ・ファイル　master file
基本ファイルともいい，台帳に相当するファイルで，変更があれば新たに書き換え(更新)，特定のレコードを除き，付け加え，最新の状態に保ち，引き続いて使用するファイル（情報処理用語）．
☞磁気テープ

マスタ・モニタ　master monitor
主映像モニタともいい，TV放送局の主調整室や副調整室に置く映像監視用ディスプレイで，信号波形も監視できるようオシロスコープもついている．
☞オシロスコープ

マスタ・レコード　master record
コンピュータの処理作業に必要な，基本的なデータが記憶されている磁気テープの記録内容．

マゼンタ　magenta
カラーTVのカラーバーに出る色で表せば，赤みのある青色のこと．
☞カラー・バー

待ち時間（ま——じかん）
latency, waiting time
コンピュータで制御装置が記憶装置からの，または制御装置が記憶装置へ，データ転送を指示してから，実際に転送が開始されるまでの時間．
☞立上り時間

マッチング　matching
整合ともいい，負荷に十分なエネルギ

まつち

を取り出すため，負荷と電源の内部抵抗やインピーダンスを同じにすること．同じでないと電源と負荷の接続点で反射が生じ，負荷へ最大のエネルギが供給されず，むだが生じる．直流回路は，負荷抵抗R_Lと電源の内部抵抗R_Iとが等しいとき最大のエネルギを負荷に供給でき，交流回路は負荷インピーダンスZ_Lと，電源側のインピーダンスZ_Iが等しいときで，次の二つを多用する．

(1) $Z_I=R_I+jX_I$　$Z_L=R_L+jX_L$で，$R_I=R_L$，$X_I=X_L$ の場合

　R_I：電源側の抵抗分，X_I=電源側のリアクタンス分，R_L=負荷側の抵抗分，X_L=負荷側のリアクタンス分

(2) $Z_I=R_I+jX_I$　$Z_L=R_L+jX_L$で，$R_I=R_L$，$X_I=-X_L$ の場合
　（X_IとX_Lが逆性の場合）

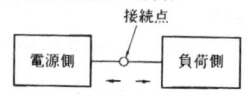

接続点からどちらをみても，同じ電気的特性であること

マッチング回路 （――かいろ）
matching circuit

電源側と負荷側をマッチングさせる回路で，マッチングネットワーク，整合回路ともいう．

1．フィーダとアンテナの整合に使う整合トラップのこと(a)．

2．送信機の終段電力増幅回路とフィーダのマッチングに使うπ形結合回路(b)．

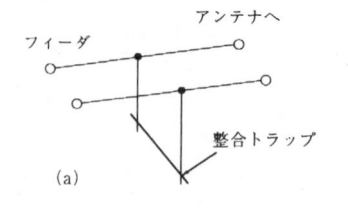

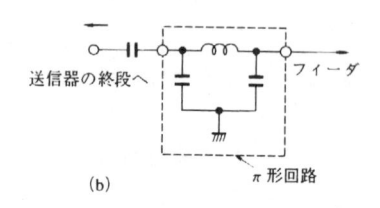

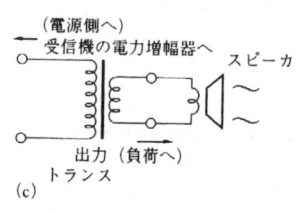

3．受信機の出力側とスピーカのマッチングをとる，出力トランス(c)．

→整合回路

マトリックス matrix

抵抗器やダイオードなどを，縦や横に多数並べて配線し，網目のようにした回路や装置．コンピュータの符号器やカラー TVなどに使う．

☞符号器

マトリックス回路 （――かいろ）
matrix circuit

NTSC方式のカラー TVでは赤，青，緑（R・B・G）の各色の信号を合成し，輝度信号（Y信号）と色度信号（I信号，Q信号）を作り，このY，I，Q信号を合成してR，B，G信号にもどす回路．図のR_1～R_4は抵抗器，E_R，E_G，E_B，E_YはR，G，B，Yの信号電圧．

☞NTSC方式

マトリックス・ボード
matrix board →配線盤

マニュアル・プログラミング
manual programming

数値制御 (numerical control) の工作機械に使うNCソフトの作成法の一つ．工作機械を制御装置で制御するため，部品寸法や送り速度など，機械が材料加工に必要な情報を一定の規則に従い，手作業でプログラミングを行うことで簡単な部品加工用．

☞NC

マルコーニ Marconi

1874年イタリアのボロニアに生まれ，1895年21歳で無線電信装置を発明した．ヘルツが電波を発見して7年後である．1899年英仏海峡横断通信に成功，1901年大西洋横断通信に成功し，1909年ノーベル物理学賞を受けた．

☞無線電信

マルコーニ・ビーム・アンテナ
Marconi beam antenna

図のように折り曲げたアンテナで1～2 = 2～3 = 3～4…… =11～12を1/2波長にし，1～2，3～4，5～6……11～12の部分は同位相の電流が流れ，単位アンテナとなる．2～3，4～5…10～11の部分は単位アンテナとは反対の位相の電流が流れ，折り曲げてあるためたがいに打ち消され，電波は発射しないが完全に打ち消されず，単位アンテナからの電波の発射を助ける．無給電反射器を使い，一定方向に電波を発射する指向性アンテナにする．

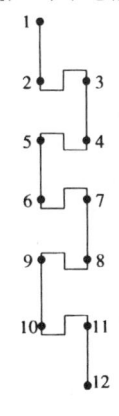

☞指向性アンテナ

マルコーニ・ベント・アンテナ
Marconi bent antenna

逆L形アンテナの一種で水平部の長さLを，垂直部分の長さlの数倍から十数倍にし，中波や長波用に使う．水平部の長さの方向に弱い指向性があり，送信の場合は⇨印の方向の発射電力が大きく，受信の場合は⇦の方向の電波を強く受信する．

☞指向性

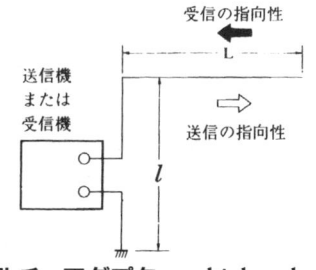

マルチ・アダプタ multiplex adapter

FMステレオ放送の受信で，パイロットトーン方式の複合信号から，右信号と左信号を取り出す．スイッチング検波方式と，マトリックス検波方式がある．

☞パイロット・トーン方式

マルチウインドウ multiwindow

ワークステーション・パソコンの画面をいくつかに分け，それぞれ別の画面を見て選び・処理できるソフト機能のこと．ウインドウズにもこの機能がある．☞ワークステーション

マルチウェイ・スピーカ・システム
multiway loudspeaker system

音声信号を再生する際の再生周波数帯域を2～3に分け，各帯域の再生に適

する口径のスピーカに分担させて再生する方式．指向性や効率，音圧-周波数特性や混変調ひずみを改善する．

☞混変調ひずみ

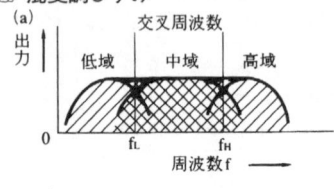

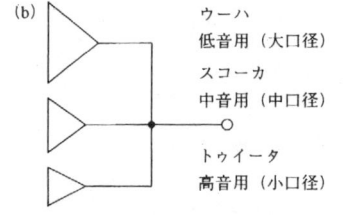

(a) 低域／中域／高域，交叉周波数，出力，周波数 f，f_L，f_H

(b) ウーハ 低音用（大口径）／スコーカ 中音用（中口径）／トゥイータ 高音用（小口径）

マルチエミッタ・トランジスタ multi-emitter transistor

二つ以上のエミッタがあり，ベースは共通でTTLのゲート回路に使い，集積化が容易である．

☞TTL

マルチ・チップ multi chip

二つ以上のチップを使った半導体装置や素子のこと．複合素子やICなどの集積度の非常に大きいICやIC内の温度分布が問題となる場合に，マルチ・チップを使う．

☞複合素子

マルチチャネル・アクセス multi-channel access system

英語の頭文字からMCAともいう．車載の移動無線機で使う業務無線や簡易無線の混雑・混信防止に，1982年運用開始．使用周波数帯850〜860MHzと905〜915MHz，399チャネル．空きチャネルを自動的に選択する機能と送信時間1分の制限によって混信を解消できる．

→ MCA

マルチバイブレータ multivibrator

2個のトランジスタ増幅器に正帰還をかけたパルス発振器で，次の基本回路がある．

(1)無(非)安定形マルチバイブレータ
(2)単安定形マルチバイブレータ
(3)双安定形（フリップフロップ）マルチバイブレータ

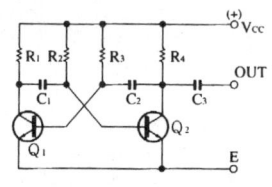

無安定マルチバイブレータ

マルチプル・アクセス multiple access

マルチアクセスと略称し，多重動作のことで，通信衛星による中継には1,000回線以上を同時に扱うこともある．

☞中継

マルチプレクサチャネル multiplexer channel

多重チャネルともいう．JISでは「データ処理システムにおいて，同時に動作する複数台の周辺装置と内部記憶との間のデータの転送を並行的に扱う機能単位．データ転送は，バイト単位またはブロック単位で行われる．」と定義する．

☞多重チャネル

マルチプログラミング multiprogramming

多重プログラミングともいい，一つの処理装置で複数個のプログラムを，割込みなどの手法により，見かけ上同時に実行すること．

マルチプロセッサ multiprocessor

多重プロセッサともいい，主記憶装置を共用し，同時に動作が可能な複数個の処理装置をもつコンピュータやデー

タ処理システム．
☞多重プロセッサ

マルチポスト multipost
インターネットのネットニュースに投稿するとき，複数のニュースグループに同内容の文章を送ること．

マルチメディア multimedia
ハイパーメディアとかメディアミックスともいう．影像・音・文章をまぜ合わせた表現方法のこと．三者が別々の場合より利用価値を高めている．たとえば，インターネットのWWWでの動画機能は代表的である．
☞WWW

マルチメディア・オンデマンド
multimedia on demand
視聴者の求めに応じて行うサービスのこと．
1．ビデオ・オンデマンドVOD
2．ミュージック・オンデマンドMOD
3．オーディオのオンデマンドAODなどがある．
☞オンデマンド・サービス

マルチメディア通信（——つうしん）
multimedia communication
動画映像・音響・文字を織り混ぜた情報通信のこと．圧縮・伸長・コード化・多重化などの技術を使い，衛星通信・CATV・ISDN・LANなどで行うインターネットのテレビ会議も，その例である．☞LAN

丸め（まる——） round-off, round
コンピュータなどの情報処理装置でデータを扱う際，指定の桁数に収まるように，与えられた数を切り上げ，切り捨て，四捨五入で近似する数値にすること．

マンガニン manganin
銅83〜86％，マンガン12〜15％，ニッケル2〜4％の合金．

マンガニン線（——せん）
manganin wire
マンガニン製の電線．抵抗温度係数がきわめて小さく，熱処理によって20℃近くで抵抗温度係数がほぼ0になり，標準抵抗器に使う．
☞抵抗温度係数

マンガン乾電池（——かんでんち）
manganic dry cell
→乾電池

マンガン電池（——でんち）
manganic dry cell
マンガン乾電池のこと．
☞電池

マンマシンインタフェース
man-machine interface, MMI
人間（マン）とコンピュータ（マシン）の間にあり，互いのなかだちをする装置・機器（ハード），または相互をとりもつ考え方（ソフト）のこと．人間と機械を結ぶ技術のこと．ユーザインタフェースともいう．マンをいいかえてヒューマンマシンインタフェースともいう．

み

右側信号（みぎがわしんごう）
right side signal
ステレオ信号のうちの一つで、聞く人の右側の音声を伝える信号。左側信号と対になる。R信号ともいう。
☞左側信号

ミキサ mixer
→ミクサ

ミキシング mixing
ラジオやTVなどで、二つ以上の信号を混ぜ、効果的な音響や画像の信号を作り出す操作のこと。

右信号（みぎしんごう）
right side signal
→右側信号

右ネジの法則（みぎ——ほうそく）
right-hand screw rule
アンペアの法則またはアンペアの右ネジの法則のこと。
☞アンペアの法則

ミクサ mixer
1. 混合器のこと。
2. スーパヘテロダイン方式の回路で、周波数 f_1, f_2 の2成分を混ぜること、またはその回路のこと。ミキサとか混合ともいう。
3. スーパヘテロダイン受信機の周波数変換回路で、受信周波数 f_R と局部発振周波数 f_0 を混ぜ、差成分 f_0-f_R ($f_0>f_R$) の中間周波数成分を作る回路のこと。
4. 放送局などの調整卓で音声信号を混ぜ合わすこと、またはその装置や操作する専門家のこと。
☞スーパヘテロダイン方式

ミクサ・ダイオード mixer diode
ミクサ（混合）用ダイオードのことで、周波数変換用ダイオードとかミキサ・ダイオードともいう。UHF帯以上で点接触ダイオードを使ったが、低雑音のシリコン・ショットキー・ダイオードやガリウムひ素・ショットキー・ダイオード（マイクロ波用）が優れている。
☞点接触形ダイオード

ミクロン micron
長さの単位で、1mmの1000分の1の長さ、10^{-3}mm(0.001mm)。マイクロメートル〔μm〕の略記号〔μ〕で示し、マイクロともいう。
→マイクロ

水負荷電力計（みずふかでんりょくけい）
water load wattmeter
マイクロ波の電力計の一種で、ウォータロード式ともいう。導波管の中に導いた水の温度上昇から、マイクロ波電力を計算する方式。
☞電力計

ミスマッチング mismatching
不整合ともいい、マッチングがとれていないこと。接続点でエネルギが反射し損失となる。

ミゼット・バリコン midzet VC, midzet variable condenser
小形バリコンとか、小形可変容量のこと。
☞バリコン

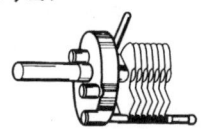

見出し（みだ——）key
キーともいい、コンピュータでデータの構成を考えるときに使う。データの集まりに含まれるか、付け加えられる文字列で、その集まりを識別したり、

制御する情報をもつ．

密結合 (みつけつごう)
tight coupling, close coupling
結合度や結合係数を増やすこと．臨界結合以上にすること．
☞臨界結合

密度変調 (みつどへんちょう)
density modulation
速度変調を受けた電子流が，電界のない空間（ドリフト空間）を進むと，加速を受けた電子は進み，減速された電子は遅れ，疎密状態が生じ，この現象を密度変調という．図のV_gは速度変調信号，Tは速度変調信号周期，Xは速度変調電極からの距離D．Sを焦点という．
☞速度変調

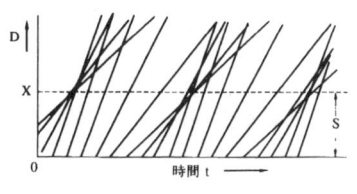

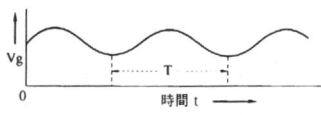

密閉形バッフル板 (みっぺいがた——ばん) closed baffle board
スピーカ後方から出る音が前面の音と干渉し，低音を減らすのを防ぐため，密閉箱にスピーカを入れる．この密閉したバッフル板のこと．
☞バッフル

密巻コイル (みつまき——)
close winding coil
クローズ巻ともいい，コイルの巻線の間隔をあけず，密着して巻いたコイル．

見通し域 (みとお——いき)
line-of-sight zone
電波が伝わる途中の障害物の上端を通る線を見通し線といい，これより上部を見通し域とか見通し帯という．見通し線より下の範囲では，電波は届かず，回折現象による回折波が伝わるが，急激に減衰する．
☞回折波

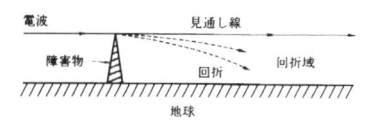

見通し外通信 (みとお——がいつうしん)
over (the) horizon communication
超短波帯より短い波長の電波の，見通し距離より遠い地域への伝搬を利用した通信．英語の頭文字をとりOH通信ともいう．次の区別がある．
(1)散乱波通信（散乱波通信方式）．(2)山岳回折通信．山岳回折伝搬を利用．(3)流星による散乱通信．不規則，突発的．

見通し外伝搬 (みとお——がいでんぱん)
over-horizon propagation
電波の見通し線を越えた領域の伝搬で，回折域での電波の伝わり．
(1)大地上の回折による伝搬，(2)対流圏散乱伝搬，(3)電離層散乱伝搬，(4)流星による散乱伝搬，(5)山岳回折による伝搬．
☞山岳回折

見通し距離 (みとお——きょり)
line-of-sight distance, optical distance
送信アンテナTと受信アンテナRの間を，大地に接し直接波が伝わるとき，TとRの間を，見通し距離といい，直進するなら見通し距離Lは
　$L_1 = 3550(\sqrt{H} + \sqrt{h})$　〔m〕
ここで，Hは送信アンテナの高さ，hは受信アンテナの高さ．実際のVHFやSHFは大気中を屈折して進み，これを補正した次式を使う．
　$L_2 = 4120(\sqrt{H} + \sqrt{h})$　〔m〕
☞SHF

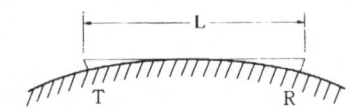

見通し内通信 (みとお——ないつうしん)
line-of-sight communication
見通し距離内の直接波による通信で，最も安定であり，マイクロ波で50〜100km位．
☞マイクロ波

見通し内伝搬 (みとお——ないでんぱん)
line-of-sight propagation
見通し距離内の電波の伝搬で，主に直接波による．☞直接波

ミニ mini
小さい，小形の，簡略化した，などの意をもつ接頭語．ミニサテライト，ミニコンピュータなどはこの例である．

ミニクリスタル拡散トランジスタ (——かくさん——)
minicrystal diffused transistor
P形単結晶をPやNの不純物を含む液につけ，引き上げて成長させ，高温の炉に入れて保管すると，N形が単結晶に拡散し境に薄いN形ベース層を作る．N形より拡散しやすいP形不純物なら，両方が溶けた液につける．このようなトランジスタのこと．
☞トランジスタ

ミニコン minicomputer
→ミニコンピュータ

ミニコンピュータ minicomputer
1965年ディジタル・イクイップメント社(米)が個人や特定用途の実時間処理用に，1万ドルコンピュータPDP-8を作った．ハードウェアの簡略化による低価格・ミニサイズ化をめざしミニコンピュータと呼び，プロセス制御やラボラトリオートメーション，データ通信や他機器に組み込む新需要を生んだ．70年代には16ビットマシンも出て，シリーズ化に伴い性能も上がった．後半には32ビットのスーパミニコンも現れ，80年代に汎用中形機の性能となった．現在はマイコンが1ボードコンピュータから中形機並みと多様化し，定義付けもむずかしい．ミニコンと略称する．☞マイコン

ミニ・コンポ mini component
幅が30〜36cm位の小形のコンポーネント（オーディオのメインアンプやチューナ，トーンコントロールやイコライザ，スピーカなどを好みのもので自由に組み合わせ構成できる装置）のことで，ミニコンポーネントの略称．
☞コンポーネント

ミニ・コンポーネント
mini component →ミニコンポ

ミニ・サテライト mini satellite
小形の，簡略形の，小電力のラジオやテレビのサテライト局（中継放送局）のこと．親局と異なる周波数を使い出力100〔W〕位．
☞サテライト局

ミニディスク mini-disk, MD
1992年ソニーが発売したディジタルディスクのこと．直径64〔mm〕，厚さ1.2〔mm〕の円盤．記憶容量140〔MB〕（メガバイト），カートリッジ寸法68×72×5〔mm〕，オーディオ用（再生専用・録再用）とデータ用の種類があり，カートリッジの外形・表示マークで区別する．MDともいう．→MD

ミニ・フロッピー mini floppy disk
→ミニフロッピーディスク

ミニ・フロッピー・ディスク
mini floppy disk
直径5.25インチのフロッピーディスクのこと．パソコン（マイコン）の補助記憶装置に使い，ミニフロッピーと略称することもある．

見逃し誤り率 (みのが——あやま——りつ) residual error rate, undetected error rate
正しく伝送されなかったエレメント，文字，クロックなどの数に対する，検

出または訂正されなかったものの割合（JIS・情報処理用語）．

ミノムシ・クリップ bagworm clip
クリップの一種で，外側に絶縁チューブをかぶせ，外観がミノ虫に似ているところから名付けられた．先端のクリップの部分をワニの口に見たて，ワニ口クリップともいう．数cm～数十cmの電線の両端に，これをハンダ付けし，仮配線に使う．☞**クリップ**

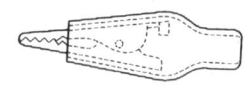

脈動電流（みゃくどうでんりゅう）
pulsating current →脈流

脈動率（みゃくどうりつ） ripple factor
リップルファクタともいう．交流を整流した後の電圧や電流のように，直流分の中に含まれる交流分の程度を示す．交流分の実効値と直流分の比で示し，100をかけリップル百分率という．

$$脈動率 = \frac{交流分の実効値（電圧）}{直\ 流\ 値（電圧）}$$

☞**リップル百分率**

脈流（みゃくりゅう） pulsating current
方向は変わらず大きさが時間とともに変化（脈動）する電流や電圧を，脈流電流，脈流電圧という．これら電圧や電流を脈流という．

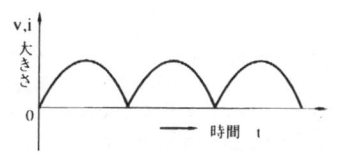

ミュー・アンテナ mu antenna
トランジスタラジオのフェライトコアに巻かれたコイルで，アンテナの働きをする．方向によって感度が異なり指向性をもつ．小形で感度が良くバーアンテナともいう．
☞**フェライト・コア**

ミュージック・シンセサイザ
music synthesizer
シンセサイザとは音を合成する，総合するという意味で，音を創り出し合成すること，その装置のこと．1955年RCA社（米）から，エレクトロニックサウンドシンセサイザが発表され，この頃から始まった．1965年ムーグIIIが発表され，今日のもとになっている．
☞**シンセサイザ**

ミュージック・パワー music power
音楽などの最大振幅はごく短時間のため，電源の内部インピーダンスによる電圧降下の影響は少なく，瞬間的に取り出せる出力は無信号時の電源電圧に近く，定格出力の130％以上にもなる．この瞬間の出力のこと．
☞**定格出力**

ミューティング回路（——かいろ）
muting circuit
1．ハイファイアンプなどの付属回路で，一種の抵抗減衰器．レコード針の交換のときに，アンプの利得を一時的に下げ，針の接触音を小さくしたり，コードの差し換えのときに使い，クリック音を防ぐ．
2．FM受信機で，アンテナ入力がないとき，リミッタが働かずノイズが大きく耳ざわりとなる．アンテナ入力がないときは，中間周波増幅回路の一部の働きを止める．選局の場合ダイヤルが放送局と放送局の間にあるときやトランシーバで相手電波が中断したときに雑音が増えず具合が良い．これはスケルチ回路ともいう．
☞**スケルチ回路**

ミュー同調（——どうちょう）
μ-tuning, mu-tuning
ラジオやTVの受信機で受信電波に同調する際，コイルの中へ高周波コアを出し入れし，実効透磁率μを変え，インダクタンスLを変え同調をとること．☞**同調**

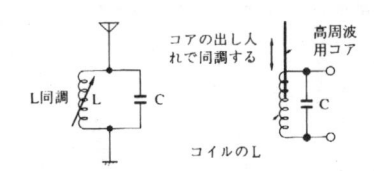

ミラー回路 (――かいろ)
Miller integrator
→ミラー積分回路

ミラー効果 (――こうか)
Miller effect

Qのコレクタとベース間内部容量C_{bc}で，出力が入力に帰還され，入力（ベース～エミッタ間）容量C_iは，$C_i = C_{be} + (1+|A|)C_{bc}$となり，高周波で電圧帰還率$h_r$より影響が大きい．$C_{bc}$は増幅度倍され利得を下げ，動作不安定や発振の原因となり，積極的に利用すればミラー積分回路となる．Aは増幅度．
☞電圧帰還率

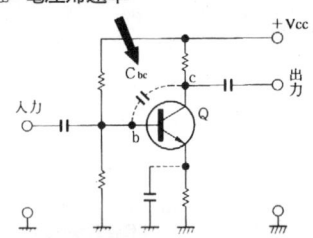

ミラー積分回路 (――せきぶんかいろ)
Miller integration circuit, Miller integrator

積分回路の一種で出力を減らさず時定数を大きくするトランジスタ回路．利得Gで，位相が反転する増幅器とCRを図のようにつなぐ．直線性の良い大きな積分波形が得られる．オシロスコープの直線時間軸（のこぎり波）回路はこの例である． 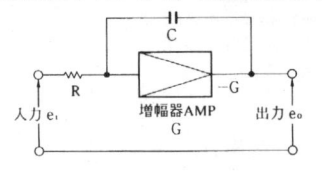
☞のこぎり波

ミラーリング **mirroring**

ミラーとは鏡のことで，同じ内容を鏡に映すように二重に保存すること．ディスクラーリングともいう．メモリにデータを書き込む際同じ内容を別のハードディスクにも書き込み，万一データ破壊の生じたときも，他方のメモリから読み出す方法のこと．これによりシステムの信頼性が高まる．
☞RAID

ミリ **milli**

SI（国際単位系）において，10の整数乗倍を示す名称（接頭語）で，10^{-3}を示し，記号は[m]である．☞SI

ミリアンメータ **milli-ammeter**

ミリアンペア[mA]単位で目盛った電流計で，直流用や交流用，高周波用がある．☞電流計

ミリ波 (――は) **millimeter wave**

ミリメートル波のことで，波長1～10mm，周波数30～300GHz，EHF帯の電波．☞EHF

ミリ波通信方式 (――はつうしんほうしき)
millimeter wave communication system

周波数30～300GHz，波長1～10mm，EHF帯のミリメートル波（ミリ波）を用いた通信方式．マイクロ波より波長が短いが，空間を伝わる方式と，導波管を地下に埋め送る方式がある．空間伝搬は雨や霧の影響が大きく中継距離も1km位で，主に導波管伝送を使う．

ミリミクロン **milli-micron**

ミリは千分の1で10^{-3}，ミクロンは10^{-6}で百万分の1，ミクロンの千分の1を示し，10億分の1または10^{-9}を示す．記号は[mμ]で長さの単位．

ミリメートル波 (――は)
millimetric wave →ミリ波

ミルネット **milnet** →MILnet

む

無安定マルチバイブレータ (むあんてい——) astable multivibrator

無安定マルチ，自走マルチ，非安定マルチともいう．2段のCR結合増幅器に強い正帰還をかけ，CR時定数で発振し安定点はない．Q_1，Q_2が交互にオン，オフを繰り返し，C_1R_2，C_2R_2の時定数をもつ方形波パルスの発振器．
☞CR結合増幅器

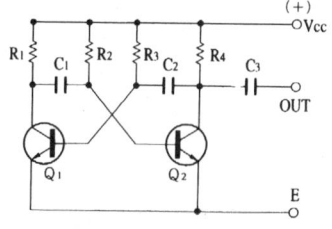

無給電アンテナ (むきゅうでん——) parasitic antenna, passive antenna

マイクロ波アンテナの反射板のように，受信電波を目的の方向に再発射するアンテナで，無給電中継方式に使う．
☞無給電中継方式

無給電中継装置 (むきゅうでんちゅうけいそうち) passive relay device

送信機や受信機その他の電源を必要とする機器を使わず，電波の伝搬方向を変える中継装置のこと．☞伝搬

無給電中継方式 (むきゅうでんちゅうけいほうしき) passive relay system

極超短波の電波が伝わる途中に妨害がある際や，方向を変える際に限り使う特別の中継方式．
(1) A，B点の中間に妨害があるとき，C点に反射器を置いて中継する方式．
(2) 電波を受信アンテナで受け，送信アンテナから必要方向に再発射する方式．☞極超短波

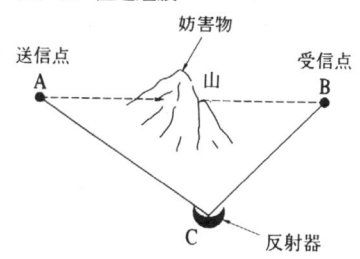

無響室 (むきょうしつ) anechoic room

防音室ともいい，外部から入る音や室内の反響を抑制した室．室の内面はガラス繊維による吸音材で覆い，外側はコンクリート壁で囲む．室内の壁面に吸音材による吸音くさびを取り付け，マイクロホンやスピーカなどの音響機器の試験や実験に使う．

無響箱 (むきょうばこ) anechoic box

一辺が1～2mの小形の箱内を吸音材で覆い，マイクロホンやスピーカの特性チェックを行う．無響室の模擬品で研修用．

無限大放熱板 (むげんだいほうねつばん) infinite heat sink

トランジスタに放熱器を付けると許容コレクタ損失 Pc max が増えるが，放熱器を大きくしても Pc max が増えなくなる限界がある．放熱板の効果が無限に大きくなり，トランジスタのケース温度が周囲温度に等しくなるような状態で許容する Pc max が最大限度で，この状態を無限大放熱板付きという．無限大の放熱板は実在せず強制空冷や水冷などで実現する．
☞放熱器

むこう

無効電力 (むこうでんりょく)
reactive power
交流回路でインダクタンスLや容量Cがあると，加えた電圧Vに対し流れる電流Iは，Vと同相成分と90°進むか遅れる成分がある．一般の回路ではL成分がC成分より多く，IはVより遅れる．これを$I\sin\theta$で示し，$P = VI\sin\theta$を無効電力という．
☞交流回路

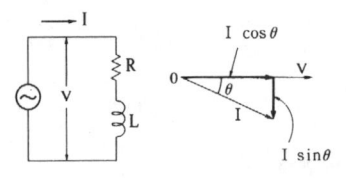

無効分 (むこうぶん)
reactive component
交流回路に流れる電流Iが，加えた電圧Vと90°位相が異なる成分のこと．無効電力$P = VI\sin\theta$の，$I\sin\theta$の成分．
☞位相

無指向性 (むしこうせい) nondirection
特定の方向に対し強い感度をもつことを指向特性とか指向性という．アンテナの方向に対する感度，マイクロホンやスピーカの音に対する感度は，方向によって異なり指向性をもつ．あらゆる方向に対し，感度が等しいときは無指向性という．一般に水平方向と垂直方向の両方について考える．
☞指向性

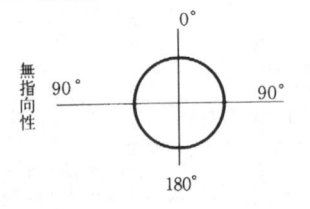

無指向性アンテナ (むしこうせい——)
non-directional antenna
垂直や水平のどの方向も一様な感度のアンテナ．
☞指向性アンテナ

無指向性スピーカ (むしこうせい——)
non-directional speaker
全方向へ音を出すスピーカで，置場の制約がない．天井から吊すかスタンドにつけ床に置く．

無指向性マイクロホン (むしこうせい——)
non-directional microphone
垂直や水平のどの方向の音にも一様な感度のマイクロホン．
☞指向性マイクロホン

無指向性無線標識
(むしこうせいむせんひょうしき)
non-directional radio beacon
英語の頭文字をとりNDBとも表す．全方向に均一に標識電波を発射し，航行の目標とする．中波200〜400kHz，1,020Hzで変調したA2電波．船舶や航空機が利用する．
☞標識電波

無指向性ラジオ・ビーコン
(むしこうせい——)
non-directional radio beacon, NDB
無指向性無線標識とかラジオ・ビーコンまたは略してビーコンともいう．NDBは英字の頭文字による略称である．地上に設置して水平面内に無指向性電波を発射する，航空機支援の無線送信装置のこと．航空機は自動方向探知器ADFでこの電波を受信し，電波の来る方向を測り自分の位置を知る．日本では精度の良いVORが整備されているが，NDBやADFも広く使われている．
☞ADF

無条件飛越し命令
(むじょうけんとびこ——めいれい)
unconditional jump instruction
次に実行する命令を，指定したアドレスから取ることを要求する命令（JIS・情報処理用語）．

☞アドレス

無条件文 (むじょうけんぶん)
unconditional statement
論理式または条件に制御されることなく，定められた動作を行う文法単位．ALGOLでは無条件文，COBOLでは無条件命令という．FORTRANにはこの用語はない．

無条件命令 (むじょうけんめいれい)
imperative statement
→無条件文

無人中継局 (むじんちゅうけいきょく)
unattended repeater station
保守，操作員を置かず一定期間を自動化したり，遠隔操作して働かす無線中継局．

☞無線

無接点スイッチ (むせってん——)
contactless switch
ダイオードやトランジスタ，パラメトロン磁心を使い，回路をオン，オフする．動作速度が速く，寿命が長く信頼度が高い．正負のパルスで動作させ，パルス回路や自動制御に使う．

☞パラメトロン

無接点リレー (むせってん——)
contactless relay
接点を使わないリレーで，ICやトランジスタが多い．動作時間を応答時間といい，0.1〜0.01ミリセコンド〔mS〕位．

☞リレー

無線LAN (むせん——)
Wireless LAN
ケーブルを使わずに無線通信でデータの送受信をするLANのこと．電波を使うものと赤外線やレーザを使うものがある．電波方式はIEEE802.11諸規格に準拠した機器で構成されるネットワークのことを指す場合が多い．各端末には無線LANカードが必要で，「ベース・ステーション」と呼ばれる中継機器を経由して通信を行う．ステーションを用意せずに無線LANカード同士が直接通信を行う形態の製品もある．

☞LAN

無線業務日誌 (むせんぎょうむにっし)
電波法（第60条）で無線局の運用時に記入することを義務付け，ログともいう無線局の運用日記．アマチュア無線もログを書くが，特に決まった形式はなく，ノートに記入してもよい．

☞アマチュア無線

無線局 (むせんきょく) **radio station**
電波によって通信を行う無線設備とこれを操作するもの全体をいう．受信のみが目的のものは無線局といわない．

無線航行 (むせんこうこう)
radio navigation
船舶や航空機の航行のための無線測位（障害物の探知も含む）のこと．

無線航行移動局
(むせんこうこういどうきょく)
radio navigation mobile station
無線航行の際の無線測位のための，無線通信業務を行う移動する無線航行局（電波法施行規則第4条）．

無線航行局 (むせんこうこうきょく)
radio navigation station
無線航行のための無線測位業務を行う無線局のこと(電波法施行規則第3条，第4条)．

無線航行陸上局
(むせんこうこうりくじょうきょく)
radio navigation land station
無線航行の際の無線測位のための無線通信業務を行う，移動しない無線航行局（電波法施行規則第4条）．

無線従事者 (むせんじゅうじしゃ)
radio operator
無線局の無線設備を操作する者で，郵政大臣の免許を受けた者．無線通信士，無線技術士，無線技士，アマチュア無線技士などの別があり，操作の範囲が定められている．

むせん

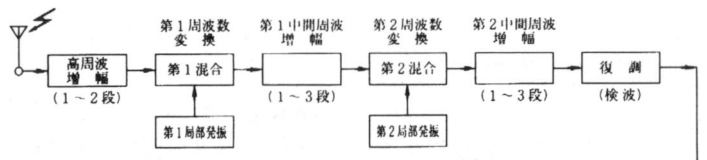

無線受信機の構成例
（ダブルスーパヘテロダイン式）

☞アマチュア無線技士

無線周波数（むせんしゅうはすう）
radio frequency

英語の頭文字をとりRFといい，無線通信に使う周波数のこと．VLF, LF, MF, HF, VHF, UHF, SHF, EHFなど9種に区別され，波長100km～0.1mm，周波数3kHz～3,000GHzに相当し実際は50kHz以上をいう．

☞周波数

無線受信機（むせんじゅしんき）
radio receiver

アンテナで受けた電波の中から，希望周波数を同調回路で選び出し，高周波増幅したのちに周波数変換し，中間周波数増幅して復調し，低周波増幅してスピーカで音声を聞く．または，オシロスコープで波形や映像を見る．周波数変換を1回行う場合は，シングルスーパ方式，2回行う場合をダブルスーパ方式という．十分な感度や選択度をもち，同調周波数は数字で読み取る．切換えによってA1，A2の電波も受信でき，音量調整や音質調整，各種の雑音抑制回路などの付属回路をもち，S/Nや安定度もよい（上図参照）．

☞S/N

無線設備（むせんせつび）
radio equipment

無線通信のための電波を送り受ける電気的な設備であり，無線電信，無線電話，ラジオ，ファクシミリ，TV，レーダ，CB（シチズンバンド）など広い範囲のものを含む．

無線送信機（むせんそうしんき）
transmitter

送信機，トランスミッタ，TXともいい，無線通信の電波の発生装置．
→TX

無線測位（むせんそくい）
radio determination

電波の伝搬特性を使い，位置の決定や位置に関する情報を取得すること．
☞伝搬速度

無線測位局（むせんそくいきょく）
radio determination station

無線測位のための無線通信業務を行う無線局のこと（電波法施行規則第3条・第4条）．

無線中継（むせんちゅうけい）
radio relay

ラジオはVHF帯，TVはマイクロ波の電波で現場とスタジオ，放送局と送信所をつなぐこと．遠距離伝送や国際電話にも使う．
☞マイクロ波

無線通信（むせんつうしん）
radio communication

記号や信号，音声や映像を，電波を使って送り受ける通信方式（電波法施行規則第2条15）．
☞通信方式

無線電信（むせんでんしん）
radio telegraphy, wireless telegraphy

電波を使い符号（モールス信号など）を送り受けること，または，その通信

設備.
☞符号

無線電話 (むせんでんわ)
radio telephony
電波を使って無線設備により,会話や音楽など音を送り受ける通信設備.

無線標識局 (むせんひょうしききょく)
radio beacon station
移動局に対し電波を発射し,その発射位置から方向または方位を,その移動局に決めさせることができるための無線標識業務を行う無線局(電波法施行規則第3条14,第4条20).
☞移動局

無線標定 (むせんひょうてい)
radiolocation
無線航行以外の無線測位のこと(電波法施行規則第2条31).

無線標定移動局
(むせんひょうていいどうきょく)
radiolocation mobile station
無線航行業務以外の無線測位のための無線通信業務を行う移動する無線局(電波法施行規則第3条・第4条).

無線標定陸上局
(むせんひょうていりくじょうきょく)
radiolocation land station
無線航行業務以外の無線測位のための無線通信業務を行う移動しない無線局(電波法施行規則第3条・第4条).

無線方位測定 (むせんほういそくてい)
radio direction finding
無線方向探知ともいい,無線局または物体の方向を決定するために電波を受信して行う無線測位のこと(電波法施行規則第2条33).
☞方向探知器

無線方向探知 (むせんほうこうたんち)
radio direction finding
無線局や物体の方向を定めるため,電波を受信して行う無線測位のこと(電波法施行規則).
☞電波

無線方向探知局
(むせんほうこうたんちきょく)
radio direction finding station
無線方向探知の際の無線測位のための無線通信業務を行う無線局(電波法施行規則第3条・第4条).

無装荷ケーブル (むそうか——)
non-loaded cable
搬送ケーブルともいい,周波数に比例し減衰量は増すが,中継増幅器,等化器で補償し数百kHzまでの搬送通信に使う.→搬送ケーブル

むだ時間 (——じかん) **dead time**
自動制御系で,入力信号の変化が,出力の変化となるまでの時間Tのこと.
☞自動制御

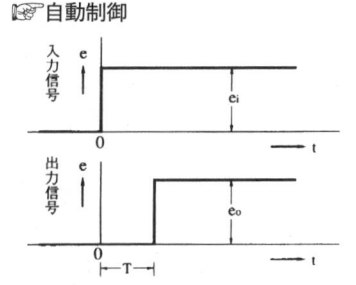

むだ時間要素 (——じかんようそ)
dead time element
自動制御系で,むだ時間Tを生じる要素で次の方式がある.
(1)関数近似方式.関数発生器を使う.
(2)直接近似方式.コンデンサの充放電特性,磁気テープを使う.
☞コンデンサ

むち形アンテナ (——がた——)
whip antenna
ホイップアンテナともいい,外観がムチに似ている小形アンテナで,超短波帯の送受信に車や船で使う1/4波長アンテナ.同軸ケーブルで給電し,特性は1/4波長の垂直接地アンテナとほぼ同じ.
→ホイップ・アンテナ

むちよ

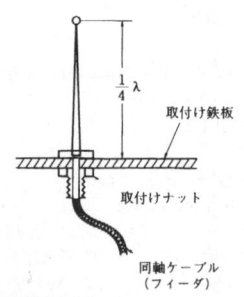

無調整発振回路
(むちょうせいはっしんかいろ)
not adjusting oscillator circuit
水晶制御発振回路の発射電波の周波数切換えは，水晶発振子の切換えと出力側共振回路の共振周波数の調整が必要で，周波数切換えに時間がかかる．この対策は出力側共振回路を除き，抵抗R_Lにする．出力は減るが無調整となる．
☞水晶発振子

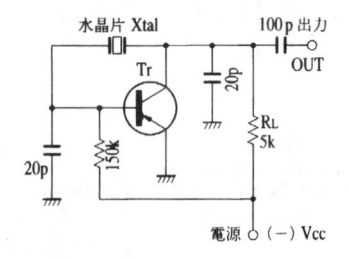

無停電電源 (むていでんでんげん)
non-interrupting power source
無線送信所や受信所，中継所などで停電防止用にスリーエンジン方式を使う．平常は三相交流で単相交流発電機とフライホイルを回す．停電時は電磁クラッチをはずし，フライホイルでディーゼルエンジンを始動し単相交流発電機を回す．
☞交流発電機

無停電電源装置 (むていでんでんげんそうち) **no-break power supply**
無停電電源ともいう．一瞬の停電も許されないデータセンタなどの機器用の電源のこと．平常動作のときは商業交流を電源とし，これに充電済の蓄電池（バッテリ）をつないでおく．停電と同時にバッテリに切換り，停電事故を防ぐ．十秒以上の長い停電にはジーゼルエンジンを働かしてカバーする．
☞商業交流

無反射終端 (むはんしゃしゅうたん)
reflectionless termination
マイクロ波を通す導波管の終端に，反射を起こさないようにつなぐ部分．使用周波数や帯域幅，電力温度や経年変化などを考え，減衰体の材料や形，寸法，製作法が異なる．
(1)低電力用．ポリアイアン，黒鉛，導電ガラスなどを使う．
(2)高電力用．黒鉛，セメント，シリコン混合物などを使う．
☞終端

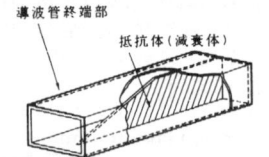

無半田接続 (む――せつぞく)
solderless connection
半田付けの時間や手間，接触不良などの改善対策．
(1)巻付端子に巻き付ける(ラッピング)
(2)圧着端子で圧着する（圧着ペンチ）
☞半田付け

無ひずみ最大出力 (む――さいだいしゅつりょく) **maximum undistorted power output**
トランジスタや真空管の増幅器で，入力信号にひずみのないとき，ひずみの少ない最大の出力を無ひずみ最大出力，無ひずみ出力という．出力のひずみを何パーセントまで許容するかで，

出力の大きさは異なる．
☞ひずみ率

ムービング・コイル　moving coil
可動形コイルともいい，磁界と電流間の相互作用で振動したり回転するコイル．マイクロホンやスピーカ，メータやカートリッジなどに使う．
☞コイル

ムービング・コイル形電流計
（――がたでんりゅうけい）
moving coil type ammeter
→ムービングコイル形メータ

ムービング・コイル形マイクロホン
（――がた――）
moving coil type microphone
ダイナミックマイクロホンともいう．感度がよく機械的にも丈夫で，音質もよく風の影響を受けにくい．値段も安く，無指向性か単一指向性で，優れた特徴のため放送局やレコード会社，アマチュア無線用など広く利用する．強力な磁石による磁界の中にムービングコイルを置き，振動板につないでおく．音があると振動板が振動し可動コイルも振動する．コイルは磁束を切り電圧を発生する．可動コイルのインピーダンスは数Ωから200Ω程度と低いため，マッチングトランスを入れインピーダンスを上げる．出力インピーダンスは600Ω位のローインピーダンスと，50kΩ位のハイインピーダンスがあり，ローインピーダンス形の出力電圧は0.1mV程度，ハイインピーダンス形の出力電圧は1mV程度．
☞アマチュア無線

ムービング・コイル形メータ（――がた――）　moving coil type meter
可動コイル形メータのことで，直流用は最も感度がよく，丈夫で誤差も少なく量産でき，安価で平等目盛にできる．整流器と組み合わせ交流用（整流形）にする．強い永久磁石のN，S極の間に，可動コイルを回転できるように支え，測定しようとする電流を流すと，コイルに回転力が生じるが，うず巻形のバネで反対方向の力を加え，回転力を制御する．回転力（回転トルク）とバネによる制御力（制御トルク）の平衡点で可動コイルは止まる．可動コイルに指針を付け，その先端近くに目盛板を置き，回転角度と可動コイルに流した電流が比例することから電流の大きさを測る．
☞可動コイル形計器

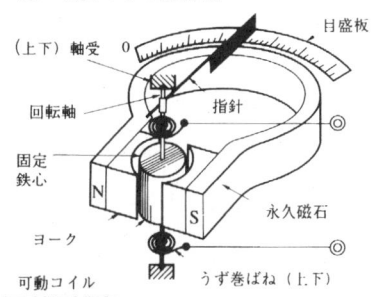

無変調雑音（むへんちょうざつおん）
non-modulation noise
テープレコーダに使う磁気テープ自体の雑音のこと．磁気ヘッドの磁気的非直線性や回転駆動部の振動，テープ走行時の不規則振動が原因．無変調雑音は，アンテナから発射される電波や，電送線の中を伝わる信号にも存在し，増幅回路の非直線性が原因である．
☞雑音

無変調波（むへんちょうは）
nonmodulation wave

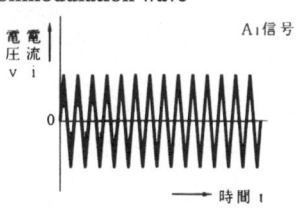

無変調波の波形

647

無変調成分,搬送波だけの成分,この成分の電波のこと.
☞ 搬送波

無誘導(むゆうどう) **non-inductive**
交流回路で誘導性(自己インダクタンスや相互インダクタンス)分のないこと.たとえば無誘導回路は抵抗分だけの回路のこと.
☞ 相互インダクタンス

無誘導抵抗器(むゆうどうていこうき) **non-inductive resistor**
巻線抵抗器は使用周波数fが高まると,巻線自身のインダクタンス(残留インダクタンス)Lや,巻線間の静電容量(分布容量)Cのため,純粋抵抗Rではなくなる.高周波で巻線抵抗器のL,Cを減少した抵抗器のこと.
(a) 2本巻 抵抗線を中央で折り曲げて2本にして巻く(巻きもどし法)
(b) エアトンペリー巻
(c) カーチス巻
☞ 巻線抵抗器

(a) 2本巻

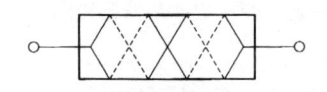

(b) エアトンペリー巻

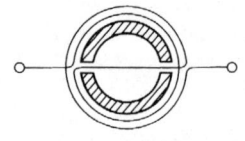

(c) カーチス巻

め

鳴音(めいおん) **singing**
→シンギング

明度(めいど) **luminosity, lightness**
輝度ともいい，色の明るさを示す．単位はルクス[lx]．☞輝度

明瞭度(めいりょうど) **articulation**
電話回路で音声がどの程度正しく送られるかを示す量．互いに関係のない文字(200字程度)を別々に送り，聞き手がその中の何%を正しく聞き取ったかを示し，単音明瞭度という．音節についても考え音節明瞭度とか，了解度という．

命令(めいれい) **instruction**
機械語の1単位で，コンピュータに動作や処理内容を指示すること．命令コードとアドレスからなり，アドレスは，次のどちらかを示す．
(1)命令の記憶場所を示す（命令アドレス）．
(2)オペランドの記憶場所を示す（データアドレス）．
命令は処理順に並べ，プログラムという．
☞機械語プログラム

命令アドレス・レジスタ(めいれい——) **instruction address register**
逐次制御計数器ともいう．制御装置の一部であって，逐次制御を行うために，次に読み出すべき命令のアドレスを保持するレジスタ(JIS・情報処理用語)．
☞逐次制御

命令カウンタ(めいれい——) **instruction counter**
インストラクションカウンタともいい，命令を実行中に次のアドレスを作るように設計されているレジスタで，次に解読する命令の記憶場所を示すカウンタ．☞レジスタ

命令語(めいれいご) **instruction word**
コンピュータの動作指示に使う命令語には，機械語やアセンブラ語，コンパイラ語などのプログラム言語を使う．
機械語の一つひとつの命令を，コンピュータ内部では命令語といい，次の二つの部分でなる．
(1)動作を指示する部分（命令部または操作部）
(2)目的を示す部分（アドレス部またはオペランド）
コンピュータによっては，アドレス部が二つ〜三つの場合もある．
☞プログラム言語

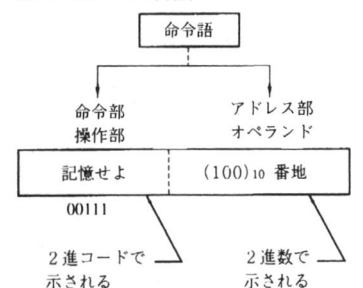

```
           ┌──命令語──┐
              │
    命令部           アドレス部
    操作部           オペランド
   ┌─────────┬─────────┐
   │記憶せよ  │(100)₁₀ 番地│
   └─────────┴─────────┘
    00111
   2進コードで        2進数で
   示される          示される
```

命令コード(めいれい——) **instruction code**
コンピュータへの動作指示のこと．2

命令の例

命令の種類	命令コード	動作（処理）の内容
読出し命令	00001	記憶装置にあるデータを読み出して，演算（計算）装置に入れなさい
記憶命令	00111	演算（計算）装置にあるデータを記憶装置に入れなさい
加算命令	00010	二つの数の加算（たし算）をしなさい　（和）

進コードで与え，インストラクションコードともいう．
→インストラクション・コード

命令実行サイクル（めいれいじっこう——） execution cycle
→命令実行段階

命令実行段階（めいれいじっこうだんかい） execution cycle
エクスキューションサイクルとか命令実行サイクルともいう．コンピュータで制御装置が新しい命令を取り出し終わってから，その命令の実行を終えるまでの動作段階のこと．
☞制御装置

命令取出しサイクル
（めいれいとりだ——） fetch cycle
→命令取出し段階

命令取出し段階（めいれいとりだ——だんかい） fetch cycle
フェッチサイクルとか命令取出しサイクルともいう．コンピュータで制御装置が前の命令の実行中または実行終了後に，次に実行する命令を記憶装置から取り出し始めてから，取り出し終わるまでの動作段階のこと．
☞実行文

命令部（めいれいぶ）
instruction part
インストラクションパートとか操作部，オペレーションパートともいう．コンピュータの命令語の中の，動作を示す部分．
☞命令語

命令文（めいれいぶん）
instruction statement
プログラム言語における表現形式の1単位で，それによって演算その他の動作を記述したり指定したりするもの（JIS・情報処理用語）．
☞プログラム言語

命令読出し段階（めいれいよみだ——だんかい） fetch cycle
→命令取出し段階

命令レジスタ（めいれい——）
instruction register
コンピュータの制御装置の一部で，記憶装置から読み出された命令を受け取って実行するために，一時保持しておくレジスタのこと．
☞レジスタ

メイン・アンプ main amplifier
メイン・アンプリファイヤの略称．
→メイン・アンプリファイヤ

メイン・アンプリファイヤ
main amplifier
主増幅器，電力増幅器ともいう．入出力特性，周波数特性，ひずみ特性がよく，利得が十分で必要な出力があること．出力は数W～数百W位で，プリアンプの後につなぎ，出力はアンテナやスピーカに加える．高圧や大電流を扱い，装置の主たる部分で，B級プッシュプル動作やC級動作（高周波回路）が多い．
☞主増幅器

メイン・スイッチ main-switch
いくつかの分岐回路を集めた回路に入れ，全回路を断続する親スイッチのこと．
☞分岐回路

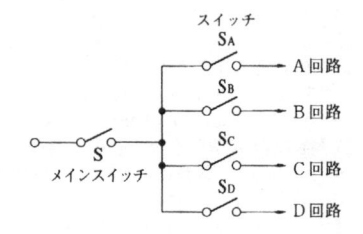

メインフレーム mainframe
事務処理から技術計算まで広い用途の大形汎用（はんよう）コンピュータ．1970年前半までの主流だった．ダウンサイジング（分数化・小形化）の中でも基幹業務では健在である．
☞ダウンサイジング

メインボード main board

コンピュータのCPU・周辺回路・メインメモリなどを取り付けた基板（ボード）である．コンピュータの中心（メイン）となる部分で，マザーボードともいう．

☞マザーボード

メイン・メモリ
main internal memory

マイコンなどに使われるメモリの一種でRAMを使い，CPUとともにマイコンの基本部分である．高速動作をさせるためランダムアクセス形のICメモリやコアメモリ，ワイヤメモリを使う．プログラムメモリとデータメモリに分かれ，プログラムメモリは不揮発性である．

☞プログラム・メモリ

メイン・ローブ main radiation lobe

主ローブとか主輻（ふく）射ともいう．アンテナの指向性のうち，最大放射の方向を示す放射ローブのこと．

☞放射ローブ

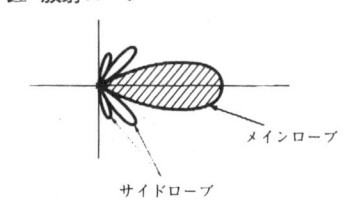

メガ mega

SI（国際単位系）において，10の整数乗倍を示す名称（接頭語）で，10^6を示し記号は〔M〕である．

☞SI

メカニカル・フィルタ
mechanical filter

メカフィルと略称し機械的フィルタのことで，入力信号の特定の周波数だけ取り出したり取り除いたりする．磁性体（ニッケルやコバルト）に交流磁界を加えると，周波数に応じて伸縮し振動する．振動子の振動は安定で，温度係数も小さくQが高く小形で軽く，鋭い周波数特性が得られ選択度を改善する．使用周波数は低周波から455kHz位まで．機械振動を利用するため高い周波数には不適．

☞機械的フィルタ

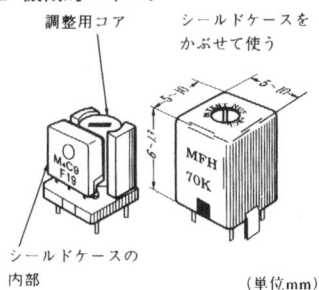

メガバイト mega-byte, MB

メガは10^6＝1000000を示す，単位の接頭語．〔MB〕，〔Mb〕で表示する．バイトは情報を表す単位で，1バイトは8ビットである．ちなみに，漢字1字は2バイト，カタカナ・英字・数字の各1字は1バイトで表現できる．

☞メガ，バイト

メガヘルツ mega-hertz, MHz

メガは10^6を示す単位の接頭語で，ヘルツは周波数の単位である．〔MHz〕と表示する．

☞周波数

メグ meg

メガともいい百万（10^6）を表す接頭語で記号〔M〕で示す．
　1メグオーム〔MΩ〕
　　＝1,000,000Ω＝1,000kΩ．

メーク回路（――かいろ）
make circuit

メーク接点によってできる回路．

メーク接点（――せってん）
make contact

リレーに電流を流し動作させた際，閉じる接点bとcのこと．

めさ

☞リレー

(a) (b) 図

ブレーク接点　メーク接点

メーザ maser, microwave amplification by stimulated emission of radiation

英語の頭文字でMASERとも書く．原子の放出するマイクロ波帯の電磁波を増幅して使うこと．1954年アンモニア分子のビームを用い22.8GHzの気体メーザを得た．現在はさらに安定した水素原子を使い1.42GHzで，エネルギを与え励起状態にある原子や電子に，電波を作用させて原子や電子のエネルギを放出させ電波を増幅する装置．気体メーザ（水素），液体メーザ（アンモニア），固体メーザ（ルビー）などがあり，発振周波数の安定度が高く（10^{-13}程度），低雑音のため，宇宙通信や超遠距離レーダに使う．

☞レーザ

メサ・トランジスタ mesa transistor

拡散接合形トランジスタの一種で，高周波用で高温で使用でき，中～大電力用であるが，小電流では電流増幅率が下がる．シリコンN形の薄板に1ミクロン位の酸化被膜を作り，これを通して薄板にP形不純物ガリウムを拡散し，P形層を作る．次にエミッタ部分の酸化膜を除き，りんを拡散する．そのあと表面の酸化膜をすべてエッチング液で除き，電極取付け用のアルミニウム蒸着をし，それに電極リードを取り付け，周辺を台地形（メサ形）に削り取る．

☞拡散接合形トランジスタ

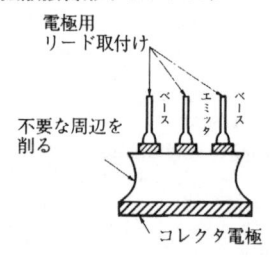

メタリコン metalized contact

金属でない部分にリード線を付けるため，銀，鉛の金属膜を蒸着し焼き付ける．

☞リード線

メタルテープ metal-tape

オーディオ用のディジタル録音・再生テープのこと．テープ幅は3.8〔mm〕でアナログ用と同じ．コバルト・ニッケル・鉄などの金属を微粉末（パウダ）状にして，接着剤（バインバ）に溶かし，テープの片面に塗る．仕上りが薄く，記録密度が高いのが特徴．

☞ディジタル・オーディオ

メタルバック蛍光面（——けいこうめん） metal-backed phosphor screen, aluminized phosphor screen

TV用ブラウン管の蛍光膜の裏側（電子銃側）にアルミニウムを蒸着し，これに加速電圧を加える．電子はこの蒸

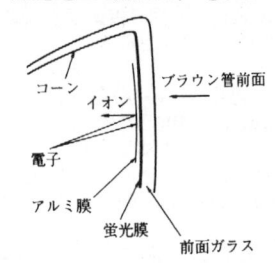

着膜を通り抜け蛍光膜を光らすが，イオンは通らず蛍光膜のイオン焼けを防ぐ．蛍光膜の光はアルミ膜で反射し画面が倍近く明るくなる．加速電圧の効果で蛍光膜付近の電圧降下による輝度低下も防げる．
☞ブラウン管

めっき plating
電気めっきともいい，半田付けを容易にし，表面の酸化，さびを防ぎ美しく見せるため，金属の表面を他の金属で覆うこと．電気分解を利用し，めっきされる金属を陰極につなぎ，めっき用金属を陽極にして，めっき液に入れ電流を流す．
☞電気めっき

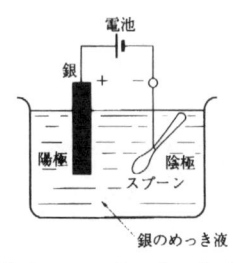

めっき線（——せん） plated wire
表面をすずなどでめっきした電線で，0.2～3mm位の太さまで各種ある．すずめっきにより半田付けが容易で発錆を防ぐ．
☞半田付け

メッセージ message
1．始めと終わりが明確に規定されたデータで，情報伝達を目的としたもの(JIS・情報処理用語)．
2．情報や通信とも訳し，たとえばコンピュータのシステムからオペレータへのメッセージ（指示）などと使う．
3．記号・文字の別で示される通信情報のこと．

メディア media
コンピュータからコンピュータへ，人から人へ情報を伝えるなかだちをするもの(媒体：ばいたい)．ネットワーク・通信回線・テレビ・新聞・雑誌などを指す．フロッピディスクもメディアである．

メディカル・エレクトロニクス medical electronics, ME
医用電子工学ともいい，英語の頭文字をとりMEと書く．エレクトロニクスの医学応用技術．

メニュ menu
コンピュータのプログラムの機能・コマンドを一覧表にしてまとめ見やすくしたもののこと．ウインドウズ画面(一太郎)では画面上方に，メニュバーとして第1階層のコマンドメニューが示されている．ファイル(F)・編集(E)・表示(V)・書式(I)……などである．これをクリックすると，画面下方に次のメニューを示す．（プルダウンメニュ）☞ウインドウズ

メニュバー menu-bar
パソコンのウインドウズ（一太郎）の画面の最上段にある，メニュー（ファイル・編集・表示……）を示す横長の表示欄のこと．バーは棒の意味．

メモリ memory
コンピュータの記憶装置のことで，計算や制御に必要なプログラムやデータを蓄え，蓄えたプログラムやデータを読み込み，消去する場所あるいは装置．用途で分類すると，主記憶装置と補助記憶装置に分かれ，動作原理では破壊読出し記憶装置と非破壊読出し記憶装置，またはランダムアクセスメモリとシーケンシャルアクセスメモリに分かれる．主記憶装置は磁心記憶装置（コアメモリ），半導体記憶装置（ICメモリ）や磁気薄膜記憶装置を使い，補助記憶装置は磁気テープ記憶装置，磁気ディスク記憶装置，磁気ドラム記憶装置や磁気カード記憶装置を使う．
☞磁気カード記憶装置

めもり

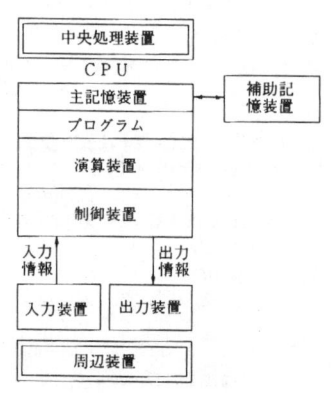

[図: 中央処理装置CPU（主記憶装置・プログラム・演算装置・制御装置）、補助記憶装置、入力情報／出力情報、入力装置・出力装置、周辺装置のブロック図]

目盛（めもり） scale
メータの目盛板に刻んだ目盛で，目盛の間隔が一定の等分目盛や間隔が一定でない不均等目盛がある．標準電流計の目盛は精密に読み取れるよう，目盛と目盛の間に斜線を入れ，目盛間の値も読み取りやすくした斜線目盛である．
☞標準電流計

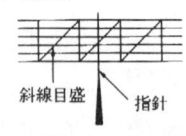

[図: 斜線目盛と指針]

メモリ・アドレス・レジスタ memory address register, MAR
英語の頭文字をとりMARともいう．逐次制御カウンタからのアドレス情報により，記憶装置のアドレスを指定する回路．命令実行段階では読み出すべき，または書き込むべきデータのアドレスの指定に使う．
☞逐次制御カウンタ

メモリ効果（——こうか） memory effect
ニッケル・カドミウム蓄電池でフローティング充電を多用すると，十分に充電しても長時間使えなくなる．このような現象をメモリ効果という．これを防ぐにはフローティング充電をやめ，完全に放電してから充電すればよい．
☞ニッケル・カドミウム蓄電池

メモリ・サイクル memory cycle
記憶サイクルともいい，記憶装置または素子の情報の読出しや書込みなどの，一つの機能の実行の単位のこと．

メモリ・シンクロスコープ memory synchroscope
メモトロン（蓄積管）などを使ったブラウン管オシロスコープで，蓄積形シンクロスコープともいう．1回限りの現象や短時間の現象，静止像などを長時間表示する．
(1)二定電位形蓄積管(半永久的に蓄積)
(2)中間調形蓄積管(約1週間程度蓄積)
→ブラウン管オシロスコープ

メモリ・セル memory cell
→記憶セル

メモリ素子（——そし） memory device, storage element
記憶装置の基本単位（JIS・情報処理用語）．☞記憶装置

メモリ・プロテクション memory protection, storage protection
記憶保護ともいい，記憶装置の書込みや読取りを禁止し，記憶データを保護すること．たとえば，システムプログラムなど大切な記憶内容はこの保護を行う．

メモリ・マトリックス memory matrix
→磁心記憶装置

メモリ容量（——ようりょう） memory capacity, storage capacity
記憶容量のこと．
☞記憶容量

メモリ・レジスタ memory resistor
コンピュータのレジスタの一種で，制御装置からの命令で指定されたアドレスにデータを書き込み，読み出す際や，このレジスタを通して演算装置や入出

力装置に情報を出し入れする．
☞演算装置

メラミン樹脂（――じゅし）
melamine resin

メラミンレジンともいい，メラミンとホルマリンの縮重合体で，機械的性質と耐熱性に優れている．フェノール樹脂などと混ぜ造形材料にしたり，他の材料と混ぜ塗料などにする．積層品は耐熱，耐水性のよい絶縁材料となる．
☞絶縁材料

メリット **merit**

長所とか，利点，功績の意味で，増幅段階を増やし感度や選択度，信号対雑音比などが改善され，セットの特性がよくなるなら，メリットがあるという．
☞信号対雑音比

メーリングリスト **mailing list**

インターネットで「特定の話題の情報交換」を行う方法の一つ．このメーリングリストというシステムを使い，電子メールで行えばニュースグループに比べ早く配信される．メーリングリストの参加法や目的，ルールはWebページで紹介されている．（Webページ検索サービス利用）．参加法は①管理者にメールで申し込む②電子メールソフトを使い自動登録する．いずれの場合もWebページに登録法が書いてある．メーリングリストの電子メールアドレスに送信した電子メールは，利用者全員に届けられる．
☞電子メール

メールサーバ **mail server**

インターネットで電子メールサービスを提供するソフトウェアのこと．または，電子メールサービス（電子メールの送受信処理）を行っているコンピュータのこと．

メルトクエンチ **melt-quench**
→メルトバックトランジスタ

メルトバック拡散トランジスタ
（――かくさん――）
meltback diffused transistor

N形とP形不純物を含むシリコン単結晶を成長させ，細長い棒形に切り出す．N形を多くしておくとN形となるが，棒の一端を高温にして溶かし再結晶させる．次に棒を高温に加熱しP形を拡散させ，棒の途中のきわめて薄いP形のベースを作る．シリコンはNPN形が得られるが，特性はメサ形，プレーナ形に劣る．
☞NPN形トランジスタ

メルトバック・トランジスタ
meltback transistor

メルトクェンチともいい，ガリウムとアンチモンを多く含むN形単結晶を成長させ，棒形に切り出す．一端を高温にして溶かし再結晶させ，境目近くに薄いP形層を作りNPNとなるが，特性上優れている拡散形のシリコン・トランジスタに代わった．
☞シリコン・トランジスタ

メンテナンス **maintenance**

維持，保全，保守の意で，装置や機器の点検や調整，修理や改造などを行うこと．メインテナンスのこと．

1．ハードウェアの保守：コンピュータの機器調整・故障修理のこと．

2．ソフトウェアの保守：プログラムを効率的に変更したり修正したりする．

メンテナンスフリー
maintenance free

システムの保守や維持管理を必要としないこと．

綿巻線（めんまきせん）
cotton-covered wire

電線の表面に密着して，絶縁用の綿の糸を巻きつけた絶縁電線．綿を二重に巻きつけたものを二重綿巻線という．
☞絶縁電線

も

モー mho
アドミタンスの単位で記号は〔℧〕または〔Ω⁻¹〕。現在はジーメンス〔S〕を使う。
☞アドミタンス

目的外通信（もくてきがいつうしん）
無線局は，免許状に記載された目的の範囲を超えて運用してはならない。ただし，遭難通信・緊急通信・安全通信・非常通信・放送の受信などは除く（電波法第52条）。☞無線局

目的プログラム（もくてき——）
object program
→オブジェクトプログラム

目標値（もくひょうち）
command, desired value
セットポイントとか設定値ともいう。自動制御で装置の目標とする，希望する設定値のこと。制御量がこの値となるように設定する。☞自動制御

文字（もじ） character
→キャラクタ

文字図形情報ネットワーク
（もじずけいじょうほう——）
Character And Pattern Telephone Access Information Network System
→キャプテンシステム

文字多重放送（もじたじゅうほうそう）
multiplexed text broadcasting
→文字放送

文字認識（もじにんしき）
character recognition
印刷や手書きの文字を読み込み，コンピュータの内部コードに変える機能のこと。また，この機能をもつ装置のこと。次の二つはその例である。
1. 光学式文字読取り装置
2. オンライン文字認識装置

これ等によりコンピュータへの入力を，キーボードを使わずに直接実行できる。☞OCR

文字表示装置（もじひょうじそうち）
character display device
コンピュータの映像表示装置で，キャラクタディスプレイともいう。コンピュータへの入力や出力をブラウン管に表示する装置。表示内容は数字，英字，かな文字，特殊記号などである。ドット式が普通で12〜15形ブラウン管に2,000字位表示する。

文字放送（もじほうそう） teletext, text broadcasting, teletext broadcast
1. テレテキストまたは文字多重放送のことで，TVの垂直帰線期間（水平走査線番号10〜21，273〜384番）に，文字や図形（ニュースや天気予報，交通情報や旅ガイド）などを送る放送のこと。情報量はビデオテックスに劣るが速報には適している。1976年イギリス，1979年フランスで開始し，日本とアメリカは1983年開始。受信には専用のアダプタが必要。
2. インターネットのWeb（ホーム）ページで流れる電光掲示板サービスのこと。街角の電光ニュース（電光掲示板）に似ている。
☞文字多重放送

模写電送（もしゃでんそう） facsimile telegraphy, facsimile transmission
紙に書いた文字や図形などを電気信号に変えて送り出し，この信号を受けて，送信側と同じ文字や図形を再現させる通信方式。模写電送とか模写電信，ファクシミリともいう。主に白黒電気信号を送り受け，写真や画を送受する通信方式は，写真電信とか写真電送，フ

ァクシミリという．
☞ファクシミリ

モジュラーケーブル modular cable
両端にモジュラージャックを付けたケーブルのこと．

モジュラージャック modular jack
電話機・モデムの差し込みジャック（部品）のこと．
☞ジャック

モジュール module
独立して扱えるハードやソフトのまとまりのこと．
ハード：組み合わせてハードシステムが作れる基本単位やユニットのこと．
ソケット式の取り外しできるICで，メモリボードに追加できるICメモリ1個分のこと．
ソフト：大プログラムで論理的に完結した部分のこと．

モジュレーション modulation
→変調

モジュレーション・ハム modulation hum
変調ハムのことで，受信機で放送電波に同調すると急にハムが増えることがある．このハムのこと．受信する電波が電源の交流（50Hzか60Hzの2倍の100Hzか120Hz）で変調され，検波され増幅されてスピーカから出るために生じる．(1)バリコンが電源トランスの振動を受けて容量変化する．(2)電灯線に誘導された電波が電源トランスを通って整流器に加わり，電源周波数で変調される．
→変調ハム

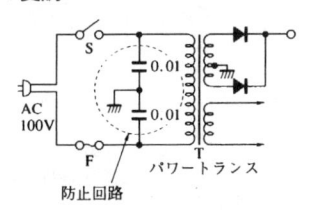

文字読取り装置 (もじよみと——そうち) character reader
→光学式文字読取り装置

モス・ダイオード MOS diode
→MOSダイオード

モス・トランジスタ MOS transistor
→MOSトランジスタ

モータ motor
電気で回転させる機器で，使用電源により交流用と直流用がある．交流モータは電灯線から電源を与え，構造も簡単で故障が少なく，安価で速度調整を細かくしない場合に使う．掃除機，洗濯機などに使い，インダクションモータ（単相形，三相形），シンクロナスモータ，ダイレクトドライブモータ，パルスモータ，トルクモータなどがある．直流モータは速度調整がなめらかにでき，他励式，自励式（分巻形，直巻形，複巻形）がある．
☞小型モータ

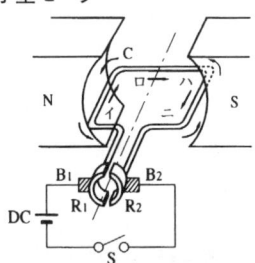

モータ・ボーチング motor boating
低周波の低域周波数（非常に低い周波数）による発振で，ポトポトという音を発する．抵抗結合増幅器を何段かつないだ場合，電源の共通インピーダンスを通して増幅器間に結合（後段から前段または初段に帰還）が生じ発振する．防止法は電源回路のインピーダンスを低くするため，平滑用コンデンサの値を大きくし，結合コンデンサの容量を減らして低域周波数での増幅度を

もてむ

下げ，デカップル回路のCR定数を増し，パスコンを増やす．

☞低域周波数帯

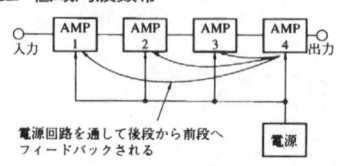

電源回路を通して後段から前段へフィードバックされる

モデム modem, modulator and demodulator, MODEM

1．モジュレータ（変調器）とデモジュレータ（復調器）を合わせたもので，変復調器ともいう．一般電話回線や専用線を使い，コンピュータと端末または端末間で，データを送り受ける際に使う変換器．コンピュータからの信号を電話線にのせるとき変調し，電話線からの信号をコンピュータが読めるように復調する．いずれもインタフェースを通してコンピュータにつなぐ．

2．通信路を通して伝送される信号の変調および復調を行う装置（JIS・情報処理用語）．

☞変復調器

モード mode

姿態（したい）ともいう．移動する電界と磁界（電波）の進む方向に対する関係（進む方向に成分があるかないか）と，電界と磁界の分布状態のこと．導波管でのマイクロ波伝送で問題となる．☞導波管

モード・スイッチ mode switch

音響装置で入力セレクタの後にあって，左右のチャネルの切換えやステレオとモノラルを切り換えるスイッチ．

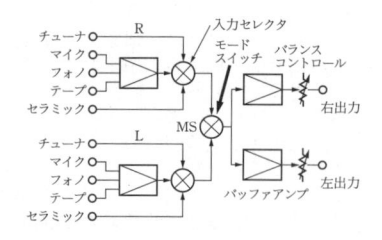

☞スイッチ

モード表示（――ひょうじ）
mode express

パソコンのワープロ画面の現在の入力文字種・漢字変換モード・学習モード・文字入力モードなどのこと．

モノカラー方式（――ほうしき）
monocolor system

白黒用フィルムを使ってカラー画面を再生する方式．白黒設備を利用してカラー画面が得られるので経済性や高速性があるが，画質がやや不安定で機械の特性の影響を受けやすい．

モノクロム・テレビ
monochrome television
→モノクロムテレビジョン

モノクロム・テレビジョン
monochromatic television

モノクロテレビと略称する．白黒TVのこと．モノクロTVともいう．

モノ・コイル mono coil

特定の周波数や周波数帯専用のコイルで，モノとは「単一の」という意味の接頭語．モノコイルは，各バンドごとに独立しているため，互いに干渉せず調整が容易だが，スペースを多くとり，バンド数が増えると大形，高価となる．

☞コイル

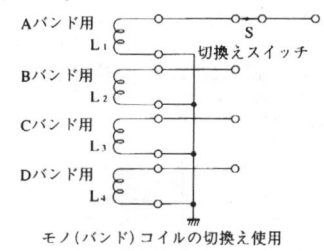

モノ（バンド）コイルの切換え使用

モノスコープ monoscope

テスト・パターン発生用真空管のことで，TV放送でテスト・パターンを送

る際に使う．真空管の中にテスト・パターンを印刷したアルミ薄板を組み込み，電子ビームでこの面を走査して，テスト・パターンに対応する電気信号を取り出す．
☞テストパターン

モノステイブル・マルチ
monostable multivibrator
→一安定マルチバイブレータ

モノステイブル・マルチバイブレータ monostable multivibrator
→一安定マルチバイブレータ

モノバンド・アンテナ
mono-band antenna
一つの周波数帯（バンド）だけの電波を送ったり受けたりするアンテナ．半波長ダブレットアンテナはモノバンド形である．☞アンテナ

モノホニック monophonic
モノと略称することもあり，モノーラルともいう．ステレオではない，単一音を送り受ける方式．
☞ステレオ

モノホニック放送（――ほうそう）
monophonic broadcasting
超短波放送で音声信号のみにより直接主搬送波を変調して行うものをいう（電波法施行規則第2条）．
☞超短波放送

モノマルチ monostable multivibrator
→一安定マルチバイブレータ

モノーラル monaural
モノとは一つのという意で，オーラル（聞いたときの感じ＝聴感）との合成語．モノラルとかモノホニックともいう．

モノリシック monolithic
回路の全部が一つのシリコン結晶内に作られていること．モノリシックICはこの例．
☞シリコン

モノリシックIC monolithic IC
超小型化半導体技術が進歩し，軽くて信頼度の高い半導体ICが作られ，1mm²より微小面積のシリコンペレットの上に，トランジスタや抵抗，コンデンサなどを組み込んで電子回路を作る．モノリシックとはギリシャ語で一つの石という意味で，一つのペレットを使って作られたICのこと．二つ組み込んだものはマルチチップ方式という．モノリシックICは構造上から2大別する．
☞電子回路

半導体IC（モノリシック）┬ バイポーラIC
　　　　　　　　　　　└ MOS IC（モス）

モノリシック回路（――かいろ）
monolithic circuit
→モノリシック

モノリシック集積回路（――しゅうせきかいろ）**monolithic IC**
→モノリシックIC

モバイル mobile
モバイルとは移動形の意味である．

モバイルコンピューティング
mobile computing
携帯インテリジェンス端末・ノートパソコンで，外出先からネットワークに接ぎ（アクセスし）情報の送受信をすること．
☞ネットワーク

モビリティ mobility
→移動度

モービル局（――きょく）
mobile station
移動しながら通信する移動無線局．アマチュアの移動局には次のものがある．
(1)カー・モービル（車）
(2)サイクル・モービル（自転車）
(3)オートバイ・モービル
(4)トラクタ・モービル
(5)マリン・モービル（船舶）
(6)エア・モービル（航空機）
(7)トレン・モービル（列車）
出力は小さくアンテナも簡単で，50

MHzや144MHzを使い，FMやSSB方式が多い．
☞SSB

モービルコンピューテング
mobil computting
→モバイルコンピューティング

モールド molding
絶縁物の中に電極や部品などを埋め込み固めること．ほこりや空気，油や水分の影響を受けず，絶縁や耐圧を高く保つ．ベークライトモールドのマイカコンデンサはこの例である．
☞マイカ・コンデンサ

モールド抵抗器（——ていこうき）
mold resistor
ソリッド抵抗器や炭素皮膜抵抗器の両端に，金属製キャップを取り付けたものを，合成樹脂（プラスチック）製の円筒に入れ，すきまには絶縁物をつめて抵抗体を保護する構造にした抵抗器．一般にモールド抵抗という．
☞ソリッド抵抗器

洩れインダクタンス（も——）
leakage inductance
洩れ磁束によって生じるインダクタンスで，単位はヘンリー，記号は[H]．
☞インダクタンス

モレクトロニクス molectronics
モレキュラエレクトロニクス（molecular electronics）の略で，半導体集積回路のこと．
☞導体集積回路

洩れコンダクタンス（も——）
leakage conductance
フィーダや伝送線路などの分布定数回路で，平行2線間の抵抗や線路とアース間の抵抗などの逆数のこと．単位はジーメンスで記号は[S]．
☞伝送線路

洩れ磁束（も——じそく）
leakage flux
リーケージフラックスともいう．磁性体と他の物体との磁束の通しやすさの比は，導体と絶縁体の電流の通りやすさの比に比べて小さく，磁束は鉄心などの磁路以外のところも通り，これを洩れ磁束といい，磁路の磁束密度や鉄心のこれまでの磁化状態によって異なる．一次コイルと二次コイルがあるとき，一次コイルとだけ鎖交する磁束を一次洩れ磁束，二次コイルとだけ鎖交する磁束を二次洩れ磁束という．
☞磁束密度

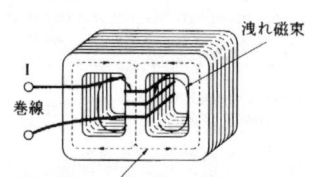

洩れ抵抗（も——ていこう）
leakage resistance
洩れ電流が流れる道すじの抵抗で，洩れ電流が流れる部分に加わる電圧Vと，洩れ電流Iの比V/Iのこと．

洩れ電流（も——でんりゅう）
leakage current
リーケージ電流ともいう．絶縁物の上に，数センチ離して二つの端子を取り付け端子間に電圧を加える．2端子間に電流は流れないはずだが，ごくわずかの電流が絶縁物の絶縁抵抗Rを通し

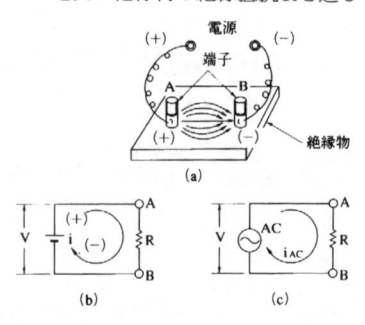

て流れる．二つの端子間に何もつながず，電圧Vだけ加えたときも絶縁抵抗Rがつながれているのと同じで，このときのi, R, Vの間にはオームの法則が成り立ち，

$$洩れ電流\ i = \frac{端子間電圧V}{絶縁抵抗R}$$

この関係は交流も直流も同じである．

☞ **絶縁抵抗**

洩れリアクタンス (も——)
leakage reactance

洩れインダクタンスによるリアクタンス分で，加わる交流分の周波数f，洩れインダクタンスLとすれば，

$$洩れリアクタンスX = 2\pi fL\quad [\Omega]$$

☞ **リアクタンス**

問題向き言語 (もんだいむ——げんご)
problem-oriented language

コンピュータのプログラム言語の一種で，コンピュータの使用目的や用途に応じた言語が使われる．たとえば，科学技術計算用は，フォートランFORTRANやアルゴルALGOL，事務処理計算用はコボルCOBOLなどを使う．これらの言語のこと．

☞ **プログラム言語**

や

夜間効果（やかんこうか） **night effect**
→夜間誤差

夜間誤差（やかんごさ） **night error**
夜間に船で方位測定する際，中波に電離層波が混じり，最小感度点がぼやけ，最小感度点が絶えず動き，誤差が生じる．この現象を夜間効果といい，測定誤差を夜間誤差という．
☞電離層波

夜間波（やかんは） **operating frequency during night-time**
夜間の最適使用周波数（最適運用周波数）のこと．

八木アンテナ（やぎ——）
Yagi antenna
→八木宇田アンテナ

八木・宇田アンテナ（やぎ・うだ——）
Yagi-Uda antenna
八木秀次・宇田新太郎が1926年に発明したVHF帯以上で使う指向性アンテナで，テレビの受信用などに使う．Aが給電アンテナ，Dが導波器，Rが反射器で，これ等A, D, Rの各々をアンテナ素子（エレメント）といい，ブームB上に一定間隔に配置する．DはAより少し短かく，RはAより少し長い．アンテナの指向性はDやRの数を増やすほどAに対し直角の方向（C側）に鋭くなり，一方向性となる．広帯域にするにはAを2本以上用いてX形や8字形にする．
☞指向性アンテナ

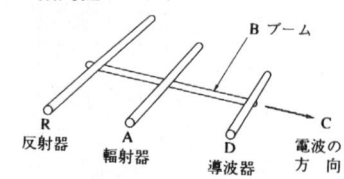

八木空中線（やぎくうちゅうせん）
Yagi antenna
→八木・宇田アンテナ

脂入りはんだ（やにいり——）
solder with resin
材料は，すず40〜60%，鉛60〜40%の合金．外径が1〜3mm位の線形をしており，中に接着剤（松やになど）を入れる．

ゆ

有意瞬間 (ゆういしゅんかん)
significant instant
有意状態が変化する瞬間.
例：電流のオンからオフに、または逆にオフからオンに変わる変換点など(JIS・情報処理用語).
☞有意状態

有意状態 (ゆういじょうたい)
significant condition
情報処理用語でデータ伝送のときに使われる語. 信号の各エレメントを特性づけるおのおのの状態のこと.
例：2値信号を示すための電流のオン(1), オフ(0)など(JIS・情報処理用語).
☞2値信号

有機エレクトロニクス (ゆうき――)
organic electronics
半導体ではできない機能を持った新しいコンセプト, 生物的なコンセプトに基づくデバイスの開発研究. 生物の持つ超高機能な有機分子を利用して新たなデバイスを実現する. 有機ELディスプレイは蛍光やりん光を利用したもの.
☞液晶ディスプレイ

有機ガラス (ゆうき――)
organic glass
メタクリル酸メチルエステル樹脂は, アセトンシアンヒドリンとメタクリル酸メチルエステルを重合したもの. 型に流し込んで加熱するか, 加熱加圧して形を作る. 透明で堅くて丈夫, 紫外線をよく通し, 照明機具や絶縁部品に使い, 軟質品は接着剤や絶縁被覆に使う.

有機トランジスタ (ゆうき――)
organic transistor
有機材料（炭素を骨格とした化合物）を用いたトランジスタ. 従来のトランジスタの製造法と異なり, 印刷による回路作成やプラスチック基板上への回路作成ができることから, 高価な機器や多数の連続プロセスを必要とせず低コストで生産できる.
☞トランジスタ

有機半導体 (ゆうきはんどうたい)
organic semiconductor
有機化合物半導体ともいう. 有機化合物の中で分子間に移動できる電子をもつものがあり, 電気伝導や光導電現象, 光起電力現象をもつ. アントラセンなど高分子化合物の樹脂はこの例である.

有効電圧 (ゆうこうでんあつ)
effective voltage
抵抗Rとインダクタンス L を直列にし交流を加えると, R の両端電圧 V_R, L の両端電圧 V_L, 加えた電圧V, 流れる電流 I の間には, (b)のような関係がある. I と同相の電圧 V_R を有効電圧といい, 交流電力を有効に消費し, 仕事をするエネルギとなる.

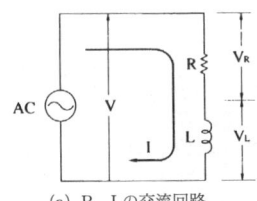

(a) R, Lの交流回路

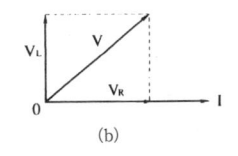

(b)

ゆうこ

有効電力 (ゆうこうでんりょく)
effective power, active power

抵抗R，インダクタンスLのある交流回路の有効電力Pは，電圧Vと電流Iの同相分の積で示す．(a)のようにR，Lの直列回路ではV，Iの関係は(b)のようになる．$P = VI\cos\theta$ で

$\cos\theta = V_R/V = IR/IZ = R/Z$

$\therefore P = VI\cos\theta = ZI^2R/Z = I^2R$ 〔W〕

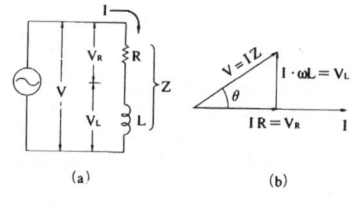

☞直列回路

有効分 (ゆうこうぶん)
active component

交流回路で電力Pや電圧V，電流Iなどを考えるとき，VとIの同相分，つまり有効電力になる成分のこと．

☞有効電力

有線通信 (ゆうせんつうしん)
wire communication

有線電気通信ともいい，1本以上の電線の両端に一組ずつの送信機と受信機をつなぎ，符号・音響・映像などの電気信号を送り受ける通信方式で，有線電信や有線電話，有線テレビジョンなどが含まれる．有線電気通信法はこれらに関する法律である．

☞通信方式

有線テレビジョン (ゆうせん——)
wire television

有線テレビと略称し，電波を使わず同軸ケーブルを使って信号を送るTV方式のこと．ITVやCATVなどで行う．TV放送の初期に放送局が，遠方のTV局電波を受け，有線で加入の視聴者に分配したことから始まった．欧米ではケーブルテレビとかケーブルという．日本では昭和29年（1954年）群馬県伊香保町で東京のTV放送を受信したのが始まりである．

☞CATV, ITV

有線テレビジョン放送
(ゆうせん——ほうそう)
cable television service, CATV

CATVともいい，TV放送を電波を使わず有線（ケーブル）で，加入する視聴者に供給する．1973年有線テレビジョン放送法が施行された．初期はTV放送の遠隔地受信が目的だったが，都市の高層ビルや高速道路，新幹線などによる受信障害や難視聴地域の解消に利用されている．

☞有線通信

有線電気通信 (ゆうせんでんきつうしん)
wire telecommunication
→有線通信

有線電気通信法
(ゆうせんでんきつうしんほう)

有線電気通信設備に関する法律で昭和28年（1953年）に制定された．公衆電気通信事業を日本電信電話公社（NTT）と国際電信電話株式会社（KDD）に独占させ，安全等に関する技術基準を設けることを主眼とした．

☞有線通信

有線電信 (ゆうせんでんしん)
wire telegraphy

ケーブルなどの伝送線の両端に，一組ずつの電信送信機と受信機をつなぎ，電信符号を使って情報を送り受けること．☞電信符号

有線電話 (ゆうせんでんわ)
wire telephone

ケーブルなどの伝送線の両端に，一組ずつの電話送信機と受信機をつなぎ，音声や音響を使って情報を送り受けること．

有線放送 (ゆうせんほうそう)
wire broadcasting

一般公衆に直接聞かれることを目的と

して，有線によって行われる放送．比較的狭い限られた地域内で利用し，街頭放送や有線放送電話，共同聴取などがある．

有線放送電話（ゆうせんほうそうでんわ）
wire-broadcast telephone exchange
農山村や漁村などの地域で，有線による放送や電話に利用される通信方式や設備．地域住民の連絡や，役場や農協からの一斉連絡や各戸連絡等に使う．

誘電加熱（ゆうでんかねつ）
dielectric heating
交流電界の中の誘電体内部に誘電損による熱が発生し，この熱を加熱や乾燥に使うこと．またはこの技術．
(1)高周波ウェルダ（80MHz位を使い塩化ビニルなどを溶着する）
(2)電子レンジ（マグネトロンにより2,450MHz位を使い高速調理する）
☞誘電損

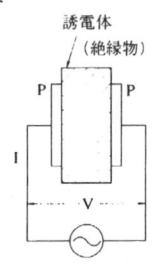

誘電束（ゆうでんそく）
dielectric flux →電束

誘電損（ゆうでんそん）**dielectric loss**
誘電体に交流電圧を加えると熱が発生する．この熱は誘電体の電力損失によるもので，誘電損とか，誘電体損という．

誘電体（ゆうでんたい）**dielectric**
→絶縁物

誘電体アンテナ（ゆうでんたい——）
dielectric antenna
方形や円形の導波管の切り口に，先端を徐々に細くした誘電体（ポリスチロールなど）を取り付け，導波管から電波を送ると，誘電体を通る電波の位相速度は空間より遅れ，洩れた電波の位相と等しくなり，伝わる方向と直角な平面では，平面波を放射する．単方向指向性が得られ，指向性や利得が向上する．マイクロ波アンテナの一種で，誘電体棒空中線ともいう．
☞誘電体アンテナ

誘電体電波レンズ（ゆうでんたいでんぱ——）**dielectric wave lens**
→誘電体レンズ

誘電体棒空中線（ゆうでんたいぼうくうちゅうせん）**dielectric rod antenna**
→誘電体アンテナ

誘電体レンズ（ゆうでんたい——）
dielectric lens
光と同様に極超短波を集束し電波ビームにするための電気磁気的レンズの一種で，誘電体電波レンズともいい，凸レンズ形の誘電体を使う．

誘電ひずみ（ゆうでん——）
dielectric strain
チタン酸バリウムや水晶のような誘電体を直流電界の中に置くと，電界の向き（正，負）によってその物質が伸びるか縮み，交流電界の中では伸縮し，ひずみが生じる．このひずみのこと．
☞ひずみ

誘電分極（ゆうでんぶんきょく）
dielectric polarization
→分極

誘電率（ゆうでんりつ）
dielectric constant
電束密度Dと電界の強さEの比D/Eが誘電率εで，比誘電率ε_sと真空中の誘電率ε_0との積$\varepsilon_s \varepsilon_0$でも示す．
$\varepsilon = D/E = \varepsilon_s \varepsilon_0$
☞電束密度

誘導（ゆうどう）**induction**
1．電磁誘導のこと．
2．静電誘導のこと．
☞静電誘導，電磁誘導

誘導形計器 (ゆうどうがたけいき)
induction type instrument

固定コイルに測ろうとする交流の電流か電圧を加え，可動部分に電磁誘導作用によって誘導電流を流し，誘導電流と固定コイルの作る磁界とで生じる電磁力で回転力を作る．
(1)回転磁界形 (a)は電圧計の例．
(2)移動磁界形 (b)は積算電力計の例．

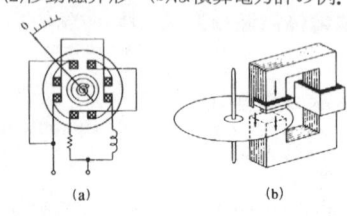

誘導加熱 (ゆうどうかねつ)
induction heating

金属など導電率の大きい物質に交流磁界を加えると，誘導起電力により誘導電流が流れ，うず電流損やヒステリシス損のため発熱する．合金を作ったり，焼き入れや焼きなまし，焼きもどしや溶接，半導体の帯域精製に使う．高周波誘導加熱（10kHz～100MHz），低周波誘導加熱（商用周波数），中周波誘導加熱（10kHz～商用周波数）の別がある．

☞うず電流損，ヒステリシス損

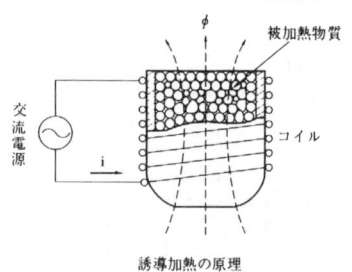

誘導加熱の原理

誘導起電力 (ゆうどうきでんりょく)
induced electromotive force

変化する磁束中に導体を置いたときや，導体によって磁束を早く切ったときに起電力が誘導される．いずれも導体と鎖交磁束数が急変した場合に，導体に起電力が誘導され，誘導起電力という．☞磁束

誘導結合 (ゆうどうけつごう)
inductive coupling

二つの回路PとSが相互インダクタンスMで結合することで，電磁結合ともいう．高周波用の電磁結合は(a)のようにコイルL_1とコイルL_2はいずれも空心か高周波磁心(b)，低周波用には鉄心を使う(c)．

☞電磁結合

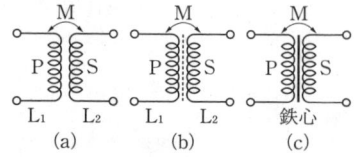

M	M	M
P S	P S	P S
L_1 L_2	L_1 L_2	鉄心
(a)	(b)	(c)

誘導コイル (ゆうどう――)
induction coil

インダクションコイルともいい，電磁誘導により高圧を得る装置．スイッチSを入れると巻線n_1によって鉄心Aが磁石となり，振動片Fの鉄片MがAに引かれ接点Pが離れ，電流Iは切れる．Iが切れるとAは磁力を失いMはバネの力でもとの位置にもどり，Pが接触して再びIが流れ，初めにもどってIの断続を繰り返す．巻線n_2にはIの断続のたびに誘導起電力Vを生じる．n_2とn_1の巻数比n_2/n_1を大きくするほど，高圧を発生でき，このコイルを誘導コイルという．

☞誘導起電力

誘導雑音 (ゆうどうざつおん)
induced noise

外部からの電磁的や静電的な誘導により配線や回路に生じる雑音．低レベル回路や初段回路で生じると影響が大きい．

誘導磁界 (ゆうどうじかい)
induction magnetic field
アンテナから放射される磁界で,距離の2乗に反比例する大きさのため,アンテナの近くだけに存在し,数波長以上のところでは減衰し無視される.
☞減衰

誘導障害 (ゆうどうしょうがい)
inductive interference
静電誘導や電磁誘導により,伝送線や通信線,回路や装置に雑音などの障害を受けること.
☞雑音

誘導性回路 (ゆうどうせいかいろ)
inductive circuit
交流回路のリアクタンス分のうち,誘導性リアクタンスのほうが容量性リアクタンスより多い回路.また,加えた電圧の位相より,流れる電流の位相が遅れる回路.
☞リアクタンス

誘導性リアクタンス (ゆうどうせい——)
inductive reactance
→誘導リアクタンス

誘導電界 (ゆうどうでんかい)
induced-electric field
アンテナから放射される電界で,距離の2乗に反比例する大きさのため,アンテナの近くだけに存在し数波長以上のところでは減衰し無視される.

誘導電磁界 (ゆうどうでんじかい)
induction field
誘導電界と誘導磁界の総称.
☞誘導磁界,誘導電界

誘導電磁形カートリッジ (ゆうどうでんじがた——)
induced magnetic type cartridge
英語の頭文字をとりIM形ともいい,ムービングアイアン形カートリッジの一種.

誘導電流 (ゆうどうでんりゅう)
induced current
1.電磁誘導により誘導される誘導起電力で流れる電流のこと.
2.静電誘導により生じる電荷の移動によって流れる電流のこと.
☞静電誘導

誘導妨害 (ゆうどうぼうがい)
inductive disturbance
回路や受信装置で電磁誘導や静電誘導によって電圧が発生し電流が流れ,雑音などの妨害を受けること.
☞電磁誘導

誘導放出 (ゆうどうほうしゅつ)
induced emission, simulated emission
外部から加わるエネルギで励起状態にある原子や電子に,高周波の光を当てると,同じ周波数と位相の光を放出して,もとの定常状態にもどる現象.
☞励起

誘導リアクタンス (ゆうどう——)
inductive reactance
自己インダクタンスLが交流回路で示す電流の流れにくさ.
　誘導リアクタンス $X_L = \omega L = 2\pi f L$
　π:円周率3.14
　f:周波数 〔Hz〕
fが高いほど,またLが大きいほどX_Lは大きくなり,電流の流れを妨げる.単位は〔Ω〕.(ωは角周波数)
☞自己インダクタンス

ユーザ user
コンピュータの利用者のこと.次の二つに分ける場合がある.
1.ハイエンドユーザ.自分でシステムをつくることができるユーザのこと.
2.エンドユーザ.アプリケーションを利用するだけのユーザのこと.

ユーザインタフェース
user interface
マンマシンインタフェースのこと.
→マンマシンインタフェース

ユーザサポート user support
コンピュータ関連製品を買った後のサービス(アフターサービス)のこと.

製品のシリアルナンバ（製品番号）・購入者の住所・氏名などをメーカに登録し,購入ソフト（アプリケーション）のアップグレード情報・バグ情報・セミナーなどの連絡サービスが受けられる.

ユーザビリティ usability
「使いやすさ」を表すIT独特の用語.コンピュータや,携帯端末などハードウェアの取扱いのしやすさや,ソフトウェアの操作方法などが簡便で,マニュアルなどを読まずに使いこなせるかを比較する時に使う.

ユースケース use case
ビジネス（業務）をユーザの視点で可視化する機能.オブジェクト指向のソフトウェア開発方法論の分析フェーズで登場.オブジェクト指向のソフトウェア開発では,最初に作成されるドキュメントになる.統一モデリング言語（UML）では,ビジネスで何をするのかの個別の機能を一つ一つのユースケースとして明らかにする.

ユースケース図により,エンドユーザの開発要求定義を明確にする,システム設計側も開発するものをはっきりさせる,という目的がある.

ビジネスが外部要素に対して示す機能でユースケース図を作成し「商品を販売する」「代金を請求する」などの機能で「ユースケースモデリング」を作成していく.業務主管側とシステム開発側がユースケース図で,暗黙知の曖昧さをなくしていく.ついでビジネスの機能を誰が実現するのかという構造を人,物,金,情報などをクラスとして表し,相互の関係をクラス図として表す.

ユーティリティ
utility programs, utilities
コンピュータのプログラム作成に役立つ各種のソフトウェアのこと.もとの意味は,役立つ・実用向きのプログラム,ということである.

ユーティリティ・プログラム
utility program
サービスプログラムともいい,コンピュータの利用者が日常の作業によく使うプログラムを,だれにでも使えるようにメーカがあらかじめ作成し,ユーザ（利用者）に提供するプログラム.ファイル処理用プログラム,修正やテストのためのプログラム,ファイル変換用プログラムなどがある.

ユニジャンクション・トランジスタ
unijunction transistor, UJT
ダブルベースダイオードともいい,アメリカのGE社が開発した.SCRのゲートトリガ用,のこぎり波やパルス波,階段波などの回路に使う.比抵抗の高いN形シリコン棒（0.2mm角）の真中にアルミ線をボンドしPN接合を作る.棒の両端はセラミック板に固定し,ベース1,ベース2にする.ジャンクション（接合）が一つ（ユニ）で,ベースが二つあるトランジスタ.
☞PN接合

ユニット unit
1.全体を構成する一部分.2.ユニットケーブル.3.コンピュータの大容量記憶ボリュームの一つの単位（COBOL）.4.プリント板ユニット.5.スピーカの音の出る部分.
☞COBOL

ユニット・ケーブル unit cable
有線通信用の市内ケーブルで,百対位の線をより合わせユニットとし,数ユニットを合わせてできるケーブル.
☞有線通信

ユニット・セル unit cell
LSIを作るときのウエーハの中に含まれる数十～数百の単位回路で,単にセルともいう.

ユニバーサル universal
万能の,多用途向き,共用の,などの意をもつ形容詞.

ユニバーサル・カウンタ
universal counter
ディジタル表示の周波数計をベースにして、電圧計や抵抗計、時間差の測定など、テスタのような手軽さで使える万能計数形測定器で精度も高い.

ユニバーサル・トーンアーム
universal tone arm
互換性のある万能形のトーンアームのこと.

ユニポーラ unipolar
ユニは一つの、という意で、ポーラはポーラリティ（極性）のこと.
☞ユニポーラトランジスタ

ユニポーラIC unipolar IC
→ユニポーラ集積回路

ユニポーラ集積回路（――しゅうせきかいろ）unipolar integrated circuit
主にMOS形FETで作られたICのこと.
☞MOS-FET

ユニポーラ・トランジスタ
unipolar transistor
電子か正孔のどちらか片方のキャリアが、動作に関わるトランジスタで、電界効果トランジスタ（FET）はこの例である. バイポーラ・トランジスタと対語.
☞バイポーラ・トランジスタ

ユビキタス ubiquitous
ラテン語が語源で「どこにでもある、空気のように存在する」を意味する. いつでも、どこでも、だれでも、どのデバイスでも使えるネットワーク・コンピューティング環境をいう.
☞ネットワーク

ゆり
1978年アメリカのナサ（NASA）に打ち上げてもらった日本初の実験用放送衛星. 80年にテレビ放送伝送用のトランスポンダが故障し、84年ゆり2号aを宇宙開発事業団が種子島から打ち上げ、2号b、3号a……と続き、NHKや日本衛星放送（JSB）、衛星ディジタル音楽放送（SDAB）などが使っている.
☞放送衛星

ユングナー電池（――でんち）
Jungner battery
アルカリ蓄電池の一種で、陰極はカドミウム粉に15%の鉄粉を混ぜ、陽極は水酸化第2ニッケルと黒鉛粉を混ぜたもの. 極板の形はエジソン電池の陰極板と同じで、鉛蓄電池に比べ硫酸化や活性剤の脱落がない. 極板が丈夫で振動に耐え、急放電や過放電に耐える. 高価で内部抵抗大で電圧変動率が大きく、充電完了がわかりにくい. 電圧が低め（1.3〜1.4V）である.
☞アルカリ蓄電池

よ

陽イオン（よう——）
positive ion, cation
電離により電子を失った原子や分子を陽イオンとかイオンという．
☞電離

陽極（ようきょく） **plate**
陽はプラス(+)または正を表し，(+)の電圧を加える電極のこと．

陽極降下（ようきょくこうか）
anode drop, anode fall
グロー放電やアーク放電で，陽極の直前で電子流のため数ボルトの電圧降下があり，陽極降下という．
☞アーク放電，グロー放電

陽極接地回路（ようきょくせっちかいろ） **grounded plate circuit**
→カソードホロワ

陽極損（ようきょくそん）
plate loss, anode loss
電子管の電子が陽極に衝突して生じる熱による損失のこと．
☞損失

陽極変調（ようきょくへんちょう）
plate modulation
真空管の陽極電圧を信号に応じて変え，変調をかけることで，プレート変調ともいう．陽極電圧変調回路，陽極電流変調回路の別がある．
☞真空管

陽光柱（ようこうちゅう）
positive column
グロー放電で陽極近くの，一様な明るさで発光する部分のこと．
☞グロー放電

陽子（ようし） **proton**
原子核の中にある素粒子の一種で，核の中は中性子と陽子などからなり，陽子はプラス電気を帯び，マイナス電気をもつ電子と互いに打ち消し合い，原子は中性である．
☞素粒子

陽電荷（ようでんか） **positive charge**
正電荷のこと．陰電荷（負電荷）と対語．
☞陰電荷

陽電子（ようでんし） **positron**
電子と等しい正の電気量と質量をもつ素粒子．寿命が10^{-9}(s)位で，電子と衝突するとガンマ線を放出して消滅し，安定な自然状態では存在しない．
☞ガンマ線

容量（ようりょう） **capacity**
1．静電容量またはキャパシティのこと．単位はファラド〔F〕であるが，実用には大きすぎるので，その百万分の1のマイクロファラド〔μF〕，そのまた百万分の1のピコファラド〔pF〕を使う．
2．電線や抵抗器，コイルや接点，装置や機器などに流せる電流の限度，電流容量または許容電流や安全電流のこと．
3．電源や蓄電池などから負荷に供給できる電力量や電気量のこと．
4．コンピュータなどの記憶容量のこと（JIS・情報処理用語）．
→キャパシティ

容量アンテナ（ようりょう——）
capacity antenna
電灯線のアースされてないほうの線と，受信機のアンテナ端子間を小容量のコンデンサでつなぎ，アンテナとすること．コンデンサアンテナともいう．
☞コンデンサ

容量冠（ようりょうかん）
capacity head

塔アンテナの頂部に放射状に張った導線の環．電流の波腹が高くなり放射効率が上がる．キャパシティヘッドともいう．

☞塔アンテナ

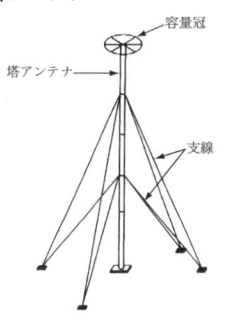

（図：容量冠、塔アンテナ、支線）

容量計 （ようりょうけい）
capacity meter

Cメータ，容量メータ，キャパシティメータともいい，静電容量を測る計器．誘導形電流電力計の応用や，標準可変容量 C_s と並列に測る容量 C_x をつなぎ，検出器に水晶共振子を使い，C_x 分だけ C_s を減らして共振させ測定する方法もあり，0.1pF の測定ができる．

☞水晶共振子

容量結合 （ようりょうけつごう）
capacity coupling

二つの電子回路A，Bを静電容量（コンデンサ）でつなぐこと．

☞静電容量

容量減衰器 （ようりょうげんすいき）
capacitance attenuator

リアクタンス減衰器の一種で，交流回路に静電容量(コンデンサ)をつなぎ，容量リアクタンスによって交流回路に一定量の減衰を与える装置（回路）．

☞リアクタンス

容量性 （ようりょうせい） capacitive

電子回路のリアクタンスが容量的で誘導性でないこと．または，回路に流れる電流の位相が電圧の位相より進むこと．

☞電子回路

容量性インピーダンス （ようりょうせい——） capacitive impedance

インピーダンスZのリアクタンス分Xが，誘導リアクタンス X_L より容量リアクタンス X_c が大きいときのZ．

$$Z=\sqrt{R^2+(X_L-X_c)^2} \quad X_L<X_c [\Omega]$$

☞インピーダンス

容量性回路 （ようりょうせいかいろ）
capacitive circuit

交流回路のリアクタンス分が，誘導性リアクタンスより容量性リアクタンスの多い回路．加えた電圧の位相より流れる電流の位相が進む回路．

☞リアクタンス

容量性サセプタンス （ようりょうせい——） capacitive susceptance

インピーダンスが容量性のときのサセプタンスのこと．

☞サセプタンス

容量性負荷 （ようりょうせいふか）
capacitive load

交流回路の負荷の実効インピーダンスが容量性であること．

☞実効インピーダンス

容量性リアクタンス （ようりょうせい——） capacitive reactance

静電容量によるリアクタンス X_c のこと．

$$X_c=\frac{1}{\omega C}=\frac{1}{2\pi fC} \quad [\Omega]$$

$\omega=2\pi f$（角周波数）
Cは静電容量[F]
fは周波数[Hz]
π は円周率 3.14

交流回路でCが電流の流れを妨げる度合を示し，単位はオーム[Ω]で，fが高くなり，Cが大きくなるほどリアクタンスは小さくなり，電流は流れやすくなる．電流の位相は加えた電圧より90°進む．

☞静電容量

ようり

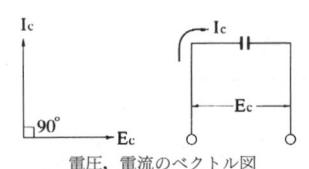

電圧，電流のベクトル図

容量接地 （ようりょうせっち）
capacity ground
→カウンタポイズ

容量装荷アンテナ （ようりょうそうか——）　**capacity loaded antenna**
静電容量を付け足したアンテナ．
☞ローディングアンテナ

容量ブリッジ （ようりょう——）
capacity bridge
静電容量Cを測定するブリッジで，Cxは測定する容量，rはその損失分，Csは標準容量，PとQは標準抵抗，Dは検電器．Sは切換えスイッチ，Rは可変抵抗器．
平衡条件より，次式のようになる．
　$Cx=PCs/Q$，$r=QR/P$
☞静電容量

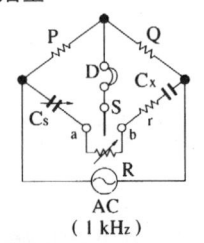

容量分圧器 （ようりょうぶんあつき）
capacitance voltage divider
交流の分圧器で，コンデンサを直列にし，静電電圧計か電子電圧計（電流を流さぬ計器）で，分圧電圧Voを測り全電圧V₁を知る．

$$V_1=\left(1+\frac{C_2}{C_1}\right)V_o \quad [V]$$

コンデンサ分圧器ともいう．
☞分圧器

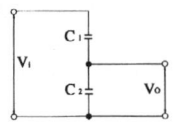

容量リアクタンス （ようりょう——）
capacitive reactance
→容量性リアクタンス

ヨーク　**yoke**
→偏向コイル

抑圧搬送波 （よくあつはんそうは）
suppressed carrier
振幅変調波の搬送波分を抑圧して送り受ける方式の搬送波．

抑止 （よくし）　**inhibit**
PおよびQを二つの論理変数とするとき，次の表によって定まる論理関数Rを"PをQで抑止する"という（JIS・情報処理用語）．

P	Q	R (P-Q)
0	0	0
0	1	0
1	0	1
1	1	0

抑止回路 （よくしかいろ）
inhibit circuit
1個以上の入力端子，1個以上の制御端子および1個の出力端子をもち，制御信号が特定の条件を満たした場合には，入力が1であっても0であっても出力端子に0を出力する回路．
☞抑止ゲート

抑止ゲート （よくし——）　**inhibit gate**
抑止回路ともいい，論理回路の一種で，否定と論理積の組合せP・$\overline{Q}$である．一つの出力端子と一つ以上の入力および抑止端子があり，どれか一つの抑止端

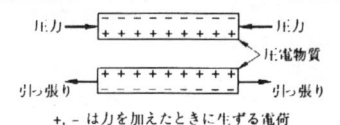

+，−は力を加えたときに生ずる電荷

圧電現象の横効果

子に1が加わると、出力は0となる回路。一方の入力を他の入力でコントロールする。

☞論理回路

横効果 (よここうか) **transverse effect**
圧電物質に生じる圧電現象で、結晶片に加わる力の方向と電荷の現れる方向が、図のように直角に現れるときのこと。

☞圧電現象

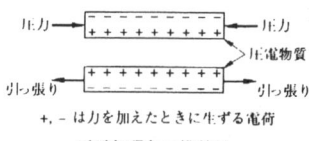

圧力 → [+ + + + + + + + + +] ← 圧力
        [− − − − − − − − − −]
                              圧電物質
引っ張り → [− − − − − − − − − −] ← 引っ張り
          [+ + + + + + + + + +]

+, − は力を加えたときに生ずる電荷

圧電気現象の横効果

横縦比 (よこたてひ) **aspect ratio**
→縦横比

横波 (よこなみ) **transversal wave**
伝わる方向と直角な成分が変化する波。自由空間を伝わる電波の電界と磁界は、進行方向と直角方向に強さが変化する。

横方向トランジスタ (よこほうこう——) **lateral transistor**
→ラテラルトランジスタ

呼出し (よびだ——) **call**
コールともいう。指定された閉じたサブルーチンなどに制御を渡すこと (JIS・情報処理用語)。

☞サブルーチン

呼出し時間 (よびだ——じかん) **access time**
アクセス時間とかアクセスタイムともいう。コンピュータで制御装置が記憶装置からの、または記憶装置へのデータ転送を要求してから転送が終わるまでの時間。待ち時間と転送時間に分けられる (JIS・情報処理用語)。

☞アクセス時間

呼出し符号 (よびだ——ふごう) **call sign**
→コールサイン

読出し (よみだ——) **read**
読取りともいい、コンピュータの記憶装置から記憶データを外部に取り出すこと (JIS・情報処理用語)。

読出し線 (よみだ——せん) **read-out line**
コンピュータのコアプレンの各コアを通り、読出し回路につなぐ線。S線、R線ともいう。

読取り (よみと——) **read**
→読出し

予約語 (よやくご) **reserved word**
COBOL用語。ある決まったつづりをもつ文字列で、原始プログラム中では、定められた文や句の中で定められた意味に用いる語 (JIS・情報処理用語)。

☞COBOL

より線 (——せん) **strand, stranded cable, stranded wire**
数本の単線をより合わせた電線で、中心に鋼線などを組み込んで機械的強度を高めた電線もある。

四層ダイオード (よんそう——) **four layer diode**
PNPNの四層のダイオードでPNPNダイオードともいう。スイッチング用ダイオードで順阻止電圧を外部回路で調整できないため、ゲート電流で制御できるSCRほど普及しない。

☞SCR

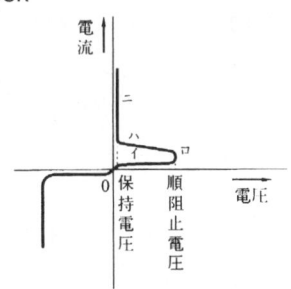

ら

ライズ・タイム　rise time
→立上り時間

ライセンス　license
1．無線従事者や無線局の免許のことで，一般に免許や免許状のこと．
2．ソフトウェアの使用許可のこと．著作権により，購入者以外の使用禁止ソフトの無断コピーはライセンス違反になる．

☞無線従事者

ライダ　lidar
電磁波に赤外線レーザ光を用いたレーザレーダで，方位分解能や距離分解能が優れ，肉眼への危険もない．炭酸ガスなど大気環境の観測装置．

ライデンびん　Leyden jar
オランダのライデン大学物理学教授ミッシェンブルーク（1692～1761）考案の蓄電器．ガラスびんの内外両面に金属箔（はく）を張り，内側の箔は鎖と金属棒で外部に引き出した．

☞蓄電器

ライト・ガン　light gun
コンピュータに情報を与える装置の一種で，ブラウン管の蛍光面上の位置を記憶装置に読み込ませる．

ライト文（——ぶん）　write statement
WRITE文，ライトステートメントともいい，コンピュータの処理結果を外部に出力するための命令文．次の形で書く．

　　WRITE（i, f）LIST
　　i：結果を書き出す装置を指定する番号．
　　f：結果を書くとき参照するフォーマット文の番号．LISTはデータ内容．

☞命令文

ライト・ペン　light pen
コンピュータの入力装置の一種で，先端に光電素子を付けたペン形の器具．ディスプレイの画面上の光点を検出し，コンピュータに入力する．

☞光電素子

ライブ　live
生放送，生番組の放映．

ライブストリーミング　live streaming
中継映像・音声などのマルチメディアデータを順次，ストリーミング配信用のデータに変換（エンコード）して，リアルタイムに配信すること．

☞ストリーミング

ライン・オペレート　line operate
1．ラインとは電灯線で商用周波数50Hzと60Hzの交流を電源とする電灯線駆動の意味．
2．電源トランスを使わず，AC100Vの電灯線から直接整流した直流電源で働く機器のこと．

ライン・クロール　line crawl
TV画像の動く部分に，粗い走査線が浮き出る現象．一つの画面を525本の走査線で構成し，飛越し走査で262.5本の走査線の画面を，毎秒60枚送受する（NTSC）方式のため，走査線補間回路を使い除去する．

☞走査線

ライン周波数（——しゅうはすう）　line frequency
線周波数ともいい，テレビの水平走査周波数15,750Hzのこと．

☞水平走査周波数

ライン・スピーカ　line speaker
ラインソーススピーカとかトールボーイ，またはトーンゾイレとかコラム形

ともいう．縦1列に同一スピーカを5個位並べたスピーカシステム．水平方向の指向性を広げ屋外競技場などで使う．

ライン・フィルタ　line filter
50/60Hzの商用電源ラインと電子機器（送信機）の間につなぐフィルタ．ラインから電子機器に侵入する雑音や，電子機器からラインを通して外部に拡散する高周波成分などを抑制する．L形やπ形を数段重ねた回路構成で，金属ケースに納めアースに落とす．

ライン・フリッカ　line flicker
TV画像の横線部に生じるチラツキ現象で，飛越し走査で525本の半分の走査線の画面を，毎秒60枚送受する（NTSC）方式のためで，走査線補間回路を使い消去する．
☞飛越し走査

ライン・プリンタ　line printer
行印字機ともいい，CPUで処理した結果を外部に1行（70～140字位）ずつプリントアウトする印刷装置で，500～1,200行/分程度の印字速度．

ラウド・スピーカ　loud speaker
スピーカとか拡声器，高声器のこと．

ラウドネス　loudness
耳で音を聞いたときの感覚上の大きさで，1kHzの純音と比べ同じに聞えるものを同じレベルとする．
☞フレッチャマンソン曲線

ラウドネス・コントロール　loudness control
オーディオ増幅器に付けた制御装置の一種．人間の耳の音圧レベルに対する特性変化（フレッチャマンソン曲線）を考え，レベルの低いときほど高音や低音を補正し，人間の耳に合うようにした回路．
☞オーディオ増幅器

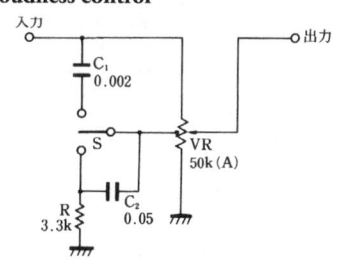

ラジアン　radian
交流波形やベクトルを示す際の電気角の単位．記号は[rad]で，180°をπ，360°を2π[rad]とする．
☞電気角

ラジエータ　radiator
1. パワー・トランジスタなどに取り付ける放熱器．
2. アンテナの放射器，または投射器．
3. エネルギの放射体．
☞パワー・トランジスタ

ラジオ　radio
1. 放送用受信機（ラジオセット）の略称．レシーバともいう．
2. 無線という意味に使い，ラジオ周波数はこの例．
3. ラジオニアリングといえば無線工学全般をさす技術のこと．

ラジオアイソトープ　radioisotope
放射性同位元素ともいう．原子番号が同じで，質量が異なる元素を同位元素といい，これら元素の陽子と中性子の割合により，安定なものと不安定なものがある．不安定なものは放射線を放出して安定な状態に移るものが多く，放射性同位元素という．^{24}Nや^{23}Pなどがある．
☞同位元素

ラジオ・ウインドウ　radio window
電波の窓ともいい，1～10GHzの周波数帯のこと．宇宙通信に使う電波の周波数は，1GHz以下では帯域幅が不十分で，アンテナの指向性は細くならず，受信の電界強度を上げにくい．また，電離層での減衰や宇宙や太陽からの雑音，空電の影響が大きい．また，10

GHzより高くなると大気中のガスや水蒸気の吸収で雑音が増える．このため宇宙通信では1〜10GHz帯の電波を使う．
☞宇宙通信

ラジオ・カセット
radio cassette recorder
カセットテープレコーダとラジオ受信機を組み合わせ一体とした家電製品で，ラジオを聞いたり，その内容を録音・再生できる．携帯形でステレオ方式が一般で，日本では1968年に作られ，ラジカセと略称する．

ラジオ・カプセル　radio capsule
超小型の生体内情報収集装置．口から飲み込み消化器管内の検査や研究に使う．温度や圧力，pH(酸性度，ペーハ)，出血などを知る．従来の胃ゾンデ法に比べ苦痛がなく，次の形がある．
(1)受動形（LC共振器で電源なし）
(2)能動形（電池を入れクラップやハートレ発振器によるFMやパルス変調波を発生する．ICを使い体内に埋め込み長時間の研究臨床に役立てている）
☞パルス変調

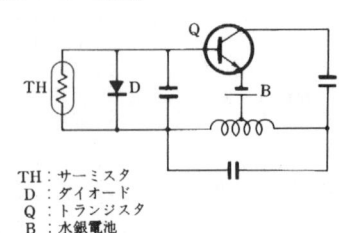

TH：サーミスタ
D：ダイオード
Q：トランジスタ
B：水銀電池

出血検知用エコーカプセル

ラジオ・ゴニオメータ
radio goniometer
2個のループアンテナを互いに直角に配置し，両アンテナに固定（励磁）コイルをつなぐ．2個の励磁コイルは直交して置き，回転自由の回転コイルを中に置く．固定コイルと回転コイルを合わせてゴニオメータという．回転コイルを回し，電波の到来方向に合わせば，コイルの誘導起電力は最大となり，回転コイルの面を電波の到来方向と直角にすれば，誘導起電力は最小となる．単一のループアンテナを回す代わりに，ゴニオメータの回転コイルを回し，電波の到来方向を知ることができる．ゴニオメータと略称することもある．
☞誘導起電力

ラジオ・コントロール
radio control
→ラジコン

ラジオ・コンパス　radio compass
無線方位測定機のことで，船舶や航空機が行う電波の到来方向を探知する無線方位測定または無線方向探知用の装置のこと．ループアンテナとアドコックアンテナまたはベリニトシアンテナとゴニオメータを使い，ブラウン管上に図形を描かせ，無線標識電波の到来方向を知り，自分の位置や進路を確認する．
☞無線方位測定

ラジオ周波数（――しゅうはすう）
radio frequency
ラジオ放送に使う電波の周波数，また高周波とか無線周波数のこと．

ラジオ受信機（――じゅしんき）
radio receiver
無線受信機またはラジオ放送受信機，ラジオレシーバまたはレシーバと略称する．中波や短波，超短波放送などを受信する装置．希望周波数を選ぶ同調回路や微小信号を増幅する増幅回路，検波回路や音量調整，音質調整やAGC，またAMとFMやスピーカとイヤホンの切換えスイッチなどがある．
☞AGC

ラジオ・ゾンデ　radio-sonde
気象観測装置と小型無線送信機を気球や落下傘，たこ(凧)に付け，上空に飛ばして温度や湿度，気圧や風向，風速

などを観測する気象観測通報装置．周波数は短波や超短波帯を使う．電波法施行規則では「航空機，自由気球，たこ又は落下傘に通常装置する気象援助業務用の自動送信設備で，気象資料を送信するもの」と定めている（第2条42）．

ラジオ・ダクト radio duct
電波は電離層で屈折し地表にもどるものと，E層，F層を突き抜け地表にもどらないものとある．超短波より短い電波が空気の密度の濃い対流圏で屈折し，非常に遠くへ伝わるときがある．気象状態によって大気中の気温や湿度の状態や分布が，上下逆になっているときに屈折率が大きくなり，この層の中を反射屈折しながら遠くまで伝わる．
☞電離層

ラジオテルミー radiothermy
人体に電磁波を投射し，その熱作用で治療する方法．

ラジオテレタイプ radioteletype
無線テレタイプライタのことで，送信機と受信機の間を電波でつないだ印字式電信機．

ラジオ・ナイフ radio knife
手術に使う外科用ナイフで，10MHz以上の高周波を使い，大電流で急激にジュール熱を発生させ，この熱で細胞の体液を気化する．また，止血作用もある．
☞ジュール熱

ラジオ・ビーコン radio beacon
ビーコンとか電波灯台ともいう．航空機や船の安全航行用に，航路や飛行場などに設置する無線標識で，陸上用や海上用の別，無指向性ビーコンやLF/MFビーコン，マイクロ波ビーコンなどがある．
☞ビーコン

ラジオ・ピル radio pill
→ラジオカプセル

ラジオ・ブイ radio buoy
水晶発振器と1段以上の増幅器による小型無線送信機を，浮標（ブイ）に密封して取り付け，ブイの頭部に垂直アンテナを付ける．流し網や捕えた鯨などに取り付け，無線方位測定機で監視したり，遭難時に海面に投げ救助に必要な電波を発射する．用途に応じA1かA2のLF帯を使い電源は電池を使う．電波法施行規則では「浮標の用に供するための無線設備であって，無線測位業務に使用する」と定める（第2条41）．
☞無線方位測定

ラジオ放送（──ほうそう）
radio broadcasting, radio-casting
中波や短波，超短波を使い，広く一般の人々に受信されることを目的とし，AMやFMにより無線で音響を送ること．

ラジオ・ホライゾン radio horizon
電波水平線ともいい，送信アンテナから発射された電波のうち，直接波の進路が地球表面に接する点までの軌跡．

ラジオ・マイク radio microphone
ワイヤレスマイクの一種で，数百ミリワット[mW]以下の送信機と受信機を組み合わせた簡易装置．近距離の無線連絡に使う．

ラジオ・レンジ radio range
→レンジビーコン

ラジオ・ロボット radio robot
一定の時間間隔で，または親局からの無線指令で電波を発射し，風速・風向・風力・降雨量・水位等のデータを電波で送る，テレメータ装置．電力会社や気象庁，建設省や各自治体で使われる．

ラジカセ radio cassette recorder
→ラジオカセット

ラジコン radio control
ラジオコントロールの略称で，無線制御とか無線操作ともいう．車や船，電車や飛行機のモデルを，無線を使って

前進，停止，右折，左折，回転，後退などさせ，趣味や産業に利用する．

ラスタ raster
ブラウン管の蛍光面に走査線で書いた長方形の図．無信号のときや，映像回路が停止中も現れる．

ラスタひずみ raster distortion
→偏向ひずみ

ラスト・ステージ last stage
送信機などの多段増幅装置の終段，またはファイナル，出力段のこと．

らせんアンテナ helical antenna
ヘリカルアンテナともいい，エンドファイヤ形，サイドファイヤ形があり，前者を多用する．

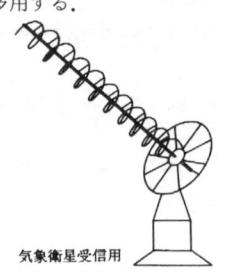

気象衛星受信用

らせんコード curl cord
カールコードともいい，電話機と送受器をつなぐ，らせん状コード．

らせん導波管（——どうはかん）
helical waveguide
細い絶縁銅線をらせん状に1層の密巻にし，外側を誘電体で包みその上から補強材で覆ったミリ波用円形導波管で，うず巻導波管ともいう．

落下テスト（らっか——） drop test
半導体製品の機械的強度のテストで，75cm位の高さから，厚さ3cm以上のかえでの板の上に3回自然落下させる（電子機械工業会EIAJ・ET・71）．

ラッカ・フィルム・コンデンサ
lacquer film condenser
コンデンサ紙の上にアセチルセルローズなどの誘電体のラッカを塗り，その上に亜鉛かアルミの蒸着をして電極を作り，2枚重ねて巻きコンデンサにする．特性はMPコンデンサに近く，定格電圧は50V位，絶縁抵抗は10,000MΩ位で小形である．
☞誘電体

ラッチ latch
信号の一時的な記憶用に使う回路で，インバータとセットS−リセットRフリップフロップの組合せ．

ラップトップ・コンピュータ
laptop computer
小形の携帯形コンピュータのことで，キーボードとディスプレイが本体と一体の折畳み式が多い．ディスプレイは液晶式の薄形である．ラップトップとはひざの上の意で，コンパクトな携帯用を表す語．ラップトップワープロもこの例である．

ラップトップ・ワードプロセッサ
laptop word processor
→ラップトップワープロ

ラップトップ・ワープロ
laptop word processor
ラップトップ形のワードプロセッサのこと．
☞ラップトップコンピュータ

ラテラル・トランジスタ
lateral transistor
ICではPNPトランジスタは作りにくいのでNPNとするが，どうしても必要なとき，N形エピタキシャル層をベースにし，エミッタとコレクタを，NPNのベースを拡散するとき作る．ベースはあまり薄くできず，電流増幅率h_{FE}が5位だが高いh_{FE}のNPNとダーリントン接続してPNPトランジスタにする．
☞NPN形，PNP形

ラビットイヤ・アンテナ
rabbit-ear antenna
うさぎの耳形のFM放送用やTV用室内アンテナの一種．2素子の開き角や

長さを変え同調させる．指向性は8字形で，利得は1デシベル[dB]位．

ラベル　label
1．フロッピディスク・ハードディスク・磁気テープなどのディレクトリ・ファイル・ボリュームなどを区別するためのマーク（表示）のこと．英数字列で表す．内部・外部の別がある．
○内部ラベル：プログラムの区別用マーク．メモリ内に記録されている．
①ボリュームラベル：ハードディスクやフロッピディスクで使う．
②データセットラベル：ディレクトリやファイルに付けるラベルのこと．
○外部ラベル：ディスクやテープのケース，外容器などに直接貼り付ける紙片のこと．
2．ボリュームやファイルの始まりや終わりにあり，そのボリュームやファイルを識別したり，境界を定めるために使うブロック(JIS・情報処理用語)．

ラム　RAM
1．コンピュータの記憶装置の主流で，ランダム・アクセスメモリのこと．磁気ディスクや磁気ドラム，磁心記憶装置などがこの例である．記憶（メモリ）セルの構造で，ダイナミックラムとスタティックラムに分かれる．
2．放射線源の強さを示す単位[rem]．

ラムダ　lambda
1．電波の波長を示しλと書く．
2．半導体製品の故障率を示す．

ラン　local area network
→LAN

欄（らん）　field, column
情報処理用語でフィールドとかコラムともいう．レコード内の一つの項目のための特定な領域．パンチカードの垂直方向のことで，1枚のカードに80欄あり，1欄で1キャラクタを示し12ビットある．
☞情報処理

欄記述子（らんきじゅつし）field descriptor
コンピュータのプログラムの中で，データの形式を指定し，次のものがある．srEwd, srFwd, srGwd, srDwd, rIw, rLw, rAw, nHh$_1$h$_2$h$_3$, nX．ここで，E, F, G, D, I, L, A, H, Xは情報の内部表現と外部表現の変換や編集方法を示し，変換記号という．E変換，F変換………X変換という．w, nは0ではない整定数で，外部の欄の幅を示す．dは整定数で，小数部の桁数を示す．ただし変換記号がGは除く．rは0でない整定数で反復数を示し，後続の基本欄記述子の繰返し回数を示す．空の場合は繰返し数は1である．sは桁移動子または空である．h$_1$〜h$_n$は処理系で扱い得る文字の一つ．wd形を含む欄記述子では，dは0でも必ず指定し，wを越えてはならない．

ランダム・アクセス　random access
1．直接アクセスともいう．データを記憶装置に書き込んだり読み出したりする際，前回書込みまたは読出しを行った記憶場所とは無関係な記憶場所で，書込みまたは読出しを行うような方法（JIS・情報処理用語)．
2．ビデオディスクで，必要な部分を探し瞬時に再生する機能．
☞ランダムアクセスメモリ

ランダム・アクセス記憶装置（——きおくそうち）random access memory
→ランダムアクセスメモリ

ランダム・アクセス・メモリ
random access memory

ランダムアクセス記憶装置とか，頭文字でRAM，等速アクセスメモリともいう．書込みや読出しが，メモリのどの部分からも順序や場所の制約なしに自由にできる．記憶の単位となるメモリセルを，空間的にマトリックスに配置し，どのセルに対してもアクセスタイムは同じである．コアメモリ，ワイヤメモリ，ICメモリなどの種類がある．

☞リード・オンリ・メモリ

ランダム雑音（——ざつおん）
random noise
→ランダムノイズ

ランダム・ノイズ　random noise
時間的に不規則に変化する雑音のこと．ランダム雑音ともいう．

ランダム・ロジック　random logic
ワイヤード・ロジックによる論理処理では，入力と出力の関係は使用する論理ブロックの働きと接続配線で決まる．これをワイヤード・ロジックといい，多種多様な機能ブロックを使うので，ランダムロジックという．

☞ワイヤード・ロジック

ランチャ　launcher
日頃の作業によく使うコンピュータソフト（アプリケーションやファイル）のアイコンをコンピュータに登録しておき，ボタンを一つ押すだけで起動・呼出しができる機能のこと．または，起動専用のアプリケーションの名まえのこと．

☞アイコン

乱調（らんちょう）　hunting
1．ハンチングともいい，自動制御系で被制御装置の出力の，制御装置への帰還量が大きすぎるとき，被制御装置の出力に生じる希望しない振動現象．
2．同期発電機の並列運転で回転速度の差が大きいとき，並列運転中の発電機間で電力のやりとりがあり，片方は発電機，他方はモータとして働き，これが周期的に交代して回転速度が変わること．

ランドサット　Landsat
1972年から数年ごとに打ち上げるアメリカの地球観測衛星で，地球の資源や環境に関する情報収集を行う．地球を1日14周し，18日251周で全面をカバーする．可視光から近赤外領域まで7バンド以上に細分した多目的センサをもち，数十m四方の解像力をもつ．

☞人工衛星

ランナウェイ　runaway
熱暴走ともいい，コレクタ遮断電流I_{CBO}は温度とともに増え，ベース飽和電圧V_{BE}は反対に小さくなる．I_{CBO}が増えるとコレクタ電流I_Cが増え発熱を増やしI_{CBO}が増え，これを繰り返しついに破壊する．

☞熱暴走

ランニングコスト　running cost
ワープロ・コンピュータ・周辺機器などを使う際に必要な経費（保守料・消耗品費・光熱費など）がかかる．これ等の経費のこと．プリント用紙・インクリボン・トナー代などがこれに相当する．

ランプ　lamp
→電球

ランブル　ramble
プレーヤでフォノモータの回転部分の不規則振動のゴロゴロという耳ざわりな音．

り

リアクタンス　reactance
交流回路では，自己インダクタンスLや静電容量Cが電流の流れを妨げ，周波数fと関係し，電流Iは，

$$I = \frac{E}{2\pi fL} \quad [A]$$

となり，抵抗のように働く．$2\pi fL$をインダクティブリアクタンスという．Cと電流Iの関係は，

$$I = \frac{E}{\frac{1}{2\pi fC}} = 2\pi fCE \quad [A]$$

となり，$1/(2\pi fC)$をキャパシティブリアクタンスという．リアクタンスの記号はXで，単位はオーム$[\Omega]$．

リアクタンス減衰器（——げんすいき）　reactance attenuator
立体回路に多用する減衰器の一種で，導波管の減衰域では単位長さごとの減衰量が，周波数に無関係なことを利用し，高周波で正確な減衰を与える装置．電界強度測定器や高周波発振器などに使う．抵抗減衰器に比べ高周波域でインダクタンスや分布容量の影響なく使え，連続可変で入力と出力のシールドや製作が容易である．
☞減衰器

リアクタンス・トランジスタ　reactance transistor
トランジスタQに抵抗R，コンデンサCをつなぎ，端子a—b間のインピーダンスを図(a)はインダクタンスとし，図(b)はキャパシティとしてみることができ，FMに利用する．このような回路のトランジスタをリアクタンストランジスタという．

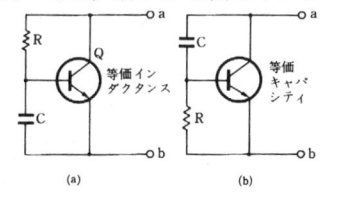

リアプロジェクションテレビ（RPTV）　rear projection TV
スクリーンの背面からプロジェクタを投映し，ミラーの反射など利用して画像を映し出す方式．PDP，液晶につぐ次世代ディスプレイとして注目される．
☞PDP，液晶

リアルタイム・オペレーション　real-time operation
コンピュータの実時間動作，即時動作．
→リアルタイム処理方式

リアルタイム処理方式（——しょりほうしき）　real-time processing system
コンピュータのデータ処理方式の一種で，実時間処理方式とかオンラインリアルタイム方式ともいう．電車の座席予約や銀行預金業務，部品の在庫管理などで，データを入力すると直ちに処理し，要求される時間内に結果を示す．データの発生場所に端末装置を置き，中央のコンピュータと通信回線で直結し処理する．
☞実時間処理

リーカンス　leakance
洩れコンダクタンスのことで，記号はG，単位記号[S]．
☞洩れコンダクタンス

力率（りきりつ）　power factor
パワーファクタともいう．交流回路の電圧Vと電流Iの位相差θのとき，$\cos\theta$で示し，電力Pは

$$P = VI\cos\theta \quad [W]$$

となり，$\cos\theta$は0〜100%の値をとる．抵抗だけの回路なら力率は1で100%．

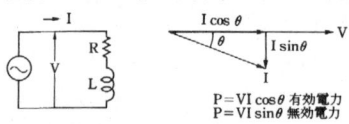

$P = VI\cos\theta$ 有効電力
$P = VI\sin\theta$ 無効電力

陸上移動業務（りくじょういどうぎょうむ）land mobile service
基地局と陸上移動局との間，または陸上移動局相互間の無線通信業務（電波法施行規則第3条8）．
☞基地局，陸上移動局

陸上移動局（りくじょういどうきょく）land mobile station
陸上を移動中，またはその特定しない地点に停止中運用する無線局（電波法施行規則第4条12）．

陸上局（りくじょうきょく）land station
海岸局，航空局，基地局，携帯基地局，無線呼出局，陸上移動中継局その他移動中の運用を目的としない移動業務を行う無線局（電波法施行規則第4条8）．

リーク電流（——でんりゅう）leak current →洩れ電流

リーク・レート leak rate
トランジスタの封止容器の気密の完全さを示す尺度．ケースの小穴を通して一定時間に流れ込む流体の量で示す．単位は[cc/s]で，1秒間に流れ込む空気の量を立方センチメートルで示す．

リーケージ・フラックス leakage flux →洩れ磁束

リサイズ resize
大きさ（サイズ）を変えるという意味である．コンピュータでは画面の表示されているウインドウの大きさを変えるときに使う（ウインドウズ・グラフィカルユーザインタフェース）．

リサジュー図形（——ずけい）Lissajous' figure
ブラウン管の垂直軸と水平軸に別々に正弦波を加えると，両方の周波数と位相に応じて図形を書く．この図形から周波数や位相差を知ることができる．低周波なら同じ図形をX-Yレコーダなどで書くことができる．
☞正弦波

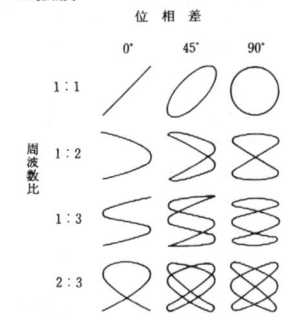

リスク分析（——ぶんせき）Risk Analysis
リスクとは将来発生するかもしれない危険，恐れ，問題のことをいう．リスクを分析する意味は，ある問題が取り返しのつかない位に大きくなる前にその問題をリスクとして事前に認識し，あらかじめ対策をすることにある．ソフトウェア開発プロジェクトにおいては，いろいろなリスク発生源が考えられる．たとえば，要件，設計，テスト，開発環境（ハードウェア，デバッガの機能，操作性など），調達（ソフトや部品の信頼性，納期，保証期間など），要員などが主なリスク発生原因となる場合が多い．これらのリスクは，プロジェクトの計画立案時のみならずプロジェクト実行中も，その発生源を常にモニタし，リスクを分析しつづける必要がある．

リスト list
コンピュータのデータの構成に関して使い，並びともいう．項目の順序付けられた集まりのこと．

リストア　restore
コンピュータのデータ・プログラムのバックアップを元にもどすこと．
☞バックアップ

リセット　reset
パルスを扱う回路で，回路の動作をもとの状態にもどすこと．コンピュータでは記憶装置の特定の場所にある情報を消すことで，
(1) 2値素子を"0"の位置にもどすこと．
(2) 装置やレジスタ，2値素子などを初期状態にすること．
☞2値素子

リセット動作（——どうさ）
reset action
1．パルス回路にリセットパルスを加え，リセットにすること．
2．制御系で比例動作のとき，残留偏差を打ち消す積分動作のこと．
☞比例動作

リセット・パルス　reset pulse
安定状態にある双安定マルチバイブレータ回路にトリガパルスを加え，動作を反転させ，再びもとの状態にもどすための，パルスや動作を続けている回路を止めるパルスなどのこと．
☞双安定マルチバイブレータ

リセットボタン
コンピュータ・ワープロなどで，電源を入れた直後の状態にもどすときに押すボタンのこと．リセットキー・リセットスイッチともいう．以前はトラブル時の再起動に使ったが，今は各種プログラムをOSの働いている中で動かしているので，再起動をかけない．

リセールプロバイダ
resale provider
第1種電気通信事業者（回線・付属施設を持つ公衆電気通信サービス事業者＝NTT・KDD）から専用線を借り，インターネット利用者に接続サービスをするプロバイダのこと．

☞プロバイダ

リダイヤル　redial
相手番号自動再送のこと．

リダイレクト　redirect
コピー先・データの流れなどを変更すること．＞という記号で示す．MS-DOSで使った．

リチウム電池（——でんち）
lithium cell
負極の作用物質にリチウム，陽極に二酸化マンガンやふっ化黒鉛，電解液に金属塩類の有機媒体の溶液を使う一次電池の総称．現在，日本で実用されているのはふっ化炭素-リチウム電池と二酸化マンガン-リチウム電池の二種類．外形はボタン形，円筒形などで，中央の凸部が負極，周囲の容器が陽極．起電力（電圧）は3〔V〕で，保存性がよく使用中の電圧もきわめて安定で，小形で軽い．低温特性も良く電解液に水分を含まず凍りにくい．$-20℃$でも使える．小電流で長期間の使用に適し，メモリカードや電子手帳，カメラやコンピュータなどに使う．
☞一次電池

立体回路（りったいかいろ）
microwave circuit, solid circuit
分布定数回路では数百MHz以上で損失が多くなり，同軸ケーブルは伝送線路として使えない．UHF帯では伝送路に導波管を，共振器に空胴共振器を，アンテナには電磁ラッパやパラボラアンテナなど立体的な回路になり，これらを立体回路という．
☞伝送線路

立体テレビジョン（りったい——）
stereoscopic television
テレビジョンの画像を立体的に再現する方式．特殊メガネを使う2眼式や複数カメラで撮った映像を複数受像管で再生し，ミラーを使い合成する多眼式があり，NHKはメガネなしの液晶投射形を公開した．アメリカのMITは

コンピュータを利用したホロテレビを開発し，イギリスのデルタグループは受像管に特殊スクリーンをかぶせたディープビジョンを作ったが，放送での実用化は問題点が多く，ハイビジョンが先行している．
☞ハイビジョン

リッツ線 (——せん) litz wire
高周波では表皮効果で電流が導線の表面を流れ損失が増す．これを減らすため細い絶縁線を数本より合わせて使う．

リップル百分率
ripple percentage
→リプル百分率

リード・オンリ・メモリ
read only memory
ICメモリの一種で英語の頭文字をとりROMとか固定記憶装置ともいう．書込みができず読出し専用（リードオンリ）記憶装置である．バイポーラマスクROM，バイポーラPROM，MOSノンリライタブルPROM，MOSリライタブルPROMなどがある．
☞RAM

利得 (りとく) gain
ゲインともいう．回路の電流や電圧，電力の出力／入力を，電流，電圧，電力の増幅度Ai, Av, Apといい，この値を対数で示し，デシベル〔dB〕で表す．

電流利得 $G_i = 20\log_{10}|A_i|$ 〔dB〕
電圧利得 $G_v = 20\log_{10}|A_v|$ 〔dB〕
電力利得 $G_p = 10\log_{10}|A_p|$ 〔dB〕

☞ゲイン

利得帯域幅積 (りとくたいいきはばせき) gain-bandwidth product
1．増幅回路などの利得Gと通過帯域幅Bの積でGB積ともいい，増幅器では一定となる．
2．トランジスタではトランジション周波数f_t，電流利得帯域幅積ともいう．エミッタ接地電流増幅率の絶対値$|h_{FE}|$が1（0dB）となる周波数．

リード・スイッチ reed switch
リードリレーまたはその接点部分のこと．細長いガラス管の中に弾力のある磁性材料を，左右から接触した構造で，管の中に封入する部分の薄板をリードという．接点部分は金メッキし接触抵抗を下げ，接点の酸化防止に管内に窒素ガスを入れる．

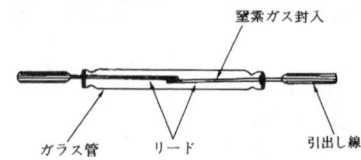

リード線 (——せん) lead wire
リードともいい，抵抗やコンデンサ，トランジスタやトランス，コイル類の引出し線．

リード・ダイオード Read diode
1958年リードが考えたダイオードで，走行時間ダイオード（インパットダイオード）の一種．PN接合に逆バイアスをかけると空乏層が広がり，PN接合では電子なだれにより，電子ホール対を発生する．ホールはP層に走り，電子はI（真性半導体）層を突き抜け反対側のN層につく．加えた電圧より90°遅れた電流がPN接合に流れ，キャリアが空乏層を走る間にさらにT/2だけ遅れた電流が外部回路を流れる．周波数$1/(2T)$のとき，電圧，電流位相は180°ずれ，ダイオードは負性抵抗

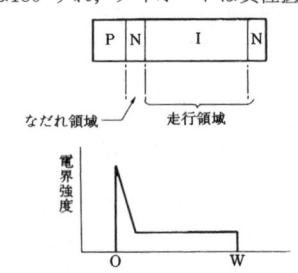

を示す．発明者リードは30%の発振能率と考えたが，現在PIN構造のインパットダイオードで10GHz，10%位である．
☞電子なだれ

リード文 (——ぶん) read statement
READ文とも書き，コンピュータでデータを処理する際，処理に必要なデータの読込みを指示する文．FORTRANでは次の形で書く．

　READ (i, f) LIST

iは入力装置の指定番号を記入し，fはデータを入力するとき参照するFORMAT文の番号．LISTは入力するデータ（記憶装置の記憶場所に対応する変数名）．

リード・リレー reed relay
リードスイッチの外側にコイルを巻き電流を流し，リードを磁化すると互いにリードが引き合い接点が接触する．必要に応じリードスイッチを数個コイル内に入れ，端子やカバー（ケース）を付けて組み立てる．

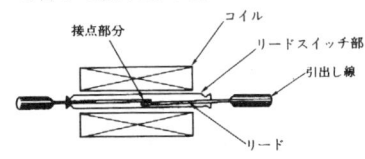

リナックス Linux
→Linux

リニアIC
linear integrated circuit, linear IC

バイポーラリニア集積回路の略称で，バイポーラアナログ集積回路，略してアナログICともいう．アナログ信号処理用と，アナログ・ディジタル両信号処理用があり，産業用電子機器に使う単一機能の汎用ICと，ステレオやTVなど民生用電子機器に使う多機能の専用ICがある．アナログ電子機器は多種の回路を使い，かつ，数十pF以上の容量やインダクタンスの集積化はむずかしく，全回路の完全1チップ化は困難なため，汎用ICは複数個の個別部品と併用し，専用ICは各社ごとに，分割で複数個のICと個別部品を併用する．1962年発表のIC差動増幅器が最初．
☞アナログIC

リニアIC電圧レギュレータ
(——でんあつ——)
linear IC voltage regulator

電圧レギュレータ用ICとかレギュレータ用IC，ICレギュレータとかICボルテージレギュレータともいう．

1．スイッチングレギュレータ．スイッチングトランジスタの飽和を使い，非安定直流入力（整流出力）電圧をチョッピングし，出力電圧を平滑化する．

2．シリーズレギュレータ．正電圧用と負電圧用があり，出力電圧固定のものと，外部素子（可変抵抗）による出力電圧可変のものとがある．

3．トラッキングレギュレータ．正負両極性電圧を出すデュアル形で，オペアンプの電源に適している．

個別部品の安定化電源に比べ，小形・軽量・安価で設計や組立ても容易である．固定電圧用の3端子形は，パッケージがトランジスタの形に似て扱いやすい．電流容量に限りがあり，大電流が要る場合はパワートランジスタを外付けする．

リニア・アンプリファイヤ
linear amplifier
出力／入力が一定の直線増幅回路．

リニア回路 (——かいろ)
linear circuit

1．抵抗だけの回路のように，電圧，電流の関係が直線的である回路のこと．

2．リニアアンプリファイヤのことで，入力信号と出力信号が比例関係にあり，直線的である増幅回路のこと．
→リニア・アンプリファイヤ

りにあ

リニア集積回路（——しゅうせきかいろ）linear integrated circuit
→リニアIC

リバースAGC reverse AGC
アンテナの入力信号が増加するときコレクタ電流Icを減らし、利得を下げ出力を一定にする。トランジスタの利得はIcで変化するので、Icの変化率の大きい点（0.5mA位）にバイアスを決め、検波出力の直流分を逆極性でバイアスに重ねる。大信号入力でひずみを生じやすく、小信号回路用である。

☞コレクタ電流

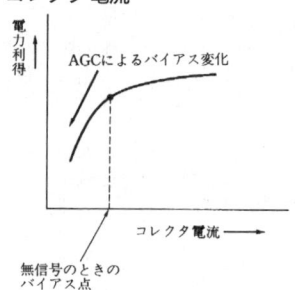

リバーブ reverb
ギターアンプなどに付ける特殊効果回路や、それで生じる残響音のこと。リバーブ装置とかリバーブユニットともいう。スプリング式とオイル式がある。

リピータ repeater
→レピータ

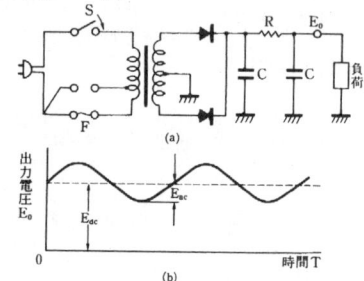

リプル ripple
1．ひずみ波の基本波に重なる高調波。2．脈流の直流分に重なる交流分。直流発電機や整流器の出力に含まれる交流分がこの例である。3．リプルの電圧や電流や周波数は、おのおののリプル電圧、リプル電流、リプル周波数という。(a)は両波整流回路で、(b)はその出力電圧E_o。（直流電圧E_{dc}と交流電圧E_{ac}）である。

☞リプル百分率

リプル含有率（——がんゆうりつ）ripple attenuation factor
→リプル百分率

リプル周波数（——しゅうはすう）ripple frequency →リプル

リプル電圧（——でんあつ）ripple voltage →リプル

リプル電流（——でんりゅう）ripple current →リプル

リプル・パーセンテージ ripple percentage
→リプル百分率

リプル百分率（——ひゃくぶんりつ）ripple percentage
整流回路の出力電圧の直流分E_{dc}と交流分E_{ac}の百分率のこと。

$$リプル百分率 = \frac{E_{ac}}{E_{dc}} \times 100 \quad (\%)$$

平滑回路のコンデンサやチョークコイル、代替の抵抗の大きさが大きいほどリプルは減る。リプルが大きいとスピーカからブーンといううなり音が出る。

☞整流回路

リプル・フイルタ ripple filter
平滑回路またはリプル軽減用ろ波器。

リフレクション reflection
レフレクションともいい、反射のこと。

リフレクタ reflector
八木アンテナなどに使う反射器のこと。リフレクタエレメントともいい、反射（器）素子ともいう。

☞八木アンテナ

リフレッシュ・パルス
refresh pulse
ダイナミックラム（RAM）は，時間の経過とともに記憶内容が失われていくので，記憶装置の内容を保ち続けるために，パルスを供給する．このパルスをリフレッシュパルスという．安価で消費電力が小さく，動作速度が速く集積度も高いので大容量メモリにダイナミックラムが多用されるが，周辺回路は複雑となる．☞RAM

リボン・マイクロホン
ribbon microphone
ベロシティマイクロホンともいう．強力な磁石の磁界の中に，厚さ数ミクロンのアルミニウムの薄片に，ひだを付けたリボンを置き，リボンが音によって振動すると起電力が誘導される．起電力は低いので昇圧トランスで昇圧し出力とする．周波数特性は良いが，構造的に衝撃に弱い．指向性は無指向性で単一指向性や両指向性にできる．

リミッタ limiter
→振幅制限器

リミット・スイッチ limit switch
自動制御用のスイッチの一種で，圧力や位置などの検出に使う検出スイッチ．マイクロスイッチに接点を動作させる接触子を取り付け，接点を開閉するのはこの例．

リモコン remote control
→リモートコントロール

リモート・コントロール
remote control
リモコンと略称し遠隔操作ともいう．装置や機器，スイッチや調整器などを，離れた場所から操作したり制御すること．有線（ケーブル）によるものと無線（電波）によるものとあり，テレビのリモコンはこの例である．

硫化カドミウム（りゅうか――）
cadmium sulfide
→CdS

硫酸化（りゅうさんか） sulfation
サルフェーションともいい，鉛蓄電池の極板に塗った活性剤の硫酸鉛が白色結晶になること．この白色硫酸鉛は不溶性で電気抵抗がきわめて大きい物質で，電池の充電や放電に無関係で化学変化を妨げ，内部抵抗を増やし内部電圧降下を増す．容量を減らし，極板の曲りや亀裂，活性剤のはがれの原因となる．
☞鉛蓄電池

量子エレクトロニクス（りょうし――） quantum electronics
原子や分子の中に閉じ込められている電子の，原子や分子の中での働きを利用する工学を量子エレクトロニクスという．

量子化（りょうしか） quantization
連続的に変化する信号（アナログ）波を，一定時間ごとに区切り，そのときの振幅をパルス波形にし，何段階かの一定振幅値に変える操作のこと．

量子化雑音（りょうしかざつおん）
quantizing noise
アナログ信号の量子化にともなって生じる雑音（誤差成分）で，入力信号が加わったときのみ発生する．
☞アナログ信号

両側波（りょうそくは）
double side wave
単一周波数で振幅変調した際，搬送波の両側に，変調に用いた単一周波数分だけ離れたところに生じる，上側波と下側波の総称．
☞搬送波

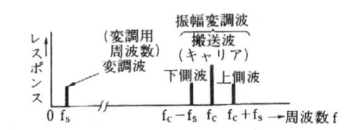

両側波帯（りょうそくはたい）
double side band, both side band
英語の頭文字をとりDSBとかBSBとも

いう．ある周波数の幅をもつ信号でAMを行うと，被変調波には搬送波の上と下に，変調信号と同じ成分が現れる．下側成分を下側波帯，上側成分を上側波帯といい，この両方を合わせて両側波帯という．

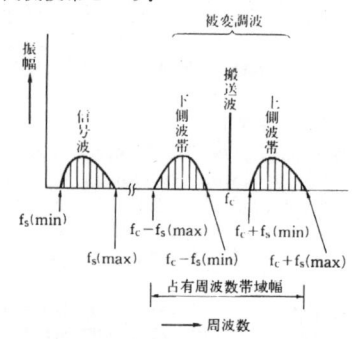

両側波帯通信方式 （りょうそくはたいつうしんほうしき） double side band communication system

上下両側波帯による通信方式で，AM通信でこの方式が広く使われたが，現在は，ラジオの標準放送以外は単側波帯通信方式やFM通信方式が多い．
☞両側波帯

両側波帯伝送 （りょうそくはたいでんそう） double side band transmission

両側波帯を使って情報を送ること．
☞両側波帯通信方式

両立性 （りょうりつせい） compatibility

互換性またはコンパチビリティ．

リレー relay

継電器ともいい，接点を開閉して回路を開閉するスイッチの働きをする．トランジスタのように接点はないが，リレーの働きをするものがあり，熱作用や磁気作用を利用するものもある．

リレー衛星 （——えいせい） relay satellite

無線中継用の衛星のことで，インテルサットの打ち上げた通信衛星を使い行われている．日本では1972年12月に宇宙開発事業団が打ち上げた「さくら」がある．
☞通信衛星

臨界結合 （りんかいけつごう） critical coupling

クリチカルカップリングともいい，二つの共振回路を電磁結合し結合を密にしていくと，単峰特性が双峰特性に変わる直前の結合を臨界結合といい，二次回路Sの電力は最大になる．
☞単峰特性，双峰特性

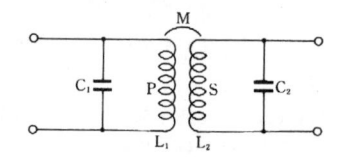

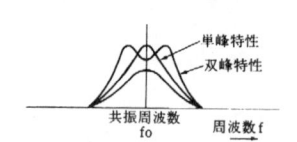

臨界周波数 （りんかいしゅうはすう） critical frequency

クリチカルフリケンシともいう．電波を大地に垂直に発射すると，周波数が低いときは電離層で反射・屈折してもどるが，周波数が高いと電離層を突き抜けてもどってこない．電離層を突き抜ける直前の電波の周波数を臨界周波数という．
☞電離層

リング・アンテナ ring antenna

ブームの上にリング形の導波器や反射器を置いたアンテナで，原理は八木アンテナと同じ．投射器は2輪並列に給電し，指向性や広帯域性を得ている．小電力で高利得が得られVHF帯，UHF帯の送信や受信用アンテナ．

☞八木アンテナ

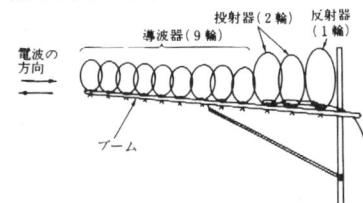

電波の方向 ←→
導波器（9輪） 投射器（2輪） 反射器（1輪）
ブーム

リング・カウンタ　ring counter
リング計数器とか環状計数器といい，コンピュータに使う計数器の一種．2値素子を環状につなぎ，その中の1個が他と異なる状態にある．入力信号を受けるごとに，この状態が一つずつ隣に移動する．
☞2値素子

リング復調器（——ふくちょうき）ring demodulator
リング変調器を復調に使うときの名称．☞リング変調器

リング変調器（——へんちょうき）ring modulator
平衡変調器の一種で，AM波から搬送波を除く回路．4個のダイオードを組み，a–a′端子から信号を加え，b–b′端子から搬送波を加える．ダイオードD_1とD_2，D_3とD_4が搬送波の正，負で導通し信号が流れる．T_2の一次側で搬送波は互いに打ち消し，出力c–c′端子からAMの搬送波を除いた被変調波（上側波と下側波）が得られる．これをフィルタに加え片方を取り出せば，搬送波を除いたSSBが得られる．復調器や周波数変換器にも使う．

☞平衡変調器

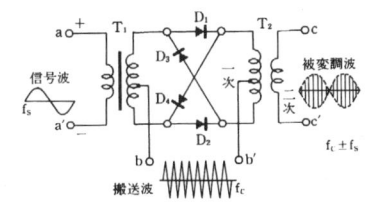

信号波 f_s　搬送波 f_c　被変調波 $f_c \pm f_s$

臨場感（りんじょうかん）presence
ステレオのレコードやテープを再生した際，モノラル再生とは異なる，音の方向性や立体感を受ける．実際に音の出ている場所にいて聞くような感じ，感覚のこと．

りん青銅（——せいどう）phosphor bronze
銅にすずやりんを10%以下加えた合金で，弾力性が強くバネ材としてリレーや可動コイル形計器のうず巻バネに使う．

る

累算器 (るいさんき) accumulator
コンピュータの演算装置にあるレジスタでアキュムレータともいう．四則計算や論理演算などの結果を記憶する．多くの場合一つの数が保たれており，他から数値が入ってくると，両方の代数和で置き換えられる．
☞論理演算

ルクス lux
照度の単位で記号〔lx〕．1ルーメンの光束で$1m^2$の面積を一様に照らした際の照度．
☞ルーメン

ルクセンブルク効果 (——こうか) Luxemburg effect
電離層を通る電波に強力な電波が通過すると，強力電波の変調の影響を受ける現象．スイスの中波放送受信中にルクセンブルク局の放送内容が混じって聞こえたことから発見された．送受信点の距離と相対位置に関連がある．
☞電離層

ルクランシェ電池 (——でんち) Leclanche cell
ルクランシェ（フランス）は1868年，ダニエル電池を改良し，Zn（亜鉛）を多く溶かし出すために，電解液に塩化アンモニウムを使い，分極を防ぐために二酸化マンガンを使った．なお，ダニエル電池は英国人ダニエルがボルタ電池の分極を防ぐために作った改良電池である．
☞乾電池

ルータ router
ネットワークの相互接続装置の一種．第3層（レイヤ3，ネットワーク層）に基づいて経路制御を行う中継装置で，用途は幹線LANのノード，異種LANの接続，WANの接続，経路の二重化など．
☞ネットワーク

ループ loop
1．閉じた回路のこと．
2．ループアンテナのこと．
3．ヒステリシスループのこと．
4．プログラム中で繰り返し実行できるようになっている一群の命令（JIS・情報処理用語）．

ループ・アンテナ loop antenna
枠形アンテナとか環状アンテナともいう．枠に線を巻きコイルにし，A〜B面が電波方向に一致すると誘導電圧は最大で，直角方向では最小となり，8字形指向性となる．この特性を方向探知機などに利用する
☞8字特性

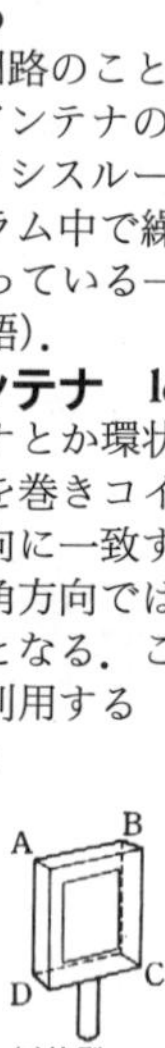

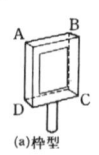

(a)枠型

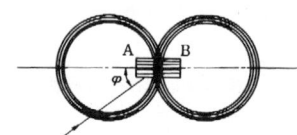

電波の方向　(b)

ループ・ゲイン loop gain
→ループ利得

ループ結合 (——けつごう) loop coupling
1．空洞共振器や導波管などの立体回路と同軸線を結合する際，同軸の内導体をループにして外導体につなぎ，磁

界と結合すること．

2．アンテナ回路などの高周波回路と結合する際，ループによって結合する誘導結合のこと．送信機のタンク回路と結合するワンターンランプはこの例である．

☞枠形アンテナ

ルーフ・タワー roof tower
屋根上に立てたアンテナ，またはその塔やポール．屋根を台にしてポールを立て，四方に針金を張って支える．建設容易で安価．

ループ利得（——りとく） loop gain
ループゲインともいう．

1．自動制御の装置や系を，信号が一巡した際の利得のこと．

2．フィードバックをかけた増幅回路で，信号が一巡する部分の利得（ゲイン）のこと．

☞フィードバック

ルミネセンス luminescence
冷光現象ともいい，発熱のない発光現象．

1．放射ルミネセンス．化合物のX線や紫外線の照射による発光で，蛍光と燐光．

2．電気ルミネセンス．気体中の放電による発光．

3．陰極線ルミネセンス．陰極線（電子流）が蛍光体に当たった際の発光．ブラウン管の映像（蛍光）はこの例である．

4．その他．焦ルミネセンス，化学ルミネセンス，生物ルミネセンス，熱ルミネセンスがある．

ルーメン lumen
光束の単位で，記号は〔lm〕．1カンデラの点光源から全方向に一様に光が放射されるとき，点光源を頂点とする単位立体角（1mの半径の球面上$1m^2$の面積に対する中心立体角）内に放射される光束．

☞カンデラ

れ

レイアウト layout
ワープロ・パソコン,ホームページなどで文書作成する際,見やすくすること.段組・センタリング・文字飾りなどを使う.

零位法(れいいほう) zero method
ブリッジや電位差計で回路のバランスをとり,検流計の振れをゼロにするような測定法.指針を振らして読み取る測定法に比べ,手順が複雑だが精密に測れる.
☞ブリッジ

冷陰極放出(れいいんきょくほうしゅつ) cold emission
常温の電極(陰極)の表面に10^6〔V/m〕以上の電界を加え,表面から自由電子を放出させること.電界放出ともいう.
☞電界放出

励起(れいき) excitation
ポンピングとかエキサイティングともいう.キャリアを高いエネルギレベルに上げること.または高いエネルギ状態にすること.
☞キャリア

励振回路(れいしんかいろ) excitation circuit, driver
ドライバのこと.
→ドライバ

励振器(れいしんき) exciter, driver
エキサイタとかドライバともいい,励振回路のこと.
☞ドライバ

励振素子(れいしんそし) driven element
八木アンテナの投射器または投射アンテナのこと.反射器や導波器は非励振素子.
☞八木アンテナ

零電位(れいでんい) zero potential
電位が零(ゼロ)であること.電位の基準は地球であり,大地と同じ電位のこと.ゼロ電位ともいう.
☞電位

冷凍(れいとう) freeze
1.フリーズともいい,パソコンの動作が停止状態になること.
2.アーカイブの圧縮(ファイル)のこと.
☞アーカイブ

レオスタット rheostat
→可変抵抗器

レギュレーション regulation
電源などの電圧変動率のこと.
☞電圧変動率

レギュレータ regulator
調整器ともいい,電圧などを一定値に保つ装置のこと.出力電圧を電源電圧の変動に関係なく,規定値に保つ電圧調整器のこと.
☞電圧調整器

レコーダ recorder
記録計器のこと.→記録計器

レコード record
1.コンピュータのデータの構成に使う語で,記録のこと.
2.情報処理の目的で,一単位として取り扱われる関連した項目,欄または語の集まり(JIS・情報処理用語).

レコード長(――ちょう) record length
レコードの長さであり,1レコードの中に含まれるバイト数,文字数または語数で表す(JIS・情報処理用語).
☞レコード

レコード様式(――ようしき) record layout

レコードレイアウトともいう．レコード中のデータや語の配置および構造のことで，その構成要素の順序と大きさの仕様を含む（JIS・情報処理用語）．

レコード・レイアウト
record layout

レコード様式のこと（JIS・情報処理用語）．

レーザ　laser, light amplification by stimulated emission of radiation

光を通信に使うために，位相の揃った連続波＝コヒーレントにする必要があり，この光を発生する装置をレーザ，または光メーザという．英語の頭文字をとりLASERと表す．発振，増幅，変調，周波数変換，復調などができ，次の種類がある．
(1)気体レーザ（ネオン，ヘリウムなど）
(2)液体レーザ（アルコール，ベンゼン）
(3)固体レーザ（ガラス，ルビーなど）
(4)半導体レーザ（ガリウム，ひ素のPN接合ダイオード）
☞位相

レーザ加工（——かこう）
laser material processing

密度が高く指向性の強いレーザ光のエネルギを集中させて，融点の高い材料のトリミングやスクライブ，穴あけや溶接，切断などを行うこと．大形加工には大出力の連続発振による気体レーザを使い，周囲の影響を避けるには，小出力のパルス発振による固体レーザを使い微細加工するのが一般的である．☞レーザ

レーザ・カット　laser cut

レーザ加工またはスクライブの一種で，レーザビームを照射して半導体ウエーハ表面に切込みを入れたり，薄膜や厚膜の抵抗体のトリミングなどのこと．

☞スクライブ

レーザ・ダイオード　laser diode

PN接合に順電流を流し，少数キャリアを多数注入し，半導体レーザでレーザ発振を起こさせる方法を半導体接合形レーザ，または注入形レーザといい，これに使うPN接合ダイオードをレーザダイオードという．ガリウム-ひ素やガリウム-ひ素-りんを使う．

☞PN接合

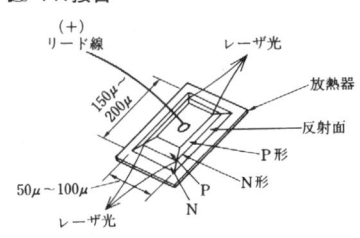

レーザ通信（——つうしん）
laser communication

光通信のことで，レーザ光を利用した通信方式．大量の情報を高速で扱うことができる．

☞光通信

レーザ・ディスク　laser disc

透明プラスチックの半径12.8インチで厚さ約2.5mmの円盤（ディスク）に，NTSC方式のカラー映像信号と音声信号を記録し，家庭で容易に再生できるようにしたビデオディスク．再生にレーザ光を使うので光学式ともいい，1972年フィリップス社（オランダ）とMCA社（アメリカ）が開発し，パイオニア社（日本）の商標で1981年販売開始した．収録時間は両面最大2時間（CLV＝一定線速度記録12インチ），回転数1,800〜600rpm，ピックアップはディスクと非接触で，静止画・逆転・スローモーション・高速の再生可能．サーチ機能もランダムアクセスで，リモコンやI/Oボード（パソコン制御用）で希望する画面のアドレスコードを指示し再生する．信号はピットと呼ぶ凹凸で円盤上に記録し，トラックピッチは1.4〜2μm．プログラムは盤の内周

から始まり，直径が異なってもプログラムの開始部は同じ．プレーヤの再生開始と終了の検知は，プログラム収録部前後のリードインとリードアウトのトラックで自動的に行う．

☞NTSC方式

レーザ・ドップラー・レーダ
laser Doppler radar

レーザ・レーダの一種で，従前のレーダのマイクロ波に比べ，レーザ光はドップラー効果が大きいので，微小な低速度の目標物の速度の測定に適している．

☞レーザ・レーダ，ドップラー効果

レーザ・プリンタ laser printer

ノン・インパクト・プリンタの一種．高速・高解像度で，日本語や図形をプリントする．コンピュータ出力をプリンタ内の記憶装置に書き込み，1ページ分のバッファが満たされると印字する．レーザ光を超音波光変調器で記憶情報に応じた点滅信号に変調し，ビーム状にしてドラム上を走査する．ドラムは光導電体で，表面全体を帯電させておく．ドラムにレーザビームを照射すると，感光部分は光導電効果で電荷（静電気）が消え，潜像（静電気像）ができる．トナー（合成樹脂の着色用微粉）をドラムと同じ静電気で帯電させ，潜像に付着させる．これを普通の用紙に圧着し，転写現像し加熱して定着する．カラー印刷できるものや，FAXやコピーなどの機能をもった複合機もある．

☞ノン・インパクト・プリンタ

レーザ・ラマン・レーダ
laser Raman radar

レーザ・レーダの一種で，目標物体の分子の散乱光の波長と発射したレーザ光の波長を比較し，波長成分や強度から大気の成分分析を行い，大気汚染の空間分布（拡散状況や濃度分布）や汚染分子の種類を測定する．

☞レーザ・レーダ

レーザ・レーダ laser radar

ライダともいい電磁波にレーザ光を使うレーダの一種．従前のレーダに比べ距離・方位の分解能が優れ，赤外線レーザ光を使うため肉眼への危険も少ない．レーザの送信部・受信部，信号処理部，表示部等で構成する．鋭い指向性のレーザビームを遠方物体（月面や人工衛星）に照射し，その反射光や乱射光を受け，時間的・スペクトル的に信号処理を行う．物体までの距離を測り地殻変動や大陸移動などを知り，衛星の姿勢制御や軌道修正を行う．大気中の汚染粒子からの後方散乱光を見て汚染粒子の種類，拡散状況（空間分布や濃度分布）を知る．レーザ・ドップラー・レーダやレーザ・ラマン・レーダなどの種類がある．☞ライダ

レシオ検波器（——けんぱき）
ratio detector
→レシオデテクタ

レシオ・デテクタ ratio detector

FM検波器の主流で，周波数の変化に応じた電圧を発生し，中心周波数で出力は0．出力側に大容量Cをつなぎ，前段の振幅制限器を省略する．

☞FM検波器

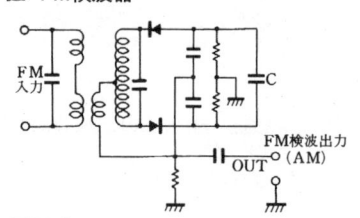

レジスタ register

置数器（ちすうき）ともいい，コンピュータの処理装置の一種．1〜複数ビットを保持する装置で，特定の目的に内容を利用できるようになっている．

レジスト resist

1．ホト・レジストの意．

2．プリント配線基板に塗る耐酸性の非導電塗料のこと．エッチング液（酸性腐食液）から基板を保護するためである．
→ホト・レジスト
☞プリント基板

レジストリ　registry
Windows系OS上のシステムやアプリケーションソフトの設定を記録するデータベースのこと．各種ハードウェア構成やデバイスドライバ情報など，システムにかかわる一切の情報を階層的に記録している．
☞階層構造

レシーバ　receiver
1．受信機のことで，以下の種類がある．A3電波では(7)が主流である．
(1)ストレート式　(2)レフレックス式
(3)再生式　(4)超再生式　(5)ニュートロダイン式　(6)ヘテロダイン式（A1用）
(7)スーパヘテロダイン式（A2，A8用）
2．受話器の意味で，次の種類がある．
(1)マグネチック形　(2)クリスタル形
☞A3電波

レジン　resin
樹脂のことで天然樹脂と合成樹脂があるが，合成樹脂を多用する．

レスポンス　response
1．応答ともいい，ある量（電圧）Aと，その量に対応する他の量（電圧）Bとの関係をいう．
2．増幅回路で，入力一定のまま周波数を変化したときの出力の関係を1kHzを基準（0dB）としてグラフで示したもの．

レーダ　radar, radio detection and ranging
英語の頭文字のRADARとも書き，電波探知機ともいう．船や航空機などに備え付ける無線測位装置．マイクロ波の鋭いパルスを発射し，周囲からの反射波を受信し，電波がもどってくるまでの時間で距離を知り，反射波（エコー）の量で障害物や目標物の方向や大きさを知る．パルス送信機と受信機，表示器（ブラウン管），アンテナなどで構成する．パルスの幅は約0.1 $[\mu s]$ 位で，1秒間に約1,000回位繰り返し発射し，搬送波周波数は10GHz帯が多い．ブラウン管は蛍光膜に残光性の長いものを用い，中心から周辺に向けて放射形に掃引し，この掃引に同期して指向性アンテナも回転し，周囲の状況を地図のように示す（PPI）．アンテナは電磁ラッパと反射器を組み合わせ，反射器は軽量化で網形が多く，送受信共用である．電波法施行規則では「決定しようとする位置から反射され，又は再発射される無線信号と基準信号との比較を基礎とする無線測位の設備」と定める（第2条32）．
☞マイクロ波

レーダ・エコー　radar echo, echo
エコーと略称する．レーダの発射電波の反射波のこと．
→レーダ

レーダ管（——かん）　radar tube
レーダ用ブラウン管のこと．
☞レーダ・ディスプレイ

レタックス　letax
→電子郵便

レーダ・ディスプレイ　radar display
レーダの受像用の表示器・表示装置（ディスプレイ）のこと．レーダ管・レーダ用ブラウン管ともいう．

レーダ・ビーコン　radar beacon
レーコンとも略称し，灯台や灯標などの地点に設置し，障害標識や特定地点の確認標識に使い，現在，世界で500局以上が運用されている．船舶レーダの電波を受けると，直ちに符号化電波を発射し，PPI上の半径方向に外向き信号が出て，局の位置を示す．ビーコン局の応答周波数は9,405±65MHzで，ある周期で掃引（スイープ）するのはレーマークビーコンと同じである．

☞スイープ

レーダビーコン局マーク
PPI（外枠）
レーダビーコン信号
自船の位置マーク

レーダ・ブイ　radar buoy
本船レーダ上に浮標（ブイ）の位置を表示するため，本船レーダ電波に応答して無指向性VHFパルスを発射する装置をもつ浮標（JIS-造船用語電気編・無線装置）

☞レーダ

レーダ用ブラウン管
（――よう――かん）　radar tube
レーダ装置のPPI表示に使い，レーダ管ともいう．一般のCRTに比べ蛍光膜に残光性の長い材料を使い，大口径のため電磁偏向形で，取扱い容易な静電ユニポテンシャル形を多用する．中形のもので直径約30cm，丸形で偏向角度50度，全長45cm位．TV用と類似の材料・製法で，船舶用が多い．

☞PPI表示

列車無線　(れっしゃむせん)
train radio
走る列車からの無線通信のこと．
(1)乗客と一般加入電話との間の公衆電話．
(2)乗務員と駅との間の連絡業務電話．

レッド・チェック　red check
トランジスタなど半導体製品の，ハーメチック・シールの完全さを確かめる方法の一種．ケースの頭に穴をあけ，中から浸み出す力（浸透力）の強い液に赤い液を混ぜてつめ，数時間放置するか高温に保ちチェックすること．ケースの外側を白く塗り，中から浸み出すのを見やすくする．

☞ハーメチック・シール

レッヘル線　(――せん)　Lecher wire
1．発振器と結合した2本の平行導線，または平行2線は，長さで決まる固有波長があり，長さを調整して周波数に合う共振回路にできることを，1890年レッヘルが提唱した．この平行2線をレッヘル線といい，レッヘル線波長計に使う．
2．平行2線式フィーダのこと．

☞フィーダ

レッヘル線波長計（――せんはちょうけい）　Lecher wire wavemeter
超高周波発振器Oと結合した平行2線L上を，マイクロアンメータの短絡片Sを半波長（$\lambda/2$）移動するごとに，電流最大と電流最小を繰り返す．この山から山の長さからλを知り，発振周波数 f を光の速さCより計算式，$f=C/\lambda$で求める．数百MHzの簡易波長計に使う．

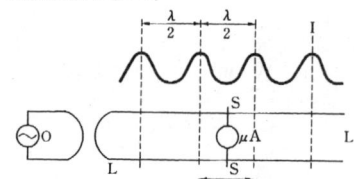

レッヘル・ワイヤ　Lecher wire
レッヘル線のこと．

→レッヘル線

レート・グロン・トランジスタ
rate grown transistor
グロン形トランジスタの一種で，ゲルマニウムでNPNトランジスタを作る．ガリウムとアンチモンを含むゲルマニウムから単結晶を成長させるとき，結晶成長速度を周期的に変えると，何層ものPN接合ができ，NPN部分を切り出しリードをつけトランジスタにする．☞NPNトランジスタ

レピータ　repeater
リピータともいい，日本では1982年に許可された．アマチュア無線局が小電力で遠方局と交信する際に使う，自動中継局やこれを使った交信のこと．430と1,200MHz帯の電波をレピータ局

に向けて送信すると，数MHz異なる周波数に変え中継する．海外へは28MHz帯を使い運用する．パーソナル無線では利用できない．

☞アマチュア無線

レフレクション reflection
リフレクションともいい，反射のこと．

レフレクタ reflector
アンテナの反射器のこと．リフレクタともいう．

レベル level
1．増幅器や伝送線などの各部の電力Pを，基準電力P_0に対する比の対数で示し，単位はデシベル[dB]．

　レベル＝$10\log_{10}(P/P_0)$　[dB]

2．基準電力P_0=1mWのときは[dBm]と表す．

3．エネルギレベル（準位）のこと．

4．音圧レベルのこと．1kHzで，2×10^{-5}パスカル[Pa]が基準である．

レベル計（——けい） level meter
レベル・メータのこと．
→レベル・メータ

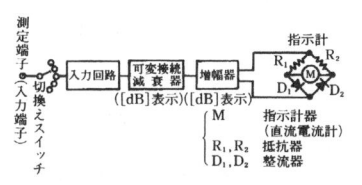

レベル・シフタ level shifter
→レベルシフトダイオード

レベル・シフト・ダイオード level shift diode
スタビスタとかレベルシフタともいい，スイッチング・ダイオードのこと．ダイオードの順方向電圧がほぼ一定であることを利用し，インピーダンスの低い状態のまま，段間の直流電圧を平行移動させる．

☞スイッチング・ダイオード

レベル測定器（——そくていき） level meter
増幅回路や伝送線路の電力のレベルの測定器で，1mWが基準で0[dB]．比べる2点のインピーダンスが等しければ，電流や電圧で比べることもある．600Ω伝送系で，$P=V^2/R=1mW$とすれば，

　$\therefore V=\sqrt{PR}=\sqrt{600\times10^{-3}}$
　　　　$\fallingdotseq 0.775$　[V]
　$I=\sqrt{P/R}=\sqrt{10^{-3}/600}$
　　　　$\fallingdotseq 1.29$　[mA]

同様に75Ω系では0.274[V]，3.65[mA]が0[dB]である．基準電力を1mWとしたときは[dBm]で表す．可変減衰器や増幅器などからなり，入力回路は本器をつなぐ回路のインピーダンスに整合させるためのもので，可変抵抗減衰器は入力を適当な値に減衰させる調整の働きがある．増幅器は入力を一定増幅する増幅部で，指示計は整流器形電圧計である．レベル・メータは抵抗減衰器と指示計を組み合わせた簡易形である．

☞レベル・メータ

```
測定端子（入力端子）─切換スイッチ─入力回路─可変抵抗減衰器─増幅器─指示計
                                    ([dB]表示) ([dB]表示)
                         M   指示計（直流電流計）
                         $R_1, R_2$  抵抗器
                         $D_1, D_2$  整流器
```

レベル・メータ level meter
レベル計ともいい，増幅回路や伝送線路の各部の電力レベルを測る計器．一般に電圧計を使い，0.775V（600Ω）を0dBとし，75Ωでは約0.274Vが0dB．1mW（600Ω）のときは[dBm]と表す．レベル測定器の簡易形で，抵抗減衰器と整流形電圧計を組み合わせたものが多い．

レーマーク・ビーコン ramark beacon
船舶が大洋から沿岸に接近する際，陸岸のレーダ映像が見え始める地点の初認標識や，海岸線が平坦な低地でレーダの陸地映像がとりにくい地点の確認標識に利用する．現在，日本にだけ設置され37局運用中で，船舶用レーダで受信できる9,405±65MHzのパルス電波を常時発射している．レーダがビーコン局の電波を受けると，PPI上の半

径方向に図のような信号が示され，信号の出発点は自船位置で，表示方向がビーコン局の方向を示す．

☞レーダ

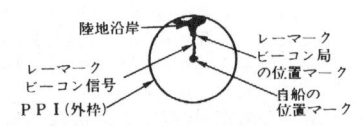

レム　rem
ラムともいい放射線の旧来単位．

レンジ　range
1．測定器の測定範囲．
2．切換えスイッチの切換え範囲．テスタのレンジ切換えはこの例．
3．ラジオの送信機や受信機の動作範囲．
4．航空機やレーダで使う，目標までの距離．
5．情報処理（コンピュータ）のプログラムで，変数がとる範囲．
6．調節器の変化範囲．
7．一般に範囲，限界，幅を示す語．
8．家庭用電子レンジのこと．

レンジ・ビーコン　range beacon
航空機の航行援助方式の一種で，ラジオ・ビーコンともいう．使用周波数200〜415kHzの指向性中波無線標識．二つのアドコックアンテナかループアンテナを直角に配置し，直行する8字形指向性を作る．両指向性の交点方向Cでは，8字形指向性AとBの両方からの信号が同一強度で受信される．これによって一定航路を進むことができる．

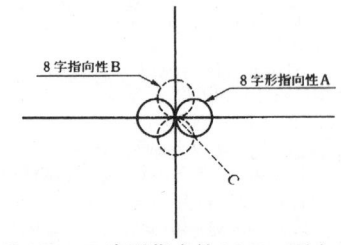

☞ラジオ・ビーコン

レンズ・アンテナ　lens antenna
電磁ラッパと電波レンズを組み合わせたアンテナ．

☞電磁ラッパ，電波レンズ

連想記憶装置（れんそうきおくそうち）associative storage
記憶場所が，その内容によって識別される記憶装置（JIS・情報処理用語）．

レンツの法則（——ほうそく）Lenz's law
導体と鎖交する磁束の数が変化すると，導体に誘導起電力が発生し，「誘導起電力の方向は，それによる電流の作る磁束が，もとの磁束の増減を妨げる方向」で，これをレンツの法則という．

☞誘導起電力

ろ

ロイヤ回路（——かいろ）
Royer's circuit
対称形回路ともいい，1955年アメリカのロイヤが発表した回路．トランスTに角形のヒステリシス・ループをもつ鉄心を使い，2個のトランジスタQ_1，Q_2を対称につなぐ．L_1，L_4は正帰還となるようにつなぐ．Q_1，Q_2は急に導通し鉄心の飽和特性で急にオフとなり，交代でオンとオフを繰り返し，二次側L_5に方形波を取り出す．周波数を高くすればトランスも小形となる．数百Hz以下で使い，DC-DCコンバータなどのパワーインバータに使う．

☞ヒステリシス・ループ

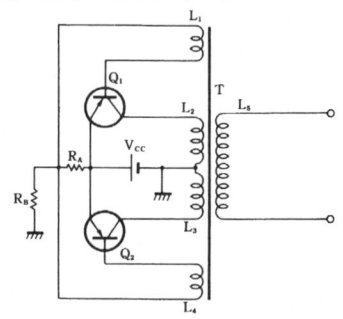

漏電（ろうでん） leak
リークともいい，正常の電気回路外に電流が流れ出ること．絶縁材の劣化や不良，工事の不適などが原因である．

☞リーク電流

漏話（ろうわ） crosstalk
有線や無線の通信に，他の通信が混じり混信すること．クロストークともいう．

ローカライザ localizer
航空機が着陸する際，天候に左右されず安全に着陸できるよう誘導する，計器着陸用無線設備ILSを構成する要素の一部．航空機を滑走路中心に導くため，108～112MHzの電波を使い，コースの右側で150Hz，左側で90Hzの信号が強くなり，コース中心では両信号の強さが等しくなる無線設備．

☞ILS

ローカル local
1. ローカルオシレータのこと．
→ローカル・オシレータ
2. 地方または地域のアマチュア無線局のこと．
→アマチュア無線
3. ローカルエリアネットワークLANのこと．
→ローカル・エリア・ネットワーク

ローカル・エリア・ネットワーク
local area network, LAN
ラン（LAN）のこと．

☞LAN

ローカル・オシレータ
local oscillator
スーパヘテロダイン受信機の局部発振器のこと．

☞スーパヘテロダイン受信機

ローカル放送（——ほうそう）
local broadcasting
地域色の強い独自番組放送．

ログ log
1. アマチュア無線局が，コンテスト中に交信した局のコールサインや交信時刻や時間，コンテストナンバーを記入したログシートのこと．
2. ログブック（無線業務日誌）のことで，電波法で無線局に備付けを義務づけた書類．
3. 対数のことで，自然対数$\log_e$と，常用対数$\log_{10}$がある．

4．ネットワーク・コンピュータなどのシステムの動作状態・利用者からの操作などの記録帳，また記録をとること．トラブルが発生したとき，この記録帳が重要な参考になる．

ログイン log-in
ログオンともいう．インターネットにつながれたコンピュータ（ホストコンピュータ）を使うための操作のこと．または利用者の端末をネットワークに接ぎ，データの送受やファイルの操作ができる状態にすること．ログアウトとは対語となる．☞ログ

録音 (ろくおん) sound recording
音を記録することで，次の方式がある．
(1)機械的録音．レコード盤の外周から中心に，同心円形にうず巻状に録音カッタを進め，音に応じて音溝を刻む．
(2)磁気的録音．磁気テープを音に応じて磁気ヘッドで磁化する．
(3)光学的録音．フィルムの側面に音に応じて白黒の濃淡影を撮し込む．

ログオン log-on
→ログイン

録音再生装置 (ろくおんさいせいそうち) recorded message sender
1．留守番電話装置のこと．
2．磁気録音装置．

録音特性 (ろくおんとくせい) recording characteristic

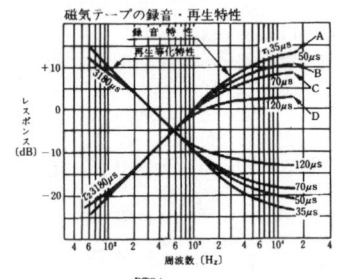

音声の録音の際の諸特性（入出力特性・周波数特性・S/N特性など）のうち，一例としてテープレコーダ周波数特性を示す．テープレコーダはテープ速度別に規格化され，BTS，IEC，JIS，NAB特性などがある．

録音ヘッド (ろくおん──) recording head
磁気ヘッドのこと．
→磁気ヘッド

録画 (ろくが) picture recording
TVなどの映像を記録すること．
(1)フィルム記録．映像のままで記録できるが現像や乾燥の手間がかかる．
(2)磁気テープ記録．このテープをビデオテープ，これを使い録画する装置をビデオテープレコーダという．特性もよく取扱いも容易で普及している．

ロケーション location
アドレス（番地）で示す，記憶装置内の特定の場所のこと．

ロシェル塩 (──えん) Rochelle salt
酒石酸カリソーダとかナトリウムカリウム酒石酸塩ともいう．過飽和水溶液に種を入れ結晶を成長させ，人工的に大きな結晶を作る．55℃以上で分解し，常温では風化したり水分を吸うが，圧電効果が最も大きいため，ピックアップのカートリッジやマイク，スピーカに使うこともある．周波数特性は劣るが値段は安い．
☞圧電効果

ロジック logic
1．人文科学の論理を合理的に解くために使う．すべての関数や変数が，0か1の2種の値しかとらない演算を取り扱う理論体系．
2．スイッチ回路やゲート回路のON（閉）とOFF（開）の状態を扱う論理回路の解析手段．

ロータ rotor
1．発電機やモータなどの回転部のこと．

2．バリコンなどの回転部のこと．
☞バリコン

ローダ loader
コンピュータのオペレーティングシステムの一機能で，外部記憶装置にあるデータやプログラムを，CPUの主記憶装置（内部レジスタ）に転送するための命令，またはそのためのプログラムのこと．

ロータリ・スイッチ rotary switch
各種の測定器・装置・増幅器の入力やモード，ラジオなどのバンド切換えに使う回転式スイッチ．小形で多くの回路を同時切換えできるが，プッシュボタンスイッチのように目的にワンタッチ切換えができず，他の接点を通過しなければならない場合がある．

ロー・チャネル low channel
VHFのTVチャネルの1～3チャネル，周波数90～108MHzの低チャネルのこと．
☞VHF

ロット lot
工場などで製品を生産する際の数量単位．生産や検査の区切り数．

ロッド・アンテナ rod antenna
携帯ラジオやトランシーバに取り付ける伸縮形棒アンテナ．

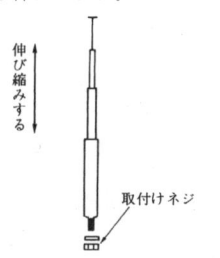

伸び縮みする

取付けネジ

ローディング loading
1．コンピュータにプログラムを入力すること．
2．VTRを，録画または再生できる状態にすること．
3．振幅ひずみを軽減するために伝送線につなぐコイル（インダクタンス）．
☞インダクタンス

ローディング・アンテナ loading antenna
装荷アンテナともいい，基底部にコイルをつなぐアンテナ．コイルをつなぐことをローディング（装荷）といい，コイルを装荷コイルという．コイルをつなぎ共振周波数を下げ，長い波長に共振する．トップローディング（頂部に容量冠），センタローディング（中間に装荷），ベースローディング（根本に装荷）の別がある．
☞装荷アンテナ

ローディング・コイル loading coil
ローディング・アンテナに取り付ける延長コイルで，アンテナの共振波長を長くする．
☞ローディング・アンテナ

ローテータ rotator
電動式のアンテナ回転機で，指向性アンテナを目的方向に回転させる装置．室内のコントローラにはアンテナの向きを示す表示器がある．
☞指向性アンテナ

ロード load
1．回路の負荷のこと．
2．コンピュータの外部メモリ（入力装置や補助記憶装置）からCPU内部レジスタ（主記憶装置）にデータやプログラムを転送すること，または転送を指示する命令．

ロード・ケルビン Lord Kelvin
ケルビン（1824～1907・英）は，1848年絶対温度を提案し，1858年大西洋横断ケーブルを敷く．鏡検流計を発明し，1862年ダブルブリッジを発明した．
☞絶対温度

ロード・ライン load line
→負荷線

ろ波器（——はき） filter
→フィルタ

ろはす

ロー・パス・フィルタ low pass filter
→低域フィルタ

ロービング lobing
アンテナを固定したままで，メイン・ロープの方向をある範囲内で移動すること．

☞メイン・ロープ

ロービング方式（――ほうしき）
lobing system
衛星のアンテナ追尾方式の一種．
1．ロービング方式．
　(1)ステップトラック形．
　(2)コニカルスキャン形．
2．モノパルス方式．
　(1)単一ホーン形．
　(2)4ホーン形．
3．プログラム追尾方式．
(1)のステップトラック形はアンテナビーム幅の1/20位のステップでアンテナを移動し，前後の受信信号強度を比べ衛星方向を検知し，(2)のコニカルスキャン形はアンテナビームを円すい状に振りながらアンテナを回転させ，各位置の受信振幅を比べ衛星方向を検出する．両方ともに給電装置や受信機は簡単であるが，(1)は到来波のレベル変動や風などの外乱に弱く，高速移動衛星に適さず静止衛星用小形地球局で使う．(2)は機械的高速回転が必要で，信頼性が低い．モノパルス方式やプログラム追尾方式は大形地球局や周回衛星用地球局で使う．

☞静止衛星

ローブ lobe
アンテナの指向性を示す木の葉形曲線．メインロープやサイドロープがある．

☞アンテナの指向性

ロボット robot
1．人造精密機械，模擬人間，自動精密人形などの意．転じて，他人の意のままに動く自主性のない人．
2．人に似た知能や感覚などの機能をもたせ，人の代わりに作業する自動精密機械．
①特殊作業用．宇宙用ロボットや原子力ロボット，海洋ロボットや地底ロボットなど．
②サービス用．サービス産業や情報産業ロボット，身障者や老人，病人の介助や看護ロボットなど．
③産業用．工場の作業ロボットなど．
①～③のような作業をするため，視覚センサや聴覚センサ，触覚センサ等をもつ．また，運動機能をもたせるため，アーム(腕)や手足を備え，それらに自由度を与えるため関節を使う．各関節にはモータや速度検出器を置き，その力や運動を制御する．

ロム ROM, read only memory
読出し専用の記憶装置（メモリ）のこと．

→ROM

ロラン loran, long range navigation, LORAN
航空機や船舶が航行中に自分の位置を知るために，長距離航行援助施設として使う双曲線航行法の一種．主局④と従局回から同時にパルス信号を発し，両パルスを受信して到達時間差の等しい点を描くと双曲線群となる．2局の中間域でパルス到達時間差を測り，自分の位置がどの双曲線上にあるかわかる．しかし，ⓐとⓔ，ⓑとⓓは同一時間差で，パルス波形も同じため両局の判別はできない．そこで，従局Ⓐと主局④間で，④回間とは異なる繰返し周期のパルスを発し，そのパルス到達時間差を測り，曲線群の交点から自分の位置を決定する．

1．ロランA．使用周波数1,750～1,950kHzで，有効距離は昼間の海上で1,500km程度，夜間2,500km程度．北海道の落石，東北は大釜崎，関東は波崎に発振局がある．
2．ロランB．使用周波数はAと同じ

で，主局1，従局二つの合計3局の構成．

3．ロランC．使用周波数100kHzで有効距離2,000km，夜間6,000km程度．測定精度や利用距離はAより向上している．第2次大戦後アメリカが開発．

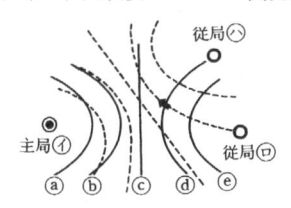

ロールアウト roll-out
コンピュータが処理中にメモリが不足した際，データやファイルを一時的にハードディスクの方に移す（緊急待避する）こと．この内容を再びもとに読み込むのはロールイン．

☞ロールイン

ロールアップ roll-up
パソコン・ワープロの画面で，1行分ずつ画面表示を上方にあげること．画面スクロールともいう．

☞スクロール

ロールイン roll-in
コンピュータが処理中にメモリが不足した時，データやファイルを一時的にハードディスクの方に移す（緊急待避する）が，この内容を再び元に読み込むこと．

☞ロールアウト

ロールバック roll back
コンピュータのハードディスクが破壊（クラッシュ）しファイルの読み書き不能になったとき，バックアップファイルで回復すること．その手続きの中でフォーマットの指示やエラー修正のメッセージが出ることもある．

☞バックアップ

ロングファイルネーム long file name
パソコンソフト（ウィンドウズ95〜）の半角255文字までのファイル名のこと．MS-DOSはファイル名半角8文字（全角4文字），拡張子半角3文字の制約があった．

☞MS-DOS

ロングワイヤ・アンテナ
long-wire antenna
進行波アンテナの一種で，長さが数波長以上の導線によるアンテナのこと．

☞進行波アンテナ

ロンビック・アンテナ
rhombic antenna
ひし形にした導体を，大地に平行に張った広帯域アンテナで，ひし形アンテナともいう．一端の2本は中波や短波の受信機につなぎ，他端の2本は特性インピーダンスと同じ値の抵抗器をつなぐ．

☞ひし形アンテナ

論理演算（ろんりえんざん）
logical operation
四則演算以外の演算．例：1ビットごとの論理和，1ビットごとの論理積，比較，抽出など（JIS・情報処理用語）．

☞論理積，論理和

論理演算子（ろんりえんざんし）
logical operator
論理作用素ともいう．論理式または条件を構成する要素．これらは次の表のとおりである．

☞論理式

演算	ALGOL 論理作用素	FORTRAN 論理演算子	COBOL 論理演算子
否 定	¬	.NOT.	NOT
論理積	∧	.AND.	AND
論理和	∨	.OR.	OR
含 意	⊃		
同 値	≡		

論理回路（ろんりかいろ）logical operation circuit, logical circuit
1．2値信号で与えられる入力に対し，2値信号の出力がある回路．また

ろんり

は，論理素子を使い論理代数を計算する回路．ダイオードやトランジスタ，ICで組み立てる．論理積や論理和，論理否定や否定論理和，否定論理積などがある．

2．論理素子を用いて論理関数を構成する回路（JIS・情報処理用語）．

☞論理積，論理和，論理素子

論理記号 (ろんりきごう)
logical symbol
論理回路を示す記号のことで，JIS制定のもの，慣用で使われたものなどがある．

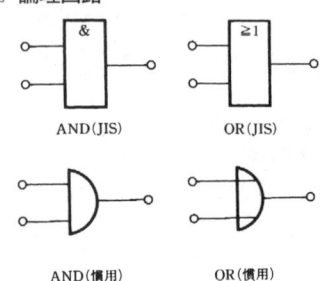

☞論理回路

AND(JIS)　　OR(JIS)

AND(慣用)　　OR(慣用)

論理作用素 (ろんりさようそ)
logical operator
論理演算子のこと．

→論理演算子

論理式 (ろんりしき) logical expression, condition, Boolean expression

条件ともいう．論理値が求められる文法単位．ALGOLでは，単純論理式と条件節を含む論理式とがある．単純論理式の基本的な構成要素には，論理定数，変数，関数呼出しおよび比較式がある．条件節を含む論理式とは，次の形のものである．

"if（論理式）then（単純論理式）else（論理式）"

FORTRANの論理式の基本的な構成要素には，論理定数，論理型の変数名，配列要素名，関数の引用および関係式

がある．COBOLでは条件という．条件の基本的な構成要素には，比較条件，字類条件，条件名条件，スイッチ状態条件および正負条件がある．条件には，論理式の形式でプログラム中に陽に書かれるものと，条件命令の形式により陰に示されるファイルの終わりなどがある（JIS・情報処理用語）．

☞COBOL, FORTRAN

論理積 (ろんりせき)
logical product, AND

1．アンドともいい，論理代数用語．論理変数AとBが次の表で定まる論理関数Cを，AとBの論理積という．Cは A&B，AB，A·B，A⌒B とも書き，表を真理値表という．これを実現するのが論理積回路である．

2．AおよびBを二つの論理変数とするとき，表に示す論理関数CをAとBの論理積という（JIS・情報処理用語）．

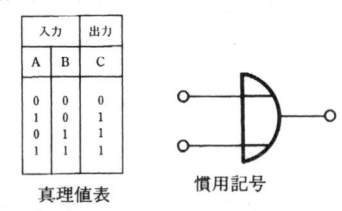

☞アンド

入力		出力
A	B	C
0	0	0
1	0	0
0	1	0
1	1	1

真理値表　　慣用記号

論理積回路 (ろんりせきかいろ)
AND circuit

1．論理積を実現する回路で，アンド回路ともいう．ダイオードD_1，D_2の入力a，bが無入力0[V]のときD_1，D_2は順方向動作で，出力cは0[V]．片方に正入力1があっても出力0[V]で，両方に正入力1のときD_1，D_2はオフでcはE[V]である．

2．2個以上の入力端子と1個の出力端子をもち，二つの入力端子に1が入力された場合だけ，出力端子に1を出力する回路（JIS・情報処理用語）．

☞論理積

ろんり

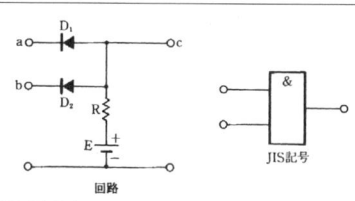

論理素子 (ろんりそし)
logical element

1. コンピュータ等の回路に使う論理演算用回路の最小の接続や成り立ちで，論理和，論理積，否定などの論理演算に使う．スイッチングタイムの短いこと，小形で軽いこと，消費電力が少なく安定で長寿命であること，低価格で均一な製品が得られることが要求され，IC（LSI）を多用する．

2. 計算機などの回路で論理演算を行う回路の最小構成要素．論理素子の作用は，論理和，論理積，否定などの論理演算で表現できる（JIS・情報処理用語）．

☞論理演算

論理代数 (ろんりだいすう)
algebra of logic

開発者の名をとりブール代数とか，2値論理代数ともいう．論理積回路や論理和回路など論理回路で扱う式を論理代数という．論理変数は1か0で，論理和は，$C=A+B$，論理積は，$C=A \cdot B$，否定回路は，$A=\bar{B}$と示す．

☞論理回路

論理否定 (ろんりひてい) NOT

ノットともいい，論理代数用語で，入力Aと出力Bの間に，$A=\bar{B}$の関係がある．$\bar{B}$はBの否定で，これを実現する回路を論理否定回路という．

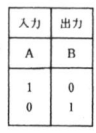

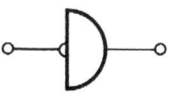

☞論理否定回路

論理否定回路 (ろんりひていかいろ)
NOT circuit

論理否定を実現する回路でノット回路ともいう．入力Aが0〔V〕なら，トランジスタQもオフで，出力BにV〔V〕が生じ，Aに正の入力があると，Qはオンとなり出力は0〔V〕となる．

☞ノット回路

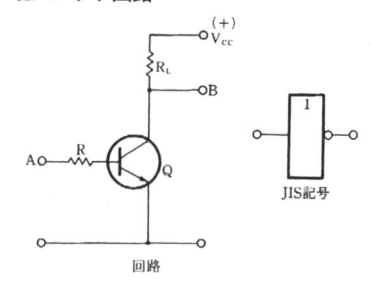

論理和 (ろんりわ)
OR, logical summation

1. オアともいい，論理代数用語の一種．AとB二つの論理変数により表で定まる論理関数Cを，AとBの論理和という．Cは$A/\!/B$，$A+B$，$A \cup B$，$A \vee B$とも書き，これを実現する回路を論理和回路，表を真理値表という．

2. AとBを二つの論理変数とするとき，表で定まる論理関数Cを，AとBの論理和という（JIS・情報処理用語）．

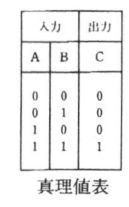

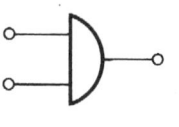

☞真理値表

入力		出力
A	B	C
0	0	0
0	1	0
1	0	0
1	1	1

真理値表　　慣用記号

論理和回路 (ろんりわかいろ)
OR circuit

1. 論理和を実現する回路で，オア回

ろんり

路ともいう．入力a, bの片方，または両方に入力1があるとき，出力1がある．a, b両方とも無入力0のとき，無出力0の回路．

2．2個以上の入力端子と1個の出力端子をもち，少なくとも1個の入力端子に1が入力された場合にだけ，出力端子に1を出力する回路（JIS・情報処理用語）．

☞ **オア回路**

わ

ワイドエリアネットワーク
wide area network
ローカルエリアネットワークLANに対する用語で,広域(ワイドエリア)ネットワーク(通信網)のこと.WANと略して表現する.
☞LAN

ワイドテレビ　wide television
画面の広いテレビ受像機のこと.画面は横長で,縦横比9:16,走査線は525本と通常通りで,通常放送の受信では横方向に伸びる.解像度は上下カットしただけ悪い.
☞解像度

ワイプ　wipe
本来は映画の技法で,TVの画面を片隅から拭きとるように消し,そのあとに次の新しい画面を映す技法.消えていく画面をワイプアウト,新しくそのあとに現れる画面を,ワイプインという.

ワイプアウト　wipe-out　→ワイプ
ワイプイン　wipe-in　→ワイプ
ワイヤ・スプリング・リレー
telephone relay
リレーの可動ばねや板ばね等の部分を,円断面のワイヤばねにしたリレー.ワイヤリレーと略称し,電話交換機用の主流で,動作が速く駆動消費電力が少ない.接続端子はラッピング接続に便利で,長期の高頻度使用に耐えられる.

ワイヤ・ドット・プリンタ
wire dot printer
ドットプリンタの一種で,ワイヤ先端の点を組み合わせて文字を表すプリンタ.IBM社方式とEliott社方式があり,毎分1,000行以上の高速ラインプリンタがある.
☞ドットプリンタ

ワイヤード・ロジック　wired logic
ランダムロジックとかハードワイヤードロジックともいう.従来の論理処理に使われたもので,使用する論理ブロックの働きと,それらをつなぐ配線によって,入力は必要な論理処理をされ出力となる.

ワイヤ・ブラシ　wire brush
細い針金(ワイヤ)で作られたブラシで,金属表面のさび落しなどに使う工具.

ワイヤフレーム　wire fram model
三次元(3D)のグラフィックソフトで使うモデルのこと.物体を立体的に表すのに,針金状の線で構成する.比較的短時間で表示できる(データ量も少ない)ので,粗い動きの表現に使う.より精密な図形作成モデルに,サーフェイスモデルやソリッドモデルがある.
☞サーフェイスモデル,ソリッドモデル

ワイヤ・ボンディング　wire bonding
トランジスタの各電極と引出し線を,アルミニウム線や金線でつなぐこと.熱圧着法や超音波圧着法がある.
☞超音波圧着法,熱圧着法

ワイヤ・メモリ　wire memory
メッキ線メモリともいう.りん青銅線の表面にパーマロイ薄膜をメッキした絶縁線を編み,マトリックスにしてマイコンのランダム・アクセス・メモリとして使う.非破壊読出し記憶装置でサイクルタイムは1[μs]位でコアメモリより高速.8ビットのものが多く使われ,ランダム・アクセス方式でアク

セスタイムは500〔ns〕位．スイッチ切換えにより，メモリへの書込みを止め，PROMとして使える．電源のオン，オフのときも，メモリの保護が完全で，メモリスタートパルスが必要．電源は5V位で小形で作りやすく低コストである．マイコン用としてコア・メモリより適している．
☞コア・メモリ，ランダム・アクセス・メモリ

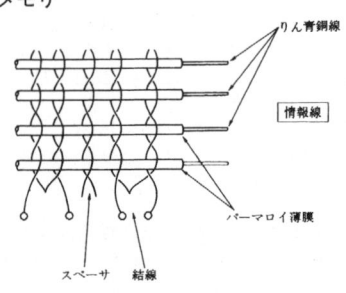

りん青銅線
情報線
パーマロイ薄膜
スペーサ　結線

ワイヤラッピング　wire-wrapping
ワイヤラッピング端子に，小形モータを内蔵したラッピングツールを使い，細い導線を強く巻きつけ接続する方法．半田付けのトラブル（接触不良）対策の一つ．
☞ワイヤラッピング端子

ワイヤラッピング端子（――たんし）
wire-wrapping terminal
ワイヤラッピング用の端子で，1mm角位のものを多用する．
☞ワイヤラッピング

ワイヤ・リレー　telephone relay
ワイヤスプリングリレーの略称．
→ワイヤスプリングリレー

ワイヤレス・ボンディング
wireless bonding
薄膜の電子回路で，リード線を使わず（ワイヤレス），回路素子を接続（ボンディング）すること．☞回路素子

ワイヤレス・マイク
wireless microphone
ラジオマイクともいい，ワイヤレス・マイクロホンの略称．マイクロホンのケースに，出力が数百mWの小形送信機を組み込み，マイクロホンと受信機の間を，無線でつなぐこと．VHF帯のFM方式を使い，近距離の中継にも利用する．
☞VHF帯

ワイヤレス・マイクロホン
wireless microphone
→ワイヤレス・マイク

わい（歪）率（――りつ）
klirrfactor, distortion factor
ひずみ率のこと．
→ひずみ率

ワウ　wow
→ワウ・フラッタ

ワウ・フラッタ
wow and flutter, wowflutter
レコード盤の回転や磁気テープの速度むらのこと．ワウは毎秒10回以下の周期的に繰り返す速度むらで，フラッタは毎秒10回以上の速度むらをいう．ワウは音が振動する感じになり，フラッタは音がにごる．

ワウ・ワウ　woh woh
楽器音に変化をつける効果装置の一種．楽器音の周波数の一部を取り出すトーンフィルタで，取り出す周波数を上下に移動する．ギターの「ボローン」という音を，「ボ・ワーン」とか，「ワウワウ」という音にする．

輪形ソレノイド（わがた――）
ring solenoid

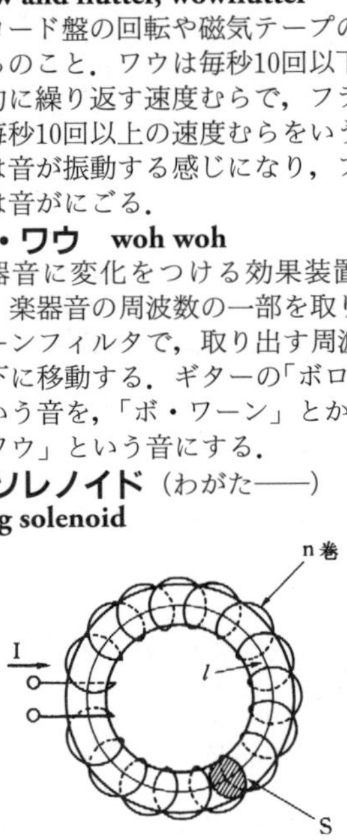

n巻
I
l
S

ドーナツ形の鉄心に巻いたコイル．鉄心の比透磁率μ_s，断面積S，鉄心の平均の長さl，巻数nとすれば，自己インダクタンスLは，

$$L = 4\pi\mu_s Sn^2 \times 10^{-7}/l \quad [H]$$

☞自己インダクタンス

枠形アンテナ (わくがた——)
loop antenna
→ループアンテナ

ワークステーション workstation
1．コンピュータを利用し，個人の事務作業を行うOA機器の配置場所．
2．ホストコンピュータにサポートされ，マルチウインドウ機能を備えた高性能多機能パソコンのこと．
☞マルチウインドウ

ワグナ接地 (——せっち)
Wagner earthing device
交流ブリッジにインピーダンスZ_5, Z_6をつなぎ，SをAかBどちらに切り換えても検電器（イヤホン）Tの出力が最小となるようブリッジのバランスをとる．各素子間，各素子とケースやアース（大地）間にある静電容量の影響を除き，未知インピーダンスZ_xの精密測定ができる．
☞交流ブリッジ

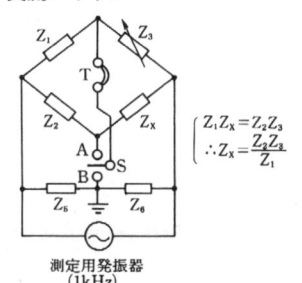

$$Z_1 Z_x = Z_2 Z_3$$
$$\therefore Z_x = \frac{Z_2 Z_3}{Z_1}$$

測定用発振器 (1kHz)

ワグナーの接地装置 (——せっちそうち) Wagner earthing device
→ワグナ接地

和差方式 (わさほうしき)
sum-difference signal system
→ステレオ信号

和信号 (わしんごう) sum signal
FMステレオ放送の左側信号と右側信号の和の信号．ステレオ信号の0～15kHzの主チャネル信号のこと．
☞ステレオ信号

話中音 (わちゅうおん)
audible busy signal, busytone
話中信号とかビジートーンともいう．有線電話で交換機の中継線がすべて使用中のとき，または，相手が第三者と話し中のとき，受話器がはずれた状態にあるとき，呼出し側に相手の話中を知らせる可聴信号（400Hz，0.5秒間の断続）音のこと．
☞有線電話

話中信号 (わちゅうしんごう)
busy signal →話中音

ワット watt
電力の単位で，記号は[W]．

ワットアワー watt-hour
ワット時ともいい，電力量の単位で[Wh]と書く．
→ワット時

ワット時 (——じ) watt hour
ワットアワーともいい，電力量の単位．記号[Wh]で示し，電力と時間の積である．
→ワットアワー

ワット時効率 (——じこうりつ)
watthour efficiency
蓄電池の放電電力量Wdと充電所要電力量Wcの比Wd/Wcの百分率．

$$\text{ワット時効率 } \eta = \frac{Wd}{Wc} \times 100 \quad (\%)$$

測定がめんどうなためアンペア時効率を多用する．

ワット時容量 (——じようりょう)
watthour capacity
充電が終了した蓄電池に定格負荷をかけ，定格電流を流して端子電圧が規定値に下がるまで，負荷に供給できる電力量．蓄電池の端子電圧は放電ととも

わつと

に下がり負荷電流も変化し，電力量の測定が面倒なため，アンペア時容量を多用する．
☞アンペア時容量

ワット秒（──びょう）**watt second**
ワットセコンドともいい，電力量の単位．記号〔WS〕で示し，電力と秒の積．

ワード word
語のことで，いくつかのキャラクタやバイトを集め，一つのデータ処理を行うときの単位．1語の長さ（ビット数）はコンピュータにより異なり，語の長さが固定されているものを固定語長方式，変化できるものを可変語長方式という．☞固定語長

ワード・プロセシング word processing
文書作成や文書の送受信，文書をファイルするなど，文書情報の処理の総称．

ワード・プロセッサ word processor
ワープロと略称し，入力装置（キーボードやマイクロマウス），出力装置（ブラウン管や液晶によるディスプレイとプリンタ），内部記憶装置や外部記憶装置（ハードディスクやフロッピーディスク）などからなる文書処理装置．文書の作成や加工，変更や編集，印字や保存などができる．パソコンや専用機，机上（デスクトップ）形や携帯用（ラップトップ形）などがある．日本語ワープロは漢字かなまじり文を処理し，高い利便性から広く普及し，OA機器の中心的存在である．

ワニス varnish
長期間にわたり電気機械や器具を，電気的，機械的，化学的に保護する塗料．乾性油，樹脂，アスファルト，ピッチ，溶剤などを混ぜ，浸み込ませる．絶縁性が高く耐年性が良い．また耐湿性が大きい．合成樹脂ワニス，酒精ワニス，油性ワニスなどがある．

ワープロ word processor
ワードプロセッサの略称．

→ワードプロセッサ

割当周波数（わりあてしゅうはすう）**assigned frequency**
無線局に割り当てられた周波数帯の中央の周波数（電波法施行規則第2条56）．

割当周波数帯（わりあてしゅうはすうたい）**assigned frequency band**
無線局に割り当てられた周波数帯のこと．
☞周波数帯

割算器（わりざんき）**divider**
入力信号aを，他の入力信号bで割った値に対応した出力を生じる演算回路や演算器．

ワンショット・マルチ one-shot multivibrator
ワンショットマルチバイブレータのこと．
→一安定マルチバイブレータ

ワンショット・マルチバイブレータ one-shot multivibrator
→一安定マルチバイブレータ

ワンセグ 1 segment broadcasting
→1セグ放送

ワンターン・コイル one-turn coil
1回巻のコイルのこと．
☞コイル

ワンターン・ランプ one-turn lamp
豆ランプに1回巻のコイルをハンダ付けしたもの．無線送信機のファイナルのタンク回路に近づけ，ランプが最も明るくなるよう各部を調整（共振）する．

ワンチップCPU one chip central processing unit
一つのIC（ワンチップ）の中にCPUを組み込んだもの．マイコンとして使う．
☞CPU

ワンチップ・コンピュータ one-chip computer
1個（ワンチップ）のLSIにコンピュ

ータの機能を集積し，組み立てたコンピュータ．ワンチップマイクロコンピュータとか，シングルチップマイクロコンピュータともいう．
☞LSI

ワンチップ・マイクロコンピュータ
one-chip microcomputer

ワンチップコンピュータのこと．
→ワンチップマイクロコンピュータ

ワンチップ・マイコン
one-chip microcomputer

→ワンチップマイクロコンピュータ

ワンボード・コンピュータ
one-board computer

1枚の絶縁基板（ワンボード）にCPUやRAM，ROMやI/Oインタフェース，入力キーや制御キー，数字を表示するLEDなどを取り付けたトレーニング用のコンピュータで，数桁の機械語プログラムを打ち込み，模型ロボットなどを動かす，安価なマイコンの一種．
☞CPU, RAM, ROM

1～9

1アドレス・コード
single (one) address code
→1アドレス方式

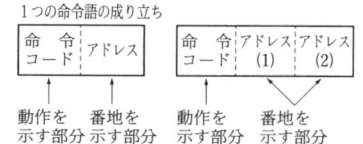

1アドレス方式 (――ほうしき)
one (single) address system

コンピュータの命令語にアドレス部が一つある場合を1アドレス方式といい，二つある場合は2アドレス方式という．1アドレス方式の変形に1½アドレス方式もある．1アドレス方式でも指定されたアドレス（番地）のデータと，アキュムレータ（累算器）と呼ぶレジスタのデータとの間で計算が行われる．しかし次の命令のアドレスを指定してないので，制御装置にプログラムカウンタをおき，命令を実行するたびに1を加える．ある命令が制御装置に送られコンピュータがその命令の実行を終了すると，実行完了の指令によって，次のアドレスの命令が制御装置に送られる．このとき制御装置内のアドレスカウンタは次の命令のアドレスを示している．命令はアドレスが連続する整数順に記憶されていて，アドレスの小さい順から次々と制御装置に送られるようになっている．1アドレス方式ではアドレス部のビット数により，メモリ容量が決まる．アドレス部が10ビットなら$2^{10}=1024$語までのメモリ容量をもたせられる．大部分のコンピュータはマイクロコンピュータも含め，1アドレス方式である．
☞アキュムレータ

1アドレス命令 (――めいれい)
one (single) address instruction

コンピュータの命令の形式の一種でアドレスを1個含むもの．
☞1アドレス方式

1セグ放送 (――放送)
1 segment broadcasting

携帯電話などの移動体モバイル端末で受信することのできる地上ディジタル放送サービスの一つ．「1セグ」とは，セグメントの一つを使うという意味．地上ディジタル放送は，一つのチャンネルで13のセグメントを利用し，12セグメントでメイン映像やデータ放送を，残りの1セグメントで移動体向けの放送を行うことになっている．インフラとしての役割も大きく，災害などの緊急情報を利用者に素早く提供できるといったメリットが想定されている．受信機は，携帯電話搭載型やPDA型など，さまざまな形の端末が開発されている．

☞地上波ディジタル・テレビジョン放送

1ビットディジタルアンプ
1bit digital amplifier

1ビットとは，ディジタルで情報を処理する時の最小単位．1ビットディジタルアンプは，微細信号を1ビットのディジタル信号に変換することでノイズなどの影響を退け，キメ細かな情報まで忠実に再現する．マルチビット方式の処理では，信号変換の過程で情報を間引く・補間する作業が必要だが，1ビット方式は超高速処理でディジタル信号に変換するため，推量補間など

(a) 1アドレス方式　　(b) 2アドレス方式
1つの命令語の成り立ち

命令コード	アドレス

命令コード	アドレス(1)	アドレス(2)

動作を示す部分　番地を示す部分　　動作を示す部分　番地を示す部分

を行う必要がなく，きわめて原音に近い音質を実現できる．
この1ビット技術を記録面で応用しているのがSACD（スーパーオーディオCD）．CDのサンプリング回数は1秒当たり44,100回（44.1kHz）であるのに対し，SACDは282万2,400回（2.8MHz）であり，より忠実に原音を記録・再生することができる．また1ビット方式は非常にエネルギ効率が良く，省エネで小型化が可能という特徴ももつ．
☞サンプリング

1＋1アドレス方式 （——ほうしき）
one plus one address system
コンピュータの命令コードの一種．命令語の中に，2個のアドレスがあり，一つはオペランドのもので，他の一つは次の命令のアドレスを入れる．このため1アドレス方式のように，制御装置にアドレスカウンタをおかなくてもよい．命令は，アドレスを連続する整数順にしなくてもよく，自由な場所にアドレスを指定できる．処理順序は自由になるが，命令語ごとのビット数が増え，メモリの利用効率が下がる．このため普通のコンピュータでは，すべて1アドレス方式である．
☞1アドレス方式

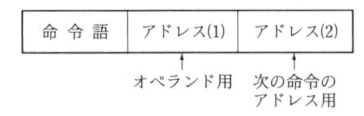

| 命 令 語 | アドレス(1) | アドレス(2) |

オペランド用　次の命令のアドレス用

1＋1アドレス命令 （——めいれい）
one plus one address instruction
コンピュータへの命令の形式の一種で，二つのアドレスをもつ．一つはオペランドのアドレスで，他の一つは次に実行すべき命令のアドレスである．
→1＋1アドレス方式

10BASE-2
Ethernetの規格の一つで1本のケーブル長は最大ケーブ185mである．5mmの細い同軸ケーブルを利用するバス型LANで通信速度は10Mbps．ハブは必要なく小規模LANを安価に構築できる．
☞LAN

10BASE-5
Ethernetの規格の一つで1本のケーブル長は最大ケーブ500mである．10mmの太い同軸ケーブルを利用するバス型LANで通信速度は10Mbps．ビルの各フロアを接続する幹線に利用される．
☞Ethernet

10BASE-T
Ethernetの規格の一つで1本のケーブル長は最大100mである．ハブが別に必要で，通信速度は10Mbps．配線が容易でフロア内配線として普及している．ツイストペアケーブルを使ってハブからスター型で配線する．
☞100BASE-TX

100BASE-TX
Ethernetの規格の一つで1本のケーブル長は最大100mである．10BASE規格の伝送速度を100Mbpsに高速化した規格．ツイストペアケーブルを使ってハブからスター型で配線する．
☞1000BASE

1000BASE-T
Gigabit Ethernet規格の一つ。通信速度1Gbpsの高速を誇る．ツイストペアケーブルを使ってハブからスター型で配線する．

110度CSディジタル放送
（——ど——ほうそう）
110° CS digital broadcasting
2002年7月に放送を開始した，通信衛星(CS)を用いた衛星放送．東経110度に位置する人工衛星(N-SAT-110)を利用している．視聴には専用チューナーとパラボラアンテナが必要．

10キー　ten key
キーボードの右側に配置されている数

字キーのこと．
ノートパソコンでは省略されることが多い．

10進数字 (――しんすうじ)
decimal digit

10進法の数字であって，0，1，2，3，4，5，6，7，8，9が用いられる（JIS・情報処理用語）．
☞10進法

10進倍数 (――しんばいすう)
decade multiple

単位の倍数を示す接頭語のこと．アト a→10^{-18}，フェムト f→10^{-15}，ピコ p→10^{-12}，ナノ n→10^{-9}，マイクロ μ→10^{-6}，ミリ m→10^{-3}，センチ c→10^{-2}，デシ d→10^{-1}，デカ da→10，ヘクト h→10^{2}，キロ k→10^{3}，メガ・メグ M→10^{6}，ギガ G→10^{9}，テラ T→10^{12}，ペタ p→10^{15}，エクサ E→10^{18}．

10進法 (――しんほう)
decimal notation

10を基数とする固定基数表記法．

1/4波長 (――はちょう)
quarter wave-length

1波長の4分の1のことで，しぶんのいち波長ともいう．

1/4波長アンテナ (――はちょう――)
quarter-wave antenna

アンテナの全長が，発射または受信する電波の波長の1/4の長さのアンテナのこと．長，中波用アンテナはアースアンテナにすることにより，1/4波長で共振させることができる．主として長，中波用アースアンテナのこと．
☞共振

16進数字 (――しんすうじ)
hexadecimal digit, sexadecimal digit

16進法の数字であって，10進数字のほかに，10進法の10から15までを表す特別な文字（普通は，英字のうちの6個，たとえば，A，B，C，D，E，Fで代用する）が用いられる（JIS・情報処理用語）．☞10進数字

16進法 (――しんほう)
hexadecimal notation, sexadecimal notation

16を基数とする固定基数表記法（JIS・情報処理用語）．

1/f雑音 (――ざつおん) 1/f noise

雑音の電力が周波数fに逆比例し減少する雑音成分の総称．特に低周波で著しい．

2DD
2 sided double density double track

両面倍密度倍トラックの意．フロッピーディスクの種類の一つで，フォーマット時で640KBまたは720KBの容量のもの．ワープロ専用機によく用いた．

2HD
2 sided high density double track

フロッピーディスク両面高密度倍トラックの意．フロッピーディスクの種類の一つで，フォーマット時で1.2MBまたは1.44MBの容量のもの．

2Kと4K 2K, 4K

映像技術の発展とともに映画の世界では，キメの細かい（高精細）解像度で表現することのできる規格が登場している．これら規格は，テレビの横方向の走査線本数に換算すると，数千ドットクラスとなることから，一般に「○（数字）K（＝1,000）」と呼ばれている．
ディジタルシネマの標準仕様とされている「2K」や「4K」規格では，2K規格が横2048×縦1080ドット，また，4K規格が横4096×縦2160ドットとなる．テレビ放送の解像度規格は，SDTVおよびHDTVとなり，SDTVは480（NTSC）/575（PAL, SECAM）．HDTVは，1080/720となっている．なお，NHKが開発を進めている「スーパハイビジョン」の規格は，横7,680×縦4,320ドットである．

☞高解像度テレビジョン

2アドレス・コード
two address code

コンピュータで用いる命令コードの一種．アドレスが二つあり，次の2種に分ける．
(1)初めのほうをアドレス，後のほうを次の命令のアドレス指定（出所）に使う方式．
(2)二つのアドレスを演算数の出所，または結果の行先のアドレス指定に使う方式．2アドレス方式は命令語あたりのビット数が増えるので，ほとんどのコンピュータは1アドレス方式である．

☞1アドレス方式

2進10進変換（──しん──しんへんかん） binary-to-decimal conversion
2進数で示されたデータを10進数に直すこと．たとえば，0101を5に直すこと．

☞2進数，10進数

10進数	2進化10進符号
0	0 0 0 0
1	0 0 0 1
2	0 0 1 0
3	0 0 1 1
⋮	⋮
9	1 0 0 1
10	0 0 0 1 0 0 0 0
11	0 0 0 1 0 0 0 1
12	0 0 0 1 0 0 1 0

2進10進法（──しん──しんほう） binary-coded decimal notation
コンピュータのデータ表現に使われている数の表記法の一つで，10進法における各桁の10進数字を2進法で示したもの（JIS・情報処理用語）．BCDコードともいう．

2進化10進符号（──しんか──しんふごう） binary-coded decimal code
2進化10進法で使う符号（コード）のこと．2進化10進コードともいい，英語の頭文字からBCDコードともいう．

→BCDコード

2進コード（──しん──） binary code
バイナリ・コードともいい，コンピュータのデータの表現に使う．0か1の二つの値を用いたコード．2進数とか2進符号ともいう（JIS・情報処理用語）．

→バイナリ・コード

2進数（──しんすう） binary digit
2進数字のこと．

→2進数字

2進数字（──しんすうじ） binary digit
情報処理（コンピュータ）でデータの表現に使う2進法の数字で，0と1を使う．

2進法（──しんほう） binary notation, binary system
1の位，1桁が0か1の二つだけの表記法を2進法という．0,1の二つの数は電気回路ではスイッチのオン，オフまたはランプの点滅に対応できる．10進法での4は2進法では0100となる．

☞10進法

2値信号（──ちしんごう） binary signal
バイナリシグナルともいう．コンピュータなどのディジタル回路では，二つの異なる状態しかとらない信号(0,1)を使いこの信号を2値信号という．

☞ディジタル回路

2値素子（──ちそし） binary cell
バイナリセルともいう．コンピュータなどのディジタル回路に使う．二つの安定状態をもち，1ビットの情報をもつ素子．二安定マルチバイブレータはその代表例．

☞ディジタル回路

2値論理素子（──ちろんりそし） binary logic element
論理回路に使われるリレーやダイオード，トランジスタのこと．

☞論理回路

2の補数（——ほすう）
complement of two

1．マイコン（パソコン）で1の補数に1を加える処理．

2．電子式卓上計算機では負数を2に対する補数で表す．たとえば，+3，−3は2進数では0011，1101と表す．両方を2進加算すれば0となる（最上位の桁上げは無視）．

☞2進数

2倍精度（——ばいせいど）
double precision

計算機が本来取り扱い得る桁数の，2倍の桁数を取り扱うこと（JIS・情報処理用語）．倍精度ともいう．

2000年問題（——ねんもんだい）
Year 2000 computer glitch

コンピュータの記憶容量が小さく高価だった頃，年月日を2桁ずつ計6桁で示した．このため2000年は00，2001年は01と示すが，コンピュータは1900年，1901年と区別がつかない．世界中で社会生活全般に大きな影響が心配された．タイムベースを作り直す費用は膨大で，処理プログラムで対応した．

2−5進法（——しんほう）
biquinary notation

符号化10進法の一種で，10進数字nを
$5 \times n_1 + n_2$
$(n_1 = 0, 1 ; n_2 = 0, 1, 2, 3, 4)$ とし

重み 10進数	5	0	4	3	2	1	0
0	0	1	0	0	0	0	1
1	0	1	0	0	0	1	0
2	0	1	0	0	1	0	0
3	0	1	0	1	0	0	0
4	0	1	1	0	0	0	0
5	1	0	0	0	0	0	1
6	1	0	0	0	0	1	0
7	1	0	0	0	1	0	0
8	1	0	0	1	0	0	0
9	1	0	1	0	0	0	0

て表す表記法．2−5進法は交互に5と2とを基数とする表記法ともみられる（JIS・情報処理用語）．常に1が二つ以上存在するので，間違いのチェックに使う．☞10進法

3C2V

同軸ケーブルの一種で，インピーダンスは75(Ω)．高周波回路（FM受信機やテレビ受像機とアンテナをつなぐフィーダ線）に使う．リボン形フィーダに比べ外部からの雑音に強い．5C2Vより外径は細く，単位長さ当たりの減衰は多い．

☞同軸ケーブル

3 in 1

DVDレコーダ，ハードディスクレコーダ，VHSビデオデッキの三つの機能を1台に収めたレコーダ．使用できるDVDメディアのフォーマットには制限があるものの，記録媒体を選ばずに録画・再生できる．DVDの普及は目覚ましいが，一方で今も大量のVHS資産を抱えるユーザは多い．DVDプレーヤは，家庭にあるVHSテープも見られるようにと，VHSデッキ複合機が普及した．DVDレコーダも単体機からHDD内蔵機へと複合化し，さらに並んでVHSも内蔵した「3in1」が登場した．「3in1」機の特徴は「6WAYダビング」とされる多彩なダビング方式．HDDからDVD，DVDからVHS，HDDからDVDに相互ダビングが可能．

☞DVDレコーダ

4アドレス・コード
four-address code

四つのアドレスをもつ命令コードの一種．アドレス部は第1演算数と第2演算数，答の記憶場所と次に実行する命令の記憶場所の四つのアドレスを指定する．

4チャネル・ステレオ **4-channel stereo, quadraphonic stereo**

聴取者を囲み四つのスピーカを置き，360°の全方向の音を出し，2チャネルステレオでは得られぬ広く深い音響的効果を得る．
(1)レコード．4チャネルをマトリックスで2チャネルに変える方式とディスクリート4チャネル方式がある．
(2)磁気テープ．4トラックの各トラックごとに各チャネル信号をのせる方式．
(3)放送．従来のステレオ帯域に，マトリックス演算で4チャネル信号を2チャネルにして送る．マトリックス方式と新しく別の帯域を使って送るディスクリート方式がある．

4トラック・ステレオ録音 (――ろくおん)
4 tracks stereophonic tape recording
磁気テープによるステレオ録音は，テープ上の4トラックのうち往路は第1と第3トラックを使い，終端でテープを反転し，復路は第2と第4トラックに録音する方式で，広く普及している．

4分の1波長 (――ぶん――はちょう)
quarter wave-length
→1/4波長

45-45方式 (――ほうしき)
45-45 stereophonic system
1932年イギリスのブラムレーンが発明したステレオレコードの録音方式．最良の方式としてステレオレコードに実施された．レコード盤に対し45°傾けて左右の信号を録音する．
☞録音

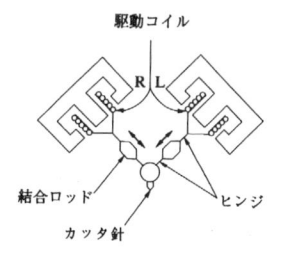

5.1chサラウンド　5.1ch surround
音声を立体的に再現する方法の一つ．サラウンドは周囲を取り囲むように音を再生することで臨場感のある音響効果を再現でき，ディジタル放送やDVDソフトなどで楽しめる．5.1chサラウンドでは六つのスピーカを使う．フロントスピーカ3カ所（前方の左右と中央）とリアスピーカ2カ所（後方の左右），低音出力用ウーハの音声6系統で構成される．ウーハの再生帯域が120kHz以下のため0.1chと数えられ，「6ch」ではなく「5.1ch」と呼ばれる．
☞臨場感

8字特性 (――じとくせい)
figure eight characteristic
ダブレットアンテナやマイクロホンなどの指向性が数字の8に似ていることから名付けた．図はダブレットアンテナの例．
☞ダブレットアンテナ

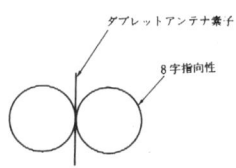

8進法 (――しんほう)
octal notation, octal system
オクタルと略すこともある．$8(=2^3)$が基数となり，2進数字3桁ごとに区切り新しい1桁と考え，対応する10進数字にあてはめる．桁数が2進数字より減り，10進数字に近づく．
☞2進数字，10進数字

8ミリビデオ
8mm video tape recorder
1984年に国際統一規格となった幅8mm（1/3インチ）の磁気テープによるカメラ一体形の小形高性能の家庭用VTR（ホームビデオ）の一種．

(1)映像信号:輝度信号と色信号を分け,輝度信号は白ピーク5.4MHz,同期先端4.2MHzのFM信号に変換.色信号は約743kHzの低域周波数に変え,両方を多重化する.

(2)オーディオ信号 ①FMチャネル:キャリア周波数1.5MHz,最大周波数偏移±100kHzのFM信号.②PCMチャネル:モノホニックまたはステレオ信号を各ビデオトラックの一部分に1フィールドごとに分割して記録.

(3)パイロット信号:CH-1トラックで102kHzと164kHz,CH-2トラックで178kHzと148kHzを記録する.

(4)AUX:編集用などの補助的な信号の記録は従来のVTRのオーディオと同様に,固定ヘッドによりテープ両サイドのリニアトラックを使う.

記録関連の諸元
1．テープ幅8mm (1/3″)
2．テープ走行速度14.345mm/s
3．最大記録時間120min
4．ヘッド　ドラム直径40mm
　　　　　　同　回転数30rpm
5．映像トラックのピッチ20.5μm

9xカーネル

Microsoft社のWindows 95/98/Meに搭載されているOSの基盤部分(カーネル)の俗称.MS-DOS/Windows 3.1との互換性を極力維持したカーネルであるが,Windows NTの設計に際し、互換性よりも安定性を重視したNTカーネルを開発したため,9xカーネルベースのOSはWindows Meまでで,Windows NT以降には9xカーネルのものは存在しない.

☞MS-DOS

95%ルール　95% rule

従量制のインターネット接続の課金ルール.IN/OUT（上り下り）それぞれ5分ごとの平均トラフィックデータを測定して平均の利用帯域を算出し,値の大きい順に並べて上位5％の値をカットしたデータ中の最大値を当該月の利用帯域とする方式.

☞インターネット

A

A
電流の単位記号で、アンペア〔A〕のこと。量記号はI.
☞SI

a　atto
アトと読み10^{-18}倍を示す、単位の接頭語.

A0電波（——でんぱ）**A0 wave**
持続電波(continuous wave)で略してCWともいう。周波数、位相、振幅が一定の無変調の連続電波.
☞持続電波

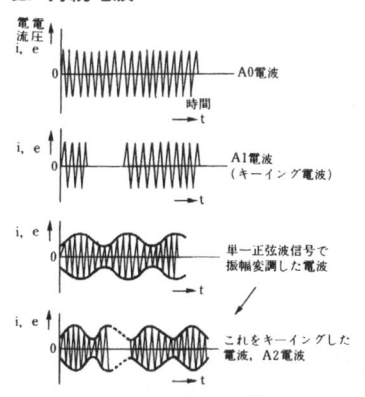

A1電波（——でんぱ）**A1 wave**
持続電波A0を電信符号で断続した電波.

A2電波（——でんぱ）**A2 wave**
一定振幅の単一正弦波信号で振幅変調した電波を、電信符号で断続する電波.
☞正弦波

A3A電波（——でんぱ）**A3A wave**
音声で振幅変調した両側波帯の片方の側波帯を除き単側波帯にし、搬送波も減らした電波。低減搬送波SSB電波ともいう。送信電力や帯域幅を節約できる.
☞振幅変調, SSB

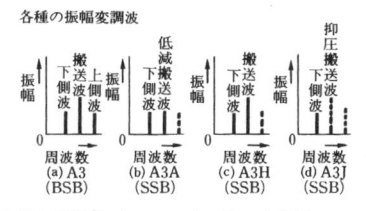

各種の振幅変調波

(a) A3 (BSB)　(b) A3A (SSB)　(c) A3H (SSB)　(d) A3J (SSB)

A3H電波（——でんぱ）**A3H wave**
振幅変調し片側の側波を除いたSSB. 両側波帯用受信機でも受信できるよう一定レベルまで搬送波も含む電波.
☞搬送波

A3J電波（——でんぱ）**A3J wave**
SSB方式で搬送波の振幅を小さく抑える方式で、抑圧搬送波単側波帯電波ともいう。受信側のAGCやAFCのために、搬送波を完全に0にせず、わずか残す.
☞抑圧搬送波

A3電波（——でんぱ）**A3 wave**
音声（ホーン）によって振幅変調した両側波帯方式(BSB)の電波。ラジオの標準放送の電波はこの例である.
☞振幅変調

A4電波（——でんぱ）**A4 wave**
ファクシミリ(写真電送)電波のこと.
☞ファクシミリ

A5C電波（——でんぱ）**A5C wave**
☞A5電波

A5電波（——でんぱ）**A5 wave**
テレビの映像（BSB方式）の電波。日本では残留側波帯方式で、A5C電波である。音声はFMでF3である.
☞残留側波帯方式

Aきゆ

A級シングル増幅器（——きゅう——ぞうふくき）class A single amplifier
トランジスタや真空管を一つ使った（シングル）A級増幅器のこと．
→A級増幅器

A級シングル電力増幅器（——きゅう——でんりょくぞうふくき）class A single power amplifier
電力用のA級シングル増幅器で，高圧・大電流を扱う．

A級増幅（——きゅうぞうふく）class A amplification
増幅器にA級動作をさせる増幅方式または増幅法のこと．

A級増幅器（——きゅうぞうふくき）class A amplifier
A級動作をさせる増幅器で，低周波用の小信号増幅回路やドライブ回路，小電力や中電力増幅回路に使う高品位の用途の広い増幅器．B級動作のプッシュプル増幅回路と比べ，特性の揃った2個のトランジスタや真空管は必要なく，1個だけで構成され，クロスオーバひずみはなく無信号時も出力電流を流すため，効率は50%以下と低く，小出力電力増幅器に多用する．
☞クロスオーバひずみ

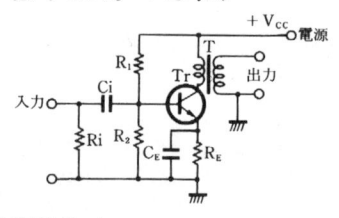

A級動作（——きゅうどうさ）class A action
トランジスタや真空管の出力特性上に引いた交流負荷線の直線部分の中央点に，動作点を定めた動作方式．入力信号がなくても出力電流が流れ，効率は低く50%以下だが，ひずみが少なく広く使われる．☞出力電流

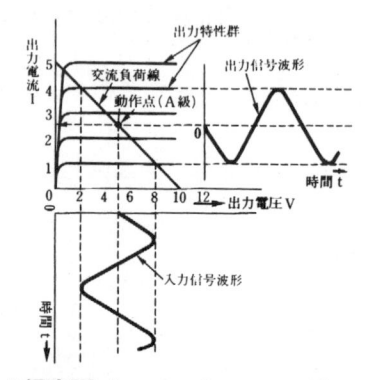

A級変調（——きゅうへんちょう）class A modulation
トランジスタや真空管の特性の直線部に動作点を置いた変調方式のこと．大きな変調入力が必要で，効率は低いがひずみの少ない変調ができる．効率より特性を重視する用途向きである．

a接点（——せってん）make contact
メーク接点のこと．→メーク接点

Aバンド　A band
周波数0～250MHzの周波数帯（JCS規格）．☞周波数帯

Aモード　A mode
1．PCM（衛星）放送の一方式で，周波数帯域15kHz，4チャネルステレオ放送が可能なモード．
2．医用超音波診断装置の一種で，体内に超音波を発射し反射点までの往復時間の遅れをオシロスコープの横（時間）軸に，反射波強度を縦軸にとって組織構造を表示し，頭蓋内疾患などを診断する．周波数1～数十MHz，出力数～数百W/m^2．X線に比べ解像度は劣るが照射障害がなく，臓器断層像が容易に得られる．
☞4チャネルステレオ

AB級増幅（——きゅうぞうふく）class AB amplification
A級動作とB級動作の各動作点の中間

に動作点を設定する増幅方式．無信号時にもわずかな電流を流し，クロスオーバひずみをなくす．

☞**クロスオーバひずみ**

AB級増幅器（——きゅうぞうふくき） class AB amplifier

トランジスタや真空管の動作点を，A級とB級の動作点の中間になるようバイアスを定め，AB級動作をさせる増幅器．無信号時にもわずかなコレクタ電流やプレート電流を流し，オーディオアンプではプッシュプル動作にする．このアイドル電流によってクロスオーバひずみを軽減する．諸特性はA級とB級増幅器の中間的である．

☞**AB級動作，アイドル電流**

AB級動作（——きゅうどうさ） class AB action

トランジスタの動作点を直線領域の中央にしたとき，A級動作といい，遮断点近くに決めるとB級動作という．両者の中間に動作点をおくと，AB級動作となる．特性も両者の中間的で，B級プッシュプル動作で生じるクロスオーバひずみを軽減できる．

☞**プッシュプル**

ABC

1．automatic brightness control
テレビ画面の輝度を自動的に調節する自動輝度調節の頭文字による略称．

2．automatic background control
ファクシミリ装置において，原稿の地色(背景濃度)が違っても，受信画面上にコントラストのよい画面を得ること．

3．automatic bias control 自動バイアス制御，またはその方式のこと．

4．American Broadcasting Company 米国4大ラジオ網と3大TV網の一つで，1942年NBCから独立した放送会社．☞**輝度**

ABCC automatic brightness and contrast control

TV画面の輝度とコントラストを調節する自動輝度コントラスト調節のこと．周囲の明るさを光導電素子(硫化カドミウムCdS)で電気信号に変え，ブラウン管のグリッドバイアス電圧を制御し，画面の輝度を調節すると同時に，AGC電圧も自動的に変えコントラストを調節する．

☞**自動輝度調整**

ABCS automatic broadcasting control system

放送番組の自動送出システムで，NHKが開発した．ビデオテープや音声テープに収録された放送番組や，ニュースセンタからの報道番組，現場中継番組などを，放送時間に応じてコンピュータで自動的に切り換え放送する方式．

ABU
Asia-Pacific Broadcasting Union

アジア放送連合のことで，アジアと太平洋諸国の放送機関の国際組織．1964年設立し，本部は東京のNHKで，事務局はマレーシアとオーストラリア．会員の利益保護と情報交換，放送関連問題の調整や研究促進などを目的とする．

AC alternating current
交流のこと．→**交流**

AC-3 audio code number3

マルチチャネルディジタルオーディオ信号符号化方式のこと．米・ドルビー研究所で開発した，ディジタル立体音響システムの規格．前面の左右と中央，背面の左右計5チャネルと，超低音(3〜120[Hz])用1チャネル．映画・CATV・DVDに使われている．

ACアダプタ AC adapter

家庭用電灯線の交流100[V]を直流の低圧にする付加装置．

ACブリッジ AC bridge
→**交流ブリッジ**

ACモータ AC motor
交流モータのこと．ブラシによる機械

ACA

的な接触部がなくメンテナンスフリー，寿命が長い．その構造は主巻線と補助巻線に流れる交流をコンデンサで位相が90度ずれてるようにしている．回転子が回転するのは主巻線と補助巻線に極性の異なる回転の磁界が発生するためだ．ACモータには誘導モータとシンクロナスモータがある．位相制御モータのことをステッピングモータ「パルスモータ」と呼んでいる．
☞DCモータ

AC-AC変換器 （——へんかんき）
AC-AC converter
交流の周波数を変え別の交流にする装置のこと．

AC・DC受信機 （——じゅしんき）
AC-DC receiver
交流（AC）と直流（DC）の電源で働く受信機のこと．ACは電灯線交流で，DCは乾電池である．2ウェイ（way）受信機ともいう．
☞乾電池

AC-DC変換器 （——へんかんき）
AC-DC converter
交流を直流に変える装置で，交流無停電装置の交流出力を整流し，必要な直流電力を得る小容量電源．
☞整流

A/Dコンバータ A-D converter
→A-Dコンバータ

A-Dコンバータ
analog-digital converter
アナログ信号Aをディジタル信号Dに変換する変換器のこと．アナログ信号を標本化してパルス振幅変調PAM波にし，量子化したのちに符号化してパルス符号変調PCM波にする．符号化する装置を符号器（コーダ）という．これらの一連の処理をする装置の総称で，ひずみや雑音や混信の低減，ダイナミックレンジの向上，安価なディジタルICの使用などのメリットがある．
☞符号器

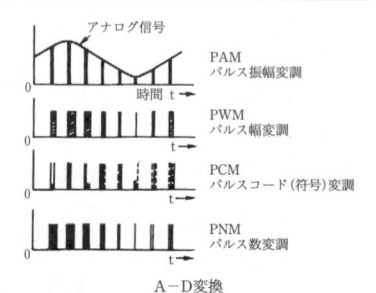

A−D変換

A/D変換 （——へんかん）
analog to digital conversion
アナログ量（信号）をディジタル量（信号）に変えること．
☞アナログ量，ディジタル量

A-D変換 （——へんかん）
A-D conversion →A/D変換

A-D変換器 （——へんかんき）
analogdigital converter
→A-Dコンバータ

ADC analog to digital converter
A-Dコンバータのこと．

AD-DA変換器 （——へんかんき）
AD-DA converter
A-D変換器とD-A変換器の総称．

ADF automatic direction finder
自動方位測定機，または自動方向探知機のこと．☞無線方位測定

ADSL
asymmetric digital subscriber line
非対称ディジタル加入者線伝送（方式）などと訳す．既存の電話線を使い高速データ伝送する通信技術のこと．ベルコア社（米）が考案し，既存の電話と併存できる．伝送速度が上り（利用者から電話局まで）は0.064～1 Mbps，下り（電話局から利用者まで）は0.5～8 Mbpsと，下りの方が速く非対称である．利用者側・電話局側の両方にスプリッタ（フィルタ）を接なぎ音声とデータの両信号を周波数の差で分離し，電話をかけながらインターネット

を利用できるようにした．データ信号をADSLモデムで変調し，電話で使わぬ25kHz以上の周波数帯を使い，伝送するためである．伝送距離が長くなるとロスや妨害（漏話）が増え，伝送速度も下がる．ケーブルの特性にもよるが電話局から10km以下の距離で有効である．NTTが1997年に発表し，米国では同年にサービスが始まった．

AF　audio-frequency
可聴周波数のこと．→可聴周波数

AFC　automatic frequency control
オートマチックフリケンシコントロールの頭文字で，自動周波数制御のこと．常に一定周波数を保つべき局部発振回路の周波数がわずかでも変化して通過帯域幅の中心周波数がずれ受信困難になるのを防ぐ．テレビやFM受信機などに使う．→自動周波数制御

AFT　automatic fine tuning
→自動微調整

AGC　automatic gain control
自動利得制御ともいい，増幅回路の出力を一定に保つ補助回路．AM受信機の検波出力で中間周波増幅回路のバイアスを制御して，スピーカの音声出力を一定に保つのはこの例である．
→自動利得制御

AH　ampere-hour
電流の単位アンペアAと時間の単位アワーHの積，蓄電池容量を示す単位のこと．〔AH〕はアンペアアワーと読む．〔Ah〕とも表す．

Ah　ampere-hour
→アンペア時容量

AI機能（――きのう）
artificial intelligence
英語の人工知能の頭文字．応用分野に音声・画像認識や言語処理，エキスパートシステムがある．音声・画像認識は知能ロボットに応用され，言語処理は自動翻訳システムとしてECでの需要のため1950年頃から開発されている．エキスパートシステムは，産業システムの巨大化，複雑化にともなう高度な判断を，短時間に冷静・適確に行うためのシステムで，工学や医学，事務用に実用化している．☞ロボット

ALGOL　algorithmic language
数値計算や論理計算を行うためのプログラム言語の一つ（JIS・情報処理用語）．JISに規定され，アルゴルと読む．
☞プログラム言語

AM　amplitude modulation
英語の頭文字で振幅変調のこと．高周波E_cが低周波E_mで振幅変調されると，E_cの振幅はE_mの振幅に応じて変わる．(a)は信号波，(b)は搬送波，(c)は単一正弦波で100％変調した際の被変調波．
☞振幅変調

変調波（低周波）E_M

被変調波 E_m

単一正弦波で変調したときの被変調波

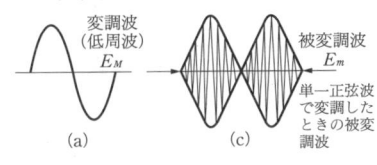

(a)　(c)

搬送波（高調波）E_m

E_c → 変調回路 → E_m

E_M

(b)　(d)

AM検波（――けんぱ）　AM detection
AM信号の検波（復調）のこと．→復調

AM検波回路（――けんぱかいろ）
AM detecting circuit
AM信号の検波（復調）回路や装置のこと．

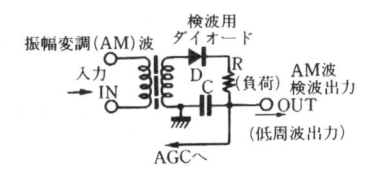

振幅変調(AM)波　検波用ダイオード
入力 IN　R（負荷）　AM波検波出力 OUT
（低周波出力）
AGCへ

AM受信機（――じゅしんき）
AM receiver

AMす

AM電波（放送）の受信装置.

AMステレオ放送 (——ほうそう)
AM stereophonic broadcasting, AM stereo

中波によるステレオ放送のことで，米国のモトロラ，マグナボックス，ベラー，ハリス，カーン5社提案のAMステレオ放送方式の優劣がつかず，1982年連邦通信委員会はすべて認可し，方式が統一されず一部で放送が始まった．しかし，モトロラ方式が大勢を占めている．日本では1952年NHKが，中波2局の電波でステレオ放送を行ったが，送・受信機が2組必要で普及しなかった．ステレオ化の条件は，モノラル方式との両立性，周波数帯域が増えず，サービスエリアを狭くしないこと，受信機の普及しやすい価格であることなどである．AMステレオ方式はFMステレオ方式に比べ音質は劣るが，マルチパスひずみ（反射波の干渉による障害で，カーラジオで影響を受けやすい）がない．1992年3月，日本でもC-QUAM（モトロラ）方式が中波ステレオ放送の標準方式として，放送が始まった．東京では東京放送，文化放送，ニッポン放送，大阪では朝日放送，毎日放送，福岡では九州朝日放送，RKB毎日放送，名古屋では中部日本放送，東海ラジオなどが行っている．モノラル方式との両立性を保ち，占有帯域幅を広げず，サービスエリアも変わらない．雑音はFM方式に比べて劣るが，送受信機のコストは少し高くなる程度で，車などの移動受信も安定．夜間は電離層反射波の影響を受け，混信する．L+R信号で，搬送波をAMし，L-R信号で搬送波を位相（周波数）変調する．
☞中波，占有帯域幅

AM送信機 (——そうしんき)
AM transmitter

送信機で扱う電波型式に応じてA1，A2，A3，SSBなどの送信機がある．図はSSB送信機の構成例で，音声入力は増幅後にバランスド・モジュレータへ搬送波とともに加え，上・下の側波帯の片方をフィルタで除き，ミクサに加える．ここに局部発振器からの高周波を加え所定の周波数まで高め不要成分を第2フィルタで除き増幅後，アンテナから発射する．ひずみを配慮し，前段電力増幅器はA級かAB級で動作させ，終段電力増幅器はAB級かB級動作させる．第1フィルタは水晶かメカニカルフィルタで，第2フィルタはLC共振器．発射電波の周波数は，局部発振器の発振周波数を変えて行う．A3AやA3H波の発射には搬送波を加えるため，SWを閉じ搬送波のレベルを適当に調整してミクサに加える．A3J波の発射はSWを開く（下図参照）．

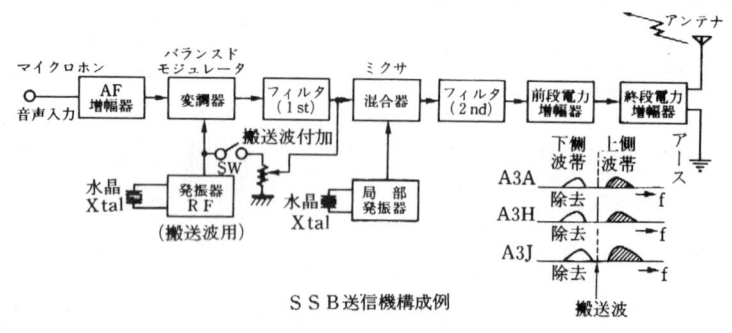

SSB送信機構成例

ASC

☞バランスド・モジュレータ

AM放送（——ほうそう）
AM broadcasting
中波帯の振幅変調による国内向け放送．搬送波の周波数帯は526.5～1,606.5 kHz，帯域幅は約1.5kHzで，FM放送に比べて狭く，雑音やひずみが多く，ダイナミック・レンジも狭い．搬送周波数の許容偏差は10Hz，受信機側の中間周波数は455kHz．

☞ダイナミック・レンジ

AM放送局（——ほうそうきょく）
AM broadcasting station
AMによる中波の国内放送局のことで，短波やFMの放送局と対応する．中波放送局の数は約500で，NHKが約300，民間放送局が約200，英語放送局(FEN)が数局で，各放送電波は9kHzおきに割り当てられ，大変な混雑ぶりである．世界初の中波放送局は1920年米国KDKA局で，日本では1919年(大正8)名古屋の新愛知新聞が実験放送し，1925年JOAKが開局した．民間放送は1951年(昭和26)，中部日本放送JOAR，新日本放送JOORなどが開局した．

AM-FM受信機（——じゅしんき）
AM-FM receiver
AMとFMの両電波を切換えスイッチで切り換えて受信する装置．たとえば放送なら，受信周波数帯はAMが526.5～1,606.5kHz，FMが76～90MHz，中間周波数はAMは455kHz，FMは10.7 MHz，帯域幅はAMが15kHz，FMは200kHz．

AMSAT
Radio Amateur Satellite Corporation
世界的なアマチュア無線の同好団体．1961年オスカ（OSCAR）1号のアマチュア無線用衛星を打ち上げ，以来十数個のアマチュア衛星を打ち上げた．

☞アマチュア無線

AND and
→アンド回路

AND演算（——えんざん）
AND operation
論理積の演算のこと．
→論理積

AND回路（——かいろ）
AND circuit
→アンド回路

ANDゲート　AND gate
→アンド回路

ANSI　American National Standards Institute
米国規格協会のこと．1918年電気・機械・金属・鉱業など五団体の技術標準委員会が合衆国政府も加わり，1959年現在の形になった．

AOD　audio on demand
オーディオ・オンデマンドのこと．

APC　automatic phase control
自動位相制御のこと．たとえばスタジオSと放送所T間の放送番組伝送回線（STリンク）の，水晶発振器の周波数安定化にAFCと併用する．
→自動位相制御

APD　avalanche photodiode
アバランシェホトダイオードのこと．

APT　Asia-Pacific Telecommunity
アジア・太平洋電気通信共同体．アジアと太平洋地域の電気通信開発の促進や，電気通信網の整備と拡充を目的とする．1979年事務局をバンコクにして設立．

ARPA net　advanced research projects agency network
アーパネットと読む．1969年に米国防総省の高等研究計画局（ARPA）が構築した実験・研究用のネットワークで，インターネットの起源となる．

☞インターネット

ASCII　American National Standard Code for Information Interchange
アスキーコードともいう．1962年米国ANSIが規格制定した7ビット，128種の文字を表す($2^7=128$)．日本ではこ

ASC

のアスキーコードを元にしてJISコードを制定した．情報交換用アメリカ標準コードの頭文字．

☞JISコード

ASCIIコード American Nationa Standard Code for Information Interchange

アスキーコードともいう．

→ASCII

ASIC application specific IC

特定用途向けセミカスタムIC．使用者が必要に応じてデザインしたものを専用ICとして半導体メーカで製造．

ASR airport surveillance radar

エアポート・サーベランス・レーダの略称で空港監視レーダのこと．

AT&T American Telephone and Telegraph

アメリカ最大の長距離・国際通信会社．電話を発明したアレキサンダー・グラハム・ベル（Alexander Graham Bell, 1847〜1922, 英人）が創業した最大の電気通信事業者．独占禁止法訴訟で1984年に分割され，七つの地域系通信会社が誕生した．

ATカット AT cut

水晶振動子のカット名の一つで，周波数一温度特性が常温付近で0温度係数となるカットのこと．厚みすべり振動で，次の三種がある．
①周波数　　　1〜25MHz
②三次倍調波　20〜75MHz
③五次倍調波　60〜125MHz

☞水晶振動子，Rカット

水晶片の各種カットの結晶軸切出し方位

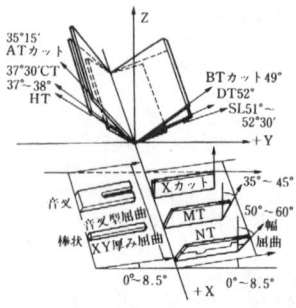

ATOK Advanced Technology Of Kanakanji transfer

エイトックと読む．かな漢字自動変換から名付けた．日本語入力を行う日本語フロント・エンド・プロセッサとして付属している．

☞フロント・エンド・プロセッサ

AUX auxiliary

アクスリアリィの略語で，補助を表す形容詞．例：AUX端子→補助端子．

AV audio-visual

オーディオとビジュアル（ビデオ）の合成語で，視聴覚ともいう．オーディオシステムに映像を取り入れるようになってから使われ出した．

→オーディオ・ビジュアル

AVC automatic volume control

オートマチックボリュームコントロールの略で自動音量調整(節)のこと．

☞AGC

B

B
1. トランジスタの電極の一つで、ベース (base) のこと. 2. 磁束密度の量記号で単位はテスラ〔T〕. 3. サセプタンスの量記号で単位はジーメンス〔S〕.

☞トランジスタ

B級増幅 (——きゅうぞうふく)
class B amplification

B級動作の増幅のことで、入力信号がないとき出力電流が0となるよう、コレクタ電流 $I_c=0$、コレクタ電圧 $V_c=V_{cc}$ (電源電圧) に動作点を設定し、特性の揃った2個のトランジスタでプッシュプルにする. 効率が良く大振幅電力増幅に適す.

☞プッシュプル

B級動作 (——きゅうどうさ)
class B action

トランジスタの出力特性上に引いた交流負荷線の遮断点 (カットオフ) に動作点を設定する動作方式のこと. 入力信号が0のとき、出力電流は0で、効率はよいが出力波形はひずむので、高周波では周波数逓 (てい) 倍器や入力または出力に共振回路をもつ同調増幅器に使い、低周波または可聴 (音声) 周波ではプッシュプル増幅器に使う.

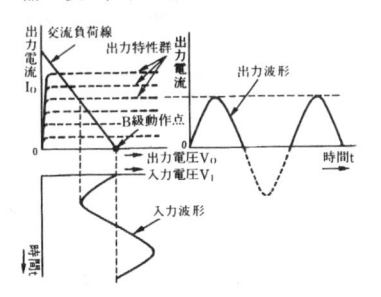

☞カットオフ

B級プッシュプル (——きゅう——)
class B push-pull

B級プッシュプル増幅器のこと.

B級プッシュプル増幅器
(——きゅう——ぞうふくき)
class B push-pull amplifier

B級動作のプッシュプル増幅器のこと.

☞B級動作

B級プッシュプル電力増幅器
(——きゅう——でんりょくぞうふくき)
class B-push-pull power amplifier

B級動作のプッシュプル回路による電力増幅器.

B言語 (——げんご) B-language

1970年頃米国ベル研究所のトンプソンが考案した計算機用言語で、C言語のもとになった.

☞C言語

b接点 (——せってん) break contact

ブレーク接点ともいい、接点の接触(閉)状態ONから切断(開)状態OFFに変わる接点のこと.

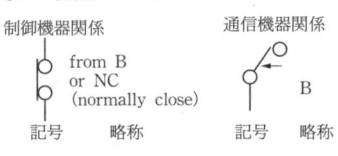

Bバンド B band

周波数250～500MHzの周波数帯 (JCS規格).

☞周波数帯

Bモード B mode

1. PCM (衛星) 放送の一方式で、周波数帯域20kHz、2チャネルステレオ

放送が可能なモード.

2. 医用超音波断層装置の一種で,体内に超音波を発射し反射波を検出しながら,振動子(発射点)を移し,オシロスコープの時間(横)軸の輝点の明るさを変調し,振動子の移動に合わせ時間軸を移す.輝度変調による断層像を描く装置.

☞PCM,オシロスコープ

Bレジスタ　B-register
→指標レジスタ

BASIC　beginner's all-purpose symbolic instruction code, BASIC

コンピュータプログラムの対話形言語で,初心者が容易に利用できるように開発された.英語のつづりの頭文字を並べベーシックという.1963年ダートマス大学(ニューハンプシャ州)のJohn G. Kemeny, Thomas E. Kurtzらにより開発された.簡単なステートメント(宣言文),インストラクション(実行文)とコマンドでプログラムを作り,1行ごとに機械語にインタプリタ(翻訳)していく.このため処理速度は遅いが,メモリ容量は小さくてよく,パソコンでも使える.

☞プログラム言語

BBC
British Broadcasting Corporation
イギリス放送協会の英語の頭文字.

BBS　Bulletin Board System
パソコン通信でだれでも書き込める共通ファイル,電子掲示板のこと.特定のテーマに関する情報交換・不特定多数への連絡・情報提供などが目的で,メッセージの修正・消去はシステム運営者か発信者が行う.
→電子掲示板

BCバンド　broadcasting band
国内のAM放送周波数帯をさし,周波数526.5〜1606.5kHzで,放送業務に割り当てられている.
☞AM放送

BCC　blind carbon copy
ブラインド・カーボン・コピーの英字頭文字の略称.電子メール作成画面(ウインドウ)に宛先・CC・BCC・件名などの記入欄がある.BCC欄には宛先人に送るのと同内容のメール(写し)を送りたい相手のアドレスを入力する.同時送信の他の受取人には写しの送信内容は知られることはない.この点はCC欄と異なる.☞CC

BCDコード
binary-coded decimal code
2進化10進法のことで,8—4—2—1コードともいう.各ビットに8—4—2—1の重みがついて,重みと係数の積の和が,10進法に等しくなり扱いやすい.☞2進10進法

重み 10進法	8	4	2	1
0	0	0	0	0
1	0	0	0	1
2	0	0	1	0
3	0	0	1	1
4	0	1	0	0
5	0	1	0	1
6	0	1	1	0
7	0	1	1	1
8	1	0	0	0
9	1	0	0	1

BCI　broadcasting interference
ラジオ放送の受信に妨害となる電波の英語の頭文字で,電波妨害ともいう.

BCL　broadcasting listener
国内や海外の放送局の電波を受信しBCLカードやペナントを集めて楽しむ趣味の人のこと.

BD　blue-ray disk
→ブルーレイ・ディスク

BEF　band elimination filter
帯域消去フィルタ,または帯域除去フィルタの英語の頭文字.
→帯域消去フィルタ

B-H曲線 （——きょくせん）
B-H curve

磁化曲線のこと．磁化力Hと磁束密度Bの関係曲線．
☞**磁化曲線**

bit
ビットと読み，$2^{10}=1024$をキロ(K)，$2^{20}=1048576$をメガ(M)で示す．

BOC　Bell Operating Companies
米国のベル系地域電話会社のことで，R（リージョナル）BOCとも呼ばれている．AT&Tが1984年分割したのを機にAT&Tから分離した地域電話会社7社を指す．これら7社はBaby Bell（ベビーベル）の愛称もある．ベルはAT&Tの生みの親，グラハム・ベルに由来する．

今年はBOC誕生20周年になる．BOCは全米に約20社あるが，これらを統括しているのが地域持ち株会社(RHC)．ベビーベルは分割当時7社だったが，現在はベルサウス，SBCコミュニケーションズ，ベライゾン・コミュニケーションズ，クエスト・コミュニケーションズの4社に集約され，これら4社は傘下に子会社を持つRHCである．米国の電話会社にはBOCとは別に，AT&Tと独立系の中小電話会社がある．
☞**AT&T**

1984年AT&T分割時のRBOC

2004年5月末のRBOC

BPF　band pass filter
帯域通過フィルタのこと．
→**帯域通過フィルタ**

bps　bit per second
通信回線などの情報の通信速度の単位．1秒間に送られるビット数を示す．〔bps〕と表示する．
☞**通信速度**

BS　broadcasting satellite
衛星放送用の能動静止衛星で，1978年打ち上げた「ゆり」．1984年ゆり2号aがBS-2a，1986年ゆり2号bがBS-2b，1990年ゆり3号aがBS-3a，1991年ゆり3号bがBS-3bとなっている．
☞**静止衛星**

BSアンテナ
broadcasting satellite antenna
衛星放送受信用アンテナで，パラボラアンテナは大形になるため，オフセットパラボラアンテナを多用する．後者は前者の一部を切り取る形で，その焦点fに一次放射器を置く．前者と比べ，一次放射器やその主柱による到来電波の影の効果（ブロッキング）を軽減する．外形は円形または長方形（マイクロストリップ形またはフラット形）があり，直径が45，60，75，90，120cm位で，フラット形は誘電体基板を使い，60cm角位である．電波が弱いところほど大形のものが必要で，強い雨による降雨減衰がある．設置方向は春(秋)分の日の午後2時の太陽の位置に相当する．
☞**衛星放送**

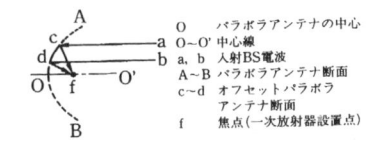

```
O      パラボラアンテナの中心
O~O'   中心線
a, b   入射BS電波
A~B    パラボラアンテナ断面
c~d    オフセットパラボラ
       アンテナ断面
f      焦点(一次放射器設置点)
```

BSコンバータ　broadcasting satellite converter, BS converter
衛星放送受信時にBSアンテナの出力（12GHz帯）を，低雑音GaAs FET 2段プリアンプで増幅し，1GHz帯（第1中間周波数）に変える周波数変換器．BSアンテナの一次放射器内に置き，出力は同軸ケーブルで室内のBSチューナにつなぐ．
☞**GaAs FET**

BSち

BSチューナ broadcasting satellite tuner, BS tuner

BSコンバータの出力(第1中間周波数)を,400か130MHz帯の第2中間周波数に変え,複同調方式やPLL方式で復調する.チャネルは第11と第7の2チャネルを切り換えることができる.出力はAV対応のビデオ出力端子とRF出力端子をもち,後者はTV受像機のUHFアンテナ端子につなぎ,UHF第13チャネルで見る.

BSディジタル放送 (——ほうそう) broadcasting satellite

高度36,000kmにある放送衛星(BS)を使ってディジタル信号を送信する放送.高画質・高音質,多チャンネル,データ放送(双方向サービス)が可能.東経110度のBSAT-2aの位置に,新しい通信衛星(N-SAT-110)が打ち上げられ,2002年からサービスが行われているのが110度CSディジタル放送.2003年12月から地上ディジタル放送が始まり,これによって日本のテレビ放送はディジタルになった.

☞CSディジタル放送

BSテレビ broadcast satellite TV
→衛星テレビ

BSB both side band
両側波帯のこと.
→両側波帯

BSS broadcasting-satellite service

放送衛星業務の英字の頭文字による略称.公衆により直接受信されることを目的にして,衛星の宇宙局により映像・音声の信号伝送や再伝送を行う業務のこと.上り回線(アップリンク)は固定衛星業務とする.

☞アップリンク

BSTV broadcast satellite TV
→衛星テレビ

BTカット BT cut →BT板

BT板 (——ばん) BT cut

BTカットともいい,厚みすべり振動.利用しない.

byte

バイトと読み,1単位として取り扱われるビットの列.一般に8ビットからなる.

→バイト

C

C
1. クーロン（coulomb）と読み，電気量・電荷・電束の単位．
2. 静電容量の量記号で単位はファラド〔F〕．
3. トランジスタの電極の一つで，コレクタ（collector）のこと．
→コレクタ

c centi
センチと読み10^{-2}倍を示す，単位の接頭語．

C++
C言語をオブジェクト指向に拡張したプログラム言語．1992年米AT&T社ベル研究所のBjarne Stroustrup氏が設計・開発した．C++の仕様はC言語の上位互換になっている．
☞C言語

C級増幅（――きゅうぞうふく） **class C amplification**
増幅器の動作点を遮断点より深いバイアスの値にすること．このため入力信号が0のときやレベルが小さいとき は，コレクタ電流は流れず，大入力のときだけ波形頭部の電流が流れ，出力波形は入力波形に比例せず，波形はひずむが，効率を重んじる高周波電力増幅器や周波数逓（てい）倍器に使う．
☞周波数逓倍器

C級増幅器（――きゅうぞうふくき） **class C amplifier**
C級動作をさせる増幅器で，出力波形がひずむため同調増幅器が多く，効率がよい．
☞同調増幅器

C級動作（――きゅうどうさ） **class C action**
トランジスタや真空管に大きいバイアスを加え，交流負荷線の遮断点以下の，遮断領域に動作点を設ける動作．入力信号がある大きさに達するまで出力は0で，出力波形はひずみが多い．このため同調増幅器や逓（てい）倍器に使う．
☞交流負荷線

C言語（――げんご） **C programming language, C-language**
1970年頃米国ベル研究所のトンプソンが作ったB言語を，同僚のリッチーが修正し，両者が共同でUNIXのシステム記述言語（OS）として開発した計算機用のプログラム言語．同僚のカーニハンらはC言語で応用プログラムを作りUNIXを充実させた．移植性や応用性があり，マイコンからスーパコンピュータで使う．
☞B言語

C層（――そう） **C layer**
地上10～15km位の高さの電離層で，波長7～8m，周波数40MHz位の電波の反射層．大気上層の温度の逆転層か水蒸気のためと考えられている．C領域ともいう．
☞電離層

C同調（――どうちょう） **C tuning**
コイルLとコンデンサCのLC同調回路で，Cを変化し同調をとること．
☞LC同調回路

Cバンド **C band**
周波数4～8GHzの周波数帯．
☞周波数帯

Cメータ **C meter**
高周波での実効静電容量Cを測定する装置で，水晶共振形Cメータは代表的な例．
☞静電容量

C領域 (——りょういき) C region
C層の領域のこと．

CAD computer aided design, CAD
計算機支援設計とか計算機援用設計などといい，英語の頭文字でキャドと読む．計算機の高速な計算・解析・処理などの能力を活用し，電子や電気通信，機械や建築など広範な技術分野で使う設計システム．大規模で複雑な装置の設計，特定用途の専用LSI開発，DAへのステップなどに使い，製品の基本から詳細な設計や構造解析，配線設計や図面作成などを，計算機と対話形式で行い設計効率の向上や設計期間を短縮する．

☞LSI, DA

CAD/CAM computer aided design/computer aided manufacturing system
CAD/CAMシステムのこと．

CAD/CAMシステム
computer aided design/computer aided manufacturing system, CAD/CAM system

キャドキャムシステムといい，英語の頭文字CADとCAMの両方を統合し，設計の期間短縮や効率向上を図る設計システム．

CAI computer assisted instruction, computer aided instruction, CAI
計算機を活用した学習システムで，英語の頭文字をとってシーエーアイと読む．1950年代後半に米国で始められた教育法．計算機が教材プログラムにより教材の提示，問題やヒント，解答法などを自動的に行い，学習者のペースで繰り返し学習でき，結果を助言する教育システム．

☞計算機

CAL
computer assisted learning, CAL

計算機の支援による学習システムで，英語の頭文字をとってキャルと読む．イギリスを中心にヨーロッパで多用され，CAIと同意に使うことがある．CAIと比べ学習者を中心としたプログラムが組まれ，学習者が能動的に計算機を利用し学習するシステムになっている．

CAM
1. **computer aided manufacturing**
計算機支援製造設計システムで，英語の頭文字をとりキャムと読む．製造の工程や作業の設計を，計算機を活用して行い，設計期間の短縮や設計効率の向上，規格や品質の向上をめざし，コストダウンを図る．CADと統合し，CAD/CAMシステムとなる．

2. **content-addressable memory**
連想メモリとか連想記憶装置といい，情報内容を指定して記憶内容を索引できる記憶装置．

→連想記憶装置

CAT
1. **computer aided testing** 計算機利用試験・検査（品質管理）の略語．

2. **computer aided teaching** コンピュータ支援教育の略語．

3. **computerized axial tomography** コンピュータ断層写真の略語．

CATS
computer aided teaching system
→CAI

CATV
1. **community antenna television**
TV電波の難視聴地域で，受信容易な点に共同アンテナを立て，各戸に有線で配る共同聴視方式の略語．

2. **cable television (network)** 有線テレビ（ジョン）網の略語．

3. **cable television service** 有線テレビ（ジョン）放送の略語．

→共同聴視方式

CB無線 (——むせん)
citizen band radio

市民バンドとかCBバンドともいう．型式検定合格の無線機を買い，申請し

て許(認)可をとり，無資格で運営できる．使用周波数27MHz帯で8チャネル．空中線電力0.5W以下で，アンテナやマイクに使用条件がある．混信がいちじるしいため，パーソナル無線用バンドが新設された．
☞市民バンド

CBS
Columbia Broadcasting System
米国のラジオ4大ネットワーク，テレビ3大ネットワークの一つ．

CC carbon copy
カーボン・コピーの略称．電子メール作成画面（ウインドウ）に，宛先・CC・BCC・件名の記入欄がある．複数の受取人に同一内容を知らせるときは，CC欄に相手のアドレスを列挙する（A, B, C）．同時送信の他の受取人には写しを送ったことが確認できる．☞BCC

CCD charge coupled device
固体撮像素子とか電荷結合素子という．1970年米・ベル研究所のスミスとボイリイによる電荷結合デバイスが発明され，その後，多くの改善がなされた．光を電気に変え，一時蓄え，次々に転送するなどの機能をもつ半導体記憶（LSI）の一種．図に示す簡単な構造で，撮像管に比べ小形で軽く，消費電力が小さい．高速で動作し故障が少なく安価なため，ビデオカメラや電子コピー機，ファクシミリなどに利用する．7×9mmの寸法に水平768，垂直490の画素のものがある．

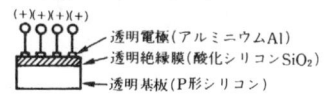

CCD(MOS)
☞撮像素子（イメージセンサ）

CCIR Comité Consultatif International des Radiocommunications
→国際無線通信諮問委員会

CCITT Comitè Consultatif International Tèlègraphonique et Tèlèphonique
電話・電信・データ伝送などの，無線以外の電気通信についての規格をまとめたり，勧告するための国際的組織で，4年毎に総会を聞く．国際連合の下部組織として1956年に国際電気通信連合（ITU）の中に設置された．☞ITU

CCTV closed circuit TV
閉回路TVともいいITVのこと．ホテルやビル内の特定視聴者にサービスする共聴形TVで，有線などで結び第三者には見せない．☞ITV

CD
compact disc, compact audio disc
コンパクトディスクの英語の頭文字で,音声信号のディジタル録音円盤（ディスク）．ヘッドから円盤にレーザ光を照射し，反射光を受けて信号を再生する光学系を利用した非接触方式の円盤．1980年ソニーとフィリップス両社が規格統一し，82年に市販された．円盤材質は強度，レーザ光透過率，耐熱性などから透明プラスチック（ポリカーボネート）を使い，信号記録面はコーティング層で保護する．円盤直径は12cm，厚さ1.2mm，中心から外側へ時計回りのうず巻状トラックに，信号に応じたピット（凹凸）がある．トラックピッチ(相互間隔)は1.6μmで，ピットの長さは0.9〜3.3μm，幅0.5μm，深さ0.1μmである．再生時間は約75分で，音質，SN比，ダイナミック・レンジが向上し，大容量でコンパクト，取りはずして携帯に便利などの長所があり，パソコンの外部メモリや車載のナビゲーション・システム，ゲームソフトや百科事典，家庭用オーディオに広く普及した．
☞SN比，ダイナミック・レンジ

CD-4方式（——ほうしき）
compatible discrete four channel system

CDひ

日本ビクターが開発したレコード音盤の，ディスクリート4チャネル方式．ステレオレコードの片チャネルに前後二つの信号を記録するため，前後の和信号と差信号で，30kHzのキャリアをFMしたものを加え1信号とし録音する．再生はモジュレータでFM検波した差信号と和信号を複合回路に加え，前後の音に分離する．2チャネル再生装置で再生すると左右のスピーカから，各チャネルの前後の和の音が再生され互換性がある．

☞FM検波

Cd標準電池（——ひょうじゅんでんち） Cd standard cell, Cd cell
→標準電池，ウェストン標準電池

CDプレーヤ CD player
音楽用CDの再生装置のこと．携帯形と据置形がある．回転むらや雑音が少ない，ディジタル録音・再生式のため音質は劣化しない．

☞ディジタル・オーディオ

CD Extra
音楽用CDにパソコン用のマルチメディアデータを加えたエンハンスメントCDと呼ばれるCD規格の一つ．

☞マルチメディア

CD-R　CD recordable
一度だけデータを記入できるCD．書込みできるメモリ容量は最大650MB（メガバイト）と700MBの二種．データを記入したディスクは，通常のCDと同様に使う．ドライブ（駆動装置）はCD-Rドライブという．

☞ドライブ

CD-ROM
compact disc read only memory
直径12cmの読出し専用の光ディスクメモリで，540Mバイトのコードデータを記憶し，データ転送速度150kバイト/s，アクセス時間1500ms．フロッピーディスクの500枚分のメモリ容量がある．

CD-ROMドライブ
CD-ROM drive
ドライブは再生装置・駆動装置のこと．したがってCD-ROMの再生装置のことである．音楽用CDの読出し速度を基準（等倍速，150〔kbps〕）として，4倍・6倍・12倍速という．

CdS　cadmium sulfide
カドミウムCdとイオウSとの化合物で，硫化カドミウムという．光が当たると内部抵抗が変化し，可視光線に感度がよい．単結晶型，ペレット型，焼結型があり，焼結型は他のタイプより優れた特性をもつ．セラミックの絶縁板にCdSの粉末を塗り，数百度に加熱し焼き固める．直径5mm，厚さ3mm位から各サイズのものがあり，内部抵抗は光が当たらないとき数MΩで，光の強さに応じ数百Ωまで低下する．応答速度は0.1秒位から数秒かかり，速い光の変化に追いつけない．用途は露出計や街灯の自動点滅，光通信の受信機で，最大許容電力は数百ミリワット以下．

→硫化カドミウム

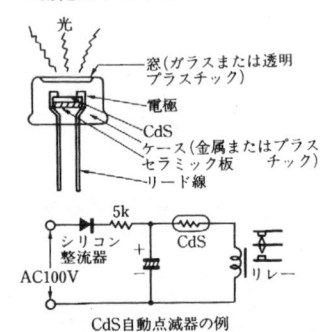

CdS自動点滅器の例

CED方式（——ほうしき）
capacitance electronic disc system
1973年に米国RCA社が発表したビデオディスクシステム．
直径30cmのディスク（円盤）のV字

溝にビデオ信号を凹凸として記録し，ピックアップの針を溝に沿って移動させ，針と円盤間の静電容量の変化を電気信号に変えて検出する．円盤の接触摩耗が早く，ほこりの付着も影響し，1983年プレーヤの生産や販売を中止した．

CG　computer graphics

コンピュータグラフィックスのことで，ディスプレイ上に，コンピュータを用いて平面や立体図形を描くこと，またはその技術．コンピュータに記憶したデータの一部を変え，人体の断面図形などを描き，デザイン，医学，整形，捜索などに幅広く応用される．

入力：スキャナ・マウス・キーボード．
処理：フィルタリング・シェーディング．
出力：プリント・フィルム・ビデオ・大形ディスプレイ・プロジェクタなど．

☞プロジェクタ

CGI　Common Gateway Interface

インターネットWWWブラウザから外部ソフトを起動させて，その結果をWWWブラウザ上で示すこと．

☞WWWブラウザ

CGS静電単位 (——せいでんたんい)
CGS electrostatic unit

基本単位には長さC(センチ・メータ)・質量G（グラム）・時間S（セコンド）・電荷C（チャージ）などを使う．これらの組合せから作られた電気と磁気の単位のこと．　☞基本単位

CGS単位系 (——たんいけい)
CGS system of units

基本単位は長さにcm，重さにg，時間にs(秒)を使い，それから電気と磁気の単位を導き出す単位系．

CGS電磁単位 (——でんじたんい)
CGS electromagnetic unit

基本単位には長さC(センチ・メータ)・質量G（グラム）・時間S（セコンド）・磁荷W（ウェーバ）などを使う．これらの組合せからつくられた電気と磁気の単位のこと．

Chip　chip

特定の半導体機能素子または電子回路が組み込まれたシリコン基板の平らな矩形のシリコン片のこと．製造工程では，ペレット（pellet）とも呼ばれる．チップを保護するとともにシステムとの接続を容易にするため，ほとんどのチップは，パッケージに収められている．ダイ（die）と同意語．このため，パッケージ化されたICの完成品として「IC」（集積回路）の意味で使われることも多い．☞ペレット

CISPR
Comité Internationale Special des Perturbations Radioelectriques

国際無線障害特別委員会のこと．1934年国際電気標準会議の一つの機構として設立され，無線通信の妨害防止対策や許容値を勧告したり，通信機器の国際貿易を進めることが目的．

☞無線通信

CLV　constant linear velocity

線速度のことで，たとえばCDの光ピックアップを通過するトラックの相対速度のこと．このためCDの回転速度は，内周と外周では変化している．

☞光ピックアップ

C-M形電力計 (——がたでんりょくけい)
C-M type power meter

超短波帯の同軸回路の電力測定に使う．二つの熱電形電流計A_1，A_2の差から，通過電力を測定する．

☞電力計

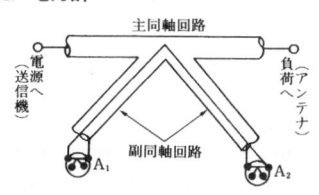

CMI computer managed instruction, CMI

計算機を教育指導の管理に活用するシステムの総称．教師が計算機を利用し生徒の指導計画をたて，教材や資料を作る．指導で得た各生徒のデータは計算機に納め，学習目標に従い指導効果を分析し，成績処理をし評価して結果を生徒に示す．これにより教師の指導能力や機能を拡大することができる．

CMOS complementary metal oxide semiconductor

NチャネルとPチャネルのMOS-FETを図のようにつないだFET．コンプリメンタリモスとか，Cモスともいう．☞MOS，MOSトランジスタ

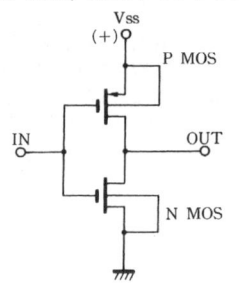

CMOS-IC
complementary MOS IC
コンプリメンタリ(相補)形MOS-ICのことで，C-MOSを使ったICのこと．
☞コンプリメンタリ

CN比 (——ひ) carrier to noise ratio
キャリア（搬送波）Cとノイズ（雑音）Nの電力比C/Nのこと．dBで示し，
$N = kTBF$

k：ボルツマン定数，T：アンテナの絶対温度，B：通過帯域幅，F：雑音指数
8以下になるとSN比も悪くなる．
☞ボルツマン定数

COBOL
common business oriented language
英語の頭文字による略語で，コボルといい，日本工業規格に規定する．事務データ処理を行うためのプログラム言語の一つ（JIS・情報処理用語）．
☞日本工業規格

COM computer output microfilming, COM

コンピュータ出力マイクロフィルムのこと．計算機から発生した信号を直接記録したデータを収容しているマイクロフィルム．
注．COMという略語は，上記の技法及びその装置を表すこともある．(JIS・情報処理用語・一般用語)

COMSAT Communication Satellite Corporation

コムサットともいい，米国の衛星通信会社．インテルサットの事務局で，アメリカの各機関や企業に衛星通信のチャネルを有料で貸す私企業．
☞インテルサット

COPA方式送信機 (——ほうしきそうしんき) crystal oscillator power amplifier system transmitter

水晶制御電力増幅方式送信機ともいい，主発振器に水晶発振器を使い，必要に応じ周波数逓倍し，電力増幅器で定格電力まで増幅する無線送信機．
☞水晶発振器

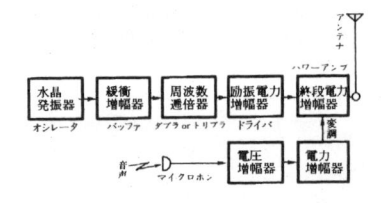

COSPAR
Committee on Space Research
宇宙空間研究委員会の英語の頭文字．1958年に国際科学連合会議（ICSU）の下部機関として設立し，日本も参加している．人工衛星の能力向上法を世界に発表し，交換することが目的．

CPI characters per inch
磁気テープの長さの方向に，1インチ（約25.4mm）当たりの字数で示す，磁気記録密度．

CPLD complex programmable logic device
PLDを複数内蔵して，複雑な回路が作成できるデバイス．PLDはプログラムによって内部のディジタル回路を構成できるデバイスのこと．より規模の大きい回路が必要なときに使用されます．☞PLD

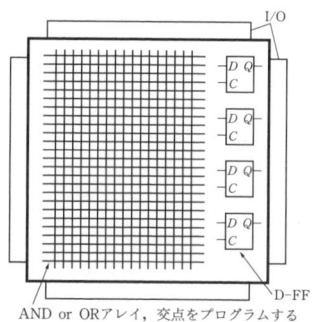

AND or ORアレイ，交点をプログラムする
・中央にグローバルなインターコネクト
・シンプルで確定的なタイミング，配線が容易
・PLDツールはインターコネクトを追加するだけ
・ワイド，高速で複雑なゲーティング

CPLDの概念図

CP/M control program for micros
1980年代に8ビットのパソコン用として開発されたOSで，MS-DOSのモデルになった．
☞MS-DOS

CPRM content protection for recordable media
デジタルの映像コンテンツを扱うデジタルチューナ内蔵テレビや，DVDレコーダなどで使用されている著作権保護システムのこと．
☞DVDレコーダ

CPU central processing unit
→中央処理装置

CQ come quickly
無線局が不特定多数の局に呼出しをかける際に，「どの局か感度があれば応答せよ」という意味に使う．自局のコールサインの前に3回繰り返す．Q略語の一つである．
☞Q略語

CR
1. **condenser, resistor** コンデンサCと抵抗器Rを合わせて呼ぶ語．
2. キャリッジ・リターンのこと．
3. カードリーダのこと．
4. **convenience radio** 簡易無線局のこと．
☞キャリッジ・リターン

CR結合増幅器（——けつごうぞうふくき）CR coupled amplifier
増幅器の段間（増幅段と増幅段の間）をコンデンサCと抵抗器Rで結合すること．トランス結合に比べ小形で軽く周波数特性がよい．負帰還もかけやすく，安価で広く使われる．
☞トランス結合増幅器

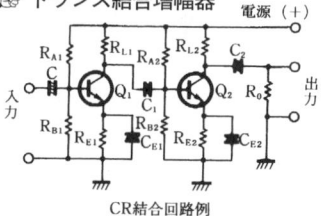

CR結合回路例

CR発振回路（——はっしんかいろ）CR oscillation circuit
→CR発振器

CR発振器（——はっしんき）CR oscillator
CRジェネレータともいい，増幅器と特定周波数を選ぶフィルタを組み合わせ，低周波の正弦波を発生する．移相形とブリッジ形が代表的．
(1)移相形．3段のCRのL形フィルタで180°の位相変化し，増幅器の入力側

と同位相にして帰還する．

発振周波数 $f = \dfrac{1}{2\pi\sqrt{6}\,CR}$ 〔Hz〕

(2)ブリッジ形．移相形に比べ安定度がよく，周波数の変化範囲が広く，出力も大きい．1段で180°の位相変化があり，2段で360°位相が変わる．つまり入，出力は同相で，そのまま正帰還となる．

発振周波数 $f = \dfrac{1}{2\pi\sqrt{C_A C_B R_A R_B}}$ 〔Hz〕

☞正弦波, 正帰還

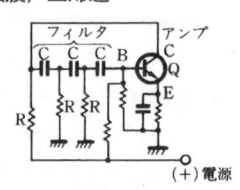

(a)移相形回路例

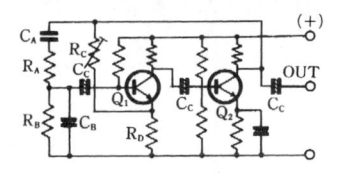

(b)ブリッジ形回路例

CRT　cathode-ray tube
→ブラウン管

CRTディスプレイ装置（——そうち）
CRT display device

コンピュータの出力装置の一つ．文字や図形をブラウン管に表示する装置．画面は多くのドット(点)で作り，640×400ドット位が多用される．

☞ブラウン管

CS　communications satellite

通信衛星の略称で，無線通信の中継用人工衛星．

1．受動通信衛星．地球局からの電波の反射だけを目的にする人工衛星．

2．能動通信衛星．地球局からの電波を衛星で増幅し，他の地球局に送る人工衛星．

1も2も静止形と移動形があるが，静止形能動衛星を多用する．使用周波数はSHFの3〜30GHz帯を使う．

☞通信衛星, SHF

CSディジタル放送（——ほうそう）
communication satellite

通信用に打ち上げられた衛星を利用して，放送を行うのがCSディジタル放送．

これに対してBS(Broadcasting Satellite=放送衛星)を使って放送するのがBSディジタル放送．CSはBSに比べ，より多くのチャンネルを送信する．CSもBSも上空36,000kmに打ち上げられた静止衛星を利用している．日本でサービスを行っているスカイパーフェクTVはJCSAT-4A(東経124度)と3(同128度)を利用している．

☞BSディジタル放送

CSS　client server system

パソコンとサーバを使って構築する企業内ネットワークシステムの総称．クラサバとも呼ばれる．☞サーバ

CSWR　current standing wave ratio
→定在波比

CT

1．**computer tomography**　コンピュータトモグラフィのこと．

2．**current transformer**　変流器の略称．

☞MRI

CTカット　CT cut

水晶振動子を結晶から切り出す際の，方向や角度によってつけられるカット名の一つ．20℃近くの周波数—温度特性は平坦(温度係数は0)．200〜600kHz位のフィルタや共振子に使い，振動のスタイルはすべり振動で，CT板ともいう．

☞温度係数, CT板, Rカット

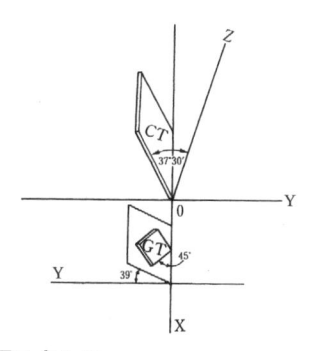

CTスキャン
computer tomography scan
コンピュータトモグラフィ走査のこと.
☞MRI

CT板 (——ばん) CT cut
→CTカット

CTI
computer telephony integration
電話やFAXをコンピュータシステムに統合する技術,またはコンピュータの情報処理機能と電話交換機の通信機能を統合して,より高度なサービスを実現する環境をいう.

☞電話交換機

CTR
1. **critical temperature resistor** 急変サーミスタとか臨界温度抵抗体,クリテジスタともいう.常温では高抵抗で70℃位で急に100分の1位の抵抗値に下がる.五酸化バナジウムに無水りん酸と酸化ストロンチウムなどを混ぜ,焼結しセラミックスにする.特定温度の測定やリレーを働かせて火災報知器,赤外線検知器に利用する.

2. **current transfer rate** ホトカプラにおいて,入力電流I_F(LED電流)と出力電流I_C(トランジスタのコレクタ電流)の比I_C/I_Fのことで,電流変換効率という.

☞ホトカプラ

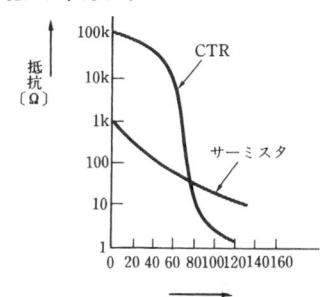

CUG
closed user group
共有されたネットワーク(インターネット)を利用し仮想的に,プライベートなネットワークを構築する情報サービス.2拠点以上の離れた拠点間通信を高速で提供されている.IDとパスワードで共有ネットワークのセキュリティ問題を解決している.

→ネットワーク

CUNets
Closed User Network services
NTTPCコミュニケーションズが開設したIPをベースとしたプライベートネットワークサービス.

→IP

Cu-SeeMe
シーユー・シーミーと読む.米コーネル大学で開発されたテレビ会議システムのソフト.reflector(リフレクタ)といわれるサーバに接続して,接続している複数の人と画像,音声,文字でのオンライン通信ができる.コーネル大学で開発されたFreeのソフトもあるが,CU-SeeMeの製品版では,ソフトとビデオカメラが一つのパッケージになっているものもある.

☞テレビ(ジョン)会議

Curl
マサチューセッツ工科大学(MIT)

CVS

のティム・バーナーズ・リー博士らによって開発された，新しいWebページ開発言語のことで，次世代プログラム開発言語として注目されている．通常のWebページはテキストなどで書かれたプログラムを組み合わせてコンテンツの配信を行う．しかし，Curlはこれらの機能をすべて単体で持ち合わせるため，複雑なプログラムも短期間で作成できる．従来のプログラム言語を包括する言語ともいわれている．
☞Windows，Linux

CVS **concurrent versions system**
ファイルのバージョンを管理するネットワーク対応のアプリケーションソフト．主にプログラムの開発作業などで使用される．個々のファイルの更新に当たり，そのたびに更新者や日時，更新個所，コメントなどを記録し，そのバージョンを一元的に管理する．常に任意のバージョンを取り出し，その状態に戻すこともできる．
☞バージョン

CW
1. carrier wave 搬送波のこと．
2. continuous wave 持続波のこと．
☞搬送波

D

d deci
デシと読み10^{-1}倍を示す，単位の接頭語．

D
磁束密度を示す量記号で，単位はクーロン毎平方メートル〔C/m^2〕である．
☞磁束密度

D層（――そう） **D-layer**
最も低く地表に近い電離層で，地上50～90km位の高さにあり，夜間は消え昼間だけ発生する．デリンジャー現象時は，D層の電子密度が異常に増加するため，短波通信が数分～数十分中断する．D領域ともいう．
☞デリンジャー現象

Dバンド **D band**
周波数1～2GHzの周波数帯（JCS規格バンド表示）．
☞周波数帯

D領域（――りょういき） **D region**
地上約50～90kmにわたる電離圏の領域でD層のこと．
☞電離圏

DA design automation, DA
デザインオートメーションの略称．コンピュータ支援による設計自動化のことで，実用化されている設計支援技術．設計データのチェック，シミュレーションのチェック，設計データからの製造データの自動作成などが主要機能で，コンピュータ製作分野に必須である．設計手順や判断の明確な部分，理論的解析法や計算手順の定まった部分等の個別プログラム開発が行われてきたが，個々の基本設計や生産設計の追加・変更を自動的に実行したり，統合化CADシステムなどの改善が課題．
☞CAD

da deca
デカと読み10^1倍を示す，単位の接頭語．

D/Aコンバータ
→D-Aコンバータ

D-Aコンバータ **D-A converter**
DAと略し，ディジタル信号をアナログ信号に変える装置で，D-A変換器ともいう．

D-A変換（――へんかん）
digital-analog converter
→ディジタル-アナログ変換

D-A変換器（――へんかんき）
D-A converter
→D-Aコンバータ

DAD digital audio disc
→ディジタルオーディオディスク

DAT digital audio tape recorder
→ディジタルオーディオテープレコーダ

dB decibel →デシベル

dBm decibel milli
インピーダンス600Ωの負荷における電力1mWを0dBとする表し方．デシベルミリと読み，絶対レベルを表す．0dBmの電圧Vは，
$$V=\sqrt{PZ}=\sqrt{1\times 10^{-3}\times 600}$$
$$\fallingdotseq 0.7746 \text{〔V〕となる．}$$

dbx方式（――ほうしき） **dbx system**
テープレコーダで録音と再生時の雑音，テープのヒスノイズは高域周波数帯に多く，この雑音低減（ノイズリダクション）方式の一種で，米国dbx社の開発．入力信号のダイナミック・レンジを録音時に全帯域にわたり1/2に圧縮（コンプレス）し，再生時に2倍に伸長（エキスパンド）して，雑音を30dBぐらい低減する．

☞ ヒスノイズ，ダイナミック・レンジ

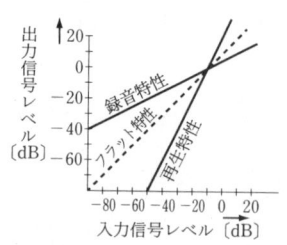

dB×方式の録音・再生の入出力特性

DC　direct current
→直流

DCアンプ　DC amplifier
1．直流から交流まで広い周波数範囲の信号を増幅する回路．計測用や自動制御用に使う．

2．オーディオ増幅器で回路中のコンデンサを除き，信号の位相ずれをとり音質向上を図る直流増幅回路のこと．

DCアンプリファイア
DC amplifier →DCアンプ

DCコンバータ　DC converter
→コンバータ

DCモータ　DC motor
直流モータのこと．これは速い応答性と高トルクをもっている．速度の制御用に良く使われる．構造は中心に回転子「ロータ」があって，その周辺に界磁用の永久磁石で作られた固定子「ステータ」がある．この回転子は巻き方が異なっている複数のコイルで構成されていて，このことを整流子という．整流子とブラシなどを通してコイルに直流の電流が流れるとモーメントが発生して回転子が回転する．

☞ACモータ

DC-ACコンバータ
DC-AC converter

直流を交流に変える装置で，交流はトランスで電圧を変えることができる．交流100V動作の電気機器を，蓄電池などの直流電源で動作させる電源の変換器．

☞トランス

DC-AC変換器（——へんかんき）
DC-AC converter
→DC-ACコンバータ

DCC　digital compact cassette, DCC
オランダのフィリップスと松下電器が共同開発し，1992年製品化した録音・再生がディジタル式のカセットシステム．磁気ヘッドはディジタルとアナログの共通で，固定ヘッド方式．テープ速度4.76cm/s，カセットサイズも従来のコンパクトカセットと同じで共用可能．再生周波数20Hz～20kHzで，デッキのディスプレイに曲名や演奏者名を表示するテキスト機能がある．オートリバースで往復90分，録音・再生が可能．

☞録音再生装置

DC-DCコンバータ
DC-DC converter

直流を交流に変換し，トランスで必要な電圧に変え，整流して直流にもどす直流の電圧変換装置で，サイリスタを使う．

☞サイリスタ

DC-DC変換器（——へんかんき）
DC-DC converter
→DC-DCコンバータ

D. D
1．**direct drive**　ダイレクトドライブのこと．

2．**disc drive**　ディスク・ドライブのこと．

☞ディスク・ドライブ

DDoS　distributed denial of service
分散DoSまたは分散サービス妨害と呼ばれる．第三者のコンピュータに攻撃プログラムを仕掛け，仕掛けられた多数のコンピュータから標的とするマシンに大量のIPパケットを同時に送信

する攻撃．攻撃元が一つの場合はDoS攻撃と呼ばれている．

☞ウイルス

DDX　digital data exchange

ディジタルデータエクスチェンジ（交換網）の略称で，1979年NTTが始めたデータ通信のネットワーク．任意の相手と高速で高品質のデータ通信ができ，回線交換方式とパケット交換方式がある．従来も公衆通信回線を使いデータ通信を行ったが，アナログ式のため高速データ通信に適さず，伝送品質も限界があった．また，特定通信回線では不特定多数と任意通信が不可能であった．加えてディジタル技術の進歩が新しいサービスを可能にした．今後はファクシミリやINSへの発展が期待される．

☞回線交換方式，パケット交換方式

DEMOS　Dendenkosha Multiaccess Online System

電電公社（現NTT）の科学技術計算システム．昭和45年に通信回線を使い大型コンピュータを共同利用して始めたサービス．利用者の家庭にキーボードやプリンタを置き，計算に必要な情報を計算センタに送り，結果をプリンタに印字する．計算センタには，通信制御装置，即時処理やバッチ処理用の2台のCPU，集合ディスクパック装置，磁気ドラム装置，磁気テープ装置，ラインプリンタ等がある．

☞磁気ドラム装置，磁気テープ装置

DES　data encryption standard

米商務省が1977年に制定した秘密キー暗号規格．暗号化と復号化に同一の鍵を利用する秘密鍵暗号の一種として，米国の銀行などで広く使用されている．

☞暗号化

DFC回路（――かいろ）
damping factor control circuit

オーディオ増幅器の出力インピーダンスを自由に変え，どんなスピーカシステムにも最もふさわしい状態にする制御回路．ダンピングファクタコントロールともいう．

☞ダンピング・ファクタ

DGPS　differential-GPS

カーナビの自車位置補正法の一つ．GPS衛星からの測位データをFM放送局で受け，FM放送局からGPSの誤差補正データを車に向けて送信する．車はGPS衛星からの電波とFM局からの補正電波の両方から自動位置を確定する方式のこと．

☞カーナビゲーションシステム

DIAC　diode AC switch

GE社(米)が開発した商品名で，ダイアックとかトリガダイオードともいう．

→ダイアック

DIALS　Dendenkosha Immediate Arithmetic and Library System

電電公社（現NTT）が通信回線を用い，大型コンピュータを共同利用し，昭和45年に始めた電話計算サービス．プッシュホン電話機で，だれでもコンピュータが使える．計算結果は人がしゃべった18の単語をCPUからの指令で組み合わせ，電話線を使い音声で答える．

DO文（――ぶん）　DO statement

コンピュータのプログラム用語（フォートラン）で，次の形をしている．実行文の一種．

DOni＝m$_1$, m$_2$, m$_3$

または　DOni＝m$_1$, m$_2$

ここでnは実行文の番号，iは整数形の変数名で，制御変数という．m$_1$は初期値パラメタ，m$_2$を終値パラメタ，m$_3$を増分パラメタという．いずれも整定数か整数形の変数とする．

☞フォートラン

DOS　disk operating system

磁気ディスクによるコンピュータの制

DOS

御方式.
☞MS-DOS, OS

DOS/V

IBM製パソコンと,その互換機の基本ソフトの一つ.日本語処理をソフト(漢字フォント)で可能にし,漢字フォント用ROM(ハード)を不要にした.
ドスブイと読みVはVideo Graphics ArrayのV.DOS/V対応のアプリケーションも出回り独走的なPC98市場に,互換機は低価格で対抗した.
☞互換機

DRESS Dendenkosha Real-time Salesmanagement System

電電公社(現NTT)の販売・在庫管理システムで,昭和45年に通信回線を使い,大型コンピュータを共同利用し始めたサービス.利用者の手もとに,紙テープリーダとキーボード,プリンタと制御装置を置き,ファイルの登録,ファイル更新と伝票作成,問合せ,管理資料の作成などを行う.
☞制御装置

DSB double side band
→両側波帯

DSC difference signal control

ステレオの左右両チャネルの信号の差(差信号)を制御し,クロストークを変えステレオのひろがりを調整する,ステレオ効果調整器. ☞差信号

D-SCDMA time-division synchronous code division

中国独自の第3世代(3G)携帯電話方式.GPP(Third Generation Partnership)が承認する3G規格の一つ.中国政府が支持し,商用化を国家プロジェクトとして認可している.

DSU digital service unit

パソコンをインターネットにつなぐ際に必要なISDN回線接続用の信号変換装置のこと.ターミナルアダプタに内蔵することもある.
☞ターミナルアダプタ

DTカット DT cut

水晶振動子のカット名の一つで,周波数—温度特性が常温付近で平坦(温度係数0)となるカットのこと.輪郭すべり振動で100〜300kHz.
☞水晶振動子, Rカット

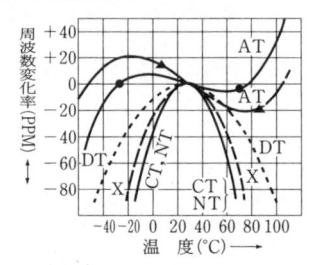

水晶片の各種カットの周波数-温度特性

DT板 (——ばん) DT cut
→DTカット

DTL diode transistor logic

ゲートダイオードで論理を行い,トランジスタで位相反転と増幅を行う論理回路.ダイオードによるアンド回路の後に,トランジスタのノット回路をつけたナンド回路.
☞アンド回路, ノット回路, ナンド回路

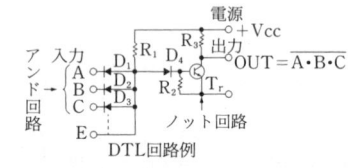

DTL回路例

DTL回路 (——かいろ) diode transistor logic circuit
→DTL

DTV digital television
→ディジタルテレビ

DV digital video
→ディジタルビデオ

DV端子 (——たんし) digital video terminal

映像・音声信号をディジタルデータのまま，入出力できる端子のこと．ケーブル1本で映像・音声・記録日時が送受信でき，パソコンとつなげられる．

DVD　digital versatile disc
DVDは英字の頭文字の略称で，ディジタル・バーサタイル（多目的・多用途）ディスクの意味である．映像・音声・データ（パソコン用ソフト・地図）などの記録（保存）・再生用ディジタル形光ディスク（記憶媒体）のこと．外形は直径12cm（CDと同サイズ），厚さ1.2mmの円盤．性能は高画質・高音質・記憶（メモリ）容量が大きく，片面単層でCDの約7倍の4.7ギガバイト（1ギガバイトは10^9=10億バイト），最大6時間位の録画ができる．コンパクトで取り外し・移動・携帯が容易で量産性がある．このためパソコンのメモリ，ゲームソフト，百科事典，自動車のナビゲーション・システム，映画，テレビの長時間録画などに使う．ディスクの厚さ1.2mmのうち0.6mmが記録面で，環境（温度・湿度）変化や経年変化による変形に対応するため裏面に0.6mm厚の支持材を接着剤で貼付ける．ディスクの材質はポリカーボネイト（PC）で，CDの材質と同じ．レーザ・ディスクLDの材質アクリル樹脂より吸湿量・吸湿寸法変化・変形温度などで優れている．ディスクからの出力は非接触の光ピックアップによるもので，摩耗による画質の劣化はない．支持材の接着剤はUV（紫外線）接着剤で耐熱・耐湿性に優れUV照射により約4秒で接合する．
☞光ピックアップ

DVDオーディオ
digital versatile disk audio
DVDビデオと同じ構造のディスクに，音楽コンテンツを収録したデジタルオーディオメディア．片面4.7GBというDVDの大容量を生かし，マスターテープと同等なクオリティーDVDの音楽情報を記録する．DVDビデオはディスク容量を映画などの映像ソースに約80％割り当てるが，DVDオーディオは全ディスク容量の90％を音楽データの記録に当てている．このため，楽器の微妙なニュアンスなども漏らさず記録する．サンプリング周波数，量子化ビット数が制作者の意図に合わせて選べ，さまざまなオプション規格も用意されている．
☞デジタル・オーディオ

DVDプレーヤ
digital versatile disk player
DVDのVはVersatile（多芸多彩）の意味で，DVDが記録，再生メディアとして，多彩な機能をもっていることから付けられた．DVDは，記録できる容量が4.7GB（片面ディスク）と，CDの6～7倍と大きいのが特徴で，ディスク1枚に映画が丸ごと1本分収録できる．DVDに収録された映画などの映像情報を再生のみ行う装置がDVDプレーヤ．
☞DVDレコーダ

DVDマルチ
digital versatile disk multi
DVDフォーマットの標準化などを行っている団体である「DVDフォーラム」が定めた規格の一つで，さまざまなDVDフォーマットで互換性を実現する仕様．DVDビデオ，DVDオーディオ，DVD-ROM，DVD-RAM，DVD-R，DVD-RWが含まれる．

DVDマルチレコーダ
digital versatile disk multi recorder
DVDは再生専用のDVD-ROM（DVDビデオ，同オーディオ），記録用では1回だけ記録できるDVD-R，また，書き換えが可能なDVD-RAM，DVD-RW，DVD+RWがあり，それぞれに規格化されている．それぞれの規格には互換性がないことから，ソフトウェ

DVD

アで各種方式に対応するのがDVDマルチレコーダ.

DVDレコーダ
digital versatile disk recorder

映像をデジタルメディアであるDVD-R/-RW/-RAMなどのDVDメディアにMPEGで記録するハイブリッド録画機器. 1枚のDVDメディアに1〜6時間程度の映像を録画できる. 本来はDVDメディアのみに録画する機器を指していたが, 現在はHDDを内蔵し録画できる製品がほとんど.
☞MPEG, HDD

DX distance
英語の遠距離の略称で, 遠距離通信のこと.

E

E exa
1. エクサと読み10^{18}倍を示す，単位の接頭語．
2. 起電力や電源電圧，電圧降下などの量記号で単位はボルト〔V〕．
3. 電界の強さを示す量記号で単位はボルト毎メートル〔V/m〕．トランジスタの電極の一つで，エミッタ(emitter)のこと．

Eカップリング E coupling
→E結合

E結合（――けつごう） E coupling
2本の導波管A，Bを結合する際，接する両長辺の中央に並べて孔をあけ結合すること．☞H結合

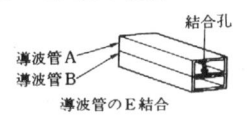

導波管のE結合

E層（――そう） E layer
地上100km前後に電気を帯びた層があり，電波を反射し屈折する．これがE層と呼ばれる電離層で，約20〜30kmの厚さがあり，F層より電子密度は小さく，夜間はF層と合体する．E領域ともいう．☞F層

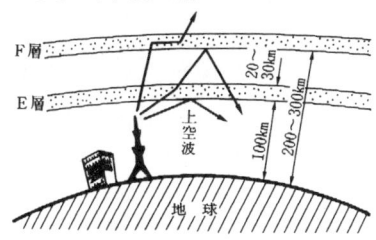

Eバンド E band
周波数2〜3GHzの周波数帯（JCS規格バンド表示）．

Eブランチ E branch
E分岐のこと．→E分岐

E分岐（――ぶんき） E branch
直列分岐とか電流分岐，E面T形結合ともいう．導波管の分岐回路の一種．☞H分岐

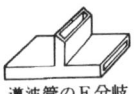

導波管のE分岐

E変換（――へんかん） E-conversion
コンピュータのデータの入出力の形式の一つ．変換記号Eを含む欄記述子で，数値欄記述子といい，数値の入出力を指定する．入出力並びのデータは実数型または複素数型で，rEw・dで示し，rは繰返し数を示す整数，wは符号も含む全桁数，dは小数点以下の桁数を示し，符号はプラスのとき省略できる．出力の場合の全桁数は，w＝符号＋整数部＋小数点＋小数部(d桁)＋指数部(4桁)＝小数部(d桁)＋7桁となる．

Eベンド E bend
導波管を曲線に沿って曲げる際に使う曲り導波管の一種で，エルボともいう．☞Hベンド

E曲がり（――ま――） E bend
→Eベンド

例：$W = -1.234567 = -1.23 \times 10^{4567}$

（小数点，整数部3桁，符号，小数部2桁，指数部4桁）

e-マーケットプレイス
e-marketplace
企業などの売り手がインターネット上

のデータベースに電子カタログなどを使って製品情報などを登録し，消費者や取引先などの買い手はこのデータベースから製品やサービスを購入する仕組みのこと．

Eメール　electronic mail
→電子メール

e-ラーニング　e-learning
インターネットやイントラネットを利用したウェブ活用を基本にした教育システム．前身はコンピュータを活用した教育のCAI（Computer Aided Instruction）システム．
☞CAI

E領域（——りょういき）　E region
地上約90〜150kmの範囲の電離圏でE層のこと．☞E層

e-Book
電子書籍と訳される．インターネット上で配信する書籍の総称．利用期間や読書回数が決められた電子書籍をオンラインストアで購入してダウンロードし，そのデータをパソコンや専用端末を使って購読する．
☞電子ブック

EAI
enterprise application integration
EAIは，複数アプリケーションを統合化するソフトウェアパッケージ．既存資産を有効活用することで時間とコストが節約できることが利点．

ebXML　electronic business XML
企業間電子商取引（BtoB）に利用する拡張型マークアップ言語XMLの国際標準フレームワーク．主な仕様は①ビジネスプロセス②コアコンポーネント③レジストリ/リポジトリ④電子交換協定（CPPA）⑤メッセージ搬送（メッセージサービス）の5項目．

EC　electronic commerce
インターネットで行う個人・企業の電子商取引のこと．省力化（伝票処理の省略）・高速化などが期待される．

EDA　electronic design automation
電子設計の自動化と訳される．コンピュータ上で，半導体やプリント配線板の回路を，自動的に設計するためのハードウェアとソフトウェアの総称．
☞プリント配線板

EDGE　enhanced data rates for GSM evolution
エッジと読む．GPRSの通信速度を速めたのがEDGE（エッジGSM進化のための高速データ通信）で，最大473.6 kbpsの通信も可能．EDGEはGPRSより高速なため2.8世代とも第3世代とも呼ばれる．GSM以外の代表的な携帯電話方式にCDMAと呼ばれる技術がある．

EDI　electronic data interchange
電子データ交換と訳される．企業間の取引において伝票などのデータを，紙でなく電子データでネットワークを通じてやり取りするシステム．事務処理の迅速化と作業の効率化を図ることができる．

EDL　electric double layer
→電気二重層

EDPS
electronic data processing system
→電子式データ処理

EDTV　enhanced definition TV, extended definition TV
現行TVと両立性を保つ高画質・高音質TV．送像側で毎秒30枚の画を飛越し走査せずNTSC方式で送信し，受像側で1.3Mバイトのフレームメモリに書き込み，2倍速度で読み出し，毎秒60枚の画にする．画質を約70％改善し，明るい大画面への要望に応える．朝日放送が提案するアイビジョンはこの方式を使う．

水平方向の改善のため，日立・中央研の吹抜氏は，フィールド信号をTV放送の周波数帯のすきまに入れて送り，受像側でフィールドメモリを使い毎秒

60枚の画にし，縦横とも約1.5倍の高画質を得て，IEEEに提案した．EDTVの第1世代をクリアビジョンといい，IDTVより水平解像度を向上させ，89年春から放送を始めた．次の4方式がある．

①ガンマγ補正の信号処理を変えるY_3式．

②色差信号の帯域幅をフィールド順次に変えるC_2式．

③撮像カメラを高解像度にするP_1式

④エンファシスをかけるS_1式．

ガンマγ補正とは，CRTのグリッド電圧と蛍光面の発光出力特性が非直線のため，グリッドへの映像信号電圧を，$1/\gamma$乗することで，$\gamma=2.2～2.6$．

☞NTSC方式，IDTV

EFM eight to fourteen modulation
→EFM変調

EFM変調 (——へんちょう)
eight to fourteen modulation

エイト・トゥ・フォーティーン・モジュレーションの略で，CDのPCMを記録するための変調方式．ステレオの左右の信号をA/D変換し16ビットで量子化するが，標本値を2分割し，8ビットを14ビットに変える方式を，ソニーとフィリップスが共同開発した（下図参照）．

☞A/D変換

EHF extremely high frequency
周波数範囲30～300GHzの電波で，波長は1～10mmで，ミリ波とかミリメートル波ともいう．

EIA
Electronics Industries Association

1924年設立当初Radio Manufacturers Associationだった．今は全アメリカをカバーする米国電子工業会．直列データ伝送用標準インタフェース規格 RS-232C Physical Interface Standardで有名になった．

EIAJ Electronics Industry Association of Japan
日本電子機械工業会のこと．

EIDE
enhanced integrated drive electronics

パソコンとハードディスクなどの記憶装置を接続する方式．シリアルATA（SerialATA）と同様，ウエスタンディジタル提唱のIDE（ATA）方式の拡張仕様の一つ．IDEでは2台まで可能だった最大接続台数を2系統2台ずつの合計4台まで増加し，CD-ROMドライブなどハードディスク以外の装置が接続できるようになった．IDEではハードディスクの最大容量が528GBに制限されていたが，EIDEでは8.4GBまでのハードディスクが使用で

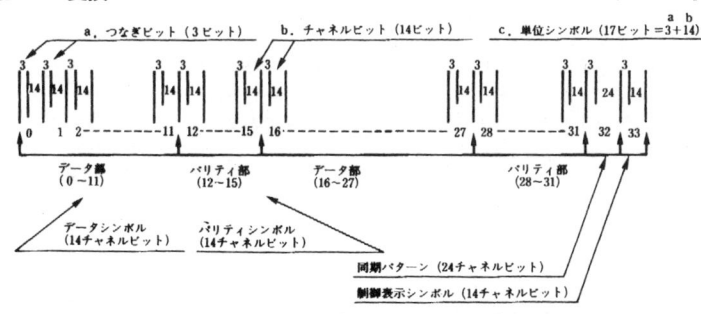

記録データのフレーム構成（588チャネルビット）

きるようになった．シリアルATAは従来のATA仕様の後継仕様．シリアル転送方式のため簡単なケーブルで高速な転送速度を実現することができる．従来のパラレル方式のATA諸規格との互換性ももつ．シリアルATA規格では2007年には6Gbpsに伝送速度が引き上げられる予定．

EL electro-luminescence

エレクトロルミネセンスの略称で，電界により物質が発光する現象で，次の三種がある．

(1)真性EL．電界で加速したキャリアの運動エネルギで励起し発光する．一般にELといえばこのことである．

(2)注入形EL．固体内電子のエネルギ差でキャリアを注入し発光する．PN接合に順電圧を加え，N形から電子，P形から正孔が注入され，接合の近くで再結合し発光する．発光ダイオードはこの例．

(3)エレクトロホトルミネセンス．光の投射，またはその蛍光体に電界を加え発光させる．

用途はディスプレイやTV, 照明など．
☞LCD, CRT

EL受像板（――じゅぞうばん）
electro-luminescence display panel
EL素子を用いたテレビ受像板．

EL素子（――そし）
electro-luminescence element

半導体に電界を加えた際に生じる固体の発光現象を，エレクトロルミネセンス(EL)という．角形の板状(パネル)にしたものをELパネルといい，図に示す構造で，透明電極（酸化インジウムや酸化すず）Aを付けたガラス板Gの上に，EL用蛍光体（硫化亜鉛）Cを混ぜた誘電率の大きい絶縁物(樹脂)Dを100μm（ミクロンメータ）位の厚さにし，裏には光が反射するように金属を真空蒸着し，薄膜電極Bとする．

電源には20Hz～20kHz位の交流を使い発光させる．消費電力が少なく，大面積の光源が作れ，光はやわらかな感じで電圧で動作し，明るさが低く高圧の交流電源がいる．発光ダイオードに比べ信頼度や値段が高い．装飾照明，船や航空機の計器盤照明，道路標識などに使う．発光の強さは電圧や周波数が高いほど大きい．

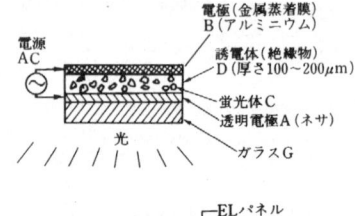

ELランプ EL lamp
EL現象を利用したランプ（光源）のこと．発光ダイオードや液晶表示板のバックライトなどはこの例．
☞発光ダイオード

ELF extremely low frepuency
3k～300Hzまでの範囲の，交流の周波数のこと．

EM64T
extended memory 64 technology/Clackamas/Yamhill

米インテル社の32ビットCPU（中央処理装置）に64ビットの拡張機能を盛り込んだ技術のことを指す．インテルはCPUの高性能化を目指し，32ビットの「IA-32」から新たに64ビットの「IA-64」を開発．同社CPU「Itanium（アイテニアム）」シリーズに組み込んでいた．しかし，64ビット環境で動くソフトウェアが少なく，32ビットでの命令をソフトで64ビットで動くように変換する仕組みとした．そのため，32ビットCPUよりも遅くなるという問

題も生じた．こうした問題を解決するために，「IA-32」をそのまま生かし，64ビットの環境を追加したのが「EM64T」になる．64ビットのソフトウェアをスムーズに動かすことができ，「Xeon（ジーオン）」シリーズに組み込んでいる．先行で開発したAMD社の「AMD64」を搭載した「Opteron（オプテロン）」シリーズや「Athlon 64（アスロン64）」シリーズと同等の機能をもっている．
☞CPU

E-mail　electronic mail
→電子メール

EMC　electro-magnetic compatibiliy
「電磁環境適合性」または「電磁環境両立性」と訳される．機器またはシステムが本来設置されるべき場所で稼働したとき，電磁的周辺環境に影響されず，かつ影響を与えず，性能の劣化や誤動作を起こさずに，仕様どおりに作動すること．

EMS
electronic manufacturing service
電子機器製造受託サービスと呼ばれる事業形態．携帯電話やパソコンを他社から受注して生産を専門に行う．特定メーカの下請けではなく，発注側との資本関係もないため競合する複数のメーカから生産受注している例が多い．

END行（――ぎょう）　END line
FORTRANの用語で，プログラム単位の最後の行で，ENDと書く（JIS・情報処理用語）．
☞FORTRAN

END文（――ぶん）　END statement
→END行

EPC　electronic product code
電子製品コードなどと訳される．モノや製品に個別の識別番号を振り分けるためのコード．バーコードに代わり，RFID（無線ICタグ）などで利用できる次世代のコードとして位置付けられる．
☞IC（RFID）タグ

EPG　electronic program guide
電子番組表のこと．テレビの画面に番組表を表示するシステムのことをいう．通常の放送で使われていない電波のすき間を使って番組表情報を送出し，専用の端末で受信する方式と，インターネット端末を利用する方式がある．EPGのデータをもとに録画予約ができるデッキなどもある．

EPROM
electrically programmable ROM
データの書込みが電気的にでき，符号コード変換や音声合成，文字発生など主に読出し用に使う不揮発性メモリで，消去は紫外線やX線で行うPROM．

ETC
electronic toll collection system
高速有料道路の料金を自動的に支払い，ノンストップで料金所を走り抜ける料金自動支払システム（自動料金徴収システム）のこと．ETC搭載器には料金自動支払システムのカードを差し込み，その内容を無線で料金所の受信機に送り料金は自動的に支払われる．
2001年運用当時は機器の価格は高く，料金所の専用ゲートも少数なためあまり普及しなかったが，機器価格も下がりゲート数も増え2004年には150万台を越えた．料金割引き制もできて料金所の混雑緩和に役立っている．

Ethernet
イーサネットと読む．IEEE 802.3委員会によって標準化されたLANの規格．CSMA/CDをアクセス制御に採用している．現在ほとんどのLANはEthernetで接続されており，1本のケーブルを複数の機器で共有するバス型と，ハブを介して各機器を接続するスター型の二種類がある．通信速度10Mbpsから1Gbpsまでのものがある．

ETS

☞ 100BASE-TX, 1000BASE-T

ETSI European Telecommunications Standards Institute

定訳はなく，欧州通信規格協会，欧州電気通信標準化協会など表記されている．「エッツイ」と呼ばれることもある．欧州の電気通信主官庁，電気通信事業者，メーカ，ユーザ，研究機関をメンバーとし，「電気通信」および「情報技術と電気通信の境界領域」の標準化など，共通仕様を策定するために1988年に設立された．米国のANSI(American National Standards Institute＝米規格協会)に相当する．ITU(International Telecommunication Union＝国際電気通信連合)が，政府代表主体の国際機関であるのに対し，ETSIは標準化活動が主体の地域標準化機関といえる．通信関係のEN（欧州規格）やETS（欧州通信規格）を制定しているが，これらの規格は，ダウンロードできる．

ETV educational television
教育用テレビジョンのこと．
☞ ITV

EUC end user computing
コンピュータの一般利用者がパソコンやワープロを使い，表計算ソフトやワープロソフトを使ってコンピュータを操作し仕事をすること．

☞ 表計算ソフト

EUCコード extended UNIX code
一般に拡張ユニックス（UNIX）コードといわれる．日本語UNIXシステム諸問委員会の提案（1985年）で，米・AT＆T社が定めた多国語用マルチ(2)バイトコードのこと．EUC漢字コードが正式な国際コードとなった．
☞ UNIX

EVD enhanced vrsatile disk
中国独自の次世代高密度画像技術で，画質はDVDの5倍以上，ディスク1枚で110分の録画時間，音質でもDVDを上回るというのが開発元の中国側の説明．
☞ DVD

EWS
1．emergency warning system 緊急警報放送システムのことで，地震や津波などの予知や警戒情報を，放送電波にのせて送る．この電波は受信機のスイッチを自動的に入れ，予告・警報音に続き緊急情報を伝え，緊急警報信号といい電波法施行規則（第2条84の2）に規定される．

2．engineering workstation エンジニアリングワークステーション(技術・研究用の高性能な個人向けコンピュータ)のこと．
☞ 緊急警報信号

752

F

F
1. 静電容量の単位記号でファラド（farad）と読み量記号はC．
2. 起磁力を示す量記号で単位はアンペア〔A〕．
3. 力を示す量記号で単位はニュートン〔N〕．

f
1. 10^{-15}を示す単位の接頭語でフェムト（femto）と読む．
2. 周波数 frequency の量記号で単位はヘルツ〔Hz〕．

F1
電波法による周波数偏移電信のこと．
☞電波法

F_1層（——そう）**F_1 layer**
F層が昼間F_1・F_2層に分離し，F_1層は地上約200km前後に存在する．北半球の冬季は昼間も分離しないことが多い．電子密度は昼間と冬季に大きく，F_1層よりF_2層が大きい．
☞F層，F_2層

F_2層（——そう）**F_2 layer**
F層が北半球の夏季に昼間F_1・F_2層に分離し，F_2層は地上約300〜400km位に存在する．夜間はF_1・F_2層は合体し，冬季は昼も分離しない．電子密度はF_2層が他の電離層に比べ最も高い．
☞F層，F_1層

F3
電波法による周波数変調の電波のこと．TVの音声やアマチュア無線で多用する．
☞アマチュア無線

F層（——そう）**F layer**
地上約200〜400km位の幅があり，北半球の夏季の昼間のみF_1・F_2層に分離する．電子密度は他の電離層に比べ最も高く，E層の約10倍で，夜より昼，夏より冬に高くなる．太陽の活動周期11年の影響がある．短波はF層で屈折し地表にもどる．宇宙線や太陽の紫外線，中性微粒子が酸素原子を電離して生じる．F領域ともいう．
☞電離層
→F領域

Fバンド **F band**
周波数3〜4GHzの周波数帯（JCS規格バンド表示）．

F変換（——へんかん）**F-conversion**
コンピュータのプログラム言語（フォートラン）に，フォーマット文があり，この中の欄記述子の一つで，nFw・dで示す実数型の変数や定数を指定する．nは繰返し数，wは全体の桁数，dは小数点以下の桁数を示す．
☞フォートラン

F領域（——りょういき）**F region**
E領域より高い電離圏で，F層のこと．

FA **factory automation**
日本で提唱された和製英語．製造工場の自動化という意味で，家電，半導体，電子部品，電子機器などの製品を基板実装機，ロボット，工作機械，無人搬送機器，各種自動機器，コンピュータなど使い無人化を進めた．

FAQ **frequently asked questions**
インターネットでよく出される質問とその答をまとめたファイルのこと．パソコン通信でも使われている．インターネットのネットニュースのニュースグループ（掲示板）に付いている．これに初めてアクセスして様子がわからないときこのファイルを見るようになっている．
☞パソコン通信

FAX

FAX facsimile
ファクシミリの略称.
→ファクシミリ

FD floppy disk
フロッピーディスクのこと.

FDD floppy disk drive
フロッピーディスクドライブのこと.

FDM frequency-division multiplex
周波数分割多重方式のこと.

FEN Far East Network
英語の頭文字で放送局のコールサイン. 周波数は810, 3910, 6155, 11750, 15260kHzの中波で6局. 日本に駐留するアメリカ軍人や家族向けの24時間放送.

FeRAM

ferroelectric random access memory
強誘電体を用いた不揮発性メモリ(強誘電体メモリ). FeRAMは低消費電力で高速書込み, 高速書換え回数(フラッシュメモリの1万倍以上)という特徴があり, MRAM(磁気抵抗メモリ)とともに, DRAMの代替メモリとして注目されている.
このメモリは, データをためるキャパシター(コンデンサ)部に強誘電体薄膜を使っている. 強誘電体薄膜は誘電体に電気をかけて発生した電荷が, 電気を切ってもそのまま保持される薄膜で, PZT膜(チタン・ジルコン・鉛の酸化物)やSBT膜(ストロンチウム・ビスマス・タンタルの酸化物)などで構成されている.
☞フラッシュメモリ

FET field effect transistor
電界効果トランジスタとかフィールドエフェクトトランジスタともいう. 電圧動作形で入力インピーダンスが非常に高く, 雑音が低くて, 消費電力が小さく, ICに作りやすい. 構造上は接合(ジャンクション)形と絶縁ゲート(MOS)形に分かれ, N形半導体を使ったNチャネルFETとP形半導体を使ったPチャネルFETがある. 動作スタイルは, ゲート電圧が0のときドレーン電流が0のエンハンスメント形とゲート電圧が0のときドレーン電流が流れるデプレッション形があり, 電極はゲート, ソース, ドレーンで, トランジスタのベース, エミッタ, コレクタに対応し, ゲートが二つあるのはデュアルゲートという. 図(d)で, SからDに向かう電子流は, Gの空乏層と空乏層の間の幅が狭いほど通りにくく, Dに流れつく電子数が減り電流I_Dは減る. 空乏層の幅はGに加える負電圧V_Gの大きさで制御でき, 電子流I_DをV_G

(a)分類
構造 ─ 複合形(ジャンクションタイプ)FET
     └ ゲート絶縁形(MOSタイプ)FET
材料 ─ Nチャネル(N形半導体)FET
     └ Pチャネル(P形半導体)FET
動作 ─ デプレッション形
     └ エンハンスメント形

(b)動作特性

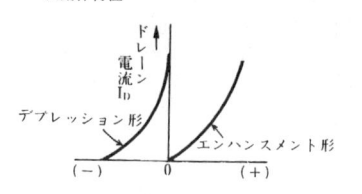

ドレーン電流 I_D

デプレッション形　エンハンスメント形
(−)　　0　　(+)
ゲート〜ソース間電圧 V_{GS}

(c)図記号

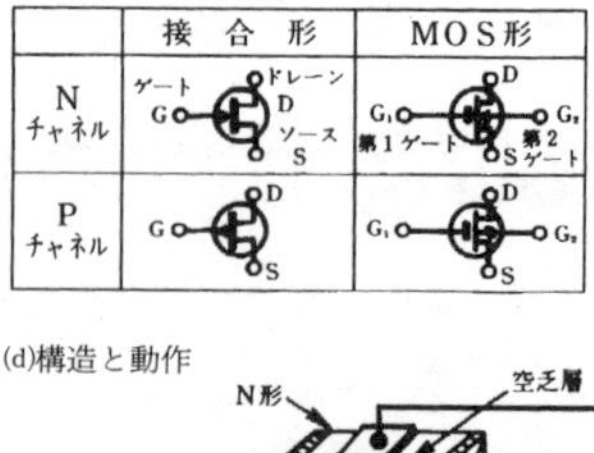

	接合形	MOS形
Nチャネル	ゲートG─D ドレーン ソースS	G_1第1ゲート─D G_2第2ゲート ─S
Pチャネル	G─D S	G_1─D G_2─S

(d)構造と動作
N形　空乏層
ソースS　ドレーンD
Gゲート　I_D
V_G　V_D

754

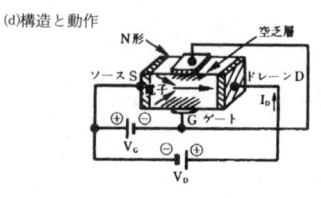

でコントロールする．

→電界効果トランジスタ

FFTアナライザ
fast furier transform analyzer

信号を周波数領域でとらえて表示する測定器．計測信号をA/D変換した後に，高速フーリエ変換（FFT）によってとらえた信号を表示することからこのように呼ばれる．
A/D変換と演算スピードの制約から，音響や振動など主に低周波信号が測定対象となる．

☞A/D変換

FM　frequency modulation

英語のフリケンシモジュレーションの頭文字で周波数変調のこと．変調波に応じて搬送波の周波数が変化し，振幅は一定である．変調波に低周波の単一の正弦波を用いた場合，AMの場合は図(c)で，FMの場合は図(d)になる．
FM放送やテレビの音声信号に活用され，次の特徴をもつ．
①AM波に比べて混信が少ない．
②AM波に比べて雑音が少ない．
（外来雑音およびS/Nに有利）
③AMに比べて小電力変調でよい．
④電力増加が比較的容易．

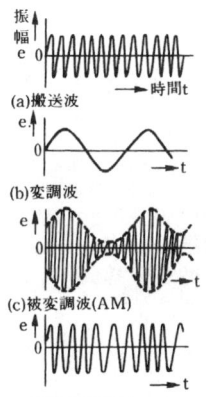

占有周波数帯が広いため超短波帯が用いられ，アマチュア無線，警察無線，タクシー無線などにも利用する．

☞アマチュア無線

F/m
誘電率εの単位記号でファラド毎メートルと読む．

FM回路（――かいろ）　FM circuit
周波数変調に関連した回路の総称．
☞周波数変調

FM検波（――けんぱ）　FM detection
☞周波数弁別器

FM検波器（――けんぱき）
FM detecter

FM波の復調器で，次の種類が代表的．
1．周波数弁別器
　(1)位相弁別器（位相弁別回路）
　(2)振幅弁別器
2．比検波器（レシオデテクタ）
比検波器は振幅制限作用があり，振幅制限器が不要で多く使う．

☞振幅制限器

FM受信機（――じゅしんき）
frequency modulation receiver

FMを受信する装置で，高周波増幅か

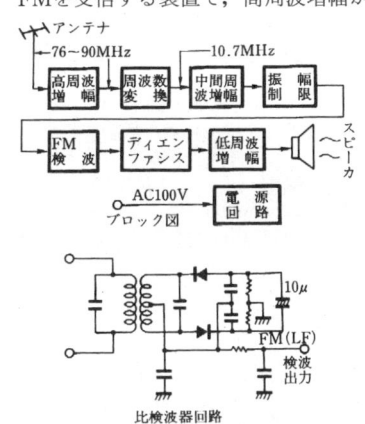

(a)搬送波
(b)変調波
(c)被変調波(AM)
(d)被変調波(FM)
・振幅一定で周波数（くり返し数）が変化する．

ブロック図

比検波器回路

ら中間周波増幅までは，AM受信機と大差ない．FMの中間周波数は10.7MHzが多用され，振幅制限はリミッタとも呼ばれAM方式にはない回路で，復調前のFM波の振幅を一定にする回路．

復調（検波）はレシオデテクタ（比検波器）とディスクリミネータ（周波数弁別器）が代表的で，比検波器はリミッタも兼ね多用する．検波後の低周波増幅以後はAMと同じ．AM-FM両用の受信機が多い．

☞AM受信機

FMステレオ放送（——ほうそう）
frequency modulation stereophonic broadcast

FMによるステレオ放送で，和差方式で行う．左マイクからの信号Lと右マイクからの信号Rを，一方は加え，他の一方は差し引き，L+RとL−Rの信号を作る．この2信号を一つの電波にのせて放送する．モノラル受信機では和信号L+Rだけを受け，不自然でなく受信できる．モノラル式とステレオ式の両受信機を一つの電波で両立させるステレオ放送をコンパチブルステレオ放送という．

☞和差方式

FM送受信機（——そうじゅしんき）
FM transceiver

FMによる送信機と受信機の一体化した通信機．パーソナル無線，アマチュア無線，移動用携帯無線に使う．

FM送信機（——そうしんき）
FM transmitter

直接FM方式は大きな周波数偏移が得られ，回路も簡単だが，自励発振器の周波数安定度を保つためAFCを多用する．間接FM方式は水晶発振器を使うため，周波数安定度はよい．放送用送信機ではセラソイド変調が用いられることがある．

☞直接FM方式，間接FM方式

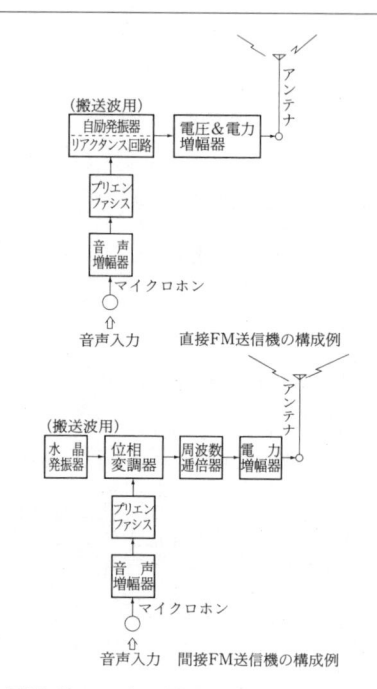

直接FM送信機の構成例

間接FM送信機の構成例

FMチューナ　FM tuner

FM受信機のフロントエンドに相当する部分．アンテナ端子から高周波増幅，局部発振，周波数変換，混合，同調等の部分は，周波数も高く部品も小形で調整も微妙なため，この部分だけ小形シャシに組み，調整する．このサブシャシの部分をFMチューナといい，この性能が受信機の性能を左右する．

FM復調器（——ふくちょうき）
FM demodulator
→周波数弁別器

FORMAT　format

フォーマットといい，コンピュータプログラムの中で，データの形やその形を指定する文字の列．FORTRANやALGOLでは書式といい，COBOLではpicture句により示す．

☞FORTRAN, COBOL

FORTRAN　formula translator
英語の頭文字による略語で，フォートランといい，日本工業規格に規定する，数値計算を行うためのプログラム言語の一つ（JIS・情報処理用語）．

FOT　frequency of optimum traffic
最適運用周波数のこと．

FPGA
field programmable gate array
手元で回路が作成できるデバイス．CPLDより回路規模が大きくなっている．SRAMが一般的だが最近はフラッシュメモリタイプも登場している．

☞フラッシュメモリ

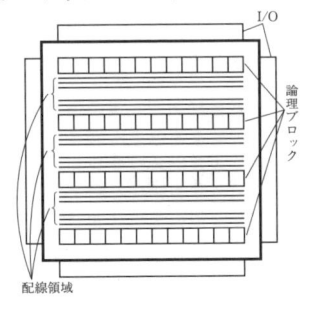

FPGAの概念図

FS電信（——でんしん）
frequency shift telegraphy
周波数偏移電信のこと．

FSK　frequency shift keying
周波数偏移電信のこと．

FSS　fixed-satellite service
固定衛星業務のことでFSSは英字頭文字の略称．
→固定衛星業務

ftサーバ　fault tolerant server
耐障害性サーバのことを指す．無停止型サーバなどと訳されることが多い．システムの一部に何らかの障害が発生した場合でも，システムを停止せずに継続処理できるようにすることで，システムの可用性を高める技術として使われる．

FTC回路（——かいろ）
fast time constant circuit
レーダ受信装置の表示器に生じるクラッタを除く回路．第2検波出力の映像信号増幅回路の時定数を，切換えスイッチで小さくし，映像信号を微分し，海面や雲，雨や雪などの反射波を除き，目標の反射波を明確にする．

☞時定数

FTP　file transfer protocol
インターネットで利用者がコンピュータ相互にファイルを送受信するときのしくみのこと．ファイルトランスファ（ファイルの送受信）プロトコル（しくみ・取り決め）の略語である．

FTTC　fiber to the curb
家屋の近くにある縁石（Curb＝カーブ）付近まで光ファイバを引き，そこから家庭まではメタルケーブル（電話線）を引き込むこと．光ファイバがどの段階まで引かれているかの目安になる言葉．

☞光ファイバ

FTTH　fiber to the home
光ファイバを加入者の家庭に直接引き込み実現される，超高速ブロードバンドインターネット接続サービスのこと．

☞ブロード・バンド

G

G
1. 10^9を示す単位の接頭語でギガ（giga）と読む．
2. コンダクタンスを示す量記号で単位はジーメンス〔S〕．
☞コンダクタンス

G3ファクシミリ
G3 facsimile
G3はFAXの国際規格の一つでGroup 3，アナログ電話回線用のファクシミリ．解像度はファインモードで200dpi×200dpi．

G4ファクシミリ
G4 facsimile
G4はFAXの国際規格の一つでGroup 4，ディジタル回線（ISDN回線）用のもの．中間調の色が使えるなど，G3規格よりも高品質で速度も速い．解像度は 400dpi×400dpi．

Gコード　G code
番組予約番号ともいい，新聞や雑誌などのTV番組欄に記入された8桁数字コード．ビデオ・テープ・レコーダで番組を予約録画する際，この番号をリモコン（ビデオプラス）か，デッキに内蔵のテンキーで打ち込めば，日時の打込みなどの操作が不要となる．1988年に米国ベンチャー企業のジェムスター社が完成した録画予約システムのコード．

☞ビデオ・テープ・レコーダ

G層（——そう）　G layer
F層より上空にある電離層のことで散乱層ともいう．F層を抜けた電波を反射・屈折する．☞F層

Gバンド　G band
周波数4〜6GHzの周波数帯（JCS規格バンド表示）のこと．

G領域（——りょういき）　G region
G層のこと．☞G層

GaAs FET　galliumarsenide FET
ガリウムひ素（GaAs）を用いたFETで，ゲート電極の逆電圧により空乏層の幅を変え，ソース〜ドレーン間の電流を制御する．用途別に小信号低雑音用と高出力用があり，構造上からPN接合形，MOS形，ショットキー障壁形などがある．シリコンバイポーラトランジスタに比べ，低雑音・高利得で20GHz帯の低雑音増幅器に多用する．
☞空乏層

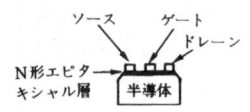

GaAs IC
galliumarsenide IC, GaAs IC
ガリウムひ素集積回路の略称で，シリコンICに比べ消費電力が低く，演算速度が速い．また，高周波特性も優れ太陽電池の性能はシリコン形の2倍．
☞太陽電池

GB積（——せき）
gain-bandwidth product
利得帯域幅積ともいい，利得Gと帯域幅Bの積．トランジスタや真空管増幅器で，回路の形式（結合方式）や使うトランジスタ，真空管が決まれば，最高利得Gと回路の帯域幅Bの積は一定で，Gを増やせばBが狭くなり，Bを広げればGは小さくなる．
☞利得

GCA
ground controlled approach system
航空機の着陸を援助する無線装置で，

地上管制進入装置とか着陸援助無線施設という．着陸誘導管制業務をさすこともあり，空港監視レーダ・精測進入レーダ・無線電話装置などを地上やトレーラなどに装備する．空港監視レーダは，空港から約100km以内に飛来した航空機の方向・距離を測り，VHF無線電話で連絡し着陸態勢に誘導する．精測進入レーダは空港から約20kmの航空機の仰角・方位・距離を測り，UHF無線電話で航空機を進入路に誘導し，安全に着陸させる．両レーダを合わせ精測進入レーダ方式（PARS）という．☞ILS

GCR　ghost cancelling reference

ゴーストキャンセラの略称で，TV受像機の画面に映るゴーストを除く装置．放送電波の基準信号と受信機のもつ基準信号を比べ，ゴーストを取り出して除く．

☞ゴースト

GD　Gunn diode

ガン・ダイオードのこと．

→ガン・ダイオード

GE　General Electric Company

米国ゼネラルエレクトリック社のこと．RCAやAT&T（アメリカ電信電話会社）と並ぶ世界最大の電機メーカ．

☞AT&T

GI光ファイバ（——ひかり——）
GI optical fiber

グレーデッドインデックス光ファイバの略で，多数のモードを伝播するマルチモード光ファイバの一種．マルチモード光ファイバ特有のモード分散（複数の伝播モードが存在するために起こる伝播時間のずれによる信号のひずみ）を改善しており，今日使用されるマルチモードファイバのほとんどがGI光ファイバとなっている．

☞光ファイバ

GIF　graphics interchange format

ジフと読む．米コンピュサーブ社が考案したカラー静止画の圧縮方式．ホームページの静止画データとして一般的に使用されている．元はパソコン通信で静止画を送るために考案された．JPEGより低品位だが，データ量は少なくて済む．カラーは256色まで対応できる．24ビットフルカラー（224色）対応のGIF24も登場している．

☞JPEG

GIS　geographical information system

地図情報システムのこと．地理学的情報をコンピュータで分析するシステム．1．地形・地質　2．気象条件　3．土地利用状況　4．人工密度　などを調べ自然環境，都市計画・土地管理・地下資源などに対する情報収集・調査をする．

GMT　Greenwich Mean Time

グリニッチ標準時のことで世界標準時．JSTはGMTより9時間進み，経度15°進むごとに1時間進む．

☞日本標準時

GO TO文（——ぶん）
go to statement

飛越し文のこと．

☞飛越し文

GP-IB
general purpose interface bus

計測器とパソコンやプリンタなどを接続するインタフェースの一種．計測器もかつてはインタフェースとしてRS-232Cが主に使われていたが，速度が遅く，計測器には不向きであった．

☞インタフェース

GPRS
General Packet Radio Service

GPRSは，GSMと第3世代のW-CDMAやUMTSの橋渡し役のため2.5世代と呼ばれる．GSMネットワーク網の機能を拡張して使用できることから，設備投資を大幅に抑えられる．最大通信速度は171.2kbpsで，平均で56kbps．

GPS

GPS　global positioning system
GPS衛星からの電波を受け現在地の緯度・経度・高度が測れるシステム．車のカーナビゲーションに使われている．
→カーナビゲーションシステム

GPS衛星 (――えいせい)
global positioning system satellite
米国防総省が管理する人工衛星．高度約2万kmの六つの円軌道に四つずつ配された衛星からの電波を利用し，緯度，経度，高度などを数十メートルの精度で割り出すことができる．
→GPS・カーナビゲーションシステム

GPU　graphic processing unit
コンピュータの画像データを扱う回路に使われるグラフィック処理専用のプロセッサのこと．コンピュータ内部の計算やデータ処理は，一般的にCPU (Central Processing Unit) と呼ばれる専用の半導体素子が使われるが，高精細のビデオ動画映像や3D画像をフルカラーでスムーズに再現するには膨大なグラフィックデータの処理ステップと高速処理能力が求められる．

GSM
Global System for Mobile Communications
現在，欧州や中国で広く用いられている第2世代のディジタル携帯電話の方式がGSM．GSMを使った携帯電話サービスにデータ伝送サービスを加えたのがGPRSで，データを小さなまとまりに分割して，一つひとつ送受信するパケット方式を用いる．

GTカット　GT-cut →CTカット
GT板 (――ばん)　GT cut →CT板
GTO　gate turnoff thyristor
ゲートターンオフサイリスタとか，3端子ターンオフサイリスタという．ゲートGに信号を加え電流を流し（オン），入力信号の極性を逆にすると，電流は止まる（オフ）サイリスタ．
☞サイリスタ

GUI　graphical user interface
コンピュータの操作で，画面上にアイコン（図形記号）やメニューバーなどをグラフィックスで表示することにより，ユーザがハードウェアを簡単に操作できるようにした操作方式をいう．
☞アイコン

H

1. 自己インダクタンス・相互インダクタンスの単位記号で単位はヘンリー（henry）〔H〕．

2. 磁界の強さを示す量記号で単位はアンペア毎メートル〔A/m〕．

h hecto
ヘクトと読み10^2倍を示す，単位の接頭語．

H.261
ITU-T（国際電気通信連合・電気通信標準化部門）によって標準化された映像の圧縮符号化方式の一つ．テレビ会議などで，映像データを送受信する際に，広く使われている．

H.264
ITU-T（国際電気通信連合・電気通信標準化部門）において，標準化された映像圧縮規格の一つ．低ビットレートのISDN回線で高画質映像を利用することを目的にして，64kbps刻みに，64kbpsから1.92Mbpsの映像データを取り扱うことができる「H.261」を，より一層発展させた高圧縮率を可能としている．

H.323
ITU-T（国際電気通信連合・電気通信標準化部門）で標準化された映像圧縮の規格の一つ．LANやインターネットなど，VoIPからネットワーク上のテレビ会議に至るまで広く設計がなされている．ネットワーク上で音声・動画を1対1で送受信するために，音声，映像方式，データ圧縮伸長方式などを定めたプロトコルの一つ．

☞プロトコル

H形アドコック・アンテナ（――がた――）H type Adocock antenna
短波や超短波用で，回転して電波の伝搬方向を求めるアンテナのこと．

Hカップリング H coupling
→H結合

H結合（――けつごう）
H coupling
2本の導波管A，Bを結合する際，相互の短辺を接しその中央に孔をあけ結合する．☞E結合

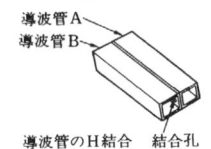

h定数（――ていすう）
hybrid parameter
トランジスタを四端子回路網で扱うときの定数の一つで，低周波に多用する．入力電圧V_i，出力電圧V_o，入力電流I_i，出力電流I_oとすれば，

$$V_i = h_i I_i + h_r V_o$$
$$I_o = h_f I_i + h_o V_o$$ となる．

この式の4個のhをh定数という．

$h_i = (V_i/I_i) V_o=0$　入力インピーダンス〔Ω〕
$h_r = (V_i/V_o) I_i=0$　電圧帰還率
$h_f = (I_o/I_i) V_o=0$　電流増幅率
$h_o = (I_o/V_o) I_i=0$　出力アドミタンス〔S〕

☞四端子網

hパラメータ h parameter →h定数

Hはん

Hバンド　H band
周波数6～8GHzの周波数帯（JCS規格バンド表示）．

Hブランチ　H branch
H分岐のこと．

H分岐（——ぶんき）　H branch
並列分岐とか電圧分岐，H面T形接合ともいう．導波管の分岐回路の一種．
☞E分岐

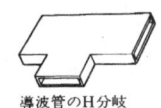

導波管のH分岐

H変換（——へんかん）　H-conversion
コンピュータのプログラムに使われる用語で，文字欄記述子の一種．一般にnHh$_1$h$_2$……h$_n$と書く．nはHの後に続く文字の個数で，h$_1$～h$_n$までが印字される．また，FORMAT（フォーマット）文の中で，初めに使うときはラインプリンタの紙送り制御に使う．

Hベンド　H bend
導波管を曲線に沿って曲げる際に使う曲がり導波管の一種で，エルボともいう．☞Eベンド

導波管のHベンド
（曲がり導波管）

HC-12/U
発振周波数約2～100MHzの範囲の水晶振動子の型名．（下図参照）
☞水晶振動子

HC-13/U
約15～300kHzの発振周波数の範囲の水晶振動子の型名．→水晶振動子

HC-18/U
発振周波数約4～200MHzの範囲の水晶振動子の型名．→水晶振動子

HC-25/U
発振周波数約4～200MHzの範囲の水晶振動子の型名．→水晶振動子

HC-6/U
約0.2～80MHzの発振周波数範囲の水晶振動子の型名．→水晶振動子

HDD　hard disk drive
コンピュータの高速大容量の外部記憶装置で，金属円板に磁性材を塗り何枚か重ね合わせ一組にし，磁気ヘッドでデータを書き込み，読み出す．

HDL　hardware description language
回路記述言語でC言語に似た記述で論理回路が設計できる．C言語のようなプログラム言語との違いは，プログラム言語では記述された順番に動作が進んでいくが，HDLは記述された順番に関係なく同時処理される．
☞C言語

HDTV　high definition television
高品位テレビのこと．NHK総合技術研究所が開発した走査線1,125（525）本，輝度信号帯域幅22（4.2）MHz，画面の縦横比9：16（3：4）の鮮明画像と高忠実度の音声を組み合わせた高精細度の次世代テレビ方式で，ハイビジョンテレビのこと．（　）内の数字は現

水晶型名	発振周波数					
	kHz (1-2)	kHz (4-20)	kHz (40-200)	kHz (400-600) / MHz (1-2)	MHz (4-20)	MHz (40-200)
HC-18/U, HC-25/U					▨	▨
HC-12/U				▨	▨	
HC-6/U			▨	▨		
HC-13/U		▨				

行のNTSC方式.
☞NTSC方式

HDV
民生分野で幅広く普及しているミニDVテープに，1080iまたは720pのHD映像を記録することのできる新しいフォーマット．映像と音声をMPEG方式で圧縮して記録し低価格で手軽にHD制作を行えるとして，業務用映像分野からも注目されている．
☞MPEG

HEMT
high electron mobility transistor
高電子移動度トランジスタの略称で，2種の半導体で接合を作り，エネルギ・ギャップの大きい半導体側に高い濃度の不純物を加え，エネルギ・ギャップの小さな半導体側は不純物を加えない．このような接合の境界面に加えた不純物がイオン化してキャリアが生じ，通常の半導体のキャリアより移動度が高い．このキャリアをゲートで制御する電界効果形トランジスタのこと．エネルギ・ギャップの大きな半導体にはGaAsAl，小さい半導体にはGaAsを使ったHEMTが，1981年富士通で開発された．低電力消費，超高速スイッチング動作の特徴があり，高周波特性もよくマイクロ波増幅器に使う．
☞エネルギ・ギャップ

HEMT IC
high electron mobility transistor IC
GaAsAlとGaAsのエネルギ・ギャップの異なる2層構造のFETであるHEMTをIC化して，GaAs ICより低電力消費，高速動作，よい高周波特性を得ている．
☞エネルギ・ギャップ

HF   high frequency
1．3〜30MHzの周波数帯のことで，波長10〜100m，短波に相当する．
2．一般に高周波，または高周波電圧や高周波電流のこと．

h_{FB}
トランジスタの直流の電流増幅率のことで，エミッタ電流I_Eとコレクタ電流I_Cの比から求める．

$h_{FB}=I_C/I_E$ （ベース接地電流増幅率）

添字のBはベース接地回路を表す．h_Fはトランジスタの電流増幅率を示すh定数の一つ．
☞h定数

h_{fb}
トランジスタ・ベース接地回路の交流の電流増幅率のこと．添字bはベース接地回路を示し，h_fは交流に対する電流増幅率を示す．

$h_{rb}=I_c/I_e$ （ベース接地電流増幅率）

ここでI_c：コレクタ電流の交流分
　　　I_e：エミッタ電流の交流分

なお，直流分に対するベース接地電流増幅率はh_{FB}で示し，$I_C \cdot I_E$と示す．
☞ベース接地回路

h_{FE}
トランジスタの直流の電流増幅率のことでコレクタ電流I_Cとベース電流I_Bの比から求める．

$h_{FE}=I_C/I_B$

添字のEはエミッタ接地回路を表す．
☞エミッタ接地回路

h_{fe}
トランジスタの電流増幅率のことで，ベース電流I_Bとコレクタ電流I_Cの関係，I_B-I_C特性曲線の傾き$\Delta I_C/\Delta I_B$で表し，添字eはエミッタ接地を示す．h定数の一つ．
☞h定数

h_{ie}
トランジスタの入力インピーダンスのことで，ベース―エミッタ間電圧V_{BE}とベース電流I_Bの関係，$V_{BE}-I_B$特性曲線の傾き$\Delta V_{BE}/\Delta I_B$で表し，単位はオーム〔Ω〕．添字eはエミッタ接地回路を示し，h定数の一つ．
☞h定数

h_{oe}

トランジスタの出力アドミタンスのことで，コレクターエミッタ間電圧 V_{CE} とコレクタ電流 I_C の関係，$V_{CE}-I_C$ 特性曲線の傾き $\Delta I_C/\Delta V_{CE}$ で表し，単位はジーメンス [S]．添字 e はエミッタ接地回路を示し，h 定数の一つ．
☞h定数

HP home page
→インターネットホームページ

h_{re}

トランジスタの電圧帰還率のことで，コレクターエミッタ間電圧 V_{CE} とベースーエミッタ間電圧 V_{BE} の関係，$V_{CE}-V_{BE}$ 特性曲線の傾き $\Delta V_{BE}/\Delta V_{CE}$ で表し，添字 e はエミッタ接地回路を示す．h 定数の一つ． ☞h定数

HSDPA
high speed downlink packet access

2002年3月に第3世代（3G）方式の標準化団体3GPPが開発した高速パケット伝送技術の一つ．一般的な3Gに対して，4Gへのつなぎの技術的存在のため，3.5Gに位置付けられる．NTTドコモなどが採用している3G携帯電話方式W-CDMAのデータ通信方式を高速化した規格で，FOMAの追加サービスとして導入されている．
FOMAの従来方式ではデータ通信速度は384Kbpsが上限で，通常の3G規格内での高速化は2Mbpsが限度とされてきたが，HSDPAの導入により，理論上は約14Mbpsまで向上させることができるという．またHSDPAの基礎技術は3Gだが，雑音により強く安定した転送速度が得られる．

HTカット HT cut
水晶振動子のカット名の一つで，周波数―温度特性が常温付近で0温度係数となるカットのこと．輪郭すべり振動で300〜900kHz.
☞水晶振動子

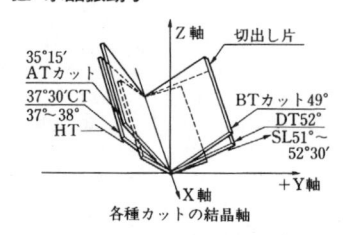

各種カットの結晶軸

HTML
hyper text markup language

インターネットのWebページのレイアウトを目的に開発された言語．ホームページなどの作成でポピュラーに使われている言語．Webページを記述するテキストファイルの中に，書式属性を定義するHTMLによる文字列を"タグ"として埋め込んで，文字列の改行や画像の配置などを記述する．
☞Webページ

HTTP, http
hyper text transfer protocol

インターネットでwebページの情報を転送するためのとりきめのこと．
☞Webページ

HTTPプロキシサーバ
HTTP proxy server

企業の内部ネットワークとインターネットの間にあって，直接インターネットに接続できないコンピュータに代わって接続を行うコンピュータと，そのための機能を持つソフトをいう．

Hz hertz
ヘルツと読み，周波数の単位．

I

I
電流を示す量記号で単位はアンペア〔A〕.

I形半導体(——がたはんどうたい)
I type semiconductor →真性半導体

I信号(——しんごう) **I signal**
NTSC方式のカラーTVで使う色差信号の一つ.Q信号とともに色副搬送波を平衡変調し,橙やシアン系色彩を伝送し,帯域幅約1.5MHzの信号.
☞色差信号

Iバンド **I band**
周波数8〜10GHzの周波数帯(JCS規格バンド表示).主にレーダなどで使用する.

I変換(——へんかん) **I-conversion**
コンピュータのデータ処理で,整数形データの入出力に使う欄記述子.データの外部表現と内部表現との変換や編集方法を示す.一般的な形はrIwで,rは繰返し数を示し,wは符号(+,−)も含め全体の桁数を示す.たとえば,2I3の2は2回の繰返しを示し,3は全体の桁数が整数値で3桁を示す.出力の場合のI変換では,符号(−)も含め十分な桁数を用意する.
☞欄記述子

一般形 rIw

	入力欄	欄記述子	内部の値
入力例	12345	I5	12345
	−123⌣⌣	I7	−123000
出力例	12345	I8	⌣⌣⌣12345
	−12345	I6	−12345
	−12345	I5	不定

(注)⌣は空白を示す

iモード **i-mode**
NTTドコモが展開する携帯電話を利用したインターネット接続サービス.現在,NTTドコモを含め,世界の通信事業者9社を通じて,サービス提供されている.
☞インターネット

IAP **internet access provider**
→インターネットサービスプロバイダ

IARU
International Amateur Radio Union
世界各国のアマチュア無線の団体の連絡機関で,民間の組織である.日本アマチュア無線連盟JARLも加わっている.☞アマチュア無線

Ib **base current**
ベース電流のこと.

IBM
International Business Machines Corporation
米国のコンピュータメーカ.1924年創業,1970年代に世界的大形コンピュータメーカとなり,1980年パソコンに進出,マイクロソフト社のMS-DOS(PC-DOS)を使った.1981年16ビットパソコンIBMPC発売,1991年アップル社と提携.IBM・モトローラ・アップルの3社連携となった.

IC
1.**collector current** トランジスタのコレクタ電流のこと.
2.**integrated circuit** インテグレーテッドサーキットの頭文字で,集積回路ともいう.1952年イギリスのダンマーがIC的な考えを発表し,1960年アメリカのTI(テキサス・インスツルメント)社から「ソリッドサーキット」,ウェスチングハウス社から「モレキュラエレクトロニクス」の論文が発表された.1961年日本の電子技術総合研究所は素子8個をもつゲルマニウムのマルチバイブレータを完成.1961年フェ

ICか

アチャイルド社がプレーナ技術を開発．写真技術を使い，顕微鏡サイズのパターンを作り，ほこりのない室と一定温度の高温炉を使い1mm角位のシリコン薄片に，トランジスタやダイオード，抵抗器やコンデンサを組み込んで回路を作った．高額の設備投資と優れた技術者が必要で，大会社でないと作れず，製品はコンピュータに使った．次のような特徴がある．①超小形②軽い．③組立・配線が省略され誤りが減り信頼性が高い．④大量生産でき値段が安い．⑤複雑で高度な機能が実現できる．⑥装置・機器のサービスや修理が簡単になり⑦寿命が長い．⑧電力消費が少ない．

ICの分類表

(a) 分類上の位置

```
半導体素子，回路 ─┬─ IC（集積回路）
                  ├─ 個別素子
                  ├─ 光IC（オプトエレクトロニクス素子）
                  └─ ハイブリッド回路（混成回路）
                     または複合素子
```

(b) 構造による分類

```
IC ─┬─ モノリシックIC ─┬─ バイポーラIC
    │  （半導体IC）     ├─ MOS IC
    │                   └─ LSI
    └─ ハイブリッドIC ─┬─ 厚膜IC
       （混成IC）        ├─ 薄膜IC
                        └─ その他
```

(c) 使いみちによる分類

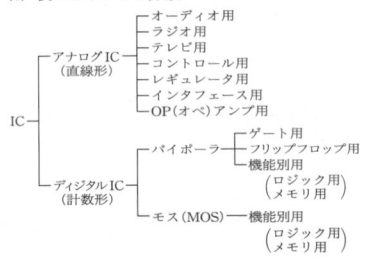

```
IC ─┬─ アナログIC ─┬─ オーディオ用
    │ （直線形）    ├─ ラジオ用
    │              ├─ テレビ用
    │              ├─ コントロール用
    │              ├─ レギュレータ用
    │              ├─ インタフェース用
    │              └─ OP（オペ）アンプ用
    └─ ディジタルIC ─┬─ バイポーラ ─┬─ ゲート用
       （計数形）     │               ├─ フリップフロップ用
                    │               └─ 機能別用
                    │                  （ロジック用
                    │                   メモリ用）
                    └─ モス（MOS）─── 機能別用
                                       （ロジック用
                                        メモリ用）
```

ICカード　IC card

磁気カード（クレジットカード）と同大，同厚のプラスチックカードにCPUとICメモリを埋め込み，磁気カードに比べ記憶容量や安全性を大幅に改善した．医療・教育・運輸・金融など利用分野が広い．二つに大別される．
1．外部記憶形：メモリカード・フラッシュメモリカードなど．記憶機能用
2．演算機能形：インテリジェントカード・スマートカードなど．記憶＋演算機能用．☞磁気カード

IC記憶装置（──きおくそうち）
IC memory →ICメモリ

ICメモリ　integrated circuit memory

コンピュータのメモリなどに多用し，半導体記憶装置ともいう．縦方向と横方向に多数のメモリセルを並べ，どのセルもアクセスタイムは同じで，次のような種類がある．

1．RAM（ランダムアクセスメモリ）
  ・バイポーラスタティックRAM
  ・MOSスタティックRAM
  ・MOSダイナミックRAM
2．ROM（リードオンリメモリ）
  ・バイポーラマスクROM
  ・バイポーラPROM
  ・MOSマスクROM
  ・MOSノンリライタブルPROM
  ・MOSリライタブルPROM
  ・電気的リライタブルMOS-PROM

リード/ライトメモリは，読出しや書込みがいつも可能なメモリで，リードオンリメモリは，一度書き込んだあとは，読出ししかできないメモリである．ICメモリでは，どちらもランダムアクセスメモリだが，リード/ライトメモリをRAMという．RAMにはスタティック方式とダイナミック方式とあり，ダイナミック方式はビット当たりのコストは安いが，コントロール回路が複雑となる．バイポーラRAMは高速だが，コストが割高となるため，マイコンなどではMOSスタティックRAMを多用する．ROMには製作のときに内容が決められてしまうマスクROMと，使用者が自由に書き込めるプログラマブルROM（PROM）がある．

PROMには，一度書き込んだら消せないノンイレーザブル（ノンリライタブル）と，何度でも再書込みができるイレーザブル（リライタブル）タイプがある．バイポーラPROMは，ノンリライタブル（ヒューズ方式）で，MOSのPROMはリライタブルである．消し方は紫外線式と電気式があるが，紫外線を当てて消すほうがコストが低い．

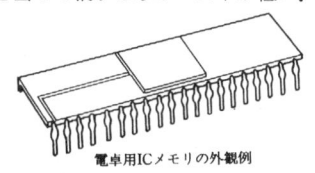

電卓用ICメモリの外観例

IC(RFID)タグ　IC (RFID) tag
電子荷札といえば分かりやすい．無線を使用していることでRFタグ（無線タグ）ともいう．RFとは，Radio Frequencyの頭文字をとったもの．

ID　identifier
多数の利用者のあるネットワーク内のメンバーを，コンピュータが判別するための番号または符号のこと．IDとパスワードの併用で機密性（セキュリティ）を保つ．インターネットやパソコン通信で実施されている．これをカード化してIDカードという．

IDカード　identifier card
→ ID

IDE
1．**Integrated Drive Electronics**　パソコンとハードディスク（HD）を接続する方式の一つ．1988年にアメリカ規格協会（ANSI）によって開発された規格．

2．**Integrated Development Environment**　「統合開発環境」の略．エディタ，コンパイラ，デバッガなど，プログラミングに必要なツールが一つのインタフェースで統合して扱えるような環境のこと．

iDEN　integrated Digital Enhanced Network
米国モトローラが開発した業務用無線サービスの一種．1台の携帯端末で，無線通信サービス，ディジタル携帯電話，ショートメッセージングサービス（ポケットベル），無線データ/ファクシミリの4種類の機能を利用できるネットワーク技術．

ID-ROM　identification ROM
会員番号などの識別用データを書き込んだ読出し専用のメモリのこと．

IDTV　improved definition TV
現行TVの画質を受像機側で改善する方式で，1982年に日立製作所が試作発表した．各フレーム信号をA/D変換し，輝度信号Yと色信号Cを動適応形YC分離回路で分ける．YC混入を予測し空白にしておいた帯域も使えるため，クロスカラーやドットクロールのない高画質が得られる．各フィールド走査線間に，直前の同じフィールド画面から新しく262.5本の走査線を作り補間する．毎秒60枚の画面を作る動適応形走査線補間回路を使う．これで静止画像のラインフリッカを除き，移動画像は残像を軽減するため，上下の隣接する走査線を平均し補間するので，ラインクロールも除去する．これらの対策で臨場感ある鮮明な高画質が得られ，EDTVへ引き継がれてきた．
☞ EDTV

IE
米マイクロソフト社のWebブラウザ．「Internet Explore」の略称．
→ Internet Explore

IEC　International Electrotechnical Commission
国際電気標準会議のことで，ここで定めたIEC規格は，JIS（日本工業規格）を決めるときにも参考にされた．日本の輸出製品を作る際の重要な規格であ

る. ☞JIS

IEEE　Institute of Electrical and Electronic Engineers
米国電気電子技術者協会と訳されている. 設立は1963年で, 現在は175カ国に会員を持つ電気, 電子, 通信などの研究者の国際的な学会. IEEEが制定する規格は同団体の性格上, 世界標準になるケースが多い. 特にLAN（ローカルエリアネットワーク）や無線通信の分野でIEEEは貢献している.
☞ISO

IEEE1284　In stitute of Electrical and Electronics Engineers 1284
IEEEはアメリカ電気電子技術者協会のこと. パラレルポート用インタフェースの規格.

☞パラレルインタフェース

IEEE1394　In stitute of Electrical and Electronics Engineers 1394
IEEEはアメリカ電気電子技術者協会のことで, 電気, 電子, コンピュータなどの発展に寄与し, 標準規格などを制定している. IEEE1394は, コンピュータと周辺機器をつなぐインタフェースの規格で, シリアル・インタフェース規格のUSB（ユニバーサルシリアルバス）に比べて高速転送ができる. USBの毎秒12Mbpsに対して, 100/200/400Mbpsの転送速度をサポートしている. ☞USB

IF
1. **intermediate frequency**　中間周波数の略称.
2. **integrated function**　LSIのことで, 機能集積回路ともいう. →LSI

IFフィルタ
intermediate frequency filter
中間周波フィルタのことで, 中間周波増幅回路に入れ, 受信機の選択度を向上させる. コイルLとコンデンサCを組み合わせたLC形やセラミック形, 水晶形がある.

IFA
intermediate frequency amplifier
中間周波増幅器のこと.
→中間周波増幅器

IFL　international frequency list
国際周波数表の略称で, 各国の割当周波数を順に作表し, 半年ごとに改訂する.

IFT
intermediate frequency transformer
中間周波変成器（トランス）の略称.

IGBT
insulated gate bipolar transistor
絶縁ゲート型バイポーラ・トランジスタ. MOSFETとバイポーラ・トランジスタを組み合わせて1チップにした素子で産業用機器の電力スイッチング半導体. ☞バイポーラ・トランジスタ

iLINK
アイリンクと呼ぶ. 米国電気電子学会（IEEE）が1995年に仕様を採択した情報転送速度が速いディジタル機器の次世代ディジタルデータ転送技術規格であるIEEE1394（アイ・トリプル・イー1394と呼ぶ）の普及を促進するために付けられた別称が「iLINK」.
☞IEEE1394

ILS　instrument landing system
計器着陸方式ともいい, 航空機の計器着陸用無線設備のこと. マーカとローカライザおよびグライドパスの三要素からなる.
①マーカ　滑走路の進入点や着陸点までの位置を指示する無線装置.
②グライドパス　滑走路進入の仰角を指示する無線装置.
③ローカライザ　滑走路への水平方向進入コースを指示する無線装置.
電波法施行規則では, 航空機に対し, 着陸降下直前または降下中に水平・垂直の誘導を与え, 定点において着陸基準点までの距離を示し, 着陸の進入経路を設定する無線航行方式と定義する

(第2条49)（上図参照）.

IME　Input Method Editor

アイエムイーといい、Windowsシステム上で日本語や中国語や朝鮮語など、文字の多い言語で文字を入力するためのフロントエンドプロセッサ（FEP）のプログラム．日本語用のIMEとしては、Windows 95/98に標準で添付されているMicrosoft社のMS-IMEの他に、ジャストシステムのATOKやバックスのVJEなどが有名．☞Windows

IMP　impact ionization avalanche transit time diode

インパットダイオードとかアバランシェダイオードという．また発表者の名W. H. Readからリード・ダイオードともいう．衝突なだれイオン化現象と走行時間効果を利用したダイオード．☞リード・ダイオード

IMPATT
→IMP

IMPATTダイオード
IMPATT diode
→インパットダイオード，IMP

IMT-2000　international mobile telecommunication-2000

国際電気通信連合（ITU）が標準化を進めているアナログ、ディジタルの両方式に次ぐ第3世代(3G)の携帯電話規格．2000は2,000MHz（2GHz）の周波数帯の電波を用いるという意味もある．静止時に2Mb/秒以上、歩行時に384kb/秒以上、高速移動時は144kb/秒以上の通信可能がIMT-2000の目標仕様．☞携帯電話

INET　interNET
インターネットの略称．
→インターネット

INMARSAT
International Maritime Satellite Organization

インマルサット、または国際海事衛星機構のこと．海上の人命安全、船舶運行を図る目的の国際組織．太平洋・大西洋・インド洋上に7個の衛星を打ち上げ、電話やテレックスなどで海事通信を行う．

INS

1. **information network system**

NTTが1988年から始めた高度情報通信システム（ISDN）のこと．21世紀に向けて提唱する電気通信システム．現在、アナログ伝送網を利用する電話・

電報・電信・データ通信・ファクシミリをディジタル通信網で統合し，品質向上とスピードアップを図り，TV電話やファクシミリ新聞，VRSやキャプテンシステムなど多様なニーズに対応し，料金体系の一元化・合理化・低減化をめざす．ISDNに通信処理機能を加えたシステム．

2. **inertial navigation system**
慣性航法装置の略称で，航空機などの移動体が現在位置を測る装置のこと．

INTELSAT
International Telecommunications Satellite Organization
インテルサットとか国際電気通信衛星機構といい，アメリカが提唱し加盟国の共同出資で運営する国際的衛星通信組織．通信衛星の開発・製造・打上げ・運用・管理などを行い，1964年日本も加わって発足し，KDDが運営に参加する．太平洋・インド洋・大西洋上に17個の通信衛星を打ち上げ，ディジタル通信・TV伝送・音声伝送などのサービスを行う．☞衛星通信

Internet →インターネット

Internet Explorer, IE
米マイクロソフト社のWebブラウザ．バージョン4.0からInternet ExplorerがWindowsのシェルとして働くようになりブラウザの機能とWindowsのExplorerが統合され，パソコン内のファイルとWebへのアクセスが同じ操作でできるようになった．現在はパソコンに標準で搭載されている．

I/O input-output
入力と出力，または入出力装置のことで，コンピュータ用語．

I/O装置（——そうち）
input-output unit
コンピュータの入出力装置のこと．

I/Oポート I/O port
入出力ポートと呼ばれ，コンピュータのCPUが周辺機器にデータを送受信するために使う窓口．固有のI/Oポートアドレスを持ち，識別されている．

IPアドレス
internet protocol address
インターネット・アドレスともいう．パソコンをインターネットに接なぐ際には契約したプロバイダを通じて行う．この際プロバイダ側がインターネットにつながっているコンピュータを見分ける（識別する）ための識別番号（アドレスナンバ）のこと．数字の0〜255を組合せた4組を使う．世界的規模のIPアドレス（グローバル・アドレス）はinter NICが管理している．私的な部分的なネットワーク（閉じたネットワーク）では，ローカル（プライベート）アドレスを使っている．
☞インターネット・アドレス

IP接続（——せつぞく）
IP connection
コンピュータをインターネットに接続するための方式．通信プロトコルにはTCP/IPを使う．☞TCP/IP

IPセントレックス
IP centrex
通信事業者が，IPネットワーク経由でPBX（構内交換機）機能を提供するサービス．企業向けIP電話サービスの1種で，そのサーバーの保守・運用を請け負うアウトソーシングサービスのこと．☞PBX

IPテスタ
internet protocol tester
IPネットワークに使用されるネットワーク機器の試験と，IPネットワークのモニタリングをする装置．最近はこの二つの機能を1台に搭載した測定器も登場した．IP（Internet Protocol）とは，さまざまな情報ネットワーク同士が通信を行うための約束事．インターネットに代表されるIPネットワークでは，ネットワークに接続する端末機器にそれぞれ割り当てられる識別番

号のIPアドレスに従って，情報を次々と転送する．IPテスタは，このネットワークの信頼性を試験するもので，IPネットワーク機器の開発・製造やIPネットワークの建設・保守に使用される．

IP電話（――でんわ） internet protocol telephony

通話経路にインターネットプロトコル（IP）の電話用に管理したネットワークを利用した電話．IP電話サービスプロバイダのIP電話セントレックスあるいは企業が自社用に構築するケースがある．「インターネット電話」の場合は，必ずしも電話サービス用の管理がなされていない．

管理制御する内容は，音声品質が主．音声パケットデータの遅延は，不自然な反響音などで聞きづらくなる．主な原因は音声と他のデータの混載などで渋滞が生じて遅延．広帯域通信サービス回線の場合は，従来の固定電話以上に高品質の通話も可能．

この管理制御の技術は，音声データを乗せて送受信するVoIP（ボイスオーバー IP）．VoIPの電話用の通信制御プロトコルにはSIP（セッション・イニシャル・プロトコル）規格が主流になりつつある．IP電話用サーバーおよびIT系のアプリケーションとの連携はSIP対応で構築．今後はモバイルIP電話端末との高品質通話が課題．

☞VoIP

IPA Information-technology Promotion Agency

情報処理振興事業協会のこと．「情報処理の促進に関する法律」に基づき設立された政府関係機関．

IPL initial program loader

コンピュータに電源を入れた時，最初に起動するプログラム．ROM内に収められていて，ハードディスクからOSを読み込んで起動する役割をする．

☞ROM

IPTV internet-protocol TV

インターネットの規格や技術を使って通信事業者やケーブルテレビ（CATV）会社が，双方向のブロード・バンド通信網を利用して契約者に対してテレビサービスを提供するのがIPTVと呼ばれる．従来のチャンネルだけでなく，高品位（HD）チャンネルにも対応し，ユーザはビデオ・オン・デマンド（VOD）や対話型番組表(IPG＝インタラクティブ・プログラムガイド）を楽しむことができる．

☞ブロード・バンド

IPv6 internet protocol version 6

インターネットを活用するユーザが爆発的に増加，IPアドレスが今後不足することが予想されている．現在は「IPv4」を用いており，IPアドレスを32ビットの番号を使って割り振っている．しかし，この方法だとインターネット上に接続できるコンピュータは約43億個しか認識できない．現在世界で使われているコンピュータは約8億台，携帯電話なども加えると，グローバルIPアドレスが枯渇する．そこで1994年に「バージョン6」が登場した．「バージョン4」は3桁の数字で割り当てられたが「v6」は，「v4」の32ビットに対し128ビットのアドレスフィールドを持ち，セキュリティ機能などの機能も持つ．そのアドレス数は2の128乗個となり，ほとんど無限に近いアドレスを確保することができる．地球上の砂の一粒一粒にアドレスを割り振っても大丈夫なほどだともいわれる．「IPv4」と「IPv6」は互換性があるため，混在が可能だ．

☞IPアドレス

IR information retrieval

情報検索の略称で，大量のデータの中から必要な情報を取り出すこと．コンピュータが利用され，製品管理や経営管理，研究開発など多くの用途に利用

ISD

する．☞情報検索

ISDN
integrated services digital network

電話・テレックス・データ通信は別々のネットワークを使ったので，必要に応じてそれぞれのネットワークに加入する必要があった．電話のネットワークでファクシミリやデータ通信もできるが，速度が遅く電話がファクシミリへ誤接続しても料金がかかった．利用者への不便やマルチメディア通信への対応から，ディジタル化によるすべての通信を扱うネットワークを考え，サービス総合ディジタル網をつくった．1988年NTTが電話網をディジタル化しINSネットを始め，番号や料金は電話の体系を使いファクシミリやデータ通信を高速化した．☞データ通信

ISMバンド **industrial, scientific and medical band**

別名2.4GHzバンドと呼ばれる．無線LANはその形態により使用できる周波数帯域が限定されている．ISMバンドは産業，科学，医学用の機器に用いられている周波数帯．900MHz，5.7GHz帯ともども通信以外の目的で電波を発信する機器のため予約されている周波数帯ということになる．
☞無線LAN

ISM帯の利用例2.4

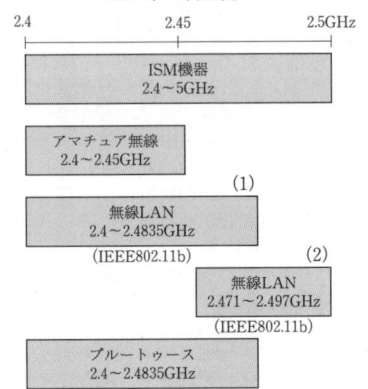

2.4	2.45	2.5GHz
ISM機器 2.4〜5GHz		
アマチュア無線 2.4〜2.45GHz		
無線LAN 2.4〜2.4835GHz (IEEE802.11b)		(1)
	無線LAN 2.471〜2.497GHz (IEEE802.11b)	(2)
ブルートゥース 2.4〜2.4835GHz		

ISO **International Organization for Standardization**

国際標準化機構といい，工業の標準化の国際機関の一つ．第二次大戦前に組織された万国規格統一協会（ISA）の事業を引き継ぎ，1947年に設立され80余か国が加入する．日本でも閣議で決定し，日本工業標準調査会が1952年にISOに加入した．関係する国々の利害を話合いによって調整し，国際的に統一した規格を作り，各国がその規格の実施を促進して，国際間の通商を容易にするとともに，国際協力の推進を目的とする．日本が国際標準化活動に参加し，日本の主張を国際規格に反映させたり，国際的な規格の動向を知ることができる．このように国際的な視野でJISを決め，JISの国際性を高めることで，海外への貿易に役立っている．現在150以上の専門委員会があり，必要に応じ分科会，委員会がおかれる．
☞JIS

ISO15408

情報システムに関する規格で，正式名「ISO/IEC15408（情報技術セキュリティ評価基準）」のことを指す．情報システム上のセキュリティの安全性などを評価・保障するもので，国際標準規格となる．具体的にはIT（情報技術）関連製品やインターネットなどのシステムがセキュリティ上問題なく設計され，実装されているかを評価する．
☞ISO

ISP **internet service provider**
→インターネットサービスプロバイダ

IT

1．**information technology** インフォメーション・テクノロジィ，情報技術と訳しITは英語頭文字による略称．
☞情報，情報交換，情報処理

2．**intelligent terminal** インテリジ

ェント・ターミナルの英頭文字の略称で，インテリジェント端末とか知能端末ともいう．
→インテリジェント・ターミナル

ITアーキテクト
IT architecture
情報サービスの11職種の呼称の一つ．情報システムの全体像を大きな視野でデザインする役割．日本では少数で早急な育成対象とされている．

キャリア開発プロセスの設計・実施の指針になる「ITスキル標準」の定義によると，主な活動領域は，「戦略的情報化企画」での①課題整理／分析を行いソリューションの枠組み策定②ソリューションアーキテクチャ（構造／パターン）の設計．従的活動として「開発工程」では③コンポーネントの設計④ソリューションの構築．

必要なスキル領域は，モデリング，プラットフォーム／要素技術，方法論，業界アプリケーションなどのほかリーダーシップやコミュニケーションの能力が共通要件．さらに次の五つの専門分野の職種が設定されている．①アプリケーション（機能デザイン）②データサービス（構成要素デザイン）③ネットワーク（デザイン）④セキュリティ（デザイン）⑤システムマネジメント（システム運用管理デザイン）．
☞ITスキル標準

ITガバナンス　IT governance
企業がITを導入・活用する際に，その目的と戦略を適切に設定，効果やリスクを測定して，その企業にとって理想的なIT活用を実現する仕組みを構築すること．ガバナンスとは「統治・管理・支配」の意味で，ITガバナンスは「IT統治」とも訳される．☞IT

ITビジョン　inter text vision
ITビジョン推進協議会が開発したインターテキスト技術により，テレビ放送電波のすき間を使いディジタルデータを放送すること．またはその技術のこと．視聴者と放送局との双方向性を目的としている．電話回線を使いアンケート・クイズ・ショッピングなどができる．受信には専用のテレビかITチューナ（外付け）が要る．
☞双方向通信

ITS　intelligent transport system
高度道路交通システムという．人と道路と車輌の融合を図り，交通安全・効率化，環境改善により快適で文化的な社会生活に貢献すること．1994年政府が高度情報通信社会推進本部を置いて活動を始めた．高速道路の料金所を止まらずに走り抜ける自動料金回収システムや自動運転装置の導入もこの一端である．

ITT　International Telephone & Telegraph Corp
1968年アメリカで設立された世界的な電気通信機器メーカ．多国籍企業で本社はニューヨーク．

ITU　International Telecommunication Union
国際電気通信連合の略称で1865年設立し，事務局はジュネーブ．日本は1879年より参加し第二次大戦後，国際連合の専門機関となった．

ITV　industrial television
工業用テレビジョンの略称．工業や商業，教育や医学などの分野でテレビが利用され放送用テレビと区別する．テレビカメラから受像機まではケーブルでつなぎ，電波を使わない．このため，クローズドサーキットテレビ（CCTV，閉回路テレビ）ともいう．
☞CCTV

J

J
1．熱量Qの単位記号でジュール〔J〕のこと．
2．電力量Wpの単位記号でジュール〔J〕のことで，ワット秒〔Ws〕の単位記号を使うこともある．
☞ジュール

J2EE　java 2 enterprise edition
ジェーツーイーイーと読む．サン・マイクロシステムズが提唱したプログラミング言語「Java 2」（Javaの第2版）の機能の一つで，基本プラットフォームのセッション管理やトランザクション処理，データベース処理など企業システムなどでサーバの開発環境や実行環境を指す．標準機能である「J2SE」の大規模システム向け環境になる．
☞Java言語

Jバンド　J band
周波数10〜20GHzの周波数帯（JCS規格バンド表示）．主にレーダなどで使用される．

JAMSAT　Japan Radio Amateur Satellite Corporation
日本のAMSATのこと．
☞AMSAT

JARL　Japan Amateur Radio League
1926年（大正15年）6月結成の日本アマチュア無線連盟（社団法人）の英語の頭文字でジャールともいう．国際アマチュア無線連合（IARU）に加盟し，IARUを通じて外国と交流し，アマチュア無線の普及や講習会やコンテスト，QSLカードの転送，アマチュア無線に関する建議，請願，電気通信監理局との交渉，アマチュア局の認定や指導助言，標準電波発射などを行う．
☞アマチュア無線

JAS　Japan amateur satellite
日本のアマチュア無線用人工衛星．JARLの協力で，1986年JAS-1（ふじ），90年JAS-1b（ふじ2号）などを打ち上げた．
☞JARL

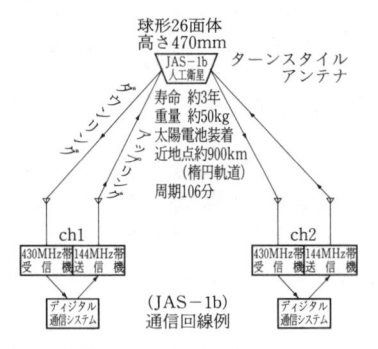

球形26面体
高さ470mm
JAS-1b 人工衛星
ターンスタイルアンテナ
寿命 約3年
重量 約50kg
太陽電池装着
近地点約900km（楕円軌道）
周期106分
ch1　430MHz帯144MHz帯 受信機送信機　ディジタル通信システム
ch2　430MHz帯144MHz帯 受信機送信機　ディジタル通信システム
（JAS-1b）通信回線例

Java言語（——げんご）　java language
ジャバと読む．機種やOSの違いに依存しない C++風のオブジェクト指向のプログラム言語．携帯情報端末（PDA）用にC++をベースに開発されたもの．サンマイクロシステムズ社がJava言語のライセンスを取得，インターネットの WWWに活用されるようになった．Java言語，Javaアプレット，対話型ブラウザのHot Javaなどを総称してJavaという．
☞プログラム言語

JCTA　Japan Cable Television Association
日本有線テレビ放送連盟の略称で，1974年発足し1980年郵政省(現総務省)から社団法人の認可を得た．

☞有線テレビジョン

JEC Japanese Electrotechnical Committee
日本電気規格調査会のことで，電気学会に属しJISの補いとなる規格を定める．この規格を指すこともある．

JEITA電子情報技術産業協会 (JEITA)（——でんしじょうほうぎじゅつさんぎょうきょうかい）
Japan Electronics and Information Technology Industries Association
電子機器，電子部品の健全な生産，貿易及び消費の増進を図ることにより，電子情報技術産業の総合的な発展に資し，我が国経済の発展と文化の興隆に寄与することを目的とした社団法人．活動内容は，政策提言や技術開発の支援，新分野の製品普及等の各種事業を精力的に展開するとともに，地球温暖化防止等の環境対策にも積極的に取り組んでいる．

JEM Japanese Electrical Manufacturer's Association
日本電機工業会（電機機器製造業者団体）または，その標準資料で，電気材料や電気機器などの特性や定格，寸法や試験法などの標準を定めている．

JFET junction FET
接合形電界効果トランジスタのこと．1952年にショックレー（米）がユニポーラトランジスタとして提唱した．半導体中のキャリア（電流）の通り路（チャネル）の側面のゲート電極で，ソース電極からドレーン電極に向かうキャリアの量を制御する．つまり，ゲートに加える逆バイアス電圧で生じる空乏層の大きさを加減し，チャネル幅をコントロールして電流を制御する．ゲート～ソース間（入力）に逆バイアスをかけるため，入力インピーダンスが高く，雑音が低い．低雑音低周波増幅器の初段，TVやFMチューナの高周波増幅用．

☞接合形電界効果トランジスタ

JICST Japan Information Center for Science and Technology
日本科学技術情報センタの略称で，ジクストと読む．科学技術用語を電気・機械・物理・化学・原子力など分野（カテゴリ）別に樹形（トリー）化し，科学技術文献に関する情報提供（オンライン検索サービス）を行う特殊法人．

JIS Japanese Industrial Standard
日本工業規格のことで，日本の工業品の標準規格．年々補充改訂している．
☞日本工業規格

JIS漢字（——かんじ）JIS kanzi
ジス漢字と読み，JIS第1水準漢字とJIS第2水準漢字の総称．

JIS漢字コード（——かんじ——）
JIS kanzi code
JIS規格X0208による情報処理用漢字コード．

JISコード JIS code
情報交換用符号で，1969年にJISに制定した．ISOコードにカナ文字を付加し，情報処理に使う．
☞ISO

JIS第1水準漢字（——だいいちすいじゅんかんじ）JIS level-1 kanzi set
内閣告示やJISに規定する漢字のうち，使用頻度の高い漢字集合．
☞ジス漢字

JIS第2水準漢字（——だいにすいじゅんかんじ）JIS level-2 kanzi set
JISに規定する漢字のうち，JIS第1水準漢字以外の漢字集合．
☞ジス漢字

JJY standard wave
→標準電波

JKフリップフロップ JK flip-flop
入力端子Jに入力1，入力端子Kが入力0のとき出力は1．Jが0，Kが1のとき出力は0．JとKが同時に1のとき，出力が前の状態と変化し，同時に0のとき，出力は変わらないフリッ

プフロップのこと．

入力J	入力K	出 力
1	0	1
0	1	0
1	1	1→0 or 0→1
0	0	1→1 or 0→0

JK-FF　JK flip-flop
→JKフリップフロップ

JPEG
joint photographic experts group

カラー静止画像の圧縮技術の国際規格のこと．ビデオ・写真の1コマをカラー静止画で保存する際，ファイルサイズを小さくするため，グラフィックデータを符号化し規格化した．パソコン用に出ているグラフィックスソフトの大部分はこの規格に対応し，機種に関係なくファイル交換ができる．

☞MPEG

JPEG2000
joint photographic experts group 2000

JPEGを発展させた画像圧縮方式の一つで，静止画像の圧縮・展開の方式を定めた国際規格．従来のJPEGよりも高圧縮・高品質な画像圧縮が特徴．「電子透かし」の挿入，圧縮する際の画質，サイズなどの細かい設定ができる．

JPNIC
Japan network information center

日本ネットワークインフォメーションセンタのこと．1993年設立．①国内インターネットアドレス割当管理業務．②JPドメイン名登録管理業務などインターネット資源管理運用の実施．1997年社団法人となり国内ドメイン名割当管理を実施している．

☞ドメイン

JSA　Japanese Standard Association
日本規格協会の略称．

JST　Japanese Standard Time
日本標準時のことで，1971年までは東経135°（兵庫県明石市）の平均太陽時を使ったが，地球の自転に変動があり1972年から原子時計に代わった．日常生活に不便がないよう，原子時計の標準時が平均太陽時から1秒以上狂うと時計を1秒修正する．

☞日本標準時

K

k kilo
キロと読み10^3倍を示す，単位の接頭語．

K
熱力学温度Tの単位ケルビン〔k〕のこと．

K殻（——かく） **K shell**
原子の中で原子核の周辺を回る電子の軌道で，核に最も近い軌道．

K形フェージング（——がた——） **K-type fading**
Kは大気の高さと屈折率の関係を示す定数で，実効地球半径係数．電波の伝搬経路の大気の屈折率が変わるため到来電波の強さが変わり，フェージングが生じる．干渉性と回折性の2種類ある．
1．干渉性は直接波と大地反射波の干渉により発生し，周期は短かい．
2．回折性は，屈折率が変化し電波の通路が変わって発生し，周期は長い．
☞干渉性フェージング

Kバンド K band
周波数18〜27GHzの周波数帯．主にレーダなどで使われる．
☞レーダ

Kaバンド Ka band
約27〜40GHzの周波数帯で，主に衛星通信で使う．
☞衛星通信

KDD
Kokusai Denshin Denwa Co., Ltd
1953年設立の企業で国際電信電話株式会社．インテルサットの理事会のメンバーで，国際データ通信網，海事衛星通信システム（INMARSAT），高速ファクシミリ網などのサービスをサポートする．

KH層（——そう） **KH-layer**
E層発見者や研究者の名を付けた電離層のこと．ケネリヘビサイド層ともいう．
☞電離層

Kuバンド Ku band
12〜18GHzの，主に衛星通信に使う周波数帯．
☞衛星通信

L

L
自己インダクタンスの量記号で単位はヘンリー〔H〕
☞自己インダクタンス

L殻（――かく） **L shell**
原子の中で原子核の周辺を回る電子の軌道で、K殻のすぐ外側の軌道．
☞K殻

L形アンテナ（――がた――） **L-type antenna**
L字形のアンテナで、ロングワイヤ形とか逆L形とも呼ぶ．高さ8m位で水平部の長さ12m位を多用する．水平部分は垂直部の実効高を高くする効果がある．

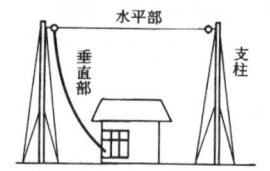

Lバンド L band
1．周波数1〜2GHzの周波数帯．主にレーダなどで使われる．
2．1.71〜1.215GHzの、主に衛星通信に使う周波数帯．
☞衛星通信

LAN local area network
ローカルエリアネットワークの略称で、ランともいう．ネットワークの構成は4種類ある．
(1)バス形．経済的だが伝送量小．
(2)星形．集中制御部の負担大．
(3)リング形．障害の影響を受けやすい．
(4) (1)〜(3)の組合せ形

1．構内や特定地域内のOA機器をつなぐ専用通信網（構内網,地域網）で、近距離のデータ転送システム．2．コンピュータやワークステーション、ワープロ等を接続装置（アダプタ）を通し共通の伝送路（バスやループ）につなぎ、映像や音声、図形や文字などの情報に、送り先と送り元の情報を加え（パケット方式）、相互に自由な情報交換を行う方式．高速データ通信（数百Mbit/s）を行うため、伝送路には専用の光・同軸のケーブルを使う．
☞ネットワーク

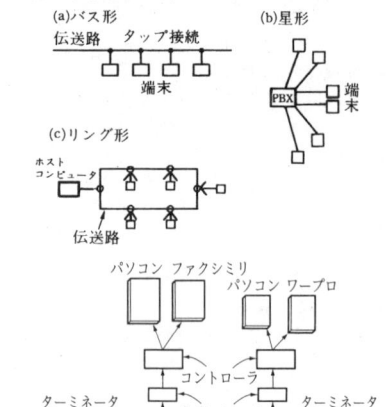

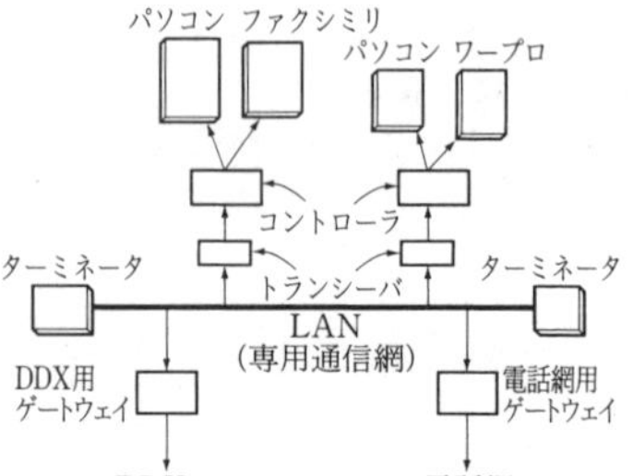

LC回路（――かいろ） **LC circuit**
インダクタンスLと静電容量Cからなる回路．

LC形周波数計（――がたしゅうはすうけい） **LC type frequency meter**
→吸収形周波数計

LC共振回路 (——きょうしんかいろ)
LC resonance circuit

インダクタンスLと静電容量Cによる共振回路．LC直列回路に交流を加え周波数fを変えると，ある周波数f_0で，LのリアクタンスX_Lと，CのリアクタンスX_Cが同大で打ち消し合い，回路のインピーダンスは最低となり，大きな電流が流れる．この状態をLC共振という．共振周波数 f_0は

$$f_0 = 1/(2\pi\sqrt{LC})$$

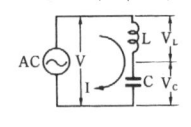

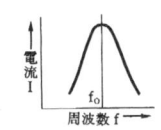

(a)回路　(b)共振電流

LC結合増幅器 (——けつごうぞうふくき) **LC coupled amplifier**

増幅回路相互の結合に，インダクタンス(コイル)Lと静電容量(コンデンサ)Cを使うこと．主に高周波(RF)増幅回路に使い，電磁結合方式が多い．
☞電磁結合

LC同調回路 (——どうちょうかいろ)
LC tuning circuit
→LC共振回路

LC発振器 (——はっしんき)
LC oscillator

正帰還(反結合)による発振器で，インダクタンスLと静電容量Cにより，発振周波数が決まる高周波発振器．ハートレー発振器やコルピッツ発振器はこの例である．
☞コルピッツ発振器

LCフィルタ **LC filter**

インダクタンスLと静電容量Cの組合せで構成されるフィルタで，四つの基本形がある．
(1)低域フィルタ．低域信号のみ通す．
(2)高域フィルタ．高域信号のみ通す．
(3)帯域フィルタ．f_2-f_1の帯域のみ通し，他の周波数で減衰が大きい．
(4)帯域消去フィルタ．f_2-f_1の帯域で減衰が大で，他の周波数はよく通す．

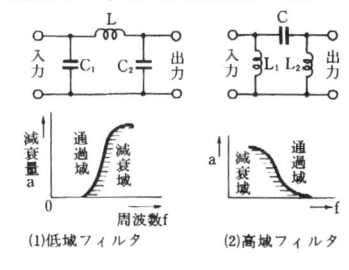

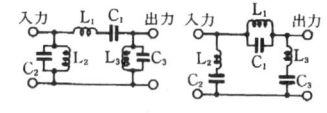

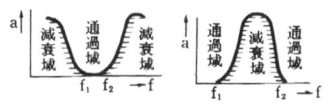

(1)低域フィルタ　(2)高域フィルタ
(3)帯域フィルタ　(4)帯域消去フィルタ
LCフィルタの基本形

LCD **liquid crystal device (display)**

液晶素子または，液晶表示素子(ディスプレイ)，液晶表示パネルなどのこと．電子時計や電卓，家電機器等用途は広い．液晶分子の配列状態を電界で変え，光学的性質の変化で光を変調する．
☞液晶ディスプレイ

LD **laser disc**

30cmの円盤にビデオ，オーディオ等のアナログ信号をFM変調により記録したもの．

LED **light emitting diode (lamp), solid-state lamp, LED**

発光ダイオードのこと．LEDは英頭文字の略称で，固体ランプともいう．
☞発光ダイオード

LEDバックライト **LED Backlight**

液晶ディスプレイパネルの光源として使われるのがバックライト．液晶自体

は光源を持たず，背面に蛍光灯と同じ原理の"冷陰極管"と呼ばれるランプと，光を拡散させて一様に行きわたらせる目的で使われる"導光板"で構成されている．

☞液晶ディスプレイ

LF
1. **low frequency**
①低周波のこと．
②30〜300kHzの周波数区分のこと．
2. **line feed** プリンタの改行のこと．

Linux
リナックスと読む．フィンランドのリーナス・トーバルズ氏が1996年に発表した，UNIX準拠のフリーOS（基本ソフト）．無償で安定性に優れており，またソースコードが公開されていることから，世界中のコンピュータの研究者や教育分野に急速に普及した．

☞UNIX

LIST
1. 順序づけした項目の集合．
2. プリンタで書き出した印刷物．
3. プログラム中の指定した行番号の表示．例：LIST100−200（プログラムの行番号100〜200の表示）

LOAD
コンピュータによるデータ処理の際の入出力命令の一つで，プログラムをフロッピーディスクからCPUに転送すること．

LONMARK JAPAN
LONWORKSネットワーク（米ECHELON社開発の知的分散制御のネットワーク基本技術）やIPv6を中心にしたオープンネットワークの普及を促進する特定非営利法人．商業施設，工業施設，公共施設，医療施設，一般住宅などの各種施設で使用されている動力，空調，防犯などの管理，監視，制御の設備情報を連携するネットワークの標準化を図り，業界業種を超えた普及を図る．ユビキタス社会を迎え，市民が住みやすく，快適で，安全かつ省エネ型の社会の実現に寄与することを目的にした．オープン化により競争原理を導入し，施設オーナーの運用・保守などの負担軽減を図り，一方で，互換製品の国際市場性を高める．

☞IPv6，ユビキタス

LONWORKS
local operating network works
LONWORKSは米国エシェロン・コーポレーションが開発した知的分散制御を実現するためのネットワーク技術．場合によってはLON対応製品を意味することもある．

LONとはLocal Operating Networkの略だ．LonWorks技術は情報技術，通信技術，制御技術，半導体技術を融合しオープン，フレキシブルな制御ネットワークを容易に構築することを可能とする新しいコンセプトのネットワーク技術だ．インターオペラビリティー（相互運用性）が確保されたオープンなシステムであり，マルチベンダー（複数メーカー）によるシステム構築が可能である．これによって機器の選択が自由になりコストの比較が容易になる．従来のクローズドで階層的なシステムの限界を取り払い，オープンで相互運用可能な制御システムを低コストで実現する．

LPF **low path filter**
ロー・パス・フィルタ（低域フィルタ）のこと．

→低域フィルタ

LSI **large scale integration**
1チップ当たり1,000素子（トランジスタ，FET，ダイオード，抵抗，コンデンサなど）以上10万素子未満のICをいう．1チップに集積された電子式卓上計算機，各種メモリなどがこの例で，PチャネルやNチャネルMOS形が多い．PチャネルMOSは製作技術も安定しており，値段も安いが動作速

度がやや遅く,スピードを問題としない用途,電卓や8ビットクラスのマイクロプロセッサなどに使う.Nチャネル形は大規模集積と高速動作が必要な用途,16ビットクラス以上の高性能マイクロプロセッサや4kビット大容量メモリ,通信工業等に使う.大規模集積回路ともいう.
☞ IC

LSIメモリ
large scale integration memory
LSIによる記憶素子(メモリ)で,ディジタルメモリを指す.約5mm角位の大きさで,ROMやRAMの別があり,アクセスタイムは他のメモリより速いが,容量に限界がある.量産効果で価格は低下しているが,割高である.主としてコンピュータなどのディジタル機器に多用する.
☞ RAM, ROM

LUF lowest usable frequency
最低使用周波数のこと.

LTCC
Low Temperature Co-fired Ceramic
LTCCはセラミックをベースとした低温焼成多層基板を指す.厚膜印刷基板の技術と高温同時焼成基板技術の利点を合わせ持ったプロセス材料技術である.従来のセラミック基板は1,000°C以上の高温度で焼成していたが,電極材料との温度差をなくし,異種材質を同時焼成できるように低温度焼成を実現したセラミック材料が用いられている.

M

M
1. 10^6倍を示す単位の接頭語でメガ（mega）と読む．
2. 相互インダクタンスを示す量記号で単位はヘンリー（henry）〔H〕．

m　milli
ミリと読み10^{-3}倍を示す単位の接頭語．

M殻（──かく）　M shell
原子の中で原子核の周辺を回る電子の軌道で，中心から3番目，LとN殻の間の軌道．
☞N殻

Mバンド　M band
周波数60〜100GHzの周波数帯（JCS規格）で，主にレーダなどで使用される．

Macintosh　→マッキントッシュ

MAN　metropolitan area network
主に都市で半径40〜50kmの地域で形成される通信網（都市域網）のこと．一つの建物内または敷地内での通信網であるLAN（Local Area Network）よりは，さらに広範な範囲での通信網ということになる．WAN（Wide Area Network）という概念より狭く，LANより広い通信網といえる．
☞LAN

MBS　Mutual Broadcasting System
アメリカのラジオの全国ネットワーク．ミューチュアル放送会社．

MCA　multi-channel access system
1982年運用開始の業務用通信方式．周波数850〜860MHzと905〜915MHz，399チャネルを割り当て，1システム16チャネル分．1回の送信時間1分以内，空きチャネルを自動的に選ぶ機能をもち，中継所使用で小電力の安定通信が可能．業務用車載通信に多用する．

MD　minidisk
ミニディスクの略称で，直径64mm，厚さ1.2mm片面使用．パソコンやワープロの3インチ形フロッピーディスクのようにプラスチック保護ケース入りで，演奏時間は最大74分．再生専用と録音・再生用（生MD）があり，ディジタル方式．人間の耳で聞きにくい高域と低域信号を圧縮し，CDの約5分の1の情報量にし小形・長時間演奏・高音質にした．1992年11月ソニーが発売，他メーカも参入し競合している．小形・耐振性や取扱い容易・高音質・ランダム・アクセスや耐劣化性があり録音可能・携帯用．
☞ランダム・アクセス

MDDI
mobile display digital interface
米クアルコムが開発したシリアルインタフェース規格．クアルコムが提供する携帯電話用チップセット「MSM」（モバイル・ステーション・モデム）に標準搭載され，携帯電話用の液晶コントローラなどに採用されているインタフェース．☞インタフェース

ME　medical electronics, medical engineering
医用電子技術，または医用電子工学のこと．

MELF型電子部品（──がたでんしぶひん）
MELF type electronic components
アキシャル型やラジアル型といったリード線を有する円筒型電子部品のリード線の代わりに金属キャップを電極として用いたもの．

MF　medium frequency
周波数0.3〜3MHzの周波数区分の名で，

中波帯の一部に相当する.

MICR　magnetic ink character reader, MICR
コンピュータの入力用カードに，磁気インキで書き込んだ文字を読み取る磁気インキ文字読取り装置のこと．

MIDI
musical instrument digital interface
シンセサイザ・リズム音源・シーケンスソフトが働いている楽器やコンピュータが，互いに演奏データを送受するためのインタフェースのこと．またはその規格のこと．電子楽器はMIDI規格の端子をもち，この楽器を活用するパソコンソフトも出ている．パソコンではサウンドボードにLSIをさし，音源（音を発生する装置）にしている．
☞インタフェース

MIL　Military Specifications
アメリカの軍用規格のことで，輸出品にもあてはめることがある．

MILnet　mlitary network
ミルネットと読む．1989年に軍事目的としてARPAnetから分離されたネットワーク．
☞ARPAnet

MIME　multipurpose internet mail extension
マイムと読む．インターネット活動委員会が提唱し，電子メール（E-mail）でマルチメディアを送るための規格．メールの内容の機密性を高めるために用いられるS/MIMEもある．
☞電子メール

MKS単位（——たんい）　MKS unit
MKS単位系の中の各単位のこと．

MKS単位系（——たんいけい）
MKS system of units
基本単位にM(meter), Kg(kilogram), S (second) をとり，これに電気的な量として，アンペアAを加えて組み立てた単位系．ワットWやボルトV，オームΩ，ヘンリーH，ファラドF，クーロンC，ウェーバWbなどの実用単位がそのまま使える便利な単位系．

MLS　microwave landing system
着陸する航空機の水平（方位）誘導装置と垂直（高低）誘導装置に，マイクロ波で情報を与える計器着陸誘導システム．1950年頃から開発が始まり，空港の地形に応じた進入コースに誘導できる．ILSの後継システム．
☞ILS

MO　magnet-optical disk
光磁気ディスクの略称．メモリ容量は最高で640メガバイト〔MB〕，パソコン用は3.5インチの円盤を多用する．オーバライト（消去と書込みを同時処理する）技術で，書込み速度も改善された．カートリッジタイプで持ち運びの利便性もある．価格も下りつつある．

MOD
1. **music on demand**　ミュージックオンデマンドのこと．

2. **multimedia on demand**　マルチメディアオンデマンドのこと．
☞オンデマンドサービス

MODEM　modulator-demodulator
モデムと読み，変復調器ともいう．
→モデム

MOS
metal oxide semiconductor, MOS
モスとかエムオーエスと読み，メタルオキサイドセミコンダクタの頭文字．シリコン表面の酸化膜（oxide）の上に金属（metal）電極がつく構造で，酸化被膜は0.1ミクロン以下の薄さで絶縁の働きをし，高インピーダンスとなる．これに静電気がたまると高電界

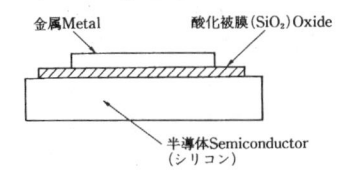

MOS

となり，絶縁破壊を起こしやすい．MOSダイオードやMOSFET, MOSICはこの応用である．

MOSダイオード　MOS diode

半導体Sの表面に酸化膜Oをつくり，その上に金属Mを蒸着し，Oを絶縁膜としてSとMを電極としたダイオード．可変容量ダイオードとして使うことがある．

☞可変容量ダイオード

MOSトランジスタ
MOS transistor

MOS-FET，絶縁ゲート形FETともいわれ，電界効果トランジスタの一種．NチャネルとPチャネル形があり，ゲート電圧が0のときドレーン電流が流れるか流れないかによりデプレッション形とエンハンスメント形に分かれる．入力インピーダンスが高く，逆耐電圧はあまり高くない．設計や製造が精密にできるため比較的高い周波数（200MHz位）まで使える．

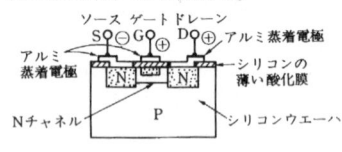

Nチャネルエンハンスメント形

MOS-FET　MOS-FET

MOS形のFETのこと．
→MOSトランジスタ, MOS

MOS-IC　MOS-IC

MOS形ICのことで，モスアイシーと読み，ディジタル回路用．コンピュータの主記憶装置や演算制御装置，ワープロや通信機器に多用する．

MP3　MPEG audio layer3

エムピースリーと読む．MPEG-1で規定されたディジタル音声圧縮方式の一つで，音声データを約1/10に圧縮できる．データを再生する際にはある程度のデータ転送速度が必要となる．オーディオCD並みの音質を表現する．圧縮率が高く音質も良いので，インターネット上での音楽の伝送など，音楽をパソコンで扱う場合に用いられる．インターネットによる音楽配信，半導体メモリを利用する音楽プレーヤなどで利用されている．最近は，携帯電話やディジタルカメラなどがMP3再生機能を持っている場合もある．広く普及する一方で，著作権保護機能がないため，さまざまな権利問題も生まれている．

☞MPEG-1

MPコンデンサ
metallized paper condenser

英語のメタライズドペーパの頭文字．絶縁紙の片面に亜鉛を真空蒸着し2枚合わせて巻き込む．蒸着部は細かな亜鉛微粒子の集まりで，部分的にショートしても回復しそのまま使える．ごく薄くでき全体が小形で，大きな容量のコンデンサができる．リード線は巻き終わった筒状の両端に鉛を吹きつけ（メタリコン），それにすずメッキ線をハンダ付けし，ケースに収め，両側を封止しパラフィンなどを充てんして完成する．50/60Hzの電源回路に多用する．☞コンデンサ

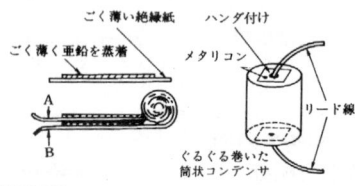

MPEG
moving picture experts group

エムペグと読む．動画像の高能率圧縮方式の一つ．ISOにより設置された動画像専門家委員会という専門家組織の名称をそのまま使用．画像の中の動く部分だけを検出し保存するなどでデータを圧縮している．MPEG-1から

MPEG-4まであり，現在MPEG-7規格の標準化が進行中．
☞ MPEG-1

MPEG-1
moving picture experts group phase 1
エムペグワンと読む．画質はビデオなみ．Video CDなどの蓄積メディアを想定した動画圧縮の規格である．再生時に動画と音声合わせて1.5Mbps程度のデータ転送速度が必要．
☞ MPEG

MPEG-2
moving picture experts group phase 2
エムペグツーと読む．DVDやディジタル衛星放送で使用される高品質の動画圧縮規格である．DVD-Videoやディジタルテレビなどで利用されている．再生時に動画と音声合わせて4〜15Mbps程度のデータ転送速度が必要．画質はS-VHSのビデオ並み．MPEG-3方式はMPEG-2に吸収されたため存在しない．
☞ MPEG

MPEG-4
moving picture experts group phase 4
エムペグフォーと読む．携帯電話や電話回線での低画質・高圧縮率の映像の配信を目的とした規格で動画と音声合わせて64kbps程度のデータ転送速度で再生できる．

MPEG-7
moving picture experts group phase 7
MPEG-7は，圧縮符号化を目的としたMPEG-1, 2, 4とは異なり，マルチメディアコンテンツの情報検索を目的とした内容記述（付加情報）のフォーマットの標準化技術．正式な名称は「マルチメディアコンテンツの記述インタフェース(Multimedia Content Description Interface)」という．

MPU
micro processing unit
超小型演算処理ユニットの意．マイクロプロセッサのこと．
→マイクロプロセッサ

MRAM magnetoresistive random access memory
磁気抵抗メモリという．記録媒体に磁気ディスク装置と同じ磁性体を用いたもので，電源が切れてもデータが消えることがない不揮発性のメモリである．磁気によってデータを記録するメモリで，FeRAM（強誘電体メモリ）とともに次世代メモリとして期待されている．データを高速に書き換えることのできる半導体メモリにはSRAM，DRAMがある．しかし，これらのメモリは電源が切れるとデータが消えてしまう．
☞ 強誘電体メモリ

MRI magnetic resonance imaging
マグネチック・リゾナンス・イメージングの英頭文字の略称．磁気共鳴映像法のことで，磁気共鳴により得られた断層映像を物質構造や人体内部の診断に利用する方法．核(nuclear)を付け核磁気共鳴NMRともいう．X線のような放射線の影響を受けず人体組織の断層像が得られるため，コンピュータ制御による断層映像診断が普及した．
☞ 核磁気共鳴，コンピュータ・トモグラフィ

MROM mask programmed ROM
マスクロムとかマスクROMと表され，メーカーの製作中のマスク工程で作られるROM．読出し専用メモリ．
☞ マスクROM

MSドス →MS-DOS
MS-DOS MS-DOS
パソコンは当初BASICで動かしたが，1980年代の8ビット機OSはCP/Mを使った．これをモデルに16ビット用OSを，ベンチャー企業のシャトルコンピュータプロダクトが開発した．MS（マイクロソフト）社がこれを買

MSI

い，1982年IBM用にPC-DOS，他社用にMS-DOSとして発売した．日本では1983年にNECがPC-9801，日立がMB16000，東芝がpaso pia16などに採用し普及した．DOSはディスクオペレーティングシステムの意で，ディスクとは磁気（フロッピー）ディスクのこと．☞OS

MSI medium scale integration
一つのICで100〜1,000個ぐらいの素子をもつものを中規模集積回路，またはメディウムスケールインテグレーションともいい，頭文字をとってMSIという．素子にはトランジスタ，FET，ダイオード，抵抗，コンデンサなどがある．☞中規模集積回路

MSP
Management Service Provider
情報通信システムの稼働状況を監視・運用するサービス提供事業者．MSPの監視センタからネットワークを介して複数の顧客のシステムを対象にする．顧客には，インターネットデータセンタやITサービスプロバイダを介するOEMを含む場合と法人顧客への直接契約による提供がある．
☞プロバイダ

MSS mobile-satellite service
移動衛星業務のこと．
→移動衛星業務

MTカット MT cut
水晶振動子のカット名の一つで，周波数—温度特性が常温付近で0温度係数となるカット．縦振動で周波数は80〜200kHz．
☞水晶振動子

圧力保持型　　クリップマウント型

スプリング／絶縁板／電極／水晶片／ケース（空隙あり）
ケース／水晶片／蒸着電極／導電性ペースト／スプリング／ベース

水晶振動子構造図

MTF modulation transfer function
空間周波数に対する再生レーザビームの信号変調度を示す関数．ビームスポットに対して十分長いピットサイズの変調度により正規化されて示される．MTFは，再生レンズの波長をλ，開口をNAとしたとき，空間周波数に対してほぼ直線的に低下し，グラフで示されるように，$2NA/\lambda$で0になる．なお空間周波数とは単位長さ当たりのコントラスト変化の繰り返し回数．

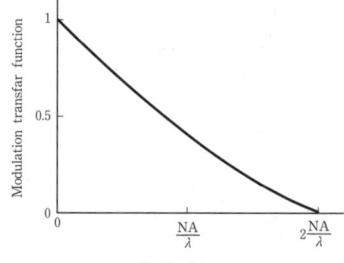

MUF
maximum usable frequency, MUF
短波の無線通信は電離層の屈折波を使い，使用周波数Fの影響を受ける．Fが低いと電離層での減衰が大きく，高いと突き抜けて地上にもどらない．電離層を突き抜けない最高限度の周波数を最高使用周波数MUFという．時刻・季節・年変化があり，電波予報で1か月間の中央値が発表される．
☞電離層

MUSE方式 （——ほうしき）
multiple subnyquist sampling encoding system
大画面の迫力や臨場感のある高精細TV（ハイビジョン）の伝送帯域圧縮法の一種．走査線数や水平・垂直解像度は，現行NTSC方式の2倍以上で，カメラの出力信号帯域幅は約30MHzである．これをLPFで，輝度信号Yの帯域幅を22MHzに削る．カラー信号

は赤R，青B，Yからなる色差信号(R-Y)・(B-Y)で，帯域幅はおのおの7MHzとし，合計36MHzを8MHzの帯域幅に圧縮し，FM伝送で衛星の1チャネル27MHzに収める．輝度信号とカラー信号を分離し，時分割多重伝送して，クロスカラー等の妨害を除き，FM伝送によって伝送ひずみや送信電力を軽減する．また，エンコーダやデコーダでの帯域圧縮や帯域伸長の際は，ディジタル処理を行う．

☞NTSC方式

MVNO
Mobile Virtual Network Operator

仮想移動通信事業者のこと．携帯電話やPHSなどの移動通信事業者から通信インフラを借り，自社ブランドで移動通信サービスを提供する事業者のこと．

N

N
1. 力の単位記号で単位はニュートン〔N〕．
2. 英国の物理学者で万有引力の発見者ニュートンのこと．
3. 磁石のN（北）極，north極のこと．
4. N形半導体のこと．

n　**nano**
ナノと読み10^{-9}倍を示す，単位の接頭語．

N殻（——かく）　**N shell**
原子の中で原子核の周辺を回る電子の軌道で，中心から4番目，M殻の外側の軌道．☞M殻

N形半導体（——がたはんどうたい）
N-type semiconductor
→不純物半導体

n形半導体（——がたはんどうたい）
n type semiconductor　→N形半導体

nチャネル　**n channel**
→NチャネルFET

NチャネルFET　**N channel FET**
電子（negative→N）が多数キャリアのFETで，電子の通路（Nチャネル）幅をゲート電圧で変え，電子流（ドレーン電流）を制御するFET．
☞ドレーン電流

NAB
1. **National Association of Broadcasters**　アメリカ放送事業者連盟の略称．
2. **National Association of Commercial Broadcasters in Japan**　日本民間放送連盟の略称．
3. NAB特性．

NAB特性（——とくせい）
National Association of Broadcasters playback characteristic
テープレコーダの再生特性の一つで，再生装置のイコライザ回路は，この特性になるよう設計，調整する．

NAND　**NAND**
→NAND回路

NAND回路（——かいろ）
NAND circuit
否定積回路とかナンド回路ともいい，アンド回路とノット回路を組み合わせた論理回路．図(a)はダイオードD_1〜D_4によるアンド回路と，トランジスタQによるノット回路を組み合わせた論理回路でDTLともいう．
☞DTL

NANDゲート　**NAND gate**
→NAND回路

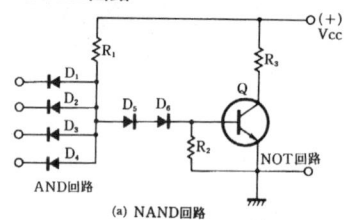

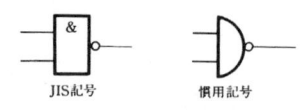

(a) NAND回路

(b) NAND回路の記号

NAS　**network attached atorage**
ネットワークに直接接続して使用するファイルサーバ専用機のこと．ハードディスクとネットワークインタフェースなどを一体化したサーバで，ストレージ（外部記憶装置）をネットワーク上に置く．
☞ストレージ

NASA National Aeronautics and Space Administration
アメリカ航空宇宙局.

NBC
National Broadcasting Company
アメリカの3大TVネットワークの一つ.アメリカの放送会社.

NC
1. **no connection** 無接続の意味で,ICのピン接続図では内部接続のないことを示している.

2. **numerical control** 工作機械をコンピュータ制御し,工作を進めること.数値制御とかエヌシーともいう.

☞数値制御

NCU network control unit
ネットワーク(通信網)制御装置の略称で,公衆通信回線を使いデータ通信を行う際の,ネットワークの呼出しや接続,復旧や切断などの接続制御を行う装置.データネットワーク用と電話回線用があり,電話回線用は電話回線とネットワークにつなぐ機器との間に入る.

☞制御装置

NDB non-directional radio beacon
無指向性無線標識の略称で,200〜400kHzの中波を1kHzで変調したA2電波を,各方向に均一に発射する.船舶や航空機は,この標識電波を測り方位を知る.航空機の航行援助用として国際標準に採用されている.

☞標識電波

NF negative feedback →NFB
NFB negative feedback
NFとか負帰還ともいう.フィードバックは帰還と訳され,次の二つがある.(1)増幅器の出力の一部を入力信号と同位相で入力側にもどす方式で,正帰還とかポジティブフィードバック(PFB)という.(2)増幅器の出力の一部を入力信号と逆位相で入力側に加える方式で,これがNFBである.NFBは入力信号を打ち消し,増幅度は低下するが,ひずみや直線性,位相特性やダイナミックレンジ,周波数特性や雑音などを軽減・改善する.増幅器はNFBをかけたものが主流で,フィードバックといえばNFBをさす位に普及した. ☞負帰還

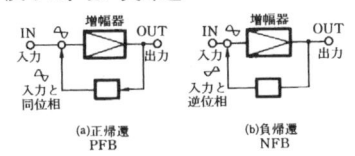

(a)正帰還 PFB　　(b)負帰還 NFB

NFC near field communication
短距離無線通信規格の一種.フィリップスとソニーが開発,非接触型識別技術(RFID)と相互接続技術の組み合わせ.13.56MHzの周波数を使用して,通常10cmの距離で100〜400kbpsの伝送速度により,機器同士のワイヤレス接続と,決済向けにタッチ動作での接続機能を持つ.

NHK
日本放送協会の略称で,放送法により1950年設立の法人.日本全国で放送が受信できるよう,ラジオ・テレビ・FM放送や短波による国際放送も行い経費は受信料でまかなう.

NIC network information center
ニックと略称しネットワーク・インフォメーション・センタとかネットワーク情報センタという.インターネットの管理・IPアドレスの割当てなどの業務を行う組織.世界的規模のIPアドレスをグローバル・アドレスといい,これをInter NICが管理する.国際的管理はInter NICが行い,世界の主要国・地域に支部がある.日本ではJPNICがIPアドレスを配布している.

☞IPアドレス

Ni-Cd nickel-cadmium battery
ニカド蓄電池のこと.
→ニッケル・カドミウム蓄電池。

NII

national information infrastructure
情報スーパーハイウェイ構想という.クリントン大統領とゴア副大統領が,1993年に発表した高速通信網の構想.全米の家庭,大学,図書館,企業などにギガbpsクラスの高速光ファイバ通信網を引くという計画.
information super-highway planning ともいう.
☞光ファイバ

NMOS N channel MOS
Nチャネルモスとか,エヌモスと読み,NチャネルのMOSトランジスタの略称.
電子による電流で動作するMOSトランジスタで,高周波特性が優れている.NチャネルMOS-FETともいう.
☞MOS-FET

NMR nuclear magnetic resonance
ニュークリア・マグネテック・リゾナンスとか核磁気共鳴とかいう.NMRは英頭文字の略称.MRIともいう.
☞核磁気共鳴,コンピュータ・トモグラフィ,MRI

NMRイメージング
nuclear magnetic resonance imaging
NMRIとか磁気共鳴断層像撮影,核磁気共鳴像診断などと訳す.MRIと同じ.
☞核磁気共鳴,コンピュータ・トモグラフィ

NMRI
nuclear magnetic resonance imaging
NMRIは英頭文字の略称で核磁気共鳴映像とか磁気共鳴(像)診断などともいう.NMRIイメージング,MRIと同じ.
☞核磁気共鳴,コンピュータ・トモグラフィ

NNSS
navy navigation satellite system
→衛星航行システム

NOD news on demand
インターネットのニュースオンデマンドのこと.☞オンデマンドサービス

NOR NOR →NOR回路

NOR回路 (――かいろ) NOR circuit
ダイオードによる論理和(OR)回路とトランジスタによる否定(NOT)回路を組み合わせた回路で,ノア回路,または否定(論理)和回路ともいう.
回路の入力A,Bともに0のとき出力がありその他では0.
☞否定論理和回路

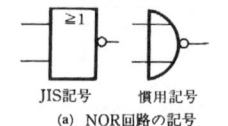

入力		出力
A	B	
1	1	0
1	0	0
0	1	0
0	0	1

JIS記号 慣用記号
(a) NOR回路の記号   (c) 真理値表

(b) 回路例

NORゲート NOR gate
→NOR回路

NOT NOT →NOT回路

NOT回路 (――かいろ) NOT circuit
1個の入力端子と1個の出力端子をもち,入力端子に"0"が入力された場合だけ,出力端子に"1"を出力する回路.

NOTゲート NOT gate
→NOT回路

NPN形 (――がた) NPN type
半導体のN形とP形をサンドイッチ状に重ねた構造のもの.
☞NPN形トランジスタ

npn形 (――がた) npn type
→NPN形トランジスタ

NPN形トランジスタ（——がた——）
NPN type transistor
N形半導体の間に，P形半導体を薄く接合させ，サンドイッチ状にしたトランジスタ．P形の部分をベース，隣りをコレクタ，エミッタにする．
☞N形半導体

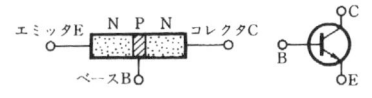

npn形トランジスタ（——がた——）
npn type transistor
→NPN形トランジスタ

NPNトランジスタ　NPN transistor
→NPN形トランジスタ

npnトランジスタ
npn type transistor
→NPN形トランジスタ

NRZ　no return to zero
非ゼロ復帰ともいう．
☞NRZ符号

NRZ符号（——ふごう）
no return to zero code
ディジタル信号Sのパルスが基準レベルLにもどらぬ符号形式のこと．
☞基準レベル

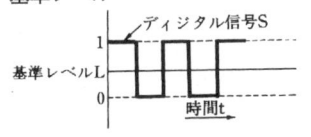

NSFnet
national scientific foundation
1986年に非軍事目的としてARPA netから分離された，NSF（全米科学財団）が運営している政府支援の学術ネットワーク．
☞ARPA net

NSP　network service provider
インターネットのネットワーク回線接続業者のこと．
☞インターネットサービスプロバイダ

NTカット　NT cut
水晶の結晶から振動子を切り出すときの水晶振動子のカット名の一つで，周波数—温度特性が常温付近で0温度係数となる．(1)板状幅屈曲振動．周波数20〜80kHz．(2)音叉形屈曲振動（水晶時計用）32.768kHz．
☞水晶振動子，Rカット

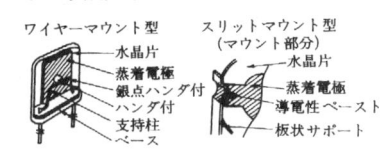

水晶振動子の構造図

NTCサーミスタ　negative temperature coefficient thermistor
負特性サーミスタのこと．
→負特性サーミスタ

NTSC式カラーテレビ（——しき——）
National Television System Committee's System color television
→NTSC方式

NTSC方式（——ほうしき）
National Television System Committee's System
1950年頃全米テレビジョン方式委員会（NTSC）が開発したカラーテレビ方式．1953年に米国連邦通信委員会（FCC）が，アメリカのカラーテレビの標準方式に採用し，日本は1960年にNTSC方式をカラーテレビの標準方式に採用した．この方式は白黒テレビとの両立性があり，同じ6MHzの帯域の中に二つの色信号と輝度信号，3種の同期信号とカラーバースト信号を含む．
☞NTSC方式

NTT　Nippon Telegraph and Telephone Company
1985年日本電信電話公社から日本電信電話株式会社に変更となり，現在はNTTに変更．

O

OA office automation
オフィスオートメーションの略称で、オーエーと読む。ワークステーション、パソコンやワープロ、電子コピー機やファクシミリなどを使い、オフィスの情報の作成・加工・伝達などを効率的に行うことや、その技術、またはこれらの事務機器。
☞ワークステーション

OCR optical character reader
光学式文字読取り装置のこと。機械を使い文字を光を使って、読み取る、コンピュータ入力装置の一種。
☞光学式文字読取り装置

ODM
original design manufacturing
設計を含めて、技術開発の段階から生産までを引き受ける業態をいう。
☞EMS, OEM

OE opto electronics
オプトエレクトロニクス、または光電子工学の略称。

OEIC
opto-electronic integrated circuit
光(ひかり)電子集積回路の略称で、結晶表面の薄膜を通して半導体レーザの光を集積回路に結合し、光素子と電子素子の両方を集積したIC。
☞集積回路

OEM
original equipment manufacturing
外部へ製造委託した製品を自社ブランドで販売すること。また他社ブランド名の製品を製造すること。製品を製造するOEM企業は、顧客企業の要求するコストや仕様で製品を設計・製造し、部材調達や品質管理を含むトータルなサービスを提供することもある。

OFDM orthogonal frequency division multiplexing
直交周波数分割多重という。無線などに使用されるディジタル変調方式の一つ。周波数帯域当たりの伝送容量が高いため、日本と欧州の地上ディジタル放送や5GHz帯無線LAN(WLAN)仕様のIEEE 802.11a, 2.4GHz帯の高速WLAN仕様のIEEE802.11g, 電力線モデムなどの伝送方式に採用されている。
☞無線LAN

OFF off
1. スイッチを切ること。
2. リレーを動作し、接点を開き、回路を断ち、電流を断つこと。
3. トランジスタの動作状態が、遮断状態のこと。
4. オフまたはブレーク回路のこと。

OFF回路 (――かいろ) off circuit
1. 自動制御のシーケンス制御で、接点をあけるための回路で、ブレーク回路とかb接点回路ともいう。
2. ON回路の逆で、スイッチを開放した状態の回路、または開回路のこと。
3. スイッチ動作のトランジスタが、遮断状態にある回路のこと。
☞シーケンス制御

OHP over head projector
オーバヘッドプロジェクタの略称で、原稿に強い光を当て、レンズで集光しスクリーンに投影する。黒板に比べ提示と消去が容易で、重ね提示ができパラメータの変化によるグラフ表示などが容易である。原稿は透明フィルムにあらかじめ記入し、サインペンなどで書き込みながらの説明も容易で、原稿の分類・整理・保存が簡単。

OMR　optical mark reader
光学式マーク読取り装置のこと．カードに鉛筆で記入したマークに光を当て，反射光を光電素子で読み取るコンピュータ入力装置の一種．
☞OCR

ON　on
1．スイッチを入れること．
2．リレーを動作し，接点を閉じて回路をつなぎ，電流を流すこと．
3．トランジスタの動作状態が，導通状態で，電流が流れる状態のこと．
4．オンまたはメイク回路のこと．

ON回路（——かいろ）　on circuit
リレーを動作し接点を閉じる回路．自動制御のシーケンス制御で使い，メーク回路とかa接点回路ともいう．
☞シーケンス制御

ON-OFF制御（——せいぎょ）
on-off control
自動制御技術の主にシーケンス制御で使う制御法．目標値のある範囲の上限と下限だけで動作して，炉内温度や水槽の液位を制御すること，その技術．
☞シーケンス制御

ON-OFF動作（——どうさ）
on-off control action
自動制御の制御動作の一種で，電気回路を開閉し温度や液面などを制御する．オンオフ動作とか二位置動作ともいう．サーモスタット，バイメタル，水銀スイッチ，マイクロスイッチなどを使って電気回路を開閉する．
☞自動制御

OP　operational amplifier
→OPアンプ

OPアンプ　operational amplifier
オペレーショナルアンプリファイヤ，演算増幅器のこと．
☞演算増幅器

OPアンプリファイヤ
operational amplifier
→OPアンプ

OR　OR
→オア回路

OR回路（——かいろ）　OR circuit
→オア回路

ORゲート　OR gate
→オア回路

OS　operating system
オペレーティングシステムの略称で，オーエスと読む．コンピュータのハードウェアの性能を十分発揮させ（応答時間短縮と処理能力向上），使用法を容易にし，運転人員を減らし，障害の検出と回復を行い，運転停止を極力避けることなどをめざす動作（制御）方式．

OTL　output transformerless circuit
オーディオ増幅器で出力変成器を除いた回路方式のこと．
→OTL回路

OTLアンプ
output transformerless amplifier
アウトプット・トランスレス・アンプリファイヤのことで，出力用トランスを使わぬ低周波電力増幅器．アンプの周波数特性を広げNFを増すには出力トランスを除いたほうがよい．トランジスタは，真空管より出力インピーダンスが低く，スピーカとのインピーダンスマッチングも容易で，オーディオ用のメインアンプはOTL方式である．これにより重量，スペース，価格の点でも有利になる．
☞出力トランス

OTL回路（——かいろ）
output transformerless circuit
出力トランスOTを除いた回路のことで，次の利点がある．
(1)NF量を増やし，直線性や周波数特性を改善し，ひずみや雑音を軽減し，ダイナミックレンジを大きくできる．
(2)OTの重量，スペース，価格を削減できる．
☞出力トランス

OWF

OWF optimum working frequency
最適運用周波数の略称で，最適使用周波数FOTと同じ．
☞FOT

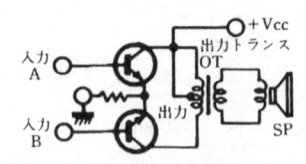

出力トランスOT付回路

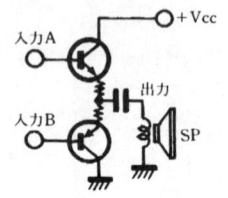

出力トランスOTを除いたOTL回路

P

P
1. 10^{15}を示す単位の接頭語でペタ (peta) と読む.
2. power　電力のこと.
3. (有効)電力を示す量記号で単位はワット〔W〕.

p　pico
ピコと読み10^{-12}倍を示す, 単位の接頭語.

P2P　peer to peer
ピア・ツー・ピアサーバを仲介せずに, パソコン間でデータのやりとりが可能な比較的小規模なネットワーク. コンピュータ間のデータ送信を行う場合, 一般的にはサーバと呼ばれる基地的役割を果たす装置をいったん介して行われるが, P2Pの場合はサーバ部分を省略しているため, ユーザとしては便利さを享受できる. ただ, サーバを介さないため, 違法なファイル交換, 例えば, 無許可でCDに収録された音源を他者のパソコンに伝送する, といったことが行われても, チェックが行いにくく摘発が難しい.
☞ネットワーク

P形半導体（――がたはんどうたい）
P-type semiconductor
不純物半導体の一種で, ガリウムやインジウムを真性半導体に微量混ぜたもの. 不純物は3価の原子で, 電子対では電子が一つ不足し, ホールを生じ, 電気的に正で, 電子を受け入れることができる.
☞不純物半導体

p形半導体（――がたはんどうたい）
p-type semiconductor
→P形半導体

Pチャネル
P channel, positive channel
FETのゲート電極の直下にある薄い半導体の領域で, ソースからドレーンに向かう正孔の数(ドレーン電流)を, ゲート電圧で制御する場合のこと.
☞ドレーン電流

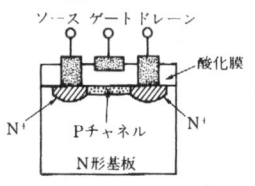

PAL方式（――ほうしき）phase alternating by line (color TV) system
→パル方式

PAM　pulse amplitude modulation
→パルス振幅変調

PAM制御技術（――せいぎょぎじゅつ）
pluggable authentication modules control
パルス電圧振幅波形制御 (PAM) 方式の電力制御技術のこと. インバータは一定電圧のパルス幅(周波数)を変えて平均電圧を変えるパルス幅波形制御 (PWM) 方式であるが, 省エネルギのために低速化するとモータの効率が低下するなど, 低速化, 高速化とも

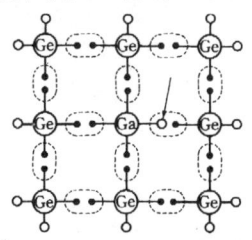

不純物半導体を含む結晶構造

制約があった．PAM制御は，低速回転域では低電圧，高速回転域では高電圧に切り替える電圧を変える制御方法．☞パルス

PARS
precision approach radar system
→GCA

PASCAL　Pascal, PASCAL
パスカルと読み，プログラミングの教育・研究・開発用に，1971年ヴィルトが提案したコンパイラ言語．ALGOLの流れをくみ，信頼性の高いプログラムを書くのに適す．
☞コンパイラ言語

PATH　command retrieval path
コマンド検索(けんさく)パスのこと．多くの種類があるディレクトリを探し(検索し)て，希望するプログラムを見つけること．

PBX　private branch-exchange
有線通信（電話）の構内交換(機)のこと．官庁，会社，病院などの内部に設ける私設電話交換機で，外部からの電話はここで交換回路を経て内線につなぎ，内線から外部へは0番ダイヤルで直接つながる．

PCカード　personal computer card
ノートパソコンや携帯情報端末などの小形電子機器用カードのこと．

PCM　pulse code modulation
パルスコードモジュレーションの略称で，パルス符号変調ともいう．
☞パルス

PCM・セントラル
通信衛星を使い，英語や幼児番組を流し，パルス変調方式によりCD並みの高音質で全国ラジオ放送を行っていたが，聴取者数が伸びず経営が悪化し，93年（平成5年）7月から8月まで休業を決めた．
☞パルス変調

PCM素子（――そし）
piezoceram element
超音波振動子や高圧発生素子として使う，圧電素子の商品名．ジルコン酸鉛，チタン酸鉛，マグネシウムニオブ酸鉛などを合成した磁器素子．

PCM中継（――ちゅうけい）
PCM relay
FMステレオ番組の全国同時中継用に，1978年NTTが東京〜大阪間に開設し，それまで録音テープの輸送で実施していた問題を解決した．放送局からNTT中継所間はアナログ信号で，中継所でPCM信号になる．

PCM放送（――ほうそう）
pulse code modulation broadcasting
音声や映像をA/D変換し，PCMで放送する方式．広い周波数帯が必要で，衛星放送によるSHF帯以上で行い，雑音に強い高品質の放送ができる．

PCM録音（――ろくおん）
pulse code modulation recording
音声をA/D変換し，PCMにより録音することで，ディジタルレコーディングともいう．SN比が改善されダイナミックレンジも向上し，ひずみのない音質のよい録音ができる．1969年NHK総合技術研究所が世界で初めてPCM録音方式を開発した．

PCM・JAPAN
通信衛星を使い1992年（平成4年）6月より音楽番組3チャンネルを全国にラジオ放送していた．パルス変調方式を使い，CD並みの音質放送だったが，聴取者数が伸びず赤字を計上し，93年（平成5年）7月1日廃業した．

PCS　punch card system
英語のパンチカードシステムの頭文字で，パンチカードを使い，大量のデータ処理を行うこと．またはその方式の総称．

PCT
perfect crystal device technology
完全結晶素子技術といい，材料に転位などの欠陥のない完全結晶のウエーハ

を用い，エピタキシャル成長，拡散や酸化などの半導体素子の製造工程で，欠陥を発生させず完全結晶状態を保ち半導体製品を製造する技術．
☞エピタキシャル成長

PDF　portable document format
米アドビシステムズ社が開発した電子文書配信用の文書フォーマット．文書や図表，色彩，フォントの種類，レイアウトなどのドキュメントデータをネットワークで配信する電子文書の形式．紙に変わる電子の紙として，印刷や文書管理の分野で業界標準となっている．
☞XML

PDM　pulse duration modulation
→パルス幅変調

PDP　plasma display panel
プラズマ・ディスプレイ・パネルのこと．テレビの薄形大画面として普及し，液晶パネルと競合する．
1．大画面で薄形．
2．視野角が広い．
3．輝度が高い．
4．画面ひずみやフォーカス・ボケがない．
5．磁気の影響がない．
6．ディジタル信号とのなじみが良い．
などの長所があり，弱点は，
1．黒の再現性．
2．階調再現性（幅が狭い）．
3．動画に疑似輪郭が出る．
4．消費電力が大きい．
☞液晶

PFM　pulse frequency modulation
→パルス数変調

PHS　personal handyphone system
NTTが1995年から始めたパーソナルハンディホンシステムのこと．簡易形携帯電話という．家庭やオフィスでのコードレス電話の子機を外出時に携帯電話として使うディジタル電話システム．送信電力・消費電力は小さく小形軽量化ができる．ディジタル方式のため電子手帳やパソコン通信端末に使える．電波切換方式の簡略化で高速移動中は使えない．料金を下げたが携帯電話に市場をとられて，3年でNTTはPHS事業から撤退した．1997年から始まったPHSインターネットは広く利用され，パソコン通信にも使われている．
☞パソコン通信

PHSカード
personal handyphone system card
PHS用カード形アダプタのこと．PHS電話機とパソコンをつなぎデータ通信をするときに使うカードである．

PID動作（――どうさ）　PID action
フィードバック制御で，制御動作が比例動作Pと積分動作Iと，微分動作Dを同時に行う動作のこと．
☞フィードバック制御

PINダイオード　PIN diode
→ピンダイオード

PKI　public key infrastructure
公開鍵暗号基盤のこと．インターネットなどで，ユーザが本人であるかどうかを検証する際に使われる．一般に公開される公開鍵と本人のみしか知らない秘密鍵の二つを組み合わせて，暗号化と復号化を別々の鍵で行う．
☞公開鍵暗号基盤

PL/1　programming language one
技術計算，事務処理のどちらにも使える共用のプログラミング言語．IBMとSHAREが開発し1966年頃より使われ，FORTLANとCOBOLを含めて発展させたが，ALGOLの影響が強い．
☞ALGOL

PLD　programmble logic device
プログラムによって内部のディジタル回路を構成できるデバイスのこと．従来の標準ロジックICを組み合わせた回路をユーザの手元で設計し作成でき

PLL

る.

☞デバイス

PLL　phase locked loop
同期用の電子式自動制御で，アナログ式とディジタル式がある．TV回路やFM・AM放送の復調・検波，ディジタルオーディオ等に応用する．

☞自動制御

PL/M　programming language M
アメリカのインテル社がマイコンのプログラムを簡単にするため開発したプログラム言語．

☞プログラム言語

PM　phase modulation　→位相変調

P-MOS　positive MOS
MOSトランジスタ（MOS-FET）のPチャネル形のことで，ポジティブモスの略称．

☞MOS，MOSトランジスタ

PN接合（——せつごう）　PN junction
P形半導体とN形半導体の接合部分をPNジャンクションとかPN接合という．図(a)のような極性でスイッチを入れても電流は流れず，電池の極性を反転すると大きな電流が流れる（図(b)）．この電流は電圧の大きさとともに変化し，図(c)のようになる．加わる電圧の極性により，電流を流したり止めたりする．このような半導体素子をダイオードという．

☞ダイオード

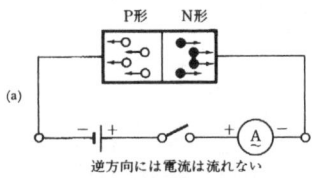

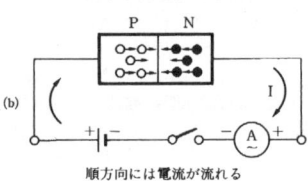

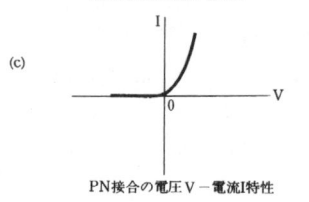

(a) 逆方向には電流は流れない

(b) 順方向には電流が流れる

(c) PN接合の電圧V−電流I特性

pn接合（——せつごう）　pn junction
→PN接合

PN接合ダイオード（——せつごう——）　PN junction diode
PN接合により作られたダイオードのこと．

☞PN接合

pn接合ダイオード（——せつごう——）　pn junction diode
→PN接合ダイオード

PNM　pulse number modulation
→パルス数変調

PNP形（——がた）　PNP type
P形とN形の半導体をサンドイッチ状に重ねた電子装置，たとえばトランジスタ．

pnp形（——がた）　pnp type
→PNP形

PNP形トランジスタ（——がた——）　PNP type transistor
P形とN形の半導体を，サンドイッチ状に重ねたトランジスタのこと．

pnp形トランジスタ（——がた——）　pnp type transistor
→PNP形トランジスタ

PNPトランジスタ　PNP transistor
→接合形トランジスタ

POボックス　PO box
PO箱ともいうホイートストン・ブリッジ．0.01Ω〜100kΩぐらいまでの抵抗を精密に測定できる．検流計G，乾電池B，測定抵抗Xは外部でつなぎ，K_1，K_2はキースイッチ．

☞ホイートストン・ブリッジ

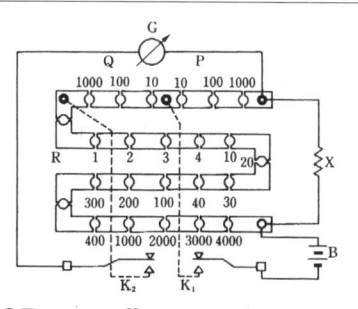

POP post office protocol
サーバのメールボックスからクライアントが電子メールを受信する（ダウンロードする）ためのプロトコル．現在はバージョン3のPOP3が主流．
☞プロトコル

POS point of sales system
→POSシステム

POSシステム point of sales system
販売時点情報管理システムの略称．POS端末装置から入力される販売商品の品名・価格・数量などの情報を，中央のコンピュータで集計し，リアルタイムで販売状況を把握する．デパートやスーパー等で在庫管理などに利用する．

P-P値（——ち） peak-to-peak value
ピークツーピーク値，尖頭－尖頭値のこと．

PPIスコープ
plane position indicator scope
→PPI表示

PPI表示（——ひょうじ）
plane position indicator
PPI表示方式の略称で，レーダの反射波をCRT蛍光面に映し，目標の方位と距離を表示する．レーダアンテナを中心に360°の状況を容易に把握できるため，船舶や航空機，気象観測や調査などに広く利用する．PPIスコープともいう．
☞CRT

PPM pulse phase modulation
→パルス位相変調

PPP point to point protocol
電話回線経由で，コンピュータをTCP/IPネットワークに接続するためのプロトコル．プロバイダは，ユーザが電話をかけている間だけ，IPアドレスを割り振ってレンタルする（ダイヤルアップ接続サービス）．その際に利用されるのがこのPPPというプロトコル．
☞プロトコル

PPV pay per view
視聴した番組の分だけ視聴料金を支払うシステムで，スカイパーフェクTV3！やCATVで利用できる．インターネット上のディジタルコンテンツのストリーミング配信にも使われている．
☞コンテンツ

PRF pulse recurrence frequency
パルス繰返し周波数の略称で，パルス繰返し数ともいい，パルスの毎秒の繰返し数．
☞パルス

PROM
programmable read only memory
使用者がデータを書き込める（プログラマブル）不揮発性ICメモリ．MOSとバイポーラ形の両トランジスタがメモリセルに使われる．
1. MOS PROMは，ゲート電圧（しきい値）を変えて記憶させ，消去は紫

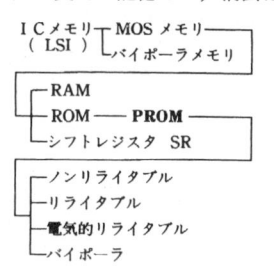

外線やX線によるEPROMと，電気的に書き換えるEEPROMの2種がある．
2．バイポーラPROMは，各ビットごとに組み込まれているヒューズやダイオードを記憶内容（1か0）に応じ破壊して記憶を行う．このため書換えはできないが，PROMのつくりと書込み場所が分かれているので使いやすい．

☞ICメモリ

PRR pulse repetition rate
パルス繰返し数の略称で，パルス繰返し周波数ともいい，パルスの毎秒の繰返し数．

☞パルス

PSEマーク product safety electrical appliance & materials mark
電気製品の安全性について規制する法律「電気用品安全法(Electrical Appliance and Material Safety Law)」が平成13年4月に施行され，電気製品の製造・輸入事業者は，安全確認検査済みの「ＰＳＥ」マークが義務付けられた．火災や感電の危険のある電気製品450品目が対象となっている．同法は電気用品について，メーカなどの自主点検済みを示す「PSEマーク」がないと販売できないことを定めている．

製品別に5〜10年の猶予期間があり，冷蔵庫や洗濯機，テレビ，音響機器などが"第一陣"の259品目で，平成18年4月末に猶予期間が切れる．

特定電気用品（以前の法律での甲種）に関しては，以前の法律のもとでの政府認証とTマークは廃止され，第三者認証と新しいPSEマークが導入された．この法律でカバーされるその他の製品については自己確認が認められる．いずれの場合でも，電気製品の製造業者／輸入業者は，経済産業省への届け出，技術基準への適合性の確認，試験記録の保持，そして製品への表示の義務を持つ．将来は全ての電気製品が対象となることもありうるが，現時点ではパソコンなど（ACアダプタや電源コードを除く）は対象品目に含まれていない．

特定電気用品　　　特定電気用品以外の電気用品

PTM pulse time modulation
→パルス位相変調

PUT
programmable unijection transistor
外部抵抗や電圧で制御される逆素子Nゲートサイリスタのこと．1967年にGE社(米)が開発した商品名で，プログラムできるUJTともいう．UJTに似ており，トリガ用に使う．外付け抵抗で，ピーク点電流や谷点電流，スタンドオフ比，ベース間抵抗などをある範囲で増減できる．

☞トリガ

PVC polyvinyl chloride
ポリ塩化ビニルのこと．

PWM pulse width modulation
→パルス幅変調

Q

Q

1. 電気量（電荷）の量記号で単位はクーロン〔C〕.
2. 熱量の量記号で単位はジュール〔J〕.
3. 無効電力の量記号で単位はバール〔var〕.
4. quality factor コイルやコンデンサ，回路のよさを表すクォリティファクタの頭文字．インダクタンスL，容量C，抵抗Rの直列回路を共振させると，共振電流I_0は，入力電圧Eと抵抗Rの比 $I_0=E/R$となり，LとCの両端電圧E_L, E_Cは

$E_L=2\pi fLI_0$

$E_C=I_0/(2\pi fC)$

で，入力電圧EとE_L, E_Cの比は

$$\frac{E_L}{E}=\frac{2\pi fLI_0}{E}=\frac{2\pi fL}{E}\cdot\frac{E}{R}=\frac{2\pi fL}{R}$$

$$\frac{E_C}{E}=\frac{I_0}{2\pi fCE}=\frac{1}{2\pi fCE}\cdot\frac{E}{R}=\frac{1}{2\pi fCR}$$

この$\frac{2\pi fL}{R}$, $\frac{1}{2\pi fCR}$は1より大きくでき増幅ができる．回路やL, Cの損失Rが小さいほど入力電圧EとE_L, E_Cの比が大きくなる．コイルやコンデンサなどのよさをQで表し，

$Q=\frac{\omega L}{R}=\frac{1}{\omega CR}$ とする．ここで，

$\omega=2\pi f$, fは周波数，Rは損失を含む抵抗（実効抵抗）.

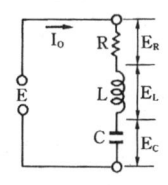

Q信号 （——しんごう） Q signal

カラーテレビの色差信号の一つで，マゼンタ～イエローグリン軸のQ軸にある．オレンジ～シアン軸のI軸と直角 (quadrature phase) であることからQと略称し，カラーバーストと147°の位相差がある．画面の小さい部分はQ軸の色は見えないので，高い周波数成分を節約し，0～0.5MHzの狭い帯域で送る．Q信号とI信号に赤，緑，青の3色成分を適当な配分で混ぜて送り，受信側で両信号を混合し，すべての色を再現する．

☞カラーテレビジョン方式

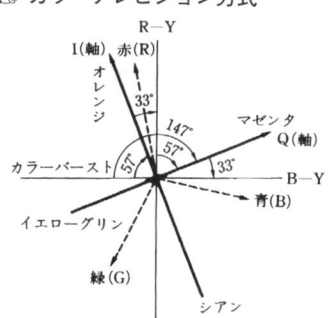

Qダンプ Q damping
→ダンピング

Qメータ Q meter

高周波の発振器や電圧計，電流計を備え，コイルのQや実効インダクタンス，コンデンサの容量や実効抵抗，インピーダンス，タンデルタなど，高周波での測定ができる．測定コイルは端子ABに，コンデンサは端子CDにつなぎ，発振器の周波数を決め，VCを加減して同調をとり，Q指示計でQを知る．VCのダイヤルに容量が目盛ってあり，

端子CDに容量Cをつないだときの同調点（VCの目盛）の差よりCを知る．このときAB端子には標準インダクタンスをつなぐ．電流計は，発振器の高周波出力を知るためである．

Q略語 （――りゃくご） **Q code**
Q符号とかQコードともいう．英字三つを組み合わせ，通信に必要な事項を表す電信符号で，頭にQが付く．世界共通のため，無線電話（アマチュア無線）にも使う．
☞アマチュア無線

QoS **quality of service**
通信サービスの品質およびその確保のための技術．通信目的に応じてネットワークの最適な帯域割当を行い，それぞれに求められるレスポンスタイムやスループットを確保する．ルータやスイッチなど通信の集中する部分で，優先度を考慮したパケットの中継を行う．求められる品質が異なる通信の混在するネットワーク全体を管理する網を「QoS制御網」，送りたい情報を転送する網を「マルチQoSパケット転送網」という．
☞パケット

QPSK
quadrature phase shift keying
四位相変移変調のこと．ディジタル信号をアナログ信号に変換する変調方式の一つ．変換された後の波における四つの異なる位相にそれぞれ一つの値を割り当てることにより，1回の変調で四つの値（2ビット）のデータ送受信が可能．ディジタル衛星放送やケーブルモデム，次世代の移動通信に使用される変調方式．
☞移動通信

QRコード **quick response code**
デンソーが1994年に発表したバーコードに代わる次世代の2次元コード．携帯電話のカメラで取り込んで文字情報を伝達させるなど用途は多い．縦，横の2方向に情報を持たせることで記録できる情報量を大幅に増加させた．従来のバーコードは20桁程度の情報量だが，その数10倍から数100倍の情報量を扱うことができる．誤り訂正機能があるため，コードの一部に汚れや破損があってもデータの復元が可能である．
☞バーコード

QSL **QSL**
アマチュア無線用Q略語．
☞QSLカード

QSLカード **QSL card**
アマチュア無線用Q略語の一つで，そちらは受信証を送れますかと問うときQSLと電信を打つ．カードは受信証のことで，交信局が互いに確認のため交換するもので，交信証ともいう．カード記入事項は，①自局呼出し符号，②氏名（クラブ局はオペレータの名），③局所在地，④相手局名，⑤交信年月日，時間，周波数，電波の形式，⑥相手の信号強度，空中状態，天候，気温，⑦使った装置（受信機，送信機，アンテナなど）．アマチュア局は各自カードを用意し交換し合う．なお放送局に受信報告を送ると，その局の受信カードを送ってくる．これはベリカードという．
☞アマチュア無線

QSO
アマチュア無線で使うアマチュア無線用Q略語の一つで，交信すること．
☞Q略語

R

R
抵抗（電気抵抗）の量記号で単位はオーム〔Ω〕．☞**オーム**

Rカット R-cut
水晶振動子を水晶の結晶から切り出すときの，切り出し角度や方位によるカット名の一つ．厚みすべり振動で，R_1(AT)とR_2(BT)の二種類のカットがある．20°C前後で振動周波数の温度による変化（温度係数）は0で安定した優れたカットで，発振子やフィルタに多用する．☞**厚み振動**

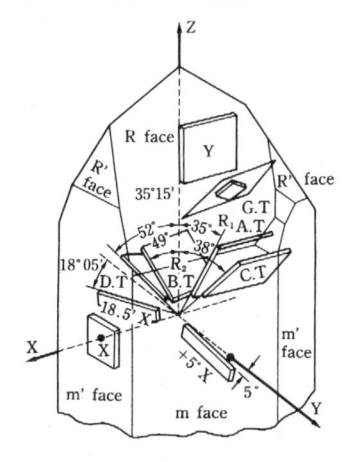

rad radian
1．ラジアンと読み誘電体の損失角のこと．
2．電気角で示した位相や位相差の単位．
☞**誘電体，電気角**

RAID
redundant array of inexpensive disk
レイドと読む．複数のHDD（ハードディスクドライブ）に対して並列にデータの読み書きを行う方式をいう．ディスク装置の大容量・高速化と，データの信頼性向上が目的．RAID構成を取るディスク装置がRAID装置，もしくはディスクアレイ（Disk Array）と呼ばれる．Redundant（リダンダント）は冗長，重複の意味．RAIDはグレード順に0から5までに分類される．RAID 0はディスクを単純に連結する方式で，読み書き速度と総容量が増す．1は2台のHDDにまったく同じデータを保存するため，ミラーリングとも呼ばれる基本的な方式．レベル2はエラー検出と訂正を行う．レベル3は誤り検出をするパリティチェックも行う機能を持たせている．レベル4はパリティ専用のドライブを持ち，より強固な安全性を確保している．レベル5は，最もよく使われている方式で，2基以上のHDDを扱うことができ，パリティチェックを複数ドライブに分散でき，高い信頼性を持つ．
☞**ハードディスク**

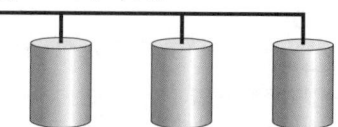

RAID 0 redundant array of inexpensive disk 0
データを分割して，交互に別々のディスクに書き込む方式．交互に書き込むことは，ストライピングという．アクセスを分散することで，高速化を図る．☞**RAID**

RAI

RAID-6 redundant array of inexpensive disk level6
複数のHDD管理して，障害によるデータ損失を防止するRAIDの方式の一つで「レベル6」を指す．RAIDレベル5よりさらに高度な信頼性を持ったもので，パリティ計算を2回，しかも異なったアルゴリズムでも実施できるため，高度な安全性が求められるシステムに導入されている．
☞RAID

RAM random access memory
ラムと読み，ランダムアクセスメモリの略称．SRAM，DRAMの別があり，メモリICの一種．
☞ROM

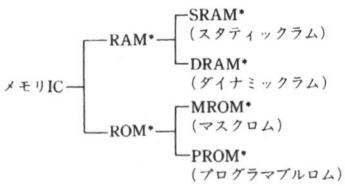

メモリIC ─┬─ RAM* ─┬─ SRAM*（スタティックラム）
　　　　　│　　　　 └─ DRAM*（ダイナミックラム）
　　　　　└─ ROM* ─┬─ MROM*（マスクロム）
　　　　　　　　　　└─ PROM*（プログラマブルロム）

RBOC
Regional Bell Operating Company
→BOC

RC移相発振器（──いそうはっしんき） RC phase shift oscillator
→移相形発振器

RC結合（──けつごう） RC coupring
抵抗器Rと静電容量（コンデンサ）Cとで結合した（接なぎ合せた）回路のこと．CR結合ともいう．
☞CR結合増幅器

RC積分回路（──せきぶんかいろ）
RC integrating circuit
抵抗器RとコンデンサCで作られた積分回路．☞積分回路

RC発振器（──はっしんき）
RC oscillator
抵抗Rと容量Cで発振周波数を決める発振器．RCブリッジ発振器とRC移相発振器が代表例で，主として低周波用に多用する．
☞RC移相発振器，ブリッジ発振器

RC微分回路（──びぶんかいろ）
RC differentiating circuit
抵抗器RとコンデンサCで作った微分回路．☞微分回路

RCブリッジ発振器（──はっしんき）
RC bridge oscillator
→ブリッジ発振器

RF radio frequency
高周波のこと．→高周波

RFアンプ
radio frequency amplifier
高周波増幅器のことで，アンプはアンプリファイヤの略称．
→高周波増幅器

RFアンプリファイヤ RF amplifier
RFの増幅器（増幅回路）のこと．
→RF増幅器

RF増幅器（──ぞうふくき）
radio frequency amplifier
→高周波増幅器

RFID radio frequency identification
バーコードに代わるIT化・自動化を推進する識別・管理技術として注目されている．情報を埋め込んだタグ（小さなワンチップのIC）から，無線によって情報を出し入れする技術．JR東日本で使われているICカード「Suica」もこのような技術を用いている．

RGB Red, Green, Blue
コンピュータやテレビの映像・画像出力信号はR＝Red（赤），G＝Green（緑），B＝Blue（青）の三原色を組み合わせて再現されている．モニタとして使わ

れるCRT（カソード・レイ・チューブ＝ブラウン管のこと），液晶，プラズマも，1単位のドット（点）はこの三色を発生する素子などで構成されている．モニタの再現できる色数を「1677万色フルカラー」などと表現するが，これはRGBの明るさを256段階変化させることができることを表している．色数は256×256×256＝1677万色ということ．

☞CRT

rms root mean square value
交流の電圧・電流などの実効値のこと．
→実効値

ROM read only memory
ROMは読出し専用のメモリで，書き込まれた内容は電源を切った状態でも保存される．書き換えられては困る情報を記憶させる記憶装置．☞RAM

rpm revolution per minute
回転体の毎分の回転数のこと．

rps revolution per second
回転体の毎秒の回転数のこと．

RR radio regulations
国際電気通信条約付属無線通信規則の略称で，地域ごとの周波数分配や無線設備技術基準，無線局運用などを規定する．

RSフリップフロップ RS flip-flop
リセット入力R・セット入力Sと，セット出力Q・リセット出力$\bar{Q}$のあるフリップフロップの一種．S・Rとも0のとき，Q・$\bar{Q}$は前の状態を保ち，Sが1のときQが1，$\bar{Q}$は0．Rが1でSが0ならQは0で$\bar{Q}$は1となる回路．RS・FFとも表す．

☞フリップフロップ

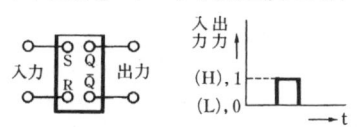

RS・FF RS flip-flop
RSフリップフロップのこと．

RSTコード
readability signal strength tone code
アマチュア無線局が交信の際に，相手

RST／Mコード	
R 了解度（READABILITY）	
1. 了解できない 2. かろうじて了解できる 3. かなり困難だが，了解できる	4. 実用上困難なく了解できる 5. 完全に了解できる
S 信号強度（SIGNAL STRENGTH）	
1. 微弱で，かろうじて受信できる信号 2. たいへん弱い信号 3. 弱い信号 4. 弱いが受信容易な信号	5. かなり適度な強さの信号 6. 適度な強さの信号 7. かなり強い信号 8. 強い信号 9. きわめい強い信号
T 音調（TONE）	
1. きわめてあらい音調 2. たいへんあらい交流音で，楽音の感じは少しもない音調 3. あらくて低い調子の交流音で，いくぶん楽音に近い音調 4. いくらかあらい交流音で，かなり楽音性に近い音	5. 楽音的で変調された音色 6. 変調された音，少しピューッという音を伴っている 7. 直流に近い音で，少しリプルが残っている 8. よい直流音色，だがほんのわずかリプルが感じられる 9. 完全な直流音
M 変調特性（MODULATION QUALITY）	
1. 了解困難な変調 2. スプリアス，または寄生振動を伴ったある原因不明のものによる質の悪い変調	3. 周波数変調を伴った質の悪い変調 4. 過変調による質の悪い変調 5. 変調率が100％を越えない良い変調

真理値表

入力		出力	
S	R	Q	$\bar{Q}$
0	0	もとのまま	もとのまま
1	0	1	0
0	1	0	1
1	1	不確定	不確定

0はL，1はHとも表わす．

RST

の電波状態を知らせ合うため,世界中の局がこのコードを使う.無線電話のレポートは,RSM (readability signal strength modulation quality) が正しいが,あまり使わない.
☞アマチュア無線

RSTフリップフロップ
RST flip-flop

入力R・S・Tと出力Q・$\overline{Q}$のあるフリップフロップの一種.Tはクロック入力で,Tが1のときRSフリップフロップと同じ動作をし,Tが0ならS・Rがともに1でも0でも前の状態を保つ.RST・FFとも表す.
☞フリップフロップ

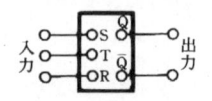

真理値表

入力			出力	
T	S	R	Q	$\overline{Q}$
0	1or0	1or0	もとのまま	もとのまま
1	0	0	もとのまま	もとのまま
1	1	0	1	0
1	0	1	0	1
1	1	1	不確定	不確定

RWD rewind

リワインドの略称で,テープレコーダの巻き戻しのこと.

S

S
1. ジーメンス(siemens)の頭文字で，アドミタンス・コンダクタンス・サセプタンスの単位記号〔S〕．
2. セコンド(second)の頭文字で，秒を表し時間の単位〔S〕．
3. 磁石のS(南)極のことで(south)の頭文字．

S字曲線 (——じきょくせん) S-curves
光ディスクと光ヘッドの対物レンズとの距離を横軸に，検出されたフォーカシング誤差を縦軸にとり，対物レンズの合焦点位置を中心としてフォーカシング誤差がS字を横に見たような形状を示すところからつけられた名称．

S字特性 (——じとくせい) S character
FM検波器の検波特性(周波数—出力特性)のことで，S字に似ている．

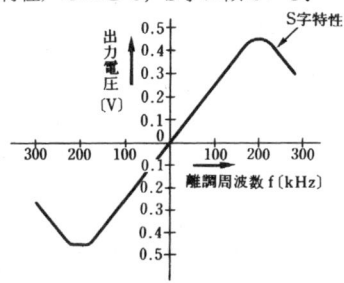

Sバンド S band
2〜4GHzの，主に衛星通信に使う周波数帯．☞衛星通信

Sメータ signal strength meter
受信電波(シグナル)の強さ(ストレングスS)，つまり信号強度を正確に知るためのメータで，感度の高い($100\mu A$位の)電流計を使い，受信機の検波出力のDC分を多用し，メータと直列に入れた抵抗で感度を調整する．

SAN storage area network
オープンプラットフォームの多様なサーバに対応したストレージ専用の高速ネットワークで，分散した企業内データの一元管理ソリューション．ストレージ間やストレージとコンピュータ間を結ぶ．複数のコンピュータがある場合，コンピュータ間のデータ転送も可能．高性能が要求されるサーバに用いられる．複数サーバの連携により一つの機能を提供する場合や，一つの大容量記憶装置を複数サーバで共有する場合に有効．☞ストレージ

SAR測定 (——そくてい) specific absorption rate
比吸収率．製品から発射される電磁波が単位質量当たりの人体に吸収される電力比率の値を表す用語．2002年6月の法令化で携帯電話の技術基準に加えられた．☞携帯電話

SBS silicon bi-lateral switch
第Ⅰと第Ⅲ象限にオン・オフの安定状態がある．オフからオンへは所定の陽極電圧を加えるか，ゲートにトリガパルスを加えゲート電流を流して行う．オンからオフへは陽極に逆バイアスを加えるか，陽極電流を保持電流以下にする．3端子形のトライアックのトリガ用半導体素子で，1966年米国GE社が発表した．☞トリガ

SBT surface barrier transistor
→表面障壁形トランジスタ

SCA subsidiary communication authorization
SCA業務ともいい，米国のFM放送の副チャネルを使い，バックグラウンド

SCR

ミュージックやニュース,時報などを放送し,工場やホテル,病院やレストランなどと契約し,受信機を貸し出し,ファクシミリ放送も行うが,日本にはない.

SCR　silicon controlled rectifier

英語のシリコンコントロールレクチファイアの頭文字で,サイリスタとか,シリコン制御整流素子ともいう.陽極(アノード)と陰極(カソード)間に逆方向電圧を加えると,ふつうのダイオードと同じ電圧-電流特性を示す.順方向のある電圧V_Bまでは電流の流れは小さく,V_Bを越えると導通状態になる.V_Bをブレークオーバ電圧といい,ゲート電極に流すわずかな電流で制御できる.このときのゲートの電流を点弧(てんこ)ゲート電流と呼び,ゲート電流を流したときは順阻止特性は消えて,ふつうのダイオードと同じ導通状態になり,一度導通するとゲート電極に流す電流を変えても導通状態は変わらず,ゲートは制御機能を失う.ゲートに負電流を流して導通状態(ON)から阻止状態(OFF)に戻る型のものがあり,ゲートターンオフ型という.どちらも寿命が長く,小形軽量で高信頼性があり,応答速度が速く保守が容易.応用分野は広く,ACやDCのモータの制御,無接点スイッチ,DC-AC変換器(インバータ),調光装置などに使う.☞サイリスタ

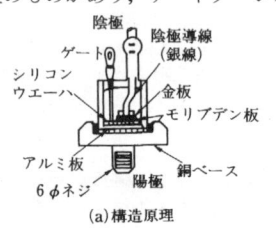

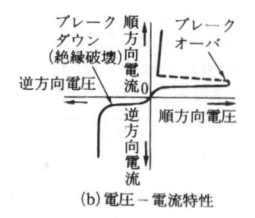

SCSI
small computer system interface

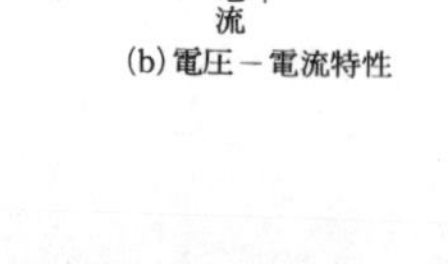

スカジーと読む.パソコン本体と周辺機器の接続方法の取り決め.現在では汎用性や性能が大幅に強化されたSCSI-2やSCSI-3がある.
☞SCSIコネクタ

SCSIコネクタ　small computer system interface connector

周辺機器接続インタフェース規格の一つであるSCSIに対応したコネクタ.外付け用コネクタ,内蔵用コネクタともに多くの仕様がある.SCSI標準ハーフピッチコネクタ(ナロー)は標準的な外部接続コネクタで,データ幅8ビット,芯数50ピン.☞SCSI

SDメモリカード
secure digital memory card

東芝,サンディスク,松下電器が開発した小型メモリカードの規格.マルチメディアカード(MMC)がベースであり,MMCと上位互換性がある.大きさはMMCと同じで著作権保護機能「CPRM」(Content Protection for Recordable Media)を付加したもの.インターネット上で配信される映画や音楽などのコンテンツの改ざんや不正使用に対処できる.

SE

1. **systems engineer**　システムエンジニアの略称で,情報処理のシステム設計・開発・運用・保守などの全体をシステム化する広範な知識をもつ技術者.

2. **sound effect**　音響効果のこと.

SECAM
séquentiel couleur à mémoire
→SECAM方式,セカム方式

(a) 構造原理

(b) 電圧-電流特性

SECAM方式 (——ほうしき)
séquentiel couleur à mémoire system
セカムと読み西欧のPAL方式と並ぶ東欧(ロシア・東ヨーロッパ諸国・アフリカのフランス語圏)のカラーTV方式.フランスのTV会社Henri de Franceが開発した.送像側は輝度信号YをNTSC方式と同様に送り,色信号は色差信号R(赤)—YとB(青)—Yを,走査線1本ごとに交互に送る.受像側で遅延路を通した1本前の走査線の色差信号と合成し,色信号を作る.どちらか片方の色差信号を送受信するので,色副搬送波をFMで扱えて位相ひずみや振幅ひずみに強く,安定度も高まる.受像機に彩度や色相の調整が不要となり,ゴースト妨害にも強い.遅延路や色信号切換えスイッチが必要で受像機の価格を高め,色副搬送波の存在で白黒受像機の画質は劣る.この改善に色信号振幅を抑え整形回路をつなぐが,色信号のS/Nが低下し弱電界で画質が悪化するので,色信号帯域内のYで色信号をAMしてS/Nを改善する.☞PAL方式

SEM search engine marketing
ヤフーやグーグルなど検索サイトを活用し,自社サイトへの訪問を増やすマーケティング手法の一つを指す.検索結果の上位に表示されやすいWebサイトの構築(SEO)をはじめ,検索キーワードに関連した広告を表示するリスティング広告や,サイト内に分類されているカテゴリや地域のページ別に表示する広告も含む.

SEO search engine optimization
検索エンジン最適化の意味.Webサイトの検索結果の上位に表示されやすいWebサイトを再構築することを指す.活用方法によっては,企業ブランドのイメージ向上や,ネット通販の売上げ拡大を図れるため,Webサイトを持つ企業にとっては,重要なツールの一つ.☞検索エンジン

SEPP
single ended push-pull amplifier
シングルエンデッドプッシュプルの略称で,トランジスタ音響再生装置などの終段電力増幅器をOTLにするときの回路.電力増幅器と負荷のインピーダンスのマッチングに出力トランスを使うが,再生特性はトランスの特性に大きく左右され,スペースや重量,価格やNFの量などで不利である.特に真空管に比べトランジスタは低電圧,大電流で働くから,トランスでの電圧降下は除きたい.負荷(スピーカ)には,入力信号の半サイクルごとにT_2とT_3のコレクタ電流I_1,I_2が交互に流れ,負荷に対しては並列で,電源に対しては直列に動作するプッシュプル回路となる.出力トランスがないので,負荷と直接結合でき,NFを十分かけ,ひずみの少ない低域周波数特性のよいアンプができる.☞OTL

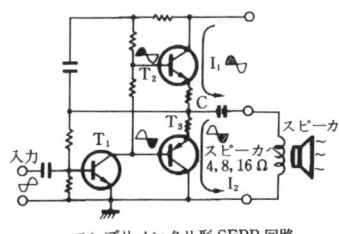

コンプリメンタリ形 SEPP 回路

SEPP回路 (——かいろ)
SEPP circuit →SEPP

SEPP・OTL回路 (——かいろ)
SEPP-OTL circuit →SEPP

SET secue electronic transaction
インターネットでクレジットカードを使い安全に決済をするための総合的な統一規格のこと.

SGML standard generalized mark-up language
タイトルと本文の区別,文字の字体や

SHF

大きさの指示など，通常の文書ではない構造化された文書のための言語である．文書の検索，変更等が便利なため，文章のデータベース化が容易となる．タグを使う標準汎用マークアップ言語であり，ISOによって標準化され，CALSなどで使われている．☞ISO

SHF **super high frequency**
周波数3〜30GHz帯の区分の略称で，極超短波帯またはマイクロ波帯に相当する．☞マイクロ波

SI **système international d'unités, SI**
国際単位系のこと．
→SI基本単位

SI基本単位（——きほんたんい）
international system unit
1960年第11回国際度量衡（どりょうこう）総会（GPM）で国際単位系という名とSIの略称が決められた．その後，改良が加えられ現在に至っている．実用的な面から作られているが，学問的な面では，不必要に長い（冗長）ともいわれる．長さ：メートル[m]，質量：キログラム[kg]，時間：秒[S]，電流：アンペア[A]，光度：カンデラ[cd]，熱力学温度：ケルビン[K]，物質量：モル[mol]を基本単位という．これに固有の名をもつSI組立単位がある．周波数：ヘルツ[Hz]，電圧・電位：ボルト[V]，静電容量：ファラド[F]，電気抵抗：オーム[Ω]……などがある．また，各単位の頭部に付いて位取りを示すSI接頭語があり，10^3：キロ，10^6：メガ，10^9：ギガ，10^{12}：テラなどがある．

SIG **special interest group**
パソコン通信において，特定のテーマを設けた電子掲示板．NIFTY-Serveの「フォーラム」日経MIXの「会議室」などがSIG．

SIMカード用コネクタ（——よう——）
connectors for SIM card
ICチップ内蔵カードの一種であるSIMカードに対応したカード用コネクタ．SIMカードは，携帯電話に差し込んで電話番号などを登録するICカード．GSM方式の携帯電話はSIMカードを採用しているため，欧州や中国など海外市場を中心に需要がある．

SLカット **SL cut**
水晶振動子のカット名の一つで，周波数—温度特性が常温付近で0温度係数となるカットのこと．輪郭（りんかく）すべり振動で，固有周波数は200〜600kHz位である．
☞水晶振動子

S/N **signal to noise ratio**
→SN比

SN比（——ひ）**signal to noise ratio**
信号S対雑音N比のことで，S/Nとも書く．一般に通信回路では，この比が大きいほうがよい通信ができる．信号電力をP_S，雑音電力をP_Nとし，次の式で示され，デシベル[dB]の単位を使う．

$S/N = 10 \log P_S / P_N$ 　[dB]

SOHO **small office home office**
スモールオフィス・ホームオフィス，ソーホーと読む．小さい事務所や家庭の作業所のこと．ネットワークとコンピュータの進歩・普及で小さな場所でネットワークを通して広い範囲の人々とビジネスができる環境や時代となったことを表す言葉．

SONAR **sound navigation ranging**
ソナー・ソーナ・音響測深機などの英字略称．
→ソーナ

SOS
1．**silicon on sapphire** 英語のシリコンオンサファイアの頭文字で，サファイアの表面にシリコン膜を作り小さい面積に分けると，小さなシリコンの薄膜ができる．これらの小片（チップ）にトランジスタや抵抗などを作って集積回路を作ると，各素子間の分離（ア

イソレーション）が容易となり配線容量も小さい．このため集積回路の高密度化や動作の高速化が進む．1964年に発表されたが，各方面の技術が低く，開発が遅れていた．

2．遭難通信（最優先順位で扱う通信）に先立って送る呼出し符号．（運用規則76～78条）

SQL　structured query language
IBMが開発したものをもとにして，1987年にISO規格となり，この年JIS規格に採用された．データ・ベースを扱うためのデータベース言語である．

☞データ・ベース

SRAM
static random access memory
スタティックランダムアクセスメモリの略称で，メモリセルをフリップフロップで構成したメモリ．フリップフロップの片方をON(1)，他方をOFF(0)に対応させる．メモリセルはNMOS，CMOS，バイポーラのトランジスタを使う．DRAMに比べ電源を切らなければ記憶は消えないため，リフレッシュが不要で周辺制御回路が簡単となる．単位セル当たりのトランジスタ数は多く集積度も劣るが，高速で安定動作するため，パソコンなどのOA機器に多用する．

☞フリップフロップ

SSB　single sideband system
シングルサイドバンドの略称で，単側波帯方式のこと．AMの場合，(a)の高周波と(b)の単一正弦波の低周波をトランジスタなどの非直線回路に加え，(c)のような被変調波にする．周波数成分は(d)となり，変調に用いた高周波の周波数f_Cの上下に，低周波の周波数f_Lだけ離れたところに，f_C-f_Lとf_C+f_Lの2成分が現れる．2成分の内容は全く同じである．単一正弦波f_Lの代わりに音声のような周波数に幅のある成分でAMを行うと，(e)のようになる．電波を送り受けるとき，同一内容の上下の側波帯B_1，B_2のどちらか一方を除いても情報は伝わり，帯域幅が狭くなり，混信や雑音を減らし，送信電力を節約できる(f)．その場合，送信も受信も回路が複雑になり，保守技術も高度になる．SSBは短波帯以上の周波数の電話通信や多重搬送電話などに多用する．

☞SSB通信方式

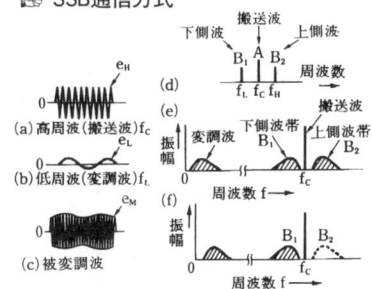

SSB送信機（——そうしんき）
SSB transmitter
マイク出力を増幅し搬送波とともに

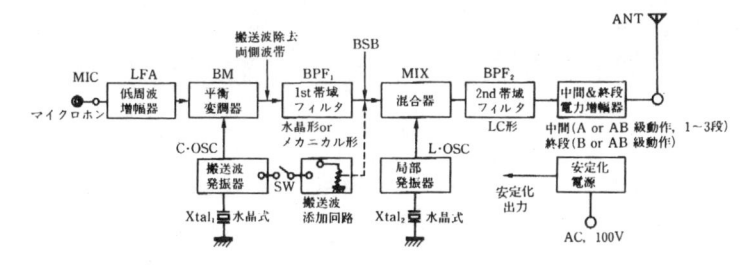

SSB

BMに加え,搬送波除去両側波帯の被変調波を得る.BPF$_1$で片方の側波帯を除き,局部発振器の出力とともに混合して必要な周波数に変え,BPF$_2$で不要成分を除き,電力増幅ののちアンテナに加え,抑圧搬送波単側波帯A3Jを発射する.全搬送波単側波帯A3Hや低減搬送波単側波帯A3Rの発射時は,スイッチSWを閉じ,搬送波添加回路で出力レベルを調整し,搬送波を加える(前頁下図参照).

SSB通信方式 (――つうしんほうしき) single sideband communication system

AMによって生じた両側波帯の片方を除き,搬送波も低くおさえるか,ほとんど除いて送受信する通信方式.単側波帯通信方式ともいい,電波の形式はA3A,A3H,A3Jなどとなる.占有周波数帯域幅が半減し,混信を減らし,SN比を上げ,送信電力を節約し,選択性フェージングも軽減するが,技術的に複雑となり,高価となる.

☞SSB

SSB復調回路 (――ふくちょうかいろ) SSB demodulation circuit

リング復調器を使い,BSB波にして復調する.変調に使った搬送周波数と同一周波数を水晶発振器より与え,その出力を低域フィルタに加え,変調波を取り出す.受信機では水晶発振形の局部発振器で,周波数安定度を高めた二重か三重のスーパヘテロダイン方式が多い.

☞スーパヘテロダイン方式

SSB変調回路 (――へんちょうかいろ) SSB modulation circuit

AMで生じる上側波帯・下側波帯の片方を除くSSB変調の主要回路は,帯域フィルタBPFと平衡変調器BMである.BMにより搬送波を除いた両側波帯をつくり,BPFで片方の側波帯を除く.これをフィルタ法といい,水晶やメカニカルのフィルタの特性向上とともに多用され,BMを何段か重ねる多段変調は使わなくなった.

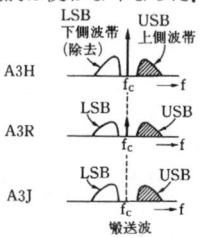

SSB変調方式 (――へんちょうほうしき) SSB modulation system

振幅変調のうち単側波帯(SSB)変調は3種類ある.

(1)全搬送波単側波帯:A3H.搬送波と片側の側波帯を同時に送る方式.占有帯域幅は両側波帯BSBの半分になる.

(2)低減搬送波単側波帯:A3R.搬送波を小さく低減し,片側の側波帯を同時に送り,受信側で搬送波をAFCに使う.

(3)抑圧搬送波単側波帯;A3J.搬送波を抑圧し片方の側波帯のみ送る方式.占有帯域幅はBSBの半分,混信軽減,S/N向上,選択性フェージングの軽減,送信電力節減になり,SSBの主流である.

☞振幅変調

SSG standard signal generator

標準信号発生器のこと.発振周波数や変調度,出力電圧,変調周波数などを正確に設定できる試験・測定用の発振器.AM用やFM用,TV用など用途別の種類がある.

SSI small scale integration

小規模集積回路のことで,素子数100以下のIC.

☞IC

SSL secure sockets layer

インターネットなどネットワーク上で情報の安全な送受信を行うためのセキ

SSR

1. **solid state relay** 接点のないリレーで，無接点リレーとか電子リレー，無接点式遮断器という．発光ダイオードDとホトトランジスタTを組み合わせ，入力側で電流を流してDを発光させ，出力側はTで受け増幅した電流を流し，スイッチはONとなる．接点式リレーに比べ応答速度は速く，集積回路との対応性もよい．

2. **secondary surveillance radar** 二次監視レーダのこと．

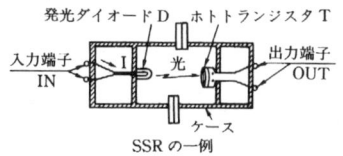

SSRの一例

SSS silicon symmetrical switch

シリコンシンメトリカルスイッチの英語の頭文字で，シリコン対称スイッチ，バイスイッチ，ダイアック，サイダック，五層ダイオードともいう．NPNPNと5層の構造で，両端の2層はそれぞれ電極A，Bでショートされ，N側が正にバイアスされたとき，ホールは矢印のようにP_2ベースを通る．このホールの電流とP_2ベースの横方向抵抗で電圧降下が生じ，J_4接合の立ち上り電圧以上になると，N_2から電子が流れこみ，全体が導通（ターンオン）する．反対にP_2側が正にバイアスされたときも同じで，両方向ともブレークオーバ電圧V_Bを越すとターンオンし，交流の正負両サイクルの制御をする．1959年に発表され，調光装置に使う．
☞五層ダイオード

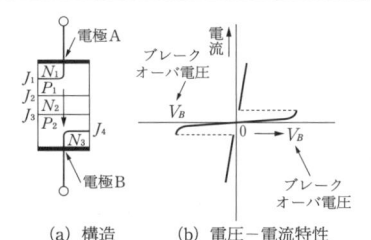

(a) 構造　　(b) 電圧－電流特性

SSTV slow scan TV

アマチュアがHF帯で走査線120本，1フレーム走査8秒，占有帯域幅約3kHzで，副搬送波をFMし，SSB送信機の声音入力端子に映像信号を加え伝送する簡易TV．受像管は残光性ブラウン管で細部の再現は不能．

SSV space shuttle vehicle

宇宙連絡船の英頭文字の略称．
→スペースシャトル

STB set top box

家庭用テレビに接続してさまざまなサービスを受けられるような追加機能を提供する送受信端末装置．CATV（ケーブルテレビ）のコントロール・ボックスや，インターネット接続・通信カラオケの端末機器，衛星放送の受信機など，通常はテレビの上に置くためこのように呼ばれる．
☞CATV

STC回路 （——かいろ）
sensitivity time control circuit

レーダ受信装置の感度のコントロール回路で，近接反射抑圧回路ともいう．近距離（海面）反射波は強く，遠距離反射波は弱く時間も長い．そこでアンテナから電波を発射した直後は感度を下げ，時間の経過とともにIF増幅器の増幅度を上げ，自動的に感度を高めクラッタをおさえる働きをする回路．
☞クラッタ

STS space transportation system

宇宙輸送システムの英頭文字の略称．
→宇宙輸送システム

S-VHS super video home system

1987年，日本ビクターが発表した家庭用VTR（ホームビデオ）で，放送用1インチVTRに近い性能をもつ．水平解像度は5.5MHzの430TV本で，EDTVに対応する．現行VHS方式と原理やヘッド・シリンダ・走行系などのメカニズムが類似のため，切換えによりVHSの記録・再生が可能だが，S-VHSで記録したテープはVHSでは再生できない．テープの磁気性能を高めSN比を改善し，ヘッドのギャップをせばめ，周波数分割多重式の変調周波数を高めて高解像度を得ている．テープカセットの形は現行VHSと同じで，検出孔により識別し，標準・3倍モードも同じ再生時間である．

☞VHS

SW short wave

英語の頭文字でショートは短い，ウェーブは波，つまり短波のこと．3〜30MHzまでの波長の電波を指し，HF帯に相当する．

			VLF	3〜 30 kHz
長波	10〜 100 kHz		LF	30〜 300 kHz
中波	100〜1500 kHz		MF	300〜3000 kHz
中短波	1.5〜 3 MHz		HF	3〜 30 MHz
短波	3〜 30 MHz		VHF	30〜 300 MHz
超短波	30〜 300 MHz		UHF	300〜3000 MHz
極超短波	300〜3000 MHz		SHF	3〜 30 GHz
			EHF	30〜 300 GHz

SWL short wave listener

短波（SW）放送受信者，短波放送愛好家のこと．外国放送を受信して楽しむ人びとを指す．

SWR standing wave ratio
→定在波比

T

T
1．磁束密度や磁気分極の単位でテスラ（tesla）．
2．単位の接頭語でテラ（tera）．10^{12}を示す．
3．周期の量記号で単位は秒〔S〕．
4．トルクの量記号で単位はニュートンメートル〔Nm〕．
5．熱力学の量記号で単位はケルビン〔K〕．

T形アンテナ（――がた――）
T-type antenna
中波や長波用アンテナで，T字形をしているアンテナ．アースした4分の1波長形で，水平部に垂直アンテナをつなぐ．延長（ローディング）コイルをつなぎ，垂直部を4分の1波長より短くできる．
☞1/4波長アンテナ

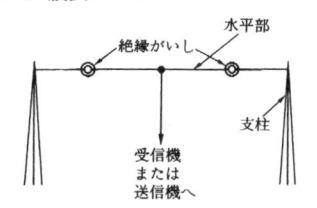

（図：水平部，絶縁がいし，支柱，受信機または送信機へ）

T形空中線（――がたくうちゅうせん）
T-type antenna
T形アンテナのこと．
→T形アンテナ

T定数（――ていすう） **T parameter**
トランジスタを四端子回路と考えた際の，T形等価回路に含まれる定数のこと．r_e（エミッタ抵抗），r_b（ベース抵抗），r_c（コレクタ抵抗），r_m（相互抵抗），a（ベース接地の電流増幅率）などがある．
☞等価回路

TA terminal adapter
パソコン，モデム，アナログ電話やFAXなど，ISDN回線に直接接続できない機器をISDNに接続するとき必要な信号変換機器．
☞等価回路

tag
荷札・付箋が語源．HTMLファイルの構成する指示情報．
→タグ

TCP/IP Transmission Control Protocol/Internet Protocol
インターネットやイントラネットで標準的に使われるプロトコル．TCPとIPという二つの代表的なプロトコルから引用された名称である．コンピュータやPCで用いられているOSは，その多くがTCP/IPを標準実装している．OSI参照モデルではIPが第3層（ネットワーク層），TCPが第4層（トランスポート層）にあたり，HTTPやFTPなどの基盤となるプロトコルである．
☞プロトコル

TDRS tracking data relay satellite
英頭文字の略称でスペース・シャトルの通信・追跡用の地上送受信局に代わり，静止軌道上に置かれた宇宙輸送システムを支援する三つの衛星システムのこと．
☞宇宙輸送システム

TE波（――は）
transverse electric wave
英語の頭文字で，H波ともいい，導波管を伝わる高周波成分(電波)のこと．進行方向に電界があり，電界のない波動のこと．空間を伝わる電波にはこの

TEM

ような状態はないが，磁性体の境界面を伝わる電波には存在する．

☞TM波

TEM波 （——は）
transverse electromagnetic wave

英語の頭文字で，平行2線や同軸ケーブルを伝わる高周波成分（電波）のこと．伝わる方向と直角な面内に電界や磁界がある平面波．

☞平面波

T-Engine

ユビキタス・コンピューティング環境の構築を目指して，オープンなリアルタイムシステムの標準開発環境を提供するためのトロン（TRON）プロジェクト．

☞トロン（TRON）

tera

テラと読み10^{12}を示す．単位の接頭語の一つ．

tesla

テスラと読み，磁束密度や磁気分極の単位で〔T〕のこと．

TFT thin film transistor
→薄膜トランジスタ

TM波 （——は）
transverse magnetic wave

英語の頭文字で，E波ともいい，導波管を伝わる高周波成分（電波）のこと．進行方向に電界があり，磁界がない波動のこと．空間を伝わる電波にはこのような状態はないが，誘電体の境界面を伝わる電波には存在する．

☞TE波

TOC table of content

CD，MDの曲の目次として用いられる．CDでは曲の番号，始まる位置を示す情報が記録されており，ディスクの最内周部に位置する．

TRIAC triode AC switch

トライアックとか3端子交流スイッチのこと．

→トライアック

TRON the real time operating system nucleus

→トロン

TSCJ Telecmmunications Satellite Corporation of Japan

日本の放送衛星（BS）や通信衛星（CS）の管理や運用を行う法人で，1979年通信・放送衛星機構法により設立された．千葉県君津市に衛星の姿勢や位置を制御する衛星管制センタがある．郵政省やNHK，KDDやNTTなどの出資金で運営されている．

☞通信衛星

TSS time sharing system

タイムシェアリングシステムとか時分割方式といい，次の二つが多用される．
(1)コンピュータの時分割(処理)方式．コンピュータと対話形式で，多数の端末から同時に情報を入力し処理する方式．バッチ処理方式と対称的な方式である．
(2)パルス多重通信で，経過時間に応じ異なるチャネルを順次切換え，多数の通信を同時に送受し，処理する通信方式で，マイクロ波通信回線や中継などに使う．

☞時分割方式

TSS方式 （——ほうしき）
time sharing system
→TSS，時分割処理システム

TTL transistor transistor logic

T^2Lと書くこともあり，トランジスタトランジスタロジックの頭文字．位相反転するトランジスタに，トランジスタのゲート回路がついている論理回路で，DTLに比べ低電力動作が可能で，スイッチ動作も速い．ゲートのトランジスタはマルチエミッタのトランジスタが使われる．

☞論理回路

TV television

テレビジョンのこと．

→テレビ(ジョン)

TX

TVI television interference

テレビ電波妨害ともいう．テレビ受像機の画面に与える妨害で，同期が乱れ画面にしま模様が出たり，白黒が反転したり，画像が消えたり，混信電波の音声がスピーカから出たりする．付近の強力な不法電波やモータ等が原因となる．この場合は妨害電波の発射を止め，妨害の原因を除く義務がある（電波法）．

TX transmitter

英語のトランスミッタ（送信機）の略語．
→トランスミッタ

U

UDF universal disc format
DVD規格のファイルシステムに使用されており，物理特性の違いに依存しない．国際標準規格のISO/IEC13346に準拠したUDFをベースに構成されたので，パソコン，ワークステーションの種類にかかわらず，記録したデータの互換性が維持されるようになった．
☞ISO

UDP user datagram protocol
TCPと同じ層のプロトコルだが，TCPのコネクション型に対してコネクションレス型である．発信側が受け取りを確認しながら送るのがコネクション型．コネクションレス型はコネクションの手間を省くので高速であるが，信頼性に劣る．早急に送りたいとき，ブロードキャスト（同一パケットを複数サーバに送ること）したいときなどに用いる．
☞プロトコル

UHF ultra high frequency
ウルトラハイフリケンシの頭文字で，デシメートル波とか極超短波ともいう．周波数300～3GHz，波長0.1～1mの高周波で，UHF帯テレビ放送や中継，多重通信，船舶や航空機のレーダや通信，アマチュア無線などに使う．
☞デシメートル波

UHFコンバータ UHF converter
コンバータは変換器で，UHFをVHFに変えること，またはVHFのTV受像機でUHF TV電波を受信すること．
☞UHF, VHF

UHF帯 （——たい） UHF band
UHFの周波数帯域のこと．
☞UHF帯

UHFテレビジョン UHF television
チャネル番号13～62，周波数470～770MHzのUHF帯のTV方式の総称．

UJT unijunction transistor
ユニジャンクショントランジスタのことで，単結合トランジスタともいい，トリガ用素子のこと．簡単な弛張（しちょう）発振器にも使う．

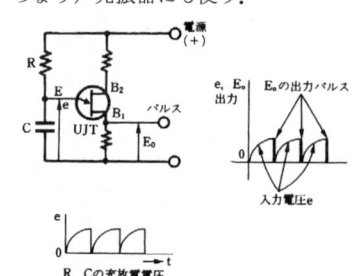

ULF ultra low frequency
ELFより波長が長く，周波数が30～300Hzの電波や交流のこと．
☞ELF

ULSI ultra LSI
ウルトラLSIの略称で極超LSIともいう．VLSIよりも集積度（素子数）が1ランク上位のLSIのこと．
☞超LSI

UMA unlicensed mobile access
周波数免許を必要としない帯域を使って通信を行う規格のことで，FMC（Fixed-Mobile Convergence）と呼ばれる固定と携帯通信をシームレスに融合するために制定された．

UNIX
ユニックスと読み，1969年米国ベル研究所のトムソンが開発した計算機のTSS用の汎用OSの一種．研究やプロ

グラム開発，ミニコンやワークステーション用OS，統合形OSのゲストOSなどに多用する．ベル研の同僚カーニハンらはC言語で応用プログラムを作りUNIXを充実させた．1975年には大学等の研究機関にも配られ世界に普及した．

☞OS

UpnP　universal plug and play

パソコンやAV機器，周辺装置，通信機器など身の回りのエレクトロニクス機器を互いに接続して，ユーザの利便性を図る目的で作られた接続規格．通信，家電などの企業グループが制定したイーサネット（LAN），HomePNAなどの接続規格も包含する大規模なもので，急速に進んでいるPC・デジタルAV機器・携帯電話などの連動の基本にもなっていて，ユビキタス社会を推進する重要な規格でもある．

☞ユビキタス

URL　universal resource locator

インターネットのWWWのホームページにアクセスするための，所在位置を示す記号の列のこと．http://www.の後に記入される．新聞・雑誌などにも企業・団体・事務所などの住所と共に表示される事が多くなった．

☞ホームページ

URSI　Union Radio-Scientifique International

国際電波科学連合のこと．

→国際電波科学連合

USB　universal serial bus

パソコンの低速の周辺機器（キーボード・マウス・プリンタ）類のパソコンへの接続を，同一のコネクタとケーブルで統一するインタフェースのこと．1996年2月にNEC・IBM・マイクロソフト・インテル・コンパック他数社による仕様書が公開され，現在も多く利用されている．

☞インタフェース

U-V共用アンテナ

（——きょうよう——）

TVのUHF帯とVHF帯の両用アンテナ．UHF用とVHF用の専用の組合せが多い．

☞UHF帯，VHF帯

V

V
1. 電圧・電位差，電位などの量記号で単位はボルト〔S〕．
2. 起電力の単位記号で単位はボルト〔V〕．なお起電力の量記号はEである．

V形アンテナ (——がた——)
V antenna
水平面内に2本，アンテナ導体をV字形素子として配置したアンテナで，接合部から給電し，他端は開放にする短波用アンテナ．指向性や利得を増すためV素子を一定間隔で多数配列する．

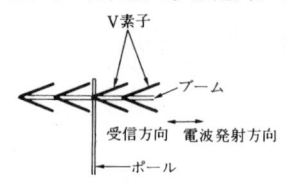

VA voltampere
ボルトアンペアと読み，皮相電力の単位．☞皮相電力

VAN value added network
付加価値通信網ともいい，公衆電気通信事業者から回線を借り，コンピュータによるネットワークにより情報の蓄積や処理，加工を行う通信サービスや，そのネットワークを提供する通信事業者のこと．日本では1982年公衆電気通信法の改正でデータ通信が自由化され，中小企業VANが認められ，85年電気通信事業法が施行され本格的VAN事業が可能となり，次のようなサービスがある．
(1)ネットワークサービス．公衆電気通信事業者から回線を借り，電話交換やパケット交換，回線交換などを行う．
(2)通信処理サービス．コンピュータ相互の内部コード変換や通信速度変換，通信手順（プロトコル）変換，企業ごとに異なる伝票の書式(フォーマット)変換，パケット交換などがある．
(3)情報処理サービス．情報を蓄積し加工して付加価値をつけるサービスで，POSシステムやファームバンキング（銀行と企業間の取引のオンライン化），データバンクやクレジット業務処理を行う．これらのVANサービスを使い，ホストコンピュータの負荷軽減を図り，ニュービジネスを起こし，広域ネットワークの利用で通信コストやネットワーク運用コストを削り，企業情報を活用できるなどのメリットが得られる．
☞ネットワーク

V_{BE} base voltage
エミッタアース（接地）回路のベース〜エミッタ電圧のこと．
☞エミッタ

$V_{BE}-I_B$
エミッタ接地回路のベース電圧V_{BE}とベース電流I_Bの関係のこと．
☞エミッタ接地回路

VCD video CD
MPEG-1画像圧縮を用いたCD規格のビデオディスク．
☞MPEG-1

V_{CE} collector voltage
エミッタ接地回路のコレクタ電圧のこと．☞エミッタ接地回路

$V_{CE}-I_C$
エミッタ接地回路のコレクタ電圧V_{CE}とコレクタ電流I_Cの関係のこと．

VFO variable frequency oscillator
英語の頭文字で，可変周波数発振器のこと．定められた周波数帯（バンド）

内で周波数を変えられる発振器．アマチュア無線などで，バンド内の混信のない周波数で交信するために使う．

VHD video high-density
→ビデオディスク

VHD方式（――ほうしき）
video high density disc system
1978年日本ビクター社が発表したCED方式の改良形ビデオディスクシステム．ディスク直径26cmの塩化ビニル円盤にピックアップの針を接近させ，双方の静電容量変化を利用し信号を取り出す．盤に案内溝はなく，針はサーボ機構で制御する．

VHDL very high speed integrated circuit hardware description language
IEEE（米国電気電子協会）で規格化されたハードウェア記述言語．ハードウェア・アーキテクチャの設計からレイアウト設計・テストに至る一連の工程の中で，動作レベルやゲートレベルなどの記述を経たトップダウン設計を行うことを可能とした．
☞ハードウェア記述言語

VHF very high frequency
超短波帯ともいい，周波数30〜300MHz，波長1〜10mの高周波または電波のことで，メートル波ともいう．FM放送やテレビの1〜12チャネル放送，アマチュア無線などに使う．電離層のE層，F層を突き抜け，見通し距離の通信に使う．電離層の影響を受けないため，フェージングはなく安定した通信ができる．アンテナも小形で鋭い指向性のものにでき，特定の目標に向け効率よく通信ができる．
☞フェージング

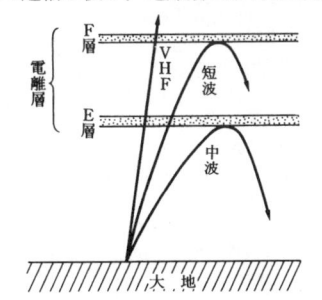

VHF帯（――たい） **VHF band**
VHFの周波数帯域のこと．

VHS video home system
1976年日本ビクター社が発表したホームVTRの一種．ベータ（β）方式との互換性はなく，3倍モードにより最大8時間の録画・再生が可能．
☞ベータ方式

VICS Vehicle information communication system
交通情報を図形や文字で表示するシステム．渋滞や交通規制などの情報をリアルタイムに送信し，カーナビゲーションシステムの地図上に表示する．VICSの利用は，サービス自体は無料だが専用受信機が必要となる．現在販売されているカーナビはほとんどがVICSに対応している．
☞カーナビ

VIF video intermediate frequency
映像中間周波数のこと．

VIFA video intermediate frequency amplifier
映像中間周波増幅器のこと．

VIFT VIF transformer
TV受像機などの映像中間周波増幅器に使う映像中間周波トランスのこと．高周波鉄心にコイルをバイファイラ巻する．☞バイファイラ巻コイル

VLF very low frequency
長波に相当し，波長10〜100km，周波数3〜30kHzの交流分や電波のこと．

VLP video long player
→VLP方式，ビデオディスクプレーヤ

VLP方式（――ほうしき）
video long play system
1972年オランダのフィリップス社が作ったビデオディスクシステム．直径

VLS

30cmのアクリル円盤を回し，信号に応じて記録したピットに，レンズで集束したレーザ光を照射し，反射光をホトダイオードで受け，電気信号に変え検出する．ピックアップが盤に触れず良質の映像を再生する．このため，この改良形が世界的に普及し，日本では1981年パイオニア社がLD（レーザディスク）という商品名で発売した．
☞LD

VLSI
very large scale integrated circuit
超大規模集積回路のこと．素子数10万個以上のIC．☞**超大規模集積回路**

VOA放送（——ほうそう）
Voice Of America
「アメリカの声」と訳し，アメリカ国務省が行う海外宣伝用の短波放送のこと，またはそのコールサイン．

VOD video on demand
ビデオオンデマンドのこと
☞**オンデマンドサービス**

VoIP voice over internet protocol
ブイ・オー・アイ・ピー，あるいはヴォイップと呼ぶ．インターネットやイントラネットなどTCP/IP接続でのネットワーク環境で，音声などを伝送する技術のことで，電話網のインフラをIPネットワークと統合することで，通信コストを下げることが本来の目的．
☞**ネットワーク**

VOR
VHF omnidirectional radio range
VHFによる航空機用の全方向無線標識．無指向性で全方向にわたり同位相の信号と，方位により位相の変わる指向性の強い信号の電波を同時に発射し，両電波の位相差より発射局の方位を知る．電波法では，108～118MHzまでの周波数の電波を全方向に発射する回転式の無線標識業務を行う設備と定義する．（施行規則2条50）
☞VHF

VPN virtual private network
仮想私設通信網などと訳す．公衆回線をまるで専用回線のように利用できるサービスのことをいう．

VR virtual reality
バーチャルリアリティ（仮想空間）のこと．コンピュータの画像技術CGが進歩し仮想空間が現実と重なり合うこと．高速鉄道・航空機などのシミュレーション訓練，原子炉・発電所の運転訓練，宇宙飛行士への訓練などに利用される．☞**バーチャルリアリティ**

VRS video response system
中央情報処理装置，画像センタ，広帯域伝送路（4MHz），TV受像機，端末装置などからなるシステムで，1977年からNTTが実験している画像情報システムのこと．家庭・企業・公共機関などを対象とし，生活やレジャー，趣味や教養・学習などの情報案内や検索を行う．4MHzの伝送回路やコスト高が問題である．

VSAT very small aperture terminal
超小口径アンテナを持つ地球局（超小型地球局），または，その小型地球局を利用した電話・データの双方向衛星通信を指す．防災行政用として広く使われている地球局で，一般的には各地のVSATから衛星を介してセンター局（大型地球局）にポイント・ツー・マルチポイントで送信する利用法が多い．☞**衛星通信**

VSB vestigial sideband
1．残留側波帯のこと．2．残留側波帯方式のこと．3．残留側波帯変調のこと．4．残留側波帯伝送のこと．
☞**残留側波帯**

VSB伝送（——でんそう）
vestigial sideband transmission
残留側波帯伝送のこと．非対称側波帯伝送ともいい，SSBに比べて受信が容易で占有帯域幅を節約できる．
☞**NTSC方式**

VSBフィルタ
vestigial sideband filter
振幅変調の被変調波の上・下の側波帯の片方を減衰させ, 必要な残留側波帯特性にするフィルタ. 次の2種が知られる.
1. 受動形　送信機の電力増幅器の出力側に入れる, 高電力変調用.
2. 能動形　送信機の増幅段の同調周波数をずらし (スタガ同調して), 総合特性をつくる. ☞スタガ同調

VSB変調 (——へんちょう)
vestigial sideband modulation
残留側波帯変調のこと.
☞残留側波帯伝送

VSBS　vestigial sideband communication system
残留側波帯方式のこと.
☞残留側波帯方式

VSWR　voltage standing wave ratio
電圧定在波比のこと. ☞定在波比

VTR
video tape recording (recorder)
1. 磁気テープに映像を記録することで, 録画ともいう. (recording)
2. 磁気テープの録画装置で, ビデオテープレコーダともいう. (recorder)

映像信号のような広帯域信号の磁気テープ記録には, テープの高速化が必要だが, テープの長さを減らすため, テープの斜め方向に記録する斜方向走査方式にして, テープ使用効率を高める. また, 記録トラックの切換部 (継ぎ目) の連続性を保つため, ヘッドシリンダの円周上に対称的に2個の磁気ヘッドを置き交互に記録 (再生) する. 業務用と家庭用 (ホームビデオ) があり, 後者はベータ, VHS, 8ミリの3方式があり, おのおのの特徴があるが, 互換性はない.
☞ベータ, VHS, 8ミリビデオ

VTVM　vacuum tube voltmeter
真空管電圧計の英語の頭文字で, 真空管の高い入力インピーダンスと増幅作用を利用し, 直流電流計と組み合わせ, 直流電圧や交流電圧などを測る測定器. 現在はトランジスタ形が使われる.

VU計 (——けい)　VU-meter
VUはvolume unitの略で, テープレコーダやラジオ, 放送通信回路などの音声の波形レベルをモニタする計器で, VUメータともいう.

VUメータ　VU meter
VU計のこと. ☞VU計

W

W
（有効）電力の単位記号で単位はワット〔W〕．なお（有効）電力の量記号はP．

WAN　Wide Area Network
ワンと読み，「広域通信網」の略．電話回線や専用線を使って，本社－支社間など地理的に離れた地点にあるコンピュータ同士を接続し，データをやり取りすることを言う．建物や敷地内で利用されるLANにくらべ，他人の所有地や道路などの公共施設をまたがるため，通信事業者が提供するWANサービスを利用することになる．

Wb　weber
ウェーバと読み，磁極の強さ・磁気量・磁束の単位．

WBケーブル　WB cable
光ファイバケーブルの防水要求に対応するウオーターブロッキング（WB）ケーブルのこと．ケーブル内への水の浸入，および長手方向への水走りを最小限にとどめる構造を持つ光ファイバ・ケーブル．
☞光ファイバ

Web
Webページのこと．→Webページ

Webアプリケーションサーバ　web application server
企業内システムをWeb化するためのミドルウェアの総称．BtoBなどのe-ビジネスでは，強力なWeb対応の業務システムやECサイトを構築する必要がある．Webサーバとは別にデータベースサーバに格納したデータをWebサイトに表示できるようにすることで，大量のトランザクションにも対応することができる．膨大な事務処理にも対応できWebアプリケーション構築の最先端ツールとなっている．
☞Webページ

Web会議システム（――かいぎ――）　web conference system
インターネット回線を使ってパソコン上でテレビ会議ができるシステムのことで，ビデオ会議システムなどとも呼ばれる．
☞インターネット

Webサービス　web service
情報技術分野では「XML Webサービス」を指し，広義のWebサービスと区別．SOAP/XML形式のメッセージ交換によって，データ連携，アプリケーション連携，ネットワーク上の自律したアプリケーションを連携させる技術，またはそのアプリケーション全体．
☞XML

Webページ　web page
インターネットで公開されている，文字・画像などから成り立つ各種の情報のまとまりをいう．WWWブラウザというソフトで使うことができる．
☞WWWブラウザ

Wh　watt-hour
ワットアワーと読み，ワット時ともいう．電力量の単位で，電力〔W〕と時間〔h〕の積に相当する．1〔W〕の電力を1時間〔h〕使った際の電力量W_Pは，2〔W〕×3〔h〕で，6〔Wh〕となる．
$$W_P = 2W \times 3h = 6 \ [Wh]$$

Windows　→ウィンドウズ

Windows Media Audio　→WMA

WIPO　world intellectual property organizationw
→世界知的所有権機関

WMA　windows media audio

インターネットからダウンロードできる音楽配信などで使われている，デジタルデータ圧縮フォーマットの一つ．マイクロソフトが開発し，パソコンのOSであるウインドウズ上で動作する操作用ソフトも無料配布されている．

☞圧縮

Wp

電力量を示す量記号で単位はジュール〔J〕またはワット秒〔Ws〕のどちらかを使う．

WWW　world wide web

ダブリューダブリューダブリューと読む．ワールドワイドウェブの略称でW3とも表す．ウェブとは，くもの巣状のものを指す．したがって世界中に広がったくもの巣という意味．

1．1989年ヨーロッパ素粒子物理学（原子核）研究所内での情報共有のために開発されたソフト．

2．インターネットでWebページを利用できるようにする仕組みのこと．

3．インターネットの情報検索システム．

☞ウェブ

WWWブラウザ
world wide web browser

1．ワールドワイドウェブブラウザのこと．ブラウザはファイルの内容をさっと見るという意味で，ワールドワイドウェブは世界中に広がったくもの巣という意味．したがって世界中に広がった，くもの巣のような広がりのファイルをちょっと見るという位の意味である．

2．Webページを見るためのアプリケーションのこと．代表的なものはInternet Explor 4.0に付属するInternet Explorer 4.0ブラウザ（マイクロソフト）やNetscape Communicator 4.0に付属するNetscape Navigator 4.0（ネットスケープ）などがある．

☞ワールドワイドウェブ

X

リアクタンスの量記号で単位はオーム〔Ω〕.

Xカット X cut

水晶振動子のカット名の一つで,周波数—温度特性が常温（約25°C）付近で0温度係数となるカット.振動子の面がX軸と直角になるカットのこと.
(1)棒状厚み屈曲振動　4～35kHz
(2)縦振動　50～150kHz
(3)厚み縦振動　0.5～20MHz
　　3次倍調波　20～60MHz
(4)音叉形屈曲振動　32.768kHz（水晶時計用）

☞水晶振動子

X線 (――せん) X rays

レントゲン線ともいい,1895年ドイツのレントゲンが発見した,波長0.01Å（オングストローム＝10^{-8}cm）～100Åの電磁波.物質の中を通り抜ける力（透過作用）や蛍光作用,電離作用,写真フィルムの感光作用が強く,医学用や工業用に使う.

X線CT (―せん――)
X-ray computer tomography

1972年ハンスフィールドがコンピュータ・トモグラフィ（CT）装置を医療診断に応用し,X線CTを開発した.人体深部組織の鮮明な断層像によって医療診断分野は革新的な進展をとげた.しかし放射能を照射することから放射線障害のおそれもあり,核磁気共鳴映像（NMRイメージング,MRI）診断に移行している.

☞CT

X線管 (――せんかん) X ray tube

熱陰極を利用したX線発生用高真空電子管.真空容器の中でフィラメントを加熱し,熱電子を放出させ,反対側にプラスの高圧（数～400kV）を加えたターゲットを置く.電子はマイナスを帯びており,(－)電圧を加えた集束電極で集束され,プラスの高圧にひかれ,ターゲット表面に激突する.このエネルギは熱になり,1％位がX線となる.熱は伝導で外部に発散させる.人体や移動体の撮影には秒からミリ秒単位で大電流を流し,静物や移動体の連続透視のときは小電流を数十秒以上流す.

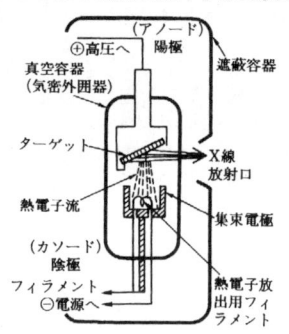

X線テレビ(ジョン) (――せん――)
X ray television

検査物にX線を当て,透過したX線をX線蛍光増倍管に加え,X線蛍光像を作る.この増倍管の光電陰極面から飛び出す光電子を加速し出力蛍光面に投射する.非常に明るい蛍光像が得られ,これをテレビカメラでうつし,受像機でX線像を見ることができる.また,X線に感じる特殊ビジコンを使うこともある.工業用,医学用に使うTV方式.☞X線

Xバンド X band

8～12GHzの,主に衛星通信に使う周

波数帯.

☞衛星通信

X変換（——へんかん） **X-conversion**

コンピュータのプログラム用語で，空白欄記述子ともいう．一般形はnXと書き，nは整数で，入力ではn個の文字を読みとばすこと，出力ではn個の空白のこと．

☞空白欄記述子

xD-ピクチャーカード **xD-picture card**

2002年に富士写真フイルムとオリンパス光学工業が共同で開発した超小型・大容量メモリカード規格．タテ20.0×ヨコ25.0×厚さ1.7mm，重さ2gというSDメモリカードよりも一回り小さいサイズで，主要メモリカード規格の中で最も小型のカードとなっている．小型ながら，多層化技術の採用で大容量化を可能にしており，8GBまでのロードマップが発表されている．

XML **extesibleMarkup language**

エクスエムエルと読む．文書やデータの構造を記述するマークアップ言語の一つ．コンテンツを記述する目的で使われる．地の文に特定の文字列の「タグ」を挿入する使い方で，XMLユーザは独自の範囲指定タグを使うことができる．また，文章構造を書き換えることが容易にできる．拡張性と汎用性が高い．XMLで（表示）フォームを定義し，コンテンツを変えるときは中のデータを変えるだけで済む．オープンでありインターネットに対応していることから，標準変換プラットフォームの役割を持たせて，データの送受信や電子商取引，EAIなどで使われた．XML技術をビジネスで活用する上でXMLコンソーシアムが活動．コンテンツの権利処理に必要な情報を標準化し，XML化した「ContentsBusiness XML」，旅行業界の電子商取引を推進するためにXMLを利用した標準規格「TravelXML」が，それぞれの業界団体と共同で開発，策定されている．

☞EAI

XML/EDI **extensible markup language/electronic data interchange**

XML技術を使った電子商取引（EC）の総称．XMLは拡張可能なマークアップ言語で，データの属性を任意に定義できる．

☞EC

XY記録計（——きろくけい） **XY recorder**

XYレコーダのこと．

→XYレコーダ

XYプロッタ **XY plotter**

プロッタの一種で機械式ペンプロッタともいい，コンピュータの出力装置の一つ．平面上に固定した紙面の任意の点に，ペンを連続的に移動し，平面図形を効率よく描く．ボールペンやインクペン，シャープペンシルの別があり，異なる色のペン先を自動的に交換してカラー表示もする．フラットベッド式，ドラム式，ドラムベッドマイクログリップ式などの別がある．

☞プロッタ

XYレコーダ **X-Y recorder**

X-Y記録計ともいう．横(X)軸方向と，縦(Y)軸方向にそれぞれ対応する信号を加える．インクを満たしたペンが，固定した記録紙（チャート）の上を，モータによってX軸やY軸の入力信号に応じて上下左右に移動し，自動的に図形を描く．X軸を時間軸に切り換えれば，一定速度で横方向にペンが移動し，時間的に変化する入力信号の波形を記録できる．

Y

Y
アドミタンスを示す量記号で単位はジーメンス〔S〕.
☞アドミタンス

Yカット　Y cut
水晶板の切出し角度が,Y軸に垂直な平面のもので,特性はあまりよくない.

Y結線（——けっせん）
Y-connection, star connection
☞星形結線

Y信号（——しんごう）　Y-signal
TVの輝度信号のこと.映像の明暗を表す信号.
☞輝度信号

YAGレーザ加工機（——かこうき）
YAG（ヤグ）レーザは固体レーザの中で最も大きな連続出力が得られる.この固体レーザはレーザの発光の中心になる母体に固体の材料を使っている.母体材料は光学的に透明で,均質であることが必要だ.また連続動作をするために熱の伝導度が良いことが大切だ.ネオジウム（Neodium）を活性イオンにする固体レーザになっている.YAGはイットリウム・アルミニウム・ガーネットのこと.分子式はY3AL5012.
☞固体レーザ

Z

Z
インピーダンスを示す量記号で単位はオーム〔Ω〕.
☞インピーダンス

Zマーカ Z-marker
ラジオビーコンとかビーコンともいい,航空機の航行援助施設の一種だが,現在は使われない.電波法では,航空機に位置の情報を与えるために,逆円錐型の指向性電波を垂直に上空に発射する無線標識業務を行う設備と定義する(施行規則2条51).
☞ラジオ・ビーコン

ZC zone center
中継局のこと.中継交換機(TS)を設置する局をいう.NTT分割後は,県内の中継を行う中継局をIC(Intrazone tandem Center:県内中継局)とよび,ZCは県外の中継を行う全国中継局を表すようになった.ZCの中でICから通信を集束・中継する局をSZC(Special Zone Center:特定中継局)という.

Zig Bee
ジグビーと読み,家電製品とホームネットワークとを結ぶ短距離無線通信規格の一つ.ブルートゥースよりも低速で伝送距離も短いが,省電力で低コストという利点がある.データ転送速度は最高250kbps,伝送距離は最大で30m.家電のほか,リモコンや照明機器,セキュリティシステムなど,ホームオートメーションにかかわるあらゆる製品への採用も期待されている.インターフェイスには,短距離無線ネットワーク規格「PAN(Personal Area Network)」のIEEE 802.15.4を採用している.

ZVEI
Zentralverband Elektrotechnik-und Elektronikindustrie e.V.
ドイツ電子産業界最大の団体でドイツ電気電子工業中央連合会の略称.ツヴァイと読む.日本の電子情報技術産業協会(JEITA)に相当し,電気技術と電子産業部門を統合している.1970年創設.自動化,バッテリ,民生電子,電子部品・システム,電灯,家庭電気器具・暖房,電車・車両,電気照明,電気医療技術,工作機械,電気暖房設備,エネルギ技術,ケーブル建設,不動産,据付器具設備,ケーブルと衛星関連,ケーブルと絶縁線,安全システム,高圧コンデンサ,変圧器と配電,抵抗技術など,JEITA以上の広範囲な分野にわたる.

α〜ω

α遮断周波数（アルファしゃだんしゅうはすう） *α-cut-off frequency*
→アルファ遮断周波数

α線（アルファせん） *α rays*
放射性同位元素から出る放射線の一種で，空中を直進する正電荷を持つ粒子．2価のヘリウム陽イオンHe^{++}（ヘリウム原子核）の流れのこと．または$α$粒子のビームのこと．電離作用が強く，透過力は小さい．電界・磁界により曲げられ，電子流とは反対方向である．
→アルファ線

β遮断周波数（ベータしゃだんしゅうはすう） *β-cut-off frequency*
ベータカットオフ周波数ともいう．トランジスタのエミッタ接地回路の電流増幅率$β$が，低周波での値の$1/\sqrt{2}=0.7$倍$=-3dB$（デシベル）に下がる周波数のこと．

→ベータ遮断周波

β線（ベータせん） *β rays*
放射線の一種で，電子の流れのこと．負電気を持ち曲がって進む粒子で，空中では1m位の放射性透過力がある．電離作用もあるが，強さは$α$線と$γ$線の中間位である．電界・磁界により$α$線とは逆方向に曲げられる．

γ線（ガンマせん） *γ rays*
放射線の一種で，質量や電気量はなく，電界・磁界の影響を受けない．波長の非常に短い電磁波のこと．主として$β$線にともなって発生し，数cmの鉛を通す．透過力が強く，電離作用・写真作用・蛍光作用はX線よりはるかに小さく検出がむずかしい．医療用は癌の治療，工業用は鋳物・溶接部の内部欠陥の探知などに利用する．

μ *micro*
マイクロと読み10^{-6}倍を示す，単位の接頭語．

μ-law
ミュー・ロウと読む．
電話音声の符号化の圧縮方式の一つ．ITU-T勧告でG.711として標準化されている．IPAアナログの音声信号をPCM（パルス符号変調）でディジタル信号に変換する符号化法則．$μ$-Lawは，日本やアメリカで採用されている方式で，他にA-Lawがあり，これは主にヨーロッパで採用されている．

π形回路（ぱいがたかいろ） *π circuit*
コイルLやコンデンサCの組合せによる$π$字形回路．たとえば整流電源の平滑回路に使う，フィルタの一種．

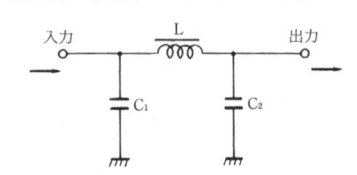

Ω *ohm*
オームと読み，電気抵抗・リアクタンス・インピーダンスの単位．

ω *omega*
オメガと読み，ギリシャ語の最終字母．炭素原子の位置を示す記号の一つ．置換基の位置を示す記号．

組込み用語解説集

特定非営利活動法人組込みソフトウェア管理者・技術者育成研究会
(SESSAME)
http://www.sessame.jp/

あ 行

アイソレーション出力
（——しゅつりょく）
→アイソレーション入力/アイソレーション出力

アイソレーション入力
（——にゅうりょく）
→アイソレーション入力/アイソレーション出力

アイソレーション入力/アイソレーション出力
（——にゅうりょく/——しゅつりょく）
信号の接続を物理的に行わない入出力.

直接ケーブルや基板のランド,半導体などで物理的に接続した状態ではない状態で入出力を行うことである.信号等はフォトカプラー等を使用しアイソレーションを行う.また,電圧変換などに使用されるトランスも一次側と二次側ではアイソレーションされている.

アーキテクチャ設計（——せっけい）
アーキテクチャ設計は,技術者によって解釈が異なり,明確に定義することは難しいが次のように定義できる.分析で得られたシステムに求められる機能および非機能（性能,拡張性,信頼性等の要求）をどのように実現するのか,システム全体の設計戦略,方針を決定し,全体構造の設計,仕様を定めることである.

アーキテクチャ設計には,メカ,エレキ設計等の物理アーキテクチャ設計とソフトウェアアーキテクチャ設計があり,組込みシステムは,物理アーキテクチャ設計とソフトウェアアーキテクチャ設計を協調設計することにより,最適なシステムを構築することができる.すなわち,ソフトウェアとハードウェアの役割分担を明確化することが重要である.

ソフトウェアアーキテクチャ設計の一例をあげると,サブシステム分割,フレームワーク設計,レイヤ構造設計（プレゼンテーション層,ドメインロジック層,デバイス制御層等の分割）,並行性設計,使用するか非かを含めたOS選定,通信プロトコル設計,エラー処理メカニズム設計,メモリ管理方針決定等がある.

アーキテクチャ設計は,システムの大規模化,複雑化に伴い,非常に重要になってきており,アーキテクチャ設計の結果で,開発効率性,拡張性,変更容易性,性能,品質等に大きく影響する.

アーキテクチャ設計は,技術リスクを早期に解決するためにシステム開発の早い段階で実施する.

アキュムレータ accumulator
プロセッサ内のレジスタ.累算器ともいう.

プロセッサ内レジスタが少ない,もしくは演算器を特定のレジスタに限定するアーキテクチャにおいては,演算の対象となるレジスタを1ないし2に限定する.このようなアーキテクチャではこのレジスタをアキュムレータと呼ぶ.アキュムレータアーキテクチャでは演算の一方はアキュムレータに限定されるため,演算に伴いデータの移動が必要となる場合が多い.反面,命令形式のオペランド指定フィールドは短くすむため,命令長を短くできる.プロセッサ設計に利用可能なトランジスタ数に限りがあった1970年代近辺に設

計されたマイクロプロセッサにはアキュムレータ方式を採用するものが多い．（たとえば，Z80，MC6800，MCS6502，i8086など）
☞インストラクション

アクチュエータ　actuater
アクチュエータとは，機構の制御を行うための「動き」を生みだす部品を指す用語であり，モータはアクチュエータの一種である．

アクチュエータの駆動源としては電力，空気圧（あるいは負圧），油圧が一般的であるが，最近は圧電素子や形状記憶合金によるものもある．

電力で動作するモータについては別項を参照していただくとして，電力で動作するアクチュエータの代表的なものとしてここでは電磁ソレノイドを簡単に解説する．電磁ソレノイドは供給電力をオン／オフすることで2点間の往復運動を実現するデバイスで，モータに比べ応答速度が速いことが特徴である．単純な進退機構の実装に使うほかに，ガスなどのバルブ制御の駆動部にもよく使用される．

アクチュエータによる動作は回転もしくは直進がほとんどであるが，ソフトウェアから見て最終的に制御されるべきモノの特性をよく理解し，駆動時間または駆動パラメータ，駆動後のディレイ，駆動後の位置確認の有無などに最適な実装を行う必要がある．場合によっては対象の状況に応じてこれらのパラメータをダイナミックに変える必要もある．

アース　earth
→グランド

アセンブラの得意な部分
（――とくい――ぶぶん）
C言語に代表される高級言語のコンパイラが理想的なコード生成を行えば，特にアセンブリ言語を使う必要はない．しかし現実にはコンパイラの生成するコードはCPUの持つ機能を100％使い切ったコード生成をしていない場合がほとんどである．そこにアセンブリ言語を用いて人手でコーディングする余地が生まれる．それがアセンブラの得意な部分となる．

このようなことから，アセンブラの得意な部分は次の三つに大きく分けられる．

(1) コンパイラの使用しないCPUの機能を使える部分
(2) コンパイラ機能でまだ改良余地のある部分
(3) コンパイラがコード生成する際に情報として利用できない，静的な情報以外を活用できる部分

(1)は，例えばCPUのフラグを活用したプログラム（加算のキャリーを使った演算），汎用的に用いられないCPUリソースを使ったプログラム（アキュムレータを使った積和演算や丸め演算），また特定用途のCPU機能を活用したプログラム（例えばOSのユーザモードからスーパーバイザモードへの移行といったOS用の特殊機能やマルチメディア命令）などの場合である．また，ハードウェアとの機械命令によるインタフェース部分，あるいは割込み関係や排他関連など特殊な機械命令を使うような場合も含む．

(2)は，例えば最適化やレジスタ割付けなどでコンパイラの生成したコードに改良の余地が有る場合である．

(3)は，例えばあるif文での分岐の割合やループ回数など，実行時にしかわからない情報で，しかも一定の傾向が判明している場合に，分岐回数を少なくなるようにしたり，基本ブロックの配置や制御構造を変えるようにコードを変更したりする場合である．

アドレスバス　address bus
バスマスタが『動作させたい，アクテ

あなろ

ィブになって欲しい』デバイスを指定するための信号線がアドレスバスである．つまり，RAM/ROMなどのメモリや周辺I/Oデバイス等のアクセス対象となるデバイスを指定するためのアドレス情報をやり取りするためのバスである．

ソフトウェアから見ると，番地を指定することで，どのデバイスにアクティブになって欲しいかを指示できる．ハードウェアの接続を見ると，アドレス線の一部が各デバイスのチップセレクトに入っていたり，アドレスをデコードした結果がチップセレクトに入っていたりする．これにより，アドレス指定で狙ったデバイスをアクティブにすることができる．

アナログセンサ　analog sensor

光の量，色，重さ，速度，雨量など現象に対応したアナログ信号を出力する機能部品のこと．重さや速度など基本的な現象の検出を行うセンサに加えて，最近は人の感情を検出するようなAI（人工知能）センサ，交差点の動きから歩行者の人数を推定するインテリジェントセンサ，出張先から自宅の室温を調べることのできるスマートセンサなど多くのセンサが考案，提案されている．

アナログセンサを利用する際には，センサが出す電気信号を増幅してディジタル信号に変換し，コンピュータに取り込むことになる．その方法には，ADC（アナログディジタルコンバータ）を介してアナログ信号をコンピュータに入力し，スケーリングされたディジタルの値を得る方法．センサの出力に比例したディジタルパルス信号をコンピュータに入力して周波数からディジタル値を得る方法などがある．

いずれにしても，センサの出力と現実の物理量の関係を正しく換算しなければソフトウェアは，外部の物理量を正しく把握できない．この部分の処理は，時間とも関係するので重要である．

アナログとディジタル
analog and digital

アナログとは連続的に変化する信号を無段階に表わすことを指し，ディジタルとはある値を離散的な数値によって表すことを指す．組込み機器では一般に，アナログデータをセンサによって電流や電圧などに変換し，その変化をA/D変換器などでディジタルデータにして処理を行う．変換されたディジタルデータはディジタルのまま利用されたり，D/A変換器などで再度アナログデータに変換したりする．

アナログシステムでは使用する部品の性能に誤差があるため，温度などの周辺の環境が変わっても同じような動作をさせるためには誤差を見込んだ設計や，機器生産時の調整や校正を行う必要がある．これに対してディジタルシステムでは，安定した動作，高再現性，変更のしやすさなどのメリットがあり，最近の組み込みシステムではセンサからのアナログ出力をできるだけ早い段階でディジタルに変換して処理や制御に用いるケースが多くなっている．

しかしながら，ディジタルシステムでは量子化時の誤差やプロセッサの処理速度の限界などがあるため，システムのリアルタイム性や連続性，コストメリットなどを考慮すると要求仕様をアナログシステムで実現した方が良い場合もある．

アルゴリズム　algorithm
→アルゴリズムとデータ構造

アルゴリズムとデータ構造
（——こうぞう）

algorithm and data structure

データ構造の定義は大きく分けて二通

りある．第一番目は基本的なデータ構造といわれているもので，「複数のデータの間に定義された大小や順序といった数理的な関係である」とするものである．配列などは基本データ構造の例になる．第二番目は抽象データ型とも呼ばれるもので，「基本的なデータ構造と，その数理的関係を保持するように追加や削除などといったデータの操作をセットにしたものである」とするものである．スタックやキューなどは抽象データ構造の例になる．

データ構造の存在を前提とした場合のアルゴリズムとは，抽象データ型における操作のことであると定義することができる．しかし，データ構造の存在を前提としないで一般的にアルゴリズムを定義すると，「与えられた問題の解を必ず得るための機械的手続きである」といえる．有名なものとしてはユークリッドの互除法などをあげることができる．このように定義されるアルゴリズムは，各種コンピュータアーキテクチャや個々のプログラミング言語の記述法に依存するものではない．

以上のことをまとめると，次のようになる．まずアルゴリズムやデータ構造が存在もしくはこれらを設計し，それをプログラミング言語で記述することになる．その結果，実際にコンピュータで実行されるプログラムが得られる．したがって，コンピュータプログラムの側から見るならば，アルゴリズムは抽象的な手続きであるといえる．

移植性（いしょくせい）

移植とは，ある環境で動作しているソフトウェアを別の環境で動作するように修正する作業のことである．その作業が容易なソフトウェアを「移植性が高い」という．

多くの組織ではソフトウェアを白紙の状態から開発することは稀で，ベースとなるソフトウェアを利用している．通常はそれを新しい環境に移植した上で機能追加をすることで，新しいソフトウェアとしてリリースしている．その際に移植性の高いソフトウェアであれば，ごく一部の簡単な変更で作業が完了するのに対し，移植性の低いソフトウェアでは，膨大な量の書き換えが発生し，修正時間の長さや作業ミスの多さに悩まされることになる．その意味で，ソフトウェアの移植性は，その資産価値を決定する大きな要素であるといえる．移植性に影響する主要因として，プログラミング言語，CPUの種類やクロック，コンパイラ，OS，周辺デバイス，表示用言語などがあげられる．

まずプログラミング言語だが，アセンブリ言語では移植の高いソフトウェアを記述することはきわめて困難である．一方，Javaのように移植性のきわめて高い言語もあるが，残念ながら組み込み用途ではまだ一般的ではない．ここでは，現在最も一般的であるC言語を前提に説明する．

CPUが変わると，エンディアンや整数（int）のサイズが変わる場合がある．メモリ内の整数や構造体を，ファイルなどの外部メモリに読み書きする場合に注意が必要である．移植性を高めるにはバイト単位で並び方を固定して入出力する必要がある．また，CPUの種類が変わらなくても，クロックが早くなっただけで動作のタイミングが変わるので，周辺デバイスへの待ち時間を空ループで制御している個所などは要注意である．空ループをやめてタイマーを使用する，あるいは空ループを一箇所に集めてそれを共通に利用する，などの工夫が有効である．

コンパイラが変わると，関数の呼び出し時のレジスタの使い方やスタックの消費量が変わる．そのためアセンブリ言語で記述された個所との整合性や，

タスクに割り当てるスタックのサイズを見直す必要がある．また，コンパイラ特有の仕様を利用すると移植性を犠牲にする可能性が大きいので注意が必要である．

OSが変わると，利用できるシステムコールの種類やタスク・プロセスの考え方が大きく変わる場合がある．そのため，複数OSへの移植が想定される場合は共通な機能に限定して利用する設計が必要である．

周辺デバイスが変更された場合，その制御手段は大きく異なるのが普通である．デバイスの機能を直接利用せず抽象化して，何をさせるか（What）を明確にしたインタフェースを作って，どう制御するか（How）の部分は，別のモジュールとして分離する（ドライバと呼ぶ）ことで移植性が高まる．

最後に表示言語だが，表示機能を持ったソフトウェアであれば，出荷先の言語（アメリカなら英語，日本なら日本語，等）に合わせる場合がある．このような場合，文字列をプログラム中のいろいろな個所に分散させず，予め分離しておけば移植が容易になる．

以上をまとめると，移植性を高めるためには，システム設計の際に想定される変動要因を洗い出し，それに依存する部分は抽象化・局所化し，変更箇所や方法を明確にしておくことが重要だといえる．

☞コンパイラのくせやバグ

イベント　event

OSソフトウェアの実行とは非同期に生じる事象のこと．OSを内部，アプリケーションプログラムと物理入出力を外部とみなした場合に，OSが関与すべき外部の出来事を指す．イベントをOSが感知するための仕組みとしてハードウェア割り込み，ソフトウェアトラップなどがある．

また，アプリケーションソフトウェアが自身の処理結果などをイベントとしてOSや他のアプリケーションに通知したい場合の手段としてOSがイベントフラグ機能を提供する場合がある．OSにイベントフラグをセットする依頼を発行すると，OSはそれを外部イベントと同様な事象と捉えて，イベント待ちをしているタスクに伝達すると同時に待ちタスクの待ち状態を解除する．

イベントドリブン　event driven

イベントドリブン方式のシステム制御プログラムでは，外部発生したイベントによりシステムが制御される．イベントが単なる入力と異なるのは，イベントの発生するタイミングが，イベントに応じるプロセスのコントロール外であるという点である．一例として，自動車の安全システムのような，迅速なシステム応答が要求されるハードリアルタイム制御を行う場合を考える．衝突が起こった場合，システムはこれを検知し，運転者の頭部がハンドルにぶつかる前にエアバッグを膨らませる必要がある．

このように，複数のイベントに対し，非常に短い限られた時間内に処理を行うために割込みを利用する．既知数の割込みに対し，それぞれに対する処理を提供するために割込みハンドラを用意する．これらハンドラのアドレスは，割込みベクタテーブルと呼ばれるメモリ上のテーブルに書き込む．特定の割込みが発生した時，ハードウェアは，対応する割込みハンドラに処理を飛ばし，そのハンドラに他のプロセスの起動・終了をまかせる．

この方式では，上述のように，イベントに対し迅速な応答が可能であるが，欠点としてはプログラムが複雑となること，また，バリデーションが難しいということがあげられる．また，用意

できる割込みの数はハードウェアの制限を受ける．複数のイベントを一つの割込みハンドラにマップすることも可能だが，タイミングの問題を考慮しなければならない難しさが残る．

また，イベントをすべてのサブシステムに配信し，そのイベントに対応するサブシステムが処理を行うブロードキャスト方式のイベントドリブンシステム制御もある．

イモハンダ，テンプラハンダ
poor soldering

ともに不十分なハンダ付けを指す言葉である．ハンダ形状がジャガイモのようになっている（温度が低くハンダが十分に溶けていない），ハンダが天ぷらの衣のように表面だけ溶けていて肝心の中身が接合していない状態を指す．

センサの信号読み取りが不安定であるといった障害でハンダ付け不良が疑われるときは，ハンダ付け箇所をゆすってみよう．イモハンダ，テンプラハンダの場合はぽろっと取れたりする．

インスタンス　instance

クラスで抽象定義されたオブジェクトを「生成」すると，固有な振る舞いやデータの保持が可能なインスタンスが生まれる．一つのクラスからは物理メモリの尽きるまで任意個のインスタンスが生成できるのが普通である．

個々のインスタンスは固有なデータ領域をそれぞれに持ち，個性を維持する．またクラスメソッドを利用して全インスタンスに共通なクラスデータにアクセスすることもできる．

インストラクション　instruction

プロセッサが実行する命令をインストラクションと呼ぶ．インストラクションはプロセッサに対して動作を指示する．動作には演算・データ移動・フラグ操作などが代表的である．一方，インストラクションの実行において，命令アドレスポインタ（プログラムカウンタ）の変更が行われ，次の命令の実行に備える．一般命令において，命令アドレスポインタは後続の命令を指すように変更されるが，分岐命令やソフトウェア割込みでは命令で指定したもしくはあらかじめ決められたアドレスに変更される．

インストラクションは操作を表すオペレーションコード（OPコード），対象データを指定するオペランドフィールド，命令中に直接値を記述する即値データ部などプロセッサの命令形式に従い区分されたフィールドより構成される．

インスペクション　inspection

実施の手順や開始・終了の基準，役割などが全て決まっている公式なレビュー．

公式なレビューとして開発プロセスの中に組み込まれているアクティビティのひとつであり，文書化された手順やルールに則って実施される．実施に当たっては参加するメンバの役割と責任が決まっており，訓練されたモデレータが活動を主導する．一連の活動の目的は，作業成果物の欠陥を検出し，解決されたことを検証することにある．特に組込みシステムにおける作業成果物は，ハードウェアからソフトウェアまで多岐に渡るため，多角的な視点で欠陥の検出にあたる必要がある．また，活動の経過と品質データを記録し，活動自体の改善も目指す．

☞ウォークスルー，モデレータ，インスペクタ

インスペクタ　inspector

インスペクション，またはレビュー実施時に，レビュー対象物の指摘を行う役．インスペクタ以外の参加者は，インスペクション実施時に指摘は行わない．

レビュー対象物はレビュー開催前にチェックを行い，指摘事項リストをあらかじめ提出しておくことが必要である．また，チェックに要した時間も記録し，あまりにもチェック時間のかかるものについては，インスペクションの分割をするが，実施不可になる場合もある．

組込みソフトウェアにおいては，インスペクタとしてハードウェア設計などのソフトウェア担当以外が参加することが多く見られるため，レビュー対象物の用語は，用語辞書のようなもので定義し，関係者間の認識統一を図ることが望ましい．

☞インスペクション，モデレータ

インタフェース interface

インタフェースとは2者間の接点や境界面のことで，「インタフェースを取る」というのは2者がうまく接続し動作するように約束を決めることである．こういった取り決めをインタフェース定義と呼ぶ．インタフェースは仕事を分割して進める場合に極めて重要になるため，その定義を明解な文書に残すことが大切である．文書で十分記述できない場合や理解を助ける目的で，補助として図を用いることも多い．

インタフェース定義 (――ていぎ) interface definition
→インタフェース

インピーダンス impedance

電気回路が交流信号に対して持つ抵抗のことをインピーダンスという．回路（伝送路）はなにかしらのインダクタンス（コイル要素）成分と容量（コンデンサ要素）成分を持つが，そのためインピーダンス値は交流周波数によって変化する．

3ステートでいう「ハイ・インピーダンス」はインピーダンス値が高いこと，つまり信号に対する抵抗値が非常に高く，実質的につながっていないのと同じ状態であることを意味する．

隠蔽 (いんぺい) encapsulation

特定のデータとその構造をクラスの外部からは見えないようにクラスというカプセルで包むこと．システム工学のブラックボックス化と同様の概念であるが，オブジェクト指向開発では特にカプセル化と呼ぶ．

組込みソフトウェアの開発において複雑なデータ構造を持つ実体を扱う場合，同時多重割込みの発生で単一のデータへ非同期に多重アクセスが生じてデータが破壊されるケースが多い．こうした問題に対処するには，生データへのアクセスは，カプセル化された操作のみが許されるようにすることが良い解となる．

ウォークスルー walkthrough

実施の手順や開始・終了の基準，役割などが決まっていない非公式なレビューのひとつ．

演劇舞台などで行なわれる「立ち稽古」を語源とするように，作業成果物の作成者が活動を主導し，成果物の説明や質疑に対する応答を，その場で行なっていく．また作業成果物の欠陥検出だけに留まらず，解決策の提案や議論も臨機応変に実施する．作業成果物の完成度を上げるため積極的に実施するとともに，組込みシステム設計に必要とされる多角的な視点を身に付けるための活動として，プレゼンテーション能力やコミュニケーション能力も養っていく必要がある．

☞インスペクション

ウォータフォール waterfall

ソフトウェア開発プロセスモデルの一つである．企画から仕様策定，設計，実装，試験，保守という工程順序で開発が進み，工程間は特有のドキュメントを渡すことで明確に特徴付けられるというモデル．個々の工程とドキュメントの引き渡しの様子が川と滝をイメ

ージさせることからRoisによりウォータフォールモデルと名づけられたという．

このプロセスを額面どおりに実施すると，仕様策定が完了して正式仕様がドキュメント化されない限り設計作業が開始できないという問題が生じる．また，全部の工程成果物をドキュメントで規定すると開発期間が長くなり不都合が生じるといった問題も生じる．

このために，ウォータフォールモデルの改良をするスパイラルモデルやイテレーションモデルなど各種のプロセスモデルが提案された．

☞スパイラル

ウォッチドッグタイマ
watch dog timer

ウォッチドッグ（番犬）はシステムが正常に動作していることを監視する機能である．製品に組み込まれるシステムではユーザや製品の安全を守るために，万が一システムが暴走した場合には，それを検知する仕組みが必要である．

マイクロコンピュータには異常を検知するためのウォッチドッグ・タイマが通常用意されている．システムが起動するとウォッチドッグ・タイマはカウントを開始し，システムは定期的にウォッチドッグ・タイマをクリアする処理を実行する．

システムが暴走してウォッチドッグ・タイマをクリアできなくなると，カウンタはオーバーフローを発生し，外部に信号を出力したり，内部にリセットをかけたりする．

エンディアン endian

メモリ上のデータ配置の方式．バイトアドレッシングのプロセッサにおいて16ビット以上のワードをメモリ上の配置する場合に，データの重みとアドレスの関係は一意に決まらず，アーキテクチャ依存となる．この配置の方針をエンディアンと呼び，アドレスの小さい順から重みの小さなバイトを配置する方式をリトルエンディアン，アドレスの小さい順から重みの大きなバイトを配置する方式をビッグエンディアンと呼ぶ．また，プロセッサの動作モードによってリトルエンディアン・ビッグエンディアンを切り替え可能なプロセッサをバイエンディアンと呼ぶこともある．

過去，16ビットワード内はリトルエンディアンで32ビットロングワードを16ビット単位のビッグエンディアンとしたマシン（DEC PDP-11）があるように，メモリ配置はアーキテクチャ設計者に強く依存している．

エンディアンが異なるとメモリ上のデータ配置が異なることから，メモリマップIOやunion, structなどの扱いに注意を有する．通信やマルチプロセッサなどで，エンディアンが異なるプロセッサ同士の通信を行う場合には，エンディアンの違いを意識したコーディング（もしくはネットワーク向けの関数参照など）が必要となる．

リトルエンディアン・ビッグエンディアン，スウィフトの「ガリバー旅行記」の小人国における「太端派（ビッグエンディアン）」「細端派（リトルエンディアン）」を由来とする．

☞リトルエンディアン・ビッグエンディアン・バイエンディアン

応答（おうとう）response

プログラムを実行した時にその結果が返ってくること，あるいは通信で相手にコマンドを送信した時に通信相手から反応が返ってくることを指す．

ハードリアルタイムシステムの場合，プログラムを実行した時にどのような状況下においても規定された時間内に応答を得る必要がある．また通信の場合は，応答が一定時間で返ってこない場合に，通信相手に再度コマンド

を送信するか，タイムアウト処理を行うか，通信路を再度初期化するか等，様々な対応が考えられるので，必要な対応を通信プロトコルとして規定しておく必要がある．

オシロスコープ　oscilloscope

主に電気信号を時間に沿って表現する計測装置のこと．

アナログ信号の時間波形観測やクロックに同期したディジタル制御信号の動作確認など，組込みソフトウェア開発では用途の多い計測機器である．

横軸に時間経過，縦軸に信号強度（単位は電圧）をとって観測中の信号の時間変位をトレースする仕組みになっている．信号表示のタイミングを別の入力（トリガチャンネルと呼ぶ）から得て表示する機能や横軸を時間軸とする代わりに縦横軸それぞれデータ信号を入れてX-Y表示をするという機能もある．

信号をアナログ的に処理してCRTにベクトル表示する従来型と高速にディジタルサンプリングした上でラスター表示するDSO型の2種類がある．後者は組込み機器そのものであり，波形データをフロッピーディスクなどに出力する機能や波形を印刷する機能など，ソフトウェアにより多くの機能を実現させている．

オーバーヘッド　overhead

オーバーヘッドとは一般的な費用を指し，組込みシステムでは「この方法はオーバーヘッドが大きい」というように用いて「この方法を用いると無駄，あるいは余分なコストやCPU時間が必要」こと表す．アルゴリズムやデータ格納方法などを検討するにあたり処理性能の観点から評価する際の用語としてよく用いる．

オブジェクト　object

オブジェクト指向開発方法論に基づくソフトウェアの単位概念のこと．

オブジェクトという用語そのものが指すものは，文脈によって意味が変わるので注意が必要である．
1．実体の抽象であるクラスを指す
2．クラスから生成された実体（インスタンス）を指す
3．クラスとインスタンスの両方を暗示する

こうしたケースにはオブジェクトという用語を用いて聞き手に判断を委譲するケースが多い．

UMLでオブジェクト図という場合には，インスタンスを四角形で表現した図を意味し，クラスを四角形で表現した図はクラス図と呼ぶ．ツールによっては混在を許すものもある．

オブジェクト指向開発
（――しこうかいはつ）
object oriented development

ソフトウェア開発方法論の一つ．

CPUの動作にもとづいてプログラムの手続きを規定することがソフトウェア設計の歴史的な始まりであった．これに続いて機能を中心にしてソフトウェア構造を捉える構造化分析・設計の技術が開発された．さらには，機能にそれが扱うデータを内包させる分析と設計技術としてオブジェクト指向技術が発達した．

組込みソフトウェア開発にとっては，オブジェクト指向の動的性質が組込みの要求する決定論的な性質に適合しない，同一機能の実装に対して構造化などよりも実行資源が多く必要であるという問題がある．このためオブジェクト指向技術の取り込みは，今のところソフトリアルタイムで資源の豊富な応用分野に限定されているが，実行時に依存しないOO技術は組込み開発でも多用される傾向にある．

オペレーティングシステム
operating System

組込みアプリケーションプログラムの

起動停止といった管理及び入出力，通信などアプリケーション共通機能を提供してくれるソフトウェアのこと．製品固有のソフトウェアを応用ソフトと呼ぶのに対して，オペレーティングシステムは基本ソフトと呼ばれる．

パソコンなど汎用コンピュータでは，開発するプログラムの規模に関わらずWindowsやLinuxといったOSの上で動作するソフトウェアを開発する．しかし，アセンブラやC言語から作成される機械語をメモリに書きこむような小規模組込みソフト開発の場合は，オペレーティングシステムの代わりにリアルタイムモニタを使用するか，あるいはこのような基本ソフトをまったく使用しないことが多い．ただし，組込みソフトウェアの規模が大きい，複数のプログラムを並行に開発したり，並列実行させたいなどの場合にはITRONなどに代表される組込みOSを使う．

か 行

外来ノイズ（がいらい——）

組込み機器が影響を受ける外来ノイズ（外部のノイズ要因）としては，次のようなものがある．
- 操作者（操作スイッチ接点の不安定動作，操作者の持つ静電気）
- 処理すべき信号の入力ライン（アナログ，ディジタル入力）からの侵入
- AC使用機器での電源ラインやグランドGround（アースEarth）からの侵入
  他の機器からの電源ライン汚染
  電源負荷の変動による電位変動
  電力引込み線をアンテナとして混入する信号
  落雷によるサージ，グランド電位の振れ
- 電磁誘導/電磁輻射によるプリント基板上の配線への信号誘起
- 放射線によるメモリセルのデータ化け

など．

組込み機器がこれらのノイズの影響により誤動作を起こさないよう，ハードウェア，ソフトウェア両面のノイズ対策が重要である．

カウンタ counter

タイマクロックや信号の変化をカウントするレジスタで，アップカウンタとダウンカウンタがある．イベントカウンタは周期の短い信号をCPUに負荷をかけることなくカウントできるため，タイマと併用すれば，ロータリーエンコーダの読み込みなども処理能力の低いコントローラで実現することができる．使用に際しては，オーバフロー，アンダフロー（カウントが一周）に注意すること．

カットポイント

→カットポイント/ソルダーポイント

カットポイント/ソルダーポイント

基板上に予め設けられた設定変更のための回路パターン．

カットポイントの導体を削って電気的接続を切る，あるいはソルダーポイントの導体上にはんだを落として短絡することにより，異なる動作条件を基板に与えることができる．ジャンパ線を用いた応急処置と異なり，多機種対応などの予め想定される事象に対して基板設計時に対応を考慮し，製造ライン

かはれ

において正規の製造工程として利用される．

カバレッジ　coverage

Coverageという言葉自体は，「どれ位のモノや範囲をカバーしているか」という程度を表すことに用いる．身近なものとして無線の例をあげると，携帯電話や業務用無線において一つの無線基地局がカバーする地理的な範囲のことを「カバレッジ・エリア」という．ソフトウェア開発の世界でカバレッジというと，ソフトウェア・コード（パス）に対して「どの程度テストを実施したか」というテストの消化具合を表すために使用する．ここでミソとなるのは「どの程度」をどう定義するのかということである．ソフトウェア・テストを実施するために，どれくらいの網を掛けるかといい換えることもできる．このため，もし何の定義もせず「100％のカバレッジにてテストを完了した」と言い切ってしまうと，全てのエラーを排除できた，つまり完璧なテストを実施したという全く夢物語のようなことを意味してしまう．完璧なテストがどうして「夢物語」なのかは以下のカバレッジの説明から理解していただきたい．

では，よく使われる定義から説明していく．まずは，C0，C1，C2というのがある．

- C0：命令網羅率（ステートメント・カバレッジ）：コード内の全てのステートメントを少なくとも1回は実行
- C1：分岐網羅率（ブランチ・カバレッジ）：コード内の全てのブランチを少なくとも1回は実行
- C2：条件網羅率（コンディション・カバレッジ）：コード内のすべての条件を少なくとも1回は実行

カバレッジの定義については，1970年代中盤から使われていたようだが，C0，C1と言い出したのはエド・ミラー（Ed Miller）で，1976年位のことである．この定義はほぼ時を同じくして，本人からわが国のエンジニアに伝えられたそうである．

テストの終了判定に用いるという意味においては，テストの設計度合いを示すものと実行度合いを示すカバレッジに分けて考えられる．

設計カバレッジ：設計するべきテストケースをきちんと設計したかを示す

実行カバレッジ：実行するべきテストケースをきちんと実行したかを示す

パスカバレッジを用いるC0，C1，C2基準は後者に当たる．

では，どれくらいテストを実施すればよいかといえば，C0やC1については，単体テスト/ホワイトボックステストレベルで100％網羅するべきである．しかしながらカバレッジ測定を人間がするとなると大変な手間がかかることは想像に難くない．

メジャーなプログラミング言語には大抵無料/有料のカバレッジ測定ツールがあるので，いろいろと試してみると良い．

統合テストやシステム・テストといったブラックボックス・テストにおいて，C0，C1 100％というのは現実的に不可能である．

理由は簡単で，コードの中身を知らずに全ての命令/分岐を通るようなテスト設計することは出来ないからである．

そこでブラックボックス・テスト手法では，ドメイン・テストや境界値分析などといったテクニックを用いてテスト設計することにより，要件に対するカバレッジを確保する．

カバレッジ定義には他にもいろいろとある．以下はそれらの一部である．いろいろあると，どの定義を使用すべきか悩むかもしれないが，大切なのは，

何のためにテストを実施するのかを見極めた上で，テスト設計することである．C0, C1カバレッジが100%だったとしても，単にプログラムが異常終了しなかったことを証明したに過ぎない．仕様と合致しているかや，エラー処理がきちんと組み込まれているかまでは検証できないことを理解しておく必要がある．

〈その他のカバレッジ〉
Modified Condition/Decision (MC/DC) Coverage
Data Flow Coverage
Loop Coverage
etc.

ガベッジコレクション
Garbage Collection

プログラムから動的なメモリの確保や解放を繰り返すと，ヒープ上に小さな未使用領域の断片が多く発生する．この断片をガベッジ（garbage）といい，ガベッジを集めて大きな未使用領域に再編成することをガベッジコレクションという．

明示的に領域解放をする命令のない言語処理系（Java，C#等）ではプログラマは領域の解放を意識する必要がない．ある領域が使用中か使用済みかの判断は処理系側の責任になる．したがって，あるタイミングで，使用済みの領域を探索して収集する（自動）ガベッジコレクション処理が，プログラム設計者の想定外のタイミングで，プログラムの処理を中断して走る．

一方，C，C++といった領域解放命令の有る言語処理系でも，不定長の領域の確保解放を繰り返すと未使用領域の断片が多く発生し，この領域を再編成するために，領域の確保，解放のタイミングでガベッジコレクション処理が走る場合がある．

ガベッジコレクションは非常に重い処理で，厳密にリアルタイム性を求められるプログラムでは，思わぬタイミングで処理を中断させられる危険性がある．この場合，自分で簡単な特定目的のヒープを実装するか，ヒープ相当の軽い流通ライブラリを活用するか，ライブラリ側のガベッジコレクションの実行を明示的に制御する必要がある．

基板（きばん）board

マイコンなどの電子回路部品を搭載する薄板のこと．電子部品では，PCB（プリント回路基板）という使い方が一般的．PCBは，材質としてガラス繊維，ベーク樹脂，セラミックなどを使った薄板にエッチングした銅箔によって配線を形成し，その上に電子部品を半田付けする．

単純な基板は，片面に回路パターンをプリントするだけであるが，アース特性を向上させるために裏面を全部アースパターンにする場合もある．また，複雑な回路では配線の交差を行う必要があり，極薄の板材にパターンを作った上で張り合わせて4層，8層と多層の基板を利用する．

基板に不用意に触れると人の皮脂が付着，長年の後に酸化し腐食の原因になることもあるので取り扱うさいには，配線面を直接に持たないように注意することが必要である．

☞プリント基板

記法（きほう）Notation

ソフトウェアを設計するために用いる各種の表現方法．さらには，図面，図の詳細な表記法を指す場合もある．

アルゴリズムやデータ構造，それらの集合論的な関係を簡潔に示すために多数の記法が提案されている．自然言語ではあいまい性が残り厳密な表現に不足するという事実からソフトウェア開発や研究の用途に特化した形で方法論者，研究者が提案したものである．例えばBNF記法は，データの構造を仕様記述するために古くから利用されて

いる.

図の表現においても内容的に同一の問題を異なった記法で示すことができる．組込みソフト開発でよく利用される状態遷移図には階層型と単層型があり，単層型にはミーリーの記法とムーアの記法がよく知られている．

現状のソフトウェア工学の状況では，記法とその含意が記法の利用者によって異なることが多い．このために，開発プロジェクトの中で記法の選定とそれぞれの記法の用途，含意を開発メンバーで共通認識しておくことが好ましい．

キャッシュ cache

計算機システムの動作速度向上を目的として使用される補助的な記憶装置の総称である．

一般にキャッシュとして使用される記憶装置はキャッシュ対象である主記憶装置や入出力装置より高速アクセス可能だが，高価である．

主記憶装置や入出力機器が配置された計算機システムのアドレス空間には，よくアクセスされる領域と，まれにしかアクセスされない領域が偏在する特性がある．このため，対象とするアドレス空間の容量よりも小さい容量の記憶装置をキャッシュとして実装し，主記憶装置や入出力装置の情報を一部キャッシュ上に保持することで，動作速度と製品コストのトレードオフを解決することができる．

ただし，応答時間の変動が許されない割込み処理やDMA転送によって情報を移動させる場合，あるいはキャッシュ容量を越える大きさの情報を扱う場合など，キャッシュを使用しないほうがよい場合もあるので注意が必要である．

キャッシュ上に情報が保持されていない領域へのアクセスが行われた場合，キャッシュミスヒットと呼ばれる現象が発生する．逆に情報が保持されている領域にアクセスしたことによって，高速アクセスできた場合をキャッシュがヒットしたという．ミスヒットが起こった場合，キャッシュ上の情報の置換，キャッシュ対象への情報の書き出しなどが発生する．これら置換や書き出しについては，タイミングや置換対象の選択方法などについて異なる方式が存在し，動作速度やコストに影響を与える．全アクセス回数に対するキャッシュヒット回数の割合をキャッシュヒット率と呼び，速度性能の指標として使用される．

また，キャッシュは保持する情報の種類によって，命令（インストラクション）キャッシュ，データキャッシュ，ユニファイドキャッシュに分類される．命令キャッシュはフェッチ時に読み込んだ命令を保持し，データキャッシュは命令に従って書き込み/読み込みを行うデータを保持する．ユニファイドキャッシュは命令とデータを区別せずに両方を保持する．

クラス class

オブジェクト指向ソフトウェアの構造的な中心概念．

同じデータ構造とデータを操作するメソッドを持つソフトウェア実体の抽象のこと．C言語で構造体とそのアクセス関数群を一つにまとめたものは原始的なクラスと言える．

クラスそのものは抽象定義に過ぎず，C言語の関数と異なってコンパイルしても実行できないことに注意する必要がある．定義された様々なメソッドを実行可能にするためにはクラスに対して生成の指示を出し，クラスから実体（インスタンス）を生み出すことになる．また，その実体が不要になった時には消滅を行うことができる．

こうした性質は，現実の組込みアプリケーションをソフトウェアに映し出すために都合が良い．その一方で動的な

メモリ管理がいるなどの課題も存在する.

グランド　ground

グランドの類似語には，アース，接地があり，ともに電気的に大地に接続することをいう．目的は複数あり，次の三つが代表的である．

1. 感電の防止，避雷・雷防護　保安用接地
2. 接地型アンテナの実現，信号帰路の実現　大地帰路利用接地
3. 電子回路や電気信号の基準電位を定める為　基準電位用接地

電子回路では，主に，回路動作の基準電位を作るためと，共通の配線（戻り線）として利用される．

基準電位としてみた場合，電位差を作るためにグランドを利用する．ディジタル回路，アナログ回路のいずれの電気機器でも電位差を元に動作することが多く，この電位差は常にグランドを基準にしている．例えば，通信線のデータはシグナルグランドとの電位差で示される．また，グランドはその機器内で常に0Vを保てるように設計されており，実際の環境下でも，個々の機器は，常に0Vに保れていると仮定して動作する．ちなみに，接地することが出来ない機器，例えば車，航空機に使用する機器でも，その機器内，航空機内での基準電位としてグランドは利用されている．車の外装金属部分を大地に見立てた物などがあり，これはフレームアースとも言う．但し，この場合は，大地と比較し電位差が発生してしまう場合もあり得る．

戻り線として見た場合，グランドを戻り線として利用することにより，信号線は閉回路になり，電流が流れ，基準との電位差によって信号が伝えられ，目的の回路が動作する．この戻り線は，通信を行う複数の機器間でも必要で，戻り線が無い場合では，同じ電位にならず，通信できることを保証できない．あと，複数の機器間でグランドを同じ電位にするためには，航空機のフレームアースや，大地への接地を正しく行なう必要がある．もし，正しく行われていない（電位差が発生する）場合は，機器の破壊につながる電流が流れることがある．これを防止する為に行う接地を保安用の接地といい，個々の機器内のグランドから大地へと，個々アース線でつなぐことで実現する．

継承　（けいしょう）inheritance

オブジェクト指向設計においてクラスの性質を別のクラスが引き継ぐこと．組込み開発では，継承関係の実装が困難なためにあまり利用されていない．今後はJavaやC++などの言語の利用が多くなることも予想されているので利用者は急速に膨れ上がる可能性がある．

高周波　（こうしゅうは）
high frequency

ごく最近にいたるまで，電磁誘導による無線通信が可能な周波数より高い周波数領域を高周波とよび，ロジック回路の動作周波数は，それより低い領域となるのが常識であった．しかし，今日ではロジックの動作周波数が上がって無線周波数領域で動作するディジタルロジックがごく普通になっている．

組込みソフトウェアの開発で，高周波は空間を飛んで予期しない信号擾乱を引き起こすことがある，すなわちノイズとなるためにその発生源や伝搬経路を良く理解することが重要である．特に高い周波数で動作するプロセッサや素子からのノイズは，電磁波ノイズと呼ばれて他の機器のハードウェアの誤作動，ノイズに起因するソフトウェアの誤作動を引き起すことがあるので注意が必要である．組込みソフトウェアのアーキテクチャによってはこのノイ

ズレベルを下げるような改良ができる場合もあるので，低ノイズソフトウェア設計は今後の考慮点となる．

構成管理（こうせいかんり）

あるプログラムがどのような構成要素から出来上がっているかを管理することを，構成管理と言う．構成要素には，モジュール，ライブラリの種類やバージョン（版）やOSの種類，開発ライブラリ，言語などがある．構成管理の下位概念として，バージョン管理，変更管理がある．

バージョン管理とは，ソースコードなどのバージョン（版）をビルド毎に把握し，管理していくことを言う．また，OSや開発言語，パッチなどのバージョンを管理することも含めることもある．テストフェーズに移行したり，出荷用のビルドを行なう場合には，バグ解析時のソースコードなどの特定のために，しっかりとバージョン管理がされている必要がある．

変更管理とは，バージョンよりも小さい単位であるソースコードなどの「変更」を緻密に管理していく手法で，変更内容を書いた変更書などを用いて，厳密に変更内容を制御する．変更管理を行なうと，変更内容毎のUNDOが可能になるとともに，変更に関するレビューなどが緻密に行なえるようになる．一方，変更件数が多いと工数が膨大になる欠点がある．このため，例えば，コードの机上レビューまではバージョン管理のみで管理し，単体テストフェーズ以降は変更管理に切り替えるなどのフェーズに応じた適用がされることが普通である．また，構成管理では，「変更」を覚えておくこと，揃えることも重要であるが，それとともに，「何を根拠に」「誰が」変更することやそのバージョンを使うことを「決めたのか」，といったマネージメントすることも重要である．

高密度実装（こうみつどじっそう）

組込み製品を小型に，薄く，軽く作るために，高密度実装半導体の使用に代表される個々の部品の小型化・高密度化・個数の削減と併せて，部品自体の配置の高密度化が重要である．そのため，部品を配置するプリント基板にも高密度化が要求されている．これにはプリント基板の多層化・配線の狭幅/狭ピッチ化を初めとしたさまざまな技術が使用されている．ところで多くの能動素子を高密度に実装するということは，熱が多く発生し，かつ，それを逃がすことが難しくなるということでもある．発熱量は消費電力と，消費電力は電源電圧と直接に関係しているから，消費電力を下げかつ発熱量も下げる目的で低電源電圧で回路を駆動することが高密度実装で一般的に行われている．

高密度実装半導体
（こうみつどじっそうはんどうたい）

携帯電話やディジタルカメラで代表されるハンドヘルド商品は，性能・機能の向上，消費電力の低減を図りながらより小形に，薄く，軽くというニーズに対する要請を満たしていかなければならなくなっている．これらの課題を満たすために，より集積度の高いLSIを部品として使用するという流れに加え，LSIそのものの実装体積と質量をいかに小さく（すなわち面積を小さく厚さを薄く）実装するか，そのような要請・性能を満たしたうえでLSIの消費電力をいかに低減していくか，が重要な課題となってきている．集積度を上げる手法としてSoC（System On Chip），COC（Chip On Chip），SIP（System In Package）といったものがある．実装体積と質量を小さくする手法としてCSP（Chip Scale PackageまたはChip Size Package），BGA（Ball Grid Array）といったも

のがある．消費電力を低減する手法の一つとしてSOI (Silicon On Insulator)がある．

これらの高密度実装半導体を使用することで組込み製品のよりいっそうの小型化が図られているが，これらに課題がないわけではない．例えば機構的には携帯機器が受ける外力（ストレス）によりLSIが物理的な損傷を受けやすくなる可能性，電気的にはこれらの高集積・高密度実装デバイスがプリント基板に実装された状態でどのように動作確認・品質評価をするか，といった課題があるが，これらにさまざまな解が提示・実践されてきている．

誤差（ごさ） error

測定や理論的な計算結果と真の値あるいは期待値との差を誤差と呼ぶ．

誤差を持つデータを演算に使用すると，結果も誤差を含む．このように誤差の影響が継承されていくことを「誤差が伝播する」という．

センサからのデータをはじめとして，組込みシステムで扱うデータの精度は有限である．これらはAD変換の精度（ビット長，直線性）およびマイコンの数値表現能力に依存する．例えばセンサの精度が悪い場合，マイコンのビット長が十分であっても，つまり演算能力としての精度が十分であっても，そのセンサからの入力を用いる演算は大きな誤差を含んだものとなり，あとから精度を上げることはできない．このようにセンサ入力には誤差はつきものだが，その誤差がシステムにとって許容できる範囲であるかどうかが重要である．

センサ入力とは別に特に留意すべきことは浮動小数点データを用いる場合である．コンピュータの浮動小数点表現には有効桁数があり，有効桁数の最後の桁付近に誤差を持つ近似値でしかない．このため浮動小数点を用いた計算結果をある値（真の値あるいは期待値）と等しいか否かで判定するコードを書いてはいけない．一般的に $A*B/A$ は B にならないのである．

こういった，計算で誤差が発生・伝播する場合は，等号比較ではなく比較対象のある値との差が一定の許容範囲に入っているかどうかというコードを書く必要がある．

コーディング coding

プログラミング言語を用いてプログラム（コードとも呼ぶ）を書くことを指す．コーディングをするというのはプログラムを作成するということで，通常は実現すべき対象をよく理解し，具体的実現のために手順を明確にしたとに，その手順をプログラミング言語の言語仕様に合わせて詳細に書き下すことになる．コーディングに際しては，コーディング規約と呼ぶプログラムの記述スタイルのためのガイドラインを事前に決めておき，それに従ってプログラムを書くことが多い．

コーディング規約（――きやく）

コーディング規約とは，コード（プログラム）の記述スタイルのためのガイドラインとなるものである．コーディング規約に従ったコードを作成することで，次の二つの効果を得ることができる．

(1)可読性を向上することができる

コーディング規約では，コードの記述スタイル（形式）を定義する．記述スタイルに従ってコードを作成することにより，そのコードから作成者の癖を排除することができ，コードの可読性を向上することができる．

(2)バグの混入を防止できる

コーディング規約では，バグの作り込みにくさをコントロールするための施策を盛り込むこともある．例えば，命名規則や，リスクの高い言語仕様を避けるためのルールを用意し，それに従

こと

いコードを記述することで，バグの混入の防止につながる．

コーディング規約は，対象となる言語（例えば，アセンブリ言語，C言語等）により大きく変わる．その理由として，各言語の仕様の違いが効いてくるからである．なお，コーディング規約は，コードを作成する前には準備をしておくことが望まれる．コードを作成してから（あるいは，その途中で）コーディング規約が作られると，規約にあわせて再度コードを作成し直さなくてはならず，余計な時間をかけることになる．
☞バグ

コード code

コードとは，いろいろの場面で使用される言葉で，その場面によって，ソースプログラム（ソースコード），アセンブラプログラム（アセンブリコード），バイナリコード（機械語）等を指す．つまり，対象となるソフトウェアの何を議論しているかで，その「コード」で呼び表しているものが変わると言える．ソースコードレビューと言えばソースコードやアセンブリコードを，コードにnop命令を埋めて実行すると言えばバイナリコードを通常指す．

コマンド command

コマンドとは，何らかの機能を実行してもらいたいことを先方に伝えるための，いわば指令である．マイクロソフト社WindowsのDOSコマンドやUNIXのシェル・コマンド等は有名である．これらのコマンドをオペレーション・システムに伝えることで，アプリケーションの起動や終了をはじめとして各種情報の設定や読み出し，ファイル操作等が実現できる．また組込み用途では，他のデバイスと通信して処理を実行する場合に，送受信するデータの形式をコマンドとして取り決めておき，コマンドを通信データとして先方に送り，返答を受け取ることを通して所望の機能を実現することが多い．

コメント comment
→コメントの量と質

コメントの量と質
（――りょう――しつ）

プログラムのソースコードの中のコンピュータが命令で利用しない部分をコメントという．コメントには補足情報を記述する．英語または日本語の自然語で書いたり，日時，氏名，版，コード表，試験のためのデータといった付加情報を含めることがある．また，空行やソースコードをツールで加工するための情報を，文法上のコメント行として記述する場合もある．プログラムの補足情報として挿入するコメントは，命令語の部分と比べて，価値を低く評価する人がいる．しかし，プログラマにとっては，処理の概要を未来の自分や現在の同僚，部下などに伝え，プログラムの理解を助ける上で重要な意味を持っている．多くの組織ではコーディング規則の中にコメントに対する標準として記入する内容，含有率を定めている．コメントの含有率が，コメントの量に関する指標の一つとなる．また，組織によっては，詳細設計ドキュメントを作成せずに，プログラムのソースコードの中に必要なコメントを埋め込むことにより，機械的に設計書を作成することもある．コメントを付ける場合には，単純に命令語を日本語や英語に置き換えるのではなく，「処理の目的」，「命令を行なう意味」，「命令に伴う状態の変化」，「関数や呼出し先の機能や処理概要」，「注意事項」を端的に表現することが大切である．これらの各項目は，コメントの質を向上させるための指標と考えることができる．

コンデンサ condenser

電荷を蓄積する素子のこと．
素子に流入した電流を電荷として保持

することのできる薄膜構造を持った2端子の電子部品である．ある電圧Vをコンデンサの2端子間に印加したときの電荷量Qは，$Q = C \times V$で示すことができる．ここでCは，具体的なコンデンサの特性によって決まる能力で静電容量と呼び単位は，ファラッドである．

組込みコンピュータには様々な用途でコンデンサが利用されている．コンデンサは単純には交流電流は通すが直流電流は通さないという特性を持つが，その特性を利用し，LSIの動作にともなって5Vや3Vの電源ラインにのるノイズを吸収するためにボードコンピュータ上にコンデンサが実装される．また，AD変換器には，アナログ電圧を直列接続のコンデンサに蓄えてその端子電圧を調べてディジタル変換するチャージカップル型のものがある．

このほかにも，RS232Cに代表されるシリアル通信には負の電圧が必要である．このため，正のDC電圧から負の電圧を作るためのチャージポンプがCPUのボード上に置かれるが，これにもコンデンサが必要である．

コンデンサには，耐圧，及び印加電圧の方向が規定されているもの（有極性コンデンサ）があるので使用にあたっては注意すること．

コンパイラのくせやバグ

プログラミング言語で書かれたプログラムを機械語に一括変換するプログラムをコンパイラと言う．こうコンパイラもプログラムであるから，一般のアプリケーションよりも信頼性は高いとはいえ，バグを抱え込んでいる場合がある．また，コンパイラプログラムとしての論理の関係である程度の「くせ」を持っていることが多い．このため，書いたプログラムの論理的な部分の検証をするだけではなく，コンパイラの生成した実行形式のプログラムの動作を検証する必要がある．コンパイラのくせやバグは次のような部分に多く現れる．

・書かれた論理が正しく実行されない
・効率の悪いコードが生成されることにより実行時間が長い
・実行されないコードが生成される
・プログラムの大きさが必要以上に大きい
・まわりのメモリ領域を破壊する

コンパイラのくせを巧く使うことで，効率の高い実行プログラムを分かりやすいロジックで記述することも可能になるようなこともある．逆に，短いコードを書いたとしても，コンパイラの癖によって複雑で効率の悪い実行プログラムができあがることもある．また場合によっては，コンパイラのバグを回避するようにプログラムを書く必要もある．このように，コンパイラ自身のくせやバグを知ることは実際にプログラムを組む上で重要である．

☞バグ

さ　行

最適化（さいてきか）**optimization**

コンパイラが，入力されたプログラミング言語で書かれたプログラムを実際のCPUで実行できる実行プログラムの形式に書き換える際，プログラムに書かれたままの状態で書き換えずに，実際のCPUで動かす上での実行速度やコードサイズを考えた形に書き換え

ることがある.これを「最適化」と呼ぶ.一般に,アセンブリ言語を使用したコーディングをせずにC言語などの高級言語を使用した場合には,実行プログラムの実行性能は悪くなる傾向がある.このため,最適化はコンパイラを利用する上での必須機能の一つである.

しかし,最適化の方法により複雑なコードを生成することがある.生成された機械語には最適化の手法により誤ったコード生成を生じる場合があるので,コンパイラによる最適化の機能を理解した上で,それを上手に利用すると,効率の良い実行プログラムを作成する上での助けになる.

再利用 (さいりよう) reuse

ソフトウェアを開発する際に忘れてはならないのが再利用である.言葉の意味は文字通り既存の成果物(仕様,設計,モジュールなど)を新たなプロジェクトで,もう一度使うということであるが,なぜそれが大切なのであろうか.第一にすでにあるものを利用することにより,開発期間が短くなり,ひいてはコストを大幅に削減できるという理由が挙げられる.第二には,再利用を重ねることにより繰り返し検証が行われることになり,それだけ高品質のものを得ることができるという期待もある.しかし実際には二つの理由で再利用は困難である.

(1)再利用すべきものを,どこで探せばよいかわからない.
(2)たとえ再利用対象が発見できても,実際に使えるかどうかがわからない.

最初の問題(1)はインターネットの普及により,情報の手がかりが多く得られるようになり,以前に比べれば改善されていると言える.オープンソースの中に一般的な解を見出し,それを出発点とできるケースも多くなりつつある.デザインパターンのカタログを編集しているサイトでは,沢山の有用なデザインパターンを見ることができる.とはいえ基本的なもの(OS APIや標準的なライブラリ)を除けば,より特化した解を探すための手がかりは難しく,結局良く知っている人に情報への入り口を教えて貰うといったものが一番有効だったりする.後者の問題(2)は厄介である.機能仕様として求めているものが見つかったとしても,実際に現在の開発プロジェクト内でそのまま利用できるか否かは難しい問題である.手に入るモジュールには多くの場合,特定の環境の中で利用することを前提とした仕様書しか付随していないが,その特定の環境に関する要件が,組込み技術者が必要とする精度で書かれていない場合も多い.組込み系以外のソフトウェアモジュールなら,前提条件として「POSIX APIが提供されること」といった(本当はかなり曖昧な)ものでも許されるかもしれないが,組込みシステムで再利用可能なものを考える場合には,その再利用対象の「何か」には,自らが提供する機能に加えて「自らが要求するリソース」に関する仕様も付随していなければならない.またその記述方法は,再利用される対象が,仕様なのか,設計なのか,プログラムなのかによって大きく異なる.

結局こうした理由から,多くの場合一般的な再利用は特定の組織内だけに留まる事例が大部分であった.しかしながら,急速に複雑化する現在の開発プロジェクトでは,たとえ自身の組織内における再利用に限っても急速に難しさが増している.このような問題に対処するためには,個々の再利用対象が提供する仕様と,要求する外部のリソースへの仕様をきちんと記述するようにしなければならない.

サージ surge

何らかの原因により回路の電圧が急激に高まること.落雷に起因する機器の

異常帯電から生じる現象もサージと呼ぶことがある．弱電の電子回路設計が原因でサージが生じることはないが，モータの回転といった装置の物理環境とか，組み込み装置を操作する人間がセータを着ているなどで静電誘導からサージが起きることもある．

サージ現象が起きた場合には電子回路へ電磁刺激として伝播するので，レジスタやバスの信号が崩れてプログラムの暴走へつながる．よってサージ現象の生じる可能性のある電気，電子回路とプロセッサやディジタル回路は十分に隔離する設計が必要である．

サージの隔離には，光インタフェースや絶縁トランスといった電気伝導体のない伝達系を使用する．

資源の競合（しげん——きょうごう）

メモリ，入出力装置などプログラムの実行を行う際にCPUが必要とするものを資源という．また，CPUの実行時間自体を資源という場合もある．RTOSを用いたシステムでは，複数のタスクが同一の資源を扱う場合があり，その資源を奪い合う状態が発生することがある．この状態を資源の競合という．

資源の競合には，(1)資源の依存関係が他のタスクとの間にあり，各タスクがその他のタスクの占有している資源の解放を待っているデッドロック，(2)あるタスクの占有したメモリ資源につき，占有したタスクが処理を完了しているにも拘わらず，資源を開放していないため，他のタスクがメモリ資源を獲得することができない飢餓状態などが挙げられる．一般には，RTOSのセマフォー機能や，タスク間の同期，飢餓状態を発生させたタスクの強制終了による資源開放により問題の解決を行う．

☞タスク

自己診断（じこしんだん）

ハードウェアの故障の有無を調べるために実行されるソフトウェアを「診断」と呼び，診断の対象範囲と同一レベルでソフトウェアの実行環境がある場合を「自己診断」という．つまり，自分で自分の正常性を確かめるわけである．診断ソフトウェアはハードウェアにアクセスを行い，その結果が予期したものと一致するか確認するという動作を繰り返し行い，不一致が検出された場合何らかの故障があると判断する．中にはアクセス結果を表示して，故障の判断を人に委ねるケースもある．自己診断は，電源投入時・リセット動作時に自動的に行われる場合（スイッチなどの外部条件で抑止されることもあるが），外からの要求（ボタン操作，接続コンソール等の保守装置からの指示，遠隔操作），故障発生を検出した機能（ソフトウェアやハードウェア）からの要求などに応じて起動される．また診断の結果は，起動原因に応じてランプ・コンソール・コマンド応答などの手段で外部に通知される．通常故障と断定されたハードウェアは人の手で交換される．診断は，「実行時間」と「故障検出能力」で評価される．実行時間は短いほど良く，このため診断するハードウェアが故障していないことをいかに短い時間で調べるかが重要になる．また故障検出能力は，システム（ハードウェア＋ソフトウェア）が正常に動作する範囲をカバーしていることが重要である．

システムとして使用しない範囲を診断し故障を検出する場合，まだ使える機器を故障と判断することになる．また使用する機能（ハードウェア）が診断の範囲から外れている場合，故障をなかなか特定できない問題が起きる．ハードウェアは必ず壊れるものだが，本当に壊れたのか，壊れた時にどうする

か，どうなるかを考えておくのは大切なことである．自己診断の場合，診断の実行環境（これを「ハードコア」と呼び，小さいほど良い）とシステム外部との接続部分（通信経路だけでなく，ランプやキー・ボタンも含まれる）が診断対象から外れることが多いため，システムの故障を判断するには自己診断だけでなくマニュアル（取り扱い説明書）による補足を行っておくことも大切である．

システムLSI system LSI
→SOC

システム記述言語
（——きじゅつげんご）

製品が複雑，多機能になるに従い，その開発規模は増大し，分業による開発の効率化を図るため，設計の比較的初期の段階で，システム全体をハードウェア（電子回路）とソフトウェアに分割した上で，開発を進めることが一般的になっている．その結果，ハードウェアとソフトウェアの設計者の間に組織の壁が出来，各々の世界で設計の最適化が図られてきた．ハードウェア設計の側では，基本論理であるANDゲートやORゲートといった回路レベルでの設計から，Verilog-HDL (Hardware description language)やVHDL (VHSIC〈Very High Speed Integrated Circuit〉Hardware Description Language) といったハードウェア記述言語による設計へと，設計の抽象度が上がってきて，現在では，実装に依存しないシステムレベルの設計へと移ろうとしている．

ハードウェアとソフトウェアを含むシステム全体を記述する言語として，ソフトウェアのプログラミング言語仕様であるC/C++を利用するというアイデアが有望で，逐次的な処理を基本にしたソフトウェアにはない，ハードウェア独自の特徴である，並列動作や動作時間などの表現機能が追加されている．有名なシステム記述言語としては，カリフォルニア大学のGajski教授が提唱したSpecCや，シノプシス社などが共同開発したSystemCなどがあり，STOC (SpecC Technology Open Consortium,http://www.specc.gr.jp/) や，OSCI (Open SystemC Initiative, http://www.systemc.org/) が普及推進，標準化を行っている．

システム記述言語による設計ができると，ハードウェアとソフトウェアの設計の壁が取り払われ，システムを分割しないで設計を進める協調設計や，互いのモデルをテスト環境として用いる協調検証などが可能になり，開発期間の短縮や，設計品質の向上などに効果が期待される．

実機（じっき）target machine
ターゲットマシンに同じ．
→ターゲットマシン

シミュレータ simulator

ホスト・マシン上でターゲット・システムの動作をシミュレーションするソフトウェアであり，プログラムの動作検証，テストを行う時に使用する．通常，ソース・レベル，またはアセンブラ・レベルで動作する．

プログラムの論理検証をハードウェア開発から独立して行えるため，ターゲットとなるハードウェアが足りない時や完成していない時に役に立つ．また，ハードウェアでは通常再現できないような条件や再現すると危険な状態などもシミュレータで実現することができる．

シュミット・トリガ schmitt trigger
→ヒステリシス/シュミット・トリガ

詳細化（しょうさいか）
→抽象化/詳細化

状態遷移図（じょうたいせんいず）
→状態遷移図/状態遷移表

状態遷移図/状態遷移表 (じょうたいせんいず/じょうたいせんいひょう)

状態遷移図とは，状態と，その状態がイベントをトリガとして別状態に遷移する様子，及びアクションを図示したものである．しかし状態を中心にして記述されるためすべてのイベントに対する分析を網羅しにくいという欠点がある．それに対し状態遷移表は，すべての状態とイベントの対応をマトリクス上で分析するものであり，厳密な分析設計が可能だが，状態遷移図に比べると見難いというマイナス面もある．状態遷移図はイベントに対する応答の特徴によりムーア(Moore)型とミーリー(Mealy)型の二種類に分類される．また状態の入れ子の概念を含めたハレル型も良く使われUMLでも採用されており，ムーア型やミーリー型への拡張もされている．状態遷移図及び状態遷移表はこれらの状態遷移の種類を表現する手段として使われている．

状態遷移表 (じょうたいせんいひょう)
→状態遷移図/状態遷移表

冗長設計 (じょうちょうせっけい)
redundant design

ある特定の部分の故障により，システムの機能が失われてしまう時，その部分を単一故障点と呼ぶ．システムから単一故障点を除去するために冗長設計が用いられる．冗長設計は演算機能，故障検出機能，故障分離機能，再構成機能，および再同期機能をそれぞれ分散化することにより行われる．

演算機能を冗長化する方式としては，多数決方式や時間軸上の冗長設計として同じ演算を2回以上実行して結果を確認する方式などがある．

故障検出機能を冗長化する方式としては，誤り検出・訂正符号や，複数のプロセッサが自身の出力と他のプロセッサの出力とを比較する方式などがある．

故障分離機能を実現するためには，故障が生じた部分を物理的，あるいは論理的に隔離できる必要がある．システムがうまく階層的に構成されている場合には，故障をマスクして他に波及させずに済ますこともできる．故障した部分が自発的にシステムから離脱できるようにすれば故障分離機能も分散化した冗長設計ができる．このようなシステムをセルフパージングシステムと呼ぶ．

故障分離機能が実現できていれば，冗長系に切り替えたり，故障した部分を切り離して失われた機能を他の機能で肩代わりさせるようなシステムに発展させることも可能である．これらは再構成機能と呼ばれるが，完全にもとの機能・性能を維持せずに，一部の機能を縮退させたり，性能を落としたりすることによりシステムの運用を継続することを優先させる場合もある．

システムに故障が発生した以前の状態が保持されていれば，システムを再構成した後に，その時点まで一旦後戻りして処理を継続させることも可能である．このような再同期機能が組み込まれていれば，速やかに通常の処理サイクルに復帰させることが可能になる．

これらの冗長設計を行うに際しては，十分に故障ケースの解析を行い，一過性の故障に対応するのか，永久故障に対応するのかなども考慮して最適な方式を選択する必要がある．

シリアル (シリアル通信)
((――つうしん)) **serial**

1本のデータ線を用いて1ビットずつ順次データを転送する機能．クロック同期と調歩同期の二種類の通信方式がある．マイクロコントローラにおいては8ビット単位の送信あるいは受信毎に内部的に割り込みが発生するので，複数バイトのシリアルデータ通信に有用である．代表的なシリアル通信の規

格としてはRS-232CやI2Cなどが挙げられるが，車載分野で広く採用されているCAN，LINなどもシリアル通信の一種といえる．

シリアル通信（——つうしん）
→シリアル

シルク印刷（——いんさつ）
プリント基板面に基板名や部品番号などを印刷すること，あるいは印刷されたものをシルク印刷（通称シルク）と呼ぶ．

シールド Shield
シールドとはノイズなどの外乱による異常動作から電気回路を守るため，あるいは逆に外乱のもとを周囲にまきちらさないようにするため（FCC，VCCIを参照のこと）に設置される遮蔽材あるいは遮蔽システムを指す言葉である．シールドは，対象により次の4種類に大別できる．

(1)電気シールド
電磁放射（電波）により回路や素子にノイズ信号が誘起されるのを防ぐ目的で導電性の金属板や金属箔で対象を遮蔽する．このシールドは，電気的にシャシアースに接続（接地）することが重要である．

(2)磁気シールド
軟鉄などの透磁率の高い材質で対象を磁力線から遮蔽し，磁力線の影響で回路や素子にノイズ信号が誘起されるのを防ぐ．

電気シールド・磁気シールドとも，遮蔽強度がそれほど必要でない場合にはパンチング板（穴が等間隔に開けられた板）を用いることも多くある．これは熱対策としても有効である．

(3)放射線シールド
ソフトエラーを防いだり，放射線による部材の劣化を防ぐため，あるいは放射線を周囲に放射しないようにする目的で設置する．目的とする放射線の種類により最適なシールド材は異なる．例えばアルファ線を防ぐのであれば薄い紙を1枚はさむだけで多くの場合十分だが，高エネルギーのガンマ線を防ぐためには鉛のブロックが必要である．

(4)熱シールド
熱に弱い部品，あるいは熱の影響を受けては困る部材と熱源との距離が近い場合に，熱輻射の影響を緩和する目的で熱源との間に断熱性を持った材質を設置する．

一般には影響を受ける側と与える側の距離を離すことが上記の外乱を防ぐためには最も有効である．しかし組込み機器は製品容積の制約が設定されることが多く，機器内部で相互に外乱を与えあうことになりがちである．そのような場合には内部に有効なシールドを設計・設置することが製品の安定動作のために重要となる．

シングルCPU single CPU
→シングルCPU/マルチCPU

シングルCPU/マルチCPU
single CPU/multi CPU

コンピュータは，CPU，Memory（記憶装置），I/O（入出力装置）から構成されている．CPUはCentral Processing Unitの略で，中央処理装置と訳され，CPUを単にプロセッサとも呼ぶ．現在のプロセッサ・アーキテクチャの主流は，フォン・ノイマン型と呼ばれる方式を採用している．これは，プログラム・カウンタの指しているメモリの内容を命令として読み込み実行するという方式である．このため，巨大なメモリが装置に組み込まれていても一つのプロセッサ（シングル・プロセッサ）がある特定の時点で実行するのはそのうちのただ一カ所に納められている命令だけである．

これに対し，同時に複数の命令を実行させるため考え出されたのが，複数のプログラム・カウンタを持つコンピュ

ータ・システム，マルチ・プロセッサ・システムである．マルチ・プロセッサ・システムは，次のように分類できる．

物理的分類
- 各プロセッサが同一のメモリ空間を共有するもの
- 各プロセッサが独立したメモリ空間を持つもの

機能的分類
- 各プロセッサが対等の役割を持つもの
- 各プロセッサが異なる役割を持つもの

各プロセッサの接続は，専用のバスによるものから，ネットワークによる接続まで多岐にわたる．膨大な演算処理を必要とする天気予報などで使われているコンピュータ・システムがマルチ・プロセッサ・システムとして代表的である．組込みシステム分野では，例えば現代の自動車制御システムや人工衛星内通信制御システムにネットワーク接続された複数のプロセッサが使われている．

シングルタスク single task
→シングルタスク/マルチタスク

シングルタスク/マルチタスク
single task/multi task

タスクとは，「CPUとそのCPUで実行されるプログラムを含むシステム資源の集まりの単位」として定義される．いわばプログラムあるいはCPUを中心にしてシステムを考えるのではなく，CPU，メモリ，プログラム，入出力デバイスなどの集まりとしての仕事（以下ではタスクと呼ぶ）を主体にシステムを考えようということである．どのタスクも必ずCPUとプログラムを含むが，それ以外にどのようなシステム資源の集まりを必要とするかはタスクごとに違う．私たちが仕事をする場合，仕事をしてほしいという要請（以下ではイベントと呼ぶ）を受けた後，その仕事を実行するのに必要な資源を揃えて仕事を開始する．必要な資源が揃わないとその資源を入手するまで仕事の実行を待ち合わせることになる．

コンピュータにおけるタスクにおいても同じことがいえる．つまり，イベントの発生あるいはイベントの発生を待ってタスクを実行することになる．必要なシステム資源を全て獲得したタスクを実行状態，後はCPUだけを獲得すればよい状態を実行可能状態，これら以外の状態を待ち状態という．実行可能状態にあるタスクがCPUを得ると実行状態に移る．このようにタスクは資源の獲得状況に応じて状態を遷移する．タスクの状態と状態遷移はオペレーティングシステムによって管理されている．

以上のことから，CPUが一つしかない場合，実行状態になることのできるタスクはたかだか1個となる．一方，実行可能状態や待ち状態になるタスクは複数存在可能になる．

シングルタスクとは，システム内のいかなるタスクも，すでに実行状態になっているタスクTがあれば，そのタスクTの実行が終了するまで実行状態になれない方式を指す．シングルタスクでは，一つのタスクの実行が終了しない限り，次のタスクは実行状態に移ることは出来ない．

マルチタスクとは，システム内に発生する各タスクが，それぞれ実行状態，実行可能状態，待ち状態など他の状態に遷移することが可能な方式を指す．例えば，あるタスクが実行状態から実行可能状態に遷移し，代わって別のタスクが実行状態になるといった状況を認めるのである．実行状態から待ち状態に遷移したタスクの場合は待ち状態から実行可能状態を経て実行状態へと遷移していく．他のタスクが実行状態

しんこ

になることが可能である．マルチタスクでは，例えば実行がいつ終了するか判らない複数のタスクを並行して実行させていくことが可能となる．

信号検出方式
（しんごうけんしゅつほうしき）

代表的な信号検出方式である，レベルセンス方式とエッジトリガ方式について説明する．

・レベルセンス方式

信号が（しきい値以上または以下で），Hi（またはLow）である状態を検出する方式．Hi（またはLow）である間は，ずっと有効/無効と判定する．Hi/Lowを明確にして，Hレベルセンス/Lレベルセンスと呼ぶことがある．

・エッジトリガ（エッジセンス）方式

信号のLow→Hi（またはHi→Low）への変化を検出する方式．Low→Hiを立上がりエッジ，Hi→Lowを立下がりエッジと呼ぶことがある．

また，ディジタル回路で用いられるパーツには，HiレベルとLowレベル二つのしきい値がある．各パーツのデータシートには，HiレベルやLowレベルの入出力電圧に関する記載がある．中間レベルでは，Hi/Low不定である．

さらに，予期せず信号レベルのHi/Lowがふらつくような場合，つまりエッジ検出/レベル変化の検出が予期せず高周期で発生するような場合，原因としてはチャタリングや端子接続の不備（レベル不定）などが挙げられる．

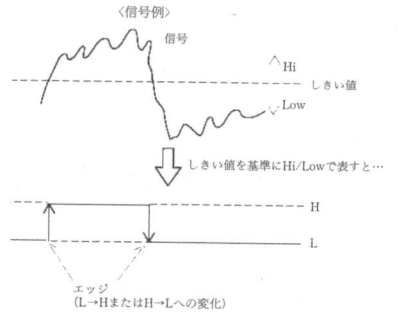

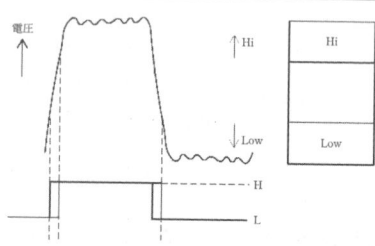

〈凡例〉

・回路では，チップセレクト，R/W信号等の制御信号でレベルセンス方式がしばしば用いられる．

また，クロックはエッジトリガ方式として使用される信号の代表的なものである．各種信号の同期を取るのに用いられる．

・割り込みに関して，レベルセンス/エッジトリガをソフトウェアで選択設定できるマイコンがある．いずれに設定するかは，割込みの性質によって変わってくる．

センサやスイッチ等の変化を割込みに使用する場合はエッジトリガ方式が一般的である．

PCIバスで採用されているように，複数デバイスで割り込みが共有されているような場合にはレベルセンス方式が使用されることがある．

なお，設定を誤ると誤動作するので注意が必要である．

水晶発振子（すいしょうはっしんし）
crystal oscillator

コンピュータの基本クロック，カレンダータイマのクロック源などに用いられる高精度な振動素子のこと．水晶片の両端に電圧を印加すると固有のひずみが生じる．このひずみ変化に共振するような回路を組めば，水晶の結晶構

造に固有の振動周期の電気信号が得られる.水晶の固有振動数は安定性が高いので正確な基本クロックが得られる.この基本クロックを分周あるいは逓倍して各種のハードウェアデバイスのクロックを生成するのが組込みプロセッサの一般的なアーキテクチャである.ただし部品コストが高いので,精度を必要としない組込み機器の基本クロックには水晶発振子のかわりにセラミック振動子などが用いられることもある.

スケジューラ
OSの下で動作させるタスクの実行順番を管理する,リアルタイムOSの核となる機能のこと.OSの下で複数のタスクが実行順番を待っている場合,スケジューラは次にどのタスクを実行させるかを各種の手法により決定する.

実行の優先順位をタスクに属性として与え,より高い優先度を持っているタスクを優先度の低いタスクに先立って実行させるのが優先度スケジューリングである.また,同じ優先度のタスクが複数ある場合には,規定時間で順に実行権を移していくラウンドロビン・スケジューリングなどいくつもの方式が研究されている.

スケジューリング
スケジューラがタスク実行の計画を実行すること.

スケジューリング自体もソフトウェアの実行であるから,資源の少ない組込み用OSでは効率の良い,かつ不確定性の生じないスケジューリングが求められることが多い.OS以外の汎用ソフトウェアでは,何らかのスケジュールアルゴリズムを組む場合には,一般に計画対象(OSの場合はタスク)の絶対数に依存しない方式が用いられる.これによってソフトウェアの柔軟性を上げ,問題を物理的なリソースで容易に解決することができる.組込みソフト開発では,物理的なリソースに制約があるので,ソフトウェアの柔軟性を制限した実装を行う.たとえばスケジューリングのアルゴリズムでは汎用性を増すためにリスト処理を使うことが多いが,組込みOSでは固定長テーブル処理とする場合がある.

スケジュール
1. OS上でタスクの実行をおこなうための計画情報のこと.なんらかのイベントが起きたときにその時点でスケジューラが複雑なアルゴリズムを実行して起動するタスクを決定するのではタスク実行に遅延が生じてしまう場合がある.このような場合は,予めOS内部でスケジュールを作成し,イベントに即答できるような仕組みをもつ.
2. 仕様を満たすようなアプリケーションのタスク実行計画のこと.並列実行が必要なシステムは複数のタスクで実行優先順位を管理したり,セマフォ,イベントフラグなどを使って所望の実行計画(スケジュール)を満たす動作をするような設計を行う.この基本計画の情報は,実行スケジュールとしてシーケンス図やタイミング図などで設計表現して決定する.

スタック stack
→ヒープとスタック

スタックポインタ stack pointer
各関数の引数や関数内で一時的に使用する局所的な変数を確保する領域をスタックと呼ぶ(「ヒープとスタック」を参照).スタックは LIFO (last in first out) 方式で実現されるため,スタック上で次に使用可能な領域がどこかを知る必要がある.この,次に使用可能な領域を指し示すポインタがスタックポインタである.スタックの操作は,このスタックポインタの上下とデータの書き込みにより領域を伸縮するこ

とで実現する．

スタブ　stub

プログラムに未だ実装されていない関数がある場合，例えば何も演算をせずいつも決まった値を返すように仮実装して実行することがある．この関数をスタブとかスタブ関数と呼ぶ．スタブは，特にプログラムの単体テストや結合テストの時に作成・使用することが多く，スタブを作成する目的はその関数がまだ未実装であったり，テスト目的に沿った値が戻ってきて欲しい場合などである．

スパイラル　spiral

ソフトウェア開発プロセスモデルの一つであり，プロトタイピング手法とも呼ばれる（厳密にはスパイラルの初期をプロトタイプと呼ぶ）．ソフトウェアの開発は，試作と取り壊しが建築物などと違って容易である．この特徴を生かして，開発初期には小さな仕様で小規模な実行ソフトまでを開発，実行テストを行い，次に機能やデータが最終目的により近い規模の仕様で設計開発を行う．こうして工程と開発規模を順次拡大し螺旋状にシステムゴールに近づけるような開発プロセスを指す．

開発期間中に何度も仕様策定や実装に立ち戻るので，人的分業がなされている開発組織や業種では適用が難しい場合もある．組込み業界においてはハードウェアの試作，改良，量産試作，量産といったハード開発が実質的なスパイラル開発を行っていることから，ソフトウェアもごく自然にスパイラル開発になっている場合もある．ただし，開発工程間の情報の引渡しに関してはハードウェア開発に比べ適切なモデルやドキュメントの利用が遅れている．
☞ウォータフォール

スパゲッティプログラム　spaghetti program

プログラムの論理構造が論理的に整備されていなくて複雑で，少しプログラムを見ただけでは論理構造が把握できないプログラムを指す．元々は，GOTO文（「GOTO文論争」を参照）が多く，プログラムの論理構造がわからないさまを，絡まったスパゲッティに喩えたものである．下手なプログラムの代名詞にも使用する．

スレッド　thread
→タスク/プロセス/スレッド

制御線（せいぎょせん）　control line

バスマスターが，アクティブにしたデバイスに，『どのように動作して欲しいのか』を指示するための信号線．代表例としてはリード/ライト信号線がわかりやすい．バスマスターが，リード/ライト信号線を「ライト」にすると，それにつながっているアクティブデバイスは，データバスから信号を入力する．バスマスターが，リード／ライト信号線を「リード」にすると，それにつながっているアクティブデバイスは，データバスに信号を出力する．

生成・消滅（せいせい・しょうめつ）

オブジェクト指向設計における生成と消滅は，クラスのインスタンスの生成とその消滅を意味する．動的なメモリを前提にしたオブジェクト指向設計の場合には，必要になった時点であるクラスのインスタンスを生成して動作をスタートさせる．

また，アプリケーション実行の過程では，不要となったインスタンスや生成者不明のインスタンスを消滅させる必要もある．このような生成消滅に関わる事象は，C言語による組込みソフトウェア開発では少ない．ただし，関数にローカルな変数や構造体は，関数が呼び出された時点でスタック上に生成されるものであるから，ここで言う生成消滅に近い動作概念といえる．

静電気 (せいでんき) static electricity

電荷が蓄積しているだけで流れていない状態のこと．冬の乾燥した衣服や自動車の車体には静電気が蓄積されやすい．

静電気は，電気の容量としてはごくわずかであるが，その電位が高い（1000〜10000Volt）．よって，衣類のわずかの帯電であっても導体を経て半導体へ流れ込むとCMOS型の半導体のような電位差に弱いデバイスは破壊されてしまう．破壊されずとも突然，誤作動を引き起こして危険である．

日常の静電気発生は天候や生活環境に強く依存しているので，ハードウェア設計者が対策の必要性に気づいていない場合がかなりある．そのような機器では連続運転試験を行うと間欠障害となる場合があるので，組込みソフトウェア技術者はそこに起因する問題とソフトウェアそのものの問題を見分けるハードウェア知識を持つことが必要である．

セキュリティ security

セキュリティを考えるときには(1)システムの中で，守るべき対象を明確にし，(2)守るべきものの価値/重みを評価し，(3)守るべきものへの脅威の内容を明確にし，(4)(1)から(3)までを「セキュリティ・ポリシー」として明文化し，(5)設計・実装に対策を盛り込み，(6)実装されたセキュリティ性能を検証する，を要求分析・設計・実装・テストの各段階で考慮しなければならない．必要によっては「セキュリティ侵害にあった際の復旧容易性」も設計に加えることもある．

(1)は側面としていくつかに分類できるが「システム（稼動性の保証など）」「データ（機器内のデータ・プログラム）」「プライバシー」が代表的な切り口である．最近の組込み機器はネットワークに接続されることも多くなってきているが，ネットワーク接続機器においては外部ネットワークからのクラッキング防御，ウイルスやワームへの防御，予期しない内部データ流出の防止，踏み台攻撃の「踏み台」にならないようにする，というポイントも重要である．また，内部データや外部との通信データを積極的に保護する手段として暗号技術を利用することもあり得る．この場合は保護すべきデータの重要性や利用する機器のCPU性能，暗号技術のライセンスコストといった様々な観点からどの暗号技術を採用するかを検討する必要がある．

セキュリティはこのほかに，プログラム内でのバッファ長管理のミスによる「バッファ・オーバフロー」といった実装ミスによっても侵害され得る．

一般論として，商品として便利さを追求することは外部（ユーザを含む）に公開するサービスを増やすことにつながるが，それは逆にセキュリティ上の弱み（セキュリティホール）の可能性を多く作ることと等価である．

製品にセキュリティホールがある状態で出荷された場合，さらにそれがもとでユーザに不利益が発生した場合，企業の負う改修コストと不名誉な社会的コストは通常のバグの比ではない．組込み機器のセキュリティ性能は，どんどん重要度を増しているといえる．

セクション section

プログラムのソースファイルからコンパイラを使用してオブジェクトモジュールに変換したときにプログラムの命令に相当するコードや変数の初期値等プログラムに必要なデータが生成される．これらのコードやデータは性質の同じ物に分類して管理すると便利なので，通常いくつかの領域に分類する．この分類した領域をセクションと呼ぶ．代表的なセクションには，プログラムコードを表すセクション，プログ

ラムを実行しても値に変化のない定数データのセクション，初期値を持つ大域変数のセクションや初期値を持たない大域変数のセクションがある．

また，これらをメモリ中にどう配置するかということも重要になる．例えば，定数データのセクションはROM上に配置できるが，他の大域変数のセクションはROMには配置できずRAMに配置しなければいけない．このように，セクションを適切なアドレス空間に配置することをセクション配置と呼ぶ．

セクション配置 (——はいち)
section allocation
→セクション

セマフォ semaphore
OSの下で動作するアプリケーションソフトが排他制御やリソースの獲得をする際に利用するOS提供の信号機能のこと．元来は，英国の鉄道において単線区間を通過する権利をしめす腕木と輪管のことであった．単線区間を通過するには腕木にある輪管を獲得した列車のみが入れることと約束して，輪輪のない列車は区間の手前で待機するという仕組みで正面衝突を防止した．

同様にOS下のアプリケーションソフトでもセマフォ変数が0になった場合にのみタスク実行を許可するとか，特定デバイスを利用できるという約束で資源の獲得を調整して，同時アクセスによる不具合の発生を抑止することができる．

センサ sensor
→アナログセンサ，ディジタルセンサ

センス/センシング sense/sensing
デバイスの外部からデータを取り込み，そのデータから外部の状態を判断することをセンスあるいはセンシングと呼ぶ．マイコンのプログラムはADコンバータやポートを介して各種センサからデータを読み出し，以前に読み込んだ値との変化から外部状態を判定することが多い．

速度チューニング (そくど——)
組込み用アプリケーションでは1タスクの処理はある一定時間(クロック数)内に終了しなければならないことが通例である．あるタスクが求められる時間内に処理を終了できない場合に，さまざまな手段を用いて処理スピードを上げることを速度チューニングと呼ぶ．

組み込み用のコンパイラは，最適化機能の指定(オプション指定)によって，出力コードが異なっている．速度チューニングのための一つの手段は，コンパイラの速度最適化機能を行うことである．また，コンパイラに，ループ処理の展開，関数のインライン化機能がある場合は，これらを利用したコード出力を指定することにより，さらに速度向上が可能な場合がある．ただし，これらの最適化処理は，ROMコードを増加させる場合があるため，利用時に注意が必要である．プログラミング(コーディング)方法とコンパイラの出力コードには，相関関係がある．

RISCマイコンでは，メモリの読書き回数を少なくするため，レジスタを多用するように，外部/static変数の参照/設定を多くしないなど，コーディングを工夫することによって，速度向上を行うことができる．

実行履歴に基づくプロファイルツールが利用できる場合は，実行時間の長い関数，呼出回数の多い関数などの情報を見ることができ，処理の負荷の高い関数のコーディング，アルゴリズムの見直しにより速度向上を行うこともできる．

ソフトウェア動作周波数
(——どうさしゅうはすう)
Software Frequency
ソフトウェアの機械語としての動作周

波数は，それが実行されるマイコン（MPU）の基本クロックによって決まる．この周波数は，組込みのCISCプロセッサでは基本クロックの4から8分の1程度である．つまり，機械語の1インストラクションの実行完了には，4から8クロックの同期ロジック実行が必要ということになる．C言語で書かれたプログラムは，Cコンパイラによって翻訳され機械語として実行されるが，典型的にはCの単純な代入文は機械語で3インストラクション程度に翻訳されている．よって典型的なCプログラムの動作周波数は，基本クロック10から20分の1となる．例えば，基本クロックが100MHzの場合は10MHzがソフトウェアの動作周波数ということになる．計測制御システムなどを構築する場合には，このソフトウェア周波数に対して十分に低い周波数領域が計測対象であれば，どのようなプログラミングをしてもかまわない．しかし，計測対象周波数とソフトウェア動作周波数が近い場合には，実行時間見積り，ハードウェアデバイス利用，ハードウェア割込み方式などを正確に使う技術が必要になる．

ソルダーポイント
→カットポイント/ソルダーポイント

た 行

ダイアグラム Diagram
ソフトウェアを設計するために用いる各種の図面，図の様式のこと．図は，Diagram, Chart, Modelなどの呼び方があって必ずしも用語として統一されておらず，それぞれの図に対してダイアグラムと呼ぶ場合，チャートと呼ぶ場合がある．これらの図は，歴史的には個々のソフトウェア開発方法論の中で定義され普及してきた．また，最近ではUMLのようにISO標準として定式化されたものもある．

システムレベルのソフトウェア配備と主要機能を図示するには，ブロックダイアグラムやデプロイメント図を用いる．サブシステムのくくりを示すには，パッケージ図を用いる．タスク単体のソフトウェアモジュールの呼び出し関係とメッセージのフローを示すには，ストラクチャ図やオブジェクト図を用いる．ソフトウェアの詳細手続きの設計用としては，フローチャートを用いる．また，論理の構造を図形表示するためには，PAD, HIPO, HCP, NSダイアグラムなどがある．リアルタイム組込みシステムの設計で時間関係の記述には，タイミング図，シーケンス図などを用いる．

対象製品のマーケティング（たいしょうせいひん——） marketing
対象製品の市場を調査し，どのような機能・デザインのものを，どのような時期に，どの流通経路を通じて，いくらくらいで市場に提供するとよいかを探ることをマーケティングと呼ぶ．対象製品の市場を分析し，競合他社よりも，1円でも安く，品質の高いものを生産すれば，圧倒的な市場を占有できる場合がある．組込み機器のハードウェア，ソフトウェアは，少しでも小さく，少しでも軽く，1円でも安く，少しでも電気消費量が少なくという「軽薄短小」の要請が大きい．対象製品が，すでに市場に存在しているものの改良

型を調査するのか，安価型を調査するのか，類似の製品が市場に存在しないものの導入パターンを模索するのかで，調査方法は異なる場合がある．対象製品が，大量消費製品か，製造業の道具かによっても，調査方法は異なる．いずれの場合でも，展示会において，設計者，開発者が，直接利用者と議論すると有効なことがある．

タイマ　timer

タイマとは一定時間後に処理を実行したいときや，周期的に処理を実行したいときに使用する機能である．タイマにはマイクロコンピュータに内蔵されたタイマ，OSがサービスとして提供するタイマ，アプリケーションが必要に応じて自作するソフトウェア・タイマがある．

内蔵タイマは水晶発振子を用いた信号から作り出された時間をカウントし，予め指定した値になった時（タイムアップまたはタイムアウトという）に割り込みを発生させたり，端子の状態を変更させたりする仕組みをもっている．マイクロコンピュータによって一度に使用できるタイマの個数や時間単位は異なる．ソフトウェア・タイマはユーザ・プログラムから要求された経過時間を管理し，内蔵タイマを使ってカウントを行い，タイムアップがあれば，該当するユーザ・プログラムに通知する仕組みをもっている．

ソフトウェア・タイマはハードウェアタイマに比べて同時に登録できる個数や用途に自由度があるが，システムの動作状況やカウント開始タイミングによって遅延や誤差を生じる場合もある．このため組込みシステムでは，リアルタイムな精度の必要な処理と，そうでない処理によってタイマを使い分ける必要がある．

タイミングチャート　timing chart

タイミングチャートはディジタル回路の世界でよく使われるチャートである．見た目はオシロスコープやロジックアナライザでの測定波形の様になる．すなわち横軸は時間経過を表し，縦軸は各入出力の変化やそれらの時間的な制約等を表す．

組込みソフトの世界ではソフトが直接周辺デバイス等のハードウェアを操作することが多くある．デバイスを操作する場合にはその仕様書のタイミングチャートに記載されている条件を満足するソフトを作成することが必要である．

例：Dフリップフロップのタイミングチャートには入力D，CLK及び出力Q，Q/の波形と，それらの時間的な制約すなわち

- Dを確定してからCLKを立ち上げるまでのセットアップタイム
- CLKの立ち上がりからDを変えてはならないホールドタイム
- CLKの立ち上がりから出力Qが確定するまでのディレイタイム

等が記される．

ダイレクトマッピング

→ダイレクトマッピング/Nウェイセットアソシアティブ/フルアソシアティブ

ダイレクトマッピング/Nウェイセットアソシアティブ/フルアソシアティブ

キャッシュとアドレス空間との間で記憶領域を関連付ける方式の分類を示す名称である．

キャッシュは関連付けられた対象領域上に記憶されている情報のコピーを保持するデータ領域と，その情報がどの対象領域のコピーであるかを示すタグ領域から構成される．通常，タグは対象領域アドレスの一部（例えば32ビットアドレスの上位20ビットなど）から構成される．キャッシュはまた，「ライン」と通常呼ばれる数ワードのデータ領域に分割されていて，それぞれの

ラインがアドレス空間上のどのアドレス群に関連付け可能かが予め決まっている．

各ラインに付き一つだけしかタグ領域がないキャッシュの構成をダイレクトマッピングと呼ぶ．この方式は最も安価に構成できるが，他の方式に比較してキャッシュミスヒットを起こしやすくなる．各ラインに付きN個のタグ領域が存在するキャッシュの構成をNウェイセットアソシアティブと呼ぶ．したがって，ダイレクトマッピングは1ウェイセットアソシアティブと同等と考えられる．Nが大きいほどコストが上がるがキャッシュミスヒットを起こし難くなる．各ラインをアドレス空間上のどのアドレスに対しても関連付けることができる（ただし，ラインを構成するワードサイズによって境界制限はある）キャッシュの構成をフルアソシアティブと呼ぶ．最も柔軟に関連付けを行うことができるが，タグを構成するビット数が大きくなる．また，アドレスからラインが一意に決まらないため，タグの検索をライン数分行う必要がある．したがって，高速に動作するためには並列動作する回路を多数必要とし，コストは高くなる．

ターゲットマシン　target machine

組込みソフトウェア開発では通常PC上でソフトウェア開発をするが，その際にはクロスコンパイラを用いて，PCではなくプログラムを動作させたいマイコン（MPU）やSOC向けの実行モジュールを開発する．このプログラム開発対象となるマイコンやSOCをターゲットマシンと呼ぶ．また，ターゲットマシンが搭載され，実際にプログラムを操作させることができるボードをターゲットボードと呼ぶ．PC上で生成したプログラムをターゲットマシン上で動作させ検証するためには，プログラムコードをPCから転送することになる．

多重割込み（たじゅうわり――こ――）

割込み処理中に他の割込みが発生することを多重割込みという．一般的に割込み処理中は他の割込みを禁止し，割込みハンドラで速やかに必要最小限の処理を実施し，割込みを元に戻す（許可する）方法を取る事が多いのであるが，割込み処理にある程度時間を要してしまう場合，割込み処理中であっても，より優先度の高い割込みを処理しなければならない場合がある．このような場合に多重割込みを使用する．

CPUによって割込み要因毎に分岐先アドレスを指定できるものや，固定のアドレスにしか分岐できないものがあるが，後者の場合，割込みルーチンは再帰的に設計する必要がある．

たとえば，割込みルーチンの最初で退避すべきレジスタ領域は配列管理し，ネストが発生してもレジスタの破壊が発生しないように設計するなど，再帰を考慮した工夫が必要である．

タスク　task
→タスク/プロセス/スレッド

タスク間通信（――かんつうしん）

タスク間通信は，RTOS（real time OS）を使用し，ソフトウェアが複数のタスク（task）に分割されて，全体で機能を果たすソフトウェアが前提で使用される．

タスク間通信を使用する目的は，タスクとタスクの同期を取るためやタスクからタスクへデータを受け渡すなどである．「タスクとタスクの同期を取る」とは，あるタスクがある状態になった条件で関連するタスクを動かしたり，または関連するタスクがある状態になるまで待つなどの処理を指す．

タスク間通信の具体的な方法として，イベントフラグ，セマフォ，メッセージキュー，メールボックスなどがある．これらの方法が使用可能かどうかは，

たすく

搭載されるRTOSの仕様に依存する．
どの方法を使用するかは，設計者や対象機器に依存するが，ガイドラインとしては次のように大別できる．つまり，1タスク対1タスク間同期のみの場合はイベントフラグ，1タスク対複数タスク間同期またはリソース取得はセマフォ，データを受け渡したい場合はメッセージキューやメールボックスを使用するのがよい．また，対象機器のタスクのレスポンスを考慮した方法の選択が必要である．RTOSの仕様にもよるが，採用した方法のシステムコールの処理時間が，要求される応答時間を満足しているかどうかを詳細に検討する必要がある．

タスク間通信は，メッセージシーケンスチャート，SDLなどを使って，設計する．タスク間通信設計の注意点としては，タスク分割と一体で設計を行うこと，必ず準正常シーケンス，異常シーケンスも考慮することなどである．

タスク/プロセス/スレッド
task/process/thread

CPU上で実行されるプログラムの逐次処理の単位を1実行単位として捉えたときコンピュータの世界では古くからこの実行単位をタスクと呼ぶ．タスクは，UnixやWindowsのようなマルチプログラミング環境を備えたOS上では，プロセスあるいはスレッドと呼ばれ，それぞれ区別される．

プロセスは実行時に固有のリソースやアドレス空間が割り当てられ，他のプロセスの領域にアクセスすることはできない．これに対してスレッドは，プロセスの内部に発生する実行単位で，各スレッドはプロセス内の領域に互いに自由にアクセスすることができる．

マルチプロセス環境では複数のプロセスを並列実行することが可能であり，マルチスレッド環境では，プロセスは複数のスレッドを実行することが可能である．

タスクは，その時々に応じてプロセスを指すこともあればスレッドを指すこともあるが，組込みRTOS上でのタスクと言えばスレッドと同義なのが一般的である．

タスク分割（――ぶんかつ）

アプリケーションソフトウェアの要求により複数のタスクを並行して動作させるために機能分割することをタスク分割という．

一般の構造化プログラミングでの機能分割では生産性，独立性や保守性などを重視されるが，リアルタイム処理を要求されるシステムの場合，特にリアルタイム性についても重視して分割する必要がある．分割されたタスクには通常優先順位が付けられRTOSによるスケジューリングを行うことにより，リアルタイム性の要求を満たすことができる．

分割された各タスクは，タイミングチャート，ペトリネット，状態遷移図などを用い動的な並行性，リアルタイム性の検証を行う．

多層基板（たそうきばん）

プリント基板のうち，配線を持つ板を積層した構造を持つものが多層基板である．このような構成にすることで，配線の高密度化，ひいては部品配置の高密度化を図ることができる．

配線が4層のものを4層基板，8層のものを8層基板といった呼び方をするが，通常は4層以上の配線層を持つものが多層基板と呼ばれる（2層のものは多層基板ではなく両面基板と呼ばれる）．層と層の間はスルーホール（Through hole）やビアホール（Via hole）で結線される．

多層基板では，内側の隣接するどれか2層を銅箔の面で構成し，それぞれを電源とグランド（Ground）（またはアース（Earth））に割り当てることが普

通である（このような基板は光を透かさないので容易に判別がつく）．

この構成にすることで
- 電源供給ラインとグランドラインの配線が太くなるのと等価であるため，それらのラインの電気的インピーダンスが下がり，回路の動作が安定する．
- 電源供給面とグランド面が接近して向かい合う構成になるため，電源ラインが小容量のコンデンサを通して接地されているのと等価になる．そのため電源ラインに乗るノイズの高周波成分がこのコンデンサを通してグランドに逃げるようになり，結果として回路動作が安定する．

といったメリットを得ることができる．

多層基板では，回路設計ミスや回路設計変更があった場合，基板の内部にも配線があるためジャンパー（Jumper）線などで簡便に回路を修正することができないケースが多くある．

基板の多層化はメリットが多い半面，こういった変更への柔軟な対応が困難になること，基板のコストが上昇する（多層化によるコスト増と高密度化すなわち基板面積減によるコスト減との兼ね合い次第だが）といったデメリット面もある．

ダンプ dump

記憶装置の内容を画面や印字装置等に指定した数値形式等で出力すること．プログラム実行中にブレークポイントで実行を中断して，記憶装置（組込みソフトウェアでは通常メモリ）上の，例えば配列といった特定の領域を，人間が解析しやすい形式で表示してプログラムの動作を解析するのに使用する．

チップセレクト chip select

コンピュータシステムに使用されるデバイスの大半に存在するピンで，デバイスを選択する信号またはピンのこと．複数のデバイスを接続している場合には，どのデバイスに対して読み出しや書込みを行うのかを指定する必要があるが，その選択のための信号またはピン．「CS」という名前を通常使う．これを HIGH にすると，そのデバイスはアクティブ（動作状態）になる．チップセレクトをHIGHにしておいて，さらに制御信号を入れると，そのデバイスは自身の仕様に従って信号を外部に出力したり，逆に入力したりする．

チャタリング対策 （――たいさく）

ここでいうチャタリングとは，スイッチ等の接点がバウンドすることで引き起こすノイズのことである．人間には一瞬であっても電子回路では無視できなく，問題（スイッチが続けて何度も押されたと判断される）となる場合がある．対策としては，ハードまたは，ソフトにより対応する．接点寿命，チャタリングなどを考慮すると，接点の選定において，大は小を兼ねるとは言い難い．用途に合ったスイッチ・リレーを選定することが必要である．

チャタリング時間の例として，汎用信号用ミニリレー，タクトスイッチの仕様書などをみると，5〜6ms以下と書

ソフト対策1：サンプリング周期の最適化

Tc：チャタリング時間（バランス時間）
Ts：サンプリング周期（入力ポート読取周期）

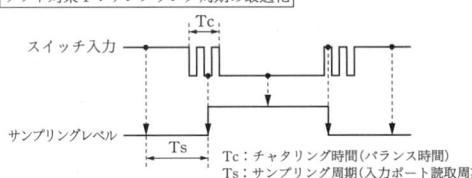

マイコンは定期的にI/Oポートを読取（サンプリング）する．そのサンプリング周期を，バランス時間より長くとることでチャタリング対策がとれる．

ちゆう

ハード対策1：フィルタを挿入

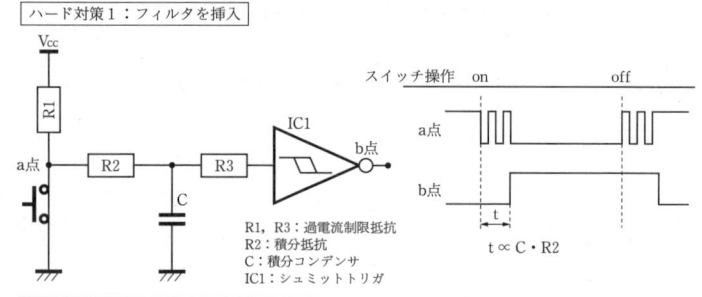

R1, R3：過電流制限抵抗
R2：積分抵抗
C：積分コンデンサ
IC1：シュミットトリガ

$t \propto C \cdot R2$

ハード対策2：FF（フリップフロップ）を挿入

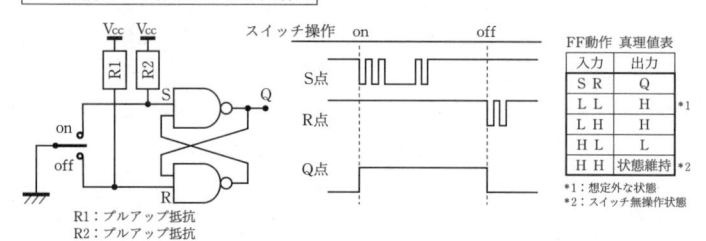

R1：プルアップ抵抗
R2：プルアップ抵抗

FF動作 真理値表

入力		出力	
S	R	Q	
L	L	H	*1
L	H	H	
H	L	L	
H	H	状態維持	*2

*1：想定外な状態
*2：スイッチ無操作状態

かれている．

抽象化（ちゅうしょうか）
→抽象化/詳細化

抽象化/詳細化
（ちゅうしょうか/しょうさいか）
抽象化とは，問題を考えている対象から問題に関わらない部分（枝葉末節）を取り除き，問題にとっての本質のみにする作業のことである．そして詳細化とは抽象化された記述から個々の具体的な問題に必要な部分を付け加える作業である．

組込みシステムに限らず，ソフトウェアは抽象化の過程を経て実際のプログラムになる．そして適切な抽象化のなされたプログラムは利用度が高く，保守のしやすいプログラムになる．これに対して抽象化の程度が低いプログラムは，その逆で生産性向上や品質維持を難しくする．

たとえば，飛行高度を求める装置を開発するために市販の高度センサを使用する場合を考えてみる．抽象化の考察なしにこの装置に必要なプログラムを作ると

real_hight＝h＋123；/*センサJ1321型の補正計数を加える*/

などと特定のセンサでは有効だが，それ以外の場面では全く役に立たない具象的な計算プログラムができあがる．
これに対し，

#define ALTITUDE_OFFSET 123
……
real_hight＝h＋ALTITUDE_OFFSET； /*センサJ1321型の補正計数を加える*/

と記述することは，抽象化の第一歩である．#define…は抽象化された実行プログラムを特定のセンサで利用するために必要な詳細化情報を与えている．そしてreal_hight=…はセンサの詳細に依存しない抽象化された計算を

記述している．もしJ1321型以外の高度計を使うときには，具象的な値の記述のみを変更すればよいことになる．このような抽象化と詳細化は，プログラミングばかりでなく，組込みソフトウェア開発のあらゆる場面で活用することができる．ただし，過度な抽象化努力はソフトウェアの可読性を低下させる場合もあるので常に第三者のレビューを受けながら作業をすることが理想である．また，特に組込みソフトウェア開発では時間の抽象化は重要である．

チューニング tuning

プログラムやデータベースを調整すること．どの視点で調整するかによって様々なチューニングがある．組込みソフトウェアでは，プログラムの速度，コードサイズ，RAM使用量に関するチューニングが多い．速度やコードサイズに関するチューニングでは，Cコンパイラの最適化オプションでもサポートしていることが多い．また，アセンブラを使ったチューニングをすることもある（「アセンブラの得意な部分」を参照のこと）．RAM使用量に関するチューニングについては，Cコンパイラの最適化オプションではなく，アルゴリズムやデータ構造の見直しが有効になる場合が多い．

組込みソフトウェアにもデータベースを使用するものがあるが，データベースのチューニングでは，応答速度をはじめとしたデータベース性能をシステム要請に従って，最適化することになる．

デザインパターン design pattern

デザインパターンとは，問題領域に依存しない，よく使われる設計の形のことをいう．優秀な設計が培った設計の知恵をデザインパターンとしてまとめ，初心者を含めた様々な経歴をもつ人が，それを利用することにより，早く良い設計を行うことができる．また，デザインパターンが流通することにより，設計の概要をパターンに通して知ることができるという，設計者同士のコミュニケーションの向上にもつながる．

一般的に，デザインパターンといえば，オブジェクト指向設計における，GoF（Gang of Four：『オブジェクト指向における再利用のためのデザインパターン』を書いたErich Gamma, Richard Helm, Ralph Johnson, John Vlissidesの四人を指す）の23個のデザインパターンのことを指す．GoFのデザインパターン『オブジェクト指向における再利用のためにデザインパターン』の著者の一人であるEric Gammaは，デザインパターンのことを『モジュール性，柔軟性，拡張性，そして再利用性を改善するための設計構造の抽象的な記述』と定義している．GoFのデザインパターンには，生成・構造・振る舞いに関するパターンが23個記載されており，オブジェクト指向設計開発者の間では，パターン名はそのまま設計用語として普通に利用されている．

デザインレビュー design review

デザインレビューとは，開発における各フェーズの成果物を，複数の人にチェックしてもらったり，その成果物を使って検討したりする行為を体系化したものである．デザインレビューの目的は，文書化された成果物を，客観的に複数の人が様々な視点でレビューすることにより，より上流で品質を確保することである．一般的に，欠陥は下流で発見されるほど，手直しに工数がかかると言われている．大規模化，複雑化する現代のソフトウェアにおいては，出来るだけ上流で欠陥を発見し対処することが大切である．したがって，デザインレビューに出席する人（レビ

ューア）により，レビュー自体の品質が左右される．効果的なレビューとするためには，十分な技術や見識をもつようなレビューアを確保することが必要になる．そのためには，レビューに参加するための工数も考慮したスケジュールを立てなくてはならない．忙しくてレビューをする時間がないと，上流で品質を確保することはできない．デザインレビューは，開発の各フェーズにおいて，適宜実施する．フェーズにより目的や効果が少しずつ異なる．要求定義・要求分析フェーズにおけるデザインレビューでは，要求自体のあいまいさや矛盾，漏れを防ぐことで欠陥を排除し，開発する対象を明確にすることを目的としている．副次的な効果として，設計者が要求を正しく理解しているかどうかを確認することができる．ここでは，実際に商品を使うユーザや，販売部門・企画部門・品質部門の人が重要なレビューアとして参加する．設計フェーズにおけるデザインレビューでは，設計構造の矛盾や誤りなどの欠陥を排除することを目的とする．ここでは，設計の熟練者が重要なレビューアとして参加する．プログラミングフェーズにおけるデザインレビュー（特にコードレビューと呼ばれる）では，アルゴリズムの欠陥を排除することを目的とする．ここでは，プログラミングの熟練者が重要なレビューアとして参加する．

またデザインレビューには，インスペクション，ウォークスルーがある．インスペクションは，欠陥の発見を第一目的としている．モデレータと呼ばれる調整役が主催し，レビューを進行します．レビュー効率を上げるために，レビューの範囲を限定し，短時間で行う．レビューの中でも，欠陥防止効果は非常に高いといわれている．

一方，ウォークスルーは，設計の内容を理解すると同時に欠陥を発見することを目的としている．設計担当者が主催し，別の設計者が参加してレビューを実施する．ウォークスルーという言葉は，もともとは演劇の用語で，舞台稽古の中で，台本を読みながらポイントを確認する練習のことをいう．デザインレビューにおけるウォークスルーも同様に，主催した設計者が説明し，参加者がそのポイントを理解しながら進める．

インスペクションとウォークスルーの違いは，インスペクションが制度的で公式なレビューであるのに対して，ウォークスルーは設計者自身が能動的に行う非公式なレビューという点である．また，インスペクションは完成した成果物に対して実施し，ウォークスルーは非完成の成果物に対しても実施することができる点で異なる．

デザインレビューの目的は上流での品質確保だが，それ以外に副次的な効果がある．一つ目の副次的な効果は，情報の共有化である．デザインレビューを行うことにより，設計の内容やレビューでの指摘事項・注意点をレビュー参加者で共有化することが出来る．それにより，異なる知識レベルを持つ設計者の間でのノウハウの周知化や，成果物の属人性を排除することが可能となる．二つ目の副次的な効果は，プロジェクトの確認である．レビューにプロジェクトを確認する役割を持つ人（管理者や品質担当者）が出席することにより，どこまでプロジェクトが進んでいるのか，品質に対する対応はどのようになっているのかを把握することができる．

ディジタルセンサ digital sensor

自然界の事象をディジタル信号（2値信号）として出力するセンサのこと．代表例として，光ビームが遮られているか否かをディジタル論理で出力する

フォトインタラプト・センサがある．ディジタルセンサといっても光量といったアナログ量を2値化して出力していることがほとんどであるが，検出信号を安定させる（チャタリングのような不安定信号を出力させないようにする）ためにオフからオンに切り替わる際の境界値とオンからオフに切り替わる際の境界値とが異なるように設定されていることが多い（つまり，ヒステリシス特性がある）．そのため例えばフォトインタラプトセンサをメカトロニクス機器でのメカ原点位置検出に使用する場合，センサ出力がオンに変わるメカ位置とオフに変わるメカ位置とは必ずしも一致しないことに注意が必要である．

テストファースト　test first

XP（eXtreme Programming）で提唱されているプラクティスの一つ，テスティング方法のことである（テストファースト開発というプラクティスのこと）ある程度コードを実装してからテストをしていくやり方とは違って，逐一，テストを先に実装してから必要となるコードを実装するものである．つまり，一つひとつの機能をユニットテストにより確認していき，テストを後回しにはしない．

その手順は，

- 実装すべきコードの機能や動作（クラスの挙動・メソッドや関数）を想定して，テストを設計・実装
- テスト実行
- この時点で，何らコードは実装されていないので，テストは失敗する（まず失敗することの確認/テストが機能することの確認）
- コードを実装
- テスト実行
- テストが成功することを確認

といったものである．

新たにコードを実装するたびに，この手順を踏む．コードを修正する場合もテストの実装（修正）を先に行う．

テストファーストの背景には，コードの保守性が上がる/プログラマが自信を高める，などの効果をもたらすという考え方がある．なお，テストの実装には，ユニットテスト環境（テスティング・フレームワーク（※1））を使うことが一般的で，これに従うと，テストコードを蓄積し，全テストを一気に自動実行することも可能である．

※1　ユニットテスト用のツールが各種プログラミング言語毎に存在する．Java用のJUnit，C++用のCppUnit…などである．また，Webシステムにおける HttpUnitのような，受入れテスト（ユーザ向け機能テスト）用のものも存在する．

データ構造（——こうぞう）
data structure
→アルゴリズムとデータ構造

データバス　data bus

バスマスタが，アクティブにしたデバイスと情報をやり取りするための信号線がデータバスである．つまり，接続されているデバイス間で情報をやり取りするデータが通るバスである．アドレスバスでアクセス対象のリソースを指定して，データバスを介してデータをやり取りすることになる．システムによっては（例えば，PCI（Peripheral Component Interconnect））アドレスバスとデータバスが多重化されていることもある．

データフローからプログラム構造への変換

（——こうぞう——へんかん）

データフロー設計の結果であるデータ・フロー・ダイアグラム（Data Flow Diagram：以下DFDと略す）からプログラム構造（Structured Chart）を生成することができるが，それにはいくつかの考え方がある．

基本はプロセスへのデータ入出力をプログラムモジュールへのデータ入出力とすること，モジュール実行の手順・構造を制御する役割を既存のどのプロセス（あるいは新たな制御プロセス）に割り当てることである．
ここでは二つの手法について解説する．
1. DFDがデータ入力に関わるプロセス，データ加工プロセス，データ出力に関わるプロセスから構成されている場合は，データ加工プロセスを親モジュールとし，データ入出力プロセスをその下位モジュールとする．
2. DFDが複数のデータ入出力のセットから構成されているような場合は，DFD上に無い新たなプロセス（親モジュール）を定義し，DFD中のプロセスをその下位モジュールとする．この場合，親プロセスではデータ入出力セット毎に下位プロセス群の呼び出しを行う．

ただし，最終的に大事なことはモジュール強度とモジュール結合度の面から見た良いモジュール/モジュール構成を作ることであり，DFDの記述内容によってどちらの方法（または別の方法）を取らなければならないということではない．つまり最善の変換方法を判断するのは人間である．

データフロー設計（――せっけい）

システム（ハードウェア＋ソフトウェア，場合によっては人間系も含む）の分析・定義をデータの流れに着目し実施する手法であり，デマルコ（Tom DeMarco）とヨードン（Edward Yourdon）によるものが有名である．
データフロー設計ではまず最上位階層のドキュメントとしてコンテキスト・ダイアグラム（Context Diagram：以下ではCDと略する）を作成する．これはシステムについての最も抽象度の高い表現になる．ここではシステムを一つの丸（プロセス）で表現し，システムに対し関係をもつ外界の「エンティティ」と，システムと各エンティティとの間のデータフローを矢印で表現する．ここでのデータフローは具体的なデータ一つひとつではなく，それらがグループ化された抽象度の高いデータ表現でなければならない．
CDの定義が完了すると，次にCDをブレークダウンしシステムを複数のプロセスとデータフロー，データストアで表現したデータ・フロー・ダイアグラム（Data Flow Diagram：以下DFDと略する）を作成する．さらに，システムの複雑度にもよるが，そのDFD中の一つのプロセスをブレークダウンしたDFDをさらに作成するといったように分析を進める．つまりDFDは階層構造をもつ．そして最下層のシートではプロセス内部の振る舞いをプロセススペック（またはミニスペック）として記述する．
こういったDFDのブレークダウンと同時に，CDで抽象データとして表現したデータを具体化してDFD中のデータフローに記述していく．データフロー設計では，これらのチャート記述と平行してデータ・ディクショナリ（Data Dictionary）を作成する．これは抽象データがもつメンバーデータ名とそれらの構造を記述したものである．
DFDはシステムの振舞いをデータの入出力・流れ・加工の観点から静的に分析・記述するものであり，システムの状態遷移やプロセス処理の実行条件，また時間条件といった動的な振舞いの記述を行うことはできない．この課題を解決するためにDFDにリアルタイム機能拡張が施されてきた．これにはハットレイ–ピルバイ（Hatley-Pirbhai）手法をはじめとしたいくつかの手法がある．

先に「システム」の範囲がソフトウェアに限定されないことを書いたが，通常はDFDからソフトウェア実装領域/ハードウェア実装領域/人間系の切り分けを行い，ソフトウェアの領域についてデータフローからプログラム構造への変換を実施してコーディングにつなげていく．

デバイスドライバ　device driver
→ドライバ/ハンドラ

デバッガ　debugger

デバッガとはソフトウェアの不具合を発見する（デバッグと呼ぶ）ためのツールである．

通常の業務で作られるような複雑なソフトウェアの場合，期待した動作が得られない時，その実行結果のみを目で見て不具合を特定することは非常に困難である．画面やプリンタ等のユーザインタフェースがある場合，ソフトウェアのポイント，ポイントに文字列出力等の仕掛けを埋め込んでソフトウェア実行の順序，判断分岐，データ値等の正当性を目で確認することも可能である．しかし最終コード中にそれらの仕掛けを残しておけないこと，仕掛けの有無による実行時間の差によるタイミング的な不具合を発見できない場合があること，ユーザインタフェースが無い組込み機器ではそもそも不可能なことなどから別の手段でソフトウェアの実行状態を捕える必要が出てくる．

デバッガとはそういった最終コード，あるいは最終製品や評価ボードといった実機の状態のままソフトウェアを実行させ，かつソフトウェア実行の順序，判断分岐，データ値等の正当性を可視的にするためのツールといえる．ユーザインタフェースがあるものについてはそれを利用して表示，操作ができるようにソフトウェア的な仕掛けのみで実現したソフトウェアデバッガ，ユーザインタフェースがないものについてはハードウェア的な仕掛けで実現したハードウェアデバッガ（一般にICE：In-Circuit Emulatorという，ICEはIntel社の登録商標）がある．また組み込み機器中にソフトウェア的な仕掛けをシリアルポートを利用してPCなどから操作できるモニタデバッガと呼ばれるものもある（ただし，仕掛けのための若干の冗長なソフトウェアを実装させる必要がある）．デバッガの機能としては

・ソフトウェア実行が期待した実行点に来た時に実行を止める「ブレーク」
・実行を1行ずつ進める「ステップ」
・レジスタやメモリ内容の表示，設定ができる「ダンプや書込み」

等が用意されている．ハードウェアデバッガではソフトウェアの実行を止めずにソフトウェアがどのような動きをしたか後から確認できる「（プログラム/データ）トレース」という機能のあるものもある．こ組込み制御機器の場合，ソフトウェアの実行を停止させることはハードウェア/メカトロニクスの破壊につながる場合もあり，そのような場合にトレースは有効なデバッグ手法となる．

価格的には，一般にハードウェアデバッガの方が機能が高いので高価となるため，予算・用途・目的に応じ選定する必要がある．

テンプラハンダ
→イモハンダ

ドキュメントの書き方
（――か――かた）

ドキュメントはプログラムを作る上ではなくてはならないものである．ドキュメントなしでプログラムを作った場合は，必ず不具合が発生する．バグは定義されていないところから発生する．また，保守の面でも，仕様修正や追加仕様を行なう場合ドキュメントがあるとない場合に比べて非常に修正が

早い．ただし正確なドキュメントでなくてはならない．現場ではリリースを急ぐあまり，ドキュメントは修正されずにプログラムだけ修正される場合があり，これが後々混乱を招く原因にもなるので注意が必要である．

・コーリングシーケンスの場合

IN情報/OUT情報は何かを正確に定義する必要がある．このときの注意事項が何かもキッチリと書くことも必要である．

(例) アセンブラなら保証されるレジスタが何であるかを明記する．

・操作仕様書の場合

キーやボタン操作を行うことで処理がどのようになるかその状態ですべての起こり得ることを明記する必要がある．もし，上下左右キーで左右キーしか有効でない場合でも上下キーは無効であると明記する．

・取り扱い説明書の場合

図や絵といっしょに，状態が分かるようにしてその状態から，キーやボタン操作でどのようになるかを明記する必要がある．

ドキュメントの書き方だが，箇条書にして一行に1オペレーションを原則とすると分かりやすい．

(例) アプリケーションを終了する方法
1．メニューの「ファイル」をクリック．(プルダウンメニュー表示)
2．プルダウンメニューから「終了」をクリック．(終了)

ドキュメントを書くときの注意として，文章を短文にすることが望まれる．文が長いと修飾語がどこにかかるかが分かり難くなる．そして，読む人によって意味を間違うと，プログラムも間違って書かれてしまう．そのため，誰が読んでも一意に取れる内容でなければならない．

ドキュメントの種類 (——しゅるい)

一般にソフトウェア開発で作成されるドキュメントは，ユーザ用ドキュメント，保守用ドキュメント，開発用ドキュメントに分類することができる．

ユーザ用ドキュメントは，ユーザマニュアルなどで機器のユーザがその機器を利用する時の手順や操作方法などを記載する．保守用ドキュメントは機器の保守をする人がそこ機器を保守する時の手順や保守方法などを記載する．開発用ドキュメントは，主に次の二つの目的で作成される．一つは，開発や設計に関する決定事項や指示事項を文書にすることで，それらの内容をプロジェクトに関連する人たちに確実に伝達する目的である．もう一つは，設計者が考えた設計のアイデアを文書で表現することで，設計者以外がその設計内容をチェック，レビューし，その内容の妥当性や品質を確認する目的である．これらの目的のために，開発ドキュメントは，各開発工程の成果物として作成され，その工程の終了を判断する材料にもなる．このため，それぞれの開発工程の目的に沿ったドキュメントである必要と同時に，それぞれの開発工程で設計された内容が十分に表現されている必要がある．

組込みソフトウェア開発の場合，ユーザ用ドキュメントは開発するシステム(ハードウェアとソフトウェア)で実現する機能，性能を記述するし，実際の製品を使用するユーザがソフトウェアだけの保守をすることはまれであるので，多くの場合，ソフトウェアの保守用ドキュメントは開発用ドキュメントで代用される．開発用ドキュメントについても，一般的なソフトウェア開発で作成される「要求仕様書」，「機能仕様書」，「構造仕様書」などのドキュメントに加えて，ハードウェアとソフトウェアの役割分担を説明した「システム仕様書」，インタフェースを記述した「インタフェース仕様書」などが

作成される．またテスト関連のドキュメントは，一般的なソフトウェア開発と同様に，テストの工程に応じて「単体テスト計画書」，「統合テスト計画書」，「機能テスト計画書」，「システムテスト計画書」などのドキュメントが作成されるが，「単体テスト計画書」以外は，ハードウェアとの組み合わせテストの計画が記載されることになる．

トップダウンとボトムアップの混合（——こんごう）

解決すべき対象を分割して課題を設定し，それぞれの課題を段階的に細分化し詳細な課題設定を繰り返していくことで解決を進めるやり方をトップダウン・アプローチ（top-down approach）と呼ぶ．反対に，詳細な問題から解決していき，解決した問題を合わせてさらに大きな問題を解決していくことで最終的に解決すべき対象を解決するやり方をボトムアップ・アプローチ（bottom-up approach）と呼ぶ．

プログラムのデータ構造としてよく使われる木（ツリー）構造を例に使って喩えれば，木構造を根っこからたどり，枝葉を定義していくのがトップダウン・アプローチ，葉っぱを定義してからそれを元に根っこに達するまで作り上げていくのがボトムアップ・アプローチである．トップダウン・アプローチでは「まず完成物ありき」で，目的とするものを出発点として，その構成要素を求め定義していくため，作業が進むにつれ対象物の構造が次第に明らかになっていく．しかし一方で，気をつけないと，あちこちに似て非なる部品がたくさんできてしまうことがある．一方，ボトムアップ・アプローチでは「まず部品ありき」で，個々の部品を作り，さらにそれらの部品を統合化していく．部品から始めていくため，再利用が比較的簡単になる．しかし，目前のやりたいことが実現できればいいため，その場しのぎの作りになりがちで，汎用性や拡張性に欠けるものになってしまうことがある．トップダウン・アプローチはソフトウェアを構築する上で非常に重要な考え方である．だが，解決すべき対象に未知の部分が存在する場合や既に類似システムがある場合では，トップダウン・アプローチだけではうまく課題が解決できなかったり，効率的に解決できない場合がある．そのような場合に，ボトムアップ・アプローチを併用して問題解決にあたる場合がある．それがトップダウンとボトムアップの混合と呼ばれる．たとえば解決すべき対象に未知の部分がある場合，その部分の検討や試作を行い，その結果や経験を元に全体システムをトップダウン・アプローチで取り組む場合がある．このとき，前者の試みは全体システムから見るとボトムアップ・アプローチになる．また既に類似システムがある場合は，そのシステムをできるだけ流用することで効率的に問題解決にあたる場合がある．この場合，全体システムをトップダウン・アプローチで取り組んでも，類似システムを再設計しないで若干の変更だけで済ますならば，この流用部分の設計はボトムアップ・アプローチといえる．トップダウンとボトムアップを混合して用いることで，対象物の構造化と，部品の最適化ができるようになる．しかし一方で留意すべきことは，類似システムを流用する際に目先の効率を優先させるばかりに本来あるべき姿に目をつぶって流用するために，不明確な仕様や効率的でない構成になってしまうことがあることである．これを繰り返していくと保守もできない非効率なモジュールになってしまう可能性がある．そのため，トップダウンとボトム

アップいずれのアプローチにしろ，例えば構造化といった方法論のもとで，流用することの多いモジュールは再利用化やモジュール化を考えていく必要がある．

☞モジュール化

ドメイン domain
ドメインとは，対象とするソフトウェアがどのような分野のものかを指す用語である（例：通信分野，画像処理，機器制御分野 等）．それぞれの分野でソフトウェアに求められる考え方や作り方に関していわゆる常識的な知識が必要となることが多いので，初めてのドメインに関するソフトウェアを作成する場合には注意と配慮が必要である．

ドライバ driver
→ドライバ/ハンドラ

ドライバ/ハンドラ driver/handler
限定されたハードウェアを動作させるためのソフトウェアをドライバという．デバイスドライバといわれるときもある．ドライバはハードウェアに依存しているため，ドライバの入出力はできるだけ論理的（汎用化）な定義をすると，複数のドライバから選択して，ソフトウェアを構成する場合に変更が少なくて済む．WindowsのDLLもドライバの一種である．

ハンドラは，割込みにより起動される割込み処理ソフトウェアを指す．割込みハンドラといわれる場合もある．ただし，ハンドラは「データをハンドルする．」意味で，広義には何らかのデータを受け取る処理をハンドラと呼ぶ場合もある．例えば，Visual C++に付属するMFCライブラリー（Microsoft Foundation Class library）では，Windowsから送られてくるメッセージに対応するメンバ関数をメッセージハンドラと呼んでいる．

設計時に，ドライバとハンドラは使用環境によって注意が必要である．ドライバはマルチタスク上で複数のタスクから使用される場合やタスクと割込みの両方で使用される場合には，実行中に再度呼び出される場合のブロックをしておく必要がある．また，ハンドラも複数の割込みが使用する場合には，同じようにブロックをする必要がある．

トリガ trigger
トリガとは，何かを引き起こすきっかけとなる要因を指す．組込みソフトウェアでは，様々なマイコン周辺機能からの通知，具体的には割込み，タイマからの指定時間の終了，DMAの完了といった事象や，データ入出力のタイミングを示すクロック信号の立ち上がりや立ち下がり等がトリガになる．トリガを機会に，ソフトウェアは（場合によって判断を加えてから）トリガ内容に沿った処理を実行することになる．

な 行

ネスト nest
ネストとは，入れ子にすることを指し，プログラムでは制御構造，関数呼出しや割込み等，いろいろな意味でのネストがある．制御構造のネストでは，ネストが深くなると制御構造が複雑，つまり制御が様々の要因で行われることを意味し，分かり易いプログラムのた

めには制御構造の見直しが必要になる．また関数のネストが深くなると，関数呼出しの際に必要となるスタックの消費量が多くなり，配慮が必要になる．割込みのネストは，割込みの優先順位をどう考えるかということを考慮する必要がある．いずれにせよ組込みソフトウェアでネストが深くなる場合は，ネストによる各種資源の消費とシステムとしての資源制約の両方について配慮する必要がある．

熱による問題 （ねつ——もんだい）
thermal issue

組込み機器に限らないが，ハードウェアは環境温度の影響を受ける．変位の伝達機構は熱膨張によりその精度に影響を受けるし，電気回路に使用される半導体素子は温度によって動作速度が変わる特性をもつため，多くの半導体素子からなる集積回路は外部からの信号に対する応答安定性やそれが生成する信号の波形形状や時間幅などに温度の影響を受ける．

後者については通常はハードウェア設計者がこれらの最悪値を考慮して機器に想定される最悪環境下であっても安定した信号処理ができるようにマージン設計をする．また，半導体は環境温度の影響を受ける以外に，自身の発熱による影響も受ける（自身の発熱による特性変化から内部の正常な回路動作が破綻し，ますます発熱するようになる現象は熱暴走と呼ばれる）．

電源投入直後は安定して動作するのにしばらく放置しておくと動作不安定になるといった不具合症状の場合は熱の影響が疑われる．そのような場合は，回路の各部の温度状態を確認しる必要がある．もし異常に発熱している半導体や受動素子があるようならば，放熱が設計どおりに機能しているかどうかの確認とともに，その部材を強制的に冷却してシステムの動作を見るということが必要になる．もちろん，このような症状ではソフトウェアでのメモリリークやポインタの扱いのミスなどが異常の原因である場合もあるから，まずソフトウェアの正当性を確認しておくことが大事である．

ネットワーク　network

網状に巡らされた通信網を指し，通常不特定多数と通信をすることを想定している．インターネット（Internet）はそのようなネットワークの代表例である．最近では組込みシステムでもネットワーク対応の機器が増えてきている．ネットワークへの接続形態は機器により有線ならイーサネット（Ethernet）が多く，無線はその時に容易に入手できる物を用いることが多い．何れの場合でもネットワークに接続するためには，TCP/IPを中心とした通信プロトコルやデバイスのドライバが必要になるが，ミドルウェアと呼ばれるソフトウェア・パッケージを購入して使用することが多い．

また，不特定多数が接続するネットワークを想定する場合は特に，仕様および実装の両面でセキュリティに関して配慮する必要がある．

ノイズ

ディジタル，アナログを問わず，本来取り扱うべき信号の読み取り精度に影響を与える，あるいは誤動作を引き起こすような波形が本来の信号波形にかぶさる場合，それをノイズと呼ぶ．ノイズは信号の振幅方向のものと，時間軸方向の（もと信号のタイミングをずらす）ものがある．

電気/電子回路はその動作に伴い，ノイズの原因となりうる信号や電磁波を多かれ少なかれ外部に放出する．それらは回路素子から発生し，バスなどの信号ラインに乗る（信号としてかぶさる）と同時に電磁波として輻射される．ノイズはこのように組込み機器自身が

のいず

発生するものと組込み機器の外部からやってくるもの（外来ノイズ）との2通りに分けられる．

そのどちらであってもノイズは組込み機器自身の誤動作・不安定動作・故障の原因になりえるし，場合によっては他の機器の誤動作を引き起こす原因になることもあるのでノイズ対策は重要である．またノイズが原因で発生する不安定動作は再現性を持たないことが多いが，それゆえソフトウェアエンジニアがノイズの性質を良く理解することはテストの効率を上げるうえで非常に有益であるといえる．

ノイズ対策（——たいさく）

ノイズは組込み機器の動作を不安定にする要因となる．また，外部に電磁波として輻射されるノイズは，外部の機器の誤動作を引き起こす原因になることもある．特に，機器の外部に漏れるノイズのレベルについてはFCCやVCCIをはじめとした規制またはガイドラインがあるが，これらで規定されている輻射レベルをクリアすることは商品として重要な要件となる．自分自身から発生するノイズ，および外来ノイズ対策の例を以下に列記する．

(1)ノイズを発生しにくくする
・電気回路/配線/結線のインピーダンスを整合させる
・電磁シールドを行う
・回路配置を工夫する
・高信頼性接点部品を使用する（アーク放電を発生させない）
・フェライトコアやフィルタを使用する
・不必要な回路をソフト制御により休止させる　など

(2)発生したノイズを逃がす
・グランド（アース）に接続する

(3)ノイズを受け付けにくくする
・電気回路/配線/結線のインピーダンスを整合させる
・電磁シールドや放射線シールドを行う
・回路配置／プリント基板の配置を工夫する
・フェライトコアやフィルタを使用する　など

(4)ノイズを受けても誤動作をしにくくする
・メモリをECCで構成する
・ソフトウェアでの信号の確認／判定でノイズの混入を前提としたロジックを作成する
・ソフトウェアを冗長構成し，多数決ロジックを構築する　など

上記のような各種の対策は，FCCなどの規制への適合必要度およびノイズについて組込み製品が受け入れられるリスクと，かけられるコストとから具体策がつど決定されることになる．

は　行

バイエンディアン bi-endian
→エンディアン

バイポーラIC bipolar IC
集積回路の内部素子としてバイポーラトランジスタを使って回路を実現したタイプのIC．

集積回路の素子には，バイポーラ，CMOSなどの電子デバイスが使用されている．ソフトウェアからその差を直接に検出する手段はないが，インストラクションの実行に伴う消費電力が素子のタイプによって大きく変わるもの

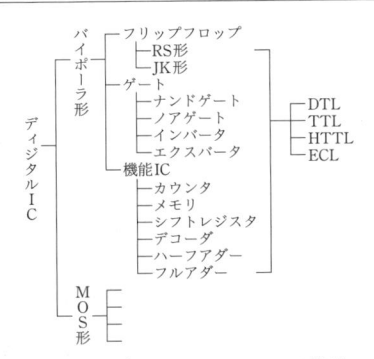

```
                  ┌フリップフロップ
                  │  ├RS形
          バ      │  └JK形
          イ      ├ゲート
          ポ      │  ├ナンドゲート──┬DTL
          ー      │  ├ノアゲート    ├TTL
          ラ      │  ├インバータ    ├HTTL
          形      │  └エクスパータ  └ECL
  デ              └機能IC
  ィ                 ├カウンタ
  ジ                 ├メモリ
  タ                 ├シフトレジスタ
  ル                 ├デコーダ
  I                 ├ハーフアダー
  C                 └フルアダー

          M
          O
          S
          形
```

があるので組込みソフトウェア設計の際には考慮する必要がある．

バグ bug

プログラム内に巣くう虫，すなわち不具合を指す．虫は隠れるのがうまいので，プログラムの中に日頃密かに潜んでいて，プログラマが気づかないことも多い．潜在していた不具合を修正することを「バグ取りをする」という（本来虫は採るものであるが，ここでの虫は取るものであることに注意）．修正した際には「バグをつぶした（bug fixed）」，不具合の一覧表を「バグリスト」等と呼び習わす．

取った虫を標本にして展示することは，同じ不具合を繰り返さなくするために役に立つ手法のひとつである．バグを早い段階で取らないと，出荷間際になって苦虫を噛みつぶす思いをすることになる．

バグの切り分け （——き——わ——）

「バグの切り分け」とは，障害の原因であるバグが存在する部分を特定することである．

「バグの切り分け」を行う意味は，バグの特定および解決に向けて，バグの調査対象とする部分を絞り込むことにある．バグが存在する部分を特定にするためには，まず障害の現象（障害内容，再現頻度，再現手順など）を正確に把握することが望ましい．テスト方法の誤り，勘違い/思い込み，障害レポート内の重要な情報の欠落などがないかどうかも確認する．障害の現象を正確に把握できたら，バグが存在すると推定できる部分をピックアップする．組み込みソフトウェアにおいては，バグが存在する部分がソフトウェア以外の部分である可能性もあるため注意が必要である．

バグが存在する部分の例：
ソフトウェア（タスク，ドライバ，関数，OS，…）
ハードウェア（デバイス，ケーブル，基板，…）
周辺環境（電源，温度，湿度，アース，ノイズ，…）

バグが存在すると推定できる部分からバグが存在する部分を特定するため，それらを一つずつ変更して，障害の現象が変化するかどうか確認する．ここで，変更と障害の発生有無に完全な相関がある部分を見つけることができた場合は，障害の原因であるバグが存在する部分を特定できたことになる．この部分に対してさらに詳しい調査を行うことができれば，最終的にはバグの特定につながり，障害の発生過程も明確になる（ただし，メモリ破壊や暴走を伴う障害や発生頻度が低い障害は，バグの特定に時間がかかる場合もある）．

しかし，変更と障害の発生有無に完全な相関がある部分を見つけることができない場合は，ここまでの障害の分析結果をフィードバックした上で，バグが存在すると推定できる部分のピックアップから再度やり直す．タイミングや実行順序，前提条件が影響したり，複数の原因が互いに関連して発生することも考えられる．なお，デバッガを使用してバグの切り分けを行う際には，デバッガが障害の現象に影響を与える

こともあるため注意が必要である．
☞デバッガ

パーシスタンシー persistency
→不揮発性

バス bus
コンピュータシステムにおいて，デバイスとデバイスの間で情報をやり取りしたり，お互いを制御しあうための信号線をバスと呼ぶ．大雑把に分類すると，「アドレスバス」「データバス」「制御線」に分類できる．
アドレスバスは，RAM/ROMなどのメモリや周辺I/Oデバイス等のアクセス対象となるリソースを指定するためのアドレス情報をやり取りするためのバスである．データバスは，デバイス間で情報をやり取りするデータが通るバスである．アドレスバスでアクセス対象のリソースを指定して，データバスを介してデータをやり取りすることになる．
☞制御線

バスマスタ bus master
通常のコンピュータシステムでは，同じバスを不特定多数のデバイスが共有することがほとんどである．したがって，各信号線は複数のデバイスで共有される．そのため，同時に複数のデバイスが勝手に信号を出力したり入力したりすると，その信号線はHIGHなのかLOWなのかわからなくなったり，電気を吸い込まれ過ぎてその信号線の電力が足りなくなったりする．同じバスに接続されている複数のデバイスが勝手に動かないように，調停するのがバスマスタである．最も代表的なバスマスタデバイスは，CPUである．

バッファ・ドライバ buffer driver
マイコン（MPU）がソフトウェア実行の結果として出力するデータはハードウェア的には論理信号であるが，マイコンは例えばLEDといった外部のデバイスを直接点灯させる能力（駆動能力）が無い．また，距離の離れた場所にあるデバイスへ銅線ケーブルで接続するような場合にも，マイコンは信号の減衰やノイズを打ち消すだけの電力を供給することができない．よって，マイコンからの出力信号を何らかの形で電圧や電流増幅して他のデバイスに送ったり，デバイスを駆動したりする必要がある．このプロセッサ出力を増幅する素子のことをバッファもしくはドライバと呼ぶ．ドライバの場合には，信号の方向を制御する制御線が付随しているものもある．バッファの場合は，あるタイミングの信号を保持するメカニズムが備わっているばあいもあるので，ソフトウェアからバッファやドライバを見る場合には，それらの条件を正しく設定しておくことが必要である．

ハードウェア記述言語
（──きじゅつげんご）

hardware description language
ディジタル論理回路を生成するための記述言語の総称．HDLで記述するハードウェアは基本的に同期設計でレジスターへのリードライトをベースにして記述する．これゆえにRTLレベルのハードウェア記述とも呼ばれる．
ソフトウェアからの類推としては，ハードウェアをアセンブリ言語でプログラミングしているといえる（C言語レベルはシステム記述言語が相当する）．最近は，HDLおよびソフトウェアのCなどを統合的にシミュレーションさせる環境も出現し始めている．こうした流れから，将来の組込みソフトウェア開発とは，ノイマン型CPUのプログラミングに加えて高速ハードウェアロジックもプログラミングする作業を含む可能性が高い．
☞システム記述言語

ハードとソフトの切り分け
（──き──わ──）

企画されたシステム製品のコンセプトを実現するため，ハードウェアにできることと，ソフトウェアにできることをきちんと整理するプロセスをハードとソフトの切り分けという．ハードとソフトの切り分けは，それぞれの得手不得手を明確にした上で行い，リーズナブルなコスト，フレンドリな操作性，快適なメンテナンス性などを最終的な製品において実現させなくてはならない．また，機能ごとにそれをハードウェアで実装するかソフトウェアで実装するかは組込み機器の種類，用途，コンセプトによって変化する．

例えば，電気ポットや冷蔵庫などの白物情報家電では価格と省エネが重視される．その仕様要求を満たすには，数十〜数百円程度で実装できる小面積，低消費電力の専用LSIの採用が第一の条件になるので，それを前提としてハードとソフトのプロジェクトがスタートすることになる．一方，映画やゲームを配信するネットAV家電では，大容量データをリアルタイムで伝送できる高いスループット性や配信途中でのトラブルの少なさが最低限の仕様要求になるので，暗号化〜復号化の処理だけを専用回路化することで高速化，低消費電力化をはかり，チップ面積の縮小につながらない基本的なプロトコルはROM上のソフトで処理する，という柔軟な選択が可能になる．

これらの組込み機器において，ハードとソフトの最適な切り分けを決定するには，電子回路，組込みソフト，機構部品など，関係するすべての分野の知識を網羅し，細部にとらわれることなく全体をバランス良く見ることのできるチームがワンセットいれば幸運といえる．しかし，大抵の場合は，コスト，面積（体積），動作スピード，再利用可能性，検証容易性の点から高機能を追求するハードウェア設計者（のチーム）と，手間，コード量，納期，修正のしやすさから高性能を追求するソフトウェア開発者（のチーム）とが，共同でそれぞれの設計と開発の対象範囲を確定していくことになる．

このプロセスで特に重要なことは，相手がどのような作業を行うのかについての知識を深めることである．なぜなら，二つのチームの協力関係は，それぞれの分担範囲を決めてしまえばそれで終わりというものではないからである．工程的に下流に位置するソフトウェア開発には，できるだけ早期にデバッグ可能なハードの仮想モデルが必要であり，そこで行われたデバックとシミュレーションの結果も，その後のハードウェア設計の際の貴重なデータとして再利用されるのが一般的だからである．

また，ハードとソフトを切り分ける場で二つのチームが顔を合わせることは，ソフトウェア開発者が製品開発のごく初期の段階から，そのプロジェクトに参加することを意味するので，ハード側のミスを一方的にしわ寄せされないように，あらかじめ釘をさしておく効果が期待できる．

バリデーション validation
→バリデーションとベリフィケーション

バリデーションとベリフィケーション validation/verification

バリデーションとベリフィケーションは似て非なる概念である．両者とも辞書をひくと「検証」といった意味になるが，それではわざわざ用語を分けている理由がよくわからない．バリデーションとは，要求に対して正しいものが定義されているか否かを検証する際に用いる用語である．たとえばユーザの要求が「温度設定を1度刻みで行いたい」といったものなのに，10度刻みで温度設定を行う仕様や，モジュール

しか用意されていないとするとバリデーションを通過しないことになる．これに対してベリフィケーションは，要求を取り込んで，仕様として定義したものが，正しく設計/実現されているかどうかを検証する際に用いる用語である．たとえば温度設定を1度刻みで行うための機能仕様を
SetTemperature :: t : Int -> void
pre-condition : system.stable == true post-condition:within(n) environment.temp equals-to t
と書いたとする．記法は適当に決めたものであるが，ここでは Set Temperature という機能は引数にtという整数値をとり事前条件は，システムが安定動作していること，事後条件はn単位時間内に環境の温度が設定したtと「等しく」なるという意味だとする．このとき上記の機能仕様が求める結果を，実際の設計や実装の結果が満たしているのかを検証する行為がベリフィケーションである．バリデーションとベリフィケーションの区別は大切である．一般的に技術者はベリフィケーションに熱中する傾向があるが，Validateされていない仕様をいくらVerifyしても何の意味もないということを肝に銘じる必要がある．

ハンダ付け（――づ――）soldering
鉛と錫の合金（ハンダ）で金属同士を接合させることをハンダ付けという．ハンダは境界で相手の金属と合金をつくり接合を実現する．
良いハンダ付けは金属同士が機械的にも電気的にもしっかり接合されていることはもちろんだが，ハンダの表面がなめらかで光沢がある．ハンダが変に盛り上がっていたり表面がでこぼこしているものは通称イモハンダやテンプラハンダの可能性がある．
近年は環境への配慮から鉛を使わない「鉛フリーハンダ」の使用が一般的になっている．このタイプのハンダは組成によって異なるものの一般に融点が高いこと・固いことから扱いが難しいとされていたが，それはすでに克服され多くの製品で鉛フリーハンダが採用されている．

ハンドラ handler
→ドライバ/ハンドラ

ヒステリシス hysteresis
→ヒステリシス/シュミット・トリガ

ヒステリシス/シュミット・トリガ hysteresis/schmitt trigger
入力信号，電圧に対して上限値と下限値のスレッショルドレベルを持つことをヒステリシスといい，上限値，下限値の差をヒステリシス電圧という．
この上限値，下限値のスレッショルドレベルより入力が大きくなるか，小さくなるかを変化のトリガとするFF（フリップフロップ）をシュミットトリガという．

ビッグエンディアン big endian
→エンディアン

ヒープ heap
→ヒープとスタック

ヒープとスタック heap/stack
プログラムが動的に領域を確保や解放できるように，OS（のライブラリ）側で管理する主記憶上の領域をヒープという．プログラム側からはC言語のmalloc/freeといった関数でヒープを利用する．ヒープは動的メモリとか自由記憶領域とも呼ばれる．
また，各関数の引数や関数内で一時的に使用する局所的な変数を確保する領域をスタックという．スタックはオートマチック（自動）メモリとも呼ばれる．
一時的に使用される領域という面ではヒープもスタックと同様である．しかし，ヒープは確保や解放がプログラム側の要求により任意の順番になるのに

対して，スタックは関数の入り口と出口で，順序良く確保や解放されるという面が異なる（スタックでの領域の使われ方が，LIFO (last in first out) 即ちデータ構造でいうスタックと同様な使われ方をするので，同名のスタックと呼ばれる）．ヒープのほうが，確保・解放に自由度が大きいため，一般的にスタックよりも確保や解放に多くの処理を要する．したがって，一つの関数やメソッド内のみで使用するような寿命の短い（また，比較的小さな）構造体やオブジェクトは，スタックに確保したほうが無難である．ただし，スタックは一般にヒープよりも小さい領域だということを忘れてはいけない．大きな領域をスタック上に確保したまま，関数をネストするとスタック領域以外の領域を破壊する場合（スタックオーバーフロー）がある．特にマルチスレッドプログラムの場合は，スレッド毎に割り当てられるスタックは小さく，スタックの長さを考慮した各関数の設計，および設計に従った長さのスタックの確保が必要である．一方，ヒープは，プロセス単位に割り当てられる．従って，マルチスレッドの環境でヒープを確保あるいは解放するときには，スレッド間の排他処理が性能を落とす原因になる場合がある．そのためヒープの確保や解放処理はできるだけ少なくする必要がある．特にマルチプロセサ環境でヒープを使用するときには，排他命令の頻度の把握，スレッド毎で使用するデータの局所化を考慮する必要がある．

ヒューズ fuse

電気，電子回路において一定値を越える電流を流すと回路が溶断し不通となるような素子のこと．

電気回路では，回路の消費する正常電流を越える電流が流れたときに異常とみなして電力の供給を止める安全装置としてヒューズを使う．形状は，糸ヒューズ，ガラス管ヒューズなどがある．機能的には，短時間のラッシュ電流では溶断しない遅延ヒューズなどもある．

電子回路では，一回書き込み型の記憶素子としてヒューズ素子が用いられる．回路を切らないデータは真，回路を切ったデータは偽としてブール値を記憶できる．

メカトロニクス機器では，特定の温度によって溶断する温度ヒューズを使用することもある．

ファクタリング factoring

設計上のくくりだしや取り込みのこと．

ある機能を単一モジュールとして設計したときに，設計規模が大きすぎて扱いが難しいと判断される場合がある．このようなときに単一モジュールの内部を見直してモジュール内部で共通のアルゴリズムやデータ操作をしているような部分を見つけ，それを下位モジュールとしてくくりだす．こうすることによって機能に直接対応するモジュールの規模は小さくなり，扱いが容易になる．このような作業をファクターアウト作業とか"ファクターアウトする"という．また，モジュール全体を見渡してモジュールサイズが必要以上に小さく，かつモジュール間のインタフェースが複雑すぎるような設計部位が見つかった場合には，下位のモジュールを上位のモジュールに取り込んでしまう作業を行う．このような作業はファクターイン作業と呼ぶ．

フィージビリティスタディ feasibility study

日本語では実現可能性調査といい，プロジェクトの開始時にそのプロジェクトの技術課題に対する解決策を事前に調査し，そのプロジェクトが実行可能

かどうか見極めることをいう．フィージビリティスタディでは，プロジェクトの技術課題を十分に洗い出すことと，それらの課題に対して解決策があるか，一つの解決策でリスクがある場合には複数の解決策を提案することが求められる．とはいえ，フィージビリティスタディはまだプロジェクト計画の確定前に行われるので，この時点では実現可能な解決策があるかないかと，それらの実行にどのくらいの人と時間が必要かの見積りを行い，実際の解決策の実行はプロジェクト計画に立案され，後で実行されることになる．フィージビリティスタディで調査が必要な技術課題は，要求性能を満足するための方策（OSのコンフィグレーション，高級言語が使用できるか/アセンブラが必要か，など）といった純粋に技術的な課題だけでなく，機能要求を実装するために必要な市販ライブラリやミドルウェアの調査など調達に関する課題，特殊なスキルが必要な場合，そのスキルをもったエンジニアが確保可能かなども含まれることがある．

また，フィージビリティスタディーでは，実際にプログラムを作成してみて技術課題が解決可能か調査することがあるが，そのときに作成するコードは，できるだけ短時間で実現の可能性を調査するために，正式な開発プロセスを使わずに開発されるために，そのプログラムを製品に使用する場合は，プロジェクト開始後に正式な開発プロセスに従って再チェックを行う必要がある．

フェールセーフ fail safe
→フェールセーフ/フールプルーフ

フェールセーフ/フールプルーフ
fail safe/fool proof

システムを設計，製造，試験する場合に考慮する観点として，フェールセーフ/フールプルーフがある．

フェールセーフとは，システムの一部が故障などによって，本来の機能を果たせない状態になった場合でも，システム全体として致命的な障害とならないように「安全側」に倒れるようにすることを意味する．故障が発生すると，安全確保のため故障したシステムの機能を停止し，それ以降の誤った動作をしない/させない（たとえばヒューズやブレーカ）ように働かせることが該当する．また更に，機能の提供が安全確保のために必須であれば，正常なシステムへの機能の引き継ぎ（フォールトトレラント：たとえば飛行機に複数のエンジンを搭載し，単独のエンジン故障で墜落させない）という動作も含まれる．ソフトウェアの場合では，下記例のような方法や仕組みで故障や不具合（ソフトウェアの暴走も含む）を想定した対処を盛り込んでおくことが必要である．

(1) 異常を検出した場合に外部（使用者や関連コンポーネント）へ通知する
(2) 故障と判断したハードウェアのアクセスを行わない様に制限し，故障したハードウェアの影響によるシステム異常の拡大（障害の波及）を防止する
(3) 故障時に予備（待機，冗長）装置へ切り換えて機能提供を継続する
(4) ソフトウェアの暴走などの異常から重要なデータを保護する．例えばデータへのアクセス手段を常時限定し異常な書き換えを防止する．また，データ収納位置を考慮し不慮の事態によるデータ破壊の確率を下げる．

フールプルーフとは，人的ミスあるいはシステムの誤作動があっても，機能提供が安全に行われるようになっていることを意味する．フールプルーフでは，「誤解による使用誤りの防止（例えば録音ボタンだけを赤色）」「うっかり間違いによる誤作動の防止（例えば

削除指示をメッセージで確認)」だけでなく,「いたずらによる誤作動の防止(例えば電源キーの時間ロック設定)」や「悪意使用者によるシステム誤作動の防止(セキュリティ:例えば重要情報のパスワードによる保護)」も考慮されている必要がある.

ソフトウェアの場合では,単に人間のオペレーションミスを想定した保護ロジックを組み込むだけでなく,例えばソフトウェアの内部でも,関数の引数の上下限界値の確認や,重要な関数の戻り値の範囲の確認(特に決められた範囲を逸脱した値が重要な問題を引き起こす場合)を行い,異常であればエラー処理を行うという防止策を設け,データ破壊などによる致命的な事態(暴走)の要因を防ぐといった対処が有効である.ただし,このような関門を多数設けると規模が増えるだけでなく性能が著しく劣化するため,システム全体を通して不特定要因の発生しやすい外部インタフェースの所や,重要なデータを変更するポイントなどを見極めた上で対処する場所を絞り込むことが必要である.

フェールセーフ/フールプルーフは製品開発の機能検討時に漏れることも多く(事件や事故が起きると,想定もできなかった故障や使われ方という言い訳をするが),ノウハウを積み上げながら開発の各段階で充分確認をしていく地道な作業が大切である.

フォールトトレラント fault tolerant

コンピュータを構成する部品を冗長化するなどして故障に対する耐用性を高める技術をいう.ハードウェアの場合には,例え正常に動いている部品であっても,稼働中などに故障することは避けられない.このため,例えば,電源やI/Oなどを二重化し,片方が故障したような場合にももう片方を使用することにより,あたかも故障しなかったように正常に動作を遂行させることを目的とした設計をすることができる.

ただし,従来,フォールトトレラント設計は,一つの製品を構成するために部品を2倍以上使用するため,特に故障によるシステム停止を嫌うミッションクリティカルな分野専用に利用されてきた.しかし,ハードウェア部品の価格低下を背景に,RAID (Redundant Arrays of Inexpensive Disks) のように比較的安価に一般システムでも利用できるようになってきている.

不揮発性 (ふきはつせい) persistency

組込みシステムの電源を切っても消えない記憶のこと.永続記憶とか不揮発性記憶とも呼ぶ.従来は,工場出荷時の設定などをフューズROMに書き込んで不揮発性を利用するにとどまっていたが,近年は,FlashメモリやFeRAMなどの記憶デバイスが不揮発性を持つために応用範囲が広がっている.

電源を切っても再度電源を入れた場合には電源断前の以前の設定を呼び戻すような携帯端末がその例である.ソフトウェア開発の観点からは,複雑なオブジェクトの関連やインスタンスを不揮発にできれば,電源を入れた時点でのブートストラップ処理やアプリケーションの初期化作業を軽くできる利点がある.その一方で,電源断の間に外部の状態が変化していることは感知できない.こうした状況への対処のないソフトウェアは適切な動作をしなくなるので,不揮発性を利用する組込みソフトの設計は相対的な難易度が高い.

プライオリティ priority

マルチタスク環境では,複数のタスクを並列に実行することが可能である.このときOSはこれらのタスクをスケジューリングしてどのタスクを実行す

るかを決定するが，その決定要因の一つがプライオリティ(優度)である．CPUの実行権が得られれば即実行可能な状態の複数のタスクが存在する場合，OSはこれらのうち最もプライオリティの高いものに実行権を与える．同一プライオリティの実行可能なタスクが存在する場合は，OSのスケジューリングポリシーにより，実行すべきタスクが決定される．

フラッシュメモリ flash memory

フラッシュメモリはEEPROMから改良されたもので，1ビットの記憶セルを構成するトランジスタを二つから一つにすることでより大きな容量を得ることが可能となり，また，消去と書込みをブロック単位で行うようにしたことでEEPROMに比べて書込みが速く，消費電力が小さくなっていることが特徴である．フラッシュメモリは従来のEPROMやOTPのようにプログラム等の固定的なデータメモリだけでなく，同時に一部をEEPROMのようにパラメータ保存領域として使うことも可能である．さらに，オンボードでプログラム書き換えができることやその書き換えが遠隔でも可能になること等メリットが大きく，最近のコストダウンと相まってその需要を大きく伸ばしている．

フラッシュメモリは大別してNOR形とNAND形がある（他の種類もあるが，この二つが現在の主流である）．
NOR形はランダムアクセス・高速アクセスが可能なので通常CPUのプログラムメモリによく使用される．
NAND形はランダムアクセスが不可能で，またNOR形よりもアクセススピードが低速であるが，1ビット当たりの単価がNOR形よりも安いのが特徴である．欠点としてNAND形は読出し時の信頼性が低くビットエラーを起こすことがある．そこでパリティのような補助的なビットをいくつか付加してエラー検出／エラー訂正を行うなどの工夫をして信頼性を向上させている．
NAND形はストレージデバイスへの用途として（ハードディスクの代わりになるものとして）開発され，スマートメディア等の記憶素子に使われている．

☞EEPROM

プリント基板（——きばん）
→基板

フルアソシアティブ
→ダイレクトマッピング/Nウェイセットアソシアティブ/フルアソシアティブ

フールプルーフ fool proof
→フェールセーフ/フールプルーフ

ブレーンストーミング
brain storming

ブレーンストーミング（以下，BSと表記）とは，問題解決方法の一つで，発散思考によりアイディア出しや事実の洗い出しを行うための代表的な集団技法である．

5～8名程度のメンバーで，具体的なテーマについてアイディアを出し合う．この際，批判厳禁，自由奔放，質より量，結合改善，の四つのルールがある．独創的なアイディアを出すためには，他人の発言を批判しないことが第一である．メンバー各人がそれぞれ頭に浮かんだことを，制限なくその場に出してゆくことが基本となる．そして大量のアイディアの中から最良のものを見い出す．リーダーはアイディアの一覧を作成しながら進行させ，改良案や複合案の創出を促す．

本技法は米国の広告会社BBDO（バッテン，バートン，ダスティン，オスボーン)社の副社長であったアレックス・オズボーン（Alex Osborne）により考案されたもので，問題の把握，解決など，広い範囲に適用できる．なお，

BSの改良・発展・変型技法として，カードBS法，ブレインライティング法，欠点（希望点）列挙法などがある．

プログラマ programmer

プログラム作成者のこと．ソフトウェア開発は，要求仕様分析，システム設計，プログラム設計，プログラミング，試験（テスト）と，その開発フェーズを細分化することができるが，このような分類の中で特にプログラミングを主として実施する人をプログラマと呼ぶこともある．

プログラミング programming

プログラム設計に基づき，対象となるプログラミング言語でその設計を詳細化し，具体的な手順として書き下すこと．

プログラミングで意識すべきマイコンのアーキテクチャ

（——いしき——）

マイコンのアーキテクチャには，CPU長，命令セット，データのエンディアン（データ配置）などによっていくつかのバリエーションがあり，大別化されている．レジスタとCPUのビット長によるバリエーションには，8bit/16bit/32bit/64bitがある．また，命令セットによるバリエーションでは，

- RISC (Reduced Instruction Set Computer)
- CISC (Complex Instruction Set Computer)
- アキュームレータ方式

などがある．
データのエンディアンによりバリエーションには，

- ビッグエンディアン (big endian)
- リトルエンディアン (little endian)
- バイエンディアン (bi endian)

などがある．
ほとんどのマイコンでは，ANSI-Cコンパイラが用意されており，標準的なC言語を目的のマイコン用の最適な命令，データに変換する．異なるアーキテクチャのマイコン間のプログラムの移植は，アーキテクチャの違いを補正することになる．

プログラム program

要求仕様分析，システム設計，プログラム設計，プログラミングといった設計・実装フェーズを通して開発対象システムの振る舞いを特定のプログラミング言語によって記述し動作を検証したもの，すなわち対象システムをソフトウェアで実現したものをプログラムと呼ぶ．

プロセス process

→タスク/プロセス/スレッド

フローチャート flow chart

フローチャートは1970年代に構造化プログラミングで多く用いられた，アルゴリズムの表記手法である．この表記手法を使用してアルゴリズムの設計を行う．基本制御の組合せで構造化を行っていき，その基本構造の組合せでアルゴリズムの設計を行っていく表記法に用いられる．

プログラムの手続きと制御の流れはわかりやすく記述することはできるが，そのプログラムが使用するデータ遷移，システム状態遷移等は表記できないのが欠点である．そのため，フローチャートとデータ遷移図，システム状態遷移図等を併用して使用される場合が多いようである．フローチャートは，表記手法の一つであり，他にもNSチャート (Nassi-Shneiderman Chart)，DSD (Design Structured Diagram)，日立製作所の PAD (Problem Analysis Diagram)，NTTの HCP (Hierarchical and ComPact description chart)，日本電気の SPD (Structured Programming Diagram)，富士通のYAC (Yet Another Control chart)等がある．

ふろつ

☞アルゴリズムとデータ構造

ブロックダイアグラム
block diagram

システム工学において目的のシステム機能を分割して複数のブロックの集合として表現した図であるが，ソフトウェア開発でも類似の用途で利用している．複雑な機能は分解してより単純な機能の集合にするという還元の原理を使ったうえで図を使用して結果を明確に示すことができるのがブロックダイアグラムである．

☞ダイアグラム

プロトコル **protocol**

データ通信の手順．通信相手と通信路を確保するための手続きや，データをやりとりするための一連の手続きをプロトコルと呼ぶ．代表的な通信プロトコルとしてhttp，TCP/IPといったプロトコルがあるが，このように標準規格となっているもののほかに，組込みシステムではシステム独自のプロトコルを用いる場合も多い．

プロトタイピング **prototyping**

システム開発において発生しがちな問題として，開発途中に要件変更・仕様変更が頻発するということがあげられる．その原因としては，組織変更・業務改革などに起因するシステムの要件変更・仕様変更，ユーザの業務不理解に起因する仕様バグなどがあるが，ひとたびこのような状況が発生してしまうと，手戻りによる開発負荷の増大が発生し，ユーザと開発者間に軋轢を生じさせる原因となってしまう．

このような状況の発生は，採用する開発技法に依存するところが大きいが，特にシステムの各開発工程を順次的に実施していく「ウォータフォール」と呼ばれる開発技法では，後工程になればなるほど手戻りの負荷が大きくなってしまう．その問題点を克服するための開発技法の一つが「プロトタイピング」である．

プロトタイピングは，目的面，運用面から以下のように分類できる．

〈目的面〉
・要件定義やユーザインタフェース，性能要件の検証に的を絞り，上流工程での要求仕様と設計を完璧にする
・Tiny Systemとしてリリースし，稼働実績・有効性を検証しながら本稼動システムにスパイラルアップしていく

〈運用面〉
・仕様，設計検証など，目的を達成した後廃棄する（廃棄型プロトタイピング）
・作成したソフトを本ソフトのベースとする（進化型プロトタイピング）

特徴として，ユーザが開発過程に深くかかわること，要件や仕様が確定するまで何度も開発工程が繰り返されるという点があり，その結果，ユーザ要件の誤解・間違いの減少，システムに対する要件・仕様の早期段階での確認・合意，問題点の早期確認による手戻り負荷削減などを実現できる．

ベリフィケーション **verification**
→バリデーションとベリフィケーション

変数スコープ （へんすう——）

プログラム中の変数の有効範囲．プログラムの中で使われる変数には，それが通用するプログラム文面上の範囲がある．変数の有効範囲はglobal/local，public/protected/privateなど種々のキーワードの組み合わせと変数を宣言する構文によって指定するが，宣言の方法はプログラム言語ごとに異なる．一般的に使われている言語では大域的に通用する変数，特定のクラスやモジュールだけで通用する変数，ある関数や手続きの中だけで通用する変数などが用意されている．変数スコープは変数の生存期間（変数の生成から消滅ま

での期間）と属性として必ずしも直交しないので，いくつかの言語ではスコープと生存期間を同時に宣言するように設計されている．例えば，C言語の下記の例で，

```
extern char *str;
foo ()
{
    int value;
}
```

自動変数であるvalueは関数 foo ()がスコープとなり，生存期間は foo ()の一回の実行となるが，strは他のコンパイル単位での変数の宣言を参照して大域的なスコープで，生存期間はそのプログラムの実行開始から終了までとなる．

ボードサポートパッケージ
board support package

OSのメーカやCPUリファレンスボードのメーカが提供するソフトウェアパッケージで，しばしばBSPと省略される．

BSP は通常，CPU ボード上で特定のOSを実行させるために必要なソフトウェアライブラリであり，ハードウェアの初期化処理，メモリマッピング処理，ブートローダ，シリアル回線やタイマなどのデバイスを動作させるためのコンフィギュレーションコードとデバイスドライバなどから構成される．

BSPには通常，ソースファイル，バイナリファイルのどちらか，または両方が含まれている．組み込みソフトウェアの開発者は，サンプルのソースコードを利用して，開発対象のCPUボードに合わせたスタートアップ・ルーチンを作成したり，デバイスドライバのテンプレートを利用して新たなデバイスのドライバを作成することができる．

ボラタイル volatile

C言語における変数の型修飾子のひとつである．

ボラタイル宣言は，例えば，ICのレジスタの中身を確認する時，現在最新の状態を読み直す動きをさせるようにコンパイラに指示する機能である．ボラタイル宣言を付けない場合，コンパイラによっては最適化オプションが災いして，再度レジスタを読むという作業を省いて機械語に変換してしまう．この場合，担当者は最新のレジスタを読んだつもりでも，実際はいつ読んだかわからない過去の内容が返されることになり，ICEで直接読んだ場合とソフトを走らせて読んだ場合と結果が違うことになってしまい，初心者にとってデバッグに苦労する原因のひとつとなりやすい．

☞コンパイラのくせやバグ

ポーリング polling
→割り込みとポーリング

ポーリングと割り込みの実装
（――わ――こ――じっそう）

ポーリングとは一定周期で状態を監視する手法をいう．主に，割り込みが使用できない，または割り込みを用いるほどリアルタイム性を求められていない場合に，この手法を用いることがある．

例えば，あるデバイスの特定のレジスタ変化を検出したいような場合，一定周期でレジスタを参照し，前回の値と比較する事で変化を検出できる．ただし，この手法には難点があり，変化の有無に関わらず読み出しそして比較するという処理が発生するので，あまり周期を狭めるとシステムパフォーマンスに悪影響を与え，逆に周期を広げると変化を迅速に捉える事ができない．

ポーリングが能動的な手法とすると，割り込みは受動的な手法になる．割り込みは変化が起こった時にCPUから通知してもらう手法で，常に変化を監視する必要はない．受け付ける割り込みの種別，優先度，分岐先のアドレス

等をCPUまたは割り込みコントローラに設定する事で,事象発生時に自動的に指定したアドレスに分岐する.割り込み処理は,それまで行なっていた処理を即時停止し言葉の通り「割り込んで」処理する事になるので,割り込み処理後は元の処理に復帰しなければならない.つまり,割り込みが起こった瞬間のプログラムカウンタやスタックポインタなどのシステム系のレジスタは保存しておく必要がある.保存処理はCPU自身が退避レジスタを利用して行なう場合や,RTOSのサービスとして行なう場合があるが,そのような機構がない場合は,プログラムで処理する必要がある.

ま 行

マスク mask
マスクは覆い隠すものという意味で,具体的にはデータの一部分,例えば特定のビットを覆い隠すという意味で用い,よく「マスクする」と表現する.データの一部分を覆い隠すことで,複数の情報を表現しているデータから本当に必要なデータを抽出したり,その時に関心のないデータを無視したりするのに使用する.

マスクROM mask ROM
マスクROMは部品の段階ですでにデータ(プログラム)が書かれているメモリで,消去/書込みは全く不可能である.実際にはICの回路上でデータ(プログラム)がパターンとして作りこまれていて変更することは出来ないので,他のメモリとは概念的に大きく異なると考えて差し支えない.しかし,部品としてのコスト(1ビット当たりの価格)はROMの中でも低い方である(最も低いのはNAND型フラッシュメモリと言われているがストレージ以外の用途ではマスクROMはほぼ最低価格である).ROMに書くデータ(プログラム)が確定し将来変更の可能性がない場合に使用される.イニシャルコスト(数十万円以上)が必要であるから,部品単価・装置の生産台数を考慮して採用するか否かの判断をする必要がある.

マップ map
データや関数がメモリ空間上でどのアドレスに位置しているかを見るための,名前とそれが配置されているアドレス情報の組をマップと呼ぶ.

マルチCPU multi CPU
→シングルCPU/マルチCPU

マルチタスク single task
→シングルタスク/マルチタスク

ミドルウェア middleware
ソフトウェア構成の中でオペレーティング・システムやデバイス・ドライバより上位で,アプリケーション層より下位に位置し(双方の中間層に位置し),汎用的な機能を持ったソフトウェア・パッケージをミドルウェアと呼ぶ.

通信機能やデータベースとの接続機能を実装したものがよく見られる.

メソッド method
メソッドは,オブジェクトにカプセル化されたデータを利用しながら動作するソフトウェアの単位である.
メソッドの詳細定義はプログラミング言語によって異なるが,基本は個々のクラスまたはオブジェクトに固有の動作を記述したものである.メソッドの

実行は，クラス内部の他のメソッドから呼び出される場合，他のクラスのメソッドから特定のデータ操作や動作のために呼び出される場合がある．また，全てのインスタンスに共通の動作を行うクラスメソッドと個々のインスタンスに関する動作を行うインスタンスメソッドの2種類が存在する場合が多い．

メッセージ message

数値やテキストなどの情報のまとまりで，アプリケーションに対応して構造と意味を持つ．OSの下で動作するタスクが特定のアプリケーションに特化したメッセージを作成する場合には，C言語であれば構造体，C++であれば静的クラスによってその構造を宣言してメッセージのフォーマットを決める．シングルCPUのOS下であれば，このメッセージをそのままメールボックスに投函して他のタスクに通知することができる．また，マルチCPU間での通信であれば，ここで決めたメッセージが通信擾乱を受ける可能性があるのでエラーチェック用のコードを付加して外部に送出する．

メッセージキュー message queue

複数のメッセージを順序づけて格納する記憶域とその構造のこと．通常の格納は，着信順であり，取り出しも着信時間の順である（FILO）

通常，タスクについてのOSのサービスとして，送付先タスクを指定したメッセージをキューに入れる，および自タスク宛のメッセージをキューから取り出すなどのシステムコールが用意されている．

メッセージはその定義タイプによって長さが異なるために，その処理では可変長レコードのリスト処理が必要になる．

メモリ配置（――はいち） memory allocation

マイコンのメモリ空間中のどの位置にプログラムのコードや各種データを配置するかを指す．プログラムの実行途中で値の変わる大域変数やヒープ領域はRAM上に配置する必要がある．一方，変更することのない定数データや各種初期値はROM上に配置可能である．

メモリ配置は速度やコードサイズのチューニングにも深く関係する．システムで使用可能なメモリは通常複数種類あり，その特性（書き込み速度，読み出し速度や書き換え回数の制限等）が異なる．従って，例えば定数はROM上に配置可能でも，その定数へのアクセスが多く，かつROMのアクセス速度が遅ければ，その定数はRAM上に転送して使用する必要があるかもしれない．また，マイコンのもつキャッシュの特性により，コード配置やデータ配置についての考慮が必要となることもある．

メールボックス mail box

タスク間で数値や文字列など内容に意味のあるメッセージを交換するための仕組み．メールボックスは，OSの実装によって様々な利用方法がある．最も単純な方法では，メールを送出するタスクは，メッセージに送付先タスクの識別子を付けてOSのメールボックス書き込みシステムコールを実行する．受信側は，メール到着を知らせる非同期モジュールをOSに登録するか，受信側の都合の良いタイミングでメールボックスの内容をチェックするシステムコールを実行する．

これによってタスク間で情報交換を行うと同時に，それぞれのタスクの機能を実行するタイミングを調整することができる．さらに送信元は複数の送信先を指定してメールを送ることができるので，一つのタスクが複数のタスクに情報とタイミングを指定することが

できる.ただし,タイミングはハードウェア割込みと比べると10〜100倍の時間粒度となるので絶対時間精度が必要な用途にメールボックスを使ってはいけない.

モジュール化（——か）

広辞苑によると,モジュールとは装置・機械,システムを構成する部分で,機能的にまとまった部分と記述されている.プログラムを作成する場合,全体を一つのプログラムとして作成するより,小さな独立した機能の単位に分割し,それらを組み合わせ作成した方が,容易にまた保守しやすいプログラムを作成することが出来る.なぜなら,モジュールに分割しておくと,他の機能との複雑な関連を考慮しなくてよく,その小さな機能にのみ集中できるためである.このようなモジュールをソフトウェア部品化（ライブラリ化）することにより,プログラム開発者は,モジュールの機能と呼出し形式のみを知っていれば,その機能を実現することができ,生産性や品質の向上にも繋がる.

また,近年オブジェクト指向による開発が注目されているが,オブジェクトもモジュールの概念に相当する.

モジュールのトレース

障害はデバッグ環境でのみ起こるものではない.実際には,デバッグ環境で発生した障害現象でも,発生に至った経緯がわからないために迷宮入りすることもある.このような場合の解析に役に立てるため,「モジュールのトレース」をとっていることがある.モジュールのトレースとは,多くは一定のメモリをリカーシブル（再帰的）に使用するデータ領域（リング構造）のデータエリアに,動いたモジュール毎にその名前（記号）とリターンコードを順々に入れたものである.これを,メモリダンプやコマンドによる編集,または外部記憶へロギングなどをしている場合にはその中に出力し,障害発生経路の特定に使用する.

実際の稼動プログラムの障害解析に便利な機能には,このほか,他プログラムやOS,ハードウェアとの間のインタフェース情報の記録や不正状態（予め予測している以外の動作）が発生した場合やエラーリターン情報の記録などの手段がある.

たとえ,ソフトウェアのバグであっても,障害の解析や対策ができないということが許されない場合が多くある.このような場合には,プログラムが誤動作やエラーとなった場合に最低限の解析に必要な情報を予め考えて用意しておく必要がある.

モジュール分割（——ぶんかつ）

モジュールを分割する方法は様々な方法が提唱されており,代表的なものとして

- STS (Source, Transform, Sink) 分割法

データの流れに注目した分割法で,データの源泉(Source),変換(Transform),出力(Sink)の三つの処理に分割する方法.

- トランザクション分割法

データの流れに注目した分割法で,トランザクション（入力データ）の種類毎に異なった処理を行なう場合,各処理をモジュールとし分割する方法

- 共通機能分割

システム全体で同じような機能を洗い出して,共通機能として定義する方法などがある.

また,分割されたモジュールの善し悪しを見る方法として,

- モジュール強度（凝集度）

モジュールが機能的に独立している度合を示す

- モジュール結合度

モジュールと他のモジュールとの関連

の強さを示す
というものが有る．強度が強いほど，また結合度が弱いほど，良いモジュールであるといわれている．

オブジェクト指向におけるカプセル化あるいは情報隠蔽の概念は言い換えれば，強いモジュール強度，弱いモジュール結合度，ということになる．モジュール分割された各モジュールを設計する際，PAD(Problem Analysis Diagram)やHCP(Hierarchical and ComPact description chart)などの図式を用いると，機能や処理の流れ，構造が見やすくなり，モジュール分割の（レビュー，再分割の）材料として利用することができる．

モータドライバ

モータドライバは，移動指示信号をモータ駆動のための電流または電圧信号に変換する機器である．サーボモータのためのモータドライバには，モータへの駆動出力と，モータまたは被駆動系の中のどこかに仕込まれたエンコーダと呼ばれる位置検出センサからの信号を処理し，それをモータ駆動出力にフィードバックまたはフィードフォワードする処理回路（サーボ回路）を持っている．

このサーボ処理は
・指令位置に対して現在位置を制御する位置サーボ
・速度指令に対して現在速度を制御する速度サーボ

の大きく2通りの動作モードがあるが，最近はほとんどのモータドライバがリアルタイムなPID（比例動作Proportional，積分動作Integral，微分動作Differentialの略）等の演算と制御を行うためのCPUまたはDSPを持つようになった．

モータドライバのファームウェアでは，おおざっぱに言えば，位置サーボでは移動指示のパルスの積分値とエンコーダからのパルスの積分値とを比較し，その差分がゼロになるようにモータへの駆動出力を制御する．また，速度サーボでは移動指示のパルス間隔とエンコーダからのパルス間隔とを比較し，モータ駆動出力を制御する．

実際にモータドライバを使用する際には，モータ被駆動系の機構的な特性に合せてモータドライバの各種パラメータを最適な状態に設定しなければならないが，モータドライバが前記のようにインテリジェント化してきているため，支援機能が充実し，最近では調整の労力がかなり削減できるようになった．

モータの種類（――しゅるい）

モータは駆動方法によっては大きく，(1)交流で駆動するACモータ，(2)直流で駆動するDCモータ，(3)励磁パターンを変化させることで駆動を行い，回転位置を任意に制御できるステッピングモータ，(4)駆動信号を素子に加えたときに発生する形状歪みを利用して駆動力を得るモータ（超音波モータなど）に分けることができる．また，動作によって分類すると，(A)回転モータ，(B)直線運動を行うリニアモータ，(C)2次元の移動が可能な面形状モータらに区分でき，さらに制御の面からは，(ⅰ)位置検出機構を持ち，駆動信号に対する現在の状態を常にフィードバックしながら（クローズドループ）駆動を行うサーボモータ，(ⅱ)フィードバック系を持たない（オープンループ）モータに分けられる．

組込み機器で使用するモータとしては，カメラレンズでのズーム駆動，ピント制御など位置制御のためのもの，フィルムカメラでのフィルム送りなど搬送制御のためのものの他に，携帯電話などに内蔵される，回転から単純に振動を得るための小型DCモータがある．これらをはじめとして，さまざま

な組込み機器で大小さまざまなモータが使用されている．

モータを使用する場合，多くは専用の制御LSIにパラメータを設定しコマンドを与えることで駆動制御を行うことができるが，モータの種類や使用目的によってはもっと簡便なオン/オフのみの制御を行うものもある．詳しくはモータの制御を参照のこと．

モータの制御（——せいぎょ）

モータを利用する場合，ただ回すだけの利用を除くと，定速度と定位置（目的位置移動）の大きく2通りの使用法がある．このうち後者で搬送・位置制御を目的としてモータ制御を行う場合，ソフトウェアが意識しなければならないのは回転量（移動距離），加減速時の加速度値，最高速度，場合によっては加減速カーブの形状，の四つの項目である．

ほとんどの場合，ソフトウェアは駆動のためのパルスを払い出す専用の制御LSIに対しこれらについてのパラメータを与え，移動開始を指示することで，あとは停止するまでを制御LSIに委任できる．停止したことは制御LSIの状態をポーリングするか，制御LSIからの割り込みによって検知する．この制御LSIの出力はモータを駆動するドライバ機器（モータドライバ）に接続される．

モータの脱調（——だっちょう）

ステッピングモータを駆動する際に，モータへの負荷が大きすぎるためにモータが負荷を駆動しきれず，その駆動部に角度(回転モータ)あるいは位置(直線モータ)のずれが発生してそのまま復帰できなくなることを脱調と呼ぶ．脱調の発生は，制御側からすると意図した制御(定速度あるいは定位置)がなされなかったということを意味する．

ステッピングモータは通常オープンループ制御であるため，制御側から脱調の発生を知ることはできない．そのため脱調を発生させずに負荷を駆動できるだけの十分なトルクを持つステッピングモータを使用することが基本であるが，さらに何らかの脱調検出手段を外付けで併用することもある．

なおサーボモータはエンコーダなどによるクローズドループ制御を行うため，原理上脱調は発生しない．

最近は脱調検出機能を備えたステッピングモータも見受けられるようになっている．

モデリング　modeling

扱うのが複雑で難しいような対象の雛形をつくり問題を理解，検討すること．航空機や電子システムの開発では，いきなり実機をつくることはせずに，簡単な雛形を作成して本質的な問題の検討や実験を行う．この作業をモデリングという．従来は物理的なモデルを作っていたが，最近はコンピュータ上で仮想モデルを作る場合が多い．

ソフトウェア開発においては本質的な部分についてプログラムを書いて検討することができたので，形式の異なるモデルを作成する工程を踏まないケースが多かった．しかし，最近の組込みソフトウェア開発では，開発対象が大規模複雑化しつつも高い信頼性を維持する必要からモデリングをおこなうケースが増えてきている．

モデリングの方法には静的なモデリングと動的なモデリングがある．静的なモデリングではUMLや構造化の記法を使ってシステムをモデリングし，その図上で問題の検討を行う．動的なモデリングでは，個々のソフトウェアオブジェクトの振る舞いもあわせて図を記述しコンピュータ上で実際の動作の論理的な整合性を検証する．組込みシステムではNTCR条件をコンピュータ上だけで検証することは難しいので

最終的には組込みターゲットを実際に稼動させての検証がかかせない．

モデル　model

実在の構築物や，開発対象などの数理的，図形的表現による雛形．

従来，プログラムの雛形はプログラムで作ることが一般的であった．C言語での本格的な組込みターゲット用開発の前にBasicやJavaで基本ロジックを汎用コンピュータ上で作成して雛形として検証をすることはよく行われている．こうした作業で得られるJavaプログラムは，本番プログラムのコードモデルと言われる．

こうした手法は有効であるが，開発の主体者である人間にとってプログラムの雛形をプログラムで見せられても理解が難しいことに本質的な差はない．

これに対して，モデルの形式として図を使うと人間の幾何形状認識力を使うことができるので雛形の理解性が格段に向上する．この理由からソフトウェア開発においては，モデルとして各種の図形式をもちいてモデルを作る．

☞ダイアグラム

モデレータ　moderator

インスペクションの主催者，および実施時の司会者．

モデレータは，インスペクション実施前に参加者を選定し参集を呼びかけたり，レビュー対象物の配布などのインスペクション開催準備も行う．

インスペクション実施時は，司会者役となりレビューを進める．このとき，参加者の発言を促すとともに，議事進行に伴う記録の確認も行う．また，指摘事項についての検討や，改定案の検討，個人攻撃などの不適当な指摘を制止するなど，スムーズに議事進行させる役目も持つ．

インスペクション終了時には，レビュー結果をまとめ，指摘事項についての対策確認，必要ならば再レビューも実施する．

☞インスペクション，インスペクタ

モニタ　monitor

1．システムの動作を監視するソフトウェアを指す．対象システムで動作の基本となる周辺機器の制御，メモリの状態をダンプすることによる現在の状況解析の補助，システムの動作状況の記録を保存等を実施することでシステムの動作監視を実現する．

2．リアルタイムOSの機能のうち，タスクスケジューリングやタスク間通信システムコールなどタスク管理の機能のみを実装したものをリアルタイムモニタ，あるいは単にモニタと呼ぶ．

や・ら行

ユースケース　use case

ユースケースとは，その名の通り開発するシステムの使用実例をしめし，要求の機能的側面を整理する一つの手段として使われる．ユースケース分析ではシステムを利用するアクターとシステムが提供するユースケースとの関係という視点で分析する．

ユースケース分析を行うときにはユースケース図とユースケース記述を用いるがその粒度に注意が必要となる．またユースケース記述は自然言語で書かれるため，その書式の認識あわせも必要となる．

ユースケース分析結果は顧客との要件の合意や，工数見積もり及び進捗管理，テストケース作成のインプットにも用いられることがある．

ライフタイム life time

オブジェクト指向においては，個々のカプセル化されたオブジェクトは寿命を持つのが一般的である．実世界の組込みオブジェクトは，実際に寿命がある．オブジェクト指向では，クラスから生成されるインスタンスの生成時点から消滅までの期間を寿命もしくはライフタイムと呼ぶ．

オブジェクトの中には，ソフトウェアの開発時点から生存してソフト実行時には生成も消滅もしない場合もある．このような永続的なオブジェクトはパーシスタントなライフタイムを持つという．

ライブラリ library

様々な機能を実装・実現した関数を再利用しやすい形にするために，パッケージ化したものを指す．代表的なライブラリは，例えばC言語で用いられるC言語標準ライブラリが挙げられる．入出力関係の関数をまとめたstdioライブラリ，文字列操作関数をまとめたstringライブラリ，数学関数をまとめたmathライブラリ等である．このような標準的なライブラリ以外にも，自分で作成した関数で，再利用するものをライブラリにすることも多い．

ランド round

基板（PCB）に形成された同心円になった導体箔のこと．同心円の中央には基板を通るたて穴が開いていて電子部品の接続端子を差し込めるようになっている．多層基板では，層間の導通のためにスルーホールというたて穴を通す場合もある．このスルーホールの周囲も直径が小さいがランド状の同心円の導体箔がついている．

ソフトウェアによってシステムテストを行うと運転開始から数時間後に障害が出るというケースがある．このような場合に，ランドとランドの間に極めてわずかなハンダや線材の接触点があって，それが運転による熱膨張で接触／乖離してトラブルを引き起こしている場合がある．こうした問題が生じた場合は，まずトラブルとなる異常データのビット位置や制御信号をソフトウェアから特定する．次にソフトウェアに対応しているハードウェアのバス，ランド，スルーホールなどを顕微鏡，ルーペなどで精密に検査すると発見できる．

リエントラント性（再入可能性）

（――せい（さいにゅうかのうせい））

reentrant

非同期または同時に呼び出した場合にも正しく動作するように設計されたプログラムの性質．マルチタスク環境では複数のプログラムがタイムスライスや割り込みの単位ごとにプロセスやスレッドを切り替えることで非同期にプログラムを実行する．また，並列処理環境でメモリを共有する複数のCPUが同時に同じプログラムを実行することがある．そのような場合にプログラムが使用するデータやオブジェクトを呼び出しコンテキスト側で用意するように設計すれば，プログラムが安全に動作するようにできる．そのように設計されたプログラムをリエントラントであると言う．リエントラントでないプログラムを適切なロックを使わずに非同期または同時に呼び出すと，予期しないデータの書き換えが発生する場合がある．リエントラント性はスレッドについてのthread-safeと同じ概念である．

リソース管理（――かんり）

リソースとは，資源のことである．リソース管理とは，ソフトウェア開発にかかわる共有の資源を，マネージャ，

リーダやそれらと同等の権限を持つグループ（場合によっては個人）が，適切に確保・配分し，常に状況を把握しながら，変更を制御していくことである．ひとくちに，リソースといっても，ソフトウェア開発には，いろいろなリソースが存在する．

まず，ソフトウェア開発を行うプロジェクトの代表的なリソースとしては，人員があげられる．人員を確保する場合，単に人数だけでなく，個々の資質や，過去の経験，受講した教育など，さまざまな要素を考慮することが必要である．また，開発環境にかかわるリソースとしては，ワークステーションやパソコン，ICE（In-Circuit Emulatorの略，Intel社の登録商標），ターゲットマシンなどがある．プログラムを記述する時に必要なリソースとしては，メモリ，バッファ，入出力ポートの数などがある．また，ウインドウ，ダイアログボックス，アイコン，ボタンなど，あらかじめ準備しておいて，後でプログラムと組み合わせて利用するものをリソースという場合もある．

リトルエンディアン little endian
→エンディアン

リレー relay
電気信号回路を開閉する素子のこと．継電器ともいう．

低電圧の電流をリレーに内蔵されたコイルに流すことで接点スイッチのついた金属片を電磁誘導によって吸い寄せて接点を閉じる／開くことができる．コイル電流を切れば，接点の状態を反転できる．

リレーは，金属の接点の導通を制御するだけなので，高圧電力を安全に管理する装置，初期の電話交換装置などでは電力や音声信号を通すために用いられた．また，接点の開閉は論理回路素子としても使うことができるのでトランジスタ，真空管以前の電子計算機の回路素子としても利用された．今日ではそのような利用はされないが，半導体による電流制御に比べて少ない発熱で電流制御ができることや遮断性能が良いことからファクトリオートメションの分野では活用が続いている．

最近では機械接点を持つリレーではなく，半導体によるオン／オフを行う半導体リレーも特に小電力用途では良く使用されるようになっている．

組込みコンピュータからリレーを介して電力を制御するには，コンピュータの論理出力ポートに駆動トランジスタを付加してリレーに必要なドライブ電流を得るようにする．この駆動トランジスタをフォトカプラにしてターゲットの電力系とコンピュータの回路的な絶縁を確保しておくと動作の信頼性が高くなる．先の半導体リレーは小電力で駆動することができ，外部の駆動トランジスタが不要であるなど電気回路が簡潔になるというメリットもある．

リレーション relation
あるクラスのインスタンスが他のインスタンスの（内部）属性にアクセスしたりインスタンス自体を生成する場合に，操作を行うインスタンスは操作されるインスタンスと関係（Relation）を持つと言う．その他，リレーションは，データを操作するための手がかり，排他制御のためのキーデータなど，あるいはデータベースの構造定義の用語として使用される．

リンカ linker
複数のソース・ファイルに分けて記述したコードをつなぎ合わせてひとつの実行形式を作成するソフトウェアをリンカと呼ぶ．

リンカは，複数のソースファイルをアセンブルまたはコンパイルして生成したオブジェクトをつなぎ合わせ，未解決な外部参照があった場合は指定され

たアーカイブ・ファイル（ライブラリ・ファイル）を検索して必要なオブジェクトを参照し，アドレスを解決する．

リング　ring
無限に入力されるデータを有限のメモリで受け取るためのバッファ構造と操作のこと．

コンソール入力のように不特定長さのデータが区切り子を付けて入力されるような場合には，有限長さの受信バッファを用意したうえでそれをリング状の記憶域とみなして書き込みを行う．

書き込むポインタは，バッファ域の物理アドレス上限に達すると次には物理アドレスの下限にセットされる．これによって見かけ上は無限の入力域が確保されたことになる．この方式では一回のデータ入力がリングの全体長さを越えないこととデータのリングへの流入量よりもデータを取り出す側の能率（流出量）の方が大きいことが保証されないと入力オーバフローとなるので，設計上の考慮が必要である．

リングオシレータ　ring oscillator
水晶振動子，セラミック振動子などの，固有振動する素子を不要とする発振回路のこと．ロジック素子のNOTを奇数個リング状に接続すると不安定になり発振をする．発振周波数はNOT回路の周波数特性によって決まる．

発振素子が不要なので簡単だが，発振周波数が素子の特性に依存するのでクロックの精度が求められる場合には使用できない．

☞水晶発振子

ルーチン　routine
プログラムで実現する一連の作業をルーチンと呼ぶ．プログラミング言語の登場した初期の頃から使用されている用語で，メインルーチン，サブルーチン，割り込みルーチン，リエントラントルーチンというように，一連の作業で果たすべき機能と合わせて使用することが多い．C言語でいう関数やアセンブラで記述した特定の機能を実現したモジュール等を想像するとよい．

ループ　loop
プログラミングで用いる基本的な構造の一つで，プログラム中で繰り返し実行することを指す．C言語ではwhile/for/do文という繰り返しを実現する制御文を用いて，アセンブラでは分岐命令を用いることで実現する．ループを用いる際は，意図的に無限ループにする場合を除きループからの脱出条件を十分検討することが重要である．

例外　（れいがい）exception
プログラムの通常の流れから離脱するような異常状態を例外（エクセプション）という．ハードウェアレベルで発生する例外としては，書き込み保護された記憶装置上の領域を更新時に発生する（記憶）保護例外，データ格納領域に分岐時等に発生する命令例外などがある．多くのOSや言語では例外を無視したり，例外時に特定の処理をしたり，自分で定義した例外を発生する仕掛けを持っている．

アセンブリ言語やC言語ではハンドラを登録することにより，特定例外発生時の処理を記述することが可能になる．この場合，機械語レベルであらゆる場所からハンドラに制御が渡ることの考慮が必要である．特にハンドラ内で発行する関数，例外発生した時点でのリソースの後始末を考慮する必要がある．ANSI-C++，Javaといったオブジェクト指向言語では，言語文法として構造的な例外処理（try，catch等）を規定している．この場合も，C言語などと同様にリソースの後始末に対する考慮は必要である．また，これらの言語では,継承を用いた例外クラス（構造）の実装も可能であるが，この機構は使用ライブラリ群も含めたプログラム全体で入念に設計すべきもので，プ

ログラマのレベルでの局所的な使用は避けるべきである.

ロギング logging
機器やプログラムの動作を記録することをロギング,取った記録をログと呼ぶ.ロギングは,何らかの証拠として機器やプログラムの動作状況やそれらの使われ方を保存するため,トラブル時の解析の手がかりを得るため,あるいは一時的にデータを保存するため等,様々な用途に使用される.

ロギングを「ログを録る」と表現することもある.

ロジック logic
電気信号を利用して表現する論理のこと.

一般の論理は有限な値の組合せで表現する.二つの値のみで表現する論理を2値論理またはブーリアンロジックなどと呼ぶ.この2値を論理学では"真"と"偽"と呼び代数的には1と0に対応させる.ディジタルコンピュータでは,真と偽を電気信号のある連続領域に対応させている.例えば,20mAの電流が流れている状態を真,100μA以下の電流しか流れていない状態を偽とする.あるいは,0〜1Vまでの電圧ならば偽,2.7〜3.2Vの電圧ならば真などである.電流や電圧の範囲は,ロジックを実現する半導体や設計方式に依存する(3Vロジック,3.3Vロジック,5Vロジック,±12Vロジック,20mA電流ループロジックなど).しかし,ほとんどの論理設計は2値論理にもとづいている.このため論理設計の表現は,1/0,真/偽,High/Lowなどの2値表現で行われている.

具体的な電気信号に対応させる際に,1をHigh,0をLowとする対応方法を正論理,1をLow,0をHighとする対応方法を負論理と呼ぶ.

ロジックアナライザ logic analyzer
ディジタル回路の多数の電気信号を正確な時間タイミングで測定し表示・記録する計測器のこと.

マイコン(MPU)の外部バス上のデータ信号とコントロール信号を観測してソフト・ハードのデバッグや設計検証を行う際に使う.

信号線の引き回しによって伝達遅延が発生したりノイズ,サージ障害などによりデバイスからデバイスへ意図したデータが伝わらないといったトラブルが発生しうるが,その原因解析のツールとして有効である.

バスの全信号をサンプリングして解析すればCPUのインストラクションが記録されるので,ソフトウェアの実行をトレースできる.このために,バス信号からリバースして特定プロセッサのアセンブラ表現を生成する機能を持つロジックアナライザもある.

ロック lock
あるタスクがデバイス,プロセッサや特定のメモリ領域,特殊なレジスタなどを含めて共有資源を占有すること.

通常は,資源をロックするシステムコールがOSに用意されているので,その呼び出しを行うことでロックが完了する.資源をロックする場合には,複数タスクの関係においてデッドロックのような状態に陥らないように注意する必要がある.また,ロックした資源が不要になった場合には,資源を開放するアンロックを実行しておかないと他のタスクが資源を利用することができない.

ワイヤボンディング wire bonding

半導体チップ（シリコンの小片）と外部とを接続する際に，半導体チップ上の電極（パッド）と外部とを非常に細い電線で接続することをワイヤボンディングという．電線の両端はハンダ付けではなく，押し付けて接合する（圧着）方式をとる．

電線材としてはやわらかさ，圧着性といった金属特性から金がよく使われるが，コストなどの面から銅やアルミも使用されている．

割り込み（わ——こ——）interrupt
→割り込みとポーリング

割り込みとポーリング
（わ——こ——）interrupt/polling

一般にソフトウェアが外部の状態変化を知るための手法として「割り込み」と「ポーリング」という二種類がある．ポーリングとは状態変化をソフトウェアに通知する場所（ポートと呼ばれることが多い．CPU資源またはメモリ空間に配置されソフトウェアで読み出し可能．）を読み，その変化をソフトウェア的に判断することで状態の変化を認識する方法である．通常，期待する状態になったか否かを判断するための処理であるため，期待値となるまで判定するループ構造となる．状態変化を知るということだけに着目するとソフトウェアの構造は簡単にはなるが，CPUに他の仕事を割り付けられないため複雑な処理を同時に実行することが要求されるシステムには不向きである．このようなポーリングの欠点を解消するには「割り込み」が使用される．

割り込みは状態の変化をハードウェア的に検知しCPUに割り込みを発生させることで実現している．状態の変化（事象の発生）した瞬間に割り込みを通じてソフトウェアが認識することができるため応答性が良く，状態変化を待つ間にCPUに他の仕事を割り付けることができるため全体の効率が良くなる．ただし，処理シーケンス的には状態変化を期待する状態になった部分と割り込みの処理，割り込みによる状態変化を認識した後の処理がそれぞれ別に必要となるため複雑になる傾向があり設計に注意が必要である．

割り込みベクター（わ——こ——）
interrupts vector
→割り込みベクター/割り込みベクトル

割り込みベクター/割り込みベクトル（わ——こ——/わ——こ——）
interrupts vector

簡単にいえば，CPUに与えられた割込みの方向を示すものである．

周辺I/Oデバイスの状態変化などの外部イベントの検出には，割込みがよく使用されるが，外部イベントが複数ある場合には，これを識別する手段が必要である．このために用いられるものが，「割込みベクター」である．

プロセッサの割込み処理をおおよその流れは次のとおりである．周辺I/Oデバイスがプロセッサに割込みを要求（Interrupts Request）すると，プロセッサは割込み要求を出したか（Interrupts Acknowledge）をデバイスに確認する．ここで割込みを要求したデバイスが，プロセッサに「割込みベクター番号」と呼ばれるIDを与える．プロセッサは与えられた割込みベクター番号に基づいて割込み処理を行

う．なお，「割込みベクター番号」と周辺デバイスの関係はシステム設計時に行う．

このように，割込み要因としてベクターを与える方式を「ベクター割込み/ベクター式割込み（Vectored Interrupts）」と言う．vectorは，「方向，進路（名詞）」「（飛行機，ミサイルなどを）．電波によって誘導する」という意味がある．このことから「割込みベクター」は「割込み処理の方向を与える」とか「割込みを誘導する」ということが類推できる．

ところで，時折「割込みベクター」を「割込みベクター番号」や「割込みベクターテーブル」の省略として使用されることがあるので，注意が必要である．

割込みベクター番号に対応する割込み処理ルーチン（割込みハンドラ）のエントリ（開始）アドレスを格納したデータ領域を「割込みベクターテーブル」とよぶ．プロセッサは，割込み要求を受け，割込み処理を開始すると，割込み要求元から割込みベクター番号を得る．割込みベクター番号で割込みベクターテーブルを引いて，割込みベクター番号に割り当てられた処理を開始するわけである．この「割込みベクターテーブル」は「割込みの行先表示板」と言えそうである．

プロセッサによっては，割込み処理ルーチンのエントリアドレスでなく，割込み処理そのものを記述するものもある．

プロセッサの割込み機構は，プロセッサアーキテクチャの違いが顕著なところである．そのため全てのプロセッサが同じ動作するとは限らない．使用するプロセッサのマニュアルでの調査が不可欠である．

割り込みベクトル（わ——こ——）
interrupts vector
→割り込みベクター／割り込みベクトル

ワンタイムプログラマブルROM/OTP
one time programable ROM

EPROMから石英ガラスの窓を無くしたもので，1回だけ書込みが可能なROMである．それを除けばEPROMとほぼ同様である．石英ガラスの窓がない分EPROMよりコストが下がる．ROMによっては同じ形状で窓付きのものと窓無し（ワンタイム）の両方発売されている場合と，窓無し（ワンタイム）しか発売されてない場合がある．小規模のワンチップマイコンでコストや実装面積が優先されるような場合窓無し（ワンタイム）しかないものは開発段階ではある程度使い捨てとなるが，開発・生産・保守のライフサイクルを通じて書き換えの割合が少ない場合に使用される．

☞EPROM

数字・欧文

3ステート　tri state

1. バスに接続される出力デバイスが，論理値H，論理値L，ハイ・インピーダンスの3通りの状態をとることを指す．複数のデバイスがバスに接続している際に，マイコンから指定された（セレクトされた）以外のデバイスがハイ・インピーダンス状態を取ることでバス上の電気信号の安定を確保することができる．言い換えれば複数のデバイスがそれぞれHまたはL状態をバスに出力することでバスの状態が混信することを，デバイスにハイ・インピーダンス状態（すなわち「接続していない」と同義）を持たせることで防いでいるとも言える．

2. プロセッサの入出力，バッファ，ドライバの入出力ポートについては
   (1) 受信の素子が動作している状態（入力状態）
   (2) 送信の素子が動作している状態（出力状態）
   (3) レシーバもトランシーバも動作していない状態（ハイインピーダンス状態）

の三つの状態を持ちうる設計になっている場合が多い．このように一つのポートが状態を三つ持てる場合を3ステート（トライステート）と呼ぶ．

どちらの場合においても，トライステートのポートは複数のポートを電気的に同時に接続できる特徴を持つ．つまり少ない物理配線数で多数のポートが複雑な信号のやり取りをできることになり，ハードウェアを簡単にすることができる．

BGA　ball grid array

LSIの実装体積と質量を小さくする手法のひとつで，CSPのうち，端子間ピッチが比較的広いパッケージを指す．端子が行列（Grid）状に配置されるパッケージが登場した初期の頃は0.8mmピッチが主流であった．狭い面積により多くの端子を配置する要請から端子間隔の狭ピッチ化が進む中で，0.5mm以下のパッケージをCSP，それよりも広い場合をBGAと称することが一般的になっている．

COC　chip on chip

LSIの集積度を上げる手法の一つで，複数の半導体チップを一つのパッケージ内部で積み重ねて実装し，複合機能を実現するものである．チップ間はワイヤ（ワイヤボンディング）により，または直接（フリップチップ接続）接続する．

年々，高実装化が要求される，携帯電話に代表されるモバイル向け携帯機器では，電気的特性の向上がこれまで以上に求められている．電気的特性を向上させるためには，半導体チップと半導体チップをつなぐ端子容量を小さくし，配線長を短くすることが重要で，このような理由でCOCの技術が採用されている．代表的な半導体チップの組み合わせは，マイコンとメモリである．MCP（Multi Chip Package）の呼称がより一般的である．

CSP　chip scale package

LSIの実装体積と質量を小さくする手法のひとつで，ダイ（半導体チップ）の面積とLSI部品としての完成品がほぼ同じ面積を持つパッケージを指す．チップ周辺に端子を配置するとパッケ

ージサイズが大きくなるため，CSPではチップ裏面に端子を行列（Grid）状に配置する．

DFD　data flow diagram

DFDは構造化分析で中心的に用いられる図であり，システムをその構成要素と要素間のデータの流れにより記述する．基本的な構成要素は表の通りである．

構成要素	記述方法例
データフロー	データの名前付きの矢印付きの線で表す
プロセス	円で表す
ファイル	直線で表す
データの源泉と吸収	四角形で表す

基本的な考え方に大きな差はないがDFDは提唱者により記述方法等に差がある．上の記述方法例は最も有名なデマルコ（Tom DeMarco）のものである．構造化分析では1枚のDFDに多くの内容を詰め込むことはせず，階層化されたDFDにするのが一般的である．また上記記述方法の様にプロセスを円で表すことが多いため，DFDをバブルチャート，プロセスをバブルと呼ぶこともある．デマルコ等のDFDはデータの流れを静的に分析するものであり，コントロールの流れは記述しない．このため組込みシステムには適用しずらい面がありハレル（David Harel）のアクティビティチャート（UMLのアクティビティ図とは全くの別物）のように組込みシステム用に拡張されたものもいくつかある．

DPRAM　dual port RAM

DPRAMはマルチポートメモリの一種でランダムにアクセスできるポートが二つ用意されたRAMである．複数のCPUが搭載されているシステムで，二つのCPU間でデータの受け渡しのための共用メモリとして作られたものである．これを使用すれば，バスを共用する共用メモリ方式に比べて互いのバスの調停回路等が不要で回路構成が簡単になる．DPRAMには互いのCPUの同期を取ったり排他処理が出来るようにCPUへの割り込み信号，セマフォ等の機能が搭載されたものが多くある．DPRAMは組込み向けへの用途が多いためメモリセルはSRAMで構成されているものがほとんどのようである．

→SRAM

DRAM

dynamic random access memory

DRAMは1ビットの記憶セルがコンデンサ1個とトランジスタ1個で構成されていて，コンデンサに電荷が充電されているか否かで0または1を記憶するようになっている．SRAMに比べて1ビットを記憶するメモリセルの大きさが1/4～1/6程度にできるのでSRAMより数倍の容量のものが開発されている．SRAMに比べて読み書きの手順が少し複雑であるが容量が大きいのでパソコンの主記憶装置等に大量に使われている．

記憶セルのコンデンサに蓄えられた電荷は時間の経過と共に放電してしまい，何もしなければ書き込まれた内容はいずれ消えてしまう（数ミリ秒～数10ミリ秒）．そのため，DRAMには一定時間内にコンデンサを再充電する操作が必要でそれをリフレッシュと呼ぶ．1回のリフレッシュには読み込みや書込み時間と同程度（または若干多め）の時間が必要である．また1回のリフレッシュ操作ではメモリセルの1行だけがリフレッシュされる（メモリセルは行×縦の長方形に並べられていて行と列の番号で特定のメモリセルを指定するようになっている）．全ての行に順次リフレッシュ操作を行い，それを繰り返し行うので，その繰り返し周期をリフレッシュサイクルという．リフレッシュは通常外部回路等で対応

EEP

しているが，CPU等にその機能が搭載されているものが多いので特別に回路を組むことは余りないようである．

パソコンの高速化に伴い，高速にアクセスできるDRAMが開発されている．FPM (Fast Page Mode) DRAM, EDO (Extended Data Out) DRAM, SDRAM (Synchronous DRAM), DDR (Double Data Rate) SDRAM, DRDRAM (Direct Rambus DRAM) 等である．それらはパソコン等で使用されているバスの転送方法に適合するような設計がなされていて，連続したメモリ領域がキャッシュメモリ等との間で短時間に集中してデータ転送が出来るように工夫されている．

なお，DRAMはアルファ線に対して若干弱いため（それによるビット化けを「ソフトエラー」と呼ぶ）高信頼性が必要な場合にはDRAMは使われずSRAMが使われている．

EEPROM elecrically erasable programmable read only memory

電気的消去可能なROMで，実装された状態で読み書きが可能なメモリである．書込みはバイト単位（容量の大きなものではページと呼ばれる連続した領域）で行うことができて，CPUからのライトサイクルやコマンドで書き込みを行った後，書込みが完了するまでに数ミリ秒の時間を待つ必要がある（書き込み中は他の場所にデータを書くことはできない）．なお，消去は書込みの際に自動的に行われるので特に意識する必要はない．EEPROMに書き込まれる内容は組み込まれる装置の動作に必要なパラメータ等，ユーザが電源を切っても保存しなければならないデータの格納に主として用いられる．書き込み回数に制限があるので（数十万回程度），書き換えが多い用途には同じアドレスにメーカの指定する制限回数以上書込みをしないようなアルゴリズムが必要である．

EEPROMにはシリアルEEPROMと呼ばれる種類がある．シリアルEEPROMにはアドレスバス・データバスといった信号は無く，数本の信号線（クロック，シリアルデータ等）を制御することで読み書きができるようになっている．シリアルEEPROMのメモリ配列をメモリ空間・I/O空間に配置することはできないが，小型の装置で利用できる8ピン程度のDIPやSOP等のパッケージ製品もある．

EPROM erasable programmable read only memory

EPROMは紫外線消去可能なROMでUV-EPROMと書かれることもある．EPROMには石英ガラスの透明な窓がついていて，ここに紫外線を照射することでメモリの内容を消去することができるようになっている．書込み後はこの窓に遮光ラベルを貼って書いた内容を保護することが必要である．

EPROMへの書込みにはROMライター（ROMプログラマ）と呼ばれる専用ツールがよく使用される．EPROMには書き込み回数の上限はあるが，実際には紫外線消去の手間が発生するので，その時間的な制約で書き込み制限回数を超えて使用されることはほとんど考えられない．もっとも，消去/再書き込みをするときには普通機械的にソケットから抜き差しするのでその頻度が多いとICのピン磨耗により破損する可能性が大きいと考えられる（ソケットも通常多くても数十回程度の抜き差ししか保証されていないので注意が必要である）．EPROM部品自体には石英ガラスが必要なのでその分コストアップになり，また実装には通常ソケットが使用されるのでそこにもコストがかかる．しかし，バージョンアップ等のROM交換が現場でできること

やEPROM自体が再利用できるメリットがあるので以前はよく使われていた．現在ではフラッシュメモリが代わりに多く使用され需要を伸ばしている．

FCC規制（——きせい）
米連邦通信委員会（Federal Communications Commission）が小型コンピュータ機器の発する電波障害について（すなわち機器の発生する電波について）FCC part15として規制値を制定したもので，工業用で商用環境で使用する機器について定めたクラスAと家庭用機器について定めたクラスBとがある（クラスBの方が厳しい内容となっている）．日本国内では同様なものとしてVCCIによる自主規制基準がある．

GOTO文（論争）
（——ぶん（ろんそう））
Dijkstraによって提唱された構造化プログラミングから派生してGOTO文使用の是非をめぐって起こった論争．構造化プログラムの基本的な考え方は（構造化プログラミングを参照），プログラムのわかりやすさと見やすさを追求し，プログラムの制御構造を逐次的に，プログラムの開始部から終了部までの一連の流れを順々に，処理するような手順で記述することである．そのため，「1 entry 1 exit」の逐次，選択，繰り返しの三つの基本制御構造で記述する．それに対して，旧来のフローチャートに基づくプログラムはIF文とGOTO文で制御構造が記述されていて，いわゆるスパゲティプログラムのものが多く存在していた．これにより，「構造化プログラミング＝GOTO文を使わずプログラムを書く＝GOTO文を使うなんて唾棄すべき行為＝GOTO文が全くないプログラムが構造化プログラム」といった本質から逸脱した論争が巻き起こった．現在ではGOTO文を使わないことでかえって複雑な制御構造になる場合や外部処理条件によって制御手順がダイナミックに移る場合などといった制限付きでGOTO文の使用を認める場合もある．

JTAG
"バウンダリスキャンテスト"という「テスト専用に配置したパスを利用してASICの動作テストを行う」手法がある．その手法がIEEE Standard 1149.1-1990規格「IEEE Standard Test Access Port and Boundary Scan Architecture」として規格化されており，JTAGの呼称は"バウンダリスキャンテスト"やIEEE1149.1規格を指す事が多い．JTAGの語源は，その規格作業メンバ名「Joint Test Action Group」の略称に由来している．

JTAG機能の利用にはそのハードウェアが対応している必要があり，対応していれば最大で5本の専用線を用意するだけで，デバイス自身のテストや外部回路とのテストなどが可能である．この手法はプロセッサコアのデバッグでも利用可能であり，ARM7 TDMIなどの CPUコアをもつASIC等のデバッグにおいて有効である．

MCP　multi chip package
→COC

MMU　Memory Management Unit
計算機システムのアドレス空間に関わる制御を担当するコ・プロセッサの総称．アドレス空間を分割したページやセグメントなどと呼ばれる領域ごとのアクセス権やキャッシュ使用方法の管理，あるいは論理アドレス空間と物理アドレス空間のマッピングなどを行う．備えている機能や管理方法はそれぞれのCPUに依存し，多機能なものから単純なものまで様々である．

汎用計算機上では古くから一般的に使用されており，ほとんどのマルチタス

クOSが対応しているが，組込み機器ではコストがかかるので，リアルタイムOSのようなマルチタスクOSが普及してもなお，これまであまり使用されていない．最近では，組込み機器で動作するソフトウェアの規模が増大し，ミドルウェアなど組織外で開発されたソフトウェアを使用する機会が増加している．さらに，誤動作により重大な事故を引き起こす可能性のある機器においてもソフトウェア制御の占める比重が増加している．このため信頼性がより重要視され，想定外の問題によるメモリ破壊をハードウェアによって防止できるMMUの機能を利用する組込み機器が増加している．

また，動画や三次元画像など組込み機器が扱う情報の量が増えているので，限られたアドレス空間を効率よく利用可能にするMMUに対するニーズが組込み機器においても年々高まっている．

Nウェイセットアソシアティブ
→ダイレクトマッピング/Nウェイセットアソシアティブ/フルアソシアティブ

NOVRAM non volatile RAM

NOVRAMは名称からみれば不揮発性メモリとなっているが，実際にはSRAMとEEPROMで構成されている．SRAMとEEPROMは同じ容量になっていて，SRAMの各メモリセルとEEPROMのそれとは1:1に対応付けられている．

通常外部からはSRAMにしかアクセスできない．電源が供給されているときはSRAMとして動作し，コマンドを使用したり，電源が切れるときにRAMの内容全体をEEPROMに転送することができる．電源を入れるとEEPROMの内容がRAMに自動的に転送され，また，コマンドを使ってもEEPROMの内容がRAMに転送することも出来る．

このように電源を切った状態でも見かけ上RAMの内容を保存しておくことが出来るので不揮発性と呼ばれているのである．なお，電源が切れるときにRAMの内容をEEPROMへ自動転送する「自動保存」を使用する場合は，電源の仕様に制限があるので回路設計には注意が必要である．

OSを使うか使わないか
(——つか——つか——)

OSを使った場合のメリットを下記にあげる．

(1) CPUの占有時間をOSで管理することで稼動率を上げることができ，他の処理を意識せず処理を実行させることができる

(2) OSを土台としシステムを作り上げるため，ソフトウェアを部品化し再利用しやすい環境を作ることができる．またOSがサポートしている機能を利用したり，ミドルウエアなど市販のソフトウェアを活用することで納期などを早める効果が期待できる．

(3) 統合開発環境等を活用すれば，ソフト設計からテストまで一環したツールを使って信頼性の高い，効率の良い多人数による開発が可能となる

デメリットとして考えられるのは次の項目である．

(1) OSにはオーバヘッドがあり，CPUの性能を極限まで引き出すのは難しくなる．例えばOSの性能によりリアルタイム性に対する制限が生じる事などがあり，厳格な時間管理の必要な制御系においては注意が必要である．

(2) OSによっては高性能なCPUや，大容量メモリが必要な場合があり，コストアップにつながる場合がある．

(3) OS使用時に必要なロイヤリティや継続的なメンテ費用が必要になる場合がある．

構築しようとするシステムに対して，上にあげたメリットが多ければOSを採用することになる．しかし，OSとCPUの性能は日進月歩で向上しており常に最新の情報を取り入れながら判断することが必要である．

最後に，OSにもバグはあるから，必ず評価し，必要な信頼性が確保できることを確認することが大切である．

RAM random-access memory

RAMはその名前が示すようにランダムに読み書きが可能なメモリである．「ランダム」というのは場所（アドレス）・時刻に制限があまりなく比較的自由と言う意味である．FlashメモリやEEPROMも「ランダムに読み書きが出来る」と説明されているが，FlashメモリやEEPROM等はRAMに比べると書込み時間が長く（10万倍以上），また書込みには別の高い電圧が必要である（ICの内部で作っている物が多い）．RAMでは読み込みと書込みが同程度の時間で行えて特別な電圧も必要ない．通常RAMと言えば，DRAM (Dynamic RAM) またはSRAM (Static RAM) を指す．これらのRAMは電源が切れると書き込まれた内容が消えてしまうので揮発性RAMとも呼ばれる．これに対して，MRAM (MagneticRAM), FeRAM (Ferroelectric RAM), OUM (Ovonic Unified Memory) と呼ばれる不揮発性のRAMが開発されているが，特殊な用途以外では余り需要がない．これらの不揮発性RAMは現状発展途上段階で，今後技術が進んでコストダウンや容量増大が進めばSRAM, DRAMやFlashメモリに替わってメモリの主役になることが期待される．DRAMとSRAMについてはそれぞれの項を参照のこと．

RAMに はVRAM (Video RAM), DP (Dual Port) RAM, NOVRAM (Non Volatile RAM)，擬似SRAMといったものがあるが，これらの中身はDRAMまたはSRAMで構成されていて，それらのメモリに回路や他のメモリを組み合わせて目的に合った用途向けに開発されたものである．これらについてもそれぞれの項を参照のこと（擬似SRAMはSRAMの項を参照のこと）．

下記に上のRAMについて，不揮発性を除き，簡単に特徴を記述する．

SRAM
・読み書きの回路が簡単
・アクセス時間が短
・ビット当たりの単価が大
・チップ当たりの記憶容量が小（メモリセルが大きい）
・バッテリバックアップで使用可

DRAM
・読み書きの回路が少し複雑
・アクセス時間が長
・ビット当たりの単価が小
・チップ当たりの記憶容量が大（メモリセルが小さい）
・リフレッシュが必要

擬似SRAM
・中身はDRAM
・CPUとの接続はSRAMと同じ

VRAM
・画像用
・CPUとの接続ポートとは別に画像用のシリアルポートがある

DPRAM
・CPUとの接続ポートが独立して二つある
・二つのCPU間の通信用

NOVRAM
・RAMとEERPOMでチップを構成 RAMの内容をEEPROMに保存できる．

☞ROM

RMA rate monotonic analysis

RMAとは，複数のタスクを静的優先

度ベーススケジューリングにより実行するという前提の下で，最適な優先度割付けやスケジュール可能性解析を行うための一連のリアルタイムスケジューリング理論体系を言う．具体的には，個々のタスクの1回の実行あたりの最大処理時間がわかっているという前提で，着目するタスクよりも優先度の高い各タスクの処理時間を積み上げ，着目するタスクの実行が終了するまでにかかる時間を見積もっていく．

RMAの理論体系は，1973年にLiuとLaylandによって発表された，極めて単純な周期タスクモデルのみを扱った理論が出発点となっている．その中で最適であることが証明された，タスクの周期の短い順に高い優先度を割り付ける方法（Rate Monotonic Scheduling）から，Rate Monotonic Analysisの名称が付けられた．1980年代以降，LiuとLaylandの理論をより現実的なタスクモデルに拡張するための数々の研究が行われ，実用的な理論体系となってきたということができる．

RMAが広範に利用されていない最大の原因は，前提となっている個々のタスクの最大処理時間の解析（Worst Case Execution Time Analysis）の難しさにある．しかしながら，たとえ厳密な解析ができない場合でも，厳しいリアルタイム性を要求されるシステムの設計の指針としても有用なものである．

プロセッサのスケジューリングが主な適用対象となっているが，送信順序が優先度順に制御されるネットワーク上のスケジューリングへも適用することが可能である．なお，RMAはタスクに対する優先度を静的に割り付けることを前提にしているが，動的に割り付けることを前提にしたEarliest Deadline First Scheduling（EDFS）をベースとした理論体系も研究されている．

ROM read-only memory

ROMは読出し専用のメモリで，書き込まれた内容は電源を切った状態でも保存される．読出しは通常CPU等のバスマスタからリードサイクルで行うことができるが，書込みや消去はライトサイクルでは行うことができない（正確には全く出来ないもの，数ミリ秒の時間が必要なもの，特別な電圧が必要なもの，手順が複雑なもの等がある）．ROMにはEPROM，ワンタイムプログラマブルROM，EEPROM，フラッシュメモリ，マスクROM等の種類があり，それぞれの特徴に適したところに使用する．EPROM，EEPROM，フラッシュメモリは内容を消去して再書込みができるが，書込み回数には制限があり種類によってその保証回数は数百〜数十万回とさまざまである．また，書き込まれた内容の保証期間も十数年〜百年程度とメーカによりばらつきがあるので長期間使用する用途には注意が必要である．

☞RAM

SIP system in package

LSIの集積度を上げる手法の一つで，複数の異なる機能のチップを半導体パッケージ内に実装し，単一パッケージ化したものである．その意味でChip on Chipの実現形態の一つである．通常はプリント基板に複数のチップを実装するが，それと比べ実装サイズが半導体チップとほぼ同じ大きさまで縮小（シュリンク）されていることが特徴である．

SOC system on chip

LSIの集積度を上げる手法のひとつで，一つの半導体チップ上に複数の機能（例えばアナログ回路とディジタル回路）を集約したものである．複数の専用LSIをプリント基板上に実装するよりもはるかに小さく機能を実装でき

ることが特徴である．また，プリント基板上に実装する複数のLSIを一つに集積したため，消費電力やノイズ面でも大きなメリットがある．しかし，開発には時間と費用がかかるため数多く製造しないとチップ単価が高くなるという側面もある．「システムLSI」の呼称がより一般的である．

SOI　silicon on insulator

LSIの消費電力を低減する手法の一つである．LSIは通常，シリコン基板（シリコンウェーハ）の上に直接何層ものトランジスタや回路を形成していくことで作成する．このシリコン基板上に二酸化シリコンや一酸化アルミニウム（サファイア）の層，そしてその上にシリコンの層を一旦形成し，最上（シリコン）層にトランジスタや回路を形成するのがSOIである．この手法をとるとLSI内のトランジスタの特性が向上し，それにより高速でかつ低消費電力のLSIが作成しやすくなるという特徴がある．

SRAM　static random access memory

SRAMは1ビットの記憶セルが複数のトランジスタで構成されていて，DRAMの記憶セルに比べて4倍程度大きくなっている．そのため容量はDRAMに比べて小さくなってしまうが，コンデンサを使用していないのでリフレッシュが不必要（リフレッシュについてはDRAMの項を参照）で，また，読み書きの手順が簡単なことにより組込みシステムにはよく使用されている．更に，DRAMに比べてアクセス時間が短いのでキャッシュメモリには大抵SRAMが使われている．SRAMは待機時の電力消費が小さいのでバッテリバックアップシステムに使用することができて，バッテリによってメモリ内容を保存することが出来る．

同期型のSRAMは連続したメモリ領域を短時間に集中して転送できるようになっていて，パソコンのバスやSDRAM等と高速転送が行えるように開発されたものである．擬似SRAMはSRAMではなく中身（メモリセル）はDRAMである．ただし，ICの外から見たピンの構成や読み書きの手順がSRAMとほぼ同じに設計されていて，従来のSRAMの置き換えが可能なようになっている．ICの内部にDRAMのアクセスに必要な読み書きの信号やリフレッシュ信号を発生する回路が組み込まれている．内部でリフレッシュの信号を作っているので読み書きのアクセスに関しては若干の制限がある．もちろん，バッテリバックアップシステムには使用できない．

UML　unified modeling language

UMLとは統一モデリング言語と日本語では言われているものである．これは，オブジェクト指向で事象を分析したり，システムを開発したり，ソフトウェアモジュールを設計したりする場合のダイアグラムの描き方，記法を定めたもので，1997年に米国のオブジェクト技術標準化団体OMG（object Management Group）がバージョン1.1として提案したものが標準記法として広く最初に知られた．オブジェクト指向分析・設計法は数多くの種類が存在しているが，それらの方法で使用することができるよう自由度の高い定義となっている．ユーザ，アナリスト，デザイナー，開発者が適切なコミュニケーションを行うためのツールとも言われていて，オブジェクト指向に限定せず，記法として利用されているケースもあるようである．

VCCI

情報処理装置等電波障害自主規制協議会（Voluntary Control Council for Information Technology Equipment）が機器の発する電波障害

VCC

について国の定めた基準以下となるように自主規制基準を定めたもので,工業用で商用環境で使用する機器についての規制を定めた第一種基準と家庭用機器についての規制を定めた第二種基準とがある(第二種基準の方が厳しい内容となっている).アメリカでは同様なものとしてFCCによる規制基準がある.

英字略語一覧

ABC	automatic brightness control	テレビ画面の自動輝度調節
	automatic bias control	自動バイアス制御
	American Broadcasting Company	米国の放送会社.
ABCC	automatic brightness and contrast control	自動輝度コントラスト調節
ABCS	automatic broadcasting control system	自動送出システムする方式
ABU	Asia-Pacific Broadcasting Union	アジア放送連合
AC	alternating current	交流
ADC	analog to digital converter	A–Dコンバータ
ADF	automatic direction finder	自動方向探知機
ADSL	asymmetric digital subscriber line	非対称ディジタル加入者線伝送
AF	audio-frequency	可聴周波数
AFC	automatic frequency control	自動周波数制御
AFT	automatic fine tuning	自動微調整
AGC	automatic gain control	自動利得制御
AH	ampere-hour	アンペア時容量
AI	artificial intelligence	人工知能
ALGOL	algorithmic language	プログラム言語
AM	amplitude modulation	振幅変調
AMSAT	Radio Amateur Satellite Corporation	世界的なアマチュア無線の同好会
ANSI	American National Standards Institute	米国規格協会
AOD	audio on demand	オーディオ・オンデマンド
APC	automatic phase control	自動位相制御
APD	avalanche photodiode	アバランシェホトダイオード
APT	Asia-Pacific Telecommunity	アジア・太平洋電気通信共同体
ASIC	application specific IC	特定用途向けセミカスタムIC
ASR	airport surveillance radar	エアポート・サーベランス・レーダ
AT&T	American Telephone and Telegraph	米国最大の長距離・国際通信会社
AV	audio-visual	オーディオとビジュアルの合成語
AVC	automatic gain control	自動音量調整
BBC	British Broadcasting Corporation	イギリス放送協会
BBS	Bulletin Board System	電子掲示板
BCI	broadcasting interference	電波妨害
BD	blue-ray disk	ブルーレイ・ディスク
BEF	band elimination filter	帯域消去フィルタ
BOC	Bell Operating Companies	米国のベル系地域電話会社
BPF	band pass filter	帯域通過フィルタ

略語

bps	bit per second	通信速度の単位
BS	broadcasting-satellite	衛星放送用の能動静止衛星
BSS	broadcasting-satellite service	放送衛星業務
BSTV	broadcast satellite TV	衛星テレビ
CAD	computer aided design	計算機支援設計
CAI	computer assisted instruction	計算機を活用した学習システム
CAL	computer assisted learning	計算機の支援による学習システム
CAM	computer aided manufacturing	計算機支援製造設計システム
CAT	computer aided testing	計算機利用試験・検査
	computerized axial tomography	コンピュータ断層写真
CATV	cable television service	有線テレビ放送
CBS	Columbia Broadcasting System	米国のラジオ・テレビネットワーク
CCD	charge coupled device	固体撮像素子
CCIR	Comité Consultatif Inter-national des Radiocommunications	
		国際無線通信諮問委員会
CG	computer graphics	コンピュータグラフィックス
CISPR	Comité Internationale Special des Perturbations Radioelectriques	
		国際無線障害特別委員会
CLV	constant linear velocity	線速度
COBOL	common business oriented language	プログラム言語
COM	computer output micro-filming	コンピュータ出力マイクロフィルム
COMSAT	Communication Satel-lite Corporation	米国の衛星通信会社
COSPAR	Committee on Space Research	宇宙空間研究委員会
CPRM	content protection for re-cordable media	デジタル映像の著作権保護システム
CPU	central processing unit	中央処理装置
CRT	cathode-ray tube	ブラウン管
CS	communications satellite	通信衛星
CW	carrier wave	搬送波のこと
	continuous wave	持続波のこと
DA	design automation	コンピュータ支援による設計自動化
DC	direct current	直流
DDoS	distributed denial of service	分散サービス妨害
DDX	digital data exchange	NTTのデータ通信ネットワーク
DES	data encryption standard	米商務省制定の秘密キー暗号規格
DRAM	dynamic random access memory	ダイナミックRAM
DSB	double side band	両側波帯
DSC	difference signal control	ステレオ効果調整器
D-SCDMA	time-division synchro-nous code division	中国独自の第3世代携帯電話方式
DSU	digital service unit	ISDN回線接続用信号変換装置

VD	digital versatile disc	ディジタル形光ディスク
ebXML	electronic business XML	XMLの国際標準フレームワーク
EC	electronic commerce	電子商取引
EDI	electronic data interchange	電子データ交換
EDPS	electronic data processing system	電子式データ処理
EHF	extremely high frequency	周波数範囲30～300GHzの電波
EIA	Electronics Industries Association	米国電子工業会
EIAJ	Electronics Industry Association of Japan	日本電子機械工業会
EL	electro-luminescence	電界により物質が発光する現象
EMC	electro-magnetic compatibiliy	電磁環境適合性，電磁環境両立性
EMS	electronic manufacturing service	電子機器製造受託サービス
EPG	electronic program guide	電子番組表
ETC	electronic toll collection system	高速道路の自動料金支払システム
ETSI	European Telecommunications Standards Institute	欧州通信規格協会，欧州電気通信標準化協会
ETV	educational television	教育用テレビジョン
EVD	enhanced vrsatile disk	中国独自の次世代高密度画像技術
EWS	emergency warning system	緊急警報放送システム
FD	floppy disk	フロッピーディスク
FDD	floppy disk drive	フロッピーディスクドライブ
FDM	frequency-division multiplex	周波数分割多重方式
FeRAM	ferroelectric random access memory	強誘電体メモリ
FET	field effect transistor	電界効果トランジスタ
FM	frequency modulation	周波数変調
FOT	frequency of optimum traffic	最適運用周波数
FPGA	field programmable gate array	手元で回路が作成できるデバイス
FSS	fixed-satellite service	固定衛星業務
FTP	file transfer protocol	ファイルの送受信プロトコル
GaAs IC	galliumarsenide IC	ガリウムひ素集積回路
GCA	ground controlled approach system	地上管制進入装置
GD	Gunn diode	ガン・ダイオード
GE	General Electric Company	米国ゼネラルエレクトリック社
GIF	graphics interchange format	カラー静止画の圧縮方式
GIS	geographical information system	地図情報システム
GMT	Greenwich Mean Time	グリニッチ標準時
GPS	global positioning system	緯度・経度・高度測るシステム
GPU	graphic processing unit	グラフィック処理専用プロセッサ
HDL	hardware description language	回路記述言語
HDTV	high definition television	高品位テレビ

略語

HEMT	high electron mobility transistor	高電子移動度トランジスタ
HTML	hyper text markup language	Webページ作成言語.
IARU	International Amateur Radio Union	世界各国アマチュア無線の団体連絡機関
IBM	International Business Machines Corporation	米国のコンピュータメーカ
IC	collector current	トランジスタのコレクタ電流
	integrated circuit	集積回路
ID	identifier	コンピュータがメンバーを判別するための符号
IE	internet explore	米マイクロソフト社のWebブラウザ
IEC	International Electrotechnical Commission	国際電気標準会議
IEEE	Institute of Electrical and Electronic Engineers	
		米国電気電子技術者協会
IF	intermediate frequency	中間周波数
	integrated function LSI	機能集積回路
IFA	intermediate frequency amplifier	中間周波増幅器
IFL	international frequency list	国際周波数表
IFT	intermediate frequency transformer	中間周波変成器
IME	input method editor	フロントエンドプロセッサのプログラム
IMP	impact ionization avalanche transit time diode	
		リード・ダイオード
INET	interNET	インターネット
INS	information network system	NTTのISDN
IPA	Information-technology Promotion Agency	情報処理振興事業協会
IR	information retrieval	情報検索
ISO	International Organization for Standardization	国際標準化機構
IT	information technology	情報技術
ITS	intelligent transport system	高度道路交通システム
ITT	International Telephone & Tele-graph Corp	米国の電気通信機器メーカ
ITU	International Telecommuni-cation Union	国際電気通信連合
ITV	industrial television	工業用テレビジョン
JARL	Japan Amateur Radio League	日本アマチュア無線連盟
JAS	Japan amateur satellite	日本のアマチュア無線用人工衛星
JCTA	Japan Cable Television Association	日本有線テレビ放送連盟
JEC	Japanese Electrotechnical Committee	日本電気規格調査会
JEM	Japanese Electrical Manu-facturer's Association	
		日本電機工業会
JFET	junction FET	接合形電界効果トランジスタ
JICST	Japan Information Center for Science and Technology	
		日本科学技術情報センタ
JIS	Japanese Industrial Standard	日本工業規格

略語	英語	日本語
JPEG	joint photographic experts group	カラー静止画像圧縮技術の国際規格
JPNIC	Japan network information center	日本ネットワークインフォメーションセンタ
JSA	Japanese Standard Association	日本規格協会
JST	Japanese Standard Time	日本標準時
KDD	Kokusai Denshin Denwa Co., Ltd	国際電信電話株式会社
LAN	local area network	ローカルエリアネットワーク
LCD	liquid crystal device (display)	液晶表示素子（ディスプレイ）
LED	light emitting diode (lamp), solid-state lamp	発光ダイオード
LF	low frequency	低周波
LSI	large scale integration	大規模集積回路
LUF	lowest usable frequency	最低使用周波数
LTCC	Low Temperature Co-fired Ceramic	セラミックベースの低温焼成多層基板
MAN	metropolitan area network	都市域通信網
MBS	Mutual Broadcasting System	米国ラジオの全国放送会社
MCA	multi-channel access system	業務用通信方式
MDDI	mobile display digital interface	シリアルインタフェース規格
ME	medical electronics, medical engineering	医用電子技術または医用電子工学
MICR	magnetic ink character read-er	磁気インキ文字読取り装置
MIL	Military Specifications	アメリカの軍用規格
MIME	multipurpose internet mail extension	マルチメディアを送るための規格
MO	magnet-optical disk	光磁気ディスク
MOD	music on demand	ミュージックオンデマンド
	multimedia on demand	マルチメディアオンデマンド
MPEG	moving picture experts group	動画像の高能率圧縮方式
MPU	micro processing unit	超小型演算処理ユニット
MRAM	magnetoresistive random access memory	磁気抵抗メモリ
MRI	magnetic resonance imaging	磁気共鳴映像法
MROM	mask programmed ROM	読出し専用メモリ
MSI	medium scale integration	中規模集積回路
MSP	Management Service Provider	情報通信システムを監視・運用する事業者
MSS	mobile-satellite service	移動衛星業務
MVNO	Mobile Virtual Network Operator	仮想移動通信事業者
NAB	National Association of Broad-casters	アメリカ放送事業者連盟
NASA	National Aeronautics and Space Administration	アメリカ航空宇宙局
NBC	National Broadcasting Company	アメリカTVネットワークの一つ
NC	numerical control	数値制御
NCU	network control unit	ネットワーク（通信網）制御装置
NDB	non-directional radio beacon	無指向性無線標識

略語		
NFB	negative feedback	負帰還
NFC	near field communication	短距離無線通信規格
NIC	network information center	ネットワーク情報センタ
NII	national information infrastructure	情報スーパーハイウェイ構想
NMRI	nuclear magnetic resonance imaging	核磁気共鳴映像
NNSS	navy navigation satellite system	衛星航行システム
NOD	news on demand	ニュースオンデマンド
NSFnet	national scientific foundation	全米科学財団の学術ネットワーク
NSP	network service provider	ネットワーク回線接続業者
NTT	Nippon Telegraph and Tele-phone Company	NTT(旧:日本電信電話株式会社)
OCR	optical character reader	光学式文字読取り装置
OE	opto electronics	光電子工学
OEIC	opto-electronic integrated circuit	光電子集積回路
OMR	optical mark reader	光学式マーク読取り装置
OWF	optimum working frequency	最適運用周波数
PBX	private branch-exchange	有線通信(電話)の構内交換(機)
PCT	perfect crystal device technology	完全結晶素子技術
PDF	portable document format	電子文書配信用の文書フォーマット
PDP	plasma display panel	プラズマ・ディスプレイ・パネル
PKI	public key infrastructure	公開鍵暗号基盤
POP	post office protocol	電子メールを受信するためのプロトコル
PPP	point to point protocol	ネットワークに接続するためのプロトコル
PRF	pulse recurrence frequency	パルス繰返し周波数
PROM	programmable read only memory	不揮発性ICメモリ
QPSK	quadrature phase shift keying	四位相変移変調
RAID	redundant array of inexpensive disk	複数のHDDに対して並列にデータの読み書きを行う方式
RAM	random access memory	ランダムアクセスメモリ
RFID	radio frequency identification	情報を埋め込んだタグ
ROM	read only memory	読出し専用メモリ
RR	radio regulations	国際電気通信条約付属無線通信規則
SCR	silicon controlled rectifier	サイリスタ
SCSI	small computer system interface	インタフェース規格
SGML	standard generalized mark-up language	タグを使う汎用マークアップ言語
SI	système international d'unités	国際単位系
SIG	special interest group	特定のテーマを設けた電子掲示板
SQL	structured query language	データベース言語
SRAM	static random access memory	セルをフリップフロップで構成したメモリ
SSB	single sideband system	単側波帯方式

SSI	small scale integration	小規模集積回路
SSL	secure sockets layer	ネットワークのセキュリティ規格
SSV	space shuttle vehicle	宇宙連絡船
STS	space transportation system	宇宙輸送システム
SWL	short wave listener	短波放送愛好家
TA	terminal adapter	信号変換機器
TRON	the real time operating sys-tem nucleus	トロン
TVI	television interference	テレビ電波妨害
UHF	ultra high frequency	極超短波
ULSI	ultra LSI	極超LSI
URSI	Union Radio-Scientifique International	国際電波科学連合
VCE	collector voltage	エミッタ接地回路
VFO	variable frequency oscillator	可変周波数発振器
VHF	very high frequency	超短波帯
VIF	video intermediate frequency	映像中間周波数
VLSI	very large scale integrated circuit	超大規模集積回路
VOA	Voice Of America	米国務省の海外宣伝用短波放送
VOD	video on demand	ビデオオンデマンド
VPN	virtual private network	仮想私設通信網
VR	virtual reality	仮想空間
VSAT	very small aperture terminal	超小口径アンテナを持つ地球局
VSB	vestigial sideband	残留側波帯
VSWR	voltage standing wave ratio	電圧定在波比
VTVM	vacuum tube voltmeter	真空管電圧計
WAN	wide area network	広域通信網
WWW	world wide web	インターネットの情報検索システム
XML	extesibleMarkup language	マークアップ言語
ZC	zone center	中継局
ZVEI	Zentralverband Elektrotechnik-und Elektronikindustrie e.V.	
		ドイツ電気電子工業中央連合会

略語

[著者略歴]
手島昇次(てじま しょうじ)
1936年　神奈川県横浜市生まれ
1965年　東京電機大学電気通信工学科卒業
　　　　東京都立鮫洲工業高等学校電気科教諭
1985年　　同　港工業高等学校電子科教諭
1996年　同校定年退職
現在　　著述業

組込み用語解説集：
特定非営利活動法人 組込みソフトウェア管理者・技術者育成研究会
(SESSAME)

エレクトロニクス用語辞典　©手島昇次・SESSAME・電波新聞社 2006

2006年4月20日　第1版第1刷発行

　　　　編　者　手島昇次・SESSAME・電波新聞社
　　　　発行者　平山哲雄
　　　　発行所　株式会社　電波新聞社
　　　　〒141-8715　東京都品川区東五反田1-11-15
　　　　電話　03-3445-8201(販売部ダイヤルイン)
　　　　振替　東京00150-3-51961
　　　　URL http://www.dempa.com/
　　　　本文デザイン・DTP　㈱タイプアンドたいぽ
　　　　印刷所　奥村印刷株式会社
　　　　製本所　オクムラ製本紙器株式会社

Printed in Japan　　　　　落丁・乱丁本はお取替えいたします
ISBN4-88554-913-2　　　　定価はカバーに表示してあります